Einführung in die Kreislaufwirtschaft

Martin Kranert
(Hrsg.)

Einführung in die Kreislaufwirtschaft

Planung · Recht · Verfahren

6. Auflage

Hrsg.
Martin Kranert
Universität Stuttgart
Stuttgart, Deutschland

ISBN 978-3-658-41710-9   ISBN 978-3-658-41711-6   (eBook)
https://doi.org/10.1007/978-3-658-41711-6

Die Deutsche Nationalbibliothek verzeichnet diese Publikation in der Deutschen Nationalbibliografie; detaillierte bibliografische Daten sind im Internet über https://portal.dnb.de abrufbar.

© Der/die Herausgeber bzw. der/die Autor(en), exklusiv lizenziert an Springer Fachmedien Wiesbaden GmbH, ein Teil von Springer Nature 1994, 2000, 2002, 2010, 2017, 2024

Das Werk einschließlich aller seiner Teile ist urheberrechtlich geschützt. Jede Verwertung, die nicht ausdrücklich vom Urheberrechtsgesetz zugelassen ist, bedarf der vorherigen Zustimmung des Verlags. Das gilt insbesondere für Vervielfältigungen, Bearbeitungen, Übersetzungen, Mikroverfilmungen und die Einspeicherung und Verarbeitung in elektronischen Systemen.
Die Wiedergabe von allgemein beschreibenden Bezeichnungen, Marken, Unternehmensnamen etc. in diesem Werk bedeutet nicht, dass diese frei durch jedermann benutzt werden dürfen. Die Berechtigung zur Benutzung unterliegt, auch ohne gesonderten Hinweis hierzu, den Regeln des Markenrechts. Die Rechte des jeweiligen Zeicheninhabers sind zu beachten.
Der Verlag, die Autoren und die Herausgeber gehen davon aus, dass die Angaben und Informationen in diesem Werk zum Zeitpunkt der Veröffentlichung vollständig und korrekt sind. Weder der Verlag noch die Autoren oder die Herausgeber übernehmen, ausdrücklich oder implizit, Gewähr für den Inhalt des Werkes, etwaige Fehler oder Äußerungen. Der Verlag bleibt im Hinblick auf geografische Zuordnungen und Gebietsbezeichnungen in veröffentlichten Karten und Institutionsadressen neutral.

Planung/Lektorat: Daniel Froehlich
Springer Vieweg ist ein Imprint der eingetragenen Gesellschaft Springer Fachmedien Wiesbaden GmbH und ist ein Teil von Springer Nature.
Die Anschrift der Gesellschaft ist: Abraham-Lincoln-Str. 46, 65189 Wiesbaden, Germany

Wenn sie dieses Produkt entsorgen, geben Sie das Papier bitte zum Recycling.

Vorwort

Tempus edax rerum (Ovid) – (Die Zeit nagt an den Dingen)

Die Kreislaufwirtschaft stellt ein zentrales Element im Rahmen eines nachhaltigen Wirtschaftens dar. Mit dem im Jahr 2019 von der EU-Kommission vorgestellten Green Deal wird das Ziel verfolgt, die EU bis zum Jahr 2050 klimaneutral umzugestalten. Dies erfordert auch einen tiefgreifenden Strukturwandel von der linearen hin zu einer kreislauforientierten der Wirtschaft. Vor diesem Hintergrund wurde im Jahr 2020 von der EU-Kommission ein neuer Aktionsplan für Kreislaufwirtschaft verkündet, der eine Entkopplung des Wirtschaftswachstums von der Ressourcennutzung zum Ziel hat.

Hierzu gehört, durch legislative Bestimmungen die Haltbarkeit, Wiederverwendbarkeit, Nachrüstbarkeit und Reparierbarkeit zu verbessern, den Rezyklatanteil in Produkten zu vergrößern sowie die Wiederaufarbeitung und das hochwertige Recycling von Produkten zu forcieren. Die geplante Obsoleszenz und der einmalige Gebrauch von Produkten müssen vermieden werden. Die Vernichtung unverkaufter, nicht verderblicher Produkte soll verboten werden. Lebensmittelabfälle sollen auf Ebene des Einzelhandels und der Verbraucherinnen und Verbraucher bis zum Jahr 2030 halbiert werden und entlang der Produktions- und Lieferketten verringert werden.

Auch sollen neue Geschäftsmodelle gefördert werden (z. B. Produkt als Dienstleistung) und damit die Produktverantwortung über den gesamten Lebenszyklus beim Hersteller verankert werden. Durch digitale Produktinformationen sollen die Steuerung, Behandlung und Bewertung von Produktströmen verbessert werden; neue Produktkennzeichen ermöglichen den Verbraucherinnen und Verbrauchern Produkte gezielt unter Nachhaltigkeitsaspekten auszuwählen.

Die Ökodesign-Richtlinie und die geplante Ökodesign-Verordnung sind gerade für die produzierende Industrie von zentraler Bedeutung, besonders im Hinblick auf die Abfallvermeidung und Ressourceneffizienz.

Im Rahmen der Kreislaufwirtschaft ist die gesamte Wertschöpfungskette von der Rohstoffgewinnung über das Produktdesign, die Nutzungsphase mit den technischen und biologischen Zyklen bei der Kreislaufführung der Produkte bis hin zur Beseitigung nicht verwertbarer Abfälle, bei der nur noch vorbehandelte Abfälle deponiert werden dürfen, zu betrachten.

Kreislaufwirtschaft dient jedoch nicht nur dem Klima- und Ressourcenschutz. Vor dem Hintergrund der Verfügbarkeit von Rohstoffen, die nicht nur von den vorhandenen Reserven, Ressourcen und der Nachfrage, sondern auch von der globalen Verteilung, Marktkonzentrationen und politischen Randbedingungen abhängt, stellt sie im Hinblick auf die Versorgungssicherheit mit - vor allem strategisch relevanten- Rohstoffen eine Notwendigkeit dar. Dies gilt nicht zuletzt für die vor allem in Hochtechnologieprodukten enthaltenen versorgungskritischen Rohstoffe, um diese der Produktion wieder zur Verfügung zu stellen.

Die Kreislaufwirtschaft ist in Lehre und Forschung ein Fachgebiet, das – herkommend aus dem Bauingenieurwesen – im Vergleich zu vielen anderen Disziplinen in den vergangenen 50 Jahren eine stürmische Entwicklung hinter sich hat. Kreislaufwirtschaft ist ein komplexes Thema, in welches nicht nur das Fachwissen aus verschiedenen Disziplinen der Ingenieur- und Naturwissenschaften, sondern zunehmend auch aus den Wirtschafts- und Sozialwissenschaften einfließt. Auch die Archäologie hat sich zwischenzeitlich der Wissenschaft vom Abfall – auch als „garbology" tituliert – angenommen.

Der Ursprung des Lehrbuches geht auf meinen Kollegen Cord-Landwehr zurück, der dieses beginnend von 1994 bis 2002 in drei Auflagen erfolgreich herausgegeben hat. Mit der 4. Auflage, deren Herausgeberschaft ich im Jahr 2010 übernommen habe, wurde das Lehrbuch neu konzipiert, um den aktuellen Anforderungen und Entwicklungen Rechnung zu tragen.

Die Vielzahl an neuen Randbedingungen sowie technischen und gesetzlichen Entwicklungen machte es erforderlich, die im Jahr 2017 herausgegebene 5. Auflage dieses Lehrbuchs zu aktualisieren und auszubauen.

Mit der nun vorliegenden 6. Auflage wurden nicht nur die aktuellen gesetzlichen und technischen Entwicklungen berücksichtigt, es wurden auch drei zusätzliche Kapitel neu aufgenommen. So werden nun auch die Erfassung und Verwertung von Altbatterien, die Verwertung von mineralischen Bau- und Abbruchabfällen sowie das Recycling von Phosphor als lebensnotwendigem Element, besonders aus Klärschlämmen bzw. Klärschlammasche, vertieft ausgeführt. Das Kapitel der gefährlichen Abfälle und des betrieblichen Abfallmanagement wurde komplett durch die Erweiterung des Kreises an Autorinnen und Autoren neu gestaltet. Leider sind auch zwei Autoren, die in der letzten Auflage noch mitgewirkt haben, zwischenzeitlich verstorben. Sie bleiben aufgrund ihrer Beiträge zu den jeweiligen Kapiteln auch weiterhin als Autoren benannt.

In dieser neuen Auflage wird, ausgehend von den gesetzlichen Rahmenbedingungen, welche die Entwicklungen der Kreislaufwirtschaft maßgeblich bestimmen, in einem übergeordneten Kapitel der Ressourcen- und Klimaschutz durch Kreislaufwirtschaft beleuchtet. Die abfallwirtschaftlichen Basisdaten, deren Gewinnung und Interpretation werden aufgezeigt. Basierend auf der Abfallhierarchie der EU wird nachfolgend das Themengebiet der Abfallvermeidung diskutiert. Die Sammel- und Transportsysteme sowie mechanische Aufbereitungs- und Trenntechniken werden erläutert und die Verwertung von Altprodukten und Abfällen dargestellt. Einen breiten Raum nehmen die biotechnischen Verfahren ein, denen zukünftig auch im internationalen Kontext eine der

Schlüsselrollen in der Kreislaufwirtschaft zukommen wird. Die thermische Abfallbehandlung, die besonders in Nord- und Mitteleuropa einen hohen Stellenwert besitzt und weiter im Vormarsch ist, wird in der erforderlichen Tiefe dargestellt. Auch wenn die Deponie in Deutschland für nicht vorbehandelte Abfälle ein Auslaufmodell darstellt, so ist sie international das Standbein der Abfallentsorgung; aber auch in Deutschland werden wir uns, bis die bestehenden Deponien aus der Nachsorge entlassen werden, noch lange mit diesem Thema beschäftigen müssen. Ein eigenes Kapitel ist der Behandlung gefährlicher Abfälle gewidmet, die als Ausfluss unserer Industriegesellschaft besonders wegen ihrer Umweltrelevanz und den eigens hierfür entwickelten Behandlungsmethoden einer besonderen Betrachtung bedürfen. Im Hinblick auf die Umsetzung von Maßnahmen zur Kreislaufwirtschaft auf Ebene der öffentlich rechtlichen Entsorgungsträger wird das Vorgehen für zielorientierte abfallwirtschaftliche Planung sowie die Planung und Realisierung von abfallwirtschaftlichen Anlagen vorgestellt. Unter dem Aspekt, sich von den „end of pipe"-Ansätzen zu verabschieden, kommt dem betrieblichen Abfall- und Nachhaltigkeitsmanagement bei Unternehmen als vorsorgende Maßnahme des Umweltschutzes eine besondere Bedeutung zu, was in einem eigenen Kapitel beschrieben ist. Das Buch schließt mit einer Übersicht über Ansätze zum Stoffstrommanagement und über die Bewertung abfallwirtschaftlicher Maßnahmen durch Ökobilanzen, die nicht zuletzt vor dem Hintergrund ganzheitlicher Betrachtung an Bedeutung gewinnen.

Mit dem vorliegenden Lehrbuch soll den Studierenden umweltbezogener Studiengänge, besonders der Bau- und Umweltingenieurwissenschaften, aber auch der Verfahrenstechnik, den Naturwissenschaften, speziell auch der Ökologie und der Geographie, ein Kompendium zum Einstieg in das interdisziplinäre Gebiet der Kreislaufwirtschaft an die Hand geben werden. Aber auch für die in der beruflichen Praxis Stehenden kann es als Handbuch dienen, um Informationen zu gewinnen, abfallwirtschaftliche Strategien weiter zu entwickeln, sowie Planungs- und Bemessungsansätze nachzuschlagen.

Es wurde Wert darauf gelegt, das Lehrbuch grundlagenorientiert zu gestalten, wie es für den Einsatz in der Hochschullehre erforderlich ist, aber auch dem Bezug zur Praxis gebührenden Raum zu geben. Wir haben versucht, die komplexen Zusammenhänge so aufzubereiten, dass das Verständnis gefördert und das Interesse an der Kreislaufwirtschaft geweckt wird. Das Buch soll aber auch Anstöße geben, den eigenen Umgang mit Abfällen zu hinterfragen und das Handwerkszeug zur Verfügung zu stellen, für die Aufgabenstellungen der Kreislaufwirtschaft Lösungsansätze zu finden.

Da die Kreislaufwirtschaft einer hohen Dynamik unterliegt, die neben neuen wissenschaftlichen Erkenntnissen vor allem auch durch sich laufend ändernde gesetzliche Rahmenbedingungen verursacht wird, war es die die Herausforderung, das Lehrbuch so aktuell wie möglich zu halten, gleichzeitig jedoch den allgemeingültigen Charakter, der für die natur- und ingenieurwissenschaftlichen Grundlagen und auch methodischen Ansätze gilt, beizubehalten. Wir haben uns auch in dieser Auflage bemüht, diesen Spagat zu bewerkstelligen.

Um das weite Themengebiet der Kreislaufwirtschaft in der für ein Lehrbuch erforderlichen Breite und Tiefe kompetent abzudecken, konnten fachkundige Expertinnen und

Experten aus verschiedenen Fachdisziplinen der Ingenieurwissenschaften, aber auch der Natur-, Geo- und Wirtschaftswissenschaften, gewonnen werden, sich an dieser Mammutaufgabe mit ihrem Wissen und Erfahrungsschatz einzubringen. Wir haben versucht, alle wesentlichen, für den Einstieg in das komplexe Feld der Kreislaufwirtschaft relevanten Themengebiete aufzunehmen, wohl bewusst, das jedes dieser Gebiete ein ganzes Buch füllen könnte, um es in der Tiefe erschöpfend zu behandeln. Es bleibt hierbei nicht aus, dass einige Schwerpunkte in jenen Bereichen, in denen die Autorinnen und Autoren wissenschaftlich arbeiten, in etwas größerer Tiefe behandelt werden.

Das Werk wäre nicht zustande gekommen ohne die Autorinnen und Autoren, die viele Stunden ihrer Freizeit geopfert und ihr Wissen eingebracht haben; ihnen möchte ich zuvorderst an dieser Stelle besonders auch für die vertrauensvolle Zusammenarbeit danken. Herrn Dr. Daniel Fröhlich und Frau Barbara Gerlach mit dem Team vom Springer Vieweg-Verlag danke ich für die Geduld, die sie mit uns als Autorinnen und Autoren aufgebracht haben, sowie für die kompetente Begleitung von der Konzeption bis hin zur Fertigstellung.

Möge das Lehrbuch dazu beitragen, die Theorie und Praxis der Kreislaufwirtschaft mit ihren verschiedenen Facetten nach dem Stand der Wissenschaft und Technik zu beleuchten und Inspirationen für eine nachhaltige Nutzung unserer natürlichen Ressourcen zu geben.

Stuttgart
im Juli 2024

Martin Kranert

Inhaltsverzeichnis

1 Politische Ziele, Entwicklungen und rechtliche Aspekte der Abfall- und Kreislaufwirtschaft 1
Paul Laufs
- 1.1 Die Aufgaben der Abfall- und Kreislaufwirtschaft 2
- 1.2 Die staatliche Regulierung und ihre Probleme 5
- 1.3 Die politische Zielsetzung des Gesundheitsschutzes................ 8
- 1.4 Die Stoffströme in der modernen Konsumgesellschaft 9
- 1.5 Das umweltpolitische Ziel hoher Ressourcenproduktivität und geringer Abfallintensität in hoch industrialisierten Volkswirtschaften 13
- 1.6 Die Entwicklung des deutschen Abfallrechts 16
  - 1.6.1 Das Bundesseuchengesetz von 1961 17
  - 1.6.2 Das Abfallbeseitigungsgesetz von 1972..................... 17
  - 1.6.3 Das Abfallgesetz von 1986............................... 19
  - 1.6.4 Das Investitionserleichterungs- und Wohnbaulandgesetz von 1993... 21
  - 1.6.5 Das Kreislaufwirtschafts- und Abfallgesetz von 1994........... 22
  - 1.6.6 Das Kreislaufwirtschaftsgesetz von 2012 28
- 1.7 Europäische Entwicklungen und internationale Einflüsse............. 32
  - 1.7.1 Europäische Gemeinschaft/Union (EG/EU) 32
  - 1.7.2 Organisation für wirtschaftliche Zusammenarbeit und Entwicklung (OECD) und Umweltprogramm der Vereinten Nationen (UNEP)....................................... 39
- 1.8 Instrumente zur Steuerung der Abfallströme...................... 41
  - 1.8.1 Staatliche Instrumente im engeren Sinne.................... 41
  - 1.8.2 Ökonomische Instrumente 42
  - 1.8.3 Instrumente der Wirtschaft............................... 49
- Literatur.. 50

2 Ressourcen- und Klimaschutz durch Kreislaufwirtschaft 55
Jan Henning Seelig, Mechthild Baron, Henning Friege, Florian Hansen und Martin Faulstich

- 2.1 Einleitung 56
- 2.2 Globale Herausforderungen der Rohstoffwirtschaft 57
  - 2.2.1 Rohstoffverfügbarkeit und -nachfrage 57
  - 2.2.2 Wirtschaftlicher Aufstieg der Schwellenländer 62
  - 2.2.3 Umweltauswirkungen der Rohstoffwirtschaft 62
- 2.3 Kreislaufwirtschaft 65
  - 2.3.1 Recycling in Deutschland 66
  - 2.3.2 Herausforderungen und Optionen für die Abfallwirtschaft ... 70
- 2.4 Hindernisse für Recycling und Wiederverwendung gebrauchter Produkte 71
  - 2.4.1 Grundsätzliche physikalische Grenzen 71
  - 2.4.2 Gefährliche Stoffe 74
  - 2.4.3 Fehlende Informationen über Zustand und Inhaltsstoffe 76
  - 2.4.4 Die Rolle der Zeit 77
  - 2.4.5 Grundsätzliche ökonomische Faktoren 77
  - 2.4.6 Erschwernisse für die Abfallverwertung 79
- Literatur 81

3 Abfallmenge und Abfallzusammensetzung 85
Detlef Clauß und Dominik Leverenz

- 3.1 Einleitung 86
- 3.2 Abfallarten 87
- 3.3 Faktoren, die Menge und Zusammensetzung der Abfälle beeinflussen 89
- 3.4 Abfallmenge und Abfallintensität 95
  - 3.4.1 Siedlungsabfälle 96
  - 3.4.2 Internationale Abfallmengen 102
- 3.5 Abfallzusammensetzung 105
  - 3.5.1 Siedlungsabfälle 113
  - 3.5.2 Internationale Abfallzusammensetzung 121
- 3.6 Abfallanalytik 125
- Literatur 130

4 Abfallvermeidung 133
Martin Kranert, Dominik Leverenz, Anna Fritzsche und Werner Bidlingmaier

- 4.1 Grundlagen 134
  - 4.1.1 Einführung 134
  - 4.1.2 Definition 136
  - 4.1.3 Gründe zur Abfallvermeidung 139
  - 4.1.4 Akteure zur Abfallvermeidung 141

4.2	Gesetzliche Rahmenbedingungen zur Abfallvermeidung		142
	4.2.1	Verankerung im europäischen Recht	142
	4.2.2	Verankerung im deutschen Recht	144
	4.2.3	Abfallvermeidungsprogramm	146
4.3	Maßnahmen zur Abfallvermeidung sowie Problembereiche bei der Umsetzung		150
	4.3.1	Gesetz- und Verordnungsgeber (Bund und Länder)	150
	4.3.2	Gebietskörperschaften	150
	4.3.3	Forschung, Bildung und Information	152
	4.3.4	Öffentliche Hand, Beschaffungswesen	152
	4.3.5	Produktion und produzierendes Gewerbe	153
	4.3.6	Handel	158
	4.3.7	Dienstleistungsgewerbe	159
	4.3.8	Privathaushalte	162
	4.3.9	Planer, Berater	167
	4.3.10	Organisationen und Verbände	167
	4.3.11	Schlussbemerkungen	167
Literatur			169

5 Sammlung und Transport 173
Bernhard Gallenkemper, Heinz-Josef Dornbusch, Manfred Santjer,
Kathrin Heuer und Nico Schulte

5.1	Einleitung und Einstieg in die Thematik		174
5.2	Sammelsysteme		175
	5.2.1	Grundsätzlicher Ablauf der Entsorgungslogistik	175
	5.2.2	Abfall- und Wertstoffmengen in Abhängigkeit der Systeme	177
5.3	Verfahren der Müllabfuhr		182
	5.3.1	Abfuhrsysteme	182
	5.3.2	Sammelbehälter	183
	5.3.3	Sammelfahrzeuge	188
5.4	Umladung und Transport		194
	5.4.1	Grundsätzliche Überlegungen	194
	5.4.2	Umladesysteme	195
	5.4.3	Ferntransport	196
5.5	Organisation und Einsatzplanung in der Entsorgungslogistik		198
	5.5.1	Örtliche Rahmenbedingungen	198
	5.5.2	Technische Rahmenbedingungen	199
	5.5.3	Betriebliche Rahmenbedingungen	200
	5.5.4	Organisatorische Rahmenbedingungen	202
5.6	Leistungsdaten und Kosten der Entsorgungslogistik		203
	5.6.1	Sammlung	203
	5.6.2	Transport	208

5.7	Abfallgebühren		213
	5.7.1	Einleitung und rechtliche Grundlagen	213
	5.7.2	Gebührenmodelle und -maßstäbe	214
	5.7.3	Mindestbehältervolumen	217
5.8	Digitalisierung im Kontext von Sammlung und Transport		218
	5.8.1	Digitalisierungsbemühungen innerhalb der Entsorgungsbetriebe	218
	5.8.2	Software- und Technologieeinsatz zur Prozessunterstützung	220
Literatur			224

6 Aufbereitung fester Abfallstoffe ... 227
Thomas Pretz, Alexander Feil und Karoline Raulf

6.1	Grundlagen		228
6.2	Stoffspezifische Aufbereitung		229
6.3	Zerkleinerung		231
	6.3.1	Zerkleinerer mit schneidender Beanspruchung	232
	6.3.2	Zerkleinerer mit reißender Beanspruchung	238
	6.3.3	Zerkleinerer mit Schlag- und Prallbeanspruchung	241
	6.3.4	Zusammenfassung Zerkleinerung	247
6.4	Siebklassierung		249
	6.4.1	Trommelsiebe	251
	6.4.2	Linear- und Kreisschwingsiebe	254
	6.4.3	Spannwellensiebe	258
	6.4.4	Bewegte Roste	259
	6.4.5	Zusammenfassung Klassierung	262
6.5	Sortierung		263
	6.5.1	Magnetscheider	267
	6.5.2	Wirbelstromscheider	272
	6.5.3	Sortierung im Luftstrom	274
	6.5.4	Sortierung nach Form	279
	6.5.5	Nasse Dichtesortierung	281
	6.5.6	Sensorbasierte Sortierung	283
6.6	Verfahrensentwurf		291
Literatur			295

7 Verwertung von Abfällen ... 299
Sabine Flamme, Katrin Große Scharmann, Kerstin Kuchta, Julia Hobohm, Georgios Chryssos, Wojciech Walica und Matthias Rapf

7.1	Abfallströme und Ersatzbrennstoffe		301
	7.1.1	Verwertung von Abfällen	301
	7.1.2	Altglas	302
	7.1.3	Altpapier	304
	7.1.4	Metalle	308

	7.1.5	Altkunststoffe	315
	7.1.6	Ersatzbrennstoffe	319
7.2	Verwertung von Elektro- und Elektronikaltgeräten		325
	7.2.1	Einleitung	325
	7.2.2	Rechtlicher Rahmen	326
	7.2.3	Sammlung und Erfassung von Elektro- und Elektronikaltgeräten	328
	7.2.4	Mengenaufkommen und Ressourcenpotenzial	330
	7.2.5	Aufbereitungsverfahren zur Ressourcenrückgewinnung	333
7.3	Erfassung und Verwertung von Altbatterien		338
	7.3.1	Altbatterien und Herstellerverantwortung – der Rechtsrahmen Der Europäische Rechtsrahmen	338
	7.3.2	Marktsituation – Inverkehrbringungsmengen, Altbatterieaufkommen	341
	7.3.3	Sammlung und Sortierung	343
	7.3.4	Aufbereitungsverfahren für Batterien	344
	7.3.5	Verwertungsverfahren für Batterien	346
	7.3.6	Herausforderungen für die Zukunft	349
7.4	Verwertung von mineralischen Bau- und Abbruchabfällen		351
	7.4.1	Einleitung	351
	7.4.2	Klassifizierung von Bau- und Abbruchabfällen	352
	7.4.3	Rechtliche und regulatorische Rahmenbedingungen für die Kreislaufführung von Bau- und Abbruchabfällen	352
	7.4.4	Aufbereitung von mineralischen Bau- und Abbruchabfällen	357
	7.4.5	Verwertung von mineralischen Bau- und Abbruchabfällen	361
7.5	Phosphorrückgewinnung aus Klärschlamm		364
	7.5.1	Grundlegendes zum Siedlungsabfall Klärschlamm und seiner Entsorgung	365
	7.5.2	Phosphor im Klärschlamm	366
	7.5.3	Primäre Phosphorvorkommen, Nutzung und Umweltauswirkungen	367
	7.5.4	Ressourcenproblematik	368
	7.5.5	Pflicht zur Phosphorrückgewinnung in Deutschland und Entwicklungen in Europa	369
	7.5.6	Entwicklung der Phosphorrückgewinnung, Stand 2023	370
	7.5.7	Kriterien zur Verfahrensauswahl	375
	7.5.8	Zusammenfassung und Schlussfolgerungen	376
Literatur			379

8 Biologische Verfahren 391
Martin Kranert, Anna Fritzsche, Carla Cimatoribus, Martin Reiser,
Claudia Maurer und Klaus Fischer

8.1	Stand der biologischen Verwertung in Deutschland und Rahmenbedingungen		392
8.2	Kompostierung		398
	8.2.1	Grundlagen	398
	8.2.2	Der Rotteprozess – Faktoren, Kenngrößen und Prozessparameter	403
	8.2.3	Aufbau von Kompostierungsanlagen	417
	8.2.4	Technik der Kompostierung	420
	8.2.5	Dimensionierung von Rottesystemen und Massenbilanzen	446
	8.2.6	Bauliche Gestaltung und Flächenbedarf	450
	8.2.7	Kosten	452
	8.2.8	Einsatz von Komposten	454
8.3	Anaerobe Behandlung (Vergärung)		455
	8.3.1	Vergärung in Deutschland: rechtlicher Rahmen, Sektorentwicklung	455
	8.3.2	Biochemie der Vergärung	456
	8.3.3	Verfahrenstechnik der Vergärung	465
	8.3.4	Anlagentechnik	480
8.4	Qualität von Komposten und Gärprodukten		487
	8.4.1	Rahmenbedingungen	487
	8.4.2	Bundesgütegemeinschaft Kompost e. V.	488
	8.4.3	Gütesicherung Produkte aus dem Bereich biologischer Verfahren der Abfallwirtschaft und Biogasanlagen	490
8.5	Mechanisch-Biologische Abfallbehandlung		492
	8.5.1	Grundkonzeption der MBA	493
	8.5.2	Mechanische Aufbereitung	494
	8.5.3	Biologische Behandlung	497
	8.5.4	Emissionen	500
	8.5.5	Anforderungen an die Ablagerung von MBA-Material	502
	8.5.6	Energiebilanz der MBA	503
	8.5.7	Massen- und Volumenbilanz	503
	8.5.8	Low-Tech-MBA-Verfahren in Entwicklungs- und Schwellenländern	505
	8.5.9	Zukunft der MBA	506
8.6	Geruchsemissionen aus biologischen Abfallbehandlungsanlagen		507
	8.6.1	Betrachtung der Emissionen aus Aerobverfahren	507
	8.6.2	Geruchsstoffe und Gerüche	508
	8.6.3	Emissionen und Abluftbehandlung	508
	8.6.4	Geruchsmessung	509
	8.6.5	Biologische Abluftreinigung	515
Literatur			526

9 Thermische Verfahren ... 533
Helmut Seifert, Hans-Joachim Gehrmann und Jürgen Vehlow
- 9.1 Zielsetzung der thermischen Abfallbehandlung ... 534
- 9.2 Grundprozesse der thermischen Abfallbehandlung ... 535
- 9.3 Standardverfahren zur Abfallverbrennung ... 537
  - 9.3.1 Hausmüllverbrennung ... 537
  - 9.3.2 Sonderabfallverbrennung im Drehrohrofen ... 570
  - 9.3.3 Klärschlammverbrennung im Wirbelschichtofen ... 572
- 9.4 Mitverbrennung von Abfällen – Ersatzbrennstoffe ... 572
- 9.5 Alternative Verfahren der thermischen Abfallbehandlung ... 576
  - 9.5.1 Verfahrensprinzipien ... 576
  - 9.5.2 Pyrolyseverfahren ... 577
  - 9.5.3 Vergasungsverfahren ... 579
  - 9.5.4 Marktsituation der Alternativ-Verfahren ... 580
- Literatur ... 583

10 Deponie ... 589
Gerhard Rettenberger
- 10.1 Einleitung ... 590
  - 10.1.1 Von der wilden Müllablagerung (Kippe) zur geordneten Deponie – Deponien können ziemlich unterschiedlich sein ... 590
  - 10.1.2 Wie viele Deponien werden gebraucht ... 597
- 10.2 Warum Deponietechnik? – Verschiedene Deponiekonzepte, ihre Merkmale und ihr Verhalten, die verschiedenen Deponieklassen für unterschiedliche Abfälle ... 598
  - 10.2.1 Anlass für Deponiekonzepte ... 598
  - 10.2.2 Deponiekonzepte ... 599
- 10.3 Das Verhalten von Verdichtungsdeponien mit Abfällen mit organischen Anteilen, Konsequenzen für die Technik einer Deponie ... 608
  - 10.3.1 Die Randbedingungen ... 608
  - 10.3.2 Deponiegas ... 609
  - 10.3.3 Sickerwasser ... 614
  - 10.3.4 Setzungen ... 619
  - 10.3.5 Langzeitverhalten ... 620
  - 10.3.6 Konsequenzen für die Technik einer Deponie ... 621
  - 10.3.7 Deponieklassen ... 623
- 10.4 Das Deponierecht, seine Historie und die verschiedenen Deponieklassen ... 624
- 10.5 Anforderungen an die Errichtung der technischen Barrieren ... 630
- 10.6 Technische Ausstattung ... 638
  - 10.6.1 Übersicht über die technische Ausstattung einer Deponie ... 638
  - 10.6.2 Oberflächenwasserableitung ... 639

		10.6.3	Erfassung, Speicherung und Behandlung von Sickerwasser...................................	641
		10.6.4	Erfassung, Behandlung und Verwertung von Deponiegas...	645
	10.7	Betrieb von Deponien..		673
	10.8	Stilllegung, Nachsorge und Nachnutzung		680
	10.9	Neue Deponien, Standortfindung und Umweltverträglichkeit, Deponie auf Deponie...		682
		10.9.1	Errichtung von Deponien – die Bauherren, Planer und Hersteller, die Behörden, Beispiele und Kosten	684
	10.10	Deponiesanierung, Deponierückbau und Nachnutzung.............		688
		10.10.1	Deponiesanierung.................................	688
		10.10.2	Deponierückbau..................................	689
	Literatur...			694
11	**Gefährliche Abfälle**...			699
	Matthias Rapf und Erwin Thomanetz			
	11.1	Allgemeines...		700
		11.1.1	Definition und gesetzliche Grundlagen	700
		11.1.2	Mengen, Arten und Entsorgungswege gefährlicher Abfälle...	701
		11.1.3	Gefährlicher Abfall – Überwachungsinstrumente	707
		11.1.4	Analytik gefährlicher Abfälle – Möglichkeiten und Grenzen......................................	709
	11.2	Technische Verfahren zur Behandlung und Beseitigung gefährlicher Abfälle		711
	11.3	Chemisch-Physikalische Behandlung von gefährlichen Abfällen (CPB)...		711
		11.3.1	CPB – Allgemeines	711
		11.3.2	Altöl, Charakterisierung und Behandlung	716
		11.3.3	Abfall-Emulsionen................................	717
		11.3.4	Cyanide	721
		11.3.5	Nitrit...	730
		11.3.6	Chromatentgiftung................................	732
		11.3.7	Schwermetalle	736
		11.3.8	Entwässerung von Abfall-Dünnschlämmen im Hinblick auf Deponierung	740
		11.3.9	Membranverfahren zur Behandlung von flüssigen gefährlichen Abfällen..............................	744
		11.3.10	Aktivkohle zur Aufbereitung der CPB-Wasserphase........	749
	11.4	Vermeidung/Verminderung/Verwertung von gefährlichem Abfall		751
		11.4.1	Abfall Vermeidung Verminderung Verwertung (VVV) – Allgemeines	751

11.4.2 Beispiel: Abfallvermeidung/Abfallverminderung von Schneidöl-Emulsionen ... 753
11.4.3 Beispiel: Abfallvermeidung/Abfallverminderung von Lackschlämmen (ehemaliges ABAG-Projekt, Baden-Württemberg) ... 754
11.4.4 Beispiel: Abfallvermeidung/Abfallverwertung von Dünnsäure ... 754
Literatur ... 757

12 Abfallwirtschaftskonzepte und Abfallwirtschaftliche Planung auf Ebene der öffentlich-rechtlichen Entsorgungsträger ... 759
Martin Kranert und Hans-Dieter Huber
12.1 Abfallwirtschaftskonzepte ... 760
12.1.1 Allgemeines ... 760
12.1.2 Gesetzliche Rahmenbedingungen und Zielvorgaben bei der Erstellung von Abfallwirtschaftskonzepten ... 761
12.1.3 Vorgehensweise bei der Erstellung von integrierten Abfallwirtschaftskonzepten ... 763
12.1.4 Berechnung, Bilanzierung und Bewertung von Modellvarianten ... 772
12.1.5 Abfallwirtschaftskonzept ... 778
12.1.6 Umsetzung von Abfallwirtschaftskonzepten ... 782
12.2 Planung und Realisierung abfallwirtschaftlicher Anlagen ... 784
12.2.1 Grundlagen und Vorgehensweisen ... 784
12.2.2 Konzeptionelle Planung ... 788
12.2.3 Genehmigungsplanung und Genehmigungsverfahren ... 789
12.2.4 Ausschreibung und Vergabe ... 792
12.2.5 Ausführungsplanung ... 795
12.2.6 Überwachung der Realisierung ... 796
Literatur ... 800

13 Betriebliches Abfall- und Nachhaltigkeitsmanagement ... 803
Jörg Woidasky, Claus Lang-Koetz und Stephan Fimpeler
13.1 Einleitung ... 804
13.2 Nachhaltigkeits- und Umweltmanagement ... 804
13.3 Produkt- und Prozessentwicklung aus abfallwirtschaftlicher Perspektive ... 807
13.3.1 Kreislaufwirtschaft, Circular Economy und Klimaschutz ... 807
13.3.2 Prozess- und Produktoptimierung ... 809
13.3.3 Kreislaufführung von Produkten ... 811
13.3.4 Eco-Design: Umwelt- und nachhaltigkeitsorientierte Produktgestaltung ... 815

	13.4	Innerbetriebliche Abfallwirtschaft	816
	13.5	Ausblick	820
	Literatur		821
14	**Stoffstrommanagement und Ökobilanzen**		**825**
	Gerold Hafner, Dominik Leverenz und Nicolas Escalante		
	14.1	Einleitung	826
	14.2	Stoffstrommanagement für Siedlungsabfälle	828
		14.2.1 Hintergrund und Zielsetzung	828
		14.2.2 Einordnung in die Siedlungsabfallwirtschaft	830
		14.2.3 Methodik des Stoffstrommanagements	833
		14.2.4 Zusammenfassung	845
	14.3	Stoffstrommanagement für Lebensmittel, Stuttgarter Methode zur Vermeidung von Lebensmittelabfällen	846
		14.3.1 Einleitung und Hintergrund	846
		14.3.2 Stuttgarter Methode für das Stoffstrommanagement von Lebensmitteln	848
		14.3.3 Stuttgarter Methode – Teil I: Begriffe und Definitionen	850
		14.3.4 Stuttgarter Methode – Teil II: Systemmodellierung	852
		14.3.5 Stuttgarter Methode – Teil III: Datenerfassung und Bilanzierung	852
		14.3.6 Stuttgarter Methode – Teil IV: Einordnung und Bewertung der Ergebnisse anhand von Bewertungskennziffern und Benchmarks	854
		14.3.7 Stuttgarter Methode – Teil V: Bewertungskennziffern und Benchmarks	855
		14.3.8 Stuttgarter Methode – Teil VI: Optimierungsmaßnahmen	855
		14.3.9 Stuttgarter Methode – Teil VII: Monitoring und Erfolgskontrolle	862
	14.4	Ökobilanz – Life Cycle Assessment	865
		14.4.1 Einleitung	866
		14.4.2 Allgemeines	866
		14.4.3 Ziel und Untersuchungsrahmen der Ökobilanz	867
		14.4.4 Sachbilanz	869
		14.4.5 Wirkungsabschätzung	869
		14.4.6 Auswertung	873
		14.4.7 Zusammenfassung	873
	Literatur		876

Anhang	881
A1. Anhang zu Kap. 3	881
A2. Tabellen zu Kap. 5	885
A3. Tabellen zu Kap. 7	891
A4. Tabellen zu Kap. 8	904
Glossar	913
Literatur	949
Stichwortverzeichnis	951

Autorenverzeichnis

Dr.-Ing. Mechthild Baron Studium des Technischen Umweltschutzes an der Technischen Universität Berlin (Abschluss Dipl.-Ing. 1996), bis 1999 Projektleiterin für Altlastensanierung und Gebäuderückbau bei der INTECUS GmbH Berlin, 1999 bis 2006 wissenschaftliche Mitarbeiterin an der Technischen Universität Berlin, Institut für Technischen Umweltschutz, Fachgebiet Abfallwirtschaft (2006 Promotion zum Dr.-Ing.), seit 2007 wissenschaftliche Mitarbeiterin für Kreislaufwirtschaft und Bodenschutz beim Sachverständigenrat für Umweltfragen (SRU) in Berlin.
Internet: www.umweltrat.de
E-Mail: mechthild.baron@umweltrat.de
Kapitel 2: Ressourcen- und Klimaschutz durch Kreislaufwirtschaft

Prof. Dr.-Ing. Werner Bidlingmaier Studium des Bauingenieurswesens an der Universität Stuttgart, Fakultät Bauingenieurwesen. 1972 Graduierung zum Dipl.-Ing.; 1979 Promotion zum Dr.-Ing.; 1990 Habilitation; 1991 Ernennung zum Privatdozenten mit dem Lehrgebiet: „Siedlungsabfallwirtschaft". 1992 Forschungspreis der Freien Universität Brüssel mit 3monatigem Forschungsaufenthalt. 1993 Professor für Abfallwirtschaft der Universität GH Essen. 1997 Professor für Abfallwirtschaft an der Bauhaus-Universität Weimar. Seit 2013 Gastdozent an der Universität Padua. 2015 Award „A life for Waste" der IWWG. Schwerpunkte: Internationale Abfallwirtschaft (spez. Entwicklungs- und Schwellenländer), Biologische Verfahren in der Abfallwirtschaft (Kompostierung, Anaerobtechnik, MBA), Kommunale und betriebliche Abfallwirtschaftskonzepte, 127 Veröffentlichungen, 3 Fachbücher.
E-Mail: werner.bidlingmaier@uni-weimar.de
Kapitel 4: Abfallvermeidung

Dipl.-Ing. Georgios Chryssos studierte an der Rheinisch-Westfälischen Technischen Hochschule (RWTH) Aachen Maschinenbau und Verfahrenstechnik. Herr Chryssos ist seit über 30 Jahren in Industrie und Abfallwirtschaft tätig. Sein Werdegang führte ihn 1992 zunächst als Projektleiter für Abfallwirtschaft und Umweltmanagementsysteme an das zentrale Forschungsinstitut der deutschen Papierindustrie, Papiertechnische Stiftung PTS, München. Nachfolgend war er als Umweltreferent an der Industrie- und

Handelskammer IHK Südlicher Oberrhein, Freiburg und später als Leiter Qualität und Umwelt in einem JV-Unternehmen der DaimlerChrysler Aerospace und VonRoll AG tätig. Hier übernahm Herr Chryssos später auch die Aufgabe als Leiter des Geschäftsbereiches Elektroaltgeräte. Im Jahr 2005 wechselte Herr Chryssos als Direktor Marketing und Vertrieb zum Altlampen-Rücknahmesystem Lightcycle in München. Seit dem Jahr 2009 ist Herr Chryssos Allein-Vorstand der Stiftung Gemeinsames Rücknahmesystem GRS Batterien. Herr Chryssos ist zudem Mitgründer der Dachorganisation der europäischen Batterierücknahmesysteme EUCOBAT aisbl in Zaventem, Belgien.
Internet: www.stiftung-grs.de
Email: chryssos@stiftung-grs.de
Kapitel 7: Verwertung von Abfällen

Prof. Dr.-Ing. Carla Cimatoribus ist seit 2014 Professorin für das Lehrgebiet Umwelttechnik (Abwassertechnik, Abfalltechnik, Umweltmanagement) an der Hochschule Esslingen. Sie studierte Chemische Verfahrenstechnik (Dipl.-Ing. 2003) an der Universität Padua, Italien und promovierte im Jahr 2009 an der Universität Stuttgart zum Thema Simulation und Regelung von Bioabfallvergärungsanlagen. Sie verfügt über mehrere Jahre internationaler Industrieerfahrung im Anlagenbau für Wasser- und Abwassertechnologien. Seit 2018 ist sie Umweltmanagement- und Nachhaltigkeitsbeauftragte der Hochschule.
Kapitel 8: Biologische Verfahren

Dipl.-Geol. Detlef Clauß Studium der Geologie und Paläontologie (Stuttgart). Seit 1994 akademischer Angestellter am Institut für Siedlungswasserbau, Wassergüte- und Abfallwirtschaft (ISWA) der Universität Stuttgart. Von 2002 bis 2005 Beteiligung an der Summer School „Abfallwirtschaft" in Brasilien. Seit 2002 selbstständige Lehraufgaben im Masterstudiengang Air Quality Control, Solid Waste and Waste Water Process Engineering (WASTE) und im Studiengang Umweltschutztechnik. Durchführung zahlreicher nationaler und internationaler Forschungsprojekte im Themenbereich Abfallwirtschaft. Seit 2015 Leiter des Arbeitsbereichs Systeme in der Kreislauf- und Abfallwirtschaft am Lehrstuhl für Abfallwirtschaft und Abluft. Seit 2022 wissenschaftlicher Mitarbeiter am ISWA in der Abteilung Multiskalige Umweltverfahrenstechnik.
Internet: www.iswa.uni-stuttgart.de
Email: detlef.clauss@iswa.uni-stuttgart.de
Kapitel 3: Abfallmenge und Abfallzusammensetzung

Dr.-Ing. Heinz-Josef Dornbusch studierte an der Fachhochschule Münster Bauingenieurwesen in der Vertieferrichtung Abfallwirtschaft. Anschließend war er wissenschaftlicher Mitarbeiter/Sachgebietsleiter im LASU – Labor für Abfallwirtschaft, Siedlungswasserwirtschaft und Umweltchemie der Fachhochschule Münster, ab 1994 wissenschaftlicher Mitarbeiter/Sachgebietsleiter in der INFA GmbH sowie im INFA e. V. Seit 1996 ist er Mitglied des VKS im VKU Fachausschusses „Entsorgungslogistik". Herr Dornbusch ist seit 2005 Geschäftsführender Gesellschafter der INFA GmbH und promovierte 2005 zu dem Thema „Untersuchungen zur Optimierung der Entsorgungslogistik für Abfälle aus Haushaltungen" an der Universität Rostock.

Kapitel 5: Sammlung und Transport

Nicolas Escalante Studium des Bauingenieurwesens an der Universidad de loss Andes in Bogotá, Kolumbien (Abschluss B.Sc. 2002). Masterstudium „Air Quality Control, Solid Waste, and Waste Water Process Engineering" (WASTE) an der Universität Stuttgart (Abschluss M.Sc. 2006). 2006 bis 2008 Dozent am Fachbereich Bau- und Umweltingenieurwesen der Universidad de los Andes. Promovend am Lehrstuhl für Abfallwirtschaft und Abluft der Universität Stuttgart und zum Thema model- und simulationsbasierte strategische Planung in der Abfallwirtschaft. Zwischen 2008 und 2013 wissenschaftlicher Mitarbeiter der gleichen Einrichtung. 2009 bis 2012 Aufbaustudium am Worcester Polytechnic Institute (USA) und Fortbildungen an der Universität St. Gallen (Schweiz), an der Universität Politècnica de Catalunya (Spanien) und an der Universität Bergen im Bereich Systemmodellierung und dynamische Simulation (System Dynamics). Freiberufliche Tätigkeit von 2013 bis 2015 unter andrem als beratender Ingenieur bei der Erstellung von Abfallwirtschaftspläne und als Wissenschaftler bei der Modellierung des urbanen Metabolismus von Bogotá. 2016 als Senior Consultant und Partner bei der Firma RRA (Public Law + Social Innovation) tätig. Zwischen 2017 und 2018 als freiberuflicher Mitarbeiter der nationalen Aufsichtsbehörde von kommunalen Versorgungs- und Entsorgungsunternehmen. Seit August 2019 Dozent der Abteilung für Umweltsanierung am Fachbereich Bau- und Agraringenieurwesen und seit März 2022 Leiter des DataLabs der Firma Valopes.
Internet: www.unal.edu.co
E-Mail: nescalantem@unal.edu.co

Kapitel 14: Stoffstrommanagement und Ökobilanzen

Prof. Dr.-Ing. Martin Faulstich Seniorprofessor für Ressourcen- und Energiesysteme an der TU Dortmund und Vorstand des INZIN Instituts für die Zukunft der Industriegesellschaft in Düsseldorf. Zuvor war er Lehrstuhlinhaber an der TU Clausthal und der TU München sowie Gastwissenschaftler an Instituten in Leoben, Montreal und Potsdam. Parallel war er von 2000 bis 2012 Vorstandsvorsitzender des ATZ Entwicklungszentrums Rohstoffe Energie Materialien in Sulzbach-Rosenberg sowie von 2003 bis 2012 Gründungsdirektor des Wissenschaftszentrums Straubing. In der Politikberatung war er seit 2006 Mitglied im und von 2008 bis 2016 Vorsitzender des Sachverständigenrates für Umweltfragen der Bundesregierung sowie bis 2024 Co-Vorsitzender Ressourcenkommission am Umweltbundesamt, zudem Mitglied in Gremien des Potsdam Instituts für Klimafolgenforschung, der Daimler und Benz Stiftung sowie dem Ifo Institut für Wirtschaftsforschung. Er hat die Studiengänge Verfahrenstechnik und Maschinenbau in Düsseldorf und Aachen als Dipl.-Ing. abgeschlossen und wurde an der TU Berlin zum Dr.-Ing. promoviert.

Internet: www.inzin.de
E-Mail: martin.faulstich@inzin.de
Kapitel 2: Ressourcen- und Klimaschutz durch Kreislaufwirtschaft

Dr.-Ing. Alexander Feil Studium des Bergbaus, Fachrichtung Aufbereitung, Diplom 1992, RWTH Aachen. 1992 bis 1996: Wissenschaftlicher Mitarbeiter am Lehrstuhl für Umweltverfahrenstechnik und Recycling (LUR), Erlangen-Nürnberg. 1996 bis 2002: Schriftleitung der Fachzeitschrift Aufbereitungs Technik/Mineral Processing. 2002 bis 2011: Technischer Direktor des Forschungsinstitutes der Internationalen Forschungsgemeinschaft Futtermitteltechnik (IFF), Braunschweig-Thune. Seit 2012: Oberingenieur am Lehrstuhl für Aufbereitung und Recycling (I.A.R.) der RWTH Aachen (seit 2020: Umbenennung des I.A.R. in Anthropogene Stoffkreisläufe (ANTS)).
Internet: https://www.ants.rwth-aachen.de
E-Mail: alexander.feil@ants.rwth-aachen.de
Kapitel 6: Aufbereitung fester Abfallstoffe

Stephan Fimpeler ist Vertriebsleiter der REMONDIS Medison GmbH, die sich mit Abfällen in medizinischen Einrichtungen – von der Sammlung über den Transport bis zur Beseitigung bzw. Aufbereitung – beschäftigt. Nach der Ausbildung zum Industriekaufmann absolvierte er berufsbegleitend die Abschlüsse Betriebswirt (VWA), Bachelor of Business Administration sowie Master of Business Administration an der FOM (Hochschule für Oekonomie & Management). Seit 2003 ist Stephan Fimpeler Teil der REMONDIS-Gruppe und hat seitdem in verschiedenen Gesellschaften auf verschiedenen Ebenen gearbeitet. Beginnend als Auszubildender, über Flächenvertrieb und Key-Account-Management hin zu leitenden Positionen, kann er somit auf einen umfangreichen Erfahrungsschatz in der Kreislaufwirtschaft zurückblicken.
E-Mail: stephan.fimpeler@remondis.de
Kapitel 13: Betriebliches Abfall- und Nachhaltigkeitsmanagement

Dr.-Ing., Dipl.-Chem. Klaus Fischer Studium der Chemie an der Universität Stuttgart, Promotion 1984 zum Thema weitergehende Abwasserreinigung mithilfe von Aktivkohlefiltern und deren biologischen Regeneration. Ab 1983 wissenschaftlicher Mitarbeiter am Institut für Siedlungswasserbau, Wassergüte- und Abfallwirtschaft der Universität Stuttgart mit dem Schwerpunkt Biologische Abluftreinigung. Von 1994 bis 2014 Leiter des Arbeitsbereichs Siedlungsabfall. Lehrtätigkeit an der Universität Stuttgart sowie Lehrauftrag an der Universidade Federal do Parana in Curitiba/Brasilien im deutsch-brasilianischen Masterstudiengang MAUI. Zahlreiche Forschungsvorhaben und Veröffentlichungen auf dem Gebiet der Abluftreinigung und der Abfallwirtschaft. Mitglied der VDI-Arbeitsgruppen VDI 3475: Emissionen aus Abfallbehandlungsanlagen und VDI 3477 mit dem Thema Biofilter.
E-Mail: klausmartinfischer@hotmail.com
Kapitel 8: Biologische Verfahren

Prof. Dr.-Ing. Sabine Flamme Studium an der FH Münster im FB Bauingenieurwesen, Promotion 2002 zum Dr.-Ing. an der Bergischen Universität Wuppertal, 1994 bis 2001 Projektleiterin sowie 2001 bis 2006 Sachgebietsleiterin im INFA für den Bereich mechanische und energetische Abfallbehandlung, zum Wintersemester 2005/2006 Ruf an die FH Münster, Lehrgebiet Stoffstrom- und Ressourcenmanagement; Seit Herbst 2005 Leitung des LASU – Labor für Abfallwirtschaft, Siedlungswasserwirtschaft und Umweltchemie (im Jahr 2014 umfirmiert in IWARU – Institut für Infrastruktur, Wasser, Ressourcen und Umwelt, hier Sprecherin des Vorstandes) sowie der Geschäftsstelle der Gütegemeinschaft Sekundärbrennstoffe und Recyclingholz e. V. (BGS e. V.). Von 2006 bis 2014 wissenschaftliche Leiterin in der INFA GmbH und von 2007 bis 2022 Geschäftsführerin der neovis GmbH & Co. KG.; Stellvertretende Vorstandsvorsitzende des re!source Stiftung e. V., Mitglied im Vorstand des DGAW e. V.; Mitglied in weiteren verschiedenen nationalen und internationalen Fach- und Projektbeiräten und Kuratorien, Autorin und Co-Autorin zahlreicher Fachbeiträge in Zeitschriften, Tagungsbänden und Büchern, Herausgeberin der Schriftenreihe Münsteraner Schriften zur Abfallwirtschaft,
Internet: www.iwaru.de
E-Mail: flamme@fh-muenster.de
Kapitel 7: Verwertung von Abfällen

Hon.-Prof. Dr. Henning Friege Henning Friege beschäftigte sich nach seinem Chemiestudium zunächst mit Wasser-, Abwasser-, Abfall- und Altlastenanalytik im Landesdienst in Nordrhein-Westfalen und Hamburg. Ab 1986 war er als Abteilungsleiter im s.z. Landesamt für Wasser und Abfall u. a. mit der Verbesserung der Gewässergüte des Rheins und seiner Nebenflüsse befasst. 1990 wurde er zum Umweltdezernenten der Landeshauptstadt Düsseldorf gewählt. Seine Arbeiten zur Umwelt- und speziell zur Chemiepolitik führten 1991 und 1995 zur Berufung als sachverständiges Mitglied in zwei Enquête-Kommissionen des Deutschen Bundestags. Von 1998 bis 2013 verantwortete er den Umweltbereich bei den Stadtwerken Düsseldorf AG und leitete die zum Konzern gehörenden Abfallwirtschaftsunternehmen. Herr Friege habilitierte 2013 an der TU Dresden. 2014 gründete er zusammen mit Partnern die N^3 Nachhaltigkeitsberatung, die sich u. a. mit Fragen der Abfallwirtschaft, der Energieversorgung und der internationalen Regulierung von Chemikalien befasst. Herr Friege lehrt an der TU Dresden und an der Leuphana Universität, Lüneburg.
E-Mail: henning.friege@gmx.net
Kapitel 2: Ressourcen- und Klimaschutz durch Kreislaufwirtschaft

Dr.-Ing. Anna Fritzsche Studium im Fach Entsorgungsingenieurwesen an der RWTH Aachen von 2006 bis 2011. Zwei Jahre Referentin beim Bundesverband Sekundärrohstoffe und Entsorgung e. V. in Bonn, zuständig für den Fachverband Mineralik – Recycling und Verwertung sowie das Thema Biogene Abfälle im Fachverband Ersatzbrennstoffe, Altholz und Biogene Abfälle. Von 2014 bis 2023 Wissenschaftliche Mitarbeiterin am Institut für Siedlungswasserbau, Wassergüte und Abfallwirtschaft mit den

Forschungsschwerpunkten Kreislaufwirtschaft, Bioökonomie und Bioabfallaufbereitung. U. a. Koordinatorin und Projektleiterin des BMBF-Verbundprojektes „Agrarsysteme der Zukunft: RUN – Nährstoffgemeinschaften für eine zukunftsfähige Landwirtschaft". Promotion im Jahr 2021 zum Thema „Optimierung von Biogasanlagen für Bioabfälle". Seit August 2024 Klimaschutzkoordinatorin bei der Bundesstadt Bonn.
E-Mail: anna.fritzsche@posteo.de
Kapitel 4: Abfallvermeidung
Kapitel 8: Biologische Verfahren

Prof. Dr.-Ing. Bernhard Gallenkemper studierte in Münster von 1964 bis 1967 an der Staatlichen Ingenieurschule für Bauwesen, Fachrichtung Allgemeiner Ingenieurbau und anschließend an der TU Hannover, Fachrichtung Bauingenieurwesen. In seiner Dissertation im Jahr 1977 wurde der Einsatz verschiedener Behältersysteme bei der Müllabfuhr unter besonderer Berücksichtigung der örtlichen Gegebenheiten untersucht. Nach einer Tätigkeit beim Ruhrverband, Essen, wurde er 1980 an die Fachhochschule Münster für das Lehrgebiet Wasser- und Abfallwirtschaft berufen. Neben seiner Lehrtätigkeit befasste er sich dort bis zu seinem Ruhestand im Jahr 2005 im Rahmen vieler Forschungs- und Entwicklungsprojekte mit praxisnahen anwendungsbezogenen Fragestellungen aus dem Bereich der Abfallwirtschaft. Ein Schwerpunkt seiner Arbeitsbereiche ist die Logistik. Sein umfassendes Wissen schlägt sich in der Vielzahl von Gutachten, Veröffentlichungen und Vorträgen sowie Mitarbeit in verschiedenen Fachausschüssen nieder. Außerdem verfügt er über umfangreiche praktische Planungserfahrungen in den Bereichen abfallwirtschaftlicher Behandlungsanlagen und Deponien.
Kapitel 5: Sammlung und Transport

Dr.-Ing. Hans-Joachim Gehrmann Studium Maschinenwesen und Verfahrenstechnik an den Universitäten Stuttgart und Clausthal 10/1988–11/1995 Projektingenieur im Bereich der Thermischen Prozesstechnik an der Clausthaler Umwelttechnik Institut GmbH: 12/1995–03/2006 Promotion an der Bauhaus-Universität Weimar: 01/2001–12/2005 Wechsel ins Forschungszentrum Karlsruhe (heute Karlsruher Institut für Technologie) an das Institut für Technische Chemie (ITC) als Arbeitsgruppenleiter „Verbrennungstechnologie" 04/2006 – heute Übernahme der Abteilungsleitung der Abteilung „Aerosol- und Partikeltechnologie", heute „Verbrennungs- und Partikeltechnologie: 11/2018 – heute Lehrauftrag am Institut für Feuerungs- und Kraftwerkstechnik der Universität Stuttgart, Lehrstuhl Prof. Scheffknecht „Thermal Waste Treatment" und „Design of Thermal Waste Treatment Plants" 2 SWS im Sommersemester und 2 SWS im Wintersemester mit der Berechtigung zur Prüfungsabnahme (schriftlich und mündlich): 04/2015 – heute Übernahme einzelner Vorlesungen und Durchführung der Übungen, Prüfungsbeisitz am Engler-Bunte-Institut, Teilinstitut Verbrennungstechnik, Lehrstuhl Hochtemperaturverfahrenstechnik Prof. Stapf: 04/2016 – heute. Mehr als 100 Publikationen als Autor und Co-Autor, Inhaber von Patenten, Reviewer- und Gutachtertätigkeit; Mitglied in Fachgruppen der ProcessNet, VDI, DIN und CEN-Gremien. Forschungsschwerpunkte: Hochtemperaturverfahren, Pyrolyse, Vergasung und Verbrennung fester Brennstoffe, Verbrennung

unter Oxyfuelbedingungen, Entwicklung von Verfahren zur Minderung von Schadstoffen, z. B. Stickoxidminderung durch oszillierende Verbrennung.
Internet: http://www.itc.kit.edu
Email: hans-joachim.gehrmann@kit.edu
Kapitel 9: Thermische Verfahren

Katrin Große Scharmann, B. Eng. studierte an der FH Münster Bauingenieurwesen in der Vertieferrichtung Wasser- und Ressourcenwirtschaft. Seit 2021 arbeitet sie als studentische Hilfskraft und seit 2022 als wissenschaftliche Mitarbeiterin im IWARU – Institut für Infrastruktur, Wasser, Ressourcen und Umwelt in der Arbeitsgruppe Ressourcen.
E-Mail: katrin.grosse-scharmann@fh-muenter.de
Kapitel 7: Verwertung von Abfällen

Dr.-Ing. Gerold Hafner Studium Bauingenieurwesen an der Universität Stuttgart mit Abschluss Diplom-Ingenieur im Jahr 1992. Danach Tätigkeiten in Ingenieurbüros im Bereich Erd- und Grundbau, Altlastensanierung und später Abfallwirtschaft. Seit 2003 wissenschaftlicher Mitarbeiter an der Universität Stuttgart am Institut für Siedlungswasserbau, Wassergüte- und Abfallwirtschaft (ISWA), seit 2004 Vorlesungen im Bereich Ressourcenmanagement unter Energie- und Klimaaspekten an der Universität Stuttgart. Seit 2009 Arbeitsbereichsleiter „Ressourcenmanagement und Industrielle Kreislaufwirtschaft" am Lehrstuhl für Abfallwirtschaft und Abluft. Seit 2015 Dozent an der Hochschule für Forstwirtschaft Rottenburg. 2018 Promotion zum Dr.-Ing. an der Universität Stuttgart. Seit 2021 Lehrbeauftragter an der Universität Hohenheim. Seit 2022 wissenschaftlicher Mitarbeiter am ISWA in der Abteilung Multiskalige Umweltverfahrenstechnik. Wichtige Schwerpunkte der wissenschaftlichen Tätigkeiten auf nationaler und internationaler Ebene sind, neben klassischen Themen der Kreislauf- und Ressourcenwirtschaft, das zirkuläre und nachhaltige Bauen, das Stoffstrom- und Ressourcenmanagement und die Analyse, Bewertung und Optimierung von Systemen der Lebensmittelkette mit einem thematischen Schwerpunkt beim Monitoring der Lebensmittelabfälle.
Internet: www.iswa.uni-stuttgart.de
E-Mail: gerold.hafner@iswa.uni-stuttgart.de
Kapitel 14: Stoffstrommanagement und Ökobilanzen

Dr.-Ing. Florian Hansen studierte Wirtschaftsingenieurwesen an der Technischen Universität Clausthal und schloss 2019 als M.Sc. ab. Daraufhin arbeitete er bis 2023 als Wissenschaftlicher Mitarbeiter in der Abteilung Ressourcentechnik und -systeme am CUTEC Clausthaler Umwelttechnik Forschungszentrum und beschäftigte sich maßgeblich mit der automatisierten Demontagetechnik von elektrischen Antriebsaggregaten. Ebenfalls im Jahr 2023 wurde Florian Hansen erfolgreich zum Doktoringenieur promoviert; seine Dissertation handelt von Werkzeugen und Methoden zur Verbesserung der automatisierten Demontage elektrischer Antriebsaggregate. Seit Ende 2023 ist Florian Hansen bei der SMA Solar Technology AG als Technical Lead Engineer tätig und arbeitet an Sonderlösungen für komplexe Photovoltaik- und Energiemanagementsysteme.

E-Mail: florian.hansen@alumni.tu-clausthal.de
Kapitel 2: Ressourcen- und Klimaschutz durch Kreislaufwirtschaft

Dipl.-Ing. Kathrin Heuer schloss ihr Studium im Studiengang Bauingenieurwesen mit der Fachrichtung Wasser- und Abfallwirtschaft im Jahr 2007 ab, ist seitdem bei der INFA – Institut für Abfall, Abwasser und Infrastruktur-Management GmbH beschäftigt und seit 2014 Leitende Projektingenieurin im Bereich „Abfallgebühren". Im Wesentlichen befasst sie sich dabei mit der Prüfung, Erarbeitung und Optimierung von Abfallgebührenmodellen sowie der betrieblichen Begleitung und den entsprechenden Beteiligungsprozessen dieser Projekte (interne Arbeitsgruppen, Workshops, Bürgerveranstaltungen etc.).
Internet: https://infa.de
E-Mail: heuer@infa.de
Kapitel 5: Sammlung und Transport

Dr.-Ing. Julia Hobohm studierte Verfahrenstechnik an der Technischen Universität Hamburg. Von 2011–2018 war Frau Dr. Hobohm wissenschaftliche Mitarbeiterin an der Technischen Universität Hamburg, Institut für Umwelttechnik und Energiewirtschaft, Gruppe für Abfallressourcenwirtschaft. Das Promotionsthema war die ressourcenoptimierte Erfassung von Elektro- und Elektronikaltgeräten. Nach der Promotion war Dr. Hobohm Bereichsleiterin Abfallwirtschaft bei einem kommunalen Unternehmen. Seit 2019 ist sie für den Betrieb der Rücknahmesysteme von GRS Batterien verantwortlich, seit 2022 ist sie Geschäftsführerin der GRS Service GmbH. Frau Dr. Hobohm ist mit zwei Vorlesungsreihen an der Hochschule für Angewandte Wissenschaften Hamburg und einem Lehrauftrag an der DKU im Bereich der Lehre aktiv. Zudem ist sie seit 2019 im Vorstand der Deutschen Gesellschaft für Abfallwirtschaft e. V., leitet einen Arbeitskreis, vertritt die DGAW im Fachbeirat der Messe IFAT und ist seit 2022 im geschäftsführenden Vorstand der DGAW. Außerdem produziert und moderiert sie gemeinsam mit dem Branchenmagazin EUWID den „TrashTalk"-Podcast. Julia Hobohm ist im Moderatorennetzwerk der Akademie Obladen und leitet den Erfahrungsaustausch der Wertstoffhöfe mit Dr. Obladen. Seit 2023 ist sie im Executive Board der Messe IFAT. Sie ist Autorin bzw. Co-Autor von über 200 Fachbeiträgen in Zeitschriften, Tagungsbänden und Büchern.
Internet: https://www.grs-batterien.de/
E-Mail: Hobohm@grs-batterien.de
Kapitel 7: Verwertung von Abfällen

Prof. Dr.-Ing. Hans-Dieter Huber Studium des Bauingenieurwesens (Dipl.-Ing. 1984) sowie Promotion (Dr.-Ing. 2000) an der Universität Stuttgart. Ab 1984 in einem Ingenieurbüro Projektleiter verschiedener Großprojekte von Abfallbehandlungsanlagen. Ab 1997 bzw. 2005 bis 2020 außerdem Mitinhaber von zwei auf die Planung von Abfallbehandlungsanlagen spezialisierter Ingenieurbüros. Seit 2002 Lehrbeauftragter sowie seit 2017 Honorarprofessor an der Universität Stuttgart.
Kapitel 12: Abfallwirtschaftskonzepte und Abfallwirtschaftliche Planung auf Ebene der öffentlich-rechtlichen Entsorgungsträger

Univ.-Prof. Dr.-Ing. Martin Kranert Studium des Bauingenieurwesens an der Universität Stuttgart (Abschluss Dipl.-Ing. 1981), 1981 bis 1984 wissenschaftlicher Mitarbeiter an der Universität Stuttgart, Institut für Siedlungswasserbau, Wassergüte- und Abfallwirtschaft, Lehrstuhl für Abfalltechnik, 1987 Promotion zum Dr.-Ing. an der Universität Stuttgart, 1984 bis 1993 Projektleiter, Büroleiter und technischer Geschäftsführer bei der Ingenieursozietät Abfall, Stuttgart, 1993 bis 2002 Professor für Abfallwirtschaft an der Fachhochschule Braunschweig/Wolfenbüttel, Leitung des Institutes für Abfalltechnik und Umweltüberwachung, 2000 bis 2002 Leiter des Instituts für Verfahrensoptimierung und Entsorgungstechnik IVE (An-Institut) der Niedersächsischen Technologieagentur (NATI), Hannover, seit 2002 bis zum Ruhestand im Jahr 2021 Ordinarius für Abfallwirtschaft und Abluft an der Universität Stuttgart am Institut für Siedlungswasserbau, Wassergüte- und Abfallwirtschaft und Mitglied des Institutsdirektoriums, 2010–2021 Vorsitzender der Gemeinsamen Kommission des Studienganges Umweltschutztechnik, 2011–2013 Dekan der Fakultät Bau- und Umweltingenieurwissenschaften der Universität Stuttgart, 2010–2022 Mitglied des wissenschaftlichen Vorstandes des Indo-German-Center for Sustainability (IGCS) am IIT Madras (Chennai, Indien), seit 2012 Obmann des Bundesgüteausschusses der BGK e. V.; Gremientätigkeiten, Mitglied in nationalen und internationalen Fachvereinigungen und Fachkommittees, Autor bzw. Co-Autor von über 400 Fachbeiträgen in Zeitschriften, Tagungsbänden und Büchern, Herausgeber der Schriftenreihe Stuttgarter Berichte zur Abfallwirtschaft.
E-Mail: martin.kranert@iswa.uni-stuttgart.de
Kapitel 4: Abfallvermeidung
Kapitel 8: Biologische Verfahren
Kapitel 12: Abfallwirtschaftskonzepte und Abfallwirtschaftliche Planung auf Ebene der öffentlich-rechtlichen Entsorgungsträger

Prof. Dr.-Ing. Kerstin Kuchta studierte Technischen Umweltschutz an der TU Berlin und promovierte 1997 an der TU Darmstadt zur Produktion von Qualitätsgütern in der thermischen Abfallbehandlung. Bis zum Antritt ihrer Professur für Energie- und Umweltmanagement an der HAW Hamburg 2002, war sie in der Leitung verschiedener Ingenieurgesellschaften mit der Planung, der Genehmigung und dem Betrieb von umwelttechnischen Anlagen betraut. Von 2008 bis 2010 fungierte sie zusätzlich als Gründungsdekanin der Ingenieurwissenschaftlichen Fakultät der Deutsch-Kasachischen Universität in Almaty, Kasachstan. Seit 2011 ist sie Professorin für Abfallressourcenwirtschaft an der TU Hamburg und leitet das Institut für Circular Engineering and Management. Ihre Forschungsschwerpunkte liegen neben den Bereichen Polymer-Recycling, Circular Cities, Biobased Solutions und Recycling seltener Metalle aus Elektronikabfall, Altfahrzeugen und Schlacken.
Internet: www.tuhh.de/crem
E-Mail: kuchta@tuhh.de
Kapitel 7: Verwertung von Abfällen

Prof. Dr.-Ing. Claus Lang-Koetz ist Professor für Nachhaltiges Technologie- und Innovationsmanagement an der Hochschule Pforzheim (seit 2014). Nach seinem Studium (Dipl.-Ing. Umweltschutztechnik) arbeitete er neun Jahre lang in der angewandten Forschung an der Universität Stuttgart (Promotion zum Dr.-Ing.) und am Fraunhofer-Institut für Arbeitswirtschaft und Organisation IAO in Stuttgart. Danach baute er das Innovationsmanagement bei einem international agierenden Anlagenbauunternehmen auf und leitete es. Prof. Lang-Koetz ist stellvertretender Leiter des Instituts für Industrial Ecology (INEC) an der Hochschule Pforzheim. Er beschäftigt sich dort damit, wie technisch basierte Innovationen in der Praxis entwickelt und umgesetzt und dabei Umwelt- und Nachhaltigkeitsaspekte berücksichtigt werden können.
E-Mail: claus.lang-koetz@hs-pforzheim.de
Kapitel 13: Betriebliches Abfall- und Nachhaltigkeitsmanagement

Prof. Dr.-Ing., Dr. phil. Paul Laufs Studium des Maschinenwesens, der Luftfahrttechnik und der Technikgeschichte in München und Stuttgart (Dipl.-Ing. 1963), Wissenschaftlicher Assistent am Institut für Aerodynamik und Gasdynamik der Universität Stuttgart (Promotion zum Dr.-Ing. 1967), Industrietätigkeit 1967 bis 1976 – davon 3 Jahre in den USA, Mitglied des Deutschen Bundestags (CDU) 1976 bis 2002, Mitglied eines Kreistags 1979–1984, Parlamentarischer Staatssekretär 1991–1997 u. a. im Bundesministerium für Umwelt, Naturschutz und Reaktorsicherheit, nach 2002 technikhistorische Studien an der Universität Stuttgart (Abschluss Promotion zum Dr. phil. 2006), Lehrbeauftragter der Universität Stuttgart 1967–1973 (Hyperschallströmungen) und 1991–2020 (Umweltpolitik), Honorarprofessor 1998. Laufs ist Träger des Großen Bundesverdienstkreuzes.
E-Mail: p-c.laufs@t-online.de
Kapitel 1: Politische Ziele, Entwicklungen und rechtliche Aspekte der Abfall- und Kreislaufwirtschaft

Dr.-Ing. Dominik Leverenz studierte Umweltschutztechnik an der Universität Stuttgart. Von 2012 bis 2024 arbeitete er am Institut für Siedlungswasserbau, Wassergüte- und Abfallwirtschaft (ISWA). Im Rahmen seiner Doktorarbeit untersuchte er Maßnahmen und Lösungsansätze zur effizienten Vermeidung von Lebensmittelabfällen. Seit 2024 arbeitet er als Post-Doc an der Professur für Technology Assessment an der Universität Augsburg.
Internet: https://www.uni-augsburg.de/de/fakultaet/mntf/mrm/prof/tecasm/
E-Mail: dominik.leverenz@uni-a.de
Kapitel 3: Abfallmenge und Abfallzusammensetzung
Kapitel 4: Abfallvermeidung
Kapitel 14: Stoffstrommanagement und Ökobilanzen

Dr. sc. agr. Claudia Maurer studierte Agrarwissenschaften und Agribusiness an der Universität Hohenheim. Sie arbeitete von 2011 bis 2023 am Institut für Siedlungswasserbau, Wassergüte- und Abfallwirtschaft zunächst im Arbeitsbereich Ressourcenmanagement und industrielle Kreislaufwirtschaft und seit 2014 leitete sie den Arbeitsbereich

Biologische Verfahren in der Kreislaufwirtschaft. Sie beschäftigt sich mit biologischen Rest- und Abfallstoffen und deren Verwertung in konventionellen Verfahren sowie die Verwertung in noch nicht etablierten Verfahren im Rahmen der Bioökonomie. Die Zielstellungen sind dabei grundlagenorientiert und an einer praxisfähigen Umsetzung ausgerichtet und ermöglichen den Technologietransfer aus der Wissenschaft in die Praxis. Im Rahmen ihrer Doktorarbeit untersuchte sie das Trocknungsverhalten von Gärresten bei verschiedenen Konditionierungen sowie die dabei entstehenden umweltrelevanten Emissionen. Ein weiterer Schwerpunkt ihrer Doktorarbeit war die Anwendung der verschieden konditionierten Gärresten als Düngemittel zur Stickstoffdüngung. Ihre Forschungsergebnisse sind in zahlreichen internationalen und nationalen wissenschaftlichen Fachzeitschriften veröffentlicht.
Email: maurer.cl@googlemail.com
Kapitel 8: Biologische Verfahren

Univ. Prof. Dr.-Ing. Thomas Pretz Studium des Bergbaus, Fachrichtung Aufbereitung; ab 1977 an der RWTH Aachen. September 1983: Abschluss zum Dipl.- Ing. Ab Oktober 1983 Wissenschaftlicher Mitarbeiter am Institut für Aufbereitung bei Prof. Hoberg, RWTH Aachen. Promotion zum Dr.- Ingenieur im Oktober 1988. Von 1988 bis 1989 Oberingenieur am Institut für Aufbereitung. Danach Projektingenieur bei TILKE, Ingenieure für Umweltverfahrenstechnik, Aachen. 1990 Gründung der HTP, Ingenieurgesellschaft für Aufbereitungstechnik und Umweltverfahrenstechnik, Aachen. Seit 1993 Gesellschafter der Ingenieurgesellschaft pbo. 1997 erfolgte die Berufung auf den Lehrstuhl für Aufbereitung und Recycling zum Leiter des Instituts für Aufbereitung der RWTH Aachen; im Ruhestand seit 2020.
E-Mail: pretz@ifa.rwth-aachen.de
Kapitel 6: Aufbereitung fester Abfallstoffe

Dipl.-Ing. Matthias Rapf Studium der Umweltschutztechnik 1995 bis 2002 mit Abschluss als Dipl.-Ing. an der Universität Stuttgart. Als wissenschaftlicher Mitarbeiter am Institut für Siedlungswasserbau, Wassergüte- und Abfallwirtschaft der Universität Stuttgart seit 2003 beschäftigt er sich in Forschung und Lehre mit Fragestellungen zum Management und zur Behandlung von Industrieabfällen und Klärschlamm sowie zur Ermittlung der Umweltauswirkungen industrieller Prozesse.
Internet: www.iswa.uni-stuttgart.de
Email: Matthias.rapf@iswa.uni-stuttgart.de
Kapitel 7: Verwertung von Abfällen
Kapitel 11: Gefährliche Abfälle

Dr.-Ing. Karoline Raulf Studium des Entsorgungsingenieurwesens und der RWTH Aachen (Diplom 2009). Wissenschaftliche Mitarbeiterin am Institut für Aufbereitung und Recycling fester Abfallstoffe von 2009 bis 2020 (Promotion zur Dr.-Ing. im Jahr 2015 zum Thema Vorkonditionierung von Schleifschlämmen aus der

NdFeB-Magnetproduktion für die metallurgische Verwertung); seit 2020 am Institut für Anthropogene Stoffkreisläufe, seit 2021 in der Funktion der Akademischen Rätin.
E-Mail: karoline.raulf@ants.rwth-aachen.de
Kapitel 6: Aufbereitung fester Abfallstoffe

Dr.-Ing. Martin Reiser Ausbildung zum Chemielaboranten am Institut für Siedlungswasserbau, Wassergüte- und Abfallwirtschaft (ISWA) der Universität Stuttgart, Studium der Chemie an der Universität Stuttgart (Abschluss Dipl.-Chem. 1992). 1999 Dissertation am ISWA mit dem Titel „Reinigung von Abluft mit schlecht wasserlöslichen Inhaltsstoffen im Biomembranreaktor". 1999 bis 2021 Leiter des Arbeitsbereichs „Technik und Analytik der Luftreinhaltung" (2010 umbenannt in „Emissionen") im Lehrstuhl für Abfallwirtschaft und Abluft des ISWA. Seit 2022 wissenschaftlicher Mitarbeiter an der Universität Stuttgart (ISWA) im Arbeitsgebiet Luftanalytik mit Schwerpunkt Treibhausgase und Spurenstoffe sowie Emissionen aus Abfallbehandlungsanlagen.
Internet: www.iswa.uni-stuttgart.de
Email: martin.reiser@iswa.uni-stuttgart.de
Kapitel 8: Biologische Verfahren

Prof. Dr.-Ing. Gerhard Rettenberger studierte an der Universität Stuttgart bis 1972 Bauingenieurwesen. Danach war er wissenschaftlicher Mitarbeiter und akademischer Rat an der Universität Stuttgart bei Prof. Dr. Tabasaran. Seine wissenschaftlichen Aktivitäten lagen insbesondere auf den Gebieten Deponietechnik, Deponiesanierung und Deponiegas. Seit 1987 hat er eine Vollprofessur für Abfalltechnik und Abwasserbehandlung an der Hochschule Trier inne. Zuletzt leitete er dort das Institut für Abfalltechnik und Ressourcensicherung. Er betreute eine der ersten Dissertationen eines Fachhochschulabsolventen. Er hat einen Lehrauftrag an der Universität Stuttgart im Bereich Biogastechnik und betreut den Studiengang Kreislaufwirtschaft und Abfalltechnik im Fernstudiengang „angewandte Umweltwissenschaften" an der Universität Koblenz. Er publizierte über 500 Fachartikel und war an der Erarbeitung zahlreicher Merkblätter und Richtlinien bei DWA (Deutsche Vereinigung für Wasserwirtschaft, Abwasser und Abfall e. V.), VDI und Biogasfachverband (FvB) beteiligt. Seit 2014 ist er emeritiert. Er war Vizepräsident und Vorstand in der Deutschen Gesellschaft für Abfallwirtschaft (DGAW e. V.), war Vorstandsmitglied des Arbeitskreises zur Nutzbarmachung von Siedlungsabfällen (ANS e. V.) und Vorsitzender des wissenschaftlichen Kuratoriums der Entsorgergemeinschaft der deutschen Entsorgungswirtschaft (EdDE). Er ist Berater und Bevollmächtigter in einem Ingenieurbüro (Ingenieurgruppe RUK GmbH) und arbeitet als Seniorconsultant an zahlreichen Deponieprojekten in verschiedenen Ländern. Als Sachverständiger prüft er Biogas- und Deponiegasanlagen. Er ist von der Industrie- und Handelskammer Trier öffentlich bestellter und vereidigter Sachverständiger für Abfalltechnik. Er ist in zahlreichen Gremien bei VDI, DWA, VKU und FvB teilweise in leitender Funktion tätig. Bei der DWA ist er u. a. stellvertretender Leiter des Fachausschusses Deponie. Er gibt die Schriftenreihe „Trierer Berichte zur Abfallwirtschaft" (bislang 25 Bände) heraus. Er

organisierte zahlreiche Kongresse und Weiterbildungsveranstaltungen z. B. die Trierer Deponiegastagung, den Wissenschaftskongress mit der DGAW e. V. Zuletzt initiierte er die Gründung der „Akademie der Kreislaufwirtschaft", ein Zusammenschluss von Professoren*innen aus dem Gebiet der Abfall- und Kreislaufwirtschaft.
E-Mail: gerhard.rettenberger@me.com
Kapitel 10: Deponie

Dipl.-Ing. Manfred Santjer studierte an der Fachhochschule Münster Bauingenieurwesen in der Vertieferrichtung Wasser- und Abfallwirtschaft. Im Anschluss war er als Planungsingenieur in der IWA – Ingenieurgesellschaft für Wasser- und Abfallwirtschaft mbH, Enniger tätig. Von 1996 bis 2007 war er als Projektingenieur und im Zeitraum 2008 bis 2018 als leitender Projektingenieur in der INFA GmbH beschäftigt. Seit 2019 ist er Bereichsleiter. Dabei stehen neben dem gesamten Themenfeld der Analysen auch Organisationsuntersuchungen im Bereich der Entsorgungslogistik sowie im dazugehörenden technischen und administrativen Bereich auch Wirtschaftlichkeitsuntersuchungen sowie Management- und Strategieberatungen im Fokus seiner Tätigkeiten.
Kapitel 5: Sammlung und Transport

Dr.-Ing. Nico Schulte Nach dem Studium an der Fachhochschule Münster im Studienfach Bauingenieurwesen, Fachrichtung Wasser- und Abfallwirtschaft (Abschluss Dipl.-Ing. FH im Jahr 2000), nahm er seine Tätigkeiten bei der INFA – Institut für Abfall, Abwasser und Infrastruktur-Management GmbH, Ahlen (Westf.) auf. Dort ist er für die Softwareentwicklung sowie Software- und Digitalisierungsberatung, insbesondere in den Themenfeldern Entsorgungslogistik, Straßenreinigung und Winterdienst, als Bereichsleiter verantwortlich. Nebenberuflich promovierte er an der Universität Rostock im Bereich Abfallwirtschaft zum Thema Qualitätsprüfungen bei der haushaltsnahen Abfallsammlung mit dem Abschluss Dr.-Ing. (2016). Seit 2020 ist er Partner bei der INFA GmbH und seit Ende 2022 Geschäftsführer des INFA-ISFM e. V., einem An-Institut der Fachhochschule Münster. Seit 2023 ist Herr Schulte auch Geschäftsführender Gesellschafter der INFA GmbH.
Internet: https://infa.de
E-Mail: schulte@infa.de
Kapitel 5: Sammlung und Transport

Dr.-Ing. Jan Henning Seelig Studium der Biologie an der Georg-August-Universität Göttingen (Abschluss Dipl.-Biol. 2007), 2007 bis 2008 Mediengestalter Bild und Ton bei Imago Film in Göttingen mit Schwerpunkt auf umweltschutzbezogene Dokumentarfilmprojekte. 2008 bis 2014 Projektmitarbeiter am Büsgen-Institut, Abteilung Forstzoologie und Waldschutz der Georg-August-Universität Göttingen, 2012 bis 2014 Masterstudium Nachwachsende Rohstoffe und Erneuerbare Energien an der HAWK Hochschule für angewandte Wissenschaft und Kunst in Göttingen, Masterarbeit im Bereich thermochemische Konversion am Fraunhofer-Institut für Umwelt-, Sicherheits- und Energietechnik (UMSICHT) in Oberhausen, dort anschließend Tätigkeit als Verfahrensingenieur im selben Bereich. Von Februar 2015 bis Juni 2024 Projektingenieur in der Abteilung Ressourcentechnik und -systeme am CUTEC Clausthaler Umwelttechnik Forschungszentrum der TU Clausthal, dort von Oktober 2016 bis Juni 2024 Leiter der Arbeitsgruppe Stoffströme.

Im Mai 2024 erfolgte die Promotion zum Thema „Simulation automatisierter Demontagesysteme für rotierende elektrische Maschinen - Ein Beitrag zur Circular Economy in der Elektromobilität" an der TU Clausthal.

Internet: https://www.cutec.de
E-Mail: jan.seelig@cutec.de

Kapitel 2: Ressourcen- und Klimaschutz durch Kreislaufwirtschaft

Prof. Dr.-Ing. Helmut Seifert 1966–1972 Studium Maschinenbau und Allgemeine Verfahrenstechnik an der Universität Karlsruhe (TH) und anschließende Promotion am Lehrstuhl für Feuerungstechnik des Engler-Bunte-Instituts der Universität Karlsruhe, von 1975–1979 als wissenschaftlicher Assistent. Nach der Promotion von 1979–1996 Industrietätigkeit in der BASF, Ludwigshafen, in verschiedenen Entwicklungs- und Projektierungsabteilungen u. a. Planung einer neuen Rückstandsverbrennungsanlage mit zentraler Abgasreinigung. Von 1987–96 Leitung der Gruppe Hochtemperaturverfahrenstechnik in der Technischen Entwicklung der BASF. 1997 Berufung als Professor für thermische Abfallbehandlung an die Universität Stuttgart, zeitgleich Übernahme der Leitung des Instituts für Technische Chemie (ITC) am Forschungszentrum Karlsruhe, das 2009 mit der Universität Karlsruhe zum KIT (Karlsruher Institut für Technologie) fusionierte. Nach seiner Emeritierung im Jahr 2015 weiterhin Betreuung externer und interner Aktivitäten des Institutes ITC am KIT u. a. von Doktoranden. Mitwirkung bei der europäischen Gesellschaft KIC-Innoenergy zur Entwicklung innovativer Energieprojekte sowie in zahlreichen Gremien und Fachgruppen z. B. bei ProcessNet/VDI und DVV sowie in mehreren Programmkommittees internationaler Tagungen z. B. IT3 (Incineration Technologies USA) und INFUB (Industrial Furnaces and Boiler, Portugal).

Forschungsschwerpunkte: Hochtemperaturverfahren, Pyrolyse, Vergasung und Verbrennung fester Brennstoffe sowie den dazugehörigen Abgasreinigungsverfahren mit Schwerpunkt Partikeltechnologie.

Autor bzw. Co-Autor von über 250 Fachbeiträgen in Zeitschriften, Tagungsbänden und Büchern und Inhaber zahlreicher Patente.

Internet: http://www.itc.kit.edu
Email: helmut.seifert@kit.edu

Kapitel 9: Thermische Verfahren

Prof. Dr.-Ing. Dipl.-Chem. Erwin Thomanetz Von 1986 bis 2009 Leiter des Arbeitsbereiches Industrielle Sonderabfälle/Altlasten am Lehrstuhl für Abfallwirtschaft und Abluft am Institut für Siedlungswasserbau, Wassergüte- und Abfallwirtschaft (ISWA) der Universität Stuttgart, Forschung & Entwicklung sowie Lehre. Tätigkeitsfelder: Industrieabwasser, Industrieabfälle, Kommunalabfall, Recyclingverfahren, Klärschlamm,

Abfallvermeidung, Altlastenerkundung und Altlastensanierung. Von der IHK öffentlich bestellter und Vereidigter Sachverständiger für Abfallpyrolyse. Mitglied im Beirat des Altlastenforums Baden-Württemberg e. V. Berufliche Auslandserfahrungen: USA, England, Luxemburg, Belgien, Dänemark, Norwegen, Türkei, Korea, Japan, China, Vietnam, Kirgisien, Kolumbien, Brasilien, Kenia, Äthiopien, Ruanda, Ägypten. Karl Imhoff Preis (1984) für Arbeiten zur Quantifizierung der Biomasse von belebten Schlämmen, Oce'-van der Grinten Industriepreis (1989) für Arbeiten zur Thematik Aufbereitung von Sickerwasser aus Sonderabfalldeponien. Autor bzw. Co-Autor zahlreicher Fachbeiträge in Fachzeitschriften, Tagungsbänden und Büchern. Tätig bei der GCTU (Gesellschaft für Chemischen und Technischen Umweltschutz mbH, Stuttgart) bis 2018. Verstorben im Jahr 2018.

Kapitel 11: Gefährliche Abfälle

Dr. rer. nat. Jürgen Vehlow Studium der Chemie, Physik und Mathematik an der Freien Universität Berlin folgte die Promotion zum Dr. rer. nat im März 1972 mit einer Arbeit zur Messung elektrischer Überführungszahlen im Debye-Hückel-Bereich unter Einsatz von Radiotracern. Im gleichen Jahr wechselte er als Wissenschaftler an das Laboratorium für Isotopentechnik (heute Institut für Technische Chemie) im Kernforschungszentrum Karlsruhe (heute Karlsruher Institut für Technologie) mit dem Tätigkeitsgebiet Korrosionsforschung mittels Radionuklidtechnik. Seit 1984 bearbeitete er dort chemische Prozesse der Abfallverbrennung mit den Schwerpunkten Elementverhalten (Schwermetalle, Halogene) Bildung und Abreinigung organischer Verbindungen (Dioxine, FCKW, Flammschutzmittel), Charakterisierung, Verwertung und Entsorgung von Prozessrückständen, Abfallwirtschaftskonzepte unter besonderer Beachtung des biogenen Abfall-anteils. Ab 1980 war er Leiter der Abteilung Chemie, von 1995 bis 1997 hatte er die kommissarische Institutsleitung inne und von 1997 bis 2006 war er Vertreter des Institutsleiters. Nach seinem Ausscheiden im August 2006 betreute er externe Aktivitäten des Instituts.

Er war Mitglied im Foreign Editoral Board des ‚Journal of Material Cycles and Waste Management', im Scientific Committee der International Conference on Combustion, Incineration/Pyrolysis and Emission Control (ICIPEC, Ostasien) und im Scientific Committee des Waste-to-Energy Research and Technology Council (WTERT) an der Columbia University, New York.

Herr Dr. Vehlow verstarb im Jahr 2020.

Kapitel 9: Thermische Verfahren

Wojciech Walica, M.Sc. Studium des Entsorgungsingenieurwesens an der RWTH Aachen mit Vertiefungsrichtung Feste Abfallstoffe (Abschluss 2016). Im Anschluss Referent für Umweltzeichen des Blauen Engel beim RAL e. V. Von 2017 bis 2023 Projektmanager bei: metabolon im Projekt Netzwerk Zirkuläre Wertschöpfung. Seit 2021 wissenschaftlicher Mitarbeiter am Institut für Infrastruktur, Wasser, Ressourcen, Umwelt in der Arbeitsgruppe Ressourcen an der FH Münster sowie Doktorand im Forschungskollegs

Verbund. NRW mit dem Thema: Bewertung der Recyclingfähigkeit von gipshaltigen Abfällen in der Gipsfaserplattenproduktion.
E-Mail: wojciech.walica@fh-muenster.de
Kapitel 7: Verwertung von Abfällen

Prof. Dr.-Ing. Jörg Woidasky studierte „Technischen Umweltschutz" an der Technischen Universität Berlin und promovierte an der Universität Stuttgart im Bereich Maschinenbau zur Kreislaufführung von Kunststoffkraftstoffbehältern. Von 1994 bis 2012 arbeitete er im Fraunhofer-Institut für Chemische Technologie bei Karlsruhe und leitete dort die Gruppe Kreislauf- und Abfallwirtschaft. 2012 wurde er zum Professor für Nachhaltige Produktentwicklung an die Fakultät für Technik der Hochschule Pforzheim berufen. Seine Forschungs- und Lehrgebiete sind die nachhaltige Prozess- und Produktgestaltung zur Umsetzung der „Circular Economy".
https://www.hs-pforzheim.de/profile/joergwoidasky
E-Mail: joerg.woidasky@hs-pforzheim.de
Kapitel 13: Betriebliches Abfall- und Nachhaltigkeitsmanagement

Politische Ziele, Entwicklungen und rechtliche Aspekte der Abfall- und Kreislaufwirtschaft

Paul Laufs

Zusammenfassung

Die Entsorgung des Gemeinwesens von Abfällen ist eine Aufgabe der Daseinsvorsorge in kommunaler Verantwortung und zugleich eine Dienstleistung im Wettbewerb der privaten Wirtschaft, woraus sich ein fortwährender Bedarf an staatlicher Regulierung ergibt. Das deutsche Abfallrecht entwickelte sich unter europarechtlichen und internationalen Einflüssen von der gesundheitspolizeilichen Gefahrenabwehr über die umweltverträgliche geordnete Beseitigung zur kreislauforientierten Abfallwirtschaft, die auf hohe Ressourcenproduktivität und geringe Abfallintensität ausgerichtet ist. Neben der staatlichen Regulierung werden Abfallströme durch marktwirtschaftliche Instrumente wie beispielsweise Rücknahme- und Pfandsysteme gesteuert. Die Politik der Abfallvermeidung sowie der stofflichen und energetischen Abfallverwertung setzt bereits beim Produktdesign und bei den Produktionsverfahren an. Die Europäische Union verfolgt darüber hinaus mit neuen Aktionsplänen und Gesetzgebungsinitiativen den Übergang zu einer Kreislaufwirtschaft, mit der die Abhängigkeit Europas von Primärrohstoffen und der Materialeinsatz insgesamt wesentlich verringert sowie die Klimaschutzziele erreicht werden sollen.

Schlüsselwörter

German waste legislation · European and international waste law developments · Resource productivity · Material flows · Steering instruments

---

P. Laufs (✉)
Stuttgart, Deutschland
E-Mail: p-c.laufs@t-online.de

1.1 Die Aufgaben der Abfall- und Kreislaufwirtschaft

Die Entsorgung des Gemeinwesens von Abfällen gehört zu den Grundpflichten der Abfallerzeuger und -besitzer als Verursacher und ist zugleich im Bereich der Siedlungsabfälle eine öffentlich-rechtliche (kommunale) Aufgabe der Daseinsvorsorge. Hinsichtlich der kommunalen Abfallentsorgung besteht für die Bürger und Gewerbetreibenden ein Anschluss- und Benutzungszwang. Am Entsorgungsmarkt ist neben und im Zusammenwirken mit den öffentlich-rechtlichen Entsorgungsträgern seit den 1970er Jahren ein prosperierender und inzwischen dominierender Wirtschaftszweig aus privaten Unternehmen entstanden, die Dienstleistungen zur Verwertung und Beseitigung von Abfällen (Abfallentsorgung) im Wettbewerb anbieten. Europarechtliche Vorgaben stärken die abfallwirtschaftliche Warenverkehrs- und Wettbewerbsfreiheit und zielen darauf, Qualität und Quantität der Verwertung von Siedlungs- und Gewerbeabfällen weiter zu verbessern, um die Abfall- zur Kreislaufwirtschaft weiterzuentwickeln, in der die Stoffe in einem geschlossenen Wirtschaftskreislauf geführt und immer wieder aufs Neue, also intensiv genutzt werden.

Der Rat von Sachverständigen für Umweltfragen (SRU) hat in seinem Umweltgutachten von 1974 als Auftrag der Abfallwirtschaft definiert: „sowohl das Abfallaufkommen als auch die Abfallbeseitigung so zu ordnen, dass die Gesundheit von Menschen nicht gefährdet und die gesellschaftlich gewünschte Nutzung von Umweltgütern nicht eingeschränkt wird" [1]. Dabei ist grundsätzlich ein vorsorgender Umweltschutz dem nachsorgenden Umweltschutz vorzuziehen. Umweltvorsorge lässt schädliche Emissionen und Ablagerungen erst gar nicht entstehen, sondern vermeidet oder vermindert sie von vornherein durch Integration von Umweltschutzmaßnahmen in Produkte, Produktions- und Entsorgungsverfahren. Die Produktverantwortung der Hersteller und Vertreiber, die auch Rücknahmepflichten zur Entsorgung umfasst, ist ein Leitprinzip in der Weiterentwicklung der Abfall- zur Kreislaufwirtschaft. Dabei ist der gesamte Lebenszyklus des Produkts zu betrachten und die Eigenschaften Langlebigkeit, Reparierbarkeit, Wiederverwendbarkeit und stoffliche Wiederverwertbarkeit sowie das Vorhandensein gefährlicher Stoffe besonders zu berücksichtigen.

Alle wirtschaftlich genutzten Materialien wurden einmal den natürlichen Ressourcen entnommen und werden schließlich zu Emissionen und Abfall. Wer Abfälle vermeidet oder verwertet und wirtschaftlich wieder verwendet, schont die natürlichen Ressourcen. Neben dem Gesundheits- und Umweltschutz ist die abfallwirtschaftliche Zielsetzung des schonenden Umgangs mit Rohstoffvorräten immer mehr in den Vordergrund getreten.

Die Abfallwirtschaft in Kommunen und privater Wirtschaft umfasst die Vermeidung, Verwertung und Beseitigung von Abfällen und soll nach Maßgabe staatlicher Regulierung die Inanspruchnahme natürlicher Ressourcen und alle Umweltauswirkungen bis hin zur Freisetzung klimarelevanter Gase möglichst gering halten. Die abfallwirtschaftliche Ordnung soll also dem Ziel dienen, Produkte so zu gestalten und Produktionsverfahren so auszurichten, dass möglichst wenige und möglichst unproblematische (schadstoffarme) Abfälle entstehen. Die erste abfallwirtschaftliche Zielsetzung, die Abfallvermeidung, fordert vor allem die Produzenten- und Konsumentenverantwortung ein. Sie hat einen quantitativen und einen qualitativen Aspekt: einmal die Verringerung der Menge und zum anderen die Verminderung der Gefährlichkeit der anfallenden Abfälle. Die Abfallverwertung bedeutet die Aufarbeitung von nicht vermiedenen Abfällen zu ihrer Wiederverwendung oder wieder verwendbaren und verkaufsfähigen Stoffen, die werkstofflich als sekundäre Rohstoffe oder energetisch als Ersatzbrennstoffe verwertet werden. Die Wiedereingliederung solcher Stoffe in den Wirtschaftskreislauf wird auch als Recycling bezeichnet. Man unterscheidet hinsichtlich des Rohstoffbedarfs und der Kreislaufführung eine biotische und drei abiotische Materialgruppen: Biomasse, fossile Rohstoffe, Metallerze und nicht-metallische Mineralien. Zu den biotischen Rohstoffen, also der Biomasse, gehören beispielsweise Nahrungs- und Futtermittel, Holz und Baumwolle. Zu den abiotischen Rohstoffen zählen die statistisch dominanten Baumaterialien Sand, Kies, Schotter, Kalk, Gips, Ton, Bodenaushub, Straßenaufbruch usw. Die fossilen Massenrohstoffe sind Stein- und Braunkohlen, Erdöl und Erdgas. Metalle lassen sich am leichtesten im Kreislauf führen.

Die Abfallbeseitigung schließlich bedeutet (von besonderen Beseitigungsverfahren abgesehen), Restabfälle so zu behandeln, dass sie gefahrlos abgelagert werden können und sie dann in einen dafür zugelassenen Deponiekörper geordnet einzubauen. Eine weitere Aufgabe ist die Behebung der durch unsachgemäße Abfallbeseitigung entstandenen Schäden (Altlastensanierung).

Gegenstand der Abfallwirtschaft im Produktionsbereich sind folglich die zum Gebrauch und Verbrauch erzeugten Wirtschaftsgüter sowie die bei ihrer Herstellung anfallenden Nebenprodukte, Reststoffe und Produktionsrückstände. Im Konsumbereich ist die Abfallwirtschaft mit den Rückständen und Altprodukten befasst, die beim Gebrauch und nach dem Verbrauch von Gütern anfallen.

In Deutschland werden jährlich in der Größenordnung von 350 bis 400 Mio. t Abfälle statistisch erfasst. Auf die mengenmäßig dominierende Abfallgruppe „Bau- und Abbruchabfälle, einschließlich Straßenaufbruch" entfallen 55 bis 60 % dieses Abfallaufkommens, wovon der Bodenaushub den größten Anteil ausmacht. Abfälle aus Gewinnung und Behandlung von Bodenschätzen (Bergematerial aus dem Bergbau), Abfälle aus Produktion und Gewerbe sowie Siedlungsabfälle machen zu etwa gleichen Teilen die restlichen 40 bis 45 % des Gesamtaufkommens aus. Ungefähr 20 Mio. t des Gesamtaufkommens, in erster Linie aus Industrie, Dienstleistungs- und Abbruchgewerbe, sind besonders überwachungsbedürftige – gefährliche – Abfälle (*Sonderabfälle*). Annähernd die Hälfte des gesamten Abfallaufkommens gelangt in ca. 15.000 Entsorgungsanlagen der Abfallwirtschaft, wo sie verwertet, behandelt oder abgelagert werden [2]. Der Vielfalt der Abfallarten entspricht eine Vielfalt von Entsorgungstechniken. Die auf Deponien abgelagerten Mengen haben sich von 2000 bis 2020 etwa halbiert, wenn die Abfälle aus Gewinnng und Behandlung von Bodenschätzen, die fast vollständig abgelagert werden, nicht mitgerechnet werden. Von den Siedlungsabfällen musste im Jahr 2020 nur noch ein Rest von 0,4 % deponiert werden; sie werden nahezu gänzlich einer Verwertung zugeführt. [3]

In seinem Umweltgutachten von 2020 schreibt der SRU, dass in Deutschland eine in weiten Teilen gut funktionierende Entsorgungsstruktur etabliert wurde, dass es aber nicht gelungen sei, die kreislauforientierte Abfallwirtschaft in eine Kreislaufwirtschaft weiterzuentwickeln. Der Bedarf an Materialien werde nur zu geringen Anteilen durch Kreislaufführung innerhalb des Bestandes gedeckt. Der SRU hebt besonders hervor, dass der Rohstoffverbrauch pro Einwohner in Deutschland fast doppelt so hoch ist, wie im weltweiten Durchschnitt. Die Gewinnung, Verarbeitung, Nutzung und Entsorgung der Rohstoffe verursachten zahlreiche, teils gravierende Umweltschäden. Die planetaren Belastungsgrenzen seien absehbar. [4] Bei der Betrachtung der Materialflüsse in Deutschland (Abb. 1.1) [5] ist zu erkennen, dass große Fraktionen der Stoffströme nicht oder nicht kurzfristig für eine Wiederverwendung und Kreislaufführung im Inland verfügbar sind. Es handelt sich um fossile Rohstoffe und biotische Materialien, die energetisch genutzt werden, um Güter, die durch Exporte außer Landes verbracht werden sowie um Zuführungen zu dauerhaft wachsenden inländischen Beständen wie Gebäude, Verkehrswege, Anlagen der Energieversorgung oder langlebige Gebrauchsgüter. Auch

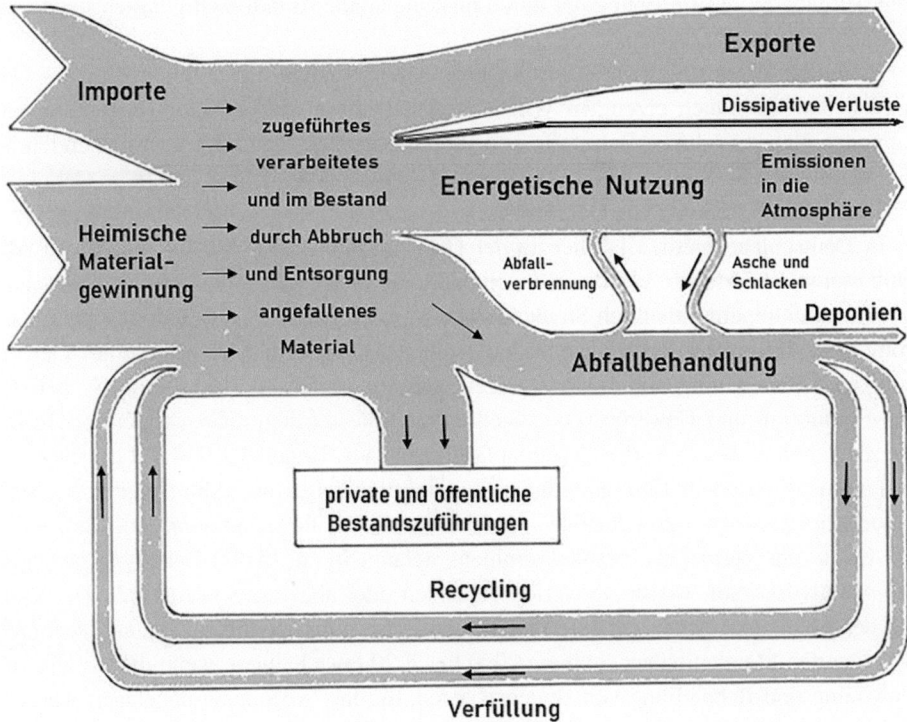

Abb. 1.1 Materialflüsse in Deutschland

die nichtmetallischen Mineralien, die in großen Mengen für Verfüllzwecke im Tage-, Landschafts- oder Straßenbau sinnvoll eingesetzt werden, können nicht mitgerechnet werden, da sie nicht am permanenten Wirtschaftskreislauf teilnehmen. Die zirkuläre Materialnutzung (Recycling) beträgt in Deutschland etwa ein Achtel der gesamten Rohstoffnutzung und ist im vergangenen Jahrzehnt nur langsam gewachsen. Selbst wenn alle Abfälle nachhaltig im Kreislauf geführt werden könnten, bliebe bei unveränderter Wirtschaftsweise ihr Anteil mit etwa einem Fünftel an der Deckung des gesamten Rohstoffbedarfs bescheiden. [6]

Eine neue EU-Industriestrategie zielt seit dem Jahr 2020 auf den allmählichen, unumkehrbaren Übergang zu einem nachhaltigen Wirtschaftssystem, in dem der Anteil der im Kreislauf geführten Materialien bis 2030 verdoppelt und die Entmaterialisierung der Wirtschaft wesentlich vorangebracht werden sollen. Eine wichtige Zielsetzung dabei ist die Dekarbonisierung insbesondere der Energieversorgung, wodurch der Bedarf an fossilen Rohstoffen drastisch verringert wird. Nachhaltige Produkte, Dienstleistungen, Geschäftsmodelle und Verbraucherverhalten sollen das lineare Muster der Wegwerf-Gesellschaft überwinden und einen tief greifenden Wandel des EU-Binnenmarktes herbeiführen. [7]

1.2 Die staatliche Regulierung und ihre Probleme

Alle Abfälle müssen verwertet oder beseitigt werden, wodurch zwangsläufig Umweltauswirkungen sowie volkswirtschaftliche Kosten verursacht werden. Gesundheits- und nachsorgender Umweltschutz sowie Ressourcenschonung durch Recycling sind umso kostenaufwändiger, je höher die Qualitätsanforderungen sind. Die Ablagerung von unbehandelten Abfällen verursacht zunächst die geringsten Kosten. (Während der späteren Nachsorge können sie dann in erheblichem Umfang entstehen.) Nach Marktgesichtspunkten folgen die Abfallströme den Entsorgungspfaden, die am wenigsten Kosten verursachen. Es ist deshalb die Aufgabe des Gesetzgebers und der Verwaltung, die Zielvorgaben für hohe Gesundheitsstandards sowie für eine umweltfreundliche und schonende Ressourcen-, Recycling- und Abfallbeseitigungspolitik zu formulieren. Deren Verwirklichung muss mithilfe von Rechtsvorschriften durchgesetzt und kontrolliert werden. Die Aufgaben und Rahmenbedingungen der Abfall- und Kreislaufwirtschaft hängen in hohem Maße von staatlicher Regulierung ab.

In global vernetzten Volkswirtschaften, deren grenzüberschreitende Stoffströme immer umfangreicher werden, gehört die supra- und internationale Harmonisierung von Regelungen über Abfallverbringung und -entsorgung sowie die kreislauforientierten Vorschriften zu einer fairen Wirtschaftsordnung. Die staatlichen Gemeinwesen wiederum suchen hohe Standards des Gesundheits- und Umweltschutzes zu erreichen. Alle politischen Ebenen beschäftigen sich mit Fragen der Abfall- und Kreislaufwirtschaft:

- Das Umweltprogramm der Vereinten Nationen (UNEP) und die OECD sind mit der definitionsgemäßen Abgrenzung der Abfälle von Wirtschaftsgütern sowie mit Abfallexporten befasst. Im Rahmen des Konzepts „umweltgerechte Abfallbewirtschaftung" (Environmentally Sound Management – ESM – of Waste) sind allgemeine Empfehlungen, Mindestkriterien und Technische Leitlinien für die Behandlung von bestimmten Stoffen und Gegenständen herausgegeben worden (vgl. Beschlüsse der 11., 12. und 19. Vertragsstaatenkonferenz des Basler Übereinkommens von 2013, 2015 bzw. 2019 sowie die OECD-Ratsbeschlüsse C(2004)100 und C(2007)97).
- Die Europäische Union setzt Normen (unmittelbar geltende Verordnungen und Richtlinien, die erst in nationales Recht umgesetzt werden) über Abfalldefinitionen und Anforderungen an die Vermeidung, Verbringung, Behandlung und Beseitigung von Abfällen sowie über mittel- und langfristige Ziele für Ressourceneffizienz und Maßnahmen, um diese zu erreichen. Sie verabschiedet Aktionspläne für Nachhaltigkeit, Kreislaufwirtschaft und Öko-Innovationen. Die zu erreichenden Ziele sind im Interesse eines hohen Umweltschutzniveaus und eines fairen Wettbewerbs im gemeinsamen Binnenmarkt für alle Mitgliedstaaten verbindlich. Bei der Umsetzung von Richtlinien in nationales Recht besteht Wahlfreiheit über Rechtsform und Mittel.
- Auf der Bundesebene werden die europäischen Richtlinien in nationales Recht umgesetzt und ausgestaltet, Ausführungsgesetze zu europäischen Verordnungen sowie eigenständige, die Abfall- und Kreislaufwirtschaft betreffende Gesetze erlassen und mit Rechtsverordnungen und Verwaltungsvorschriften konkretisiert.
- Die Länderebene verabschiedet Ausführungsgesetze zu den Bundesgesetzen und regelt Fragen der Verwaltung, des Vollzugs, der Planung und der Finanzierung.
- Die kommunale Ebene führt im Rahmen der Gesetze, gemäß ihren Abfallwirtschaftskonzepten und Abfallsatzungen, die Haus- und Gewerbemüllentsorgung durch. Die Gebühren für die kommunalen Entsorgungsleistungen werden in Abfallgebührensatzungen festgelegt.
- Die Bürgerschaft ist mit ihrem Produzenten- und Konsumentenverhalten angesprochen und kann nach Landesrecht in gewissen abfallrechtlichen Zielfestlegungen durch Volksbegehren und Volksentscheide mitwirken, wie beispielsweise 1991 im Freistaat Bayern, als eine Volksabstimmung über ein Abfallwirtschafts- und Altlastengesetz bzw. das „Bessere Müllkonzept" stattfand.

Die Menge und die Zusammensetzung des Abfalls entwickeln sich abhängig von wirtschaftlichen Konjunkturen, demografischen Veränderungen, technischen Innovationen, dem Lebensstandard und den Lebensweisen der Bürger. Das Abfallaufkommen kann nur vermindert und die Recyclinganteile erhöht werden, wenn Verbrauchsmuster, Ressourcenmanagement und Produktpolitik in ihrem Zusammenhang gesehen und geändert werden. Dies bedeutet für die Politik, dass ökologische, ökonomische und soziale Aspekte der Steuerung des Abfallaufkommens und des Recyclings stets gleichgewichtig berücksichtigt werden müssen. Die ökologische Vorteilhaftigkeit eines Produkts oder

Verfahrens muss gemeinsam mit den wirtschaftlichen und sozialen Zusammenhängen bewertet werden.

In einer wesentlich freien Wirtschaftsordnung, die durch eine unermessliche Vielfalt von Produkten, durch einen weltweiten Wettbewerb und die Leichtigkeit des supra- und internationalen Güteraustauschs gekennzeichnet ist, wird die Durchsetzung der Kreislaufwirtschaft zu einer enormen Herausforderung für alle politischen Ebenen. Materialien, die in speziellen Verwendungen weltweit mit kurzen bis sehr langen Nutzungsdauern in Gebrauch sind, müssen danach zu ausreichend großen Mengenströmen eingesammelt und für ihren in hoher Qualität erneuten Einsatz mechanisch, biologisch und chemisch behandelt werden. Dies ist kostspielig und erfordert viel Energie. Solange neben der technischen Machbarkeit die wirtschaftliche Zumutbarkeit die Grenzen der Kreislaufwirtschaft sind, wird sie kaum vorankommen. Es bedarf grundsätzlich neuer Konzepte und der Lenkung durch neue rechtsstaatliche Rahmenbedingungen.

Die Entwicklung der Kreislaufwirtschaft beginnt mit der Einführung einer erweiterten Produktverantwortung der Hersteller und Vertreiber, die auch Rückgabe- und Rücknahmepflichten zur Entsorgung und Verwertung umfasst. Rücknahmesysteme sind besonders effektiv, wenn die gebrauchten Güter im Eigentum der Hersteller oder Vertreiber bleiben und die Nutzer vertraglich zur Rückgabe verpflichtet oder durch ein Pfandsystem motiviert sind. Es gibt die Vorstellung, dass sich zukünftig ein Wirtschaftsgeschehen herausbilden wird, das mehr und mehr serviceorientiert ist, indem statt Sachen Dienstleistungen verkauft werden. Gebrauchsgüter gehen nicht mehr durch Kauf in das Eigentum des Konsumenten über, sondern werden für eine vertraglich festgelegte Nutzungsdauer gemietet; sie sollen sehr lange und von mehreren Konsumenten genutzt werden. Planung und Entwurf von kreislauffähigen Produkten müssen schon auf Zirkularität ausgerichtet werden (design for recycling). Reparaturen und der Ersatz von Verschleißteilen sollen einfach möglich sein.

Langlebige Standardprodukte begünstigen die Kreislaufwirtschaft. Technische Neuerungen, Produkte- und Materialienvielfalt sowie häufig wechselnde Moden hemmen die Kreislaufwirtschaft. Die Vielfalt von Konsumansprüchen und Lebensweisen durch staatliche Eingriffe, Planung und Lenkung einzuschränken, wirft grundsätzliche Fragen auf. Was ist die Bedeutung des Eigentums für eine freiheitliche Kultur? Wie weit kann der Raum der wirtschaftlichen Freiheit eingeengt werden, ohne dass die allgemeine Freiheit unzumutbar beschädigt wird? Die demokratische Freiheit verlangt grundsätzlich, staatliche Regulierung und Zwänge auf ein Mindestmaß zu begrenzen; diese müssen gut begründet verhältnismäßig sein.

Bei der Festlegung und Durchsetzung abfall- und kreislaufwirtschaftlicher Zielvorgaben stößt die Politik auf erhebliche Schwierigkeiten. Die Abfallverwertung für das Recycling ist ein dynamischer Prozess, der neben den abfallrechtlichen Rahmenbedingungen von unbeständigen Einflussgrößen wie Rohstoff- und Energiepreisen, Abnehmer- und Konsumentenverhalten sowie Technologieentwicklungen gesteuert wird. Die ökologische Optimierung des Recyclings ist eine schwierige Frage. Welche Abfallströme, Altprodukte und Materialien bringen durch das Recycling hohen Umweltnutzen? Welche Potenziale lassen sich vernünftigerweise erschließen? Für die Politik ist es nahe liegend, überschaubare Marktsegmente und spezielle Massenprodukte in den Blick zu nehmen, wie beispielsweise Verpackungen, Batterien, Elektro- und Elektronikgeräte, Altfahrzeuge, Einwegprodukte aus Kunststoff, leichte Kunststofftragetaschen usw. Je zahlreicher die geregelten Einzelfälle werden, desto umfangreicher wird das gesetzliche und untergesetzliche Regelwerk mit Vorschriften über Produktgestaltung, Produktion, Inverkehrbringen, Nutzung, Sammlung, Behandlung, Recycling und Entsorgung. Die Komplexität der Beschaffenheit der Produkte, ihrer Abfälle und ihrer Verwertungsmöglichkeiten sowie das sich ändernde gesellschaftliche und wirtschaftliche Umfeld machen ständig neue Bewertungen und damit Änderungen des Regelwerks erforderlich. Der bürokratische Aufwand wird enorm.

Im Entsorgungsmarkt sind kommunale Betriebe und privatwirtschaftliche Unternehmen tätig. Auf welche Weise können rechtliche Rahmenbedingungen die Arbeitsteilung zwischen öffentlich-rechtlichen und privatwirtschaftlichen Akteuren so steuern, dass die abfall- und kreislaufwirtschaftlichen Ziele wirkungsvoll und zugleich kostengünstig erreicht werden? Wie können sich große zentrale Abfallbehandlungs- und -entsorgungsanlagen und kleine flexible, dezentrale Anlagen optimal ergänzen? Wie weit soll die öffentlich-rechtliche Daseinsvorsorge reichen?

Aufgaben und Rahmenbedingungen der Abfall- und Kreislaufwirtschaft werden auch in Zukunft unter Reformdruck stehen. Politische Zielvorgaben sind häufigen Änderungen unterworfen, technische Anlagen haben dagegen aber eine lange Lebensdauer. Daraus können erhebliche Konflikte entstehen. Die staatliche Regulierung soll auf bestehende Strukturen Rücksicht nehmen und nur in präzise bemessener Weise eingreifen. Dadurch wird das Abfallrecht immer komplizierter.

1.3 Die politische Zielsetzung des Gesundheitsschutzes

Stadtentwässerung, Müllbeseitigung und Straßenreinigung waren lästige aber notwendige Aufgaben zur Sauberhaltung größerer Siedlungen schon im Altertum und Mittelalter. Antike Metropolen wie Memphis, Athen, Rom und Jerusalem besaßen Kanalsysteme zur Entwässerung, Abladeplätze und Sammelgruben für Müll sowie Einrichtungen für das Einsammeln und die Abfuhr von Unrat und Kot. Dennoch starrten die antiken Städte gewöhnlich von Schmutz, weil die Menschen ihre Abfälle auf die Straße warfen und dort liegen ließen. Unbeschreiblich verdreckt und morastig waren die von Schweinen, Federvieh und Vögeln bevölkerten unbefestigten Straßen, Gassen und Plätze mittelalterlicher Großstädte, auf die die menschlichen Ausscheidungen und Hausabfälle ausgeschüttet wurden. Die Obrigkeiten führten einen meist vergeblichen Kampf um eine Verbesserung dieser Zustände [8]. Die Bemühungen um öffentliche Sauberkeit wurden schon im 14. Jahrhundert von der Vermutung angetrieben, es könne ein Zusammenhang zwischen der maßlosen Verschmutzung und den immer wieder auftretenden Pestepidemien bestehen. Erst die Bahn brechenden Erkenntnisse der Bakteriologie durch *Louis Pasteur* und *Robert Koch* haben in der zweiten Hälfte des 19. Jahrhunderts das Bewusstsein von den Ursachen der Volksseuchen wachsen lassen. Die gesundheitlichen Auswirkungen der Städtekanalisation sowie der grundlegenden Reformen der Müllbeseitigung im 19. und beginnenden 20. Jahrhundert [9] lassen sich an der eindrucksvoll rückläufigen Cholera- und Typhus-Sterblichkeit aufzeigen [10]. Vor diesem Hintergrund ist es verständlich, dass die ersten Vorschriften des modernen Abfallrechts auf Bundesebene der seuchenhygienischen Gefahrenabwehr dienten und ihren Standort im Bundesseuchengesetz hatten.

Die Abfallwirtschaft dient heute dem Gesundheitsschutz mit

- hygienischen Sammel- und Transportsystemen, die in angemessen kurzen Zeitabständen den Müll wegschaffen,
- Abfallbehandlungsverfahren, in denen gefährliche Stoffe unschädlich gemacht werden und
- Deponien mit Abdichtsystemen, die das Grundwasser und die Atmosphäre nicht nachteilig beeinträchtigen. Die Politik hat einschneidende Anforderungen an geologische und technische Voraussetzungen für den Betrieb von Deponien sowie an die Beschaffenheit der abzulagernden Restabfälle gestellt und rechtlich verankert.

Im Übrigen gelten u. a. die immissionsschutz- und wasserrechtlichen Umweltvorschriften.

1.4 Die Stoffströme in der modernen Konsumgesellschaft

Die vorindustrielle Agrargesellschaft mit ihrer auf Selbstversorgung angelegten Wirtschaftsweise hatte im Vergleich mit der modernen Konsumgesellschaft weniger als ein Fünftel des Pro-Kopf-Materialbedarfs. Er bestand ganz überwiegend aus Biomasse (pro Jahr ca. 4 t: 0,5 t Nahrungs- und 2,7 t Futtermittel – jeweils in Trockensubstanz – sowie 0,8 t Holz) [11]. Küchenabfälle und Exkremente waren als Dünger und Bodenverbesserer für die landwirtschaftlich genutzten Flächen gefragt, während die Reparatur und Wiederverwertung von Textilien, Baumaterial, Eisen und Buntmetallen von großer Bedeutung nicht nur für die privaten Haushalte, auch für die gewerblichen Berufe und Tätigkeiten waren. Darüber hinaus war Asche aus der Holzverbrennung (Pottasche) zur Gewinnung von Kaliumkarbonat für vielfältige Verwendungen ein gesuchter, weiträumig gehandelter Rohstoff [12]. Lebensmittel aus dem Umland wurden eingekellert und durch Trocknen, Säuern oder Einsalzen konserviert.

Die Mentalität des sparsamen Umgangs mit Stoffen aller Art, des Sammelns und Verwertens von Materialien erhielt sich noch bis in die Mitte des 20. Jahrhunderts. Auch das Konsumverhalten in der Industriegesellschaft veränderte sich von Mitte des 19. Jahrhunderts bis nach dem Zweiten Weltkrieg trotz Verdoppelung der Reallöhne, die überwiegend für bessere Qualitäten verwendet wurde, nur unwesentlich [13].

In den 1950er Jahren setzte in den Industriestaaten der westlichen Welt ein kräftiges und beständiges Wirtschaftswachstum ein, das mit einer grundlegenden Wende in den Wirtschafts- und Lebensweisen verbunden war [14]. Damals begann die Entwicklung der modernen Konsumgesellschaft mit ihrem massenhaften Gebrauch von Kraftfahrzeugen, Haushalts-, Sport- und Kommunikationsgeräten sowie einem höchst vielfältigen Angebot von Artikeln des täglichen Bedarfs. Die Entstehung regionaler Supermärkte und eines individuellen, anspruchsvollen Konsumverhaltens machte neue Verpackungstechniken erforderlich. Neuartige Verkaufs-, Um- und Transportverpackungen trugen wesentlich zum Entstehen einer *Müll-Lawine* bei.

Das beschleunigte Wirtschaftswachstum in der zweiten Hälfte des 20. Jahrhunderts ging mit der geradezu exponentiell zunehmenden Inanspruchnahme natürlicher Ressourcen einher. Abb. 1.2 zeigt den enormen Zuwachs der Entnahmen von Metallen (Aluminium, Kupfer, Blei und Zink) [15], Öl und Erdgas [16] aus der Lithosphäre. Diese Steigerung der Ressourcennutzung überstieg das globale Bevölkerungswachstum um ein Vielfaches, wobei noch zu berücksichtigen ist, dass in erster Linie nur ein kleiner Teil der Erdbevölkerung begünstigt war. In Abb. 1.3 sind die akkumulierten historischen Verbräuche von Steinkohle [17] und Eisenerz [18] bis zum Jahr 1995 dargestellt. In den 30 Jahren zwischen 1965 und 1995 sind ungefähr die gleichen Mengen gefördert worden, wie in der ganzen Menschheitsgeschichte zuvor.

Die westlichen Industriestaaten nehmen die Ressourcen der Erde in hohem Maße in Anspruch. Die Industriegesellschaft westlicher Prägung ist auch das Vorbild für die Entwicklungs- und Schwellenländer. Diese wollen möglichst bald aufschließen und in gleicher Weise an der Nutzung der Ressourcen entsprechend ihrer Größe teilhaben. Angesichts der beispiellos zunehmenden Ausbeutung der natürlichen Vorräte an fossilen

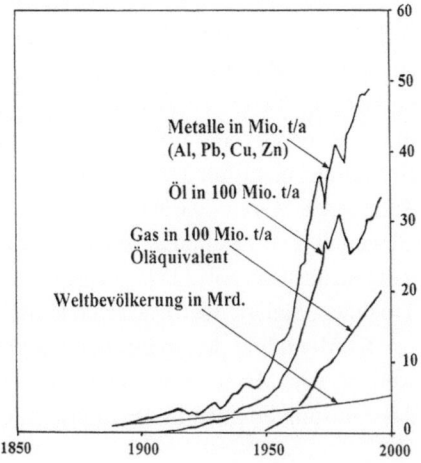

Abb. 1.2 Jährliche Ressourcenverbräu- che im 20. Jahrhundert

1 Politische Ziele, Entwicklungen und rechtliche …

Abb. 1.3 Akkumulierte historische Verbräuche, bezogen auf 1995 (100 %)

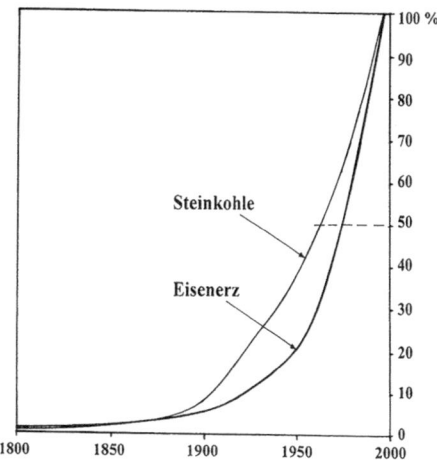

Energieträgern, Erzen und anderen Mineralien sowie landwirtschaftlich nutzbaren Flächen drängt sich die Frage nach den zu erwartenden Grenzüberschreitungen und ihren Folgen auf. Die politische Botschaft lautet etwa so: „Es kann nicht richtig sein, die großen, kostengünstig abbaubaren Rohstofflagerstätten bis zur Erschöpfung auszubeuten und den künftigen Generationen nur die vielen kleineren und niedrighaltigeren Lagerstätten zu hinterlassen. Es kann auch nicht richtig sein, in wenigen Generationen fossile Energievorräte zu verbrauchen, die in Jahrmillionen aus Biomasse entstanden sind."

Anfang der 1970er Jahre haben Wissenschaftler des Massachusetts Institute of Technology (MIT) im Auftrag des „Club of Rome", einer Vereinigung namhafter Industrieller, Politiker und Wissenschaftler, denkbare zukünftige Entwicklungen aufgezeigt [19]. Grundlage dieser Untersuchung waren Weltmodelle in Form von Computerprogrammen, die eine Extrapolation verschiedener globaler Wachstumstrends anhand der Grundparameter Bevölkerung, Wirtschaftsleistung, Nahrungsmittelproduktion, nicht regenerierbare Rohstoffe und Umweltverschmutzung zuließen. Als das zu erwartende Verhalten des Weltsystems wurden die Erschöpfung der Rohstoffvorräte, der Verfall der Industrieproduktion und der Landwirtschaft sowie verheerende Hungersnöte mit einem drastischen Rückgang der Weltbevölkerung prognostiziert. Ein in absehbarer Frist eintretender katastrophaler Zusammenbruch sei nur zu vermeiden, wenn das Bevölkerungs- und Wirtschaftswachstum drastisch zurückgeführt würden. Diese Unheil verkündende Vorhersage von „Grenzen des Wachstums" beruhte auf der entscheidenden Grundannahme, dass die Rohstoffressourcen der Erde in wenigen Jahrzehnten erschöpft seien. Die Grundannahme einer sich kurzfristig zuspitzenden Rohstoffversorgungskrise war jedoch verfehlt.

Ein weiteres, stärker ausdifferenziertes Weltmodell (World Integrated Model – WIM) wurde Anfang der 1970er Jahre verwendet, das ebenfalls im Rohstoff-Versorgungssystem den entscheidenden Engpass sah [20]. Zwei Jahrzehnte nach der Veröffentlichung von „Grenzen des Wachstums" wurde der Bericht „Die neuen Grenzen des Wachstums" auf einer aktualisierten Datenbasis publiziert [21]. Darin waren Szenarien enthalten, nach denen der gegenwärtige Zustand der Welt längerfristig aufrechterhalten werden kann. Ein entscheidender Aspekt ist dabei die nachhaltige Steigerung der Energie- und Rohstoffproduktivität sowie die Begrenzung der Umweltbelastungen durch technische Fortschritte.

Durch Aufforderung des US-Präsidenten Carter im Jahr 1977 wurde vom Umwelt-Sachverständigenrat und der Environment Protection Agency der USA das Weltmodell „Global 2000" entwickelt und 1980 ein Bericht vorgelegt. Auch nach dieser Studie wird die Weltbevölkerung wenige Generationen nach dem Jahr 2000 die Grenzen des Planeten erreichen. Entscheidender Faktor wird nicht die absehbare Erschöpfung der Rohstofflager als vielmehr die Grenzen der für die Landwirtschaft notwendigen Ressourcen sein: Boden, Wasser und Artenvielfalt. „Global 2000" hat die öffentliche Aufmerksamkeit insbesondere auch auf die Folgen des Treibhauseffekts durch erhöhte Kohlendioxidkonzentrationen in der Erdatmosphäre gelenkt [22].

Die Sicherung der Rohstoffversorgung ist als ein langfristiges Problem der modernen Konsumgesellschaft einzuschätzen. Im Rahmen einer freiheitlichen und ökologischen Wirtschaftsordnung, in der Marktpreise Angebot und Nachfrage steuern, sind jedoch für leistungsfähige Volkswirtschaften bei keinem mineralischen Rohstoff in absehbarer Zukunft Verfügbarkeitsprobleme erkennbar [23]. Steigt der Marktpreis für einen bestimmten Rohstoff, wird der Abbau neuer Lagerstätten wirtschaftlich. Sehr langfristig betrachtet werden sich selbstverständlich alle technisch und wirtschaftlich erschließbaren Rohstofflagerstätten erschöpfen, was voraussichtlich zuerst für das fließfähige Erdöl eintreten wird [24]. Hohe Rohstoffpreise hemmen und beschränken den wirtschaftlichen Aufstieg der Entwicklungs- und Schwellenländer und können zu schweren Konflikten führen.

An erster Stelle der Besorgnisse um unsere Zukunft stehen die anhaltende Überforderung der Leistungs- und Tragfähigkeit der Biosphäre, ihre biologische Verarmung und die Tendenz zur globalen Versteppung. Die überlastete Biosphäre muss zugleich die Stoffströme aus der Erdkruste und die bei ihrer industriellen und konsumtiven Nutzung entstehenden, die Natur und Umwelt belastenden Stoffe und komplexen Stoffgemische aufnehmen. Die mit unserer Wirtschafts- und Lebensweise anfallenden Emissionen und Abfälle verursachen schwerwiegende Probleme. Es ist zu beachten, dass alle aus der Biosphäre und der Lithosphäre entnommenen Stoffe letztlich zu Emissionen und Abfällen werden. Die Ressourcenproduktivität, also der Aufwand an Energie und Material pro Einheit des erwirtschafteten Sozialprodukts und die Umweltbelastungen durch Emissionen und Abfälle stehen in einer engen Beziehung zueinander. OECD und UNEP-IRP (International Resources Panel) haben 2019 Studien mit Prognosen über den globalen Rohstoffbedarf bis 2060 vorgelegt. [25] Beide Untersuchungen nehmen an, dass bei unveränderten politischen Rahmenbedingungen die Weltbevölkerung von 7,5 auf mehr als 10 Mrd. Menschen anwachsen und das Prokopf-Einkommen sich verdreifachen wird, wodurch eine starke Nachfrage nach Gütern und Dienstleistungen ensteht, insbesondere in Entwicklungs- und Schwellenländern. Bei gleichbleibender Ressourcenintensität könnte nach der OECD-Einschätzung der globale primäre Rohstoffbedarf von ca. 90 Gigatonnen (Gt) im Jahr 2017 auf mehr als 300 Gt im Jahr 2060 anwachsen. Beide Studien rechnen jedoch damit, dass die Rohstoffintensität der Weltwirtschaft wegen folgender Trends deutlich sinken wird:

- die Nachfrage nach Dienstleistungen wird schneller wachsen als die nach materiellen Gütern im Eigentum des Konsumenten,
- die Rohstoffproduktivität wird durch technologische Fortschritte zunehmen,
- die Hochkonjunktur der Bauwirtschaft wird sich abschwächen.

Unter Berücksichtigung dieser Trends ist die OECD-Prognose, dass der jährliche globale Bedarf an Primärrohstoffen von 89 Gt (2017) auf 167 Gt (2060) ansteigen wird. Die Entnahmen aus den natürlichen Ressourcen werden sich für Metallerze, nichtmetallische Mineralien und Biomasse verdoppeln, bei fossilen Rohstoffen um annähernd Zweidrittel erhöhen (OECD, S. 122–124). Die UNEP-IRP-Untersuchung verweist auf das ehrgeizige Programm "Towards Sustainability – Policies and Actions", dessen Umsetzung den Aufwuchs an primärem Rohstoffbedarf auf 143 Gt (2060) begrenzen könnte (UNEP-IRP, S. 111). Für die Recycling-Märkte prognostiziert die OECD-Studie im Zeitraum 2017 bis 2060 eine Verdreifachung, während sich der Bergbau-Sektor nicht ganz verdoppeln wird. Da der Sekundärrohstoff-Bereich eher arbeitsintensiv gegenüber der eher kapitalintensiven Rohstoffgewinnung aus natürlichen Ressourcen ist, wird das Potenzial des Recyclings durch kontinuierliche Lohnerhöhungen vermindert. Die Beiträge von Bergbau und Sekundärrohstoff-Wirtschaft zum globalen Bruttosozialprodukt bleiben mit weniger als einem Prozent sehr gering (OECD, S. 148).

1.5 Das umweltpolitische Ziel hoher Ressourcenproduktivität und geringer Abfallintensität in hoch industrialisierten Volkswirtschaften

Die internationale Staatengemeinschaft hat sich auf der Konferenz der Vereinten Nationen für Umwelt und Entwicklung, die im Juni 1992 in Rio de Janeiro stattfand, zu den Grundsätzen der nachhaltigen Entwicklung und der Umweltvorsorge bekannt. Dazu gehört die nachhaltige Nutzung der natürlichen Ressourcen, welche die Lebenschancen künftiger Generationen nicht gefährdet. Um einer Verknappung natürlicher Ressourcen in Form sowohl von Rohstoffen als auch von Tragfähigkeit der Umwelt für Emissionen und Abfälle entgegenzuwirken, forderte die Rio-Konferenz eine effizientere Nutzung von Energie und Rohstoffen sowie die Minimierung des Abfallaufkommens. Im Aktionsprogramm Agenda 21 wurden ausdrücklich

- die Senkung des Energie- und Materialverbrauchs je Produktionseinheit bei der Erzeugung von Gütern und Erbringung von Dienstleistungen sowie
- die Abfallvermeidung durch
  a) Förderung des Recyclings auf Produktions- und Verbraucherebene,
  b) Vermeidung aufwendiger Verpackungen und
  c) Begünstigung der Einführung umweltverträglicher Produkte als Voraussetzungen einer nachhaltigen Entwicklung genannt [26].

Im Juli 2002 beschlossen das Europäische Parlament und der Rat das sechste Umweltaktionsprogramm, das einen Schwerpunkt auch auf natürliche Ressourcen und Abfälle legte. Dabei wurde festgestellt: „Die zunehmende Ressourcennachfrage kann von der Erde nur in begrenztem Maße befriedigt werden und sie kann auch nur eine bestimmte Menge der Emissionen und des Abfalls aufnehmen, die aufgrund der Nutzung der Ressourcen anfällt." … „Das Abfallaufkommen steigt in der Gemeinschaft weiterhin an, wobei ein signifikanter Teil davon gefährlicher Abfall darstellt: dies führt zum Verlust von Ressourcen und zu einem verstärkten Verschmutzungsrisiko" [27].

Im Aktionsprogramm des Weltgipfels der Vereinten Nationen über nachhaltige Entwicklung von Anfang September 2002 in Johannesburg wurde in Bekräftigung der Agenda 21 beschlossen, die Abfallwirtschaft so zu organisieren, dass mit höchster Priorität Abfälle vermieden, vermindert, wieder verwendet und recycelt sowie umweltverträgliche Deponien errichtet werden. Die Ressourcenproduktivität soll verbessert und umweltfreundliche alternative Materialien verwendet werden [28]. Im September 2015 verabschiedeten die Staats- und Regierungschefs der 193 Mitgliedsstaaten der Vereinten Nationen die Agenda 2030, mit der in einer Dekade des Handelns 17 Zielsetzungen für nachhaltige Entwicklung verwirklicht werden sollen. Dieser – rechtlich nicht verbindliche – *Weltzukunftsvertrag* enthält auch das nachgeordnete Schutzziel der Schonung der natürlichen Ressourcen.

Die Agenda 21 und die Agenda 2030 wurden auch zur Grundlage einer deutschen nationalen Nachhaltigkeitsstrategie, die sich die Entkoppelung des Energie- und Rohstoffverbrauchs vom Wirtschaftswachstum zum Ziel setzt. Zunächst waren Umweltziele für Effizienzsteigerungen beim Ressourceneinsatz um den Faktor 4 bis 10 in der Diskussion [29, 30]. Die „Perspektiven für Deutschland", die im Dezember 2001 von der Bundesregierung der Öffentlichkeit vorgestellt wurden, verfolgten nunmehr das Ziel, die Energie- und Rohstoffproduktivität bis zum Jahr 2020 gegenüber 1990 bzw. 1994 zu verdoppeln [31]. Wie Abb. 1.4 [32] zeigt, wurde dieses Vorhaben nicht realisiert. Die Rohstoffproduktivität (als Verhältnis des Bruttoinlandsprodukts – BIP – zu den im Inland gewonnenen sowie aus dem Ausland importierten abiotischen Rohstoffmassen, ergänzt um die abiotischen Rohstoffe, die zur Herstellung der importierten Fertigwaren verwendet wurden) stieg in diesem Zeitraum um etwa Dreiviertel.

Die Deutsche Nachhaltigkeitsstrategie der Bundesregierung verwendet seit 2016 für den Schutz der natürlichen Ressourcen den Indikator *Gesamtrohstoffproduktivität*, der umfassender als der bisherige Indikator auch die biotischen Rohstoffe miteinbezieht. Die

1 Politische Ziele, Entwicklungen und rechtliche …

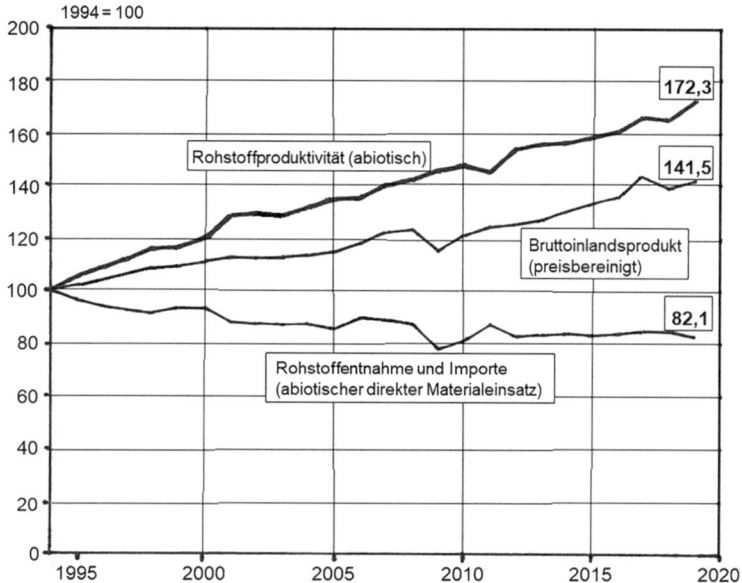

Abb. 1.4 Entwicklung der Rohstoffproduktivität

Gesamtrohstoffproduktivität schwankt mit der Konjunktur – insbesondere der Bauwirtschaft – und nahm im Zeitabschnitt 2000 bis 2010 durchschnittlich um 1,6 % zu. In der Weiterentwicklung 2021 der Deutschen Nachhaltigkeitsstrategie wird das Ziel genannt, diesen positiven Trend bis zum Jahr 2030 fortzusetzen. Im Jahrzehnt 2010 bis 2020 war der Zuwachs jedoch nur halb so hoch.

In Deutschland waren die abgebauten Steine und Erden sowie Stein- und Braunkohlen die mineralischen Rohstoffe, die mengenmäßig mit großem Abstand immer die bedeutendsten waren. Es ist anzumerken, dass deshalb die Aussagekraft dieses Indikators für die Nachhaltigkeit der Wirtschaft unseres Industriestaats begrenzt ist. Der Materialeinsatz war vor allem deshalb rückläufig gewesen, weil Steinkohle und Braunkohle durch Erdgas und regenerative Energien substituiert wurden und die Entnahmen von fossilen Energieträgern und Mineralien erheblich zurückgingen, wobei der Atomausstieg eine gegenläufige Wirkung hatte.

Der Steigerung der Rohstoffproduktivität entspricht in der Tendenz der Rückgang der Abfallintensität als Quotient aus Abfallaufkommen und realem Bruttoinlandsprodukt.

Die Abfallintenstät ist ein Nachhaltigkeitsindikator. Eine mit der Zeit abnehmende Abfallintensität kennzeichnet eine nachhaltige Entwicklung, bei der das Abfallaufkommen bezogen auf das erwirtschaftete Einkommen zurückgeht. Abb. 1.5 [33] zeigt preisbereinigt die Abfallintensitäts-Verläufe in kg/1000 € für das Abfallbruttoaufkommen (Abfälle aus allen Stoffströmen einschließlich der Sekundärabfälle aus Abfallbehandlungsanlagen), Abfallnettoaufkommen (ohne Sekundärabfälle) sowie die Bau-

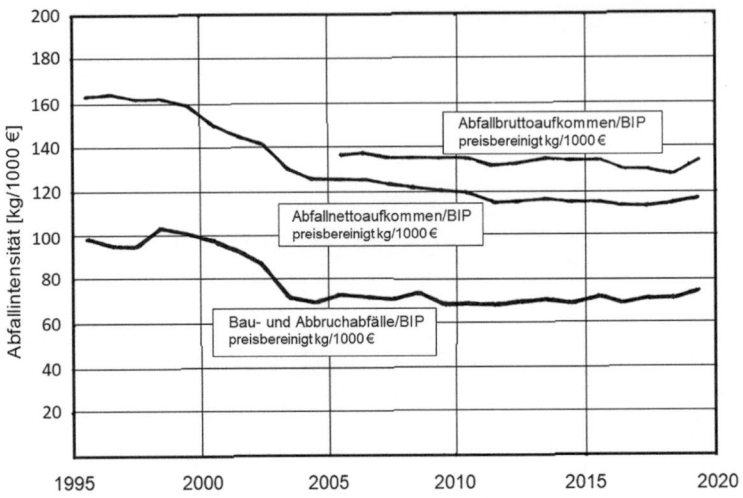

Abb. 1.5 Entwicklung der Abfallintensität

abfälle, die in der deutschen Abfallstatistik überwiegen. Im Zeitraum von 1995 bis 2012 verringerte sich die Abfallintensität um etwa 30 %, danach stagnierte sie.

Im Jahr 2023 begann die Bundesregierung die nationale Nachhaltigkeitsstrategie zur Nationalen Kreislaufwirtschaftsstrategie (NKWS) weiterzuentwickeln, die durch zirkuläres Wirtschaften insbesondere den primären Rohstoffverbrauch senken soll.

1.6 Die Entwicklung des deutschen Abfallrechts

Am Beginn der abfallrechtlichen Regulierungen stand in Deutschland die gesundheitspolizeiliche Gefahrenabwehr. Die Müllentsorgung war zuerst die Aufgabe ausschließlich der Hausbesitzer und Inhaber von Gewerbebetrieben gewesen. Müll wurde in Gruben und Behältern bei den Häusern gelagert. Die Sammelgruben waren geräumig, sodass oft Monate vergingen, bis sie mit primitiver Verlade- und Transporttechnik entleert wurden. Sie waren Brutstätten für Ungeziefer, Krankheitserreger, Ratten und Mäuse. Mit einer Polizeiverordnung vom 30. 1. 1895 setzte die Stadt Berlin eine geordnete, staubfreie Müllabfuhr durch [34]. Diese Vorschrift wurde zum Vorbild für andere Städte. In kommunale Satzungen wurden erste grundsätzliche Bestimmungen zur Abfallbeseitigung aufgenommen. Die Polizeiverordnungen wurden durch den Anschluss- und Benutzungszwang abgelöst, der mit der Deutschen Gemeindeordnung (DGO) vom 30. 1. 1935 eingeführt wurde. In § 18 DGO hieß es: „Die Gemeinde kann bei dringendem öffentlichen Bedürfnis durch Satzung mit Genehmigung der Aufsichtsbehörde für die Grundstücke ihres Gebietes den Anschluss an Wasserleitung, Kanalisation, Müllabfuhr, Straßenreinigung und ähnliche der Volksgesundheit dienende Einrichtungen (Anschlusszwang) und die Benutzung dieser Einrichtungen und der Schlachthöfe (Benutzungszwang) vorschreiben" [35]. Da die Landwirtschaft nach Einführung der Mineraldünger den mit Fremdkörpern durchsetzten städtischen Müll nicht mehr abnahm, wurde dieser auf Müllabladeplätze gebracht. In der ersten Hälfte des 20. Jahrhunderts entstanden Müllberge beachtlicher Größe. Auf einer 20 m hohen Aufschüttung bei Leipzig wurde sogar ein 15 m hoher Aussichtsturm errichtet [36]. Die Ablagerungen belasteten das Grundwasser und verursachten Gesundheitsgefahren und Belästigungen.

Gemeinden, Gemeindeverbände und Landesregierungen bildeten 1952 die „Arbeitsgemeinschaft für kommunale Abfallwirtschaft (AkA)", die sich um praktische und wirtschaftlich vertretbare Lösungen für eine schadlose Abfallbeseitigung bemühte. In der ersten Hälfte der 1960er Jahre brachten die AkA und die „Arbeitsgemeinschaft für industrielle Abfallstoffe (AfIA)" Merkblätter über die geordnete und kontrollierte Ablagerung von Hausmüll, industriellen und gewerblichen Abfällen heraus, die wegen der damit verbundenen Kosten nur mit begrenztem Erfolg umgesetzt werden konnten. 1963 wurde von den Ländern die „Länderarbeitsgemeinschaft Abfallbeseitigung (LAGA)" gebildet, um sich mit dem Bund zu beraten und über Verwaltungsangelegenheiten abzustimmen. Heute ist die Bund/Länder-Arbeitsgemeinschaft Abfall – LAGA – ein Arbeitsgremium der Umweltministerkonferenz.

1.6.1 Das Bundesseuchengesetz von 1961

Anfang der 1960er Jahre wurden in der Bundesrepublik Deutschland auf ungefähr 50.000 Müllplätzen im Gelände jährlich ca. 40 Mio. m^3 Abfälle aus privaten Haushalten, Gewerbe und Industrie sowie ca. 10 Mio. m^3 Abwasserschlämme deponiert. Da dies ohne besondere Vorsichtsmaßnahmen geschah, wurden im Bereich dieser Müllplätze schwerwiegende Gefahren und Schäden vermutet oder festgestellt sowie erhebliche Belästigungen aus hunderten Städten und Gemeinden gemeldet [37]. Der Bundesgesetzgeber bestimmte deshalb im Bundesseuchengesetz vom 18. 7. 1961, dass die Gemeinden und Gemeindeverbände darauf hinzuwirken haben, dass bei der Beseitigung von festen und flüssigen Abfall- und Schmutzstoffen keine Gefahren für die menschliche Gesundheit durch Krankheitserreger entstehen. „Eine ordnungsgemäße Müllabfuhr ist für die Verhütung übertragbarer Krankheiten von erheblicher Bedeutung" [38]. Dieses allgemeine Gebot zur Eindämmung seuchenhygienischer Gefahren galt nur für die Kommunen, nicht für Wirtschaftsunternehmen, die Abfälle beseitigten oder verwerteten. Übertragbare Krankheiten bei Tieren, Pflanzenschäden sowie Schädigungen des Bodens und von Gewässern wurden nicht berücksichtigt.

1.6.2 Das Abfallbeseitigungsgesetz von 1972

In den 1960er Jahren verdoppelte sich der jährlich anfallende Müll und neue problematische Abfallarten kamen hinzu: Autowracks, Mineralöl- und Treibstoffrückstände, Bauschutt und Sperrmüll. Für viele Städte waren Lagermöglichkeiten nur noch zeitlich befristet vorhanden. Die Bundesregierung brachte im Juli 1971 beim Deutschen Bundestag den Entwurf eines Gesetzes über die Beseitigung von Abfallstoffen (Abfallbeseitigungsgesetz) ein, das die Abfallbeseitigung ordnungsrechtlich bestimmte und in erster Linie auf den Gesundheitsschutz ausgerichtet war [39]. Die wesentlichen Regelungen des Abfallbeseitigungsgesetzes waren:

- Die Gemeinden oder andere durch Landesrecht bestimmte Gebietskörperschaften haben die Pflicht, die in ihrem Gebiet angefallenen Abfälle zu beseitigen. Zur Erledigung dieser Aufgabe können sie sich Dritter bedienen.
- Abfallstoffe dürfen nur in dazu bestimmten Abfallbeseitigungsanlagen behandelt, gelagert und abgelagert werden.
- Die Errichtung und der Betrieb von ortsfesten Abfallbeseitigungsanlagen bedürfen der Planfeststellung.
- Die Länder stellen für ihren Bereich Abfallbeseitigungspläne nach übergeordneten Gesichtspunkten auf, in denen geeignete Standorte für Abfallbeseitigungsanlagen sowie Andienungspflichten festgelegt werden.
- Die Abfallbeseitigung unterliegt der Überwachung durch die nach Landesrecht bestimmte zuständige Behörde.
- Verstöße werden als Ordnungswidrigkeiten oder Straftaten geahndet.

Das Abfallbeseitigungsgesetz von 1972 regelte hauptsächlich die Beseitigung von Abfällen *im engeren Sinne*, d. h. die möglichst umweltschonende Behandlung und Ablagerung.

Auf Vorschlag des Bundesrates wurden im Rahmen des Gesetzgebungsverfahrens durch eine Änderung des Grundgesetzes die Gesetzgebungskompetenz des Bundes geklärt und die Abfallbeseitigung in den Katalog des Art. 74 GG (Gebiete der konkurrierenden Gesetzgebung) einbezogen. Die Beratungen fanden unter dem Eindruck öffentlicher Erregung über Giftmüllskandale statt, wie etwa über die das Grundwasser gefährdenden Ablagerungen von arsenhaltigen Industrieschlämmen im August 1971. In den Debatten des Deutschen Bundestags wurde bereits der Übergang von der Gefahrenabwehr zur Umweltvorsorge gefordert, die Umweltbelastungen aus der Abfallentsorgung erst gar nicht entstehen lässt. Ein vorsorglicher Umweltschutz müsse das Ziel verfolgen, Abfälle zu vermeiden, nicht vermiedene Abfälle wieder in den Rohstoff- und Energiekreislauf zurückzuführen und nur nicht weiter verwertbare Abfälle umweltverträglich abzulagern. Auch die einheitliche Regelung der Abfallbeseitigung in der Europäischen Wirtschaftsgemeinschaft wurde dringlich angemahnt [40].

In der Novellierung des Abfallbeseitigungsgesetzes im Jahr 1980 wurde der Verwertung von Abfällen Vorrang vor einer „Beseitigung im engeren Sinne" gegeben. Im neuen Gesetzestext hieß es nun: „ … die Abfälle sollen dem Wirtschaftskreislauf zugeführt oder zur Energiegewinnung genutzt werden, soweit dies technisch möglich ist und hierdurch gegenüber anderen Formen der Abfallbeseitigung Mehrkosten nicht entstehen oder durch Erlöse ausgeglichen werden" [41]. Die Abfallverwertung wurde also *nicht um jeden Preis*, sondern insoweit zur Pflicht, als sie, den Marktverhältnissen entsprechend, wirtschaftlich sinnvoll war.

1.6.3 Das Abfallgesetz von 1986

Mit dem Abfallwirtschaftsprogramm'75 der Bundesregierung wurden die Zielsetzungen entwickelt, Abfälle auf Produktions- und Verbraucherebene zu reduzieren und die Nutzbarmachung von Abfällen zu steigern [42]. Damit sollten die wachsenden Müllmengen zurückgeführt und die beseitigungspflichtigen Kommunen entlastet werden.

Mit der 4. Abfallbeseitigungsnovelle versuchte der Bundesgesetzgeber, das Abfallbeseitigungsgesetz um abfallwirtschaftliche Regelungen zu erweitern. Ein Gebot der grundsätzlich vorrangigen Verwertung wurde als integrierter Bestandteil der Einsammlung, Beförderung, Behandlung, Lagerung und Ablagerung von Abfällen in das Gesetz aufgenommen. Es wurde nunmehr ausdrücklich hingenommen, dass die Verwertung von Abfällen im Rahmen der getrennten Sammlung zu deutlichen Kostensteigerungen führen kann. Ein Abfallvermeidungsgebot wurde als Programmsatz neu eingefügt; es entfaltete jedoch keine unmittelbare rechtsverbindliche Wirkung [43]. Bei der Beratung im Deutschen Bundestag erhielt das Gesetz die Bezeichnung „Abfallgesetz". Die Bundesregierung wurde umfassend ermächtigt, Rechtsverordnungen zur Kennzeichnung und getrennten Sammlung schadstoffhaltiger Abfälle und zu Rückgabe- und Rücknahmepflichten für bestimmte Erzeugnisse, insbesondere Verpackungen und Behältnisse, zu erlassen [44]. Der Bundesregierung wurde damit erstmals ermöglicht, das Verursacherprinzip bereits im Produktbereich mit abfallrechtlichen Maßnahmen umzusetzen und Hersteller zu verpflichten, Vorsorge für eine umweltverträgliche Entsorgung ihrer Produkte am Ende der Nutzungsdauer zu treffen.

Die Bundesregierung nutzte die Verordnungsermächtigungen zunächst als Druckmittel, um Produzenten und Handel für freiwillige Vereinbarungen über Abfallvermeidung und -verwertung zu gewinnen und auf diese Weise umweltpolitische Ziele in Kooperation mit den beteiligten Kreisen ohne unnötige staatliche Eingriffe in den Marktprozess zu erreichen (Kooperationsprinzip). Vordringlicher Handlungsbedarf wurde in den Bereichen schwermetallhaltige Batterien, Stanniol-Flaschenkapseln, Getränkeverpackungen und Altpapier gesehen. Es kam zu einer Reihe freiwilliger Selbstverpflichtungen von betroffenen Wirtschaftsverbänden zur Sammlung, Rücknahme und Verwertung von beispielsweise Altpapier, Altglas, Batterien und Altautos oder zum Verzicht auf gesundheitsschädliche oder umweltbelastende Stoffe wie Asbest oder FCKW-Treibgase. Sie wurden vom Staat informell entgegengenommen, wobei dieser ohne rechtliche Verpflichtung im Gegenzug auf ordnungsrechtliche Regulierungsmaßnahmen bis auf weiteres verzichtete. Diese Selbstverpflichtungen waren in der Regel recht erfolgreich. Es gab aber auch Beispiele für nicht erreichte Zielsetzungen. So hat die freiwillige Selbstbindung der Batterieindustrie von 1988 die vorgesehenen Rücklauf-

und Verwertungsquoten nicht erfüllt. Es zeigte sich als unumgänglich, für Altbatterien und andere Abfallströme von den Verordnungsermächtigungen Gebrauch zu machen. Die Batterieverordnung (BattV) von 1998 wurde 2009 vom Gesetz über das Inverkehrbringen, die Rücknahme und die umweltverträgliche Entsorgung von Batterien und Akkumulatoren (Batteriegesetz – BattG, BGBl I Nr. 36, 30. Juni 2009, S. 1582) abgelöst. Zur Umsetzung von EU-Rechtsvorschriften wurde das BattG 2015 novelliert (BGBl I Nr. 46, 25. November 2015, S. 2071).

Am Anfang der Verordnungsgebung auf der Grundlage des Abfallgesetzes stand die Verordnung über die Entsorgung gebrauchter halogenierter Lösemittel (HKWAbfV) vom Oktober 1989. Zum Schutz der Ozonschicht gegen ozonabbauende Chemikalien wurde im Mai 1991 die Verordnung zum Verbot von bestimmten die Ozonschicht abbauenden Halogenkohlenwasserstoffen (FCKW-Halon-VerbV) erlassen. Unter dem politischen Druck der beseitigungspflichtigen Körperschaften und ihrer Entsorgungsnöte erließ die Bundesregierung mit Zustimmung des Bundestags und des Bundesrats am 12. 6. 1991 eine Rechtsverordnung über die Vermeidung und Verwertung von Verpackungsabfällen (Verpackungsverordnung), deren Entlastungswirkung beim anfallenden Hausmüllvolumen sich nach Einführung des Sammel- und Verwertungssystems mit dem „Grünen Punkt" der Duales System Deutschland GmbH zeigte. Die EG-Altölbeseitigungs-Richtlinie von 1975 wurde 1987 auf der Grundlage des Abfallgesetzes in die Altölverordnung (AltölV) umgesetzt. Zur Umsetzung der EG-Klärschlamm-Richtlinie von 1986 wurde 1992 ebenfalls auf dieser Rechtsgrundlage die Klärschlammverordnung (AbfKlärV) erlassen.

Das Abfallgesetz war auch die Grundlage für den Erlass wichtiger Verwaltungsvorschriften [45]: Ende Januar 1990 wurde die erste allgemeine Verwaltungsvorschrift über Anforderungen zum Schutz des Grundwassers bei der Lagerung und Ablagerung von Abfällen erlassen. Eine zweite allgemeine Verwaltungsvorschrift zu besonders überwachungsbedürftigen Abfällen (*Sonderabfällen*) wurde nach Anhörung der beteiligten Kreise am 1. 4. 1991 in Kraft gesetzt (Technische Anleitung – TA Abfall). Von außerordentlicher Bedeutung war die dritte allgemeine Verwaltungsvorschrift vom 14. 5. 1993, die Technische Anleitung zur Verwertung, Behandlung und sonstigen Entsorgung von Siedlungsabfällen (TASi). Wesentliche Regelungen der TASi wurden später aus Gründen der vom Europäischen Gerichtshof (EuGH) geforderten hohen Rechtsqualität in Rechtsverordnungen übergeführt (Abfallablagerungsverordnung, Deponieverordnung). Die TASi stellte u. a. umwälzend neue Anforderungen an die Beschaffenheit von Hausmülldeponien und die abzulagernden Abfälle. Diese Vorschriften wurden mit dem 1. Juni 2005 uneingeschränkt wirksam. Seither ist es unzulässig, unbehandelte, organische, biologisch abbaubare Siedlungsabfälle abzulagern. Die Anzahl der nach diesem Datum in Deutschland anforderungskonform betriebenen Siedlungsabfalldeponien wird sich voraussichtlich in der Größenordnung von 100 einpendeln.

Die im Abfallgesetz vorgeschriebenen Abfallentsorgungspläne der Länder mit verbindlich festgelegten Standorten für Abfallentsorgungsanlagen kamen in den 1980er Jahren nur zögerlich voran [46]. Sobald ein Standort für eine neue Anlage, insbesondere eine großtechnische Verbrennungsanlage mit großräumigem Einzugsbereich, in die Diskussion kam, bildeten sich lokale Bürgerinitiativen, die das Vorhaben mit Entschiedenheit bekämpften. Die Planfeststellungsverfahren erwiesen sich in diesem gesellschaftlichen und lokalpolitischen Umfeld als schwierig, langwierig und in den gewöhnlich nachfolgenden Verwaltungsstreitverfahren als angreifbar. Die Ängste der Bevölkerung richteten sich auf gesundheitsschädigende Stoffe, wie Dioxine und Furane, die mit den Abgasen aus den Kaminen der Müllverbrennungsanlagen in die Umwelt freigesetzt wurden. Die Politik reagierte mit der drastischen Verschärfung der Emissionsgrenzwerte und erließ am 23. 11. 1990 die 17. Bundes-Immissionsschutzverordnung über Verbrennungsanlagen für Abfälle und ähnliche brennbare Stoffe.

Die Müllmengen wuchsen weiter an, während bei den entsorgungspflichtigen Gebietskörperschaften die erforderlichen Beseitigungskapazitäten, insbesondere Anlagen zur thermischen Behandlung und Nutzung der Siedlungsabfälle, fehlten und die vorhandenen Deponien rasch aufgefüllt wurden. In verschiedenen Bereichen und Regionen wurde von einem „Entsorgungsnotstand" gesprochen. In dieser „besorgniserregenden Situation" unternahmen die Länder eine Gesetzesinitiative, um „alle Anstrengungen zur Vermeidung und Zurückführung von Abfällen in den Stoffkreislauf (Verwertung) zu unternehmen" [47]. In den Mittelpunkt sollten die Abfallvermeidung und die stoffliche Verwertung gerückt werden, um die Mengen- und Akzeptanzprobleme zu lösen.

Die Bundesregierung kündigte in ihrer Stellungnahme eine über den als unzureichend eingestuften Bundesratsgesetzentwurf hinausgehende Neufassung des Abfallgesetzes an, im Sinne einer durchgreifenden Neuordnung nach der Prioritätenfolge Vermeidung, stoffliche Verwertung und sonstige Entsorgung von Abfällen.

1.6.4 Das Investitionserleichterungs- und Wohnbaulandgesetz von 1993

Nach der deutschen Wiedervereinigung 1990 wurde es beim *Aufbau-Ost*", aber auch in den alten Bundesländern unumgänglich, Planungs- und Genehmigungsverfahren für Investitionen zu beschleunigen und Verfahrensanforderungen zu erleichtern. Im Rahmen eines Artikelgesetzes wurde u. a. die Zulassung von Abfallentsorgungsanlagen neu geregelt. Mit Ausnahme der Deponien wurden die Abfallbehandlungs- und -entsorgungsanlagen anstelle des Planfeststellungsverfahrens nun dem immissionsschutzrechtlichen Genehmigungsverfahren unterstellt, weil sie mit den Produktionsanlagen des Bundes-Immissionsschutzgesetzes vergleichbar seien. Um die Umweltverträglichkeitsprüfungen im bisherigen Umfang zu gewährleisten, wurden Abfallentsorgungsanlagen in das Umweltverträglichkeitsprüfungsgesetz aufgenommen. Das Bundes-Immissionsschutzgesetz erfuhr ebenfalls wesentliche Abänderungen: Für Anlagenänderungen wurde ein vereinfachtes Verfahren eingeführt, der vorzeitige Beginn der Inbetriebnahme neuer Anlagen wurde erleichtert, Fristen wurden zwingend vorgeschrieben, innerhalb derer die Genehmigungsbehörden über Anträge entschieden haben müssen sowie die Erteilung einer Bauartzulassung neu geregelt [48]. Die neuen Vorschriften traten am 28. 4. 1993 in Kraft.

1.6.5 Das Kreislaufwirtschafts- und Abfallgesetz von 1994

Mit dem Gesetz zur Förderung der Kreislaufwirtschaft und Sicherung der umweltverträglichen Beseitigung von Abfällen (Kreislaufwirtschafts- und Abfallgesetz – KrW-/AbfG) [49], das am 7. 10. 1996 in Kraft getreten ist, fand das deutsche Abfallrecht seine vorerst endgültigen Zielsetzungen:

- den Anfall von Abfällen erheblich zu reduzieren, um einem drohenden Entsorgungsnotstand entgegenzuwirken und durch die Förderung der Kreislaufwirtschaft die natürlichen Ressourcen zu schonen,
- konsequente Maßnahmen der Vermeidung und Verwertung von Abfällen bereits im Vorfeld der Abfallentstehung anzusetzen sowie,
- nicht verwertete Abfälle dauerhaft und gemeinwohlverträglich i. Allg. im Inland zu beseitigen [50].

Die Aufarbeitung, Behandlung und Endlagerung radioaktiver Abfälle sind im Atomgesetz geregelt. Für diese Art von Abfällen gelten die Vorschriften des KrW-/AbfG nicht. Ebenfalls von den Regelungen des Gesetzes ausgenommen sind:

- Tierkörper und tierische Nebenprodukte,
- Bergbauabfälle,
- nicht in Behälter gefasste gasförmige Stoffe,
- Stoffe, die in Abwässern in Klärwerke oder Vorfluter eingeleitet werden,
- Kampfmittel.

Dem sehr umkämpften Gesetzgebungsverfahren lagen der Bundesrats-Gesetzentwurf vom Mai 1991, der 1991 angekündigte, grundlegend neue Gesetzentwurf der Bundesregierung zur Vermeidung von Rückständen, Verwertung von Sekundärrohstoffen und Entsorgung von Abfällen [51], auf den sich in erster Linie die Beratungen stützten, sowie die europäische Abfallrahmenrichtlinie von 1991 (siehe Abschn. 1.7.1) zugrunde. Der Gesetzestext des Entwurfs der Bundesregierung wurde bei den Beratungen im Deutschen Bundestag und im Vermittlungsausschuss von Bundestag und Bundesrat umfassend neu formuliert wobei verschiedene, zunächst vorgesehene Regelungen wegfielen.

Das KrW-/AbfG ist in 9 Teile gegliedert:

- Allgemeine Vorschriften,
- Grundsätze und Pflichten der Erzeuger und Besitzer von Abfällen sowie der Entsorgungsträger,

- Produktverantwortung,
- Planungsverantwortung,
- Absatzförderung,
- Informationspflichten,
- Überwachung,
- Betriebsorganisation und Beauftragter für Abfall,
- Schlussbestimmungen.

Die wichtigsten Inhalte seien im Folgenden skizziert.

Abfallbegriff, ihm kommt im KrW-/AbfG eine Schlüsselfunktion zu. Er bestimmt den Geltungsbereich des Gesetzes und war deshalb heftig umstritten. Er ist nun umfassend angelegt, um die Stoffströme der Kreislaufwirtschaft insgesamt in die Regelungen einzubeziehen. Er schließt auch zu verwertende Stoffe, also bestimmte Wirtschaftsgüter, ein. Der Abfallbegriff enthält als voluntaristisches Element den Willen des Besitzers, sich bestimmter Sachen als Abfall zu entledigen. Darüber hinaus gibt es Abfälle, deren sich der Besitzer entledigen muss. Der Gesetzgeber hat Abfallgruppen festgelegt, denen die im KrW-/AbfG geregelten Abfälle zuzuordnen sind. Der im Gesetzesanhang aufgeführte Katalog ist der europäischen Abfallrichtlinie entnommen. Er umfasst 16 Abfallgruppen von Produktions- und Verbrauchsrückständen, kontaminierten, verschmutzten, verbrauchten und unverwendbar gewordenen Stoffen, die erhebliche Auslegungsspielräume eröffnen. Eine genauere Zuordnung angefallener Abfälle ermöglicht das in detaillierte Abfallarten aufgegliederte, gemeinschaftsrechtlich harmonisierte europäische Abfallverzeichnis entsprechend der Abfallverzeichnis-Verordnung (AVV) vom 10. 12. 2001 [52]. Mit Streitfragen in konkreten Einzelfällen sind die nationalen Verwaltungsgerichte, insbesondere auch der EuGH befasst.

Die **Herstellerverantwortung** ist das Kernstück des KrW-/AbfG auch für die Entsorgung der Produkte. Diese weit reichende Produktverantwortung wurde als völlig neue Grundpflicht in die Marktwirtschaft eingeführt. Als Instrument der praktischen Umsetzung wurde für den Verordnungsgeber die Möglichkeit gesetzlich verankert, für bestimmte Erzeugnisse durch Rechtsverordnung Rückgabe- und Rücknahmepflichten vorzuschreiben. Altprodukte kommen auf diese Weise zum Hersteller zurück, der sie entsorgen und die bisher externen Entsorgungskosten tragen muss. „Wenn man bereits in die Produktpreise die Entsorgungskosten hineinrechnet, wird ein marktwirtschaftlicher Anreiz dafür geschaffen, Produkte entsorgungsfreundlich, wieder verwertbar, demontierbar, mehrmals nutzbar zu machen, weil man dann bei den Preisen einen Vorteil hat und am Markt besser besteht" [53]. Rückgabe- und Rücknahmepflichten wurden beispielsweise für Verpackungsabfälle, Altfahrzeuge, Batterien, Elektro- und Elektronikgeräte verwirklicht. Hier konnten die Vorschriften auf überschaubare Sachverhalte bezogen werden und sich die gewünschten Wirkungen hinsichtlich Getrenntsammlung, Vorbehandlung, Demontage sowie stofflicher und energetischer Verwertung entfalten. Diese Regulierungen im Einzelnen und die damit erforderliche Verwaltung und Vollzugskontrolle sind nur zu rechtfertigen, wenn es sich um Abfallströme handelt, in denen massenhaft weitgehend gleiche Altprodukte enthalten sind. Politisch gewünscht sind darüber hinausgehende Regelungen für verwertbare Materialien anstelle spezieller Altprodukte, um das gesamte Abfallaufkommen zu erfassen.

Zielhierarchie: Vermeiden, Verwerten, Beseitigen gehört zur zentralen Konzeption des KrW-/AbfG. Die erste Pflicht der Abfallerzeuger und Entsorgungsträger ist die Abfallvermeidung (siehe Kap. 4 dieses Buches). Als Maßnahmen nennt das Gesetz die abfallarme Produktgestaltung, die anlageninterne Kreislaufführung von Stoffen (primäres Recycling) und ein Konsumverhalten, das auf den Erwerb von abfall- und schadstoffarmen Produkten gerichtet ist. Die Pflichten der Betreiber von genehmigungsbedürftigen Anlagen (mit Ausnahme der Deponien) wurden im Bundes-Immissionsschutzgesetz (BImSchG) geregelt und folgen der Pflichtenhierarchie des KrW-/AbfG. Als Genehmigungsvoraussetzung sind Anlagen so zu errichten und zu betreiben, dass sie dem Stand der Technik entsprechen und ein allgemein hohes Schutzniveau für die Umwelt gewährleisten. Die im deutschen Immissionsschutz- und Abfallrecht bewährte Generalklausel zur Umsetzung von Technik in Recht „Stand der Technik" wurde durch die europäische Richtlinie von 1996 über die integrierte Vermeidung und Verminderung der Umweltverschmutzung wesentlich geändert [54]. Zur Bestimmung des Standes der Technik gehört nun u. a. die Berücksichtigung der Kriterien

- Einsatz abfallarmer Technologien,
- Einsatz weniger gefährlicher Stoffe und
- Förderung der Rückgewinnung und Wiederverwertung der bei den einzelnen Verfahren erzeugten und verwendeten Stoffe.

Die **Vermeidung** muss technisch möglich, wirtschaftlich zumutbar und umweltverträglicher als die Verwertung sein. Durch Maßnahmen der Abfallvermeidung, wie z. B. Mehrweg-Konzepte bei Transportverpackungen, können ebenfalls Umweltbelastungen entstehen. Diese sind jedoch im Vergleich zur Herstellung neuer Güter und deren Abfallverwertung meist gering. Die Verhältnismäßigkeit zwischen Aufwand und Nutzen ist zu berücksichtigen [55]. Zur Grundpflicht der Abfallvermeidung, die überwiegend appellativen Charakter hat, können im Einzelnen aber auch Maßnahmen, wie etwa das Verbot der Verwendung gesundheitsschädlicher Stoffe, durch Rechtsverordnung auferlegt und durchgesetzt werden.

Verwertung und Beseitigung: Das KrW-/AbfG unterscheidet zwischen Abfällen zur Verwertung und Abfällen zur Beseitigung. Abfälle zur Verwertung sind Abfälle, die verwertet werden. Abfälle, die nicht verwertet werden, auch wenn sie verwertbar sind, sind Abfälle zur Beseitigung.

Eine Grundpflicht der Kreislaufwirtschaft besteht für Abfallerzeuger und -besitzer darin, Abfälle stofflich zu verwerten oder zur Gewinnung von Energie zu nutzen. Vorrang hat die umweltverträglichere Verwertungsart. Im Anhang II B des Gesetzes sind praktische Verwertungsverfahren aufgelistet, wie beispielsweise die Hauptverwendung als Brennstoff, die Rückgewinnung von Metallen, anderen anorganischen und organischen Stoffen, Regenerierung von Säuren und Basen, Ölraffination oder die Aufbringung auf den Boden zum Nutzen der Landwirtschaft. Auch diese Liste wurde der europäischen Abfallrahmenrichtlinie entnommen (siehe Abschn. 1.7.1). Die Verwertungspflicht entfällt, wenn die Beseitigung die umweltverträglichere Lösung darstellt. Die Pflicht zur Verwertung von Abfällen ist außerdem nur einzuhalten, soweit dies technisch möglich und wirtschaftlich zumutbar ist.

Eine lange andauernde politische Auseinandersetzung galt der Abgrenzung von stofflicher zu energetischer Verwertung zu thermischer Behandlung. Die politischen Bewertungen in Bundesregierung und Bundesrat gingen so weit auseinander, dass die in § 6 KrW-/AbfG enthaltene Verordnungsermächtigung nicht genutzt werden konnte, um bestimmte Abfallarten vorrangig entweder der stofflichen oder der energetischen Verwertung zuzuordnen. Eine stoffliche Verwertung liegt vor, wenn Stoffe aus Abfällen gewonnen werden, die primäre Rohstoffe im Wirtschaftskreislauf ersetzen (sekundäres Recycling). Eine energetische Verwertung liegt vor, wenn Abfälle als Ersatzbrennstoff zur Energieerzeugung eingesetzt werden, wobei laut KrW-/AbfG anspruchsvolle Kriterien hinsichtlich des Heizwerts, des Feuerungswirkungsgrads, der Energieverwendung und der Beschaffenheit der Feuerungsrückstände erfüllt werden müssen (die jedoch nach Auffassung des EuGH bei der Abgrenzung zwischen Verwertung und Beseitigung keine Rolle spielen). Die Müllverbrennung in eigens dafür errichteten Anlagen mit Energiegewinnung war laut EuGH keine energetische Verwertung, da Müll in diesen Anlagen kein Ersatzbrennstoff darstellt, sondern eine i. Allg. sinnvolle thermische Abfallbehandlung zur umweltverträglichen Beseitigung. Die Ende 2008 in Kraft getretene Novelle der europäischen Abfallrahmenrichtlinie (AbfRRL) hat diese Fragen durch Einführung einer abgrenzenden Energieeffizienzformel geklärt.

Im Zeitraum von 1990, dem ersten Jahr des vereinten Deutschlands, bis 2010 hat sich das Gesamtaufkommen der Siedlungsabfälle mit ca. 50 Mio. t nur wenig verändert. Die Verwertungsquote ist in dieser Zeitspanne jedoch von 13 auf 63 % [56] angestiegen und hat im Jahr 2002 zum ersten Mal die Beseitigungsquote (44 %) überholt [57]. In dieser Tendenz spiegelt sich der Erfolg der auf Abfallverwertung ausgerichteten Abfallwirtschaft im Rahmen des KrW-/AbfG wider.

Bemerkenswert waren die relativ hohen Beiträge der Abfallwirtschaft zum Klimaschutz, die in erster Linie auf die starke Verminderung der Methanemissionen aus den Deponien zurückgeführt werden können. Die Klimarelevanz von Methan (CH_4) ist, über einen Zeitraum von 100 Jahren betrachtet, 21fach höher als von Kohlendioxid (CO_2). Zum einen wurden die Deponiegase besser erfasst und teils mit, teils ohne energetische Nutzung verbrannt, zum anderen wurde mit der Abfallablagerungsverordnung (später Deponieverordnung) das Deponierungsverbot für unbehandelte, biologisch abbaubare Abfälle seit Juni 2005 durchgesetzt. Weitere beachtliche Beiträge zum Klimaschutz erbrachte die energetische Nutzung der Restabfallmengen in Müllverbrennungsanlagen. Auch können die in allen Materialbereichen kräftig angestiegenen Verwertungsquoten als klimarelevant eingestuft werden, denn für das Recycling ist gewöhnlich weniger Energie aus fossilen Brennstoffen erforderlich als zur Gewinnung der Rohstoffe aus der

Natur. Die Zuordnung der entsprechenden Gutschriften von CO_2-Äquivalenten wird jedoch von den betroffenen Wirtschaftszweigen – etwa der Kraftwirtschaft gegenüber der Abfallwirtschaft – kontrovers gehandhabt. Der im Zuge der Berichterstattung unter der Klimarahmenkonvention der Vereinten Nationen und des Kyoto-Protokolls vom Umweltbundesamt jährlich vorgelegte Inventarbericht zu nationalen Treibhausgasemissionen berücksichtigt in der Quellgruppe Abfall (Sektor 6 gemäß § 5 Bundes-Klimaschutzgesetz) die Emissionen aus Deponien und der biologischen Behandlung von festen Abfällen. Bezogen auf die Gesamtemissionen verminderte sich der Anteil dieser Quellgruppe im Zeitraum 1995 bis 2021 von 3,24 auf 0,97 %, was einem Rückgang um nahezu 29 Mio. t CO_2-Äquivalenten entspricht.

Der durchgreifenden Verwirklichung der Grundsätze der Kreislaufwirtschaft, möglichst wenig primäre Rohstoffe in Anspruch zu nehmen, möglichst viel Material möglichst lange im Wirtschaftskreislauf zu halten und möglichst keine Abfälle mehr abzulagern, stehen allerdings gewichtige Sachverhalte entgegen:

- Der Preis, der Gebrauchsnutzen und die gefällige Form einer Ware sowie der gute Ruf des Herstellers sind nach wie vor die entscheidenden Verkaufsargumente und nicht die Vorzüge bei der späteren Verwertung des Altprodukts.
- Das Prinzip der offenen Grenzen und die globalen Transporte lassen den Wunsch nach einer umfassenden Herstellerverantwortung für die Altproduktentsorgung nur eingeschränkt realistisch erscheinen.
- Je komplexer Produkte aus Verbundstoffen aufgebaut sind, umso aufwändiger ist die Rückgewinnung recycelbarer Stoffe aus dem Altprodukt und umso unverhältnismäßiger können die Verwertungskosten und der Nutzen für die Umwelt sein.
- In der Regel verschlechtern sich die Materialeigenschaften mit jedem Recycling-Umlauf (Downcycling), wie beispielsweise bei Altpapier, dessen Fasern sich verkürzen [58].

▶ Die großen Hoffnungen, die in den 1990er Jahren auf die Kreislaufwirtschaft gesetzt wurden, müssen relativiert werden [59]. Deutschland wird vermutlich noch lange ein Rohstoffimportland und eine Stoffsenke großen Umfangs bleiben, wobei seine Importabhängigkeit von wenigen z. T. instabilen Ländern immer kritischer bewertet wird.

Die Exploration und Gewinnung von Rohstoffen im Inland und in Mitgliedsstaaten der EU – insbesondere für den Bedarf der Zukunftstechnologien – werden eine zunehmend wichtige Rolle spielen. [60] Von der Europäischen Union sind neue starke Impulse ausgegangen, mit denen die Kreislaufwirtschaft vorangebracht werden soll (siehe Abschn. 1.7.1).

Das KrW-/AbfG enthält eine Vielzahl von Ermächtigungen zum Erlass von Rechtsverordnungen, von denen reichlich Gebrauch gemacht wurde. Diese Rechtsverordnungen sind ständig fortgeschrieben und verändert worden; eine Reihe von ihnen wurde wieder aufgehoben, weil ihre wesentlichen Regelungsinhalte in andere Verordnungen oder Gesetze verlagert werden konnten oder weil sie aufgrund der praktischen Erfahrungen im Interesse des Bürokratieabbaus und der Deregulierung verzichtbar erschienen.

- Über Abfallverzeichnisse und Abfallüberwachung: Abfallverzeichnisverordnung (AVV, 2001, 2020), Bestimmungsverordnung überwachungsbedürftige Abfälle zur Verwertung (BstüVAbfV, 1996, 2007 aufgehoben), Nachweisverordnung (NachwV, 1996, 2007), Transportgenehmigungsverordnung (TgV, 1996).
- Über Anforderungen an die Abfallbeseitigung: Abfallablagerungsverordnung (AbfAblV, 2001, 2009 aufgehoben), Deponieverordnung (DepV, 2002, 2009, 2017, 2020), Gewinnungsabfallverordnung (GewinnungsAbfV, 2009), Versatzverordnung (VersatzV, 2002), Deponieverwertungsverordnung (DepVerwV, 2005, 2009 aufgehoben).
- Über betriebliche Regelungen: Abfallwirtschaftskonzept- und -bilanzverordnung (AbfKoBiV, 2007 aufgehoben), Entsorgungsfachbetriebeverordnung (EfbV, 1996, 2002, 2016).
- Über produkt- und produktionsbezogene Regelungen: Verpackungsverordnung (VerpackV, 1991, Neufassungen 1998, 2005, 2006, 2008, 2014, 2017, 2019 aufgehoben), Batterieverordnung (BattV, 1998, 2009 aufgehoben), PCB/PCT-Abfallverordnung (PCBAbfallV, 2000, 2012), Altfahrzeug-Verordnung (AltfahrzeugV, 2002, 2020), Gewerbeabfallverordnung (GewAbfV, 2002, 2017, 2022), Altholzverordnung (AltholzV, 2002, 2020), Altölverordnung (AltölV, 1987 2002, 2020).
- Über Klärschlamm, Bioabfälle: Klärschlammverordnung (AbfKlärV, 1992, 2006, 2017, 2020), Bioabfallverordnung (BioAbfV, 1998, 2013, 2022).

Das Inverkehrbringen, die Rücknahme und die umweltverträgliche Entsorgung von Elektro- und Elektronikgeräten sind nicht als Rechtsverordnung des KrW-/AbfG sondern in einem besonderen Gesetz [61] vom 16. 3. 2005 geregelt (2014, 2021 novelliert) worden, mit dem europäische Richtlinien (siehe Abschn. 1.7.1) umgesetzt wurden. Auch die Batterieverordnung ist aufgrund der Richtlinie 2006/66/EG durch ein „Gesetz zur Neuregelung der abfallrechtlichen Produktverantwortung für Batterien und Akkumulatoren" im Jahr 2009 ersetzt worden. Als "Gesetz über das Inverkehrbringen, die Rücknahme und die umweltverträgliche Entsorgung von Batterien und Akkumulatoren (Batteriegesetz)" wurde es 2017 nach europäischen Vorgaben neu gefasst und 2020 nochmals novelliert. Mit einer Rechtsverordnung zur Durchführung des Batteriegesetzes (BattGDV, 2009, 2021 aufgehoben) sind Anforderungen an die Behandlung und Verwertung von Altbatterien sowie Anzeigepflichten der Hersteller festgelegt worden. Das Abfallverbringungsgesetz ist als Ausführungsgesetz der europäischen Abfallverbringungs-Verordnung (VO-Nr. 1013/2006) und des Basler Übereinkommens über die Kontrolle der grenzüberschreitenden Verbringung gefährlicher Abfälle und ihrer Entsorgung geschaffen worden (2007/2013, 2020).

1.6.6 Das Kreislaufwirtschaftsgesetz von 2012

Mit dem „Gesetz zur Förderung der Kreislaufwirtschaft und Sicherung der umweltverträglichen Bewirtschaftung von Abfällen" (KrWG) [62] wurde das Kreislaufwirtschafts- und Abfallgesetz von 1994 hauptsächlich durch die Umsetzung der EU-Abfallrahmenrichtlinie 2008/98/EG des Europäischen Parlaments und des Rates novelliert. Es trat am 1. 6. 2012 in Kraft. Neben dem Schutz von Mensch und Umwelt bei der Erzeugung und Bewirtschaftung von Abfällen bezweckt das KrWG wie das KrW-/AbfG in erster Linie, „die Kreislaufwirtschaft zur Schonung der natürlichen Ressourcen zu fördern" (§ 1). Die Abfallwirtschaft soll ökologisch fortentwickelt und letztlich zu einer Rohstoffwirtschaft werden. „Die Fortentwicklung der Kreislaufwirtschaft ist eine gesamtgesellschaftliche Aufgabe an der alle Akteure, insbesondere Verbraucher, Erzeuger, private wie öffentliche Entsorgungsträger, Verbände, Bund, Länder und Kommunen gleichermaßen beteiligt sind." Und das Idealziel ist: „Verbrennungskapazitäten verringern zu können und Deponien weitgehend entbehrlich zu machen" [63]. Aufgrund der Vorgaben der EU-Abfallrahmenrichtlinie wurden umfangreiche textliche Änderungen und Ergänzungen eingeführt, denen jedoch keine ähnlich umfangreichen neuen Regelungstatbestände entsprechen. Das KrW-/AbfG von 1994 ist vom Gesetzgeber mit Bedacht und Augenmaß weiterentwickelt worden.

Die beabsichtigte verstärkte Förderung der Kreislaufwirtschaft erweist sich insbesondere in der Ergänzung der Abfallhierarchie um die Maßnahme „Vorbereitung zur Wiederverwendung" sowie in den konkreten Zielvorgaben

- spätestens ab 1. 1. 2015 Bioabfälle (§ 11) sowie Papier-, Metall-, Kunststoff- und Glasabfälle (§ 14) getrennt zu sammeln und
- spätestens ab 1. 1. 2020 die Vorbereitung zur Wiederverwendung und das Recycling aller Siedlungsabfälle auf mindestens 65 Gewichtsprozent sowie aller Bau- und Abbruchabfälle auf mindestens 70 Gewichtsprozent auszurichten und anzuheben (§ 14).

Zur Einführung einer haushaltnahen erweiterten Wertstoffsammlung kann eine einheitliche Wertstofftonne oder eine einheitliche Wertstofferfassung in vergleichbarer Qualität eingeführt werden (§§ 10 und 25).

Als Rangfolge des wirtschaftlichen und abfallwirtschaftlichen Handelns wird nun in § 6 KrWG eine fünfstufige Abfallhierarchie vorgeschrieben:

1. Vermeidung
2. Vorbereitung zur Wiederverwendung
3. Recycling
4. Sonstige Verwertung, insbesondere energetische Verwertung und Verfüllung
5. Beseitigung

Die Gliederung des KrW-/AbfG in 9 Teile wurde beibehalten, wobei die Vorschriften des Teils „Informationspflichten" in andere Teilbereiche eingearbeitet und der Teil „Entsorgungsfachbetriebe" neu aufgenommen wurde. In die Begriffsbestimmungen (§ 3) wurde eine Reihe neuer Fachausdrücke aufgenommen und Definitionen abgeändert. In der Abfalldefinition wurde der Ausdruck „bewegliche Sachen" durch „Stoffe und Gegenstände" ersetzt und der Bezug auf eine Liste von eigens aufgeführten Abfallgruppen aufgehoben. Die bisher geläufige Bezeichnung „besonders überwachungsbedürftig" wurde durch „gefährlich" ersetzt. Neue Begriffsbestimmungen wurden eingereiht: Bioabfälle; Sammler, Beförderer, Händler und Makler von Abfällen; Sammlung, getrennte Sammlung, gemeinnützige Sammlung und gewerbliche Sammlung von Abfällen; Vermeidung; Wiederverwendung und Vorbereitung zur Wiederverwendung; Verwertung; Recycling; Beseitigung u. a. In einer Kreislaufwirtschaft, in der abwechselnd Stoffe und Gegenstände zu Abfällen und Abfälle zu wiederverwendbaren Wirtschaftsgütern werden, ist es angezeigt, das Ende der Abfalleigenschaft zu bestimmen und anfallende Nebenprodukte von Abfällen abzugrenzen. Ebenfalls bedarf es der Vorschriften für das Getrennthalten von Abfällen zur Verwertung und für ein Vermischungsverbot. Diese Regelungen finden sich in den §§ 4, 5 und 9 KrWG, wobei die Festlegung von Anforderungen und Bedingungen im Einzelnen Rechtsverordnungen vorbehalten wurde. Grundsätzlich ist anzumerken, dass eine weitere Zahl von Verordnungsermächtigungen im KrWG dem Verordnungsgeber, also Bundesregierung, Bundesrat und in Sonderfällen auch dem Deutschen Bundestag, die wesentliche Aufgabe der Umsetzung und Ausgestaltung der allgemeinen Vorschriften für den praktischen Vollzug auferlegen.

Ende 2013 wurde die Verordnung zur Fortentwicklung der abfallrechtlichen Überwachung erlassen, die neben einigen Anpassungsänderungen in bestehenden Rechtsverordnungen die neue „Verordnung über das Anzeige- und Erlaubnisverfahren für Sammler, Beförderer, Händler und Makler von Abfällen" (AbfAEV) enthält [64]. Die Regelungen sind so kompliziert, dass eine umfangreiche Vollzugshilfe herausgegeben wurde [65].

Das KrWG ermöglicht zur Erfassung aller Haushaltsabfälle aus Metall und Kunststoff, also nicht nur der Verpackungsabfälle, die Einführung einer einheitlichen Wertstofftonne. Da die privaten Entsorger nach bisherigem Recht für die Verpackungsabfälle, die Kommunen aber für den gesamten anderen Siedlungsabfall zuständig waren, bringt die neue Wertstofftonne Interessenskonflikte mit sich. In den Beratungen zum KrWG-Entwurf hatte der Bundesrat den Vermittlungsausschuss angerufen, weil er die öffentlichen gegenüber den privaten Entsorgern benachteiligt sah. Er wollte verhindern, „dass sich gewerbliche Abfallsammler lediglich die lukrativen Wertstoffe aus dem Hausmüll herauspicken können" [66]. Bundestag und Bundesrat einigten sich darauf, dass der gewerbliche Sammler den ersten Zugriff hat, wenn die von ihm angebotene Sammlung und Verwertung gegenüber dem öffentlich-rechtlichen Entsorgungsservice wesentlich leistungsfähiger ist (§ 17). Für den Nachweis trägt der gewerbliche Anbieter die Beweislast. Gewerbliche und gemeinnützige Sammlungen sind jedoch entsprechend den europarechtlichen Vorgaben der Warenverkehrs- und Wettbewerbsfreiheit grundsätzlich zuzulassen. Die Bundesregierung untersuchte den Verwaltungsaufwand und die Probleme im Vollzug der neuen Regelungen und legte im März 2014 einen Monitoring-Bericht vor [67]. Die angehörten Betroffenen vertraten teilweise kontroverse Positionen hinsichtlich der Frage, ob durch das neue KrWG die EU-rechtlich gebotene Stärkung des Wettbewerbs und die Verbesserung der Qualität und Quantität des Recyclings erreicht werden. Einigkeit bestand in der Auffassung, dass erhebliche Vollzugsprobleme gelöst werden müssen. Die Bundesregierung verweist darauf, dass sich durch die Rechtsprechung eine klare Linie für die Auslegung und Handhabung der neuen Vorschriften abzuzeichnen beginne. Im Übrigen sei die weitere Beobachtung der Vollzugssituation erforderlich. Ende 2016 brachte die Bundesregierung den Entwurf eines Verpackungsgesetzes in das Gesetzgebungsverfahren ein, mit dem das Verpackungsrecht weiter entwickelt und die Verpackungsverordnung abgelöst werden sollten (siehe Abschn. 1.8.2.).

Die EU-Abfallrahmenrichtlinie erlegte den Mitgliedstaaten auf, Abfallvermeidungsprogramme mit Vermeidungszielen zu erstellen und dabei „zweckmäßige, spezifische qualitative oder quantitative Maßstäbe für verabschiedete Abfallvermeidungsmaßnahmen" vorzugeben. Das deutsche Abfallvermeidungsprogramm legt qualitative Ziele fest, zu deren Erreichung keine quantitativen und zeitlichen Vorgaben gemacht werden. Das Hauptziel ist die Abkoppelung des Wirtschaftswachstums von den mit der Abfallerzeugung verbundenen Auswirkungen auf Mensch und Umwelt. Dieses Hauptziel wird unterstützt durch die operativen Ziele:

- Reduktion der Abfallmenge
- Reduktion schädlicher Auswirkungen des Abfalls
- Reduktion der Schadstoffe in Materialien und Erzeugnissen (bis hin zur Substitution umwelt- und gesundheitsschädlicher Stoffe).

Unterzielsetzungen können zur Erreichung dieser operativen Ziele dienen:

- Verminderung der Abfallintensität in allen Wirtschaftsbereichen
- Verbesserung des Informationsstandes zur Sensibilisierung der Bevölkerung und der beteiligten Akteure
- Anlageninterne Kreislaufführung von Stoffen
- Förderung eines abfallarmen Konsumverhaltens
- Abfallarme Produktgestaltung
- Steigerung der Lebensdauer und der Nutzungsintensität von Produkten
- Förderung der Wiederverwendung von Produkten [68].

Im Anhang des Programms sind beispielhaft 34 Abfallvermeidungsmaßnahmen mit deren Bewertung dargestellt.

Das KrWG ist in den Jahren 2013 bis 2016 mehrmals geändert worden, etwa zur Einführung von Überwachungsplänen und -programmen für große Deponien (Umsetzung der Richtlinie 2010/75/EU – BGBl I Nr. 17, 12. April 2013, S. 744) oder zur Einführung eines Klimakorrekturfaktors in die Energieeffizienzformel (BGBl I Nr. 46, 25. November 2015, S. 2072).

Im Jahr 2020 wurden umfangreiche abfallrechtliche Neuregulierungen der Europäischen Union in nationales Recht umgesetzt und hierfür auch flankierende Vorschriften geschaffen. Durch die Novellierung des KrWG (BGBl I 2020 Nr. 48, 28.10.2020, S. 2232–2245) sollen zugleich das Ressourcenmanagement verbessert und die Ressourceneffizienz gesteigert werden.

Die wesentlichen Änderungen der KrWG-Novelle 2020 sind:

- neue Berechnungsweise und schrittweise Erhöhung der Recyclingquoten für Siedlungsabfälle (ab 2020 mindestens 50 Gewichtsprozent, ab 2025 mind. 55 %, ab 2030 mind. 60 %, ab 2035 mind. 65 %). Es werden nicht mehr die Abfallmengen erfasst, die den Anlagen der stofflichen Verwertung zugeführt werden, sondern die nach Sortierung und Behandlung tatsächlich für eine neue Nutzung wieder in den Wirtschaftskreislauf gelangenden Mengen. Dadurch wird das Berechnungsverfahren verschärft, und die bisherigen Quoten mussten angepasst werden. Die Berechnungsweise im Einzelnen ist nicht im KrWG geregelt, vielmehr im Durchführungsbeschluss (EU) 2019/1004 der EU-Kommission.
- die Getrenntsammelpflicht für Bioabfälle, gefährliche Haushaltsabfälle (ab dem Jahr 2025), Textilien (ab 2025) und Sperrmüll. Dazu bedarf es der Aufstellung zusätzlicher Sammelbehälter und der Einführung entsprechender Erfassungs- und Holsysteme. Die getrennten Sammlungen sind grundsätzlich den öffentlich-rechtlichen Entsorgungsträgern zugewiesen.
- die Erweiterung der Produktverantwortung für Hersteller und Vertreiber. Produkte sollen ressourceneffizient und reparierbar sein sowie mit vorrangigem Einsatz von Rezyklaten und sparsamem Einsatz von kritischen Rohstoffen hergestellt werden. Die sog. Obhutspflicht soll dafür sorgen, dass die Gebrauchstauglichkeit der Erzeugnisse (auch von Lebensmitteln) während des Vertriebs erhalten bleibt und keine Abfälle entstehen. Der Blick des Gesetzgebers richtete sich hier vor allem auf den Onlinehandel, in dem Retouren in erheblichem Umfang zu Abfall erklärt und vernichtet wurden (*Wegwerfgesellschaft*). Die Produktverantwortung wird erweitert auch auf die Beteiligung an den Reinigungskosten bei der Beseitigung der *Vermüllung* der öffentlichen Räume, Siedlungen und Parkanlagen. Betroffen sind jedoch nur Wegwerfartikel, wie sie in der Einwegkunststoff-Richtlinie aufgeführt sind, also Verpackungen für den Lebensmittel-Sofortverzehr, Einweggeschirr, Getränkebehälter, Zigarettenfilter, Luftballons und dergl.
- die öffentliche Hand (Bund) wird verpflichtet, in ihren Vergabeverfahren den Produkten den Vorzug zu geben, die hinsichtlich der Abfall- und Kreislaufwirtschaft sowie des Umwelt- und Ressourcenschutzes besonders vorteilhaft sind. Aus der bisherigen Prüfpflicht wurde eine konditionierte Bevorzugungspflicht.

Die neuen Regelungen der KrWG-Novelle des Jahres 2020 wurden im Wesentlichen 1:1 aus den EU-Vorlagen umgesetzt. Es gibt jedoch eine Reihe von Vorschriften, die über EU-Recht hinausgehen, insbesondere bei der Ausgestaltung der Produktverantwortung. Mit einer Vielzahl von Verordnungsermächtigungen kann die Produktverantwortung darüberhinaus noch weiterentwickelt werden. Bund und Länder haben in den ersten Jahren nach der Verabschiedung des neu gefassten KrWG davon noch keinen Gebrauch gemacht. Im Gesetzgebungsverfahren zielte die parlamentarische Kritik vor allem auf die Unverbindlichkeit von Anforderungen etwa an die Produktverantwortung wie die Obhutspflicht oder das Produktdesign ohne Einsatzquoten für Rezyklate. Das Fehlen verbindlicher abfallspezifischer Vermeidungsziele wurde bemängelt. Die Belange der deutschen Wirtschaft im gemeinsamen Binnenmarkt haben deutsche Sonderregelungen verhindert, durch die erhebliche Wettbewerbsnachteile entstanden wären.

1.7 Europäische Entwicklungen und internationale Einflüsse

1.7.1 Europäische Gemeinschaft/Union (EG/EU)

Die Staats- und Regierungschefs der Europäischen Gemeinschaft haben auf ihrer Pariser Konferenz im Oktober 1972 beschlossen, eine EG-Umweltpolitik einzuführen. Eine harmonische Entwicklung des Wirtschaftslebens und weiteres Wirtschaftswachstum erfordere eine wirksame Bekämpfung der Umweltbelastungen. Eine Kompetenz für einen gemeinschaftlichen Umweltschutz war im EWG-Vertrag von 1957 nicht vorgesehen. Erst im Jahr 1987 wurde mit der Einheitlichen Europäischen Akte eine eigenständige umweltpolitische Zuständigkeit begründet [69]. Diese EG-Umweltkompetenz wurde mit dem Maastrichter Vertrag von 1992 weiter ausgebaut. Das Abfallrecht in Europa wird nunmehr überwiegend vom Europäischen Parlament und dem Rat gesetzt. Nationale gesetzliche Gestaltungsspielräume und Vollzugsunterschiede blieben in einem gewissen Umfang erhalten und wirken sich auf die Entsorgungspraxis aus.

Eine Rechtsangleichung erschien jedoch schon Anfang der 1970er Jahre notwendig, um gleiche Wettbewerbsbedingungen im Binnenmarkt aufrechtzuerhalten. Im November 1973 wurde von den europäischen Ministern für Umweltfragen ein erstes Aktionsprogramm der EG für den Umweltschutz vorgelegt, in dessen Kap. 7 die Aktionen im Zusammenhang mit der Beseitigung von Abfällen und Rückständen aufgeführt waren [70]. Im Vordergrund standen Abfälle, deren Beseitigung wegen ihrer Toxizität, ihrer mangelnden Abbaufähigkeit oder Sperrigkeit eine überregionale und gegebenenfalls auch eine grenzüberschreitende Lösung erfordert. Die Minister für Umweltfragen betonten ihre Absicht, sich auf dem Gebiet des Umweltschutzes mit den internationalen Organisationen abzustimmen und eine gemeinsame Haltung anzustreben. Dies gelte insbesondere für die Arbeiten, die von der OECD sowie im Rahmen des Umweltprogramms der Vereinten Nationen UNEP durchgeführt werden. In allen weiteren EG-Umweltaktionsprogrammen sind Fragen der Vermeidung, Verwertung und Beseitigung von Abfällen behandelt worden. Das 7. Umweltaktionsprogramm (UAP) für den Zeitraum 2014 bis 2020 legt es darauf an, Ressourceneffizienz – neben dem Klimaschutz und der nachhaltigen Mobilität – ins Zentrum der langfristigen europäischen Umweltpolitik zu rücken. Europa soll auf den Übergang zu einer ressourceneffizienten, umweltschonenden und wettbewerbsfähigen CO_2-armen Wirtschaftsweise hinsteuern. Dazu gehört als besonderer Schwerpunkt die Verwandlung von Abfällen in Rohstoffe, einschließlich der Ausweitung der Abfallvermeidung und -wiederverwendung sowie des Recyclings. Das bis Ende 2030 laufende 8. UAP (EU-ABl. L 114/22–36 vom 12.04.2022) setzt das 7. UAP fort und zielt auf

> "Fortschritte hin zu einer Wirtschaft des Wohlergehens, in der dem Planeten mehr zurückgegeben als genommen wird, und Beschleunigung des Übergangs zu einer schadstofffreien Kreislaufwirtschaft, in der das Wachstum regenerativ ist, Ressourcen effizient und nachhaltig genutzt werden und die Abfallhierarchie angewandt wird."

Im Juli 1975 erging eine Richtlinie des Rates über Abfälle [71], die sogenannte europäische Abfallrahmenrichtlinie. Diese erste europäische abfallrechtliche Normsetzung, die für alle EG-Mitgliedstaaten bindend ist (Europarecht bricht nationales Recht) wurde auf die Artikel 100 (Binnenmarkt) und 235 (Generalermächtigung) des EWG-Vertrags gestützt. Ihre Zielsetzungen waren:

- Schutz der menschlichen Gesundheit sowie der Umwelt gegen nachteilige Auswirkungen der Sammlung, Beförderung, Behandlung, Lagerung und Ablagerung von Abfällen und
- Förderung der Aufbereitung von Abfällen sowie die Verwendung wiedergewonnener Materialien im Interesse der Erhaltung der natürlichen Rohstoffquellen.

Den Mitgliedstaaten wurde auferlegt, mit geeigneten Maßnahmen die mengenmäßige Verringerung, Verwertung und Umwandlung von Abfällen sowie die Gewinnung von Rohstoffen und Energie zu fördern.

Die europäische Abfallrahmenrichtlinie wurde im Jahr 1991 novelliert und mit Anhängen über Abfallgruppen, Beseitigungs- und Verwertungsverfahren versehen, die dem Basler Übereinkommen von 1989 entnommen wurden [72]. Diese Rahmenrichtlinie enthält die in der EU harmonisierten Begriffsbestimmungen und Grundsätze. Sie ist die allgemeine Grundlage des europäischen Abfallrechts. In ihrem Rahmen wurden zahlreiche Richtlinien über bestimmte Abfälle und Sachverhalte erlassen: Altölbeseitigung (1975), Titandioxid (1978), Klärschlamm (1986), Verbrennungsanlagen für Siedlungsmüll (1989), Batterien und Akkumulatoren (1991, 2006), Verbrennung gefährlicher Abfälle (1994), PCB/PCP (1996), Abfalldeponien (1999), Altfahrzeuge (2000), Abfallverbrennung (2000), Abfallstatistik (2002), gefährliche Stoffe in Elektro- und Elektronikgeräten (2002, 2011), Elektro- und Elektronik-Altgeräte (2003, 2012).

Im März 1978 erließ der EG-Ministerrat ebenfalls auf der Grundlage der Artikel 100 und 235 des EWG-Vertrags die Richtlinie über giftige und gefährliche Abfälle [73]. Der

Anhang der Richtlinie enthielt die Liste der giftigen und gefährlichen Stoffe oder Materialien mit 27 Positionen: einige Schwermetalle und ihre Verbindungen, chemische Elemente wie Arsen, Antimon, Beryllium, Selen, Tellur und ihre Verbindungen, Mineralien wie Asbest, organische und anorganische Cyanide, chlorierte und organische Lösungsmittel, Phenole, Peroxide, Chlorate, Äther, Teerrückstände u. a. Die Richtlinie forderte von den Mitgliedstaaten, Maßnahmen der Planung für die geordnete Beseitigung und die Einrichtung von Genehmigungs- und Überwachungsverfahren für die erforderlichenfalls getrennte Einsammlung, Beförderung, Lagerung, Behandlung und Ablagerung dieser Abfälle zu treffen. Den Mitgliedstaaten wurde es ausdrücklich freigestellt, bei der Umsetzung dieser Richtlinie in nationales Recht, strengere als die gemeinschaftlich vorgesehenen Vorschriften festzulegen.

Die Europäische Union ist mit ihrer bisherigen Zielvorgabe zur mengenmäßigen Vermeidung von Siedlungsabfällen gescheitert. In ihrem 5. Umweltaktionsprogramm von 1993 hatte sie das „Einfrieren der Abfallerzeugung auf 300 kg pro Kopf im EG-Durchschnitt (Stand von 1985)" als Ziel vorgegeben, das in keinem Mitgliedsstaat überschritten werden sollte [74]. Tatsächlich hat sich in den alten EU-Mitgliedstaaten die Abfallmenge pro Kopf seither mehr als verdoppelt. In Deutschland bewegt sich das Aufkommen an Siedlungsabfällen mit gewissen Schwankungen seit dem Jahr 2000 um 600 kg/Einwohner [75]. Die Maßnahmen zur Verminderung der Gefährlichkeit der Abfälle waren dadurch erfolgreicher, dass die Verwendung bestimmter Gefahrstoffe verboten werden konnte.

Zum Jahresende 2005 publizierte die Europäische Kommission eine Mitteilung über die „Weiterentwicklung der nachhaltigen Ressourcennutzung: Eine thematische Strategie für Abfallvermeidung und -recycling", in der sie ihre Vorstellungen zu den künftigen Rahmenbedingungen für die europäische Abfallwirtschaft darlegte [76]. Mit dieser Strategie wurde der Grundstein für die Entwicklung der EU zu einer Gesellschaft mit Kreislaufwirtschaft gelegt. Die gemeinschaftlichen Rechtsvorschriften sollen im Abfallbereich zur Verbesserung von Abfallvermeidung und -recycling weiterentwickelt und zugleich vereinfacht werden. Die Kommission legte zeitgleich mit dieser Mitteilung den Vorschlag zur Novellierung der Abfallrahmenrichtlinie vor, in die sowohl die Richtlinie über gefährliche Abfälle als auch die Altölrichtlinie eingearbeitet wurden [77]. Die jahrelang politisch umkämpfte Novellierung ist im November 2008 abgeschlossen worden.

Die neue europäische Abfallrahmenrichtlinie (AbfRRL) [78] wurde mit zahlreichen Änderungen am 12. 12. 2008 in Kraft gesetzt und richtete die EU-Mitgliedstaaten auf eine gemeinsame Abfallwirtschaftspolitik mit dem Ziel aus, die EU einer „Recycling-Gesellschaft" näher zu bringen. Die wichtigsten Änderungen und Neuerungen betreffen:

- die Abfallhierarchie (Prioritätenfolge), die um weitere Stufen ergänzt wurde: Vermeidung, Vorbereitung zur Wiederverwendung, Recycling, sonstige Verwertung – z. B. energetische Verwertung, Beseitigung;
- die Einführung der erweiterten Herstellerverantwortung (Produktverantwortung) für den gesamten Lebenszyklus eines Produkts;

- die Beschränkung des Abfallrechts auf bewegliche Sachen (Ausschluss unbeweglicher Sachen aus den AbfRRL-Anwendungen);
- die Definition der Nebenprodukte und ihre Abgrenzung von Abfällen;
- die Regelungen zum Ende der Abfalleigenschaft im Zusammenhang mit Verwertungsverfahren;
- die Abgrenzung der Abfallverwertung als Brennstoff in Müllverbrennungs-Anlagen nach einer Energieeffizienzformel von der Beseitigung (siehe Anhang II der AbfRRL);
- Regelungen zu Bioabfällen;
- die Absicherung der Entsorgungsautarkie bei der Beseitigung von Hausmüll;
- die Erstellung von Abfallvermeidungsprogrammen mit konkreten Vermeidungszielen in den Mitgliedstaaten bis Ende 2013 um das Wirtschaftswachstum von den mit der Abfallerzeugung verbundenen Umweltauswirkungen zu entkoppeln. (Anhang IV der AbfRRL enthält einen Katalog von möglichen Vermeidungsmaßnahmen.) Das Bundesumweltministerium ist dieser Forderung im Juli 2013 nachgekommen und hat das „Abfallvermeidungsprogramm des Bundes unter Beteiligung der Länder" vorgelegt. Die Fortschreibung dieses Programms vom Oktober 2020 "Wertschätzen statt Wegwerfen" zeigt praktische Handlungsmöglichkeiten auf kommunaler und Länderebene und sieht prioritäre Aktionsfelder bei Kunststoffverpackungen, Lebensmitteln, Elektro- und Elektronikgeräten, Bau- und Abbruchabfällen. Die vorrangigen Vermeidungsansätze zielen auf die öffentliche Beschaffung, Reparatur/Wiederverwendung und Förderung von Produkt-Dienstleistungs-Systemen (siehe auch Kap. 4 dieses Buches).

In Volkswirtschaften, die weitreichende Freiheiten im Wettbewerb und für Unternehmer- und Verbraucherentscheidungen sicherstellen, sind regulierende Eingriffe des Staats zur Durchsetzung der Abfallvermeidung nur sehr begrenzt möglich. Europaweite politische Initiativen konzentrieren sich deshalb in erster Linie auf die öffentliche Bewusstmachung der Notwendigkeit und der beispielhaft aufgezeigten Chancen der Abfallvermeidung. Zu diesem Zweck hat die EU-Kommission u. a. im Jahr 2009 die „Europäische Woche zur Abfallvermeidung" eingeführt, die alljährlich im November mit zahlreichen Aktivitäten zur Sensibilisierung der Bevölkerung in allen EU-Mitgliedstaaten und darüber hinaus durchgeführt wird. Zu solchen Gelegenheiten wird beispielsweise dafür geworben, Trinkgläser statt Wegwerfpapp- oder -plastikbecher zu verwenden, Papier beidseitig zu bedrucken, auf Einwegwindeln zu verzichten, Lebensmittel unverpackt einzukaufen, leichte Plastiktüten durch Einkaufstaschen oder -körbe zu ersetzen oder zumindest mehrfach zu benutzen usw. Das Thema beispielsweise im Jahr 2022 war "Nachhaltige Textilien".

Die Europäische Kommission hat im Jahr 2011 einen „Fahrplan für ein ressourcenschonendes Europa" mitgeteilt (KOM(2011) 571 endgültig vom 20. 9. 2011) mit Handlungsempfehlungen und Etappenzielen. Seither wird die Abfallrahmenrichtlinie von 2008 kritisch überprüft. Um dem „Fahrplan für ein ressourcenschonendes Europa" weiteren Vorschub zu leisten, hat die EU-Kommission im Mai 2013 das „Grünbuch zu einer europäischen Strategie für Kunststoffabfälle in der Umwelt" (KOM(2013) 123 endg./2 vom 3. 5. 2013) vorgelegt. Das Grünbuch zeigt auf, dass die Märkte für die sehr langlebigen, vielseitig einsetzbaren und relativ billig herstellbaren Kunststoffe exponentiell wachsen und die unkontrollierten Ablagerungen der Kunststoffabfälle, insbesondere in der Meeresumwelt, große Probleme verursachen. Da etwa die Hälfte der vollständig recyclingfähigen Kunststoffabfälle in Europa deponiert und insgesamt nur ein Bruchteil werkstofflich wiederverwertet wird, gibt das Grünbuch Denkanstöße für eine Entwicklung, die zu hohen Recyclinganteilen führt und letztlich Deponierungsverbote ermöglicht.

Im europäischen „Jahr des Abfalls" 2014 hat die Europäische Kommission in einer weiteren Mitteilung „Hin zu einer Kreislaufwirtschaft: Ein Null-Abfallprogramm für Europa" (KOM(2014) 398 endgültig vom 2. 7. 2014) ein anspruchsvolles Bündel an Reformabsichten zur Überarbeitung der EU-Abfallrahmenrichtlinie, der EU-Deponierichtlinie sowie der EU-Richtlinie über Verpackungen und Verpackungsabfälle vorgelegt und bis ins Jahr 2030 reichende ehrgeizige Ziele für Abfallverwertung und Ressourceneffizienz vorgegeben.

Im Jahr 2018 war das "Abfallpaket 2018" der Europäischen Union geschnürt. Am 4. Juli 2018 traten Novellen der folgenden vier Richtlinien in Kraft: Abfallrahmenrichtlinie (RL (EU) 2018/851), Richtlinie über Abfalldeponien (RL EU 2018/850), Richtlinie über Verpackungen und Verpackungsabfälle (RL (EU) 2018/852) und Richtlinie über Altfahrzeuge, über Altbatterien und über Elektroaltgeräte (RL (EU) 2018/849). Die Mitgliedstaaten mussten das neue EU-Recht bis zum 5. Juli 2020 in nationales Recht umsetzen (vgl. Abschn. 1.6.6).

Die wichtigsten Bestimmungen und Vorhaben waren: neue verbindliche Ziele für die Abfallverminderung mit festen, in 5-Jahres-Schritten bis zum Jahr 2035 steigenden Quoten für die Vorbereitung zur Wiederverwendung und zum Recycling von Siedlungsabfällen, strengere und einheitliche Verfahren zur Erfassung und Messung der Fortschritte hinsichtlich dieser Ziele, getrennte Sammlung von weiteren Abfallfraktionen, erweiterte Herstellerverantwortung.

Am Jahresende 2019 stellte die EU-Kommission den EU Green Deal vor (COM (2019) 640 final), mit dessen strategischen Vorgaben die Agenda 2030 der Vereinten Nationen und das Klimaübereinkommen von Paris 2015 unter Berücksichtigung der Berichte des Weltklimarates IPCC umgesetzt werden sollen. Die EU-Kommission ist überzeugt, dass die EU-Wirtschaft tief greifend umgestaltet werden muss, wenn sie bis zum Jahr 2050 klimaneutral und nachhaltig kreislauforientiert sein soll.

Im März 2020 machte die EU-Kommission im Rahmen des Grünen Deals einen neuen Aktionsplan für die Kreislaufwirtschaft bekannt (COM (2020) 98 final), mit dem das Wirtschaftswachstum von der Ressourcennutzung entkoppelt und die Entmaterialisierung der Wirtschaft beschleunigt werden soll. Der Übergang zur Kreislaufwirtschaft soll durch ergänzende Legislativvorhaben vorangebracht werden, die folgende Aspekte berücksichtigen:

- Verbesserung der Haltbarkeit, Wiederverwendbarkeit, Nachrüstbarkeit und Reparierbarkeit von Produkten, Umgang mit dem Vorhandensein gefährlicher Chemikalien in Produkten sowie Steigerung der Energie- und Ressourceneffizienz von Produkten;
- Erhöhung des Rezyklatanteils in Produkten bei gleichzeitiger Gewährleistung von deren Leistung und Sicherheit;
- Ermöglichung der Wiederaufarbeitung und eines hochwertigen Recyclings;
- Beschränkung des einmaligen Gebrauchs und Maßnahmen gegen vorzeitige Obsoleszenz;
- Einführung eines Verbots der Vernichtung unverkaufter, nicht verderblicher Waren;
- Schaffung von Anreizen für Modelle *Produkt als Dienstleistung*, in welchen der Hersteller Eigentümer des Produkts bleibt oder die Verantwortung für dessen Leistung während des gesamten Lebenszyklus übernimmt;
- Mobilisierung des Potenzials der Digitalisierung von Produktinformationen, mit Lösungen wie digitale Produktpässe, Markierungen und Wasserzeichen;
- Auszeichnungen von Produkten für ihre jeweiligen Nachhaltigkeitsleistungen.

▶ Zu den bedeutendsten Wertschöpfungsketten, die in diesem Zusammenhang betrachtet werden, gehören Elektro- und Elektronikgeräte, Batterien und Fahrzeuge, Verpackungen, Kunststoffe, Textilien, Bauwirtschaft und Gebäude, Lebensmittel, Wasser und Nährstoffe.

Wiederverwendbarkeit und Langlebigkeit sind wichtige Produkteigenschaften im Hinblick auf die Ressourceneffizienz und den Rohstoffbedarf. Die Reparierbarkeit der Produkte und ein allgemeines Recht auf Reparatur sind seit langem ein besonderes Anliegen des Europäischen Parlaments, das mit einschlägigen Forderungen an die EU-Kommission einen gesonderten Rechtsakt dafür vorsehen möchte. Die Kommission hat im März 2023 den Vorschlag für eine Richtlinie über gemeinsame Vorschriften zur Förderung der Reparatur von Waren gemacht (COM (2023) 155 final, 22.3.2023), die erreichen sollen, dass brauchbare defekte Geräte auch außerhalb der gesetzlichen Garantie vermehrt repariert und wiederverwendet werden. Die vorrangig auf Energieeffizienz ausgerichtete Ökodesign-Richtlinie aus dem Jahr 2009 (Richtlinie 2009/125/EG) enthält bereits Ansätze von Anforderungen an die Lieferbarkeit von Ersatzteilen und Reparierbarkeit bei bestimmten Gruppen von Massenprodukten. Am 1. Oktober 2019 erließ die EU-Kommission eine Reihe von Durchführungsverordnungen zum Ökodesign u. a. von Waschmaschinen und Wäschetrocknern (Verordnung (EU) 2019/2023), Geschirrspülern (2019/2022) und Kühlgeräten (2019/2024), die erstmals Ressourceneffizienz-Anforderungen an die Reparierbarkeit stellten. Hersteller müssen nunmehr gewerblichen Reparateuren bzw. Endnutzern bestimmte, einfach auswechselbare Ersatzteile während bestimmter, vorgegebener Zeiträume kurzfristig verfügbar machen.

Im Kontext des Aktionsplans für die Kreislaufwirtschaft haben das Europäische Parlament und der Rat bereits im Juni 2019 die Richtlinie über die Verringerung der

Auswirkungen bestimmter Kunststoffprodukte auf die Umwelt vorgelegt (EU ABl. L 155/1–19 vom 12. Juni 2019). Der europäische Gesetzgeber verweist besonders auf die Meeresvermüllung durch Einwegkunststoffartikel aus see- und landseitigen Quellen, die eine große Gefahr für die marinen Ökosysteme, die biologische Vielfalt der Meere und die menschliche Gesundheit sind. Er forderte von den Mitgliedstaaten alle erforderlichen Maßnahmen, um eine ehrgeizige und dauerhafte Verminderung des Verbrauchs von Einwegkunststoffartikeln herbeizuführen; insbesondere forderte er das Verbot des Inverkehrbringens von einer Reihe einzeln aufgeführter Einwegkunststoffartikel, wie Essbesteck, Teller, Becher, Trinkhalme, Rührstäbchen, Lebensmittelverpackungen aus expandiertem Polystyrol (Styropor) u. a. (EU ABl. L155/17 vom 16.06.2019). Diese EU-Regelung ist mit der Einwegkunststoffverbotsverordnung vom 20. Januar 2021 (BGBl. I, 2021, Nr. 3, 26.01.2021, S. 95) in deutsches Recht umgesetzt worden. Kunststoffe in Verpackungsabfällen, insbesondere Einwegkunststoffgetränkeflaschen können relativ einfach in getrennten Systemen gesammelt und recycelt werden. In ihrer, nach dem Vorbild der deutschen Verpackungsverordnung gestalteten Verpackungsrichtlinie (Richtlinie (EU) 2018/852) vom 30. Mai 2018 hat die EU feste Quoten für das Kunststoffrecycling verpflichtend vorgegeben: spätestens bis 31. Dezember 2025 50 Gewichtsprozent und spätestens bis 31. Dezember 2030 55 Gewichtsprozent. Die entscheidende Frage des Kunststoffrecyclings aus den gemischten Siedlungsabfällen ist damit jedoch nicht gelöst und wird weltweit als eine enorme Herausforderung begriffen. Plastikmüll fällt in riesigen Mengen und in einer großen Vielfalt von chemischen Zusammensetzungen an, ist schwer zu sammeln, schwer sortenrein zu trennen und kann gemischt nicht recycelt werden. Greenpeace USA hat 2020 und 2022 umfangreiche Untersuchungen zur Rezyklierbarkeit von Kunststoffabfällen vorgelegt [79] und kommt zum Ergebnis: Recycling von Plastik, wie es die Industrie seit 1990 propagiere, sei ein gescheitertes Konzept. Tatsächlich seien 2021 in den USA nur 5–6 % der Plastikabfälle in das stoffliche Recycling eingebracht worden. Auch in Deutschland ist es nicht gelungen, eine Kreislaufwirtschaft mit Kunststoffen auf der Grundlage von mechanischer und biologischer Trennung und Behandlung der Abfälle zu ermöglichen. Die Verluste sind zu hoch und die Möglichkeiten der stofflichen Weiterverwendung zu eingeschränkt und teuer. Es zeichnet sich vielmehr ab, dass für gemischte Kunststoffabfälle statt der bisherigen thermischen Verwertung ein chemisches Verfahren zur Erzeugung von überwiegend synthetischen Ölen neben gasförmigen Kohlenstoffverbindungen zu einem echten stofflichen Recycling führen könnte. Es sind Pilotanlagen in Betrieb für beispielsweise ein Pyrolyseverfahren der österreichischen Firma OMV in Schwechat bei Wien oder für das HydroPRS-Verfahren der britischen Firma Mura Technology am Standort Teesside bei Middlesbrough/England. In Böhlen/Sachsen verfolgt der Firmenverbund Dow Chemical und Mura Technology erste Planungen zur Errichtung einer Großanlage.

Die Plastikvermüllung von Umwelt und Meeren ist ein globales, zunehmend bedrohliches Problem. Die Umweltversammlung der Vereinten Nationen (UN Environment Assembly - UNEA) hat am 2. März 2022 in Nairobi mit den Stimmen aller 193 VN-Mitgliedstaaten beschlossen, bis 2024 einen rechtsverbindlichen, weltweit wirksam werdenden Vertrag auszuarbeiten, der die Verschmutzung von Umwelt und Natur durch Kunststoffabfälle beenden soll (UNEA-Resolution 5/14: End Plastic Pollution: Towards an International Legally Binding Instrument). Zur Umsetzung dieser Resolution wurde ein Verhandlungs-Komitee der Regierungen (Intergovernmental Negotiating Committee - INC) eingesetzt, das in 5 Verhandlungsrunden den völkerrechtlich verbindlichen Vertrag bis Ende 2024 erarbeiten soll. Die Verhandlungsrunden im Jahr 2023 (INC-2 in Paris, INC-3 in Kenia) erbrachten jedoch keine Fortschritte für ein global mit Sanktionen umsetzbares Abkommen, das den gesamten Lebenszyklus von Kunststoff umfasst. Es gibt massive Widerstände von seiten plastikproduzierender Industrien und erdölfördernder Länder [80].

Abfallwirtschaftliche Aspekte finden sich neben dem Abfallrecht im engeren Sinne auch in anderen Regelungsbereichen der EU-Umweltpolitik. Von Interesse ist hier die Richtlinie über die Integrierte Vermeidung und Verminderung der Umweltverschmutzung (IVU, Integrated Pollution Prevention and Control -IPPC) sowie das Konzept der Integrierten Produktpolitik (IPP, Integrated Product Policy). An dieser Stelle sei noch zur EU-Chemikalienpolitik angemerkt, dass in der Reform des europäischen Stoffrechts, wie sie unter der Kurzbezeichnung REACH (Registration, Evaluation and Authorisation of Chemicals) bekannt ist, Abfälle ausdrücklich von den Regelungen in REACH ausgenommen wurden. Die Maßnahmen der europäischen IPP enthielten keine konkreten Umweltziele und Zeitpläne für deren Umsetzung. Es wurde vielmehr der integrative und kooperative Ansatz des auf den gesamten Produktlebensweg bezogenen Denkens in die Volkswirtschaft eingeführt. In diesem Sinne wurden in Mitgliedsstaaten auf EU-Ebene Pilotprojekte zur Konzeption und Umsetzung der IPP für Papierprodukte, Textilien, Möbel, Plastikerzeugnisse, Automobile, Nahrungsmittel u. a. durchgeführt. Dabei arbeiteten Unternehmen, Händler, Forschungsinstitute, Verbraucherorganisationen und andere Interessenten in sogenannten Produktpanelen zusammen. Die Ergebnisse waren teilweise ermutigend.

1.7.2 Organisation für wirtschaftliche Zusammenarbeit und Entwicklung (OECD) und Umweltprogramm der Vereinten Nationen (UNEP)

Die Organisation für wirtschaftliche Zusammenarbeit und Entwicklung (OECD) setzte im Jahr 1971 einen Ausschuss für Umweltpolitik (Environment Policy Committee – EPOC) ein, der seither für den Rat der OECD das umweltpolitische Programm erarbeitet. Mit einem OECD-Ratsbeschluss von 1984 wurde den Mitgliedstaaten die Einhaltung von Grundsätzen über die grenzüberschreitende Verbringung von gefährlichen Abfällen empfohlen. Der Ratsbeschluss nannte die grundsätzlichen Pflichten der Abfallerzeuger und -beseitiger sowie der betroffenen Staaten, die bei der wirksamen Kontrolle der gefährlichen Abfälle vom Ort ihrer Entstehung bis zum Ort ihrer Beseitigung eng zusammenarbeiten sollten [81]. In weiteren OECD-Ratsbeschlüssen wurden Begriffsbestimmungen vorgeschlagen, Abfälle klassifiziert und Kontrollen für die grenzüberschreitende Verbringung von Abfällen zum Zwecke der Verwertung empfohlen. Im März 1992 erging ein OECD-Ratsbeschluss über die Überwachung der grenzüberschreitenden Verbringung von Abfällen zur Verwertung [82], der u. a. dem Erlass der europäischen Abfallverbringungsverordnung zugrunde lag. Eine neuere OECD-Initiative zielt auf praktische Anleitungen für eine nachhaltige Materialbewirtschaftung, die in erster Linie die Abfallerzeugung begrenzen sowie die Ressourcenproduktivität erhöhen soll: „Sustainable Materials Management and Waste".

Am 22. März 1989 verabschiedeten die Mitgliedstaaten des Umweltprogramms der Vereinten Nationen UNEP das Basler Übereinkommen zur Kontrolle der grenzüberschreitenden Verbringung von gefährlichen Abfällen und ihrer Entsorgung [83]. Neben den gefährlichen Abfällen regelte das Basler Übereinkommen auch „andere Abfälle", d. h. Haushaltsabfälle und Rückstände aus deren Verbrennung. Es enthielt umfangreiche Listen von Gruppen und Arten der zu kontrollierenden Abfälle sowie von gefährlichen Stoffeigenschaften. In den Anhängen des Basler Übereinkommens wurden auch sämtliche Verwertungs- und Beseitigungsverfahren aufgeführt, die in der Praxis angewendet wurden. Alle diese Zusammenstellungen wurden in die einschlägigen europäischen Richtlinien und Verordnungen übernommen und teilweise ergänzt. Sie sind damit auch Bestandteile der deutschen Gesetze und Verordnungen. Das Basler Übereinkommen vom 22. März 1989 wurde mit einem eigenen Ausführungsgesetz in das deutsche Recht übergeführt [84] Im zweijährigen Turnus halten die rund 170 Vertragsstaaten des Basler Übereinkommens Konferenzen ab. Auf der 10. Vertragsstaatenkonferenz 2011 in Cartagena/Kolumbien wurde ein Beschlusspaket zur Verbesserung der Effizienz des Übereinkommens angenommen und ein strategischer Rahmen für den Zeitraum 2012 bis 2021 verabschiedet.

Das Basler Übereinkommen und der OECD-Ratsbeschluss vom 30. 3. 1992 waren die Grundlagen, auf denen die europäische Verordnung zur Überwachung und Kontrolle der Verbringung von Abfällen in der, in die und aus der Europäischen Gemeinschaft 1993 erlassen und 2006 novelliert wurde [85]. Eine europäische Verordnung ist unmittelbar geltendes Recht in den Mitgliedstaaten der EG. Gleichwohl wurde sie im Ausführungsgesetz zum Basler Übereinkommen, dem Abfallverbringungsgesetz vom 30. 9. 1994, bzw. vom 19. 7. 2007 (BGBl. I 2007, Nr. 33, S. 1462–1470) umgesetzt.

UNEP und OECD veranstalten zur Förderung der Kreislaufwirtschaft die jährlichen Konferenzen "World Circular Economy Forum" bzw. "OECD Roundtable on the Circular Economy in Cities and Regions", in deren Rahmen sie kreislauffähige Musterlösungen erarbeiten, die Grundlagen staatlicher Regulierungen werden können. Die OECD hat 2021 einen umfangreichen Katalog an Indikatoren publiziert "The OECD Inventory of Circular Economy Indicators", der dazu Messgrößen bereitstellt.

1.8 Instrumente zur Steuerung der Abfallströme

Dem Staat steht zur unmittelbaren und mittelbaren Steuerung von Abfallströmen ein breit gefächertes Handlungsinstrumentarium zur Verfügung. Unmittelbar, unausweichlich und einzelfallbezogen wirken ordnungsrechtliche Ge- und Verbote. Seit den 1980er Jahren bemüht sich die Umweltpolitik vermehrt um die Nutzung der mittelbaren Verhaltenssteuerung mit ökonomischen Instrumenten wie Abgaben, Zertifikaten oder finanziellen Anreizen. Auch für diese Instrumente ist ein rechtlicher Rahmen erforderlich. Darüber hinaus sind Instrumente geschaffen worden, die von den Wirtschaftsunternehmen freiwillig zur Analyse und Optimierung von Produkten und betrieblichem Umweltmanagement verwendet werden können.

1.8.1 Staatliche Instrumente im engeren Sinne

Planungen
Abfallwirtschaftliche Planungen sollen den öffentlichen Verwaltungen, der Wirtschaft und der Bürgerschaft vorausschauende, langfristig angelegte Zielsetzungen als Leitlinien vorgeben.

Die Europäische Gemeinschaft hat in ihren acht Umweltaktionsprogrammen von 1973 bis 2022 planerische Zielvorgaben für die Harmonisierung von Rechtsvorschriften, für Untersuchungen und Forschungsarbeiten, für die Abfallvermeidung und Reduktion der zu beseitigenden Abfälle, für Recycling und Begrenzung der Abfallexporte gemacht.

Die Bundesregierung entwickelte in ihren Berichten über die Probleme der Beseitigung von Abfallstoffen (1963, 1966) und des Vollzugs des Abfallgesetzes (1987), in ihrem Umweltprogramm (1971), ihrem Abfallwirtschaftsprogramm (1975) sowie in ihren Perspektiven für Deutschland (2001) grundsätzliche Konzeptionen, allgemeine und konkrete Anforderungen und Maßnahmen für die Abfallvermeidung, -verwertung und -beseitigung in den jeweils betrachteten Zeiträumen. Im Juli 2013 publizierte das Bundesministerium für Umwelt, Naturschutz und Reaktorsicherheit das „Abfallvermeidungsprogramm des Bundes unter Beteiligung der Länder" gemäß § 33 Abs. 3 Nr. 1 KrWG mit zahlreichen Empfehlungen von Planungsmaßnahmen und sonstigen wirtschaftlichen Instrumenten, womit die Effizienz der Ressourcennutzung gefördert werden kann. Dieses Programm wurde 2019 überprüft und im Jahr 2021 weiterentwickelt.

Neben diesen konzeptionellen, informativen und koordinierenden Planungen auf europäischer und Bundesebene gibt es die abfallwirtschaftlichen Fachplanungen im engeren Sinne. Auf der Grundlage des § 30 KrWG stellen die Bundesländer mit Beteiligung der Gemeinden, Gemeindeverbänden und Entsorgungsträgern nach überörtlichen Gesichtspunkten Abfallwirtschaftspläne auf. Die Abfallwirtschaftspläne stellen die Ziele der Abfallvermeidung, der Abfallverwertung, insbesondere der Vorbereitung zur Wiederverwendung und des Recyclings sowie der Abfallbeseitigung dar und weisen zugelassene Abfallbeseitigungsanlagen und geeignete Flächen für Deponien sowie für sonstige Abfallbeseitigungsanlagen aus. Sie können die vorgesehenen Entsorgungsträger festlegen und die Beseitigungspflichtigen bestimmten Anlagen zuordnen. Diese Bestimmungen können rechtsverbindlich gemacht werden. Die Abfallwirtschaftspläne wurden erstmalig zum 31. 12. 1999 erstellt und werden alle sechs Jahre ausgewertet und bei Bedarf fortgeschrieben.

Auf der Ebene der Wirtschaft und der kommunalen Gebietskörperschaften werden Abfallwirtschaftskonzepte zur Planung der Entsorgung von Betrieben und öffentlichen Einrichtungen aufgestellt (siehe Kap. 12 dieses Buches).

Ordnungsrecht
Im Zentrum der abfallwirtschaftlichen Steuerungsmaßnahmen zur Erreichung der geplanten Ziele stehen normative Gebote und Verbote zur direkten Verhaltensregulierung. Es handelt sich um europäische Verordnungen und Richtlinien sowie nationale Gesetze, Rechtsverordnungen und Verwaltungsvorschriften über Anforderungen an Abfallsammlung, -beförderung, -behandlung und -ablagerung, Rückgabe- und Rücknahmepflichten, Verwertungsgebote, Verwendungsverbote bestimmter Stoffe usw. Normadressaten sind Produzenten und Konsumenten, die Entsorgungswirtschaft, aber auch die öffentliche Verwaltung. Verstöße gegen die ordnungsrechtlichen Vorschriften werden als Straftat oder Ordnungswidrigkeit sanktioniert.

Öffentliches Beschaffungswesen
Die Öffentlichen Verwaltungen haben in ihrem Zuständigkeitsbereich über den Vollzug des Ordnungsrechts hinaus Gestaltungsmöglichkeiten für ökologisches und Ressourcen schonendes Verhalten. Das *KrWG* verpflichtet in § 45 die Behörden und öffentlichen Einrichtungen des Bundes zu einem Verhalten, das die Kreislaufwirtschaft fördert, natürliche Ressourcen schont und Abfälle umweltverträglich beseitigt. Dieses Verhalten soll für die private Wirtschaft vorbildlich sein. In der Gestaltung ihrer Arbeitsabläufe und bei der Beschaffung oder Verwendung von Material und Gebrauchsgütern hat die öffentliche Hand den Erzeugnissen den Vorzug zu geben, die sich durch Langlebigkeit, Reparaturfreundlichkeit, Wiederverwendbarkeit und Recyclingfähigkeit auszeichnen, die schadstoff- und abfallarm sind oder aus nachwachsenden Rohstoffen hergestellt wurden. Der Vorbehalt ist, dass keine unzumutbaren Mehrkosten entstehen und ein ausreichender Wettbewerb gewährleistet ist.

1.8.2 Ökonomische Instrumente

In einer Marktwirtschaft sollten jenseits ordnungsrechtlicher Regulierung die Marktkräfte innerhalb großer eigener Gestaltungsspielräume für abfallwirtschaftliche Zielsetzungen zur Wirkung kommen. Ein wirtschaftliches Interesse an hohen Gesundheits-, Umweltschutz- und Recyclingstandards existiert jedoch aus Kostengründen nicht von vornherein. Es kann mit einer staatlichen Anreiz- und Anschubpolitik geschaffen werden. Die EU-Kommission hat mit dem Grünbuch „Marktwirtschaftliche Instrumente für umweltpolitische und damit verbundene politische Ziele" (KOM(2007) 140 endg. vom 28. 3. 2007) die Bedeutung dieser kosteneffizienten Hilfsmittel hervorgehoben. In der Novelle zur EU-Abfallrahmenrichtlinie von 2018 (Richtlinie (EU) 2018/851) wurde in Artikel 4 die Bestimmung aufgenommen, dass die Mitgliedstaaten wirtschaftliche Instrumente und andere Maßnahmen nutzen, um Anreize für die Anwendung der Abfallhierarchie zu schaffen. In Anhang IVa dieser Richtlinie sind 15 Beispiele für wirtschaftliche Instrumente und andere Maßnahmen aufgelistet.

Steuer- und Abgabenrecht
Steuern und Entgeltabgaben (z. B. kommunale Benutzungsgebühren und Beiträge) sowie Sonderabgaben können so ausgestaltet werden, dass von ihnen eine Lenkungswirkung im Sinne eines gewünschten Verhaltens ausgeht. Es ist dabei zu beachten, dass Eingriffe in einem Bereich zu Problemverlagerungen in andere Bereiche führen können.

Verursacherbezogene Systeme der Abfallgebührenerhebung werden in erster Linie bei der kommunalen Entsorgung von Haus- und Gewerbeabfällen angewandt. Die Gebühren sind volumen- oder gewichtsbezogen. Auf europäischer Ebene spricht man von Pay-As-You-Throw (PAYT) -Systemen. Die größte Wirkung erzielt diese Art der Gebührenerhebung, wenn sie gleichzeitig mit Systemen für die getrennte Sammlung verwertbarer Stoffe kombiniert wird. Es kann allerdings das Problem auftreten, dass besonders bei hohen Restabfallgebühren die Verunreinigungsquote bei den Wertstoffen ansteigt.

Die Europäische Kommission befürwortet auf nationaler Ebene die Einführung von Deponiesteuern, die von einigen Mitgliedstaaten bereits erhoben werden. Durch die Erhöhung der Deponiekosten sollen andere Abfallbehandlungsverfahren, insbesondere Recycling und Verwertung, begünstigt werden. Durch harmonisierte Ablagerungskriterien und Steuersätze könnte verhindert werden, dass unerwünschte grenzüberschreitende Mülltransporte stattfinden.

In Deutschland wurde erwogen, anstelle der Rücknahme- und Pfandpflichten eine Verpackungsabgabe auf jede in Verkehr gebrachte Verpackung zu erheben. Mit dieser Abgabe sollten die externen Kosten (u. a. die Säuberung von Plätzen und Wegen von weggeworfenen Verpackungsabfällen) abgegolten werden. Eine Reihe von Bundesländern hat in den 1990er Jahren Landesabfallabgabengesetze geschaffen, über die besonders überwachungsbedürftige Abfälle mit einer Abgabe belegt wurden. Damit sollte ein ökonomischer Anreiz geschaffen werden, die Potenziale zur Vermeidung und Verwertung der *Sonderabfälle* auszuschöpfen. Die Stadt Kassel hat kommunale Verpackungssteuern beispielsweise auf Wegwerf-Geschirr von Imbissständen durch Satzung eingeführt. In einem Normenkontrollverfahren hat das Bundesverfassungsgericht in einem Urteil vom 7. 5. 1998 entschieden, dass Kommunen nicht berechtigt sind, das Abfallrecht des Bundes normativ in ihren Satzungen auszugestalten. Dies sei mit dem Rechtsstaatsprinzip des Grundgesetzes unvereinbar. Auch die Abfallabgabengesetze der Länder wurden für nichtig erklärt. Sie sind nicht kompatibel mit der eher auf Kooperation als auf Lenkung ausgerichteten Bundesabfallpolitik. Ein erneuter Versuch – 2022 in der Stadt Tübingen – eine kommunale Steuer auf Einwegverpackungen zu erheben, scheiterte zunächst ebenfalls an der verwaltungsgerichtlichen Überprüfung (VGH BW Urteil vom 29.03.2022–2 S. 3814/20). Das Bundesverwaltungsgericht (BVerwG) erkannte in letzter Instanz jedoch die Tübinger Verpackungssteuer als im Wesentlichen rechtmäßig (BVerwG 9 CN 1.22 – Urteil vom 24. Mai 2023). Das BVerwG sieht in kommunalen Verbrauchssteuern als Lenkungssteuern zur Abfallvermeidung keinen Widerspruch zum Abfallrecht des Bundes und der Europäischen Union, Die gegenteilige Ansicht des Bundesverfassungsgerichts zur damaligen Kasseler Verpackungssteuer könne für das heutige Abfallrecht nicht mehr maßgeblich sein.

Mehrweg-, Rücknahme- und Pfandsysteme
Mehrwegsysteme zur mehrfachen Benutzung von Transport- und Verbrauchsverpackungen sind in der Regel ökologisch vorteilhaft im Vergleich zu Einwegverpackungen, wenn der Reinigungsaufwand und die Transportwege nicht übermäßig groß sind. Mit der im Jahr 1991 in Kraft getretenen deutschen Verpackungsverordnung war die Absicht verfolgt worden, den Mehrweganteil vor allem am Getränkemarkt auf einem hohen Niveau zu stabilisieren und für Einwegverpackungen beträchtliche Erfassungs- und Verwertungsquoten durchzusetzen. Dafür sind Rücknahme- und Pfanderhebungspflichten eingeführt, aber der Wirtschaft auch die Möglichkeit eingeräumt worden, ohne Pfanderhebung in eigener Regie insbesondere Getränkeverpackungen zu sammeln und zu verwerten.

Industrie und Handel gründeten 1990 die „Der Grüne Punkt, Duales System Deutschland (DSD), Gesellschaft für Abfallvermeidung und Sekundärrohstoffgewinnung mbH" als Selbsthilfeorganisation, auf die sie ihre eigenen Rücknahme- und Verwertungspflichten übertrugen. Die mit dem *Grünen Punkt* gekennzeichneten Leichtverpackungen aus Aluminium, Weißblech, Kunststoff, Karton und Verbundmaterialien können als Abfälle im *Gelben Sack* oder in der *Gelben Tonne* entsorgt werden. Behälterglas aus Haushaltungen wird in Glascontainern gesammelt. Für den Grünen Punkt mussten von den Herstellern und Abfüllern Lizenzgebühren an DSD entrichtet werden. DSD erreichte alsbald eine marktbeherrschende Stellung. Die EU-Wettbewerbskommission setzte 2001 den erleichterten Marktzutritt für Wettbewerber durch. Es etablierten sich einige konkurrierende duale Systeme. Neben den Pfanderhebungs- und Rücknahmesystemen und den dualen Systemen ist auch die Selbstentsorgung, bei der direkt am Verkaufsort die Verpackungen wieder eingesammelt werden, zulässig. Der *Grüne Punkt* wurde auch für andere duale Systeme und Selbstentsorger verwendbar. Problematisch war, dass die Verbraucher ihre Abfälle nicht immer den entsprechenden Entsorgungssystemen zuordneten. So fanden sich bei DSD große Mengen, die nicht von DSD lizenziert wurden (Problem der *Trittbrettfahrer*).

Infolge der 5. Änderungsverordnung zur Verpackungsverordnung, die am 1. 4. 2009 vollständig in Kraft getreten ist, mussten sich alle Hersteller und Vertreiber von Verpackungen, die bei privaten Endverbrauchern anfallen, an einem „dualen Entsorgungssystem" beteiligen und verbindliche Erklärungen über die in den Verkehr gebrachten und lizenzierten Mengen („Vollständigkeitserklärungen") abgeben. Diese Systeme wurden verpflichtet, eine vom gemischten Siedlungsabfall getrennte (deshalb *duale*) flächendeckende Sammlung aller restentleerten Verpackungen bei den privaten Endverbrauchern durch Hol- oder Bringsysteme unentgeltlich sicherzustellen. Für bepfandete Einweg-Getränkeverpackungen galt keine Lizenzierungspflicht. Wegen ständig rückläufiger Mehrwegquoten war bereits zum 1. 1. 2003 die Pfandpflicht für Getränkedosen und Einwegflaschen eingeführt worden. Die Einrichtung eines aufwändigen automatisierten Pfandsystems von Sammel- und Verrechnungsstellen hat den Mehrweganteil im Getränkemarkt weiter stark sinken lassen. Die Verpackungsverordnung von 2009 stellt allerdings hohe Anforderungen an die stoffliche Verwertung von Verkaufsverpackungen: für Glas 75 %, Weißblech 70 %, Aluminium 60 %, Papier, Pappe, Karton 70 % und bei Verbunden 60 % (Anhang I). Im Jahr 2011 lag die tatsächlich erreichte Gesamtverwertungsquote von Verpackungsabfällen bei 86,7 % [86].

Die sechste und siebte Novelle der Verpackungsverordnung erfolgten beide im Jahr 2014. Mit der sechsten Veränderungsverordnung wurde die Verpackungsverordnung an den neuesten Stand der europäischen Verpackungsrichtlinie angepasst und zusätzliche Beispiele für Verpackungen aufgenommen, die zu einer verbindlichen Auslegung der geltenden Verpackungsdefinition in allen EU-Mitgliedstaaten beitragen sollen. Die siebte Novelle hatte die Zielsetzung, einen fairen Wettbewerb zwischen den dualen Systemen zu gewährleisten und das System insgesamt zu stabilisieren. Der Missbrauch und die Umgehung einzelner Regelungen der Verpackungsverordnung, beispielsweise bei der sogenannten Eigenrücknahme und bei Branchenlösungen außerhalb der dualen Systeme, wurden eingedämmt, Schlupflöcher verstopft.

Die Vorschriften der Verpackungsverordnung gingen über Fragen der ökologischen Vorteilhaftigkeit von Verpackungen hinaus und berücksichtigen auch Verpackungsinhalte und Marktgegebenheiten. So ist beispielsweise die Erfassung anderer Abfälle gleicher Materialarten in einer „Gelben Tonne Plus" möglich. Die komplizierte Rechtslage und hohe Anteile von Restmüll in den gelben Säcken und Tonnen führten zu Marktentwicklungen, deren Effizienz hinsichtlich des Umweltschutzes und der Ressourcenschonung in Frage zu stellen ist.

Die anhaltenden Reparaturarbeiten an akuten Schwachstellen der Verpackungsverordnung und die nicht behobenen Interessenskonflikte ließen den Ruf von allen Seiten nach einer grundlegenden Neuordnung in der Form eines Wertstoffgesetzes immer stärker werden. Die Bundesregierung und die Umweltministerkonferenz von Bund und Ländern haben sich wiederholt für ein Wertstoffgesetz ausgesprochen. Es war politischer Konsens, eine einheitliche Wertstofferfassung für alle Kunststoff- und Metallabfälle aus Haushalten einzuführen, um höhere Recyclingquoten zu erreichen. Als Grundlage für die Fortentwicklung der Verpackungsverordnung zu einem Wertstoffgesetz stellte das Bundesumweltministerium fest, dass Kommunen und private Entsorgungswirtschaft gemeinsam bereits einen „hohen Entsorgungsstandard und den Einstieg in eine beispielhafte Kreislaufwirtschaft" erreicht haben und sich die Produktverantwortung bewährt habe [87]. Die umfangreichen Vorarbeiten für ein Wertstoffgesetz, dessen Entwurf 2014/15 in das Gesetzgebungsverfahren eingebracht werden sollte, sind bereits in der 17. Wahlperiode des Deutschen Bundestags (2009–2013) geleistet worden. Offen blieb allerdings die Frage der Organisationsverantwortung für diese erweiterte Wertstoffwirtschaft zwischen öffentlich-rechtlichen und privatwirtschaftlichen Entsorgungsträgern.

Im Juni 2015 wurden aus dem Parlament durch die Mehrheitsfraktionen "Eckpunkte für ein modernes Wertstoffgesetz" vorgestellt. Die Produktverantwortung der Hersteller und Vertreiber für Verpackungen sollte auf stoffgleiche Nichtverpackungen aus Kunststoffen, Metallen und Verbunden ausgeweitet werden. In einem grundsätzlich privat organisierten System sollten die Sammlung, Sortierung und Verwertung von den Inverkehrbringern wahrgenommen werden. Die öffentlich-rechtlichen Entsorgungsträger sollten bessere Einflussmöglichkeiten auf die zeitliche und örtliche Struktur der Sammlungen, auf Größe und Art der Sammelbehälter, Abholintervalle und -fahrten erhalten. Das Eckpunkte-Papier und ein entsprechender Referenten-Gesetzentwurf aus dem Umweltministerium wurden vonseiten der Länder und Kommunen heftig kritisiert. Trotz intensiver Bemühungen konnte eine Kompromisslinie über die Verantwortung für die Wertstoffsammlung nicht gefunden werden. In einem gemeinsamen Papier über die Weiterentwicklung des Verpackungsrechts („Verbändepapier") vom Juni 2016 stellten die Vereinigungen und Verbände der Industrie und des Handels einerseits sowie die der Städte, Landkreise, Gemeinden und kommunalen Unternehmen andererseits fest, dass eine Verständigung zwischen ihnen nicht möglich und ein Wertstoffgesetz im bisher geplanten Sinne gegen den Willen maßgeblich beteiligter Akteure nicht durchsetzbar ist. Ende Juli 2016 legte das Umweltministerium statt eines Wertstoffgesetzentwurfs den Entwurf eines Verpackungsgesetzes vor, den die Bundesregierung mit Kabinettsbeschluss vom 21.12.2016 in das Gesetzgebungsverfahren einbrachte.

Das Gesetz über das Inverkehrbringen, die Rücknahme und die hochwertige Verwertung von Verpackungen (Verpackungsgesetz – VerpackG) vom 5. Juli 2017 (BGBL. I 2017 Nr. 45, 12.07.2017, S. 2234–2261) löste die Verpackungsverordnung ab und entwickele sie weiter. Das private System mit seinen privaten Entsorgungs- und Recyclingunternehmen und den dualen Systemen wurde beibehalten. Als Registrierungs- und Standardisierungsstelle wurde eine „Zentrale Stelle" zum 1. 1. 2019 als rechtsfähige Stiftung bürgerlichen Rechts errichtet und mit der Wahrnehmung hoheitlicher Kontrollfunktionen beliehen. Sie soll für einen fairen Wettbewerb sowie eine effektive und reibungsfreie Umsetzung des VerpackG sorgen. Eine allgemein verbindliche Erfassung von haushaltsnah anfallenden wertstoffhaltigen Nichtverpackungsabfällen aus Metallen, Kunststoffen und Verbunden wird nicht vorgeschrieben.

Die öffentlich-rechtlichen Entsorgungsträger können jedoch gegen angemessenes Entgelt von den privaten Systemen verlangen, dass Nichtverpackungsabfälle aus Papier, Pappe und Karton mit gesammelt werden. Sie können auch mit den privaten Systemen die Durchführung von einheitlichen Wertstoffsammlungen vereinbaren und vertraglich ausgestalten. Die Kommunen sollen generell bestimmen können, wie die Abfall-Sammlung vor Ort erfolgen soll. Den von Industrie und Handel finanzierten Systemen werden deutlich höhere Wiederverwendungs- und Recycling-Quoten der bei ihnen beteiligten Verpackungen vorgeschrieben. Ab dem 1. Januar 2022 sind die Systeme verpflichtet, im Jahresmittel mindestens jeweils 90 Massenprozent an Glas, Papier, Pappe, Karton, Eisenmetallen und Aluminium der Vorbereitung zur Wiederverwendung oder dem Recycling zuzuführen. Für Getränkekartonverpackungen beträgt dieser Anteil ab dem 1. 1. 2022 mindestens 80 Massenprozent, für sonstige Verbundverpackungen mindestens 70 Massenprozent. Kunststoffe sind zu mindestens 90 Massenprozent einer Verwertung zuzuführen; dabei sind ab dem 1. 1. 2022 mindestens 70 % dieser Verwertungsquote durch werkstoffliche Verwertung sicherzustellen. Einwegkunststoffgetränkeflaschen dürfen ab dem 1. 1. 2025 nur in Verkehr gebracht werden, wenn sie zu mindestens 25 Massenprozent aus Kunststoffrezyklat bestehen, ab dem 1. 1. 2030 zu mindestens 30 Massenprozent. Die zum Schutz der Mehrwegsysteme in der Verpackungsverordnung enthaltene Mehrweg-Zielquote entfällt ersatzlos, weil sie durch die Pfandpflicht für Einweggebinde seit 2005 überholt ist. Der Handel ist verpflichtet, Einweg- und Mehrwegflaschen durch gut sichtbare Kennzeichnungen an den Verkaufsregalen besser zu unterscheiden.

Handelbare Zertifikate
Umweltzertifikate, wie sie beispielsweise von der EU für den Handel mit CO_2-Emissionen eingeführt wurden, gelten aus wirtschaftlicher Sicht als das kostenwirksamste Instrument zur Durchsetzung umweltpolitischer Ziele, auch für Zielsetzungen des europäischen Aktionsplans für die Kreislaufwirtschaft. Unternehmen könnten in einem solchen System ihre eigenen Recyclingverpflichtungen innerhalb der Gemeinschaft auch dadurch erfüllen, dass sie Recyclingzertifikate auf dem Markt etwa bei Recyclingorganisationen in anderen Mitgliedstaaten kaufen. Im Gebiet der Abfallwirtschaft hat das Vereinigte Königreich den Handel mit den Recyclingzertifikaten PRN/PERN (Packaging Waste Recycling Note/Packaging Waste Export Recycling Note) eingeführt, die von den akkreditierten Recyclingunternehmen bzw. den Exporteuren erstellt und von den auf Recyclingquoten verpflichteten Herstellern gekauft werden. Die Menge der Zertifikate soll der Menge der stofflich verwerteten sowie zur stofflichen Verwertung exportierten Verpackungsabfälle entsprechen. An der 1998 gegründeten The Environment Exchange sowie an später hinzugekommenen Börsenplätzen werden die PRN/PERN-Zertifikate gehandelt. Am britischen System ist kritisiert worden, dass es auf Mengen ausgerichtet ist und die Qualität der gesammelten Verpackungsabfälle zu wenig berücksichtigt, dass die Börsenpreise stark schwanken und ihre Entstehung undurchsichtig ist und dass es Möglichkeiten für Betrügereien bietet, insbesondere durch fragwürdige Exporte den Verpflichtungen zu entkommen. Im Jahr 2022 hat auf Regierungsebene eine Untersuchung und Erörterung von Vorschlägen zur Systemreform stattgefunden. [88] Die Europäische Union hat im Rahmen der Herstellerverantwortung die Einführung handelbarer Zertifikate für die gemeinschaftsweite Durchsetzung von Recyclingzielen erwogen, aber nicht weiter verfolgt. Es gibt keine belastbaren Erfahrungen mit der Zuteilung von europaweit gültigen Recyclingzertifikaten sowie mit Kontroll- und Durchsetzungsmechanismen.

Finanzielle Anreize
Die finanzielle Förderung von Maßnahmen des Umweltschutzes und der Ressourcenschonung ist ein wirkungsvolles und bewährtes Instrument. Die Förderung kann grundsätzlich durch gesetzlich festgelegte Finanzhilfen zu Lasten Dritter, insbesondere der Endverbraucher, oder durch Zuwendungen aus Staatshaushalten direkt oder über staatliche Banken erfolgen. Zur Weiterentwicklung des Standes der Technik können Demonstrationsvorhaben gefördert werden. Zur innovativen Markteinführung oder stärkeren Marktdurchdringung wurden für neue Techniken in den Bereichen Abfallwirtschaft, Abwasserreinigung, Luftreinhaltung usw. Förderprogramme mit direkten Zuschüssen oder mit zinsverbilligten Darlehen (Abwicklung über die Deutsche Ausgleichsbank bzw. die Kreditanstalt für Wiederaufbau) für die gewerbliche Wirtschaft und private Haushalte aufgelegt.

Kennzeichnung, Hinweise und Umweltzeichen
Das *KrWG* enthält in § 24 Vorschriften über die Kennzeichnung bestimmter Erzeugnisse, um die Erfüllung von Rücknahme-, Rückgabe- und Pfanderhebungspflichten zu sichern oder die erforderliche besondere Verwertung oder Beseitigung sicherzustellen. Der Konsument ist auf die Rückgabemöglichkeiten hinzuweisen. Diese Kennzeichnungs- und Hinweispflichten werden in den Verordnungen des *KrWG*, wie beispielsweise in der Verpackungsverordnung, im Einzelnen ausgeführt.

Umweltzeichen (Gütesiegel/Umweltlabel) machen umweltbewusste Verbraucher auf vergleichsweise umweltfreundliche Produkte und Dienstleistungen aufmerksam. Bedeutende europäische Umweltzeichen sind u. a. die *Europäische Blume* (EU-Ecolabel), der *Blaue Engel* in Deutschland, der *Nordische Schwan* in Skandinavien oder das Österreichische Umweltzeichen. Zu ihren Vergabekriterien gehören jeweils auch die auf dem Lebensweg eines Produkts entstehenden Ressourcenverbräuche, Rückstände und Restabfälle, wobei die Langlebigkeit, Reparaturfreundlichkeit und Verwertbarkeit des Altprodukts besonders bewertet werden. Seit 1994 gibt es einen internationalen Verbund der Umweltzeichen, ein Umweltzeichen-Netzwerk (Global Ecolabelling Network – GEN).

Der *Blaue Engel* ist für umweltschonende Produkte und Dienstleistungen seit 1978 ein marktwirtschaftliches Informationsinstrument der staatlichen und unternehmerischen Umweltpolitik und folgt den Grundsätzen der ISO-Norm 14.024, Typ I. Im Arbeitsplan der Jury Umweltzeichen für die Jahre 2004 bis Mitte 2007 war ein Schwerpunkt der Schutz der Ressourcen durch eine Nutzungsintensivierung von Produkten und Stoffen, einschließlich Recyclingmaterialien. Die Kategorie „schützt die Ressourcen" macht die Verbraucher u. a. auf die ausgezeichneten Eigenschaften „weil abfallarm", „weil Mehrweg", „weil aus Recycling-Kunststoffen", „weil aus 100 % Altpapier", „weil recyclinggerecht und ergonomisch" aufmerksam.

1.8.3 Instrumente der Wirtschaft

Das betriebliche Abfall- und Nachhaltigkeitsmanagement wird im Einzelnen in Kap. 13 dieses Buchs dargestellt. Im Folgenden sollen nur kurze Hinweise auf zwei Instrumente gegeben werden, die auch auf politischer Ebene ihre Bedeutung haben.

EMAS (Öko-Audit-System)
Das „Eco-Management and Audit Scheme" (EMAS) ist ein gesetzlich normiertes Verfahren für die freiwillige Beteiligung von gewerblichen Unternehmen und öffentlichen Dienstleistungseinrichtungen an einem europäischen Gemeinschaftssystem für das Umweltmanagement und die Umweltbetriebsprüfung. Im Abfallvermeidungsprogramm des Bundes unter Beteiligung der Länder und dessen Fortschreibung (2021) wird die EMAS-Anwendung insbesondere mit der Zielsetzung der Abfallvermeidung empfohlen.

Ökobilanzierung
Die Ökobilanzierung ist ein Informations-, Planungs- und Kontrollinstrument der ökologisch nachhaltigen Produktpolitik. Sie ist gesetzlich nicht normiert, ihr Verfahren jedoch nach der ISO-Norm 14.041 geregelt. Ökobilanzen eignen sich zum ökologischen Vergleich von Produkten, zur Analyse und Optimierung von Produkten und Produktlinien hinsichtlich ihrer Umweltbelastungen und Ressourceninanspruchnahme (siehe auch Kap. 14.4 dieses Buches).

Eine bemerkenswerte Anwendung der Ökobilanzierung erfolgte auf Verpackungssysteme für Getränke, insbesondere Frischmilch, Saft und Bier. Mitte der 1990er Jahre wurden Einweg-Verpackungsarten untereinander und mit Mehrwegsystemen verglichen [89]. Zu den Ergebnissen gehörte, dass sich der Einweg-Schlauchbeutel aus Polyethylen der Milch-Mehrwegglasflasche als ökologisch gleichwertig und die Kartonverpackung als annähernd gleichwertig erwiesen. Mit der Konzentration der Milchabfüller und der damit verbundenen Vergrößerung der Versorgungsgebiete und Transportwege sowie mit der Erhöhung der Recyclingquote der Getränkeverpackungen wurde der Einweg-Milchkarton ökologisch so vorteilhaft wie die Mehrweg-Milchflasche. Die Ergebnisse dieser Ökobilanzen fanden ihren Niederschlag in den Neufassungen der Verpackungsverordnung von 1998, 2005 und 2006.

Fragen zu Kap. 1

1. Warum ist die staatliche Regulierung der Abfallwirtschaft erforderlich und welches sind ihre grundlegenden Zielsetzungen?
2. Welche politischen Ebenen sind jeweils mit welchen Fragen der Abfallwirtschaft befasst?
3. Welche sachlichen und rechtlichen Schwierigkeiten können bei der Durchsetzung politischer Zielvorgaben für die Abfallwirtschaft auftreten?

4. Aus welchen Entwicklungen heraus wurden die ersten Vorschriften des modernen Abfallrechts eingeführt?
5. Woraus entwickelte sich die rasch zunehmende Inanspruchnahme der natürlichen Ressourcen?
6. Was versteht man unter Abfallintensität?
7. Was ist unter „Ressourcenproduktivität" zu verstehen, und weshalb wird sie zu einem Schlüsselkriterium für künftige globale Entwicklungen?
8. In welchem Umfang wird der Rohstoffbedarf der deutschen Wirtschaft durch Sekundärrohstoffe aus dem Recycling gedeckt? Wodurch kann dieser Recyclinganteil künftig erhöht werden?
9. In welchen Stufen vollzog sich die deutsche Abfallgesetzgebung?
10. Was versteht man unter *Produktverantwortung*?
11. Nach welcher Ziel- bzw. Abfallhierarchie sind die Rechtsvorschriften und Maßnahmen des Kreislaufwirtschafts- und Abfallgesetzes geordnet, und wie wurde diese Prioritätenfolge durch die Novellierung der europäischen Abfallrahmen-Richtlinie vom 19. 11. 2008 ergänzt?
12. Wann und mit welchen Zielsetzungen begann die Europäische Gemeinschaft/ Union Rechtsnormen für die Abfallwirtschaft zu setzen, und welche Bedeutung kommt heute dem europäischen Abfallrecht zu?
13. Welche umfassenden Pläne und Initiativen der EU bilden den Rahmen zur Förderung der Kreislaufwirtschaft und der Entmaterialisierung der europäischen Wirtschaft?
14. Mit welchen politischen Konzepten außerhalb des Abfallrechts im engeren Sinne versucht die EU abfallarme und ressourcenschonende Produkte und Produktionsverfahren zu fördern?
15. Auf welche Weise beteiligte sich die OECD an der Entwicklung länderübergreifender Regelungen der Abfallwirtschaft?

Literatur

[1] Umweltgutachten 1974, Deutscher Bundestag (BT) Drucksache (Drs) 7/2802, 14.11.1974, S 98
[2] Statistisches Bundesamt (*Hrsg*): Umwelt Abfallentsorgung 2017, DESTATIS Fachserie 19, Reihe 1, Wiesbaden, 2019, S 16 ff
[3] Umweltbundesamt (UBA): Ablagerungsquoten der Hauptabfallströme, Pressemitteilung vom 14.10.2022
[4] SRU: Umweltgutachten 2020, S. 113–116
[5] Sankey-Diagramm eigener Darstellung, Daten für das Jahr 2020: Statistisches Bundesamt, Abfallbilanz 2020, vgl. eurostat: Circular material use rate – calculation method, 2018 edition, S. 8
[6] Dittrich, M., Limberger, S. et al.: Sekundärrohstoffe in Deutschland, ifeu Heidelberg, 2021, S. 4
[7] COM (2020) 98 final vom 11.03.2020: Ein neuer Aktionsplan für die Kreislaufwirtschaft, für ein saubereres und wettbewerbsfähigeres Europa

[8] Erhard, Heinrich: Aus der Geschichte der Städtereinigung, Der Städtetag, 1953, S 184, 324 f, 383–385, 431 f, 642–644 und Der Städtetag, 1954, S 91 f, 188–190, 401 f

[9] Erhard, Heinrich: Die Entwicklung der staubfreien Müllabfuhr, Der Städtetag, 1962, S 549–554 und: Die kommunale Müllbeseitigung seit der Jahrhundertwende, Der Städtetag, 1968, S 391–395 und 441–444

[10] Hösel, Gottfried: Unser Abfall aller Zeiten, Kommunalschriften-Verlag J. Jehle, München, 1990, S 62–110 und 163–166

[11] Fischer-Kowalski, Marina und Haberl, Helmut: Stoffwechsel und Kolonisierung: Ein universal-historischer Bogen, in: Fischer-Kowalski, Marina et al (*Hrsg*): Gesellschaftlicher Stoffwechsel und Kolonisierung der Natur, Verlag Fakultas, Amsterdam, 1997, S 25–35

[12] Reith, Reinhold: „altgewender, humpler, kannenplecker" – Recycling im späten Mittelalter und in der frühen Neuzeit, in: Ludwig, Roland (*Hrsg*): Recycling in Geschichte und Gegenwart, Vorträge der Jahrestagung der Georg-Agricola-Gesellschaft 2002 in Freiberg (Sachsen), Die Technik-Geschichte als Vorbild moderner Technik, Bd 28, Schriftenreihe der Georg-Agricola-Gesellschaft zur Förderung der Geschichte der Naturwissenschaften und der Technik e. V., Freiberg, 2003, S 41–74

[13] Zapf, Wolfgang: Die Wohlfahrtsentwicklung in Deutschland seit der Mitte des 19. Jahrhun- derts, in: Conze, Werner und Lepsius, M. Rainer (*Hrsg*): Sozialgeschichte der Bundesrepublik Deutschland, Beiträge zum Kontinuitätsproblem, Klett-Cotta, Stuttgart, 1985, S 46–65

[14] Pfister, Christian (*Hrsg*): Das 1950er Syndrom, Verlag Paul Haupt, Bern, Stuttgart und Wien, 1996

[15] Macqueen, M. und Nötstaller, R.: Langfristige Entwicklung der Metallnachfrage – Tendenzen und Paradigmen, Berg- und Hüttenmännische Monatshefte, Jg 142, 1997, Heft 8, S 353

[16] Schollnberger, Wolfgang E.: Gedanken über die Kohlenwasserstoffreserven der Erde. Wie lange können sie vorhalten? in: Zemann, Josef (*Hrsg*): Energievorräte und mineralische Rohstoffe: Wie lange noch? Österreichische Akademie der Wissenschaften, Schriftenreihe der Erdwissenschaftlichen Kommissionen, Bd 12, Wien, 1998, S 83

[17] Fettweis, Günter B. L.: Urproduktion mineralischer Rohstoffe und Zivilisation – geschichtliche Entwicklungen und aktuelle Probleme, in: Zemann, Josef (*Hrsg*): Energievorräte und mineralische Rohstoffe: Wie lange noch? Österreichische Akademie der Wissenschaften, Schriftenreihe der Erdwissenschaftlichen Kommissionen, Bd 12, Wien, 1998, S 28

[18] Wellmer, Friedrich-Wilhelm: Gewinnung und Nutzung von Rohstoffen im Spannungsfeld zwischen Ökonomie und Ökologie, Geowissenschaften, Organ der Alfred-Wegener- Stiftung, 14, 1996, Heft 2, S 51–58

[19] Meadows, Dennis L. et al: Die Grenzen des Wachstums, DVA, Stuttgart, 1972

[20] Mesarovic, Mihailo und Pestel, Eduard: Menschheit am Wendepunkt, DVA, Stuttgart, 1974, S 28–32

[21] Meadows, Donella H. et al: Die neuen Grenzen des Wachstums, Reinbek, 1993

[22] Kaiser, Reinhard (*Hrsg*): Global 2000, Verlag Zweitausendeins, Frankfurt, 1981, S 68–87 und S 554–560

[23] Wellmer, Friedrich-Wilhelm: Lebensdauer und Verfügbarkeit mineralischer Rohstoffe, in: Zemann, Josef (*Hrsg*): Energievorräte und mineralische Rohstoffe: Wie lange noch? Österreichische Akademie der Wissenschaften, Schriftenreihe der Erdwissenschaftlichen Kommissionen, Bd 12, Wien, 1998, S 47–73

[24] Campbell, C. J.: Depletion patterns show change due to production of conventional oil, Oil & Gas Journal, Vol 95, No 52, 1997, S 33–37

[25] OECD: Global Material Resources to 2060, ISBN 978-92-64-30744-5; UNEP-IRP: Global Resources Outlook 2019, ISBN 978-92-807-3741-7

[26] Bundesministerium für Umwelt, Naturschutz und Reaktorsicherheit (*Hrsg*): Konferenz der Vereinten Nationen für Umwelt und Entwicklung im Juni 1992 in Rio de Janeiro, Dokumente – Agenda 21, Bonn, 1994, S 22–25

[27] Beschluss Nr. 1600/2002/EG des Europäischen Parlaments und des Rates vom 22.7.2002 über das sechste Umweltaktionsprogramm der Europäischen Gemeinschaft, Amtsblatt der Europäischen Gemeinschaften, L 242, 10.9.2002, Textziffern 28 und 29

[28] Vereinte Nationen: World Summit on Sustainable Development, Johannesburg, 26.8.– 4.9.2002, Plan of Implementation, Chapter III, Changing unsustainable patterns of consumption and production, Textziffer 21

[29] Weizsäcker, Ernst Ulrich von, Lovins, Amory B. und Lovins, Hunter L.: Faktor vier, Droemer Knaur, München, 1995

[30] Merkel, Angela: Der Preis des Überlebens, DVA, Stuttgart, 1997, S 254–256

[31] Die Bundesregierung: Perspektiven für Deutschland – Unsere Strategie für eine nachhaltige Entwicklung, Berlin, 2001, S 93

[32] Datenquelle: Statistisches Bundesamt (2021): Umweltökonomische Gesamtrechnungen, Gesamtwirtschaftliches Materialkonto, Berichtszeitraum 1994–2019/2020

[33] Statistisches Bundesamt: Abfallbilanz 2020, S. 39

[34] Röhrecke, B.: Berlins Müllabfuhr 1901, in: Weyl, Th. (*Hrsg*): Fortschritte der Straßenhygiene, G. Fischer Verlag, Jena, 1901, Heft 1, S 32–43

[35] Helmreich, Karl und Rock, Kurt (*Hrsg*): Die Deutsche Gemeindeordnung vom 31. Januar 1935, Verlag C. Brügel & Sohn, Ansbach, 1935, S 19 f und 169

[36] Erhard, Heinrich: Müllverwertung, Rückblick und Ausblick, Der Städtetag, Februar 1951, S 55

[37] Der Bundesminister für Gesundheitswesen: Erster Bericht der Bundesregierung zum Problem der Beseitigung von Abfallstoffen, BT Drs 4/945 vom 31.1.1963, S 3

[38] § 12 Bundesseuchengesetz, Entwurf der Bundesregierung eines Gesetzes zur Verhütung und Bekämpfung übertragbarer Krankheiten beim Menschen (Bundesseuchengesetz), BT Drs 3/1888 vom 27.5.1960, S 4 und 22 sowie Schriftlicher Bericht des 11. Ausschusses BT Drs 3/2662 vom 17.4.1961, S 11

[39] Entwurf der Bundesregierung eines Gesetzes über die Beseitigung von Abfallstoffen (Abfallbeseitigungsgesetz) vom 5.7.1971, BT Drs 6/2401, Vorblatt und S 2–8

[40] Stenographische Berichte des Deutschen Bundestags zu den Beratungen des Abfallbeseitigungsgesetzes, Plenarprotokoll (PlPr) 3/134, 22.9.1971, S 7834–7843 und PlPr 3/175, 2.3.1972, S 10118–10131

[41] Entwurf der Bundesregierung eines Zweiten Gesetzes zur Änderung des Abfallbeseitigungsgesetzes, BT Drs 8/3887 vom 3.4.1980, S 4, 6 f, 9 und 12

[42] Unterrichtung durch die Bundesregierung: Abfallwirtschaftsprogramm '75 der Bundesregierung, BT Drs 7/4826, 4.3.1976

[43] Entwurf der Bundesregierung eines Vierten Gesetzes zur Änderung des Abfallbeseitigungsgesetzes, BT Drs 10/2885 vom 21.2.1985, S 1–3

[44] Beschlussempfehlung und Bericht des Innenausschusses, BT Drs 10/5656 vom 13.6.1986, S 8, 10, 24 und 26 f

[45] Bericht der Bundesregierung über den Vollzug des Abfallgesetzes vom 27.8.1986, BT Drs 11/756, 1.9.1987, S 12–22

[46] Unterrichtung durch die Bundesregierung: Sondergutachten des Rates von Sachverständigen für Umweltfragen vom September 1990 „Abfallwirtschaft", BT Drs 11/8493, S 73–88

[47] Gesetzentwurf des Bundesrats zur Änderung des Abfallgesetzes und des Bundes-Immissionsschutzgesetzes mit Stellungnahme der Bundesregierung, BT Drs 12/631, 29.5.1991

[48] Gesetzentwurf der Fraktionen der CDU/CSU und FDP zur Erleichterung von Investitionen und der Ausweisung und Bereitstellung von Wohnbauland (Investitionserleichterungs- und Wohnbaulandgesetz), BT Drs 12/3944 vom 8.12.1992

[49] Beschlussempfehlung des Ausschusses nach Artikel 77 des Grundgesetzes (Vermittlungsausschuss) zu dem Gesetz zur Vermeidung von Rückständen, Verwertung von Sekundärrohstoffen und Entsorgung von Abfällen, Artikel 1: Gesetz zur Förderung der Kreislaufwirtschaft und Sicherung der umweltverträglichen Beseitigung von Abfällen (KrW-/AbfG), BT Drs 12/8084, 23.6.1994, siehe auch KrW-/AbfG vom 27.9. 1994, BGBl I 1994 Nr 66, 6.10.1994, S 2705

[50] Beschlussempfehlung des Ausschusses für Umwelt, Naturschutz und Reaktorsicherheit, BT Drs 12/7240, 13.4.1994, S 1 f

[51] Gesetzentwurf der Bundesregierung zur Vermeidung von Rückständen, Verwertung von Sekundärrohstoffen und Entsorgung von Abfällen, BT Drs 12/5672, 15.9.1993

[52] Verordnung über das Europäische Abfallverzeichnis vom 10.12.2001, BGBl I S 3379

[53] Bundesumweltminister Klaus Töpfer in: Zweite und dritte Beratung des Gesetzes zur Vermeidung von Rückständen usw. sowie anderer Vorlagen, BT PlPr 12/220, 15.4.1994, S 19061

[54] Richtlinie 96/61/EG des Rates vom 24.9.1996 über die integrierte Vermeidung und Verminderung der Umweltverschmutzung, Artikel 2, Anhang IV

[55] § 3 (6) sowie Anhang zu § 3 (6) und § 5 (1)Nr. 3 Bundes-Immissionsschutzgesetz in der Fassung vom 26.9.2002, BGBl I 2002 Nr 71, 4.10.2002, S 3830

[56] Bundesministerium für Umwelt, Naturschutz und Reaktorsicherheit: Abfallwirtschaft in Deutschland 2013, Dezember 2012, S 12

[57] Bundesumweltministerium Referat WA II 4: Nachhaltige Abfallwirtschaft in Ressourcen- und Klimaschutz, Siedlungsabfallentsorgung, Statistiken und Grafiken zusammengestellt aus Daten des Statistischen Bundesamtes und Umweltbundesamtes, Stand 1.6.2005, S 2

[58] Fuchsloch, Norman: Recycling, Upcycling, Downcycling. Eine umwelthistorische Ist-Soll- Analyse, in: Ladwig, Roland (*Hrsg*): Recycling in Geschichte und Gegenwart, Georg-Agricola-Gesellschaft, Freiberg, 2003, S 11–40

[59] Schramm, Engelbert und Schenkel, Werner: Im Namen des Kreislaufs, Müll und Abfall, 4, 1998, S 219–225

[60] Bundesanstalt für Geowissenschaften und Rohstoffe: Deutschland – Rohstoffsituation 2020, ISBN 978–3–948532–54–3

[61] Gesetz über das Inverkehrbringen, die Rücknahme und die umweltverträgliche Entsorgung von Elektro- und Elektronikgeräten (Elektro- und Elektronikgerätegesetz – ElektroG) vom 16.3.2005, BGBl I S 762

[62] BGBl I vom 24.2.2012, S 212

[63] Deutscher Bundestag Drucksache 17/7505 (neu), 27.10.2011, S 13 und 14

[64] Verordnung zur Fortentwicklung der abfallrechtlichen Überwachung, BGBl I Nr. 69 vom 10.12.2013, S 4043–4064

[65] Bundesministerium für Umwelt, Naturschutz, Bau und Reaktorsicherheit: Vollzugshilfe Anzeige- und Erlaubnisverfahren nach §§ 53 und 54 KrWG und AbfAEV, Stand: 29.1.2014

[66] Bundesrat Protokoll der 892. Sitzung, 10.2.2012, S 2

[67] Deutscher Bundestag Drucksache 18/800 vom 13.3.2014

[68] Bundesministerium für Umwelt, Naturschutz und Reaktorsicherheit: Abfallvermeidungsprogramm des Bundes unter Beteiligung der Länder, Juli 2013, S 20–21

[69] Scherer-Leydecker, Christian: Europäisches Abfallrecht, NVwZ, 1999, Heft 6, S 590–596

[70] Erklärung des Rates der Europäischen Gemeinschaften und der im Rat vereinigten Vertreter der Regionen der Mitgliedstaaten vom 22.11.1973 über ein Aktionsprogramm der Europäischen Gemeinschaften für den Umweltschutz, ABl. EG Nr. C 112 vom 20.12.1973, S 28–30

[71] Richtlinie des Rates vom 15.7.1975 über Abfälle, 75/442/EWG, ABl EG Nr L 194, 25.7.1975
[72] Richtlinie des Rates vom 18.3.1991 zur Änderung der Richtlinie 75/442/EWG über Abfälle, 91/156/EWG, ABl EG Nr L 78 vom 26.3.1991, S 32–37
[73] Richtlinie des Rates vom 20.3.1978 über giftige und gefährliche Abfälle, 78/319/EWG, ABl EG Nr L 84, 31.3.1978, S 43–48
[74] Ein Programm der Europäischen Gemeinschaft für Umweltpolitik und Maßnahmen im Hinblick auf eine dauerhafte und umweltgerechte Entwicklung, ABl EG, 36. Jahrgang, Nr C 138, 17.5.1993, S 59
[75] Statistisches Bundesamt Abfallbilanz 2020, S. 41
[76] KOM(2005) 666 endgültig, Brüssel, 26.12.2005, Mitteilung der Kommission der Europäischen Gemeinschaften an den Rat, das Europäische Parlament, den Europäischen Wirtschafts- und Sozialausschuss und den Ausschuss der Regionen über die Weiterentwicklung der nachhaltigen Ressourcennutzung: Eine thematische Strategie für Abfallvermeidung und -recycling, vgl. Unterrichtung durch die Bundesregierung, Bundesrat (BR) Drs 10/06 vom 10.1.2006
[77] KOM(2005) 667 endgültig, Brüssel, 26.12.2005, Vorschlag für eine Richtlinie des Europäischen Parlaments und des Rates über Abfälle, vgl. Unterrichtung durch die Bundesregierung, BR Drs 4/06 vom 10.1.2006
[78] Richtlinie 2008/98/EG des Europäischen Parlaments und des Rates vom 19. November 2008 über Abfälle und zur Aufhebung bestimmter Richtlinien, Abl EU Nr L 312 vom 22.11.2008, S 3–30
[79] Greenpeace USA: Circular Claims Fall Flat – Comprehensive U. S. Survey of Plastics Recyclability, Februar 2020; und: Greenpeace USA: Circular Claims Fall Flat Again – 2022 Update, Washington D. C., Oktober 2022
[80] IISD Earth Negotiations Bulletin, Vol. 30 No. 20, 23 November 2023, S 1–9
[81] OECD- Ratsbeschluss: Grundsätze über grenzüberschreitende Verbringung von gefährlichen Abfällen, 1.2.1984, C(83)180/Endgültig, S 1–3
[82] OECD-Ratsbeschluss über die Kontrolle der grenzüberschreitenden Verbringung von Abfällen zur Verwertung, C(92)39/Endgültig, 30.3.1992, S 1–15
[83] Basler Übereinkommen, BGBl II, S 2704 ff, vom 14.10.1994
[84] Beschlussempfehlung des Ausschusses nach Artikel 77 Grundgesetz (Vermittlungsausschuss) zu dem Ausführungsgesetz zu dem Basler Übereinkommen vom 22.3.1989 über die Kontrolle der grenzüberschreitenden Verbringung gefährlicher Abfälle und ihrer Entsorgung (Ausführungsgesetz zum Basler Übereinkommen), BT Drs 12/8085, 23.6.1994
[85] Verordnung (EWG) Nr. 259/93 des Rates vom 1.2.1993 zur Überwachung und Kontrolle der Verbringung von Abfällen in der, in die und aus der Europäischen Gemeinschaft, ABl EG Nr L 30, 6.2.1993
[86] Gesellschaft für Verpackungsforschung: Recycling-Bilanz für Verpackungen, 20. Ausgabe, Mainz, 2013
[87] Rummler, Thomas: Recyclingquoten werden übererfüllt, recyclingnews, 3.6.2013
[88] Department for Environment Food & Rural Affairs: Reforms to the Packaging Waste Recycling Note (PRN) and Packaging Waste Export Note (PERN) Systems and Operator Approval, 28 October 2022
[89] Umweltbundesamt: UBA-Texte 52/95

Ressourcen- und Klimaschutz durch Kreislaufwirtschaft

2

Jan Henning Seelig, Mechthild Baron, Henning Friege, Florian Hansen und Martin Faulstich

Zusammenfassung

Energieverbrauch und Umweltbelastungen durch die Nutzung von Primärrohstoffen steigen zunehmend. Die Abbaugebiete sind oft auf wenige, teils politisch instabile Länder konzentriert, was kritische wirtschaftliche Abhängigkeiten verursachen kann. Die Abfallwirtschaft in Deutschland ist Teil der Transformation einer Linearwirtschaft hin zur Kreislaufwirtschaft. Ein verstärktes stoffliches Recycling würde sich positiv auf die Versorgungssicherheit sowie Energieverbrauch und Umweltbelastungen auswirken. Dazu sind eine verbesserte Getrennterfassung und Vorkonditionierung von Abfällen nötig. Das Ziel einer Entkopplung von Wohlstand und Ressourcenverbrauch erfordert Maßnahmen entlang der gesamten Wertschöpfungskette wie: Zertifizierung

---

J. H. Seelig · F. Hansen
CUTEC Forschungszentrum, Clausthal-Zellerfeld, Deutschland
E-Mail: jan.seelig@cutec.de

F. Hansen
E-Mail: florian.hansen@cutec.de

M. Baron
Sachverständigenrat für Umweltfragen, Berlin, Deutschland
E-Mail: mechthild.baron@umweltrat.de

H. Friege
N3 Nachhaltigkeitsberatung Dr. Friege & Partner, Voerde, Deutschland

M. Faulstich (✉)
INZIN Institut, Düsseldorf, Deutschland
E-Mail: martin.faulstich@inzin.de

von Primärabbaugebieten, kreislaufgerechtes Produktdesign, Information der Verbraucher über umweltrelevante Produkteigenschaften und die Steigerung der Materialeffizienz über den gesamten Lebenszyklus.

Schlüsselwörter

Circular economy · Resource protection · Sustainable raw material supply · Secondary raw materials · Raw material availability · Critical raw materials · Environmental impact · Recycling in Germany · Waste management · Product reuse · Entropy · Hazardous substances

2.1 Einleitung

Die weitreichenden Auswirkungen des fortschreitenden Klimawandels erfordern eine Weiterentwicklung der etablierten Wirtschaftsweisen. Von hoher Bedeutung ist dabei, wie die Industrienationen ihre Versorgung mit Rohstoffen bei gleichzeitig exponentiell zunehmender Nachfrage gestalten. Für die Gewinnung von Rohstoffen werden traditionell vor allem primäre Quellen genutzt. Wegen des steigenden Verbrauchs werden zunehmend aufwendiger auszubeutende natürliche Lagerstätten abgebaut. Energieverbrauch und Belastungen für die Umwelt pro gewonnener Rohstoffeinheit haben dadurch ein bisher nicht dagewesenes Niveau erreicht. Irreversible Schäden an wertvollen Ökosystemen, unter anderem durch Flächenverbrauch und Biodiversitätsverlust, sind die lokalen Folgen. Globale Auswirkungen haben diese Aktivitäten unter anderem in Form des Klimawandels – verursacht durch die mit zunehmender Energieintensität weiter steigenden Treibhausgasemissionen.

Deutschland ist ein relativ rohstoffarmes Land. Dennoch wird mit etwa 27 % (im Jahr 2021) ein signifikanter Anteil des Bruttoinlandsprodukts durch die produzierende Industrie erwirtschaftet [1]. Die dabei verwendeten Rohstoffe werden zum Großteil importiert. Im Fall der metallischen Rohstoffe ist Deutschland zu nahezu einhundert Prozent auf Importe angewiesen.

Deutschland wird in Zukunft nicht umhin kommen, seine Strategien zur nachhaltigen Rohstoffversorgung grundlegend zu überdenken. Im Inland zurückgewonnene Sekundärrohstoffe sind ein geeignetes Mittel, die deutsche Wirtschaft unabhängiger von der Verfügbarkeit kostengünstiger Rohstoffe am Weltmarkt zu machen. Zusätzlich würde dies eine höhere Planungssicherheit für die rohstoffveredelnde Industrie erzeugen und zum Erreichen des zweifachen Entkopplungsziels, welches der Sachverständigenrat für Umweltfragen (SRU) benannt hat, beitragen. Danach ist die Grundlage einer nachhaltigen Wirtschaftsweise einerseits die Wohlstandsentwicklung vom Ressourcenverbrauch und andererseits den Ressourcenverbrauch von den einhergehenden Umweltauswirkungen zu entkoppeln [2].

Im Hinblick auf das Ziel einer weitgehenden Kreislaufführung der nichtenergetischen Rohstoffe konnten einige Fortschritte erzielt werden, aber noch immer wird ein Teil der anfallenden Abfälle nicht für die Rückgewinnung der enthaltenen Rohstoffe genutzt. Hier müssen Industrie, Politik und Gesellschaft mit gebündelten Kräften und entschiedenem Willen handeln, um das Ziel einer Kreislaufwirtschaft in absehbarer Zeit zu erreichen. Die Rolle der Abfallwirtschaft für die Rückgewinnung von Rohstoffen ist dabei nicht neu: Seit 2006 werden regelmäßig über 60 % der Siedlungsabfälle in Anlagen zur stofflichen Verwertung behandelt [3]. Dies ist nicht nur in Anbetracht steigender Rohstoffpreise am Weltmarkt und der Versorgungssicherheit wichtig. Zunehmend wächst auch die Erkenntnis über die Belastungsgrenzen unseres Planeten.

Ein Ausbau der Kreislaufwirtschaft ist somit sowohl aus ökonomischen Gründen und dem damit zusammenhängenden Wohlstand der Gesellschaft als auch aus ökologischer Sicht unumgänglich. Nachfolgend soll ein Überblick über die Bedeutung einer im Rahmen der thermodynamischen Grenzen größtmöglichen Kreislaufführung von Rohstoffen gegeben werden.

2.2 Globale Herausforderungen der Rohstoffwirtschaft

2.2.1 Rohstoffverfügbarkeit und -nachfrage

Die globale Rohstoffwirtschaft steht vor der Herausforderung, die Rohstoffverfügbarkeit der größer werdenden Nachfrage anzupassen. Entscheidende Größen, um die zukünftige Verfügbarkeit zu beschreiben, sind die vorhandenen Reserven und Ressourcen sowie die damit in Zusammenhang stehenden Reichweiten.

Die Reserven stellen die gegenwärtig sicher nachgewiesenen und mit bekannter Technologie wirtschaftlich gewinnbaren Vorkommen eines Rohstoffes dar. Dagegen umfasst der Begriff Ressourcen jene Lagerstätten, die entweder geologisch erwartet werden oder auch bereits bekannt sind, jedoch aufgrund technischer oder wirtschaftlicher Hindernisse nicht gewonnen werden können [4]. Durch den Einfluss von Preissteigerungen am Weltrohstoffmarkt, Exploration oder technischen Entwicklungen können Ressourcen in Reserven überführt werden. Der ermittelte Umfang einer jeden rohstofflichen Reserve unterliegt dadurch starken Schwankungen. Unter Betrachtung des Umfangs vorhandener Ressourcen kann im Regelfall davon ausgegangen werden, dass die Versorgung der Weltwirtschaft mit mineralischen und energetischen Rohstoffen auch für längere Zeiträume gesichert ist. Kurz- bis mittelfristig sind jedoch heute schon Engpässe absehbar.

In diesem Zusammenhang lohnt es sich, einen Blick auf die unterschiedlichen Reichweitenbegriffe zu werfen. Allgemein wird die Reichweite durch Bezug der Reserven beziehungsweise Ressourcen auf den Verbrauch berechnet. Dabei wird zwischen statischer und dynamischer Reichweite unterschieden. Während die statische Reichweite auf der

Annahme eines zukünftig konstant bleibenden Jahresverbrauchs basiert und diesen zu den momentanen Reserven/Ressourcen in Beziehung setzt, werden zur Ermittlung der dynamischen Reichweite Modelle für die Entwicklung des Jahresverbrauchs und der Reserven herangezogen [5]. Bei zukünftig steigender Nachfrage und gleichbleibender Fördermenge sind die dynamischen Reichweiten demnach weitaus geringer als die zumeist verwendeten statischen Reichweiten der Rohstoffe.

Aufgrund der erwähnten Dynamik sind die ermittelten Reichweiten nicht als feste Größe anzusehen, sondern müssen vielmehr auf Basis der jeweils bestehenden Datengrundlage aktualisiert werden. Als Beispiel kann hier die prognostizierte Reichweite der Erdölreserven herangezogen werden. Obwohl es unbestritten ist, dass die weltweiten Vorräte an fossilen Energieträgern deutlich begrenzt sind und der Peak Oil schon mehrfach als überschritten angesehen wurde, verschiebt sich die errechnete Reichweite der Reserven seit Jahrzehnten in die Zukunft. Dies ist sowohl auf neu entdeckte beziehungsweise erschlossene konventionelle Vorkommen zurückzuführen, als auch auf die zunehmende Nutzung unkonventioneller Vorkommen (zum Beispiel Ölschiefer oder Teersande). Auch hier wird jedoch das Problem des Versiegens des weltweit wichtigsten Energieträgers lediglich in die Zukunft verlagert, eine dauerhafte Lösung ist damit nicht zu erzielen [6].

Bedingt durch das Wachstum der Weltwirtschaft steigt die Nachfrage nach Rohstoffen jeglicher Art rasant an – so auch bei den Metallen. Die Menge des abgebauten Kupfers stieg beispielsweise von knapp 9 Mio. t im Jahr 1990 auf knapp 21 Mio. t im Jahr 2021. Die weltweite Aluminiumproduktion erhöhte sich im gleichen Zeitraum von unter 20 Mio. t auf rund 68 Mio. t [7, 8]. Unter der Voraussetzung, dass die Entwicklungsländer langfristig zu den OECD-Staaten aufschließen, ist für die Zukunft eine Fortsetzung dieser Entwicklung der globalen Rohstoffnachfrage zu erwarten (Abb. 2.1).

Neben der Ausweitung der Fördermengen in bereits erschlossenen Abbaugebieten kommt es verstärkt zur Exploration neuer Lagerstätten. Der Aufwand, den die Gewinnung einer Einheit eines Rohstoffes erfordert, bleibt dabei nicht konstant. Vielmehr unterliegt er durch abnehmende Wertstoffgehalte und geographisch wie geologisch unzugänglichere Vorkommen in den Lagerstätten regelmäßig einer zwangsläufigen Steigerung (Abb. 2.2). Mehr Abraum muss bewegt und verarbeitet werden, was wiederum einen höheren Einsatz von Energie und Rohstoffen erfordert. Erhöhte Weltmarktpreise oder der Wunsch nach Unabhängigkeit von anderen Ländern führen – wie am Beispiel des Erdöls beschrieben – zusätzlich zur Nutzung bis dato unlukrativer Vorkommen.

Für einzelne Metalle zeichnen sich kurz- und mittelfristig empfindliche Engpässe ab. Dies ist jedoch in erster Linie auf den rasanten Anstieg der Nachfrage zurückzuführen, dem die Fördermengen nicht in gleichem Tempo folgen können. In naher Zukunft sind daher weiterhin deutliche Steigerungen der Fördermengen zu erwarten. Zwar können bei einem Teil der Anwendungen einige der benötigten Metalle durch Nutzung anderer Rohstoffe substituiert werden, wodurch Knappheiten teilweise umgangen werden können, jedoch führt dies zwangsläufig zu einer Problemverschiebung und stellt keine Lösung der grundlegenden Problematik dar.

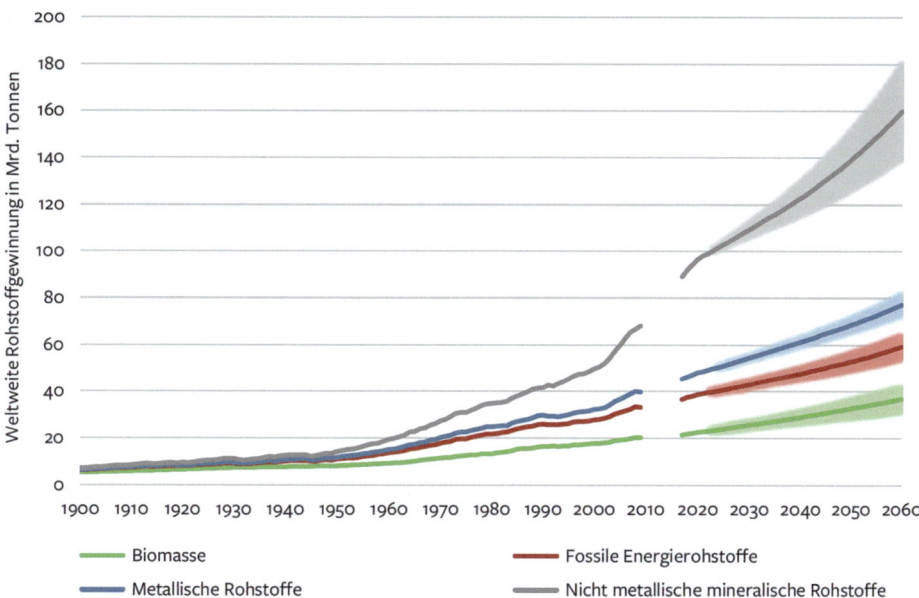

Abb. 2.1 Gewinnung biogener, fossiler, metallischer und mineralischer Primärrohstoffe von 1900 bis 2060 (modellierte Vorhersage). Nach [9]

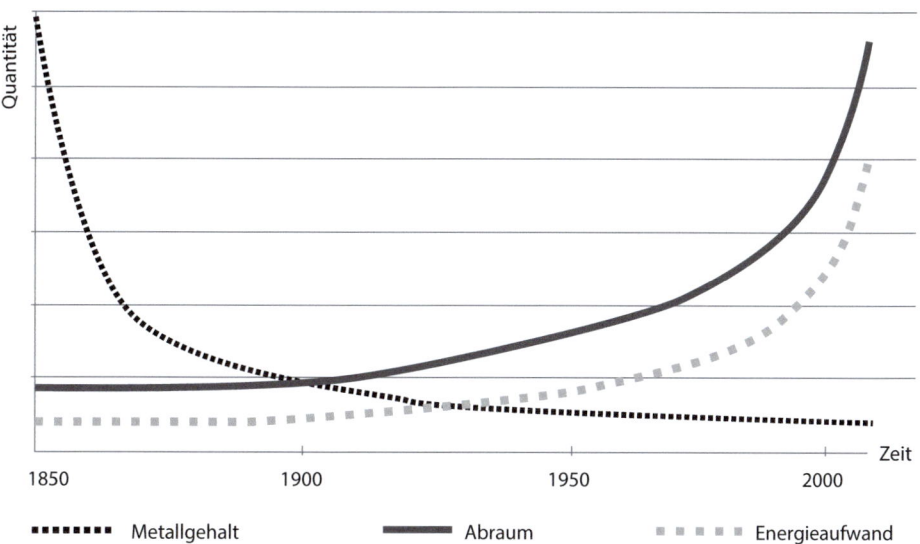

Abb. 2.2 Schematische Darstellung der Entwicklung von Metallgehalt, Abraummenge und Energiebedarf

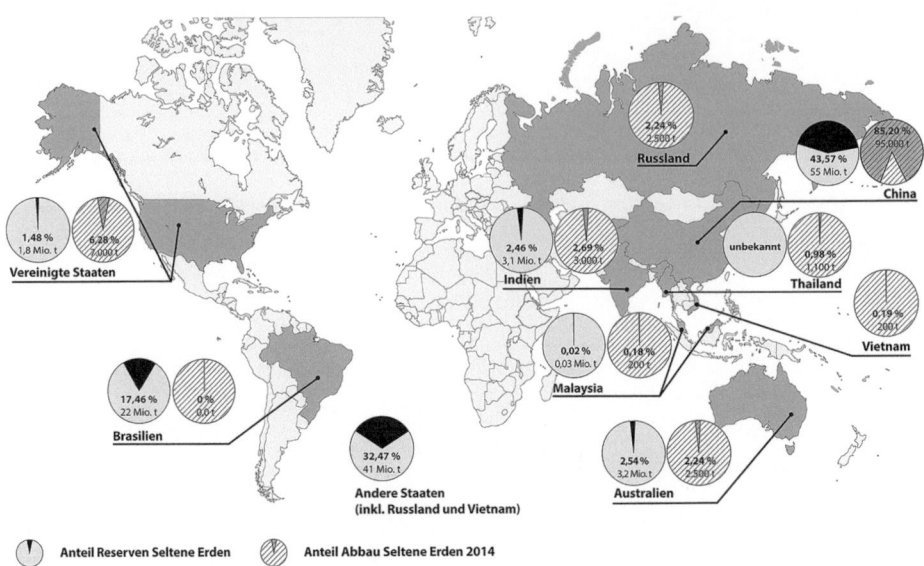

Abb. 2.3 Weltweite Verteilung der Reserven sowie des Abbaus von Seltenerdelementen (2014). (Eigene Darstellung nach Daten aus [10])

Die tatsächliche Verfügbarkeit von Rohstoffen hängt zu einem definierten Zeitpunkt nicht allein von vorhandenen Reserven, Ressourcen und der Nachfrage ab, sondern auch von der globalen Verteilung der Vorkommen sowie politischen Gegebenheiten. Ein Beispiel dafür sind die Seltenerdelemente. Die Konzentration der im Abbau befindlichen Lagerstätten auf nur wenige Staaten (siehe Abb. 2.3) beziehungsweise auf politisch instabile Regionen manifestiert sich als ein ernstzunehmendes Problem hinsichtlich der Versorgungssicherheit der Weltwirtschaft mit diesen heute stark nachgefragten Rohstoffen.

Die Seltenerdelemente stehen mit dem Klima- und Ressourcenschutz in besonderem Zusammenhang, da für die Nutzung erneuerbarer Energiequellen ein hoher Bedarf u. a. an diesen Elementen besteht. Die in Deutschland laufende Energiewende, als wichtige Säule einer effizienten, ressourcenschonenden Wirtschaftsweise, hängt demnach ebenfalls von der Verfügbarkeit spezieller Rohstoffe ab.

Dass die Problematik ebenso bei den sogenannten Massenmetallen auftritt, wird am Beispiel Kupfer deutlich: Langfristig lässt sich ein Nachfrageüberschuss anhand der steigenden Kupferpreise verzeichnen [11]. Neben der Verwendung in der Bauindustrie (Kabel, Rohre, Dächer) findet Kupfer seit der Energiewende verstärkte Verwendung, beispielsweise in Windparks, Elektrofahrzeugen und der entsprechenden Ladeinfrastruktur.

Viele Staaten sehen bezüglich der Rohstoffversorgung bereits deutlichen Handlungsbedarf, identifizieren die für ihre Wirtschaft besonders kritischen Rohstoffe und ent-

2 Ressourcen- und Klimaschutz durch Kreislaufwirtschaft

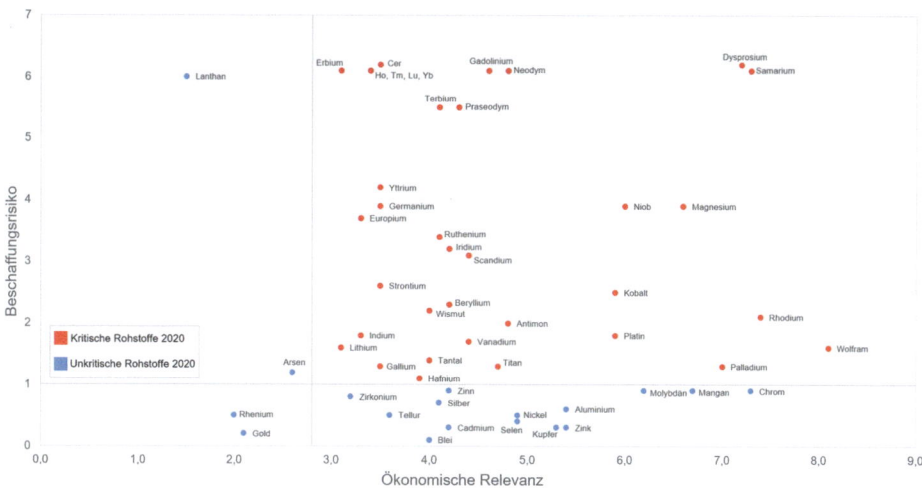

Abb. 2.4 Beschaffungsrisiko und ökonomische Relevanz kritischer und nicht kritischer Rohstoffe 2020 (Auswahl). (Nach [15])

werfen entsprechende Strategien um den Auswirkungen einer zukünftigen Verknappung entgegenzuwirken [12–14]. Auch auf europäischer Ebene wurden entsprechende Anstrengungen unternommen (Abb. 2.4) [15].

Auch die nachwachsenden Rohstoffe sind für die zukünftige Rohstoffsituation von Bedeutung. Die Substitution nichterneuerbarer Rohstoffe durch nachwachsende Rohstoffe kann in einigen Anwendungsgebieten eine sinnvolle Alternative darstellen. Die nachwachsenden Rohstoffe sind zwar in ihrer Gesamtheit weiterhin als potenzialträchtig zu betrachten, müssen aber im Kontext einer zunehmenden Flächenkonkurrenz mit Nahrungsmitteln gesehen werden. Auf den ersten Blick scheinen global noch große Potenziale durch Ertragssteigerungen auf einem Großteil der Flächen vorhanden zu sein. Die Intensivierung des Anbaus führt jedoch zu Bodendegradation, Verlust an Biodiversität und nachhaltiger Beeinträchtigung der Umwelt durch Pestizide und Düngemittel. Zudem führen falsche Bewirtschaftung, Flächenversiegelung und Klimawandel zu Anbauflächenverlusten. In Anbetracht der weiterhin exponentiell wachsenden Bevölkerung birgt diese Entwicklung bereits jetzt erhebliches soziales Konfliktpotenzial und führt immer wieder zu humanitären Katastrophen.

Somit ist es nicht verwunderlich, dass auf der Suche nach den letzten großen Rohstoffvorkommen, sei es in Form von fossilen Energieträgern, mineralischen Rohstoffen oder Anbauflächen, ein weltweiter Wettlauf eingesetzt hat – mit teilweise dramatischen Folgen. Tiefseebohrungen, Fracking, Abbau von Ölsanden, Abholzung und das sogenannte Land Grabbing sind erste Auswirkungen dieser Entwicklung.

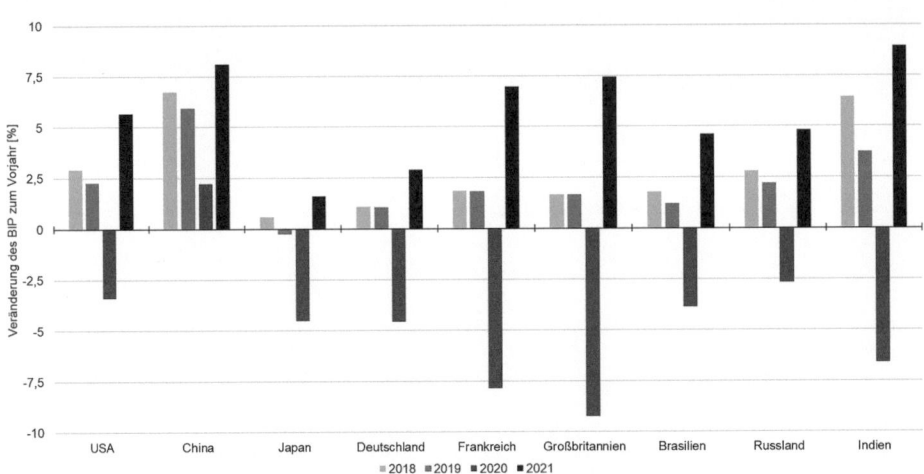

Abb. 2.5 Wachstum (gegenüber dem Vorjahr) des realen Bruttoinlandsprodukts (BIP) in den wichtigsten Industrie- und Schwellenländern in den Jahren 2018–2021. (Nach [16])

2.2.2 Wirtschaftlicher Aufstieg der Schwellenländer

China, Indien und weitere den Schwellenländern zugeordnete Staaten beteiligen sich mit einem rasanten Wirtschaftswachstum an der Ausbeutung der natürlichen Ressourcen. Sie folgen dabei nur dem Vorbild der Industrienationen, die bis vor wenigen Jahrzehnten für den weitaus größten Anteil des Ressourcenverbrauchs verantwortlich waren. Einige Schwellenländer weisen über die vergangenen Jahre hohe Wachstumsraten des Bruttoinlandsproduktes auf. Lediglich am Anfang der Corona-Pandemie wurde das globale Wirtschaftswachstum beschränkt, welches sich jedoch bereits im Folgejahr erholen konnte (siehe Abb. 2.5).

Gemessen am Bruttosozialprodukt hat sich die Weltwirtschaftsleistung seit 1960 etwa alle zehn Jahre verdoppelt. Der Anteil der Schwellenländer an dieser Entwicklung wächst zunehmend. Die G7 Staaten werden langfristig aufgrund einer überalterten und schrumpfenden Bevölkerung ihre wirtschaftliche Bedeutung verlieren. Das wachsende Machtbewusstsein der neuen Großakteure der Weltwirtschaft und die steigende Rohstoffnachfrage ihrer Industrien können Länder ohne eigene Lagerstätten in eine zunehmend kritische Versorgungslage bringen.

Da die Qualität der Sozial- und Umweltstandards oftmals nicht in gleichem Maße ansteigt wie die Wirtschaftsleistung, wachsen auch die negativen Umweltauswirkungen in den Förderländern erheblich an.

2.2.3 Umweltauswirkungen der Rohstoffwirtschaft

Der Weg vom Rohstoff über das Endprodukt bis zum Abfall besteht aus vielen Arbeitsschritten mit einer Vielzahl von Umweltauswirkungen (Abb. 2.6).

2 Ressourcen- und Klimaschutz durch Kreislaufwirtschaft

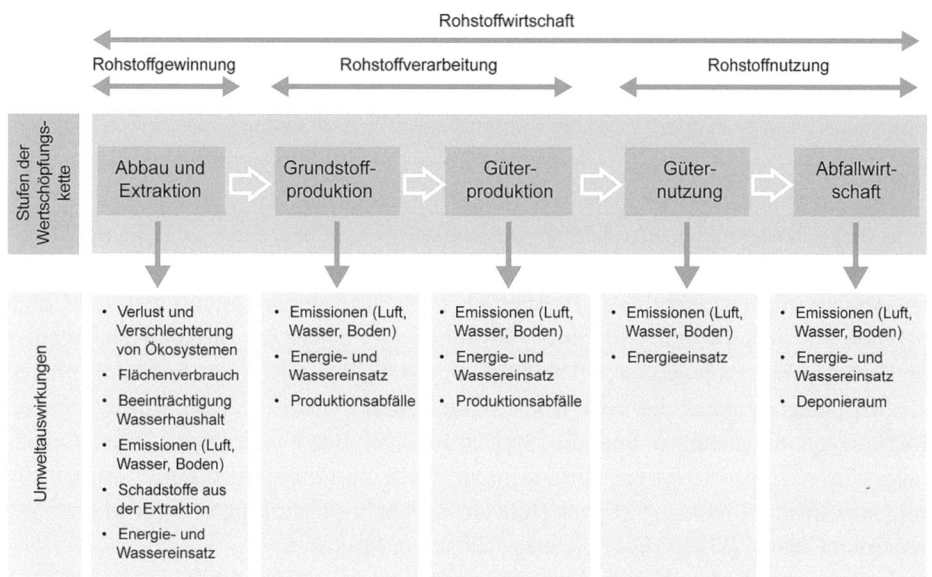

Abb. 2.6 Umweltauswirkungen entlang der Wertschöpfungskette. (Nach [2])

Die Umweltauswirkungen lassen sich auf verschiedene Weise kategorisieren:

1. zeitlich: akut oder langfristig,
2. nach Beeinflussbarkeit: reversibel oder irreversibel,
3. örtlich: lokal, regional oder global,
4. nach Wirkobjekt: Wasser, Boden, Luft, Mensch, Natur, Klima, …
5. nach Wirkungsweise: direkt oder indirekt.

Während zum Beispiel ein abgesenkter Grundwasserspiegel durch ein gezieltes Wassermanagement eventuell innerhalb einiger Jahre zum Normalzustand zurückkehren kann, verbleiben klimaschädliche Gase wie CO_2 und N_2O durchschnittlich über 100 Jahre in der Atmosphäre. Einige Auswirkungen sind reversibel, andere, wie das Aussterben einer Tier- oder Pflanzenart, sind hingegen unumkehrbar. Direkte Auswirkungen der Rohstoffgewinnung sind z. B. der Verlust von Ökosystemen und Lebensraum vor Ort durch die Flächeninanspruchnahme, indirekt können durch Veränderungen des Grundwasserspiegels und verunreinigte Abwässer auch weiter entfernte Gegenden stark beeinträchtigt werden.

Die Gewinnung und Aufbereitung von Seltenerdelementen ist beispielhaft für die vielfältigen Umweltauswirkungen der Primärrohstoffgewinnung. Die Herstellung marktfähiger Konzentrate einzelner Seltenerdelemente ist mit einer aufwendigen Aufbereitung verbunden. Neben dem hohen Energiebedarf sind die anfallenden Aufbereitungsrückstände oftmals mit Arsen, Blei und weiteren Schwermetallen sowie radioaktiven Nukliden kontaminiert. Dadurch werden neben den Arbeitern vor Ort auch die lokale Bevölkerung und die angrenzenden Ökosysteme gefährdet [2]. Die Auswirkungen sind immens, was nicht zuletzt auf teils stark vernachlässigte Gesundheits- und Umweltschutzstandards zurückzuführen ist, sofern solche in den Abbaustaaten überhaupt vorhanden sind.

Um die Umweltauswirkungen der Rohstoffnutzung möglichst gering zu halten, ist eine mögliche Strategie, den Bezug von Rohstoffen aus besonders schädlichen Unternehmen einzustellen. Dazu hat der Bundestag im Jahr 2021 das sogenannte Lieferkettensorgfaltspflichtengesetz (LkSG) verabschiedet. Nach diesem Gesetz müssen Unternehmen die Verantwortung für ihre Tätigkeiten (vor allem im Ausland) übernehmen und werden bei nachweisbaren Verstößen mit Bußgeldern belangt. Weiterhin gibt es Zertifizierungssysteme, die dem Rohstoffproduzenten die Einhaltung definierter Anforderungen bescheinigen und die Standardsetzung beim weltweiten Rohstoffabbau unterstützen. Beispiele für etablierte nicht-staatliche Zertifizierungssysteme sind der Forest Stewardship Council (FSC) für Holz aus nachhaltiger Nutzung und der Marine Stewardship Council (MSC) für Fisch aus nachhaltiger Fischerei.

Im Bereich der Metalle und Mineralien existieren erste Initiativen für Zertifizierungssysteme. Die USA beispielsweise haben im Juli 2010 den Dodd-Frank Act verabschiedet, der den an der Wall Street notierten Öl-, Gas- und Bergbaufirmen unter anderem vorschreibt, nachzuweisen, dass ihre Produkte nicht aus den Konfliktregionen in der und um die Demokratische Republik Kongo stammen. Zu den sogenannten Konfliktmineralien Zinn, Tantal, Wolfram und Gold (3TG) ist die EU-Verordnung (2017/821) über Konfliktmineralien am 01. Januar 2021 in Kraft getreten. Somit ist seitdem eine weitgehende Sorgfaltspflicht beziehungsweise Prüfpflicht entlang der Lieferkette verbindlich. Die Äquator-Prinzipien dagegen sind eine freiwillige Verpflichtung von Kreditinstituten, bei der Finanzierung von Projekten bestimmte Umwelt- und Sozialstandards einzuhalten. Auch Rohstoffpartnerschaften und internationale Rohstoffabkommen bieten die Möglichkeit, auf Umwelt- und Arbeitsschutz ebenso wie auf eine gerechtere Bezahlung hinzuwirken [2].

Auch nach einer Optimierung der Abbaumethoden und der Versorgungspfade werden mit der Verwendung von Primärrohstoffen stets negative Umweltauswirkungen verbunden bleiben. Als langfristige Folge der Nutzung ist bereits heute ein massiver und schnell fortschreitender Verlust an Biodiversität zu verzeichnen. Dieser gehört zu den durch den Menschen verursachten weltweiten Umweltproblemen, welche die Grenzen der globalen Tragfähigkeit bereits überschritten haben [17].

Die Gewinnung und Weiterverarbeitung von Rohstoffen sind sehr energieaufwendige Prozesse. Allein der Bergbau ist für ungefähr 7 % des weltweiten Energieverbrauchs verantwortlich [18]. Für die Bereitstellung dieser Energie werden meist fossile Energieträger genutzt, die Bedeutung für den Klimawandel ist also erheblich.

Das Bewusstsein für die Auswirkungen des Rohstoffabbaus ist aufgrund einer fehlenden zentralen Dokumentation (von Menge, Herkunft, Gewinnungsverfahren usw.) wenig ausgeprägt. Gerade die Umweltauswirkungen in Entwicklungs- und Schwellenländern sind bisher nicht systematisch quantifizierbar.

2.3 Kreislaufwirtschaft

Für eine dauerhafte Sicherstellung der Rohstoffverfügbarkeit existieren verschiedene Ansätze: Beispielsweise sollen durch die Steigerung der Materialeffizienz in der Wirtschaft – analog zur Energieeffizienz – die für das Generieren eines bestimmten Nutzens aufzubringenden Rohstoffmengen reduziert werden. Diese Maßnahmen sind grundsätzlich anzustreben, können die Problematik jedoch nicht abschließend beseitigen – auch bei verringertem Einsatz neigen sich die natürlichen Lagerstätten auf Dauer dem Ende zu. Der Prozess wird durch eine steigende Materialeffizienz zwar verzögert, spürbare Zunahmen der Effizienz sind jedoch nur begrenzt möglich. Zudem werden diese Einsparungen oft durch einen vermehrten Konsum überkompensiert (Rebound-Effekt).

Noch vor dem Prozessschritt der Produktion liegt die Produktplanung – hier liegen erhebliche Potenziale für eine intensivierte Kreislaufwirtschaft. Die Auswahl von Materialien, der Produktaufbau und die Auswahl der Verbindungen bestimmen maßgeblich die Lebensdauer, die Reparaturfähigkeit und die Verwertbarkeit der Produkte. Deren Entwicklung muss künftig den Kriterien *niedriger Rohstoff- und Energieverbrauch*, *hohe Lebensdauer* und *Rückführbarkeit* ebenso genügen wie den bisher den Markterfolg bestimmenden Anforderungen *Zweckerfüllung*, *Optik* und *Preis*.

Unabdingbar für die Kreislaufführung ist ein intensiver Wissensaustausch zwischen den verschiedenen Akteuren: Grundstoffhersteller benötigen Informationen über die Qualitäten verfügbarer Sekundärrohstoffe. Reparaturbetriebe kennen die Schwachstellen von Produkten und den Bedarf an Austauschkomponenten. Abfallaufbereiter verfügen über das Wissen, welche Komponenten gut demontierbar sein sollten, welche Stoffe sich im Aufbereitungsprozess behindern, was zerstörungsfrei entnehmbar angeordnet sein muss. Das eigentliche Ziel dieser Anstrengungen ist es, dem Nutzer zu ermöglichen, eine bewusste Kaufentscheidung auch anhand solcher kreislaufrelevanten Informationen treffen zu können. Der Anteil an Sekundärrohstoffen und Mehrwegkomponenten, Soll-Lebensdauer, Recyclingfähigkeit und ähnliches müssen dafür transparent am Produkt erkennbar sein [9].

Auf diesem Weg können Materialien den Zyklus aus Produktion, Nutzung und Aufbereitung mehrfach durchlaufen, bevor es durch dissipative Verluste oder thermodynamische Einschränkungen bei der Wiedergewinnung zu einem Ausscheiden aus dem Verwendungszyklus kommt (siehe Kap 2.4). Ziel ist daher nicht nur die Schließung von Materialkreisläufen: Es muss auch gelingen, den Anstieg des Rohstoffeinsatzes abzubremsen und die Kreislaufzyklen zu verlangsamen, zum Beispiel durch eine längere Lebens- und Nutzungsdauer von Produkten oder Gebäuden [9].

Je nach Material können mit zunehmender Anzahl von Verwendungszyklen funktionelle Verluste auftreten, infolge derer die recyclierten Materialien ein eingeschränktes Anwendungsspektrum aufweisen. Um diese Materialien dennoch möglichst lange im Verwendungskreislauf zu halten, ist die sogenannte Kaskadennutzung anzustreben. Dabei werden primär gewonnene Rohstoffe zunächst derjenigen Nutzung zugeführt, welche die höchsten Ansprüche an deren Reinheit stellt. Mit abnehmender Qualität werden diese der nächsten Stufe innerhalb der Nutzungshierarchie zugeführt. Ein solches System ist jedoch nur durch getrennte Recyclingwege aufrecht zu erhalten, bei denen die Materialreinheit berücksichtigt wird.

Die im Kreislaufwirtschaftsgesetz (KrWG) formulierte Abfallhierarchie sieht analog zu der Idee einer Kaskadennutzung eine Optimierung des Rohstoffeinsatzes durch möglichst hochwertige Verwertung vor. Demnach hat die Abfallvermeidung zunächst die höchste Priorität, gefolgt von der Vorbereitung zur Wiederverwendung. Bei letzterer werden Erzeugnisse beziehungsweise deren Bestandteile so aufbereitet, dass sie für den gleichen Zweck erneut eingesetzt werden können. Sollte dies nicht möglich sein, ist das stoffliche Recycling zu priorisieren, gefolgt von der energetischen Verwertung. Ganz unten in der Abfallhierarchie steht die Beseitigung durch Deponierung.

Die Kreislaufwirtschaft ist das gegenteilige Modell zu der heute immer noch global vorherrschenden Linearwirtschaft, in der hochwertige Materialien nach einmaliger Nutzung in Abfallströme gelangen und thermisch behandelt beziehungsweise deponiert werden.

2.3.1 Recycling in Deutschland

Auf dem Gebiet des Recyclings (stoffliche Verwertung) sind in Deutschland bereits große Erfolge zu verzeichnen. Deutschland erreicht für Siedlungsabfälle hohe Quoten an *dem stofflichen Recycling zugeführtem Abfall* (Abb. 2.7). Diese Quoten beschreiben den Anlageninput, nicht jedoch die tatsächlich in den Kreislauf zurückgeführten Mengen. In der Aufbereitung müssen Fehlwürfe, Verunreinigungen und nicht verwertbare Anteile ausgeschleust werden. Für eine realistischere Bewertung der Recyclingaktivitäten haben die europäischen Mitgliedsstaaten eine neue, outputorientierte Berechnungsmethodik entwickelt, die in den kommenden Jahren zunächst zu vergleichsweise geringeren Quoten führen wird.[1]

Während in der Vergangenheit der Fokus der Abfallwirtschaft im Bereich der Siedlungsabfälle hauptsächlich auf der Entsorgungssicherheit sowie der Reduzierung des Restmüllaufkommens durch energetische Verwertung lag, sind heute Schritte der Transformation – weg von der Linearwirtschaft, hin zu einer Kreislaufwirtschaft – zu verzeichnen [19]. Insbesondere das endgültige Verbot der Deponierung von Abfällen ohne Vorbehandlung, das seit 2005 vollständig umgesetzt wird, hat die Abfallströme deutlich in Richtung der energetischen und stofflichen Verwertung verschoben (Abb. 2.8).

Zu den Siedlungsabfällen zählen Hausmüll und hausmüllähnliche Gewerbeabfälle, Sperrmüll, biogene Abfälle und getrennt gesammelte Abfallarten (Glas, Papier, ge-

---

[1] Für weiterführende Informationen siehe zum Beispiel BURGER ET AL. (2022) [42] oder Obermeier und Lehmann (2019) [43].

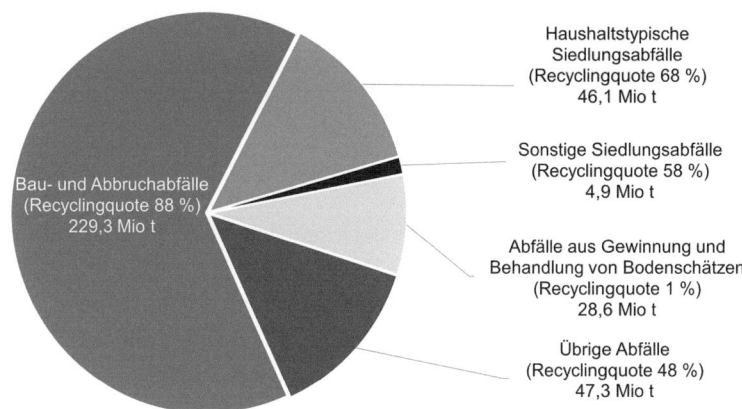

Abb. 2.7 Abfallaufkommen in Deutschland 2020 und Verwertungsquoten (inputbasiert). (Nach Daten aus [3])

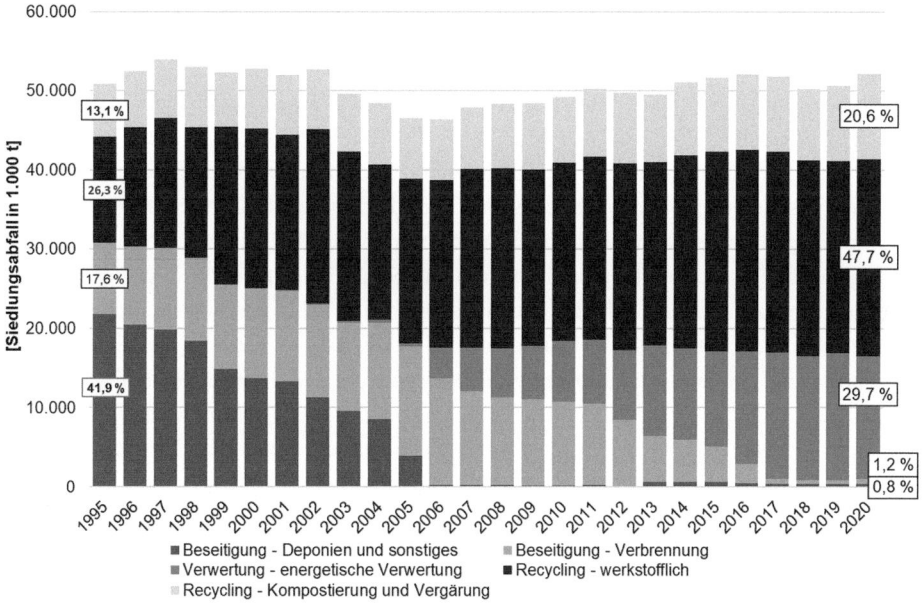

Abb. 2.8 Entsorgungswege des Siedlungsabfalls in Deutschland 1995–2020 (Nettoaufkommen, inputbasiert). (Nach Daten aus [20])

mischte Verpackungen und Elektrogeräte) sowie sonstige Siedlungsabfälle. Vergleichsweise hohe Recyclingquoten – für 2020 erstmals outputorientiert berechnet – wurden für Verpackungen aus Pappe und Papier (84,2 %), Metall (83,4 %) sowie Glas (79,7 %)

erreicht. Im Gesamtmittel wurden Verpackungsabfälle (für die Materialgruppen *Glas, Kunststoff, 'Papier, Pappe, Kartonage' (PPK), Aluminium, Weißblech, Verbunde, sonstiger Stahl, Holz* und *sonstige Packstoffe insgesamt*) 2020 zu etwa 68 % stofflich verwertet [21].

Der Einsatz von Altglas ist nicht nur aufgrund der eingesparten Primärmaterialien (unter anderem Soda, Quarzsand, Kalk) sehr vorteilhaft. Auch im Hinblick auf den notwendigen Energieeinsatz in der Glasschmelze ergeben sich große Vorteile. So werden pro zehn Prozentpunkten eingesetzten Altglases etwa drei Prozentpunkte weniger Energie benötigt mit entsprechender Reduzierung der assoziierten CO_2-Emissionen [22].

Altpapier lässt sich vergleichsweise einfach aufbereiten, dies schlägt sich in der hohen Einsatzquote von 79 % Sekundärmaterial in der Primärproduktion wieder [23]. Gegenüber der Primärproduktion erzeugt die sekundäre Bereitstellung aus Altpapier weniger als die Hälfte der CO_2-Emissionen und schont außerdem CO_2-bindende Waldflächen [24]. Die für die Papierherstellung benötigten Faserstoffe erfahren jedoch im Zuge der Verwendung und Aufbereitung stets eine Verkürzung. Aus diesem Grund ist die Anzahl der Verwendungszyklen begrenzt. Im Durchschnitt kann eine Faser nur etwa sieben Mal recycelt werden, bevor sie aus der Verwendung ausscheidet. Beim Altglas ist diese Einschränkung nicht gegeben, es kann – bis auf einige Spezialanwendungen – stets erneut recycelt werden.

Metalle sind prinzipiell endlos recyclingfähig und können somit theoretisch dauerhaft im Verwendungskreislauf verweilen. Da die Bereitstellung von Metallen aus primären Quellen einen enormen Energieaufwand erfordert, ist deren Recycling zudem aus ökologischer und ökonomischer Sicht besonders sinnvoll [2]. Gerade die Massenmetalle werden bereits zu relativ hohen Anteilen recycelt. Dies liegt auch in der großen Verfügbarkeit entsprechender Abfälle begründet sowie im Vorhandensein geeigneter Aufbereitungsanlagen. Einige Edelmetalle werden ebenfalls aufgrund ihres hohen Wertes – trotz niedriger Massenanteile in End-of-Life-Produkten – zu hohen Anteilen zurückgewonnen. Bei vielen Technologiemetallen liegen die Recyclingquoten hingegen bei nahezu Null (Abb. 2.9), da diese oftmals in sehr niedrigen Konzentrationen verbaut sind und deren Rohstoffpreise keine lukrative Rückgewinnung zulassen. Dies ist besonders kritisch, da die Primärgewinnung dieser Technologiemetalle meist einen sehr hohen Energieaufwand erfordert [25].

Je höher der Energiebedarf eines Metalls in der Primärproduktion ist, desto mehr kann entsprechend durch dessen Recycling eingespart werden. Beim Recycling von Aluminium sind im Vergleich sehr hohe Energieeinsparungen zu erzielen, da die Elektrolyse den energieintensivsten Teil in der Bereitstellungskette darstellt und dieser Schritt beim Recycling umgangen wird. Die Energiebereitstellung erfolgt zum größten Teil aus fossilen Energiequellen, was sich dementsprechend auch in den durch Recycling eingesparten Kohlendioxidemissionen widerspiegelt (Abb. 2.10).

Die getrennte Erfassung und Verwertung von biogenen Abfällen ist unter Klimaschutzaspekten von hoher Bedeutung: Gemischte Siedlungsabfälle enthalten Küchen- und Gartenabfälle, die von Mikroorganismen biologisch abgebaut werden. Dabei ent-

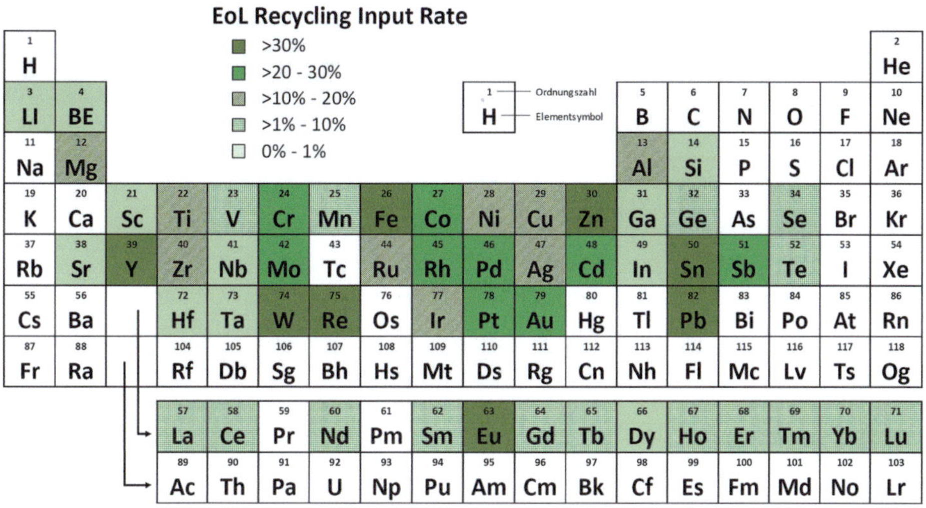

2 Ressourcen- und Klimaschutz durch Kreislaufwirtschaft

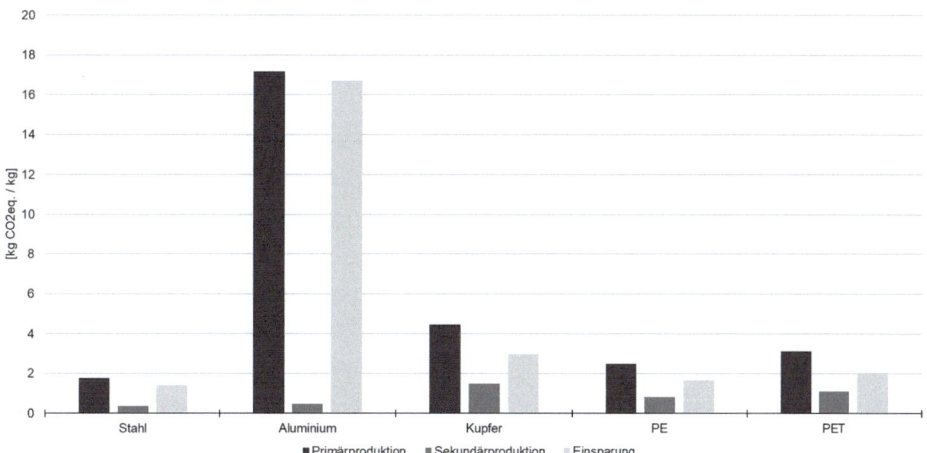

Abb. 2.9 End-of-Life-Recyling Input Raten von Metallen aus dem Post-Consumer-Bereich. Die Recyclingraten beziehen sich auf das funktionelle Recycling, bei dem jene physikalischen oder chemischen Eigenschaften der Metalle wiederhergestellt werden, die diese auch aus primären Quellen aufweisen. (Nach Daten aus [15])

Abb. 2.10 CO_2-Äquivalente aus der Erzeugung von Primär- und Sekundärmaterialien im Vergleich. Angegeben sind CO_2-Äquivalente in Kilogramm pro Kilogramm erzeugten Materials. (Nach [26])

steht unter bestimmten Bedingungen Methan, das eine sehr hohe Klimawirkung hat. Durch das Ablagerungsverbot für unvorbehandelte Siedlungsabfälle konnte die klimaschädliche Wirkung zwischen 1990 und 2021 um fast 80 % gesenkt werden [27]. In älteren Deponien klingt die Bildung von Methan langsam ab, bis dahin müssen Deponiebetreiber dieses Gas möglichst effektiv auffangen und energetisch nutzen [28]. Bei getrennter Erfassung der biogenen Abfälle kann in Vergärungsanlagen gezielt Methan, enthalten im sog. Biogas, für eine energetische Nutzung gewonnen werden. Die Gärreste dienen nach Vorbehandlung als Düngemittel.

Entscheidend für eine Kreislaufwirtschaft ist jedoch nicht nur, wie viele Materialien in einen Aufbereitungsprozess eingespeist werden, sondern einerseits, welcher Anteil anschließend für den erneuten Einsatz zur Verfügung steht, und andererseits, welche Menge an Primärmaterial dadurch substituiert werden kann. Das Verhältnis von jährlich in Deutschland verbrauchten Rohstoffmengen und in den Kreislauf zurückgeführten Mengen wird als Circular Material Use Rate bezeichnet und beträgt in Deutschland 12 % [29]. Dies ist auch dadurch bedingt, dass ein großer Anteil der Rohstoffe bis auf weiteres in Bauwerken und anderen langlebigen Gütern festgelegt wird, dem sogenannten anthropogenen Lager [30].

2.3.2 Herausforderungen und Optionen für die Abfallwirtschaft

Die Bereitstellung von Rohstoffen durch Recycling erfordert in der Regel einen geringeren Energie- und Rohstoffaufwand als die entsprechende Bereitstellung aus primären Quellen und verursacht daher geringere Umweltauswirkungen [31]. Den aus Abfallströmen verfügbaren Rohstoffpotenzialen sind jedoch auch Grenzen gesetzt. Mit jedem Durchlaufen des Verwendungszyklus treten (teils unvermeidbare) Verluste an den verwendeten Materialien auf, welche unter anderem auf dissipative Mechanismen zurückzuführen sind [32].

Um mehr der im Abfall enthaltenen Rohstoffe in den Kreislauf zurückzuführen, müssen unterschiedliche Hürden genommen werden. Eine Weiterentwicklung der Vorkonditionierungsmethoden kann Verluste in der Separation verschiedener Materialien aus einem gemischten Stoffstrom verringern. Der wirtschaftliche Aufwand für die Aufbereitung, die Qualität der Sekundärrohstoffe, die Preise für Primärmaterial und die Nachfrage stehen in einem ständigen Wechselspiel. Der Aufbereitungsaufwand lässt sich durch eine getrennte Erfassung an der Anfallstelle deutlich verringern. Auf diese Weise ist es möglich, hohe Wertstoffkonzentrationen zu erzeugen, die in Folge die weitere Verarbeitung erleichtern. Bei Betrachtung des Rohstoffs Gold wird dies besonders deutlich. Während in den natürlichen Lagerstätten der Goldgehalt bei etwa fünf Gramm pro Tonne liegt, sind in separierten Fraktionen, beispielsweise aus Handys, Goldgehalte von circa 250 g/t zu erzielen [33]. In diesem Fall, wie auch bei anderen Edelmetallen, begünstigen zudem die hohen Marktpreise die Rückgewinnung.

Die getrennte Sammlung führt prinzipiell zu einer leichteren Aufbereitung und zu höherwertigen Sekundärrohstoffen. Den größten Einfluss hat dabei das menschliche Nutzungsverhalten dieser Systeme. Werden Produkte in die falschen Sammelsysteme überführt, bedeutet dies einen Verlust an Material, wie etwa bei der Entsorgung von

Elektro- und Elektronikaltgeräten über die Hausmülltonne. Fehlwürfe führen auch zu einer Verschlechterung der Recyclatqualität. Große Mengen werthaltiger Abfälle werden dem hochwertigen Recycling ebenfalls durch (oftmals illegale) Exporte entzogen. Prominente Beispiele sind Elektro- und Elektronikaltgeräte sowie Alt-Kfz. Neben dem Verlust der Materialien kommt es durch die unsachgemäße Behandlung in vielen Entwicklungsländern, bei der meist keinerlei Auflagen eingehalten werden, zu starken Gesundheits- und Umweltbeeinträchtigungen.

Die Nutzung von Pfandsystemen ist ein wirksames Mittel zur Stoffstromlenkung, welches sowohl die Rückgewinnungsquoten von End of Life-Produkten als auch die Reinheit der Stoffströme erhöhen kann. Pfandsysteme existieren bereits in vielen Ländern und für eine Vielzahl von Produkten. Am prominentesten sind Pfandsysteme für Getränkeverpackungen. Denkbar sind derartige Systeme aber auch für besonders wert- oder schadstoffhaltige Produkte, die – wie z. B. Handys und andere Elektrokleingeräte – oft in die falschen Entsorgungswege geraten.

Um aber das Prinzip einer Kreislaufwirtschaft deutlich zu stärken, sind neben den technischen und organisatorischen Optimierungen in der Abfallwirtschaft Vernetzungen mit den anderen Akteuren des Kreislaufs zwingend. So wie der natürliche Kreislauf in der Natur ein enges Zusammenspiel zwischen Produzenten, Konsumenten und Destruenten aufgebaut hat, kann zwischen Herstellung (insbesondere in der Produktplanung), Nutzung (Kaufentscheidung auf Basis aussagekräftiger Informationen) und Abfallwirtschaft (Qualität und Quantität auf Herstellung ausrichten) ein ständiger Lernprozess stattfinden. Nur die Annahme aller erwähnten Herausforderungen führt im Zusammenspiel zu einer maximal ressourceneffizienten Wirtschaftsweise, bei der das menschliche Handeln geringstmögliche Auswirkungen auf die lokale und globale Umwelt aufweist.

2.4 Hindernisse für Recycling und Wiederverwendung gebrauchter Produkte

Die Probleme und Hindernisse für die stoffliche Verwertung von Materialien bzw. die Wiederverwendung oder längere Nutzung von Produkten sollen durch die Förderung der *Kreislaufwirtschaft* überwunden werden (Abschn. 2.3). Um die Möglichkeiten für eine Reduzierung des Ressourcenverbrauchs durch abfallwirtschaftliche Maßnahmen realistisch einschätzen zu können, ist es notwendig, sich mit den Grenzen bzw. Hindernissen auseinanderzusetzen.

2.4.1 Grundsätzliche physikalische Grenzen

Verlustfreies Recycling von Produkten zu sekundär nutzbaren Werkstoffen ist nicht möglich. Das entscheidende Hindernis liegt in der Entropie (2. Hauptsatz der Thermodynamik), die sich mit der statistischen Interpretation der Thermodynamik (entwickelt von James Clerk Maxwell und Ludwig Boltzmann) verstehen lässt. Die Boltzmann-Formel

$$S = k * \ln W$$

zeigt die Verbindung der Entropie S mit der Zahl der Möglichkeiten W, die Atome oder Moleküle in einem thermodynamischen System zueinander einnehmen können. Die Entropie ist somit ein Maß für die Zahl möglicher Mikrozustände (Einzelheiten), die mit einem gegebenen Makrozustand (Gesamtbild der Einzelheiten) vereinbar sind. Die Boltzmann-Konstante k hat den Wert $k = 1{,}38 * 10^{-23}$ J/K. Mit folgendem Gedankenexperiment lässt sich verstehen, wie die Entropie als Maß für die Unordnung in einem System eingesetzt werden kann:

In einem Behälter für acht Moleküle, die jeweils links und rechts übereinander an der Behälterwand angeordnet werden können, befinden sich vier identische Moleküle. Diese können sich auf 16 unterschiedliche Weisen anordnen; ihre Verteilung unterliegt dem Zufall (Abb. 2.11).

Jede Säule in Abb. 2.11 repräsentiert einen Makrozustand und enthält alle Mikrozustände, bei denen die Zahl der Moleküle links und rechts jeweils gleich ist. Die höchste Wahrscheinlichkeit gilt für die Gleichverteilung der Moleküle, also je zwei auf der rechten und je zwei auf der linken Seite, nämlich $W = 6$. Dieser Zustand hat die höchste Entropie, während eine hohe Ordnung, also vier Moleküle auf der rechten bzw. auf der linken Seite mit $W = 1$ die niedrigste Entropie aufweist. Um von dem wahrscheinlicheren in einen der weniger wahrscheinlicheren Makrozustände zu kommen,

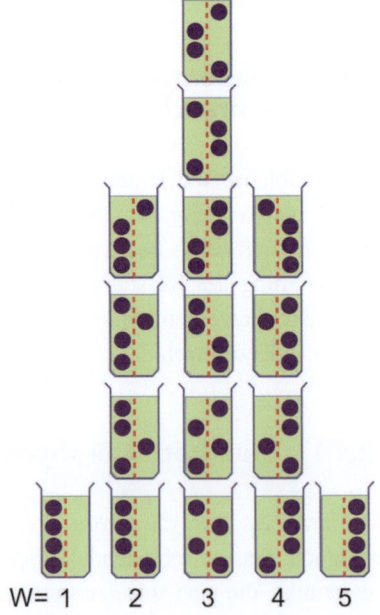

Abb. 2.11 Mögliche Verteilungen von vier Moleküle in einer Kiste, in der jeweils vier Moleküle links bzw. rechts gestapelt werden können. Die Zahlen repräsentieren die Wahrscheinlichkeit W. (Aus [34])

muss Energie aufgewendet werden, was zu den mit der Energieerzeugung verbundenen Emissionen von Treibhausgasen führt.

> **Beispiel Entropie im Stoffkreislauf**
>
> Bezogen auf die Gewinnung von Kupfer aus einem Elektroaltgerät, bedeutet dies:
>
> - Kupfer muss zunächst aus einer kupferhaltigen geologischen Formation gewonnen und aufkonzentriert werden. Durch geeignete Hüttenprozesse werden Begleitmetalle abgetrennt und reines Kupfer hergestellt – also mit hohem Energieaufwand ein Zustand geringer relativer Entropie erreicht.
> - Das Metall wird zur Herstellung von Elektrogeräten verwendet und damit die relative Entropie durch Vermischung mit anderen Werkstoffen wieder erhöht.
> - Diese Geräte finden sich nach unterschiedlichen Nutzungszeiten, an unterschiedlichen Orten, in z. T. unbrauchbarem Zustand gemischt mit anderen Geräten in Containern auf einem Recyclinghof.
> - Um reines Sekundär-Kupfer aus den vorliegenden, ungeordneten Abfällen zu erzeugen, muss die Entropie in diesem System erheblich verringert werden. Dem System muss also zur Entmischung – Trennung, Sortierung, Aufbereitung – Energie zugeführt werden, umso mehr, je höher die Unordnung ist.
>
> Dies wird in Abb. 2.12 verdeutlicht. ◀

In der Abfallwirtschaft lassen sich zwei Arten von *Unordnung* im Stoffstrom unterscheiden:

- Die Mischung unterschiedlicher Materialien zur Herstellung von Produkten, ein Prozess, der die Entropie erhöht. Er wird im Folgenden mit dem Symbol **ΔS** gekennzeichnet.
- Die räumliche Verteilung von Produkten, z. B. über den Handel in Betriebe und Haushalte. Er wird als Dissipation bezeichnet und im Folgenden mit dem Symbol **D!** gekennzeichnet.

Dissipative Verluste entstehen bei der Rückholung der Produkte von den Verbrauchern, die Produkte zu unterschiedlichen Zeitpunkten und auch nicht durchgängig über die richtigen Kanäle (also Behälter, Recyclinghof…) entsorgen. Beim Recycling ergeben sich Verluste durch die Schwierigkeit, in den Produkten vergesellschaftete Materialien (z. B. Elemente, Verbindungen) zu trennen, was auf chemische bzw. metallurgische Probleme stößt. So lässt sich nicht einmal Stahl beliebig oft verwerten. Zahlreiche Legierungsmetalle wie bspw. Kupfer, Nickel oder Molybdän lassen sich nicht aus der metallischen Phase abtrennen und führen langfristig zu einer Anreicherung dieser Metalle in Stählen,

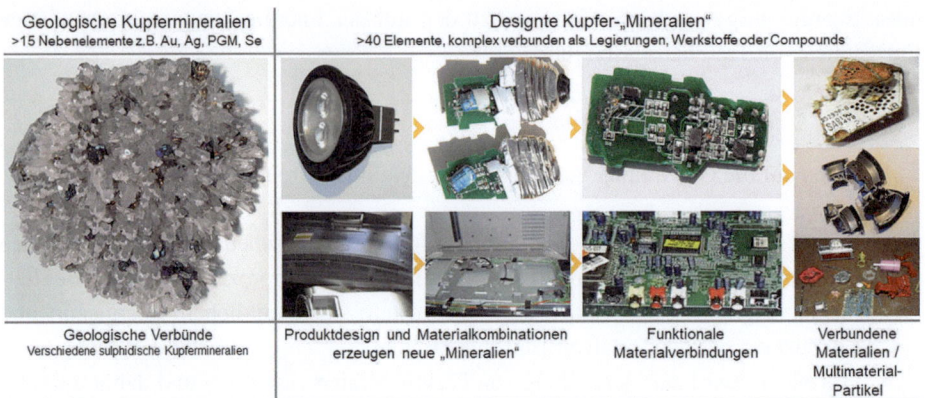

Abb. 2.12 Vom natürlichen Kupfer-Mineral über Produkte zu hoch-entropischen Abfällen, bestehend aus unterschiedlich zusammengesetzten Partikeln. (Aus [35])

was deren Eigenschaften negativ beeinflusst. Modellrechnungen zeigen einen Verlust von bis zu 50 % der in Verkehr gebrachten Stähle im Laufe dieses Jahrhunderts [36].

Auch wenn die Dissipation eine Form der Entropie darstellt, ist die Differenzierung für die abfallwirtschaftliche Betrachtung sinnvoll. Für Recyclingprozesse sind beide Phänomene von enormer Bedeutung. Der für die Herstellung eines Sekundärrohstoffs aus einem Altprodukt benötigte Aufwand kann den ökologischen Nutzen übersteigen. Dies kann man durch eine Bilanzierung der mit den vollständigen Prozessen für die Herstellung des primären und des sekundären Materials verbundenen Energieaufwände, Treibhausgas-Emissionen, kumulierten Materialaufwände und ggf. weiterer Indikatoren ermitteln.

2.4.2 Gefährliche Stoffe

Die Verwertung von Abfällen soll – so auch der gesetzliche Auftrag (§ 7 Abs. 3 KrWG) – schadlos erfolgen; dies schließt eine „Schadstoffanreicherung im Wertstoffkreislauf" aus. Auf Grund der benötigten technischen Eigenschaften und Funktionen eines Produkts kommen unter Umständen auch gefährliche Stoffe zum Einsatz, die nur in bestimmten Bereichen oder für definierte Zwecke zugelassen sind. Gelangen sie zusammen mit anderen Altprodukten in einen Verwertungsprozess, dann werden diese Stoffe in den gesamten Rohstoffkreislauf verschleppt (Symbol **H ↔ R**: aus dem Englischen: „hazard" vs. „resource"). Beispielsweise wurde vor einigen Jahren die Kontamination von Nudeln mit Kohlenwasserstoffen durch Recycling-Karton entdeckt. Grund der Belastung war die Verwendung von mineralölhaltigen Druckfarben, die über Zeitungen und Zeitschriften ins Altpapier gelangten [37].

Tab. 2.1 Beispiele für nicht mehr zugelassene Stoffe und deren frühere Anwendungsbereiche

Stoff	Anwendungsbereiche	Anwendungszeitraum
Hexabromcyclododecan (HBCD)	Flammschutzmittel, vor allem für Polystyrol, z. T. auch in Polyurethan, Polyester	Seit den 60er Jahren bis 2016
Di(2-ethylhexyl)phthalat (DEHP), Dibutylphthalat (DBP), Butylbenzylphthalat (BBP)	Weichmacher für Plastikprodukte, vorwiegend für PVC	Seit den 50er Jahren; ab 2005 Verwendungsbeschränkungen
Organozinn-Verbindungen	Stabilisatoren, vor allem für PVC-Produkte, Biozide in Unterwasser-Anstrichen	Unterschiedliche Regelungen je nach Substanz
Pentabromdiphenylether	Flammschutzmittel, u. a. eingesetzt in Polycarbonaten und Polyurethanen	Seit den 70er Jahren; Anwendungsverbot in Europa seit 2004
Pentachlorophenol (PCP)	Holzschutzmittel Konservierung von Lederwaren	Seit den 50er Jahren; nationale Verbote ab ca. 1990
Bleicarbonat, Bleisulfat	Vor allem als Pigmente	Seit der Antike bis zum Ende des 20. Jahrhunderts; in einigen Ländern noch in Glasuren verwendet
Chrom-VI-Verbindungen Dichromate, Chromtrioxid	Korrosionsinhibitoren Ledergerbung Pigmente Oberflächenschutz (Galvanisierung)	Seit dem 19. Jhdt.; in EU Einschränkungen z. B. für Elektrogeräte, Farben etc.; Verwendung z. B. noch für Oberflächenbeschichtung

Neue Erkenntnisse über Toxizität oder Ökotoxizität von Chemikalien können zu einer geänderten rechtlichen Einstufung führen. Auf europäischer Ebene werden als kritisch bewertete Stoffe dann als Kandidaten in die Liste der „substances of very high concern" (SVHC) aufgenommen und ggf. in ihrem Gebrauch beschränkt. Entsprechende Regelungen finden sich in der REACH-Verordnung (REACH: Registration, Evaluation, Authorisation and Restriction of Chemicals). Darunter fallen auch Chemikalien, die über viele Jahre für die Sicherstellung bestimmter Eigenschaften in Produkten eingesetzt wurden, unter Umständen sind dies Substanzen mit einem hohen Produktionsvolumen. Einige Beispiele sind in Tab. 2.1 aufgeführt. Ob man den als gefährlich eingestuften Stoff aus dem jeweiligen Altprodukt abtrennen kann, hängt wesentlich von der Art der Bindung in dem fraglichen Material ab, also z. B. molekular gebunden, adsorbiert oder in dem Material lediglich verteilt. Je fester die Bindung, desto höher der mit einer Separierung einhergehende Energieaufwand (siehe Abschn. 2.4.1) und desto schwieriger die stoffliche Verwertung des fraglichen Produkts.

Die Exposition von Mensch und Umwelt gegenüber potenziellen Schadstoffen in Rezyklaten hängt natürlich von dem Einsatzbereich dieser Materialien ab. Lebensmittelverpackungen stellen einen besonders empfindlichen Anwendungsfall dar. Auch unter Berücksichtigung aktueller und fortgeschrittener Recycling-Techniken kommen aufgrund von Kontaminationen nur 55 % der aus Plastikabfällen abgetrennten Materialien für eine stoffliche Verwertung in Frage [38].

2.4.3 Fehlende Informationen über Zustand und Inhaltsstoffe

Die für die Charakterisierung eines Produkts verfügbaren Informationen – also die Kenntnis von Hersteller, Produktionsjahr, Typ, Charge, Materialien und deren Verbindung – gehen auf dem Weg über die Wertschöpfungskette bis zum Endnutzer und von dort in den Abfall in der Regel vollständig verloren, wir haben es mit einem zunehmenden Informationsdefizit (Symbol **I?**) zu tun. Bei Fraktionen aus dem Siedlungsabfall – z. B. Verpackungsmaterialien in der „gelben Tonne", Elektro- und Elektronikaltgeräten – erschwert **I?** eine mögliche Wiederverwendung bzw. Verwertung erheblich. Dies lässt sich am Beispiel von Elektroaltgeräten verdeutlichen:

> **Beispiel: I? Als Hemmnis für die Verwertung von Elektroaltgeräten**
>
> Wenn gebrauchte Produkte aus dem Sperrmüll oder einem Container auf dem Wertstoffhof aussortiert werden, stellt sich die Frage, ob die Funktionen intakt sind und die Sicherheit im Umgang gewährleistet ist, denn diese Informationen müssen für die Vorbereitung zur Wiederverwendung bereitstehen.
>
> Für ihre Verwertung sollten die darin enthaltenen Bauteile und Materialien bekannt sein, um den Aufbereitungsweg bzw. die Abtrennung bestimmter wertvoller oder auch gefährlicher Bestandteile zu ermöglichen.
>
> Bei der Verwertung behilft man sich je nach Abfallfraktion
>
> - mit der Identifizierung von Hauptbestandteilen, also der Kunststoffarten PE, PP, PS usw. im Verpackungsmüll ohne Berücksichtigung der jeweiligen Additive,
> - oder mit der Zuordnung von Elektroaltgeräten zu einer von sechs Sammelfraktionen und deren Erstbehandlung mit dem Ziel der Abtrennung gefährlicher Stoffe (**H ↔ R**) und ggf. von Modulen, die wegen ihres Werts gesondert weiter behandelt werden. ◄

Zur Vermeidung der Verschleppung von Schadstoffen über Recycling-Prozesse sollen in Produkten enthaltene gefährliche Stoffe (SVHC, siehe Abschn. 2.4.2) über 0,1 % in einer seit 2021 existierenden Datenbank („SCIP", auf Basis der Abfallrahmenrichtlinie) gespeichert werden. Doch um SCIP zu nutzen, muss zunächst das vorliegende Altprodukt identifiziert werden, was in Aufbereitungsanlagen kaum möglich ist (**I?**).

2.4.4 Die Rolle der Zeit

Bei der Aufstellung von Abfallwirtschaftsplänen durch die Länder (gem. § 30 KrWG) baut man meist auf Erfahrungswerten von Vorjahren auf und schreibt diese unter Berücksichtigung von Trends und Zielen für die Verwertung fort. Die dem Abfallaufkommen zu Grunde liegende Dynamik wird darin nur ansatzweise gespiegelt. Denn das, was wir in Siedlungsabfällen finden, ist in seiner Altersstruktur völlig unterschiedlich. In den vorigen Abschnitten wurde die Rolle der Zeit bereits

- bei der Veränderung der Einschätzung der Gefährlichkeit von Stoffen oder Materialien (Abschn. 2.4.2)
- beim Informationsverlust über die Nutzungsdauer von Produkten (Abschn. 2.4.3)

deutlich. Wir müssen uns also mit der zeitlichen Dynamik (Symbol **Δt**) des Inverkehrbringens, der Nutzung und der Abfallphase von Produkten auseinandersetzen. Solange *Recycling* im Wesentlichen als ein Instrument begriffen wird, um die Menge der zu beseitigenden Abfälle zu verringern, fehlt die Betrachtung von **Δt** bezüglich der Nachfrage nach bzw. der Verfügbarkeit von bereits genutzten Materialien. Dies ist im Sinne eines nachhaltigen Managements von Ressourcen unabdingbar. Die Abschätzung der Menge an Produkten, ihrer stofflichen Zusammensetzung und ihrer Nutzungsdauer im anthropogenen Lager ist die Voraussetzung für deren gezielte Verwertung („urban mining").

Dies lässt sich gut am Beispiel von heute schon knappen Ressourcen zeigen.

Beispiel Ressourcenmanagement

Rohstoffe für Hochenergie-Batterien (Lithium, Kobalt...) sind nur begrenzt verfügbar. Es ist daher sinnvoll, für den Gebrauch in Fahrzeugen nicht mehr brauchbare Traktionsbatterien als Speicher in Hausinstallationen über weitere Jahre zu nutzen und aus diesen wiederum nach Gebrauchsende Rohstoffe zu gewinnen – ein Ansatz im Sinne der Kaskadenverwertung. Hierfür bedarf es dynamischer Szenarien. In Abb. 2.13 ist die Verfügbarkeit von Traktionsbatterien in Europa für eine Wiederverwendung anhand einer Modellrechnung dargestellt.

Aus dieser lässt sich entnehmen, wann und mit welchen Batterietypen eine Zweitanwendung beginnen kann. Zur Sicherstellung einer hochwertigen Wiederverwendung oder Verwertung ist eine über alle Nutzungsphasen der Batterie begleitende Informationssammlung (Abschn. 2.4.3) erforderlich. ◄

2.4.5 Grundsätzliche ökonomische Faktoren

Für die Abfallwirtschaft gibt es mit dem Abfallrecht einen staatlichen Ordnungsrahmen, um Umwelt und Volksgesundheit vor schädlichen Wirkungen durch Bakterien, toxische

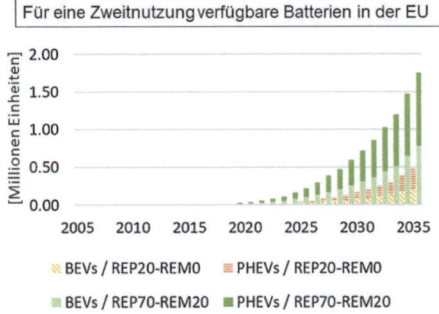 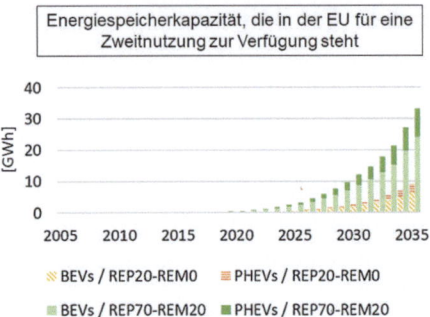

Abb. 2.13 Verfügbarkeit von Batterien (links) bzw. Energiespeicherkapazität (rechts) als Zweitnutzung von Traktionsbatterien in der EU. Dargestellt sind Ergebnisse der Modellierung unterschiedlicher Szenarien, die sich unter anderem in den Graden der Wiederverwendung (REP-X) sowie der Wiederaufbereitung (REM-X) aus Plug-in-Hybridfahrzeugen (PHEV) und Batterieelektrischen Fahrzeugen (BEV) zurückgewonnener Batterien unterscheiden. [39]

Stoffe usw., die in Folge unsachgemäßer Beseitigung von Abfällen entstehen können, zu schützen. Eine geordnete Abfallwirtschaft kostet Geld; Abfälle haben daher meist einen negativen Preis. Wenn Abfälle wertvolle Materialien enthalten, gibt es einen wirtschaftlichen Anreiz zu deren Isolierung und Aufbereitung. Zur Vermeidung von Umweltschäden im Rahmen der Verwertung unterliegen auch diese Prozesse dem Abfallrecht.

Primäre und sekundäre Rohstoffe stehen untereinander im Wettbewerb (im Folgenden mit dem Symbol **EcY!** abgekürzt). Die marktgetriebene Verwertung von Abfällen beginnt, sobald der Erlös für Sekundär-Rohstoffe den Aufwand für Sammlung und Aufbereitung übersteigt. In Folge schwankender Rohstoffpreise, sich ändernder Löhne und sonstiger Kosten der Aufbereitung gibt es Perioden wirtschaftlicher und Perioden unwirtschaftlicher Recycling-Aktivitäten, so dass der entsprechende Markt zeitweise zusammenbricht. Beim gesetzlich getriebenen Recycling wird ein umweltpolitisch gewünschter, aber zumindest periodisch unwirtschaftlicher Verwertungsprozess nicht nur ordnungsrechtlich vorgegeben, sondern durch Subventionen mindestens bis zur Wettbewerbsfähigkeit unterstützt.

Beispiel legislativ getriebenes Recycling

Im Fall des Verpackungsgesetzes sind die Hersteller von mit Waren befüllten Verpackungen verpflichtet, sich in einer zentralen Datenbank zu registrieren und die Rücknahme von gebrauchten Verpackungen über die Beteiligung an Dualen Systemen sicherzustellen. Die Kosten der Rücknahme, Sortierung und Aufbereitung werden durch die von den Herstellern an die Dualen Systeme gezahlten Beiträge subventioniert, so dass ein Markt entsteht. In diesem Markt setzen sich – zumindest theoretisch – diejenigen Unternehmen durch, die die effizientesten Prozesse zur Herstellung der Sekundärrohstoffe anbieten können.

Die Beteiligung der Haushalte und gewerblichen Abfallerzeuger an dem System wird ebenfalls durch wirtschaftliche Anreize sichergestellt, im Fall von Verpackungsabfällen durch kostenlose Benutzung der *gelben Tonne*, im Fall von Altpapier durch niedrigere Gebühren im Vergleich zum Restabfall. Grundprinzip ist in jedem Fall ein Kostenvorteil, der sich durch die umweltpolitisch gewünschte Handlung ergibt – hier: Getrennthaltung bestimmter Abfallfraktionen durch den Abfallerzeuger bzw. Aufbereitung von Abfällen zu Sekundärrohstoffen durch gewerbliche Verwerter. ◄

Der Aufwand für Sortierung und Verwertung von Abfällen hängt mit den in Abschn. 2.4.1 geschilderten physikalischen Barrieren **ΔS** und **D!** eng zusammen. Zusätzliche Probleme infolge **H ↔ R** (Abschn. 2.4.2) wie auch **I?** (Abschn. 2.4.3) erschweren die Verwertung und verringern die Wettbewerbsfähigkeit der Gewinnung von Sekundärrohstoffen. Das ökologische Optimum bei der Verwertung, also die Erzeugung eines qualitativ hochwertigen Sekundärrohstoffs und eine Minimierung des Restabfalls, und das ökonomische Optimum für den Verwertungsprozess stehen also in einer komplexen, von vielen Faktoren abhängigen Beziehung zueinander.

In Europa nicht wettbewerbsfähige Prozesse zur Herstellung von Sekundärrohstoffen können sich in anderen Ländern lohnen, zumeist aufgrund niedrigerer Arbeitskosten. Hohe Unterschiede im Einkommen in der Bevölkerung (im Folgenden Symbol **ΔEcY**) erweisen sich als Treiber für Recycling-Maßnahmen des informellen Sektors. Diese können die öffentlichen Maßnahmen zur Abfallwirtschaft ergänzen, aber auch durch Abgriff ökonomisch interessanter Bestandteile die Organisation der Abfallwirtschaft unterlaufen und zu höheren Kosten für die öffentliche Hand führen. Die Sammlung und Verwertung von Haushaltsabfällen durch die koptische Minderheit in Kairo gehört zu den positiven Beispielen, die illegale Sammlung und umweltschädliche Verwertung von Elektroaltgeräten in Europa zu den negativen.

2.4.6 Erschwernisse für die Abfallverwertung

Die geschilderten systematischen Hindernisse für die Verwertung und teilweise auch der Wiederverwendung von Abfällen bzw. Altprodukten lassen sich als *Stolpersteine* [40] zusammenfassen (Tab. 2.2).

Kulturelle oder regulatorische Rahmenbedingungen können nicht in dieser Weise generalisiert werden, lassen sich aber in vielen Fällen einem der Stolpersteine zuordnen.

Welche Stolpersteine lassen sich beiseite räumen und welche nicht? Dies ist gerade mit Blick auf die *Circular Economy* eine entscheidende Frage [41]. **ΔS** und **D!** sind mit dem Produkt und seiner Vermarktung verbundene Parameter, die sich nur durch eine veränderte Produktgestaltung, etwa durch Verwendung von weniger unterschiedlichen Materialien, gute Zerlegbarkeit o. dgl. bzw. eine organisierte Rückwärts-Logistik beeinflussen lassen. **H ↔ R**, also die Anwesenheit gefährlicher Stoffe in Abfällen zur Verwertung, lässt sich angesichts vorhandener *Altlasten* auch in Zukunft nicht ausschließen.

Tab. 2.2 „Stolpersteine" für die Abfallverwertung

Symbol	Kurzbezeichnung	Beschreibung
ΔS	Material-Entropie	Entropie-Effekt verursacht durch die Mischung von Materialien in Produkten, der bei der Aufspaltung chemischer Bindungen oder der Trennung von Gemischen beim Recycling zu beachten ist
D!	Dissipative Verteilung	Entropie-Effekt verursacht durch die räumliche Verteilung von Erzeugnissen an gewerbliche bzw. private Nutzer, der bei der Rückführ-Logistik für Altprodukte zu beachten ist
H ↔ R	Dualismus von Ressourcen und gefährlichen Stoffen	Bei der Rückgewinnung von Ressourcen oder der erneuten Nutzung von Produkten zu beachtende Probleme durch vorhandene Schadstoffe
I?	Informationsdefizit	Bei der stofflichen Verwertung von Abfällen bzw. auch der erneuten Nutzung eines Altprodukts auftretende Kenntnislücken hinsichtlich der materiellen Zusammensetzung und Zerlegbarkeit
Δt	Dimension Zeit	a) Dynamische zeitliche Verschiebungen des Aufkommens von Altprodukten in Relation zum Zeitraum des Inverkehrbringens von Produkten; b) Veränderung der Einschätzung der Gefährlichkeit oder Nutzbarkeit von Stoffen mit der Zeit
EcY!	Wettbewerbsfähigkeit	Wirtschaftliche Grenzen von Wiederverwendung oder Recycling, z. B. aufgrund hoher Prozesskosten, mit der Folge mangelnder Wettbewerbsfähigkeit von Sekundärmaterialien oder aufbereiteten Produkten
ΔEcY	Einkommensdisparität	Beeinflussung der Sortierung oder Verlagerung von Abfallströmen durch Einkommensunterschiede, u. a. mit der Folge von Aktivitäten des informellen Sektors

Die zeitliche Dynamik **Δt** – von der Herstellung über die Nutzungsphasen bis zur Aufbereitung oder Beseitigung – erhält mit steigendem Rückgriff auf Sekundärrohstoffe eine immer höhere Bedeutung, wie am Beispiel Batterien gezeigt wurde. In einer stärker auf nachhaltiges Ressourcenmanagement ausgerichteten Wirtschaft nimmt natürlich auch der Informationsbedarf zu. **I?** lässt sich aber heute durch digitale Kennzeichnung von Produkten (z. B. RFID Tags, haltbare Fluoreszenz-Markierungen) erheblich verringern.

Voraussetzung ist eine entsprechende Verpflichtung von Herstellern über Handel bis zu Nutzerinnen und Nutzern, damit die produktbegleitende Information nach Gebrauchsende verfügbar ist. Die Wettbewerbsfähigkeit **EcY!** von Geschäftsmodellen in einer Circular Economy ist dann gegeben, wenn alle Akteure entlang der Wertschöpfungskette ihren jeweiligen wirtschaftlichen Vorteil realisieren können, und das Produkt bzw. die entsprechende Dienstleistung („product as a service") attraktiver sind als das konventionelle Angebot. Störungen durch informelle Sammlungen (Δ**EcY**), z. B. *Abgriff* gebrauchter Produkte über Internet-Plattformen, lassen sich möglicherweise durch eine geeignete Gestaltung der Kundenbeziehungen vermeiden.

Fragen zu Kap. 2

1. Welcher Mehrwert würde sich aus einer verstärkten Versorgung mit Sekundärrohstoffen ergeben?
2. Wie ist der Unterschied zwischen den Reserven und den Ressourcen eines Rohstoffes definiert?
3. Was sind die grundlegenden Treiber der weltweit wachsenden Rohstoffnachfrage?
4. Welche Probleme ergeben sich durch einen verstärkten Rohstoffabbau?
5. Aufgrund welcher Kriterien kann beurteilt werden, ob eine Substitution nicht regenerativer Rohstoffe durch nachwachsende Rohstoffe sinnvoll ist?
6. Ist bei einer Verdoppelung der Weltwirtschaftsleistung ebenfalls von einer Verdoppelung der Umweltauswirkungen auszugehen? Welche Faktoren beeinflussen diese?
7. Was ist unter direkten und indirekten Umweltauswirkungen zu verstehen?
8. Kann die Rohstoffnachfrage eines Landes vollständig durch recycelte Rohstoffe gedeckt werden? Begründen Sie.
9. Wo liegen die Unterschiede im Recycling von Massenmetallen und Technologiemetallen?
10. Welche Rolle spielt die Entropie für die Abfallwirtschaft?
11. Welche wesentlichen Hindernisse stehen der Rückgewinnung von Rohstoffen aus Abfällen und Altprodukten entgegen?
12. Welche Faktoren beeinflussen die Wettbewerbsfähigkeit von Sekundärrohstoffen? Erläutern Sie dies am Beispiel der Verwertung von Elektroaltgeräten.

Literatur

[1] Statistisches Bundesamt (DESTATIS) (2022) Volkswirtschaftliche Gesamtrechnungen, Inlandsproduktberechnung, Vierteljahresergebnisse, 2. Vierteljahr. Fachserie 18, Reihe 1.2, S 18

[2] Sachverständigenrat für Umweltfragen (SRU) (2012) Umweltgutachten 2012 – Verantwortung in einer begrenzten Welt. Erich Schmidt Verlag, Berlin, 422 S

[3] Statistisches Bundesamt (DESTATIS) (2022) Umwelt – Abfallbilanz 2020. Statistisches Bundesamt (DESTATIS), Wiesbaden, 82 S

[4] Wirtschaftsverband Erdöl- und Erdgasgewinnung e.V. (WEG) (2008) Reserven und Ressourcen – Potenziale für die zukünftige Erdgas- und Erdölversorung. Wirtschaftsverband Erdöl- und Erdgasgewinnung e. V. (WEG), Hannover, 6 S

[5] Behrendt S, Scharp M, Kahlenborn W, Feil M, Dereje C, et al. (2007) Seltene Metalle – Maßnahmen und Konzepte zur Lösung des Problems konfliktverschärfender Rohstoffausbeutung am Beispiel Coltan. Umweltbundesamt, Dessau, 68 S. https://epub.wupperinst.org/frontdoor/index/index/year/2011/docId/2639

[6] Andruleit H, Bahr A, Babies H G, Franke D, Meßner J, et al. (2013) Energiestudie 2013 – Reserven, Ressourcen und Verfügbarkeit von Energierohstoffen. Bundesanstalt für Geowissenschaften und Rohstoffe (BGR), Hannover, 112 S

[7] U.S. Geological Survey (2015) Historical Global Statistics for Mineral and Material Commodities, Historical world production of selected mineral commodities in selected years, compiled from Minerals Yearbooks, U.S. Geological Survey Data Series 896, https://www.usgs.gov/centers/national-minerals-information-center/historical-global-statistics-mineral-and-material. Zugegriffen: 03. November 2022

[8] U.S. Geological Survey (2022) Mineral Commodity Summaries 2022. U.S. Geological Survey, 206 S, https://doi.org/10.3133/70140094. Zugegriffen: 03. November 2022

[9] Sachverständigenrat für Umweltfragen (SRU) (2020) Für eine entschlossene Umweltpolitik in Deutschland und Europa, Umweltgutachten 2020, https://www.umweltrat.de/SharedDocs/Downloads/DE/01_Umweltgutachten/2016_2020/2020_Umweltgutachten_Entschlossene_Umweltpolitik.pdf;jsessionid=87A1643CFB468285433CB01D96A02509.intranet212?__blob=publicationFile&v=2, 560 S

[10] U.S. Geoligical Survey (USGS) (2015) Mineral commodity summaries 2015. Reston, VA, 196 S

[11] The London Metal Exchange (2022) LME Copper, https://www.lme.com/en/Metals/Non-ferrous/LME-Copper#Trading+day+summary, Zugegriffen am: 03. November 2022

[12] Erdmann L, Behrendt S, Feil M (2011) Kritische Rohstoffe für Deutschland – Identifikation aus Sicht deutscher Unternehmen wirtschaftlich bedeutsamer mineralischer Rohstoffe, deren Versorgungslage sich mittel- bis langfristig als kritisch erweisen könnte, Abschlussbericht. Institut für Zukunftsstudien und Technologiebewertung (IZT), adelphi, Berlin, 134 S

[13] U.S. Department of Energy (2011) Critical Materials Strategy. U.S. Department of Energy, Washington D.C., 191 S

[14] Kozlik M, Raith J G, Janisch A, Moser P, Treimer R, et al. (2012) Kritische Rohstoffe für die Hochtechnologieanwendung in Österreich. Bundesministerium für Verkehr, Innovation und Technologie (bmvit), Wien, 350 S

[15] European Commission (2020) Study on the EU´s list of Critical Raw Materials, Final Report, European Commission, Brüssel, 157 S

[16] The World Bank (2022) GDP growth (annual %), https://data.worldbank.org/indicator/NY.GDP.MKTP.KD.ZG?end=2021&start=2021&type=shaded&view=map&year=2021, Zugegriffen: 07. November

[17] Rockström J, Steffen W, Noone K, Persson A, Chapin F S, et al. (2009) Planetary boundaries: exploring the safe operating space for humanity. Ecol. Soc. 14 ((2):32), http://pdxscholar.library.pdx.edu/iss_pub/64/ Zugegriffen: 16. November 2015

[18] MacLean H L, Duchin F, Hagelüken C, Halada K, Kesler S E, et al. (2009) Stocks, Flows, and Prospects of Mineral Resources. In: Linkages of Sustainability. Graedel T E, van der Voet E (Hrsg), The MIT Press, Cambridge, MA, S 199–218

[19] Wilts H, Lucas R, von Gries N, Zirngiebl M (2014) Recycling in Deutschland – Status quo, Potenziale, Hemmnisse und Lösungsansätze. Wuppertal Institut für Klima, Umwelt, Energie GmbH, Wuppertal, 97 S

[20] Statistisches Amt der Europäischen Union (Eurostat) (2022) Siedlungsabfälle nach Abfallbewirtschaftungsmaßnahmen, https://ec.europa.eu/eurostat/databrowser/view/env_wasmun/default/line?lang=de, Zugegriffen: 01. Oktober 2022

[21] Statistisches Amt der Europäischen Union (Eurostat) (2022) Recycling rate of packaging waste by type of packaging, https://ec.europa.eu/eurostat/databrowser/view/cei_wm020/default/table?lang=de, Zugegriffen: 16. November 2022

[22] Bundesverband Glasindustrie e.V. (2015) Umwelt & Energie – Aus Alt wird Neu. http://www.bvglas.de/umwelt-energie/glasrecycling/ Zugegriffen: 4. November 2015

[23] Verband Deutscher Papierfabriken e.V. (2021) Papier 2021 – Statistiken zum Leistungsbericht. https://www.papierindustrie.de/fileadmin/0002-PAPIERINDUSTRIE/07_Dateien/XX-LB/PAPIER2021-digital.pdf, Zugegriffen: 07. November 2022, 58 S

[24] Fraunhofer UMSICHT, INTERSEROH (2008) Recycling für den Klimaschutz – Ergebnisse der Studie von Fraunhofer UMSICHT und INTERSEROH zur CO2-Einsparung durch den Einsatz von recycelten Rohstoffen. Interseroh SE, Köln, 16 S

[25] Hagelüken C (2009) „Urban Mining" ist wichtiger Beitrag zum Klimaschutz. Dow Jones TradeNews Emissions. (5). S 14–16

[26] Ecoinvent (2019) ecoinvent database version 3.6., Zugegriffen: 05. November 2022

[27] Umweltbundesamt (2022) Emissionen ausgewählter Treibhausgase in Deutschland nach Kategorien in Tsd. t Kohlendioxid-Äquivalenten https://www.umweltbundesamt.de/sites/default/files/medien/384/bilder/dateien/8_tab_thg-emi-kat_2022.pdf, Zugegriffen: 16. November 2022

[28] Umweltbundesamt (2021) Klimaverträgliche Abfallwirtschaft, https://www.umweltbundesamt.de/daten/ressourcen-abfall/klimavertraegliche-abfallwirtschaft#abfallbehandlung-schutzt-heute-das-klima, Zugegriffen: 07. November 2022

[29] Dittrich M, Limberger S, Ewers B, Stalf M, Knappe F, Vogt R, (2021) Sekundärrohstoffe in Deutschland (Studie im Auftrag des NABU). Institut für Energie- und Umweltforschung (ifeu), Heidelberg, https://www.nabu.de/imperia/md/content/nabude/konsumressourcenmuell/2104-22-ifeu-studie-sekundaerrohstoffe_in_deutschland.pdf, 129 S, Zugegriffen: 07. November 2022

[30] Schiller G, Ortlepp R, Krauß N, Steger S, Schütz H, et al. (2015) Kartierung des anthropogenen Lagers in Deutschland zur Optimierung der Sekundärrohstoffwirtschaft. Umweltbundesamt (UBA), Dessau-Roßlau, 261 S

[31] Grimes S, Donaldson J, Cebrian Gomez G (2008) Report on the Environmental Benefits of Recycling. Bureau of International Recycling (BIR), Brüssel, 49 S

[32] Seelig J H, Stein T, Zeller T, Faulstich M (2015) Möglichkeiten und Grenzen des Recycling. In: Recycling und Rohstoffe Band 8. Thomé-Kozmiensky K J, Goldmann D (Hrsg), TK Verlag Karl J. Thomé-Kozmiensky, Neuruppin, S 55–70

[33] Umweltbundesamt (2022) Elektroaltgeräte, https://www.umweltbundesamt.de/themen/abfall-ressourcen/produktverantwortung-in-der-abfallwirtschaft/elektroaltgeraete#aktuelle-herausforderungen, Zugegriffen: 07. November 2022

[34] Kreiner W A (2019) Die rätselhafte Größe E. Was kann man sich unter Entropie vorstellen? Open Access Repositorium der Universität Ulm und Technischen Hochschule Ulm. https://doi.org/10.18725/OPARU-11950

[35] Reuter M, Van Schaik A (2015) Product-Centric Simulations Based Design for Recycling: Case of LED Lamp Recycling, Journal of Sustainable Metallurgy 1, 4–28 (2015)

[36] Pauliuk S, Kondo Y, Nakamura S, Nakajima K (2017) Regional distribution and losses of end-of-life steel throughout multiple product life cycles - Insights from the global multi-regional MaTrace model. Resources, Conservation and Recycling, Vol 116, S 84–93

[37] Pivnenko K, Eriksson E, Astrup T F (2015) Waste paper for recycling: Overview and identification of potentially critical substances. Waste Management, Vol 45, 2015, S 134–142

[38] Kampmann Eriksen M, Damgaard A, Boldrin A, Astrup T F (2019) Quality Assessment and Circularity Potential of Recovery Systems for Household Plastic Waste. J. Ind. Ecol. 23(1), S 156–168, https://doi.org/10.1111/jiec.12822

[39] Bobba S, Mathieux F, Blengini G A (2019) How will second-use of batteries affect stocks and flows in the EU? A model for traction Li-ion batteries. Resources, Conservation & Recycling Vol 145, S 279–291

[40] Friege H, Kümmerer K (2022) Practising Circular Economy: Stumbling Blocks for Circulation and Recycling. In: Lehmann H, Hinske C, de Margerie V, Slaveikova Nikolova A (Hrsg.) The Impossibilities of the Circular Economy, Separating Aspirations from Reality. Routledge, Abingdon, S 259–271

[41] Friege H (2022) Chancen und Grenzen der „Circular Economy": Erkenntnisse aus der BMBF-Fördermaßnahme ReziProK. Müll und Abfall, Vol 11/2022, S 108–118

[42] Burger A, Cayé N, Schüler K (Gesellschaft für Verpackungsmarktforschug mbH) (2022) Aufkommen und Verwertung von Verpackungsabfällen in Deutschland im Jahr 2020, Abschlussbericht. Umweltbunndesamt, Texte 109/2022, Dessau-Roßlau, 267 S

[43] Obermeier T, Lehman S. (2019) Recyclingquoten – Wo stehen Deutschland, Österreich und die Schweiz mit dem neuen Rechenverfahren im Blick auf die EU-Ziele. In: Thiel S, Holm O, Thomé-Kozmiensky E, Goldmann D, Friedrich B (Hrsg.) Recycling und Rohstoffe, Band 12, Thomé-Kozmiensky Verlag GmbH, Neuruppin, S 85–98

Abfallmenge und Abfallzusammensetzung

Detlef Clauß und Dominik Leverenz

Zusammenfassung

Die Kenntnis der Abfallmenge und Abfallzusammensetzung sowie deren physikalische, chemische und biologische Eigenschaften sind das Fundament, um abfallwirtschaftliche Strategien entwickeln und umsetzen zu können. Für die Analyse statistischer Daten national und international sind eindeutige Definitionen der einzelnen Abfallströme notwendig. Zudem muss bekannt sein, welche Parameter die Abfallmenge und Abfallzusammensetzung beeinflussen können.

Die gewonnenen Daten stellen die Basis für die verschiedensten Maßnahmen dar, u. a. für die Dimensionierung von abfalltechnischen Anlagen oder für das Benchmarking bestehender Systeme. Je genauer die Daten zur Abfallmenge und Abfallzusammensetzung sind, desto exakter lassen sich abfallwirtschaftliche Systeme planen, umsetzen und bewerten.

Schlüsselwörter

Definition of waste · Waste generation · Waste composition · Waste characteristics · Waste analyses

---

D. Clauß (✉)
Institut für Siedlungswasserbau, Wassergüte- und Abfallwirtschaft (ISWA),
Stuttgart, Deutschland
E-Mail: detlef.clauss@iswa.uni-stuttgart.de

D. Leverenz
Professur für Technology Assessment, Universität Augsburg, Augsburg, Deutschland
E-Mail: dominik.leverenz@uni-a.de

© Springer Fachmedien Wiesbaden GmbH, ein Teil von Springer Nature 2024
M. Kranert (Hrsg.), *Einführung in die Kreislaufwirtschaft*,
https://doi.org/10.1007/978-3-658-41711-6_3

3.1 Einleitung

Die Kenntnis der Abfallmenge und Abfallzusammensetzung sowie deren physikalische, chemische und biologische Eigenschaften sind das Fundament, um abfallwirtschaftliche Strategien entwickeln und umsetzen zu können. Diese Daten stellen die Basis für die verschiedensten Maßnahmen dar, u. a. für die:

- Sammellogistik (z. B. Sammelbehälter, Tourenplanung),
- Auslegung von Aggregaten bzw. Anlagenelementen (z. B. Korngröße, Wassergehalt, Heizwert),
- Dimensionierung von abfalltechnischen Anlagen (z. B. Bioabfallvergärungsanlagen, Sortieranlagen, Müllheizkraftwerke),
- Überprüfung der Effizienz (z. B. Erfassungsgrad von Wertstoffen),
- Ökologische Bewertung (z. B. Klimarelevanz),
- Deponiegasprognose (z. B. bei Clean Development Mechanism Projekten),
- Ökonomische Bewertung (z. B. Abfallgebührensystem) oder,
- Benchmarking in der Abfallwirtschaft.

Je genauer die Datenlage zur Abfallmenge und Abfallzusammensetzung ist, desto exakter lassen sich abfallwirtschaftliche Strategien planen und umsetzen. Gerade vor dem Hintergrund des Ressourcen- und Klimaschutz bzw. dem Stoffstrommanagement sind diese von elementarer Bedeutung.

Während die Bestimmung der heutigen Abfallmenge relativ einfach ist, nahezu jede Bewegung von Abfällen wird mengenmäßig erfasst und von den Statistischen Ämtern der Länder bzw. des Bundes zusammengefasst und zur Verfügung gestellt (z. B. www.destatis.de), ist die Prognose der zukünftigen Mengen umso schwieriger. Zukünftige Abfallmengen hängen von einer Vielzahl von Rahmenbedingungen bzw. Faktoren ab. Hier seien exemplarisch die Entwicklung von neuen Materialien (z. B. Abfallaufkommen von Solarpanels, Materialien mit Nanopartikeln), Veränderungen im Konsumverhalten (z. B. elektronische Bauteile in Textilien) oder die Bevölkerungsentwicklung (z. B. Demographischer Wandel) genannt.

Gleiches gilt im Wesentlichen auch für die Prognose der Abfallzusammensetzung und die Eigenschaften der einzelnen Abfallkomponenten. Es daher umso wichtiger, das Wissen hinsichtlich der Zusammensetzung der Abfälle stets auf dem neuesten Stand zu halten und in regelmäßigen Abständen umfassende Abfallsortieranalysen durchzuführen. In den frühen 90er Jahren des 20ten Jahrhunderts wurden z. B. bei den häuslichen Abfällen alle anfallenden Stoffströme – Restmüll, Bioabfall, Papier/Pappe/Karton, Glas und Verpackungen – bilanziert und wichtige Wissensgrundlagen geschaffen. Abhängig von den Fragestellungen kann es ausreichend sein, die Abfallzusammensetzung bestimmter, derzeit wichtiger (Kosten) Abfallsammelsysteme (z. B. Biotonne, Papiertonne oder Gelbe Tonne) zu untersuchen. Diese Informationen können ergänzend zu den Abfallbilanzen der öffentlich rechtlichen Entsorgungsträger (örE) zur Bewertung abfallwirtschaftlicher Systeme herangezogen werden. So gibt beispielsweise die Menge der getrennt gesammelten Wertstoffe noch keine vollständige Auskunft darüber, ob das System wirklich effizient ist, da die Wertstoffmenge im Restmüll nicht bekannt ist.

Bedeutend schwieriger ist die Beurteilung der internationalen Abfallwirtschaft. Gerade in Staaten mit niedrigem und mittlerem Einkommen sind kaum bis keine statistischen Daten zur Abfallmenge und Zusammensetzung vorhanden. Ganz abgesehen davon, werden die Abfälle je nach Land unterschiedlich benannt. Dieser Umstand ist vor allem in internationalen Vergleichen zum einwohnerspezifischen Siedlungsabfallaufkommen (Municipal Solid Waste) zu berücksichtigen. Es existieren zwar Definitionen was unter dieser Abfallgruppe zusammengefasst wird, z. B. Definition der Weltbank (www.worldbank.org), allerdings ist nicht gewährleistet, dass dies auch so umgesetzt wird.

Als erster Schritt zur korrekten Bilanzierung der Abfallmengen bedarf es der klaren Definition der Abfallarten.

3.2 Abfallarten

▶ **Definition**
Allgemeine Begriffsbestimmungen von Abfällen sind unter anderem im Kreislaufwirtschaftsgesetz (KrWG, §3) definiert.

„… (1) Abfälle im Sinne dieses Gesetzes sind alle Stoffe oder Gegenstände, derer sich ihr Besitzer entledigt, entledigen will oder entledigen muss. Abfälle zur Verwertung sind Abfälle, die verwertet werden; Abfälle, die nicht verwertet werden, sind Abfälle zur Beseitigung … "

Abfälle werden unterschieden nach Abfällen aus Produktion und Gewerbe, Bau- und Abbruchabfällen, Bergematerial aus dem Bergbau und Siedlungsabfällen. Nach Abfallverzeichnis-Verordnung (AVV) [1] sind 20 verschiedene Herkunftsbereiche von Abfällen definiert (sog. Kapitel). So sind in AVV-Kap. 20 die Siedlungsabfälle einschließlich der getrennt gesammelten Fraktionen definiert. Verpackungen sind im AVV-Kap. 15 aufgeführt. Für alle Abfälle, die keiner der Herkunftsbereiche zuzuordnen sind, existiert das AVV-Kap. 16 „Abfälle, die nicht anderswo im Verzeichnis aufgeführt sind".

In der Tab. 3.1 sind die 20 Kapitel zusammengestellt.

Der Abfallschlüssel nach Abfallverzeichnis-Verordnung ergibt sich aus der jeweiligen zweistelligen Kapitelnummer, dem zweistelligen Unterkapitel sowie der zweistelligen Zuordnung des Abfalls. In der Tab. 3.2 ist das Codierungsverfahren beispielhaft dargestellt. Die im AVV mit einen Sternchen (Asterisk) (*) versehenen Abfälle werden als gefährliche Abfälle eingestuft. Die sechsstelligen Abfallschlüssel können bei Bedarf auch erweitert werden, so wurden z. B. Leichtverpackungen (LVP) in der Fachserie 19

Tab. 3.1 Kapitel der Abfallverzeichnis-Verordnung – AVV [1]

Nr	Kapitel
01	Abfälle, die beim Aufsuchen, Ausbeuten und Gewinnen sowie bei der physikalischen und chemischen Behandlung von Bodenschätzen entstehen
02	Abfälle aus Landwirtschaft, Gartenbau, Teichwirtschaft, Forstwirtschaft, Jagd und Fischerei sowie der Herstellung und Verarbeitung von Nahrungsmitteln
03	Abfälle aus der Holzbearbeitung und der Herstellung von Platten, Möbeln, Zellstoffen, Papier und Pappe
04	Abfälle aus der Leder-, Pelz- und Textilindustrie
05	Abfälle aus der Erdölraffination, Erdgasreinigung und Kohlepyrolyse
06	Abfälle aus anorganisch-chemischen Prozessen
07	Abfälle aus organisch-chemischen Prozessen
08	Abfälle aus Herstellung, Zubereitung, Vertrieb und Anwendung (HZVA) von Beschichtungen (Farben, Lacken, Email), Klebstoffen, Dichtmassen und Druckfarben
09	Abfälle aus der fotografischen Industrie
10	Abfälle aus thermischen Prozessen
11	Abfälle aus der chemischen Oberflächenbearbeitung und Beschichtung von Metallen und anderen Werkstoffen; Nichteisen-Hydrometallurgie
12	Abfälle aus Prozessen der mechanischen Formgebung sowie der physikalischen und mechanischen Oberflächenbearbeitung von Metallen und Kunststoffen
13	Ölabfälle und Abfälle aus flüssigen Brennstoffen (außer Speiseöle, 05 und 12)
14	Abfälle aus organischen Lösemitteln, Kühlmitteln und Treibgasen (außer 07 und 08)
15	Verpackungsabfall, Aufsaugmassen, Wischtücher, Filtermaterialien und Schutzkleidung (a.n.g.)
16	Abfälle, die nicht anderswo im Verzeichnis aufgeführt sind
17	Bau- und Abbruchabfälle (einschließlich Aushub von verunreinigten Standorten)
18	Abfälle aus der humanmedizinischen oder tierärztlichen Versorgung und Forschung (ohne Küchen- und Restaurantabfälle, die nicht aus der unmittelbaren Krankenpflege stammen)
19	Abfälle aus Abfallbehandlungsanlagen, öffentlichen Abwasserbehandlungsanlagen sowie der Aufbereitung von Wasser für den menschlichen Gebrauch und Wasser für industrielle Zwecke
20	Siedlungsabfälle (Haushaltsabfälle und ähnliche gewerbliche und industrielle Abfälle sowie Abfälle aus Einrichtungen), einschließlich getrennt gesammelter Fraktionen

Umwelt Abfallentsorgung [2] unter der achtstelligen Schlüsselnummer 15 01 06 01 aufgeführt.

Neben dieser nach Herkunft definierten Nomenklatur, werden aber auch beschreibende Definitionen für Abfälle verwendet. So wird unter anderem von Hausmüll bzw. Resthausmüll gesprochen, also Abfällen aus Haushalten und ähnlichen Anfallstellen. Diese Begriffe finden sich aber nicht im AVV. Zum besseren Verständnis der Er-

Tab. 3.2 Beispiele zur Nomenklatur von Abfällen gemäß Abfallverzeichnis-Verordnung – AVV [1]

Abfallschlüssel	Abfallart
20	**Siedlungsabfälle …**
20 01	**Getrennt gesammelte Fraktionen (außer 15 01)**
20 01 01	Papier und Pappe
20 01 02	Glas
20 01 08	biologisch abbaubare Küchen- und Kantinenabfälle
20 01 35*	gebrauchte elektrische und elektronische Geräte, die gefährliche Bauteile enthalten, mit Ausnahme derjenigen, die unter 20 01 21 und 20 01 23 fallen
20 02	**Garten- und Parkabfälle (einschließlich Friedhofsabfälle)**
20 02 01	biologisch abbaubare Abfälle
20 03	**Andere Siedlungsabfälle**
20 03 02	Marktabfälle
20 03 07	Sperrmüll

* Die mit Asterisk gekennzeichneten Abfälle sind als gefährliche Abfälle eingestuft

läuterungen sind in diesem Kapitel die wesentlichen Begrifflichkeiten sowie die verwendeten Abkürzungen in Tab. 3.3 zusammengefasst.

3.3 Faktoren, die Menge und Zusammensetzung der Abfälle beeinflussen

Die Menge und Zusammensetzung von Abfällen wird durch eine Reihe von Faktoren bzw. Rahmenbedingungen beeinflusst. Dabei spielen Gesetze und Verordnungen sowie sozio-ökonomische Faktoren, die Ausgestaltung der Abfallwirtschaftskonzepte und die Struktur der Entsorgungsgebiete eine wesentliche Rolle. In Abb. 3.1 sind die wesentlichen Faktoren mit Einfluss auf die Menge und Zusammensetzung der Siedlungsabfälle zusammengefasst.

Bei der Betrachtung, welche Faktoren denn die Menge und Zusammensetzung von Abfällen aus Haushalten bestimmen, steht der Konsument im Mittelpunkt. Dieser wird durch sozio-ökonomische Faktoren in seinem Verhalten beeinflusst.

Durch Werbung, Mode und das Angebot von mehr oder weniger nützlichen Produkten wird der Verbraucher zum Konsum von Waren angeregt; die letztendlich als Abfälle zur Beseitigung oder Verwertung anfallen. Je nach Lebensstandard (Kaufkraft), Bildung und Konsumverhalten variieren die Abfallmenge und Abfallzusammensetzung. In der Literatur sind wichtige Einflussfaktoren auf die Entwicklung der Abfallmengen und -zusammensetzung beschrieben und werden im Folgenden kurz dargestellt. Einflüsse auf

Tab. 3.3 Abfallarten (erweitert nach [3])

Abfallart	Abkürzung	Beschreibung
Hausmüll	HM	Hausmüll sind Abfälle aus Haushaltungen, die von den Entsorgungspflichtigen selbst oder von ihnen beauftragten Dritten in genormten, im Entsorgungsgebiet vorgeschriebenen Behältern gesammelt und transportiert werden
Resthausmüll	RM	Verbleibender Hausmüll nach der getrennten Erfassung der momentan verwertbaren Stoffströme. Abfall zur Beseitigung
Sperrmüll	SM	Sperrmüll sind feste Abfälle aus Haushaltungen, die wegen ihrer Sperrigkeit nicht in die im Entsorgungsgebiet vorgeschriebenen Behälter passen und von den Entsorgungspflichtigen selbst oder von ihnen beauftragten Dritten getrennt vom Hausmüll gesammelt und transportiert werden
Geschäftsmüll	GM	Geschäftsmüll ist der in Geschäften, Kleingewerben (z. B. Handwerksbetrieben) und Dienstleistungsbetrieben (z. B. Speditionen, Gaststätten) anfallende Abfall, der gemeinsam mit dem Hausmüll gesammelt und transportiert wird
Hausmüllähnliche Gewerbeabfälle	hmä. GA	Gewerbeabfall sind die in Gewerbebetrieben anfallenden Abfälle, die getrennt vom Hausmüll gesammelt und gemeinsam mit Hausmüll der sonstigen Entsorgung zugeführt werden (nach TA Siedlungsabfall: Gewerbemüll)
Straßenkehricht	SK	Straßenkehricht sind Abfälle aus der öffentlichen Straßenreinigung, wie z. B. Straßen- und Reifenabrieb, Laub sowie Streumittel des Winterdienstes
Marktabfälle	MA	Marktabfälle sind die auf Märkten anfallenden Abfälle, wie z. B. Obst- und Gemüseabfälle
Garten- und Parkabfälle	G+P	Garten- und Parkabfälle sind überwiegend pflanzliche Abfälle, die auf gärtnerisch genutzten Grundstücken, in öffentlichen Parkanlagen und auf Friedhöfen anfallen
Problemstoff	PS	Problemstoffe sind Bestandteile im Abfall, die bei der nachfolgenden Entsorgung zu Problemen führen, z. B. Lösemittel, Lacke, Farben, Batterien, Medikamente, Pflanzenschutzmittel
Klärschlamm	KS	Klärschlamm ist der bei der Behandlung von kommunalen Abwässern in Abwasserbehandlungsanlagen zur weitergehenden Entsorgung anfallende Schlamm, der auch entwässert, getrocknet oder in sonstiger Form behandelt sein kann
Produktionsspezifische Abfälle	PA	Produktspezifische Abfälle sind z. B. verdorbene Rohware, Fehlchargen, Formsande, Flugaschen, Rauchgasreinigungsrückstände, soweit nicht als Sonderabfall ausgeschlossen

(Fortsetzung)

Tab. 3.3 (Fortsetzung)

Abfallart	Abkürzung	Beschreibung
Baustellenabfälle	BSA	Baustellenabfälle sind Abfälle aus Bautätigkeiten, wie z. B. Hölzer, Gebinde, Verpackungsmaterialien, außer mineralischen Abfällen
Baurestmassen	BRM	Baurestmassen sind Erdaushub, Bauschutt, Straßenaufbruch als inerter Abfall aus Baumaßnahmen ohne organische Verunreinigungen
Erdaushub	EAH	Erdaushub ist natürlich gewachsenes oder bereits verwendetes Erd- und Felsmaterial. Kann auch getrennt ausgewiesen werden im verunreinigten und nicht verunreinigten Erdaushub
Bauschutt	BS	Bauschutt sind mineralische Abfälle aus Bautätigkeiten
Straßenaufbruch	SAB	Straßenaufbruch sind mineralische Abfälle mit Bindemittelgehalten aus Bautätigkeiten im Straßen- und Brückenbau
Bauabfall	BA	Bauabfall, vermischte Anlieferung von BRM und BSA. Die Anlieferung von vermischten Bauabfällen ist möglichst zu vermeiden
Stofflich verwertete Siedlungsabfälle	SVA	Stofflich verwertet Siedlungsabfälle in unterschiedlichen Stoffgruppen bereits erfasste und stofflich verwertete Abfälle, z. B. Altpapier, Altglas

das Abfallaufkommen können dabei in den jeweiligen Entsorgungsgebieten bzw. Kommunen unterschiedlich stark ausgeprägt sein und werden künftig auch von dem demografischen Wandel mitbestimmt (absolute Bevölkerungsentwicklung, Altersstruktur, Haushaltsgröße, Einwohnerdichte bzw. Siedlungsstruktur, Kaufkraft bzw. wirtschaftliche Lage der Haushalte).

Mode – Werbung – Produktvielfalt
Der Einfluss von angebotenen Waren und deren Auswirkungen auf die Abfallzusammensetzung und Abfallmenge ist besonders anschaulich am Beispiel der Elektro- und Elektronikgeräte nachzuvollziehen. Handys und Personal Computer werden sehr häufig nicht deshalb zu Abfall (E-Schrott) weil der Lebenszyklus des Produktes abgeschlossen ist, sondern weil sich Mode- und Technologie verändert haben (z. B. Handys mit 1 Mega Pixel sind „out"). Durch die vermeintliche Verbesserung von Software, wird diese häufig so umfangreich, dass „ältere" PC mit diesen nicht mehr arbeiten können bzw. Spiele nicht mehr gespielt werden können. Dies führt zum Konsum von leistungsfähigeren Computern und Smartphones. Der anfallende E-Schrott wird dann mehr oder weniger sachgerecht aufgearbeitet.

Einflussfaktoren für die Menge und Zusammensetzung von Abfällen	
Gesetzliche Rahmenbedingungen	**Sozio-ökonomische Faktoren**
Kreislaufwirtschafts- und Abfallgesetz Verpackungsverordnung Altbatterieverordnung Elektro- und Elektronikgerätegesetz Abfallsatzungen … Europäische Richtlinien	Lebensstandard – Konsumverhalten – Mode Umweltbewusstsein, Bildung Alter Haushaltsgröße, Einkommen
Abfallwirtschaftliche Situation	**Struktur im Entsorgungsgebiet**
Getrennt Sammelsysteme Behälterausstattung – Abfuhrrhythmus Gebührenstruktur Entsorgungskosten AzB Öffentlichkeitsarbeit Abfallvermeidungsmaßnahmen	Bebauungsstruktur (ländlich – städtisch) Garten- und Grünflächenanteile Wirtschaftsstruktur Anteil Kleingewerbe (Geschäftsmüll)
Methodik der Datenerhebung	
Jahreszeitlicher Einfluss, Stichprobenauswahl, Sortiermethodik, Verfügbarkeit statistischer Zahlen, Zuordnung der Abfälle in der Statistik	

Abb. 3.1 Wesentliche Einflussfaktoren für die Mengen und Zusammensetzung der Siedlungsabfälle

Lebensstandard – Kaufkraft

Je nach finanzieller Ausstattung des Konsumenten werden die verschiedenen Produkte länger oder kürzer genutzt. Ob die Bildung des Konsumenten eine wesentliche Rolle spielt ist noch offen. Allerdings wird durch das Umweltbewusstsein, welches häufig mit dem Bildungsstand korreliert, sicher sowohl das Konsumverhalten als auch das Entsorgungsverhalten beeinflussen (siehe auch Kap. 4). Hier wäre der Trend hin zum Konsum von Bioprodukten zu erwähnen. Es werden vermehrt Bioprodukte nachgefragt (auch sog. Discounter bieten dieses Segment mittlerweile an) und damit sind auch Veränderungen im Verpackungsbereich zu erwarten. Verpackungsarmes Einkaufsverhalten führt zwangsläufig zu geringeren Verpackungsmengen im Abfall. Während in Industrienationen eine klare Korrelation von Lebensstandard (Kaufkraft) und Abfallmenge nicht zu erkennen ist, kann in Entwicklungs- und Schwellenländern eine deutliche Abhängigkeit von diesen Faktoren festgestellt werden.

Haushaltgröße und demographische Entwicklung

Angaben zur Haushaltsgröße und der Siedlungsstruktur können erste Rückschlüsse auf die Entwicklung des Abfallaufkommens geben. So produzieren Mehrpersonenhaushalte (mehr als zwei Personen pro Haushalt) tendenziell weniger Abfall pro Person als Ein- oder Zweipersonenhaushalte [4]. In Deutschland verzeichnete die Anzahl an Ein- und Zweipersonenhaushalten in den vergangen Jahrzehnten einen deutlichen Anstieg (vgl.

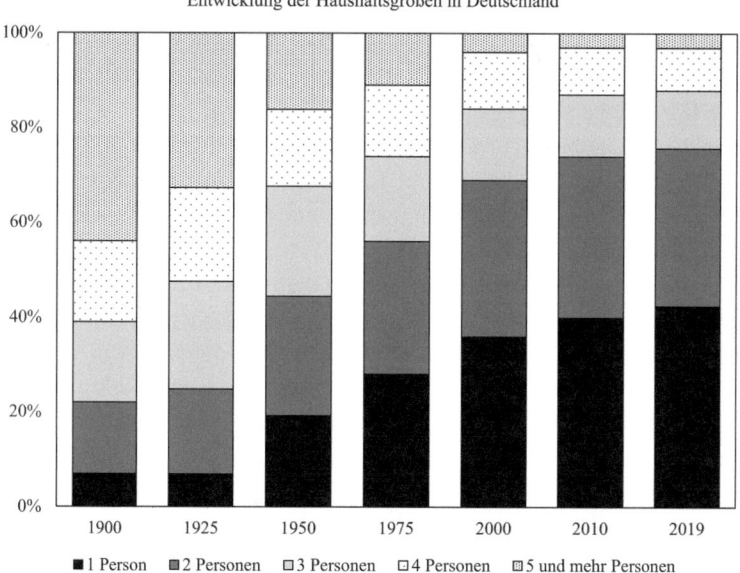

Abb. 3.2 Entwicklung der Haushaltsgrößen in Prozent der Haushalte [5]

Abb. 3.2). So hat sich der Anteil an Einpersonenhaushalten in 2019 (ca. 42 %) gegenüber 1950 (ca. 19 %) mehr als verdoppelt [5]. Veränderungen in der demographischen Entwicklung verlaufen in einzelnen Regionen jedoch sehr unterschiedlich, weshalb auch die Auswirkungen auf die Abfallwirtschaft räumlich differenziert zu betrachten sind.

Laut einer Studie des Öko-Instituts aus dem Jahr 2017 wird ein Bevölkerungswachstum vor allem in Metropolregionen erwartet. Für einige Großstädte, wie etwa Frankfurt am Main, wird zwischen 2012 und 2030 ein Bevölkerungszuwachs von bis zu 14 % prognostiziert. Andererseits wird ein Bevölkerungsrückgang von bis zu 20 % für dünn besiedelte ländliche Kreise erwartet. In Bezug auf die Entwicklung der Abfallmenge bedeutet dies, dass in bereits dicht besiedelten Städten und Regionen tendenziell mit einem höheren spezifischen und absoluten Aufkommen an Haushalts- und Geschäftsmüll gerechnet werden muss. Ein tendenzieller Rückgang des Aufkommens an Haushalts- und Geschäftsmüll wird für dünn besiedelte ländliche Kreisen erwartet [6].

Abfallwirtschaftskonzepte der entsorgungspflichtigen Kommunen

Die Ausgestaltung der kommunalen Abfallwirtschaftskonzepte hat Auswirkungen auf die gesamte Abfallmenge, insbesondere wird hierdurch die Abfallzusammensetzung der einzelnen Abfallströme beeinflusst. Durch die Ausstattung der getrennten Sammlung von Wertstoffen, die Behältergröße, den Abfuhrrhythmus und die Gebührstruktur werden Stoffströme in bestimmte Entsorgungswege umgelenkt. Dadurch kommt es zu Fehlentsorgungen, die die getrennte Erfassung von Wertstoffen beeinflussen (Fehlwurf- und Störstoffproblematik).

Gesetzliche Rahmenbedingungen
Die gesetzlichen Randbedingungen beeinflussen maßgeblich sowohl die Abfallentstehung und -verwertung als auch die Abfallbeseitigung. Durch das Kreislaufwirtschafts- und Abfallgesetz (1994) wurden Rahmenbedingungen geschaffen, durch welche die Stoffströme in verschiedene Verwertungs- und Beseitigungswege gelenkt wurden. Dies beeinflusste vor allem die den Kommunen angedienten Abfälle zur Beseitigung aus dem Gewerbe sowie die Verkaufsverpackungen aus Haushalten und Gewerbe. Auch das Kreislaufwirtschaftsgesetz (2012) beeinflusst weiterhin die Lenkung der Stoffströme. Durch die teilweise Umsetzung der Produktverantwortung, aktuell Verpackungen, Altbatterien und Elektro- und Elektronikschrott, wird die Zusammensetzung der Restmüllströme zur Beseitigung verändert. Die damit verbunden Mengenverschiebungen haben sowohl logistische als auch ökonomische Auswirkungen.

Jahreszeit
Die Jahreszeiten sind besonders bezüglich der Anteile an biologisch abbaubaren Gartenabfällen relevant. In der Regel fallen im Frühjahr und Herbst vermehrt Abfälle aus Gartenarbeiten an. Des Weiteren ist an den kirchlichen Feiertagen wie Ostern und Weihnachten mit erhöhten Verpackungsmengen zu rechnen. Zu diesen Zeiten sollten keine Analysen zur Abfallzusammensetzung durchgeführt werden, da sie nicht übertragbar sind [7].

Heizungsart
In früheren Zeiten der Kohle- und Holzfeuerung war die hieraus resultierende Heizungsasche (Feinfraktion) ein wichtiger Faktor für die Menge und Zusammensetzung von häuslichen Abfällen. In den letzten 40 Jahren haben sich in Industrieländern andere Heizungssysteme durchgesetzt. Daher haben Abfälle aus Heizungen heutzutage in diesen Ländern keine Bedeutung mehr. Eine deutliche Veränderung der Menge und Zusammensetzung von Hausmüll ist trotz der Zunahme an Holzpelletheizungen bisher nicht nachweisbar.

Faktoren, die die gewerbliche Anfallmenge und Abfallzusammensetzung beeinflussen
Neben den oben genannten Faktoren sind vor allem die Art des Gewerbes, die Betriebsgröße und die Gebührenstruktur in der Kommune sowie die Marktpreise für Wertstoffe, für die Mengen und Zusammensetzung der angedienten Abfälle von Bedeutung.

Gewerbliche Abfälle sind vor allem ökonomisch gelenkt und entziehen sich damit häufig einer quantitativen und qualitativen Bewertung. So bestimmen die Abfallgebühren und die Erlössituation für Wertstoffe maßgeblich die Entsorgungswege.

3.4 Abfallmenge und Abfallintensität

In Deutschland betrug das Abfallaufkommen zur Verwertung und Beseitigung in 2020 insgesamt ca. 414 Mio. Mg. Davon entfielen 55,4 Massen-% auf Bau- und Abbruchabfälle, 6,9 Massen-% auf Abfälle aus der Gewinnung und Behandlung von Bodenschätzen, 11,4 Massen-% auf Abfälle aus Produktion und Gewerbe sowie 12,3 Massen-% auf Siedlungsabfälle. Der Anteil gefährlicher Abfälle liegt bei ca. 6 Massen-% und ist in den obengenannten Kategorien enthalten. Seit 2006 werden Abfälle aus Abfallbehandlungsanlagen (ca. 13,9 Massen-%) gesondert ausgewiesen. In Abb. 3.3 ist das gesamte Abfallaufkommen für den Zeitraum von 2010 bis 2020 grafisch dargestellt. Das Aufkommen der haushaltstypischen Siedlungsabfälle unterlag den letzten Jahren lediglich geringen Schwankungen und blieb auf relativ konstantem Niveau von ca. 50 Mio. Mg pro Jahr. Die Menge gefährlicher Abfälle betrug ca. 25 Mio Mg/a. Bau- und Abbruchabfälle verzeichneten in 2020 mit rund 229,4 Mio. Mg weiterhin den Großteil (55,4 Massen-%) des Brutto-Abfallaufkommens und nehmen hiermit eine Schlüsselrolle auf dem Weg zu einer geschlossenen Kreislaufwirtschaft ein. Den größten Anteil an dieser Abfallgruppe hat der Bodenaushub, der laut Umweltbundesamt mit 85 % überwiegend verwertet wurde [8]. Die Entwicklung der Bau- und Abbruchabfälle verlief hierbei weitgehend parallel zur konjunkturellen Entwicklung im Baugewerbe.

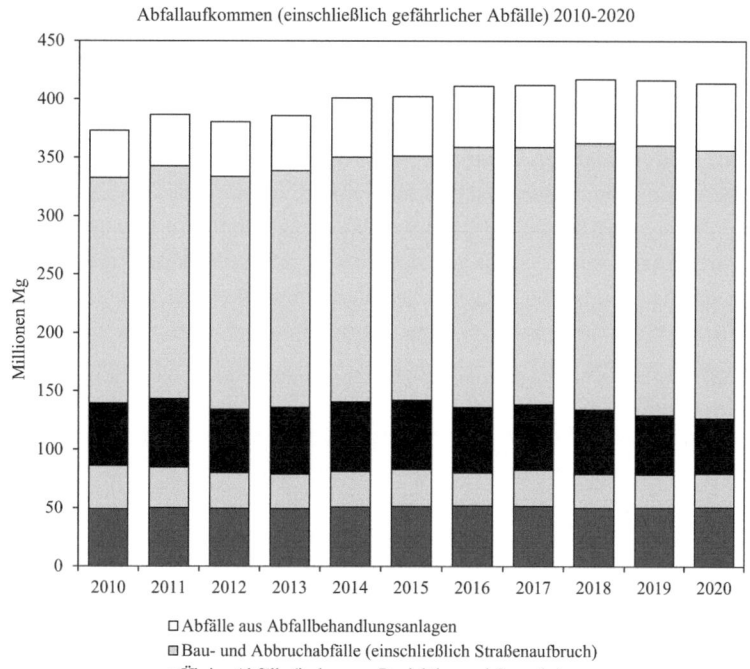

Abb. 3.3 Abfallmengenentwicklung in Deutschland (in Millionen Mg/a) [8]

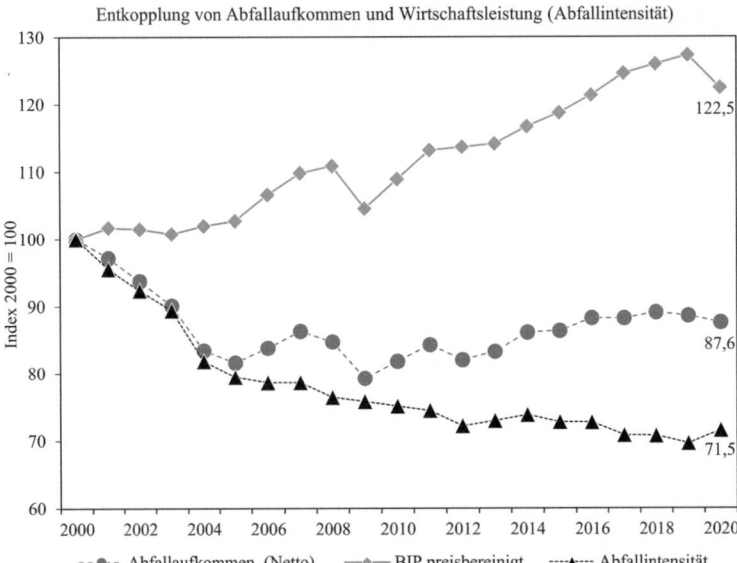

Abb. 3.4 Entkopplung des Abfallaufkommens von der Wirtschaftsleistung (Abfallintensität) [31]

Die Verwertungsquote bezogen auf das gesamte Abfallaufkommen lag im Jahr 2020 bei ca. 82 % [8].

Ein wichtiges Ziel der nachhaltigen Abfallwirtschaft ist nicht nur die Abfallvermeidung (siehe Kap. 4), sondern insbesondere auch die Reduzierung der Abfallintensität, d. h. die Entkopplung der Abfallmengenentwicklung von der Wirtschaftsleistung. Die Abfallintensität ist eine volkswirtschaftliche Kennzahl, die das Verhältnis von Gesamtabfallaufkommen zu Bruttoinlandsprodukt über einen Zeitraum beschreibt. Als Grundlage zur Berechnung der Abfallintensität wird das preisbereinigte Bruttoinlandsprodukt verwendet, um damit das Ergebnis von Inflationsschwankungen zu bereinigen. Bei steigender Wirtschaftsleistung und sinkender Abfallintensität wird von einer nachhaltigen Abfallwirtschaft gesprochen.

In Abb. 3.4 ist zu sehen, dass die Abfallintensität zwischen den Jahren 2000 und 2020 in Deutschland um 28,5 Prozentpunkte zurückgegangen ist, was auf erste Erfolge bei der Entkopplung des Abfallaufkommens von der Wirtschaftsleistung hindeutet [31].

Im Folgenden wird das Siedlungsabfallaufkommen, bzw. das Aufkommen von Abfällen aus Haushalten und ähnlichen Anfallstellen, näher betrachtet.

3.4.1 Siedlungsabfälle

Unter Siedlungsabfällen werden Abfälle aus Haushalten [inkl. Wertstoffe] sowie hausmüllähnliche Gewerbeabfälle, Garten- und Parkabfälle, Straßenreinigungsabfälle und Marktabfälle zusammengefasst. In Tab. 3.4 sind die Mengen für 2020 angegeben.

Tab. 3.4 Siedlungsabfallaufkommen in Deutschland 2020 (Auszug aus [8])

2020	1000 Mg	kg/E*
Siedlungsabfälle insgesamt	50.993	613
Gefährliche Abfälle	774	9
Nicht gefährliche Abfälle	50.218	604
davon		
Haushaltstypische Siedlungsabfälle	46.060	554
davon		
Gefährliche Abfälle	683	8
Nicht gefährliche Abfälle	45.377	545
davon		
Hausmüll, hausmüllähnliche Gewerbeabfälle gemeinsam über die öffentliche Müllabfuhr eingesammelt	14.590	175
Sperrmüll	2.979	36
Abfälle aus der Biotonne	5.014	60
Biologisch abbaubare Garten- und Parkabfälle (einschließlich Friedhofsabfälle)	5.709	69
Andere getrennt gesammelte Fraktionen	17.767	214
davon		
Glas	2.624	32
Papier, Pappe, Kartonagen (PPK)	6.866	83
Leichtverpackungen / Kunststoffe	5.237	63
Elektrische und Elektronische Geräte	795	10
Sonstiges (Verbunde, Metalle, Textilien, …)	2.245	27
Sonstige Siedlungsabfälle	4.933	59
davon		
Gefährliche Abfälle	91	1
Nicht gefährliche Abfälle	4.841	58
davon		
Hausmüllähnliche Gewerbeabfälle, getrennt vom Hausmüll angeliefert oder eingesammelt	2.917	35
Straßenkehricht/Garten- und Parkabfälle (Boden und Steine)	732	9
Biologisch abbaubare Küchen- und Kantinenabfälle	965	12
Marktabfälle	82	1
Leuchtstoffröhren und andere quecksilberhaltige Abfälle	8	0
Andere getrennt gesammelte Fraktionen	228	3

* Werte sind gerundet (Bevölkerung: ca. 83,2 Mio. zum Stand 31.12.2020 – Quelle: Destatis)

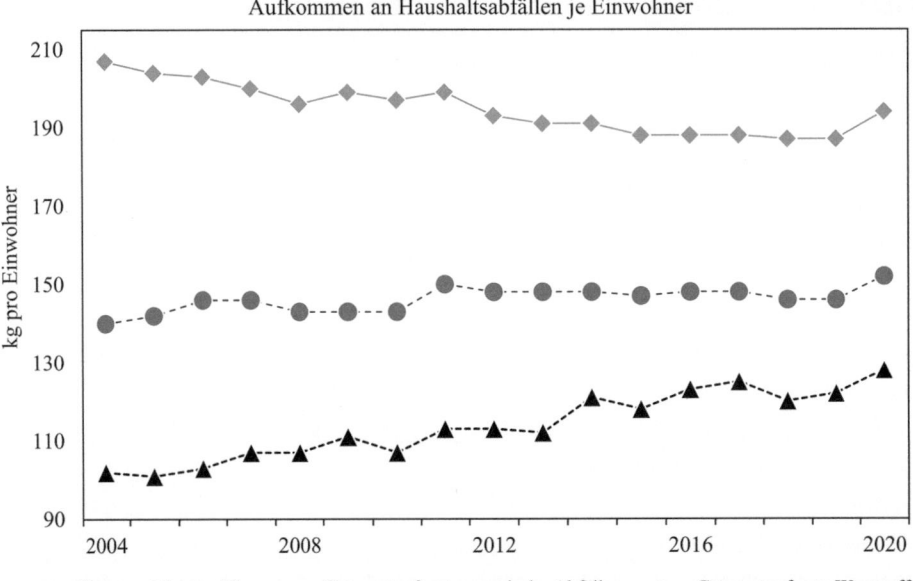

Abb. 3.5 Entwicklung des Aufkommens an Haushaltsabfällen je Einwohner in Deutschland zwischen den Jahren 2004 und 2020 [10]

Abb. 3.5 zeigt die Veränderungen im Haus- und Sperrmüllaufkommen sowie der getrennt erfassten organischen Abfälle und Wertstoffe zwischen den Jahren 2004 und 2020. Es ist festzuhalten, dass die Mengen an Haus- und Sperrmüll seit 2004 tendenziell rückläufig sind. In 2019 entstanden ca. 20 kg/(E · a) weniger an Haus- und Sperrmüll als noch in 2004. In 2020 stieg das Haus- und Sperrmüllaufkommens hingegen leicht an, was mit der Covid-19 Pandemie in Zusammenhang gebracht werden kann.

Getrennt erfasste organische Abfälle zeigen eine leicht steigende Tendenz, was unter anderem auf einen höheren Anschlussgrad der Haushalte an die Biotonne zurückzuführen ist. Die Menge an getrennt gesammelten Wertstoffen nahm zwischen den Jahren 2004 und 2020 um mehr als 20 kg/(E · a) zu. Es ist davon auszugehen, dass der Rückgang an Haus- und Sperrmüll mit den gesteigerten Anstrengungen Wertstoffe getrennt zu erfassen zusammenhängt.

Wie in Abb. 3.6 dargestellt, unterscheidet sich das Abfallaufkommen zwischen den Bundesländern sowohl hinsichtlich des Gesamtaufkommens an Haushaltsabfällen als auch hinsichtlich der Anteile einzelner Stoffgruppen. In 2020 bewegte sich die Menge an Haus- und Sperrmüll im Bundesländervergleich zwischen ca. 146 kg/(E · a) in Baden-Württemberg und 260 kg/(E · a) in Hamburg. In Berlin wurde mit ca. 36 kg/(E · a) die geringste und in Rheinland-Pfalz mit 190 kg/(E · a) die höchste Menge an organischen

3 Abfallmenge und Abfallzusammensetzung

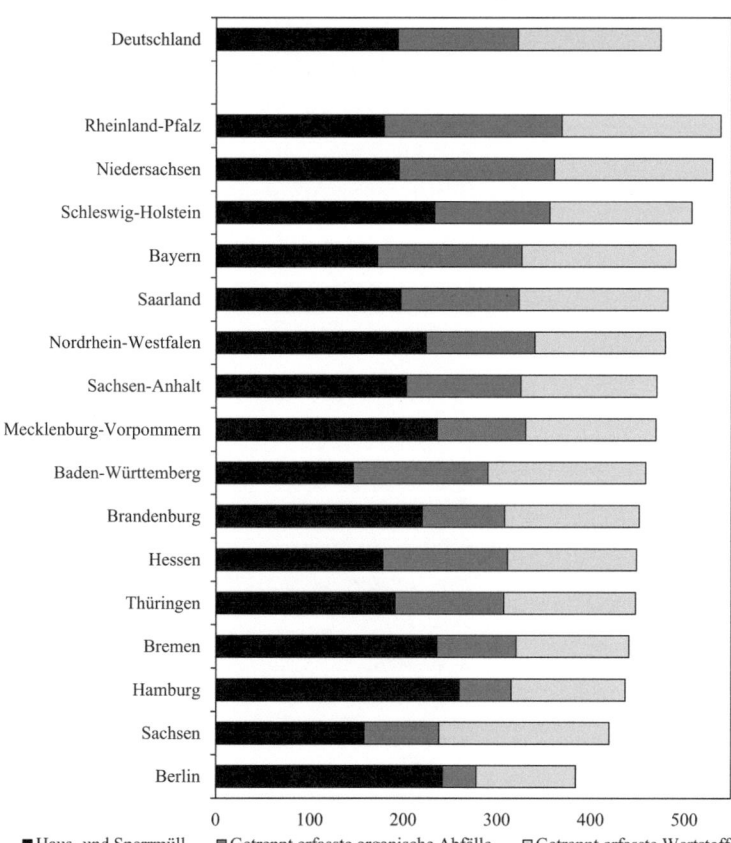

Abb. 3.6 Aufkommen an Haus- und Sperrmüll sowie Wertstoffen in den Bundesländern [10]

Abfällen getrennt erfasst. Darüber hinaus wurden Wertstoffe zwischen 106 kg/(E · a) in Berlin und 181 kg/(E · a) in Sachsen getrennt gesammelt.

Mehr als die Hälfte (59 %) der im Jahr 2020 eingesammelten Haushaltsabfälle waren getrennt gesammelte Wertstoffe (32 %) und Bioabfälle (27 %). Rund ein Drittel (33 %) des Abfallaufkommens war Rest- oder Hausmüll, Sperrmüll machte 8 % aus und sonstige Abfälle wie beispielsweise Batterien und Farben summierten sich auf weniger als 1 % [10].

Das unterschiedliche Aufkommen an Abfall zur Beseitigung und zur Verwertung zeigt sich noch deutlicher, werden die öffentlich rechtlichen Entsorgungsträger (örE) direkt miteinander verglichen. In Abb. 3.7 ist exemplarisch das Aufkommen an Haushaltsabfällen in Baden-Württemberg 2021 nach Stadtkreisen (SKR) und Landkreisen (LKR) dargestellt.

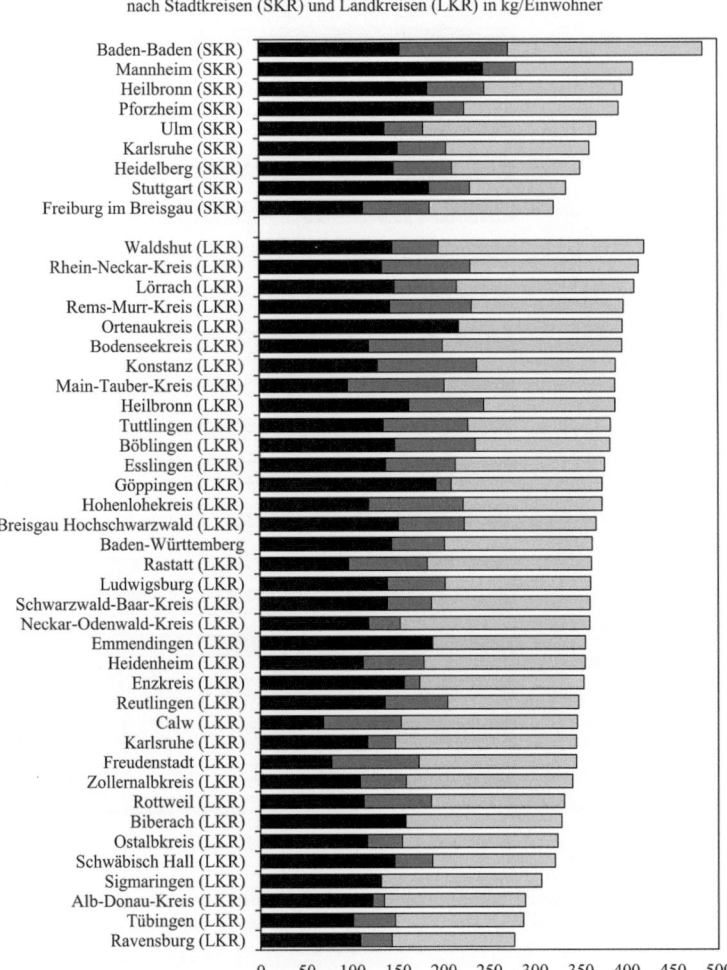

Abb. 3.7 Aufkommen an Haushaltsabfällen in Baden-Württemberg 2021 nach Stadtkreisen (SKR) und Landkreisen (LKR) in kg pro Einwohner [11]

Es ist festzuhalten, dass das Aufkommen an Haushaltsabfällen (Haus- und Sperrmüll + Abfälle aus Biotonne + Wertstoffe) zwischen ca. 278 kg/(E · a) und ca. 484 kg/(E · a) schwankt. Die Unterschiede ergeben sich aufgrund der oben dargestellten Einflussfaktoren (Bebauungsstruktur, Abfallwirtschaftskonzept, Aufkommen an Garten- und Parkabfällen etc.) sowie des zu berücksichtigenden Anteils an Abfällen aus dem Kleingewerbe (Geschäftsmüll). Nach [9] kann der Geschäftsmüllanteil am Hausmüllaufkommen zwischen ca. 8 und 46 % betragen.

3 Abfallmenge und Abfallzusammensetzung

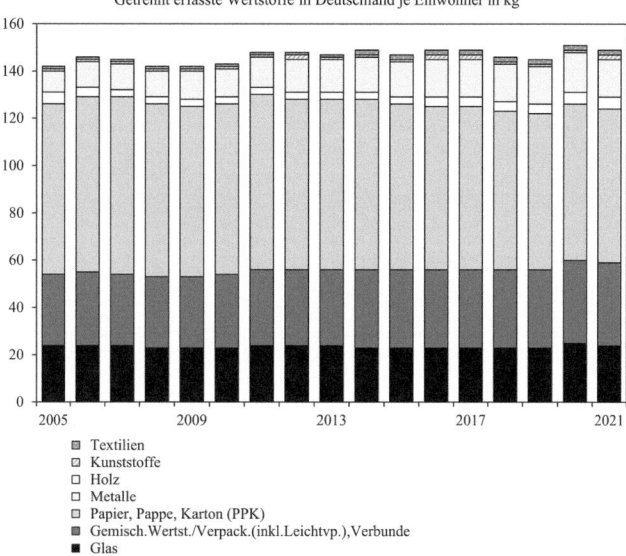

Abb. 3.8 Durchschnittliche Menge ausgewählter Wertstoffe in Baden-Württemberg von 2005 bis 2021 [11]

In Abb. 3.8 ist die Entwicklung der Erfassung der trockenen Wertstoffe (d. h. ohne Bioabfälle) seit 2005 in kg/(E · a) in Deutschland dargestellt. Das Pro-Kopf-Aufkommen bei den Wertstoffen, zu denen unter anderem Papier, Pappe, Plastik- und Metallverpackungen oder Glas zählen, verzeichnete in den Jahren zwischen 2005 und 2021 keine größeren Schwankungen. In 1990 wurden im wesentlichen Altpapier und Altglas erfasst. Deren getrennte Sammlung beginnt schon in den 70er des letzten Jahrhunderts. Die Gesamtmenge ist seitdem von ca. 78 kg/(E · a) kontinuierlich bis auf ca. 129 kg/(E · a) in 2012 angestiegen. In 2021 wurden ca. 149 kg/(E · a) an Wertstoffen getrennt erfasst.

In 2020 wurden ca. 15,4 Mio. Mg Bioabfälle in Bioabfallbehandlungsanlagen behandelt. In Abb. 3.9 sind die angelieferten Mengen seit 1990 dargestellt.

In Abb. 3.10 sind die in Verkehr gebrachten Mengen, Sammelmengen und -quoten von Elektroaltgeräten zwischen 2010 und 2020 dargestellt. Für das Inverkehrbringen, die Rücknahme und die umweltverträgliche Entsorgung von Elektro- und Elektronikgeräten trat im Oktober 2015 das Elektro- und Elektronikgerätegesetz (ElektroG) in Kraft und setzt damit die Richtlinie 2012/19/EU über Elektro- und Elektronikaltgeräte der Europäischen Union (WEEE-Richtlinie) in nationales Recht um. Das ElektroG gibt Ziele zur Erreichung von Sammel- und Verwertungsquoten sowie Quoten für Recycling und Vorbereitung zur Wiederverwendung. Demnach muss ab 2019 die Menge an gesammelten Elektroaltgeräten mindestens 65 % des gemittelten Gesamtgewichts der in den drei Vorjahren in Verkehr gebrachten Elektro- und Elektronikgeräte entsprechen. Abhängig von der Gerätekategorie müssen 75 bis 85 % der jährlich gesammelten Masse an

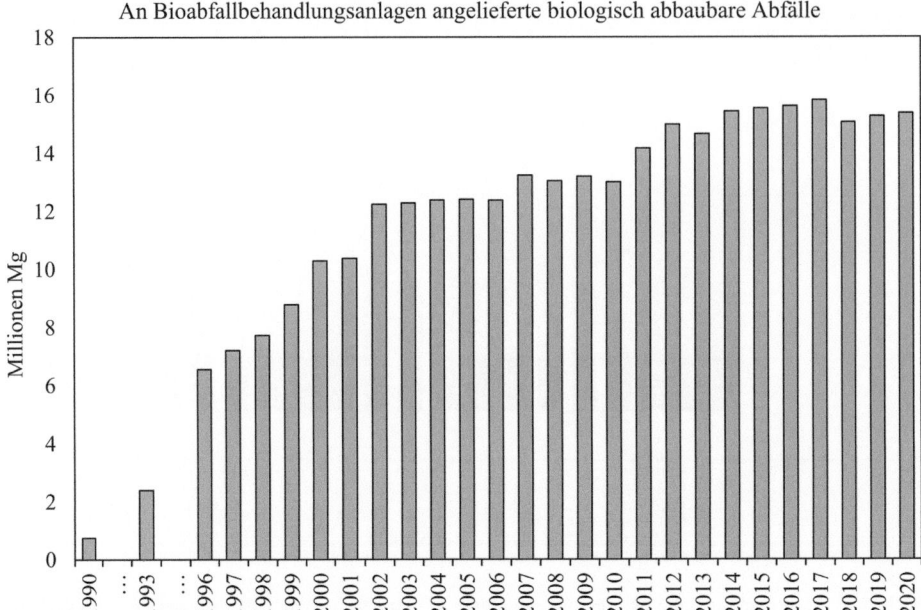

Abb. 3.9 An Bioabfallbehandlungsanlagen angelieferte biologisch abbaubare Abfälle (u. a. Bioabfälle aus Haushalten, Gärten, Parkabfälle und Landwirtschaftsabfälle) [14]

Elektro- und Elektronik-Altgeräten recycelt werden. Die Verwertung umfasst dabei sowohl die Vorbereitung zur Wiederverwendung, als auch das Recycling und die sonstige (insbesondere energetische) Verwertung. Darüber hinaus sind je nach Gerätekategorie 55 bis 80 % von der jährlich gesammelten Altgeräte-Masse zur Wiederverwendung vorzubereiten oder zu recyceln [12].

Die Mindestsammelquote von 45 % für die Jahre 2016 bis 2018 wurde jeweils knapp verfehlt oder knapp erreicht (2016: 44,9 %, 2017: 45,1 %, 2018: 43,1 %). Trotz einer tendeziell steigenden Sammelquote wurden die Ziele für die Jahre 2019 und 2020 ebenfalls von 65 % nicht erreicht. Ein Grund hierfür ist die ebenfalls kontinuierlich steigende Menge an Geräten, die in Verkehr gebracht wurden. Die Ziele zur Vorbereitung zur Wiederverwendung, zum Recycling sowie zur Verwertung konnten jedoch in allen sechs Gerätekategorien in 2020 eingehalten werden [13].

3.4.2 Internationale Abfallmengen

Der Vergleich der Abfallmengen in Deutschland mit denen in anderen europäischen Staaten oder gar weltweit, ist aufgrund der unterschiedlichen Art der statistischen Erfassung und dem Stand der Abfallwirtschaft äußerst schwierig. Das wesentliche Problem ist die

3 Abfallmenge und Abfallzusammensetzung

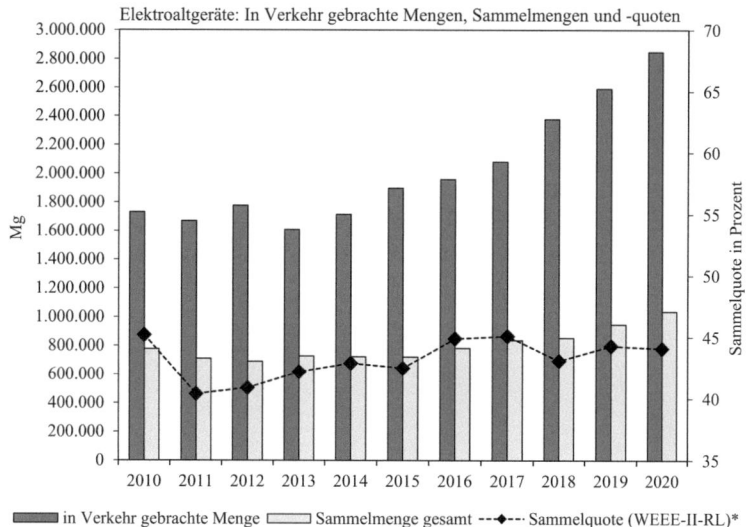

Abb. 3.10 In Verkehr gebrachte Mengen, Sammelmengen und -quoten bei Elektroaltgeräten in Deutschland zwischen 2010 und 2020 [15]

Zuordnung der einzelnen Stoffströme bzw. die Frage welche Stoffströme unter den genannten Mengen zusammengefasst wurden. In Europa wird der Vergleich aufgrund der Einführung des Europäischen Abfallartenkatalogs zunehmend leichter, wenngleich auch hier noch Interpretationsprobleme auftreten. Die oben dargestellten Einflussfaktoren wie z. B. Einkommen, Lebensstandard, Gesetzgebung und Stand der Abfallwirtschaft sind im internationalen Vergleich wesentlich stärker ausgeprägt. In Ländern mit hohem Einkommen wird das Abfallaufkommen bis 2030 voraussichtlich vergleichsweise am wenigsten zunehmen, da sie einen wirtschaftlichen Entwicklungsstand erreicht haben, bei dem der Materialverbrauch weniger stark an das Wachstum des Bruttoinlandsprodukts gekoppelt ist. In Ländern mit niedrigem Einkommen ist das Wachstum der Wirtschaftstätigkeit und der Bevölkerung am größten, und es wird erwartet, dass sich die Abfallmenge bis 2050 mehr als verdreifacht [16]. Einwohnerbezogen sind die Trends insofern ähnlich, als das größte Wachstum des Abfallaufkommens in Ländern mit niedrigem und mittlerem Einkommen erwartet wird (vgl. Abb. 3.11).

In Tab. 3.5 ist das Siedlungsabfallaufkommen einiger außereuropäischer Staaten, in Abb. 3.12 das der europäischen Staaten, dargestellt.

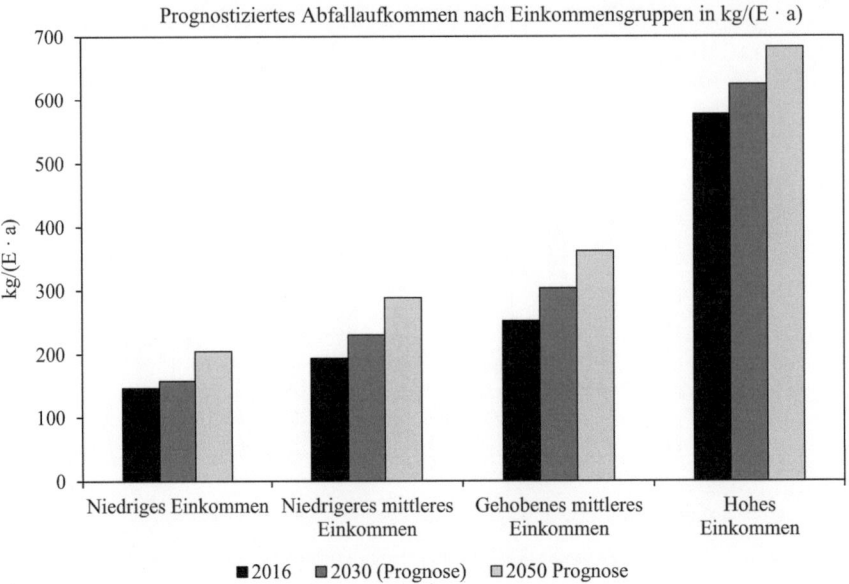

Abb. 3.11 Prognostiziertes Abfallaufkommen nach Einkommensgruppen in kg/(E · a) [16]

Tab. 3.5 Siedlungsabfallaufkommen in ausgewählten Staaten für die Jahre 2000 und 2010 in kg/(E · a) (verändert nach [18])

Jahr	2000	2010	Jahr	2000	2010
Einheit	kg/(E · a)	kg/(E · a)	Einheit	kg/(E · a)	kg/(E · a)
China	270	370	Bahamas	950	1190
Japan	470	350	Cuba	210	300
Rep. of Korea	380	350	Costa Rica	170	500
Bangladesh	180	180	Honduras	150	530
India	170	120	Nicaragua	280	400
Nepal	180	40	Argentina	280	370
Sri Lanka	320	1860	Bolivia	160	120
Indonesia	280	190	Brazil	180	310
Malaysia	300	550	Colombia	260	350
Myanmar	160	160	Venezuela	330	420
Philippines	190	180	Canada	490	850
Singapore	400	1280	Mexico	310	340
Thailand	400	640	USA	1140	740
Vietnam	200	530	Australia	690	610

3 Abfallmenge und Abfallzusammensetzung

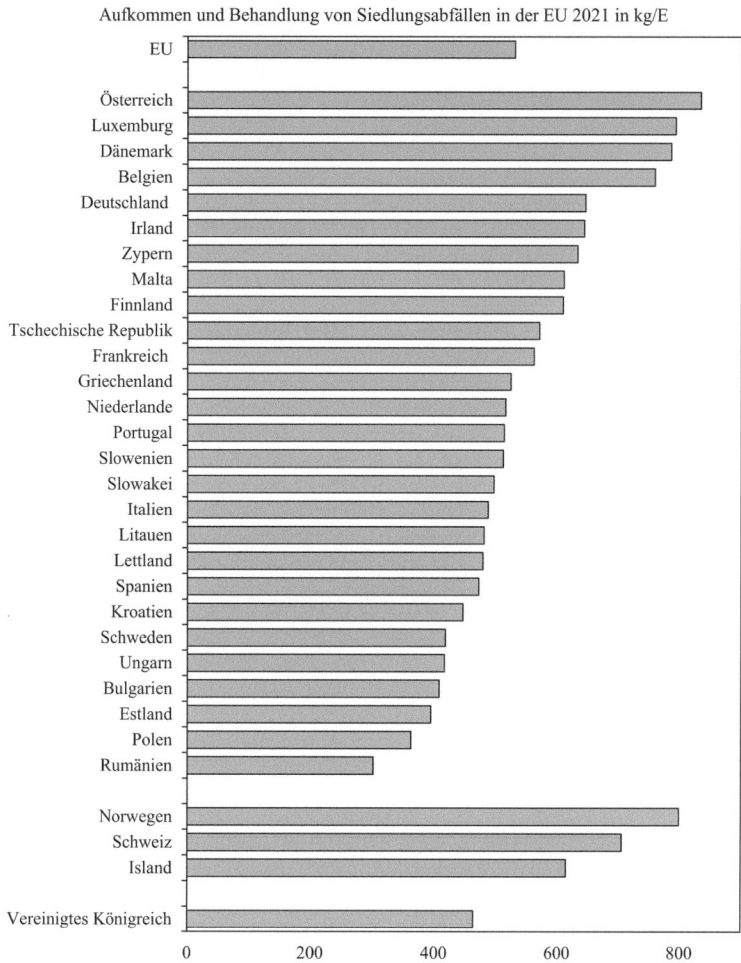

Abb. 3.12 Siedlungsabfallaufkommen in Europa in kg/(E · a) [19]

3.5 Abfallzusammensetzung

Zur Darstellung der Abfallzusammensetzung soll im Folgenden zunächst erläutert werden, auf welche Weise die Abfallzusammensetzung in der Praxis ermittelt wird. Für die Durchführung einer Sortieranalyse ist es notwendig im Vorfeld zu wissen, mit welchen Materialien zu rechnen ist und wie diese zuzuordnen sind. In Tab. 3.6 ist eine Stoffgruppenaufstellung dargestellt.

Die hier aufgeführten Stoffgruppen werden normalerweise in einer Sortieranalyse aus dem Hausmüll separiert. Je nach Fragestellung der Sortieranalyse können die

Tab. 3.6 Stoffgruppenliste der Richtlinie zur einheitlichen Abfallanalytik in Sachsen [7, 17]

Stoffgruppen (1. Differenzierungsebene)	Untergruppen (2. Differenzierungsebene)	Untergruppen (3. Differenzierungsebene)
Fe-Metalle	Fe-Verpackungen,	Getränkedosen, Konservendosen, Fe-Aerosol-dosen, Umreifungsbänder, Sonst. Fe-Verpackungen
	Sonstige Fe-Metalle (keine Verpackungen)	Sonstige Fe-Metalle (keine Verpackungen)
NE-Metalle	Aluminium-Verpackungen	Alu-Dosen, Alu-Aerosoldosen, sonstige Alu-Verpackungen
	Sonstige NE-Verpackungen	NE-Verschlüsse, Blei-Kapseln, sonstige NE-Verpackungen
	Sonstige NE-Metalle (keine Verpackungen)	Sonstige NE-Metalle (keine Verpackungen)
Papier, Pappe, Kartonagen (PPK)	PPK-Verpackungen	Pappe, Papier, Kartonagen, Einweggeschirr, sonstige PPK-Verpackungen
	PPK-Druckerzeugnisse und Administrationspapier	Zeitschriften, Illustrierte, Bücher, Administrationspapiere, sonstige PPK-Druck- und Administrationspapiere
	Sonstiges PPK (keine Verpackungen)	Pappmöbel, Papiertapeten, sonstige PPK
Glas	Glas-Verpackungen (Einweg)	Weißglas, Braunglas, Grünglas, sonstige Glas-Verpackungen
	Glas-Verpackungen (Mehrweg)	Glas-Verpackungen (Mehrweg)
	Hohlglas (keine Verpackungen)	Röhrenglas, Trinkglas, Medizinische Gläser, sonstige Hohlgläser (keine Verpackungen)
	Sonstiges Glas (keine Verpackungen)	Flachglas, sonstige Gläser (keine Verpackungen)
Kunststoffe	Kunststoff-Verpackungen	Becher, Blister, Folien, Schaumstoffe, Hohlkörper, Einweggeschirr, Umreifungsbänder, sonstige Kunststoff-Verpackungen
	Sonsige Kunststoffe (keine Verpackungen)	Folien, Fensterrahmen, Rohre, Dämmmaterialien, Kunststoffmöbel, sonstige Kunststoffe
Organik	Küchenabfälle	Fleisch, Fisch, Knochen, gekochte Speisereste, sonstige Küchenabfälle
	Gartenabfälle	Laub, Strauchwerk und Baumschnitt, Rasenschnitt, Schnitt- und Topfblumen, sonstige Gartenabfälle
	Sonstige Organik	Biologisch abbaubare Verpackungen, Hygienepapiere, sonstige nichtgennante Organik

(Fortsetzung)

Tab. 3.6 (Fortsetzung)

Stoffgruppen (1. Differenzierungsebene)	Untergruppen (2. Differenzierungsebene)	Untergruppen (3. Differenzierungsebene)
Holz	Holz-Verpackungen	Holz-Verpackungen
	Sonstiges Holz (soweit nicht einer anderen Stoffgruppe zugeordnet)	Holzmöbel, sonstige Hölzer
Textilien	Bekleidungstextilien	Bekleidungstextilien
	Sonstige Textilien, Altschuhe	Haustextilien (Decken, Handtücher etc.), Heimtextilien (Gardinen, Teppiche etc.), Produktionsspezifische, Abfälle, Altschuhe
Mineralstoffe	Keramik	Keramik-Verpackungen, sonstige Keramik
	Porzellan, sonstige Mineralstoffe	Porzellan, sonstige Mineralstoffe
Verbunde	Verbund-Verpackungen	Papier-Verbunde, Kunststoff-Verbunde, Alu-Verbunde, Getränkekartons, sonstige Verbund-Verpackungen
	Elektronikschrott	Entladungslampen, sonstiger Elektronikschrott
	Verbund-Möbel	Polstermöbel, Matratzen, sonstige Verbundmöbel
	Fahrzeugteile	Fahrzeugteile
	Sonstige Verbunde	Holz-Metall-Verbunde, Kunststoff-Metall-Verbunde, Holz-Metall-Textilien-Verbunde
Schadstoffbelastete Stoffe	Batterien	Batterien
	Akkumulatoren	Akkumulatoren
	Altmedikamente	Altmedikamente
	Altchemikalien	Altchemikalien
	Altölhaltige Materialien	Altölhaltige Materialien
	Sonstige schadstoffbelastete Stoffe	Sonstige schadstoffbelastete Stoffe
Stoffe, alle nicht genannten	Leder	Leder-Verpackungen, sonstiges Leder
	Gummi	Gummi-Verpackungen, sonstiges Gummi
	Kork	Kork-Verpackungen, sonstiger Kork
	Hygieneprodukte	Windeln, sonstige Hygieneprodukte
	Stoffe, anderweitig nicht genannte	Stoffe, anderweitig nicht genannte
Fraktion < 10 mm	<10 mm	<10 mm

Stoffgruppen in den zu untersuchenden Abfällen erweitert oder gekürzt werden. Speziell für die oben aufgeführte Gruppe „Rest" sind Untergruppen möglich.

In der Regel werden vor allem

- Haus- und Geschäftsmüll
- Getrennt gesammelte Wertstoffe und
- Getrennt gesammelte Bioabfälle

händisch sortiert.

Die Zusammensetzung anderer Abfallarten z. B.

- Hausmüllähnliche Gewerbeabfälle
- Sperrmüll

werden über eine Sichtung abgeschätzt, da eine händische Sortierung aufgrund der Stückgrößen und -gewichte nicht möglich ist. Bei der Sichtung von zum Beispiel hausmüllähnlichen Gewerbeabfällen werden die Inhalte der Sammelfahrzeuge (Container- oder Pressmüllfahrzeuge) abgeladen, früher erfolgte dies auf der Deponie, heutzutage in der Regel in der Anlieferungshalle einer Entsorgungsanlage. Dann wird das Volumen der einzelnen Stoffgruppen auf 5 Vol.-% Genauigkeit geschätzt. Am Ende ergibt sich eine prozentuale Volumenverteilung des Schüttgutes. Aus der Kenntnis des Müllgewichts (Wiegeschein) dem Volumen und Füllgrad des Containers und bekannten Schüttgewichten einzelner Stoffgruppen werden die Volumenprozente in Gewichtsprozente (bzw. Massenprozente) umgerechnet. Die Sichtung ist mit einer Reihe von Problemen und Fehlern behaftet. Hier sei die Problematik des Pressmüllfahrzeugs (z. B. bei Sperrmüllsammlungen) und den damit verbundenen Veränderung der Schüttdichte sowie die Kenntnis des Füllgrades exemplarisch genannt. Dieses Verfahren ergibt nur Näherungswerte und muss von erfahrenen Schätzern durchgeführt werden, die auch die Umrechnung durchführen sollten.

Die Planung und Durchführung einer Sortieranalyse hängt von verschiedenen Rahmenbedingungen ab:

I. Welcher Stoffstrom soll analysiert werden, Restmüll, Wertstoffe etc.?
II. Welche Detailtiefe und Repräsentativität ist gefordert? Welches statistische Material ist in welcher Detailtiefe verfügbar (Einwohner pro Gebäude, pro Bebauungsstruktur, Anteil Kleingewerbe, Zuordnung von Einwohner, Kleingewerbe zu Abfallbehälter etc.)?
III. Welche Finanzmittel stehen zur Verfügung?
IV. Welche Infrastruktur steht zur Verfügung (Sortierplatz, Sammelfahrzeuge etc.)

3 Abfallmenge und Abfallzusammensetzung

Hier sollen nur kurz und exemplarisch einige Punkte dargestellt werden, welche auf jeden Fall berücksichtigt werden müssen. Die detailliert Vorgehensweise ist u. a. in der „Richtlinie für Abfallanalytik" [21] dokumentiert.

Um verlässliche Aussagen zur Restmüllzusammensetzung treffen zu können, sind Kenntnisse zum jahreszeitlichen Verlauf erforderlich. Laut TASi sollten wenigstens drei bis vier jahresspezifische Untersuchungen durchgeführt werden. Dies gilt auch für die Analyse der Getrennten Sammlung von Bioabfällen. Für trockene Wertstoffe ist kein ausgeprägter jahreszeitlicher Verlauf zu erwarten. Analysen sollten jedoch nicht in der Ferienzeit und in zeitlicher Nähe von verpackungsintensiven Feiertagen wie Ostern oder Weihnachten durchgeführt werden, da hier mit unterdurchschnittlichem (Ferien) bzw. überdurchschnittlichem (Feiertage) Aufkommen zu rechnen ist.

Detailtiefe, Repräsentativität und Statistische Grunddaten
Ziel einer jeden Abfallanalyse ist es, die Ist-Situation so genau wie nur möglich abzubilden. Statistische Genauigkeit ist jedoch häufig direkt mit den zur Verfügung stehenden Finanzmitteln verbunden. Um eine repräsentative Analyse durchführen zu können, müssen alle Parameter identifiziert und in die Analyse einbezogen werden, die den zu untersuchenden Stoffstrom beeinflussen. Diese Parameter sind weiter vorne im Textbereits genannt. Die wichtigsten sind dabei:

- Bebauungsstruktur (Stadt, Land, Innerstädtisch, Stadtrand, Großwohnanlage etc.)
- Sammelsystem des zu untersuchenden Stoffstroms (Bring- Holsystem, Behältergröße, Abfuhrrhythmus etc.)
- Sammelsystem der anderen Stoffströme (wie oben)
- Stoffstrommengen

Die für eine Abfallsortieranalyse erforderliche Stichprobengröße und Vorgehensweise bei der Analyse ist in der „Richtlinie für Abfallanalytik" [21] praxisnah beschrieben.

Ein grundsätzliches Problem in der Durchführung von Sortieranalysen ist die Hochrechnung der Stichproben auf die Grundgesamtheit (Bebauungsstruktur, Stadt – Landkreis etc.). Prinzipiell sind die notwendigen Rahmendaten bereits für die Stichprobenplanung notwendig, um überhaupt repräsentative Proben auswählen zu können. In manchen Fällen ist die Ermittlung der notwendigen Basisdaten schwierig. Soll zum Beispiel der Anteil an Geschäftsmüll im Hausmüllaufkommen bestimmt werden, ist der Anteil des an die kommunale Abfallentsorgung angeschlossen Kleingewerbes (Bäckerei, Metzgerei, Arztpraxis, Anwaltskanzlei etc.) zu ermitteln. Dies geht bis zur Überprüfung ob bestimmte Müllbehälter von Haushalten und vom Kleingewerbe gemeinsam genutzt werden. Diese Daten sind in aller Regel nicht verfügbar.

Finanzmittel und Infrastruktur
Die benötigten Finanzmittel zur Durchführung einer repräsentativen Sortieranalyse werden im Wesentlichen durch die Detailtiefe der Sortieranalyse, Kosten für die Ermittlung

von Basisdaten, Kosten der Stichprobensammlung, Kosten für die Infrastruktur der Sortieranalyse sowie Personalkosten bestimmt. Teilweise werden die Infrastruktur und das Personal vom Auftraggeber gestellt, allerdings sollte dies im Vorfeld abgestimmt sein.

Für die Durchführung einer Sortierung muss folgende Ausrüstung bereitgehalten werden und Maßnahmen zum Arbeitsschutz berücksichtigt werden:

Sortiereinrichtung
Sortierband oder Sortiertisch, Sortiergefäße (Mülltonnen bzw. Sortierwannen), Magnete (Fe- vom NE-Metall abscheiden), Schaufeln, Mistgabel, Besen etc., überdachte Halle, geschultes Personal.

Verwiegung
Geeichte Waagen mit unterschiedlichem Wägebereich (bis 200 kg, bis 10 kg, optional bis 1 kg), optional Hubwagen mit Wägeeinrichtung (z. B. für 1.1 m^3 MGB), Stromanschluss oder Reservebatterien, geschultes Personal.

Arbeitsschutz
Arbeitskleidung, Sicherheitsschuhe, Schutzbrille, Atemschutz- Staubmasken, Arbeitshandschuhe, Wetterschutzkleidung, Überprüfung des Impfstatus des Sortierpersonals, Verbandskasten, geschultes Personal.

Sonstiges
Büroausrüstung, Probenahmebehälter, Werkzeug, Verlängerungskabel etc.
In Abb. 3.13 ist der Ablauf einer Sortieranalyse schematisch dargestellt.

Wertstoffpotenzial und Erfassungsgrad
Ausgehend von den Sortieranalysen der verschiedenen Stoffströme aus Haushalten können die Getrenntsammelsysteme (z. B. Altpapier) beurteilt werden. Dazu kann die Erfassungsquote der Wertstoffströme herangezogen werden.

▶ Unter der Erfassungsquote wird der prozentuale Anteil verstanden, der bezogen auf das jeweilige Wertstoffpotenzial (Abb. 3.14: 1) über das Sammelsystem (z. B. Altpapiertonne) erfasst wird. Als Wertstoffpotenzial wird die Menge des Wertstoffs bezeichnet die insgesamt im Haushalt anfällt, d. h. die Menge die mit dem Resthausmüll beseitigt wird und die Menge die über das Getrenntsammelsystem der Sortierung und Verwertung zugeführt wird (Abb. 3.14: 2+3).

Um das Wertstoffpotenzial bestimmen zu können, ist es demnach immer notwendig die Zusammensetzung des Resthausmülls zu kennen.

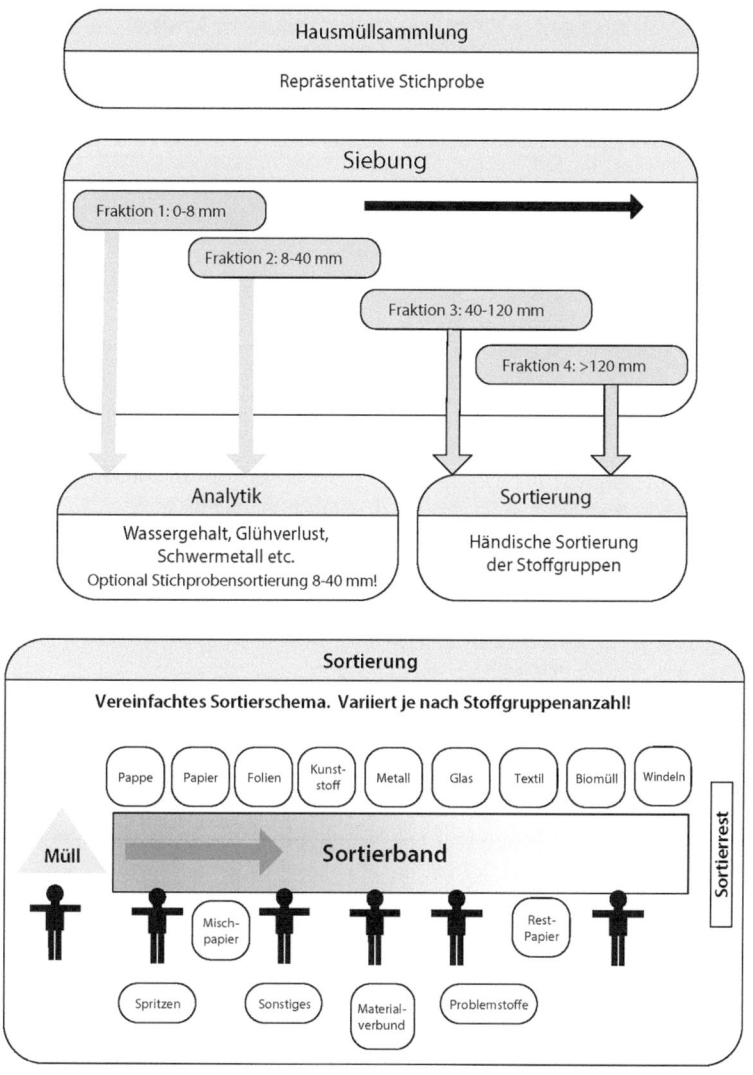

Abb. 3.13 Ablauf einer Sortieranalyse

Die Erfassungsquote wird in der Praxis nicht 100 % erreichen, da immer ein gewisser Anteil im Resthausmüll verbleiben wird (Abb. 3.14: 5). Dies ist u. a. begründet durch die fehlende Motivation der Bürger am Sammelsystem teilzunehmen.

Da in der Praxis über die Wertstoffsammlung nicht nur verwertbare Stoffe erfasst werden, müssen die erfassten Stoffe zum Beispiel in einer Sortieranlage aufbereitet werden. Hier werden sowohl Störstoffe (Abb. 3.14: 8) als auch verunreinigte Wertstoffe aussortiert, die aufgrund ihres Verschmutzungsgrades (Abb. 3.14: 7) nicht verwertbar sind. Die Sortierquote ist der Anteil der gesammelten Menge, der aussortiert wurde. Die

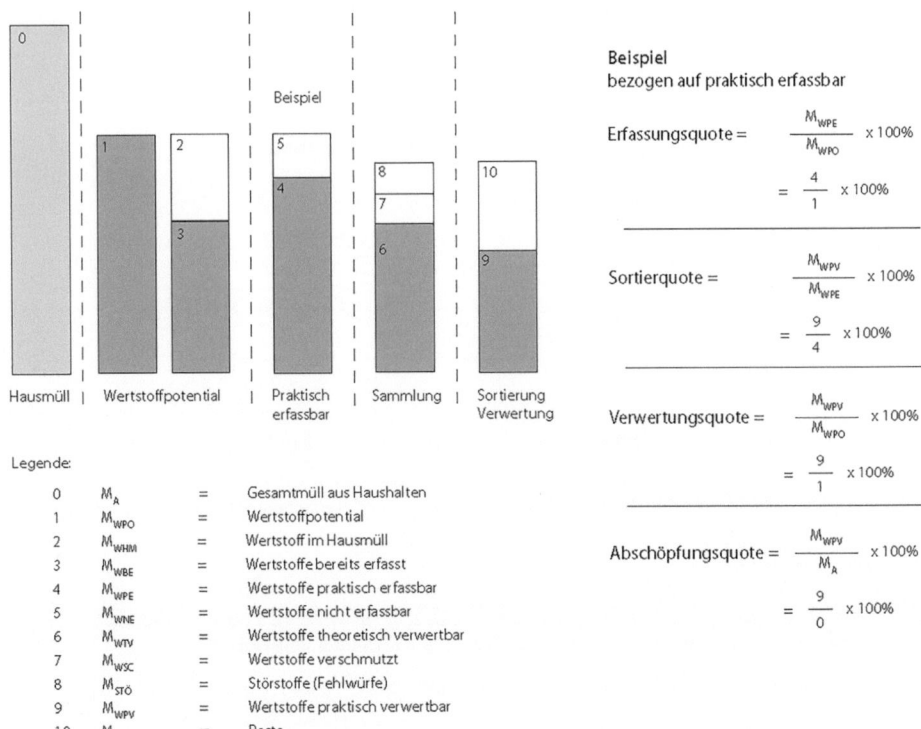

Abb. 3.14 Wertstoffpotenzial, Erfassungsquote und andere Bewertungskriterien [7]

Menge des Wertstoffs die tatsächlich verwertet wird (Abb. 3.14: 9), wird auf das tatsächliche Wertstoffpotenzial bezogen (Verwertungsquote).

Anhand der Abschöpfungsquote kann die Wertstofferfassung beurteilt werden. Durch das Sammelsystem z. B. Papiertonne konnten X % aus dem Gesamthausmüll (Abb. 3.14: 10) der Verwertung zugeführt werden. Hierbei sind Bezugsgrößen eindeutig zu benennen, zum Beispiel Gesamthausmüll inkl. Sperrmüll oder Gesamthausmüll exkl. Sperrmüll.

Die verschiedenen Quoten können für jeden einzeln erfassten Wertstoff berechnet werden oder für die Summe der getrennt erfassten Wertstoffe.

Die beschriebenen Bewertungskriterien sind in Abb. 3.14 schematisch dargestellt.

> **Beispiel**
>
> Das einwohnerspezifische Altpapieraufkommen beträgt ca. 100 kg pro Jahr. Davon werden etwa 60 kg/(E · a) über die Altpapiertonne erfasst. Im Resthausmüll verbleibt eine Menge von ca. 40 kg/(E · a) an Altpapier, die nicht verwertet wird.

$$\text{Erfassungsquote} = \frac{\text{Masse Altpapier in Papiertonne}}{\text{Masse Papierpotenzial}} \cdot 100\%$$

Dabei ergibt sich das Wertstoffpotenzial (hier Altpapierpotenzial = 100 kg/(E · a)) aus der Summe der Masse Altpapier in Papiertonne 60 kg/(E · a) und der Masse Altpapier in Restmülltonne (60 kg/(E · a)).

Daraus ergibt sich eine Erfassungsquote von 60 %:

$$\text{Erfassungsquote} = \frac{60 kg/(E \cdot a)}{100 kg/(E \cdot a)} \cdot 100\% = 60\%$$

◄

3.5.1 Siedlungsabfälle

Im Folgenden wird anhand einer umfangreichen Sortieranalyse für repräsentative Regionen in Deutschland die Abfallzusammensetzung von Siedlungsrestabfällen exemplarisch dargestellt [22]. Für die Abfallzusammensetzung gelten die gleichen Einschränkungen und Hinweise wie für die Abfallmengen. Die Abfallzusammensetzung schwankt genauso wie die Abfallmenge. Die gewählten Beispiele sollen lediglich Tendenzen aufzeigen und darauf hinweisen, welche Stoffgruppen in welchem Sammelsystem zu finden sind bzw. wie Abfälle aus Haushalten generell zusammengesetzt sind. Größere Abweichungen ergeben sich häufig im Anteil der Störstoffe in den jeweiligen Sammelsystemen und bei der Erfassung der Leichtverpackungen.

3.5.1.1 Zusammensetzung des Haus- und Sperrmülls

In Abb. 3.15 ist die Hausmüllzusammensetzung einer bundesweiten Sortieranalyse aus dem Jahr 2020 dargestellt [22]. Dabei handelt es sich um die Ergebnisse einer Studie im Auftrag des Umweltbundesamtes zur Erarbeitung einer belastbaren Datengrundlage für weitergehende abfallwirtschaftliche Überlegungen mit der Zielsetzung, die im Hausmüll verbleibenden Mengen an Wertstoffen sowie Problem- und Schadstoffen zu reduzieren bzw. zu minimieren.

Die Zusammensetzung des Hausmülls aus privaten Haushalten in Deutschland kann in aggregierter Form anhand der Massenanteile von fünf wesentlichen Hauptstoffgruppen beschrieben werden:

- Nativ-organische Abfälle: 39,3 Massen-%
- Trockene Wertstoffe: 17,6 Massen-%
- Restabfall: 26,3 Massen-%
- Feinmüll (0–10 mm): 6,3 Massen-%
- Problem- und Schadstoffe: 0,5 Massen-%

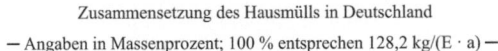

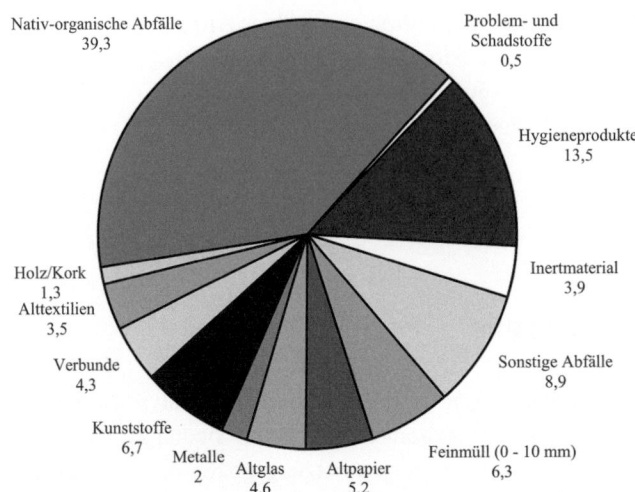

Abb. 3.15 Zusammensetzung des Hausmülls in Deutschland in Massenprozent. Basis: 128,2 kg/(E · a) [22]

Der größte Anteil am Hausmüll entfällt mit ca. 39 Massen-% auf nativ-organische Abfälle. Diese Menge umfasst Küchen- und Speiseabfälle, Gartenabfälle, sonstige organische Abfälle (z. B. Kleintierstreu aus Stroh oder Heu) sowie gefüllte und teilentleerte Lebensmittelverpackungen.

Trockene Wertstoffe machen etwa 28 % der Masse des gesamten Hausmülls aus. Neben Altpapier, Altglas, Kunststoffen, Alttextilien und Holz/Kork gehören zur Hauptgruppe der Verbundstoffe auch Elektroaltgeräte. Die größten Anteile in dieser Gruppe entfallen auf Kunststoffe (ca. 6,7 Massen-%), Altpapier (5,2 Massen-%) und Altglas (4,6 Massen-%). Den geringsten Anteil haben Holz und Kork mit ca. 1,3 Massen-%. Darin enthalten sind auch Anteile an einzelnen Wertstoffen, die sich nicht zur Verwertung eignen.

Restabfälle sind in Höhe von ca. 33 Massen-% in der Gesamtmenge des Hausmülls enthalten. Innerhalb dieser Gruppe verzeichen Hygieneprodukte den höchsten Anteil mit mehr als 50 Massen-%. Darin enthalten sind überwiegend Windeln mit einer hohen spezifischen Dichte.

Organische Abfälle sind mit ca. 50 kg/(E · a) die mengenmäßig größte Stoffgruppe im Hausmüll. Dabei handelt es sich größtenteils um verwertbaren Abfällen, die zur getrennten Sammlung geeignet sind und über die Biotonne gesammelt werden können.

3 Abfallmenge und Abfallzusammensetzung

Darüber hinaus sind bundesweit ca. 35 kg/(E · a) an trockenen Wertstoffen im Hausmüll enthalten, wobei Kunststoffe mit 8,6 kg/(E · a) die größte Hauptgruppe darstellen [22].

In Abb. 3.16 sind die Ergebnisse in Abhängigkeit der Siedlungsstruktur graphisch dargestellt. Zum einen zeigt sich auch hier, dass noch Wertstoffpotenziale im Restmüll enthalten sind, zum anderen, dass große Spannbreiten vorhanden sind, einmal hinsichtlich der Bebauungsstruktur (Stadt–Land) und zum anderen innerhalb der untersuchten Strukturen. In den ländlichen Gebieten sind die Hausmüllmengen mit ca. 125 kg/(E · a) um ca. 13 Massen-% bzw. 14 kg/(E · a) höher als die Mengen in den ländlichen verdichteten Strukturen mit ca. 111 kg/(E · a). Städtische Gebieten verzeichnen mit ca. 151 kg/(E · a) die höchste Hausmüllmenge, was unter anderem auf größere Mengen an Wertstoffen im Hausmüll zurückzuführen ist. Demzufolge sind die Wertstoffpotenziale in Städten am höchsten.

Im Anhang zu diesem Buch sind in den Tabellen A3.1 bis A3.3 physikalisch-chemische Parameter von Hausmüllfraktionen (Wassergehalt, Glühverlust, C-Gehalt, Heizwert) beispielhaft zusammengestellt.

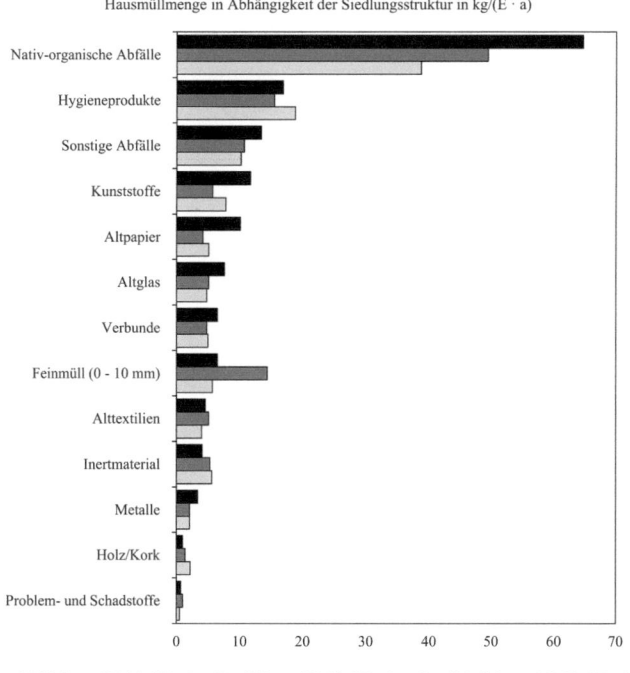

Abb. 3.16 Hausmüllmenge in Abhängigkeit der Siedlungsstruktur in kg/(E · a) (verändert nach [22])

3.5.1.2 Zusammensetzung von Bioabfällen

Die Zusammensetzung von Bioabfällen ist von einer Vielzahl an Faktoren abhängig. In besonderem Maße sind dies der Anfallort (Haushalte, Kleingewerbe, Gärten- und Parkanlagen), das Strukturgebiet, die Satzung, das Behältervolumen und -gebühr, der Anteil der Eigenkompostierung und die Jahreszeiten (siehe auch Abschn. 8.1). Bei den Bioabfällen aus Haushalten, die in der Biotonne erfasst werden (Biogut), beeinflussen besonders das Strukturgebiet und die Jahreszeiten sowie der Umfang der Eigenkompostierung die Menge und Zusammensetzung.

Das Potenzial an Küchenabfällen liegt bei ca. 70 bis 80 kg/(E · a), während dieses für Gartenabfälle über 200 kg/(E · a) betragen kann. Die Menge an Gartenabfällen in der Bio-Tonne hängt neben der Größe und der Art der Bewirtschaftung der Gärten auch mit der Behältergröße und der Möglichkeit der separaten Grüngutsammlung ab. Die Erfassungsrate kann durch gute Öffentlichkeitsarbeit ca. 70 bis 80 % erreichen.

Während die spezifische Küchenabfallmenge relativ unabhängig von der Jahreszeit ist, besteht bei den Grünabfällen eine hohe jahreszeitliche Abhängigkeit. Liegt die Grünabfallmenge im Winterhalbjahr in Ein- und Zweifamilienhausgebieten bei weniger als 0,75 kg/(E · wo), so steigt sie während der Vegetationsperiode auf über 1,5 kg/(E · wo) an [33]. In Baden-Württemberg beträgt das Bioabfallaufkommen basierend auf einer Fallstudie aus 2017 etwa 55 kg/(E · a) in Mehrfamilienhausgebieten und etwa 127 kg/(E · a) in Ein- und Zweifamilienhausgebieten. Dementsprechend ist auch die Zusammensetzung der Abfälle unterschiedlich. Während in Mehrfamilienhausgebieten die Küchenabfälle fast die Hälfte der Biogutmenge ausmachen, sind dies in Ein- und Zweifamilienhausgebieten nur etwa 20 Massen-% (siehe Abb. 3.17) [33]. Von besonderer

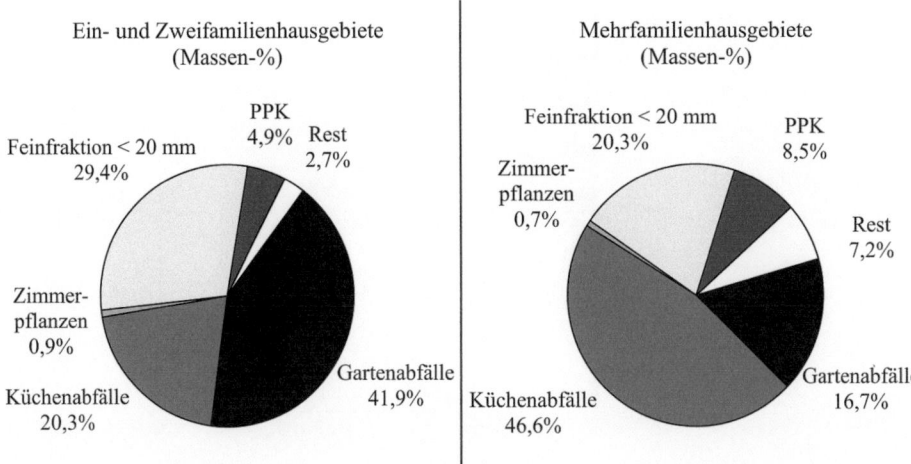

Abb. 3.17 Zusammensetzung des Inhalts der Biotonne (Biogut) in verschiedenen Bebauungsstrukturen [33]

3 Abfallmenge und Abfallzusammensetzung   117

Bedeutung ist der Gehalt an Fremdstoffen (wie z. B. Kunststoffe, Metalle, Glas, Restabfälle). Die hierbei relevanten Einflussfaktoren und weitere relevante Informationen hierzu sind in Abschn. 8.1 aufgeführt.

In Abb. 3.18 ist ergänzend die Zusammensetzung des Inhalts der Biotonne bzw. des Bioguts sowohl für die Grobfraktion, als auch für die Mittel- und Feinfraktion zweier öffentlich-rechtlicher Entsorgungsträger in Baden-Württemberg dargestellt [23].

Im Kreis Ludwigsburg verzeichnen Gartenabfälle mit 43,7 Massen-% den größten Anteil an der Grobfraktion. Darin enthalten sind Strauchschnitt, Rasenschnitt, Unkraut, Laub, Topfpflanzen, Blumensträuße, Fallobst. Der Anteil an Küchenabfällen beträgt 8,2

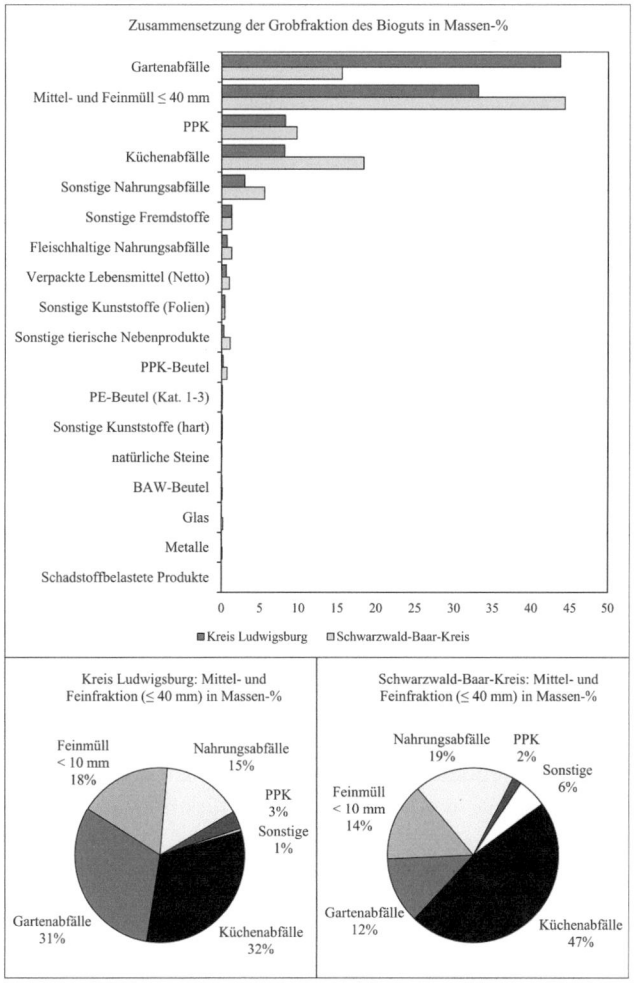

Abb. 3.18 Zusammensetzung des Inhalts der Biotonne (Biogut) am Beispiel zweier öffentlich-rechtlicher Entsorgungsträger in Baden-Württemberg in Gew-% (verändert nach [23])

Massen-% (z. B. Obst- und Gemüseabfälle, ungekochte Lebensmittelreste, Tee- und Kaffeefilter). Fleischhaltige Nahrungsabfälle (0,7 Massen-%; Wurst, Fleisch, Fisch, Knochen, Gräten) und sonstige Nahrungsabfälle (3,0 Massen-%; Brot, Gebäck, gekochte Speisereste) sind in geringen Anteilen enthalten. Der Mittel- und Feinmüll (≤ 40 mm) umfasst ca. 32 Massen-% Küchenabfälle, ca. 31 Massen-% Gartenabfälle, ca. 15 Massen-% Nahrungsabfälle und ca. 18 Massen-% Feinmüll sowie sonstige Abfälle (PPK: 3 Massen-% und Sonstige: 1 Massen-%). Im Gegensatz zum Kreis Ludwigsburg sind im Schwarzwald-Baar-Kreis die Küchen- und Nahrungsabfälle sowohl in der Grobfraktion als auch in der Fein- und Mittelfraktion die dominierenden Stoffgruppen, gefolgt von den Gartenabfällen. Ursachen für die Unterschiede in der Zusammensetzung des Bioabfalls können zum Beispiel in der unterschiedlichen Verfügbarkeit von Grünabfallsammelstellen in den beiden Landkreisen liegen. Der Anteil an Fremdstoffen (u. a. PE-Beutel, Glas, schadstoffbelastete Produkte, Kunststoffe, Metalle) ist sowohl im Kreis Ludwigsburg (1,36 Massen-%) als auch im Schwarzwald-Baar-Kreis (1,54 Massen-%) gering.

3.5.1.3 Zusammensetzung Altpapier – Beispiel Papiertonne

Das Witzenhausen Institut veröffentlichte 2019 die Ergebnisse zur Zusammensetzung des Altpapiers von 15 öffentlich-rechtlichen Entsorgungsträgern [20]. Die Auswertung ergab, dass die Menge und Zusammensetzung der getrennt gesammelten Papiere, Pappen und Kartonagen (PPK) in den untersuchten Städten und Landkreisen in Abhängigkeit von den jeweiligen Rahmenbedingungen, wie Bebauungs- und Gebietsstruktur, Sammelsystem, Behältergrößen, usw. sehr stark variieren können. Den massenprozentual höchsten Anteil des Altpapiers verzeichnet das kommunale Altpapier mit ca. 69 Massen-%. Der Anteil an PPK-Verpackungen liegt bei etwa 29 Massen-%. Der Störstoffanteil, also die Stoffe die nicht aus Altpapier sind, beträgt lediglich ca. 2 Massen-%.

Neben der massenprozentualen Zusammensetzung sind auch die volumenprozentualen Anteile des Altpapiers als Planungs- und Bemessungsgrundlage für die Nutzung des Volumens der bereitgestellten Sammelbehälter von großer Bedeutung. Obwohl das kommunale Altpapier rund zwei Drittel der Masse ausmacht, liegt der volumenprozentuale Anteil bei nur 32 Vol.-%. Der Anteil an PPK-Verpackungen liegt dagegen bei 65 Vol.-% und ist maßgeblich für die Bereitstellung, Bemessung und Nutzung der Sammelbehälter.

Die Fremd- und Störstoffanteile sind dagegen sowohl vom Volumen als auch vom Massenanteil her sehr gering, was ein starkes Indiz für ein gutes Trennverhalten seitens der Haushalte ist und auf eine große Akzeptanz für die Altpapiersammlung schließen lässt.

3.5.1.4 Zusammensetzung Altglas – Beispiel Depotcontainer (nach Farben getrennt)

Ein landesweites Sammelsystem für Behälterglas wurde bereits 1974 eingerichtet. Überwiegend werden Bringsysteme für die getrennte Sammlung von Weiß-, Braun- und

Grünglas eingesetzt. Bundesweit sind mehr als 250.000 Altglascontainer im Einsatz. Die Aufbereitung des erfassten Altglas erfolgt weitgehend vollautomatisch, jedoch erfordert die Farbsortierung aus technischen und wirtschaftlichen Gründen eine getrennte Erfassung der Glasbehälter nach Farben. Die Reinheit des gesammelten Glases ist eine Voraussetzung für die Rückführung von Behälterglasscherben in den Schmelzprozess zur Herstellung neuer Flaschen und Gläser. Im Jahr 2019 wurde für in Verkehr gebrachtes Behälterglas eine Recyclingquote von 84,1 % erreicht [32].

Ebenso wie bei der Altpapier- und Bioabfallsammlung weist die Glassammlung im Vergleich zu der Erfassung von Leichtverpackungen in der Regel deutlich geringere Fehlwurfquoten bzw. Störstoffanteile auf. Dies lässt sich auf verschiedene Faktoren zurückführen:

1. Altpapier-, Altglas- und Bioabfall sammlung sind in Deutschland seit Jahren etabliert.
2. Die Bürger haben die Notwendigkeit bzw. Sinnhaftigkeit der Erfassung verstanden und akzeptiert.
3. Es ist für die Bürger leicht nachvollziehbar, welche Stoffgruppen in welchem Sammelsystem zu entsorgen sind.

3.5.1.5 Zusammensetzung der Leichtverpackungen (LVP)

Seit Umsetzung der Verpackungsverordnung im Jahr 1991 werden Leichtverpackungen getrennt erfasst und überwiegend im Holsystem, zum Beispiel über „Gelbe Säcke" bzw. Müllgroßbehälter, gesammelt. BOTHE untersuchte im Jahr 2017 die Zusammensetzung der getrennt gesammelten Leichtverpackungen. Hierfür wurden 14 Analysen der sog. *Gelben Sammelsysteme* aus den Jahren 2011 bis 2014 zusammengestellt [24]. In Abb. 3.19 sind die Ergebnisse als Hochrechnung für die durchschnittlicher Zusammensetzung der LVP-Sammlung in Deutschland 2014 graphisch dargestellt. Bundesweit wurden ca. 2.488.700 Mg Leichtverpackungen über die Dualen Systeme erfasst, was einem pro-Kopf-Aufkommen von 30,7 kg/E in 2014 entspricht.

Die Zusammensetzung der erfassten Stoffe bei der LVP-Sammlung besteht besteht zu ca. 34,5 Massen-% aus Kunststoff-Verpackungen, zu 10,4 Massen-% aus Verbund-Verpackungen (u. a. Flüssigkeitskartons) und zu 8,6 Massen-% aus Metall-Verpackungen. Damit verzeichnen Leichtverpackungen lediglich einen Anteil von ca. 44,9 Massen-% an der getrennten LVP-Sammlung. Hinzu kommen weitere Anteile an PPK-Verpackungen (4,6 Massen-%) und Glas-Verpackungen (2,9 Massen-%), welche in der Regel jedoch über die getrennte Altpapier- oder Altglassammlung zu entsorgen sind. Der Anteil an Nicht-Verpackungen beträgt ca. 39,1 Massen-%. Wird auch hier zwischen Störstoffen und Fehlwürfen differenziert, so ergibt sich folgendes Bild. Der Anteil an stoffgleichen Nichtverpackungen (Kunststoffe, Metall) beträgt 14,8 Massen-% und der Anteil an Wertstoffen im falschen Sammelsystem (Glas-Verpackungen, PPK-Verpackungen und PPK) 10,1 Massen-%. Der eigentliche Störstoffanteil beträgt ca. 21,7 Massen-%.

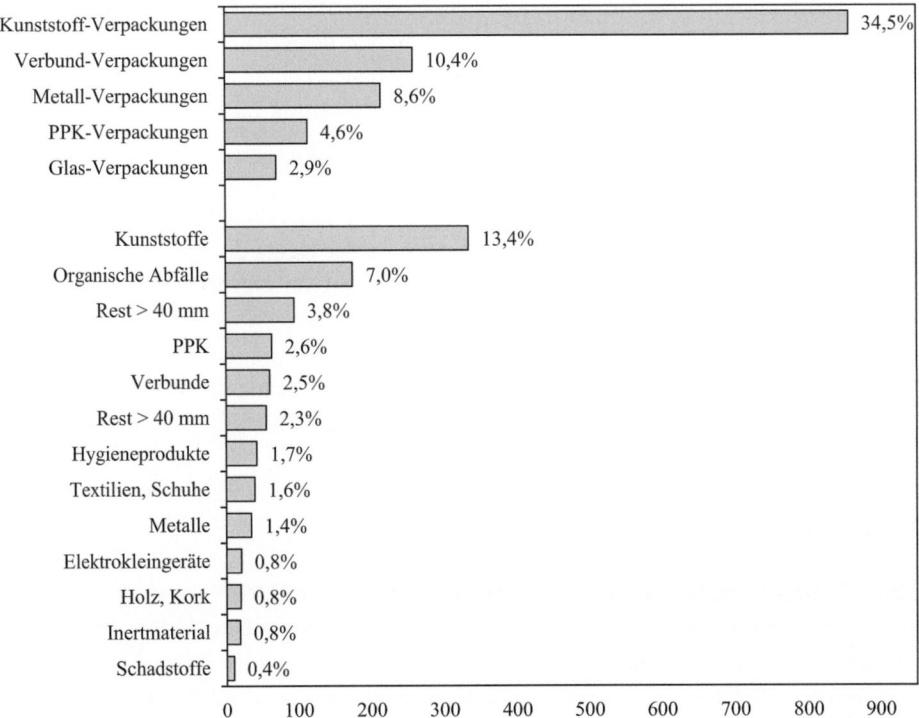

Abb. 3.19 Durchschnittliche Zusammensetzung der LVP-Sammlung in Deutschland 2014, Basis: Analysen von 108.400 Mg gesammelten Leichtverpackungen [24]

Diese Differenzierung soll dazu dienen, die Problematik in diesem Sammelsystem abzubilden. In der Öffentlichkeit wird dieses Sammelsystem häufig mit dem Lizenzzeichen *Grüner Punkt* gleichgesetzt. Das heißt alle Verpackungen die einen Grünen Punk tragen, können über den Gelben Sack oder die Gelbe Tonne entsorgt werden. Dadurch finden sich im Sammelsystem Altglas und Altpapier. Ein weiterer Punkt, der für die Bürger dem Anschein nach unklar ist, ist die Unterscheidung zwischen Verpackungen und Nichtverpackungen. Warum darf der Joghurtbecher in den Gelben Sack aber die Kunststoffschale nicht? Gleiches gilt für Metallteile, die ja verwertet werden können. Dadurch finden sich ca. 14,8 Massen-% stoffgleiche Nichtverpackungen im Sammelsystem. Störstoffanteile von ca. 21,7 Massen-% sind verglichen mit den anderen Sammelsystem (Altpapier, Altglas) deutlich zu hoch.

In der DSD-Fehlwurfstudie 2002 des Landesamt für Umwelt und Geologie [25] wurden unterschiedliche Bebauungsstrukturen und Erfassungssystem untersucht. Es wurde festgestellt, dass der Anteil der gesammelten Leichtverpackungen u. a. abhängig von der Bebauungsstruktur und dem eingesetzten Sammelsystem ist. Die besten Ergebnisse bei

3 Abfallmenge und Abfallzusammensetzung

Tab. 3.7 Anteil der Leichtverpackung im Sammelsystem nach Bebauungsstrukturen [25]

Struktur	Spanne [%]	1.1 m³ MGB [%]	Tonne [%]	Sack [%]
Großwohnanlage	20–76	20–57		67–76
Innenstadt	47–71		44–56	66–71
Stadtrand/Land	47–73		47–50	72–73

der Erfassung der Leichtverpackung wurden in der Bebauungsstruktur Stadtrand/Land im „Sack"-System erzielt. Die schlechtesten Ergebnisse wurden in Großwohnanlagen mit 1.1 m³ Müllgroßbehältern festgestellt. Für die Unterschiede sind verschiedene Faktoren verantwortlich, u. a. Umweltbewusstsein, Verfügbarkeit von Zwischenlagerplätzen, bereitgestelltes Behältervolumen und nicht zu letzt eine gewisse Sozialkontrolle. In einem Müllgroßbehälter ist schnell ein Restmüllsack unbemerkt „versteckt", während in einem transparenten Kunststoffsack jeder Nachbar sehen kann was entsorgt wurde.Auch der Entsorger, der den Gelben Sack einsammelt, kann somit eher eklatante Fehlwürfe erkennen. Im Vergleich mit der Untersuchung von BOTHE sind die durchschnittlichen Anteile an Leichtverpackungen im gelben „Sack"-System seit 2002 weiter zurückgegangen (vgl. Tab. 3.7 und Abb. 3.19).

3.5.1.6 Zusammensetzung des Sperrmülls

Neben der Zusammensetzung des Hausmülls (Abschn. 3.5.1.2.) untersuchte die bundesweite Sortieranalyse aus dem Jahr 2020 auch den Sperrmüll in Deutschland [22]. In Abb. 3.20 ist das Ergebnis der Studie hinsichtlich der Sperrmüllzusammensetzung dargestellt. Basis sind die Mengen aus dem Hol- und Bringsystem entsprechenden der Anteile am Gesamtmassenstrom zusammengefasst. Demnach ist die Sperrmüllzusammensetzung im Wesentlichen durch den Anteil an Möbeln (38,5 Massen-% Holzmöbel und 22,2 Massen-% Polster- und Verbundmöbel) geprägt. Alle anderen Stoffgruppen sind mit deutlich weniger als 10 Massen-% an der Zusammensetzung beteiligt. Dieser hohe Anteil an Möbeln lässt sich leicht dadurch ableiten, dass Sperrmüll in den Abfallsatzungen der Kommunen unter solchen Stoffen kategorisiert ist, die nicht über die gängigen Müllbehälter entsorgt werden können. Dies sind vor allem großvolumige Möbelstücke vom Sofa, über die Matratze bis zum Wohnzimmerschrank. Deutlich wird die Vielzahl von Materialien die bei der Sperrmüllsammlung erfasst werden. Wie diese auf regionaler Ebene zusammengesetzt sind hängt u. a. von der Ausgestaltung des Sperrmüllsammelsystems in den örE sowie der Art der Sammlung (auf Abruf oder 1 bis 2 mal jährlich) ab.

3.5.2 Internationale Abfallzusammensetzung

Detaillierte Aussagen hinsichtlich der Abfallzusammensetzung in anderen Staaten zu treffen ist schwierig. Wie im Abschn. 3.4 (Abfallmenge) beschrieben hängt diese unter

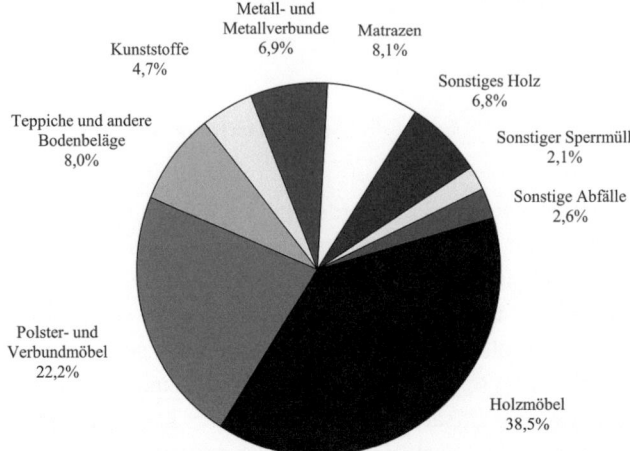

Abb. 3.20 Orientierende Zusammensetzung des Sperrmülls in Deutschland 2020 (Massen-%) [22]

anderem vom Einkommen ab (vgl. Abschn. 3.3). Je höher das Einkommen, desto höher ist der Anteil an Wertstoffen und desto Vielfältiger die zu entsorgenden Materialien. Je niedriger das Einkommen ist, desto weniger Wertstoffe bzw. Materialien finden sich im Hausmüll bzw. im Siedlungsabfall. Im Folgenden sind Daten zur Abfallzusammentzung im internationalen Vergleich und für Regionen mit unterschiedlichem Einkommen kurz dargestellt.

Die Weltbankgruppe hat in ihrem Bericht „What a Waste 2.0" aus dem Jahr 2018 Daten hinsichtlich Abfallaufkommen und Abfallzusammensetzung im internationeln Vergleich zusammengetragen und veröffentlicht [16]. Der Bericht analysiert Daten zur Abfallwirtschaft aus verschiedenen Quellen und Veröffentlichungen, um aussagekräftige Trends und Analysen für politische Entscheidungsträger und die Wissenschaft zu liefern. In Abb. 3.21 sind internationale Abfallzusammensetzungen in Abhängigkeit des Haushaltseinkommens dargestellt. Der prozentuale Anteil an organischen Stoffen im Abfall nimmt mit steigendem Einkommensniveau ab. Konsumgüter in Ländern mit höherem Einkommen enthalten mehr Materialien wie Papier und Plastik als in Ländern mit niedrigerem Einkommen. Die Detailgenauigkeit der Daten zur Abfallzusammensetzung, wie z. B. detaillierte Angaben zu Gummi und Holzabfälle, nimmt ebenfalls mit dem Einkommensniveau zu.

In Tab. 3.8 ist die internationale Abfallzusammensetzung in Massen-% für verschiedene Regionen dargestellt. Der Großteil der Abfälle in der Region Ostasien und Pazifik ist organisch bzw. Bioabfall. Trockene Wertstoffe machen etwa ein Drittel des

3 Abfallmenge und Abfallzusammensetzung

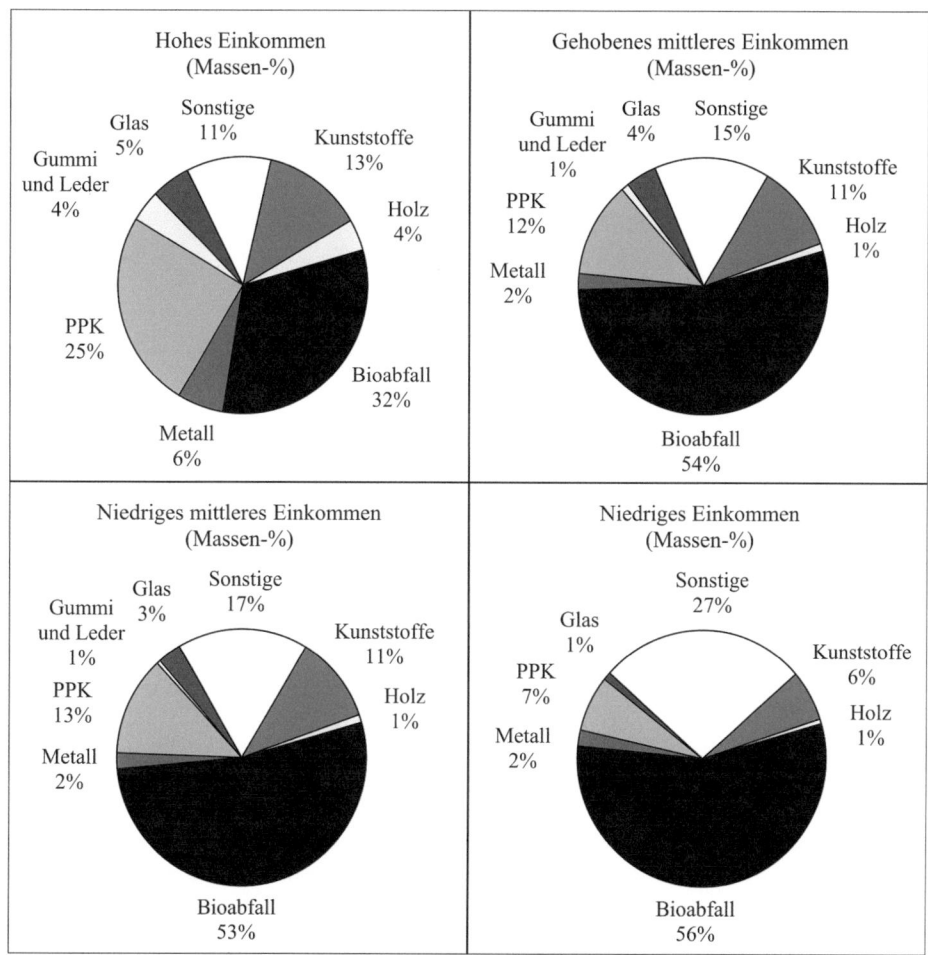

Abb. 3.21 Internationale Abfallzusammensetzung in Abhängigkeit des Haushaltseinkommens in Massenprozent (verändert nach [16])

Abfalls aus. In der Region Ostasien und Pazifik gibt es zudem zahlreiche Initiativen zur Rückgewinnung verwertbarer Materialien aus Abfällen.

Die Abfälle in der Region Europa und Zentralasien sind größtenteils organisch, was mit den weltweiten Trends übereinstimmt. Die Region wird in ihrem Aufkommen an festen Wertstoffen wie Papier und Plastik nur von Nordamerika übertroffen. In städtischen Gebieten ist die Abfallzusammensetzung ähnlich wie auf nationaler Ebene, mit einem etwas geringeren Anteil an organischen Abfällen.

Etwa die Hälfte der Abfälle in Lateinamerika und der Karibik sind Lebensmittel- und Grünabfälle bzw. Küchenabfälle. Trockene Wertstoffe machen etwa ein Drittel des Abfalls aus. Es ist wahrscheinlich, dass die fast 15 % der Abfälle, die nicht durch formale

Tab. 3.8 Internationale Abfallzusammensetzung in Massen-% für verschiedene Regionen (verändert nach [16])

	Bio-abfall	PPK	Glas	Kunst-stoff	Metall	Gummi,Leder	Sonst	Holz
Ostasien und Pazifik (0,56 kg/(E · d)	53 %	15 %	2,6 %	12 %	3 %	<1 %	12 %	2 %
Europa und Zentralasien (1,18 kg/(E · d)	36 %	18,6 %	8 %	11,5 %	3 %	<1 %	21 %	1,6 %
Lateinamerika und Karibik (0,99 kg/(E · d)	52 %	13 %	4 %	12 %	3 %	< 1 %	15 %	< 1 %
Naher Osten und Nordafrika (0,81 kg/(E · d)	58 %	13 %	3 %	12 %	3 %	2 %	8 %	1 %
Nord-Amerika (2,21 kg/(E · d)	28 %	28 %	4,5 %	12 %	9,3 %	9 %	3,6 %	5,6 %
Südasien (0,52 kg/(E · d)	57 %	10 %	4 %	8 %	3 %	2 %	15 %	1 %
Subsahara-Afrika (0,46 kg/(E · d)	43 %	10 %	3 %	8,6 %	5 %	< 1 %	30 %	< 1 %

Systeme charakterisiert wurden, größtenteils organisch sind, da die Gebiete, die nicht in den Zuständigkeitsbereich der kommunalen Abfallsysteme fallen, in der Regel ländlich oder einkommensschwach sind und, dort prozentual mehr nasse oder organische Abfälle anfallen.

Bioabfälle sind mit 58 % die vorherrschende Abfallart in der Region Naher Osten und Nordafrika. Etwa ein Drittel des Abfalls besteht aus trockenen Wertstoffen, und die steigende Recyclingaktivität in der Region spiegelt die zunehmende Bereitschaft wider, den Wert dieser Materialien zu nutzen. Ein wichtiger Schwerpunkt in der Region ist die Reduzierung von Lebensmittelabfällen und die Behandlung organischer Abfälle.

Die Zusammensetzung der Abfälle in Nordamerika ist vielfältig. Im Gegensatz zu anderen Regionen machen Bioabfälle weniger als 30 Massen-% des gesamten Abfallstroms aus. Mehr als 55 Massen-% der Abfälle sind trockene Wertstoffe. Papier und Pappe machen 28 Massen-% des Gesamtabfalls aus, Kunststoff 12 Massen-%.

Die meisten Abfälle in der Region Südasien sind organisch. Die Bioabfälle werden allerdings häufig nicht klassifiziert, obwohl man davon ausgeht, dass signifikante Anteile an Inertabfällen in den Bioabfälle enthalten sind. Aus der Kanalisation gereinigte Abfälle und Schlamm werden häufig mit den von den Kommunen entsorgten festen Abfällen vermischt. Auch Bau- und Abbruchabfälle sind häufig in den für Südasien gemeldeten

3 Abfallmenge und Abfallzusammensetzung

Daten enthalten, obwohl sie aufgrund neuer Vorschriften in Indien, die 2016 eingeführt wurden, schrittweise getrennt erfasst werden sollen. Mehr als 40 % der Abfälle in der Region Subsahara-Afrika sind organisch und 30 % der Abfälle sind typischerweise Inertabfälle wie Sand und Feinstaub. Die Verbrauchsgewohnheiten in der Region ändern sich und gehen hin zu mehr verpackten Produkten und Elektronik. Ein Anstieg der Importe führt auch zu größeren Mengen an Verpackungen [16].

3.6 Abfallanalytik

Die Durchführung von Abfallanalysen gliedert sich in folgende Schritte

1. Probennahme
2. Probenaufbereitung
3. Probenaufschluss
4. Messung
5. Auswertung der Messergebnisse

Probennahme

Nach RUMP [26] wird unter *Probennahme* die Entnahme von Teilmengen aus einer Grundgesamtheit verstanden. Bei der Entnahme von Teilmengen besteht im Fall von heterogenen Abfallgemischen wie zum Beispiel Hausmüll (siehe dazu Stoffgruppenliste Tab. 3.6) das Problem der Repräsentativität der Probennahme.

▶ Nach LAGA PN 98 [27] wird eine repräsentative Probe folgendermaßen definiert …
„Probe, deren Eigenschaften weitestgehend den Durchschnittseigenschaften der Grundmenge des Prüfgutes entsprechen."

Es ist leicht nachzuvollziehen, dass die Probennahme aus einem 120 l Müllgroßbehälter relativ einfach ist, allerdings ist diese Probennahme nicht repräsentativ für die durchschnittliche Hausmüllzusammensetzung oder gar den durchschnittlichen Heizwert.
   Die Probennahme erfolgt entsprechend den Eigenschaften des Prüfgutes. Diese hängen z. B. von ihrer räumlichen Verteilung (z. B. Altlasten), der Homogenität (z. B. Fertigkompost), der Heterogenität (Hausmüll, Sperrmüll, Gewerbemüll) sowie deren physikalisch-chemischen Eigenschaften ab. Für eine repräsentative Analyse, müssen alle Parameter identifiziert und in die Analyse einbezogen werden, die den zu untersuchenden Stoffstrom beeinflussen (z. B. Bebauungsstrukturen). Für die ordnungsgemäße Probennahme ist es notwendig, im Vorfeld die Zielsetzung der Analytik und deren spezifischen Rahmenbedingungen zu kennen. Entsprechend der anschließenden Analytik sind geeignete Transportbehältnisse auszuwählen. Werden werden organische Schadstoffe analysiert, sollten die Behältnisse aus Glas und nicht aus Kunststoff sein. Werden biologische Verfahren verwendet oder Nährstoffgehalte bestimmt, muss die

Transportdauer auf ein Minimum reduziert werden bzw. müssen die Transportbehältnisse gekühlt werden.

Die Vorgehensweise bei Planung, Probennahme und Klassifizierung von Abfällen ist unter anderem ausführlich in der Richtlinie zur einheitlichen Abfallanalytik in Sachsen beschrieben [7, 17, 21]. Für die Untersuchung der physikalischen, chemischen und biologischen Eigenschaften sei auf die LAGA PN 98 [27] verweisen.

Um die Bedeutung der Probennahme zu verdeutlichen, sei hier auf das Fehlerfortpflanzungsgesetz hingewiesen. In der Analysenkette Probennahme – Probenaufbereitung – Analytik, ist die Probennahme mit dem größten Fehler behaftet, die Analytik mit dem kleinsten [28].

$$S^2_{Gesamt} = S^2_{Probenahme} + S^2_{Aufbereitung} + S^2_{Analyse}$$

Der Gesamtfehler ergibt sich aus der Summe der Einzelfehler. In der Analyse beträgt dieser allenfalls wenige Prozent. Für die Probennahme z. B. aus heterogenen Abfallgemischen sind die Fehler kaum bezifferbar. Diese können fallweise über 1000 % ausmachen [28].

Aufbereitung der Proben
Die Aufbereitung der Proben umfasst je nach durchzuführender Analyse das Trocknen und Zerkleinern.

Die Proben werden getrocknet, weil eine Zerkleinerung (Homogenisierung) im feuchten Zustand kaum möglich ist (z. B. Bioabfall) oder weil die Analytik mit der Trockensubstanz durchgeführt wird (z. B. Glühverlust).

Eine Zerkleinerung der Analyseprobe ist notwendig, da i. d. R. nur geringe Mengen für die Analytik notwendig sind, die Einwaage beim Glühverlust beträgt zum Beispiel nur 5 g. Des Weiteren wird durch die Zerkleinerung der Probe eine weitere Homogenisierung des Probenmaterials erreicht. Als Zerkleinerungsaggregate kommen Messermühlen, Schwingscheibenmühlen oder Zentrifugalmühlen zum Einsatz. Für nachfolgende Schwermetalluntersuchungen dürfen zur Zerkleinerung keine Mühlen mit Metallwerkzeugen verwendet werden.

Aufschluss
Nach RUMP [26] müssen anorganische Bestandteile aufgeschlossen werden, um sie der chemischen Analyse zugänglich zu machen. Dabei können je nach Analyse unterschiedliche Aufschlussverfahren zum Einsatz kommen, z. B. Aufschluss mit Säuren bei der Analyse von Schwermetallen.

Messung und Auswertung
Je nach zu analysierendem Parameter stehen verschiedene Analyseverfahren zur Verfügung. Diese reichen von der Elementaranalyse über elektrochemische, spektrometrische, chromatografische bis hin zu biologisch/biochemischen Verfahren. Ent-

3 Abfallmenge und Abfallzusammensetzung

sprechend der eingesetzten Methode werden die Messergebnisse ermittelt und ausgewertet. Die Durchführung und Auswertung ist den jeweiligen Richtlinien zu entnehmen. In der Tab. 3.9 sind exemplarisch einige Standarduntersuchungen in der Abfallanalytik zusammengestellt.

Tab. 3.9 Standarduntersuchungen in der Abfallanalytik

Wassergehalt [WG] [% FM]	
Anwendung	• **Abfälle für die biologische Behandlung (aerob/anaerob) (optimaler Wassergehalt)** • **Vergleichbarkeit von Sortieranalysen** • **Basis für andere Analysen**
Ausrüstung	Probenbehältnis, Waage, Trockenschrank
Durchführung	Einwiegen der feuchten Probe, Trocknung der Probe bis zur Gewichtskonstanz (105°C), Auswiegen der getrockneten Probe Falls die Probe leichtflüchtige Bestandteile in größeren Mengen enthält muss der Wassergehalt über die Karl-Fischer-Titration bestimmt werden. Bei Kunststoffen sollte die Temperatur auf 60°C (Bilitewski) reduziert werden. Bei der Analytik von org. Schadstoffen auf 30°C
Formel	Wassergehalt $= \frac{(Masse_{feucht} - Masse_{trocken})}{(Masse_{feucht} - Masse_{tara})} \cdot 100\%$ (3.1) $Masse_{tara}$ = Masse der leeren Schale (g) $Masse_{feucht}$ = Masse der feuchten Probe plus Masse tara (g) $Masse_{trocken}$ = Masse der trockenen Probe plus Masse tara (g)
Methode	DIN 38414-S. 2, Methodenbuch BGK [29]
Glühverlust [GV] [% TM]	
Anwendung	• **Bei Komposten Gehalt an biologisch abbaubarer Substanz** • **Zuordnungskriterium Deponie** • **Basis für andere Analysen**
Equipment	Porzellantiegel, Waage, Muffelofen, Exsikator
Durchführung	Zerkleinern der getrockneten Probe (<0,25 mm) Einwiegen der trockenen Probe, Verglühen der Probe im Muffelofen (550°C) bis zur Gewichtskonstanz, Abkühlen im Exsikator, Auswiegen der Probe
Formel	Glühverlust $= \frac{(Masse_{vor\,dem\,Glühen} - Masse_{nach\,dem\,Glühen})}{(Masse_{vor\,dem\,Glühen} - Masse_{tara})} \cdot 100\%$ (3.2) $Masse_{tara}$ = Masse des leeren Porzellantiegel (g) $Masse_{vor\,dem\,Glühen}$ = Probeneinwaage plus Masse tara (g) $Masse_{nach\,dem\,Glühen}$ = Probe plus Masse tara (g)
Methode	DIN 38414-S. 3, Methodenbuch BGK [29], Deponieverordnung [30]
Gärtest [GB$_{21}$]	
Anwendung	• **Gasbildungspotenzial (z. B. Vergärung)** • **Zuordnungskriterium Deponie**
Ausrüstung	Siehe Deponieverordnung

(Fortsetzung)

Tab. 3.9 (Fortsetzung)

Durchführung	1. Feuchte Probe < 10 mm zerkleinern 2. Probenansatz 50 g + 50 ml Impfschlamm + 300 ml Leitungswasser 3. Referenzansatz 50 ml Impfschlamm + 1 g Cellulose + 300 ml Leitungswasser (Achtung, muss umgerechnet mindestens 400L/kg (normiert) erreichen, sonst Versuchsergebnisse verwerfen) 4. pH-Wert muss zu Beginn und am Ende gemessen werden. (Achtung pH-Wert muss > 6,8 und < 8,2 sein, sonst Versuchsergebnisse verwerfen) 5. Messdauer 21 Tage
Methode	Deponieverordnung [30]
Atmungsaktivität [AT_4]	
Anwendung	• **Biologische Aktivität** • **Zuordnungskriterium Deponie**
Ausrüstung	Sapromat
Durchführung	1. Feuchte Probe < 10 mm zerkleinern (bei Kompost < 10 mm sieben) 2. Einstellen des Wassergehaltes 3. 30–50 g in Messapparatur 4. pH-Wert muss zu Beginn und am Ende gemessen werden. (! pH-Wert muss > 6,8 und < 8,2 sonst Versuchsergebnisse verwerfen) 5. Messung des Sauerstoffverbrauchs bzw. des gebildeten Kohlendioxid bei 20°C. Messintervall mindestens 6 h (nach AbfAblV stündlich)
Ergebnis	Atmungsaktivität
Methode	Methodenbuch der BGK [29], Deponieverordnung [30]
Selbsterhitzungstest [SERH]	
Anwendung	• **Kompostqualität** • **Biologische Aktivität von Restmüll**
Ausrüstung	Dewar-Gefäß, Thermometer bzw. online Messung
Durchführung	Einstellen des optimalen Wassergehaltes (Faustprobe), befüllen des Dewar-Gefäßes, Temperaturerfassung über 10 Tage
Ergebnis	Rottegrad I–V aus Temperaturmaximum
Methode	Methodenbuch der BGK [29]
Brennwert [Ho] und Berechnung des Heizwert [Hu]	
Anwendung	• **Zuordnungskriterium Deponie** • **Thermische Abfallbehandlung** • **Energetische Verwertung**
Ausrüstung	Brikettierpresse zur Herstellung der Brennstoffprobe, kalorimetrische Bombe, Chemikalien und Hilfsmittel Das Kalorimeter muss kalibriert werden (Referenzmaterial)

(Fortsetzung)

3 Abfallmenge und Abfallzusammensetzung

Tab. 3.9 (Fortsetzung)

Durchführung	Durch die Verbrennung der Analysenprobe in der kalorimetrischen Bombe wird Wärme freigesetzt. Aus der Temperaturerhöhung des Kalorimeters, der Wärmekapazität des Kalorimeters, sowie der Einwaage der Probe und weiterer in der DIN beschriebenen Parametern wird der Brennwert Ho ermittelt. Aus dem Brennwert kann anhand der nachfolgenden Formel der Heizwert H_u errechnet werden
Formel	$H_u = (H_o - (24{,}41 \cdot 8{,}94 \cdot F)) \cdot \left(\frac{100 - W}{100}\right) - (W \cdot 24{,}41)$ (3.3) H_u = unterer Heizwert in kJ/kg H_o = Brennwert in kJ/kg W = Wassergehalt in % F = Wasserstoffgehalt in %
Methode	DIN 51900–1, DIN 51900–2, DIN 51900–3

Fragen zu Kap. 3

1. Wie ist der Abfallbegriff gemäß dem Kreislaufwirtschaftsgesetz definiert?
2. Was sind Baustellenabfälle?
3. In der Abfallverzeichnis-Verordnung sind verschiedene Abfälle mit einem Asteris * gekennzeichnet. Welche Bedeutung hat dies?
4. Welchen Einfluss hat das Einkommen auf die Abfallmenge und -zusammensetzung?
5. Welchen Einfluss hat der zu erwartende Demographische Wandel auf die Abfallwirtschaft?
6. Welche Abfälle aus Haushalten unterliegen einem jahreszeitlichen Einfluss?
7. Welche Daten werden benötigt, um den Erfassungsgrad zu bestimmen?
8. Wie ist die Abschöpfungsquote definiert?
9. In welcher Stoffgruppe (Hausmüll) sehen Sie das größte Potenzial, um die Menge an Abfällen zur Beseitigung weiter zu minimieren bzw. die Verwertungsquote zu erhöhen?

Literatur

[1] Abfallverzeichnis-Verordnung vom 10. Dezember 2001 (BGBl. I S. 3379), die zuletzt durch Artikel 1 der Verordnung vom 30. Juni 2020 (BGBl. I S. 1533) geändert worden ist. https://www.gesetze-im-internet.de/avv/AVV.pdf (Zugriff 17.01.2023)

[2] DESTATIS: Statistisches Bundesamt. http://www.destatis.de, Fachserie 19 Reihe 1, Umwelt Abfallentsorgung. Statistisches Bundesamt 2006

[3] Leitfaden Siedlungsabfall: Ministerium für Umwelt Baden-Württemberg. Luft Boden Abfall Heft 12, 1991

[4] Hoffmeister, J. (2008): Demografie und Abfall – Wechselwirkungen zwischen sozio-demografischen Einflussfaktoren und dem spezifischen Abfallaufkommen, in: Karl J. Thomé-Kozmiensky und Andrea Versteyl (Hrsg.): Planung und Umweltrecht – Band 2, Neuruppin.

[5] BiB (2021). Privathaushalte in Deutschland nach ihrer Mitgliederzahl (1871–2019). Bundesinstitut für Bevölkerungsforschung (Hrsg.). https://www.bib.bund.de/DE/Fakten/Fakt/Daten/L53-Privathaushalte-Mitglieder-ab-1871_csv.csv?__blob=publicationFile&v=2 (Zugriff 18.01.2023)

[6] Buchert, M., Bleher, D., Dehoust, G., Gsell, M., Hay, D., Keimeyer, F., Kießling, L., Verbücheln, M., Dähner, S., Pichl, J. (2017). Demografischer Wandel und Auswirkungen auf die Abfallwirtschaft – Ermittlung der Auswirkungen des demografischen Wandels auf Abfallanfall, Logistik und Behandlung und Erarbeitung von ressourcenschonenden Handlungsansätzen. Forschungskennzahl 3715 333280. https://www.bmuv.de/fileadmin/Daten_BMU/Pools/Forschungsdatenbank/fkz_3715_33_328_demografischer_wandel_abfallwirtschaft_bf.pdf (Zugriff 18.01.2023)

[7] Wagner, J., Kügler, T., Baumann, J., Günther, M., Finke, E. (2014). Bericht zur Fortschreibung der Sortierrichtlinie 1998. Sächsisches Landesamt für Umwelt, Landwirtschaft und Geologie, LfULG (Hrsg.). https://publikationen.sachsen.de/bdb/artikel/23865/documents/39981 (Zugriff 18.01.2023)

[8] Umweltbundesamt (2022). Abfallaufkommen (einschließlich gefährlicher Abfälle). Quelle: Statistisches Bundesamt, Abfallbilanz, Wiesbaden, verschiedene Jahrgänge. https://www.umweltbundesamt.de/sites/default/files/medien/3630/bilder/dateien/2_abb_abfallaufkommen_ab-2000_2022-10-13_0.xlsx (Zugriff 18.01.2023)

[9] Quicker, P.; Fojtik, F.; Faulstich, M.: Verfahren zur Quantifizierung von Geschäftsmüll. In: Müll und Abfall 10/2006

[10] Statistisches Bundesamt (2023): Tabelle 321221-0001. Aufkommen an Haushaltsabfällen: Deutschland, Jahre, Abfallarten https://www-genesis.destatis.de/genesis//online?operation=table&code=32121-0001&bypass=true&levelindex=0&levelid=1674200987364#abreadcrumb (Zugriff 20.01.2023)

[11] Statistisches Landesamt Baden-Württemberg 2022: Aufkommen an Haus- und Sperrmüll in Baden-Württemberg in ausgewählten Jahren nach Kreisen. https://www.statistik-bw.de/Umwelt/Abfall/AW-KA_hausmuell.jsp (Zugriff 20.01.2023)

[12] ElektroG (2015). Elektro- und Elektronikgerätegesetz vom 20. Oktober 2015 (BGBl. I S. 1739), das zuletzt durch Artikel 1 des Gesetzes vom 8. Dezember 2022 (BGBl. I S. 2240) geändert worden ist. https://www.gesetze-im-internet.de/elektrog_2015/ElektroG.pdf (Zugriff 20.01.2023)

[13] Umweltbundesamt (2022): Elektro- und Elektronikaltgeräte. Wo steht Deutschland? https://www.umweltbundesamt.de/daten/ressourcen-abfall/verwertung-entsorgung-ausgewaehlter-abfallarten/elektro-elektronikaltgeraete#wo-steht-deutschland (Zugriff 20.01.2023)

[14] Statistisches Bundesamt: https://www.umweltbundesamt.de/daten/abfall-kreislaufwirtschaft/entsorgung-verwertung-ausgewaehlter-abfallarten/bioabfaelle (Zugriff 11.04.2016)

[15] Umweltbundesamt (2022). In Verkehr gebrachte Mengen, Sammelmengen und -quoten bei Elektroaltgeräten. https://www.umweltbundesamt.de/sites/default/files/medien/384/bilder/dateien/2_abb_mengen-sammelmengen-quoten_2022-09-28.xlsx (Zugriff 20.01.2023)

[16] Kaza, S., Yao, L. C., Bhada-Tata, P., & van Woerden, F. (2018). What a Waste 2.0: A Global Snapshot of Solid Waste Management to 2050. Washington, DC: World Bank. https://doi.org/10.1596/978-1-4648-1329-0

[17] Wagner, J., Baumann, J, Müller, R. (2016). Bericht zur Ergänzung der Sortierrichtlinie 2014 zur Identifikation von Lebensmittelabfällen. Sächsisches Landesamt für Umwelt, Landwirt-

schaft und Geologie, LfULG (Hrsg.). https://publikationen.sachsen.de/bdb/artikel/23865/documents/39942 (Zugriff 21.01.2023)

[18] IPCC (2019). 2019 Refinement to the 2006 IPCC Guidelines for National Greenhouse Gas Inventories. Chapter 2. Waste Generation, Compostition and Management Data. Intergovernmental panel on climate change https://www.ipcc-nggip.iges.or.jp/public/2019rf/pdf/5_Volume5/19R_V5_2_Ch02_Waste_Data.pdf (Zugriff 20.01.2023)

[19] Eurostat (2023). Municipal waste - tables and figures. https://ec.europa.eu/eurostat/statistics-explained/images/6/66/Municipal_waste_statistics_20230105_vTM.xlsx (Zugriff 20.01.2023)

[20] Kern, M., Siepenkothen, H.-J., Neumann, F., & El-Fayoumy, F. (2019). Massen- und volumenprozentuale Zusammensetzung von Altpapier. MÜLL Und ABFALL. Advance online publication. https://doi.org/10.37307/j.1863-9763.2019.02.06

[21] Richtlinie für Abfallanalytik: Richtlinie zur einheitlichen Abfallanalytik in Sachsen.- Herausgeber: Sächsisches Landesamt für Umwelt und Geologie, Öffentlichkeitsarbeit, 1998 (www.umwelt.sachsen.de)

[22] Dornbusch, H.-J., Hannes, L., Santjer, M., Böhm, C., Wüst, S., Zwisele, B., Kern, M., Siepenkothen, H.-J., Kanthak, M. (2020). Vergleichende Analyse von Siedlungsrestabfällen aus repräsentativen Regionen in Deutschland zur Bestimmung des Anteils an Problemstoffen und verwertbaren Materialien. Abschlussbericht. Forschungskennzahl 3717353440. Im Auftrag des Umweltbundesamtes. TEXTE 113/2020. ISSN 1862-4804. https://www.umweltbundesamt.de/sites/default/files/medien/479/publikationen/texte_113-2020_analyse_von_siedlungsrestabfaellen_abschlussbericht.pdf (Zugriff 21.01.2023)

[23] LUBW (2018). Sortenreinheit von Bioabfällen. Datenerhebung am Beispiel zweier öffentlich-rechtlicher Entsorgungsträger in Baden-Württemberg. Landesanstalt für Umwelt Baden-Württemberg, LUBW (Hrsg.). https://www.lubw.baden-wuerttemberg.de/documents/10184/144160/%20sortenreinheit_von_bioabfaellen-1.pdf/88ee0a8b-e4c0-463c-a937-8169abc5f018 (Zugriff 22.01.2023)

[24] Bothe, D. (2017). LVP-Analysen: Was steckt im gelben Sack? MÜLL Und ABFALL. Advance online publication. https://doi.org/10.37307/j.1863-9763.2017.08.07

[25] Landesamt für Umwelt und Geologie: DSD-Fehlwurfstudie 2002. Freistaat Sachsen. (www.umwelt.sachsen.de)

[26] Rump, H.H.; Scholz, B.: Untersuchung von Abfällen, Reststoffen und Altlasten – Praktische Anleitung für chemische, physikalische und biologische Methoden. VCH, New York; Basel; Cambridge; Tokio, 1995

[27] LAGA PN 98: Richtlinie für das Vorgehen bei physikalischen, chemischen und biologischen Untersuchungen im Zusammenhang mit der Verwertung/Beseitigung von Abfällen. Länderarbeitsgemeinschaft Abfall (LAGA 32), 2001 (www.laga-online.de)

[28] Thomanetz, E.: Das Märchen von der repräsentativen Abfallprobe. In: Müll und Abfall, 2002, Heft 3, Seite 136

[29] Bundesgütegemeinschaft Kompost (2006): Methodenbuch zur Analyse organischer Düngemittel, Bodenverbesserungsmittel und Substrate. Unter Mitarbeit von Bertram Kehres. 5. Aufl. Köln: Selbstverlag. ISBN 978-3-939790-00-6

[30] Deponieverordnung - DepV (2009). Verordnung über Deponien und Langzeitlager. Deponieverordnung vom 27. April 2009 (BGBl. I S. 900), die zuletzt durch Artikel 3 der Verordnung vom 9. Juli 2021 (BGBl. I S. 2598) geändert worden ist. https://www.gesetze-im-internet.de/depv_2009/DepV.pdf (Zugriff 25.01.2023)

[31] Umweltbundesamt (2022). Entkopplung des Abfallaufkommens von der Wirtschaftsleistung (Abfallintensität). Quelle: Statistisches Bundesamt, Wiesbaden, Abfallbilanz (verschiedene Jahrgänge), FS 18 R. 1.5, Inlandsproduktberechnung - Lange Reihen ab 1970 (Stand

09/2022); Umweltbundesamt, eigene Berechnungen. https://www.umweltbundesamt.de/sites/default/files/medien/3630/bilder/dateien/5_abb_entkopplung_ab-2000_2022-10-13.xlsx (Zugriff 19.01.2023)

[32] Umweltbundesamt (2022). Glas und Altglas. Umweltbundesamt. https://www.umweltbundesamt.de/daten/ressourcen-abfall/verwertung-entsorgung-ausgewaehlter-abfallarten/glas-altglas#stoffliche-verwertung-von-behalterglas (Zugriff 23.01.2023)

[33] Böhme, L.; Clauß, D.; Kranert, M.: Stoffstromanalyse der Rest- und Abfallstoffe in Baden-Württemberg. Abschlussbericht der Universität Stuttgart, Institut für Siedlungswasserbau, Wassergüte- und Abfallwirtschaft, Ministerium für Wissenschaft, Forschung und Kunst Baden-Württemberg, Stuttgart (2017)

Abfallvermeidung

4

Martin Kranert, Dominik Leverenz, Anna Fritzsche und Werner Bidlingmaier

> **Zusammenfassung**
>
> Die Vermeidung von Abfällen steht an oberster Stelle der Abfallhierarchie und ist auf Ebene des EU-Rechts und der nationalen Gesetzgebung verankert. So sind die EU-Staaten verpflichtet, Abfallvermeidungsprogramme zu erstellen und fortzuschreiben, welche konkrete Ziele und Maßnahmen zur Umsetzung der Vermeidung umfassen. Allein die Definition des Begriffes der Abfallvermeidung selbst ist komplex, da sowohl subjektive als auch objektive Maßstäbe anzulegen sind. Abfallvermeidung kann bei allen Akteuren, die in die Stoffkreisläufe involviert sind, stattfinden; dies reicht vom Gesetzgeber über die Produktion und der damit verbundenen Produktverantwortung, der öffentlichen Hand, dem Handel und den Dienstleistungsbereichen bis hin zu den Privathaushalten. Mit der Ausweitung der Ökodesign-Richtlinie (zukünftig Ökodesign-Verordnung) gewinnt die Abfallvermeidung auf Ebene der Produzenten an

---

M. Kranert
Institut für Siedlungswasserbau, Wassergüte- und Abfallwirtschaft (ISWA),
Universität Stuttgart, Stuttgart, Deutschland
E-Mail: martin.kranert@iswa.uni-stuttgart.de

A. Fritzsche
Alfter, Deutschland
E-Mail: Anna.fritzsche@posteo.de

W. Bidlingmaier (✉)
Bad Berka, Deutschland
E-Mail: werner.bidlingmaier@uni-weimar.de

D. Leverenz
Professur für Technology Assessment, Universität Augsburg, Augsburg, Deutschland
E-Mail: dominik.leverenz@uni-a.de

© Springer Fachmedien Wiesbaden GmbH, ein Teil von Springer Nature 2024
M. Kranert (Hrsg.), *Einführung in die Kreislaufwirtschaft*,
https://doi.org/10.1007/978-3-658-41711-6_4

Bedeutung. Maßnahmen sind in großem Umfang zu nennen, werden aber bisher nur in Ansätzen umgesetzt. Nach wie vor ist eine Quantifizierung der Abfallvermeidung nur unvollkommen möglich.

Schlüsselwörter

Waste prevention · Eco-design · Waste prevention programme · Resource efficiency · Producer responsibility · Zero waste · Obsolescence · Sufficiency

4.1 Grundlagen

4.1.1 Einführung

Abfallvermeidung hat sowohl bei strategischen und konzeptionellen Ansätzen auf Ebene der Europäischen Union und der Mitgliedstaaten, bei den gesetzlichen Vorschriften, aber auch im Rahmen der gesellschaftlichen Diskussion Priorität vor anderen Maßnahmen der Abfallbewirtschaftung. Demgegenüber zeigt die abfallwirtschaftliche Praxis – unter Betrachtung der zunehmenden Mengenentwicklung der Abfälle – ein deutlich anderes Bild.

Allein die Definition des Abfallbegriffes unter Anlegung eines subjektiven oder gesellschaftlichen Wertmaßstabes zeigt (KrWG) [1], dass in erster Linie vom Abfallerzeuger selbst bestimmt wird, ob ein Stoff oder ein Produkt zu Abfall erklärt wird. Darüber hinaus legen die gesellschaftlichen Zielvorstellungen, welche die Wahrung des Wohls der Allgemeinheit und des Schutzes der Umwelt umfassen, objektiv den Abfallbegriff fest. Abfallvermeidung ist daher primär an das Verhalten des Abfallerzeugers geknüpft und damit von administrativer Seite nur begrenzt beeinflussbar.

Die derzeitige Situation ist gekennzeichnet durch globale Prozesse der Produktion und der Güterverteilung, sich teilweise stark entwickelnde Volkswirtschaften (Beispiele: China, Indien, Brasilien), schnelle Entwicklung von Produkten und damit verbundenen kurzen Nutzungsdauern, Distributionssysteme beim Handel mit geringem Personaleinsatz und zunehmendem Versand, besonders aber auch von veränderten Konsumgewohnheiten mit der Zunahme an Einmal- und Einwegprodukten, wodurch die Abfallmengen global aber auch lokal mehrheitlich deutlich zunehmen (OECD) [2].

Die Abfallmenge ist primär von der wirtschaftlichen Entwicklung abhängig [3–5]. An dieser Stelle setzen neue strategische Ansätze an [6]. So soll versucht werden, das wirtschaftliche Wachstum vom Ressourcenverbrauch und damit von der Entstehung von Abfällen zu entkoppeln (z. B. Abfallrahmenrichtlinie der EU (ARRL) [7]), Abfallvermeidungsprogramm des Bundes [8].

Mit dem „Green Deal" der EU (2019) [9] wurde ein Konzept festgelegt, welches die Wirtschaft klimaneutral, ressourceneffizient und wettbewerbsfähig gestalten soll. Mit dem von der EU-Komission im Jahr 2020 angenommenen zweiten Aktionsplan für Kreislaufwirtschaft [10] sollen sowohl Produktion als auch der Konsum von Produkten unter Einbeziehung der beteiligten Akteure im Sinne einer nachhaltigen Kreislaufwirtschaft umgesetzt werden. Dies beinhaltet eine nachhaltige *Produktpolitik*, welche Produktion, Dienstleistungen und neue Geschäftsmodelle umfasst sowie eine Veränderung von *Verbrauchsmustern* erreichen soll, wodurch deutlich weniger Abfall als bisher entsteht. Entsprechend dieses Aktionsplanes ist von besonderer Bedeutung, dass die Umweltauswirkungen eines Produktes zu 80 % in der Designphase festgelegt werden. Diese Produktpolitik beinhaltet eine Rechtssetzungsinitiative, die eine Ausweitung der Ökodesign-Richtlinie (neue Ökodesign-VO geplant) vorsieht. Hierdurch soll besonders auch die Vermeidung von Abfällen forciert werden (siehe Kapitel 4.2.1).

Durch das „Veralten" (Obsoleszenz) eines Produktes wird die Vermeidung von Abfällen konterkariert. Zu unterscheiden ist zwischen „natürlicher Obsoleszenz", bei der nach langer Gebrauchszeit Gegenstände in ihrer Funktionsfähigkeit beeinträchtigt bzw. nicht mehr nutzbar sind und „geplanter Obsoleszenz", bei der eine konzeptionelle vorgesehene Verkürzung der Lebensdauer von Gegenständen besteht, obwohl die Nutzung deutlich länger möglich wäre. Die Lebensdauer wird besonders von den Produzenten durch das Produktdesign, aber auch durch das Marketing und damit verbundene Moden und Trends beeinflusst. Die geplante Obsoleszenz ist weiter zu differenzieren [11] in die

- Qualitative/werkstoffliche Obsoleszenz, indem die Produkte bewusst so konstruiert werden, dass sie eine verkürzte Lebensdauer haben, z. B. durch Verwendung unzureichender Materialien und Bauteile (Beispiele: Glühlampen in den 1920er Jahren (Phoebus-Kartell 1925), Verwendung nicht widerstandsfähiger Materialien bei Kunststoffen und korrsionsanfälliger Metalle, schlechte Verbindungselemente in Geräten, minderwertige elektronische Komponenten bzw. bewusste Begrenzung der Nutzungsdauer durch Abschaltung von Funktionen nach definierter Gebrauchsdauer oder Nutzung).
- Funktionelle/technische Obsoleszenz, bei der ein Produkt ersetzt wird, obwohl es noch voll funktionsfähig ist, da es ein neues Produkt gibt, das verbesserte Eigenschaften hat und/oder technisch weiter entwickelt ist (Beispiele: Geräte der Kommunikations- und Informationstechnik, Unterhaltungselektronik, Software).
- Psychologische Obsolesezenz, wenn ein noch funktionsfähiges Produkt infolge veränderter Moden, Trends, Designs und Prestigewerte durch ein neues ersetzt wird (Beispiele: Mobiltelefone, Kleidung, Schuhe, Accessoires, Möbel).
- Ökonomische Obsoleszenz, weil bei einem defekten Produkt Instandsetzung, Instandhaltung oder erforderliche Reparatur im Vergleich zu einem neuen Produkt nicht wirtschaftlich sind, keine Reparaturmöglichkeit bzw. Verfügbarkeit von Ersatzteilen besteht oder diese nur unter erheblichem Aufwand machbar ist (Beispiele: Elektro-/Elektronikgeräte).

Konzeptionelle Ansätze zur Abfallvermeidung fordern die Klärung der Frage: „Woher kommt der Abfall?" Diese Frage ist nicht allein abfallwirtschaftlich zu beantworten, sondern führt direkt zum Stoffstrommanagement, das den gesamten Lebensweg von Produkten betrachtet. Hierbei ist die entstehende Qualität und Quantität von Abfällen ein

Aspekt, übergeordnet muss es jedoch um effektive Nutzung von Ressourcen insgesamt, z. B. auch einschließlich des Energieverbrauchs innerhalb des Lebenszyklus gehen. Hieraus wird erkennbar, dass Abfallvermeidung mit wissenschaftlich-technischen, aber auch mit volkswirtschaftlichen und gesellschaftspolitischen Fragestellungen vernetzt ist.

4.1.2 Definition

Der Begriff der Abfallvermeidung wird unterschiedlich definiert und ist systemimmanent schwer zu fassen, da er Aktivitäten betrifft, die nicht stattgefunden haben. Im engeren Sinne beinhaltet Abfallvermeidung eine Aktivität, die das *Nicht-Ausführen* einer Tätigkeit, die der Abfallerzeugung, umfasst. Übergeordnet werden unter Abfallvermeidung alle Maßnahmen und Handlungsmöglichkeiten verstanden, die das Entstehen von Abfällen während der Produktion, bei der Distribution, durch die Nutzung und infolge der Entledigung von Gütern verhindern [12].

▶ **Definition** Unter Zugrundelegung der Abfallrahmenrichtlinie [7] ist die **Vermeidung** von Abfällen im KrWG [1] wie folgt definiert:

§3 Abs. 20: „Vermeidung […] ist jede Maßnahme, die ergriffen wird, bevor ein Stoff, Material oder Erzeugnis zu Abfall geworden ist, und dazu dient, die Abfallmenge, die schädlichen Auswirkungen des Abfalls auf Mensch und Umwelt oder den Gehalt an schädlichen Stoffen in Materialien und Erzeugnissen zu verringern. Hierzu zählen insbesondere die anlageninterne Kreislaufführung von Stoffen, die abfallarme Produktgestaltung, die Wiederverwendung von Erzeugnissen oder die Verlängerung ihrer Lebensdauer sowie ein Konsumverhalten, das auf den Erwerb von abfall- und schadstoffarmen Produkten sowie die Nutzung von Mehrwegverpackungen gerichtet ist."

Die **Wiederverwendung**, die eine Maßnahme zur Vermeidung von Abfällen darstellt ist gemäß KrWG definiert als:

§3 Abs. 21: „Wiederverwendung […] ist jedes Verfahren, bei dem Erzeugnisse oder Bestandteile, die keine Abfälle sind, wieder für denselben Zweck verwendet werden, für den sie ursprünglich bestimmt waren."

Die hierbei eingesetzten Produkte bzw. Materialien sind keine Abfälle, da sie für ihren ursprünglich bestimmten Zweck wieder eingesetzt werden. Typische Maßnahmen sind beispielsweise der Handel mit Second-Hand-Ware, Repair-Center (Repair-Cafés), Wiederaufarbeitungszentren und sozialwirtschaftliche Betriebe zur Reparatur defekter Produkte für nicht als Abfall deklarierte Güter [13]. Hierbei ist die *Wiederverwendung* von der **Vorbereitung zur Wiederverwendung** abzugrenzen. Die letztgenannte steht in der 2. Stufe der Abfallhierachie. Sie ist gemäß KrWG nachstehend definiert:

§3 Abs. 24: „Vorbereitung zur Wiederverwendung […] ist jedes Verwertungsverfahren der Prüfung, Reinigung oder Reparatur, bei dem Erzeugnisse oder Bestandteile von Erzeugnissen, die zu Abfällen geworden sind, so vorbereitet werden, dass sie ohne weitere Vorbehandlung wieder für denselben Zweck verwendet werden können, für den sie ursprünglich bestimmt waren."

Voraussetzung für die *Wiederverwendung* im Rahmen der *Vorbereitung zur Wiederverwendung* ist eine Behandlung der zu Abfall gewordenen Stoffe bzw. Produkte. Die „Vorbereitung zur Wiederverwertung" ist gemäß KrWG §3 Abs. 23 der stofflichen Verwertung von Abfällen zuzuordnen. Als Beispiel sei genannt: die Reparatur von Elektro- und Elektronikaltgeräten als zu Abfall deklarierte Güter (Elektroschrott), die hierdurch wieder für ihren ursprünglichen Nutzungszweck eingesetzt werden können [13].

Der Beitrag der „drei klassischen unternehmerischen Nachhaltigkeitsstrategien" zur Ressourcenschonung, insbesondere der Abfallvermeidung sowie der Ökoeffektivitätsstrategie [14] ist in Tab. 4.1 aufgeführt.

Unter strenger Auslegung der Abfallvermeidung können nach Grooterhorst [15] jedoch „aus der Abfallwirtschaft heraus keine Abfälle vermieden werden". Er vertritt die Position, dass „nachhaltig handeln im strengen oder starken Sinne […] für den Menschen in den Industrienationen nicht [bedeutet], weniger Abfälle zu erzeugen, sondern weniger Produkte zu konsumieren und damit weniger Produktion geschehen zu lassen." Die „Abfallwirtschaft als Wirtschaftszweig [kümmert sich] nur um die unvermeidbaren Produkt-Abfallströme" [15].

Tab. 4.1 Nachhaltigkeitsstrategien mit abfallvermeidenden Auswirkungen (nach [14, 15])

Strategie	Erläuterung
Effizienz	Geringer Einsatz von Stoff und Energie pro Ware oder Dienstleistung; Entkopplung von Wirtschaftsleistung und Umweltverbrauch; geringer Energie- und Materialverbrauch in der Fertigung; Dematerialisierung und Substitution von Produkten und Verfahren durch effizientere, aufgrund unmittelbarer ökonomischer Vorteile in weitem Umfang eingeführte Strategie
Konsistenz	Wirtschaften in Übereinstimmung mit den Stoffwechselprozessen der Natur und Führung schädigender Stoffe in eigenen Kreisläufen; materielle und energetische Durchflüsse der Wirtschaftsprozesse werden zu einem System von Kreisläufen geschlossen; es sind große technische und organisatorische Änderungen in allen Wirtschaftsbereichen (Produktion, Distribution, Konsum, Entsorgung) erforderlich, um die notwendigen, untereinander verkoppelten und vernetzten Recyclingprozesse zu installieren
Suffizienz	Unterlassen von Produkten und Dienstleistungen; zielt auf verändertes Nutzungsverhalten und Änderung der Bedürfnisse ab; oftmals durch Gleichsetzung mit Verzicht (Selbstbegrenzung) diskreditiert; erforderlich die weitreichendsten Umstellungen für Produzenten und Konsumenten hinsichtlich der Wirtschaftsweisen, Geschäftsmodelle und Lebensgewohnheiten
Ökoeffektivität	Ist im ökologischen Sinn zielführender als Effizienz(steigerung); zielt darauf ab, dass auch alle Abfälle vollständig wieder in natürliche Kreisläufe zurückgeführt werden; gekennzeichnet durch eine konsequente Kreislaufführung

Der Wirtschaftszweig der Abfallwirtschaft hat seit den 1980er Jahren zu einer deutlichen Reduzierung der Umweltbelastung beigetragen. Eine direkte Reduzierung der Gesamtabfallmenge (Abfälle zur Beseitigung und Verwertung) und eine Verringerung des Materialdurchsatzes insgesamt wurde nicht erreicht [16].

Unbestritten ist, dass von der Abfallwirtschaft Impulse auf die Thematisierung, Bewusstwerdung und Implementierung von Aktivitäten zur Abfallvermeidung auf allen Akteursebenen ausgehen.

Zu unterscheiden ist die quantitative (mengenrelevante Abfallreduzierung) und die qualitative (schadstoffrelevante Abfallreduzierung) Abfallvermeidung [12]. Diese Unterscheidung ist insofern bedeutsam, da nicht alleine die Abfallmenge im Hinblick auf die Abfallvermeidung im Vordergrund stehen kann, sondern zunehmend die Verringerung schadstoffbelasteter Abfälle betrieben werden muss, was gleichzeitig mit einer Abfallmengensteigerung einher gehen kann.

Es besteht die Möglichkeit, den Ressourcenverbrauch vom wirtschaftlichen Wachstum durch *Dematerialisierung* und *Immaterialisierung* zu entkoppeln [16]. Durch *Dematerialisierung* wird der Verbrauch natürlicher Ressourcen vermieden oder es werden diese direkt wieder verwendet. Die Erzeugung von Abfall wird vermieden durch quantitative und qualitative Maßnahmen (Beispiele: geringer Materialverbrauch, Ökodesign, umweltfreundliche Vermarktung, Mehrfachnutzung, Leasing, Serviceleistungen). Indikatoren der Dematerialisierung können für den Vergleich von Volkswirtschaften eingesetzt werden [17].

In der *Immaterialisierung* steht die Vermeidung des Ressourcenverbrauches und der Erzeugung von Abfall durch Veränderung des Lebensstils und durch verstärkte Inanspruchnahme von Dienstleistungen im Vordergrund. (Beispiele: Verlagerung des Konsums von Gütern hin zum Konsum von Dienstleistungen in Kultur, Gesundheit, Sozialem, Erziehung, Freizeit.)

Abfallvermeidung beinhaltet auch, Produktmenge, Rohstoffeinsatz pro Produkteinheit und den Schadstoffeinsatz zu verringern [18]. Dies gilt für den gesamten Produktlebenszyklus. Von besonderer Bedeutung ist hierbei, die Ressourcen effizienter zu nutzen, um Material- und Energieverbrauch für die Produkte zu reduzieren. Durch Rebound-Effekte wird die höhere Effizienz in der Praxis häufig konterkariert.

Strittig ist, ob die Eigenkompostierung als Abfallvermeidung definiert werden kann. In diesem Zusammenhang kann die Abfallvermeidung damit begründet werden, dass die biogenen Stoffe durch den Benutzer nicht als Abfall deklariert werden, durch die öffentliche Hand oder einen beauftragten Dritten weder gesammelt, transportiert, behandelt und verwertet werden müssen, die hierdurch entstehenden Emissionen vermieden werden und keine Kosten durch die Behandlung entstehen. Gleichzeitig wird ein schadstoffarmes Produkt erzeugt, welches direkt der Wiederverwendung zugeführt wird. Für den Komposterzeuger ist das Ausgangsprodukt kein Abfall, er braucht es notwendigerweise zur Herstellung von Kompost. Es besteht kein „Wille zur Entledigung" und es wird „die Sachherrschaft über die Stoffe" nicht aufgegeben [19].

Demgegenüber wird in anderen Quellen (u. a. [20, 21]) die Eigenkompostierung als Verwertung definiert, da die Abfälle tatsächlich entstanden sind und von unsachgemäßer Kompostierung und Verwertung vermeidbare Emissionen (Gerüche, Überdüngung) ausgehen können.

Aus Sicht der Autoren dieses Kapitels ist die Eigenkompostierung als Maßnahme zur Abfallvermeidung zu definieren.

Es könnte der Schluss gezogen werden, dass auch die haushaltsinterne energetische Nutzung von brennbaren Abfällen, speziell Altpapier, eine Maßnahme zur Abfallvermeidung darstellt [22]. Dies entspricht jedoch nicht der strengen Definition der Abfallvermeidung, da keine *Wiederverwendung* gemäß KrWG stattfindet.

Genauso wenig kann der Einsatz von Küchenabfallzerkleinerern, wodurch die Abfälle in die Kanalisation geschwemmt werden, als Maßnahme zur Abfallvermeidung angesehen werden, da lediglich eine Verlagerung der Problematik von der Abfallentsorgung hin zur Abwasserbehandlung stattfindet.

Hieraus resultiert, die Abfallvermeidung eindeutig von der Abfallverwertung abzusetzen.

Die Abfallvermeidung umfasst folgende Maßnahmen:

1. Abfallvermeidung durch Produktions- und Konsumverzicht, indem hierdurch zwangsläufig die Abfallentstehung von vornherein unterbunden wird.
2. Abfallvermeidung in der Aufbereitung und Produktion durch bessere Ausnutzung der Rohstoffe bzw. durch interne Kreislaufführung. Hierbei ist die Schnittstelle zur Verwertung dort zu ziehen, wo dem Abfallerzeuger die Verwertung bzw. der direkte Einfluss hierauf entzogen ist.
3. Abfallvermeidung durch Substitution von schadstoffhaltigen Produkten durch schadstoffarme Produkte (z. B. Einsatz schwermetallarmer Produkte etc.).
4. Abfallvermeidung bei der Produktion durch die Konstruktion langlebiger Produkte.
5. Abfallvermeidung im Handel durch den Einsatz von Mehrwegsystemen und neue Geschäftsmodelle.
6. Abfallvermeidung beim Verbraucher durch die längere Benutzung von Gebrauchsgütern, deren Reparatur, die Wiederverwendung, Sharing-Systeme, bzw. die Verwertung von Abfällen vor Ort durch Eigenkompostierung (s. o.).
7. Abfallvermeidung durch Erhöhung der Ressourceneffizienz von Produkten (Lebenszyklusbetrachtung).

4.1.3 Gründe zur Abfallvermeidung

Die verschiedenen Gründe zur Abfallvermeidung haben zwei Hauptziele im Fokus. Durch die Abfallvermeidung wird der Ressourcenverbrauch reduziert (*Ressourcenschonung*) und zugleich in wirtschaftlichen Prozessen eine Reduzierung von Emissionen bewirkt (*Emissionsminderung*) [14].

Die Notwendigkeit, der Abfallvermeidung im Rahmen abfallwirtschaftlicher Maßnahmen Priorität einzuräumen, resultiert aus einer Anzahl relevanter Faktoren:

Verringerung der Abfallmenge
Durch das Vermeiden von Abfällen wird die zu sammelnde, zu transportierende, zu behandelnde, und abzulagernde Abfallmenge reduziert. Dies ist vor allem unter dem Aspekt der Entsorgungskapazitäten (Vorhandensein, Erweiterung, Neubau) und des Transports bedeutsam.

Verringerung von Schadstoffemissionen und Maßnahmen zum Klimaschutz
Über die Pfade Luft, Wasser, Boden werden Schadstoffe in die Umwelt eingetragen. Diese stehen in direktem Zusammenhang mit den durchgesetzten Abfallmengen. So können nicht nur die direkten Emissionen, die bei der Abfallentsorgung durch Sammlung, Transport Verwertung und Entsorgung entstehen, deutlich reduziert werden, sondern auch die indirekten Emissionen, welche u. a. durch den Energieeinsatz bei der Gewinnung und Aufbereitung von Rohstoffen entstehen.

Spätestens mit den Ausführungen von Meadows [23] in den 1970er Jahren wurde deutlich, dass die Vorräte an Rohstoffen auf der Erde nicht als unbegrenzt zu betrachten sind, sondern abhängig von verschiedenen Parametern die Grenzen der mit vertretbaren Mitteln erschließbaren Ressourcen für manche Stoffe schon in wenigen Jahren erreicht sein werden.

Hand in Hand geht hiermit die Energie, welche benötigt wird, um die Stoffe zu gewinnen, wobei mit zunehmender Knappheit der Rohstoffe der Energiebedarf exponentiell ansteigt, um auch minderwertige Reserven auszubeuten [24]. Dieser Energieverbrauch ist auch von hoher Bedeutung für Rohstoffe, welche langfristig in großem Umfang vorhanden sein werden. Als Beispiel hierfür seien genannt: Glasherstellung aus Quarzsand und Soda, Papierherstellung aus Zellulose etc.

Kostenreduktion
Da das Sammeln, Behandeln und Entsorgen der Abfälle an menschliche Aktivitäten gekoppelt ist, welche Kosten verursachen, können durch das Vermeiden von Abfällen in Abhängigkeit der existierenden Randbedingungen die absoluten Entsorgungskosten gesenkt werden. Ungeachtet dessen können die spezifischen Entsorgungskosten (z. B. in €/Mg Abfall) infolge von Fixkostenanteilen ansteigen. Eine deutliche Kosteneinsparung ist jedoch vor allem dann zu verzeichnen, wenn nicht nur kurzfristige betriebswirtschaftliche Kosten, sondern auch die volkswirtschaftlich relevanten Kosten inkl. Folgekosten berücksichtigt werden. Durch Internalisierung externer Kosten bietet die Abfallvermeidung eindeutige Einsparpotenziale.

Verringerung der Entropiezunahme
Der thermodynamische Begriff der Entropie ist über den „Ordnungszustand" bzw. die Richtung von Prozessen nach [25, 26] auch auf nicht chemisch-physikalische Vorgänge

4 Abfallvermeidung

wie den Bereich der gesellschaftlichen und wirtschaftlichen Entwicklung übertragbar. Eine Entropiezunahme kann als Maß für die Nicht-Umkehrbarkeit eines Prozesses angesehen werden. Entropie ist damit vereinfacht als die Abwesenheit von nutzbarem Potenzial auszudrücken.

Unter naturwissenschaftlichen Gesichtspunkten ist die lokale Entropieabnahme bei lebenden Organismen möglich; gleichzeitig ist jedoch in deren Umgebung eine Entropiezunahme zu verzeichnen [27].

Nach Rifkin [26] ist ein Industrieland ökologisch umso fortschrittlicher, je enger das Netz von Produktions- und Stoffströmen geflochten ist, je feiner abgestimmt die Rohstoff und Energienutzungskaskaden sind und je langsamer die Entropiezunahme je Nutzungsstufe ansteigt.

Bezogen auf einen Produktionsprozess werden Ressourcen – Materialien mit niedriger bis mittlerer Entropie – mittels freier Energie (z. B. durch Maschinen) in Produkte mit hochgeordneten Strukturen (niedrige Entropie) umgewandelt. Werden diese als Abfall deklariert, geht das vorhandene Rohstoffpotential durch Verteilung in einen Zustand hohen entropischen Niveaus über. Als Beispiele seien genannt: Rohstoffe in Deponien, Metalllegierungen (z. B. im Auto), seltene Metalle in Elektronikprodukten. Daraus resultiert, dass die nahezu ubiquitäre Verteilung der Abfälle mit einer starken Entropiezunahme verbunden ist. Es ist ein hoher Energieaufwand notwendig, um diese verteilten Abfallstoffe in Sekundärrohstoffe umzuwandeln.

Unter diesem Aspekt ist ebenfalls die Abfallverwertung zu betrachten. Sie ist auch unter entropischen Gesichtspunkten hierarchisch der Abfallvermeidung nachzuordnen, da eine konsequente Anwendung des Recyclings mit dem Ziel der Konservierung von Ressourcen und Verringerung der abzulagernden Abfälle zu einem vermehrten Energieverbrauch und Dissipation von Stoffen in die Umgebung führt.

4.1.4 Akteure zur Abfallvermeidung

Zur Realisierung einer intensivierten Abfallvermeidung sind nachfolgende wesentliche Akteure zu nennen (s. auch Abschn. 4.3):

1. Gesetz- und Verordnungsgeber, welche über die Kompetenz der Gesetzgebung und dem Erlassen von Verordnungen auf die Abfallmengen steuernd einwirken können.
2. Gebietskörperschaften, welche sowohl durch administrative (u. a. Satzungen), als auch durch Fördermaßnahmen vor Ort sowie Unterstützung der Bewusstseinsbildung (inkl. pädagogischer Angebote) und Verbandsarbeit Maßnahmen zur Vermeidung von Abfällen gezielt fördern können.
3. Forschung, Bildungswesen und Information, die durch Innovation und Bewusstseinsbildung Abfallvermeidung an der Basis beeinflussen können. Durch Bildung können das Konsumverhalten und Bewusstseinsbildung erheblich beeinflusst werden.

4. Die öffentliche Hand, die vor allem über das Beschaffungswesen im eigenen Bereich neben der damit verbundenen Öffentlichkeitswirkung Abfallvermeidung betreiben kann.
5. Die Produktion, welche beginnend beim Produktionsprozess bis hin zum Produkt, durch dessen Gestaltung und Konstruktion bis hin zur Vermarktung die Lebensdauer und Einsetzbarkeit wesentlich bestimmt.
6. Der Handel, der durch die Distributionssysteme vor allem im Verpackungsbereich die Abfallmengen bestimmt.
7. Das Dienstleistungsgewerbe, welches durch den Einsatz von Produkten Einfluss auf die Abfallmenge nimmt.
8. Die Privathaushalte, welche durch Konsum, Produktauswahl, Lebensdauer der Produkte und Eigenverwertung abfallvermeidend wirken können (Mikroakteure).
9. Planer und Berater sowohl im öffentlichen als auch im privaten Bereich. Deren Einflussnahme ist in frühem Stadium der Planung zugunsten der Abfallvermeidung möglich.
10. Organisationen, Verbände usw., welche sowohl durch Information der Mitglieder als auch durch Einbindung der beteiligten Kreise bei Gesetz- und Verordnungsgebung sowie Unterstützung flankierender Aktivitäten/Aktionen (Abfallvermeidungswoche, Konferenzen, Website) Maßnahmen zur Abfallvermeidung gezielt fördern können.

Hierbei haben die Akteure auf die einzelnen Abfallarten unterschiedliche direkte und indirekte Einflussmöglichkeiten. Es ist zu beachten, dass zwischen diesen Akteuren Rückkopplungseffekte auftreten, sodass indirekte Einflussmöglichkeiten in großem Umfang existieren (z. B. Produktion bestimmt das Warenangebot), wodurch letztlich ein Zusammenspiel aller Beteiligten erfolgt.

4.2 Gesetzliche Rahmenbedingungen zur Abfallvermeidung

Sowohl das Abfallrecht der Europäischen Union [28] als auch des Bundes [1] setzt die Vermeidung von Abfällen an oberste Stelle.

4.2.1 Verankerung im europäischen Recht

Auf EU-Ebene soll die Abfallvermeidung forciert werden. Vorgesehen sind hierbei unter den Aspekten der Abfallvermeidung:

- Betrachtung des Lebenszyklus von Ressourcen
- Förderung von Abfallvermeidungsstrategien
- Erweiterung des Wissens und der Informationsgrundlagen

Abfallvermeidungsziele werden für die EU aufgrund der Komplexität der Umweltfolgen nicht vorgeschrieben. Auch sollen die ökonomischen Auswirkungen von Abfallvermeidungsmaßnahmen, z. B. Auswirkungen auf das Wirtschaftswachstum, beachtet werden. Gemäß IED-Richtlinie [29] müssen in Industrieanlagen die bestverfügbaren Techniken (BVT) eingesetzt werden, was abfallvermeidende Maßnahmen einschließt.

Konkrete Maßnahmen sind gemäß der 5-stufigen Abfallhierarchie auf Ebene der EU-Mitgliedstaaten zu ergreifen (national, regional, kommunal). Die EU-Abfallrahmenrichtlinie – AbfRRL [7] verpflichtet die Mitgliedstaaten Abfallvermeidungsprogramme auszuarbeiten.

Vor dem Hintergrund des „Green Deal" der EU (2019) [9] und dem zweiten Aktionsplan für Kreislaufwirtschaft [10] kommt der geplanten Ökodesign-Verordnung, welche die Ökodesign-Richtlinie [30] ersetzt, eine zentrale Bedeutung zu. Während die Ökodesign-Richtlinie 2009/125/EG des Europäischen Parlaments und des Rates vom 21. Oktober 2009 bisher nur energieverbrauchsrelevante Produkte betrachtet, werden zukünftig deutlich mehr Produkte in die Verordnung aufgenommen werden. Die Europäische Kommission hat in ihrer Mitteilung vom März 2022 die Anforderungen an das Ökodesign weiter konkretisiert. Im Hinblick auf die Vermeidung von Abfall, aber auch dessen Verwertung und Umweltbeeinträchtigung der Produkte über deren gesamten Lebenszyklus sind hierbei besonders zu nennen [31]:

- Haltbarkeit, Zuverlässigkeit, Wiederverwendbarkeit, Nachrüstbarkeit, Reparierbarkeit, einfache Wartung und Aufarbeitung von Produkten zu verbessern
- Beschränkung von vorhandenen Stoffen, welche die Kreislauffähigkeit von Produkten und Materialien beeinträchtigen
- Energieverbrauch oder Energieeffizienz von Produkten
- Ressourcenschutz oder Ressourceneffizienz von Produkten
- Mindestrecyclatanteil in Produkten
- Leichte Demontage und Wiederaufarbeitung sowie einfaches Recycling von Produkten und Materialien
- Umweltauswirkungen von Produkten über den gesamten Lebenszyklus, inklusive des CO_2-Fußabdruckes und Umweltfußabdruckes
- Vermeidung und Verringerung von Abfällen einschließlich Verpackungsabfälle

Die Verbesserung der Wiederverwendung und des Recycling soll durch digitale Produktpässe und Kennzeichnungspflichten erreicht werden. Die Vernichtung unverkaufter, nicht verderblicher Waren ist zu verbieten. Der einmalige Gebrauch von Produkten soll beschränkt werden. Die Herstellerverantwortung soll über den Ansatz „Produkt als Dienstleistung" forciert werden. Es sollen kreislauforientierte Geschäftsmodelle gefördert werden [10].

Dies betrifft insbesondere Produktgruppen wie elektrische Geräte, Elektronik, Geräte der Informations- und Kommunikationstechnik, Batterien und Fahrzeuge, Verpackungen, Kunststoffe, Textilien, Bauwirtschaft und Gebäude sowie Lebensmittel (siehe Abschn. 4.3). Ziel ist auch, die Position von Verbrauchern und öffentlichen Auftraggebern zu stärken, indem neben der Bereitstellung von Informationen für die Verbraucher an der Verkaufsstelle (einschließlich Hinweis auf Reparaturdienste, Ersatzteile, Reparaturanleitung) auch ein „Recht auf Reparatur" (auf Basis des EU-Verbraucherrechtes) geschaffen werden soll. Für die umweltfreundliche Beschaffung im Rahmen der öffentlichen Hand sind sektorspezifische Rechtsvorschriften geplant. Mit der Verabschiedung der EU-Kunststoffstrategie [32] sind für dieses Material Rahmenbedingungen zur Abfallvermeidung, mit der Einwegkunststoff-Richtlinie [33] gesetzliche Rahmenbedingungen geschafffen worden.

Quantitative Zielvorgaben werden in der EU-Abfallrahmenrichtlinie (Richtlinie 2008/98/EG) [7] unter anderem für die Vermeidung von Lebensmittelabfällen (LMA) formuliert. Damit hat sich die Europäische Union dem Ziel der Vereinten Nationen verpflichtet, Lebensmittlabfälle auf Einzelhandels- und Verbraucherebene bis 2030 zu halbieren und die Lebensmittelabfälle entlang der Produktions- und Lieferkette zu verringern. Vor diesem Hintergrund sind die europäischen Mitgliedstaaten daran gebunden, Lebensmittelabfallmengen auf nationaler Ebene zu erfassen und die Fortschritte der Europäischen Kommission in jährlichen Abständen zwischen 2022 und 2030 zu berichten. Die EU-Kommission hat im Jahr 2019 zwei konkretisierende Beschlüsse erlassen, den Durchführungsbeschluss (EU) 2019/2000 zum Übermittlungsformat der Berichte und den Delegierten Beschluss (EU) 2019/1597 zur Methodik der Datenerhebung. Aufgrund dieser rechtlichen Bestimmungen musste Deutschland seiner erstmaligen Berichtspflicht zu Lebensmittelabfällen ab dem Berichtsjahr 2020 zum 30.06.2022 nachkommen und danach weiterhin jährlich die Masse der entstandenen Lebensmittelabfälle erfassen und die Fortschritte der EU-Kommission berichten.

4.2.2 Verankerung im deutschen Recht

Schon seit 1971 besitzt die Abfallvermeidung nominell mit dem Umweltprogramm der Bundesregierung Priorität in der Abfallpolitik. Im KrWG [1] des Bundes wird die Abfallvermeidung u. a. in § 7 Abs. 1 unter Bezugnahme auf in bestimmten Fällen zu erlassenden Rechtsverordnungen im Gesetz verankert. Der Vorrang vor der Verwertung ist eindeutig festgelegt, die Forderungen sind allgemein gehalten und es wird auf Einzelfallbetrachtungen (Verordnungen) hingewiesen (§ 5 KrWG).

Gemäß § 10 KrWG können Rechtsverordnungen bei besonders schadstoffhaltigen Abfällen, aber auch zur Vermeidung und Verringerung von Abfällen vor allem unter dem Aspekt einer umweltverträglichen Entsorgung erlassen werden.

Dies umfasst besonders:

- Kennzeichnungspflichten
- Pflichten zur Getrennthaltung und getrennten Entsorgung

4 Abfallvermeidung

- Pflichten zu Mehrwegsystemen
- Rücknahme und Pfandpflichten
- mögliche Verbote

Zentrales Element der abfallarmen Gestaltung und Herstellung von Produkten ist die Verpflichtung des Produzenten zur Produktverantwortung. Produkte sollen so konstruiert, hergestellt und vertrieben werden, dass bei ihrer Produktion und bei ihrem Gebrauch Abfälle vermieden oder verwertet werden und dass nach ihrem Gebrauch Abfälle verwertet oder umweltverträglich beseitigt werden können. Damit steht die Entwicklung mehrfach verwendbarer, technisch langlebiger und reparaturfreundlicher Produkte unter Verzicht auf kritische Stoffe im Vordergrund. Die Produktverantwortung ist aber nicht für alle Produkte pauschal formuliert.

Produktverantwortung trägt gemäß (§ 23 Abs. 1 KrWG), wer „Erzeugnisse entwickelt, herstellt, be- oder verarbeitet oder vertreibt […]. Erzeugnisse sind möglichst so zu gestalten, dass bei ihrer Herstellung und ihrem Gebrauch das Entstehen von Abfällen vermindert wird und sichergestellt ist, dass die nach ihrem Gebrauch entstandenen Abfälle umweltverträglich verwertet oder beseitigt werden. Beim Vertrieb der Erzeugnisse ist dafür zu sorgen, dass deren Gebrauchstauglichkeit erhalten bleibt und diese nicht zu Abfall werden."

Im einzelnen wird in Absatz 2 die Produktverantwortung weiter spezifiziert. Dies umfasst besonders, dass u. a.:

- Erzeugnisse mehrfach verwendbar und technisch langlebig sind,
- Erzeugnisse nach dem Gebrauch für eine ordnungsgemäße und schadlose Verwertung und umweltgerechte Beseitigung geeignet sind (keine Maßnahme der Abfallvermeidung),
- bei der Herstellung vorrangig verwertbare Abfälle oder sekundäre Rohstoffe eingesetzt werden,
- kritische Rohstoffe sparsam eingesetzt werden und eine Kennzeichnung im Hinblick auf deren Recycling erfolgt,
- die Wiederverwendung der Erzeugnisse gestärkt wird,
- eine Senkung von gefährlichen Stoffen und Kennzeichnung von schadstoffhaltigen Erzeugnissen für eine entsprechende Verwertung oder Beseitigung erfolgt,
- auf bestehende Rückgabe-, Wiederverwertungsmöglichkeiten oder -pflichten sowie Pfandregelungen hingewiesen wird,
- Erzeugnisse bzw. deren verbleibende Abfälle nach Gebrauch zurückzunehmen sind,
- die finanzielle und/oder die organisatorische Verantwortung für die aus den Erzeugnissen entstanden Abfälle zu übernehmen ist,
- die Information und Beratung der Öffentlichkeit zur Vermeidung, Verwertung und Beseitigung von Abfällen erfolgt,

- eine Beteiligung an den Kosten für die Reinigung der Umwelt und für die Verwertung und Beseitigung der Abfälle aus den Erzeugnissen,
- dass für vertriebene Erzeugnisse eine „Obhutspflicht" besteht, welche die „Erhaltung der Gebrauchtauglichkeit" im Sinne der Produktverantwortung gewährleistet; damit soll der Vernichtung von Retouren und sonstiger Neuware entgegen gewirkt werden.

In den §§ 24 und 25 des KrWG [1] sind Ermächtigungen für Rechtsverordnungen für Produktverbote, Beschränkungen des Inverkehrbringens, Kennzeichnungspflichten etc. aufgeführt. Beispielhaft sind hier zu nennen: Verpackungsgesetz, Elektro- und Elektronikgeräte-Gesetz, Altfahrzeug-Verordnung, Bauabfall-Verordnung. Im Elektro- und Elektronikgerätegesetz ist im Hinblick auf die Abfallvermeidung besonders die Wiederverwendung und der Austausch von Batterien formuliert, in der Altfahrzeugverordnung die Vorbereitung zur Wiederverwendung geregelt.

Die Erstellung eines Abfallvermeidungsprogrammes ist in § 33 niedergelegt (siehe Abschn. 4.2.3).

Basierend auf der EU-Gesetzgebung sind durch die Einwegkunststoffverordnung (EWKVerbotsV) [34] der Handel und Verkauf für bestimmte Einwegplastikprodukte wie Trinkhalme, Rührstäbchen, Wattestäbchen, Luftballonstäbe und Einweggeschirr, ebenso wie To-Go-Becher und Geschirr aus geschäumtem Polystyrol seit 03.07.2021 verboten (Novellierung des Verpackungsgesetzes). Hinsichtlich der Plastiktüten besteht das Ziel, bis zum Jahr 2025 pro Einwohner weniger als 40 Stück/Jahr zu verbrauchen. Tüten dünner als 0,05 mm sind ab 01.01.2022 verboten; erlaubt sind weiterhin Erstverpackungen für Lebensmittel (Obst und Gemüse) mit einer Wandstärke kleiner 0,015 mm.

Die Vermeidung, Verringerung und Verwertung von Abfällen bei genehmigungsbedürftigen Anlagen nach dem Bundes-Immissionsschutzgesetz ist in § 5 Abs. 1 BImSchG [35] geregelt, wonach diese so zu errichten und zu betreiben sind, dass Abfälle vermieden werden.

Auch die Merkblätter über die Best-Verfügbare-Technik (BVT-Merkblätter) beinhalten teilweise Vorgaben zur Abfallvermeidung.

4.2.3 Abfallvermeidungsprogramm

In § 33 Abs. 1 KrWG ist festgelegt, dass der Bund ein Abfallvermeidungsprogramm erstellt und sich die Länder an der Erstellung beteiligen können. Es war erstmals zum Ende des Jahres 2013 zu verfassen. Im Jahr 2019 wurde es überprüft und im Jahr 2021 fortgeschrieben.

Inhalte des Abfallvermeidungsprogramms sind nach § 33 Abs. 3 KrWG dargelegt. Es definiert die Ziele zur Abfallvermeidung unter den Aspekten, dass eine Entkopplung von Wirtschaftswachstum und Umweltauswirkungen, die mit der Abfallerzeugung verbunden sind, stattfindet.

4 Abfallvermeidung

Es sind Abfallvermeidungsmaßnahmen aufgeführt die nachfolgend gemäß § 33 Abs. 3 Punkt 2 KrWG zitiert werden:

a) die Förderung und Unterstützung nachhaltiger Produktions- und Konsummodelle,
b) die Förderung der Entwicklung, der Herstellung und der Verwendung von Produkten, die ressourceneffizient und auch in Bezug auf ihre Lebensdauer und den Ausschluss geplanter Obsoleszenz langlebig, reparierbar sowie wiederverwendbar oder aktualisierbar sind,
c) die gezielte Identifizierung von Produkten, die kritische Rohstoffe enthalten, um zu verhindern, dass diese Materialien zu Abfall werden,
d) die Unterstützung der Wiederverwendung von Produkten und der Schaffung von Systemen zur Förderung von Tätigkeiten zur Reparatur und Wiederverwendung, insbesondere von Elektro- und Elektronikgeräten, Textilien, Möbeln, Verpackungen sowie Baumaterialien und -produkten,
e) unbeschadet der Rechte des geistigen Eigentums die Förderung der Verfügbarkeit von Ersatzteilen, Bedienungsanleitungen, technischen Informationen oder anderen Mitteln und Geräten sowie Software, die es ermöglichen, Produkte ohne Beeinträchtigung ihrer Qualität und Sicherheit zu reparieren und wiederzuverwenden,
f) die Verringerung der Abfallerzeugung bei Prozessen im Zusammenhang mit der industriellen Produktion, bei der Gewinnung von Mineralien, bei der Herstellung, bei Bau- und Abbruchtätigkeiten, jeweils unter Berücksichtigung der besten verfügbaren Techniken,
g) die Verringerung der Verschwendung von Lebensmitteln in der Primärerzeugung, Verarbeitung und Herstellung, im Einzelhandel und bei anderen Formen des Vertriebs von Lebensmitteln, in Gaststätten und bei Verpflegungsdienstleistungen sowie in privaten Haushaltungen, um zu dem Ziel der Vereinten Nationen für nachhaltige Entwicklung beizutragen, bis 2030 die weltweit im Einzelhandel und bei den Verbrauchern pro Kopf anfallenden Lebensmittelabfälle zu halbieren und die Verluste von Lebensmitteln entlang der Produktions- und Lieferkette einschließlich Nachernteverlusten zu reduzieren,
h) die Förderung
   aa) von Lebensmittelspenden und anderen Formen der Umverteilung von Lebensmitteln für den menschlichen Verzehr, damit der Verzehr durch den Menschen Vorrang gegenüber dem Einsatz als Tierfutter und der Verarbeitung zu sonstigen Erzeugnissen hat,
   bb) von Sachspenden,
i) die Förderung der Senkung des Gehalts an gefährlichen Stoffen in Materialien und Produkten,
j) die Reduzierung der Entstehung von Abfällen, insbesondere von Abfällen, die sich nicht für die Vorbereitung zur Wiederverwendung oder für das Recycling eignen,
k) die Ermittlung von Produkten, die Hauptquellen der Vermüllung insbesondere der Natur und der Meeresumwelt sind, und die Durchführung geeigneter Maßnahmen

zur Vermeidung und Reduzierung des durch diese Produkte verursachten Müllaufkommens,

l) die Vermeidung und deutliche Reduzierung von Meeresmüll als Beitrag zu dem Ziel der Vereinten Nationen für nachhaltige Entwicklung, jegliche Formen der Meeresverschmutzung zu vermeiden und deutlich zu reduzieren, sowie

m) die Entwicklung und Unterstützung von Informationskampagnen, in deren Rahmen für Abfallvermeidung und Vermüllung sensibilisiert wird.

Darüberhinaus wird nach § 33 Abs. 3 Punkt 3 KrWG die Festlegung weiterer Abfallvermeidungsmaßnahmen ermöglicht. § 33 Abs. 3 Punkt 4 KrWG verweist auf die Vorgabe von Maßstäben für Abfallvermeidungsmaßnahmen. Abfallvermeidungsprogramme enthalten jedoch keine verbindlichen Pflichten für den Einzelnen.

Eine Studie zur inhaltlichen Umsetzung der EU-Vorgaben und Erarbeitung von wissenschaftlich-technischen Grundlagen für das erste bundesweites Abfallvermeidungsprogramm legt zwei Zielebenen fest (Abb. 4.1). Zielebene I betrifft die Reduktion von Umweltauswirkungen und Auswirkungen auf den Menschen durch Abfälle entlang der gesamten Wertschöpfungskette. Zielebene II betrifft die Wege, dieses zu erreichen – insbesondere die Reduktion von Abfallmengen und Schadstoffgehalten in Abfällen und Produkten (die irgendwann auch zu Abfällen werden).

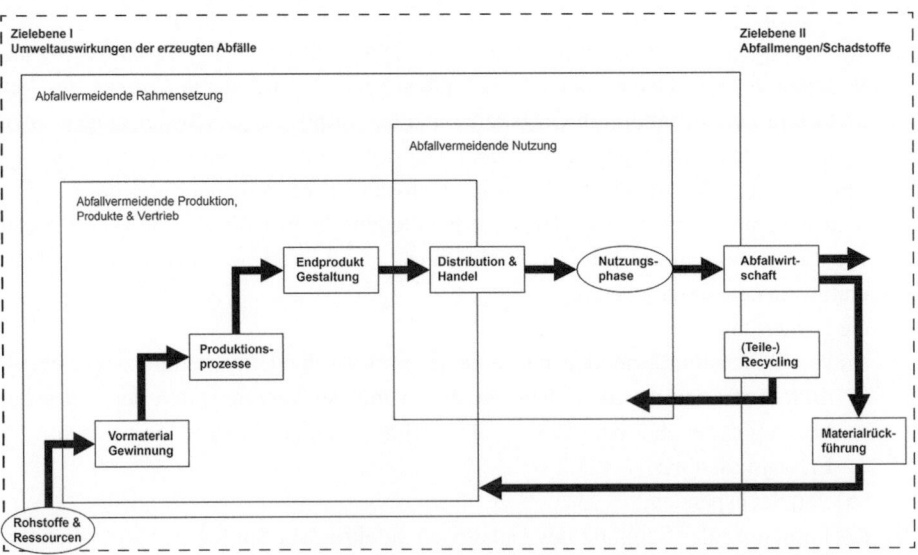

Abb. 4.1 Zielebenen und Maßnahmenbereiche entlang der Lebensweg-Stufen von Produkten (zur besseren Übersichtlichkeit wird die Abfallerzeugung innerhalb der Produktionskette nicht dargestellt!); nach [36]

Zur Vorbereitung des ersten Abfallvermeidungsprogramms für Deutschland wurden in [36] ca. 300 Maßnahmen zur Abfallvermeidung im Auftrag des UBA systematisch entlang der Lebenswegstufen von der Rohstoffgewinnung bis zur Nutzung für die öffentliche Hand tabellarisch dargestellt und bewertet. Hierzu wurden auch Indikatoren erarbeitet anhand derer eine Bewertung der Maßnahmen erfolgen kann [14].

Aufbauend auf die Studie „Inhaltliche Umsetzung von Art. 29 der Richtlinie 2008/98/EG – wissenschaftlich-technische Grundlagen für ein bundesweites Abfallvermeidungsprogramm" [36] wurde das erste bundesweite Abfallvermeidungsprogramm erarbeitet und Mitte 2013 vom Bundeskabinett beschlossen [37]. Dieses beinhaltet 34 Maßnahmen, wie bspw. die Information und Sensibilisierung für das Thema Abfallvermeidung in verschiedenen Kreisen sowie die Forschung und Entwicklung. Außerdem enthält das Programm Maßnahmen zur organisatorischen oder finanziellen Förderung von Strukturen zur Mehrfachnutzung, Reparatur und Wiederverwendung, von Konzepten zur Nutzung von Gebrauchsgütern durch einen größeren Kreis (z. B. Car-Sharing) sowie die Erstellung praxisnaher Arbeitshilfen. Die einzelnen Maßnahmen werden im Abfallvermeidungsprogramm näher beschrieben und unter Angabe der Maßnahme (Konzept), des Status der Maßnahme, des Initiators, des Adressaten sowie einer Bewertung tabellarisch zusammengefasst.

Auf Bundesebene sind verschiedene Programme zur Ressourceneffizienz und Abfallvermeidung verabschiedet [8]. Dies sind neben dem Deutschen Ressourceneffizienzprogramm (2012), das Nationale Programm für Nachhaltigen Konsum, das über das Kompetenzzentrum Nachhaltiger Konsum (KNK), dessen Geschäftsstelle am Umweltbundesamt angesiedelt ist, begleitet wird. Im internationalen Kontext wurde die PREVENT Abfall Allianz (2019) ins Leben gerufen.

Die Fortschreibung des Abfallvermeidungsprogrammes (2021) (AVP) [8] zeigt Aktivitäten des Bundes und der Länder auf. Für die Fortschreibung des AVP werden nachfolgende Abfallströme und Vermeidungsansätze von hoher Relevanz genannt: Prioritäre Produktgruppen und Abfallströme sind Kunststoffverpackungsabfälle, Lebensmittelabfälle, Elektro- und Elektronikaltgeräte sowie Bau- und Abbruchabfälle. Prioritäre Vermeidungsansätze liegen bei der öffentlichen Beschaffung, der Reparatur und Wiederverwendung sowie der Förderung von Produkt-Dienstleistungs-Systemen.

In der Fortschreibung des AVP werden Ziele und Indikatoren festgelegt, besonders für Lebensmittelabfälle, das Abfallaufkommen und Verpackungen. Neben Forschungsvorhaben und Entwicklungen auf Ebene der EU und der UN werden Konzepte zur Abfallvermeidung vorgestellt. Für verschiedene Stoffströme werden konkrete Maßnahmen für weniger Abfall aufgezeigt.

4.3 Maßnahmen zur Abfallvermeidung sowie Problembereiche bei der Umsetzung

In den folgenden Kapiteln werden für verschieden Akteure Ansätze und Maßnahmen zur Abfallvermeidung vorgestellt ([8] u. a.).

4.3.1 Gesetz- und Verordnungsgeber (Bund und Länder)

Bund und Länder können aufgrund ihrer Kompetenz zur Gesetz- und Verordungsgebung regulierend auf die Vermeidung von Abfällen einwirken; dies gilt besonders im Hinblick auf die Erweiterung der Produktverantwortung (u. a. auch im Hinblick auf Berichtspflichten), Einwegprodukte und die Stärkung des Mehrweganteils. Von Seite des Bundes kann auch auf die Ebene der EU entsprechend Einfluss genommen werden. Hervorzuheben ist hier die Ausgestaltung der Ökodesign-Verordnung und die Unterstützung bei der Schaffung von abfallvermeidenden Produktnormen.

Durch die Gestaltung des Steuerrechtes können Aktivitäten zur Abfallvermeidung wirtschaftlich unterstützt werden (z. B. Senkung des Mehrwertsteuersatzes für Reparaturen, gewerbliche Gebrauchtwarenhandlung etc.). Ebenso können durch den Bund abfallvermeidende Maßnahmen auf Ebene der Länder und Kommunen finanziell gefördert werden.

Im Hinblick auf Gebrauchtwaren sind produktrechtliche Fragestellungen wie z. B. die Setzung von Qualitätsstandards zu klären, wodurch die Akzeptanz für den Erwerb gebrauchter Produkte erhöht werden kann.

Auf Ebene der Bewusstseinsbildung und der Verbreitung von Information hat der Bund ebenfalls eine herausgehobene Bedeutung (s. a. Aktivitäten des Umweltbundesamtes); im Bereich der Klein- und Mittelständischen Unternehmen (KMU) können entsprechende Beratungsangebote eine zielführende Maßnahme darstellen.

Darüber hinaus sind Bund und Länder wesentliche Akteure auf dem Bereich des Bauens und der öffentlichen Beschaffung (s. Abschn. 4.3.4), worüber abfallvermeidendes Handeln direkt umgesetzt werden kann.

4.3.2 Gebietskörperschaften

Gebietskörperschaften können durch Maßnahmen und die Schaffung geeigneter Rahmenbedingungen abfallvermeidende Maßnahmen induzieren. Auch können Umweltabgaben dazu herangezogen werden, umweltschädigendes Verhalten zu verteuern (Lenkungsfunktion) [38]. Auf kommunaler Ebene sind folgende Möglichkeiten zur Abfallvermeidung anzusprechen:

- Bauleitplanung (Ansiedlung von Reparaturbetrieben etc.)
- Baurecht, Ortsbausatzungen (Sanierung statt Abbruch), Verbleib von Erdaushub vor Ort (Neubaugebiete), Bodenbörsen
- Unterstützung des Nachhaltigen Bauens
- Wirtschaftsförderung (abfallarme Produktion)
- Unterstützung abfallvermeidender Geschäftsmodelle und Initiativen sowie Start-Ups, teilweise auch in Eigenregie der Gebietskörperschaften (Warentauschbörsen, Gebrauchtwarenvermittlung (Kaufhaus), Verschenkmärkte, Windeldienste, Unverpackt-Läden, Mehrwegsysteme (z. B. RECUP/REBOWL), Werkzeugverleih, Repair-Cafes, Wiederverwendungs- und Reparaturzentren Deutschland (WIRD), Runder Tisch Reparatur, Upcycling, öffentliche Bücherschränke, Foodsharing, Soziale Kleiderläden, Geschirrmobile, Refill-Stationen (zum Auffüllen eigener Wasserflaschen im öffentlichen Raum))
- Plattformen und Broschüren für Reparatur, Verleih, Gebrauchtwaren (Secondhandplattformen)
- Bereitstellung von Stellplätzen (z. B. für Car-Sharing)
- Pädagogische Angebote (Umweltbildung in Schulen, Kindergärten etc.)
- Öffentlichkeitsarbeit (Abfallberatung, Aktivitäten wie Europäische Woche zur Abfallvermeidung)
- Modellprojekte zur Abfallvermeidung (regional)
- Abfallwirtschaftskonzepte mit Vermeidungsstrategien
- Abfallgebührengestaltung (Wirklichkeitsmaßstab), Förderung der Eigenkompostierung (öffentlich-rechtliche Entsorgungsträger)
- Entwicklung und Einsatz neuer Informationssysteme zur Werterhaltung
- Netzwerkbildung

Die in mehreren europäischen Ländern eingeführten Deponieabgaben bzw. -steuern, die teilweise deutlich über 30 €/Mg liegen, induzieren eine Verlagerung von Abfallströmen von der Beseitigung zur Verwertung. Ein nachweisbarer Effekt zur Abfallvermeidung ist hieraus nicht ablesbar. Ebenso hat der Handel mit CO_2-Zertifikaten, durch den klimaschutzwirksame Maßnahmen auch auf dem Gebiet der Abfallwirtschaft besonders in Entwicklungs- und Schwellenländern finanziert werden können, keinen Einfluss auf die Abfallvermeidung.

Als politische Maßnahme ist der Einfluss durch Lobby-Wirkung auf die Gesetzgeber möglich. ZERO-Waste-Initiativen, die allerdings nicht gleich zu setzen sind mit einer abfallfreien Gesellschaft (in vielen Fällen wird auch das Recycling als Vermeidung postuliert), werden in einigen Städten als Initiativen umgesetzt. Innerhalb dieser Konzepte sind auch abfallvermeidende Maßnahmen einbezogen [39]. Es ist zu beachten, dass in vielen Fällen der besondere Fokus auf der Reduktion der Abfälle zur Beseitigung liegt.

4.3.3 Forschung, Bildung und Information

Sowohl auf Bundes- als auf Landesebene kann die Forschung für abfallvermeidende Technologien und Systeme weiter intensiviert werden. Das bestehende Defizit ist nicht zuletzt damit zu begründen, dass die Abfallvermeidung primär als nicht wirtschaftlich betrachtet wird, da sie keine sofort monetär messbaren Erfolge erwarten lässt.

Gerade im Bildungsbereich erlaubt die Kulturhoheit der Länder im Hochschulbereich, aber auch an Schulen, Kindergärten etc. die Abfallproblematik durch den Einsatz entsprechender Lehrkräfte und beispielhafter Projektarbeiten gezielt ins Bewusstsein zu rücken. Dieser Punkt muss als besonders relevant angesehen werden, da gerade die ethischen Grundsätze das Konsumverhalten erheblich beeinflussen. So wurden in der Vergangenheit besonders Kampagnen im Bereich des öffentlichen Beschaffungswesens, der Schulen und Privathaushalte durchgeführt. Über umweltverträgliche Produkte, was allerdings über die Abfallvermeidung hinausgeht und auch Energie- und Schadstoffbetrachtungen einschließt, informiert z. B. das Umweltbundesamt [40]. Auf Länderebene sind (Ressourcen-/Energie-Effizienzagenturen) und deren Instrumente eine bewährte Möglichkeit zur Unterstützung der produzierenden Bereiche und des Gewerbes auch im Hinblick auf die Abfallvermeidung. Die Ausbildung gerade im Bereich des Reparaturhandwerks kann durch die öffentliche Hand gefördert werden.

Auf Ebene der entsorgungspflichtigen Gebietskörperschaften und der Kommunen ist die Abfallberatung für Behörden, Firmen und Bürger zu nennen (Abfallvermeidungsfibeln, Medien). Als ein Schritt der Informationspolitik in diese Richtung sind auch zertifizierte Öko-Label anzusprechen (z. B. Umweltengel etc.). Umfangreiche weiterführende Informationen sind auch in [8] verfügbar.

4.3.4 Öffentliche Hand, Beschaffungswesen

Beschaffungswesen
Die Forderung zu abfallvermeidendem Handeln der öffentlichen Hand ist im § 45 KrWG niedergelegt. Die öffentliche Hand ist selbst als einer der Großverbraucher (Bildung, Forschung, Erziehung, öffentliche Verwaltung) zu bezeichnen, welcher wesentlich zur Abfallvermeidung beitragen kann. Dies gilt besonders, da sie eine herausragende Vorbildfunktion ausübt.

So sollen an dieser Stelle nur die wesentlichen Punkte hervorgehoben werden. Maßnahmen zur Abfallvermeidung sind:

- Einsatz schadstoffarmer Produkte
- Einsatz langlebiger und reparaturfreundlicher Geräte
- keine Verwendung von Wegwerfutensilien vor allem im Bürobereich
- doppelseitiges Kopieren und Bedrucken von Papier
- generelle Verringerung des Papierverbrauchs

- keine Einweg-Behältnisse und Portionspackungen in Kantinen
- kein Alu- oder Einweggeschirr; Einsatz eines Geschirrmobils bei öffentlichen Veranstaltungen, Straßenfesten etc.
- Leasing statt Kauf von Geräten (z. B. wie bei Kopiergeräten häufig praktiziert)

Als Bauherren haben der Bund, Länder und Kommunen ein erhebliches Handlungspotential. Dies umfasst das Nachhaltige Bauen im Generellen, die Wahl abfallvermeidender Baukonstruktionen – und materialien, auch im Hinblick auf mögliche Umnutzungen, digitale Bauwerkspässe und die Klärung von Fragestellungen der Weiternutzung von Gebäuden im Speziellen. Besonders sind durch die entsprechende Gestaltung von Ausschreibungen Altmaterialien (z. B. aufbereitetes Material, gerade auch bei Beton (Recyclingbeton)) dem Neuprodukt vorzuziehen (Maßnahme zur Abfallverwertung). Entsprechendes gilt auch für den Komposteinsatz in der Garten-, Grünflächen- und Landschaftsgestaltung.

Im kommunalen Bereich sind als Problemfelder hinsichtlich der Abfallvermeidung auszumachen:

- Innovation und Veränderung sind aufgrund der Verwaltungswege nur sehr langsam durchzusetzen.
- Bezugsquellen für Recyclingmaterial und -produkte sind häufig unbekannt; gleichzeitig bestehen oftmals Verträge mit Firmen, welche die Recyclingprodukte nicht führen.
- Kostenvorteile sind häufig nicht erkennbar.
- Die Anforderungen an das Material sind häufig überzogen (Maximalforderungen).
- Der Organisationsaufwand und Personalaufwand kann höher als bisher sein.

4.3.5 Produktion und produzierendes Gewerbe

Produktionsvermeidung
Die effektivste Abfallvermeidung besteht in der Vermeidung der Produktion. Für den Produzenten ist dies jedoch eine existenzielle Frage. Eine hundertprozentige Abfallvermeidung kann es nicht geben, da ein bestimmtes Maß an Produktion für die Deckung des täglichen Lebensbedarfs notwendig ist.

Bezogen auf die Gesamtmenge aller in Deutschland entstehenden Abfälle kommt den Produktionsabfällen selbst die größte quantitative Bedeutung zu. Beginnend bei der Gewinnung der Rohstoffe bis hin zur Produktverarbeitung besteht das größte Potential.

Herstellerverantwortung: Produktdesign und -konstruktion
Wie schon in Abschn. 4.1.1 dargestellt, werden die Umweltauswirkungen eines Produktes über den gesamten Lebenszyklus während der Produktgestaltung festgelegt. Dies

beinhaltet auch die Abfallvermeidung. Die Produktverantwortung der Hersteller ist daher ein wesentliches Element im Hinblick auf nachhaltige Produkte.

In der Produktkonstruktion und im -design liegt einer der wesentlichen Mechanismen zur Abfallvermeidung. Wird doch hier festgelegt, aus welchen Materialien ein Produkt besteht und ob es nach einmaligem Gebrauch zu Abfall deklariert werden muss oder ob es mehrmaligen Gebrauchszyklen unterworfen werden kann.

Die Verwendungsdauer des Produkts im Wirtschaftskreislauf hängt somit entscheidend davon ab, ob die Konstruktion des Produktes auf einfache Wartung, Verfügbarkeit und der Möglichkeit des Austausches von Ersatzteilen sowie Haltbarkeit des Materials ausgelegt ist oder nicht (z. B. EcoDesign [41]).

Ansätze hierzu sind in der VDI-Richtlinie 2243 „Recyclingorientierte Produktentwicklung" [42] festgelegt. Design for the Environment (DFE) umfasst umweltgerechtes Design.

Es sollte:

- materialeffizient
- materialgerecht
- energieeffizient
- schadstoffarm
- abfallvermeidend/-vermindernd
- langlebig
- recyclinggerecht
- entsorgungsrecht
- logistikgerecht sein.

Durch die Ökodesign-Richtlinie der EU (Richtlinie 2009/125/EG vom 21. Oktober 2009) [30] wird ein Rahmen für die Festlegung von Anforderungen an die umweltgerechte Gestaltung energieverbrauchsrelevanter Produkte geschaffen. Das Energieverbrauchsrelevante-Produkte-Gesetz (EVPG) von 2008 [43] setzt diese Ökodesign-Richtlinie in deutsches Recht um. Ziel ist die Einsparung von Energie und anderen Ressourcen bei Herstellung, Betrieb und Entsorgung von Produkten, welche in nennenswertem Umfang Energie verbrauchen.

Folgende Produktgruppen sind hiervon betroffen: Geräte zum Heizen, Lüften und Kühlen, Elektronikartikel (z. B. PCs, Fernsehgeräte), Weiße Ware (z. B. Kühlschränke), Beleuchtung, Maschinen und Anlagen in der Industrie, sowie Sonstige (z. B. Fenster, Wasserhähne, Dämmstoffe).

Für diese wird die qualitative und quantitative Beschreibung von Umweltauswirkungen, die Limitierung des Energie- und Ressourcenverbrauches und der Schadstoffkonzentration sowie die Dokumentation des Ressourcenverbrauches gefordert. Damit ist von Seite des Gesetzgebers ein Instrument vorhanden, abfallvermeidende Produktgestaltung bis hin zur verbesserten Demontierbarkeit zu fordern. Für einige wenige Produkte werden hierfür Anforderungen definiert (z. B. Mindeststandards hinsichtlich der Produktlebensdauer bei Lampen oder die Lebensdauer und Gebrauchstauglichkeit von Komponenten (z. B. bei Staubsaugern)) und hinsichtlich der Bereitstellung von Informationen, z. B. für die Wartung und Demontage.

Dies kann ein Ansatz für weiterführende Anforderungen auch zur abfallvermeidenden Konstruktion sein. In der Studie „Material-efficiency Ecodesign Report and Module to the Methodology for the Ecodesign of Energy-related Products (MEErP)" [44], wird eine Methodik zur Verbesserung der Materialeffizienz dargestellt.

Die Ökodesign-Richtlinie und die geplanten Ökodesign-Verordnung [31] (siehe Abschn. 4.2.1) stellen das zentrale Element für die Abfallvermeidung im Kontext der Produzenten dar.

Hiervon nicht völlig losgelöst zu betrachten ist die Nachfrage der Verbraucher nach bestimmten Eigenschaften eines Produktes. So implizieren z. B. Forderungen der UV-Beständigkeit und biologischer Resistenz zur Haltbarkeit, Chemikalienbeständigkeit u. Ä. von vorneherein bestimmte Stoffeigenschaften, welche im Hinblick auf die ökologische Relevanz auch bei Substituten in der Regel keine deutliche Verbesserung bringen können.

Die Produkte lassen sich untergliedern in Verbrauchsgüter und Gebrauchsgüter, wobei die Übergänge abhängig von der Lebensdauer fließend sind [45]. An Verbrauchsgütern sind als besonders abfallträchtig die Einwegprodukte zu nennen, welche eine nur kurze Lebensdauer haben. Diese sind einteilbar in Einwegartikel und Einwegverpackungen.

Als *Einwegverpackungen* sind Verpackungen aus Pappe, Glas, Blech, Kunststoff, Verbundmaterial sowie Einweggeschirr zu nennen. Die Produkte sind grundsätzlich durch Mehrwegsysteme ersetzbar.

Dagegen sind *Einwegartikel* durch ihre Benutzungsdauer begrenzt, indem sich Verschleißelemente oder der Betriebsstoff erschöpfen oder dass sie als Hygieneartikel nur einmal benutzt werden. Als Beispiele seien genannt: Feuerzeuge, Kugelschreiber, Taschenlampen, Uhren, Batterien und auch Fotoapparate, aus dem Hygienebereich zählen hierzu Papiertaschentücher, Windeln, Einwegwäsche. Diese Produkte sind nicht nur von ihrer Abfallmenge her relevant, sondern vor allem wegen ihres Schadstoffgehaltes (z. B. Schwermetalle in Batterien etc.). Sie sind generell vermeidbar, indem sie durch längerlebige Alternativen ersetzt werden (nachfüllbar, ladbar) und somit zu Gebrauchsgütern werden.

Gebrauchsgüter erfahren in der Regel eine mehr- bis vieljährige Benutzung, sodass die Reparierbarkeit und Nachrüstbarkeit bei der Produktherstellung von großer Bedeutung ist. Als Beispiele hierfür seien genannt: Haushaltsgeräte, Möbel, Fahrzeuge, Bürogeräte, Werkzeugmaschinen u. ä. Hierbei geht der Trend zu komplexen Verbundprodukten, welche zwar rohstoff- und energiesparender sind als Altgeräte; eine Reparatur (Abfallvermeidung) oder Verwertung ist jedoch oft nicht möglich. So steht abfallvermeidendes Verhalten durch langen Geräteeinsatz oftmals gegen neue Produkte mit durchaus ökologischen Vorteilen (z. B. geringerer Wasserverbrauch, Energieverbrauch, Schadstoffausstoß).

Hieraus resultiert unter Berücksichtigung einer Phasenverschiebung eine in Zukunft steigende Abfallmenge infolge dieser Geräte. Aus Abb. 4.2 wird deutlich, dass gerade im Bereich von Konsumgütern wie Elektrogeräten etc. zwischen Produktion und Entsorgung aufgrund der Nutzungsdauer eine Phasenverschiebung von mehr als zehn Jahren auftreten kann, sodass nach dem Zeitpunkt der Änderung von gesetzlichen Rahmenbedingungen bzw. Konsumgewohnheiten über einen langen Zeitraum mit Konsumgüterabfällen zu rechnen ist, welche als Güter nicht mehr produziert werden. Es zeigt sich unabhängig von der Abfallvermeidung, welche bei vorhandenen Geräten nur über die Reparatur laufen könnte, folgende Situation:

- die Produkte enthalten immer mehr Einzelteile und verschiedene Materialien,
- die Zusammensetzung einzelner Materialien wird vielfältiger,
- die einzelnen Elemente von Elektrogeräten werden zwar laufend kleiner und vielfach ressourcen- und energiesparender, dafür aber komplexer,
- die Geräte enthalten immer mehr Verbundstoffe,
- ihre Auftrennung in die verschiedenen Grundstoffe wird schwieriger,
- strategisch wichtige Metalle sind in kleinen Mengen in komplexen Produkten (Magnete, Kondensatoren, Halbleiter) eingesetzt.

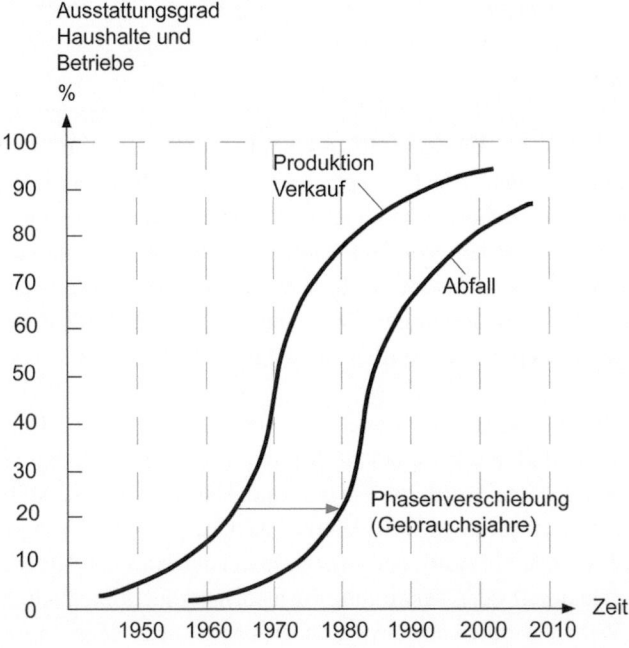

Abb. 4.2 Phasenverschiebung von Produktion und Abfallanfall bei Elektrogeräten. (Nach [46])

Produktionsprozess

Im Produktionsprozess selbst sind entscheidende Maßnahmen möglich, Abfälle zu vermeiden oder deutlich zu verringern. Beispielhaft sind zu nennen [42]:

- Wahl von Materialien, welche sich direkt wieder in den Prozess zurückführen lassen (z. B. kein Verbundmaterial) und hieraus folgernde Rückführung in den Prozess;
- Verwendung möglichst wenig verschiedener Werkstoffe;
- Wahl einer Konstruktion, welche abfallarmes Produzieren erlaubt (z. B. bei Stanzformen);
- Substitution bestehender Produktionsverfahren durch Prozesse, in welchen weniger Restmengen und/oder schadstoffhaltige Reste anfallen;
- Substitution schadstoffhaltiger Rohstoffe oder Produktionshilfsmittel (z. B. Ersatz von CKW durch wässrige Reinigungsmittel).

Hindernis für die Umsetzung der vorgenannten Optionen sind neben juristischen vor allem (welt)wirtschaftliche Aspekte, da durch reparaturfreundlichere Produkte zum einen die Herstellungskosten in der Regel höher werden, zum anderen die Lebensdauer der Produkte erhöht wird und damit der Bedarf und die hieraus resultierende Produktionsrate geringer würde. Gleichzeitig wären technische Neuerungen langsamer durchsetzbar.

Eine gesellschaftlich-wirtschaftliche Umstrukturierung, die eine Verminderung der Produktionsbetriebe und eine deutliche Zunahme der Reparaturbetriebe beinhaltet, wäre unabdingbar.

Abfallvermeidung in der Lebensmittelproduktion ist durch Optimierung der Produktionsprozesse (z. B. Vermeidung von Überproduktion, Verringerung von Fehlchargen, Reduzierung von Beschädigung und Verderb) umsetzbar [47, 48].

Information und Dienstleistungen

Hersteller können durch das öffentliche zur Verfügung stellen von Reparaturanleitungen, Vorlagen für die Reproduktion von Ersatzteilen und einen Reparaturservice die Nutzungsdauer von Produkten deutlich erhöhen. Durch das Anbieten von Leasingmodellen ist die Um- und Aufrüstung von Geräten und deren Wiederaufarbeitung möglich. Hierbei ist zu beachten, dass viele angebotene Leasingsysteme eine nur sehr eingeschränkte Nutzungsdauer vorsehen, welche der Zielvorstellung einer Langlebigkeit entgegen stehen. Durch das Anbieten von Rücknahmesystemen, Informationen zur Langlebigkeit Reparaturfähigkeit, Rückgabemöglichkeit und Labeling von Produkten (z. B. Blauer Engel) können Verbraucherentscheidungen beim Kauf erleichtert werden.

Umweltmanagementsysteme und betriebliche Abfallwirtschaftskonzepte

In Umweltmanagementsystemen als Maßnahme des betrieblichen Umweltschutzes und die betrieblichen Abfallwirtschaftskonzepte ist Abfallvermeidung als wesentliches Element einzubinden. Details hierzu siehe im Abschn. 13 „Umweltmanagementsysteme".

4.3.6 Handel

Der Handel stellt schon aufgrund seiner Funktion die Schnittstelle auf dem Weg der Produkte vom Hersteller zum Konsumenten dar. Er selbst produziert nicht und ist im Bereich der Verpackungen oder auch überlagerter bzw. defekter Produkte selbst Abfallerzeuger.

Maßnahmen zur Abfallvermeidung sind:

- Wiederverwendbare Transportverpackungen (Mehrwegsysteme)
- Produkte ohne Umverpackung
- Verkaufsverpackungen (Mehrwegsysteme) mit kurzen Transportwegen (Einheitsflaschen zum Beispiel für Mineralwasser, Bier)
- Verkauf offener Ware
- Regionalvermarktung, Direktvermarktung
- Mehrweg-Versandverpackungen
- Rücknahmevereinbarungen
- Alternative Geschäftsmodelle (Verleihen statt verkaufen) (z. B. für Kleider)
- Angebot von Reparaturdienstleistungen
- Eigene Second-Hand-Märkte

Es zeigt sich, dass der Handel eine wichtige Funktion im Rahmen der Abfallvermeidung übernehmen kann. Er benötigt aber stets die intensive Unterstützung des Käufers, da dieser bei alternativem Angebot entscheidet was absetzbar ist.

Die Auswirkungen der Verpackungsverordnung im Hinblick auf die Abfallvermeidung sind schwer quantifizierbar. Durch eine Veränderung des Designs und der Materialien der Verpackungen sowie deren Größe kann eine Reduzierung der Masse und eine verbesserte Verwertbarkeit erzielt werden (z. B. Ersatz von Mehrkomponenten-Material). Durch die Substitution von Glasflaschen durch PET-Flaschen wurde eine deutliche Massenreduzierung erreicht. Die Abfallvermeidung im strengen Sinne wurde hierdurch jedoch nicht erzielt.

Zur Vermeidung von Verpackungsabfällen und bewussterem Umgang mit Lebensmitteln verfolgen vermehrt einzelne Läden das Geschäftsmodell, Waren, u. a. durch Einsatz von Lebensmittelspendern in Selbstbedienung, unverpackt zu verkaufen. Darüberhinaus können durch die Zulassung von durch die Kunden mitgebrachte Mehrwegbehältersysteme Verpackungen vermieden werden.

Die Vermeidung von Abfällen von z. B. überlagerten Lebensmitteln ist möglich. Untersuchungen in Österreich zeigen, dass durch die Abgabe an Bedürftige, Tafelläden etc. Abfälle vermieden werden können [49].

Im Bereich des Lebensmitteleinzelhandels entstehen in Deutschland zwischen ca. 500.000 Mg/a [48, 50] und 762.000 Mg/a [51] an Lebensmittelabfällen. Gründe sind Überlagerung von Fleischwaren, Obst und Gemüse, teilweise entstehend durch

Überbevorratung (z. B. frisches Obst und Gemüse oder Backwaren bis kurz vor Ladenschluss vollständig im Sortiment zu haben), große Warenvielfalt oder das nahende bzw. die Überschreitung des Mindesthaltbarkeitsdatums. Zudem werden jährlich etwa 200.000 Mg Lebensmittel vom deutschen Lebensmitteleinzelhandel an karitative Einrichtungen wie etwa an Tafelläden gespendet [52]. Kleinere Geschäfte im Lebensmitteleinzelhandel haben es erreicht, durch optimiertes Abfallmanagement bis hin zur Verarbeitung verderblicher frischer Lebensmittel vor deren Verfall (z. B. als Kompott, Marmelade, Gerichte) die Menge an Lebensmittelabfällen auf gegen null zu reduzieren [47]. Diese Vorgehensweise ist nicht direkt auf Supermärkte (Lebensmittelketten) übertragbar.

Die Ausweisung von Sonderangeboten von Produkten, die kurz vor Ablauf des Mindesthaltbarkeitsdatums stehen, Vortagsbäckereien, die Weiterentwicklung von Logistik und Bestelltools und dynamische Mindesthaltbarkeitsdaten, die von Kühlkette und Qualität der Lebensmittel abhängig sind, können zur Abfallvermeidung beitragen.

Der in den letzten Jahren stark angestiegene Online-Handel erzeugt nicht nur zusätzliche Verkehrsbelastung und damit verbundene Energieverbräuche und Emissionen, sondern auch verstärktes Abfallaufkommen. Die Versandverpackungen selbst und das eingesetzte Füllmaterial werden in der Regel nicht wiederverwendet sondern werden über die Altpapier/Kartonagensammlung zur Verwertung erfasst. Darüber hinaus erzeugen die Retouren von weiterhin gebrauchsfähigen Waren, die häufig nicht ins Lager zum Weiterverkauf zurückgeführt werden, sondern aus Kosten- und Organisations-Gründen entsorgt werden, zu einem vermeidbaren Abfall in nicht unerheblichem Umfang. Durch die „Obhutspflicht" gemäß KrWG (siehe Abschn. 4.2.2) soll dieser Abfall vermieden werden. Lösungsansätze auf Ebene des Handels sind der Weiterverkauf der Ware, auch bei erhöhtem Mehraufwand, oder ggf. die Spende an karitatve Organisationen. Durch die finanzielle Belastung von Kundinnen und Kunden, die Retouren erzeugen, ist zu erwarten, dass die Retouren verringert werden. Darüberhinaus kann durch aussagefähige virtuelle Kundenberatung im Internet (einschließlich animierter virtueller Anproben) versucht werden, die Retourenquote zu senken. Eine Verschärfung der gesetzlichen Regelungen zum Umgang mit Retouren kann diese deutlich reduzieren.

4.3.7 Dienstleistungsgewerbe

Im Dienstleistungsgewerbe kann Abfallvermeidung vorherrschend auf folgenden Wegen beeinflusst werden:

- Einfluss auf die Abfallentstehung bei der Dienstleistung selbst (z. B. Hotel- und Gaststättengewerbe, Kantinen)
- Nutzungsoptimierung der genutzten bzw. verwalteten Güter
- Personalabfälle
- Beschaffungswesen (siehe auch Abschn. 4.3.3)

Die weite Spannbreite der Möglichkeiten soll an dieser Stelle nicht beschrieben werden. Es sei auf Handbücher zur umweltfreundlichen Beschaffung verwiesen [40].

Darüber hinaus existieren eine Vielzahl von Branchenkonzepten besonders für klein- und mittelständische Unternehmen, die über das Internet abrufbar sind (z. B. (Material)-Effizienzagentur, PIUS).

Nutzungsoptimierung von Gütern beruht auf dem Prinzip der besseren Ausnutzung der Güter. Damit einher geht ein deutlich verminderter Ressourceneinsatz. Dies kann u. a. erfolgen durch:

- Längere Nutzung vorhandener Güter durch Maßnahmen der Nutzungsdauerverlängerung wie Reparatur, Instandsetzung, technologisches Aufrüsten.
- Langzeitnutzung durch periodische Qualitätsüberwachung (z. B. Motorölwechsel).
- Intensivierung der Nutzung durch gemeinsame, geteilte oder Mehrfachnutzung (Computer-timesharing).
- Durch Leasing (Computer, Maschinen, Fahrzeuge) kann partiell ebenfalls eine Optimierung erreicht werden. Dies bietet häufig auch betriebswirtschaftliche Vorteile.
- Langlebigkeit durch zeitloses Produktdesign.
- Einsatz von Multifunktionsgeräten (z. B. Drucker inkl. Scanner und Faxgerät).

Aktuelle Lösungsansätze sind die Etablierung von Reparaturbetrieben für Elektroaltgeräte, die zum Wiederverkauf angeboten werden [53] und die sich ausbreitende Kultur der Repair Cafés [54]. Ausgehend von einem Projekt in Amsterdam im Jahr 2009 haben sich hiervon schon über 100 allein in Deutschland etabliert.

Lebensmittelabfälle in Gaststätten und Verpflegungsdienstleistungen fallen in einer Höhe von bis zu ca. 1,9 Mio. Mg/a in Deutschland an [48, 50, 51]. Der Großteil der Lebensmittelabfälle im deutschen Gastgewerbe entsteht durch Buffetreste (45 %), gefolgt von Tellerresten (30 %), Zubereitungsabfällen (20 %) und Lagerverlusten (5 %) [55]. Initiativen wie u. a. „United against Waste e. V." zielen darauf ab, die Menge vermeidbarer Lebensmittelabfälle unter ihren Vereinsmitgliedern (u. a. Lebensmittelhersteller, Händler, Gastronomie, Kantinenbetreiber) zu reduzieren. Durch Feedback-Systeme in Kantinen und bedarfsorientierte Essensausgabe in Kantinen und im Gaststättengewerbe können Lebensmittelabfälle in diesem Bereich deutlich reduziert werden [56].

> **Beispiel**
>
> Als Beispiel ist ein an der Universität Stuttgart entwickeltes Feedback-System zu nennen, welches sehr erfolgreich sowohl zur Messung als auch Vermeidung von Lebensmittelabfällen in Großküchen des Gastgewerbes eingesetzt wird. In Hotelküchen konnten die Lebensmittelabfälle am Frühstücksbuffet durch Einsatz des RESOURCE-MANAGER FOOD im Durchschnitt um etwa 64 % reduziert werden, womit finanzielle Einsparungen in Höhe von mehr als 9.000 € pro Küche und Jahr verbunden waren [57]. Seit 2013 wird das System in Zusammenarbeit mit mehreren Pilotküchen

4 Abfallvermeidung

kontinuierlich weiterentwickelt. Seine Funktionsweise ist praxisorientiert und berücksichtigt fallspezifische Bedürfnisse und Randbedingungen. Teil des Systems ist eine elektronische Waage, die per Kabel (Universal Serial Bus – USB) mit einer All-in-One-PC-Plattform verbunden ist. Abb. 4.3 zeigt Screenshots der Benuteroberfläche und die zugehörigen Funktionen des RESOURCEMANAGER FOOD.

Abb. 4.3 Screenshots der Benutzeroberfläche des RESOURCEMANAGER FOOD [57]

Die Software wird zunächst individuell konfiguriert und auf die jeweiligen Gegebenheiten in der Küche angepasst. Küchenspezifische Angaben können im Produktkatalog innerhalb der Software hinterlegt werden. So enthielt der Produktkatalog in jeder Pilotküche etwas mehr als 130 Artikel. Die Software ermöglicht darüber hinaus die Aufnahme von Bewertungsparametern, wie z. B. den Geldwert, der mit jedem Lebensmittel verbunden ist. Auf diese Weise lässt sich ein direkter Zusammenhang zwischen Lebensmittelabfallmenge und dem monetären Gegenwert darstellen. Veranstaltungsspezifische Einstellungen wie die Art der Veranstaltung oder die Anzahl der Gäste können optional eingegeben werden. Mit der Exportfunktion können die gemessenen Daten in eine Tabellenkalkulationsdatei übertragen werden. Die Protokollfunktion ermöglicht es darüber hinaus, Messdaten zu kontrollieren oder zu löschen. Die individuellen Taragewichte der Servierbehäter können ebenfalls im Programm hinterlegt bzw. vorkonfiguriert werden. Einzelne Gerichte und Speisen können mithilfe des Systems digital erfasst und über längere Zeiträume dokumentiert werden. Nach Abschluss der Messung werden die erfassten Daten in Form von Balkendiagrammen dargestellt. Darüber hinaus können Fotos von einzelnen Lebensmitteln und Servierbehältern während der Messung angezeigt werden, um die Bedienung der Software zu vereinfachen (vgl. Abb. 4.3). Der RESOURCEMANAGER FOOD kann inzwischen auch als Smartphone App (Android) verwendet werden (siehe auch Kap. 14: Stoffstrommanagement). ◀

4.3.8 Privathaushalte

Abfallvermeidungspotentiale
Der private Haushalt ist, sofern es sich nicht um gewerbliche oder öffentliche Nutzung handelt, in der Regel die letzte Station im Leben eines Produktes, bevor es zu Abfall wird. Im Wesentlichen lassen sich sieben Quellen im Haushalt aufspüren, an denen Abfall entsteht und damit Vermeidungsstrategien anknüpfen können:

- Reste aus der Essenszubereitung
- Verpackungen
- Reste infolge zu großer Packeinheiten
- Einwegartikel
- Druckerzeugnisse
- defekte Produkte
- Gartenabfälle

Reste aus der Essenszubereitung und der Gartenpflege sind beeinflusst durch Kochgewohnheiten und Gartengestaltung. Sie bilden ein erhebliches Potential für die Abfallvermeidung, wenn Flächen für eine eigene Kompostierung dieser Stoffe zur Verfügung stehen (siehe Abschn. 4.1.2). Der Anteil der Eigenkompostierung liegt im ländlichen

4 Abfallvermeidung

Raum bei 35 bis hin zu 50 % [56, 57], in Städten bis zu max. ca. 30 % [58, 59] (siehe auch Abschn. 8.2.3.2 Eigenkompostierung).

Verpackungen fallen in Haushalten in einer Menge von ca. 90 kg/(E · a) an. Versuche ergaben ein theoretisches Einsparpotential von ca. 60 kg/(E · a) [60].

Zu große Packeinheiten bilden besonders im Hobbybereich und bei Arzneimitteln ein Potential für die Entstehung von Abfällen. Das geschätzte Vermeidungspotential liegt bei ca. 1–2 kg/(E · a). Mogelpackungen, welche bei gleicher Packungsgröße einen geringeren Inhalt haben, um die Kosten für Produkte scheinbar geringer zu halten, führen zu erhöhtem Verpackungsaufkommen.

Basierend auf Hausmüllanalysen ist von einem Anteil an Einwegartikeln (ohne Verpackung) von rund 10 % auszugehen. Davon sind ca. 50 % Einwegwindeln, deren Anteil stark abhängig von der Siedlungsstruktur ist. In Haushaltungen mit Kleinkindern kann dieser Anteil am Restmüll über 15 % betragen.

Die Menge an Einwegartikeln beträgt zwischen 20 und 25 kg/(E · a). Realistischerweise muss aber davon ausgegangen werden, dass unter den heutigen gesellschaftlichen Rahmenbedingungen, auch bei hohem Aufwand für Information und Motivation der Haushalte, nur eine Vermeidungsquote von maximal 50 % angenommen werden kann.

Druckerzeugnisse befriedigen den Informationsbedarf unserer Gesellschaft. Sie betragen ca. 50 kg/(E · a). Durch Reduktion von Postwurfsendungen und Nichtannahme von Werbesendungen, sowie kritischem Einkauf von Zeitungen und Zeitschriften ließe sich eine geschätzte Vermeidungsquote von ca. 10–20 % erzielen. Durch die in der letzten Zeit zunehmende Nutzung des Postweges für Werbesendungen ist eine Ablehnung von Werbematerialien nicht möglich, sodass die Vermeidungsquote tendenziell sinkt.

Die Menge an defekten Produkten ist schwer abzuschätzen. Sie finden sich häufig im Sperrmüll wieder. Vorliegende Analysen lassen eine Menge von rund 15 kg/(E · a) wahrscheinlich erscheinen, wenn Haus- und Sperrmüll zusammengerechnet werden.

Bezogen auf Investitionsgüter mit hohem Energieverbrauch (z. B. Kühlschrank) im Haushalt wird jedoch auch deutlich, dass Abfallvermeidung nicht eindimensional zu betrachten ist. Substituiert ein Elektrogerät mit deutlich geringem Energieverbrauch ein Altgerät mit hohem Energieverbrauch, so kann unter den Aspekten des Ressourcen-(Energie) und Klimaschutzes durchaus ein Ersatz ökologisch sinnvoll sein. Zur Abwägung dieser Situation sind Ökobilanzen heranzuziehen (siehe Abschn. 14.4 Ökobilanz).

Bei den Lebensmittelabfällen aus Haushalten ist zu unterscheiden in nicht vermeidbar (z. B. Knochen, Schäl- und Putzreste), teilweise vermeidbar bedingt durch Verbrauchergewohnheiten (z. B. Brotrinde, Schalen von Obst und Gemüse) und vermeidbar (überlagert, nicht gegessen). In Deutschland fallen ca. 6,5 Mio. Mg/a Lebensmittelabfälle an (entsprechend ca. 78 kg (E · a)) [48, 50]. Die durchschnittliche Pro-Kopf-Lebensmittelabfallmenge zeigt eine nicht lineare Korrelation mit der Haushaltsgröße. So nimmt die spezifische Lebensmittelabfallmenge mit steigender Haushaltsgröße in der Regel ab. Laut einer aktuellen Studie der Gesellschaft für Konsumforschung sind etwa 40 % der Lebensmittelabfälle in deutschen Haushalten vermeidbar. Die vermeidbaren Lebensmittelabfälle setzen sich vor allem aus leicht verderblichen Lebensmitteln zusammen. Etwa 62 % aller vermeidbarer Lebensmittelabfälle werden duch Obst und Gemüse, Backwaren, Fleisch, Wurst, Fisch und Molkereiprodukte verursacht. [61]. Die Gründe für die Entstehung der vermeidbaren Lebensmittelabfälle beinhalten besonders Verderb, falsche Lagerung, zu viel gekocht, optisch unappetitlich, kein Bedürfnis mehr, die Lebensmittel zu konsumieren und Überschreitung des Mindesthaltbarkeitsdatums [61].

Untersuchungen zeigen, dass durch bewusstes Verbraucherverhalten (z. B. beim Einkaufen und Kochen, Führen eines Lebensmitteltagebuchs, Verwenden von hartgewordenen Backwaren und Kochresten für neue Gerichte) bis zu 50 % Lebensmittelabfälle vermieden werden können [62].

Zusammenfassend lässt sich das Vermeidungspotential in privaten Haushalten wie in Tab. 4.2 dargestellt, wie folgt quantifizieren:

Wird eine Menge an haushaltstypischen Siedlungsabfällen von 554 kg/(E · a) angesetzt [64], so beträgt das theoretische Vermeidungspotential ca. 40 %. Als realistisch ist ein Vermeidungspotential von 5 bis 15 % anzusetzen. Voraussetzung sind jedoch intensive Maßnahmen der Öffentlichkeitsarbeit mit dem Schwerpunkt auf der Förderung der Eigenkompostierung und der Reduktion von Verpackungen.

In der Praxis wurden in Hamburg, Berlin und Köln Versuche durchgeführt. Die nach intensiver Information der Verbraucher vermiedenen Abfallmengen lagen bei 35–47 kg/(E · a) in Berlin und bei 64 kg/(E · a) in Hamburg [63].

Diese Werte nähern sich schon gut den oben dargestellten Abschätzungen. Hierbei ist zu beachten, dass durch konsequent durchgeführte Recyclingmaßnahmen die vermiedenen Abfälle das Recyclingpotential des Haus- und Sperrmülls um über 70 % verringern. (Beispiele: Druckerzeugnisse, Verpackungen (teilweise), organische Abfälle).

Untersuchungen in Wien im Jahr 1999 ergaben ein Vermeidungspotential von ca. 15 kg/(E · a) an Restabfällen [49]. Auf Basis von 281 kg/(E · a) Restabfall (1999) bedeutet dies eine Verminderung um 5,4 %. Bezogen auf die gesamten Abfälle einschließlich der wiederverwendeten Abfälle mit 481 kg/(E · a) wurde ein Potential von 30 kg/(E · a), entsprechend 6,2 % kalkuliert. Tab. 4.3 zeigt das Vermeidungspotential für Wien.

Tab. 4.2 Theoretisches und realistisches Potential für die Abfallvermeidung in Privathaushalten

	Theoretische Obergrenze (kg/(E · a))	Realistische Menge in (kg/(E · a))
Org. Abfälle aus Küche und Garten (je nach Struktur des Gebietes)	Über 80	20–40
Verpackungen	Bis 60	30
Zu große Packeinheiten	1 bis 2	1
Einwegartikel	20–25	10–15
Druckerzeugnisse	bis zu 50	5–10
Defekte Produkte	10 bis 15	1–2

4 Abfallvermeidung

Tab. 4.3 Abfallvermeidungspotential für Wien (kg/(E · a)) für Restabfall und Abfälle zur Verwertung [49, 65]

Thema	Maßnahme	Restabfall	Abfälle zur Verwertung	Summe
Werbematerial	Werbematerial auf Bestellung	3,2	7,4	10,6
	Unerwünschtes Werbematerial	0,5	1,2	1,7
Getränkeverpackung	Mehrwegquoten	7,7	4,4	12,1
	Kreislaufquote	1,3	0,2	1,5
	Verpackungsabgabe	7,7	4,4	12,1
	Lizenzmodelle	7,7	4,4	12,1
	Verbot von Getränkedosen	1,9	1,8	3,6
Babywindeln	Unterstützung Nutzung Mehrwegwindeln	2,0	0,0	2,0
	Leihwindeln	2,0	0,0	2,0
Elektrogeräte	Verlängerung der Garantiezeit	0,3	1,4	1,7
	Rücknahmeverpflichtung	0,3	1,4	1,7
	Produktabgabe	n.q	n.q	n.q
	Verringerung der MWST bei Reparatur	n.q	n.q	n.q
Öffentliche Einrichtungen	Interesse Festlegung von Vermeidungsmaßnahmen	0,4	n.q	0,4
Öffentlichkeitsarbeit	Pilotprojekte für Abfallvermeidung	0,5	0,4	0,9

n.q. = nicht quantifiziert.

Maßnahmen zur Abfallvermeidung

Auf Ebene der Verbraucherinnen und Verbraucher besteht eine große Anzahl an Möglichkeiten, Abfälle zur Verwertung und zur Beseitigung zu vermeiden. Unter Zugrundelegung einer Vielzahl an Quellen, besonders auch dem Abfallvermeidungsprogramm [8], sind nachfolgend verschiedene Maßnahmen zusammengestellt.

a) **Nutzungsverhalten** bei Produkten
- Produkte selbst reparieren oder reparieren lassen
- Refurbishment von Produkten, Update, Austausch von Komponenten
- Produkte ggf. umarbeiten bzw. anders verwenden bzw. nutzen

- Nicht mehr genutzte gebrauchsfähige Produkte verkaufen, verschenken oder spenden
- Verwendung wiederverwendbarer Verpackungen (Einkaufstüten, To-Go-Becher, Geschirr)
- Nutzung von Sharing-Angeboten (z. B. Car-Sharing, Food-Sharing)
- Gemeinsame Nutzung von Geräten im Umfeld (Beispiel Elektrowerkzeuge, Rasenmäher etc.)
- Verwendung waschbarer Putz- und Spültücher
- Verwendung von Mehrwegwindeln
- Auf ordnungsgemäße Lagerung achten (bes. bei Lebensmitteln)
- Eigenkompostierung bevorzugen, wo möglich

b) **Kaufverhalten**
- Frage stellen, ob Produkt wirklich gebraucht wird
- Kauf von langlebigen, reparierbaren Produkten (auch auf Rezyklierbarkeit achten)
- Kauf von höherwertigen, zeitlosen Produkten (bes. Möbel, Kleidung, Schuhe)
- Produkte mit „Blauem Engel" oder entsprechenden Siegeln bevorzugen
- Auf längere Herstellergarantien achten
- Kauf von abfallvermeidenden Produkten (z. B. wiederbefüllbar, doppelseitige Papiernutzung (Drucker, Kopierer), Akkus statt Batterien
- Kauf von Gebrauchtwaren/Second-Hand
- Nutzung von Mehrwegverpackungen
- Kauf von unverpackter Ware
- Kauf von Nachfüllpackungen
- Vermeidung von Produkten mit Mikroplastikpartikeln (Reinigung/Körperpflege)
- Handel vor Ort statt Online-Handel nutzen
- Bei Nutzung des Online-Handels: Retouren vermeiden, Informationen und virtuelle Anproben im Internet nutzen
- Bei Baumaßnahmen auf kreislaufgerechte, abfallarme Baukonstruktion achten, Vermeidung schlecht recyklierbarer Materialien

c) **Weitere Aktivitäten**
- Abfallbewusstsein schärfen (Führen eines Haushaltstagebuches, Bestimmung weggeworfener Lebensmittelabfallmengen (Self-Reporting))
- Mitwirkung bei Abfallvermeidungskonzepten im Umfeld (Arbeitsplatz, Stadtteil, Organisationen)
- Nutzung sozialer Medien zum Informationsaustausch
- Unerwünschte Werbung zurückweisen (Aufkleber am Briefkasten etc.)
- Vorbildfunktion in der Familie, Freundes- und Kollegenkreis geben

Verhaltensänderungen auf Verbraucherebene können nur beschränkt durch regulatorische Maßnahmen erreicht werden. So können postiv wahrgenommene Anstöße die Motivation zu abfallvermeidendem Verhalten fördern. Mit dem Instrument des *Nudging* (anstupsen) können Handlungsweisen und –muster verändert werden. Wichtig ist hierbei, dass im

Vergleich zum bisherigen Verhalten der Aufwand für die Verbraucher möglichst geringer wird, der Komfort verbessert wird und eine Vereinfachung erfolgt. Auch können auf sozialer Ebene durch die Unterstützung altruistischer Motivation (z. B. „Umweltschutz/Klimaschutz aktiv betreiben") und durch Vorbildfunktion die Nachahmung einer Verhaltensänderung angestoßen werden [8].

4.3.9 Planer, Berater

Besonders im Bereich des Bauwesens kann die Vermeidung von Abfällen schon bei der Planung berücksichtigt werden. Dies betrifft unter Berücksichtigung der Kriterien des nachaltigen Bauens besonders die Baukonstruktion, die gewählten Materialien und die Flexibilität einer möglichen veränderten Nutzung.

4.3.10 Organisationen und Verbände

Organisationen (besonders auch Nicht-Regierungs-Organisationen (NGO)), Verbände, Vereine, Gewerkschaften, Parteien etc. haben die Möglichkeit, durch ihre Arbeit auf die Gestaltung von Gesetzen und Verordnungen Stellung zu beziehen und ggf. in Anhörungsverfahren Vorschläge einzubringen. Durch die Informationion der Mitglieder können Maßnahmen und Aktivitäten zur Abfallvermeidung verbreitet werden und Mitglieder zum Mitmachen animiert werden. Mit der Unterstützung flankierender Aktivitäten/Aktionen (Abfallvermeidungswoche, Konferenzen, Websites) können Maßnahmen zur Abfallvermeidung gezielt unterstützt werden.

4.3.11 Schlussbemerkungen

Die Effekte von Abfallvermeidungsmaßnahmen sind schwer quantifizierbar. So sind bis dato allgemein anerkannte Methoden sowie Benchmarks, um die eigentliche Abfallvermeidung (keine Produktion) oder infolge längerer Nutzungsphase zu bewerten nur in Ansätzen existent. Allein die Festlegung der Bezugsgröße ist eine offene Fragestellung. Durch im Abfallvermeidungsprogramm genannte Indikatoren können Ziele vorgegeben und deren Erfüllung (z. B. für Lebensmittelabfälle, Verpackungen etc.) überprüft werden. Ansatzweise können darüberhinaus über Ökobilanzen Produkte hinsichtlich ihrer Umweltrelevanz einschließlich der hieraus resultierenden Abfallmenge bewertet werden.

Wie sich gezeigt hat, ist die Vermeidung von Abfällen nur in sehr begrenztem Umfang von Seiten der Abfallwirtschaft und den für die Entsorgung Zuständigen beeinflussbar. Neben dem Konsumverhalten des Einzelnen sind Produktangebote, gesetzliche Rahmenbedingungen sowie die nationale und internationale wirtschaftliche Situation wesentliche Einflussgrößen. Besonders in sich entwickelnden Ländern lässt sich eine Proportionalität zwischen Abfallmenge und Bruttoinlandsprodukt herstellen. In Industriestaaten zeigt sich eine Tendenz zur Entkoppelung dieser beiden Größen [66, 67].

Abfallvermeidung beinhaltet aber nicht nur die Reduzierung der Menge sondern hat durchaus auch eine qualitative Komponente. Die Abfallintensität stellt einen spezifischen Indikator für die Messbarkeit der Abfallvermeidung dar [67]. Die Substitution von Schadstoffen z. B. FCKW durch umweltneutrale Stoffe ist eine Maßnahme der Abfallvermeidung und sorgt für eine Entlastung der Umwelt. Stärker als in der Mengenreduktion ist im qualitativen Bereich der Gesetzgeber gefordert.

Darüber hinaus können Materialflussindikatoren den Ressourcenverbrauch anzeigen, der indirekt Abfallvermeidung quantifizieren kann. Zur Angabe der Ressourcenintensität kann die Rohstoffproduktivität herangezogen werden [8] (Bruttoinlandprodukt je Inanspruchnahme an nicht erneuerbaren Rohstoffen).

Generell ist Abfallwirtschaft als integraler Bestandteil der Wirtschaft zu verstehen und muss in alle Stufen der Produktion und des Konsums einbezogen werden. Hierbei ist auf die Schließung von Stoffkreisläufen und die Minimierung der Schadstoffe zu achten. Durch die Ökodesign-Richtlinie (zukünftig Ökodesign-Verordnung) ist schon bei der Produktion die Vermeidung von Abfällen gezielt zu beachten und umzusetzen.

Es wurde dargestellt, dass eine konsequente Abfallvermeidung nicht alleine auf die Verringerung des Abfallgewichts bezogen werden kann, sondern die Effizenz der Ressourcennutzung, welche auch den Energieverbrauch und Schadstoffreduktion als maßgebliche Größe berücksichtigt, einbezogen werden muss.

Einen zusätzlichen Bewertungsmaßstab können ökonomische Kriterien darstellen, wenn externe Kosten internalisiert werden. Damit können auch mittelbare Kosten aus Energieverbrauch und Abfallentstehung (wie z. B. Altlasten, fehlende Ressourcen, Umweltbelastung) berücksichtigt werden [68].

Fragen zu Kap. 4

1. Wie ist Abfallvermeidung zu definieren?
2. Was versteht man unter geplanter Obsoleszenz? Wie ist diese weiter zu unterteilen?
3. Welche Maßnahmen umfasst die Abfallvermeidung?
4. Warum sollen Abfälle vermieden werden?
5. Welche wesentlichen Akteure beeinflussen die Maßnahmen zur Abfallvermeidung?
6. Welche Maßnahmen können besonders zur Abfallvermeidung beitragen?
7. Was sind die wesentlichen Inhalte des Abfallvermeidungsprogrammes der Bundesregierung?
8. Welche Indikatoren können für die Bewertung von Abfallvermeidungsmaßnahmen herangezogen werden?
9. Warum findet Abfallvermeidung nicht in dem Umfang statt, der aus ökologischer Sicht wünschenswert wäre?

10. Hat die Verpackungsverordnung signifikant zur Abfallvermeidung beigetragen?
11. Welche Abfallquellen im Haushalt bieten ein hohes Potential zur Abfallvermeidung?
12. Welche Abfallmengen können theoretisch bzw. realistisch vermieden werden? Welche Auswirkungen hat dies auf die Abfallmengen zur Beseitigung?
13. Warum ist Abfallvermeidung schwer quantifizierbar? Wie wird versucht, dies zu lösen?

Literatur

[1] KrWG: Gesetz zur Förderung der Kreislaufwirtschaft und Sicherung der umweltverträglichen Bewirtschaftung von Abfällen (Kreislaufwirtschaftsgesetz – KrWG). Artikel 1 des Gesetzes vom 24.02.2012 (BGBl. I S. 212), in Kraft getreten am 01.03.2012 bzw. 01.06.2012, zuletzt geändert durch Gesetz vom 10.08.2021 (BGBl. 1 S 3436, 3449)

[2] OECD: Organisation for Economic Co-operation and Development, Environment Directorate, Environment Policy Committee, Working Group on Waste Prevention and Recycling, Working Group on Environmental Information and Outlooks, Towards Waste Prevention Performance Indicators, ENV/EPOC/WGWPR/SE(2004)1/FINAL, 30.09.2004

[3] Illich, I.: Die Entstehung des Un-Wertes als Grundlage von Knappheit und Ökologie. Ex- und hopp, anabas-Verlag, Gießen, 1989, S. 31–32

[4] Lausch, W.: Abproduktarme Territorien als Entscheidung für Technologie und Ökologie. Zeitschrift für angewandte Umweltforschung H2/1989, S. 167–178

[5] Schurz, K.: Der Affe kennt keine Treue. Ex- und hopp; anabas-Verlag, Gießen, 1989, S. 31–32

[6] Stahel, W. R.: Die wichtigsten Strategien der Abfallvermeidung und deren Umsetzung. In: Bilitewski et al.: Müllhandbuch. Kennzahl 8505, Berlin, 2007

[7] AbfRRL – RICHTLINIE 2008/98/EG DES EUROPÄISCHEN PARLAMENTS UND DES RATES vom 19. November 2008 über Abfälle und zur Aufhebung bestimmter Richtlinien. http://www.eur-lex.europa.eu

[8] BMUV, Bundesministerium für Umwelt, Naturschutz und nukleare Sicherheit. Fortschreibung: Abfallvermeidungsprogramm. Oktober 2020

[9] Europäische Kommission: European Green Deal. Brüssel, 11.12.2019, COM (2019) 640 final.

[10] Europ. Kommission: Ein neuer Aktionsplan für die Kreislaufwirtschaft. Für ein saubereres und wettbewerbsfähigeres Europa, Brüssel, 11.3.2020, COM (2020) 98 final

[11] Wikipedia: Obsoleszenz, geplante Obsoleszenz. Zugriff 04.11.2022

[12] Schenkel, W.: Abfallwirtschaft – eine Quelle der Innovation. Abfallwirtschaftsjournal 1 1989, Nr. 1, EF-Verlag, Berlin, S. 7–13

[13] LUBW: Wiederverwendung. https://www.lubw.baden-wuerttemberg.de/abfall-und-kreislaufwirtschaft/wiederverwendung Definition von Wiederverwendung, Vermeidung etc. Zugriff 04.11.2022

[14] Urban, A.: Grundsatzfragen der Abfallvermeidung. In: Urban, A.; Halm, G. (Hrsg.): UNIKAT-Fachtagung Abfallvermeidung. Kassel, 2013, S. 51–64

[15] Grooterhorst, A.: Gefangen in der Kreislaufwirtschaft – oder – Abfallwirtschaft und starke Nachhaltigkeit. Müll und Abfall 10/2010, S. 493–500

[16] Vogel, G.: Dematerialisation and Immaterialisation – Options for Decoupling resource consumption from economic growth. In: ISR Reunion: Dematerialisation and Immaterialisation, September 2004, Barcelona 2004
[17] Skovgaard, M.; Moll, S.: Outlook for waste and material flows – Baseline and alternative Scenarios. ETC/RWM working Paper 2005/1, European Topic Centre on Resource and Waste Management, Copenhagen, 104 S., 2005
[18] Kopytziok, N.: Sachgebiet Abfall – Vermeidung ökologischer Belastungen. Rhombos Verlag, Berlin, 2001
[19] Abfallratgeber Bayern: Eigenkompostierung. https://www.abfallratgeber.bayern.de/publikationen/entsorgung_einzelner_abfallarten/doc/eigenkompostierung.pdf 04/2017. Zugriff 04.11.2022
[20] Menzel, R. et al.: Kompostfibel, Umweltbundesamt, 2015, Broschüre, www.umweltbundesamt.de/publikationen/kompostfibel . Zugriff 14.04.2016
[21] Krause, P. et al.: Verpflichtende Umsetzung der Getrenntsammlung von Bioabfällen. UFOPLAN Bericht FKZ 371233328, 2014
[22] Morlock-Rahn, G.: Abfallvermeidung (Teil 1 und 2). IRB-Verlag, Stuttgart, 1989
[23] Meadows, D.: Die Grenzen des Wachstums. Deutsche Verlagsanstalt, Stuttgart, 1974
[24] Barney, G. O. et al.: Global 2000. Verlag Zweitausendeins, Frankfurt, 1981
[25] Georgescu-Roegen, N.: The Entropy Law and Economic Process. Harvard University Press, Cambridge, MA, 1971
[26] Rifkin, J.: Entropie – ein neues Weltbild. Ullstein-Verlag, Frankfurt, 1981
[27] Lehninger, A.: Bioenergetik. Thieme-Verlag, Stuttgart, 1982
[28] EU-Richtlinie 2006/12: Richtlinie 2006/12/EG des Europäischen Parlaments und des Rates vom 5. April 2006 über Abfälle
[29] IED-Richtlinie: Industrieemissionsrichtlinie 2010/75/EU, http://www.eur-lex.europa.eu
[30] Europäische Union: Ökodesign-Richtlinie. Richtlinie 2009/125/EG des Europäischen Parlaments und des Rates vom 21. Oktober 2009 zur Schaffung eines Rahmens für die Festlegung von Anforderungen an die umweltgerechte Gestaltung energieverbrauchsrelevanter Produkte
[31] Europäische Union: EU-Ökodesign_VO Brüssel, den 30.3.2022 C (2022) 2026 final ANNEX ANHANG der Mitteilung der Kommission Arbeitsprogramm für Ökodesign und Energieverbrauchskennzeichnung 2022–2024 {SWD(2022) 101 final} https://eur-lex.europa.eu/legal-content/DE/TXT/PDF/?uri=CELEX:52022DC0140&from=EN. Zugriff 04.11.2022
[32] EU-Kunststoffstrategie: https://environment.ec.europa.eu/strategy/plastics-strategy_de. Zugriff 4.11.2022
[33] EU-Einwegkunststoffrichtlinie. RICHTLINIE (EU) 2019/904 vom 5. Juni 2019 über die Verringerung der Auswirkungen bestimmter Kunststoffprodukte auf die Umwelt. Amtsblatt der EU L155/1 (12.06.2019)
[34] BMUV: Verordnung über die Beschaffenheit und Kennzeichnung von bestimmten Einwegkunststoffprodukten- Einwegkunststoffkennzeichnungsverordnung – EWKKennzV. 10.02.2021
[35] BImSchG: Gesetz zum Schutz vor schädlichen Umwelteinwirkungen durch Luftverunreinigungen, Geräusche, Erschütterungen und ähnliche Vorgänge (Bundes-Immissionsschutzgesetz - BImSchG) in der Fassung der Bekanntmachung vom 17. Mai 2013 (BGBl. I S. 1274; 2021 I S. 123), zuletzt durch Artikel 2 Absatz 3 des Gesetzes vom 19. Oktober 2022 (BGBl. I S. 1792) geändert
[36] Dehoust, G. et al.: Inhaltliche Umsetzung von Art. 29 der Richtlinie 2008/98/EG – wissenschaftlich-technische Grundlagen für ein bundesweites Abfallvermeidungsprogramm. Umweltforschungsplan der Bundesministeriums für Umwelt, Naturschutz und Reaktorsicherheit; Forschungskennzahl 3710 32 310, UBA-FB 001760, 38/2013, 2013

[37] Bundesministerium für Umwelt, Naturschutz und Reaktorsicherheit (Hrsg.): Abfallvermeidungsprogramm des Bundes unter Beteiligung der Länder, Juli 2013
[38] Ewringmann, D.: Umweltorientierte Abgabepolitik. Hauptausschuss der Arbeitsgemeinschaft für Umweltfragen, Referat, 1987
[39] Zero Waste Cities: https://zerowastecities.eu/wp-content/uploads/2021/01/2020_12_10_zwe_zero_waste_cities_masterplan_gr.pdf. Zugriff 04.11.2022
[40] UBA,Umweltbundesamt: Umweltfreundliche Beschaffung.https://www.umweltbundesamt.de/themen/wirtschaft-konsum/umweltfreundliche-beschaffung?tabc=1&page=1. Zugriff 04.11.2022
[41] Kopytziok, N.: Neue Perspektiven für das EcoDesign. Müllmagazin 3/2005
[42] VDI-Richtlinie, VDI 2243: Recyclingorientierte Produktentwicklung. Ausgabedatum: 2002–07
[43] EVPG: Energieverbrauchsrelevante-Produkte-Gesetz, BGBL I S. 2224, vom 21. Oktober 2011
[44] BIO Intelligence Service: Material-efficiency Ecodesign Report and Module to the Methodology for the Ecodesign of Energy-related Products (MEErP), Part 1: Material Efficiency for Ecodesign – Draft Final Report. Prepared for: European Commission – DG Enterprise and Industry, 2013
[45] Fleischer, G.: Elemente der versorgenden Abfallwirtschaft. Abfallwirtschaftsjournal 1/1989, S. 18–23
[46] Bidlingmaier, W.; Kranert, M.: Abfallvermeidung. In: Tabasaran (Hrsg): Abfallwirtschaft, Abfalltechnik; Ernst u. Sohn, 1994
[47] Kranert, M. et al.: Ermittlung der weggeworfenen Lebensmittelmengen und Vorschläge zur Verminderung der Wegwerfrate bei Lebensmitteln in Deutschland. Projektbericht, Bundesanstalt für Landwirtschaft und Ernährung (BLE), FKZ 2810HS033, März 2012
[48] Schmidt, T., Schneider, F., Leverenz, D., Hafner, G. (2019). Lebensmittelabfälle in Deutschland – Baseline 2015. Thünen Report 71. https://doi.org/10.3220/REP1563519883000. https://www.bmel.de/SharedDocs/Downloads/DE/_Ernaehrung/Lebensmittelverschwendung/TI-Studie2019_Lebensmittelabfaelle_Deutschland-Kurzfassung.pdf?__blob=publicationFile&v=3. Zugriff 11.11.2022
[49] Salhofer, S. et al.: Prevention of Municipal solid waste. Waste management in the focus of controversial interests. 1st BOKU Waste Conference 2005, Hrsg. Lechner, facultas, Wien, S. 57–67
[50] Leverenz, Dominik; Schneider, Felicitas; Schmidt, Thomas; Hafner, Gerold; Nevárez, Zuemmy; Kranert, Martin: Food Waste Generation in Germany in the Scope of European Legal Requirements for Monitoring and Reporting. In: Sustainability 13 (12), S. 6616. DOI: https://doi.org/10.3390/su13126616. 2021
[51] DESTATIS: Lebensmittelabfälle in Deutschland im Berichtsjahr 2020 (vorläufiges Ergebnis). Nach Delegiertem Beschluss (EU) 2019/1597. Stand 30. Juni 2022. https://www.destatis.de/DE/Themen/Gesellschaft-Umwelt/Umwelt/Abfallwirtschaft/Tabellen/lebensmittelabfaelle.html. Zugriff 11.11.2022
[52] Orr, L., & Schmidt, T.: Monitoring der Lebensmittelabfälle im Groß- und Einzelhandel in Deutschland: 2019 [Daten des Lebensmitteleinzelhandels. Thünen Working Paper 168]. https://www.thuenen.de/media/publikationen/thuenen-workingpaper/ThuenenWorkingPaper_168.pdf. Zugriff 11.11.2022
[53] Brüning, R.; Kockelmann, L.: Reparatur und Wiederverwendung von Elektro(nik)altgeräten. In: Kranert, M.; Sihler, A. (Hrsg.): Ressourceneffizienz- und Kreislaufwirtschaftskongress Baden-Württemberg 2014 – Ideenvielfalt statt Ressourcenknappheit. Teil Kreislaufwirt-

schaft, Tagungsband, Stuttgarter Berichte zur Abfallwirtschaft Band 114/2014. DIV, München, 2014, S. 80–88.
[54] Heckl, W. M.: Die Kultur der Reparatur. Hanser, München, 2013
[55] von Borstel, T., Prenzel, G.K., Waskow, F.: Ein Drittel landet in der Tonne. Zwischenbilanz 2017: Fakten und Messergebnisse zum deutschlandweiten Lebensmittelabfall in der Außer-Haus-Verpflegung. Available online at https://www.united-against-waste.de/downloads/united-against-waste-zwischenbilanz-2017.pdf. Zugriff 11.11.2022
[56] Leverenz, D.: Entwicklung einer Anwendung zur Erfassung, Bewertung und Vermeidung von Lebensmittelabfällen in gastronomischen Einrichtungen. In: Bockreis et al. (Hrsg.): Tagungsband zum 6. Wissenschaftskongress Abfall- und Ressourcenwirtschaft der DGAW in Berlin, 2016, S. 265–270
[57] Leverenz, Dominik: The use of self-reporting methods to identify food waste reduction potentials at consumer level - a support to achieve SDG 12.3. Unter Mitarbeit von Universität Stuttgart. https://doi.org/10.18419/opus-11508, 2021
[58] Ingenieursozietät Abfall: Abschlussbericht zum Projekt zur Förderung der privaten Kleinkompostierung im Kreis Segeberg. Erstellt vom Wege-Zweckverband in Bad Segeberg, 1991
[59] Universität Stuttgart, Institut für Siedlungswasserbau, Wassergüte- und Abfallwirtschaft: Getrennte Erfassung und Verwertung von organischen Siedlungsabfällen aus der Stadt Hechingen (Zollernalbkreis). Gutachten im Auftrag des Zollernalbkreises, 1990
[60] Anonym: Pilotprojekt Abfallvermeidung in Köln. Der Städtetag 12/1989, S. 805–808
[61] Hübsch, H.: Systematische Erfassung des Lebensmittelabfalls der privaten Haushalte in Deutschland: Schlussbericht 2020. https://www.bmel.de/SharedDocs/Downloads/DE/_Ernaehrung/Lebensmittelverschwendung/GfK-Analyse-2020.pdf?__blob=publicationFile&v=4. Zugriff 11.11.2022
[62] Barabosz, J.: Konsumverhalten und Entstehung von Lebensmittelabfällen in Musterhaushalten. Diplomarbeit Universität Stuttgart, 2011
[63] Gewiese, A. et al.: Abfallvermeidung – ein Modellversuch in Hamburg-Harburg im Jahre 1987. Müll und Abfall 3/89, Erich-Schmidt-Verlag, Berlin, S. 106–120
[64] Umweltbundesamt: Aufkommen an haushaltstypischen Abfällen in Deutschland, 2020. https://www.umweltbundesamt.de/daten/ressourcen-abfall/abfallaufkommen#deutschlandsabfall Zugriff 04.11.2022
[65] Salhofer, S. et al.: Potentiale und Maßnahmen zur Vermeidung kommunaler Abfälle am Beispiel Wiens. Beiträge zum Umweltschutz Heft 67/01, Wien, 2001
[66] BMU, Bundesumweltministerium: Nachhaltige Abfallentsorgung, http://www.bmub.de/fileadmin/Daten_BMU/Download_PDF/Abfallwirtschaft/siedlungsabfallentsorgung_nachhaltig.pdF . Zugriff 28.09.2015
[67] Bringezu, S.; Schütz, H.; Steger, S.; Baudisch, J.: International comparison of resource use and its relation to economic growth. The development of total material requirement, direct material inputs and hidden flows in the structure of TMR. Ecological Economics 2004 (51): S. 97–124
[68] Hiebel, M.: Development and application of a method to calculate optimal recycling rates with the help of cost benefit scenarios. Dissertation, Umsicht Schriftenreihe Band 58, Fraunhofer Verlag, 2007

Sammlung und Transport

5

Bernhard Gallenkemper, Heinz-Josef Dornbusch, Manfred Santjer, Kathrin Heuer und Nico Schulte

Zusammenfassung

Am 1. Juni 2012 trat bereits das Gesetz zur Förderung der Kreislaufwirtschaft und Sicherung der umweltverträglichen Bewirtschaftung von Abfällen (Kreislaufwirtschaftsgesetz, KrWG) in Kraft. Die Kreislaufwirtschaft wurde dadurch noch stärker auf den Ressourcen-, Klima- und Umweltschutz ausgerichtet. Die Strukturen in der Entsorgungslogistik mussten diesen veränderten Rahmenbedingungen angepasst werden. Vor diesem Hintergrund sind ökologisch und ökonomisch optimierte Sammelsystematiken in der Abfallwirtschaft ein erheblicher Beitrag zur Erreichung der Zielsetzungen aus dem KrWG. Daneben kann durch die Gestaltung von ortsspezifisch angepassten Gebührenmodellen die Motivation der Bürger für eine möglichst weitreichende getrennte Sammlung der Wertstoffe erhöht und damit die Grundlage für eine weitere Steigerung der stofflichen Verwertung von Wertstoffen geschaffen werden. Die Digitalisierung bietet auch der Entsorgungsbranche viele Chancen. Die Betriebe blicken hierbei auf vorhandene Geschäftsprozesse, um diese möglichst effizient

---

B. Gallenkemper · H.-J. Dornbusch · M. Santjer (✉) · K. Heuer · N. Schulte
INFA GmbH, Ahlen/Westf., Deutschland
E-Mail: santjer@infa.de

B. Gallenkemper
E-Mail: b.gallenkemper@t-online.de

H.-J. Dornbusch
E-Mail: dornbusch@infa.de

K. Heuer
E-Mail: heuer@infa.de

N. Schulte
E-Mail: schulte@infa.de

© Springer Fachmedien Wiesbaden GmbH, ein Teil von Springer Nature 2024
M. Kranert (Hrsg.), *Einführung in die Kreislaufwirtschaft*,
https://doi.org/10.1007/978-3-658-41711-6_5

und ohne Medienbrüche zu gestalten. Durch einen zielgerichteten Einsatz von IT-Lösungen lassen sich nicht nur weitere Effizienzsteigerungen erreichen, sondern auch Nachhaltigkeitsziele engagierter verfolgen, z. B. in Form der Verringerung von Emissionen durch automatische Routenoptimierungen oder mithilfe von Füllstandssensoren in Sammelbehältern im Rahmen der Bedarfsabfuhr.

Schlüsselwörter

Disposal logistics · Quantity of waste and recyclable material · Collecting container · Vehicles · Transshipment · Reloading · Long distance transport · Route planning · Performance data · Waste fees · Digitalisation strategy · Telematics systems · Container identification systems · Smart bins · Filling level sensors

5.1 Einleitung und Einstieg in die Thematik

Seit Mitte der 1990er Jahre stand in der Abfallwirtschaft nicht mehr nur der ökologische, sondern zunehmend der ökonomische Aspekt im Mittelpunkt der Diskussion. Mit Inkrafttreten des KrW-/AbfG im Jahre 1996 und der Abgrenzung zwischen Abfällen zur Verwertung und Beseitigung erfolgte die Wegbereitung hin zu einer Ressourcenwirtschaft. Am 1. Juni 2012 trat das Gesetz zur Förderung der Kreislaufwirtschaft und Sicherung der umweltverträglichen Bewirtschaftung von Abfällen (Kreislaufwirtschaftsgesetz, KrWG) in Kraft. Mit dem KrWG wurden Vorgaben der EU-Abfallrahmenrichtlinie in nationales Recht umgesetzt. Die Kreislaufwirtschaft wurde noch stärker auf den Ressourcen-, Klima- und Umweltschutz ausgerichtet. Die daraus resultierende weitere Intensivierung der getrennten Abfallsammlung wirkt sich auch auf die Strukturen in der Entsorgungslogistik aus, diese muss den verändernden Rahmenbedingungen fortlaufend angepasst werden. Als Kernelement verankert das KrWG in § 6 eine fünfstufige Abfallhierarchie, die an erster Stelle die Vermeidung von Abfällen vorsieht, gefolgt von der Wiederverwendung und dem stofflichen Recycling. Die Einhaltung dieser Hierarchie wirkt sich auch auf Prozesse in der Entsorgungslogistik aus.

Dieses Kapitel umfasst die Sammlung und den Transport der verschiedenen Abfälle, beginnend mit der Erfassung im Haushalt und deren Bereitstellung in entsprechenden Sammelbehältern zur Abfuhr durch einen kommunalen oder privaten Entsorgungsbetrieb, bis zum Transport der erfassten Abfälle zur (Vor-)Behandlung, Verwertung oder Beseitigung.

Nach einer kurzen Erläuterung der grundsätzlichen organisatorischen Abläufe und Begrifflichkeiten in der Entsorgungslogistik liegt der Fokus auf der Beschreibung der verschiedenen Systeme zur getrennten Abfallsammlung. Dieses beinhaltet die eingesetzten Sammelbehälter und Sammelfahrzeuge sowie die verschiedenen Systematiken und Techniken im Rahmen des anschließenden Transportes der Abfälle bis hin zu relevanten Umladungs- bzw. Umschlagsystemen. Daran schließen sich Ausführungen zu Leistungsdaten in der Entsorgungslogistik in Verbindung mit Kostenbetrachtungen für Sammlung und Transport an. Im weiteren Verlauf werden kurz einige Aspekte von Abfallgebührensystemen vorgestellt, bevor abschließend auf die Digitalisierung im Kontext von Sammlung und Transport eingegangen wird.

5.2 Sammelsysteme

5.2.1 Grundsätzlicher Ablauf der Entsorgungslogistik

In Abb. 5.1 sind die wesentlichen Prozessschritte der Entsorgungslogistik für Abfälle aus Haushaltungen anhand eines Ablaufschemas dargestellt. An die Erfassung der Abfälle in den Haushalten in geeigneten Sammelsystemen schließt sich deren Sammlung an, wobei eine weitergehende Differenzierung der Erfassungssysteme und der Fahrzeugsysteme vorliegt, die in ihren technischen Randbedingungen oft aufeinander abgestimmt sind (s. Abschn. 5.3). Im anschließenden Transport ist grundsätzlich zwischen dem Direkttransport im Sammelfahrzeug und einem unterbrochenen Transportweg mit Umladung des Abfalls bzw. Wechsel des Fahrzeugaufbaus zu unterscheiden (s. Abschn. 5.4), der immer mit der Entladung in einer Behandlungs- oder Verwertungsanlage endet.

Durch die Intensivierung der getrennten Sammlung wurde in der Vergangenheit eine größere Anzahl verschiedener Sammelbehälter beim Abfallerzeuger zur Erfassung von Wertstoffen eingesetzt, die nachgeschaltet für die einzelnen Fraktionen eine separate

Abb. 5.1 Ablaufschema der Entsorgungslogistik [1]

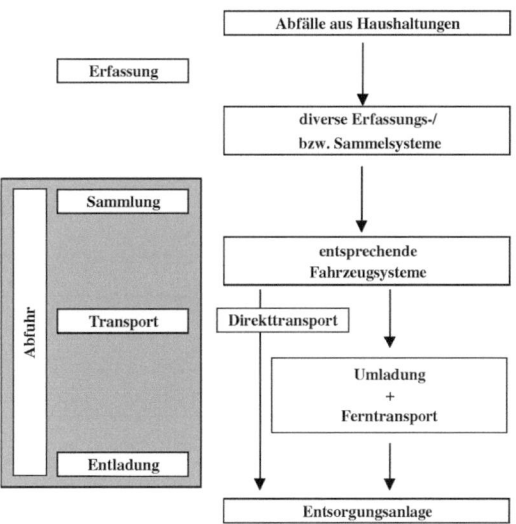

Abfuhr und damit differenzierte Tourenplanungen erfordern. Wird für die meisten Wertstoffe (Altpapier, Altglas, Bioabfall) eine Einzelstoffsammlung durchgeführt, überwiegt bei den sogenannten Leichtverpackungen (LVP) eine Mischstoffsammlung, in der die Verpackungswertstoffe Weißblech, Aluminium und Kunststoff sowie deren Verbunde in einem Behälter erfasst, abgefahren und erst anschließend sortiert werden (Abb. 5.2).

Vor dem Hintergrund des KrWG und der darin geforderten separaten Erfassung der stoffgleichen Nichtverpackungen aus Metall und Kunststoff sowie deren Verbunde (Gebrauchsgegenstände) erfolgt vielerorts deren gemeinsame Erfassung mit den Leichtverpackungen (LVP) in einer sogenannten Wertstofftonne.

Als Vor- und Nachteile der getrennten Sammlung, im Vergleich zur Verwertung gemischt gesammelter Abfälle, können genannt werden:

Vorteile

- geringe Investitionen im Vergleich zur aufwendigen Aufbereitung gemischt gesammelter Abfälle;
- schnell realisierbar und anpassungsfähig;
- durch zweistufige Sortierung (an der Anfallstelle und zentral in der Nachsortierung) hohe Wertstoffqualität als Voraussetzung für die Vermarktung;
- fördert Erkenntnis über abfallwirtschaftliche Relevanz einzelner Produkte;
- fördert „Problembewusstsein Abfall", umwelterziehend; ausgerichtet auf Ressourcen-, Klima- und Umweltschutz;

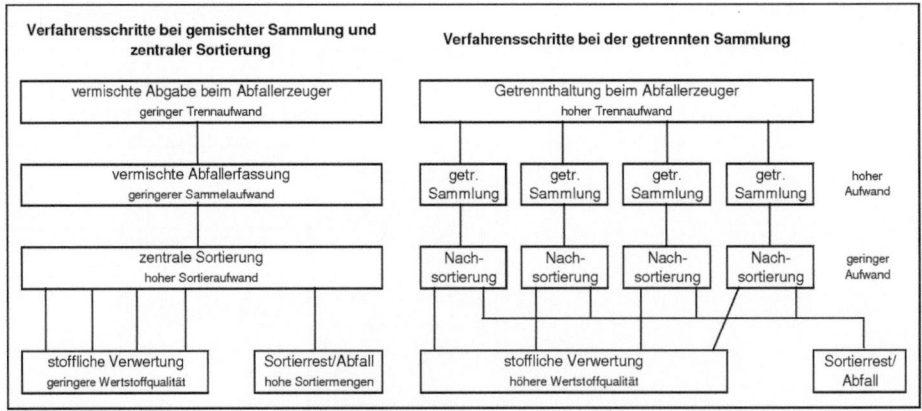

Abb. 5.2 Verfahrensschritte bei der getrennten bzw. gemischten Sammlung [2]

Nachteile

- höherer Logistikaufwand (Behälter, Sammlung);
- teilweise Stellplatz-Probleme für zusätzliche Behälter; Wertstoffzwischenlagerbedarf in der Wohnung und auf dem Grundstück; daher notwendige Beschränkung auf wenige Stoffgruppen oder Stoffe;
- erhöhter Aufwand für Öffentlichkeitsarbeit; hoher Arbeitsaufwand beim Abfallerzeuger für Trennung;
- Wertstoffqualität, Erfassungsgrad und Wirtschaftlichkeit sind abhängig von Motivation und Teilnahmequote;

Die getrennte Erfassung von Abfällen aus Haushaltungen umfasst neben dem Rest- und Bioabfall und den Leichtverpackungen (LVP) die trockenen Wertstoffe Altpapier (AP) und Altglas (AG) sowie den Sperrmüll (SM). Diese Abfälle und Wertstoffe werden in verschiedenen Erfassungs- bzw. Sammelsystemen vom Bürger separiert und in definierten Abfuhrintervallen zur Abholung bereitgestellt.

In der heutigen Abfallentsorgung wird grundsätzlich nach Hol- und Bringsystemen unterschieden.

Bei **Bringsystemen** muss der Abfall- und Wertstofferzeuger seine Abfälle zum Sammelbehälter bringen. Das bekannteste Beispiel hierfür ist der Depotcontainer z. B. für die Altglaserfassung an zentralen Sammelstellen. Darüber hinaus sind i. d. R. Wertstoff- oder Recyclinghöfe als Ergänzungssystem vorhanden.

Die **Holsysteme** zeichnen sich durch die Abholung der Abfälle bei den Haushalten oder Gewerbegrundstücken aus, wobei hier im Wesentlichen zwischen Systemabfuhr und einer systemlosen Abfuhr unterschieden wird. Eine Systemabfuhr erfolgt durch weitgehend einheitliche Behältersysteme und angepasste Fahrzeuge, während eine systemlose Sammlung ohne definiertes Sammelgefäß erfolgt (s. Abschn. 5.3.1). Dabei haben sich bei der Abfuhrorganisation der Wertstoffe teilintegrierte Systeme (separate Wertstoffabfuhr in wechselnden Touren anstelle einer Restmülltour) und additive Systeme (Sammlung von Wertstoffen zusätzlich zur normalen Hausmüllabfuhr mit separaten Fahrzeugen und getrennten Behältern) gegenüber den integrierten Systemen (Sammlung von Wertstoffen und Restmüll in geteilten oder mehreren Behältern zusammen in einem Arbeitsgang mit einem Mehrkammerfahrzeug) durchgesetzt [3].

Die nachfolgende Tabelle (Tab. 5.1) gibt einen Überblick über die relevanten Behälter- und Erfassungssysteme für die privaten Haushalte.

5.2.2 Abfall- und Wertstoffmengen in Abhängigkeit der Systeme

Die spezifischen Mengen der verschiedenen getrennt erfassten Abfälle und Wertstoffe haben sich im Zuge der Abfalltrennung fortlaufend verändert. Die Restabfallmenge ging durch die Intensivierung der getrennten Sammlung (Einführung Biotonne, Verstärkung

Tab. 5.1 Behälter- und Erfassungssysteme für die wesentlichen Abfallarten in Haushaltungen [1]

	Behälter bzw Erfassungssystem	Restabfall	Bioabfall	Leichtstoffverpackungen	Altpapier	Altglas	Sperrmüll*
Holsystem	MGB-System[1)] (≤360 l)	××	××	××	××	(×)	
	MGB-System[1)] (660–1.100 l)	××	(×)	××	××		
	Mehrkammerbehälter (i. d. R. ≤240 l)	×	×				
	Mülleimer/ Mülltonne	×					
	Müllsäcke	(×)	(×)	××	(×)		
	Bündelsammlung				×		
	Systemlose Sammlung		×[3)]				××
Bringsystem	Depotcontainer			×	×	××	
	Wertstoffhöfe/ Recyclinghöfe[2)]	×	×[4)]	×	×	×	×

1) gilt grundsätzlich auch für Diamond-Umleerbehälter
2) oftmals als Ergänzungssystem
3) oftmals für Grünabfälle
4) i. W. für Grünabfälle
(×) selten für Haushalte, teilweise im (klein-)gewerblichen Bereich, bzw. begrenzte Eignung
× eingesetztes Erfassungssystem
×× bevorzugtes Erfassungssystem
*Sperrmüll, Altmetall, Elektroaltgeräte

der haushaltsnahen Erfassung trockener Wertstoffe, Sensibilisierung der Bevölkerung für Umweltaspekte etc.) und der damit verbundenen besseren Abschöpfung der Wertstoffe in den letzten Jahren tendenziell zurück (s. Abb. 5.3, Angaben kommunaler Entsorgungsbetriebe).

Der Einsatz von gebührenrelevanten technisierten Systemen, über die – zum Beispiel durch die Anzahl der Behälterbereitstellungen zur Leerung – die Gebührenhöhe direkt beeinflusst werden kann, bewirkt in der Regel einen deutlichen Rückgang der Restabfallmengen. Um unerwünschte Verlagerungen von Restabfall in die Wertstofferfassungssysteme zu vermeiden, sind diese technisierten Systeme über eine Vorgabe von gebührenpflichtigen Mindestleerungshäufigkeiten oder Mindestmassen maßvoll zu regulieren.

5 Sammlung und Transport 179

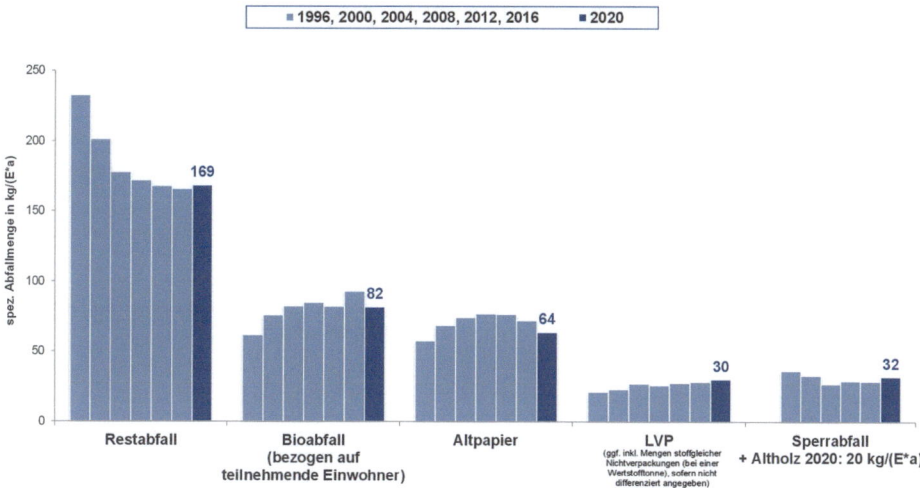

Abb. 5.3 Entwicklung der spezifischen Abfall- und Wertstoffmengen [4]

Neben Umfang und Art der getrennten Sammlung (s. Abschn. 5.2.1) und dem Einsatz technisierter Systeme gibt es weitere Einflussgrößen auf die anfallenden bzw. erfassbaren Abfall- und Wertstoffmengen. Insbesondere sind hier zu nennen:

- Gebiets- bzw. Bebauungsstruktur
- Sozialstruktur
- Spezifisches Behältervolumen
- Gebührensystem

Bioabfall

Die Menge der anfallenden bzw. erfassbaren Bioabfälle steht in unmittelbarem Zusammenhang mit der Gebietsstruktur (Tab. 5.2). In ländlichen Gebieten oder in Bereichen mit 1–2 Familienhausbebauung und entsprechenden Gartenanteilen bzw. Grundstücksgrößen sind im Vergleich zu städtischen Strukturen deutlich höhere Bioabfallpotenziale vorhanden.

In der Gebietsstruktur 3 sind in Abhängigkeit der Teilnehmerquote 30–60 kg/(E*a) Bioabfall (i. d. R. Küchenabfälle) zu erfassen. Diese Mengen liegen in den aufgelockerten Bebauungsstrukturen (GS 4) aufgrund des größeren Potenzials sowie der Erreichbarkeit einer höheren Teilnehmerquote mit bis zu 155 kg/(E*a) deutlich höher [5].

Altpapier

Die erfassten Altpapiermengen sind viele Jahre kontinuierlich gestiegen (s. Abb. 5.3). Dieses war in erster Linie mit der zunehmenden Papiererfassung über ein haushaltsnahes

Tab. 5.2 Erfasste Bioabfall- und Restmüllmengen in Abhängigkeit der Teilnehmerquote an die Biotonne [2]

GS 3 [kg/(E · a)]	Teilnehmerquote Biotonne [%]				
	50	60	70	80	
Bioabfall	30	40	50	60	(Küchenabfall)
Restmüll	170	160	150	140	
Summe	200	200	200	200	
GS 4 [kg/(E · a)]	Teilnehmerquote Biotonne [%]				
	50	65	80	95	
Bioabfall	75	100	125	150	(Küche und Garten)
Restmüll	170	150	130	110	
Summe	245	250	255	260	
GS 4* [kg/(E · a)]	Teilnehmerquote Biotonne [%]				
	50	65	80	95	
Bioabfall	125	135	145	155	
Restmüll	80	75	70	65	
Summe	205	210	210	215	

GS 3: Offene Mehrfamilienhausbebauung
GS 4: Ein- und Zweifamilienhausbebauung
GS 4*: Ein- und Zweifamilienhausbebauung mit weitgehender RM-Minimierung

Holsystem mittels Müllgroßbehälter (MGB) und paralleler Reduzierung von Erfassungssystemen im Bringsystem zu begründen. Durch die Steigerung des Entsorgungskomforts für die Nutzenden wurden vielerorts über 80 kg/(E*a) erfasst. Aufgrund eines veränderten Lese- und Konsumverhaltens (Rückgang der Auflagenzahlen bei den Print-Medien, hohe Wachstumsraten im Online-Handel und damit steigende Kartonagemengen) sind die absoluten Sammelmengen in den letzten Jahren rückläufig.

Bei der Sammlung von Altpapier über Depotcontainer wird dagegen nur eine spez. Menge von ca. 50 kg/(E*a) erreicht. Dieser Wert entspricht in etwa auch den Erfassungsmengen über eine Bündel- bzw. Straßensammlung [6].

Ein weiterer Aspekt, der zur Reduzierung der Altpapiererfassung an zentralen Standorten geführt hat, ist die Diskussion im Hinblick auf Stadtsauberkeit. An Depotcontainerstandorten, an denen i. d. R. auch Altglas gesammelt wird, kommt es häufig zu Verschmutzungen durch unzulässig abgestellte Abfälle. Dies kann einerseits zu einem negativen Erscheinungsbild des Standortes sowie in Wohngebieten zu einer verstärkten Verunreinigung des Wohnumfeldes führen.

LVP

Die spezifischen Mengen an erfassten Leichtverpackungen sind in den letzten Jahren vergleichsweise konstant (s. Abb. 5.3). Die Qualität und Quantität der gesammelten Leichtverpackungen stehen in unmittelbarem Zusammenhang mit dem eingesetzten

Erfassungssystem. Über die Erfassung der LVP in Gelben Säcken wird im Vergleich zur Behältersammlung eine etwas geringere spezifische Menge von ca. 25–30 kg/(E*a) in allerdings besserer Qualität (geringere Verschmutzung) abgeschöpft [4]. Dieser Effekt ist in erster Linie mit der Transparenz der Gelben Säcke zu begründen, da hier Fehlbefüllungen leichter zu identifizieren sind als in einem Sammelbehälter und Mechanismen der sozialen Kontrolle zum Tragen kommen.

Bei der Entscheidung zwischen Gelben Sack und Behälter sind verschiedene Vor- und Nachteile abzuwägen.

- Kosten für Säcke bzw. Behälter
- Komfort für die Nutzenden
- Materialverbrauch
- Auswirkungen auf Abfuhr und Sortierung
- Aspekte der Stadtsauberkeit

In vielen Gebieten werden in Abhängigkeit der örtlichen Rahmenbedingungen beide Systeme parallel betrieben, wobei in verdichteten Strukturen Behälter präferiert werden (Wegfall des Problems der Zwischenlagerung der Gelben Säcke).

Bei Installation einer Wertstofftonne mit der Öffnung des bisherigen Sammelsystems für Leichtverpackungen auch für die stoffgleichen Nichtverpackungen zeigt sich ein Anstieg der Sammelmenge von bis zu 8 kg/(E*a). Diese Mehrmenge wird stark von den örtlichen Rahmenbedingungen beeinflusst, die größten Mengensteigerungen sind mit einem Systemwechsel von Sacksammlung auf eine behältergebundene Erfassung festzustellen. Die erfassten Mehrmengen enthalten neben den gewünschten Wertstoffen aus Kunststoff und Metall auch Störstoffe (z. B. Restabfall).

Sperrmüll
Neben den bereits genannten allgemeinen Einflussgrößen auf Abfall- und Wertstoffmengen, die auch für den Sperrmüll Gültigkeit haben, kommt hier der Art der Abfuhr eine besondere Bedeutung zu:

- Art der Sperrmüllabfuhr
- periodisch
- auf Abruf (mit/ohne Abholgebühr)

Es gibt einen Zusammenhang zwischen dem spezifischen Behältervolumen (für Restabfall), der Art der Sperrmüllabfuhr (mit/ohne separate Gebühr) und den erfassten Sperrmüllmengen. In der Sperrmüllsammlung ohne separate Gebühr ist ein Einfluss auf die Erfassungsmenge im Gegensatz zur Konzeption mit einer separaten Gebühr deutlich geringer. Mit separater Gebühr für Sperrmüll geht die Erfassungsmenge bei größerem spez. Restmüllbehältervolumen deutlich zurück [7].

Altglas

Die getrennte Erfassung von Altglas erfolgt nahezu ausschließlich über Depotcontainer (in geringerem Umfang auch über Unterflurcontainer) an zentralen Standorten. Die spezifischen Erfassungsmengen liegen in Abhängigkeit der örtlichen Rahmenbedingungen im Bereich von 20 kg/(E*a) – 30 kg/(E*a). In den letzten Jahren ist aufgrund der verstärkten Nutzung von PET und Ausbau der Pfandpflicht die Menge rückläufig. Mittlere Erfassungsmengen über Depotcontainerstandorte liegen derzeit bei ca. 24 kg/(E*a). Dabei erfolgt i. d. R. eine Farbtrennung nach Weiß- und Buntglas, teilweise auch in drei Farbgruppen (s. Abschn. 5.3.2.1). Einen wesentlichen Einfluss auf die Erfassungsmengen hat die Depotcontainerdichte, die im Bereich von < 1000 Einwohner je Standplatz liegen sollte. Eine benutzerfreundliche Standplatzgestaltung sowie eine für die Nutzenden praktische Standortauswahl (z. B. an einem Einkaufszentrum) tragen zu höheren Erfassungsmengen bei. Parallel werden noch kleinere Altglasmengen an Wertstoff- und Recyclinghöfen gesammelt.

Wertstoffhöfe

Parallel besteht in nahezu allen Kommunen für die genannten Abfallarten auch die Möglichkeit der Selbstanlieferung an Wertstoffhöfen. Die dort erzielten Anlieferungsmengen stehen in unmittelbarem Zusammenhang mit der für die Nutzenden zurückzulegenden Strecke zum Wertstoffhof sowie der örtlichen Gebührenstruktur. Die angelieferten Abfall- und Wertstoffmengen schwanken in Abhängigkeit der örtlichen Rahmenbedingungen erheblich. Je nach Verbreitung der haushaltsnahen Erfassungssysteme und einer historisch entwickelten Entsorgungsstruktur können die Mengen variieren.

Wertstoffhöfen kommt durch die in den letzten Jahren weiter gestiegenen gesetzlichen Anforderungen an die getrennte Sammlung von Abfällen und Wertstoffen eine immer größere Bedeutung zu. Neben den umfangreichen Abgabemöglichkeiten erfüllen moderne und zukunftsorientierte Wertstoffhöfe viele weitere Funktionen in der kommunalen Abfallwirtschaft. Durch die Separierung wiederverwendbarer Anlieferungsbestandteile (wie z. B. Möbel) und deren Weiterleitung in Gebrauchtwarenhäuser, die zum Teil direkt auf Wertstoffhöfen eingerichtet werden, wird ein Beitrag zur Einhaltung der fünfstufigen Abfallhierarchie und somit zum Klima- und Ressourcenschutz geleistet. Daneben verfügen neue Wertstoffhöfe auch häufig über Seminar- oder Bildungsräume, die z. B. für Veranstaltungen zur Umweltbildung oder in Form von Repair-Cafes genutzt werden.

5.3 Verfahren der Müllabfuhr

5.3.1 Abfuhrsysteme

Unter den Abfuhrsystemen werden drei relevante Verfahren unterschieden.

Umleerverfahren

Das Umleerverfahren ist das übliche Verfahren bei der Sammlung von Abfällen aus Haushaltungen. Dieses System findet auch vielfach im gewerblichen Bereich

Anwendung. Der Abfallerzeuger erfasst die Abfälle und Wertstoffe in entsprechenden Behältersystemen und stellt diese im Rahmen des geregelten Abfuhrintervalls am Straßenrand zur Umleerung des Behälterinhaltes in das Sammelfahrzeug bereit (Benutzertransport, Teilservice). Im Mannschaftstransport (Vollservice) übernimmt das Ladepersonal auch das Raus- und Reinstellen der auf dem Grundstück befindlichen Behälter (grundsätzlich üblich bei MBG $\geq$ 660 l).

Wechselverfahren
Dieses System wird i. d. R. bei größerem Anfall von Abfallmengen (z. B. Gewerbe) und Abfällen mit größerem Schüttgewicht (z. B. Bauschutt) umgesetzt. Dabei erfolgt der Containerwechsel im regelmäßigen Rhythmus oder auf Abruf. Der volle Container wird gegen einen leeren ausgewechselt oder nach der Entleerung auf der Entsorgungsanlage wieder bereitgestellt.

Einwegverfahren
In diesem Verfahren werden die Abfälle in Säcken aus Papier oder Kunststoff erfasst und zur regelmäßigen Sammlung bereitgestellt. Diese Systematik findet die häufigste Anwendung im Rahmen der LVP-Erfassung (gelber Sack).

Die *systemlose Abfuhr* wird insbesondere für voluminöse Abfälle aus Haushaltungen verwendet, die aufgrund ihrer Form oder Größe nicht über die verschiedenen Behälter entsorgt werden können. Diese sogenannte Sperrmüllabfuhr (beinhaltet auch Altholz, Grünabfälle, Elektroaltgeräte, Altmetall (Schrott)) wird zusätzlich zur Hausmüllabfuhr in regelmäßigen Abständen (periodische Abfuhr) oder auf Abruf (Anforderung durch den Abfallerzeuger) durchgeführt. Eine weitere Variante der systemlosen Abfuhr stellt die Bündelsammlung im Rahmen der Papiersammlung dar, diese hat aber erheblich an Bedeutung verloren.

5.3.2 Sammelbehälter

5.3.2.1 Umleerbehälter
Umleerbehälter werden in das Sammelfahrzeug entleert und anschließend wieder zurückgestellt.

Die Beurteilung eines Behältersystems erfolgt unter technologischen, ökonomischen, arbeitsphysiologischen und umweltrelevanten Gesichtspunkten. Zu den relevanten Kriterien zählen:

- Wirtschaftlichkeit (Staffelung der Behältergrößen, Laderzahl, Leistung)
- physische Beanspruchung des Personals (Transport, Behälter, Lärm, Staub)
- Arbeitssicherheit
- Hygiene (Standplätze, Behälter)

- städtebauliche Aspekte
- Anforderungen der Benutzerinnen und Benutzer (Komfort, Standplätze, Gebührenmaßstab)

Die Entscheidung für ein bestimmtes Behältersystem hat weitreichende Folgen für den künftigen Investitionsbedarf, die Arbeitsbedingungen des Personals und die Höhe der Sammelkosten.

Mülleimer (ME) und Mülltonne (MT)

Mülleimer (35/50 l) bzw. Mülltonnen (70/110 l) werden nur noch selten eingesetzt. Hintergrund hierfür ist die vergleichsweise hohe körperliche Belastung des Ladepersonals im Rahmen der Sammlung dieser Behältersysteme. Da die Behälter nicht über Räder bzw. Rollen verfügen (geringer Bedienungskomfort), müssen die Behälter in der Regel getragen (ME) oder auch drehend auf dem Untergrund (MT) bewegt werden.

Unter bestimmten Randbedingungen, wie z. B. in innerstädtischen Strukturen mit einer hohen Anzahl an Kellerstandorten finden diese Behälter aus praktischen Erwägungen aber immer noch Anwendung.

Müllgroßbehälter (MGB)

Müllgroßbehälter haben sich im Bereich der Sammlung von Haushaltsabfällen durchgesetzt und werden in Größen von 40 l bis zu 5 m^3 angeboten (Abb. 5.4 und 5.4a). Neben der Herstellung aus belastungsstabilem Kunststoff und des daher leichten Behältereigengewichtes liegt ein wesentlicher Vorteil in der breiten Staffelung des möglichen Nutzungsvolumens. Der kleinste Behältertyp von 40 l wird durch einen zusätzlichen Einsatz in einen 120 l Behälter erreicht. Durch zwei Räder (bei Behältern $\geq$ 660 l Fassungsvolumen 4 Lenkrollen) und Rundgriffe ist das Rangieren der Behälter im

Abb. 5.4 MGB 60–360

Abb. 5.4a MGB 120

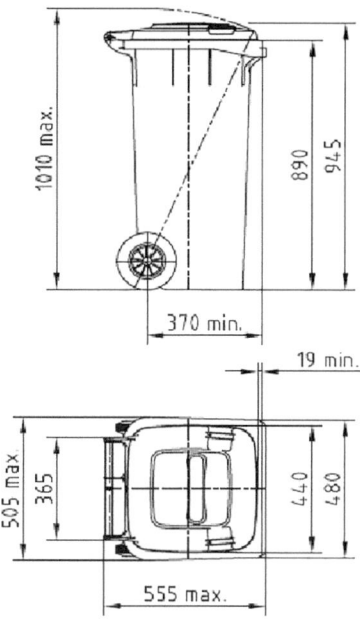

Gegensatz zum ME/MT-System einfach und bedeutet eine deutlich geringere körperliche Belastung für das Ladepersonal. Bei größeren Volumina (1100 l) (Abb. 5.5) werden die MGB auch aus verzinktem Stahl hergestellt. Diese Behältertypen finden insbesondere bei dichter Bebauung, Gewerbebetrieben, Krankenhäusern etc. Anwendung. Alle Behältergrößen sind kompatibel zu Ident- und Wiegesystemen und über eine Kammschüttung zu entleeren. Darüber hinaus ist eine farbige Ausfertigung der Behälter möglich, die eine Zuordnung zu den verschiedenen Wertstoffen ermöglicht.

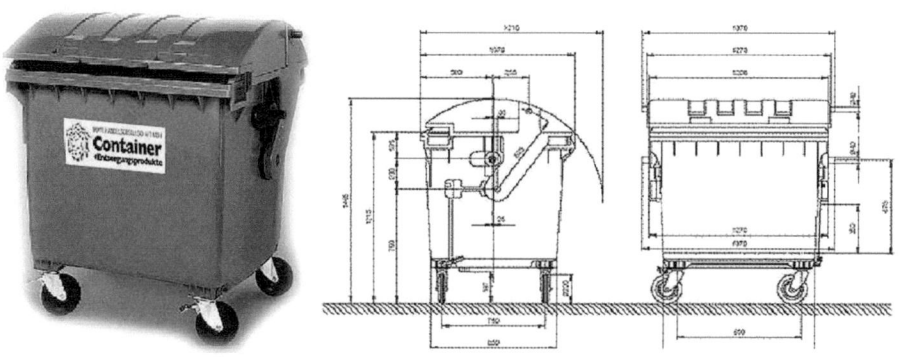

Abb. 5.5 MGB 1100 l

Diamond-Umleerbehälter (DU)
Die Diamond-Umleerbehälter sind von den Proportionen dem MGB ähnlich. Es werden Behältergrößen mit einem Füllvolumen von 40 l bis 1100 l hergestellt. Das wesentliche Unterscheidungsmerkmal ist eine Aufnahmeschürze an der Vorderseite des Behälters, in die der spezielle Diamond-Lifter zur Behälteraufnahme durch das Sammelfahrzeug hineingreift und einen besonders sicheren und schnelleren Kippvorgang gewährleistet.

MEKAM-Behälter
Die Abkürzung MEKAM steht für Mehrkammer-Behälter. Hier ist der Behälter geteilt und ermöglicht so die Aufnahme von zwei verschiedenen Stoffgruppen. Dieser Behältertyp wird in der Praxis aber kaum eingesetzt. Die Entleerung der Behälter erfolgt i. d. R. über einen einteiligen Kammlifter in ein in Längsrichtung vertikal geteiltes Sammelfahrzeug (Zweikammerfahrzeug). Es werden auch horizontal geteilte Sammelfahrzeuge und entsprechend geteilte Behälter angeboten.

Depotcontainer (DC)
Ein weitverbreitetes Bringsystem ist die Erfassung von Wertstoffen an zentralen Sammelplätzen über Depotcontainer (Abb. 5.6). Vorrangig wird diese Erfassungsform für Altglas und Altpapier, seltener auch für LVP, eingesetzt, wobei in den letzten Jahren die Altpapiersammlung verstärkt auf haushaltbezogene Behälter umgestellt wird. Depotcontainer für Altglas ermöglichen eine Trennung in verschiedene Glasfraktionen (Weiß-, Grün,- Braun,- oder auch Weiß- und Buntglas) durch Mehrkammersysteme.

Unterflurcontainer (UFC)
Durch die wachsende Bedeutung der Stadtsauberkeit und eines ansprechenden Wohnumfeldes sowie der angestrebten Reduzierung von Lärmemissionen (bei Altglas) werden in den letzten Jahren verstärkt Unterflurcontainer für die Sammlung von Altglas eingesetzt. Aber auch für die Erfassung von Rest- und Bioabfall sowie Altpapier und

Abb. 5.6 Depotcontainer für Altpapier, Weiß- und Grünglas

Leichtverpackungen in städtisch verdichteten Bereichen gewinnt dieses System zunehmend an Bedeutung. Diese Container werden bis zu einem Fassungsvermögen von 6 m^3 hergestellt (Abb. 5.7).

Unterflurcontainer werden auch häufig im öffentlichen Raum (z. B. Parkanlagen oder Fußgängerzonen) eingesetzt.

5.3.2.2 Wechselbehälter

Wechselbehälter werden mit dem Inhalt bei der Abfuhr von einem Fahrzeug übernommen und i. d. R. gegen einen anderen mitgebrachten Leerbehälter ausgetauscht. Die Abfuhr erfolgt i. d. R. für einen einzigen Container, höchstens aber in Transporteinheiten von drei Behältern. Wechselbehälter werden für Behältervolumina ab 3 m^3 eingesetzt – sinnvoll insbesondere bei größeren Mengen und Schüttgewichten. Für Sonderabfälle werden auch kleinere Wechselbehälter eingesetzt, z. B. ASF/ASP-Kleincontainer für Flüssiggut bzw. pastöse Abfälle.

Die geläufigsten Behältergrößen in Form der Container belaufen sich auf Volumen von 7–40 m^3 (Abb. 5.8).

Aus wirtschaftlichen Gründen ist oft das Umleerverfahren vorteilhaft, dieses ist aber nur so lange gültig, wie eine Vermischung der Abfälle einzelner Anfallstellen zulässig ist.

Für spezifisch leichte Abfälle führt das Wechselbehälterverfahren jedoch zu vergleichsweise hohen Kosten. Aus diesem Grunde findet es auch vorrangig bei der Abfuhr von Gewerbe- und Industrieabfällen Verwendung. Dabei kann bei Abfällen geringerer Dichte evtl. eine Verpressung des Abfalls am Anfallort erfolgen (ortsfeste oder in den geschlossenen Container integrierte Presseinheit).

Abb. 5.7 Unterflurcontainer für Altglas und Altpapier (INFA, 2020)

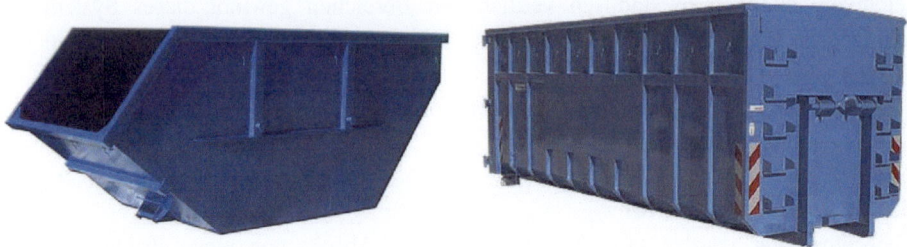

Abb. 5.8 Beispiel eines 7 m³ Absetzcontainers und eines 40 m³ Abrollcontainers (INFA, 2020)

5.3.2.3 Einwegbehälter

Der Einwegbehälter wird gemeinsam mit dem darin bereitgestellten Abfall entsorgt. Es handelt sich i. d. R. um Müllsäcke mit einem Volumen von 35–90 l aus PE oder Papier. Vor dem logistischen Hintergrund erreicht man mit Säcken geringere Sammelzeiten und -kosten wegen des Fortfalls der Rückstellung des geleerten Behälters. Aus Sicht der körperlichen Belastung des Ladepersonals ist die Sacksammlung u. a. aufgrund der ungesunden Körperhaltung (Verdrehungen) problematisch zu bewerten. Neben der Erfassung von Leichtverpackungen (gelbe Säcke) werden Säcke u. a. auch als Beistellsack zur Behälterabfuhr für Rest- oder Grünabfall eingesetzt.

5.3.3 Sammelfahrzeuge

Die Auswahl des optimalen Fahrzeugsystems ist im Wesentlichen von den örtlichen Randbedingungen abhängig. Dabei werden an die Fahrzeuge für die Sammlung und den Transport von Abfällen unterschiedliche Ansprüche gestellt:

- für die Sammlung möglichst wendig, d. h. kleines Fahrzeug;
- für den Transport möglichst große Nutzlast, also großes Fahrzeug.

Die Abfallsammelfahrzeuge (Tab. 5.3) stellen daher meistens einen Kompromiss für diese beiden Aufgaben dar. Zu unterscheiden sind weiterhin Fahrzeuge für Umleerbe-

Tab. 5.3 Kenndaten von Sammelfahrzeugen

Kenndaten von Sammelfahrzeugen			
Achsanzahl [Stk.]	zul. Gesamtgewicht [Mg]	Nutzlast [Mg]	Nutzvolumen [m³]
2	16–18	5,5–7	bis 16
3	24–27	10–14	18–25
4	32–35	15–18	25–32
5	40–42	20–22	35–42

5 Sammlung und Transport

hälter, bei welchen im Wesentlichen nur die Schüttung auf die zu ladenden Behälter abgestimmt ist, und Fahrzeuge für Wechselbehälter, deren gesamter Aufbau auf die abgefahrenen Behälter zugeschnitten ist. Wegen der geringen Raumgewichte von Hausmüll, Sperrmüll und Gewerbeabfällen von nur 0,05 bis 0,2 Mg/m^3 benötigen die Fahrzeuge eine Verdichtung (nur bei Umleer-/Einwegbehältern) vor dem Transport. Mögliche Verdichtungsgrade sind abhängig von der Art der Abfälle, der Dichte vor der Sammlung und den Anforderungen für die weitere Behandlung. Hausmüll kann im Müllfahrzeug verdichtet werden auf ca. 0,4–0,6 Mg/m^3.

Sammel- und Transportfahrzeuge unterliegen den Regelungen der StVO und der StVZO des Straßenverkehrsgesetzes.

Einflüsse auf die Sammlung und damit auf die Gestaltung der Fahrzeuge ergeben sich aus:

- Zugänglichkeit der Standplätze,
- parkendem Verkehr,
- fließendem Verkehr,
- Straßengestaltung,
- Verkehrsführung,
- Topographie,
- Mannschaftsgröße (Führerhausgröße),
- Transportentfernungen,
- Abfallarten und
- Behältersystemen.

In der heutigen Praxis werden überwiegend Dreiachsfahrzeuge eingesetzt, in verdichteten Gebieten i. d. R. mit lenkbarer Vorder- und Hinterachse. Vor dem Hintergrund des Klimaschutzes werden zunehmend auch Fahrzeug mit alternativen Antrieben (z. B. Hybrid-Antriebe oder vollelektrische Antriebssysteme) eingesetzt.

5.3.3.1 Fahrzeuge für das Umleerverfahren

Sammelfahrzeuge für das Umleerverfahren setzen sich aus drei Einzelkomponenten zusammen.

- Fahrgestell
- Fahrzeugaufbau inklusive der zugehörigen Verdichtungseinrichtung
- Schüttung

Als **Fahrgestell** werden überwiegend übliche LKW-Fahrgestelle verwendet, die sich lediglich durch veränderte Ausstattungen (z. B. Nebenantrieb für den Fahrzeugaufbau, Größe der Fahrerkabine, Niederflureinstieg) von den gängigen Konstruktionen unterscheiden.

Der **Fahrzeugaufbau** ist dagegen variabel und den verschiedenen Einsatzgebieten angepasst. Durch die geringe Dichte der unterschiedlichen Abfälle sind für eine optimale Ausnutzung der Nutzlast Verdichtungs- und Fördereinrichtungen erforderlich. Im Wesentlichen werden Pressmüll- und Drehtrommelfahrzeuge eingesetzt.

Hecklader

Am Heckladerpressmüllfahrzeug (Abb. 5.9) erfolgt die Beladung mit Förder- und Presseinrichtung, Packplatte und Schlitten oder Schwenk- und Führungsplatte vom Fahrzeugende. Nachdem der Behälter in die Ladewanne entleert ist, fährt die Führungsplatte nach unten, der Müll wird von der Schwenkplatte vorverdichtet und die Ladewanne ausgeräumt. Durch Hochfahren der Führungsplatte erfolgt die Verdichtung des Mülls gegen die Ausschubwand, die mit fortschreitender Beladung nach hinten verschoben wird. Die Entladung wird durch das Ausfahren der Ausschubwand erreicht.

Beim Drehtrommelfahrzeug (Abb. 5.10) wird der zylindrische Fahrzeugaufbau über einen hydraulischen Antrieb um die Längsachse gedreht. Durch die Rotation wird das Ladegut in Bewegung gehalten, in den Aufbau gedrückt, verdichtet und zerkleinert. Das Entladen des Fahrzeugs wird durch entgegengesetztes Drehen der Trommel bewirkt.

Für die Aufnahme und das Entleeren der Behälter sind Schüttungen entweder am Heck des Sammelfahrzeuges (Hecklader), an der Fahrzeugseite (Seitenlader) oder an der Front bzw. vor dem Fahrzeug (Frontlader) angebracht. Die Art der jeweils eingesetzten Schüttung (Abb. 5.11) orientiert sich an den vorhandenen Behältersystemen.

Eine Übersicht über die gängigsten Kombinationsmöglichkeiten zeigt folgende Tabelle (Tab. 5.4).

Abb. 5.9 Hecklader (Variopress, Fa. Faun)

5 Sammlung und Transport

Abb. 5.10 Drehtrommelfahrzeug (Rotopress, Fa. Faun)

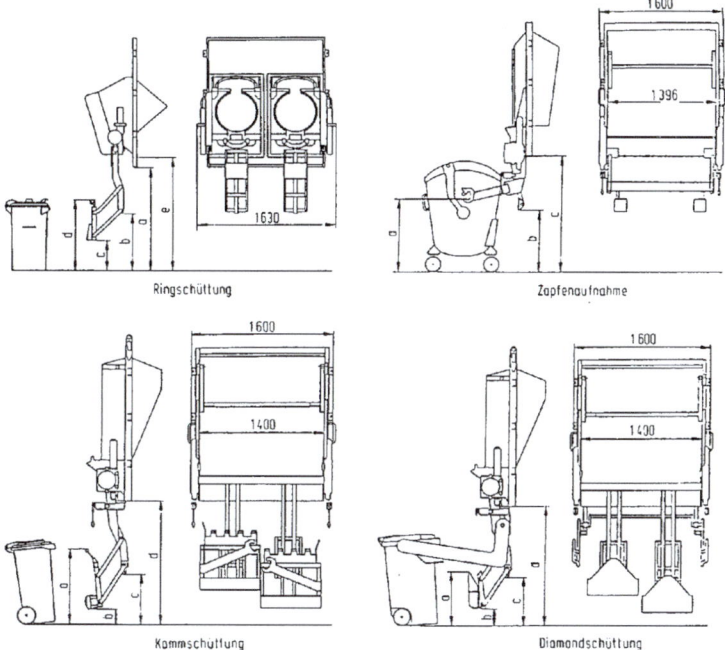

Abb. 5.11 Schüttungsarten [9]

Tab. 5.4 Kombinationen Schüttung/Ladetechnik

Schüttung	Behälter	Seitenlader	Frontlader	Hecklader
Kamm	Für MGB bis 1,1 m^3	X		X
Zapfen	Für MGB 660 bis zu 5,0 m^3		X	X
Diamond	Für Diamond-Behälter bis 1,1 m^3	X	X	X
Ring	Für Mülleimer und -tonnen			X

Ein weiteres Schüttungssystem, die Klammerschüttung (Grabber), funktioniert nach dem Zangenprinzip und ist für alle Behältersysteme bis zu einem Volumen von 360 l geeignet. Der Einsatz ist für Fahrzeuge mit Seitenladertechnik geeignet.

Seitenlader

Die Seitenladertechnik (Abb. 5.12) findet überwiegend in ländlichen Strukturen oder in städtischen Randgebieten mit Teilservicebetrieb Anwendung. Mit diesem System wird das Ladepersonal eingespart und die Sammlung im Einpersonenbetrieb vorgenommen. Wirtschaftlich bietet der Seitenlader i. d. R. in den vorgenannten Strukturen Vorteile, da die etwas langsamere Sammelzeit (Ausnahme aufgelockerte Bebauung) und der höhere Anteil an Zwischenfahrten im Vergleich zum Hecklader (nur einseitige Sammlung möglich) durch den eingesparten Lader kompensiert wird. In verdichteten Bebauungsstrukturen mit erhöhter Verparkung ist ein effizienter Einsatz kaum möglich. Im Gegensatz zum Hecklader befindet sich das Presswerk und die Ladewanne in dem vorderen Teil des Fahrzeugaufbaus.

Abb. 5.12 Seitenlader (Sidepress, Fa. Faun)

Front-Seitenlader
Das Front-/Seitenladerfahrzeug ist Teil eines speziell entwickelten Gesamtsystems, welches zusätzlich passende Behältersysteme, Schüttungen, Wechselcontainer und Transportfahrzeuge umfasst. Die Vorteile des Frontladerfahrzeugs (Arbeiten im Sichtfeld des Fahrers wie auch Wechselaufbautechnik) sowie des Seitenladerfahrzeugs (Einpersonenbetrieb) werden beim Front-/Seitenladerfahrzeug sinnvoll vereint. Die Einsatzgebiete einer Sammlung ohne Ladepersonal entsprechen denen der Seitenladerfahrzeuge. Der Einsatz in verdichteten Gebieten mit starker Verparkung ist mit Laderunterstützung im Vollservice ebenfalls möglich.

Frontlader
Frontlader (Abb. 5.13) haben sich insbesondere in der Großbehältersammlung (i. d. R. MGB > 1100 l) im (klein-)gewerblichen Bereich, etabliert. Auch hier liegt der wesentliche Vorteil im Einpersonenbetrieb sowie in dem vor dem Fahrzeug liegenden Arbeitsbereich. Voraussetzung für einen effizienten Einsatz ist allerdings eine gute Zugänglichkeit der zu leerenden Behälter.

5.3.3.2 Fahrzeuge für das Wechselverfahren

Die im Wechselbehälterverfahren (Abb. 5.14) eingesetzten Fahrzeuge sind zum Auf- und Abladen der Mulden und Container mit fahrzeugeigenen Hub- und Absetzkippsystemen, Abrollkippsystemen mit Hakenaufnahme sowie Abgleitkippsystemen mit Seilzug ausgestattet. Dabei ist ein Übersetzen der Behälter auf einen entsprechend ausgestatteten Anhänger mit der Hubkippvorrichtung des Zug-LKW möglich, so dass in einer Transporteinheit bis zu 80–90 m^3 Behältervolumen zur Verfügung stehen.

Abb. 5.13 Frontlader (Frontpress, Fa. Faun)

Abb. 5.14 Sammelfahrzeug für Wechselbehälter [2]

5.3.3.3 Fahrzeuge für das Einwegverfahren

Beim Einwegverfahren bedient man sich entweder herkömmlicher Pritschenfahrzeuge mit unterschiedlichem Aufbauvolumen oder aber Sammelfahrzeugen mit offener Wanne, ohne spezielle Schüttung (Universalschüttung).

5.4 Umladung und Transport

5.4.1 Grundsätzliche Überlegungen

Für kurze Distanzen zwischen dem Entsorgungsgebiet und den Entsorgungsanlagen erfolgt die Anlieferung der Abfälle im Direkttransport. Dabei fährt das Sammelfahrzeug direkt aus dem Sammelgebiet zur Entsorgungsanlage. Die Planung zentraler Entsorgungsanlagen im Rahmen überregionaler Abfallentsorgungskonzepte führte zu einer Vergrößerung der Transportstrecken. Über diese größeren Distanzen kann die Umladung des Abfalls in spezielle Transportfahrzeuge bzw. der Einsatz von Wechselverfahren kostengünstiger als ein Direkttransport sein. Grundsätzlich ist ein ortsbezogener Vergleich zwischen Umladesystemen und dem Direkttransport durch Kostenvergleichsberechnungen unter Berücksichtigung der in Abb. 5.15 dargestellten Abhängigkeiten durchzuführen.

Eine genauere Betrachtung der Kosten erfolgt im Abschn. 5.6.2.

5 Sammlung und Transport

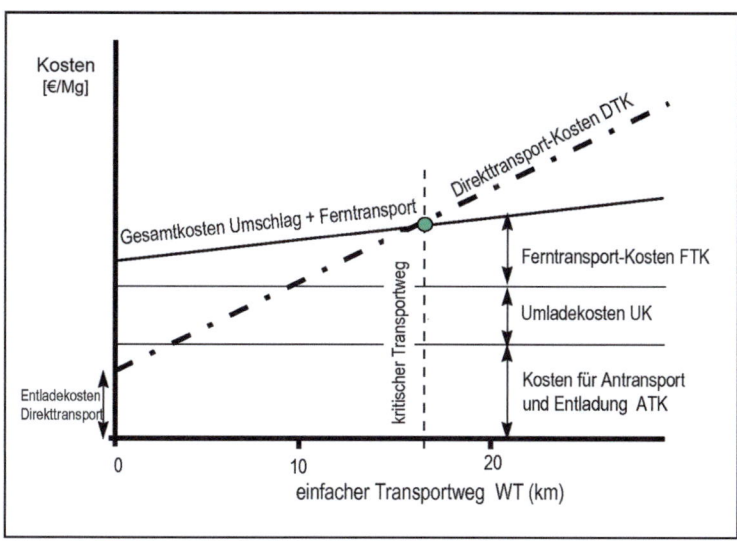

Abb. 5.15 Kostenvergleich zwischen Direkttransport und Ferntransport mit Umladung [2]

5.4.2 Umladesysteme

Nach der Anlieferung des Abfalls an einer Umladestation erfolgt dessen Umladung auf das jeweilige Ferntransportmittel. Es wird zwischen Umladung ohne Verdichtung und Umladung mit Verdichtung unterschieden. Die Abb. 5.16 zeigt eine Umladung mit Ver-

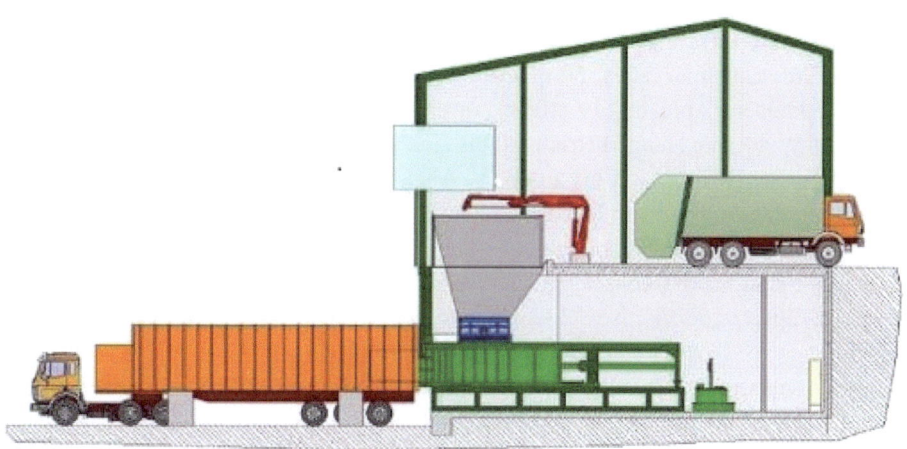

Abb. 5.16 Umladestation mit Verdichtung

dichtung. Dieses dargestellte System verfügt über eine Vorkammerpresse als zentrales Element. Diese verdichtet das angelieferte Material in geschlossenen Containern mit einem Volumen von i. d. R. 50 m³. Durch die Verdichtung wird eine Auslastung der Container von ca. 20 Mg (0,4 Mg/m³) erreicht.

Die gefüllten Container können mit Sattelschleppern (Straße) bzw. Zügen (Schiene) transportiert werden. Alternativ können die Presscontainer mit Verschiebewagen aufgenommen, abgesetzt und von Fahrzeugen mit Luftfederung übernommen werden.

Abb. 5.17 zeigt eine Umladestation ohne Verdichtung. Hier erfolgt die Umladung der Abfälle direkt vom Sammelfahrzeug in den Container (40 m³) oder alternativ mittels Radlader. Mit dieser unverdichteten Beladungstechnik werden Nutzlasten von <20 Mg pro Container erreicht. Bei einem LKW mit Anhänger bzw. Sattelschlepper mit Festaufbau (2 Container) stehen 80–90 m³ Volumen zur Verfügung.

Die unverdichtete Umladung ist i. a. wirtschaftlich sinnvoll für kleine Durchsatzmengen und begrenzte Transportentfernungen.

Ein weiteres System zur Trennung von Sammlung und Transport ist der Einsatz von Sammelfahrzeugen mit Wechselaufbautechnik (Abb. 5.18). Dabei werden die Abfälle über eine auf dem Sammelfahrzeug befindliche Stopfpresse in den Wechselaufbau gepresst und der gefüllte Behälter an einem zentralen Platz gegen einen Leerbehälter ausgetauscht.

5.4.3 Ferntransport

Der Ferntransport von Abfällen erfolgt i. d. R. auf der Straße. In seltenen Fällen wird unter entsprechenden ortsspezifischen Rahmenbedingungen die Beförderung von Abfällen auch über die Schiene bzw. den Wasserweg praktiziert.

Die für den Ferntransport eingesetzten Fahrzeuge unterliegen den maßgeblichen beförderungs- und verkehrsrechtlichen Bestimmungen. Für mittlere und größere Anlagen sind als Presscontainer etwa 50 m³-Aufbauten auf 5-Achs-Sattelaufliegern möglich sowie für kleinere Anlagen als offene, unverpresste Gleit-Abroll-Container auf 3-bis 4-Achs-LKW oder im Hängerbetrieb mit bis zu 2 × 40 m³ oder als offener Sattelauflieger oder offener Schubkipper mit bis zu 90 m³. Abhängig vom erreichten Raumgewicht lassen sich mit diesen Systemen Nutzlasten von 20–22 Mg/Fzg. erreichen, für unverpresste Systeme sind die Nutzlasten geringer.

Daneben sind auch Wechselcontainer von Sammelfahrzeugen mit absetzbaren Aufbauten im Einsatz, die zu 2 bzw. 3 Containern in speziellen Lastzügen zusammengefasst werden.

Die Umschlagsform Straße/Bahn ist aus wirtschaftlichen Gründen nur ab größeren Entfernungen (>100 km) und bei Einsatz von Ganzzügen sinnvoll. In diesem Fall werden die Presscontainer mit Kränen auf die Waggons aufgesetzt. Bei kleineren Mengen kann

5 Sammlung und Transport

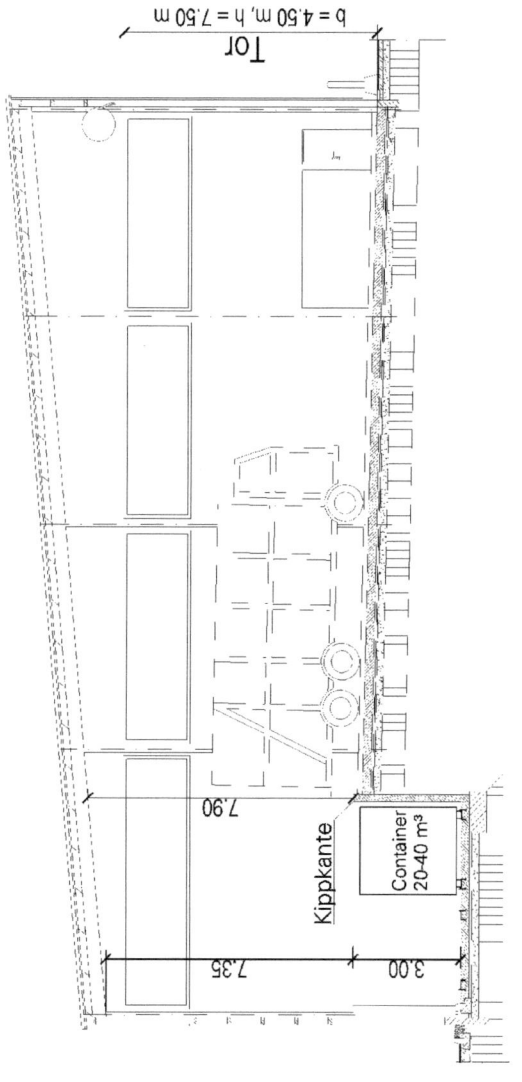

Abb. 5.17 Umladestation ohne Verdichtung [8]

Abb. 5.18 Seitenlader mit Wechselaufbau (Sidepress X, Fa. Faun)

auf Gesamtzüge verzichtet werden oder z. B. das ACTS-System zum Einsatz kommen, in dem der Container vom Lastwagen auf einen Drehrahmen geschoben wird. Diese Form der Umladung kann direkt an üblichen Ladegleisen erfolgen.

5.5 Organisation und Einsatzplanung in der Entsorgungslogistik

5.5.1 Örtliche Rahmenbedingungen

Da die Entsorgungslogistik den jeweiligen Randbedingungen angepasst werden bzw. darauf aufbauen muss, bilden die örtlichen Einflussgrößen die Basis bzw. Ausgangslage für die gesamte Organisation.

Die Gebietsstruktur hat durch ihre Differenzierung nach wohn- und städtebaulichen Aspekten einen unmittelbaren Einfluss auf die Dichte der Ladepunkte, die Größe und Anzahl der zu leerenden Behälter. Die Behälterdichte beschreibt die Anzahl der Behälter je Sammelstrecke und steht in unmittelbarem Zusammenhang mit dem Sammelzeitbedarf (nähere Erläuterung im Abschn. 5.6). Einen erheblichen Einfluss auf die tägliche Sammelleistung hat darüber hinaus auch die Transportentfernung. Der Zeitbedarf für den Transport hängt neben den Straßen- und Verkehrsverhältnissen (Stadtgebiet, Landstraße oder Autobahn) insbesondere von der Entfernung des jeweiligen Sammelgebietes zur Entsorgungsanlage ab.

Der Servicegrad im Sammelrevier hat einen unmittelbaren Einfluss auf den Personalbedarf im Rahmen der Sammlung. Die Erfassung der Abfälle erfolgt entweder im Vollservice (Mannschaftstransport) oder im Teilservice (Benutzertransport). Insbesondere in verdichteten Strukturen wird häufig ein Vollservicebetrieb angeboten, wohingegen in Stadtrandbereichen und ländlichen Strukturen i. d. R. im Teilservicebetrieb gesammelt wird. Der Personalbedarf für das Raus- und Reinstellen der Behälter und den Ladevorgang am Fahrzeug wird wesentlich vom Anteil der Kellerstandplätze, der Behälterstruktur wie auch von der Entfernung der Behälterstandplätze auf dem Grundstück zum Ladepunkt am Fahrbahnrand beeinflusst. Die notwendige Mannschaftsstärke für das Sammeln von Abfällen ist daher ortsspezifisch sehr unterschiedlich ausgeprägt. So werden in verdichteten Bebauungsstrukturen für die Sammlung von Restabfällen im Vollservicebetrieb bis zu fünf Raus- und Reinsteller/Ladepersonen eingesetzt, dagegen erfolgt in aufgelockerten Strukturen im Teilservicebetrieb die Sammlung oftmals mit Seitenladerfahrzeugen im Einpersonenbetrieb (ausschließlich Fahrer) [1].

Die Abfuhrrhythmen der erfassten Abfall- und Wertstoffarten variieren in der Praxis. Die Tab. 5.5 zeigt die üblichen Leerungsintervalle der im Holsystem erfassten Fraktionen.

Örtlich verschieden kann sich neben dem eingesetzten Behältersystem auch der Umfang der getrennten Abfallsammlung darstellen. Wesentliches Differenzierungsmerkmal ist hier die Umsetzung einer getrennten Erfassung der Bioabfälle.

5.5.2 Technische Rahmenbedingungen

In den letzten Jahren hat sich der Einsatz technischer Hilfsmittel vor dem Hintergrund verbesserter Planungsmöglichkeiten zur Feststellung der tatsächlich geleerten Abfallbehälter bzw. entsorgten Abfallmengen sowie einer verursachergerechten Gebührenveranlagung (s. Abschn. 5.7) erheblich verstärkt. In diesem Zusammenhang wird auf elektronische Behälteridentifikations- bzw. Behälterwägesysteme (in Einzelfällen auch Volumenmesssysteme) zurückgegriffen. Durch diese technische Unterstützung erhält der Betrieb einen Überblick des tatsächlichen Behälterbestandes als Grundlage der Tourenplanung. Da mit diesen Systemen neben den geleerten Behältern auch Detailzeiten erfasst werden, bietet sich auch die Möglichkeit eines betrieblichen Controllings. Bei einer Gebührenabrechnung auf Basis der Leerungsanzahl sinkt i. d. R. der Bereitstellungsgrad

Tab. 5.5 Abfuhrrhythmen (INFA, 2020)

Abfall-/Wertstoffart	Überwiegende Abfuhrrhythmen
Restabfall	Wöchentlich, 14-täglich, 28-täglich, mehrfach pro Woche[1]
Bioabfall	Wöchentlich, 14-täglich
Leichtverpackungen	14-täglich, 28-täglich
Altpapier	14-täglich, 28-täglich
Sperrmüll	Periodisch (z. B. monatlich), auf Abruf

[1]stark verdichtete Bereiche, Gewerbebetriebe

der Behälter und folglich verringert sich die Behälterdichte mit unmittelbaren Auswirkungen auf den Sammelzeitaufwand.

Die Auswirkungen des Einsatzes eines Behälteridentifikationssystems auf den Bereitstellungsgrad sind davon abhängig, ob eine Teilgebühr pro Behälterbereitstellung zu entrichten ist. Wird darauf verzichtet, ist i. d. R. der Füllgrad der Behälter gering und der Bereitstellungsgrad hoch (hierdurch Mehraufwand bei der Sammlung).

Die Basis einer EDV-Unterstützung in der Planung der Entsorgungslogistik bilden die Standplatzdaten der Behälterverwaltung. Hierzu gehören neben den Behälterzahlen die Behälterstandorte (Adresse), die Behälterarten (Größen), die gesammelten Abfallarten (Rest-, Bioabfall usw.), die entsprechenden Abfuhrintervalle sowie evtl. vorhandene Standplatzcharakteristika. Letztere beinhalten z. B. die Entfernung der Behälter zum Straßenrand, die Zugänglichkeit, Anzahl Stufen, Steigungen oder weitere Besonderheiten des Standplatzes. Zum optimierten Personal- und Fahrzeugeinsatz werden Tourenplanungsmodule eingesetzt. Diese müssen neben den Standplatzdaten verschiedene entsorgungsspezifische Planungsdaten erfassen und verarbeiten. Viele EDV-Programme ermöglichen die Erfassung von nur wenigen Parametern; es sind jedoch auch spezielle EDV-Programme am Markt verfügbar, bei denen mit größerer Detailtiefe z. B. auch Siedlungsstrukturen (Behälterdichten) und behälterspezifische Faktoren als Daten hinterlegt werden können.

In den letzten Jahren werden auch verstärkt satellitengestützte Navigationssysteme als Steuerungs- und Controllinginstrumente in die Sammelfahrzeuge eingebaut. Hiermit können einerseits Vorgaben über die Reihenfolge der abzufahrenden Straßen bzw. der zu leerenden Behälter gegeben werden (z. B. Aufzeichnen der Sammeltour für Ersatzfahrer), andererseits erhält der Betrieb durch Verknüpfung des Bordcomputers mit ausgewählten Signalen, wie z. B. Betätigung der Schüttung, Rückwärtsfahrten, Stillstandszeiten etc., eine lückenlose Dokumentation jeder einzelnen Tour [1].

5.5.3 Betriebliche Rahmenbedingungen

Betriebliche Rahmenbedingungen werden in großen Teilen durch rechtliche Vorgaben bestimmt. Zu nennen sind hier im Wesentlichen

- Tarifverträge
- Arbeitszeitverordnung
- Lenkzeitverordnung

und betriebliche Dienstvereinbarungen. Hier werden verschiedene Einzelanteile der täglichen Arbeitszeit, wie Rüstzeiten, Pausen (bezahlte/unbezahlte), Pausenort, Fahrzeug- und Personalreinigungszeiten oder auch Leistungsvorgaben innerbetrieblich geregelt.

Immer noch existieren in der Müllabfuhr vielfach relativ starre Vorgaben bezüglich der täglichen bzw. wöchentlichen Arbeitszeiten. Konventionelle Arbeitszeitmodelle sehen eine relativ gleichmäßige Verteilung auf fünf Wochentage vor. Erfahrungen in der Praxis zeigen, dass eine Tourenplanung nur selten minutengenau vorgenommen werden kann. Darüber hinaus steht aufgrund von Rüstzeiten, Pausen, An- und Abfahrten etc. nur eingeschränkt Zeit für die Sammlung zur Verfügung.

Unterschiedliche 4-Tage-Arbeitszeitmodelle sehen eine 4-Tagewoche für das Personal (verlängerte Tagesarbeitszeiten von durchschnittlich 7,7 auf 9,625 h je Tag für kommunale sowie von 7,5 auf 9,375 h je Tag für private Betriebe) vor. Die Wochenarbeitszeit für den jeweiligen Mitarbeiter bleibt hierbei unverändert. Durch die verlängerten Fahrzeugeinsatzzeiten kommt es zu einer Reduzierung der notwendigen Fahrzeuganzahl. Neben einer grundsätzlichen Neuorganisation durch die Einführung neuer Arbeitszeitmodelle wird eine Flexibilisierung der Arbeitszeiten in der Form angestrebt, dass die täglichen Arbeitszeiten dem jeweiligen Bedarf angepasst werden. Hier können auch saisonale Schwankungen (z. B. kürzere Arbeitszeiten in der Bioabfallsammlung außerhalb der Vegetationsperiode) Berücksichtigung finden.

Eine optimale Organisation und Einsatzplanung kann durch die Kombination der Abfuhr mehrerer Abfallarten an einem Tag und den Einsatz von Satellitenfahrzeugen im Vollservice erreicht werden (s. Abb. 5.19). So verringert sich durch die organisatorische Trennung von Abfallsammelfahrzeug und dem Raus- und Reinstellen der Behälter durch das Serviceteam der Aufwand für sonstige Tätigkeiten des Serviceteams (Rüstzeit, Transporte, Entladung) erheblich [1].

Für die Praxis bedeutet dieses im Idealfall die Planung einer Abfallarten übergreifenden Tourenplanung, so dass mehrere Abfallarten in einem zusammenhängenden Gebiet an einem Tag von verschiedenen Sammelfahrzeugen gesammelt werden. Die

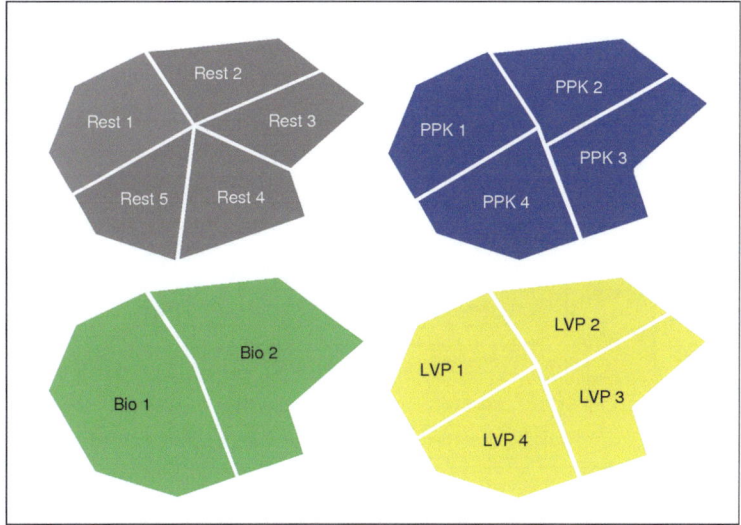

Abb. 5.19 Abfuhr mehrerer Abfallarten am selben Tag [1]

Serviceteams arbeiten in diesem Tagesbezirk Fahrzeug übergreifend und bedienen unterschiedliche Fahrzeuge gleichzeitig. Hierdurch kann ein mehrmaliges Durchlaufen der Straßen, wie auch das Betreten der Grundstücke (für jede Abfallart), erheblich reduziert werden.

5.5.4 Organisatorische Rahmenbedingungen

Über die Veränderung organisatorischer Rahmenbedingungen kann die Entsorgungslogistik erheblich beeinflusst werden. Hier sind ortspezifisch optimale Lösungen im Hinblick auf Bürgerservice, hoher Effektivität und Kostenkontrolle möglich.

Neben den Logistikkosten haben insbesondere die Entsorgungskosten einen erheblichen Einfluss auf Wirtschaftlichkeitsbetrachtungen in der Abfallwirtschaft (Abb. 5.20). So hat der **Umfang der getrennten Sammlung** einen hohen Einfluss auf die Entsorgungskosten. Zum Beispiel kann in Abhängigkeit der Mengenverteilung zwischen Rest- und Bioabfall ermittelt werden, ab welcher Differenz zwischen den Entsorgungskosten für den Restabfall und den Entsorgungskosten für den Bioabfall die Einführung einer Biotonne unter Berücksichtigung der erforderlichen Logistik kostenneutral erfolgen kann. Vergleichbare Berechnungen können bzgl. einer *Ausdehnung des Holsystems* z. B. auf Altpapier durchgeführt werden.

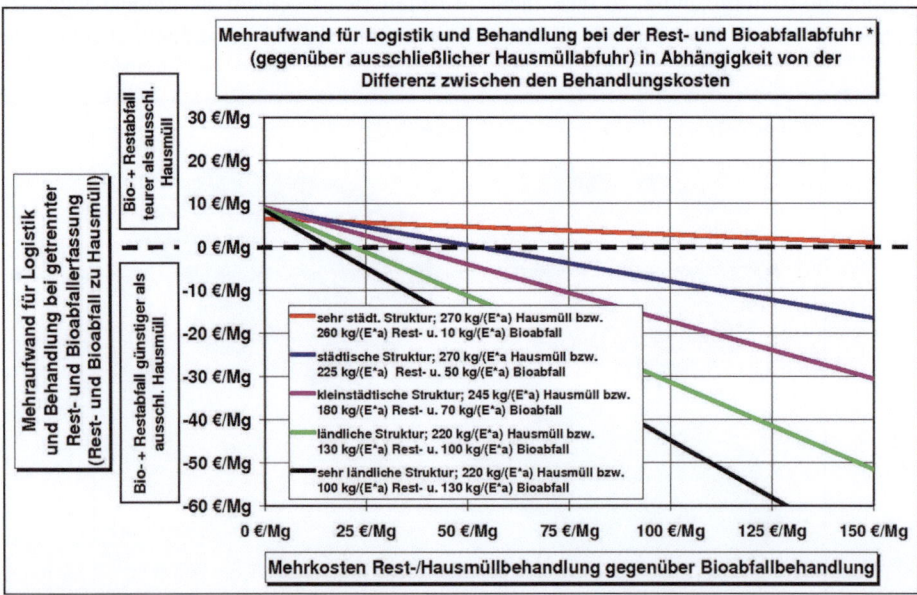

Abb. 5.20 Mehraufwand für Logistik und Behandlung bei der Rest- und Bioabfallerfassung gegenüber einer ausschließlichen Hausmüllerfassung in Abhängigkeit von der Differenz zwischen den Behandlungskosten [1]

Einen erheblichen Einfluss im Hinblick auf die erforderlichen **Mannschaftsstärken** und damit auf die entstehenden Kosten hat der Servicegrad in den Entsorgungsgebieten.

Die **Leerungsintervalle** der Behälter haben großen Einfluss auf die Logistik. Eine Harmonisierung der Abfuhrintervalle einzelner Abfallarten auf eine z. B. einheitliche 14- tägliche Leerung ist mit monetären Vorteilen im Vergleich zu einer Mischung aus wöchentlicher/14-täglicher Abfuhr verbunden.

Eine **Trennung von Sammlung und Transport** kann in Abhängigkeit der örtlichen Rahmenbedingungen (große Entfernung zwischen Sammelrevier und Entsorgungsanlage) zu einer Effektivitätssteigerung in der Entsorgungslogistik führen. Die Sammelfahrzeuge steigern ihre Sammelleistung durch den Wegfall weiter Transportstrecken deutlich und das Ladepersonal wird effektiv eingesetzt.

Je nach örtlicher Behälterverteilung kann eine **getrennte Abfuhr** (MGB $\leq$ 360 und MGB $\geq$ 660 in separaten Sammeltouren) oder eine **gemischte Abfuhr** (MGB $\leq$ 360 und MGB $\geq$ 660 in einer Sammeltour) wirtschaftliche Vorteile bringen. Insbesondere die Verteilung der Großbehälter und die eingesetzten Mannschaftsstärken sind hier ausschlaggebend.

5.6 Leistungsdaten und Kosten der Entsorgungslogistik

5.6.1 Sammlung

Die Sammlung umfasst die Vorgänge des Ladens der einzelnen Behälter sowie des Fahrens zwischen den Ladepunkten und ist damit insbesondere vom Transport abzugrenzen.

5.6.1.1 Leistungsdaten der Sammlung

Die Leistungsdaten der Sammlung sind von verschiedenen Parametern abhängig. Diese sind neben der Gebietsstruktur die Fahrzeugtechnik, die eingesetzte Mannschaftsstärke, der Servicegrad der Behälter (Voll- oder Teilservice) sowie das Behältersystem. Die nachfolgenden Tabellen stellen somit Anhaltswerte dar, da sie keine örtlichen Besonderheiten, wie z. B. den Aufwand für den Transport, berücksichtigen (Tab. 5.6 und 5.7).

In der Tab. 5.8 sind Sammelzeiten für ausgewählte Gebietsstrukturen aufgeführt.

Eine genaue Logistikplanung muss folgende Einflussparameter berücksichtigen:

- Tagesarbeitszeit (abzgl. Rüstzeiten etc.)
- Transportzeiten je Tag (Entfernung, Geschwindigkeit)
- Anzahl der Fahrzeugladungen je Tag (Nutzlast, Fahrzeugauslastung)
- verbleibende Sammelzeit je Tag
- Behälterbestände im Sammelgebiet
- Sammelzeit je Behälter (Behälterdichte, organisatorische Rahmenbedingungen) (Abb. 5.21)

Tab. 5.6 Schüttvorgänge bei Vollservice [4]

Vollservice 2020	Schüttvorgänge/(Lader* Tag)			Anz. der Nennungen	Schüttvorgänge je Besatzung und Tag (berechnet)
	min	max	mittel		mittel*
Behälter bis 360 l	281	701	**425**	9	**974**
Behälter ab 550 l	71	183	**120**	26	**168**
Gemischte Abfuhr	165	338	**242**	26	**580**

* über Angaben der Betriebe, welche sowohl Nennungen zu [Anz. Lader] und [Beh./(Lader* d)] in der jeweiligen Behältergröße

Tab. 5.7 Schüttvorgänge bei Teilservice [4]

2020	Teilservice (inkl. Touren mit Voll- und Teilservice)				Schüttvorgänge pro Besatzung und Tag (berechnet)
	Schüttvorgänge/(Lader * Tag)			Anz. der Nennungen	
	min	max	mittel		mittel*
Behälter bis 360 l	336	942	**587**	15	**779**
Gemischte Abfuhr	321	815	**513**	27	**709**

* über Angaben der Betriebe, welche sowohl Nennungen zu [Anz. Lader] und [Beh./(Lader* d)] in der jeweiligen Behältergröße

Tab. 5.8 Sammelzeiten in Abhängigkeit der Behälterdichte (INFA, 2020)

Sammelzeit pro Behälter in Abhängigkeit der Behälterdichte						
Behältersystem	GS 3		GS 4		GS 5	
	[B/100 m]	[s/B]	[B/100 m]	[s/B]	[B/100 m]	[s/B]
ME 50	13–18	15–14	7–11	19–16	–	–
MGB 120/240	10–15	20–18	4–8	28–22	1,5–2	55–39
MGB 1100	3–5	41–31	0,5–1,5	112–61	–	–
Sack	30–40	2–4	10–15	7–6	1–5	22–10

GS 3: offene Mehrfamilienhausbebauung (>3 Vollgeschosse).
GS 4: Mischung aus 1–2 und 3–6 Familienhausbebauung.
GS 5: aufgelockerte 1–2 Familienhausbebauung.

Die Sammelzeit je Behälter wird neben der Behälterdichte wesentlich von der Anzahl des eingesetzten Ladepersonals beeinflusst, die wiederum von der Art der Behälterbereitstellung bestimmt wird.

Eine Tourenplanung stellt aufgrund der vielfältigen örtlichen Rahmenbedingungen einen spezifischen Einzelfall von großer Komplexität dar. Um die verschiedenen

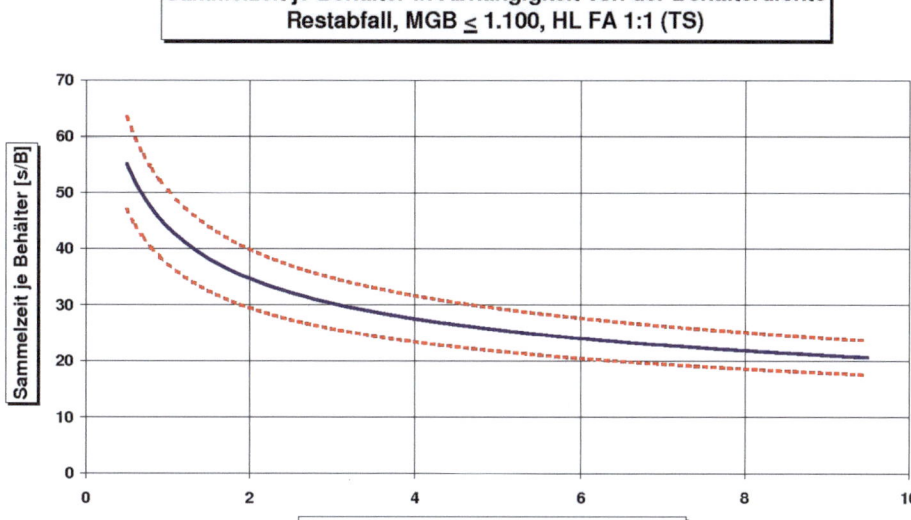

Abb. 5.21 Sammelzeit in Abhängigkeit von der Behälterdichte (INFA, 2020)

planerischen Einflussgrößen optimal miteinander zu verknüpfen, erfolgt in der Praxis die Erarbeitung neuer Logistikkonzepte immer häufiger mit speziell entwickelter Tourenplanungssoftware (s. Abschn. 5.8.2).

5.6.1.2 Kosten der Sammlung

Die Kosten für die Sammlung setzen sich aus Behälter-, Personal- und Fahrzeugkosten zusammen.

Behälterkosten

Die Kosten für die Anschaffung und Verteilung der Behälter gliedern sich deutlich in zwei Gruppen. Die Kleinbehälter (MGB 40–240) (Tab. 5.9) verursachen hierbei Anschaffungs- und Verteilungskosten in Höhe von ca. 20–28 € pro Behälter; die Anschaffungs- und Verteilungskosten der Großbehälter (MGB $\geq$ 660) liegen zwischen ca. 160 und 220 € je Behälter. Bei identischen Abschreibungszeiträumen, vergleichbaren Ansätzen für Reparatur und Verluste (ab MGB 660 erhöhte Reparaturkosten; i. W. wg. Schäden an Rädern und Deckeln) betragen die Behälterkosten pro Jahr für die Kleinbehälter ca. 4–6 € und 30–45 € für die Großbehälter.

Personalkosten

Wesentlichen Einfluss auf den Personalkostensatz (Tab. 5.10) haben neben den Lohnkosten (inkl. Sozialabgaben) tarifliche bzw. betriebliche Vereinbarungen. Dieses können

Tab. 5.9 Beispielhafte Berechnung der jährlichen Behälterkosten (INFA, Kostenstand 2020)

Kleinbehälter		MGB 120
Anschaffung und Verteilung	[€/Beh.]	24,80
Abschreibungszeitraum	[a]	10
Zinssatz	[%]	3,0
Kapitalkosten	[€/(Beh.*a)]	2,85
Anteil Reparatur, Verluste (v. Invest)	[%]	3
Betriebskosten	[€/(Beh.*a)]	0,74
Verwaltung, Wagnis und Gewinn	[%]	20
Verwaltungskosten	[€/(Beh.*a)]	0,72
Behälterkosten pro Jahr	**[€/(Beh.*a)]**	**4,32**

Tab. 5.10 Beispielhafte Berechnung der jährlichen Personalkosten (INFA, Kostenstand 2020)

Mitarbeiterfunktion		MA
Lohnkosten je Person und Jahr	[€/(MA*a)]	46.000
Anteil Reserve	[%]	25
Kosten inkl. Reserve	[€/(MA*a)]	57.500
Arbeitsstunden/Jahr	[h/a]	2002
Stundensatz	[€/(MA*h)]	28,72
Verwaltung, Wagnis und Gewinn	[%]	20
Personalkosten je Stunde	**[€/(MA*h)]**	**34,47**

z. B. Zuschläge für besondere Erschwernisse oder Leistungszulagen sein. Darüber hinaus sind insbesondere die notwendigen Personalreserven (Ersatzpersonal für Urlaub und Krankheit) sowie Anteile für die Verwaltung sowie Wagnis und Gewinn zu berücksichtigen.

Fahrzeugkosten

Neben den Investitionskosten wirken sich bei der Berechnung der spezifischen Fahrzeugkosten (Tab. 5.11) die Abschreibungsdauer, der notwendige Reserveanteil, der Treibstoffverbrauch sowie der Anteil für Verwaltung, Wagnis und Gewinn aus.

Tab. 5.11 Beispielhafte Berechnung der jährlichen Fahrzeugkosten (INFA, Kostenstand 2020)

Fahrzeugsystem		Hecklader (FA) 3-Achsfahrzeug
Anschaffung	[€/Fzg.]	250.000
Abschreibungszeitraum	[a]	8
Zinssatz	[%]	3,0
Anteil Reserve	[%]	10
Kapitalkosten (inkl. Reserve)	[€/(Fzg.*a)]	38.500
Steuer/Versicherung	[%]	2
Einsatzstunden je Jahr	[h/a]	2002
Treibstoffkosten	[€/h]	9,09
Reparatur/Material (% v. Invest.)	[%]	9
Betriebskosten	[€/(Fzg.*a)]	46.200
Gesamtkosten	[€/(Fzg.*a)]	84.700
Verwaltung, Wagnis und Gewinn	[%]	20
Fahrzeugkosten je Stunde	**[€/(Fzg.*h)]**	**50,77**

Sammelkosten

> **Berechnungsbeispiel**
>
> Berechnungsbeispiel für die Ermittlung von Sammelkosten von Restabfall mit einem Hecklader (Fahrer+2 Lader) in €/Mg: ◄

Behälterkosten:

Behälter:	MGB 120, mittlerer Füllgrad 80 %
Raumgewicht des Restabfall:	120 kg/m^3
mittleres Behälterinhaltsgewicht:	ca. 11,5 kg
Anzahl zu leerende MGB 120 für ein Mg Restabfall:	ca. 87 Behälter
Behälterkosten je Leerung eines MGB 120 bei einem:	
2-wöchentlichen Leerungsintervall:	ca. 0,17 €/(Beh.* Leerung)
Behälterkosten je Megagramm Restabfall:	*ca. 14,8 €/Mg*

Fahrzeugkosten:

Mittlere Sammelzeit je Behälter:	ca. 25 s
Zeitbedarf zur Sammlung von einem Megagramm Restabfall:	**ca. 0,6 h**
Fahrzeugkosten pro Stunde:	50,8 €/h
Fahrzeugkosten je Megagramm Restabfall:	*ca. 30,5 €/Mg*

Personalkosten:

Personalkosten pro Stunde:	34,5 €/h
Personalkosten je Megagramm Restabfall	*ca. 62,1 €/Mg*

Gesamtsammelkosten:

Gesamtsammelkosten je Megagramm Restabfall:	ca. 107,4 €/Mg

Die genannten beispielhaften Kostenansätze weisen in Abhängigkeit der jeweiligen betriebsspezifischen Einzelkostenansätze (z. B. Tarifvertrag, Einkaufskonditionen) und den in den vorgenannten Kapiteln genannten Einflussgrößen eine erhebliche Spannbreite auf.

5.6.2 Transport

Der Transport umfasst die verschiedenen Fahrten des Sammelfahrzeuges. Diese sind im Wesentlichen:

- *Antransport* (erste Fahrt): Fahrt vom Betriebshof zur ersten Tätigkeit (i. d. R. zur Sammlung in das Sammelgebiet).
- *Abtransport* (letzte Fahrt): Abschließende Fahrt von der letzten Tätigkeit (i. d. R. Entladung) zurück zum Betriebshof.
- *Betriebsbedingte Fahrt*: Fahrt, die aus betriebsbedingten Gründen durchgeführt wird. Mögliche Anlässe: Pausen, Reparaturen o. Ä.; verbleibt das Fahrzeug nach einer Fahrt zur Reparatur in der Werkstatt, handelt es sich um einen *Abtransport*.
- *Entsorgungsfahrt*: Fahrt, die durchgeführt wird, um das Fahrzeug zu entladen (Fahrt zur Behandlungsanlage, zur Umladestation, Sortieranlage usw.).
- *Zwischentransport*: Fahrt, die zwischen zwei deutlich voneinander getrennten Sammelgebieten zurückgelegt wird.

5 Sammlung und Transport

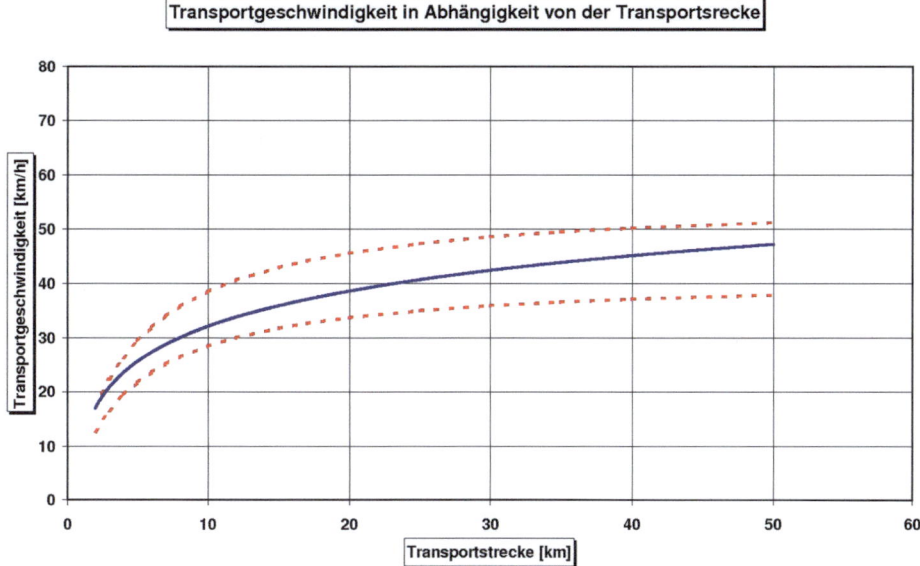

Abb. 5.22 Transportgeschwindigkeit in Abhängigkeit von der Transportstrecke (INFA, 2020)

Leistungsdaten des Direkttransports

Untersuchungen zur *Zeit bzw. Geschwindigkeit* von Sammelfahrzeugen bzw. Containerfahrzeugen beim Transport der Abfälle weisen eine deutliche Abhängigkeit von den mittleren Transportentfernungen auf (Abb. 5.22). So steigt die Geschwindigkeit für kurze Transportstrecken schnell an; ab einer Transportstrecke von mehr als 20 km zeigt sich nur noch eine geringe Geschwindigkeitszunahme. Darüber hinaus ist noch der Einfluss der Straßenarten (Stadtstraße, Landstraße, Autobahn) zu berücksichtigen.

Theoretisch können bei Rest- und Bioabfall im Rahmen des Direkttransportes die zulässigen Fahrzeugnutzlasten ausgenutzt werden. Die Nutzlasten für Leichtverpackungen, Altpapier und Sperrmüll sind in Abhängigkeit der ortspezifischen Bedingungen geringer anzusetzen.

Kosten des Direkttransports

> **Berechnungsbeispiel**
>
> Berechnungsbeispiel für die Ermittlung der Kosten eines Direkttransportes von Restabfall mit einem Hecklader (Fahrer + 2 Lader) in €/Transport:

Einfache Entfernung Sammelgebiet-Entsorgungsanlage:	20 km
Durchschnittsgeschwindigkeit Sammelfahrzeug: 45 km/h:	Fahrzeugzuladung: 10 Mg
Entladezeit auf der Anlage:	10 min
Transportzeit inkl. Entladezeit:	63 min
Fahrzeugkosten pro Stunde:	50,8 €/h
Fahrzeugkosten je Transport:	**53,3 €/Transport**
Personalkosten pro Stunde:	34,5 €/h
Personalkosten je Transport:	**108,7 €/Transport**
Transportkosten je Megagramm Restabfall:	*ca. 16,2 €/Mg*

Umladekosten

Die Kosten einer ortsfesten Umladeanlage setzen sich aus einem Festkostenanteil (Fixkosten) und den variablen Kosten, in Abhängigkeit der Durchsatzleistung, zusammen. Abb. 5.23 zeigt Anhaltswerte, sie sollten jedoch konkret ermittelt werden, da sie bedingt durch unterschiedliche Verfahrenssystematiken sowie entsprechender baulicher Einrichtung starken Schwankungen unterliegen.

Für Wechselaufbauten ist eine detaillierte Betrachtung von Sammel- und Transportfahrzeug erforderlich, wobei zusätzlich Handlingszeiten je Container von 5–10 min zu berücksichtigen sind.

Neben der Transportentfernung bzw. der hierfür benötigten Zeit wirkt sich insbesondere die Mannschaftsstärke erheblich auf die Wirtschaftlichkeit der gewählten Transporteinheit (Direkttransport oder Trennung von Sammlung und Transport) aus. Mit zunehmender Mannschaftsstärke sinkt die für eine Umladung wirtschaftliche Transportentfernung (im Vergleich zum Direkttransport).

Abb. 5.24 zeigt ab einem Zeitbedarf von ca. 55 min für die einfache Transportentfernung vom Sammelgebiet zur Entsorgungsanlage für die Mannschaftsstärke 1 Fahrer+1 Lader die wirtschaftlichste Lösung durch den Einsatz eines Wechselaufbausystems. Für ein ländliches Entsorgungsgebiet ergibt sich aus diesem Zeitbedarf bei einer durchschnittlichen Transportgeschwindigkeit von 50 km/h eine einfache Transportstrecke von etwa 46 km. Mit einer Mannschaftsstärke von 1+5 (Einsatz vor allem in verdichteten Strukturen) kann der Einsatz von Sammelfahrzeugen mit Wechselaufbauten bereits ab einer einfachen Transportentfernung von ca. 11 km (Zeitbedarf ca. 26 min) wirtschaftlich sein.

5 Sammlung und Transport

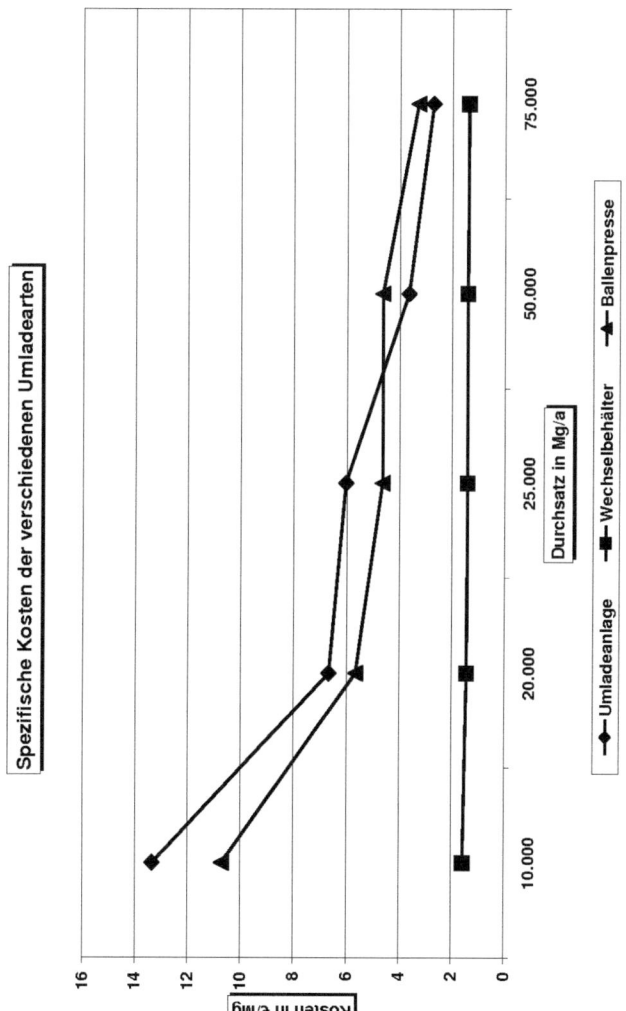

Abb. 5.23 Umladekosten in Abhängigkeit der Durchsatzmengen [10]

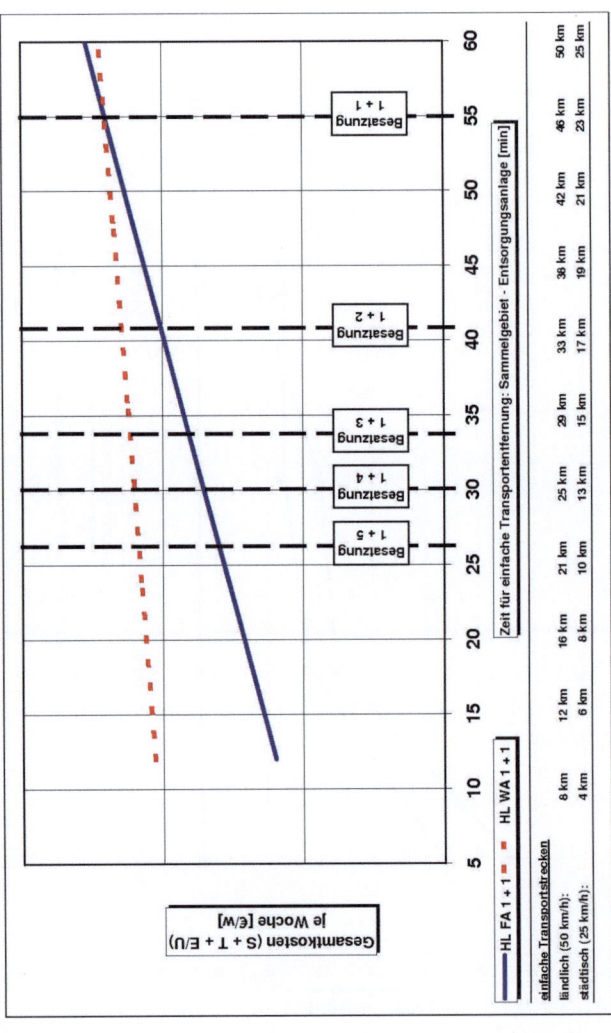

Abb. 5.24 Kostenvergleich Festaufbau- und Wechselaufbaufahrzeuge in Abhängigkeit der Mannschaftsstärke und Transportentfernung [1]

5.7 Abfallgebühren

5.7.1 Einleitung und rechtliche Grundlagen

Der Aufbau und der Betrieb der gesamten Entsorgungsinfrastruktur ist mit entsprechenden Kosten verbunden, die neben den mit der Wertstoffvermarktung erzielten Erlösen zum großen Teil über die Abfallgebühren finanziert werden. Die Kosten für die Sammlung und Verwertung von Verpackungsabfällen (Leichtverpackungen aus gelbem Sack bzw. Behälter, Verpackungen aus Glas und Papier) werden nicht über Gebühren, sondern über Lizenzentgelte gedeckt, die vom Hersteller der Verpackung an die Dualen Systeme zu entrichten sind und die bereits beim Kauf des Produktes/der Verpackung bezahlt werden.

Die wesentlichen Kostenbestandteile für die Abfallgebühren setzen sich in etwa wie folgt zusammen:

- Kosten für die Sammlung und den Transport
- Kosten für die Abfallbehandlung und -verwertung
- Kosten für die Organisation und die Verwaltung.

Der rechtliche Rahmen für die Abfallgebührenkalkulation ergibt sich insbesondere aus den Kommunalabgabengesetzen der Bundesländer (Äquivalenzprinzip, Wahrscheinlichkeitsmaßstab) in Verbindung mit den Landesabfallgesetzen.

Das Leistungsspektrum der Abfallwirtschaft hat sich auf dem Weg zur Kreislaufwirtschaft mit der fünfstufigen Abfallhierarchie und zunehmenden Verpflichtungen in den Bereichen Abfallvermeidung und Wiederverwendung sowie getrennte Wertstoffsammlung und Recycling deutlich ausgeweitet, und die Kosten steigen auch aufgrund höherer Umweltstandards (z. B. Einsatz alternativer Antriebe). Darüber hinaus weist die Kostenstruktur einen hohen Fixkostenanteil und einen verhältnismäßig geringen abfallmengenabhängigen Kostenanteil auf. Die Fixkosten werden im Wesentlichen durch Vorhalteleistungen (z. B. Vorhaltung von Behandlungs- und Entsorgungsanlagen, Behälterbereitstellung etc.) verursacht.

Angesichts dieser Tatsachen gilt es ein Gebührenmodell zu erstellen, das die örtliche Kostenstruktur möglichst weitgehend durch die Gebührenstruktur widerspiegelt. Außerdem sind abfallwirtschaftlich sinnvolle Lenkungswirkungen (Abfallvermeidung, Wiederverwendung, getrennte Sammlung) zu integrieren (vgl. diesbezüglich die unterschiedlichen Landesabfallgesetze). Dabei sind auch mögliche Auswirkungen z. B. im Hinblick auf die Wertstoffqualitäten sowie die Stadtsauberkeit zu berücksichtigen. Hierfür kann es sinnvoll sein, Mindestanforderungen (z. B. Mindestbehältervolumen für den Restabfall, Mindestleerungsanzahl) festzulegen.

Die Städte und Gemeinden bzw. Kreise haben auf Basis der örtlichen Abfallsatzungen Abfallgebührensatzungen umzusetzen, die diesen Aspekten genügen.

5.7.2 Gebührenmodelle und -maßstäbe

Die in den Abfallgebührensatzungen festgelegten Gebühren können ausgehend vom ermittelten Gebührenbedarf nach unterschiedlichen Gebührenmaßstäben bemessen werden. Ein Gebührenmodell stellt die Verknüpfung einzelner Gebührenmaßstäbe dar. Grundsätzlich sollten die Modelle die Bemessung möglichst verursachergerecht an der erzeugten Abfallmenge bzw. dem verursachten Aufwand ausrichten. Dies kann bei den mittels Behältersammlung erfassten Abfällen auf Basis der genutzten Behältergröße und dem Leerungsintervall erfolgen oder spezifischer mithilfe technisierter Systeme (Leerungszählung, Verwiegung, Volumenmessung, Müllschleusen).

Gebührenträger
Als wesentlicher Gebührenträger fungiert i. d. R. die haushaltsnahe Restabfallsammlung, d. h. die Gebühreneinnahmen stützen sich zu einem großen Teil auf die Gebühr für den Restabfallbehälter, über die auch andere Leistungen mitfinanziert werden. Somit dient der Restabfallbehälter (Größe, Leerungsrhythmus) als wesentlicher Umrechnungsschlüssel für Kosten in Gebührensätze. Ob und in welcher Höhe auch andere Holsysteme (z. B. Biotonne, Altpapierbehälter) mit einer separaten Gebühr belegt werden, richtet sich nach der rechtlichen Zulässigkeit (Kommunalabgaben- und Kreislaufwirtschaftsgesetze der Bundesländer), sowie der jeweiligen Zielrichtung (Nutzungsanreiz vs. kostengerechtere Verteilung der Gebühren auf verschiedene Gebührenträger).

Auch für die übrigen Leistungen (z. B. Sperrmüllabholung, Annahme von Abfällen am Wertstoff- oder Recyclinghof etc.) wird die Gebührengestaltung i. d. R. nach Abwägung zwischen Kostendeckungsprinzip, Lenkungswirkung und Verwaltungsaufwand vorgenommen. Dabei wird teilweise die Gebühr gestaffelt nach der Häufigkeit (z. B. Gebühr für die Sperrmüllabholung erst ab der zweiten Anforderung) oder der Menge (z. B. gebührenfreie Annahme von Kleinmengen).

Zudem werden Zusatzgebühren für zusätzliche vom Gebührenschuldner veranlasste Leistungen erhoben, z. B. für Behälterwechsel oder -reinigung, für den Behältertransport bei Wahl eines Vollservice (s. Abschnitt 5.5.) oder auch in Form einer Erschwerniszulage für zusätzlichen Aufwand des Behältertransports bei Stufen und größeren Entfernungen.

Gebührenmodell mit Leistungsgebühr
In einem ausschließlich auf einer Leistungsgebühr beruhenden Modell wird am häufigsten der Behältermaßstab herangezogen. Dabei wird der Gebührenbedarf nach dem zur Verfügung gestellten Behältervolumen unter Berücksichtigung des Leerungsintervalls umgelegt.

Beim linearen (proportionalen) Behältermaßstab wird der Gebührenbedarf linear umgelegt (gleicher Literpreis je Leerung für alle Behältergrößen und Leerungsintervalle), d. h. die Gebühr des 120-l-Behälters ist halb so hoch wie die des 240-l-Behälters, die 2-wöchentliche Leerung halb so teuer wie die wöchentliche (bei gleicher Behältergröße).

Durch einen degressiven Behältermaßstab werden die höheren Schüttdichten und/oder der höhere Logistikaufwand von kleineren Behältern gegenüber größeren berücksichtigt (Literpreis sinkt mit zunehmender Behältergröße), wodurch die Gebühren der kleineren Behälter höher werden. Auch beim Leerungsintervall ist eine nicht-lineare Gestaltung möglich, die kostengerechter berücksichtigt, dass nicht alle Kostenbestandteile der Sammlung linear vom Leerungsintervall abhängen (die 2- wöchentliche Gebühr ist dann höher als die Hälfte der wöchentlichen Gebühr). In beiden Fällen sind die angesetzten Faktoren zum kalkulatorischen Nachweis der sachgerechten Gebührengestaltung ortsspezifisch und regelmäßig zu ermitteln.

Gebührenmodell mit Grund- und Leistungsgebühr
In diesem Gebührenmodell wird ein Teil der Kosten (Fixkosten) als Grundgebühr erhoben. Über die Grundgebühr erfolgt eine Beteiligung aller Gebührenschuldner an den Vorhaltekosten der abfallwirtschaftlichen Leistungen (ggf. für die Behandlungsanlagen, Recyclinghöfe, etc.). Dadurch werden eine gerechtere Kostenverteilung sowie auch eine höhere Kostendeckungssicherheit und damit Gebührenstabilität erreicht. Mögliche Grundgebührmaßstäbe sind die Anzahl der Haushalte bzw. Nutzungseinheiten je Grundstück, die Anzahl der Personen, die Behälter oder das Grundstück. Für gewerblich genutzte Grundstücke sind ggf. (z. B. bei einer haushaltsbezogenen Grundgebühr) Äquivalente (z. B. Bürofläche) zu definieren. Bei der Höhe des Grundgebühranteils sind rechtliche Grenzen der örtlich geltenden Kommunalabgabengesetze unter Berücksichtigung des Differenzierungsgrades zu beachten.

Die Leistungsgebühr wird in Form des zuvor genannten Behältermaßstabs oder mithilfe der nachfolgend beschriebenen technisierten Systeme bemessen.

Technisierte Gebührensysteme
Neben dem klassischen Behältermaßstab sind technische Lösungen im Einsatz und in der Entwicklung, um die Gebührenbemessung noch spezifischer und verursachergerechter zu gestalten. Diese werden häufig unter dem Begriff „Pay-as-you-throw-Systeme" (PAYT) geführt.

Leerungszählung
Voraussetzung für die Leerungszählung ist der Einsatz von Identifikationssystemen, womit die Leerung der Behälter über einen RFID-Transponder oder Barcode am Behälter identifiziert und die Daten auf einen Bordrechner übertragen werden (s. Abschn. 5.8.2). Die Anzahl der Leerungen kann damit erfasst und dem Abfallerzeuger/Gebührenzahler zugeordnet werden. Dies bietet die Möglichkeit, dass anstelle des Leerungsintervalls die Anzahl der tatsächlich in Anspruch genommenen Leerungen für die Bemessung der Gebühr herangezogen wird, wodurch eine differenziertere Einflussnahme auf die Gebühr durch das Trenn- und Rausstellverhalten ermöglicht wird. In der Gebührensatzung wird dabei i. d. R. eine Mindestleerungszahl verankert, die unabhängig von der Inanspruchnahme bezahlt werden muss. Jede darüberhinausgehende Leerung

wird über eine Leerungsgebühr abgerechnet. Die Höhe der Mindest- und Leerungsgebühr wird i. d. R. nach dem Behältermaßstab ermittelt.

Verwiegung

Dieser Veranlagungsmaßstab stützt sich auf die bereitgestellte Abfallmasse, die mittels einer in der Schüttung integrierten Behälter-Wiegeeinrichtung ermittelt wird. Die Identifikation des Behälters und die Zuordnung zum Abfallerzeuger/Gebührenzahler erfolgt wie in der Leerungszählung über ein Identifikationssystem (siehe Absatz zur Leerungszählung sowie Abschn. 5.8.2). Häufig wird in der Gebührensatzung eine Mindestmasse als Mindestgebühr festgelegt. Die Behältergröße wird in diesem Maßstab nicht berücksichtigt, das Leerungsintervall kann bei entsprechender Wahlmöglichkeit als ergänzende Komponente aufgenommen werden.

Volumenmessung

Eine weitere Alternative stellt die Messung des Behälterinhaltsvolumens mit Ultraschall dar. Hier wird durch entsprechend ausgerüstete Ultraschallsensoren das Volumen des bereitgestellten Abfalls im Behälter gemessen und zur Gebührenbemessung herangezogen. Diese Systeme sind derzeit v. a. bei Unterflursystemen zur Steuerung der Leerung (bedarfsorientierte Leerung) sowie Gebührenbemessung teilweise bereits im Einsatz aber auch noch in der Weiterentwicklung.

Müllschleusen

Durch den Einsatz von Müllgroßbehältern mit volumenbezogenen Einwurfschleusen, sog. Müllschleusen (Abb. 5.25), besteht auch in verdichteten Bebauungsstrukturen die

Abb. 5.25 Einsatz von Müllschleusen

Möglichkeit, eine nutzerspezifischere Abrechnung und damit Anreizfunktion zur Abfallvermeidung bzw. Abfalltrennung zu bieten. Dabei steht einer Hausgemeinschaft ein Großbehälter zur Verfügung, von dem jeder Haushalt mittels einer Chip-, Magnet- oder Metallkarte ein flexibles Volumen nutzen kann, welches dann individuell abgerechnet werden kann.

5.7.3 Mindestbehältervolumen

Um eine geordnete Abfallentsorgung, und hiermit ist im Wesentlichen die ordnungsgemäße Restabfallerfassung gemeint, sicherzustellen, berechtigen Landesabfallgesetze (z. B. in NRW LKrWG NRW § 9 Abs. 1 Satz 3) die öffentlich-rechtlichen Entsorgungsträger ausdrücklich, in der Abfallentsorgungssatzung ein Mindest-Restabfallvolumen pro Person und Woche festzulegen. Es soll somit verhindert werden, dass allein aus Gründen der Ersparnis von Abfallgebühren zu kleine Abfallbehälter gewählt werden. Damit soll u. a. die Verlagerung von Restabfall in andere Bereiche, wie z. B. die Wertstoffsammelsysteme, den Sperrmüll oder den öffentlichen Raum (Entsorgung in Papierkörben, Beistellungen an Depotcontainerstandorten, wilde Ablagerungen in Grünanlagen, Parks und im Straßenbereich) vermieden werden. Auch soll ein satzungsrechtlich festgelegtes Mindestbehältervolumen die anhaltende Überfüllung der Abfallbehälter bzw. die Verdichtung des Abfalls im Behälter verhindern.

In verschiedenen Gerichtsverfahren wurde ein Mindestbehältervolumen bereits bestätigt [11]. In Bezug auf die Bemessung wurden dabei u. a. folgende Grundsätze angeführt:

- Bei der Zuteilung des Behältervolumens dürfen im Rahmen eines weitreichenden Organisationsermessens allgemeine Durchschnittswerte für die Bereithaltung von Behältergrößen zugrunde gelegt werden.
- Es ist rechtlich zulässig, die Menge des zu erwartenden Abfalls durch Richtwerte pauschalierend zu quantifizieren.
- Das Mindestvolumen sollte deutlich niedriger bemessen sein als das durchschnittlich anfallende Restabfallvolumen.
- Es besteht keine Verpflichtung des Satzungsgebers zur Festlegung des Mindestvolumens auf das geringstmögliche Mindestvolumen, d. h. das Mindestvolumen muss sich nicht an einem absoluten Minimum orientieren.
- Dem Anreizgebot wird Rechnung getragen, wenn einem durchschnittlichen Abfallerzeuger ein hinreichender Anreiz zur Abfallreduzierung gegeben wird. Dem kann z. B. dadurch Rechnung getragen werden, dass das Regelbehältervolumen auf Antrag herabgesetzt werden kann, wenn gleichzeitig weitere Wertstoffbehälter genutzt werden.

Auch in der Umsetzung der sogenannten Pflichtrestmülltonne für Abfallerzeuger aus anderen Herkunftsbereichen (§ 7 GewAbfV) ist zu empfehlen, analog zum Mindestbehältervolumen in Privathaushalten eine Mindestvorgabe in der Satzung zu verankern, um dem Ziel der geordneten Abfalltrennung und der Vermeidung von Fehlwürfen in den Verwertungsfraktionen Rechnung zu tragen. Dafür ist ein Mengenschlüssel zu entwickeln, der möglichst einfach, praktikabel und belastbar ist. Es gilt, eine für die jeweilige Stadt / den Kreis angepasste und branchenbezogene Lösung zu finden, die mit vertretbarem Aufwand durchzuführen und langfristig einsetzbar ist sowie eine möglichst hohe Akzeptanz erfährt.

5.8 Digitalisierung im Kontext von Sammlung und Transport

Die fortschreitende Digitalisierung bietet auch den Entsorgungsbetrieben Chancen, ihre Geschäftsprozesse transparenter und effizienter zu gestalten und hierbei auch die Kommunikation mit den Kunden zu optimieren und um bislang ungenutzte Kanäle zu erweitern. Es geht nicht nur um den Einsatz moderner „smarter" Technologien (Hard- und Software), sondern auch um die Feststellung des digitalen Reifegrades der Betriebe sowie um eine daraus zu erarbeitende Digitalisierungsstrategie und deren Umsetzung. Dies bildet die Basis für die Entwicklung neuer Dienstleistungen und Geschäftsmodelle in der digitalen Geschäftswelt.

5.8.1 Digitalisierungsbemühungen innerhalb der Entsorgungsbetriebe

Einen niedrigschwelligen Einstieg in die betriebliche Digitalisierung bieten sogenannte *DIGI-Checks*. Zugeschnitten auf die Entsorgungsbranche werden den Teilnehmenden aus den Betrieben i. d. R. in einem Online-Fragebogen themen-/bereichsspezifische Fragen gestellt, die durch die Auswahl vorgegebener Antwortoptionen beantwortet werden können. Hieraus lässt sich sowohl der gesamtbetriebliche digitale Reifegrad ausgeben als auch der themen-/bereichsspezifische Reifegrad. Letzterer ermöglicht das schnelle Erkennen erster Handlungsbedarfe.

Für eine ganzheitliche, bereichsübergreifende Betrachtung richten die Entsorgungsbetriebe zuerst den Fokus auf ihre Geschäftsprozesse und erstellen eine Prozessübersicht, die alle im Betrieb stattfindenden Prozesse aufführt. Nach einer Priorisierung und Auswahl findet die Aufnahme der Ist-Prozesse statt, bei der der Prozesseinstieg (Start), die einzelnen Prozessschritte, deren Verantwortliche, die verwendeten Medien/Softwarelösungen und schließlich das Prozessergebnis (Ende) visualisiert werden (s. Abb. 5.26).

Diese Ist-Prozesse werden im Anschluss einer Stärken-Schwächen-Analyse unterzogen, um auf dieser Basis die optimierten Soll-Prozesse zu entwickeln. Hierbei ist wichtig, dass die Prozessbeteiligten in dieses Vorgehen eng eingebunden werden, da

5 Sammlung und Transport

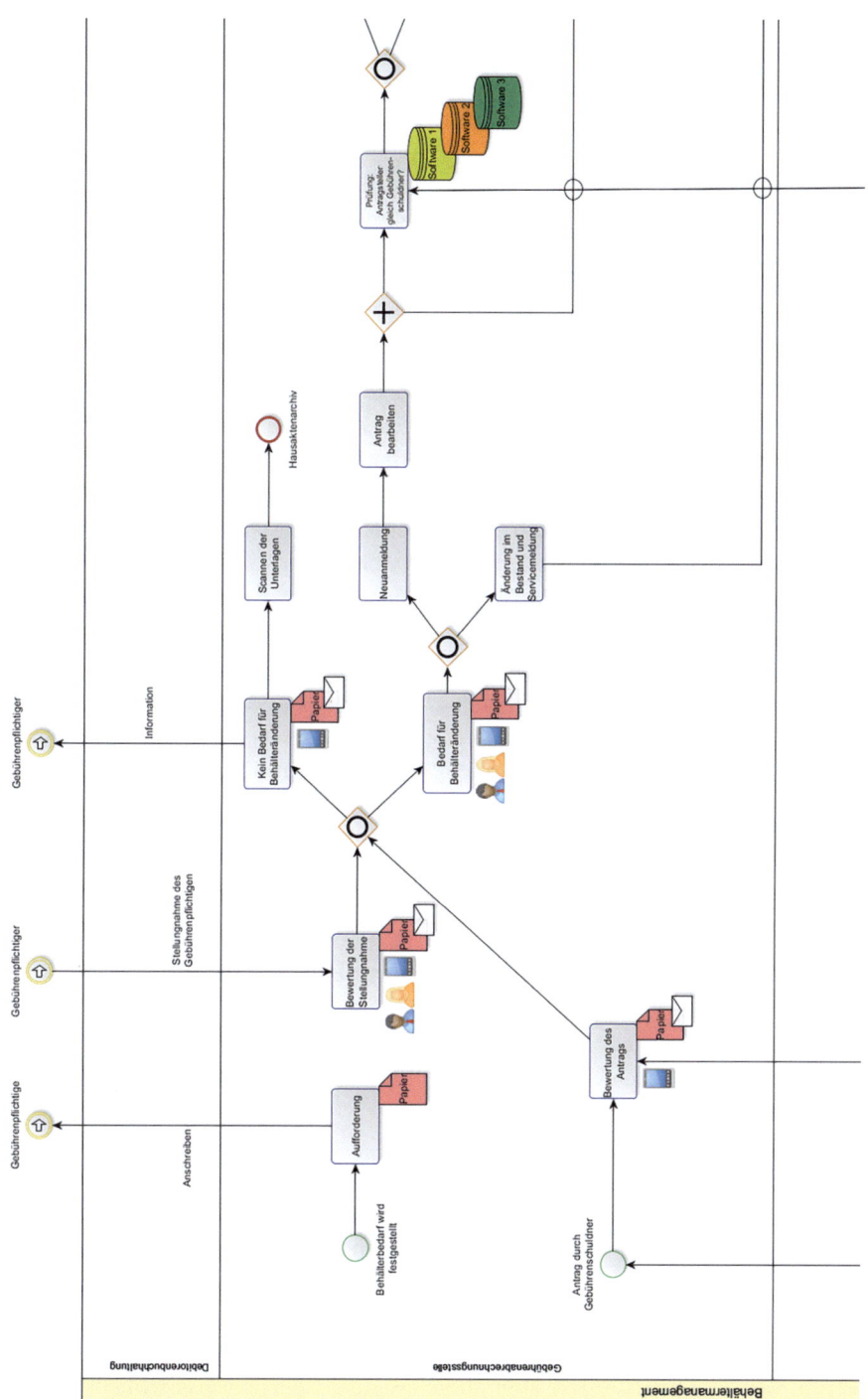

Abb. 5.26 Beispielhafte Darstellung einer Prozessvisualisierung (Auszug)

dies die Akzeptanz der späteren Umstellung auf die Soll-Prozesse fördert. Der starke Prozessfokus erklärt sich dadurch, dass ineffiziente, historisch gewachsene Prozesse mit Medienbrüchen und oftmals mehrfachen Datenerfassungen die Digitalisierung ausbremsen und beispielsweise auch die Reaktionszeiten gegenüber den Kunden verlangsamen.

In weiteren Schritten wird die Digitalisierungsstrategie entwickelt und hierauf aufbauend eine Roadmap mit konkreten ineinandergreifenden Maßnahmen inkl. Priorisierung und zeitlicher Einordnung der Umsetzung. Beispiele dieser Maßnahmen sind nachfolgend aufgeführt.

- Analyse und Optimierung der IT-Infrastruktur (i. d. R. Konsolidierung der Softwarelösungen, Verwendung neuer Technologien, höhere Sicherheit)
- Evaluation im Einsatz befindlicher IT-Lösungen (Grad der Unterstützung der Soll-Prozesse, Kompatibilität zur geplanten optimierten IT-Infrastruktur, Ergonomie etc.)
- Formulierung der Grobanforderungen an Softwarelösungen auf Basis der Soll-Prozesse (*Software-Steckbriefe*, als Vorbereitung der nächsten Maßnahme)
- Beschaffung und Implementierung neuer Softwarelösungen
- Auslagerung von oftmals verteilten Datenbeständen in eine zentrale Cloud-Umgebung
- Umstellung der Ist-Prozesse auf die Soll-Prozesse

Damit die Digitalisierung nicht als zeitlich begrenztes Projekt verstanden wird, schaffen die Betriebe zunehmend eigene Digitalisierungsteams, die stets Prozessunterstützungen im Blick haben und neue, zukunftsorientierte Dienstleistungen und Geschäftsmodelle entwickeln sollen. Begleitet wird dies dadurch, dass die Mitarbeitenden im Hinblick auf die Herausforderungen der Digitalisierung und die daraus resultierenden Anforderungen an sie selbst gecoacht werden.

5.8.2 Software- und Technologieeinsatz zur Prozessunterstützung

Neben reinen Softwarelösungen kommen in den Entsorgungsbetrieben zunehmend Lösungen bestehend aus modernen Hard- und Softwarekomponenten zum Einsatz. Nachfolgend wird ein aktueller Auszug gegeben.

Tourenplanungssoftware
Software zur Tourenplanung unterstützt die Tourenplaner in den Betrieben beim Zuschnitt der einzelnen tages- und fahrzeugbezogenen Sammelreviere im Rahmen der intervallbasierten haushaltsnahen Abfallsammlung im Holsystem (s. Abschn. 5.5 und 5.6). Oftmals können direkt in einer digitalen Karte Straßen(abschnitte) ausgewählt und zu Touren hinzugefügt werden. In einer Kennzahlenübersicht wird den Tourenplanern ausgegeben, wie stark die jeweilige Tour ausgelastet ist. Üblicherweise schließt dies die prognostizierte Sammelmenge (Abfallmasse und -volumen), die hierzu erforderliche

Sammelzeit, die verbleibende Tagesarbeitszeit sowie die Anzahl an Behälterleerungen ein. Hierüber ist erkennbar, ob weitere Straßen(abschnitte) eingeplant werden können. Mit Hilfe von tourübergreifenden Auswertungsfunktionen können die Touren so geplant werden, dass einerseits eine hohe Ausnutzung der zur Verfügung stehenden täglichen Arbeitszeit realisiert wird und andererseits eine gleichmäßige Belastung der einzelnen Sammelmannschaften.

Dispositionssoftware für die Sammlung auf Abruf
Zur Disposition z. B. der von den Abfallerzeugenden angemeldeten Sperrmüllaufträge oder von Wechselbehälteraufträgen werden Softwarelösungen eingesetzt, die oftmals über integrierte Routing-Funktionen verfügen, um die tagesscharfe Auftragsliste in eine logistisch sinnvolle Reihenfolge zu bringen. In der Praxis steht hiermit i. d. R. das Ziel einer Reduzierung der zurückgelegten Kilometer (und damit auch der CO_2-Emissionen) oder der Fahrzeit oder einer Kombination von beidem im Vordergrund.

Telematiksysteme, Behälteridentifikationssysteme
Telematiksysteme stellen die Verknüpfung von mindestens zwei Informationssystemen mittels eines Telekommunikationssystems dar. Entsorgungsbetriebe nutzen diese, um ohne Medienbruch die jeweiligen Auftragslisten, z. B. aus einem ERP-System, den operativ Ausführenden zur Verfügung zu stellen (beispielsweise Sammelmannschaften oder dem Personal für das Behältermanagement). In der Regel lassen sich die Status der einzelnen Aufträge erfassen (erledigt, nicht erledigt etc.) und per Datenübertragung an die Einsatzleitung übermitteln. Je nach Integrationstiefe besteht auch die Möglichkeit, die Aufenthaltsorte von Fahrzeugen oder mobilen Endgeräten (z. B. Smartphones und Tablets) in Echtzeit verfolgen zu können. Auf diese Weise können neu eingetroffene Aufträge bestmöglich in laufende Einsätze integriert werden. Hierzu stehen oftmals auch Routing-Funktionen für die Fahrerführung zur Verfügung. Telematiksysteme können somit der Effizienzsteigerung dienen und bieten weitere Vorteile, z. B. in Form einer (teil)automatisierten Leistungsdokumentation, einer Möglichkeit zum Aufzeichnen und Nachfahren von Touren (insbesondere für Ersatzfahrer) und der Erfassung weiterer Betriebsdaten, wie z. B. km-Stand bei Aus- und Einfahrt, Standzeiten, Kraftstoffverbräuchen (beispielhaft [12, 13]).

Telematiksysteme und Behälteridentifikationssysteme verfügen i. d. R. über eine große Hard- und Software bezogene Schnittmenge (Fahrzeugbordcomputer, Einrichtungen zum Datenempfang und -senden, GPS-Antenne, CAN-Bus-Anbindung usw.). Von Behälteridentifikationssystemen spricht man, wenn die Sammelfahrzeuge oftmals zusätzlich mit technischen Lesegeräten ausgestattet sind, die die RFID-Transponder an den Behältern während des Kippvorgangs auslesen und die Leerungen somit zuordnen können. Neben einem gebührenscharfen Einsatz von Behälteridentifikationssystemen zur Leerungszählung (vgl. Abschn. 5.7.2), werden derartige Systeme häufig für die transparente Verwaltung des Behälterbestandes eingesetzt. Da sie i. d. R. während des Kippvorgangs automatisch die Fahrzeugposition und den aktuellen Zeitpunkt aufzeichnen, bieten sie darüber hinaus den Vorteil, verlässliche Daten bereitstellen zu können, die im Kundenkontakt genutzt werden können.

Füllstandssensoren in Abfallsammelbehältern
Mithilfe von Sensorik lassen sich automatisiert Füllstände von Sammelbehältern (z. B. Altglas-Depotcontainer) ermitteln. Für eine Abkehr von der Leerung in festen Regelintervallen wird eine effizientere Sammellogistik durch die Optimierung von Logistikprozessen im Rahmen der Bedarfsabfuhr angestrebt („on demand"). Neben Ultraschallsensoren werden neuerdings auch Sensoren angeboten, die während des Einwurfs von Abfällen die verursachten Vibrationen des Sammelbehälters erfassen, durch Künstliche Intelligenz (KI) mit zuvor antrainierten Vibrationsmustern vergleichen und zu einem Füllstand umrechnen. Die Datenübertragung findet z. B. mittels LoRaWAN oder Narrowband Internet of Things statt. Zur Energieversorgung kommen Batterien oder von außen am Behälter angebrachte Photovoltaikzellen zum Einsatz. Die Kombination aus Sammelbehältern und Füllstandssensoren bezeichnet man auch als sogenannte „smart bins" [14].

Sensorik und „Digitaler Zwilling" auf Wertstoffhöfen
Im Bereich der Zufahrt von Wertstoffhöfen kommen z. T. Sensoren zum Einsatz, mit deren Hilfe das Besucheraufkommen erfasst wird. Auf dieser Basis können die Kunden vor der Anlieferung die aktuelle Wartezeit bis zum Passieren der Eingangskontrolle oder eine Prognose für andere Anlieferungstage online abrufen. So können Besuche besser geplant und lange Wartezeiten vermieden werden. Kombiniert werden kann dies mit Sensoren, die die Belegung der Abladeplattformen und Parkplätze erfassen. Auf diese Weise können die Kunden in Echtzeit die Auslastung einsehen. Für die Betreiber der Wertstoffhöfe können Auswertungen zur durchschnittlichen Verweildauer usw. bereitgestellt werden. Auf Wertstoffhöfen werden z. T. Sensoren an und in Sammelbehältern eingesetzt, um einerseits den individuellen Füllstand des jeweiligen Behälters und andererseits Fehlwürfe KI-unterstützt zu erfassen. Die so gesammelten Daten können z. B. dazu genutzt werden, dass für annähernd volle Container ein Wechselauftrag generiert wird oder falsch eingeworfene Gegenstände herausgenommen werden, um die Sortenreinheit zu gewährleisten. Je nach Integrationstiefe kann das Personal direkt zu Fehlwürfen informiert werden, z. B. per SMS [15–17].

Damit sich die Kunden vor Anlieferung einen schnellen räumlichen Überblick verschaffen und über die Entsorgungsmöglichkeiten informieren können, bieten einige Wertstoffhöfe auf Basis eines *Digitalen Zwillings* einen virtuellen Rundgang im Webbrowser an. Neben den Fahrwegen und Containerstandorten werden hierbei oft auch Informationen zu den im jeweiligen Container zu entsorgenden Gegenständen bereitgestellt (s. Abb. 5.27). Dies ermöglicht den Kunden auch eine optimale Beladung des Kofferraums.

Abb. 5.27 Screenshot eines virtuellen Rundgangs über einen Wertstoffhof [20]

Online-Angebote zur Unterstützung der Kundenkommunikation

Einige Entsorgungsbetriebe unterstützen ihre Kundenkommunikation dadurch, dass sie Online-Angebote und/oder weitergehende Portallösungen zum Aufrufen mittels Webbrowser bereitstellen, wo die Kunden beispielsweise ihre Aufträge zur Sperrmüllsammlung eingeben können [18, 21]. Die dem Kunden hierbei zur Auswahl gestellten Abfuhrtermine basieren oftmals aus der Anbindung einer entsprechenden Dispositionssoftware, die die tagesbezogene Auslhastung der einzelnen Sammelteams berücksichtigt. Ein ebenfalls verbreitetes Online-Angebot ist die Bereitstellung des Abfuhrkalenders als Ergänzung zur papierbasierten Version [21, 22]. Weitere Funktionen können die Änderungsmöglichkeit von Stammdaten direkt durch den Kunden betreffen oder auch die Bestellmöglichkeit von Abfallsammelbehältern (Erst-, Um- und Abbestellung) oder deren Reinigung [21, 22]. Darüber hinaus können interaktive Abfallgebührenrechner in vorhandene Internetauftritte von Betrieben eingebunden werden, um den Bürgerinnen und Bürgern eine unkomplizierte Ermittlung ihrer Abfallgebühren bei gewählter Behälterausstattung zu ermöglichen [19, 23]. Insbesondere nach Anpassungen am Abfallgebührenmodell oder den Behältertarifen bietet sich ein derartiges Angebot an. Zunehmend wird auch das Einsehen und Herunterladen von Gebührenbescheiden ermöglicht [21]. Oftmals werden die o. g. Angebote den Kunden zusätzlich in Form einer kostenlosen App für Smartphones etc. bereitgestellt. Derartige Abfall-Apps verfügen oftmals über eine Erinnerungsfunktion, die auf das Herausstellen des Abfallsammelbehälters durch die Benutzerinnen und Benutzer aufmerksam macht [24].

Fragen zu Kap. 5

1. Benennen Sie Vor- und Nachteile von Hol- und Bringsystemen.
2. Was versteht man unter Umleer-, Wechsel- und Einwegbehältern?
3. Nennen Sie Beispiele für eine systemlose Erfassung.

4. Nennen Sie verschiedene Aufbauarten und deren Funktionsweisen bei der Verdichtung und der Entladung.
5. Was ist ein Mehrkammerfahrzeug?
6. Worin bestehen Vor- und Nachteile von Dreiachs- im Gegensatz zu Zweiachsfahrzeugen?
7. Nennen Sie Vor- und Nachteile der getrennten Sammlung gegenüber der gemischten Erfassung von Wertstoffen und Restabfall.
8. Nennen Sie Anhaltswerte für Wertstoff- und Restabfallmengen je Einwohner und Jahr.
9. Unter welchen Randbedingungen ist der Einsatz eines Seitenladers sinnvoll?
10. Wann ist eine Umladung von Abfällen dem Direkttransport vorzuziehen? Nennen Sie wesentliche Verfahrensvarianten.
11. Wovon ist die Sammelzeit je Behälter im Wesentlichen abhängig?
12. Welche Arbeitszeitmodelle kennen Sie?
13. Was ist ein Gebührenmaßstab und wozu dient dieser?
14. Warum werden im Rahmen der Digitalisierung oftmals Ist-Prozesse analysiert und Soll-Prozesse entwickelt?
15. Welche Vorteile bietet der Einsatz von Telematiksystemen bei der Sammlung?
16. Nennen Sie Beispiele für die Digitalisierung auf Wertstoffhöfen.
17. Welche an Kunden gerichtete Online-Angebote von Entsorgungsbetrieben kennen Sie?

Literatur

[1] Dornbusch, H.-J.: Untersuchungen zur Optimierung der Entsorgungslogistik für Abfälle aus Haushaltungen, Münsteraner Schriften zur Abfallwirtschaft, Band 9, 2006
[2] Gallenkemper, B.: Skript Abfallwirtschaft, Fachhochschule Münster, Fachbereich Bauingenieurwesen, 2005
[3] Bidlingmaier, W., Gallenkemper, B.: Grundlagen der Abfallwirtschaft, Bauhaus-Universität Weimar, Weiterbildendes Studium Wasser und Umwelt, 2004
[4] Anonym: Verband kommunaler Unternehmen e. V. (VKU): VKU-Betriebsdaten 2020, Ergebnisse der VKU-Umfrage zur Abfallsammellogistik bei kommunalen Entsorgungsunternehmen, Berlin, 2020
[5] Gallenkemper, B., Doedens, H.: Getrennte Sammlung von Wertstoffen des Hausmülls, Abfallwirtschaft in Forschung und Praxis, Heft 65, Erich Schmidt Verlag, Berlin, 1993
[6] Anonym: Verband Kommunale Abfallwirtschaft und Stadtreinigung (VKS) e. V.: VKS-Kennzahlenvergleich, Köln, 2004
[7] Anonym: Verband Kommunale Abfallwirtschaft und Stadtreinigung (VKS) e. V.: VKS-Kennzahlenvergleich, Köln, 2000
[8] Anonym: IWA – Ingenieurgesellschaft für Wasser- und Abfallwirtschaft mbH, Ennigerloh – Enniger, 2006
[9] Tabasaran, O. (Hrsg.): Abfallwirtschaft Abfalltechnik, Verlag Ernst & Sohn, Berlin, 1994

[10] Würz, W.: Müllhandbuch, Sammlung und Transport, Behandlung und Ablagerung sowie Vermeidung und Verwertung von Abfällen, 2007
[11] Anonym: Verband kommunaler Unternehmen e. V., Gewerbeabfallverordnung 2017 Entsorgung gewerblicher Siedlungsabfälle, 2017
[12] c-trace GmbH: Telematiksystem Abfallwirtschaft, https://www.c-trace.de/de-DE/loesungen/telematiksystem-abfallwirtschaft, Zugriff 09.05.2024
[13] MOBA Mobile Automation AG: Telematik für ein optimales Flottenmanagement, https://moba-automation.de/produkte/telematik, Zugriff 09.05.2024
[14] Hoffmann, D., Ruben, F., Hawlitschek, F., Jahn, N.: Smart Bins: Fallstudienbasierte Bewertung der Nutzenpotenziale von Füllstandssensoren in intelligenten Abfallbehältern, https://link.springer.com/article/10.1365/s40702-021-00778-0, Zugriff 09.05.2024
[15] Wirtschaftsbetriebe Duisburg: Intelligenter Recyclinghof, https://www.wbd-innovativ.de/projekte/intelligenter-recyclinghof, Zugriff 09.05.2024
[16] Bundesministerium für Wirtschaft und Klimaschutz: Der intelligente Wertstoffhof in Duisburg, https://www.de.digital/DIGITAL/Redaktion/DE/Smart-City-Navigator/Projekte/der-intelligente-wertstoffhof-in-duisburg.html, Zugriff 09.05.2024
[17] SO NAH GmbH: Digital recycling centres, https://www.sonah.tech/de/digital-recycling-centers, Zugriff 09.05.2024
[18] mags Mönchengladbacher Abfall-, Grün- und Straßenbetriebe AöR: Abholung von Sperrmüll bzw. Elektroaltgeräten, https://portal.mags.de/sperrmuellprozess/, Zugriff 09.05.2024
[19] mags Mönchengladbacher Abfall-, Grün- und Straßenbetriebe AöR: Abfallgebührenrechner, https://mags.de/service/gebuehrenrechner, Zugriff 09.05.2024
[20] Abfallwirtschaftsbetrieb Bergisch Gladbach: Virtueller Rundgang übe den Werstoffhof Kippemühle, https://public.bib.de/Rundgang-Wertstoffhof/, Zugriff 09.05.2024
[21] Stadtreinigung Hamburg AöR: Kundenportal, https://meine.stadtreinigung.hamburg/portal#/Welcome, Zugriff 09.05.2024
[22] AWB Abfallwirtschaftsbetriebe Köln GmbH: Entsorgung von Abfällen – Alle Informationen rund um die Kölner Abfallwirtschaft, https://www.awbkoeln.de/entsorgung-von-abfaellen/, Zugriff 09.05.2024
[23] Abfallwirtschaftsbetrieb Landkreis Ahrweiler, Mein Gebührenrechner 2022, https://www.meinawb.de/online-gebuehrenrechner, Zugriff 09.05.2024
[24] Abfall+ GmbH & Co. KG: Abfall-Apps, https://www.abfallplus.de/abfall-apps/, Zugriff 09.05.2024

Ergänzende Literatur

[25] Untersuchungen INFA – Institut für Abfall, Abwasser und Infrastruktur-Management GmbH, Ahlen

Aufbereitung fester Abfallstoffe

6

Thomas Pretz, Alexander Feil und Karoline Raulf

Zusammenfassung

Die in der Aufbereitung fester Abfallstoffe eingesetzten Technologien sind mit wenigen Ausnahmen der mechanischen Verfahrenstechnik zuzuordnen. Aus Abfallgemischen werden durch Trennprozesse einzelne Stoffgruppen so weit angereichert, dass sie als Wertstoffkonzentrat für Folgeprozesse verwendet werden können. Recyclingprozesse sind in der Regel mehrstufig aufgebaut; die mechanische Aufbereitung bildet sehr häufig die Eingangsstufe in die Kette. Je nach Stoffsystem finden sich weitere Aufbereitungsprozesse bis hin zur abschließenden Qualitätssicherung von Recyclingprodukten. Gegenstand der Aufbereitungstechnik beim Wertstoffrecycling ist die Erzeugung von Zwischen- oder Endprodukten aus Abfallgemischen mittels physikalischer und/oder untergeordnet biologischer oder chemischer Prozesse. Alle Abfallbehandlungsprozesse, auch Verfahren genannt, bestehen aus Kombinationen einzelner Prozessstufen, die als Grundoperationen bezeichnet werden. Im vorliegenden Lehrbuch werden die hierzu in der betrieblichen Praxis zum Einsatz kommenden Zerkleinerungs-, Klassier- sowie Sortieraggregate beschrieben und in Bezug zu den stofflichen Eigenschaften von Abfallgemischen gesetzt, da diese vielfach die Auswahl an Technik maßgeblich beeinflussen.

T. Pretz (✉)
Aachen, Deutschland
E-Mail: thomaspretz@hotmail.de

A. Feil · K. Raulf
Institut für Anthropogene Stoffkreisläufe, RWTH Aachen, Aachen, Deutschland
E-Mail: alexander.feil@ants.rwth-aachen.de

K. Raulf
E-Mail: karoline.raulf@ants.rwth-aachen.de

Schlüsselwörter

Waste processing · Comminution · Sieving · Sorting processes · Separation processes · Sifting · Ballistic separation · Pre-conditioning · Magnetic separation · Electrostatic separation · Eddy current separation · Sensor based sorting · Density separation

Der Begriff *Aufbereitung* wurde schon in vorindustrieller Zeit für die Verarbeitung bergmännisch gewonnener, mineralischer Rohstoffe mit der Bedeutung verwendet, Rohstoffe wie Erze oder Kohle anzureichern und in verwertungsfähige Produkte zu überführen [1]. Die Erfahrungen aus diesem Anwendungsbereich der mechanischen Behandlungsmethoden führten in den siebziger Jahren des letzten Jahrhunderts zur Entwicklung von Verfahren zur Abfallaufbereitung. Da das Materialrecycling aus Gründen des Umweltschutzes einen immer höheren Stellenwert bekam, wurde die bestehende Aufbereitungstechnik insbesondere mit Anleihen aus der Aufbereitung von Agrarrohstoffen so modifiziert, dass sie sich für die Verarbeitung der oft sehr komplex und heterogen zusammengesetzten Abfallgemische besser eignete. Darüber hinaus wurden völlig neuartige Trenntechniken entwickelt, die der speziellen Charakteristik von Abfallstoffen Rechnung trugen. Die nachfolgenden Ausführungen geben eine zusammenfassende Darstellung zur Technik und den Methoden moderner mechanischer Abfallaufbereitung.

6.1 Grundlagen

Die in der Abfallaufbereitung eingesetzten Technologien können bis auf wenige Ausnahmen der mechanischen Verfahrenstechnik zugeordnet werden. Im Gegensatz zur thermischen Verfahrenstechnik erfolgt hierbei keine chemische Konversion der Einsatzstoffe. Diese werden vielmehr in einem Aufbereitungsprozess durch mechanische Einwirkungen in Produkte umgewandelt, deren Zusammensetzung sich im Vergleich zum Ausgangsmaterialgemisch stark unterscheidet [2]. Aus einem Abfallgemisch werden durch Trennprozesse einzelne Stoffgruppen so weit angereichert, dass sie als Wertstoffkonzentrat für Folgeprozesse verwendet werden können. Der verbleibende Rest enthält aufgrund endlicher Wirkungsgrade aller technischen Prozesse sowohl die in den Konzentraten nicht erwünschten Stoffgruppen (Fremd- oder Störstoffe) als auch die für die eigentliche Verwertung verlorenen Anteile.

Recyclingprozesse sind in der Regel mehrstufig aufgebaut, wobei die mechanische Aufbereitung sehr häufig die Eingangsstufe bildet. Gegenstand der Aufbereitungstechnik beim Wertstoffrecycling ist die Erzeugung von Zwischen- oder Endprodukten aus Abfallgemischen mittels physikalischer und/oder untergeordnet biologischer oder chemischer Prozesse.

> **Beispiel**
>
> Die Verwertung von Leichtverpackungen (LVP) ist ein Beispiel mehrstufiger Prozessketten. Die erste Anreicherung findet durch die Abfallerzeuger in Form getrennter Bereitstellung statt. In einer zweiten Anreicherungsstufe werden in sogenannten „Sortieranlagen" Konzentrate mit definierter Qualität erzeugt, wie z. B. Kunststoffflaschen mit einer Reinheit von 94 %. Dieses Konzentrat wird in Ballenform verpresst und spezialisierten Anlagen der dritten Anreicherungsstufe, den sogenannten „Aufbereitungsanlagen" als Vorkonzentrat bereitgestellt. Dort erfolgt eine Auflösung der Artikeleigenschaft *Kunststoffflasche* durch Zerkleinerung, eine intensive Reinigung durch z. B. Waschprozesse und schließlich die Herstellung von z. B. Mahlgut als sekundärem Rohstoff. ◄

Alle Prozesse zur Abfallbehandlung, auch Verfahren genannt, bestehen jeweils aus Kombinationen einzelner Prozessstufen, die auch als Grundoperationen bezeichnet werden [3]. Diese lassen sich in folgende Hauptgruppen einteilen:

• Ändern zum Herabsetzen der Korngröße:	Zerkleinern, Mahlen
• Ändern zum Heraufsetzen der Korngröße:	Agglomerieren, Brikettieren, Pelletieren
• Trennen nach Korngröße:	Klassieren
• Trennen nach Stoffart:	Sortieren
• Trennen nach Phasenart (fest – gasförmig):	Entstauben
• Trennen nach Phasenart (fest – flüssig):	Entwässern
• Ordnen nach Stoffzusammensetzung:	Mischen, Vergleichmäßigen

Hilfsprozessgruppen sind Lagern, Fördern und Dosieren. Die wichtigste Gruppe bildet das Trennen nach Sorten. Ein Hauptziel der Aufbereitung liegt in der Konditionierung von Abfallgemischen für die Verwendung in Folgeprozessen. Diese Konditionierung kann sowohl in der Anreicherung bestimmter Stoffgruppen als Konzentrate wie auch in der Abreicherung von Fremd- oder Störstoffen wie z. B. PVC aus einem heizwertreichen Brennstoffgemisch, bestehen.

6.2 Stoffspezifische Aufbereitung

Aufbereitungstechnik wird in unterschiedlichen Stoffsystemen eingesetzt. Die jeweiligen stofflichen Eigenschaften schränken die Auswahl an Technik mehr oder weniger stark ein. Daher werden alle Angaben zur Aufbereitungstechnik im Folgenden mit einem Bezug zu den Stoffsystemen gemacht, in denen sie bevorzugt zum Einsatz kommen. Die Stoffsysteme sind nach charakteristischen Merkmalen zusammengestellt. Aus Gründen besserer Übersicht ist ihre Anzahl begrenzt. Tab. 6.1 stellt die hier verwendeten Stoffsysteme mit den wichtigsten Merkmalen vor.

- Mit Heterogenität wird die Anzahl an Stoffgruppen beschrieben, die in einem Stoffsystem auftritt (n = niedrig ≤ 5, h = hoch ≥ 6).
- Die Schüttdichte wird mit den Klassen n = niedrig (ca. < 50 kg/m^3), m = mittel (ca. 50 bis 250 kg/m^3) und h = hoch (≥ 250 kg/m^3) klassifiziert.
- Maximale Stückgrößen beschreiben das größte zu erwartende Einzelpartikel in einem Stoffsystem zur Aufbereitung. Hier wird unterschieden nach g = groß (≥ 300 mm Kantenlänge) und m = mittel (< 300 mm Kantenlänge).
- Bei Stückmassen wird unterschieden nach n = niedrig (ca. < 50 g/Stk.) und h = hoch (Einzelpartikel im kg-Bereich).
- Die Formen unterscheiden sich nach 3-D für Partikel mit körperförmiger Gestalt, 2-D für Partikel mit flächiger Ausprägung und 1-D für flächige Partikel, wenn eine Dimension deutlich dominiert.
- Festigkeit und Elastizität werden grob nach h = hoch und n = niedrig unterteilt.

Die Merkmalszuordnungen orientieren sich überwiegend nicht an eindeutig messbaren physikalischen Parametern. Sie sollen vielmehr eine qualitative Einordnung eines Stoffsystems ermöglichen und sind damit als *eher* niedrig oder *eher* hoch zu interpretieren.

Tab. 6.1 Merkmale von Stoffsystemen

Stoffsystem/ Maschinentyp	Hausmüll Gewerbeabfall	Mineralische Abfälle	Metallabfälle Elektroabfälle	Altkabel	Kunststoffe, Verpackungen	Holz, Grün- und Bioabfall	Papier, Papierverbunde	Industrieabfälle
Heterogenität	h	n	h	n	h	n	n	n/h
Schüttdichte	m	h	m/h	h	n	m/h	m	m/h
Stückgrößen	g	g	g	g	m	g	g	g/m
Stückmassen	h	h	h	h/n	n	h	h	n/h
Form	3-,2-D	3-D	3-D	1-D	3-,2-D	3-D	2-D	3-,2-D
Festigkeit	n/h	h	h	h	n	n/h	n	n/h
Elastizität	h	n	n	n	h	h	h	h/n

6.3 Zerkleinerung

Das Zerkleinern fester Abfallstoffe stellt in der Aufbereitungstechnik einen wichtigen Verfahrensschritt dar, bei dem der Parameter Korngrößenverteilung geplant verändert wird. Das Ziel einer Zerkleinerung, die Überführung eines Aufgabematerials in eine feinere oder auch gleichmäßigere Kornverteilung, hängt von den Anforderungen der nachfolgenden Verfahrensstufen oder vom Verwendungszweck der zerkleinerten Endprodukte ab [3]. Hierbei lassen sich die im Folgenden aufgeführten Hauptzielfunktionen der Zerkleinerung unterscheiden:

- Aufschlusszerkleinerung zur Freilegung von Materialverbunden: Eine sinnvolle Verarbeitung in Aufbereitungsprozessen ist nur möglich, wenn die zu trennenden Stoffe frei voneinander vorliegen, sodass eine gezielte Anreicherung bestimmter Stoffe vorgenommen werden kann.
- Herstellung einer oberen Korngröße bzw. von Korngrößenverteilungen, um Stoffe sortierfähig zu machen: Um zu guten Trennergebnissen zu kommen, müssen die Anforderungen nachgeschalteter Prozesse bezüglich der oberen bzw. der unteren Korngröße oder der Korngrößenverteilung erfüllt werden.
- Vergrößerung der spezifischen Kornoberfläche: Mit jeder Reduzierung der Korngröße vergrößert sich die Oberfläche des Materials. Dies ist dann von Bedeutung, wenn die spezifische Oberfläche Teil der gewünschten Produktqualität ist, wie beispielsweise für biologische Prozesse.

Für die Wahl von Zerkleinerungsmaschinen sind vor allem Informationen zu den physikalischen Eigenschaften eines Aufgabematerials wichtig. In der Abfallaufbereitung muss mit dem kompletten Spektrum von Materialeigenschaften gerechnet werden, das von hart, mittelhart, weich, spröde bis duktil, elastisch und zähelastisch reicht. Die Beanspruchungsarten bei der Zerkleinerung müssen dementsprechend gewählt werden. Hier unterscheidet man:

- Druckbeanspruchung: Das Aufgabegut wird zwischen zwei Werkzeugen durch Druck zerkleinert, wobei die Beanspruchungsgeschwindigkeit relativ niedrig ist.
- Schlagbeanspruchung: Das Aufgabegut wird von einem schnell bewegten Werkzeug getroffen und durch Schlag zerkleinert.
- Prallbeanspruchung: Ein schnell beschleunigtes Aufgabegut trifft auf eine feststehende Fläche und wird durch Prall zerkleinert.
- Schneidbeanspruchung: Das Aufgabegut wird zwischen zwei gegenläufigen Messern mit äußerst geringer Spaltweite durch Schneiden zerkleinert.
- Reibbeanspruchung: Das Aufgabegut wird zwischen zwei gegenläufigen Flächen durch Reibung zerkleinert.
- Reißende Beanspruchung: Das Aufgabegut wird zwischen zwei gegenläufigen Werkzeugen mit einer Spaltweite im mm bis cm-Bereich durch Reißen zerkleinert.

Plausibel ist, dass ein zähelastisches Material wie Gummi nicht durch Druck- oder Prallbeanspruchung zerkleinert werden kann, sondern dass allein Scherbeanspruchung zum Ziel einer Korngrößenreduzierung führt. Wenn das Gummi allerdings durch eine Abkühlung mit flüssigem Stickstoff vor der Behandlung versprödet wird, gelingt es, dieses mittels Schlagbeanspruchung zu zerkleinern. Diese Vorgehensweise einer gezielten Änderung der Materialeigenschaft wird als kryogene Zerkleinerung bezeichnet. Sie findet beispielsweise in der Altreifenzerkleinerung Anwendung.

Von einer selektiven Zerkleinerung wird dann gesprochen, wenn durch unterschiedliche Materialeigenschaften der in einem Aufgabegut enthaltenen Komponenten nach der Behandlung einige Bestandteile feinkörniger als der Rest anfallen. Der Korngrößenunterschied kann nachfolgend zur Trennung der Komponenten mittels Siebklassierung genutzt werden. In einem Gemisch aus Kunststofffolien und Papier wird z. B. mit schlagender Beanspruchung eine wesentlich stärkere Zerkleinerung des Papiers erreicht.

Als Zerkleinerungsverhältnis wird der Quotient aus der jeweils oberen Korngröße des Aufgabematerials und des zerkleinerten Produktes bezeichnet [4]. Da sich die oberen oder Maximalkorngrößen in der Praxis nur schwer bestimmen lassen, wird zur Bestimmung des Zerkleinerungserfolges häufig der Wert d_{90} (ggf. auch d_{95}) verwendet, der die Korngröße charakterisiert, bei der 90 Ma.-% des zerkleinerten Materials bei einer nachfolgenden Absiebung im Siebunterlauf ausgetragen werden.

Eine Einteilung von Zerkleinerern in Brecher und Mühlen ist üblich, sie wird aber nicht konsequent und durchgängig angewandt. Dies resultiert daraus, dass, historisch bedingt, entsprechend dem gewünschten Zielkorngrößenbereich in Grob-, Mittel- und Feinzerkleinerung unterteilt wurde, wobei in Brechen (grob) und Mahlen (fein) unterschieden wurde.

6.3.1 Zerkleinerer mit schneidender Beanspruchung

6.3.1.1 Rotorscheren

Rotorscheren werden in der Abfallaufbereitung sehr häufig und für unterschiedliche Materialien eingesetzt. Die universelle Verwendbarkeit dieser langsam laufenden Zerkleinerungsmaschinen zeigt sich an der Vielzahl von Abfallstoffen, die hiermit zerkleinert werden können [5] wie z. B.:

- Haus- und Sperrmüll, gewerbliche Abfälle,
- Altholz,
- dünnwandiger Schrott mit Wandstärken kleiner ca. 3 mm,
- Altkabel und Bleiakkumulatoren,
- Kunststoffabfälle (auch komplette Ballen) sowie verschiedene
- industrielle Abfälle.

6 Aufbereitung fester Abfallstoffe

Der prinzipielle Aufbau und das Arbeitsprinzip von Rotorscheren gehen aus Abb. 6.1 hervor. In einem Gehäuse drehen sich zwei Wellen langsam (ca. 0,3 bis 0,8 m/s) gegeneinander. Die Wellen sind mit Schneidscheiben versehen, sodass jeweils eine Schneidscheibe zwischen zwei Schneidscheiben des gegenüberliegenden Rotors eingreift. Dabei beträgt der Schneidspalt im Neuzustand nur ca. 0,1 mm. Auf den Schneidscheiben befinden sich ggf. hakenförmige Zähne, die das Aufgabegut in die Schneidspalte einziehen. Das Material wird somit in Längs- und Querrichtung zerkleinert. Die Stückgröße des zerkleinerten Materials wird durch die Schneidscheibenbreite (15 bis 150 mm) bestimmt. Im Arbeitsraum von Rotorscheren treten komplexe Beanspruchungsarten auf, da neben der reinen Scherbeanspruchung auch Beanspruchungen durch Zug und Reißen entstehen, was sich aber nicht negativ auf den Erfolg der Zerkleinerung auswirkt. Das zu zerkleinernde Material kann bei größeren Rotorscherenbauarten direkt mit einem Greifer oder einem Radlader in den Aufgabetrichter gefüllt werden. Bei sperrigem oder voluminösem Material kann es allerdings vorkommen, dass kein kontinuierlicher Einzug durch die Schneidzähne gewährleistet ist, da es zu Brückenbildung im Trichter kommt oder die Rotorzähne das Aufgabegut nicht erfassen können. Deshalb ist häufig ein zumeist hydraulisch angetriebener Stampfer vorgesehen, der das Material auf die beiden Rotoren drückt.

Im Falle einer Überlastung von Rotorscheren stoppen die Antriebsmotoren, reversieren kurzzeitig, um dann erneut in Laufrichtung zu drehen. Wenn die Rotoren nach einer vorgegebenen Anzahl von Reversiervorgängen immer noch nicht störungsfrei

Abb. 6.1 Rotorschere, Bauart Metso-Lindemann, heute in vergleichbarer Bauart und -größe gebaut u. a. von SID (Société Industrielle de la Doux)

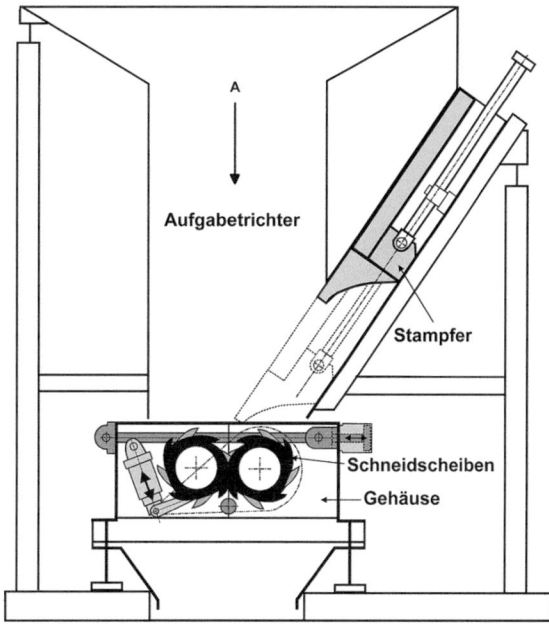

durchdrehen, wird die Rotorschere stillgesetzt. Falls ein unzerkleinerbares Massivteil zu der Störung geführt hat, muss dieses manuell entfernt werden. Bei großen Rotorscheren kann der Austrag automatisch erfolgen, indem die zwei Rotoren bzw. Gehäusehälften, die hydraulisch vorgespannt sind, auseinandergefahren werden und das Schwerteil nach unten ausgetragen wird.

Rotorscheren werden in einer Vielzahl von Baugrößen hergestellt. Diese reichen vom kleinen Aktenvernichter mit rd. 1 kW bis zu Großscheren mit ca. 500 kW Antrieb. Speziell bei großen Maschinen mit einer Aufgabeöffnungsweite von bis zu 1500×2500 mm werden in der Regel hydraulische Antriebe verwendet, die sehr hohe Drehmomente aufweisen und unempfindlich auf ein Blockieren der Rotoren reagieren. Die Schneidscheibendurchmesser liegen bei diesen Großscheren in einem Bereich zwischen 125 und 850 mm. Besonderes Merkmal aller Rotorscheren ist, dass das zerkleinerte Material überwiegend streifenförmig geschnitten wird. Nur wenige Hersteller rüsten Rotorscheren mit Austragsrosten aus, um eine eindeutigere Definition der maximalen Austrags-Korngröße zu ermöglichen.

Rotorscheren waren lange Zeit Standard-Zerkleinerer für Haus- und Sperrmüll und sowohl in Müllverbrennungsanlagen als auch in mechanischen oder mechanisch-biologischen Anlagen eingesetzt. Sie sind inzwischen in der Funktion als Grobzerkleinerer aus ökonomischen Gründen weitgehend durch reißend arbeitende Zerkleinerer vom Typ *Kammwalze* ersetzt worden. Neuere Entwicklungen bei Rotorscheren kombinieren die schneidende und die reißende Wirkung als sogenannte Rotorreißer. Ein wesentlicher Nachteil von Rotorscheren liegt im hohen Wartungsaufwand, da die Rotoren bzw. Schneidscheiben nur geringe Standzeiten im Wochenmaßstab erreichen.

6.3.1.2 Einwellenzerkleinerer

Einwellenzerkleinerer sind fast so universell einsetzbar wie Rotorscheren. Sie unterscheiden sich von diesen vor allem dadurch, dass sie nur einen Rotor aufweisen, der mit deutlich höherer Umfangsgeschwindigkeit dreht (ca. 5 bis 10 m/s). Auch die Schneidgeometrie der Messer auf dem Rotor ist unterschiedlich ausgebildet, sodass teilweise andere Anwendungsbereiche mit diesen Maschinen erschlossen werden. So kann mit Einwellenzerkleinerern eine Vielzahl fester Abfallstoffe verarbeitet werden, wie z. B.

- Altholz,
- Altkabel,
- Kunststoffe aus Altautos und sonstigen Abfällen,
- Verpackungskunststoffe (auch komplette Ballen),
- Teppichböden, Textilien und
- Elektronikschrott (Transformatoren bis ca. 1 kg).

Der prinzipielle Aufbau von Einwellenzerkleinerern geht aus Abb. 6.2 hervor. Den Kern der Maschinen bildet ein Stahlblechgehäuse, in dem ein massiver, mit Schneidmessern bestückter Rotor sowie ein Siebkorb, der ungefähr 180° des Rotorumfanges umschließt,

6 Aufbereitung fester Abfallstoffe

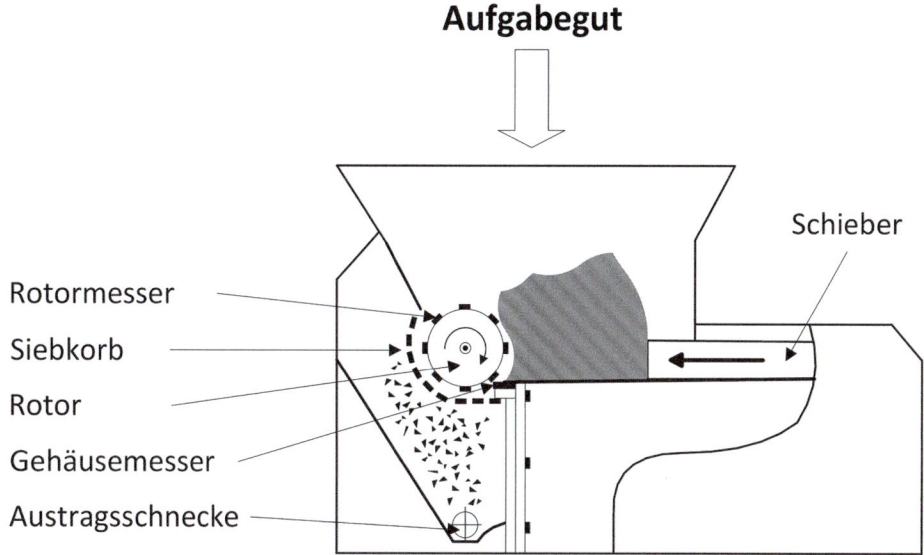

Abb. 6.2 Einwellenzerkleinerer

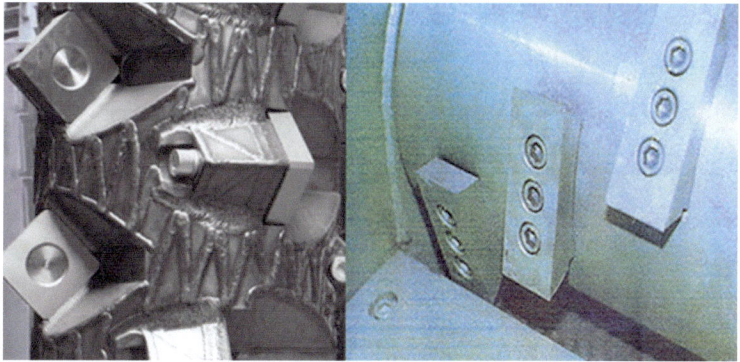

Abb. 6.3 Beispiele für Messerkonstruktionen

enthalten sind [6]. Hinzu kommen feststehende Gehäusemesser, die einen Abstand von nur ca. 0,1 mm zu den Rotormessern (Abb. 6.3) aufweisen, sowie bei den meisten Ausführungen ein hydraulisch betätigter Schieber zur Materialzuführung in den Rotorbereich.

Wie bei Rotorscheren kann das Aufgabegut bis zur Ballengröße (max. 115 * 115 * 80 cm) einschließlich Drahtumwicklung bei Einwellenzerkleinerern direkt in den Trichter der Maschine eingefüllt werden. Der automatisch gesteuerte Schieber drückt das Aufgabegut gegen den Rotor, d. h. er besitzt eine lastabhängige Vorschubregelung, sodass Stromspitzen vermieden werden.

Nachdem der Schieber seine vorderste Position vor dem Rotor erreicht hat, wird er komplett zurückgezogen und beginnt dann mit einem neuen Vorschub-Zyklus. Daraus ergibt sich ein quasikontinuierlicher Zerkleinerungsprozess. Das Zerkleinerungsgut wird zwischen den Rotor- und Statormessern durch Schneidbeanspruchung zerkleinert. Dabei können nur solche Bestandteile das Austragsieb passieren, die schon kleiner sind als die gewählte Lochöffnungsweite. Die obere Korngröße und auch die Korngrößenverteilung des zerkleinerten Gutes können durch die Wahl des Siebes in weiten Grenzen vorgegeben werden. Mit kleiner werdenden Sieblochungen sinkt der Durchsatz, da Teile, die noch nicht weit genug zerkleinert sind, vom Rotor nochmals in den Schneidbereich zur Nachzerkleinerung transportiert werden. Der Abtransport des zerkleinerten Materials erfolgt häufig mit einem in die Maschine integrierten Schneckenförderer oder auch pneumatisch. Werden thermoplastische Abfälle zerkleinert, ist eine Kühlung des Zerkleinerungsraumes erforderlich, um ein Anschmelzen der Kunststoffe sicher zu unterbinden. Gekühlte Rotoren oder die Transportluft bei pneumatischer Austragsförderung können die Kühlaufgabe übernehmen.

Wenn ein unzerkleinerbares Fremdteil zwischen die Messer gelangt, kann es im Extremfall zu Messerausbrüchen kommen. Schutzvorrichtungen gegen solche Beschädigungen sind Hydrokupplungen und ausweichbar gelagerte Statormesser. Im Störfall kann bei vielen Bauarten der Siebkorb hydraulisch hochgeklappt werden, sodass bei abgesenkten Statormessern ein Massivteil von Hand aus der Maschine entfernt werden kann. Wenn die Rotormesser verschlissen sind, was sich an deutlich vermindertem Durchsatz und nicht sauber geschnittenem, sondern gerissenem Material zeigt, müssen diese getauscht bzw. gewendet werden (letzteres ist bei vielen Maschinen möglich). Die Schneidspaltweiten lassen sich in der Regel durch eine Verstellung der Statormesserposition mittels Spindeln nachstellen. Bei zu weitgehendem Verschleiß sind auch die Statormesser auszutauschen.

Für Einwellenzerkleinerer gibt es am Markt eine große Anzahl an Anbietern. Die Palette reicht von sehr kleinen Geräten mit wenigen 100 kg/h Durchsatz bis zu großen Maschinen, die beispielsweise 5 t/h Kunststoffverpackungsabfälle in einem Arbeitsgang auf kleiner 60 mm zerkleinern können. Der Rotordurchmesser beträgt bis zu 800 mm und die Arbeitsbreite bis ca. 5.000 mm. Die installierte elektrische Leistung liegt dabei zwischen 0,35 kW bis ca. 350 kW.

6.3.1.3 Schneidmühlen

Schneidmühlen zählen zu den schnelllaufenden Zerkleinerungsgeräten, da sie mit Rotorumfangsgeschwindigkeiten von ca. 15 m/s oder mehr betrieben werden. Sie werden für die Zerkleinerung aller schneidfähigen Stoffe eingesetzt, reagieren aber sehr empfindlich auf unzerkleinerbare Fremdbestandteile wie z. B. Eisen. Schmutz und mineralische Bestandteile im Material führen zu schnellem Messerverschleiß. Schneidmühlen werden daher am Ende von Prozessketten zur Produktkonfektionierung eingesetzt, wenn störende Verunreinigungen bereits weitgehend entfernt worden sind. In der Kunststoffaufbereitung (dritte Anreicherungsstufe) werden Schneidmühlen am Beginn der

Aufbereitung verwendet, um aus vorsortierten Kunststoff-Artikeln Partikel definierter Korngröße zu erzeugen. Da Kunststoffaufbereitung in Teilen nassmechanisch betrieben wird, werden bereits die Schneidmühlen nass arbeitend verwendet. Sie erfüllen neben der Aufschlusszerkleinerung auch eine Reinigungsfunktion, wobei anhaftende Verschmutzungen durch Reibung gelöst und in der flüssigen Phase transportiert werden. Weitere typische Einsatzbereiche finden sich bei der Aufbereitung von Elektrokabeln sowie bei Leder und Kautschuk und anderen zähelastischen Materialien.

Den Aufbau von Schneidmühlen zeigt Abb. 6.4. In einem stabilen, aufklappbaren Gehäuse ist ein Rotor angeordnet, der mit mehreren Messerreihen bestückt ist. Die aufgeschraubten Messer sind häufig als kurze Messersegmente ausgeführt, was den Vorteil hat, dass bei einer Beschädigung durch ein unzerkleinerbares Fremdteil nur das beschädigte Messer ausgetauscht werden muss und nicht ein langes, durchgehendes Messer. Die im Gehäuse befestigten und nachstellbaren Statormesser weisen zu den Rotormessern Spaltweiten von 0,1 mm auf. Nach unten sind Schneidmühlen durch einen Austragssiebkorb abgeschlossen. Der im Einlaufbereich der Mühle zu erkennende keilförmige Einsatz (K) verhindert, dass Teile mit zu großen Abmessungen eingezogen werden und der Rotor im Extremfall blockiert. Oberhalb der Mühle ist ein Aufgabetrichter montiert, der häufig geschlitzte Gummivorhänge enthält, die verhindern sollen, dass Spritzkorn aus der Mühle austritt.

Das Aufgabematerial sollte – beispielsweise mit einem Trogkettenförderer – möglichst gleichmäßig dem Trichter (in Abb. 6.4 nicht gezeigt) der Schneidmühle zugeführt werden. Die Zerkleinerung erfolgt ausschließlich zwischen den Messern. Diese müssen möglichst scharfkantig sein, da der Energieaufwand und die Temperatur des zerkleinerten Materials umgehend erheblich ansteigen, wenn die schneidende in eine mehr

Abb. 6.4 Schneidmühle

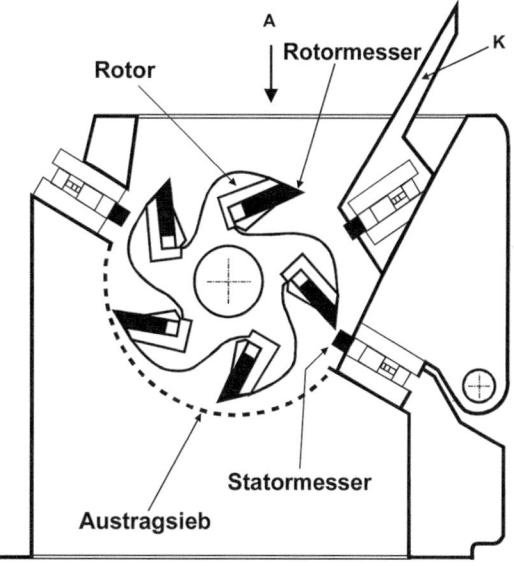

quetschende und reißende Beanspruchung übergeht. Die Messer bestehen deshalb aus gehärteten Stählen, die allerdings bei harten Störstoffen im Aufgabegut zum Ausbrechen neigen. Ist der Verschleiß zu stark, müssen die Rotormesser ausgebaut und gegen einen anderen Messersatz ausgetauscht werden. Der alte Messersatz wird nachgeschliffen und kann bei der nächsten Wechselaktion wieder eingebaut werden. Um die gewünschte Spaltweite zu den Statormessern zu erhalten, werden die Statormesser mittels Spindeln nachgestellt. Die rechteckförmigen Statormesser können dreimal gewendet werden, bevor sie nachgeschliffen werden müssen.

Die obere Korngröße und die Korngrößenverteilung werden insbesondere durch die Lochweiten des Austragsiebes beeinflusst. Teilchen, die noch größer als die Sieböffnungen sind, verbleiben deshalb zumindest so lange im Mühlenraum, bis sie auf das Maß der Sieböffnungsweite herunterzerkleinert sind. Der Austrag des zerkleinerten Gutes aus der Schneidmühle erfolgt häufig mittels einer pneumatischen Absauganlage. Dies hat folgende Vorteile:

- Der unerwünschte Feinstkornanteil im Endprodukt sinkt durch den Entstaubungseffekt,
- die Mühle und das Produkt werden gekühlt,
- der Energiebedarf des Mühlenantriebes sinkt und
- der Materialtransport zur nächsten Verfahrensstufe in der Anlage ist gegeben.

> **Beispiel**
>
> Schneidmühlen werden häufig in der Altkabelaufbereitung eingesetzt. In einer dreistufigen Zerkleinerung gelingt es, für die meisten Kabelarten einen Aufschlussgrad von ca. 99 % zu erreichen, d. h. der metallische Leiter liegt getrennt von der Isolierung vor. Die Zerkleinerung von Litzendrähten bereitet dagegen Probleme, da die Spaltweite zwischen Rotor- und Statormessern mit 0,1 mm größer ist als der Durchmesser von Kabellitzen. ◄

Die Rotordurchmesser von Schneidmühlen liegen zwischen 200 und 1000 mm. Große Maschinen weisen Aufgabebreiten von über 2500 mm auf. Der Antrieb erfolgt in der Regel über Elektromotoren und Keilriemen, wobei die installierte elektrische Leistung bis zu 300 kW beträgt.

6.3.2 Zerkleinerer mit reißender Beanspruchung

6.3.2.1 Kammwalzenzerkleinerer

Zur Zerkleinerung einer Vielzahl von komplex zusammengesetzten Abfallgemischen wie Haus- und Sperrmüll, Altholz, Baumischabfällen und Biomüll kommen Kammwalzenzerkleinerer zur Anwendung. Hierbei handelt es sich – wie bei Rotorscheren – zumeist um Langsamläufer mit Rotorumfangsgeschwindigkeiten um etwa 1 m/s, die das Aufgabegut aber im Wesentlichen nicht durch Scherung, sondern überwiegend durch Zug und Reißen beanspruchen. Aggregate zur Nachzerkleinerung laufen auch mit höheren Geschwindigkeiten von bis zu ca. 12 m/s. Man unterscheidet Bauarten mit einer oder zwei Walzen. Die Walzen (Rotoren) sind mit Zähnen bestückt, die entsprechend dem zu verarbeitendem Material ein spezielles Profil aufweisen. In einigen Ausführungen kämmen die Zähne durch einen hydraulisch vorgespannten, ausweichbaren Gegenrost, bei anderen Bauarten durch feste Schneidtische.

Das zu verarbeitende Material wird in den Vorratstrichter aufgegeben, von den Zähnen erfasst und nach unten durch den gegebenenfalls verstellbaren Kamm hindurchgezogen (eine Prinzipskizze zur Anordnung zeigt Abb. 6.5). Dabei erfolgt die Zerkleinerung, wobei es nur schwer gelingt, zähelastische Stoffe wie Kunststofffolien oder Altreifen wirkungsvoll in ihrer Größe zu reduzieren. Daher findet eine selektive Zerkleinerung statt, die immer dann erwünscht ist, wenn bestimmte Stoffgruppen nachfolgend aufgrund ihrer unterschiedlichen Korngrößen abgetrennt werden sollen. Tritt eine Überlastung der Maschine auf, beispielsweise durch ein Massivteil aus Stahl, wird der Gegenkamm mittels Hydraulikzylindern nach unten geschwenkt, sodass der Störstoff abgeworfen wird. Der kammartige Rost wird danach automatisch wieder in seine Arbeitsposition gefahren.

Die Verschleißteile wie Zähne und Gegenkamm bestehen aus Spezialstahl. Sie müssen bei zu starker Abnutzung ausgetauscht werden. Zweiwalzenzerkleinerer arbeiten nach demselben Prinzip, sind jedoch mit zwei Rotoren bestückt, die sich gegenläufig drehen. Die Rotordurchmesser liegen bei 600 bis 800 mm und die Rotorlänge beträgt bis zu 3000 mm. Der Antrieb erfolgt bei stationären Anwendungen mit Elektromotoren, die bis zu 400 kW installierte Leistung aufweisen, teilweise auch hydraulisch. Als Endkorngröße wird bei der Verarbeitung von Gewerbeabfall eine Korngrößenverteilung von ungefähr 95 Ma.-% kleiner als 300 mm erreicht, mit speziellen Kämmen können auch d_{95} Werte von ca. 160 mm erzielt werden.

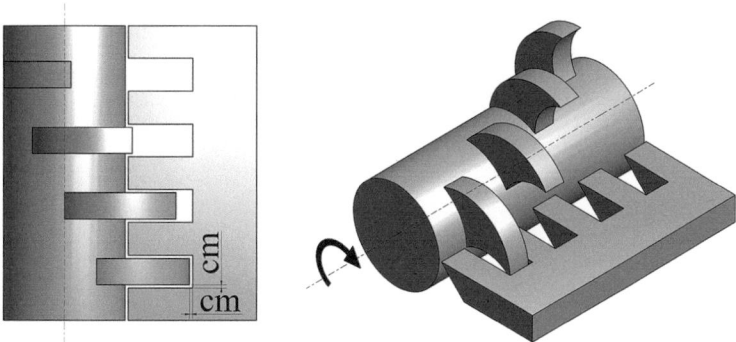

Abb. 6.5 Prinzipskizze Kammwalzenzerkleinerer – Anordnung Zähne und Gegenkamm (Draufsicht und 3D-Modell)

Kammwalzenzerkleinerer haben sich als universelle Maschinen für eine Vorzerkleinerung etabliert, die sowohl stationär als auch mobil mit dieselhydraulischen Antrieben eingesetzt werden. Gegenüber Rotorscheren sind sie deutlich leichter gebaut und erreichen mit dem reißenden Wirkprinzip signifikant höhere Standzeiten der Zerkleinerungswerkzeuge von mindestens 1000 bis 1500 h.

Ihr Einsatz erfolgt im Bereich gemischter Siedlungsabfälle, von Bio- und Grünabfällen und z. B. LVP. In vielen Fällen erfüllen Kammwalzenzerkleinerer neben der Herabsetzung der oberen Korngröße und einem groben Aufschluss die Funktion von Dosierern [7]. Mit einer Zweiwalzenausführung kann u. U. ein etwas gleichmäßigerer Stoffstromaustrag mit erhöhter Zerkleinerungswirkung erreicht werden [8] Bei Schüttdichten von ≤ 200 kg/m^3 erreichen die meisten Maschinen Durchsätze von ca. 30 t/h.

6.3.2.2 Schneckenmühlen

Schneckenmühlen oder Schraubenmühlen wurden lange Zeit als Grobzerkleinerer für Siedlungsabfälle und Garten- und Parkabfälle eingesetzt. Sie sind in vielen Fällen aus ökonomischen Gründen durch Kammwalzenzerkleinerer ersetzt worden und heute nur noch vereinzelt zu finden. Wie in Abb. 6.6 zu erkennen ist, sind Schneckenmühlen mit drei Walzen von 400 bis 600 mm Durchmesser ausgerüstet, die sich in einem massiven Gehäuse mit Umfangsgeschwindigkeiten von ca. 1 m/s langsam drehen. Die oberen beiden Walzen sind mit schraubenförmigen Zerkleinerungswerkzeugen versehen, während die untere Walze rechteckförmige Vertiefungen aufweist. Sie wird deshalb als Kastenwalze bezeichnet.

Das Aufgabegut wird von den beiden oberen Schnecken, die gegenläufig und mit geringer Differenzdrehzahl rotieren, in den Zerkleinerungsspalt eingezogen. Das Material

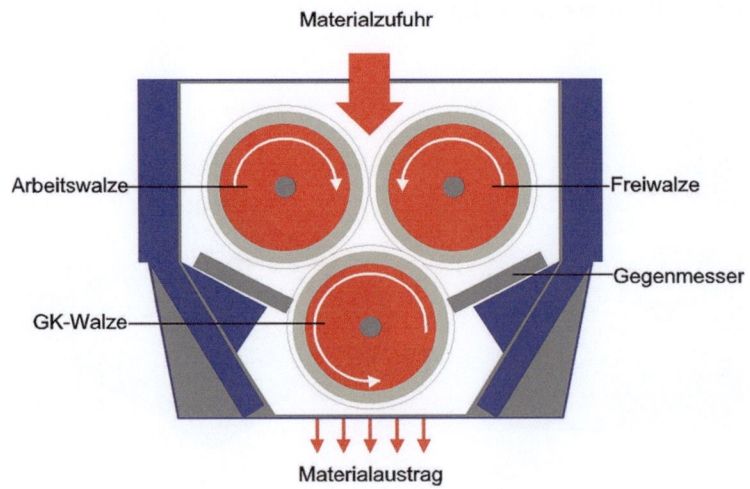

Abb. 6.6 Schneckenmühle

wird hierbei durch Reißen, Quetschen und Scheren beansprucht. Die Kastenwelle hat vor allem die Aufgabe, Langteile und unvollständig aufgeschlossene Abfallkomponenten nachzuzerkleinern. Dieses wird mittels einer weiteren Beanspruchung durch Scherung an den unterhalb der Kastenwelle angeordneten, nachstellbaren Gegenmessern erreicht. Die Vorteile von Schraubenmühlen liegen in ihrer geringen Lärm- und Staubentwicklung.

6.3.3 Zerkleinerer mit Schlag- und Prallbeanspruchung

6.3.3.1 Hammermühlen und Shredder

Für die Zerkleinerung von mittelharten, duktilen und weichen Abfallstoffen oder holzreichen Grünabfällen und in spezieller Ausführung als Shredder für Schrotte werden Hammermühlen eingesetzt. In den Anfängen der Abfallaufbereitung wurden Hammermühlen auch für die Zerkleinerung von Siedlungsabfällen eingesetzt, haben sich dort jedoch nicht bewährt. Als Sonderformen finden sich spezielle Bauarten für die Zerkleinerung von Elektroschrott oder von Papier, insbesondere wenn letzteres mit Kunststoffen verunreinigt ist. Gemeinsames Merkmal dieser Zerkleinerungsmaschinen ist, dass sie in einem Stahlblechgehäuse mindestens einen schnell umlaufenden Rotor besitzen, auf dem sich mehrere, häufig vier oder sechs, Tragachsen befinden, auf welchen die Zerkleinerungswerkzeuge (Hämmer, Schlagringe, Ketten) pendelnd gelagert sind. Abb. 6.7 zeigt den typischen Aufbau von Hammermühlen. Wenige spezielle Bauarten ordnen den Rotor senkrecht an.

Die Hämmer werden beim Umlauf durch Zentrifugalkräfte radial ausgerichtet, können aber wenn nötig einem schwer zerkleinerbaren Massivteil ausweichen, sodass

Abb. 6.7 Hammermühle

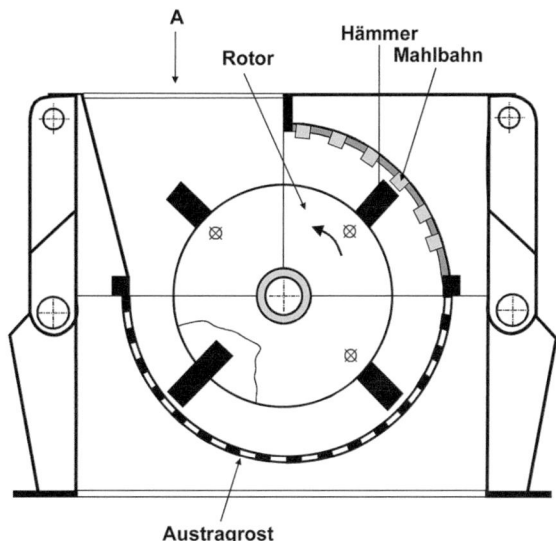

Beschädigungen vermieden werden. Das dem Prozessraum zugeführte Aufgabematerial wird von den Hämmern erfasst und zerkleinert. Dabei sind die Beanspruchungsverhältnisse je nach Aufgabematerial sehr unterschiedlich. Bei sprödbrüchigen Abfallstoffen wird die Zerkleinerungsarbeit vorwiegend durch Schlag- und Prallbeanspruchung geleistet. In der Metallzerkleinerung haben daneben Scher- und Biegebeanspruchungen einen erheblichen Anteil am Aufschluss und der Verdichtung des Materials. Hammermühlen können mit sogenannten Ambossen ausgestattet werden. Am Amboss werden bei gezieltem Vorschub des Aufgabegutes durch die rotierenden Hämmer Stücke definierter Länge erzeugt, die dann im weiteren Beanspruchungsverlauf in ihrer Stückgröße weiter reduziert werden. Für leichte Bauarten, wie z. B. zum Grünabfall-Shreddern, ist eine Vorverdichtung und gezielte Materialzuführung zum Rotor erforderlich. Hier werden Ambosse als eindeutig definierte Scherkanten eingesetzt.

Der Austrag des zerkleinerten Gutes erfolgt durch einen unten liegenden Rost- oder Siebkorb. Dabei sind die Spalt- bzw. die Lochöffnungsweiten entscheidend für die obere Korngröße des zerkleinerten Materials. Hammermühlen sind in der Regel komplett mit wechselbaren Schleißblechen ausgekleidet. Die Hämmer lassen sich zumeist einmal drehen und müssen dann bei zu hohem Verschleiß ausgetauscht werden.

Hammermühlen und Hammerbrecher weisen Rotordurchmesser im Bereich von ca. 100 bis 1000 mm auf. Die Rotorbreite beträgt maximal ca. 2000 mm. Die Umfangsgeschwindigkeit am äußeren Schlagkreis erreicht bis zu 75 m/s. Die elektrische Anschlussleistung kann mehr als 2500 kW betragen.

Shredder sind speziell zur Schrottzerkleinerung von Altautos ausgelegt. Sie weisen eine im Vergleich zu Hammermühlen modifizierte Konstruktion auf [9]. Wie Abb. 6.8

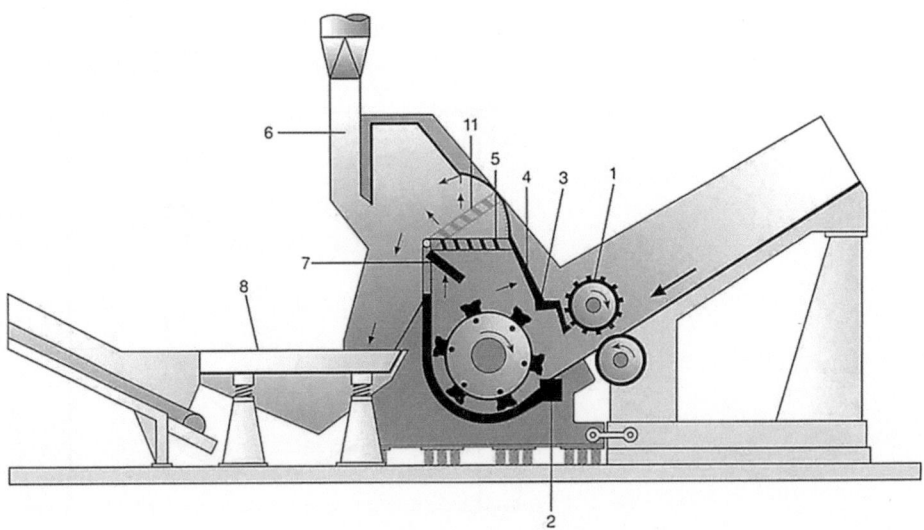

Abb. 6.8 Shredder, Bauart Metso-Lindemann, heute in vergleichbarer Bauform von metso

zu entnehmen ist, erfolgt die Materialaufgabe von der Seite über eine Schurre, auf der die Schrotteile von den Treibrollen (1) erfasst und vorverdichtet werden. Außerdem gewährleisten die Treibrollen einen lastabhängigen Befüllungsgrad des Shredders, der zur Vermeidung von Stromspitzen automatisch gesteuert wird. Das mit bis zu 400 mm/s zugeführte Material wird an der Ambosskante (2) von den mit bis zu 70 m/s umlaufenden Hämmern erfasst, durch Scherung beansprucht und grob zerteilt. Die an den Tragachsen des Rotors pendelnd gelagerten Glockenhämmer beschleunigen die Schrottteile weiter in den mit Schleißblechen versehenen Innenraum des Shredders, wobei diese zusätzlich durch Schlag, Prall und Biegung beansprucht werden. Hierzu sind die Prallkante (3) und die Prallwand (4) konstruktiv so ausgeformt, dass duktile Metalle so lange verdichtet und zerkleinert werden, bis sie die Öffnungen der oben angeordneten Austragrostplatte (5) passieren können. Der Rost lässt sich in seiner Position (11) so verändern, dass die Endkorngröße und der Verdichtungsgrad des Schrottes gezielt beeinflusst werden können. Das in Shredderanlagen erzeugte Stahlschrottendprodukt wird in der Regel so weit verdichtet, dass die Schüttdichte über 1 t/m^3 liegt. Der Austrag des zerkleinerten Metalls erfolgt auf eine Schwingförderrinne (8) und weiter auf einen ansteigenden Gurtförderer. Wenn sich schwer zerkleinerungsfähige Grobteile im Shredder befinden, kann vom Bedienungspersonal eine Auswurftür (7) hydraulisch geöffnet werden, um Beschädigungen und unnötigen Verschleiß im Shredder zu vermeiden. Eine Automatisierung des Schwerteilauswurfs ist durch akustische Detektion von Schwerteilen im Zerkleinerungsraum möglich. Ein Anschluss an die Entstaubungsanlage erfolgt über die Rohrleitung (6). Der Zerkleinerungsraum, in dem aufgrund von Reibung sehr hohe Temperaturen bis zur Rotglut einzelner Metallpartikel auftreten können, wird kontinuierlich von der abgesaugten Luft kühlend durchströmt. Die Luft transportiert flugfähige kleine bzw. leichte Partikel durch den Rost in den als Windsichter arbeitenden Trennraum. Dort fallen schwere Partikel auf den Austragsförderer (8), während leichte Partikel vom Luftstrom (6) in die Entstaubungsanlage transportiert und dort als Shredder-Leichtgut abgetrennt werden.

Shredder werden mit Schlagkreisdurchmessern zwischen 1000 und 3000 mm gebaut. Für die größten Bauarten mit 3000 mm Einlaufbreite, einer Antriebsleistung von 7500 kW und Hammergewichten von je 320 kg wird ein Durchsatz von rd. 260 Mg/h Schrott erreicht. Dies entspricht einer Verarbeitung von über 300 Altautos pro Stunde.

6.3.3.2 Prallmühlen und Prallbrecher

Die aus der Zerkleinerung mineralischer Rohstoffe bekannten Prallmühlen und Prallbrecher eignen sich vorwiegend zur Verarbeitung von Abfallstoffen mit sprödbrüchigem Stoffverhalten wie z. B. von Bauschutt, Schlacken oder Aschen aus thermischen Prozessen [10]. Positiv wirkt sich bei der Prallbeanspruchung aus, dass Verbundmaterialien wie z. B. armierter Beton an den Grenzflächen zwischen Verbundmaterialien gut aufgeschlossen werden. Der Aufbau einer Prallmühle geht aus Abb. 6.9 hervor. Sie besteht aus einem aufklappbaren Gehäuse, das in der Regel aus einer Schweißkonstruktion besteht und dessen Innenflächen mit austauschbaren Schleißblechen besetzt sind. Der schnell umlaufende Rotor enthält wechselbare Schlagleisten, die bei entsprechender

Abb. 6.9 Prallmühle

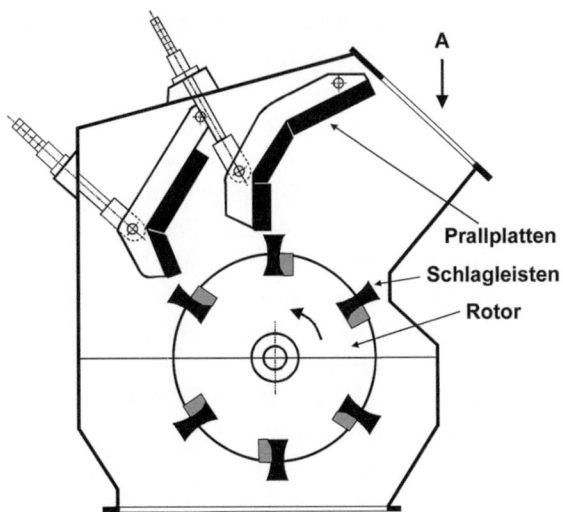

Abnutzung, die in Einzelfällen wenige 10er-Stunden betragen kann, ausgetauscht werden müssen. Die Prallplatten sind ausweichbar gelagert und enthalten aufgeschraubte Schleißbleche, die ebenfalls ausgetauscht werden können. Die Spaltweiten zwischen den Prallplatten und den Schlagleisten können mit Spindeln oder alternativ hydraulisch verstellt werden.

Das Aufgabegut wird beim Eintritt in die Mühle von den mit ca. 20 bis 60 m/s schnell umlaufenden Schlagleisten erfasst und schon teilweise zerkleinert. Eine Nachzerkleinerung findet statt, wenn das Gut mit hoher Geschwindigkeit auf die Prallplatten trifft. Von den Prallplatten wird ein großer Anteil des Materials reflektiert und erneut von den Schlagleisten getroffen. Dieser Vorgang kann sich bis zum endgültigen Austrag mehrfach wiederholen und hat eine zunehmende Feinheit des Aufgabematerials zur Folge. Wenn schwer zerkleinerbare Bestandteile oder Massivteile in die Prallmühle gelangen, werden Beschädigungen an den Zerkleinerungswerkzeugen dadurch verhindert, dass die Prallplatten nach oben bzw. nach hinten ausweichen können. Das zerkleinerte Material wird nach unten, in der Regel auf eine Schwingförderrinne, ausgetragen. Aufgrund der hohen Geschwindigkeit einzelner Partikel beim Verlassen des Zerkleinerungsraumes *können keine Gurtförderer* als Transportmittel verwendet werden.

Für die Zerkleinerungswirkung entscheidend ist die Häufigkeit von Beanspruchungen bei dem Materialtransport durch den Prozessraum. Die mit Prallmühlen erzielte Kornverteilung wird durch

- die Rotordrehzahl,
- die Anzahl von Prallplatten und deren Abstand zum Rotorkreis sowie
- den Einsatz von Mahlbahnen (in Drehrichtung hinter den Prallplatten angeordnet) und Austragsrosten beeinflusst.

Abb. 6.10 Rostasche vor (links) und nach (rechts) der Zerkleinerung [11]

Prallmühlen müssen entstaubt werden, da es sich in der Regel nicht vermeiden lässt, dass ein hoher Feinstkornanteil entsteht. Die Entstaubung erfolgt zumeist mit Absaugvorrichtungen an der Austragseite oder bei mobilen Anlagen durch Eindüsen von Wasser in den Arbeitsraum der Mühle.

Prallmühlen werden in einer Vielzahl von Ausführungen von Laborgröße bis zum Großbrecher hergestellt. Die Rotordurchmesser und Aufgabebreiten liegen dabei in einem Bereich zwischen 100 und 2500 mm. Die installierte elektrische Leistung beträgt bis zu 1200 kW.

Prallbrecher eignen sich sehr gut für die Zerkleinerung von stahlarmiertem Beton. Dabei wird die spröde mineralische Matrix durch die im Zerkleinerungsraum vorherrschende Prall- und Schlagwirkung intensiv zerkleinert, während die Stahlarmierung aufgrund ihrer duktilen Eigenschaften i. W. nur verformt werden. Durch anschließende Klassierung können daher nahezu sortenreine Fraktionen gewonnen werden.

Ein weiteres Anwendungsbeispiel ist die Reinigung von Metallpartikeln, die aus Rostaschen von Müllverbrennungsanlagen sortiert werden. Deren mineralische Oberflächenschicht lässt sich durch Prallbeanspruchung von den Metallpartikeln lösen und durch Siebung entfernen, wobei die Metalle nicht zerkleinert, sondern allenfalls verdichtet werden. Abb. 6.10 zeigt Nichteisenpartikel vor (links) und nach (rechts) einer Prallbeanspruchung. Die mechanische Konditionierung ermöglicht somit, dass Metallgemische z. B. nach der Farbe sortiert werden können.

6.3.3.3 Stofflöser/Pulper

Recycling betrifft u. a. das Stoffsystem Papier, das für Produkte mit kurzer Lebensdauer wie Zeitungen, Kartonverpackungen oder auch Getränkekartonverpackungen eingesetzt wird. Die Grundlage der Papiere sind Fasern, die einen temporären, lösbaren Verbund bilden. Im Fall von Getränkekartonverpackungen wird das Papier zusätzlich mit Kunststoff- und teilweise Aluminiumfolien sowie massiven Kunststoffen als Verschluss kombiniert. Eine Rückführung der Produkte auf Papierbasis als Sekundärrohstoff ist nur durch Auflösen der Verbunde und Abtrennung der faserfremden Bestandteile möglich. Grundsätzlich lässt sich der Verbund trocken durch mechanische Beanspruchung z. B. in einer Hammermühle lösen. Durch diesen Zerkleinerungsprozess werden die Fasern allerdings in hohem Umfang gekürzt und somit zerstört. Sie sind als Sekundärrohstoff in der Papierproduktion nicht mehr nutzbar, wenn die Faserlänge zu kurz ist.

Als Besonderheit der Zerkleinerungstechnik hat sich daher eine Nasszerkleinerung mit kombinierter Sortierung der faserfremden Stoffe bewährt, wobei die in einer Pulpe aufgelöste Papierfasern direkt in den Papierproduktionsprozess eingespeist werden können [12].

Abb. 6.11 zeigt einen Pulper in seinem prinzipiellen Aufbau. In der Praxis sind zahlreiche Variationen dieses Grundprinzips anzutreffen. In einen oben geöffneten runden Rührbehälter wird Altpapier gemeinsam mit Wasser bis zu einem Feststoffgehalt von ca. 50 g/l eingefüllt. Ein bodennaher Rotor bringt das Feststoff-Wasser-Gemisch in Rotation. An der Innenseite des Behälters befinden sich Prallbleche, an denen es zu einer Verwirbelung der Suspension und damit zur Ausbildung von Scherkräften kommt. Nach einer stoffabhängigen Beanspruchungsdauer von 15 bis maximal 60 min liegen die lösbaren Fasern vollständig frei vor. Leichte Verunreinigungen schwimmen auf der Trübeoberfläche auf, schwere Verunreinigungen sedimentieren und konzentrieren sich am Tiefpunkt des Behälters in einer Schwergutfalle. Der diskontinuierliche Zerkleinerungsprozess wird mit dem Austrag der Faser-Wasser-Suspension durch Siebe im Behälterboden beendet. Faserfremde Stoffe, die den Siebboden nicht passieren können, werden abschließend aus dem Behälter gespült.

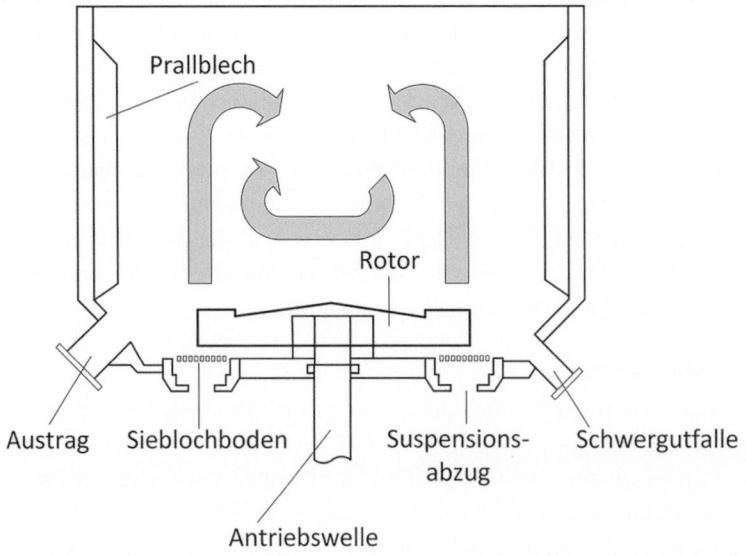

Abb. 6.11 Pulper

6.3.4 Zusammenfassung Zerkleinerung

Als Übersicht für verschiedene Stoffsysteme sind nachfolgend die einsetzbaren Zerkleinerungsaggregate tabellarisch zusammengestellt (Tab. 6.2). Die Einsatzbereiche sind mit grob (g), mittel (m) und fein (f) gekennzeichnet. Im Verlauf der Anwendung von Technik führen Erfahrungen zu Weiterentwicklungen, wodurch oft bessere technisch-wirtschaftliche Lösungen gefunden werden. In diesen Fällen verschwinden einzelne Maschinenarten in Stoffsystemen, sobald Neubeschaffungen aufgrund von Abnutzung erforderlich werden. Um die technische Entwicklung in den verschiedenen Anwendungsgebieten zu kennzeichnen, sind die Jahrzehnte (z. B. 1980 steht für die Jahre 1980 bis 1989) der Anwendung aufgeführt.

Auslegung und Dimensionierung von Zerkleinerungsmaschinen beruhen allein auf empirischen Daten, rechnerische Ansätze liegen nur in wenigen Einzelfällen ohne Übertragbarkeit vor. Um einen sicheren Vergleich mit empirischen Daten von Maschinen-

Tab. 6.2 Anwendung von Zerkleinerungstechnik

Stoffsystem/ Maschinentyp	Hausmüll Gewerbeabfall	Mineral. Abfälle	Metallabfälle Elektroabfälle	Altkabel	Kunststoffe, Verpackungen	Holz, Grün- und Bioabfall	Papier, Papierverbunde	Industrieabfälle
Rotorschere	g,m 1980/1990		g,m	g,m	g,m			g,m
Einwellen-Z	m		m		g,m	g,m,f		g,m
Schneidmühle				m,f	m,f			
Kammwalzen-Z	g		g		g	g,m		g
Schneckenmühle	g 1980				g,m			
Hammermühle	g,m 1970/ 1980		g,m,f			g,m	g,m,f	g,m
Shredder			g,m					
Prallbrecher/-mühle		g,m,f	g,m			m,f		
Pulper							g,m,f	

herstellern oder Anwendern vornehmen zu können, ist die Schüttdichte als Maß für das Massen/Volumen-Verhältnis von herausragender Bedeutung. Daneben sind belastbare Angaben zur Korngrößenverteilung erforderlich, um den Anteil eines Massenstroms, dessen Korngröße reduziert werden muss, ebenso abschätzen zu können wie den Massenanteil, der eine Zerkleinerungsmaschine ohne Manipulation der Korngröße nur passieren muss.

Der Prozesserfolg einer Zerkleinerung ist abhängig von der Zielsetzung (z. B. Herabsetzen der oberen Korngröße, z. B. Konfektionieren eines Aufbereitungsproduktes für nachfolgende Prozessschritte) zu definieren. Als Mittel zur Beschreibung dienen Informationen zur Korngrößenverteilung vor und nach dem Zerkleinerungsprozess. Entsprechend Abb. 6.12 und 6.13 können als Kenngrößen zur Beschreibung des Zerkleinerungserfolgs die Veränderung von d_{90} bzw. der *mittleren* Korngröße d_{50} verwendet werden [13]. In Fällen, in denen eine gezielte Feinmahlung durchgeführt wird, eignet sich auch der Kennwert d_{10} zur Charakterisierung des Prozesserfolgs. Erfolgskenngrößen sind immer auf einen Normzustand wie den Durchsatz je Zeiteinheit sowie auf einen Verschleißzustand der Zerkleinerungswerkzeuge, der z. B. als bereits genutzte Betriebsstunden angegeben werden kann, zu beziehen.

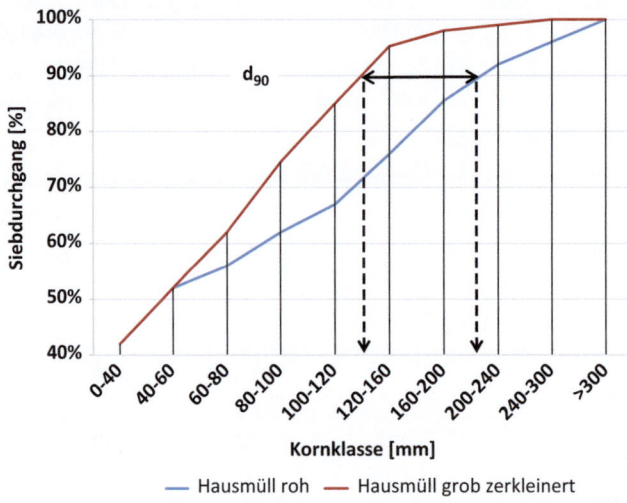

Abb. 6.12 Korngrößenverteilungen vor und nach Zerkleinerung von Hausmüll mit einem Kammwalzenzerkleinerer

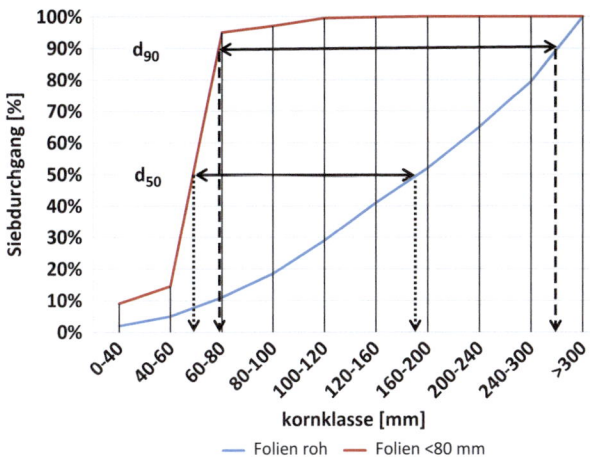

Abb. 6.13 Korngrößenverteilungen vor und nach Zerkleinerung eines Folien-Produktes mit einem Einwellenzerkleinerer mit 80 mm Siebkorb

6.4 Siebklassierung

Unter Klassierung wird die Trennung von Komponenten eines Aufgabegutes nach den geometrischen Abmessungen verstanden. Bei der Siebklassierung wird ein Siebgut über einen Siebboden bewegt, der mit Öffnungen definierter Größe versehen ist, sodass die feineren Bestandteile diese Öffnungen passieren können. Als Produkte fallen ein Siebdurchgang und ein Sieböberlauf an.

Eine Stromklassierung liegt vor, wenn die Bestandteile eines Gemisches in einem strömenden Medium (Luft, Wasser, Lösungen oder Suspensionen) aufgrund ihrer Korngrößenverteilung unterschiedliche Sinkgeschwindigkeiten aufweisen bzw. unterschiedliche Bewegungsbahnen beschreiben. Wegen ihrer untergeordneten Bedeutung in der Abfallaufbereitung wird nachfolgend nicht weiter auf die Stromklassierung eingegangen.

Eine Siebklassierung findet in Recyclingprozessen immer dann Anwendung, wenn

- Produkte aus einer vorgeschalteten Aufbereitung für die nachfolgende Verarbeitung konfektioniert, d. h. in definierte Korngrößenklassen zerlegt werden sollen. Als typisches Beispiel sind Recycling-Baustoffe aus der Bauschuttaufbereitung zu nennen, die z. B. in die Kornklassen 0–8, 8–16 und 16–32 mm abgesiebt werden.
- eine Kornfraktion abgetrennt werden soll, in der eine bestimmte Stoffgruppe angereichert ist wie z. B. Kunststofffolien > 220 mm bei der Aufbereitung von Leichtverpackungen.
- nachfolgende Prozessstufen dies erfordern. So können die meisten Sortierverfahren nur in einem begrenzten Korngrößenbereich mit gutem Trennerfolg durchgeführt werden, wodurch vorgeschaltete Klassierstufen unumgänglich sind.

- Grob- oder Feinfraktionen abgetrennt werden sollen, die im weiteren Verfahrensgang Störungen an Aggregaten oder Verschlechterungen der Aufbereitungsprodukte bewirken können. Dies sind beispielsweise grobe Bestandteile in Abfallgemischen, die zur Zerstörung der Werkzeuge eines Zerkleinerers oder zu Blockierungen im Förderweg führen. Die Abtrennung feiner und feinster Partikel ist immer dann sinnvoll, wenn nachfolgende Aggregate wie z. B. schneidende Zerkleinerer vor übermäßigem Verschleiß geschützt, ein negativer Einfluss auf Sichtprozesse vermieden oder Endprodukte von qualitätsmindernden, überfeinen Anteilen befreit werden sollen.
- die in einer Zerkleinerungsstufe erzeugte Korngrößenverteilung einen schon hinreichend hohen Anteil an der unteren Zielkorngröße enthält und nur grobes Material zur Nachzerkleinerung zurückgeführt oder in eine weitere Zerkleinerungsstufe geleitet werden soll. Derartige *Mühlen-Klassierer-Kreisläufe* werden beispielsweise in der Altglasaufbereitung verwendet, in der es wichtig ist, möglichst wenig nicht sortierfähiges Feinkorn (z. B. < 1 mm) zu erzeugen. Dabei wird der Siebüberlauf nach der Siebklassierung einer schonenden Zerkleinerung zugeführt.

Zur Kennzeichnung des Trennerfolges mittels Siebklassierung wird häufig der Siebwirkungsgrad η herangezogen [14]. Dieser lässt sich bei gegebener Sieböffnungsweite über das Feinkornausbringen im Siebüberlauf berechnen, das mit dem Feinkorninhalt des Aufgabematerials korreliert wird. In der Formel (6.1) beschreibt f_a den Massenanteil einer Merkmalsklasse, hier ‚< Sieböffnungsweite i' im Aufgabegut und f_g den Massenanteil dieser Merkmalsklasse im Siebüberlauf bzw. dem Siebgroben.

$$\eta = \frac{(f_a - f_g) \cdot 100}{(100 - f_g) \cdot f_a} \cdot 100\% \tag{6.1}$$

Nach DIN 66165 wird vereinbarungsgemäß die Sieböffnungsweite von z. B. 30 mm zur Beschreibung der oberen Korngröße des Siebdurchgangs verwendet, d. h. der Siebdurchgang wäre hier mit < 30 mm zu bezeichnen. Die tatsächliche Trennung erfolgt bei einer kleineren Korngröße, da ein 30 mm Partikel nur mit sehr geringer Wahrscheinlichkeit eine Sieböffnung passieren könnte. In der Praxis wird die Sieböffnungsweite fälschlich oft mit der Trennkorngröße gleichgesetzt. Die Trennkorngröße beschreibt jedoch die rechnerische Korngröße, von der jeweils 50 % in den Siebdurchgang bzw. den Siebüberlauf gelangen.

Für den Sieberfolg ist die sogenannte offene Siebfläche A_0 von hoher Bedeutung [15]. In Abfallgemischen befinden sich häufig elastische, eindimensionale Bestandteile, die sich um die Stege zwischen den Sieböffnungen wickeln können und somit die Sieböffnungen verkleinern oder sogar zusetzen. Im laufenden Betrieb verringert sich die offene Siebfläche und die Wahrscheinlichkeit (W), dass einzelne Partikel der Größe d durch Passieren einer Sieböffnung mit der Weite l in den Siebdurchgang gelangen können, entsprechend dem in Formel (6.2) beschriebenen Zusammenhang.

$$W = A_0 \cdot (1 - \frac{d}{l})^2 \qquad (6.2)$$

In der Folge verändert sich das Massenverhältnis von Siebdurchgang zu Siebüberlauf, wovon alle nachfolgenden Prozessschritte betroffen sind. Bei der Auswahl geeigneter Siebmaschinen und Siebbeläge muss die stoffliche Charakteristik des Aufgabematerials berücksichtigt werden. Materialabhängige Einflussgrößen sind die Schüttdichte, die Kornform, die Kornfestigkeit, das gröbste Korn in der Aufgabe sowie die Feuchte. Außerdem ist die Siebwahl vom gewünschten Durchsatz, der Sieböffnungsweite, des erforderlichen Siebwirkungsgrades und den gegebenen Einbauverhältnissen abhängig. Eine schwierige Siebaufgabe ist immer dann gegeben, wenn im Aufgabegut ein hoher Anteil an Feinkorn vorhanden ist, das kleiner als die Sieböffnungsweite ist. Darüber hinaus wirken sich feuchtes und klebendes Material sowie auch faserige und *wickelnde* Abfallbestandteile zumeist negativ auf eine verstopfungsfreie Siebung aus.

Im Folgenden werden die wichtigsten Maschinentypen zur Siebklassierung vorgestellt.

6.4.1 Trommelsiebe

Trommelsiebe werden bevorzugt für die Klassierung solcher Abfallgemische verwendet, die einen hohen Anteil an großflächigen Bestandteilen aufweisen und eine starke Auflockerung zur Abtrennung des enthaltenen Feinanteils benötigen. Dies ist beispielsweise in der Aufbereitung von Siedlungs- sowie von Gewebeabfällen der Fall.

Trommelsiebe bestehen, wie Abb. 6.14 zeigt, aus einem rotierenden, zumeist zylindrisch ausgebildeten Siebmantel. Der Antrieb erfolgt über Laufräder, auf denen der

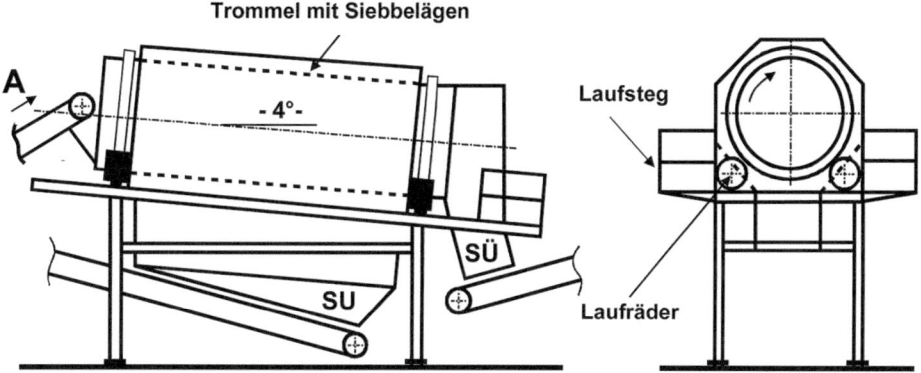

Abb. 6.14 Trommelsieb im Längs- und Querschnitt

Trommelkörper gelagert ist. Das der Trommel axial zugeführte Material wird durch Reib- und Zentrifugalkräfte an der zylindrischen Wandung nach oben mitgenommen, steigt bis auf eine bestimmte Höhe, gleitet dann nach unten ab oder fällt in einer leichten Wurfparabel und erfährt dabei infolge der geneigten Trommellage (zumeist ca. 4° bis 6°) gleichzeitig eine langsame Vorwärtsbewegung. Dieser Vorgang wiederholt sich bis zum Austrag des Siebüberlaufes fortlaufend. Durch das ständige Umwälzen wird Bestandteilen, die kleiner als die Sieböffnungen sind, die Möglichkeit gegeben, sich über einer Öffnung anzuordnen und diese zu passieren.

Trommelsiebe in mobiler Bauart werden ohne Siebneigung betrieben. Hier erfolgt der Längstransport durch an der Innenseite des Siebkorbes angebrachte Schneckengänge (vergl. Abb. 6.15).

Die Transportgeschwindigkeit des Siebgutes hängt vor allem von der Trommeldrehzahl und der Neigung des Trommelmantels bzw. bei mobilen, nicht geneigten Sieben von der Steigung der Transportwendel im Inneren des Siebkorbs ab. Zur Verbesserung des Siebwirkungsgrades werden deshalb in der Trommel häufig Mitnehmerleisten eingebaut, die bewirken, dass das Material höher nach oben getragen wird und auf eine freie Siebfläche herabfällt. Bei Siebaufgaben im Grobkornbereich (ca. 100–250 mm) treten häufig Probleme durch Verstopfungen der Siebbeläge auf. So kann sich die offene Siebfläche durch wickelnde Bestandteile wie große Folien und Textilien innerhalb weniger Stunden so deutlich verringern, dass ein erheblicher Anteil an Feingut im Siebüberlauf fehlausgetragen wird. Zur Vermeidung solcher Verstopfungen haben sich Rohrstutzen bewährt, die von außen auf die Sieböffnungen geschweißt werden (vergl. Abb. 6.16).

Die Siebbeläge bestehen in der Regel aus Stahlblechen, die mit Rund- oder Quadratlochungen versehen sind. Im Interesse guter Trennergebnisse sollte der Füllgrad von

Abb. 6.15 Schneckengänge im Siebkorb eines mobilen Trommelsiebes

6 Aufbereitung fester Abfallstoffe

Abb. 6.16 Rohrhülsen als Umwicklungsschutz

Trommelsieben 15 Vol.-% nicht wesentlich überschreiten. Mit Drehzahlen von bis zu ca. 14 min^{-1} hat das Gut eine mittlere Verweilzeit von 60 bis 90 s in der Trommel.

Stationäre Trommelsiebe sind auch für mehrstufige Absiebungen geeignet. Dabei weisen die auswechselbaren Siebbleche im vorderen Abschnitt der Trommel kleinere Sieböffnungen als im hinteren Bereich auf, sodass drei Siebfraktionen gewonnen werden können: ein Feingut, ein Mittelgut und der grobe Siebüberlauf. Aus Gründen ökonomischen Anlagendesigns wird häufig auf diese Bauweise zurückgegriffen. Sie weist jedoch gegenüber einer Aufteilung der beiden Siebprozesse auf zwei Aggregate erhebliche Nachteile auf, wie nachfolgend dargestellt. Abb. 6.17 zeigt am Beispiel der

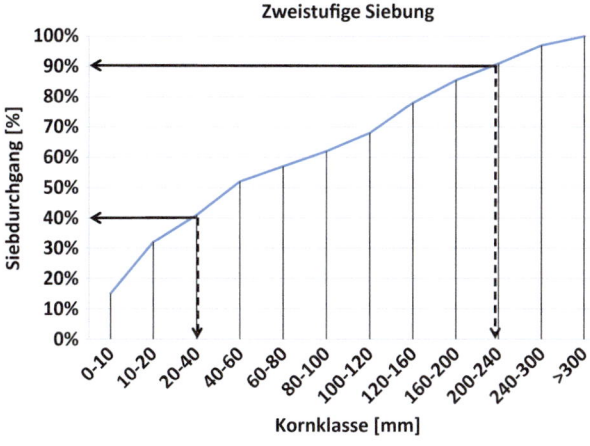

Abb. 6.17 Zweistufige Siebung von Hausmüll

Kornverteilung von feuchtem Hausmüll, wie dieser in mechanisch-biologischen-Abfallbehandlungsanlagen (MBA) verarbeitet wird, eine typische Aufgabenstellung der Siebklassierung. Hausmüll weist einerseits einen mit im Beispiel ca. 40 % hohen Massenanteil an feuchtem, siebschwierigen Feingut < 40 mm auf, andererseits finden sich im Gemisch ca. 10 % große, flächige und ebenfalls siebschwierige Großteile > 240 mm wie Kunststofffolien und Textilien.

Werden in einem zweistufigen Trommelsieb die Siebprozesse 1 (40 mm) und 2 (240 mm) kombiniert, muss zunächst in Anwesenheit des volumenreichen Grobgutes das Feingut aus dem Gemisch gesiebt werden. Erst im zweiten Schritt wird das Mittelgut 40–240 mm gesiebt. Da Prozessschritt 1 aufgrund der Behinderung durch den großen Volumenstrom mit beschränkter Effizienz abläuft, wird Feingut in das Mittelgut fehlausgetragen.

Durch eine Verteilung der Trennaufgabe auf zwei separate Prozesse erfolgt dagegen zunächst eine Abtrennung des großflächigen Materials > 240 mm mit deutlicher Wirkung hinsichtlich einer Erhöhung der Schüttdichte. Im zweiten Siebprozess wird aus einer Mischung mit verbessertem Siebverhalten der ebenfalls siebschwierige 40 mm Siebschnitt vorgenommen. Diese Vorgehensweise führt nachweislich praktischer Erfahrungen zu deutlich höheren Siebwirkungsgraden, insbesondere bei der Feinguttrennung. Dies ist auch dem Umstand geschuldet, dass in zwei Siebmaschinen insgesamt mehr offene Siebfläche zur Verfügung steht als bei einer kombinierten Bauweise möglich ist.

Die in der Abfallaufbereitung häufig eingesetzten Trommelsiebmaschinen weisen Durchmesser von 2100 bis 3600 mm auf. Ihre Länge kann bis zu ca. 12 m betragen. Der Antrieb erfolgt zumeist mittels Elektromotoren und Antriebsleistungen von bis zu 75 kW.

6.4.2 Linear- und Kreisschwingsiebe

Schwingsiebe werden in einer Vielzahl von Bauarten hergestellt. Ihr gemeinsames Merkmal ist, dass in einem stabilen Rahmen eine durchbrochene Fläche, der sogenannte Siebbelag, eingebaut ist, der mechanisch bewegt wird. Das auf dem Siebbelag befindliche Material wird durch die schwingende Bewegung aufgelockert und transportiert. Beide Effekte sorgen dafür, dass Bestandteile, die kleiner als die Sieböffnungen sind, wirkungsvoll abgesiebt werden können. Die Anwendung von Schwingsieben in der Recyclingtechnik beispielsweise für die Klassierung von Stoffsystemen höherer Schüttdichte wie Bauschutt, Aschen, Schlacken und Altglas beschränkt sich in der Regel auf den Kornbereich kleiner ca. 80 mm.

Die Schwingsiebe können unter Berücksichtigung der Bewegungsform, der Schwingungs- und der Antriebsart sowie der Art der Gutbewegung auf dem Siebboden eingeteilt werden. In den Abb. 6.18 und 6.19 sind die beiden wichtigsten Bauformen, die Linear- und Kreisschwingsiebe, schematisch dargestellt. Die Siebkästen bestehen aus

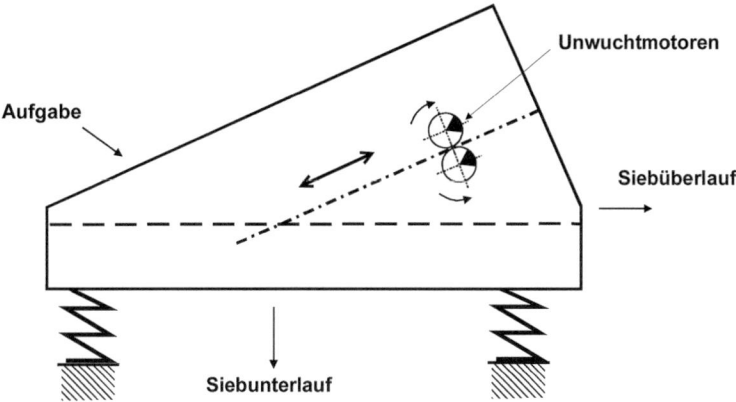

Abb. 6.18 Linearschwingsieb

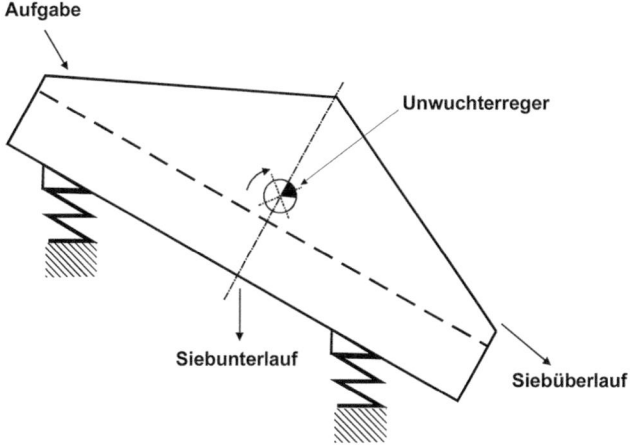

Abb. 6.19 Kreisschwingsieb

den Seitenteilen, Traversen und einem Rahmen, auf dem die wechselbaren Siebbeläge befestigt sind. Der Rahmen ist auf Stahl- oder Gummifedern verlagert.

Die Bewegung wird beim Linearschwinger durch zwei gegenläufig rotierende Unwuchten erzeugt, wozu häufig Unwuchtmotoren verwendet werden. Die angenähert lineare Beschleunigung in Transportrichtung führt zu einer guten Materialförderung über die gesamte Sieblänge, sodass das Sieb sogar horizontal oder leicht ansteigend gelagert sein kann. Ein Einbau derartiger Siebe in Anlagen bietet also den Vorteil einer geringen Bauhöhe.

Beim Kreisschwingsieb erzeugt ein im Massenschwerpunkt des Siebes angeordneter Unwuchterreger eine kreisförmige Schwingung. Hierzu muss das Sieb zum Zweck eines guten Materialtransportes ca. 10 bis 18° geneigt sein [15]. Mit beiden Bauarten kann eine Trocken- und Nasssiebung durchgeführt werden.

Schwingsiebe können als Ein- oder Mehrdecksiebe ausgeführt werden. In einem sogenannten *Doppeldecker* sind zwei Siebbeläge übereinander angeordnet, sodass drei Kornfraktionen in einem Arbeitsgang hergestellt werden können. Das obere Sieb kann auch als Schutzdeck dienen, wenn grobe Schwerteile im Aufgabegut vorhanden sind. Soll etwa bei einem Siebschnitt von 4 mm abgesiebt werden, wird das untere Sieb mit der feinen Lochung durch das Vorhandensein des oberen Siebbelages mit beispielsweise 20 mm Lochung vor zu hohem Verschleiß geschützt. Mit Verweis auf die Erläuterung zu Abb. 6.17 wird bei Mehrdeck-Siebmaschinen immer die schwierige Aufgabe der Feingutsiebung durch Vorabsiebung grober Partikel optimiert.

Siebbeläge werden aus verschiedenen Werkstoffen hergestellt. Für gröbere Absiebungen werden Lochplatten aus Stahl oder Polyurethan mit runden oder rechteckigen Sieböffnungen verwendet. Bei der Siebung im Feinkornbereich kleiner ca. 4 mm werden Siebgewebe aus Stahl- oder Kunststoffdrähten bevorzugt. Wegen der größeren offenen Siebfläche haben Siebgewebe in der Fein- und Feinstkornklassierung Vorteile gegenüber anderen Siebbelägen. Für Entwässerungsaufgaben haben sich Spaltsiebe bewährt.

Der erreichbare Trennerfolg auf Schwingsieben ist abhängig von Materialeigenschaften wie Feuchtigkeit, Kornform und Korngrößenverteilung. Grundsätzlich gilt, dass die Länge des Siebbelages maßgeblich für die Güte der Absiebung ist, während die Aufgabebreite direkt proportional zum erreichbaren Durchsatz ist. Zur Übersicht sind Linear- und Kreisschwingsiebe mit ihren wichtigsten Kenndaten in Tab. 6.3 aufgeführt.

Eine erfolgreich eingesetzte Sonderform sind sogenannte *Müllsiebe* [16]. Bei diesen Kreisschwingsieben mit hohen Siebamplituden sind die Siebbeläge in Stufen angeordnet, an deren Ende häufig einseitig eingespannte, schwingende Stangen den Materialumschlag auf die nächste Ebene unterstützen. Die gestufte Anordnung der Siebbeläge lässt keine Ausführung als Mehrdecksieb zu. Müllsiebe werden vorwiegend in Stoffsystemen mit niedrigen Schüttdichten wie Gewerbe- und Verpackungsabfällen eingesetzt. Die speziellen Registersiebbeläge erfüllen die Aufgabe eines Umwicklungsschutzes ähnlich wie Rohrhülsen bei Trommelsieben (vergl. Abb. 6.20).

Tab. 6.3 Technische Daten von Linear- und Kreisschwingsieben

Kenngrößen	Linearschwingsiebe	Kreisschwingsiebe
Nutzbreite	ca. 500–4500 mm	ca. 400–3600 mm
Nutzlänge	ca. 2000–7000 mm	ca. 2000–11.000 mm
Neigung Siebfläche	Horizontal bis 5 Grad ansteigend	ca. 10–18 Grad
Schwingungsform	Linear in Förderrichtung aufwärts	Angenähert kreisförmig
Schwingungsweite	3–16 mm	4–21 mm
Beschleunigung	Bis max. 7 g	Bis max. 5 g
Antriebsdrehzahl	700–1450 min^{-1}	800–3000 min^{-1}

6 Aufbereitung fester Abfallstoffe

Abb. 6.20 Müllsieb mit Registersiebbelag Bauart IFE

Eine spezielle Form der Schwingsiebe sind die sogenannten Taumelsiebe. In diesen kreisrund aufgebauten Siebmaschinen überlagern sich eine tangentiale und eine radiale Schwingung dergestalt, dass sich das zentral dosierte Aufgabegut zu den Rändern hin bewegt. Da die Partikel bei dieser Bauart keine Beschleunigung senkrecht zum Siebbelag erfahren, wird die Technik immer dann eingesetzt, wenn faserige (1-D) Partikel aus Suspensionen abgetrennt werden müssen. Die Klassierung erfolgt entsprechend der Faserlänge mit geringen Fehlausträgen von senkrecht aufgestellten Fasern.

Taumelsiebe werden z. B. zur Feststoffabtrennung aus Waschwässern in Kompostierungsanlagen oder nass arbeitenden Aufbereitungsanlagen wie in der Kunststoffaufbereitung eingesetzt. Der wichtigste Einsatzbereich liegt jedoch im Stoffsystem Papier. Nach der Stofflösung im Pulper werden die Papierfasern nach der Länge mit den bei Papiermachern als *Sortierer* bezeichneten Taumelsieben klassiert. Den Anwendungen entsprechend werden Sieböffnungen zwischen 0,032 und maximal 6 mm eingesetzt. Abb. 6.21 zeigt als Anwendungsbeispiel die Absiebung von suspendierten Fasern aus Getränkekartonverpackungen. Im Gegensatz zur Standardanwendung als Mehrdecksieb [17] ist nur ein Siebbelag und keine Abdeckung montiert, sodass sowohl die zentrale Aufgabe als auch der radiale Austrag zu erkennen sind.

Neben der vorwiegend nassen Anwendung von Taumelsieben (trockene Anwendungen existieren z. B. in der Keramikindustrie) wird das Prinzip einer flächigen Schwingung ohne Wurfbewegung einzelner Partikel in trockener Betriebsweise in den sogenannten Plansieben angewandt. Hierbei handelt es sich um Flächensiebe für Sieb-

Abb. 6.21 Taumelsieb zur Trennung von Papierfasern aus einer Suspension

schnitte bis ca. 30 mm, bei denen eine Unwuchterregung parallel zur Siebfläche erfolgt. Zwecks Transportes von Siebgut müssen die Siebflächen geneigt angeordnet werden. Plansiebe sind dem Einsatz in der Holzaufbereitung vorbehalten, bei der bei eine Klassierung nach Spanlängen erfolgen muss.

6.4.3 Spannwellensiebe

Eine Sonderbauform mit spezifischen Anwendungsmöglichkeiten in Recyclingverfahren im Trennbereich von 1–30 mm ist das sogenannte Spannwellensieb [18]. Es wird eingesetzt, wenn besonders siebschwierige Materialien verarbeitet werden sollen. Hierbei kann es sich um feuchtes oder unregelmäßig geformtes Material handeln, das zum Verkleben der Siebbeläge oder zum Verstopfen der Sieböffnungen neigt. Typische Einsatzgebiete sind die Klassierung von Kompost, Feinmüll, Müllverbrennungsasche sowie von Shredderleichtfraktionen und Kunststoffgemischen oder zerkleinertem Elektronikschrott.

Aufbau und Arbeitsprinzip von Spannwellensieben unterscheiden sich herstellerabhängig. Abb. 6.22 zeigt den Aufbau am Beispiel des Herstellers Hein, Lehmann. Hier bewegen sich zwei durch gegenläufige Exzenter angetriebene Siebkästen (2, 3), die auf Lenkerfedern (4) gelagert sind, in einer Ebene gegeneinander. An den Siebkästen sind Quertraversen befestigt, auf denen elastische Kunststoffsiebbeläge (1) aus Polyurethan oder Gummi montiert sind. Die Siebbeläge werden somit nach Art eines Trampolins abwechselnd gespannt und entspannt, sodass sich sehr hohe Beschleunigungen und ein guter Auflockerungseffekt für das Siebgut ergeben. Zusätzlich werden die Siebmatten in der Endphase des Spannens überdehnt, wodurch anhaftendes Material abplatzt. Dabei

6 Aufbereitung fester Abfallstoffe

Abb. 6.22 Aufbau und Funktionsweise von Spannwellensieben

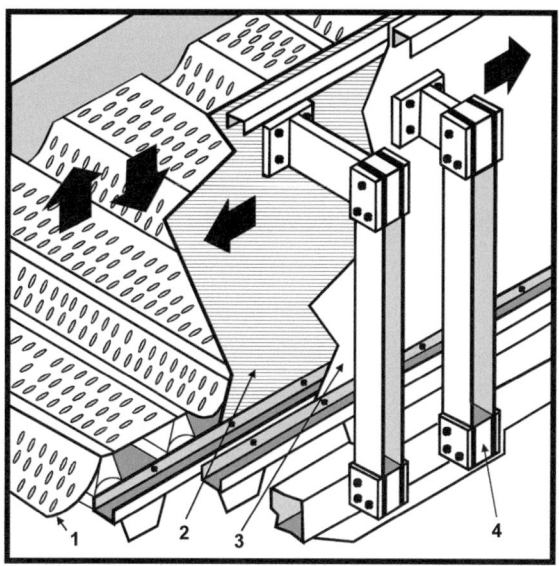

wird eine Beschleunigung von über 50 g auf das Aufgabegut übertragen, sodass ein praktisch senkrechter Wurf erfolgt. Um einen Materialtransport über die Sieblänge zu erreichen, müssen diese Maschinen mit etwa 15 bis 20 Grad Neigung eingebaut werden. Die nutzbaren Siebflächen liegen je nach Baugröße der Siebe zwischen ca. 1 und 27 m².

Das Arbeitsprinzip des Spannwellensiebes wird von zahlreichen Herstellern mit gegenüber dem hier erläuterten Antrieb modifizierten Formen angeboten.

Alle Flächensiebe sind auf mittlere Betriebsbedingungen ausgelegt. So wird davon ausgegangen, dass im Zulauf der Siebe der Volumenstrom eine Höhe von maximal $3 \times d_o$ des Aufgabegutes einnimmt. Auf der Siebfläche wird die Wahrscheinlichkeit eines erfolgreichen Passierens von Feinkornpartikeln durch einen gebremsten Transport (ca. 0,1 m/s) aufgrund gegenseitiger Teilchenbehinderung erhöht. Bricht der Volumenstrom ab, erhöht sich die Transportgeschwindigkeit und die Häufigkeit eines Teilchen-Sieböffnung-Kontaktes sinkt. Unterauslastung führt demnach zu schlechteren Siebwirkungsgraden. Eine häufig praktizierte Maßnahme zur Reduzierung der Transportgeschwindigkeit und Erhöhung der Verweilzeit auf dem Sieb sind auf dem Siebbelag aufliegende Gummimatten im Einlaufbereich, die die Beweglichkeit der Partikel einschränken.

6.4.4 Bewegte Roste

Unter dem Begriff bewegte Roste werden Schwingsiebe mit stangenförmigem Siebbelag sowie die so genannten *Rollenroste*, deren Siebflächen aus einzelnen, in gleicher Drehrichtung laufenden Walzen oder Scheiben oder Sternen bestehen, zusammengefasst.

Abb. 6.23 Stangensizer

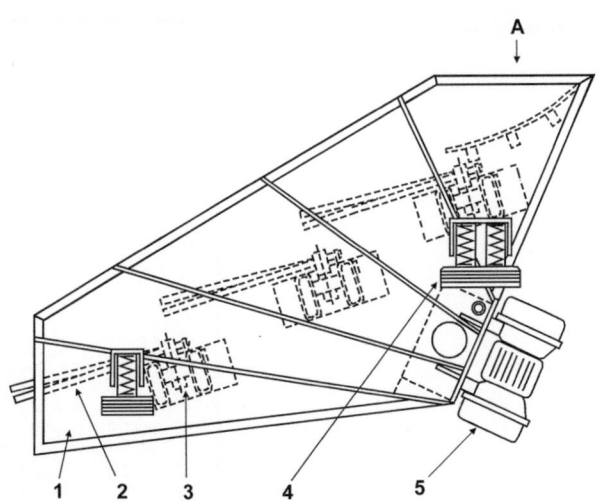

6.4.4.1 Stangenroste

Stangenroste, auch Stangensizer genannt, werden speziell zur Vorabscheidung eines kleinen Massenanteils grobstückiger Bestandteile zwischen ca. 80 und 300 mm aus einem Abfallgemisch genutzt. Typische Anwendungsbeispiele für Stangenroste sind die Abtrennung grober Bestandteile aus Müllverbrennungsaschen oder metallurgischen Schlacken sowie aus Bauschutt und Gewerbeabfall [19]. Abb. 6.23 zeigt die konstruktive Ausgestaltung eines Stangenrostes. In den rechteckigen, auf Schraubenfedern (4) gelagerten Siebkasten (1) sind zumeist kaskadenartig mehrere Siebdecks hintereinander eingebaut. Jedes Siebdeck besteht aus mehreren Stäben (2), die einseitig auf einer Quertraverse (3) parallel zueinander eingespannt sind. Abstand und Neigung der Stangen können beliebig eingestellt werden. Häufig ist es günstig, jeweils zwei nebeneinander liegende Stangen unterschiedlich geneigt anzuordnen, was zu einer Öffnung in Transportrichtung und einer verstopfungsfreien Arbeitsweise führt. Wenn das Sieb mittels Unwuchtmotoren (5) in eine gerichtete Schwingung versetzt wird, geraten die Stangen ihrerseits in Vibrationen, deren Amplitude und Frequenz von der Dicke und Länge der Stangen sowie von der Belastung durch das Siebmaterial beeinflusst werden. Der Siebschnitt wird durch den Abstand der Stangen bestimmt, wobei auch längliche Bestandteile größerer Abmessungen in den Unterlauf gelangen können. Vorteilhaft ist das Umwälzen an den Stufen zwischen den Siebdecks, wodurch sich eine Auflockerung und bessere Siebung des Aufgabematerials ergeben.

6.4.4.2 Rollenroste

Rollenroste werden in verschiedenen Ausführungsarten hergestellt, die sich hauptsächlich durch die Form und Abmessungen der Förderscheiben unterscheiden. Diese bewegten Roste werden auch als Diskscheider, Walzenroste, Sternsiebe, Scheibensiebe oder Rotationsseparatoren bezeichnet. Gemeinsam ist allen, dass sie, wie in Abb. 6.24

Abb. 6.24 Rollenrost oder Scheibensieb

dargestellt, aus einer Vielzahl von im gleichen Abstand und parallel angeordneten Wellen bestehen, die mit runden, polygonförmigen oder sternartigen Walzen oder Scheiben besetzt sind. Diese sind in einem Gehäuse so angeordnet, dass sie entweder der nächsten Walze gegenüber oder auf Lücke stehen. So werden quadratische oder rechteckförmige Rostöffnungen gebildet, durch die das Feingut nach unten austreten kann. Die Wellenabstände und die Walzenabmessungen bestimmen die Größe der Rostöffnungen. Gröbere Bestandteile als die Rostöffnungen werden von den sich gleichsinnig drehenden Walzen transportiert und auf der Austragsseite abgeworfen. Rollenroste können horizontal oder leicht geneigt eingebaut werden. Für Anwendungen in der Altpapieraufbereitung ist eine in Transportrichtung um etwa 15 bis 20° ansteigende Anordnung üblich. Hier werden Siebschnitte bei ca. 200×300 mm (ca. DIN A 4) genutzt, um steife Kartonagen und Pappen von weicherem Zeitungs- und Mischpapier zu trennen. Eine Reinigung der Zeitungen- und Zeitschriftenfraktion zu Deinkingqualität erfolgt bei Siebschnitten von etwa 150×200 mm (ca. DIN A 5).

Rollenroste sind durch einen ruhigen, vibrationsarmen Betrieb gekennzeichnet und eigen sich bei Trennkorngrößen zwischen ca. 8 und 80 mm wegen ihrer geringen Neigung zu Verstopfungen besonders für Klassieraufgaben von siebschwierigen, feuchten Gütern. Im Recyclingbereich sind dies z. B. kontaminierte Böden, Rostaschen der Müllverbrennung und Bauschutt. Anwendungen für Gewerbeabfälle haben sich aufgrund des hohen Anteils an elastischen Bestandteilen und damit verbundenen Umwicklungen hingegen nicht bewährt.

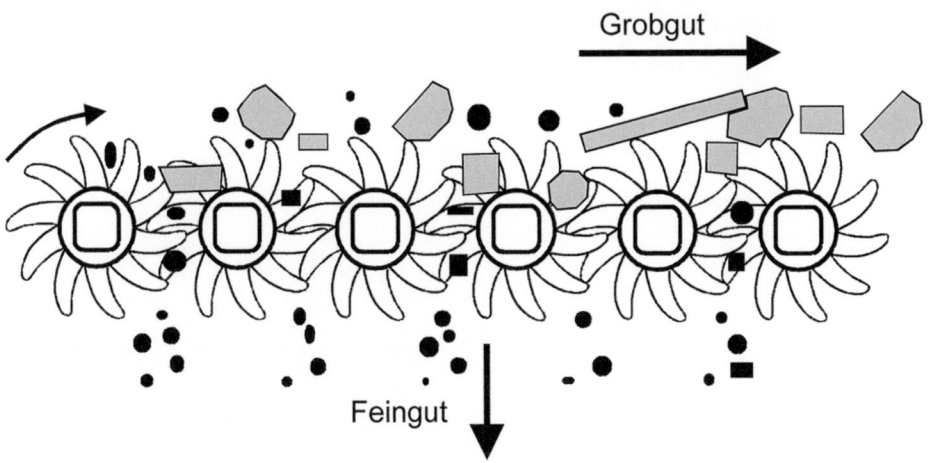

Abb. 6.25 Sternsieb, schematisch

6.4.4.3 Sternsiebe

Eine spezielle Bauform der Rollenroste sind die sogenannten *Sternsiebe* [20]. Hier sind die Wellen mit sternförmigen *Scheiben* nach Abb. 6.25 versehen. Sternsiebe werden sowohl stationär als auch mobil eingesetzt und haben sich seit einiger Zeit für Siebschnitte zwischen 20 und 80 mm bei der Aufbereitung von Bioabfall und Komposten bewährt und dort große Verbreitung gegenüber Trommelsieben gefunden.

In einer Kombination mit vorhergehender Aufschlusszerkleinerung mittels Kammwalzenzerkleinerer führt ein Siebschnitt von ca. 80 mm etwa zu einer effizienten Reinigung von Störstoffen wie Kunststoffbeuteln. Letztere „schwimmen" auf der Sternsiebfläche und werden nicht in den Siebdurchgang transportiert.

6.4.5 Zusammenfassung Klassierung

Als Übersicht sind für verschiedene Stoffsysteme nachfolgend die einsetzbaren Klassieraggregate tabellarisch zusammengestellt (Tab. 6.4). Die Einsatzbereiche sind mit grob (g) für Siebschnitte > 100 mm, mittel (m) für Siebschnitte im Bereich 10–100 mm und fein (f) für Siebschnitte < 10 mm gekennzeichnet. Industrieabfälle weisen ein großes Spektrum an Eigenschaften auf, sodass hier positive Erfahrungen aus einzelnen Anwendungen nur begrenzt verallgemeinert werden können.

Ebenso wie bei Zerkleinerungsaggregaten beruhen Auslegung und Dimensionierung von Klassiermaschinen auf empirischen Daten. Liegen keine vergleichbaren Anwendungserkenntnisse vor, muss die Eignung von Maschinen zwingend durch einen Testbetrieb ermittelt werden. Hier reichen Laborergebnisse in der Regel nicht aus, da sie keine Information über die Auswirkung niedrig konzentrierter, störender Inhaltsstoffe

Tab. 6.4 Anwendung von Klassiertechnik

Stoffsystem/Maschinentyp	Hausmüll Gewerbeabfall	Mineral. Abfälle	Metallabfälle Elektroabfälle	Altkabel	Kunststoffe, Verpackungen	Holz, Grün- und Bioabfall	Papier, Papierverbunde	Industrieabfälle
Trommelsieb	g,m	m	m		g,m	m	g	
Linear-Schwingsieb		m	m	m				
Kreis-Schwingsieb	g,m	g,m	m	f	m			g,m
Taumelsieb							f	
Plansieb						m		
Spannwellensieb		m,f			f	m,f		f
Stangensizer	G	g	g					
Rollenrost		m					g,m	
Sternsieb						m,f		

auf ein Siebergebnis liefern können. Dies betrifft insbesondere das Zusetzen von Sieböffnungen durch Einzelpartikel, deren spezielle Eigenschaften ein Passieren unmöglich machen und zwangsläufig im Betrieb zu einer Verringerung der offenen Siebfläche A_o mit den beschriebenen Auswirkungen auf das Trennergebnis führen [21].

6.5 Sortierung

Der Begriff *Sortierung* kennzeichnet in der Aufbereitungstechnik das Trennen eines Stoffgemisches in zumindest zwei Produkte unterschiedlicher Zusammensetzung. Zur Sortierung fester Abfallstoffe, wie beispielsweise der Abtrennung von Eisenmetallen aus zerkleinertem Altholz, werden die unterschiedlichen Materialeigenschaften der enthaltenen Stoffgruppen genutzt. Die wichtigsten Trennmerkmale in der Abfallaufbereitung sind die Dichte, die Form, die magnetische Suszeptibilität, die elektrische Leitfähigkeit sowie optische und chemische Eigenschaften. Tab. 6.5 gibt einen Überblick zu den von den verbreiteten Trennverfahren genutzten Materialeigenschaften und Beispielen für Einsatzgebiete in der Abfallaufbereitung, wobei die Trennung in Luft (L) oder in Wasser (W) erfolgen kann.

Tab. 6.5 Trennkriterien der Sortierung in der Abfallaufbereitung; SBS: sensorbasierte Sortierung

Trennkriterium	Medium	Verfahren	Zielprodukte
Magnetische Suszeptibilität Form, Masse	L, W	Magnetscheidung	Magnetisierbare Metalle
Elektrische Leitfähigkeit Korngröße, Masse	L	Wirbelstromscheidung	NE-Metalle
Dielektrizität Korngröße, Masse	L	Elektroscheidung	Metalle, Kunststoffe
Stoffdichte Korngröße, Form	L	Windsichtung	Kunststoffe, Papier, Mineralien
Stoffdichte	W	Dichtesortierung	Kunststoffarten
Stoffdichte	L	SBS Röntgentransmission	Metalle, Kunststoffe, Mineralien
Optische Eigenschaften	L	SBS VIS	Verpackungen, Glas, Papier
Chemische Oberflächeneigenschaften	L	SBS NIR	Kunststoffarten, Holz, Papier
Chemische Zusammensetzung	L	SBS LIBS, Röntgenabsorption	Metalle, Legierungen
Metallische Eigenschaften	L	SBS Induktion	Metalle

Die Güte einer Sortierung wird vielfach durch andere materialabhängige Eigenschaften wie eine sehr breite Korngrößenverteilung, stark unterschiedliche Kornformen oder das Vorhandensein von Verbundstoffen negativ beeinflusst. Um zu guten Sortierergebnissen zu gelangen, ist deshalb eine Konditionierung durch vorgeschaltete Klassierung und/oder eine Aufschlusszerkleinerung notwendig. Dennoch lassen sich insbesondere die Einflüsse von Korngröße und Kornform zumeist nicht vollständig eliminieren, mit der Konsequenz, dass die meisten Sortieraggregate einen nur endlichen Trennerfolg gewährleisten können oder nur im Zusammenwirken mit zusätzlichen Zerkleinerungs-, Klassier- und Sortiermaschinen das gewünschte Resultat erreicht werden kann.

Die **Ermittlung des Trennerfolges** von Sortierverfahren erfolgt in der Regel so, dass aus den erzeugten Produkten repräsentative Proben entnommen werden, die mittels Handsortierung in einzelne Stoffgruppen zerlegt werden. Danach werden die Gewichte dieser Stoffgruppen bestimmt, um eine rechnerische Auswertung zu ermöglichen. [22] Für die Kennzeichnung des Erfolges einer Aufbereitungsmaßnahme gibt es u. a. zwei wichtige Kenngrößen: Den Wertstoffgehalt eines Wertstoffproduktes und das Wertstoffausbringen im Wertstoffprodukt.

> **Beispiel**
>
> Der Wertstoffgehalt (auch Produktreinheit genannt) kennzeichnet, wie hoch das Endprodukt in Masseprozent mit Wertstoff angereichert ist. Für viele Abfallstoffe stellt sich die Antwort auf die Frage nach dem Wertstoffgehalt als problematisch dar. So besteht eine Getränkedose aus ca. 90 % Weißblech und ca. 10 % Aluminium (Deckel) und ggf. einem Verschluss aus Kunststoff. Ein anderes Weißblech zeigt starke Oxidation, die den nutzbaren Metallgehalt auf z. B. 70 % reduziert. Beide Partikel sind aufgrund ihres Hauptmassenanteils magnetisierbar und werden als Fe-Fraktion sortiert. Die Aussage zur Qualität des Sortierproduktes lautet dann bei störstofffreier Sortierung 100 %, sie darf jedoch nicht gleichgesetzt werden mit dem Metallgehalt. ◀

Zur Erfolgsbeschreibung von Sortierprozessen bedarf es vor dem Hintergrund dieser Unschärfe einer eindeutigen Definition des *Wertstoffgehalts*. Diese Definitionen richten sich häufig an *Artikeleigenschaften* aus, die die ursprüngliche Funktion eines Produktes beschreiben. Technische Sortierprozesse trennen in den meisten Fällen nach eindeutigen physikalischen Eigenschaften. Daher divergieren Artikeleigenschaften und physikalische Eigenschaften bei komplexen Verbundmaterialien erheblich.

Das Wertstoffausbringen gibt an, welcher Masseanteil eines im Aufgabegut enthaltenen Wertstoffs entsprechend der jeweiligen Definition im Wertstoffprodukt ausgetragen wird. Wenn ein Wertstoff in einem anderen Produkt ausgebracht wird, führt dies zu einem Verlust an Wertstoff. Gehalt und Ausbringen sind in der Regel voneinander abhängig. Angestrebt wird, dass beide Größen – bezogen auf das Wertstoffendprodukt – möglichst nahe an 100 % herankommen. In der Praxis müssen jedoch immer Kompromisse eingegangen werden, d. h. die Erzielung eines mit Wertstoffen sehr hoch angereicherten Endproduktes wird zumeist mit Verlusten an diesem Wertstoff in anderen Produkten einhergehen.

Nicht zu verwechseln mit dem Wertstoffausbringen ist das Masseausbringen. Dieses gibt den Massenanteil an, der in einem Trennprozess in eine der beiden neuen, getrennten Stoffströme überführt worden ist. Um den Zusammenhang zwischen Wertstoffgehalt (c), Wertstoffausbringen (R_W) und Massenausbringen (R_M) zu erläutern, wird nachfolgend ein Trennprozess skizziert (Abb. 6.26).

Jeder Trennprozess ist hinsichtlich seiner Massen nach der Formel

$$m_A = m_R + m_W \qquad (6.3)$$

bilanzierbar. Diese Bilanz ist nicht auf die Volumina übertragbar, da die Trennung eines Gemisches die Schüttdichten erheblich verändern kann. In Abb. 6.26 stehen die Indizes A für Aufgabe, R für Reststoff und W für Wertstoff. Das Masseausbringen errechnet sich nach der Formel:

$$R_M = \frac{m_W}{m_A} \cdot 100 \qquad (6.4)$$

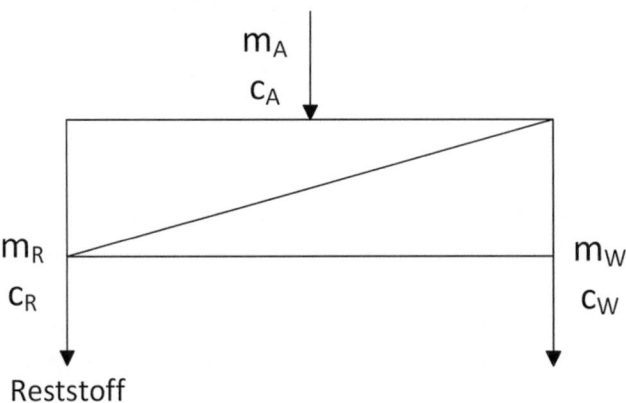

Abb. 6.26 Trennprozess mit Rechengrößen

Für die Berechnung des Wertstoffausbringens sind neben der Kenntnis der Massen m_i auch die Zusammensetzungen der Stoffströme mit dem jeweiligen Gehalt an Wertstoff nach eindeutiger Definition erforderlich. Während sich c_i durch Probenahme und Analyse zuverlässig ermitteln lässt, stellt sich die Messung von Massenanteilen in Aufbereitungsanlagen oft äußerst problematisch dar.

$$R_W = \frac{m_W \cdot c_W}{m_A \cdot c_A} \cdot 100(\%) \tag{6.5}$$

$$R_W = \frac{c_W}{c_A} \cdot R_M \tag{6.6}$$

Sortierprozesse werden immer mit einer Zielsetzung betrieben, die entweder auf ein hohes Wertstoffausbringen oder auf eine hohe Reinheit abzielt. Beide Ziele lassen sich nur getrennt voneinander verfolgen, sodass mehrstufige Sortierungen den größten Erfolg versprechen. Abb. 6.27 zeigt das Grundschema von Sortierprozessen, die zunächst ein maximales Ausbringen sicherstellen, den angereicherten Wertstoff dann reinigen und zusätzlich die Abgänge beider Prozesse mit einem dritten Prozessschritt – ebenfalls auf Ausbringen optimiert – behandeln. Oft können die gleichen Aggregate für alle drei Schritte eingesetzt werden, sie müssen jedoch entsprechend der jeweiligen Aufgabenstellung unterschiedlich justiert werden.

In der Praxis wird aus ökonomischen Gründen oft auf eine mehrstufige Sortierung verzichtet. Wird ein Sortierprozess jedoch nur einstufig betrieben, können entweder hinsichtlich des Wertstoffausbringens oder der Produktqualität keine hohen Erwartungen an den Prozesserfolg erfüllt werden.

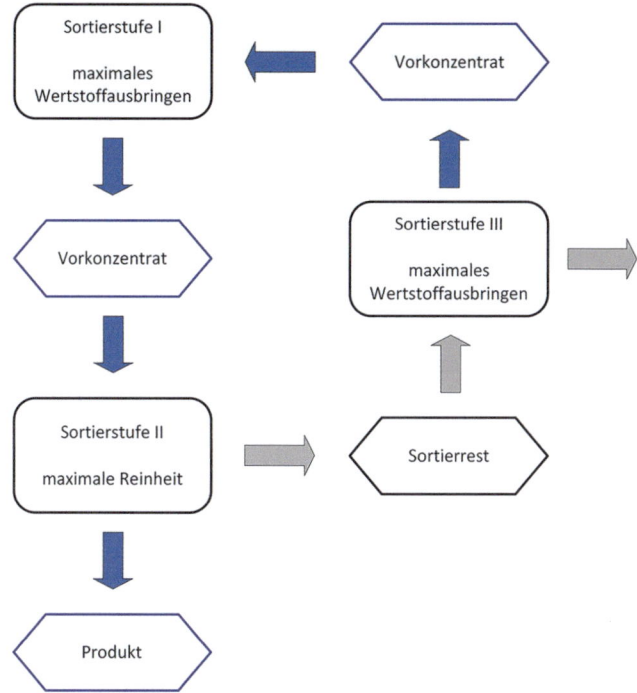

Abb. 6.27 Mehrstufiger Sortierprozess mit Zielsetzungen

6.5.1 Magnetscheider

Mit Magnetscheidern lassen sich ferromagnetische Bestandteile aus einem Stoffgemisch abtrennen. Der Materialstrom durchläuft eine Zone, in der ein so starkes magnetisches Feld wirksam ist, dass magnetisierbare Bestandteile aus ihrer Bewegungsbahn ausgelenkt und getrennt ausgetragen werden können. In fast allen Verfahren zur Aufbereitung fester Abfälle sind Magnetscheider integriert. Ihre Aufgabe besteht einerseits darin, Eisen und Stahl als Wertstoffprodukt abzutrennen (Beispiel: aus abgesiebten Leichtverpackungen wird ein Weißblechdosenprodukt zurückgewonnen). Andererseits ist es in vielen Prozessen notwendig, Fremdeisen, das entweder zu Störungen im Verfahrensgang führt oder die Produktqualität verschlechtern würde, abzusondern (Beispiel: in der Kabelaufbereitung dienen Magnetscheider zum Schutz der empfindlichen Schneidmühlen sowie zur Nachreinigung der Kupferprodukte). Edelstähle sind nur sehr schwach oder überhaupt nicht magnetisierbar und können in der Regel mit den gebräuchlichen Magnetscheidern nicht abgetrennt werden. Für diese Einsatzfälle eignen sich sogenannte VA-Abscheider, hier wird das magnetische Feld durch eine Neodym-Magnetbandrolle verstärkt und zudem räumlich ausgedehnt. [23].

6.5.1.1 Überbandmagnetscheider

Zur kontinuierlichen Abtrennung größerer Eisen- und Stahlteile aus einem Förderstrom werden vorzugsweise Überbandmagnetscheider verwendet. Sie bestehen aus einem Magnetsystem, das in einen Gurtförderer mit kurzem Achsabstand eingebaut ist und dessen Gurt das Magnetsystem umfasst. Alle Teile werden von einem kräftigen Stahlrahmen getragen. Überbandmagnetscheider sind stets über einem Fördermittel (zumeist Gurtförderer) angeordnet, auf dem das Material durch das Magnetfeld hindurchgeführt wird. Wie aus Abb. 6.28 hervorgeht, werden magnetisierbare Bestandteile aus dem Gutstrom ausgehoben und in Richtung Magnetsystem angezogen. Der umlaufende, mit Querstollen versehene Gummigurt des Überbandmagnetscheiders transportiert diese Teile kontinuierlich weiter und wirft diese nach Verlassen des Magnetfeldes ab. Die Konstruktionsteile von Förderaggregaten unterhalb eines Überbandmagneten, die sich im Bereich des Magnetfeldes befinden, müssen aus nicht magnetisierbaren Werkstoffen wie Edelstahl gefertigt sein, da es ansonsten durch Felddeformation zu schlechten Trennergebnissen und zu Blockierungen durch anhaftende Teile kommt.

Die wichtigsten Einbauarten von Überbandmagnetscheidern in Verbindung mit Gurtförderern sind die Anordnung quer zum Gurtverlauf und in Längsrichtung über der Abwurftrommel. Letztere Einbaulage sollte im Interesse guter Trennergebnisse immer der Queranordnung vorgezogen werden, da sich das zu trennende Material in einer Wurfparabel befindet und damit einen aufgelockerten Zustand aufweist. Beim Queraustrag muss zusätzlich zum Eigengewicht der zu separierenden Teile das Gewicht der eventuell darüber liegenden nichtmagnetisierbaren Komponenten des Fördergutes berücksichtigt werden. Während für einen sicheren Austrag in Längsanordnung die Magnetkraft

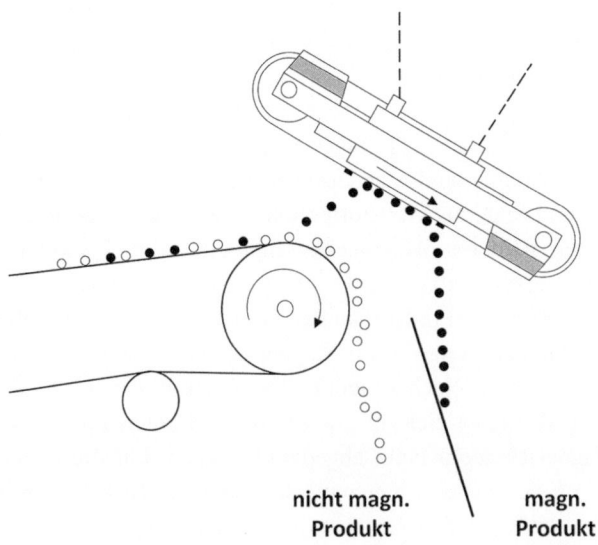

Abb. 6.28 Überbandmagnetscheider

lediglich das Doppelte des Eigengewichtes des Fe-Körpers betragen sollte, ist für den Queraustrag aus dem Schüttgut mit einem Mehrfachen dieses Faktors zu rechnen.

Überbandmagnetscheider müssen bei Arbeitsabständen von bis zu ca. 400 mm weitreichende Magnetfelder aufweisen, die eine ausreichende Kraft zum Ausheben auch schwererer Fe-Teile aufweisen. Die Magnetfelder der Überbandmagnetscheider werden durch Elektromagnete oder im Fall von kleinen bis mittleren Scheidergrößen und nicht zu grober Körnung des Fördergutes auch durch Permanentmagnete erzeugt. Dennoch kann es vorkommen, dass kleinere Eisenteile unter einer nicht magnetisierbaren Materialschicht liegen und nicht erfasst werden können. Eine Nachsortierung mit den im Folgenden beschriebenen Trommel- oder Bandrollenmagnetscheidern ist in solchen Fällen sinnvoll.

In der Sortierung von Abfallgemischen, die einen höheren Gehalt an großflächigen, leichten Bestandteilen haben, werden mit Überbandmagnetscheidern unvermeidlich Komponenten wie Kunststofffolien teilweise zusammen mit den magnetisierbaren Bestandteilen mitgerissen. Zur Minimierung derartiger Fehlausträge empfiehlt es sich, die Geschwindigkeit des zuführenden Gurtförderers nahe an der des Austragsbandes des Magnetscheiders zu wählen. Mit Überbandmagnetscheidern können im Allgemeinen sehr gute Trennergebnisse erzielt werden. Für ein körniges Gut sind Reinheitsgrade des Fe-Produktes bis 98 Ma.-% möglich, wobei ein Eisenausbringen von über 97 % erreicht wird. In Abfallbehandlungsanlagen werden Überbandmagnetscheider immer dann eingesetzt, wenn gröberes Eisen oder störende Fremdbestandteile abzutrennen sind [24]. Die angebotenen Baugrößen von Überbandmagnetscheidern erreichen Dimensionen von 1200×600 mm (Länge × Breite) bis ca. 2800×1800 mm.

6.5.1.2 Trommelmagnetscheider

Trommelmagnetscheider werden vorwiegend für die Abtrennung kleinerer bis mittelgroßer Eisenteile bis zu ca. 150 mm eingesetzt. Sie bestehen, wie in Abb. 6.29 gezeigt, aus einem feststehenden Magnetsystem und einem widerstandsfähigen Trommelmantel aus nicht magnetisierbarem Metall mit Abwurfleisten, der sich um das Magnetsystem dreht. Die Felderzeugung geschieht durch Elektro- oder Permanentmagnete. Es gibt Bauarten mit Parallelpol- oder Wechselpolanordnungen. Diese weisen in Drehrichtung der Trommel entweder eine gleichbleibende oder wechselnde Polarität auf. Parallele Pole gewährleisten ein gutes Ausbringen feinkörniger Fe-Partikel, während die Ausführungen mit Polen alternierender Vorzeichen eine höhere Reinheit des Eisenproduktes erzielen. Letzteres ergibt sich aus der Relativbewegung, die Eisenteile auf dem Trommelmantel beschreiben, wenn diese magnetisch umorientiert werden und dabei festgehaltene, nichtmagnetisierbare Materialien freigeben. Das Magnetsystem ist an der Trommelachse befestigt und lässt sich je nach Richtung und Art der Materialaufgabe verstellen.

Entsprechend der Materialzuführung wird in Abwurf- und Aushebescheider unterschieden. Im Abwurfscheider wird das zu sortierende Gut von oben kurz vor dem Scheitelpunkt der Trommel häufig mittels einer Schwingförderrinne aufgegeben. Die Trennung erfolgt in der Weise, dass nur magnetisierbare Bestandteile im Bereich des

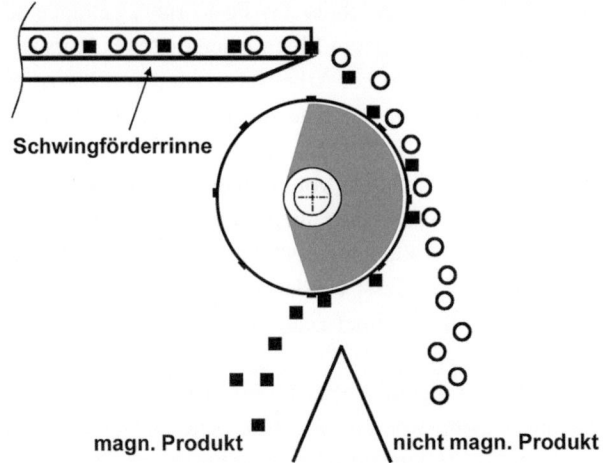

Abb. 6.29 Trommelmagnetscheider mit Parallelpolmagnetsystem

Magnetfeldes am Trommelmantel haften bleiben und separat vom übrigen Produktstrom unterhalb der Trommel hinter einem nichtmagnetisierbaren Scheitelblech aufgefangen werden. Der Vorteil der Abwurfscheider liegt darin, dass Fe-Teile direkt in den Bereich des stärksten Feldes gelangen und somit auch sehr kleine und schwächer magnetisierbare Partikel sicher separiert werden können.

Bei der aushebenden Betriebsweise von Trommelmagnetscheidern werden ferromagnetische Teile durch einen Luftspalt an den Trommelmantel angezogen und ähnlich wie beim Überbandmagnetscheider erst nach Verlassen des Feldes ausgetragen. Aushebende Trommelscheider sind in der Abfallaufbereitung in der Regel nur für spezielle Anwendungen anzutreffen. Sie werden z. B. in der Shredderschrott-Aufbereitung eingesetzt. Bei diesen Trommeln erzeugt ein Anzugspol ein besonders weit reichendes, starkes Magnetfeld, um den zerkleinerten und verdichteten Schrott sicher zu erfassen. Die zusätzlichen Pole dienen zum Weitertransport des Fe-Materials bis zum Abwurf und sind schwächer ausgebildet. Die Trommelmäntel sind in der Schrottsortierung starken Abriebsbeanspruchungen ausgesetzt und werden deshalb mit typisch 8 mm Wandstärke aus Manganhartstahl gefertigt.

6.5.1.3 Bandrollenmagnetscheider

Bandrollenmagnetscheider haben im äußeren Aufbau eine gewisse Ähnlichkeit mit Magnettrommeln. Die Aufgabe des Gutes erfolgt jedoch indirekt, indem die Rollen, wie Abb. 6.30 zeigt, einen Teil von Bandförderanlagen darstellen. Magnetrollen werden in die Kopfstation von Förderbändern eingebaut und übernehmen zumeist die Funktion der Antriebstrommel. Die Aufgabe des Gutes erfolgt immer von oben, d. h. diese Scheider arbeiten im Abwurfverfahren [25]. Im Gegensatz zu vergleichbaren Magnettrommeln

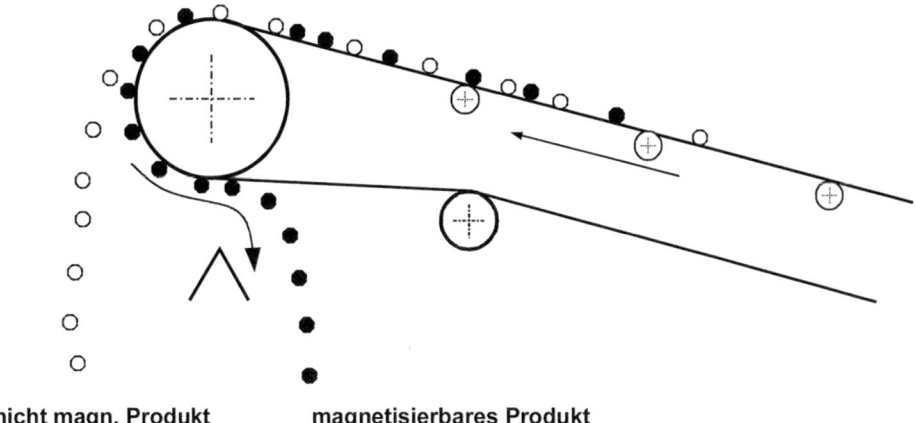

nicht magn. Produkt **magnetisierbares Produkt**

Abb. 6.30 Bandrollenmagnetscheider

sind zum Erreichen derselben Anzugs- und Haltekräfte stärkere Magnetsysteme notwendig, weil das Feld durch den umlaufenden Gurt geschwächt wird. Das Magnetsystem im Inneren der Trommel erstreckt sich über den gesamten Umfang und rotiert synchron mit dem Trommelmantel.

Das magnetisierbare Gut bleibt aufgrund des von Permanent- oder Elektromagneten erzeugten Magnetfeldes am Band haften und wird gesondert hinter einem Scheitelblech ausgetragen, während das restliche Material beim Abwurf die normale Wurfparabel beschreibt. Die Magnetfelder können so gestaltet werden, dass sie entweder parallel oder senkrecht zur Achse der Bandrollen verlaufen. Damit können Effekte ähnlich wie bei der Parallel- oder Wechselpolanordnung von Trommelmagnetscheidern erzielt werden. Magnetbandrollenscheider werden immer dann eingesetzt, wenn kein Platz für andere Magnetscheiderbauarten vorhanden ist, magnetische Antriebstrommeln nachträglich in vorhandene Gurtförderer eingebaut oder große Fördermengen mit geringem Eisengehalt verarbeitet werden sollen.

Sind Stoffströme weitgehend von magnetisierbaren Bestandteilen zu reinigen, empfiehlt sich eine mindestens zweistufige Sortierung. Abweichend von der Darstellung in Abb. 6.27 wird zunächst ein störstoffarmer Wertstoff mittels Überbandmagnetscheider gewonnen. Die Reinigung des Reststoffstroms übernimmt z. B. ein Trommelmagnetscheider mit hohem Ausbringen. Die qualitativen Unterschiede der Sortierprodukte einer solchen Anordnung zeigt Abb. 6.31. Entsprechend den Ausführungen in Abschn. 6.5 sind die ausgewiesenen Verbundmaterialien dem Zielprodukt zugeordnet, da sie unlösbare Verbunde darstellen, deren Hauptmassenanteil magnetisierbar ist. Einzig die Gruppe der Nichtmetalle ist als Fehlaustrag der Systeme zu bewerten.

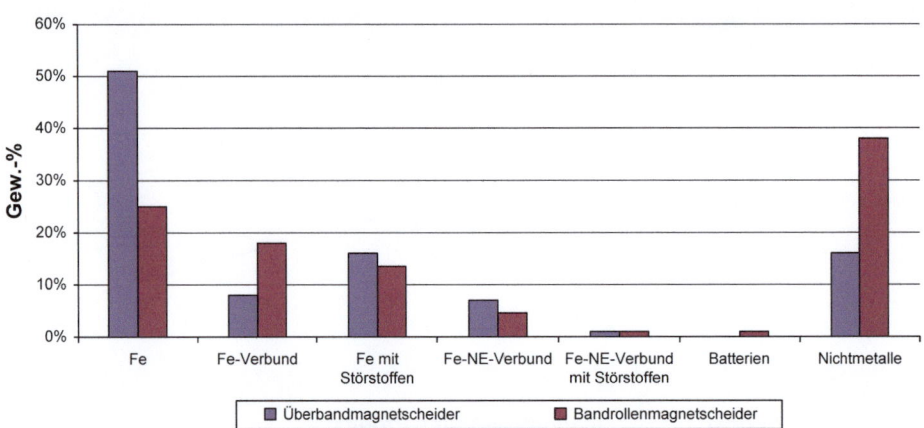

Abb. 6.31 Zusammensetzung von Magnetscheiderprodukten bei Reihenschaltung

6.5.2 Wirbelstromscheider

Wirbelstromscheider, oder auch *Nichteisen (NE)-Metallscheider* genannt, sind Sortiermaschinen, die speziell für den Einsatz im Recyclingbereich zur selektiven Abtrennung von NE-Metallen entwickelt wurden. Die Wirbelstromscheidung basiert darauf, dass in magnetischen Wechselfeldern nur in elektrisch gut leitfähigen Körpern eine Spannung induziert wird. Hierdurch kommt es zu einem Stromfluss auf in sich geschlossenen Pfaden, den sogenannten Wirbelströmen. Die Wirbelströme sind mit einem eigenen Magnetfeld umgeben, das dem Erregerfeld entgegen gerichtet ist. Die abstoßende Kraft der beiden Felder wird dazu verwendet, um eine Trennung nicht magnetisierbarer Metallteile von schlecht leitfähigen Materialien zu bewirken. Die Stärke der Auslenkung von NE-Metallen auf Wirbelstromscheidern und damit auch der Trennerfolg ist von einer Reihe von Parametern abhängig:

- Der Größe und Form der zu trennenden Bestandteile: Die verarbeitbare Kornspanne liegt zwischen etwa 1 und 150 mm. Je enger das Material vorklassiert ist, desto besser ist der Trennerfolg (Ideal: $d_U:d_O = 1:3$). Schlecht abtrennen lassen sich längliche und flächige Komponenten, wie feine Kupferdrähte und Aluminiumfolien.
- Dem elektrischen Widerstand und der Stoffdichte der zu trennenden Bestandteile: Der Quotient aus Leitfähigkeit und Stoffdichte ergibt ein direktes Maß für die abstoßende Kraft auf Metalle im magnetischen Wechselfeld. Aluminium lässt sich somit prinzipiell leichter auslenken als Messing. Eine selektive Trennung verschiedener NE-Metalle untereinander ist dennoch nicht zu erreichen, da die Einflüsse von Korngröße und Kornform die Abstoßungskräfte zu stark überlagern.
- Der Stärke und Reichweite des magnetischen Wechselfeldes: Die abstoßende Kraft auf ein NE-Metallteil wächst linear mit dem Quadrat der Induktion des

6 Aufbereitung fester Abfallstoffe

veränderlichen Magnetfeldes an. Das Aufgabegut sollte deshalb so dicht wie möglich über das Magnetsystem geführt werden.
- Der Frequenz des magnetischen Wechselfeldes: Hier gilt prinzipiell, dass feinere NE-Metallpartikel besser bei höheren Feldfrequenzen abgetrennt werden können.

Aus Abb. 6.32 gehen Aufbau und Wirkungsweise der heute häufig verwendeten Wirbelstromscheider hervor. Dabei ist in der aus faserverstärkten Kunststoffen bestehenden Kopftrommel eines Spezialgurtförderers ein schnell umlaufendes Polrad eingebaut. Dieses Polrad ist achsparallel auf seinem Umfang mit Permanentmagneten wechselnder Polarität versehen, wodurch sich im Bereich der Abwurfzone des Förderers ein veränderliches Magnetfeld mit einer Frequenz von bis zu ca. 1200 Hz (abhängig von der Polpaar- und der Drehzahl) ausbildet. Die Verwendung von Neodym-Eisen-Bor-Magneten und deren spezielle Anordnung auf dem Polrad gewährleisten ein weitreichendes Feld. Das Polrad kann konzentrisch oder exzentrisch [26] in der Kopftrommel gelagert sein.

Das Aufgabematerial wird zur Vergleichmäßigung mittels einer Schwingförderrinne möglichst in einer Einkornschicht auf den Gurt aufgegeben. Im Bereich des magnetischen Wechselfeldes werden nur in den leitfähigen metallischen Bestandteilen Wirbelströme induziert, wodurch diese selektiv und in nahezu radialer Richtung aus der Wurfparabel des Fördergutstromes ausgelenkt werden. Der Austrag erfolgt über ein verstellbares Scheitelblech. Somit lässt sich der Trennerfolg in Abhängigkeit von der Korngrößenverteilung und Art des Aufgabematerials durch Variation der Gurt- und Polradgeschwindigkeiten sowie der Lage des Polrades und des Austragscheitels in weiten

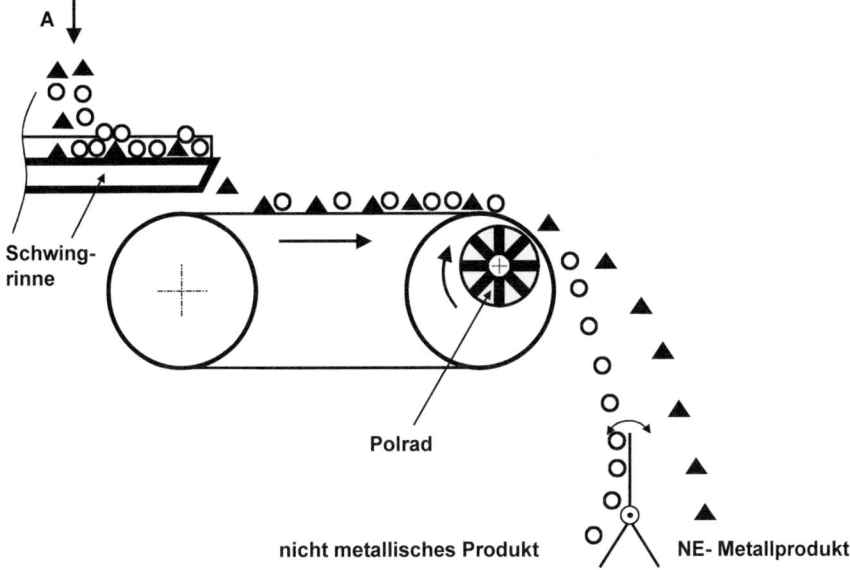

Abb. 6.32 Wirbelstromscheider mit exzentrisch angeordnetem Polrad

Grenzen anpassen, d. h. die Reinheit des NE-Metallproduktes wie auch das NE-Metallausbringen können nach Wunsch optimiert werden. Zur Abscheidung feinerer Fe-Teilchen, die den Trennvorgang erheblich behindern, sollte eine Magnetscheidung vorgeschaltet werden. Hier haben sich Trommelmagnetscheider in abwerfender Arbeitsweise bewährt.

Die Anwendungen von Wirbelstromscheidern in der Aufbereitung fester Abfälle erstrecken sich über den gesamten Bereich nichteisenmetallhaltiger Gemische. So werden sie unter anderem für die Abtrennung von NE-Metallen aus Altglas, Altholz, Leichtverpackungen, Kunstoffgemischen, Elektronikschrott, Schlacken sowie der Shredderschwerfraktion eingesetzt.

6.5.3 Sortierung im Luftstrom

6.5.3.1 Windsichter

Die Windsichtung erlaubt die Trennung von trockenen Feststoffen entsprechend ihrer Unterschiede in der Dichte, Korngröße und Kornform. Da sich diese Materialeigenschaften oft überlagern, muss das Aufgabegut so vorkonditioniert werden, dass ein Trennmerkmal genügend stark ausgeprägt ist. Das kann eine vorhergehende Siebklassierung sein, mit der z. B. eine Anreicherung flächiger Bestandteile in einem der Klassier-Produkte erzielt wird. Außerdem ist ein guter Trennerfolg nur dann gewährleistet, wenn das Verhältnis von oberer zu unterer Korngröße in der Windsichteraufgabe nicht mehr als 3 zu 1 beträgt.

Das Hauptanwendungsgebiet von Windsichtern in der Aufbereitung von Abfällen liegt in der Sortierung von Gemischen, die spezifisch leichte Bestandteile wie Kunststoffe, Papier, Schaumstoffe und dergleichen enthalten [27]. Typische Anwendungsgebiete sind die Abscheidung eines heizwertreichen Produktes aus vorklassiertem Hausmüll oder die Reinigung von Shredderschrott von nichtmetallischen Verunreinigungen. Das Funktionsprinzip von Windsichtern beruht darauf, dass ein Materialgemisch in einen Kanal eingebracht wird, der von einem Luftstrom definierter Geschwindigkeit durchströmt wird. Leicht flugfähige Stoffe werden dabei vom Luftstrom weiter transportiert und getrennt von den der Schwerkraft folgenden schwereren Bestandteilen ausgetragen. Windsichter kommen in der Praxis als Querstromsichter, Trommelsichter oder Nierensichter zum Einsatz.

> **Beispiel**
>
> Abb. 6.33 zeigt den Aufbau einer kompletten Querstrom-Windsichteranlage. Die Zuführung des zu trennenden Materials erfolgt über einen schnelllaufenden Gurtförderer (1), der gleichzeitig die notwendige Vereinzelung der zu sortierenden Partikel vor Eintritt in den Sichtraum gewährleistet. In den Sichtkanal (2) wird schräg von unten (8) ein von einem Ventilator (7) erzeugter Luftstrom eingeblasen, der die Trennung zwischen leichten und schweren Stoffen bewirkt. Das Schwergut fällt nach unten auf

6 Aufbereitung fester Abfallstoffe

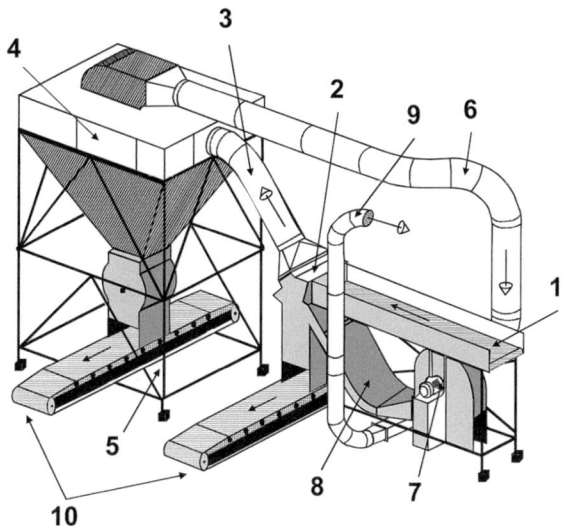

Abb. 6.33 Querstromwindsichter

einen Austraggurtförderer (10). Das Leichtgut wird über eine Rohrleitung (3) in den Abscheider (4) geführt (hier als großer Blechbehälter ausgeführt, in dem die Luftgeschwindigkeit so weit reduziert wird, dass die Feststoffe absinken). Das anfallende Leichtstoffprodukt wird über eine als Luftabschluss dienende Zellenradschleuse ebenfalls auf einen Gurtförderer (10) ausgetragen. Die Luft wird oben am Abscheider abgezogen und mit einer Rohrleitung (6) zur Saugseite des Ventilators zurückgeführt. Etwa 30 % der umlaufenden Luftmenge werden aus dem Kreislauf auf der Druckseite des Ventilators ausgeschleust und über eine Rohrleitung (9) einem Schlauchfilter zugeleitet. Dieses sogenannte Umluftverfahren dient im Wesentlichen dazu, das zu reinigende Luftvolumen zu begrenzen. Eine Teilabscheidung von Luft ist erforderlich, um die im Zulauf eingetragene „Falschluft" zu kompensieren. Als Nachteil wird in Kauf genommen, dass sich Staubpartikel in der Umluft anreichern können. ◀

Die Sichtluftgeschwindigkeit in der Trennzone des Sichterkanals kann mittels Drosselklappen genau eingestellt werden. Sie beträgt beispielsweise ca. 10 bis 12 m/s für die Abtrennung trockener Papiere, dünnwandiger Formkunststoffe und Kunststofffolien aus vorklassiertem Hausmüll. Das Ausbringen dieses heizwertreichen Leichtgutes liegt dabei mindestens bei 70 %. Die Luftmenge von Sichtern ist ausschließlich von der Geometrie des Sichterkanals abhängig. Der Durchsatz von Windsichtern ist durch die spezifische Beladung limitiert, die bei Beaufschlagung mit Siedlungsabfällen geringer Schüttdichte und Korngrößen von > 60 mm nicht höher als 0,35 kg Feststoff pro m^3 Sichtluft und Stunde betragen sollte.

Als weitere wichtige Bauart kommen Zick-Zack-Windsichter nach Abb. 6.34 etwa in der Altglasaufbereitung zur Abtrennung von Etiketten oder der Aufbereitung von Kunst-

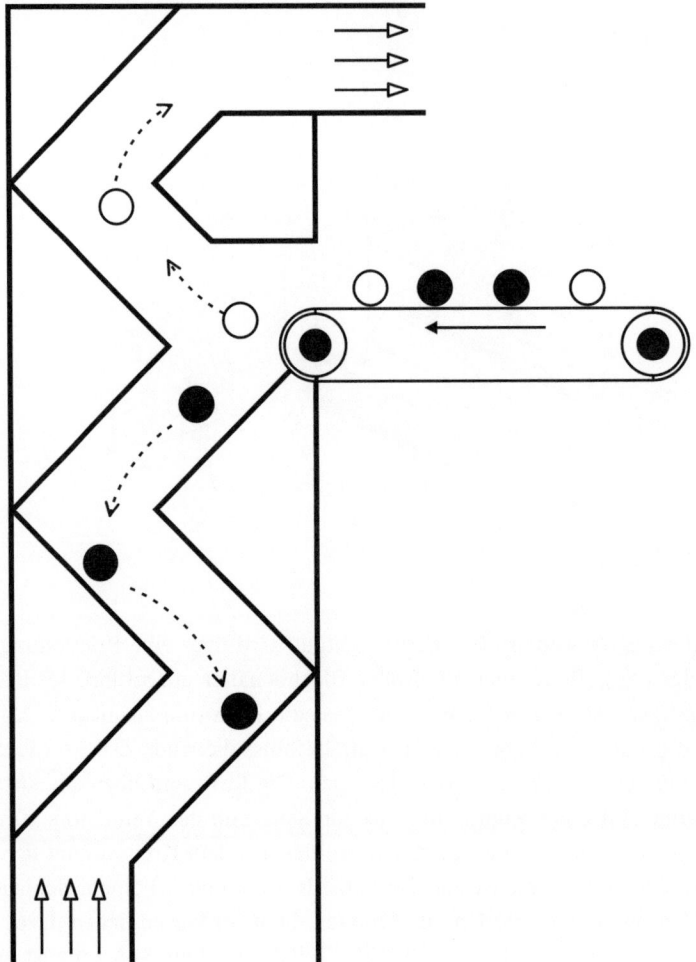

Abb. 6.34 Zick-Zack-Windsichter

stoffen in Flake-Größe < 10 mm zum Einsatz. Der zickzack-förmige Verlauf des Sichtkanals erlaubt eine mehrfache Passage von Feststoff durch den Sichtluftstrom und ermöglicht damit eine intensive Reinigung von durch relativ geringe Leichtgutanteile verunreinigten Feststoffen.

6.5.3.2 Luftherde
Luftherde wurden ursprünglich in der Landtechnik für die Auslese von Steinen aus Getreide und Sämereien entwickelt. Bei der Aufbereitung sekundärer Rohstoffe finden sie mittlerweile einen recht breiten Anwendungsbereich. Typische Einsatzgebiete sind die Sortierung von:

6 Aufbereitung fester Abfallstoffe

- Metallen und Isolierungen in der Kabel- und Elektronikschrottaufbereitung,
- Glas bei der Aufbereitung von PVC- oder Holzfenstern,
- Reinigung von Altglas-Scherben von abgelösten Papier-/Kunststofflabeln,
- Metallen, Steinen und Glas in der Altholzaufbereitung sowie
- Steinen und Glas in der Kompostveredlung.

Luftherde sind luftdurchströmte, geneigte Linearschwingsiebe. Mit den nur in Längsrichtung geneigten Bauarten lässt sich eine Sortierung in zwei Produkte erzielen. Auf Herden, die sowohl in Längs- als auch in Querrichtung geneigt sind, lassen sich neben je einem Leicht- und Schwergut zusätzlich verschiedene Produkte mittlerer Dichte wie z. B. oft noch nicht vollständig aufgeschlossene Verbundstoffe – zerkleinerte Altkabel o. ä. – abtrennen [28].

Aus Abb. 6.35 geht der Aufbau von Luftherden zur Zweiproduktentrennung hervor. Der nach unten durch einen Luftkasten abgeschlossene, auf Lenkerfedern ruhende Siebrahmen wird durch einen exzentrischen Schubkurbelantrieb in eine angenähert lineare Schwingbewegung versetzt. Die Siebfläche ist in Richtung Schwergutaustrag ansteigend und wird von unten mit Luft aus einem Ventilator beaufschlagt. Die Materialaufgabe erfolgt ungefähr in der Mitte des Siebes möglichst gleichmäßig über die gesamte Breite. Am Schwergutauslauf ist ein einstellbares Blech angeordnet, mit dessen Hilfe die Luftgeschwindigkeit nur in diesem Bereich gezielt verändert werden kann, um eventuell mitgerissenes Leichtgut zurück zu blasen. Der Austrag des Leichtgutes erfolgt über ein in

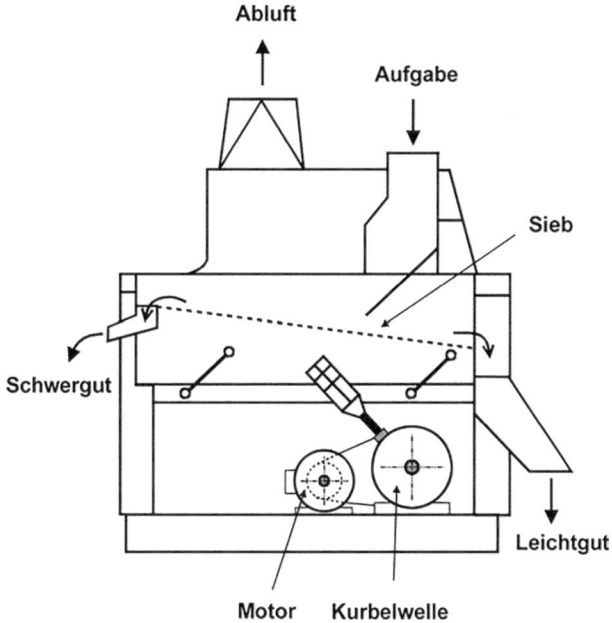

Abb. 6.35 Luftherd

seiner Höhe einstellbares Wehr. Dieses Wehr ist erforderlich, damit auf dem Siebbelag eine Mindestbelegung mit Partikeln als sogenanntes Fließbett sichergestellt werden kann. Oben ist der Herd mit einer nicht mitschwingenden Haube versehen. Die staubbeladene Luft wird über eine Öffnung in der Haube mit einem Ventilator abgesaugt. Der Ventilator hat druckseitig eine Abzweigung, durch die ca. 15 % der Gesamtluftmenge in ein Schlauchfilter ausgeschleust werden. Die Vorteile eines Teilumluftbetriebes können hier also genau wie bei Windsichtern genutzt werden.

Die Funktionsweise eines Luftherdes wird aus Abb. 6.36 ersichtlich. Das zu trennende Aufgabegut wird dem Gerät gleichmäßig zugeführt. Die durch die Siebfläche strömende Unterluft fluidisiert das auf dem Siebboden aufliegende Gut, sodass es sich entsprechend seiner Dichte und der Kornform schichtet. Spezifisch schwere Bestandteile verdrängen leichtere Teile und werden durch den Reibschluss mit der Siebfläche transportiert. Das stärker fluidisierte Leichtgut wandert aufgrund der Schwerkraft auf der geneigten Siebfläche abwärts und wird über ein Wehr ausgetragen. Luftherde sind im Allgemeinen trennschärfer als Windsichter. Das Trennergebnis lässt sich durch folgende Parameter beeinflussen:

- Den Korngrößenbereich des Aufgabematerials: das Verhältnis von oberer zu unter Korngröße sollte nicht mehr als 3 zu 1 betragen. Die obere Korngröße beträgt ca. 40 mm.
- Dem Masseverhältnis von Schwer- und Leichtgut: bei einem zu geringen Gehalt an spezifisch schweren Bestandteilen ist die Trennung schwierig, sodass leichtes Gut im Schwerprodukt fehlausgetragen wird.
- der Kornform des Aufgabematerials: eine gute Trennwirkung wird erzielt, wenn das Schwergut 3-D und das Leichtgut 2-D Form aufweist.
- der Luftgeschwindigkeit auf der Sieboberfläche: diese kann stufenlos über Drosselklappen eingestellt werden.
- der Richtung der Luftströmung: durch entsprechende Wahl der wechselbaren Siebe; bei Verwendung von Nasenlochblechen kann eine gerichtete Strömung erzielt werden.

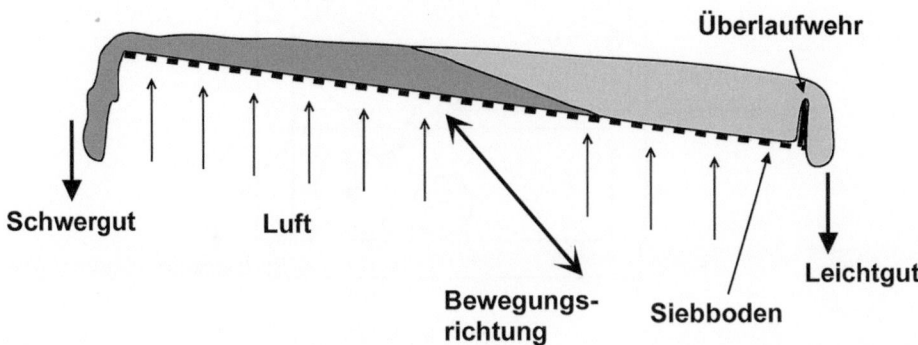

Abb. 6.36 Trennprinzip beim Zweiprodukten-Luftherd

6 Aufbereitung fester Abfallstoffe

- der Amplitude und Frequenz der Schwingung: die Schwingweite kann nur in engen Grenzen variiert werden, die Frequenz kann stufenlos zur Beeinflussung der Transportgeschwindigkeit eingestellt werden.
- der Längsneigung des Siebes: diese wird abhängig vom Massenanteil und der Form des Schwergutes justiert.
- der Beladung des Luftherdes: eine volumetrische Dosierung des Aufgabegutes ist für den stabilen Betrieb von Luftherden im optimalen Arbeitspunkt erforderlich.

6.5.4 Sortierung nach Form

Ebenfalls mit dem Begriff Sichter gekennzeichnet wird der *Paddelsichter*. Dieses Sortieraggregat arbeitet jedoch *nicht* nach dem Sichterprinzip mit einer vom Luftstrom unterstützten Trennung. Paddelsichter gehören zur Gattung der Rollgutscheider oder Ballistik-Separatoren, d. h. sie separieren nach der Partikelform in rollfähige 3-D Partikel und nicht rollfähige 2-D Partikel. Sie sind bauartbedingt mit einer weiteren Trennfunktion ausgestattet, die sich als Siebung bezeichnen lässt [29].

Nach Abb. 6.37 sind Paddelsichter mit einer aufsteigenden schrägen Ebene als segmentierte Trennfläche ausgestattet. Diese Ebene ist aus einzelnen Längselementen von

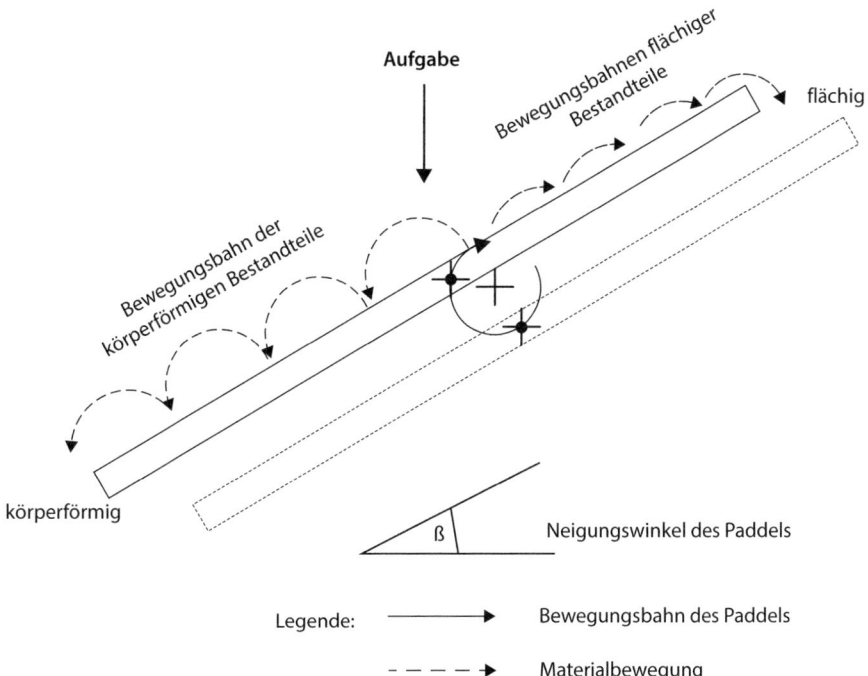

Abb. 6.37 Paddelsichter Prinzipskizze

ca. 150–300 mm Breite aufgebaut, deren Oberfläche mit Sieböffnungen ausgestattet sein kann. Diese als Paddel bezeichneten Längselemente werden von einem Kurbelmechanismus so bewegt, dass sie eine Aufwärtsbewegung in der oberen Höhenlage vollziehen und an ihren Ausgangspunkt in der unteren Höhenlage zurückkehren (Abb. 6.38). Die Amplitude der kreisförmigen Bewegung des Kurbelantriebs liegt in einer Größenordnung von ca. 100 mm. Bei einer mittigen Beschickung erhalten rollfähige Partikel zwar einen aufwärts gerichteten Impuls, die Schwerkraft in Verbindung mit ihrer 3-D-Form sorgt jedoch für eine abwärts gerichtete Bewegung und einen Austrag am tiefen Ende der Trennfläche. Flächige Partikel hingegen werden allein über den Reibschluss mit den Paddeln von diesen aufwärts bewegt und am hohen Ende der Trennfläche ausgetragen. Selbst für den Fall, dass die Paddel keine Sieböffnungen aufweisen, ergeben sich aufgrund der Bewegung zwischen benachbarten Paddeln Spalte, über die Feingut aufgrund der Schwerkraft die Trennebene verlassen kann.

Paddelsichter weisen eine nur beschränkte Trenneffizienz auf, d. h. die beiden Hauptfraktionen 2-D bzw. 3-D enthalten erhebliche Fehlausträge. Dennoch sind sie für die Konditionierung von Stoffströmen von hoher Bedeutung, insbesondere, wenn eine Einzelkornsortierung mit sensorbasierten Bandsortierern durchgeführt werden soll. Aufgrund des unterschiedlichen Bewegungsverhaltens von rollfähigen und nicht rollfähigen Partikeln können die Bandsortiermaschinen besser auf die Eigenschaften des jeweiligen, vorkonditionierten Gutstroms eingestellt werden.

Paddelsichter finden sich dementsprechend in zahlreichen Aufbereitungsanlagen vor der ersten sensorbasierten Sortierstufe. Aufgrund der konstruktiven Baubreite der Paddel eignen sich Paddelsichter für Korngrößen > 50 mm, d. h. sie werden erst nach einer Feinkornsiebung im Prozess angeordnet. Typische Anwendungen finden sich in der Aufbereitung von Verpackungsabfällen oder von Abfallgemischen im Comingled-System, sie sind aber ebenso notwendige Prozessstufen bei der Kunststoffaufbereitung.

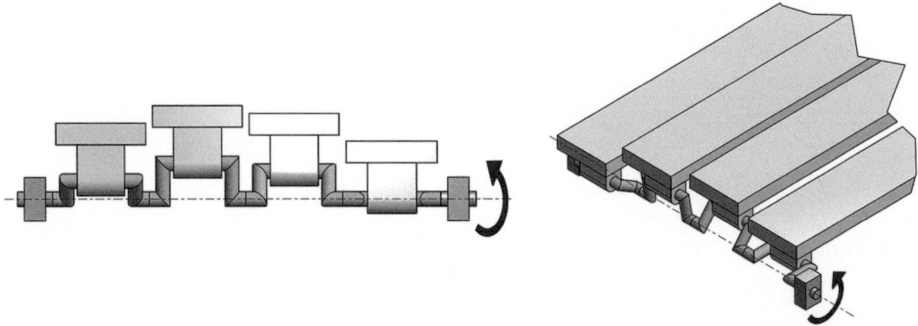

Abb. 6.38 Prinzipskizze Paddelsichter Ansicht

6.5.5 Nasse Dichtesortierung

Die Sortierung von Kunststoffabfallgemischen nach der Dichte der enthaltenen Komponenten ist eine weit verbreitete Methode zur Rückgewinnung bestimmter Kunststoffsorten. Bei der nassen Dichtetrennung gibt es grundsätzlich zwei Verfahren:

- Statisches Schwimm-Sink-Verfahren: Die Trennung erfolgt unter normaler Erdbeschleunigung g in flüssigkeitsgefüllten Behältern, sodass Teilchen mit geringerer Dichte als die Trennflüssigkeit aufschwimmen, während das Material mit höherer Dichte absinkt. Der Absetzvorgang wird durch turbulente Strömungen, die hauptsächlich durch Ein- und Austragsorgane sowie die Einspeisung von Prozessflüssigkeit verursacht werden, behindert. Häufig müssen zudem Maßnahmen ergriffen werden, um die Kunststoffoberflächen vor Eintrag in einen nassen Dichte-Sortierprozess zu hydrophilieren. Gelingt dies nicht, lagern sich Luftblasen an hydrophoben Oberflächen an und reduzieren so die Partikeldichte. Aufgrund der bei Kunststoffen zumeist geringen Dichteunterschiede im Bereich zwischen ca. 0,9 (Polyolefine) und 1,4 g/cm^3 (PET, PVC) und den damit verbundenen niedrigen Absetzgeschwindigkeiten müssen zudem sehr großvolumige Behälter mit entsprechendem Raum- und Flüssigkeitsbedarf verwendet werden. Die Anwendung dieser Trenntechnik, die gleichwohl durch einen einfachen Aufbau und relativ geringe Investitionskosten gekennzeichnet ist, stößt daher an systembedingte Grenzen was sich in Durchsätzen von maximal 2.500 kg/h niederschlägt.
- Trennung im Zentrifugalfeld: Die hierfür zur Verfügung stehenden Verfahren sind selektiver als statische Verfahren, da die Verweil- und Absetzzeiten aufgrund signifikant erhöhter Beschleunigung deutlich geringer sind. Außerdem liegen die Bedarfe an Raum und Flüssigkeit erheblich niedriger. In der Praxis haben sich Sortieraggregate wie Hydrozyklone und Sortierzentrifugen bewährt. Beispielhaft wird nachfolgend die Technik der Sortierzentrifugen vorgestellt.

Beschleunigungswerte bis zum ca. 1100-fachen der Erdbeschleunigung wirken in Vollmantelsortierzentrifugen auf die Partikel ein. Hiermit werden bei der Dichtetrennung von Kunststoffgemischen deshalb deutlich bessere Trennschärfen als mit anderen Aggregaten erzielt. Vor der Aufgabe in eine Sortierzentrifuge wird ein vorher zerkleinertes Materialgemisch im Korngrößenbereich < ca. 15 mm in einem Einrührbehälter mit Flüssigkeit angemaischt, um eine pumpfähige Suspension zu erhalten. Der Rührbehälter besitzt einen konisch ausgeformten Boden. Aufgrund der Schwerkraft sedimentieren schwere, kunststofffremde Bestandteile, wie beispielsweise Aluminium, am Behälterboden aus und werden aus der Mitte des Bodens mittels einer Siebförderschnecke entwässert ausgetragen. Im Rührbehälter erfolgt außerdem eine Hydrophilierung der Kunststoffoberflächen mit Reagenzien, um im Trennprozess eine Verfälschung der Dichte durch anhaftende Luftbläschen sicher zu verhindern.

Mittels einer Pumpe werden die in der Flüssigkeit dispergierten Kunststoffpartikel der Zentrifuge zugeführt. Die Zentrifuge besteht, wie in der Abb. 6.39 am Beispiel der

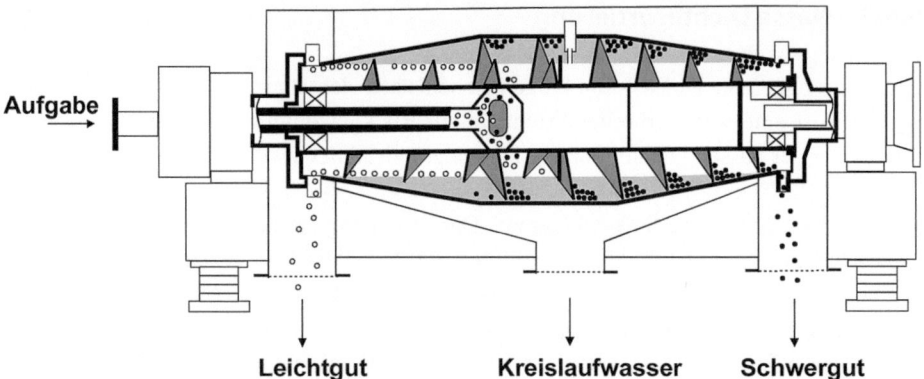

Abb. 6.39 Sortierzentrifuge (CENSOR® mit freundlicher Genehmigung der Firma Andritz Separation GmbH, Köln)

Sortierzentrifuge CENSOR® dargestellt, aus einer Trommel mit konisch zulaufenden Enden, in deren Innerem eine der Kontur angepasste, zweigeteilte Schnecke angeordnet ist [30]. Die Schnecke besitzt zwei gegenläufige Schneckenwendeln, die das Material in Richtung des jeweiligen Austrags an den Stirnseiten der Zentrifuge fördern. Sowohl die Trommel als auch die Schnecke rotieren gleichsinnig mit hohen Drehzahlen, die durchmesserabhängig bis zu 4000 min^{-1} betragen können. Die Schnecke wird, um eine Förderwirkung zu erzielen, mit einer etwas höheren Drehzahl betrieben.

Die Suspension wird durch eine Hohlwelle in den mittleren Bereich der Sortierzentrifuge gepumpt. Am Trommelmantel bildet sich durch die Zentrifugalbeschleunigung ein Flüssigkeitsring aus, dessen Tiefe durch die Lage der Auslaufdüsen der Trennflüssigkeit eingestellt wird. Die Suspension trifft auf die Oberfläche der Flüssigkeit auf und wird hierbei so starken Scherkräften ausgesetzt, dass eine praktisch vollständige Abtrennung von anhaftenden Schmutzteilchen und Luftblasen erfolgt. Die spezifisch leichten Feststoffpartikel mit geringerer Dichte als das Trennmedium schwimmen auf, werden von den Wendeln der Schnecke erfasst und zum Leichtgutaustrag gefördert. Die schweren Teile sedimentieren in Bruchteilen einer Sekunde im Flüssigkeitsmantel zum Zentrifugenmantel und werden von der Austragschnecke zum Schwergutauslauf transportiert. Im stirnseitennahen Bereich des jeweiligen Konus verlässt das Gut den Wassermantel und durchläuft eine Entwässerungszone, sodass beide Produkte mit 3 bis 8 % Restfeuchte weitgehend entwässert anfallen. Die mit dem Kunststoffgemisch eingebrachte Flüssigkeit wird zum Anmaischbehälter zurückgeführt und im Kreislauf geführt. Somit fällt kein Abwasser an. Wenn als Trennflüssigkeit Wasser benutzt wird, werden als Leichtgut die Kunststoffe mit einer Dichte < 1 g/cm^3 ausgetragen. Durch Einsatz von Trennflüssigkeiten mit höheren Dichten (Salzlösungen) können Kunststoffarten bis zu einer Dichte von ca. 1,4 kg/l und Dichteunterschieden von ca. 0,05 kg/l mit Reinheiten von mehr als 99 % zurückgewonnen werden.

6.5.6 Sensorbasierte Sortierung

Unter sensorbasierter Sortierung (SBS = sensor-based sorting) wird eine Einzelkornsortierung anhand berührungslos sensorisch messbarer Trennmerkmale verstanden. Dies können u. a. die Form, die Farbe, der Glanz, die Materialzusammensetzung oder die elektrische Leitfähigkeit sein. Die älteste Methode einer Einzelkornsortierung ist die Handklaubung, die auch heute noch praktiziert wird. Hierbei befindet sich das Sortierpersonal an einem mit ca. 0,15 m/s langsam laufenden Gurtförderer, entnimmt gezielt dem Förderstrom bestimmte Artikel und leitet diese in Abwurfschächte. Als Sensor wird das menschliche Auge in Verbindung mit der Kenntnis von Artikeleigenschaften eingesetzt, die Stofftrennung erfolgt durch Greifen einzelner Partikel. Die geringe Fördergeschwindigkeit, die begrenzte Trennkapazität von im Mittel etwa 1.800 Griffen je Stunde und die Beschränkung auf wenige optische Merkmale hat zur Automatisierung der Einzelkornsortierung geführt.

Von den übrigen zuvor vorgestellten Sortierverfahren unterscheidet sich die automatisierte Klaubung durch eine Trennung von Merkmalsidentifikation und physischer Abtrennung von Partikeln aus einem Stoffstrom. Diese Trennung erlaubt es im Gegensatz zu den physikalischen Trennverfahren mit Koppelung beider Funktionen, eine Interpretation von Merkmalen vorzunehmen und auf diesem Weg unterschiedliche Qualitäten mit identischem Trennapparat zu erzeugen.

Abgeleitet aus einer weit verbreiteten automatisierten Qualitätskontrolle bei landwirtschaftlichen Gütern wurden seit Anfang der 1990er Jahre Maschinen zur sensorbasierten Sortierung von Wertstoffen aus Abfallgemischen in der Recyclingwirtschaft eingeführt. Durch stete Entwicklungen werden laufend neue Anwendungsfelder erschlossen.

Sensorbasierte Sortierer bestehen grundsätzlich aus (i) einem Fördermittel zur Zuführung und Vereinzelung des zu sortierenden Materials, (ii) einem Sensorsystem zur Erkennung spezifischer Materialeigenschaften einzelner Bestandteile, (iii) einer digitalen Auswerteeinheit sowie (iv) einer Austragseinheit für die als Abweisgut detektierten Bestandteile. Neuentwicklungen sind heute häufig mit einer Kombination verschiedener Detektionsverfahren ausgerüstet, die mehrere Materialeigenschaften simultan erkennen und kombiniert auswerten können. Diese mit Multisensorik ausgerüsteten Maschinen gewährleisten einen besseren Trennerfolg als mit herkömmlicher Technik, insbesondere für komplex zusammengesetzte Abfallgemische mit hoher Merkmalsvielfalt. Ein spezieller Vorteil moderner, sensorbasierter Sortiermaschinen ist ihre Lernfähigkeit, die auf softwaregesteuerter Auswerteelektronik basiert. Dies ermöglicht eine gute Anpassungsfähigkeit an sich wandelnde Sortieraufgaben und eine vielseitige Anwendbarkeit bei Änderungen der Verfahrenstechnik oder abfallwirtschaftlicher Vorgaben.

Die wichtigste Voraussetzung zur Erzielung guter Trennergebnisse mit der sensorbasierten Sortierung ist eine angemessene Vorkonditionierung des Aufgabegutes. Deren Aufgabe besteht darin, Merkmale eines Stoffgemischs so einzugrenzen, dass die technischen Grenzen der Sortiertechnik nicht überschritten werden. Beispiele dafür sind:

- Flugfähige Bestandteile mit 2-D-Struktur können andere Partikel überdecken und deren Erkennung verhindern. Sie führen bei Transportgeschwindigkeiten oberhalb von ca. 1,5 m/s Relativbewegungen auf dem Fördermittel aus und verhalten sich damit abweichend vom übrigen Material. Die programmierte Zeit zwischen Detektion und Passage der Austragseinheit kann variieren und einen Austrag erschweren. Flugfähige Partikel sollten daher vor einer Sortierung von 3-D-Artikeln durch z. B. Windsichtung oder Ballistikseparation aus einem Gemisch entfernt werden. Durch technische Neuerungen können auf Bandsortierern neben höheren Durchsatzraten auch 2-D-angereicherte Fraktionen (z. B. Folien) als Wertstoff zurückgewonnen werden.
- Die Stofftrennung erfolgt überwiegend durch Auslenkung einzelner Partikel aus ihrer Flugbahn mittels gezielter Druckluftstöße. Düsenparameter können nur auf eine Auslegungsmasse und Auslegungsstückgröße dimensioniert werden. Zur Erzielung einer guten Trennschärfe sollte daher der Korngrößenbereich durch Vorklassierung so eingeengt werden, dass das Verhältnis von oberer zu unterer Korngröße nicht mehr als 3 zu 1 beträgt. Für ähnliche Partikel entspricht das Größenspektrum einem Stückmassenspektrum.
- Erfolgt eine Stofftrennung mittels Druckluftstößen, führt dies zu einer starken Staubentwicklung und ggf. Kontamination von Partikeloberflächen mit Schmutzteilchen. Eine Vorreinigung durch effiziente Absiebung feiner Partikel verhindert sowohl eine Staubentwicklung als auch eine Verschmutzung von sortierten Wertstoffen.
- Für die Güte einer Erkennung und Sortierung ist letztlich entscheidend, ob es gelingt, das Aufgabematerial den Sensoren als vereinzelte Monoschicht zu präsentieren. Dabei dürfen einzelne Komponenten nicht übereinander liegen oder sich gegenseitig berühren. Dies wird in der Regel über eine Kaskade von Gurtförderern oder geneigten Schurren erreicht, die ansteigende Transportgeschwindigkeiten gewährleisten. Schwingrinnen mit einer Fördergeschwindigkeit von ca. 0,3 m/s haben dabei als erstes Glied die Hauptaufgabe, das Material über die gesamte Aufgabebreite gleichmäßig zu verteilen.

Mit der automatisierten Einzelkorntrennung kann sowohl eine Positivsortierung (das als Wertstoff identifizierte Gut wird dem Stoffstrom entnommen) als auch eine Negativsortierung durchgeführt werden (alle Partikel, die die Qualitätsanforderungen eines Wertstoffs nicht sicher erfüllen, werden als Fremd- bzw. Störstoffe identifiziert und dem Stoffstrom entnommen). Um die Grenzen der pneumatischen Stoffstromtrennung zu unterschreiten und gleichzeitig den energieintensiven Bedarf des Mediums Druckluft zu minimieren, wird üblicherweise der kleinere Massenstrom ausgetragen.

Sensorbasierte Sortiermaschinen werden in den Bauarten *Bandsortierer* und *Rinnensortierer* für unterschiedliche Anwendungen eingesetzt. Bandsortierer sind nach Abb. 6.40 mit einem schnelllaufenden Gleit-Gurtförderer (1) ausgestattet, über den das zu sortierende Gut mit bis zu 4,5 m/s als Monoschicht in den Detektionsbereich geführt wird. Die Detektion kann von oben als Reflexionsmessung (3) in Verbindung mit einer Ausleuchtung des Detektionsfeldes (2), von unten als induktive Messung oder von unten

6 Aufbereitung fester Abfallstoffe

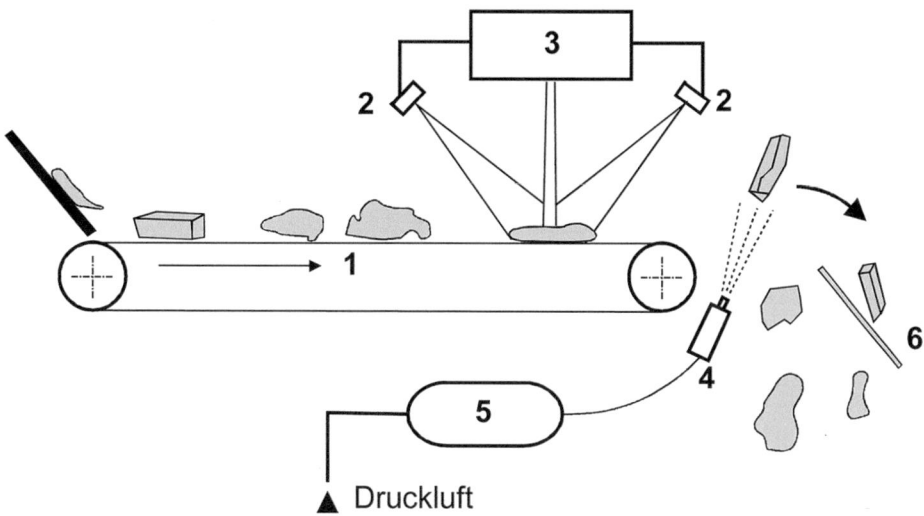

Abb. 6.40 Bandsortierer

nach oben als Transmissionsmessung erfolgen. An der Bandantriebsseite ist eine Düsenleiste (4) montiert, die für auszutragende Partikel die Flugbahn über einen Trennscheitel (6) verlängert. Düsenluftdruck im Vorratsbehälter (5) und Düsenquerschnitt können entsprechend der Aufgabenstellung variiert werden. Bandsortierer finden sich im Kornband von ca. 12,5–250 mm. Die Baugrößen liegen zwischen ca. 0,7 m und maximal 2,8 m Breite der Düsenleiste. Die Düsenabstände gewährleisten stets, dass das jeweils kleinste Partikel von einer Düse bewegt werden kann. Für Anwendungen mit unteren Partikelgrößen von z. B. 50 mm werden mehrere Düsen auf einer entsprechenden Breite zusammengeschaltet.

Einzige Voraussetzung zum Einsatz von Bandmaschinen ist, dass auf dem Band geförderte Partikel keine Relativbewegungen zum Band ausführen dürfen. Im Fall der Sortierung von Kunststofffolien oder Papieren mit geringer Partikelmasse und ausgeprägter 2-D-Stuktur muss die Transportgeschwindigkeit von etwa 3 m/s auf ca. 1,5 m/s reduziert werden, um Relativbewegungen durch Abheben von der Bandfläche sicher zu verhindern. Als Alternative zur Reduktion der Transportgeschwindigkeit werden technische Lösungen angeboten, die das Ziel haben, die Partikeleigenbewegungen auf dem Band durch gezielte Luftführung zu unterbinden. [31, 32] Hierbei wird ein Luftstrom mit gleicher Geschwindigkeit und Richtung wie die Transportgeschwindigkeit des Förderbands als anliegende Strömung parallel zum Förderband geführt. Dadurch bildet sich eine Art Luftpolster über dem Förderband aus, das den Zweck hat, die Einzelpartikel auf dem Band zu stabilisieren.

Beispiel

Ein Hauptanwendungsgebiet von Bandsortierern stellt der Einsatz in Sortieranlagen zur Separation von Verpackungsmaterialien dar. In modernen Anlagen mit Durchsätzen von bis zu 20 Mg/h sind tlw. mehr als 35 NIR-Sensormaschinen in mehrstufigen Sortierstufen integriert, um Verpackungskunststoffe als Vorkonzentrate einem werkstofflichen Recycling zuzuführen. [33] ◄

Rinnensortierer nach Abb. 6.41 werden immer dann eingesetzt, wenn Materialien mit Schüttguteigenschaften sortiert werden sollen. Die Schüttguteigenschaft ist mit einer ausgeprägten 3-D-Struktur verbunden, die auf Bandmaschinen zwangsläufig Relativbewegungen zum Transportband ausführen würden. Über langsam fördernde Vibrorinnen (Geschwindigkeit ca. 0,3–0,5 m/s) wird ein Gutstrom auf eine steile Rutsche übergeben. Darauf beschleunigen die Partikel nahe am freien Fall. Sie passieren Sensoren wie für die Bandsortierer beschrieben. Eine optische Detektion ist im freien Fall bei Bedarf auch als 360° Gesamtbild möglich, wenn mehr als eine Kamera eingesetzt wird. Die zumeist pneumatische Düseneinheit ist wenige cm unterhalb der Detektionseinheit positioniert.

Rinnensortierer werden bevorzugt im Kornband 3–20 mm eingesetzt. Es finden sich Baugrößen bis ca. 1,5 m Breite.

Von den zahlreichen Detektionsverfahren werden nachfolgend diejenigen vorgestellt, die eine ausreichende Verbreitung in der Recyclingwirtschaft gefunden haben. Einzelanwendungen sind im Folgenden nicht aufgeführt.

6.5.6.1 Nahinfrarot Technologie

Zur automatischen Erkennung organischer Stoffe kann die Spektralanalyse im Nahinfrarotbereich von ca. 780 bis ca. 2500 nm (NIR) verwendet werden.

Abb. 6.41 Rinnensortierer

6 Aufbereitung fester Abfallstoffe

Der Anwendungsbereich der NIR-Sortiermaschinen erstreckt sich auf die selektive Abtrennung von Getränkekartons, Papier, Pappe und Kartonagen, Holz, Windeln, Mischkunststoffen mit und ohne PVC sowie auf einzelne Kunststoffsorten wie PE, PP, PS, EPS, PA, PET und PVC [34, 35].

Die Abscheidung dunkelbrauner und rußgeschwärzter Materialien ist praktisch unmöglich, da das NIR-Licht weitgehend absorbiert wird, sodass keine reflektierte Strahlung den Sensor erreicht. Das Wertstoffausbringen beträgt deshalb in Abhängigkeit von der Beschaffenheit der Abfallgemische ca. 80 bis 90 %. Die erzielbaren Produktreinheiten erreichen 90 bis 97 Ma.-%. Bei Einsatz in mehrstufigen Prozessketten können Endqualitäten erzeugt werden, die Fremdanteile nur noch im ppm-Bereich aufweisen. Tab. 6.6 zeigt die Anwendung von NIR-Sortiertechnik in den Stoffsystemen.

Insbesondere durch maschinelle Lernverfahren, wenn also Algorithmen eigenständig relevante Muster aus Sensordaten extrahieren, können immer tiefergehende Anwendungsfelder durch die Klassifikation gemischter NIR-Spektren erschlossen werden. Beispiele hierfür sind die Unterscheidung von Multilayer-Kunststoffverpackungen nach enthaltenen Materialien [36] oder die Erkennung von Kunststoffflaschen mit vollständiger Ummantelung (Sleeve) [37].

6.5.6.2 Induktive Sensoren

Eine Metallsortierung erfolgt als Allmetallscheidung und betrifft sowohl Fe- als auch NE-Metalle sowie Edelstahl und Verbundstoffe mit metallischen Inhalten [38]. Je nach Anwendungsgebiet ergeben sich für die Metallprodukte nur mindere Qualitäten mit niedrigen Metallgehalten, da alle Metalle unabhängig von ihrem Massenanteil am Partikel detektiert und sortiert werden. Als Beispiel sei eine Baumwolljeans angeführt, deren Nieten, Knopf und Reißverschluss metallisch sind, jedoch nur einen Massenanteil von < 1 % ausmachen.

Die technische Grundlage der Metallerkennung stellen Spulen von ca. 12,5 bis 24 mm Durchmesser dar, die als Spulenbatterie unter dem Fördermittel angebracht werden. Passiert ein metallisches Partikel eine Spule, wird deren Feld messbar verändert und

Tab. 6.6 Anwendung der NIR-Sortierung in den Stoffsystemen

Stoffsystem/Anwendung	Hausmüll Gewerbeabfall	Mineral. Abfälle	Metallabfälle Elektroabfälle	Altkabel	Kunststoffe, Verpackungen	Holz, Grün- und Bioabfall	Papier, Papierverbunde	Industrieabfälle
Kunststoffe	×		×		×		×	×
Holz/Papier	×				×		×	
PVC	×							×
Getränkekarton	×				×			

damit das Partikel als metallhaltig detektiert. Der Austrag erfolgt pneumatisch oder für Anwendungen mit hohen Einzelstückmassen mittels Klappen. Typische Anwendungen (vgl. Tab. 6.7) finden Allmetallscheider mit induktiven Sensoren, wenn Stoffströme von Metallinhalten weitgehend gereinigt werden müssen. Hier steht ein maximales Wertstoffausbringen im Vordergrund, nicht aber eine hohe Reinheit des Metallproduktes. Sie dienen in der Hohlglas- und Kunststoffaufbereitung zur Abtrennung metallischer Verunreinigungen, werden aber auch zur Konditionierung von Brennstoffgemischen vor einer Agglomeration eingesetzt. Ein weiteres Anwendungsfeld stellt der Maschinenschutz dar, wobei insbesondere schneidend arbeitende Zerkleinerungsaggregate eine derartige Maßnahme verlangen.

6.5.6.3 Sensoren im Spektrum des sichtbaren Lichts

Das sichtbare Lichtspektrum zwischen 380 und 780 nm bietet für zahlreiche Anwendungen Möglichkeiten für eine präzise Detektion von Eigenschaften wie der Lage und Größe eines Partikels, der Form, der Farbe, speziellen Farbspektren oder anderen optisch wahrnehmbaren Oberflächeneigenschaften wie z. B. dem Glanz. Zum Einsatz kommen sowohl hochauflösende Schwarz-Weiß- als auch Farbkameras, die Auflösungen bis zu 0,1 mm bei Aufnahmefrequenzen im kHz-Bereich ermöglichen. Die bekannteste Anwendung (vergl. Tab. 6.8) liegt in der Hohlglasaufbereitung mit einer Sortierung nach

Tab. 6.7 Einsatz von induktiven Sensorsortierern

Stoffsystem/Anwendung	Hausmüll Gewerbeabfall	Mineral. Abfälle	Metallabfälle Elektroabfälle	Altkabel	Kunststoffe, Verpackungen	Holz, Grün- und Bioabfall	Papier, Papierverbunde	Industrieabfälle
Reinigung von Stoffströmen	×	× Glas	×	×	×		×	×
Vorkonzentrat von Metallen aus armen Gemischen	×		×					×
Edelstahlsortierung nach Magnet- und Wirbelstromscheider			×					×

6 Aufbereitung fester Abfallstoffe

Tab. 6.8 Einsatz von Sensoren im sichtbaren Lichtspektrum

Stoffsystem/Anwendung	Hausmüll Gewerbeabfall	Mineral. Abfälle	Metallabfälle Elektroabfälle	Altkabel	Kunststoffe, Verpackungen	Holz, Grün- und Bioabfall	Papier, Papierverbunde	Industrieabfälle
Farbe		× Glas	×					×
Spezielles Farbspektrum							× Druckfarbe	
Größe + Lage in Verbindung mit anderen Sensoren	×		×				×	×
Form u. a			×					×

den Farben weiß, braun und grün; aber auch im Bereich mineralischer Rohstoffe eignet sich die Farbe als Sortierkriterium für unterschiedliche Mineralien oder Gesteine. In der Metallaufbereitung lassen sich insbesondere Nichteisenmetalle nach Farbkriterien sortieren (Kupfer, Messing, Zink, Aluminium). Bei der Reinigung von Deinkingqualitäten des Altpapiers besteht die Möglichkeit, das Spektrum wasserlöslicher Druckfarben eindeutig zu identifizieren [39, 40].

Sofern eine Kombination verschiedener Sensoren zum Einsatz kommt, ist in einigen Fällen eine Lage- und Größenbestimmung erforderlich, die mit Kameratechnik im sichtbaren Lichtspektrum vorgenommen wird. Werden Form- und andere optische Merkmale mithilfe bildauswertender Verfahren bestimmt, bedarf es ebenfalls hochauflösender Kameratechnik. Neueste Entwicklungen nutzen aufgenommene Farbbilder zudem zur objektbasierten Klassifizierung verschiedener Verpackungstypen bspw. zur Differenzierung von PE-Silikonkartuschen mit Silikonrestinhalten, die sich negativ auf dem nachfolgenden Recyclingprozess auswirken, von anderen PE-Hohlkörpern [41, 42].

6.5.6.4 Röntgentransmissionsmessung

Röntgenwellen liegen im Spektralbereich zwischen 10 und 0,001 nm. Sie durchdringen das zu detektierende Sortiergut, wobei abhängig von der Materialdicke und der Materialdichte ein Teil der Strahlung absorbiert wird. Um den Einfluss unterschiedlicher Dicken auszugleichen, arbeiten die Röntgendetektoren mit Strahlung auf zwei verschiedenen Energieniveaus. Die Messdaten werden zu Farbbildern verarbeitet, wobei einzelnen Elementen Farben zugeordnet werden. Die Auswertung ermöglicht eine gezielte Selektion nach Flächenanteilen einzelner Farben, sodass nicht nur reine Partikel, sondern auch Verbundmaterialien identifiziert werden können. Da es sich bei der Röntgendetektion um ein

Transmissionsverfahren handelt, sind Emitter und Detektor über bzw. unter dem Transportband angeordnet. Aus Gründen des Strahlenschutzes ist der gesamte Detektionsbereich im Gegensatz zu den meisten reflektiv messenden Verfahren mit gekapselt.

Nach Tab. 6.9 finden sich vermehrt Anwendungen für die Röntgensortierung. Von besonderem Interesse sind alle Metallgemische, in denen sich leichte Metalle wie Aluminium deutlich von schweren Metallen wie Kupfer, Messing, Zink oder Edelstähle unterscheiden lassen. Weiterhin kann nach Materialdicken unterschieden werden, sodass über dieses Merkmal auch unterschiedliche Legierungen sortiert werden können. Auch Gerätebatterien lassen sich mit einem durchleuchtenden Verfahren nach Typen klassifizieren. Daneben bietet sich auch ein Einsatz zum Maschinenschutz an, sofern empfindliche Verfahren zum Einsatz kommen, die durch Mineralien oder Metalle beschädigt oder zerstört werden.

6.5.6.5 Röntgenfluoreszenz

Röntgenfluoreszenzanalyse (XRF) basiert auf der Beobachtung der Sekundärfluoreszenz, die durch die Anregung von Atomen und Ionen mit Röntgenstrahlung verursacht wird. Eine ausreichende Energie der Röntgenstrahlung löst Elektronen aus der inneren Schale eines Atoms heraus, wodurch das Atom instabil wird. Elektronen aus der äußeren Schale ersetzen die freigesetzten Elektronen, wobei charakteristische Energie (Fluoreszenzspektren) emittiert wird. Diese Energie entspricht der Bindungsenergie der inneren und äußeren Schale, die für ein bestimmtes Element charakteristisch ist und somit eine Bestimmung der Elementart ermöglicht.

Die XRF-Analyse eignet sich für den Nachweis von schweren Elementen, zum Beispiel bei der Sortierung von Edelmetallen, Metallschrott und Bleiglas [39]. Aufgrund der hohen Anforderungen an die kurze Dauer der Messzeit bei Sortieranwendungen kann bisher nur eine begrenzte Anzahl von Elementen und nicht die vollständige Zusammensetzung jedes Partikels nachgewiesen werden [40].

Tab. 6.9 Einsatz von Röntgensortierern

Stoffsystem/Anwendung	Hausmüll Gewerbeabfall	Mineral. Abfälle	Metallabfälle Elektroabfälle	Altkabel	Kunststoffe, Verpackungen	Holz, Grün- und Bioabfall	Papier, Papierverbunde	Industrieabfälle
Spezielle Werkstoffe		× Glas	×					×
Maschinenschutz	×		×	×			×	×

6.5.6.6 Laser induzierte Plasma-Spektroskopie

Mittels Laser induzierter Plasma-Spektroskopie (LIBS)-Technologie werden durch Hochenergie-Laser Plasmen erzeugt, die eine Erkennung von Stoffgemischen nach elementarer Zusammensetzung, z. B. von Mineralen sowie diverser Aluminium-Legierungen, ermöglichen. Für den Einsatz von LIBS sind diverse Sensoriken zu kombinieren. Zur Standortbestimmung sowie zur Höhenerfassung der auf einem Förderband bewegten Partikel wird eine Farbkamera mit einem schwachen I-Laser kombiniert. Im Anschluss werden durch einen fokussierten Hochenergielaser bestrahlte Oberflächenanteile der Partikel verdampft und die dabei emittierten Plasmen auf ihre spektrale Zusammensetzung analysiert. Der Materialaustrag kann, wie bei anderen Sensoren, bspw. mittels koordinatengenauer Druckluftstöße oder mechanischer Greifer erfolgen. Beispielhafte Anwendungen von LIBS sind die Sortierung verschiedener Aluminiumlegierungen oder die Klassifizierung von Feuerfestmaterialien [43, 44].

6.5.6.7 Weitergehende Potenziale von Sensortechnik

Weitergehende Potenziale von Sensortechnik ergeben sich aus den Möglichkeiten einer weiteren Nutzung der Sensordaten entlang der Wertschöpfungskette. Bereits heute lassen sich in Kombination mit Erkennungsalgorithmen Stoffströme digital und in (nahezu) Echtzeit vermessen und auswerten [45]. In einem weiteren Schritt könnten Trennprozesse durch angepasste Parametrierung adaptiv auf wechselnde Stoffstromzusammensetzungen optimiert werden, wenn Ursache-Wirkprinzipien weiter erforscht werden. Auch für abfallwirtschaftliche Belange bietet sich die Generierung stoffstromspezifischer sensorbasierter Daten an, wie z. B. für die Bewertung von Sammelqualitäten. So lassen sich Mülltonneninhalte beim Entleervorgang scannen, wodurch konkrete Rückschlüsse auf Inputqualitäten gezogen werden können [46]. Darüber hinaus erscheinen sensorbasierte kettenbezogene Prozessbewertungen wie auch die Entwicklung neuer Geschäftsmodelle bei der Vermarktung von Vorkonzentraten inzwischen umsetzbar [47].

Zudem eröffnet die Nutzbarmachung neuer Unterscheidungsmerkmale wie die durch z. B. anorganische Fluoreszenz-Marker [48] oder digitale Wasserzeichen [49] weitere Potenziale. Neben der verbesserten Sortierwirkung können durch die Codierung eine Vielzahl auch recyclingrelevanter Informationen vermittelt werden. Auch eine herstellerspezifische Rückführung von Verpackungen erscheint dann denkbar, wenn marktspezifische und logistische Rahmenbedingungen geklärt werden.

6.6 Verfahrensentwurf

Aufbereitungsverfahren stellen eine sinnvolle Kombination verschiedener Prozessstufen dar, die häufig aus den Hauptgrundoperationen Zerkleinerung, Klassierung und Sortierung bestehen. Hinzu kommen nach den jeweiligen Erfordernissen Entstaubungs-, Entwässerungs-, Trocknungs- und Fördereinrichtungen sowie auch Maschinen zur Materialverdichtung. Die Anzahl der Verfahrensstufen richtet sich im Wesentlichen nach der

Komplexität der Zusammensetzung des Aufgabematerials und nach der gewünschten Qualität der angestrebten Sortierprodukte.

Neben den technologischen Möglichkeiten sind in der Verfahrensgestaltung auch wirtschaftliche Gesichtspunkte zu berücksichtigen: So werden im Ergebnis der Aufbereitung neben Produkten mit positiven Erlösen auch Nebenprodukte erzeugt, die u. U. nur mit deutlichen Zuzahlungen an die nachfolgenden Kettenglieder abgegeben werden können, d. h. zu den Betriebskosten fallen zusätzlich negative Erlöse an, die je nach Art und Menge der Abfallzusammensetzung sowie des Wirkungsgrades der Anlage erheblich sein können [50].

Die Entwicklung von Aufbereitungsverfahren erfordert deshalb unter Berücksichtigung wirtschaftlich-technologischer Aspekte sowohl die Kenntnis der rohstofflichen Eigenschaften von Abfällen als auch der Leistungsfähigkeit der einzusetzenden maschinellen Ausrüstung [51].

Der Entwurf kompletter Aufbereitungsverfahren wird vor allem von folgenden Punkten beeinflusst:

- Wenn ein Aufgabegut einen hohen Anteil an Verbundstoffen enthält, ist eine Aufschlusszerkleinerung unumgänglich. Dies wird bei der Verarbeitung des Verbundstoffsystems Altauto deutlich, für die ein zielgerichteter Zerkleinerungsprozess zum Aufschluss von Schwer- und Leichtfraktion grundsätzlich die erste Prozessstufe bildet.
- Wenn im Aufgabegut Stoffgruppen vorliegen, die vorzugsweise in bestimmten Korngrößenklassen zu finden sind, bietet sich an, diese mittels Siebklassierung abzutrennen. Damit werden diese Materialien vorangereichert und können mittels nachfolgender Verfahrensstufen weiter aufkonzentriert werden. So ist es in der Hausmüllaufbereitung sinnvoll, schon in den Eingangsstufen eines Verfahrens bei ca. 60–80 mm zu klassieren, um den größten Anteil der enthaltenen organischen Bestandteile wie Küchenabfälle im Siebfeinen auszutragen.
- Wenn im Aufgabegut wenige grobe und schwere Bestandteile enthalten sind, die zu Störungen des Betriebsablaufes führen können, sollten diese mittels Siebklassierung entfernt werden. Zur Aufbereitung von Müllverbrennungsasche kann dies mit einem Stangenrost durchgeführt werden.
- Die Trenngüte von Sortierstufen wird grundsätzlich deutlich verbessert, je enger der angebotene Korngrößenbereich vorklassiert ist. Darüber hinaus eignet sich die Klassierung auch zur Mengenstromteilung, um einzelne Prozessstufen nicht zu überlasten. Wenn sich die Schüttdichten der Siebprodukte unterscheiden, ist auch eine Volumenstromteilung möglich.
- Das Trennergebnis von Sortierstufen wird ebenfalls deutlich verbessert, wenn störende Bestandteile in vorgeschalteten Konditionierschritten abgetrennt werden. In der Eisenabscheidung mittels Überbandmagnet werden beispielsweise Kunststofffolien fehlausgetragen, die auf Fe-Teilen liegen. Daher ist eine vorgeschaltete Windsichtung zur selektiven Folienabtrennung in der Regel sinnvoll.

- Die Auslegung von Anlagen erfolgt ebenso wie die Auslegung einzelner Prozesse nach dem zu behandelnden Volumendurchsatz. Dieser ergibt sich aus der Schüttdichte einzelner Stoffströme, die sich mit jedem Auflockerungsvorgang oder Trennprozess verändern kann. Die Kenntnis von Schüttdichten einzelner Stoffströme bildet die wesentliche Grundlage für jeden Anlagenentwurf.
- Die Vergleichmäßigung von Volumenströmen im Zulauf zu Sortiermaschinen verbessert deren Trennergebnis. Insbesondere für einzelkornbasierte Trennverfahren, wie z. B. die sensorbasierte Sortierung, wird das Sortierergebnis durch die Wirksamkeit von Maßnahmen zur Vorkonditionierung erheblich beeinflusst. Optimale Bedingungen sind gegeben, wenn der Stoffstrom eng vorklassiert wird und eine gleichmäßige Volumenstrombeaufschlagung mit räumlicher Abgrenzung zwischen den Partikeln gewährleistet ist, um deren eindeutige Erkennung und Abtrennung zu ermöglichen.
- Gezielte und regelmäßige Zudosierung oder angepasste Geschwindigkeit ausgewählter Förderbänder sind hierfür Maßnahmen, deren technische Wirkung aber durch den Nicht-Schüttgutcharakter vieler Abfallstoffe (nicht fließ- und dosierfähig) begrenzt ist.
- Schüttdichten variieren entsprechend wechselnder Zusammensetzung von Eingangsstoffströmen in Aufbereitungsanlagen. Da in der Aufbereitungspraxis weitgehend auf eine Rohstoff-Vergleichmäßigung verzichtet wird, ist der Anlagendurchsatz durch starke Schwankungen der Zusammensetzung geprägt. Gründliche Kenntnisse der Zusammensetzung und dem unter Betriebsbedingungen zu erwartenden Schwankungsbereich sind eine weitere, notwendige Grundlage für den Anlagenentwurf.
- Aufbereitungstechnik wird auf der Grundlage empirischer Daten der Hersteller ausgelegt. Je besser die zu erwartenden Betriebsbedingungen hinsichtlich Abfallzusammensetzung und Schüttdichten beschrieben werden können, umso präziser können Vergleichsdaten aus Erfahrungswerten identifiziert werden.

Fragen zu Kap. 6

Abschn. 6.1

1. Worin unterscheidet sich die mechanische von der thermischen Verfahrenstechnik?
2. Welche Grundoperationen gibt es in der Aufbereitungstechnik?

Abschn. 6.2

3. Beschreiben Sie den Kennwert „Schüttdichte".
4. Warum sollte eine Abfallzusammensetzung statistisch ausgewertet werden?

Abschn. 6.3

5. Welchen Zielen dient die Abfallzerkleinerung?
6. Welche Stoffgruppen können vorteilhaft mit Rotorscheren zerkleinert werden?
7. Warum schneiden Rotorscheren das Aufgabematerial streifenförmig?
8. Welche Beanspruchungsart ist vorherrschend in Einwellenzerkleinerern (EWZ)?
9. Für welche Anwendungsbereiche werden EWZ genutzt?
10. Worin liegen die Unterschiede zwischen Schneidmühlen und Einwellenzerkleinerern?
11. Welche Unterschiede gibt es zwischen Kammwalzenzerkleinerern und Rotorscheren?
12. Welche Beanspruchungsarten sind bei Kammwalzenzerkleinerern vorherrschend?
13. Welche Hauptbeanspruchungsarten sind bei Schraubenmühlen gegeben?
14. Welche Hauptbeanspruchungsarten treten in Hammermühlen auf?
15. Wozu werden Shredder verwendet?
16. Welche Abfallstoffe werden mit Prallmühlen verarbeitet?
17. Durch welche Betriebsparameter wird die Endkorngröße bei Prallmühlen beeinflusst?

Abschn. 6.4

18. Was besagt der Siebwirkungsgrad?
19. Was wird als siebschwieriges Material bezeichnet?
20. Welche Abfallstoffgemische werden vorzugsweise mit Trommelsieben behandelt?
21. Worin unterscheiden sich Linear- und Kreisschwingsiebe?
22. Weshalb müssen Kreisschwingsiebe immer geneigt eingebaut werden?
23. Für welche Klassieraufgaben werden Spannwellensiebe bevorzugt eingesetzt?
24. Wie wird bei Spannwellensieben der Materialtransport erzielt?
25. Welche Bauarten werden unter dem Begriff „bewegte Roste" zusammengefasst?

Abschn. 6.5

26. Welche wichtigen Trennmerkmale gibt es in der Abfallaufbereitung?
27. Wie erfolgt die Bestimmung des Trennerfolges in der Abfallaufbereitung?
28. Welche Materialeigenschaft wird zur Stofftrennung mit Magnetscheidern verwendet?
29. Weshalb lassen sich mit gebräuchlichen Magnetscheidern keine Edelstähle abtrennen?
30. Weshalb müssen Bauteile im Feld von Überbandmagnetscheidern (ÜMS) aus nichtmagnetisierbaren Stoffen bestehen?
31. Wie können Fehlausträge durch Mehrfachlagerung im Feld von ÜMS vermieden werden?

6 Aufbereitung fester Abfallstoffe

32. Worin unterscheiden sich Parallel- und Wechselpolsysteme?
33. Worin liegen die Unterschiede zwischen Trommel- und Bandrollenmagnetscheidern?
34. Wann werden Bandrollenmagnetscheider bevorzugt eingesetzt?
35. Erläutern Sie das Funktionsprinzip von Wirbelstromscheidern.
36. Von welchen Parametern ist der Trennerfolg auf Wirbelstromscheidern abhängig?
37. Welche Trennmerkmale von Abfällen werden bei der Windsichtung genutzt?
38. Welche Vorteile ergeben sich beim Umluftbetrieb von Windsichtern?
39. Welche Trennkriterien sind maßgeblich für eine erfolgreiche Sortierung mittels Luftherd?
40. Worin unterscheiden sich Hydrozyklone und Sortierzentrifugen?
41. Welche Trennkriterien werden bei der sensorbasierten Sortierung verwendet?
42. Aus welchen Einzelkomponenten bestehen grundsätzlich sensorbasierte Sortierverfahren?
43. Welche Bestandteile können mit Nahinfrarot (NIR)-Sortiermaschinen abgetrennt werden?
44. Mittels welcher Art von Sensorik können Metallteile selektiv erkannt werden?

Abschn. 6.6

45. Welche Kriterien beeinflussen den Entwurf kompletter Aufbereitungsverfahren?
46. Wodurch wird die Anzahl der Prozessstufen in Aufbereitungsverfahren bestimmt?

Literatur

[1] Küppers, B.: Bergbau und Hüttenwesen, Literatur aus vier Jahrhunderten, S. 130 f., Shaker Verlag, Düren, 2002.
[2] Schubert, H.: Aufbereitung fester Stoffe, Band 1, S. 15 f., Deutscher Verlag für Grundstoffindustrie, Leipzig, 1975.
[3] Schubert, H. (Hrsg.): Handbuch der Mechanischen Verfahrenstechnik, S. 101 f., 299 ff, Wiley-VCH, Weinheim, 2003.
[4] Schubert, H.: Aufbereitung fester Stoffe, Band 1, S. 96, Deutscher Verlag für Grundstoffindustrie, Leipzig, 1975.
[5] n.n. SID SA Firmenschrift: „SID SA – Experience SID Quality", https://sidsa.ch/shredders/series-s/, Zugriffsdatum: 28. November 2022
[6] n.n. Weima WEIMA Maschinenbau GmbH Produktseite „Zerkleinerer von WEIMA", 2022, https://weima.com/de/zerkleinerer/, Zugriffsdatum: 28. November 2022
[7] n.n. Komptech GmbH Website, 2022, https://www.komptech.com/de/produkte-komptech/pdetails/terminator.html, Zugriffsdatum: 28. November 2022
[8] Feil, A., Pretz, T.: Ungenutzte Potenziale in der Abfallaufbereitung [Unexploited potentials in waste processing]. In: Pomberger, R. (Ed.), Recy & DepoTech 2018: Vorträge-Konferenzband zur 14. Recy & DepoTech-Konferenz. AVAW-Eigenverlag, Leoben, 2018.
[9] n.n. Metso: „Lindemann™ ZZ Series", 2022, https://recycling.metso.com/product/shredders/metal-shredders/texasshredder-ps-shredders/, Zugriffsdatum: 28. November 2022

[10] n.n. Hazemag, Materialrückgewinnung mit Recyclinganlagen, Prallbrecher, 2022, https://www.hazemag.com/de/products/prallbrecher/, Zugriffsdatum: 28. November 2022
[11] Mineralische Nebenprodukte und Abfälle 2, S. 217 ff, Hrsg. K.J. Thomé-Kozmiensky, 2015, Vivis Verlag, Neuruppin, 2015.
[12] n.n. Voith GmbH Webseite: „IntensaPulper IP-R. Energy-efficient LC pulping of recovered paper", 2015, https://voith.com/corp-de/papierherstellung/aufloesung.html?119740%5B%5D=7, Zugriffsdatum: 28. November 2022
[13] Bunge, R.: Mechanische Aufbereitung, Primär- und Sekundärrohstoffe, S. 13 f, Wiley-VCH, Weinheim, 2012.
[14] Schubert, H.: Aufbereitung fester Stoffe, Band 1, S. 239 f., Deutscher Verlag für Grundstoffindustrie, Leipzig, 1975.
[15] Schmidt, P., Körber, R., Coppers, M.: Sieben und Siebklassierung, S. 18 ff, Wiley-VCH, Weinheim, 2003.
[16] n.n. IFE Aufbereitungstechnik GmbH Firmenschrift: „Müllsiebe", 2015, https://www.ife-bulk.com/produkte/muellsieb, Zugriffsdatum: 28. November 2022
[17] n.n. Allgaier Process Technology GmbH Firmenschrift: „Taumelsiebmaschinen TSM / tsi", 2016, https://www.allgaier-process-technology.com/Downloads/Kompetenzen/Sieben/Vibrations-Taumelsiebmaschinen%20VTS/APT_Vibrations-Taumelsiebmaschinen_VTS_DE.pdf, Zugriffsdatum: 28. November 2022
[18] n.n. Hein, Lehmann GmbH: „Spezialisten für anspruchsvolle Aufgaben", 2022, https://www.heinlehmann.de/fileadmin/user_upload/produktgruppenbroschuere-siebmaschinen-200901_2K_web.pdf, Zugriffsdatum: 28. November 2022
[19] n.n. Spaleck GmbH & Co. KG Webseite: „Stangensizer", 2022, https://www.spaleck.de/siebmaschinen/stangensizer/, Zugriffsdatum: 28. November 2022
[20] n.n. Backers Maschinenbau GmbH Firmenschrift: „Sternsiebmaschinen – Sieben. Separieren. Mischen. Brechen.", https://backers.de/images/downloads/de/prospekte/Prospekt_Sternsieb_042018.pdf, Zugriffsdatum: 28. November 2022
[21] Westerkamp, K.U., Stockhowe, A.: Problemlösungen für die Klassierung siebschwieriger Materialien, Aufbereitungs Technik/Mineral Processing, Heft 7, S 349–357, Bauverlag, Gütersloh, 1997.
[22] Feil,A., Thoden van Velzen,E.U., et. al.: Technical assessment of processing plants as exemplified by the sorting of beverage cartons from lightweight packaging wastes, Waste Management, Volume 48, S 95–105, 2016.
[23] n.n. Wagner Magnete GmbH & Co. KG Broschüre https://www.wagner-magnete.de/links/F0432NV_d_02_2014.pdf, Zugriffsdatum: 28. November 2022
[24] n.n. STEINERT Elektromagnetbau GmbH Website, https://steinertglobal.com/de/magnete-sensorsortierer/magnetseparation/ueberbandmagnete/, Zugriffsdatum: 28. November 2022
[25] n.n. Bakker Magnetics Firmenschrift: „KM Head pulley magnets", https://bakkermagnetics.com/sites/default/files/downloads/km_head_pulley_magnets_0.pdf, Zugriffsdatum: 28. November 2022
[26] n.n. STEINERT Elektromagnetbau GmbH Webseite: „STEINERT Wirbelstromscheider", https://steinertglobal.com/de/magnete-sensorsortierer/magnetseparation/wirbelstromscheider/, Zugriffsdatum: 28. November 2022
[27] n.n. Nihot Recycling Technology B.V. Firmenschrift: „Airconomy®", https://nihot.nl/wp/wp-content/uploads/2017/01/Nihot-Product-Overview-brochure-DE.pdf, Zugriffsdatum: 28. November 2022
[28] n.n. Trennso Technik Website, 2022, https://www.tst.de/fileadmin/content/download/dokumente/Gesamtbrosch_deutsch_2022_digital.pdf, S. 44, Zugriffsdatum: 28. November 2022

[29] n.n. Stadler® Anlagenbau GmbH Firmenschrift: „Ballistik Separatoren", 2022, https://w-stadler.de/fileadmin/user_upload/blaetterpdf/Product/Brochure_ProductDigital_20221031_DE/8-9/index.html, Zugriffsdatum: 28. November 2022

[30] n.n. Andritz Separation GmbH Firmenschrift: „Andritz Decanter Centrifuge Censor ACZ", https://www.andritz.com/resource/blob/13438/2acc25d580df450f0646829a8ec0cafd/se-censor-centrifuge-en-data.pdf, Zugriffsdatum: 28. November 2022

[31] n.n. Pellenc ST SAS, Website, "Mistral+ Film", https://www.pellencst.com/de/produkte/mistralplus-film/, Zugriffsdatum: 28. November 2022

[32] n.n. TOMRA Systems GmbH, Website, "Autosort™ Speedair, https://www.tomra.com/en/solutions/waste-metal-recycling/products/autosort-speedair, Zugriffsdatum: 28. November 2022

[33] Feil, A., Kroell, N. & Greiff, K.: Mechanische Aufbereitung von Post-Consumer Verpackungsmaterialien für das werkstoffliche Recycling von Kunststoffen; in: Frenz (Hrsg.), Handbuch der Kreislaufwirtschaft, Erich Schmidt Verlag, Berlin, ISBN: 978-3-503-20067-2, 2023.

[34] n.n. TOMRA Systems GmbH, Website, https://languagesites.tomra.com/de-de/sorting/recycling/tomra-solutions, Zugriffsdatum: 28. November 2022

[35] n.n. STEINERT Elektromagnetbau GmbH Website, https://steinertglobal.com/de/magnete-sensorsortierer/sensorsortierung/nir-sortiersysteme/, Zugriffsdatum: 28. November 2022

[36] Chen, X., Kroell, N., Wickel, J. & Feil, A.: Determining the composition of post-consumer flexible multilayer plastic packaging with near-infrared spectroscopy. Waste management, 123, 33–41, New York, 2021.

[37] Chen, X., Kroell, N., Althaus, M., Pretz, T., Pomberger, R. & Greiff, K.: Enabling mechanical recycling of plastic bottles with shrink sleeves through near-infrared spectroscopy and machine learning algorithms. Resources, Conservation and Recycling, 188, Elsevier, 2023.

[38] Julius, J., Müller, J.: Entwicklung und Erprobung eines Sortierverfahrens für die Rückgewinnung der Edelstahlfraktion, Abschlussbericht über ein Entwicklungsprojekt, gefördert unter dem Az. 15926 von der Deutschen Bundesstiftung Umwelt, Juli 2002.

[39] Nienhaus, K., Pretz, T., Wotruba, H. (Hrsg.): Sensor Technologies: Impulses for the Raw Materials Industry, Schriftenreihe zur Aufbereitung und Veredlung, Band 50, Aachen, 2014.

[40] Pretz, T., Wotruba, H., Nienhaus, K. (Hrsg.): Applications of Sensor-based Sorting in the Raw Material Industry, Schriftenreihe zur Aufbereitung und Veredelung, Band 42, Aachen, 2011.

[41] STEINERT Elektromagnetbau GmbH: „Mehr Sortiersicherheit durch Künstliche-Intelligenz-gestützte Software- und Hardwareupgrades", 2021, https://steinertglobal.com/de/news/news-detail/mehr-sortiersicherheit-durch-kuenstliche-intelligenz-gestuetzte-software-und-hardwareupgrades/, Zugriffsdatum: 28. November 2022

[42] TOMRA Systems GmbH: "GAIN Intelligence", 2021, https://solutions.tomra.com/gain, Zugriffsdatum: 28. November 2022

[43] STEINERT Elektromagnetbau GmbH: "STEINERT nimmt erste industrielle LIBS-Anlage zur Trennung von Aluminiumlegierungen in Betrieb.", 2018, https://steinertglobal.com/de/news/news-detail/steinert-nimmt-erste-industrielle-libs-anlage-zur-trennung-von-aluminium-legierungen-in-betrieb-komplettanbieter-fuer-die-aluminiumaufbereitung-stellt-die-loesungen-auf-der-messe-aluminium-in-duesseldorf-vor/, Zugriffsdatum: 28. November 2022

[44] n.n. SECOPTA GmbH Website, „LIBS Sensorik im Einsatz", http://www.secopta.de/content/documents/content/1140905171306.pdf, Zugriffsdatum: 28. November 2022

[45] Kroell, N., Chen, X., Maghmoumi, A., Koenig, M., Feil, A. & Greiff, K.: Sensor-based particle mass prediction of lightweight packaging waste using machine learning algorithms. Waste management, 136, 253–265, New York, 2021.

[46] n.n. Saubermacher Dienstleistungs AG „Wertstoffscanner": https://saubermacher.at/leistung/wertstoffscanner/#:~:text=Der%20Wertstoffscanner%20im%20M%C3%BCllfahrzeug%20erkennt,Fehlw%C3%BCrfe%20und%20senkt%20die%20Entsorgungskosten., Zugriffsdatum: 28. November 2022

[47] Kroell, N., Chen, X., Greiff, K. & Feil, A.: Optical sensors and machine learning algorithms in sensor-based material flow characterization for mechanical recycling processes: A systematic literature review. Waste management, 149, 259–290, New York, 2022.

[48] Woidasky, J., Auer, M., et al.: „Tracer-Based-Sorting" in der Verpackungs-Abfallwirtschaft, Müll und Abfall, 53, Heft 07.21, S 371–378, Erich Schmidt Verlag, Berlin, 2021.

[49] Ahrens, A.: Sortierung von Post-Consumer-Verpackungen für hochwertiges Recycling - Ist mit der HolyGrail 2.0 Initiative der Heilige Gral gefunden?, Müll und Abfall, 53, Heft 07.21, S 379–384, Erich Schmidt Verlag, Berlin, 2021.

[50] Eule, B.: Processing of Co-mingled Recyclate Material at UK Material Recycling Facilities (MRF's), Schriftenreihe zur Aufbereitung und Veredelung, Band 47, Aachen, 2013.

[51] Schmalbein, N.D.: Entwicklung einer Systematik zur Konzeption von Verfahren zur mechanischen Wertstoffseparierung, Schriftenreihe zur Aufbereitung und Veredelung, Band 51, Aachen, 2014.

Verwertung von Abfällen

Sabine Flamme, Katrin Große Scharmann, Kerstin Kuchta, Julia Hobohm, Georgios Chryssos, Wojciech Walica und Matthias Rapf

Zusammenfassung

Die stoffliche Verwertung von Abfällen (Recycling) ist eines der zentralen Elemente der Circular Economy und an der dritten Stelle der Abfallhierarchie angesiedelt. Abfälle zur Verwertung können aus verschiedenen Herkunftsbereichen stammen: Pro-

---

S. Flamme (✉) · K. G. Scharmann · W. Walica
FB Bauingenieurwesen, FH Münster – University of Applied Sciences, Münster, Deutschland
E-Mail: flamme@fh-muenster.de

K. G. Scharmann
E-Mail: katrin.grosse-scharmann@fh-muenster.de

W. Walica
E-Mail: wojciech.walica@fh-muenster.de

K. Kuchta
Institute of Circular Resource Engineering and Management, TUHH – Technische Universität Hamburg, Hamburg, Deutschland
E-Mail: kuchta@tuhh.de

J. Hobohm
Gemeinsames Rücknahmesystem Servicegesellschaft mbH, Hamburg, Deutschland
E-Mail: Hobohm@grs-batterien.de

G. Chryssos
Stiftung Gemeinsames Rücknahmesystem Batterien, Hamburg, Deutschland
E-Mail: Chryssos@stiftung-grs.de

M. Rapf
Universität Stuttgart, Institut für Siedlungswasserbau, Wassergüte- und Abfallwirtschaft, Stuttgart, Deutschland
E-Mail: Matthias.rapf@iswa.uni-stuttgart.de

© Springer Fachmedien Wiesbaden GmbH, ein Teil von Springer Nature 2024
M. Kranert (Hrsg.), *Einführung in die Kreislaufwirtschaft*,
https://doi.org/10.1007/978-3-658-41711-6_7

duktion und Verarbeitung, getrennt erfasste Abfälle aus privaten Haushaltungen und anderen Bereichen sowie aus Aufbereitungsanlagen für vermischt erfasste Abfälle. Hierbei sind besonders die Stoffströme Glas, Papier und Pappe, Metalle und Kunststoffe aus Abfällen, von großer Bedeutung. Im Hinblick auf die energetische Nutzung sind auch Ersatzbrennstoffe aus Abfällen zu betrachten. Durch Aufbereitungs- und Verwertungsverfahren werden die Abfälle zur Verwertung als Sekundärrohstoffe verfügbar gemacht. Durch das Recycling werden nicht nur die Stoffe dem Wirtschaftskreislauf wieder zugeführt, sondern gleichzeitig Emissionen (besonders auch CO_2) vermieden, Energie eingespart und die Gewinnung von Primärrohstoffen, die mit erheblichen Umweltauswirkungen verbunden ist, signifikant reduziert.

Mit der zunehmenden Digitalisierung der Gesellschaft und dem wachsenden Bedarf an IT und Kommunikationstechnik sind die Rücknahme und das Recycling von Elektro- und Elektronikaltgeräten ein wesentlicher Garant für die Versorgung mit essenziellen und kritischen Rohstoffen. Für das Design, das Inverkehrbringen, die Rücknahme und die Verwertung sind Vorgaben für alle Stakeholder der Circular Economy formuliert. In der Umsetzung stellen vor allem die Rücknahmequoten und das Recycling der in Elektro- und Elektronikaltgeräten enthaltenen kritischen Metalle und der Kunststoffe eine Herausforderung dar.

Auch die Rücknahme und Wiederaufarbeitung von Batterien, besonders auch von leistungsfähigen Lithium-Batterien als Schlüsseltechnologie für Elektromobilität und regenerative Energiegewinnung, haben große Bedeutung. Der technologische Wandel erfordert für die Sammlung, Aufbereitung und Verwertung neue logistische und technische Lösungen.

Bau- und Abbruchabfälle stellen massenmäßig die größte Abfallmenge dar. Vor dem Hintergrund des großen Ressourcenbedarfs der Bauwirtschaft sowie ihrer Bedeutung für den Klima-, Umwelt- und Ressourcenschutz ist die Verwertung dieser Abfälle essentiell. Hierbei sind die Möglichkeiten, aber auch Grenzen der Kreislaufführung aus technischer und regulativer Sicht zu beleuchten.

Die Rückgewinnung des kritischen Rohstoffes Phosphor, der in relevanter Konzentration im Abfallstrom Klärschlamm bzw. der Klärschlammasche vorhanden ist, gewinnt zunehmend an Bedeutung. Hierzu existieren verschiedene technische Ansätze. An Hand von Beispielen sind der heutige Stand und eine Abschätzung der zukünftigen Entwicklung aufzuzeigen.

Schlüsselwörter

Circular economy · Recycling · Collection rate · Waste paper · Waste glass · Metal scrap · Waste plastic · Refuse derived fuel · Energy recovery · Waste of electrical and electronic equipment · Critical metals · Waste batteries · Construction and demolition waste · Phosphorus recycling from sewage sludge

7 Verwertung von Abfällen

7.1 Abfallströme und Ersatzbrennstoffe

Sabine Flamme und Katrin Große Scharmann

7.1.1 Verwertung von Abfällen

Das Kreislaufwirtschaftsgesetz (KrWG) bildet in Deutschland die Grundlage für die Verwertung von Abfällen. In § 3 Abs. 23 KrWG wird ein Verfahren dann als *Verwertung* definiert, wenn die Abfälle, die dieses durchlaufen haben, andere Materialien ersetzen, die sonst für die Erfüllung einer bestimmten Funktion verwendet worden wären oder wenn die Abfälle so vorbereitet werden, dass sie diese Funktion selbst erfüllen [1]. In Anlage 2 des Kreislaufwirtschaftsgesetzes sind beispielhaft Verwertungsverfahren aufgelistet. Bei der Verwertung von Abfällen wird unterschieden in Vorbereitung zur Wiederverwendung, Recycling und sonstige Verwertung. Der Begriff Recycling umfasst das werkstoffliche und das rohstoffliche Recycling und beinhaltet die Aufbereitung von Abfällen zu Erzeugnissen, Materialien oder Stoffen. Der Begriff sonstige Verwertung beschreibt unter anderem die energetische Verwertung. Die Vorbereitung zur Wiederverwendung als ein weiterer Teil der Verwertung wird hier nicht betrachtet.

▶ **Definitionen**

Werkstoffliches Recycling   Es werden Materialien umgeformt, um neue Produkte daraus herzustellen, ohne dass eine chemische Veränderung stattfindet (die Moleküle bleiben erhalten). Für diese Art der Verwertung ist in der Regel eine hohe Sortenreinheit der Ausgangsmaterialien erforderlich.

Rohstoffliches Recycling   Die Materialien werden in ihre Ausgangsbestandteile (auf Molekülebene) zerlegt. Dazu werden die Bindungsformen chemisch verändert und Makromoleküle zu kleineren Molekülen aufgespalten. Die Stoffe werden anschließend in energetischen oder chemischen Prozessen eingesetzt.

Energetische Verwertung   Bei der energetischen Verwertung wird die in den Materialien enthaltene Energie genutzt. Dies kann im Rahmen der Mit- oder Monoverbrennung erfolgen (vgl. Abschn. 7.1.6). Damit ein thermischer Prozess – in Abgrenzung zur thermischen Beseitigung – als energetische Verwertung nach Anlage 2 Nummer R1 des Kreislaufwirtschaftsgesetzes [1] eingestuft wird, muss die enthaltene Energie effizient genutzt werden (Faktor 0,6 für vor dem 31.12.2008 bzw. 0,65 für nach dem 31.12.2008 genehmigte Anlagen; vgl. Kap. 9 Thermische Verfahren).

Abfälle zur Verwertung können aus folgenden Herkunftsbereichen stammen:

- aus Produktion und Verarbeitung,
- aus getrennt erfassten Abfällen aus privaten Haushalten und anderen Bereichen,
- aus Anlagen, in denen vermischt erfasste Abfälle aus Haushalten und anderen Bereichen aufbereitet werden.

In den nachfolgenden Kapiteln werden für die Stoffströme Altglas, Altpapier, Metalle, Kunststoffe und Ersatzbrennstoffe typische Aufbereitungs- und Verwertungsverfahren erläutert und Aspekte wie Verwertungsmengen und Umweltentlastungseffekte beschrieben. In Abb. 7.1 ist die Mengenrelevanz der in diesem Kapitel betrachteten Stoffströme in Abhängigkeit der jeweiligen Herkunftsbereiche (halbquantitativ) dargestellt.

7.1.2 Altglas

Der Werkstoff Glas wird in Form von Behälter- und Flachglas, Bleikristallglas sowie Glaskeramik verwendet. Glas ist für ein *werkstoffliches Recycling* ein ideales Material, das nach entsprechender Aufbereitung auch durch mehrfaches Recycling keinen Qualitätsverlust erleidet und anstelle der natürlichen Rohstoffe in der Glashütte verwertet

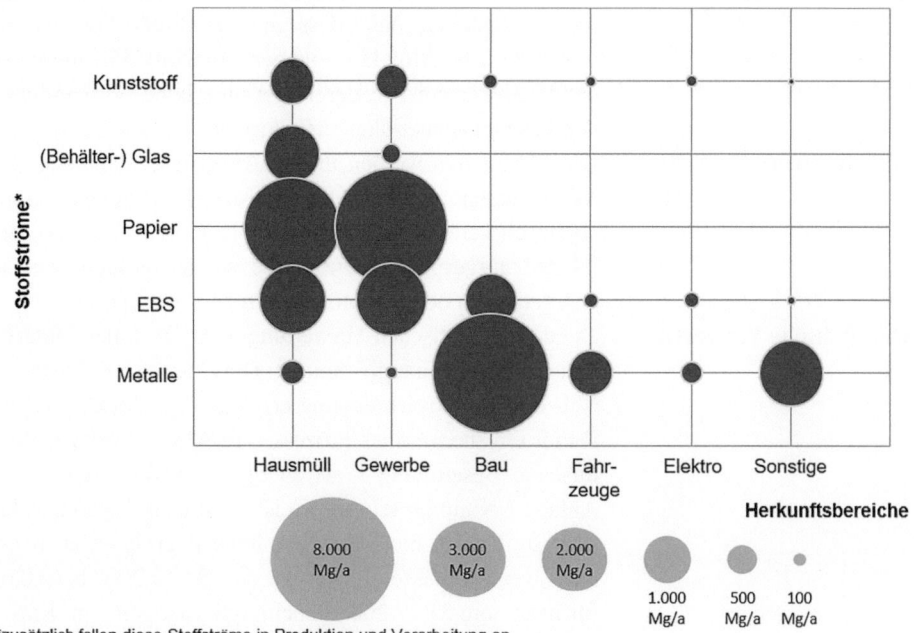

Abb. 7.1 Herkunftsbereiche der beschriebenen Stoffströme. Nach [2–5]

werden kann. In Deutschland wurden im Jahr 2020 rund 4,1 Mio. Mg Behälterglas hergestellt. Dazu wurden 496 Tsd. Mg importiert bzw. 1,47 Mio. Mg exportiert [6]. Das Abfallaufkommen von Glas in Haushaltsabfällen beträgt im gleichen Jahr 2,1 Mio. Mg. [3].

Aufbereitung und Verwertung

Für die Glasherstellung werden je nach Glasart (z. B. Flachglas, Behälterglas, Bleikristall) unterschiedliche, untereinander nicht verträgliche Rezepturen verwendet. Daher ist auch in der Aufbereitung und Verwertung eine entsprechende getrennte Behandlung erforderlich. Behälterglas, das den überwiegenden Stoffstrom beim Altglasrecycling darstellt, wird zunächst zerkleinert und Störstoffe werden separiert (s. Abb. 7.2). Anschließend werden mittels optischer Sortiertechniken Steine, Keramik und Porzellan (z. B. über Nahinfrarot-Technik) sowie Glaskeramik und bleihaltige Gläser (z. B. über Röntgenfluoreszenz-Technik) aussortiert [7]. Danach erfolgt die Trennung nach Farben in einer weiteren optischen Sortierstufe (z. B. mittels Farbzeilenkamera). Je nach Glasart können verschieden große Anteile an Altglas bei der Neuproduktion beigemischt werden. Die Angaben reichen von etwa 40 bis zu 90 % [8]. Die höchsten Anteile an Altscherben werden im Behälterglasrecycling eingesetzt. Der Anteil ist abhängig vom Fehlfarbenanteil im Altglas. In dieser Hinsicht ist Grünglas am unempfindlichsten. Bei einer Altscherbenzugabe von 50 % ist hier ein Fehlfarbenanteil von bis zu 15 % zulässig. Für Braunglas beträgt der Fehlfarbenanteil max. 8 %. Dagegen ist für Weißglas nur ein geringer Fehlfarbenanteil von max. 0,3 % zulässig. Zudem dürfen als Störstoffe nicht mehr als 25 g Keramik, Steine und Porzellan bzw. je 5 g Nichteisen- und Eisenmetalle sowie maximal 1 g Blei je Mg enthalten sein. Zur Herstellung neuer Behältergläser werden 60 % Altscherbeneinsatz, bei Grünglas sogar bis zu 90 % eingesetzt [8]. Der Verwertungsweg von Behälterglas ist in der Abb. 7.2. schematisch dargestellt.

In der Flachglasherstellung (z. B. Fenster) gelten hinsichtlich des Parameters *Klarheit* strenge Qualitätsanforderungen an das Recyclingglas. Aufgrund dessen werden haupt-

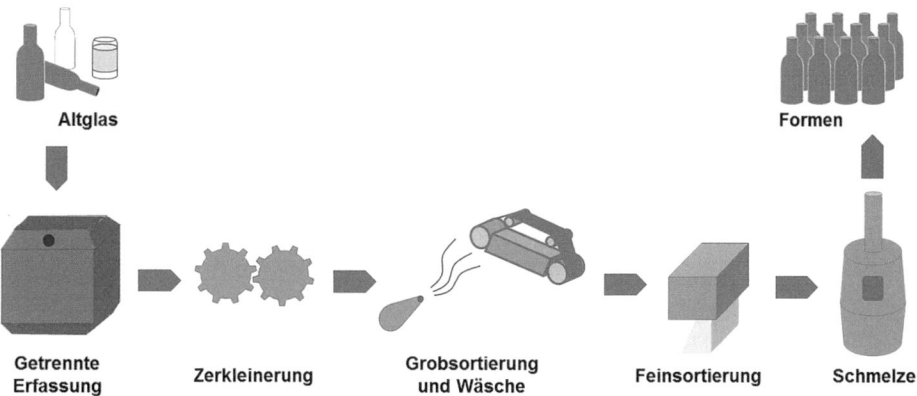

Abb. 7.2 Verwertungsweg Behälterglas. (Eigene Darstellung nach [8])

sächlich Altscherben aus Produktionsresten hinzugefügt, da hier die genaue Materialzusammensetzung bekannt ist [8]. Die Altscherben werden sowohl in der Behälter- als auch in der Flachglasherstellung dem sogenannten Gemenge (Rohstoffmischung) beigemischt, welches sich anschließend im Schmelzofen (Hafenofen oder Wannenofen) bei Temperaturen von 1550 °C verflüssigt. Die Weiterverarbeitung der Glasschmelze erfolgt im automatisierten Blasverfahren (Behälterglas) oder im Floatverfahren (Flachglas), bei welchem die Schmelze (ca. 1050 °C) auf einer Oberfläche aus flüssigem Zinn (ca. 600 °C) aufgebracht wird [9].

Verwertungsmengen

Zur Verwertung, getrennt gesammelt, fällt hauptsächlich Behälterglas an. Davon wurden im Jahr 2020 rund 3,1 Mio. Mg getrennt erfasst, wovon 2,6 Mio. Mg dem Glas-Recycling zugeführt wurde. Die Recyclingquote liegt bei 84 % (Stand 2020) [10]. Für die anderen Glasarten liegen keine entsprechenden Daten vor. Die Anteile der Glasfarben in der kommunalen Sammlung sind in Tab. 7.1. dargestellt.

Umweltentlastung

Der Hauptvorteil bei der Verwertung von Altglas liegt in der eingesparten Prozessenergie. Je beigemischtem Prozent Altglas sinkt der Energiebedarf um etwa 0,2 bis 0,3 % [8]. Das würde bei 65 % Altscherbeneinsatz eine Einsparung von etwa 13 bis 19,5 % bedeuten. Dadurch können pro Mg eingesetzten Altglases rund 175 kg CO_2 eingespart werden, was einer Verringerung von 88 % entspricht [12]. Zudem werden die Rohstoffe Quarzsand, Soda und Kalk eingespart. Insgesamt werden je Mg Glas trotz Altscherbeneinsatz 2,4 Mg abiotische Ressourcen (inkl. abiotischer Energieressourcen) verbraucht [13]. Insgesamt konnten im Jahr 2020 durch die in den Kreislauf zurückgeführte Glasmenge (674 Tsd. Mg) rund 180 Tsd. Mg Treibhausgase und rund 1,4 Mio. Mg Primärressourcen eingespart werden [14].

7.1.3 Altpapier

Der jährliche Pro-Kopf-Verbrauch an Papier, Pappe und Karton in Deutschland beträgt rund 219 kg pro Einwohner (Stand 2020) [15]. Der größte Anteil wird dabei für Verpackungen produziert, den zweitgrößten Sektor bilden die grafischen Papiere. Mengenmäßig eine geringere Bedeutung haben Hygienepapiere sowie Papiere für technische und spezielle Verwendungen. Insgesamt wurden in 2020 deutschlandweit rund 21,3 Mio. Mg Papier, Kartonagen und Pappen produziert sowie 9,9 Mio. Mg importiert bzw. 13,1 Mio. Mg exportiert [16]. Rund 90 % des Altpapiers in Deutschland kommt als getrennt erfasster Stoffstrom aus Haushalten oder aus dem gewerblichen Bereich [17]. Zusätzlich werden Produktionsabfälle und verarbeitete Neuware, wie unverkaufte Zeitungen, als Altpapier wieder in der Papierherstellung eingesetzt. Altpapier aus den verschiedenen Herkunftsbereichen wird nach der Altpapiersortenliste DIN EN 643

Tab. 7.1 Anteile der Glasfarben in der kommunalen Sammlung von Behälterglas [11]

Glasfarben-Aufteilung/Kommunale Glassammlung Behälterglas in Deutschland in 2021 (Gesamt ca. 3,1 Mio. Mg [10])

Weißglas (We)	Grünglas (Gr)	Mischglas (We+Gr+Br)	Buntglas (Gr+Br)	Braunglas (Br)	Glas+Metalle* (We+Gr+Br+Met.)	Gesamt
53 %	30 %	3 %	4 %	9 %	<1 %	100 %

* Sonderformen der Glaserfassung als Mischfraktionen oder in Kombination mit Metallen

Tab. 7.2 Gruppenbezeichnung für Altpapiere nach DIN EN 643 [18]

Gruppe	Bezeichnung	Beispiele
1	Untere Sorten	Gemischtes Altpapier, Verpackungen aus Papier und Karton, Illustrierte, Deinkingware[1)]
2	Mittlere Sorten	Zeitungen, Büropapier, weiße Bücher, kunststoffbeschichteter Karton
3	Bessere Sorten	Weißer, mehrlagiger Karton; weißes Zeitungspapier, weiße Späne; unbedrucktes Tissue
4	Krafthaltige Sorten	Unbenutzte Pappe; Kraftwellpappe; Kraftpapiersäcke
5	Sondersorten	Mischungen aus Gruppen 1–5; gemischte Verpackungen; Getränkekartons; Etiketten; Kraftpapiersäcke; Papierbecher o.Ä.

[1)] Deinkingware 1.11: Sortiertes graphisches Papier, mindestens 80 % Zeitungen und Illustrierte. Es müssen mindestens 30 % Zeitungen und 40 % Illustrierte enthalten sein. Druckprodukte, die für Deinking ungeeignet sind, sind auf 1,5 % begrenzt

in 63 Haupt- und weitere 32 Untersorten mit unterschiedlichen Qualitätsanforderungen kategorisiert. Diese werden wiederum in 5 Gruppen (siehe Tab. 7.2) eingeteilt [18]. Etwa 80 % des Altpapiers lassen sich den unteren Sorten zuordnen [19].

Aufbereitung und Verwertung

Ziel der Aufbereitung von Altpapier der unteren Sorten (Gruppe 1) ist die Herstellung von Zeitungs- und Magazinpapier (1.11 Deinkingware) [19]. Das gemischte Altpapier wird zunächst zerkleinert und Störstoffe wie Metalle und Kunststoffe werden entfernt. Geeignete Aggregate für diese Schritte sind Grob- und Feinsiebe, Metallscheider und optische Trenntechnologien. Für die Separation von Verpackungen und Kartonagen finden verschiedene Trenntechniken Anwendung. Der sogenannte Paper-Spike trennt die Partikel anhand ihrer Biegesteifigkeit, indem auf einer Trommel angebrachte Spikes das Material aufspießen. Stabile Pappanteile bleiben auf den Spitzen stecken und die nicht formstabilen Papierstücke fallen herunter. Häufig erfolgt eine weitere Sortierung mittels sensorgestützter Aggregate mit Nachsortierung der Rejekte [19].

Die weitestgehend sortierten Papierfraktionen werden mit Wasser in einem Pulper zu Faserbrei vermengt. Noch enthaltene Fremdanteile werden als sogenannte Spuckstoffe und Zöpfe abgetrennt. Deinkingware durchläuft den Prozess der Druckfarbenentfernung, wodurch der Weißegrad erhöht wird. Dazu werden die hydrophilen Papierfasern mit Wasser benetzt und von den hydrophoben Druckfarbenteilchen abgetrennt, welche durch Flotation aufgeschwemmt werden (siehe Abb. 7.3).

Die gereinigten Fasern werden als Sekundärrohstoffe wieder für die Papierherstellung genutzt. Der Faserbrei wird in der Papiermaschine auf ein Sieb aufgebracht und vorentwässert. Anschließend durchläuft das noch feuchte Papierband mehrere Presswalzen. Mittels Trockenzylindern wird dem Papier weiter Feuchtigkeit entzogen. Der Verwertungsprozess von Altpapier ist in der Abb. 7.4 dargestellt. Mit jedem Recycling-

7 Verwertung von Abfällen

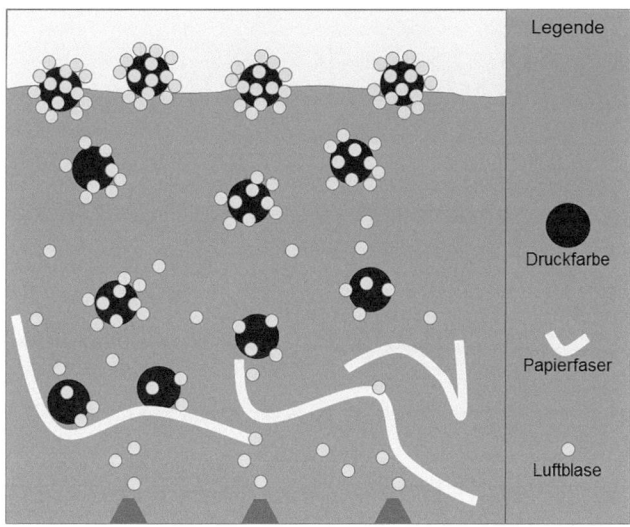

Abb. 7.3 Deinking durch Flotation. Nach [20]

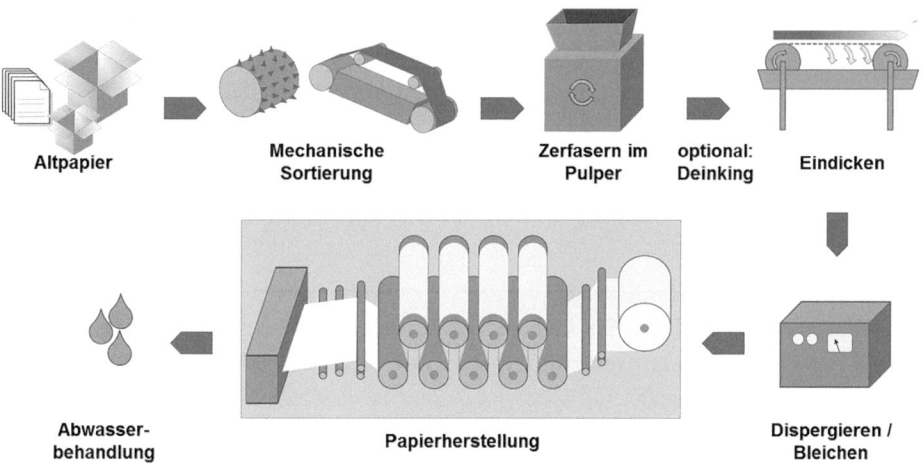

Abb. 7.4 Verwertungsweg Altpapier. (Eigene Darstellung nach [8])

prozess verkürzen sich die Papierfasern, was einen Qualitätsverlust zur Folge hat. Daher ist die Anzahl der Recyclingdurchgänge auf fünf bis sieben Mal beschränkt [21].

Verwertungsmengen

Die Altpapiereinsatzquote lag in dem Jahr 2020 bei 79 % [16]. In der Abb. 7.5 ist dargestellt, in welchen Produktionsbereichen das Altpapier verwendet wird. Zusätzlich ist die jeweilige Altpapiereinsatzquote für den Produktionsbereich dargestellt.

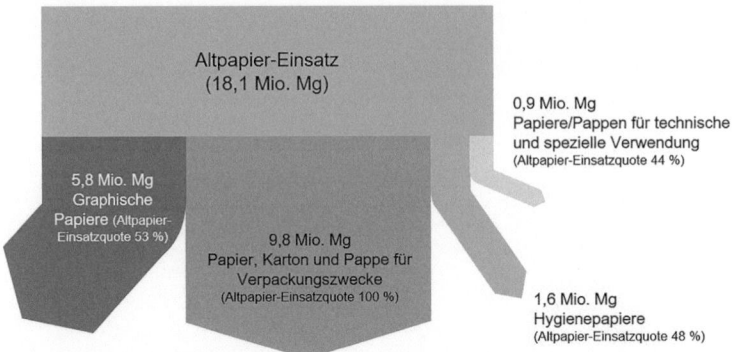

Abb. 7.5 Altpapierverwertung mit Einsatzquoten in der Produktion (Stand 2020). Nach [16]

Tab. 7.3 Ressourcenverbrauch bei der Herstellung von Recycling- und Frischfaserpapier [23]

		Recyclingpapier bezogen auf 1 Mg	Frischfaserpapier bezogen auf 1 Mg	Differenz total	Differenz %
Altpapier/Holz	[kg]	1120	2996	-	
Energie	[kWh]	4195	10.723	6528	60,8
CO_2	[kg]	886	1060	174	16,4
Frischwasser	[m³]	20,5	52,2	31,7	60,7

Umweltentlastung

Durch den Einsatz von Altpapier werden etwa 75 bis 79 % des Rohstoffbedarfs in der Papierherstellung gedeckt [16]. Zudem verringern sich der Frischwasserverbrauch um 78 % und der Energiebedarf um 68 % im Vergleich zu der Papierherstellung aus Primärrohstoffen [22]. So können durch den Einsatz von einem Mg Altpapier etwa 94 kg CO_2 eingespart werden [21]. Die Umweltentlastung bei der Herstellung von Frischfaserpapier verglichen mit Recyclingpapier ist in der Tab. 7.3 im Einzelnen dargestellt.

Insgesamt konnten im Jahr 2020 durch die 2,2 Mio. Mg. in den Kreislauf eingeführte Menge aus Papier, Pappe, Karton und Holz rund 886 Tsd. Mg. Treibhausgase und rund 7,9 Mio. Mg. Primärressourcen eingespart werden [14].

7.1.4 Metalle

In der Kreislaufwirtschaft werden Altmetalle in Eisenmetalle (**Fe**) und Nichteisenmetalle (**NE**) unterschieden. Neben Produktionsabfällen (Neuschrott) und getrennt gesammelten Altschrotten fallen z. B. bei der Altautozerlegung, im Baubereich oder bei der Aufbereitung von MVA-Schlacken verschiedene Metallfraktionen an. Zunehmend an Bedeutung gewinnt auch die Verwertung von ausgewählten besonders werthaltigen, aber mengenmäßig im geringeren Maße anfallenden Metallen, z. B. aus Elektroaltgeräten (siehe Abschn. 7.2) [24].

7.1.4.1 Fe-Metalle

Jährlich werden in Deutschland über 40 Mio. Mg Rohstahl hergestellt. Die größten Abnehmerbranchen sind die Bauindustrie, die Automobilindustrie und der Maschinenbau. Die Primärproduktion von Stahl gehört zu den energieintensiven Wirtschaftszweigen, denn rund 30 % der Industrie-Emissionen sind hierauf zurückzuführen. Daher rückt die schrottbasierte Elektrostahlproduktion aufgrund hoher Einsparpotenziale zunehmend in den Fokus [25]. In Stahlwerken und Gießereien wird neben dem sogenannten Eigenentfall auch Zukaufschrott eingesetzt. Dieser setzt sich etwa zu gleichen Teilen aus Alt- und Neuschrott zusammen [26]. Stahlschrott wird nach der europäischen **Stahlschrottsortenliste** (VDI 4085) in sieben Kategorien unterteilt [27]:

- Altschrott
- Neuschrott
- Shredderschrott
- Stahlspäne
- Leicht legierter Schrott mit hohem Gehalt an Begleitelementen
- Schrott mit hohem Reststoffanteil
- Geschredderter Schrott aus der Müllverbrennung

Innerhalb dieser Kategorien findet eine weitere Unterscheidung nach Sorten statt, für die Qualitätsanforderungen und Spezifikationen wie Abmessungen, Schüttgewicht, Schuttanteil sowie angestrebte Gehalte für Fremdelemente wie Kupfer, Zinn, Chrom, Nickel, Molybdän sowie teilweise für Schwefel und Phosphor festgelegt sind (siehe Anhang).

Aufbereitung und Verwertung
Die Abtrennung von Fe-Metallen aus Gemischen (z. B. aus Leichtverpackungen, MVA-Schlacken) erfolgt mittels Magnetscheidern. Um die Vorgaben der Stahlwerke (lt. Stahlschrottsortenliste) im Hinblick auf Abmessung, erforderliche Dichte, Schüttgewicht und Reinheit einzuhalten, wird Alt- und Neuschrott im Regelfall sortiert und weiter aufbereitet. Eingesetzt werden hier neben Zerkleinerungsaggregaten, wie Scheren und Shredder auch Sensorsortiereinheiten, mit denen Fremd- und Störstoffe separiert werden.

Für die Verwertung von Fe-Altschrott werden in Deutschland zwei Verfahren eingesetzt. Das Hochofenverfahren, mit einem Marktanteil von rund zwei Dritteln, bei dem sogenannter Oxygenstahl erzeugt wird sowie der Lichtbogenofen, in dem Elektrostahl erzeugt wird. Während der Fe-Altschrott-Einsatz im Lichtbogenofen bis zu 100 % beträgt, können im Hochofenverfahren höchstens 28 % hinzugegeben werden [26].

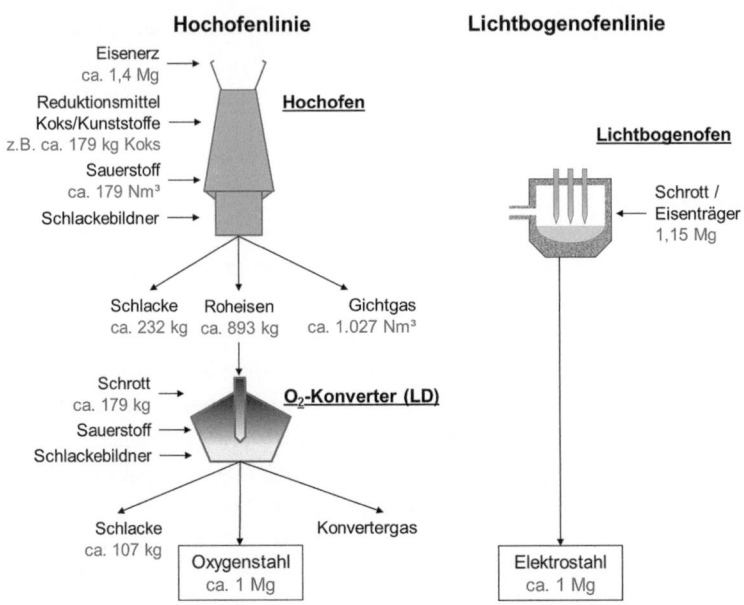

Abb. 7.6 Verwertung von Eisenschrotten in der Hochofen- oder Lichtbogenofenlinie. (Eigene Darstellung, nach [28])

Die erzeugten Stähle haben unterschiedliche Eigenschaften, sodass die Wahl des jeweiligen Verfahrens von dem zu erzeugenden Produkt abhängt, s. Abb. 7.6.

Verwertungsmengen
Die deutsche Stahlindustrie setzt jährlich mehr als 20 Mio. Mg Stahl- und Eisenschrott in der Produktion ein. Davon stammen beispielsweise nur rund 381 Tsd. Mg aus MVA-Schlacken [29], etwa 80 Tsd. Mg aus MBA-Anlagen [30] und rund 344 Tsd. Mg aus der Verwertung von Verpackungen [10]. Der weitaus größere Anteil des Eisen- und Stahlschrotts wird direkt von gewerblichen Endverbrauchern oder Zwischenhändlern verkauft, ohne dass er in eine Abfallstatistik eingeht. Für Altmetalle kann aufgrund der erzielbaren Erlöse davon ausgegangen werden, dass die Verwertungsquote bei annähernd 100 % liegt [24].

Umweltentlastung
Die für die Herstellung von Roheisen benötigte Menge an Erz hängt von dem Eisengehalt des Erzes ab. In [28] wird von rund 1,6 Mg Erz je Mg erzeugten Roheisens ausgegangen. Daneben werden Reduktionsmittel, z. B. Koks, Kohle oder Sekundärbrennstoffe sowie Sauerstoff benötigt (s. Abb. 7.6). Bei der Roheisenerzeugung (1 Mg) bilden sich zudem etwa 260 kg Schlacke [28]. Die aufbereitete Hochofenschlacke wird in der Zementerzeugung als Sekundärrohstoff eingesetzt [31]. Durch die Verwertung von Stahl-

und Eisenschrott können Roheisen und damit die vorgenannten Rohstoffe ganz oder teilweise ersetzt werden. Im Hochofenverfahren werden durch den Einsatz von einem Mg Altstahl etwa 1,1 Mg Roheisen und damit rund 2,5 Mg Rohstoffe substituiert [24]. Der Altstahleinsatz ist in diesem Verfahren jedoch begrenzt (s. o.). Im Elektrolichtbogenofen kann der Input nahezu vollständig aus Altstahl bestehen. Produzierte Stahlmengen aus diesem Verfahren ersetzen Stahl aus der Hochofen-Route. Durch den Ersatz von einem Mg Oxygenstahl (inkl. 16 % Schrottanteil) durch Stahl aus dem Elektrolichtbogenofen können 3,1 Mg Rohstoffe eingespart werden [24]. Der durchschnittliche Energieverbrauch bei der Erzeugung von Sekundärstahl liegt, verglichen mit der Primärerzeugung, um etwa 72,5 P niedriger [26]. Dabei liegt der Energiebedarf des Lichtbogenofen-Verfahrens mit etwa 7,2 GJ/Mg erheblich niedriger als der des Hochofenverfahrens mit 22,5 GJ/Mg [24]. Ebenfalls sind die CO_2-Emissionen im Elektrolichtbogen geringer. Durchschnittlich fallen in diesem Verfahren 0,9 Mg CO_2/Mg Stahl an. Im Hochofenverfahren liegen die Emissionen bei 2,1 Mg CO_2/Mg Stahl. Durch den Einsatz von einem Mg Altstahl, wurden 1,7 Mg der CO_2-Emissionen im Jahr 2018 eingespart [32].

7.1.4.2 NE-Metalle

Alle Metalle und Legierungen mit einem Eisengehalt unter 50 % werden als Nichteisenmetalle (NE-Metalle) bezeichnet. Weiterhin werden NE-Metalle unterschieden in:

- Leichtmetalle (Dichte ≤ 5 g/cm3), z. B. Aluminium
- Schwermetalle (Dichte > 5 g/cm3), z. B. Kupfer
- Edelmetalle, z. B. Gold, Silber

Neu- und Altschrotte werden den in den „Usancen und Klassifizierungen des Metallhandels" (siehe Anhang) definierten Sorten zugeordnet. Aufgrund der mengenmäßigen Relevanz wird in diesem Kapitel der Fokus auf die Metalle Aluminium und Kupfer gelegt. Sowohl bei der Verwertung von Aluminium, als auch bei der Verwertung von Kupfer sind durch Aufbereitungsprozesse Qualitäten vergleichbar mit der Primärproduktion zu erreichen [33].

Aluminium ist aufgrund seines geringen Gewichts bei vergleichsweise hoher Festigkeit sowie der guten Wärmeleitfähigkeit und Korrosionsbeständigkeit ein weit verbreiteter Werkstoff. So lag der Verbrauch 2020 bei 2,6 Mio. Mg (vgl. Tab. 7.4). Anwendungsbereiche liegen in der Verkehrstechnik, dem Verpackungssektor, der Baubranche und dem Maschinenbau (s. Tab. 7.4). Neben der Herkunft werden Aluminiumschrotte in Knet- (für z. B. Folien, Drähte, Schilder, Tuben und Fässer) und Gusslegierungen (für z. B. Gießsteiger, Späne und Shredderschrott) unterschieden [34]. Primäraluminium wird aus dem Erz Bauxit gewonnen, welches zunächst zu Tonerde gebrannt wird, aus welcher anschließend mittels Schmelzflusselektrolyse reines Aluminium gewonnen wird [34].

Kupfer ist ein guter elektrischer Leiter und wird daher für Stromleitungen sowohl im Baubereich als auch den Bereichen Elektronik sowie Informations- und Tele-

Tab. 7.4 Nachfrage nach Aluminium in Deutschland (2020) [35]

	Mio. Mg
Produktion (primär+sekundär)	1,1
Verbrauch	2,6
Import (inkl. Produkte und Rohstoffe, z. B. Bauxit, Aluminiumoxid, Schrotte)	7,5
Export (inkl. Produkte und Rohstoffe, z. B. Bauxit, Aluminiumoxid, Schrotte)	2,6

Tab. 7.5 Nachfrage nach Kupfer in Deutschland (2020) [35]

	Mio. Mg
Produktion (primär+sekundär)	1,1
Verbrauch	1,0
Import (inkl. Produkte und Rohstoffe, z. B. Erz, Legierungen, Schrotte)	2,5
Export (inkl. Produkte und Rohstoffe, z. B. Erz, Legierungen, Schrotte)	0,7

kommunikation verwendet (s. Tab. 7.5). Wegen seiner leichten Verarbeitbarkeit und Korrosionsbeständigkeit wird es zudem für Trinkwasser- und Heizungsleitungen sowie Dachrinnen im Hochbau verwendet [33]. Die wichtigsten Legierungen von Kupfer sind Bronze (Kupfer-Zinn), Rotguss (Kupfer-Zinn-Zink) und Messing (Kupfer-Zink). Für die Primärkupfergewinnung stehen verschiedene Erze zur Verfügung, das wichtigste ist Chalkopyrit (*Kupferkies*). Durch Röst- und Oxidationsvorgänge wird Rohkupfer erzeugt, welches mittels einer elektrolytischen Raffination gereinigt wird [36]. Die Nachfrage nach Kupfer ist für das Jahr 2020 in Tab. 7.5 aufgelistet.

Aufbereitung und Verwertung

Aluminium
Aluminiumhütten setzen für die Annahme einen Mindestgehalt von 98 % Aluminium oder Aluminiumlegierungen im Schrott voraus, daher ist eine weitergehende Sortierung dieser mit Abtrennung der Fremdbestandteile erforderlich (z. B. Magnetscheider) [37]. Die Verwertung von Aluminiumschrott ist in Abb. 7.7 dargestellt. Organische Bestandteile werden vor der Schmelze abgeschwelt. Sekundäraluminium aus Alt- oder Neuschrott wird hauptsächlich in (z. T. kippbaren) Drehtrommelöfen eingeschmolzen. Auch metallreiche Nebenprodukte aus der Sekundäraluminiumproduktion wie Krätze (von der Schmelze abgetragene Oxidhaut) werden wieder eingesetzt [34]. In der sogenannten Gattierung werden Altaluminiumfraktionen und Legierungselemente so zusammengestellt, dass die gewünschte Legierung im Sekundärprodukt erreicht wird [38]. Um

7 Verwertung von Abfällen

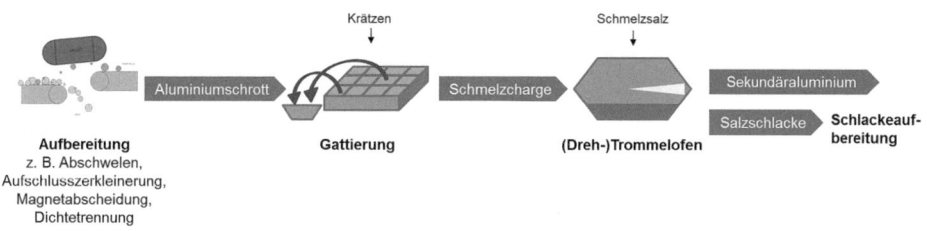

Abb. 7.7 Verwertung von Aluminiumschrott. Nach [34]

Oxideinschlüsse in der Schmelze zu verhindern, erfolgt das Einschmelzen unter einer leichteren Salzschicht, die zudem Verunreinigungen aus der Schmelze aufnimmt (schematische Darstellung s. Abb. 7.7). Bei der Verwertung von einem Mg Aluminium fallen daher etwa 300 bis 500 kg sogenannte Salzschlacke an, welche üblicherweise noch etwa 8 % Aluminium enthalten [34].

Ein Einsatz von Herd- oder Induktionsöfen ermöglicht einen Schmelzprozess ohne die Zugabe von Salzen, es werden jedoch hohe Anforderungen an die Reinheit (Oxidgehalt) des Inputmaterials gestellt. In der Sekundärproduktion werden fast nur Gusslegierungen hergestellt, da der für Knetlegierungen auf 2,6 % begrenzte Siliziumgehalt der Schrotte meist überschritten wird [34].

Kupfer
Ungefähr die Hälfte der jährlich in Deutschland bereitgestellten Kupfermenge wird aus Sekundärquellen gewonnen [12]. Die Vorbehandlung besteht aus den Schritten Mischen, Zerkleinern und Agglomerieren sowie der Separation von Fe-Metallen und Aluminium. Der Prozess der Sekundärkupfergewinnung besteht aus mehreren Reinigungsstufen, welchen die Schrotte je nach Reinheit zugeführt werden. Je nach Kupfergehalt der Schrotte können somit einzelne Schmelzprozesse übersprungen werden. Fraktionen mit vergleichsweise geringem Kupfergehalt (< 50 % Cu) [39] und hohen Bestandteilen an Fremdelementen (z. B. Elektroschrott) werden im ersten Schmelzprozess im Badschmelzofen eingeschmolzen. Das entstandene Schwarzkupfer hat einen Kupfergehalt von etwa 80 %. Dieses wird einem Konverter (z. B. rotierender Aufblaskonverter, s. Abb. 7.8) zugeführt, um den Schwefel- und Eisengehalt unter Luftzufuhr weiter zu reduzieren [40]. In diesem Prozessschritt können auch Legierungsschrotte (z. B. Bronze, Messing) hinzugegeben werden. Der Output aus diesem Prozess wird als Konverter-/ oder Blisterkupfer bezeichnet. Im Anodenofen werden weitere Verunreinigungen durch Verschlackung entfernt [41]. Schrotte mit einem hohen Kupfergehalt (>85 % Cu) werden direkt in diesen Ofen eingebracht [39]. Das flüssige Kupfer wird anschließend zu Anoden mit einem Kupfergehalt von 99 % gegossen. Der letzte Reinigungsschritt ist die elektrolytische Raffination. Hier werden Reinheiten von 99,995 % erreicht (s. Abb. 7.8).

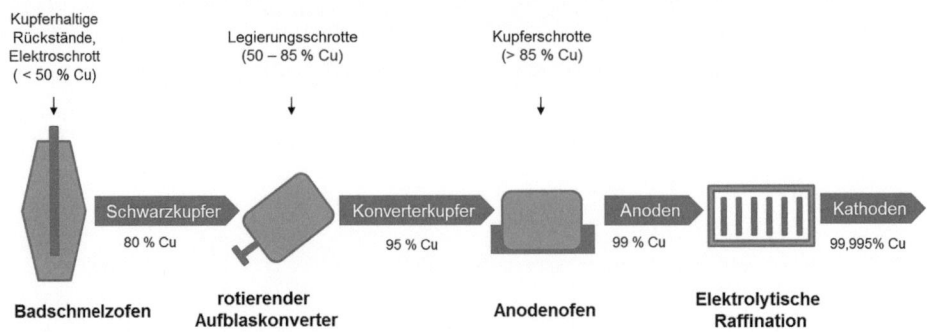

Abb. 7.8 Verwertung von Kupferschrott. Nach [39]

Verwertungsmengen

In Deutschland wurden im Jahr 2020 rund 549.000 Mg Sekundäraluminium produziert, was einem Anteil von rund 51 % entspricht [35]. Davon stammen 133.000 Mg aus der Verwertung von Verpackungen [10].

Beim Kupfer lag die Produktionsmenge von Raffinadekupfer 2020 bei 643.000 Mg, wovon rund 285.000 Mg aus sekundären Vorstoffen stammen (Recyclinganteil 44 %) [35]. Aus Müllverbrennungsanlagen gelangten im Jahr 2017 rund 146.000 Mg Nichteisenmetalle in den Verwertungskreislauf [29].

Umweltentlastung

Aluminium

Das Aluminiumerz Bauxit ist nach Sauerstoff und Silizium das dritthäufigste Element der Erdkruste. Zur Herstellung von Aluminium aus Bauxit wird eine große Menge an Energie benötigt. Daher kann bei der Verwertung von Aluminiumschrott, verglichen mit der Primärproduktion, ein Großteil der Prozessenergie eingespart werden. Die Angaben reichen dabei von 85 bis 95 % [31–34]. In [42] wird der Energiebedarf für die Primärgewinnung von Aluminium mit 19 MWh/Mg (68,4 GJ/Mg) und für die Sekundärgewinnung mit 3 MWh/t (10,8 GJ/Mg) angegeben. Pro Mg recyceltem Material werden 10 Mg CO_2 eingespart, was etwa 85 % der CO_2-Emissionen der Primärproduktion entspricht [12]. Die festen Rückstände aus der Primärproduktion liegen mit 3,7 Mg pro Mg erzeugten Aluminiums fast um eine 10er-Potenz höher als bei der Sekundärproduktion (ca. 0,4 Mg/Mg Al) [34].

Kupfer

In der Sekundärkupferherstellung entfällt der energiereiche Gewinnungsprozess der Erze [43]. Je nach Material und Verfahren variiert der Energieverbrauch. Dabei ist er zwischen 40 % und 80 % niedriger als bei der Primärproduktion [42, 44] Des Weiteren werden pro Mg Sekundärkupfer 3,4 Mg CO_2 eingespart, was einer Einsparung von 64 % entspricht [44]. Insgesamt konnten im Jahr 2018 durch die verwertete Kupfermenge von 13,7 Tsd. Mg rund 25,4 Tsd. Mg. Treibhausgase eingespart werden [45].

7.1.5 Altkunststoffe

Altkunststoffe fallen in nahezu allen Lebensbereichen an. Der überwiegende Anteil stammt aus der Sammlung von gebrauchten Verpackungen, dem Baubereich sowie aus der Fahrzeugaufbereitung. Im Jahr 2021 wurden in Deutschland insgesamt 21,1 Mio. Mg Kunststoffe hergestellt. Letztendlich lag nach Verarbeitung und unter Berücksichtigung der Im- und Exporte der Kunststoffverbrauch der privaten und gewerblichen Endverbraucher bei rund 12,4 Mio. Mg [46]. Im Jahr 2021 fielen insgesamt 5,7 Mio. Mg Kunststoffabfälle an, die sich zu 96 % aus Post-Consumer-Abfällen und zu 4 % Produktions- und Verarbeitungsabfällen zusammensetzen [47]. Die Post-Consumer-Abfälle gliedern sich weiter auf nach den Herkunftsbereichen private Haushalte (49,5 %) und gewerbliche Endverbraucher (35,0 %), die Produktions- und Verarbeitungsabfälle in die Bereiche Kunststoffverarbeitung (14,4 %) und -erzeugung (1,1 %) [2]. In Tab. 7.6 sind Kunststoffabfälle der Post-Consumer aus dem Jahr 2021, differenziert nach Arten, beschrieben.

Eine Umformung von Duromeren und Elastomeren ist aufgrund ihrer vernetzten Molekülstrukturen nicht möglich. Diese Kunststoffe können lediglich durch Zerkleinerung und anschließende Anwendung als Füllstoff werkstofflich verwertet werden [24]. Die Verwertung von sortenreinen Thermoplasten oder thermoplastischen Elastomeren ist dagegen gut durchführbar, da diese aus unvernetzten Molekülen bestehen. Sie lassen eine erneute Überführung in eine Schmelze oder Lösung zu, wodurch eine erneute Umformung möglich ist [48]. Mischkunststofffraktionen bilden, aufgrund chemischer Unverträglichkeiten und unterschiedlicher Schmelztemperaturen, i. d. R. keine homogene Schmelze [49].

Aufbereitung und Verwertung
In Abhängigkeit von der Kunststoffsorte und der vorliegenden Qualität stehen unterschiedliche Verwertungswege zur Verfügung. In der Abb. 7.9 sind für die jeweiligen Anwendungsfelder etablierte Verfahren dargestellt.

Wesentliche Voraussetzung für die werkstoffliche Verwertung von Kunststoffen ist die Separation sortenreiner Kunststofffraktionen. Für ein **werkstoffliches Recycling** eignen sich insbesondere Thermoplaste, die entweder bereits sortenrein vorliegen oder in einer Aufbereitungsanlage abgetrennt werden. Sie werden zunächst von Störstoffen wie Metallpartikeln befreit, zerkleinert und gewaschen. Fremdkunststoffe werden durch sensorgestützte Sortierung oder durch Dichtetrennung abgetrennt. Das aufbereitete und getrocknete Mahlgut wird z. B. in Extrudern zu Regranulat umgeschmolzen. Das Regranulat dient in der Kunststoffverarbeitung zur Herstellung von Fertigprodukten (z. B. von Profilen, Rohren, Blumen- und Getränkekästen und Folien) [24].

Tab. 7.6 Kunststoffabfälle der Post-Consumer in Deutschland, differenziert nach Arten (Stand 2021) [46]

Kunststoffart		Menge 2019 in 1000 Mg	Anteil in %	Typ	Wichtige Anwendungsgebiete
Polyethylen	PE-LD	1474	27,1	Thermoplast	Verpackungen, Bau
	PE-HD	723	13,3	Thermoplast	Verpackungen, Bau
Polypropylen	PP	952	17,5	Thermoplast	Verpackungen, Fahrzeuge
Polyvinylchlorid	PVC	658	12,1	Thermoplast	Bau
Polyethylenterephthalat	PET	533	9,8	Thermoplast	Verpackungen
Polystyrol	PS	250	4,6	Thermoplast	Verpackungen
	PS-E	125	2,3	Thermoplast	Bau
Polyethylenterephthalat	PET	533	9,8	Thermoplast	Verpackungen
Polyurethan	PUR	218	4,0	Duroplast oder Elastomer	Bau, Fahrzeuge
Sonst. Kunststoffe		218	4,0		Bau, Verpackungen, Fahrzeuge, Elektro/Elektronik

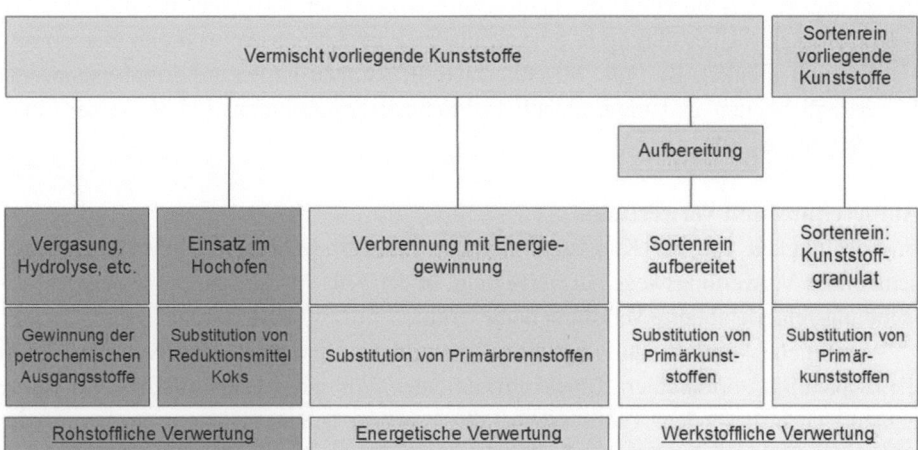

Abb. 7.9 Verwertungswege für Kunststoffe

Beim **rohstofflichen Recycling** werden die Kunststoffe mittels thermischer oder chemischer Verfahren in ihre petrochemischen Ausgangsbestandteile zerlegt. Diese Verfahren (Pyrolyse, Vergasung und Verflüssigung) befinden sich für die Kunststoffver-

Tab. 7.7 Heizwerte von Kunststoffen und Vergleich mit Primärbrennstoffen [51]

Heizwert in kJ/kg	Kunststoffbeispiele (ohne Zusatzstoffe)	Primärbrennstoffe (Beispiele)
>36.000	Polyolefine (PE, PP), PS	Heizöl, Benzin
>25.000–36.000	PA,	Steinkohle
>14.500–25.200	PUR, PET, PVC	Holz, Papier, Braunkohlenbrikett

wertung derzeit in der Entwicklung. Die Produkte der Pyrolyse sind Öle und Wachse und die der Vergasung sind Synthesegase. Im Rahmen der Verflüssigung entstehen durch die Solvolyse oder die Verölung flüssige, gasförmige oder feste Produkte [50]. Weitergehende Informationen zu thermischen Verfahren sind in Abschn. 9.2 „Grundprozesse der thermischen Abfallbehandlung" beschrieben. Die Verwertung von Kunststoffen als Reduktionsmittel im Hochofen fällt ebenfalls unter das rohstoffliche Recycling. In der Stahlindustrie können Mischkunststoffe Koks oder Schweröl als Reduktionsmittel für Eisenerz ersetzen. Diese Form des Recyclings wird vor allem für die Verwertung von Mischkunststoffen genutzt, da an die Reinheit der Materialien geringere Anforderungen gestellt werden. Ein Waschen der Ausgangsmaterialien kann entfallen.

Mischkunststoffe können auch **energetisch verwertet** werden. Die in Kunststoffen enthaltene Energie wird genutzt, um fossile Brennstoffe in Industrieanlagen und Kraftwerken zu ersetzen. Mit der gewonnenen Energie wird Strom, Fernwärme oder Prozessenergie erzeugt. In Tab. 7.7 sind beispielhaft die Heizwerte verschiedener Kunststoffe vergleichbaren Primärbrennstoffen gegenübergestellt. Im Abschn. 7.1.6. werden Verfahren der energetischen Verwertung erläutert.

Verwertungsmengen

Im Jahr 2021 wurden insgesamt 5,7 Mio. Mg Kunststoffabfälle gesammelt und einer stofflichen oder energetischen Verwertung zugeführt. Davon betrug der Anteil der Post-Consumer-Abfälle 5,4 Mio. Mg. Der größte Anteil der anfallenden Altkunststoffe wird energetisch verwertet. Für Post-Consumer-Abfälle lag dieser Anteil im Jahr 2021 bei rund 54 %. Der Anteil der werkstofflich verwerteten Abfälle lag bei 45 % [46]. Das rohstoffliche Recycling zur Gewinnung von petrochemischen Ausgangsbestandteilen befindet sich in der Entwicklung. Daher hat die rohstoffliche Verwertung bisher eine geringe Bedeutung. Ebenfalls wird ein geringer Anteil beseitigt (siehe Abb. 7.10).

Umweltentlastung

Durch das werkstoffliche Recycling von Kunststoffabfällen können je nach Kunststoff- und Verwertungsart, pro Mg eingesetzten Sekundärmaterials, rund 40 bis 90 Gigajoule an Energie sowie rund 1 bis 2 Mg Rohstoffe, im Vergleich zur Primärproduktion, eingespart werden [24]. Für das rohstoffliche Recycling fallen diese Einsparungen geringer

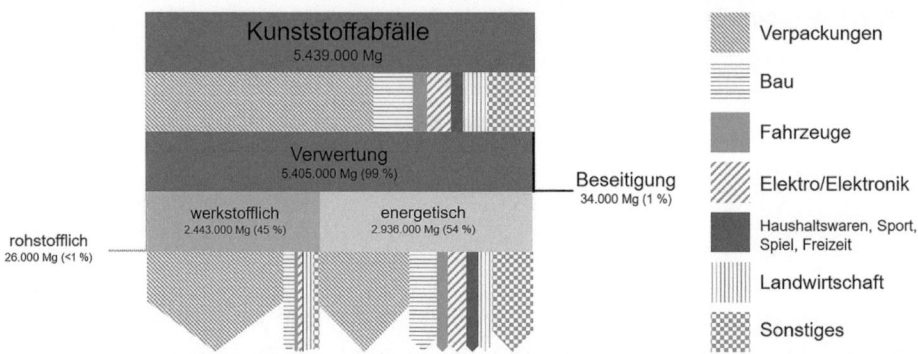

Abb. 7.10 Verwertungsmengen der Post-Consumer-Kunststoffabfälle nach Einsatzfeldern (Stand 2021). Nach [46]

Tab. 7.8 Einsparungseffekte bei der werkstofflichen und rohstofflichen Verwertung (Hochofen) [24]

	Werkstoffliche Verwertung		Rohstoffliche Verwertung (im Hochofen)	
	Rohstoffeinsparungen [Mg/Mg]	Energieeinsparungen [GJ/Mg]	Rohstoffeinsparungen [Mg/Mg]	Energieeinsparungen [GJ/Mg]
PE-HD	1,4	68	0,54	47
PE-LD	1,4	72	0,54	47
PET	2,2	93	0,20	33
PVC	0,8	39	−0,085	21

aus. In Tab. 7.8 sind die Einsparungseffekte bei einer hochwertigen werkstofflichen Verwertung und der rohstofflichen Verwertung im Hochofen dargestellt.

Durch das chemische Recycling kann der in Kunststoffabfällen enthaltene Kohlenstoff in der Industrie als sekundäre Kohlenstoffquelle genutzt werden. Dies trägt zu einer Dekarbonisierung der Industrie sowie Senkung von Treibhausgasen bei. Da sich die Verfahren noch in der Entwicklung befinden und eine großtechnische und dauerhafte Umsetzung der Recyclingverfahren noch nicht erfolgt ist, sind bisher die ökologischen und ökonomischen Auswirkungen noch nicht belegt [50]. Durch die energetische Verwertung von Kunststoffen werden Primärenergieträger substituiert. Eine ausführliche Betrachtung dazu findet sich in Abschn. 7.1.6.

Tab. 7.9 Definition Ersatzbrennstoffe

	Sekundärbrennstoffe (SBS)	Heizwertreiche Fraktionen (HWRF)
Abbildung		
Ausgangsmaterial	Heizwertreiche Fraktionen des Siedlungsabfalls oder produktionsspezifischer Abfälle	Hausmüll- und/oder gewerbeabfallstämmige Stoffströme
Aufbereitungstiefe	Hoch	Gering
Korngröße	<30 mm	>80 bis 500 mm
Heizwertband	Überwiegend > 20 MJ/kg FS	11–15 MJ/kg FS
Verwertung	Mitverbrennung (Kraft-, Zement- oder auch Kalkwerken)	Monoverbrennung (Ersatzbrennstoffkraftwerke)

7.1.6 Ersatzbrennstoffe

Ersatzbrennstoff ist der Oberbegriff für Brennstoffe, die aus Abfällen hergestellt werden. Dieser Begriff umfasst nach der ISO21640:2021–05 Brennstoffe aus produktspezifischem Abfall, Siedlungsabfall, industriellen Abfall, gewerblichen Abfall, Bau- und Abbruchsabfall sowie aus Altholz [52]. Die Brennstoffe werden in Zement- oder Kraftwerken mitverbrannt oder einer Monoverbrennung (in Ersatzbrennstoffkraftwerken) zugeführt. In Deutschland wurden in 2020 rund 7,8 Mio. Mg Ersatzbrennstoffe eingesetzt, um fossile Energieträger zu ersetzen [53, 54]. Auf nationaler Ebene werden die Ersatzbrennstoffe unterschieden in heizwertreiche Fraktionen (HWRF) und Sekundärbrennstoffe (SBS). Diese Fraktionen werden, wie in Tab. 7.9 beschrieben, definiert.

Durch Gütesicherung wird eine hochwertige und schadlose Verwertung von Sekundärbrennstoffen sichergestellt. Gütegesicherte Sekundärbrennstoffe (gekennzeichnet mit dem Markenzeichen SBS®) müssen den festgelegten Qualitätskriterien des RAL-Gütezeichens 724 der Gütegemeinschaft Sekundärbrennstoffe und Recyclingholz e. V. (BGS e. V.) entsprechen.

Aufbereitung und Verwertung
Unabhängig, ob Ersatzbrennstoffe aus Abfällen einer Mono- oder Mitverbrennung zugeführt werden, sind Anforderungen an die physikalische und chemische Beschaffenheit einzuhalten, dazu zählen:

- Schwermetallgehalte
- Heizwert sowie Chlorgehalt

- Korngröße sowie Schüttdichte
- Störstoffanteile

Die Monokraftwerke (Ersatzbrennstoffkraftwerke) sind in Bezug auf die eingesetzte Technik mit den Müllverbrennungsanlagen vergleichbar (siehe Kap. 9). Häufig werden hier Anforderungen an den Heizwert, den Chlor- und Aschegehalt und teilweise auch an Schwermetallgehalte der eingesetzten heizwertreichen Fraktionen gestellt. Die Anforderungen sind je nach Anlage verschieden und richten sich nach der Anlagentechnik, den Verbrennungsbedingungen und den Genehmigungsvoraussetzungen. Bei der Mitverbrennung ersetzen Sekundärbrennstoffe direkt Primärbrennstoffe in einem Produktionsprozess. Aus diesem Grund sind zu den oben genannten Anforderungen insbesondere *geringe Schwermetallgehalte, gleichbleibende Heizwerte* um 20.000 kJ/kg und *niedrige Chlorgehalte* (<1 %) einzuhalten. Im Folgenden werden die sich daraus ergebenden Produktionsschritte zur Herstellung von Sekundärbrennstoff beschrieben (Abb. 7.11).

- **Annahme und Inputkontrolle:** Der erste Schritt des Herstellungsprozesses ist die Inputkontrolle. Der Anlagenbetreiber dokumentiert für die Inputströme die Abfallschlüssel, die angelieferte Menge, spezifische Herkunftsinformationen sowie chemisch-physikalische Kenngrößen.
- **Konditionierung und Aufschluss:** Vor der Aufgabe des Materials erfolgt die Abtrennung von groben Störstoffen. Das Material wird anschließend zerkleinert und in der Regel durch eine erste Siebstufe klassiert. So wird der Stoffstrom von Feinmaterial mit einem hohen Mineralikanteil, welcher im Verwertungsprozess zu hohe Aschegehalte verursacht, entfrachtet.
- **Sortierung:** Durch spezielle Sortiertechnologien wird der Stoffstrom mit heizwertreichen Bestandteilen angereichert, um einen definierten Energiegehalt zu erzielen und von schadstoffhaltigen Bestandteilen entfrachtet, um eine schadlose Verwertung zu gewährleisten. Durch den Einsatz von Magnet- und Wirbelstromscheidern werden Eisen- und Nicht-Eisen Metalle abgetrennt. Zusätzliche Sichterstufen ermöglichen die Trennung von Schwer- und Leichtgut sowie von flächigen und körperförmigen Materialien. Das abgetrennte Leichtgut weist einen deutlich höheren Energiegehalt auf. Optische Sortiertechniken (z. B. Nahinfrarottrenner) ermöglichen z. B. die gezielte Entnahme von Störstoffen (z. B. PVC). Durch die PVC-Abtrennung wird der Chlorgehalt des Materials reduziert. Die aussortierten Störstoffe, darunter Steine, Mineralik, Metalle und die verbleibende Restfraktion werden einer stofflichen Verwertung oder thermischen Behandlung zugeführt.
- **Konfektionierung:** Der letzte Schritt im Produktionsprozess besteht in der Regel aus einer weiteren Zerkleinerungsstufe (s. Abb. 7.11).

RAL-Gütezeichen 724 Sekundärbrennstoffe (RAL-GZ 724)
Wegen der hohen Qualitätsanforderungen an den Sekundärbrennstoff hat die Gütegemeinschaft Sekundärbrennstoffe und Recyclingholz e. V. (BGS e. V.) das Gütezeichen

7 Verwertung von Abfällen

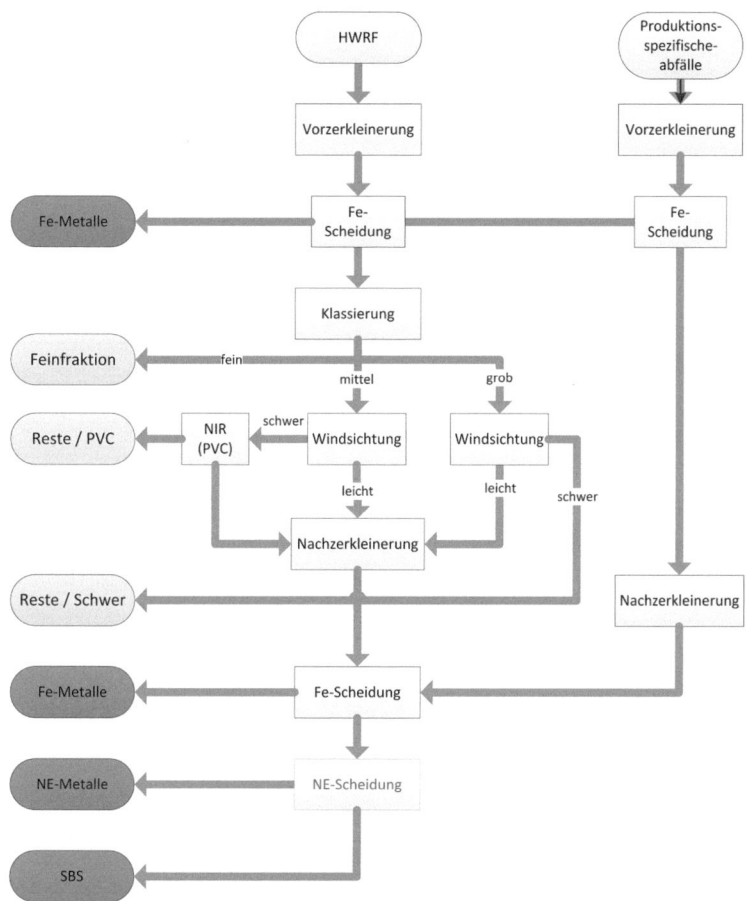

Abb. 7.11 Produktionsschritte zur Herstellung von Sekundärbrennstoff

Sekundärbrennstoff RAL-GZ 724 entwickelt (vgl. www.bgs-ev.de). Sekundärbrennstoffe erhalten das Gütezeichen (RAL-GZ 724), s. Abb. 7.12, wenn sie den Anforderungen der „Allgemeinen und Besonderen Güte- und Prüfbestimmungen für Sekundärbrennstoffe" genügen und werden dann mit der Markenbezeichnung SBS® gekennzeichnet.

Die hergestellten Sekundärbrennstoffe müssen für den Erhalt des Gütezeichens bestimmte Qualitätsanforderungen einhalten. Abb. 7.13 zeigt die Vorgehensweise bei der Qualitätssicherung nach RAL-GZ 724. In den Güte- und Prüfbestimmungen des RAL-GZ 724 ist ein strukturiertes Qualitätssicherungssystem für die Herstellung von Sekundärbrennstoffen festgelegt, das auf einer Eigenüberwachung durch die Hersteller und auf einer Fremdüberwachung durch unabhängige Gutachter und Prüflabore beruht. Maßgeblich ist, dass die Inputmaterialien den Abfallarten in Anlage 1 der Güte- und Prüfbestimmungen entsprechen und dass die in Tab. 7.10 aufgeführten Richtwerte von Schwermetallgehalten in den aufbereiteten Brennstoffen eingehalten werden. Die

Abb. 7.12 RAL- Gütezeichen 724 Sekundärbrennstoffe. Nach [55]

Vorgehensweise für die Probenahme, Analytik und Auswertung im Rahmen der Gütesicherung ist festgelegt.

Die Parameter Heizwert, Wassergehalt, Asche- und Chlorgehalt werden im Rahmen der Gütesicherung ebenfalls analysiert und dokumentiert. Für diese Parameter sind keine spezifischen Richtwerte festgelegt, da es sich um verfahrensspezifische Parameter handelt, die bilateral zwischen den Vertragspartnern festgelegt werden. Typische Heizwerte sind z. B. 20 MJ/kg für den Einsatz in der Zementindustrie, >25 MJ/kg in Kalkwerken und Steinkohlekraftwerken sowie 13–16 MJ/kg für den Einsatz in Braunkohlekraftwerken. Darüber hinaus ist auch der Kupfergehalt zu analysieren und zu dokumentieren.

Verwertungsmengen
Die Herstellung von Ersatzbrennstoffen lag 2020 bei ca. 7,8 Mio. Mg. Diese Menge setzt sich wie folgt zusammen [53, 54]:

- aus Anlagen mit überwiegender SBS-Produktion: 2,9 Mio. Mg
- aus Aufbereitungsanlagen mit überwiegender HWRF-Produktion: 3,1 Mio. Mg
- aus MBA-Anlagen: 1,8 Mio. Mg (überwiegend HWRF)

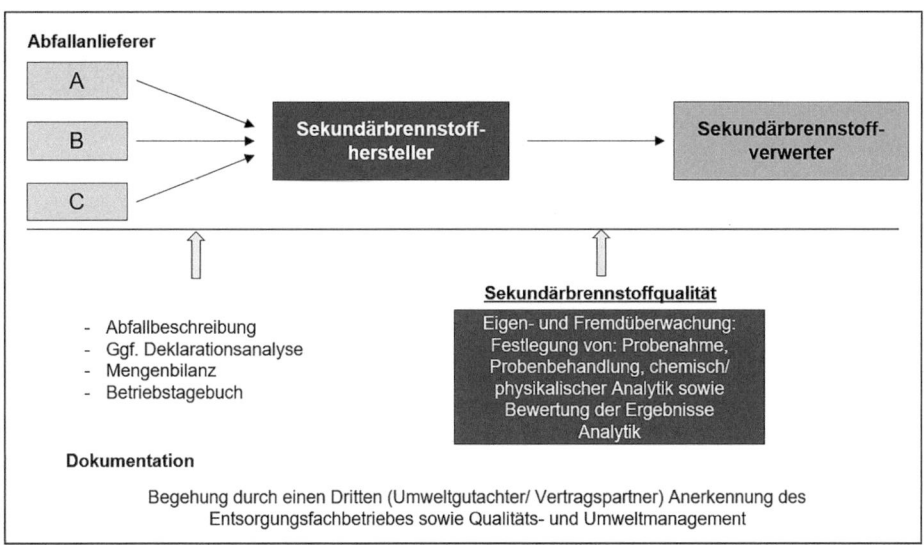

Abb. 7.13 Qualitätssicherung nach RAL-GZ 724 für Sekundärbrennstoffe

Tab. 7.10 Richtwerte des RAL-GZ 724 Sekundärbrennstoffe [55]

Parameter	Einheit	Schwermetallgehalte	
		Medianwerte	80. Perzentil Werte
Cadmium	mg/MJ	0,25	0,56
Quecksilber	mg/MJ	0,038	0,075
Thallium	mg/MJ	0,063	0,13
Arsen	mg/MJ	0,31	0,81
Kobalt	mg/MJ	0,38	0,75
Nickel	mg/MJ	5	10
Antimon	mg/MJ	3,1	7,5
Blei	mg/MJ	12	25
Chrom	mg/MJ	7,8	16
Mangan	mg/MJ	16	31
Vanadium	mg/MJ	0,63	1,6
Zinn	mg/MJ	1,9	4,4

Tab. 7.11 Einsatz von Sekundärbrennstoffen sowie sonstigen alternativen Brennstoffen in der Zementindustrie im Jahr 2021 [56]

Sekundärbrennstoff	1000 Mg/a	MJ/kg
Altreifen	166	28
Altöl	70	27
Aufbereitete Fraktionen aus Industrie-/Gewerbeabfällen	2041	47
Aufbereitete Fraktionen aus Siedlungsabfällen	524	20
Tiermehle und –fette	143	18
Altholz	1	13
Lösungsmittel	133	25
Klärschlamm	665	3
Sonstige	113	5

Die im Jahr 2021 in Deutschland zur Mitverbrennung in der Zementindustrie eingesetzten Sekundärbrennstoffe und sonstigen alternativen Brennstoffe sind in der Tab. 7.11 beschrieben.

Umweltentlastung

Der Einsatz von Ersatzbrennstoffen trägt durch den enthaltenen biogenen Anteil (CO_2-neutral) zur Minderung der CO_2-Emissionen in industriellen Feuerungsanlagen bei, denn CO_2-Emissionen aus nachwachsenden Rohstoffen werden bei der Bilanzierung des Treibhauseffektes nicht angerechnet. In der energieeffizienten Ersatzbrennstoffnutzung mit einem hohen Anteil an biogenem Kohlenstoff (zwischen 20 und 75 %) liegt somit ein wichtiger Beitrag zur globalen CO_2-Minderung. Die CO_2-Kennzahlen sind u. a. abhängig von den eingesetzten Inputmaterialien, der Abfallcharakteristik, der Art der Vorbehandlung, der Berücksichtigung von Teilprozessen, dem Wirkungsgrad und den Äquivalenzprozessen [57–60]. Daher können Vergleiche nur mit denselben Bilanzräumen durchgeführt werden. Durch qualifizierte Aufbereitung der heizwertreichen Bestandteile im Abfall und anschließender Mitverbrennung in Kraftwerken und Zementwerken sind, je nach Randbedingung, CO_2-Einsparpotenziale im Bereich von 350–1000 kg CO_2 Äq./Mg zu erzielen [61]. Allein mit den insgesamt eingesetzten gütegesicherten Sekundärbrennstoffen konnten bislang ca. 5,2 Mio. Mg CO_2 sowie ca. 3,6 Mio. Steinkohleinheiten (SKE) an fossilen Primärenergieträgern eingespart werden [62]. Zusätzlich werden die Ascherückstände aus der Mitverbrennung der Sekundärbrennstoffe in dem Prozess der Zementklinkerherstellung eingebunden, wodurch weitere Primärrohstoffe eingespart werden [63].

7.2 Verwertung von Elektro- und Elektronikaltgeräten

Kerstin Kuchta

7.2.1 Einleitung

In Deutschland werden von Jahr zu Jahr mehr Elektrogeräte in Verkehr gebracht. Inzwischen übersteigt die jährliche Menge die 3 Mio. Mg und mit der fortschreitenden Digitalisierung der Gesellschaft wird die Zahl der Geräte weiter wachsen [64]. Mit dem Verkauf von elektrischen und elektronischen Geräten wachsen auch die Entsorgungsmengen, d. h. die Menge der elektronischen und elektrischen Altgeräten (EAG). Dieser Abfallstrom enthält neben Basismetallen wie Eisen, Kupfer und Aluminium auch Edelmetalle (z. B. Gold, Silber, Palladium), strategische Metalle (z. B. Indium, Tantal oder Niob) und Seltene Erdmetalle (z. B. Neodym, Yttrium, Lanthan). Vor diesem Hintergrund werden Elektronikaltgeräte auch als *Urbanerz* bezeichnet, welches zur Deckung des steigenden Bedarfs an strategischen Metallen und kritischen Industriemineralien, nach der Nutzung zu erfassen und effizient zu recyceln ist.

Aber nicht nur in Deutschland, auch global sind EAG (engl. Waste Electrical and Electronical Equipment (WEEE)) ein relevanter Abfallstrom. Trotzdem werden global nur etwa 17 % an Elektro-Altgeräten richtig erfasst. Aufgrund von immer schneller aufeinanderfolgenden Technologie- und Designwechseln verkürzen sich die Lebensdauern von Geräten [65].

Die Europäische Union verabschiedete vor diesem Hintergrund 2003 die erste WEEE-Richtlinie und überarbeitete diese bis 2012 vollständig. Ziel war es, die in elektrischen Geräten enthaltenen Wertstoffe für die Gesellschaft zu erhalten, was unter anderem durch eine erweiterte Herstellerverantwortung gesichert werden soll. Die Richtlinien sowie deren Überarbeitungen wurden in nationales Recht implementiert und entsprechend trat in Deutschland 2015 das ElektroG2 in Kraft.

Am 27. Mai 2021 wurde die nächste Novelle des deutschen Elektro- und Elektronikgerätegesetzes (ElektroG3) veröffentlicht und trat zum 1. Januar 2022 in Kraft treten. Erstmals geht das aktuelle ElektroG3 nicht auf eine Aktualisierung der zugrunde liegenden europäischen WEEE3-Richtlinie zurück, sondern resultiert aus einer rein nationalen Gesetzesinitiative [66].

Im folgenden Abschnitt werden der rechtliche Rahmen mit den flankierenden Richtlinien zusammenfassend erläutert. Hersteller, Vertreiber und Importeure nehmen über die Produktverantwortung in der Circular Economy von Elektro- und Elektronikaltgeräten eine entscheidende Rolle ein, da sie verpflichtet sind, nur recyclingfähige Produkte ohne umweltschädliche Stoffe in den Verkehr zu bringen. Anschließend werden die Begrifflichkeiten der Elektro- und Elektronikaltgeräte sowie deren Ressourcenpotenzial herausgearbeitet und mögliche Vermeidungsoptionen und Verwertungspfade beschrieben.

7.2.2 Rechtlicher Rahmen

In Deutschland gibt es seit 2005 eine gesetzliche Regelung zur Entsorgung von Elektronik- und Elektroaltgeräten, die durch das Elektro- und Elektronikgerätegesetz (ElektroG) geregelt wird. Dieses Gesetz verpflichtet Hersteller und Importeure von Elektrogeräten, für die Entsorgung ihrer Produkte zu sorgen und die Kosten dafür zu tragen. Das erste Eeletro- und Elektronikaltgerätegesetz basiert auf der im Februar 2003 verabschieden ersten EU WEEE-Richtlinie (Directive 2002/96/EC), welche ausdrücklich dem Ziel diente, die ordnungsgemäße Entsorgung und Wiederverwertung von Elektro- und Elektronikgeräten innerhalb der EU zu organisieren und zu fördern. Hierfür sollten in jedem Mitgliedsstaat Sammelstellen eingerichtet werden, welche den Letztnutzenden eine kostenlose Rückgabe der Elektro-Altgeräte ermöglichen.

Gemäß der rechzlichen Bestimmung werden Elektro- und Elektronikgeräte (EEG) dann zu Elektro- und Elektronik*alt*geräten (EAG), wenn sie die Definition des Abfallbegriffs erfüllen und entsorgt werden sollen (subjektiv) oder müssen (objektiv). Das Gesetz umfasst alle Geräte, die mit elektrischem Strom oder elektromagnetischen Feldern betrieben werden, bzw. der Erzeugung, Übertragung und Messung solcher Ströme und Felder dienen, und die bis zu einer Gleichspannung von bis zu 1500 V oder 1000 V Wechselspannung betrieben werden können.

Im Rahmen der nationalen Umsetzung der EU-Richtlinien wurde eine geteilte Produktverantwortung eingeführt. Dies bedeutet, dass wesentliche Pflichten zwischen den öffentlich-rechtlichen Entsorgungsträgern (örE) und den Herstellern von Elektro(nik)geräten verteilt wurden. Die örE sind verpflichtet, nutzungsfreundliche Sammelstellen für ortsansässige Personen zur kostenfreien Abgabe von EAG einzurichten. Aktuell wird dieser Rücknahmeservice an ca. 1500 kommunalen Sammelstellen wie Recycling-, Bau- oder Wertstoffhöfen angeboten. Die Hersteller, Händler und Inverkehrbringer sind seit 2022 ebenfallsverpflichtet Geräte im Laden zurückzunehmen. Auf diese Weise wurden etwa 25.000 zusätzliche Rücknahmestellen geschaffen [67].

Die Bürgerinnen und Bürger sind gesetzlich verpflichtet EAG über die offiziellen Sammelpunkte zu entsorgen und nicht in den Restmüll zu geben. Wie bei allen Abfällen wird auch den EAG im Sinne der fünfstufigen Abfallhierarchie der Wiederverwendung und der Vermeidung, der höchste Stellenwert zugesprochen, während das stoffliche und materielle Recycling erst nach maximaler Nutzungszeit folgen sollen.

Im August 2012 trat eine überarbeitete EU-Richtlinie (Directive 2012/19/EU) in Kraft, welche von allen Mitgliedsländern der EU in nationales Recht übernommen werden musste. Die Novelle (ElektroG2) diente vor allem der Erweiterung des Geltungsbereiches, der Anpassung der Gerätekategorien und der Erhöhung der Mindestsammelquote. Für Elektroaltgeräte ist eine getrennte Sammlung, Behandlung und Verwertung vorgeschrieben sowie seit 2019 die Einhaltung einer festgelegten Sammelquote von 65 %, des Durchschnittsgewichts der in den drei Vorjahren in Verkehr gebrachten EAGs, vorgeschrieben. In den Sammelmengen sind mit der Novellierung, zusätzlich zu den Geräten des B2C-Bereichs (Business-to-Consumer), auch Geräte aus der gewerblichen Nutzung (Business-to-Business, B2B-Geräte) enthalten.

Die WEEE-Richtlinie ist in der gesamten EU gültig, ihre praktische Umsetzung und ihre inhaltliche Durchführung sind jedoch Aufgabe der einzelnen Mitgliedsstaaten. Die zuständige Behörde für die nationale Registrierung aller in Verkehr gebrachter Elektro und Elektronikgeräte ist in Deutschland die stiftung ear. Die stiftung ear ist die „Gemeinsame Stelle der Hersteller" im Sinne des ElektroG. Ihr wurden durch das Umweltbundesamt durch Beleihung hoheitliche Aufgaben aus dem ElektroG übertragen [68].

Während im ersten Elektro-Gesetz die Elektroaltgeräte in 10 Kategorien unterteilt und wurden Sammelgruppen erfasst. Diese Gruppen wurden im Weiteren noch angepaßt und der Erfassung erfolgt aktuell den sechs Gruppen

1. Wärmeüberträger
2. Bildschirmgeräte
3. Lampen und Gasentladungslampen
4. Großgeräte
5. Kleingeräte
6. PV Module

Vor dem Hintergrund veränderter Marktbedingungen, dem Vorkommen neuer Gerätetypen und der europäisch geforderten Erhöhung der Altgeräte-Sammelmengen wurde das Elektro-Gesetz in 2021 erneut angepasst und trat zum 1. Januar 2022 mit umfassenden Änderungen und Neuerungen in Kraft (ElektroG3).

Alle ordnungsgemäß gesammelten und zurückgenommenen Altgeräte müssen einer Behandlung in einer zertifizierten Erstbehandlungsanlage zugeführt werden. Dort werden sie auf Vorbereitung zur Wiederverwendung geprüft und ggf. zur Wiederverwendung vorbereitet oder behandelt, von Schadstoffen entfrachtet sowie in Bauteile und Materialfraktionen zerlegt, damit diese verwertet (recycelt oder energetisch verwertet) werden können. Um die Qualität der Schadstoffentfrachtung und Wertstoffrückgewinnung weiter zu verbessern, werden ergänzende und neue Anforderungen an die Behandlung von Altgeräten in einer eigenen Verordnung festgelegt, der Elektro- und Elektronik-Altgeräte Behandlungsverordnung (EAG-BehandV).

Parallel wurde die Richtlinie zur Beschränkung der Verwendung bestimmter gefährlicher Stoffe in Elektro- und Elektronikgeräten (Restriction of the Use of Certain Hazardous Substances, RoHS) (2002/95/EG) auf EU Ebene verabschiedet und in nationales Recht übernommen. Ziel dieser Richtlinie ist es, die mit der Entsorgung verbundenen Umweltbelastungen zu senken. Vor diesem Hintergrund wird die Verwendung umweltschädlicher Substanzen in der Produktion von Elektro- und Elektronikgeräten verboten, um so deren Freisetzung während der Sammlung und Behandlung der EAG zu verhindern. Zusätzlich soll die Kontamination von Materialien vermieden werden, so dass die umfängliche Ressourcennutzung gewährleistet werden kann. Aus diesem Grund gelten seit 2006 Mengenbeschränkungen für folgende Stoffe:

1. Blei
2. Cadmium
3. Chrom (VI)
4. Quecksilber
5. sowie bromierte Flammenschutzmittel.

Seit 2020 ist zusätzlich der Einsatz der Phthalate Bis(2-ethylhexyl)phthalat (DEHP), Dibutylphthalat (DBP), Benzylbutylphthalat (BBP) und Diisobutylphthalat (DIBP) untersagt. Sie dürfen seitdem nicht mehr als Weichmacher in den Kunststoffen der Elektro- und Elektronikgeräten verwendet werden.

Insgesamt soll der Vertrieb von Elektrogeräten auf der Basis dieser rechtlichen Vorgaben innerhalb der EU besser kontrolliert und deren rechtmäßige Entsorgung und Wiederverwertung durch die Hersteller garantiert werden. Die Umsetzung der RoHS erfolgte anhand der deutschen Elektronikgeräte-Stoff-Verordnung (ElektroStoffV) [69].

7.2.3 Sammlung und Erfassung von Elektro- und Elektronikaltgeräten

Die im ElektroG festgeschriebene Herstellerverantwortung verpflichtet alle Herstellenden und sonstige Inverkehrbringer sich, bevor Elektrogeräte auf den deutschen Markt gebracht werden, bei der stiftung elektro-altgeräte register (stiftung ear), zu registrieren. Akteure ohne eigenen Sitz in Deutschland müssen hierfür eine in Deutschland ansässige Bevollmächtigte benennen, welche die Herstellerpflichten in Deutschland erfüllt. Neben Vertrieb und Verkaufseinrichtungen müssen die sogenannten elektronischen Marktplätze und Fulfilment-Dienstleister die ordnungsgemäße Registrierung der anbietenden Hersteller prüfen.

Abb. 7.14 stellt in einem vereinfachten Fließbild den gesetzlich vorgesehenen Entsorgungsweg dar.

Das ElektroG verknüpft die Pflicht, Elektroaltgeräte vom Siedlungsabfall getrennt zu sammeln, mit einer kostenlosen Rückgabemöglichkeit für Endnutzende und Vertrieb an Sammelstellen der örE oder des Handels (ElektroG3). Diese müssen sich in räumlicher Nähe zum Erwerbsort neuer Produkte befinden. In Richtung der Endnutzenden besteht proaktive Informationspflicht seitens Handel und örE über das Verbot der Entsorgung der Altgeräte mit dem Siedlungsabfall sowie die Art und den Ort der Abgabe für das Recycling. Das Verbot der gemeinsamen Entsorgung wird durch das Symbol einer durchgestrichenen Mülltonne auf den Geräten kommuniziert (siehe Abb. 7.15).

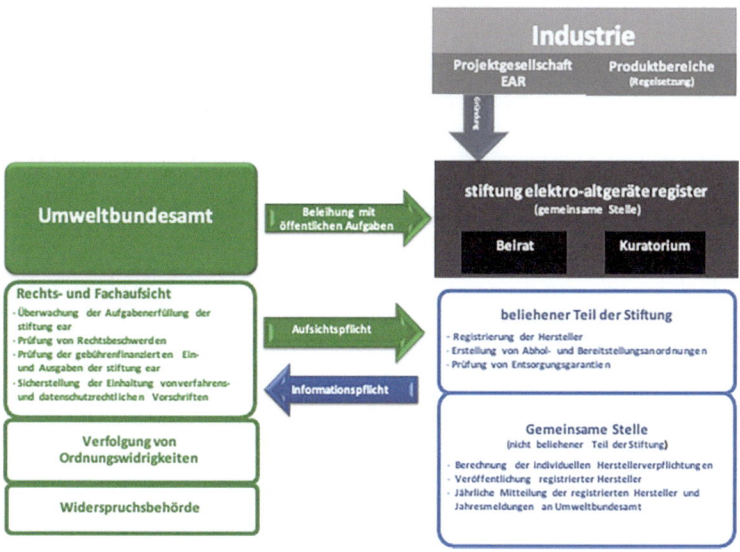

Abb. 7.14 Gesetzlicher vorgesehener Entsorgungsweg nach ElektroG. (Eigene Darstellung)

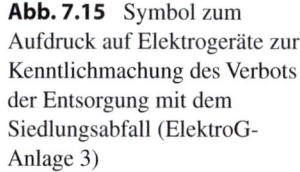

Abb. 7.15 Symbol zum Aufdruck auf Elektrogeräte zur Kenntlichmachung des Verbots der Entsorgung mit dem Siedlungsabfall (ElektroG-Anlage 3)

▶ Ein alleiniger Verweis des Handels auf Sammelstellen der öffentlich rechtlichen Entsorger ist nicht zulässig. Abb. 7.16 zeigt das einheitlich anzuwendende Sammelstellenlogo.

Altgeräte müssen im Handel ab einer Verkaufsfläche für Elektro- und Elektronikgeräte von mindestens 400 Quadratmetern und in Supermärkten, welche mehrmals im Jahr Elektrogeräte anbieten und über eine Gesamtverkaufsfläche von mindestens 800 Quadratmetern verfügen, zurückgenommen werden. Die Rücknahmepflicht gilt für Kleineräte (Kantenlänge < 25 cm) unabhängig vom Neukauf eines Artikels und auch

ELEKTROGERÄTE RÜCKNAHME

Abb. 7.16 Das Sammelstellenlogo zur Kennzeichnung von Rückgabestellen für EAGs (https://e-schrott-entsorgen.org/download.html)

wenn die Produkte nicht in diesem Laden gekauft wurden (0:1-Rücknahmepflicht). Abgabemengen können begrenzt werden. Große Geräte (Kantenlänge > 25 cm) können nur abgegeben werden, wenn ein neues vergleichbares Produkt in dem Laden erworben wird (1:1-Rücknahmepflicht).

Mit dem ElektroG3 wird seit 2022 von B2B-Hersteller bereits bei der Erstregistrierung ein Konzept zur Rücknahme und Verwertung der entsprechenden Altgeräte gefordert, welches von der Gemeinsamen Stelle geprüft und akzeptiert werden muss. Das Konzept muss Angaben zu den Rückgabemöglichkeiten, zu beauftragten Dritten und bezüglich Zugängigkeit für die Endnutzenden enthalten.

Der Onlinehandel muss die Kunden bezüglich der Entsorgungsmöglichkeiten bereits bei Bestellung oder Lieferung informieren und einen kostenlosen Tausch Alt-gegen-Neu für die Geräte der Kategorien 1, 2 und 4 anbeiten. Für die Geräte der Kategorien 3, 5 und 6 müssen zumindest Rückgabemöglichkeiten in zumutbarer Entfernung angeboten werden.

Elektrogeräte, welche durch Batterien betrieben werden, müssen mit Hinweisen zu den enthaltenen Batterien oder Akkus in Bezug auf die chemischen Systeme und die Entnahmemöglichkeit ausgestattet sein. Zusätzlich muss die Entnehmbarkeit von alten Batterien oder Akkus problemlos und zerstörungsfrei durch Endnutzende erfolgen können.

7.2.4 Mengenaufkommen und Ressourcenpotenzial

Die Art der nationalen Dokumentation der EAG Sammelmengen zur Weiterreichung an die EU ist einheitlich in der WEEE-Richtlinie vorgegeben. Das Reporting liegt bei den Mitgliedsstaaten. In Deutschland werden die Erfassungs- sowie die Behandlungsmengen von der Stiftung ear und dem statistischen Bundesamt (Destatis) erhoben und dem Umweltbundesamt angezeigt. Das Umweltbundesamt bereitet die Daten auf und übermittelt diese an das Bundes-Umweltministerium (BMUV), welches die jeweiligen Mengen an die EU-Kommission meldet.

Während die in Verkehr gebrachten Mengen an elektrischen und elektronischen Geräten der Jahre 2010 bis 2020 auf über 2,8 Mio. Mg pro Jahr stieg, ist das Aufkommen der EAG-Mengen, welche über Abholkoordination der ear nur langsam, zuletzt auf etwa 1 Mio. Mg pro Jahr, gestiegen. Die Abb. 7.17 basiert auf Daten des Umweltministeriums (BMUV).

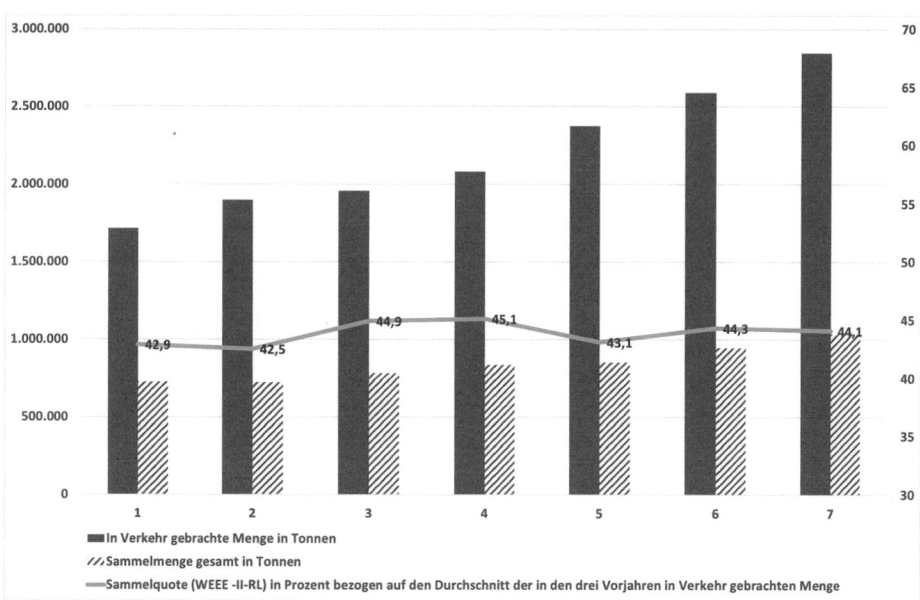

Abb. 7.17 Mengenaufkommen in Mg pro Jahr von 2010–2020 [70]

Tab. 7.12 zeigt, dass im Jahr 2020 erstmals mehr als eine Mio Mg EAGs gesammelt und behandelt wurde. Damit stieg die Menge gegenüber 2019 um mehr als neun Prozent auf insgesamt 1,037 Mio Mg EAG. Die rechtlichen Vorgaben sehen eine Sammelquote von 65 % der im Mittel in den Jahren 2017 bis 2019 verkauften Neugeräten vor. Das Ergebnis für 2020 ergibt eine Sammelquote von etwa 44 %. Damit wurden etwa 500.000 Mg EAGs zu wenig erfasst. Mit den aktuell steigenden Verkaufsmengen an Neugeräten müssen zur Erreichung des Sammelziels in 2021 ca. 1,7 Mio. Mg EAGs erfasst werden – 650.000 Mg mehr als 2020.

Mengenzuwächse wurden in den letzten Jahren vor allem für IT- und Telekommunikationsgeräte, Kühl- und Klimageräten sowie für Kleingeräten verzeichnet. Rückgänge bei den Erfassungsmengen von Bildschirmgeräten liegen vor allem in der Umstellung von Röhrengeräten, welche bisher die Rücknahmemengen dominiert haben, zu Flachbildschirmen begründet. Die Rücknahme von Photovoltaikmodulen ist nach wie vor sehr gering.

Die Recyclingquote im Altgerätebereich, dass heißt von den erfassten Geräten aller Gerätekategorien, liegt bei 86,7 %. Anders als bei der Erfassung werden die europäischen Vorgaben zur Verwertung der Altgeräte somit in Deutschland weiterhin erfüllt.

Die in den Statistiken erfassten Altgeräte, welche zur Wiederverwendung vorbereitet werden, steigt zwar langsam an, liegen aber bei weniger als zwei Prozent der Gesamtmengen. Hier zeigen sich die Grenzen der Dokumentation, da die Secondhand-Verkäufe über Internetplattformen oder Gebrauchtmärkte in der Regel nicht erfasst werden.

Tab. 7.12 Zur Erstbehandlung angenommene Elektro- und Elektronikaltgeräte (EAG) in 2020 in 1000 Mg (Quelle: Statistisches Bundesamt, Stand 11. Februar 2022) [71]

	Produktkategorie	Erstbehandlungsanlagen (Anzahl)	Menge gesamt[1]	Vorbereitung zur Wiederverwendung [2]	Recycling	Sonstige Verwertung	Beseitigung
1	Wärmeüberträger	104	190,4	0,3	162,4	25,8	2
2	Bildschirme > 100 cm^2	178	113,5	1,9	100,8	7,2	3,6
3	Lampen	61	7,5		6,9	0,1	
4a	Großgeräte ohne Photovoltaikmodule	259	297,7	6,5	258,1	26,5	6,7
4b	Photovoltaikmodule	27	15,4	-	11,9	1,1	
5	Kleingeräte	238	290,2	7	232,3	46,6	4,3
6	Kleine IT- und Telekommunikationsgeräte	237	122,4	1,7	107,4	12	1,2
	Gesamt	**363**	**1037,0**	**19,5**	**879,8**	**119,4**	**18,3**

[1]Angenommene unbehandelte Altgeräte insgesamt, inklusive ganzer Altgeräte sowie Bauteile, die zur Wiederverwendung vorbereitet werden
[2]Vorbereitung zur Wiederverwendung ganzer Altgeräte sowie Vorbereitung zur Wiederverwendung von Bauteilen

Das Ressourcenpotenzial von EAGs begründet den Wert dieses Abfallstroms. Gleichzeitig sind EAGs komplexe Materialverbunde, deren Zusammensetzung je Gerätetyp, Modell, Hersteller und Baujahr variiert, so dass eine durchschnittlichen Materialzusammensetzung der EAGs nur geschätzt werden kann. Verglichen mit Erzen sind in Elektro- und Elektronikaltgeräten (EAGs) jedoch viele Metalle und kritische Rohstoffe in deutlich höheren Konzentrationen vorhanden, so dass das Recycling ein relevantes Potenzial für die Versorgung der Industrie besitzt.

Neben den Basismetallen, wie Eisen, Kupfer oder Aluminium, begründen vor allem die enthaltenen Edelmetalle Gold und Silber den Wert der EAG. Während der Stahlanteil zum Beispiel in Haushaltsgroßgeräten, wie Waschmaschinen, Herden oder Kühlgeräten relevant ist, finden sich Nichteisenmetalle und Edelmetalle vor allem in den elektrischen und elektronischen Komponenten wie Leiterplatten. Materialien wie Glas, Holz oder auch Kunststoffe, sind vor dem Hintergrund der geringen Werthaltigkeit, den zum Teil hohen Verunreinigungen mit anderen Stoffen oder dem fehlenden Markt für entsprechende Sekundärrohstoffe noch immer von nachgeordneter Bedeutung im Rahmen der Recyclingaktivitäten von EAGs.

Seltene Erdmetalle, wie z. B. Neodym, in Elektro(nik)geräten ermöglichen vor allem die Miniaturisierung von Komponenten und Geräten und liegen oftmals in Form von sehr kleinteiligen Verbunden, z. B. in Lautsprechern oder Kleinmotoren, vor. Das Recycling dieser kritischen Metalle erfolgt bis heute nicht. Auch die Gewinnung von werthaltigen Konzentraten aus der Materialmatrix der EAGs, ist heute noch in vielen Fällen eine technische Herausforderung. Schwankende Rohstoffpreise sowie mechanisch und metallurgisch nicht trennbare Verbunde hemmen die Kommerzialisierung der Recyclingtechnologien.

Da mit dem Recycling von Metallen und kritischen Rohstoffen hohe CO_2-Emissionen eingespart werden, leisten das Recycling von EAGs auch einen relevanten Beitrag zum Klimaschutz [72].

7.2.5 Aufbereitungsverfahren zur Ressourcenrückgewinnung

Elektronikaltgeräte sind typische Beispiele für komplexe Altprodukte, welche sich durch eine Vielzahl von Bauteilen, Funktionsteilen und Werkstoffen auszeichnen und in welchen einzelne Komponenten durch Zusammenbau oder Fügetechnik zu einem Produkt komponiert werden.

Entsprechend der Komplexität der Altgeräte gibt es verschiedene Arten von Verwertungsanlagen, welche grundsätzlich in Anlagen zur mechanischen Aufbereitung von EAGs und Anlagen zur Rückgewinnen der enthaltenen Matelle durch Schmelzen und Refining unterteilt werden. Dabei zerlegen die mechanische Recyclinganlagen die Altgeräte in ihre Einzelteile und sortieren diese nach Material. Die Metalle, Kunststoffe und anderen Materialien werden anschließend weitergehend aufbereitet oder direkt wieder eingesetzt. Schmelzanlagen und Refiner dienen insbesondere der Metallrückgewinnung aus Elektronikschrottbestandteilen und setzen hohe Temperaturen oder naßchemische Verfahren ein. Die Behandlungsverfahren müssen insgesamt gewährleisten, dass je nach Kategorie mindestens 75–85 % verwertet und 55–80 % wiederverwendet oder recycelt werden (§ 22 ElektroG).

Der Recyclingprozess der EAG beginnt gemäß ElektroG mit der manuellen Demontage der schadstoffhaltigen (z. B. Batterien, Hintergrundbeleuchtung, Kondensatoren) oder werthaltigen (z. B. Platinen, Chips, Stecker) Bauteile in der sogenannten Erstbehandlung. Die Erstbehandlung darf in Deutschland ausschließlich von einem der 408 zugelassenen Fachbetriebe (Stand 2023) durchgeführt werden. Die Erstbehanlungsanlagen sind im Register der EAR aufgelistet und Betreiber sowie Adressen hinterlegt [73].

Anschließend werden die schadstofffreien bzw. schadstoffentfrachteten EAGs aufgeschlossen und die erzeugten Partikel, mittels einer angepassten Prozesskette von Klassier- und Sortierverfahren, in verschiedene Materialströme separiert. Die Bearbeitungstiefe der Behandlungsanlagen ist jeweils auf die nachfolgenden metallurgischen, thermischen oder kunststoffverarbeitenden Verfahren abgestimmt. Die Rückgewinnung der einzelnen Metalle erfolgt anschließend in spezialisierten Hütten- oder Scheidewerken über pyrometallurgische oder hydrometallurgische Prozesse.

Dabei ist zu beachten, dass es bisher kein Standardverfahren für die Aufbereitung von EAGs und die Rückgewinnung der enthaltenen Wertfraktionen gibt. Tatsächlich ist jede Anlage spezifisch konfiguriert und entsprechend der Eingangsmaterialien und Zielsetzung ausgestattet. Vor diesem Hintergrund sind die im Folgenden beschriebenen Prozess als Beispiele zu verstehen.

7.2.5.1 Mechanische Aufbereitung von Elektro(nik)altgeräten

Mechanische Aufbereitungsanlagen bereiten die EAGs in Abhängigkeit vom Wertpotenzial sowie unter Berücksichtigung der nachgeschalteten Verwertungs- und Beseitigungsverfahren auf. Die eingesetzten Verfahren müssen entsprechend an die jeweiligen Geräteaerten oder Sammelgruppen angepasst werden. Spezifische Aufbereitungsprozesse bestehen zum Beispiel für Kühlgeräte und Bildschirme.

Entsprechend der großen Bandbreite der EAG kann ein allgemeiner Behandlungsablauf nur skizziert werden. Die Behandlung setzt sich in der Regel aus den folgenden acht Schritten zusammen:

1. **Erstbehandlung**: Eingangswiegung zur Datenerfassung nach ElektroG, Separierung von funktionsfähigen Geräten und Bauteilen zur Wiederverwendung, Entfernen externer Kabel sowie ggf. umweltgefährdender Stoffe, Aussortieren von Fehlwürfen und freien Schadstoffen (Batterien, Fremdstoffe).
2. **Manuelle oder automatische Vorsortierung:** Gewinnung einheitlicher Materialgruppen für die nachfolgenden, angepassten Behandlungsstufen.
3. **Abtrennung von ggf. enthaltenen Gasen und Flüssigkeiten**
4. **Manuelle oder automatisierte Demontage der Geräte:** Gewinnung von wiederverwendbaren Bauteilen, vollständige Schadstoffentfrachtung, Erzeugung bestimmter Wertstofffraktionen (Metalle, Kunststoffe) bzw. spezifischer Bauteile.
5. **Aufschlusszerkleinerung und Klassierung**
6. **Sortierung der Werkstoffe:** z. B. Dichtesortierung, Magnetabscheidung, Wirbelstromsortierung, sensorgestützte Sortierung.
7. **Erfassung der Sortierfraktionen** zur Bestimmung der Verwertungsquoten nach ElektroG.
8. **Verwertung der Sortierfraktionen** in nachgeschalteten Anlagen, z. B. Kunststoffverarbeitungsbetrieben, Metallschmelzen oder in energetischen Verwertungsanlagen.

Bei der Konzeption von Anlagen gilt es, das ökonomische Optimum von manuellem Aufwand und Mechanisierung sowie den Ausgangsstoffen als Gemischen oder Monofraktionen zu finden. Dazu werden bei der mechanischen Aufbereitung von EAGs die Verfahrensprinzipien Zerkleinerung/Aufschluss, Klassierung und Siebung angewandt. Die Vorsortierung in Sammelgruppen im Rahmen der Erfassung und die Vordemontage in den Erstbehandlungsanlagen dienen der Gewinnung von Geräten zur Wiederverwendung und möglichst homogener Stoffströme und sind den mechanischen Trenntechniken zusätzlich vorgeschaltet.

Im Folgenden werden verschiedene Techniken und Verfahren vorgestellt, welche im EAG -Aufbereitungsprozess nebeneinander oder auch in Kombination miteinander zum Einsatz kommen.

Materialaufschluss im Zerkleinerungsverfahren
Materialaufschluss bezeichnet die Zerlegung und Zerkleinerung und die damit verbundene Auftrennung unterschiedlicher Materialverbunde in einzelne Fraktionen sowie der Erzeugung geeigneter Korngrößen für die nachfolgenden Separationsprozesse. Die Auswahl des Zerkleinerungsaggregats ist auf die zu behandelnde Altgerätekategorie oder Sammelgruppe angepasst. Die Wahl des Aufschlussverfahrens ist dabei entscheidend für die Wirksamkeit der nachfolgenden Separationsstufen: Wird keine ausreichende Auftrennung der Verbunde erreicht, führt dies zu Verschleppung von Wertstoffen und in der Konsequenz zu Verlusten wertvoller Ressourcen. Eine zu starke Zerkleinerung kann jedoch auch zu Verlusten führen, z. B. Edelmetalle, in Staubfraktionen verlagert werden können [74].

Die manuelle Zerlegung von elektrischen oder elektronischen Altgeräten erfolgt auf Arbeitsbändern oder Schwenktischen im Inselverfahren. Separiert werden umweltschädliche Bestandteile und Wertfraktionen.

Die maschinelle Zerlegung und Zerkleinerung von EAGs wird entsprechend des Verformungsverhaltens, spröd-elastisch, elastisch, elastisch-plastisch, elastisch-viskos, der zu trennenden Werkstoffe ausgewählt. So zerspringen die spröden Werkstoffe, wie z. B. Glas, Keramik oder gesinterte Magnete, bei Schlagbeanspruchung in einem Shredder zu feinen Körnern oder zu Staub, während die Werkstoffe mit elastischem Verformungsverhalten, zum Beispiel thermoplastische Kunststoffe oder Elastomere, im Shredder nur temporär verformt und deutlich weniger stark zerkleinert werden. Metallische Werkstoffe weisen in der Regel ein elastisch-plastisches Verformungsverhalten auf und werden bei Schlagbeanspruchung im Shredder dauerhaft verformt und ggf. kompaktiert.

Der Aufschluss der EAGs kann über verschiedenartige Zerkleinerungsaggregate wie Querstromzerkleinerer, Hammermühlen, Rotorscheren oder Prallmühlen erfolgen. Die Zerkleinerung erfolgt mit dem Ziel, dass Verbunde aufgeschlossen werden und damit der direkte Zugriff auf Wertstoffströme möglich ist.

In Großshredderanlagen werden metallhaltige Verbundmaterialien wie Großgeräte, Altfahrzeuge oder Mischschrotte in schnelldrehenden Rotormühlen zerkleinert und durch Roste ausgetragen. Die Zerkleinerungsverfahren werden in der Regel in Kombination mit Siebstufen betrieben, so dass im Ergebnis enge Kornklassen für die nachfolgende automatische Sortierung vorliegen. Im Anschluss erfolgt eine manuelle oder automatisierte Sortierung des aufgeschlossenen Materials, z. B. mittels Klassieren, Magneten oder sensorgestützter Verfahren.

Klassierung
Die nachgeschaltete Klassierung teilt die in der Zerkleinerung entstandenen Kornkollektive in gewünschte Korngrößenfraktionen für die nachfolgenden Sortierprozesse

Tab. 7.13 Siebmaschinen zur Aufbereitung von EAGs (VDI 2343 2012)

Siebmaschinen	Anwendungsgebiete (Korngrößenbereich)	Vorteile/Nachteile
Unbewegte Roste und Siebe	Grobe Ausgangsmaterialien	(+) sehr robust (+) hoher Durchsatz (+) geringe Kosten (−) keine genaue Trennschärfe (−) Verstopfung und Verhaken
Bewegte Roste z. B. Rollenroste, Stangenroste	Grobe Ausgangsmaterialien (100–300 mm)	(−) ungeeignet für stabförmiges oder plattenförmiges Material
Trommelsiebe	Grobe und mittlere Ausgangsmaterialien (40 bis 250 mm)	(+) einfache Konstruktion (+) erschütterungsfreier Lauf (+) geringer Höhenunterschied (−) hoher Energiebedarf (−) geringer Selbstreinigungseffekt (−) Verstopfungsgefahr (−) hohe Baulänge
Wurf- und Plansiebe z. B. Kreis- und Linearschwingsiebe	Feine bis mittlere Ausgangsmaterialien (1 mm bis 80 mm) – Erregter Siebkasten für nicht siebschwierige Materialien – Erregter Siebboden für siebschwierige Materialien	(+) geringe Investitionskosten (+) geringe Instandhaltungskosten (+) Kornformtrennung (−) hoher Verschleiß (−) häufige Reinigungsarbeiten

auf. In der Aufbereitung von EAG werden vor allem Sieb- und Stromklassierungen eingesetzt. Dabei werden Wurf- und Plansiebe bevorzugt, da die EAG-Fraktionen auf Trommelsiebe zu Verhakung oder Verstopfungen neigen können (vgl. Tab. 7.13). Zusätzlich werden Linear- und Kreisschwingsiebe eingesetzt (VDI 2343 2012).

Die Stromklassierung wird unterhalb einer Korngröße von 1 mm eingesetzt und findet inzwischen auch in der Aufbereitung von mineralisch-metallischen Abfallströmen Anwendung.

Sortierverfahren

In der Sortierung werden Partikel gemäß ihrer physikalischen oder chemischen Eigenschaften getrennt, so dass Fraktionen reiner Materialien oder Konzentrate aus einem Gemisch abgetrennt werden. Die Abtrennung von Eisenmetall-(FE)-Fraktionen erfolgt zu Beginn der Sortierung und wird mittels Magnetabscheider durchgeführt. Die Separation von Nichteisen (NE)-Metallen erfolgt unter Anwendung der Wirbelstromscheidung, verschiedener anderer Methoden der sensorgestützten Sortierung (z. B. NIR-Sensor, Elektromagnetischer Sensor, Röntgen- und Induktionsverfahren, Farberkennung) und unterstützt durch künstliche Intelligenz bzw. Maschine Learning.

Die Magnetabscheidung zur Abtrennung der Eisenfraktion ist dem Wirbelstromscheider vorgeschaltet, da magnetische Partikel durch das Polrad eines Wirbelstromscheiders stärker angezogen werden, als sie durch die induzierten Wirbelströme abgestoßen werden. Dadurch können sie stark erhitzen und zu Beschädigungen der Maschinen führen [75]. Sensorgestützte Sortierverfahren können heute eine hohe Reinheit der Fraktionen gewährleisten, sind jedoch auch mit erhöhten Investitionen verbunden. In vielen Folgebehandlungsanlagen werden auch Sensoren mit Wirbelstrom- und Magnetscheidern kombiniert sowie auch sogenannte Kombi-Sensoren eingesetzt, z. B. Metallsensoren zur Identifikation von Leiterplatten, welche in Verbindung mit einer hochauflösenden Kamera die Erkennung der Partikelform z. B. Kabel, ermöglichen. Zur Erzielung eines guten Trennergebnisses ist eine gleichmäßige Partikelgröße bzw. gleichmäßige Abmessungen und Formen des zu sortierenden Gutes eine zwingende Voraussetzung, welche über vorgeschaltete Siebklassierung geschaffen werden.

In der nachgeschalteten Rückgewinnung der Metalle werden oftmals noch weitergehende Trenntechniken, wie z. B. Sink-Schwimm-Verfahren, Setztische oder Luftherde eingesetzt. Die damit erreichbare Qualität ermöglicht den direkten Einsatz der Output-Fraktionen in hochspezialisierte und effiziente Refiningprozesse.

Verfahrensbeispiel
Zur Illustration der verfahrenstechnischen Möglichkeiten zur Aufbereitung von EAG wird im Folgenden ein typisches Verfahrensfließbild für schadstoffentfrachtete Kleingeräte dargestellt und erläutert (Abb. 7.18). Die Altgäräte dieser Sammelgruppen sind in Bezug auf Gewichte, Größen und Materialzusammensetzungen als heterogen zu beschreiben. Kennzeichnend ist vor allem bei Kleingeräten der, im Vergleich zu anderen Sammelgruppen, hohe Kunststoffanteil und insbesondere bei Geräten ITK- und Unterhaltungselektronik ein relativ hoher Anteil an NE-Metallen. Typische Output-Fraktionen dieser Aufbereitungsanlagen sind daher Ne-Fraktionen mit hohem Gehalt an Aluminium und Kupfer, FE-Metallfraktionen verschiedener Korngrößen und Kunststoff-Mischfraktionen. Die folgende Abbildung zeigt das Beispielverfahren zur Aufbereitung der EAGs.

Nach einer Vorsortierung oder Aufgabesortierung werden die entfrachteten Altgeräte durch eine Grobzerkleinerung in einer Hammermühle aufgeschlossen. Es folgen eine erneute Sortierung, die Separation der Eisenbestandteile durch Magnetscheidung und die Abtrennung der Nichteisenmetalle durch Wirbelstromscheidung.

Eine manuelle Sortierung kann nach der Aufschlusszerkleinerung zur Abtrennung großstückiger Wertstoffe oder Komponenten sowie von Stör- und Schadstoffen eingesetzt werden. Es kann zusätzlich eine manuelle Nachsortierung der Eisenfraktion zur Abtrennung von Kabeln, Kupfer- und Kunststoffverunreinigungen durchgeführt werden. Die Separierung der NE-Metalle, Leiterplatten und Kunststoffe aus dem zerkleinerten Aufgabematerial erfolgt mittels Wirbelstromabscheider und sensorgestützter Sortierverfahren. Da diese jeweils auf einen bestimmten Korngrößenbereich angepasst wird, ist vor der Sortierung eine Klassierung vorzusehen, z. B. in eine Grobfraktion mit 35 bis 100 mm und eine feinfraktion von 10 bis 35 mm.

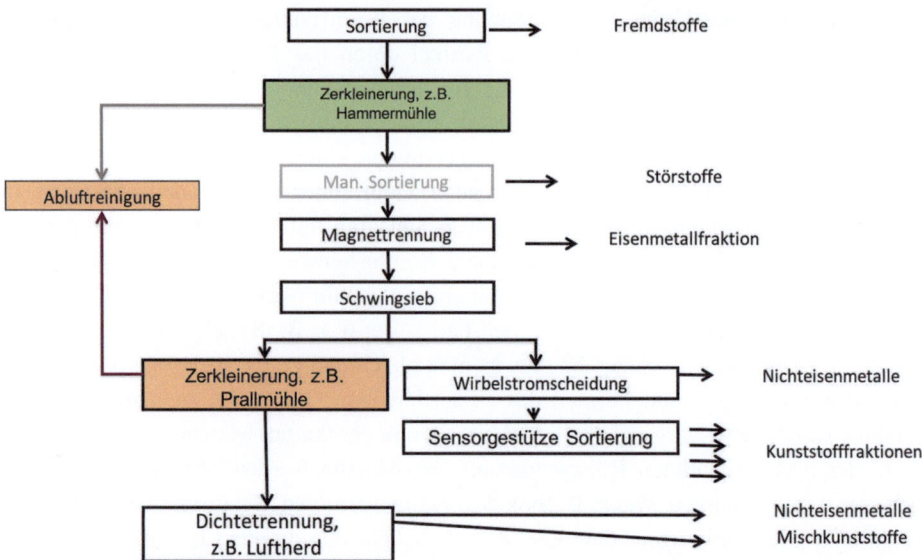

Abb. 7.18 Verfahrensbeispiel einer Recyclinganlage für EAGs (Kleingeräte) in Anlehnung an UBA und VDI 2343 2012

Da kritische Metalle im Aufbereitungsprozess in der Regel nicht gezielt abgetrennt oder aufkonzentriert werden, gelangen sie über die Aufschlusszerkleinerung zum Teil dissipativ in die verschiedenen Fraktionen. Dabei verlieren kleine Magnetpartikel unter Einwirkung von Feuchtigkeit, Sauerstoff und erhöhten Temperaturen während des Zerkleinerungsprozesses ihre magnetischen Eigenschaften und reichern sich in den Fein- und Staubfraktionen an. Edelmetalle aus dünnschichtiger Beschichtung von anderen Werkstoffen reichern sich ebenfalls in den Staub- und Feinfraktionen an, welche in der Regel nicht weiter aufgearbeitet werden.

7.3 Erfassung und Verwertung von Altbatterien

Julia Hobohm und Georgios Chryssos

7.3.1 Altbatterien und Herstellerverantwortung – der Rechtsrahmen Der Europäische Rechtsrahmen

Die europäische Grundlage für das Inverkehrbringen sowie die Rücknahme und Entsorgung von Batterien und Akkumulatoren ist die Richtlinie 2006/66/EG des Europäischen Parlaments und des Rates über Batterien und Akkumulatoren sowie Altbatterien und Altakkumulatoren (sogenannte Batterie-Richtlinie).

Wesentliche Anforderungen, die die Mitgliedsstaaten umsetzen müssen, sind folgende:

- Hersteller dürfen keine Batterien und Akkumulatoren in Verkehr bringen, die nicht den Stoffbeschränkungen der Richtlinie entsprechen,
- geeignete Rücknahmesysteme für Geräte-Altbatterien und Akkumulatoren müssen eingerichtet werden, die eine kostenlose und verbrauchernahe Rückgabe sicherstellen und
- festgelegten Sammelquoten müssen erfüllt werden und die Altbatterien müssen einem hochwertigen Recycling zugeführt werden.

Zukünftig soll die Richtlinie durch eine europäische Rechtsverordnung ersetzt werden, die im Gegensatz zu einer Richtlinie die nationale Umsetzung wesentlich strenger reglementieren wird.

Das deutsche Batteriegesetz
Die Europäische Richtlinie wird in Deutschland durch das Gesetz über das Inverkehrbringen, die Rücknahme und die umweltverträgliche Entsorgung von Batterien und Akkumulatoren (Batteriegesetz – BattG) in nationales Recht umgesetzt. Unter das Gesetz fallen alle Typen von Batterien, also sowohl Primär- als auch Sekundärbatterien, sofern diese als Gerätebatterien, Industrie- oder Fahrzeugbatterien eingesetzt werden. Ausgenommen von den gesetzlichen Regelungen sind Batterien, die in Geräten, Waffen oder in Munition verbaut sind, welche die Sicherheitsinteressen der Bundesregierung betreffen sowie Ausrüstungsgegenstände, die für den Einsatz im Weltraum verwendet werden. Das deutsche Batteriegesetz gilt für alle Hersteller und Importeure von Batterien und batteriebetriebenen Produkten, sofern die Hersteller ihre Produkte auf dem deutschen Markt in Verkehr bringen. Mit dem BattG werden auch verbindliche Quoten für die Sammlung und die Wiederverwertung von Altbatterien vorgegeben. Aktuell schreibt das Gesetz eine Sammelquote von 50 % vor.

Eine wesentliche Neuerung, die sich aus dem BattG ergibt, ist die Pflicht für Hersteller und Importeure von Batterien und Akkus, sich einmalig in einem behördlichen Melderegister der *Stiftung ear* zu registrieren. Mit der Registrierung soll gewährleistet werden, dass alle Hersteller ihren gesetzlichen Rücknahmeverpflichtungen nachkommen. Hierzu müssen sich alle Hersteller und Importeure von Gerätebatterien einem Rücknahmesystem anschließen, das Rücknahme-/übergabestellen im Handel und in den Kommunen wie auch Erstbehandlungsanlagen von Elektroaltgeräten und sogenannte freiwillige Sammelstellen mit geeigneten Sammelbehältern ausstattet und die gesammelten Gerätebatterien unentgeltlich zurücknimmt.

Grundsätzlich unterscheidet das BattG zwischen den folgenden Produktarten:

- **Gerätebatterien**: Batterien, die gekapselt sind und in der Hand gehalten werden können. Darunter fallen unter anderem alle Batterien für Mobiltelefone, Spielzeuge, schnurlose Elektrowerkzeuge und Haushaltsgeräte.
- **Industriebatterien**: Batterien, die ausschließlich für industrielle, gewerbliche oder landwirtschaftliche Zwecke, für Elektrofahrzeuge jeder Art oder zum Vortrieb von Hybridfahrzeugen bestimmt sind. Dies sind zum Beispiel Batterien für die Not- oder Ersatzstromversorgung in Krankenhäusern, Flughäfen oder Büros, Batterien für unterschiedlichste Geräte in der Mess-, Steuer- und Regelungstechnik oder Batterien für Geräte mit Elektroantrieb, wie Fahrräder, Autos oder Rollstühle, sowie Batterien zur Verwendung mit Solarmodulen und photovoltaischen Anwendungen.
- **Fahrzeugbatterien**: Batterien, die für den Anlasser, die Beleuchtung oder für die Zündung von Fahrzeugen bestimmt sind.

Das Batteriegesetz sieht grundsätzlich vor, dass die rücknahmeverpflichteten Hersteller sich sogenannter Rücknahmesysteme bedienen. Die unterschiedlichen Aufgaben- und Pflichtenverteilungen des Batteriegesetzes sind in Abb. 7.19 dargestellt.

In Abb. 7.20 ist organisatorische Umsetzung des deutschen Batteriegesetzes dargestellt.

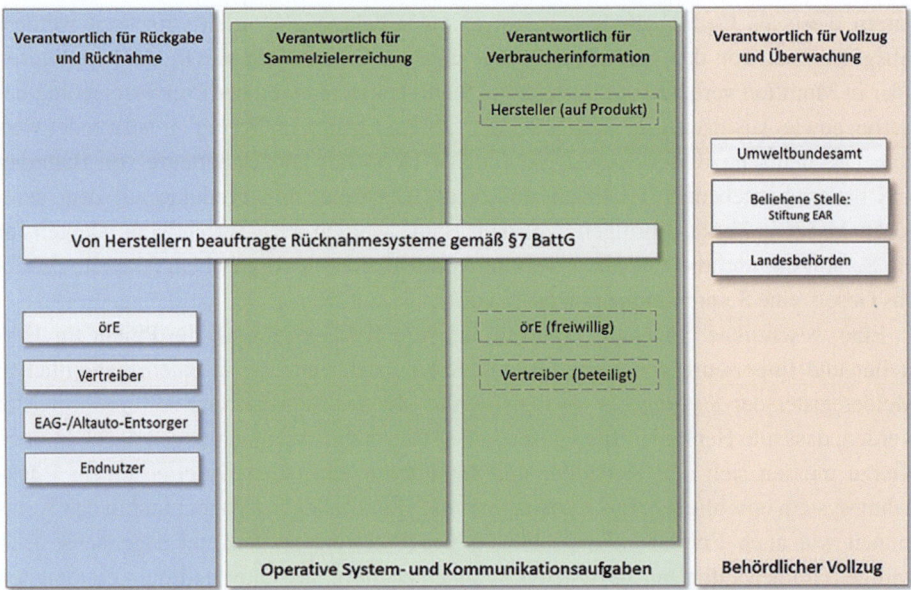

Abb 7.19 „Management by Objectives" – Aktuelle gesetzliche Ausgestaltung im BattG [76]

7 Verwertung von Abfällen

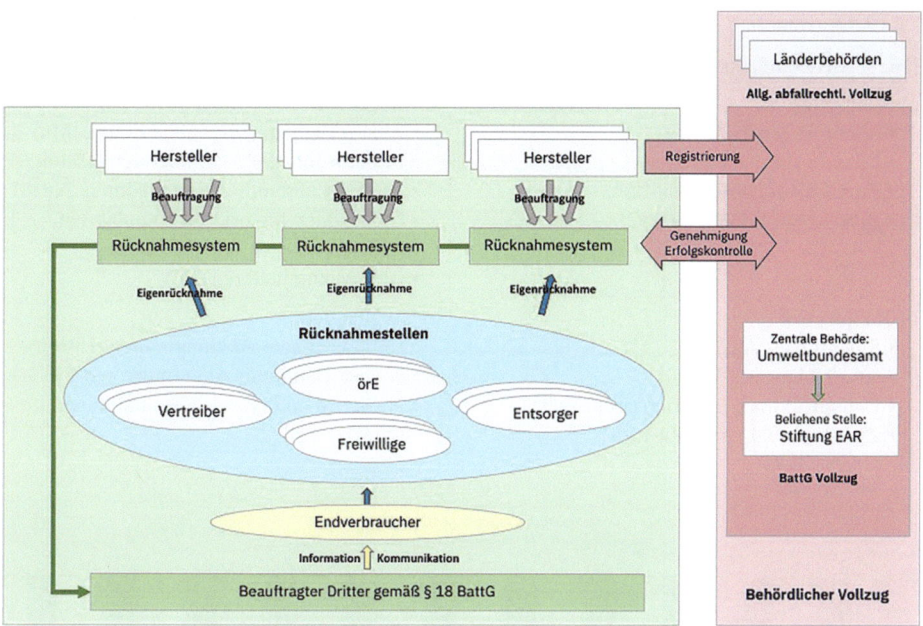

Abb 7.20 Umsetzung des Batteriegesetzes

7.3.2 Marktsituation – Inverkehrbringungsmengen, Altbatterieaufkommen

Deutschlandweit wurde 2021 die Masse von etwa 63.210 Mg Gerätebatterien und Akkus in Verkehr gebracht – das entspricht schätzungsweise 3 Mrd. Einzelbatterien. [77]

Produktarten und Marktgrößen für Gerätebatterien in Deutschland
Gemäß den Vollzugsvorgaben zum Batteriegesetz werden die verschiedenen elektrochemischen Batteriesysteme Produktgruppen wie in Tab. 7.14 unterteilt.[78]

Dabei ist seit einigen Jahren der deutliche Trend festzustellen, dass der Mengenanteil der wiederaufladbaren Akkumulatoren, insbesondere Lithiumbatterien (LiB), stetig zunimmt, wogegen immer weniger nicht-wiederaufladbare Batterien in Verkehr gebracht werden. Diese Entwicklung ist am Beispiel der über das Gemeinsame Rücknahmesystem Batterien (GRS) lizensierten Inverkehrbringungsmengen in der Abb. 7.21 dargestellt.

Altbatterieaufkommen, Sammel- und Recyclingquoten für Gerätealtbatterien in Deutschland
In der Abb. 7.22 sind für die Jahre 2020 und 2021 die Inverkehrbringungsmengen, Sammelmengen und Sammelquoten für Gerätebatterien in Deutschland für die jeweiligen, behördlich zugelassenen Rücknahmesysteme zusammengefasst.

Tab. 7.14 Batterien – Produktarten

(Nicht wiederaufladbare) Primärbatterien	(Wieder aufladbare) Sekundärbatterien
a) Rundzellen • Alkali-Mangan (AlMn) • Lithium-Primär-Batterien (Li primär) • Zink-Luft-Batterien (Zn-Luft) • Zink-Kohle-Batterien (ZnC)	a) Rundzellen • Alkali-Mangan-Akkumulatoren (AlMn) • Lithium-Ionen- Akkumulatoren (Li-Ion) • Nickel–Cadmium-Akkumulatoren (NiCd) • Nickel-Metallhybrid-Akkumulatoren (NiMH) • Blei-Akkumulatoren (Pb)
b) Knopfzellen • Silber-Oxid (AgO) • Alkali-Mangan (AlMn) • Lithium-Primär-Batterien (Li primär) • Zink-Luft-Batterien (Zn-Luft)	b) Knopfzellen • Lithium-Ionen- Akkumulatoren (Li-Ion) • Nickel–Cadmium-Akkumulatoren (NiCd) • Nickel-Metallhybrid-Akkumulatoren (NiMH)

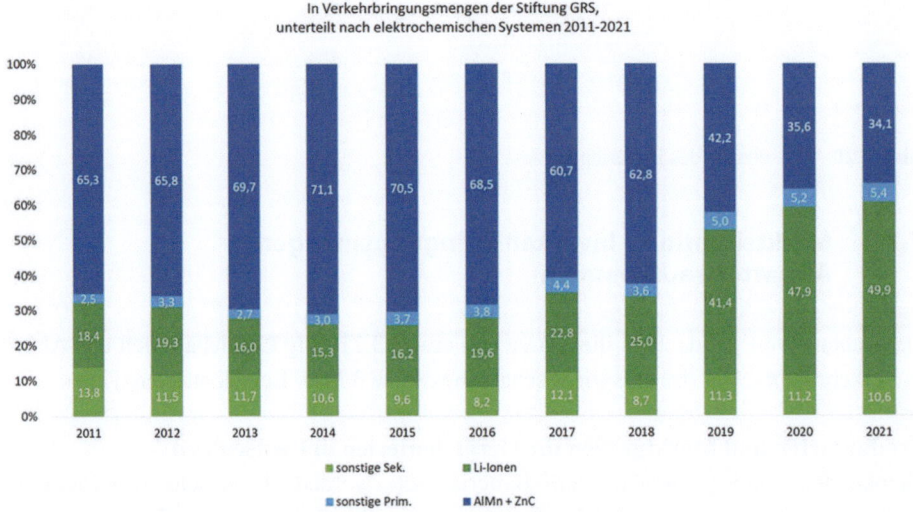

Abb 7.21 Inverkehrbringungsmengen unterteilt nach elektrochemischen Systemen. (Eigene Zahlen)

In Abb. 7.23 sind die Entwicklung, der gesamtdeutschen Inverkehrbringungsmengen, Sammelmengen und Sammelquoten für Gerätebatterien zusammengefasst.

Batterieproduktion und Recyclingkapazitäten für Lithium-Industriebatterien in Europa

In der Vergangenheit stand im Bereich der Industrie- und Fahrzeugbatterien vor allem das elektrochemische System Blei in Vordergrund. Der Klimawandel, die erforderliche Reduzierung von CO_2-Emmissionen und die hieraus neu entstandenen Märkte für Elektromobilität und Speichersysteme führen zu einem extremen Produktionswachstum

Sammlung von Gerätealtbatterien in Deutschland

Mengen in t, Quoten in %	Sammelmenge 2021	Sammelmenge 2020	Inverkehrbringungsmenge 2021	Inverkehrbringungsmenge 2020	Sammelquote nach BattG* 2021	Sammelquote nach BattG* 2020
Rebat**	14.016	10.129	30.566	27.732	51,7	49,2
Stiftung GRS Batterien**	10.153	9.558	19.403	20.493	50,9	46,6
GRS Batterien – Consumer	348	-	696	-	50,0	-
GRS Batterien – eMobility	0	-	0	-	50,0	-
GRS Batterien – Healthcare	9	-	17	-	50,0	-
GRS Batterien – Powertools	54	-	108	-	50,0	-
DS	2.983	3	10.676	4	55,9	70,0
Landbell	1	-	0	-	1.531	-
ERP***	-	3.189	-	8.492	-	46,9
Ecobat***	1.984	3.395	1.625	8.534	50,2	66,3
Öcorecell	78	69	120	112	69,6	61,2
Gesamt	**29.624**	**26.343**	**63.210**	**65.367**	**48,2**	**45,6**

Mengen gerundet, Werte von 0 entsprechen Mengen zwischen 0 und 0,5 Tonnen.
* Unterschiedliche Berechnungszeiträume der Quoten für die verschiedenen Systeme.
** Ausgewiesene Sammelmengen von Rebat und Stiftung GRS für 2021 ohne an andere Systeme abgegebene Mengen.
*** ERP ist Ende 2020 aus dem Markt ausgetreten, Ecobat Mitte 2021.
Quellen: Erfolgskontrollberichte der Rücknahmesysteme

Abb 7.22 Inverkehrbringung und Sammlung von Gerätebatterien in Deutschland [77, 79]

für Lithium-Batterien (LiB). In der Abb. 7.24 sind aktuelle und geplante Produktionskapazitäten für LiB dargestellt.

Trotz des Wachstums der Produktionskapazitäten stehen offenbar nur unzureichende Recyclingkapazitäten zur Verfügung bzw. sind in Planung. In Abb. 7.25 ist die voraussichtliche Entwicklung von Recyclingkapazitäten dargestellt.

7.3.3 Sammlung und Sortierung

Die Sammlung von Batterien erfolgt über sogenannte Übergabestellen, die flächendeckend über Rücknahmesystem organisiert sind. Die Übergabestellen befinden sich im Handel, an kommunalen Wertstoffhöfen und freiwillige Rücknahmestellen. Die Sammlung der Gerätebatterien und -akkus erfolgt als Gemisch, da vom Verbraucher eine Vorsortierung nicht geleistet werden kann.

Der sichere Transport der Batterien wird durch Verpackungsvorschriften und das Europäisches Übereinkommen über die internationale Beförderung gefährlicher Güter auf der Straße" (ADR) sichergestellt.

Um beide Vorschriften sichtbar zu machen, wurde durch die *Stiftung Gemeinsames Rücknahmesystem* im Behälterbereich für Gerätebatterien gemäß § 7, BattG das sogenannte Ampelsystem eingeführt. Abb. 7.26 zeigt die Farben der Fässer (grün, gelb und rot) und die darin zu verpackenden Batteriegemischen und die zu beachtenden Sondervorschriften SP 636, 377 und 376.

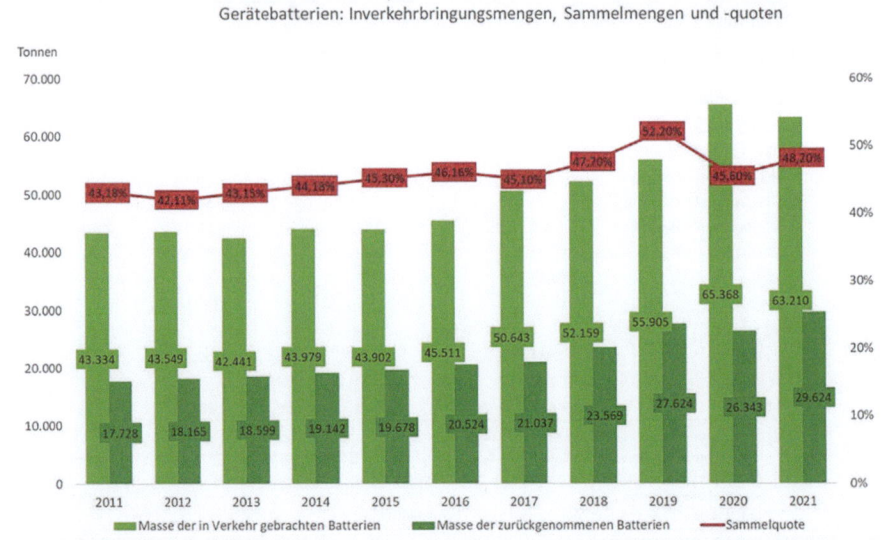

Abb 7.23 Inverkehrbringungsmengen, Sammelmengen und Sammelquoten für Gerätebatterien seit 2011 *()*[77, 79]

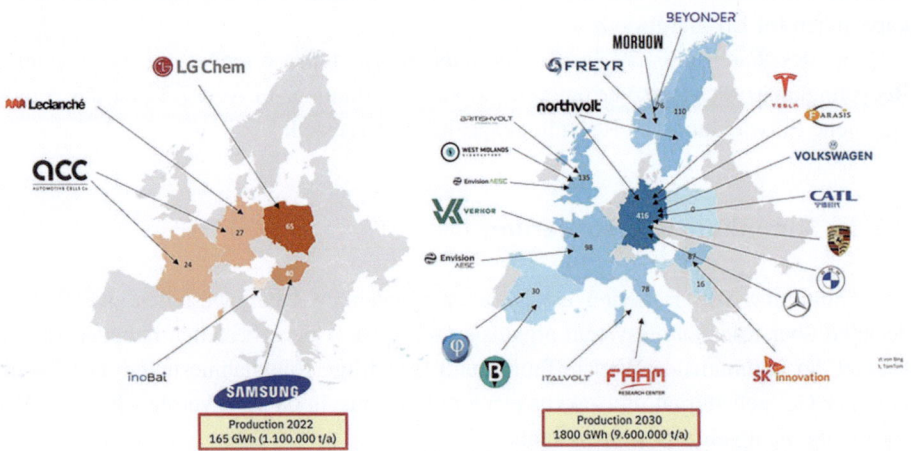

Abb 7.24 Produktionsmengen für Lithium-Batterien in Europa. (Eigene Recherche)

7.3.4 Aufbereitungsverfahren für Batterien

Erst nach der Sammlung werden die Batterien und Akkus über Sortierung in die elektrochemischen Systeme getrennt. Diese Sortierung ist wichtig für die nachfolgende Ver-

7 Verwertung von Abfällen

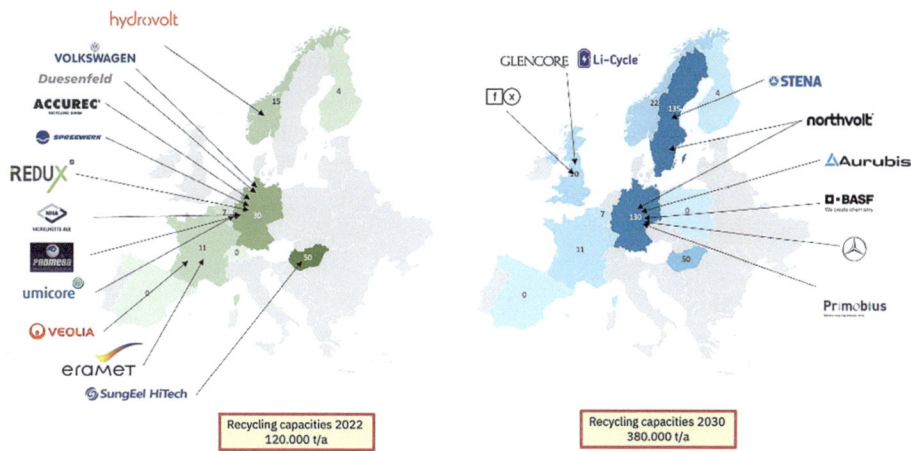

Abb 7.25 Recyclingkapazitäten für Lithium-Batterien in Europa. (Eigene Recherche)

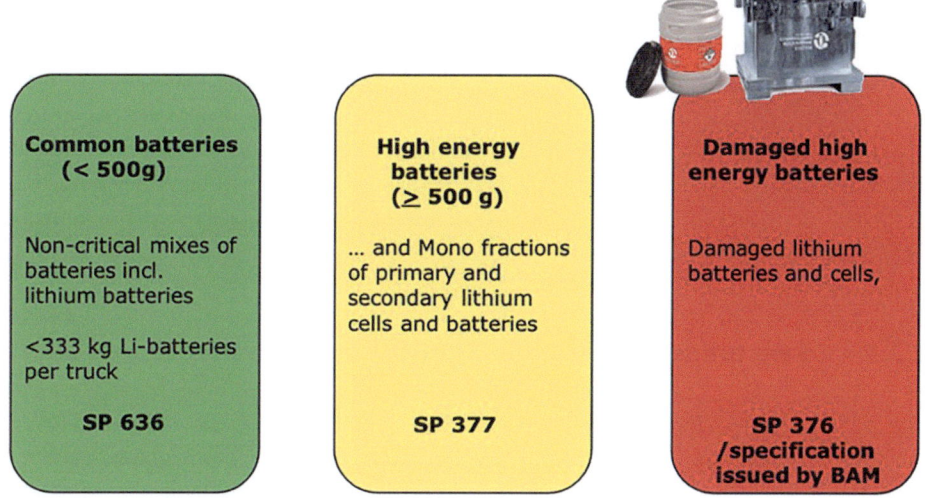

Abb 7.26 Farben der Fässer für die jeweiligen Batterien und die zu beachtenden Sondervorschriften

wertung, denn je nach Inhaltsstoff der Batterie gibt es unterschiedliche Verwertungsverfahren. Auf das elektromagnetische Verfahren sowie auf das Röntgenverfahren wird im Folgenden eingegangen.

Das elektromagnetische Verfahren

Bei diesem Verfahren werden über einen elektromagnetischen Sensor magnetische Rundzellen aus dem zu sortierenden Stoffstrom identifiziert. Jedes elektrochemische System löst in dem Magnetfeld eine spezifische Störung aus, welche dann wiederum eine messbare Spannungsänderung mit sich bringt. Nach diesem Prinzip werden so bis zu acht Batterien pro Sekunde identifiziert. Eine Sortenreinheit von 98 % kann zudem erreicht werden. [80]

Das Röntgenverfahren

Im Anschluss an eine Sortierung nach Größe werden Rundzellen meist in einen Röntgensensor geleitet. Hier können die elektrochemischen Systeme über die spezifischen Graustufen im Röntgenbild unterschieden und das jeweilige System identifiziert werden. So kann eine Reinheit von 98 % erzielt werden; hierbei ist es möglich, etwa 30 Batterien pro Sekunde zu sortieren [80]. So können in einer Anlage bis zu 15.000 Mg/a sortiert werden. Die Fraktion der AlkaliMangan(AlMn)- und Zinkkohle(ZnC)-Batterien werden anschließend durch einen UV-Sensor weiter fraktioniert. Eine Besonderheit stellen die quecksilberfreien AlMn- und ZnC-Batterien dar. Sie wurden bis zum Jahr 2005 mit einem. UV-sensiblen Pigment im Lack von Europäischen Herstellern gekennzeichnet. So können diese sicher als quecksilberfrei vom Sensor erkannt werden und in eine kostengünstigere Verwertung geführt werden. Die Inverkehrbringung von quecksilberhaltigen Batterien, mit Ausnahme der Knopfzellen, ist seit 2001 nicht mehr gestattet, allerdings lassen sich immer noch ältere Batterien im Abfallstrom identifizieren. Das Rücknahmesystem *GRS Batterien* analysiert regelmäßig den Quecksilbergehalt und stellt fest, dass der Anteil der quecksilberhaltigen Batterien abnimmt und der Einsatz des UV-Pigments nicht mehr notwendig ist [80].

7.3.5 Verwertungsverfahren für Batterien

Der Stoffstrom der Batterien wächst durch die steigende Menge der mobilen Geräte, die grüne Energie wie Photovoltaik aber auch im Fahrzeugbereich. So stellen Batterien eine immer wichtiger werden Sekundärquelle im Recycling für Metalle dar. 90 % der erfassten Batterien werden in ein angepasstes metallurgisches Recycling geführt. So können die Metalle wie Eisenwerkstoffe zurückgewonnen werden. Außerdem können Stoffkreisläufe geschlossen, Primärressourcen geschont und Energie gespart werden. Auf das jeweilige chemische System wird das angepasste Recyclingverfahren angewendet. Besonders effizient und auch geeignet für qualitativ hochwertige Produkte sind beispielsweise Hochofen-Verfahren. Über dieses Verfahren werden quecksilberfreie AlMn und ZnC-Batterien eingeschmolzen und als Produkte werden Roheisen, Zinkkonzentrat und Schlacke erzeugt. Allerdings ist das Verwertungsverfahren abhängig vom chemischen System der zu verwertenden Batterie. Fokus ist die Wiedergewinnung der Rohstoffe, zusätzlich muss über die Recyclingverfahren sichergestellt werden, dass keine umweltrelevanten Stoffe wie Quecksilber oder Cadmium in die Umwelt gelangen.

Nachfolgend werden die relevanten Verwertungsverfahren beschrieben.

Verwertung von AlMn- und ZnC-Batterien

Die oben kurz beschriebene Verwertung im Hochofen ist eines der Verfahren. Weitere Verfahren sind die Verwertung im Drehrohrofen und Elektrostahlofen.

Verwertung im Drehrohröfen (Wälzöfen): Drehrohröfen sind kontinuierlich arbeitende Maschinen, die von innen zum Beispiel über einen Gasbrenner beheizt werden. So werden die Batterien einer direkten Beheizung im zusätzlich direkten Kontakt mit dem Rauchgas ausgesetzt. Neben der Beheizung im Innenraum des Drehrohrofens ist auch eine indirekte Beheizung möglich. Hier wird die Wärme von außen über die Drehrohrwand übertragen. Über die Wärmezufuhr wird aus zuvor zerkleinerten ZnC- und AlM-Batterien Zinkoxid produziert. Zinkoxid ist ein wichtiger Ausgangsstoff in diversen Branchen wie zum Beispiel in der Farb- und Pharmaindustrie. Um reines Zinkoxid zu erhalten, muss zusätzlich zu dem thermischen Verfahren ein mechanisches Verfahren zur Trennung der eisenhaltigen Anteile und dem Braunstein (Manganoxid) einsetzt werden.

Die Eisenfraktion kann in Stahlwerken eingesetzt werden und aus dem Braunstein wird im Drehrohrofen Zinkoxid gewonnen.

Verwertung im Elektrostahlofen: Bei der Verwertung von Batterien im Elektrostahlofen wird aus AlMn- und ZnK-Batterien Ferromangan und Zinkstaub gewonnen. Die erfolgt durch Einschmelzung. Ferromangan wird als Zusatz bei der Herstellung von Eisenlegierungen eingesetzt. Zinkstaub wird zum Korrosionsschutz metallischer Bauteile eingesetzt. Die Schlacke wird im Bauwesen zum Beispiel als Zusatzstoff zu Zement eingesetzt.

Verwertung von Lithium-Primärbatterien

Lithium-Primärbatterien sind nicht wiederaufladbare Lithiumbatterien. Sie werden nach der Sortierung über ein vakuumdestillatives Verwertungsverfahren recycelt. Über dieses Verfahren werden die einzelnen Anteile eines Stoffgemisches im weitgehend luftleeren Raum (Vakuum) über ihre Temperaturabhängigkeit voneinander getrennt. Durch das eingesetzte Vakuum kann die Temperatur im Prozess niedrig gehalten werden. Dadurch verringert sich neben der Cadmium-Belastung des Nickel-Eisen-Gemisches auch die Abgasbelastung. Der Fokus des Verfahrens liegt auf dem nickelhaltigen Eisen als Legierung und Ferromangan als Legierungszusatz. Das Lithium hat im Prozess die vorteilhafte Eigenschaft eines Reduktionsmittels.

Verwertung von Lithium-Sekundärbatterien

Lithium-Sekundärbatterien sind wiederaufladbare Lithiumbatterien, beziehungsweise Li-Polymer-Akkumulatoren. Sie werden so wie die anderen Systeme metallurgisch aufbereitet. Legierungen aus Kobalt, Nickel und Kupfer stehen hierbei im Fokus des Verfahrens. Die Legierungen werden durch Einschmelzen der kompletten Akkus in einem Ofen gewonnen und können durch weiteres Aufschmelzen und die einzelnen Bestandteile getrennt werden. Das Lithium wird auch hier nicht zurückgewonnen.

Verwertung von NiMh-Akkumulatoren
Nickel-Metallhydrid-Akkumulatoren (NiMh) sind den Nickel–Cadmium-Akkumulatoren ähnlich, aber frei von Cadmium. Zudem weisen Sie eine höhere Energiedichte auf. Das Hauptprodukt des Recyclingverfahrens ist das Nickel. Durch eine Vakuumdestillation wird der Wasserstoff entfernt. So entsteht ein Nickel-Eisen-Gemisch welches in der Produktion von Stahl eingesetzt wird.

In einem alternativen Verfahren durchlaufen die Batterien im ersten Prozessschritt eine Öffnung durch eine Schneidmühle. So entweicht der Wasserstoff. Im nächsten Schritt werden die Akkumulatoren mit weiteren nickelhaltigen Abfällen gemischt und im Weiteren als Vorlegierung in der Edelstahlproduktion verwendet. Um eine unkontrollierte Wasserstofffreisetzung zu verhindern, muss der Prozess in einer überwachten Atmosphäre erfolgen.

Verwertung von Bleibatterien
Den Haupteinsatz finden die Bleibatterien im Bereich der Mobilität als Starterbatterien. Sie beinhalten zu 63 % Blei-und Bleiverbindungen, 29 % Schwefelsäure und 8 % Kunststoffe.

Bleiakkus werden in einem zweistufigen Prozess zerkleinert. Nachfolgend werden zur weiteren Trennung physikalische Verfahren wie das Schwimm-Sink-Verfahren eingesetzt. So wird metallisches Blei von der sogenannten Batteriepaste (Bleioxidfraktion) sowie von einer Polypropylenkunststofffraktion separiert. Die gewonnene Metallfraktion sowie die über eine Membranfilterpresse entwässerte Oxidfraktion werden zu Handelsblei verarbeitet. Zusätzlich wird das Polypropylen aufbereitet und kann so wieder eingesetzt werden. Als Nebenprodukt fallen Kunststoffrestfraktionen an, die Ebonit und Papierseparationen enthalten. Auch die Fraktion kann weiteverwendet werden.

Verwertung von Nickel-Cadmium-Batterien
Nickel–Cadmium-Batterien weisen als Inhaltsstoff mehr als 0,002 Gewichtsprozent Cadmium auf. Auch wenn dieses chemische System nicht mehr auf den Markt gebracht werden darf, befinden sich diese Batterien im Rücklauf. Meist wird Cadmium im Vakuum oder in einer inerten Atmosphäre durch Destillation gewonnen.

Cadmium wird bei der Herstellung neuer NiCd-Batterien eingesetzt. Stahl und Nickel eignen sich zur Stahlerzeugung.

Verwertung von quecksilberhaltigen Knopfzellen
Nach aktuellem Stand der Technik lassen sich mehrere Verfahren für eine Aufbereitung beschreiben. Zu beachten ist, dass Knopfzellen der Systeme Zink-Luft, Silberoxid und Alkaline nach wie vor bis zu zwei Gewichtsprozent Quecksilber enthalten können. Fokus

ist die sichere und effiziente Gewinnung von Quecksilber, um negative Umweltauswirkungen zu vermeiden. Zum Einsatz kommt ein vakuumthermisches Verfahren. Hier werden die Batterien nahezu im Vakuum auf Temperaturen von 350 bis 650°C erhitzt. So verdampft das enthaltene Quecksilber, kondensiert anschließend und kann nach Reinigung genauso wie der quecksilberhaltige Stahl wieder in den Rohstoffkreislauf wieder eingeführt werden.

7.3.6 Herausforderungen für die Zukunft

Mit dem extremen Marktwachstum für Lithium-Batterien entsteht ein ebenso stark wachsender Rohstoffbedarf, insbesondere für Schlüsselelemente wie z. B. Lithium, Nickel, Cobalt oder Mangan. Aufgrund verknappender Rochstoffquellen und kritischer Fördergebiete besteht der dringende Bedarf wichtige Rohstoffe aus End-of-Life-Produkten (EoL) zurückzugewinnen und wiederzuverwenden. Um die ebenfalls auf europäischer Ebene geforderten Vorgaben einer Kreislaufwirtschaft zu erfüllen, gilt es neue logistische und technische Lösungen für die in Abb. 7.27 dargestellten „Circles of Recycling" für Lithium-Batterien zu entwickeln

Um die zukünftigen gesetzliche Anforderungen für einen Mindestrecyclateinsatz für die Elemente Lithium, Nickel und Cobalt erfüllen zu können gilt es vor allem zwei zentrale Problemstellungen zu lösen.

Limitierte Verfügbarkeit von EoL-Material
Abb. 7.28 zeigt, dass aufgrund der sehr langen Lebensdauer von bis zu 15 Jahren von Lithium-Batterien und des extremen Produktionswachstums nur begrenzte Mengen EoL-Materials für die Gewinnung von Recyclaten am Markt verfügbar sind. Da das europäische EoL-Aufkommen offenbar nicht zur Deckung des europäischen Recyclatbedarfs ausreichend ist, muss davon ausgegangen werden, dass zukünftig auch Recyclate aus dem außereuropäischen Bereich importiert werden müssen.

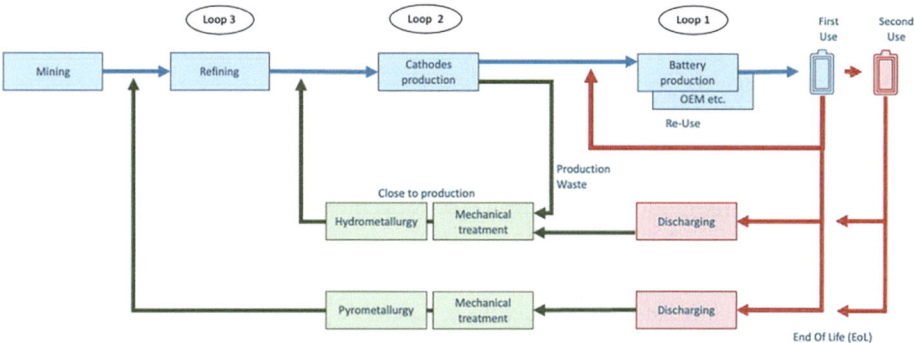

Abb. 7.27 „Circles of recycling" für Lithium-Batterien

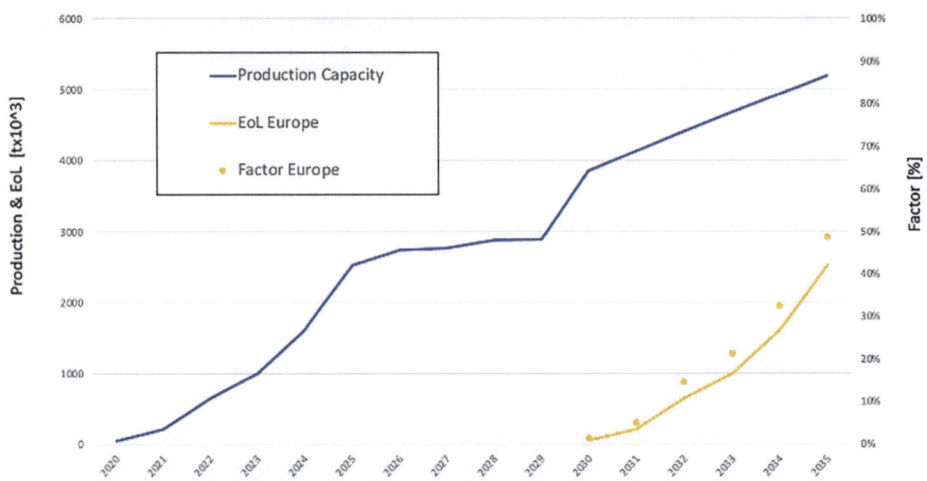

Abb 7.28 Produktionsaufkommen vs. EoL-Verfügbarkeit für Lithium-Batterien in Europa

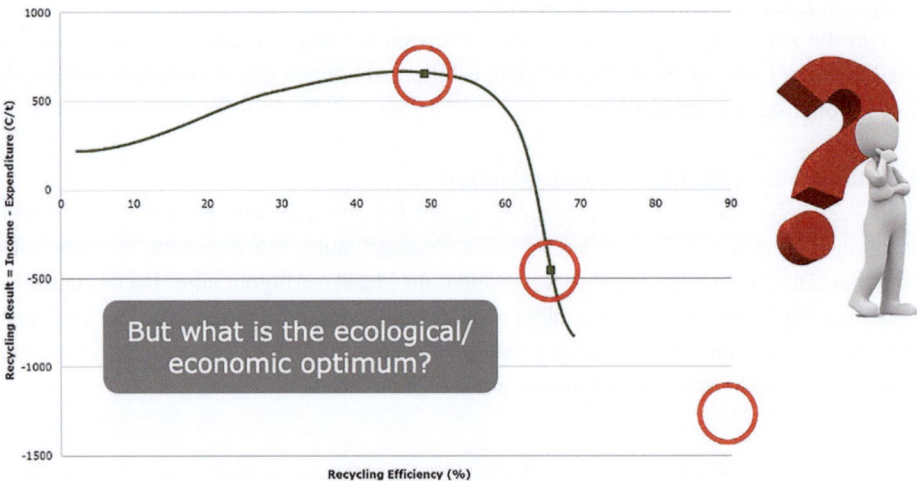

Abb. 7.29 Abhängigkeit zwischen Wertstofferlösen/Recyclingkosten und der Recyclingeffizienz für Li-Batterien

Ökologische und ökonomische Grenzen des Recyclings

In Abb. 7.29 ist beispielhaft die Abhängigkeit zwischen Wertstofferlösen/Recyclingkosten und der Recyclingeffizienz dargestellt. Für Li-Batterien mit hohen Stoffanteilen von wertvollem Cobalt und Nickel zeigt sich, dass ab einer Recyclingeffizienz von über 49 % die Kosten für die Behandlung und Verwertung die Wertstofferlöse deutlich überwiegen.

Hier stellt sich die zentrale Frage, ob den politischen Vorgaben zur grenzenlosen Kreislaufwirtschaft nicht etwa ökonomische und ökologische Grenzen des Recyclings entgegenstehen.

7.4 Verwertung von mineralischen Bau- und Abbruchabfällen

Wojciech Walica

7.4.1 Einleitung

Der Kreislaufführung von Bau- und Abbruchabfällen, insbesondere der mineralischen Anteile, kommt vor dem Hintergrund des großen Ressourcenbedarfs der Bauwirtschaft sowie ihrer Bedeutung für den Klima-, Umwelt- und Ressourcenschutz eine zentrale Bedeutung zu. Sie wird im „European Green Deal" sowie im „Circular Economy Action Plan" mit konkreten Maßnahmen gefordert [81]. In Deutschland sorgt eine anhaltend hohe Bautätigkeit für einen enormen Baustoffbedarf und führt schon heute auf regionaler Ebene zu Versorgungsengpässen für mineralische Rohstoffe [82]. Allein als Zuschläge für die Herstellung von Baustoffen wurden 2018 etwa 500 Mio. Mg an mineralischen Rohstoffen für den Einsatz im Hochbau oder im Erd- und Straßenbau benötigt [83, 84]. Damit werden Rund 95 % der gesamten in Deutschland abgebauten Mengen an Kies, Sand sowie Natursteinen in der Bauwirtschaft verbraucht [85].

Aus rein geologischer Sicht ist Deutschland reich an Kies, Sand sowie Natursteinen und könnte den Bedarf an Baustoffen noch über viele Jahrhunderte decken [86]. Ein Großteil dieser Rohstoffmenge steht für den Abbau jedoch nicht zur Verfügung, da konkurrierende Nutzungsansprüche bestehen. Zu diesen zählen:

- Wasserschutz-, Naturschutz-, Landschaftsschutz- sowie weitere Schutzgebiete;
- Infrastruktur (Straßen, Eisenbahnlinien) und Wohngebiete;
- Landwirtschaftlich genutzte Flächen. [86]

Die Erweiterung oder Erschließung neuer Abbaugebiete ist mit einem Eingriff in das Landschaftsbild und daraus resultierenden negativen Folgen für die Umwelt sowie einer Flächeninanspruchnahme verbunden [87–89]. Durch den Abbau von mineralischen Rohstoffen für die Bauwirtschaft werden pro Tag etwa 4 ha Land verbraucht [90].

Im Folgenden werden rechtliche und administrative Grundlagen einer geschlossenen Kreislaufführung von Bau- und Abbruchabfällen erläutert. Zudem werden Möglichkeiten, aber auch Grenzen der Kreislaufführung aus technischer und regulativer Sicht beleuchtet.

Tab. 7.15 Zusammenfassung der als nicht gefährlich eingestuften Abfallarten für Bau -und Abbruchabfälle nach europäischem Abfallverzeichnis, eigene Darstellung nach [84, 91]

Abfallart	Bestandteile (Beispiele)	Abfallschlüssel
Bodenaushub	Boden und Steine ohne gefährliche Stoffe	17 05 04
	Baggergut ohne gefährliche Stoffe	17 05 06
	Gleisschotter ohne gefährliche Stoffe	17 05 08
Bauschutt	Beton	17 01 01
	Ziegel	17 01 02
	Fliesen und Keramik	17 01 03
	Gemische aus Beton, Ziegel, Fliesen und Keramik ohne gefährliche Stoffe	17 01 07
Straßenaufbruch	Bitumengemische ohne gefährliche Stoffe	17 03 02
Baustellenabfälle	Gemischte Bau- und Abbruchabfälle ohne gefährliche Stoffe	17 01 07
	Holz, Glas, Kunststoffe, Metalle, Dämmmaterial	Verschiedene
Bauabfälle auf Gipsbasis	Bauabfälle auf Gipsbasis ohne gefährliche Stoffe	17 08 02

7.4.2 Klassifizierung von Bau- und Abbruchabfällen

Abfälle, die beim Bau, Abbruch und bei der Sanierung von z. B. Gebäuden, Straßen, Gleisen oder Tunneln anfallen, werden als Bau- und Abbruchabfälle bezeichnet und bestehen überwiegend aus mineralischen Bestandteilen ohne gefährliche Stoffe. Im Europäischen Abfallverzeichnis werden diese je nach Abfallart entsprechenden Abfallschlüsseln zugeordnet (Tab. 7.15).

Diese Bau- und Abbruchabfälle können zu *Recycling-Baustoffen* verarbeitet werden. Unter Recycling-Baustoffen werden im Allgemeinen rezyklierte Gesteinskörnungen mit definierten Eigenschaften verstanden, die in Aufbereitungsanlagen hergestellt werden.

Recycling-Baustoffe werden in der Gruppe der Ersatzbaustoffe geführt. Neben diesen fallen darunter Bodenmaterial, Baggergut, Gleisschotter oder Nebenprodukte aus industriellen Prozessen. Ersatzbaustoffe sind für den Einsatz im Erd- und Straßenbau sowie teilweise dem Hochbau geeignet [95].

7.4.3 Rechtliche und regulatorische Rahmenbedingungen für die Kreislaufführung von Bau- und Abbruchabfällen

Für den Umgang mit Bau- und Abbruchabfällen sind einige Gesetze, Verordnungen, Normen und Regelwerke zu beachten, die von der EU-Ebene bis auf die kommunale Ebene reichen [83].

Allgemeine rechtliche Vorgaben

Rechtliche Grundlage für die Kreislaufführung u. a. von Bau- und Abbruchabfällen ist das „Gesetz zur Förderung der Kreislaufwirtschaft und Sicherung der umweltverträglichen Bewirtschaftung von Abfällen" (KrWG), das die Vorgaben der EU-Abfallrahmenrichtlinie 2008/98/EG inklusive der in Richtlinie (EU) 2018/851 beschlossenen Änderungen in deutsches Recht umsetzt [92–94]. Darin wird die Förderung der Kreislaufwirtschaft durch die Vermeidung und das verstärkte Recycling von Abfällen zur Schonung natürlicher Ressourcen gefordert. Bau- und Abbruchabfälle sollen gemäß § 14 Abs. 2 KrWG zu 70 M.-%[1] vorrangig einer stofflichen Verwertung zugeführt werden [92, 95]. Mit der Gewerbeabfallverordnung (GewAbfV) wird die Pflicht zur getrennten Sammlung von Bau- und Abbruchabfällen[2] am Anfallort sowie der Beachtung der Abfallhierarchie (vorrangig Wiederverwendung dann Recycling) gemäß § 8 Abs. 1 GewAbfV, die Grundlage für eine möglichst hohe Wertschöpfung von Sekundärrohstoffen im Sinne der Kreislaufwirtschaft gelegt [96, 97].

Auf Landesebene wird die Förderung des Einsatzes von Recycling-Baustoffen im Hochbau sowie im Erd- und Straßenbau mit landesspezifischen Regelungen und Strategien umgesetzt, wie z. B. dem Landeskreislaufwirtschaftsgesetz in Nordrhein-Westfalen [98] bzw. der Zero Waste Strategie in Verbindung mit der Verwaltungsvorschrift für Beschaffung und Umwelt (VwVBU) des Landes Berlin [99, 100]. Darin wird u. a. die Pflicht der öffentlichen Hand konkretisiert, bei öffentlichen Bauvorhaben rezyklierte Baustoffe gegenüber Baustoffen aus Primärrohstoffen bevorzugt zu verwenden sowie Recyclingkonzepte für den Rückbau öffentlicher Gebäude zu erstellen [95, 98, 99, 101]. Der öffentlichen Hand kommt als größter Bauherrin in diesem Fall eine besondere Bedeutung und gewisse Vorbildfunktion zu.

Umweltrechtliche Vorgaben

Der sichere Einbau von Ersatzbaustoffen unter Einhaltung der Umweltverträglichkeit wird seit dem 1. August 2023 durch die Ersatzbaustoffverordnung gewährleistet. Mit der Ersatzbaustoffverordnung werden die Anforderungen an die Herstellung und den Einbau mineralischer Ersatzbaustoffe unter Beachtung der Umweltverträglichkeit insbesondere für den Grundwasser- und Bodenschutz erstmals bundeseinheitlich geregelt. Sie beziehen sich auf den Einbau von mineralischen Ersatzbaustoffen in technischen Bauwerken vor allem im Erd- und Straßenbau [95]. Zur Sicherstellung der Materialqualitäten von Ersatzbaustoffen wird eine regelmäßige Güteüberwachung verlangt. Untersuchungsverfahren, Untersuchungsparameter und der Turnus der Güteüberwachung werden in der Ersatzbaustoffverordnung vorgegeben. Darin werden Aufbereitungsanlagen für Bau- und Abbruchabfälle dazu verpflichtet in einem einmaligen Eignungs-

---

[1] Ausgenommen von dieser Verwertungsquote sind in der Natur vorkommende Materialien, wie natürlicher Boden, die mit der Abfallschlüsselnummer 17 05 04 gekennzeichnet sind.

[2] Ausgenommen sind Abfälle der Abfallgruppe 17 05 des Europäischen Abfallverzeichnisses.

Tab. 7.16 Materialwerte für Recycling-Baustoffe nach der Ersatzbaustoffverordnung, eigene Darstellung nach [102]

Mineralische Ersatzbaustoffe		RC-1	RC-2	RC-3
Parameter	Einheit			
pH- Wert		6–13	6–13	6–13
Elektrische Leitfähigkeit	µS/cm	2500	3200	10.000
Sulfat	mg/l	600	1000	3500
PAK_{15}[1]	µg/l	4,0	8,0	25
PAK_{16}[2]	mg/kg	10	15	20
Chrom, ges	µg/l	150	440	900
Kupfer	µg/l	110	250	500
Vanadium	µg/l	120	700	1350

[1]PAK15: PAK16 ohne Naphtalin und Methylnaphtaline
[2]PAK16: stellvertretend für die Gruppe der polyzyklischen aromatischen Kohlenwasserstoffe (PAK) werden nach der Liste der Environmental Protection Agency (EPA) 16 ausgewählte PAK untersucht: Acenaphthen, Acenaphtylen, Anthracen, Benzo[a]anth-racen, Benzo[a]pyren, Benzo[b]fluoranthen, Benzo[g,h,i]perylen, Chrysen, Di-benzo[a,h]anthracen, Fluoranthen, Fluoren, Indeno[1,2,3-c,d]pyren, Naphtalin, Phenanthren und Pyren

nachweis (EgN), sowie regelmäßigen werkseigenen Produktionskontrollen[3] (WPK) und Fremdüberwachungen[4] (FÜ) die Qualität ihrer Ersatzbaustoffe nachzuweisen. Auf Grundlage der Güteüberwachung werden Ersatzbaustoffe anhand ihrer Materialwerte[5] Güteklassen zugeordnet. In Tab. 7.16 sind beispielhaft die Materialwerte für Recycling-Baustoffe der Klassen 1 bis 3 dargestellt. Abhängig von der jeweiligen Güteklasse gibt die Ersatzbaustoffverordnung Einsatzmöglichkeiten in technischen Bauwerken sowie umweltrechtliche Restriktionen und Nutzungsbeschränkungen[6] vor. [102]

Regulatorische Vorgaben
In technischen Regelwerken und Normen werden zulässige Einsatzbereiche definiert und bautechnische Qualitätsanforderungen für die jeweiligen Anwendungsgebiete im *Erd- und Straßenbau* sowie im *Hochbau* vorgegeben (vgl. Abb. 7.31).
Mögliche Einsatzgebiete für Ersatzbaustoffe im Erd- und Straßenbau sind u. a.

---

[3]Alle vier Produktionswochen. Mindestens alle angefangenen 5.000 t, jedoch maximal 36 pro Jahr.
[4]Alle 13 Produktionswochen, mindestens alle angefangenen 15.000 t, jedoch maximal zwölf pro Jahr.
[5]Anlage 1, Mantelverordnung [102].
[6]Anlage 2, Tabelle 1 bis 27, Mantelverordnung [102].

Im Erd- und Straßenunterbau

- Baugruben-Verfüllung,
- Bettungen für Energie- und Fernmeldekabel sowie Leitungsrohre,
- Vegetationsschicht, für den Bau von Dämmen,
- Untergrundverbesserung,
- Bodenverfestigung.

Im Straßenoberbau

- ungebunden Tragschichten (Frostschutzschicht, Schottertragschicht),
- hydraulisch gebundene Tragschicht oder Deckschicht. [84]

Sonstige Einsatzgebiete

- Verkehrswegebau,
- Sportplatzbau,
- Landschaftsbau,
- Baum- und Dachgartensubstrate. [103]

Je nach Anforderungen an die Standfestigkeit der Einbaumaßnahme werden Ersatzbaustoffe entsprechend der Kornfestigkeit eingesetzt. Sind keine besonderen Standfestigkeiten gefordert, z. B. für Anwendungen im Garten- und Landschaftsbau können Bodenmaterialien verwendet werden. [83]

Im Hochbau besteht für rezyklierte Gesteinskörnung hauptsächlich die Einsatzmöglichkeit im *R-Beton*. Anforderungen an die bautechnischen Eigenschaften sowie mögliche Anwendungsbereiche von R-Beton werden in der DAfStb-Richtlinie Beton nach DIN EN 206–1 und DIN 1045–2 mit rezyklierten Gesteinskörnungen nach DIN EN 12620 vorgegeben. R-Beton besteht wie üblicher Beton aus Kies und Sand (natürliche Gesteinskörnung) sowie Zement, Wasser und Zusatzstoffen. Je nach Anwendungsbereich und Zusammensetzung der rezyklierten Gesteinskörnung kann ein Teil der natürlichen Gesteinskörnung durch diese ersetzt werden. Zulässig ist der Einsatz von rezyklierter Gesteinskörnung Typ 1 mit maximal 10 M.-% Maurerwerksbruch oder von Typ 2 mit 30 M.-% Mauerwerksbruch. Der maximal substituierbare Anteil liegt bei 45 Vol.-% für die rezyklierte Gesteinskörnung Typ 1 und 35 Vol.-% für die rezyklierte Gesteinskörnung Typ 2 (Abb. 7.30). Die Substitution der feinen Gesteinskörnung <2mm war bis zum August 2023 nicht zulässig [105]. Mit der novellierten Norm DIN 1045-2:2023-08 [106] ist die Verwendung von feiner, rezyklierter Gesteinskörnung (<4 mm) des Typ 1 in bestimmten Anwendungsbereichen mit bis zu 20 Vol.-% der austauschbaren rezyklierten Gesteinskörnung erlaubt, sofern diese aus einer Produktion der verwendeten groben re-

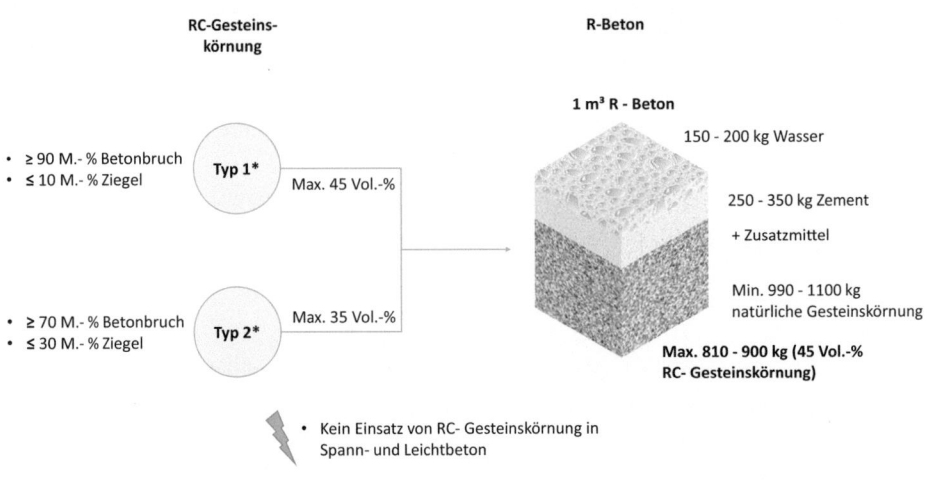

Abb. 7.30 Regulatorische Anforderungen an R-Beton. (Eigene Darstellung nach [104, 111])

zyklierten Gesteinskörnung stammen [107]. Forschungsprojekte in Deutschland sowie Erfahrungen aus der Baupraxis in der Schweiz haben gezeigt, dass auch die feine rezyklierte Gesteinskörnung < 2 mm für den Einsatz in R-Beton oder alternativ als Bestandteil im Zement geeignet ist [108, 109]. Auch eine vollständige Substitution der natürlichen durch rezyklierte Gesteinskörnung > 2 mm ist möglich [110].

Im Gegensatz zu Deutschland (Einsatz von rezyklierter Gesteinskörnung im Beton < 1 % (2018)) wird der Einsatz von R-Beton in der Schweiz oder zum Teil auch in den Niederlanden als gängige Praxis umgesetzt. Zum einen sind die Einsatzmöglichkeiten für rezyklierte Gesteinskörnungen in R-Beton im Vergleich zu deutschen Normen erweitert, zum anderen haben regulatorische Maßnahmen, wie die Verpflichtung zum Einsatz von R-Beton in öffentlichen Bauten in der Schweiz oder ein Deponieverbot für mineralische Bauabfälle in den Niederlanden die Etablierung von R-Beton begünstigt. In den Niederlanden wurden im Jahr 2016 für die Herstellung von Beton etwa 3–5 % Primärrohstoffe durch rezyklierte Gesteinskörnung substituiert. In der Schweiz wird der Anteil von R-Beton am Gesamtvolumen von Beton auf etwa 10 % geschätzt. [112, 113]

Maßgebende Regelwerke und Normen für den Einsatz von Ersatzbaustoffen im Hoch- sowie Straßen- und Erdbau mit entsprechend ausgewählten Anwendungsbereichen sowie relevanten Prüfparametern sind in Abb. 7.31 zusammengefasst.

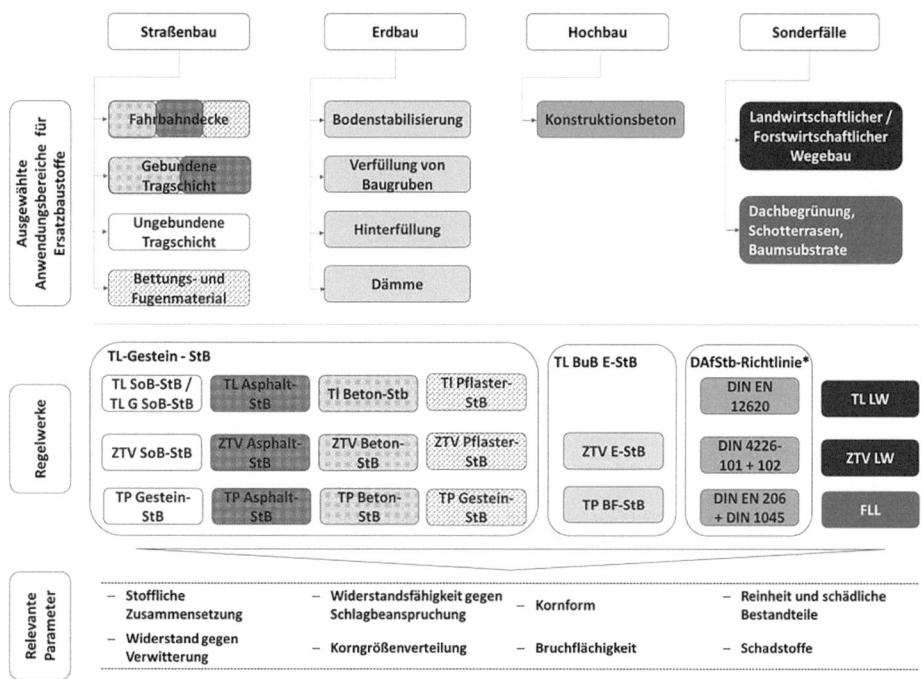

Abb. 7.31 Regelwerke und ausgewählt Anwendungsbereiche für den Einsatz von Ersatzbaustoffen sowie relevante Parameter zur Sicherstellung von Qualitätsanforderungen. (Eigene Darstellung nach [83, 114–116])

7.4.4 Aufbereitung von mineralischen Bau- und Abbruchabfällen

Im Jahr 2020 wurden in Deutschland 1960 mobile und 680 stationäre Anlagen zur Behandlung von mineralischen Bau- und Abbruchabfällen betrieben, mit dem Ziel, Recycling-Baustoffe mit definierten bautechnischen Eigenschaften herzustellen. Für die Aufbereitung werden in der Regel Brecher (Backen-Prallbrecher), Siebe und Magnetscheider eingesetzt. Auch weitergehende Technologien wie Windsichter (mobil und stationär) oder nasse Klassier- und Sortierverfahren (stationär) werden genutzt.

Grundoperationen für die Aufbereitung von mineralischen Bau – und Abbruchabfällen
Die Hauptverfahrensschritte der Aufbereitung sind dabei [117, 118]:

Tab. 7.17 Typische Kornklassen von Recycling-Baustoffen und mögliche Einsatzgebiete, eigene Darstellung nach [83, 121]

Gesteinskörnung	Korngruppen [mm]	Gängige Anwendungsbeispiele
Fein (Sand, Brechsand)	0–1	Bettungsmaterial für Kabel- und Kanalbau, Tennenbelag[7], Baumsubstrate
	0–2	
	0–4	
Grob (Kies, Split)	2–8	Betonanwendungen (z. B. R-Beton)
	4–8	
	8–16	
	16–32	
Korngemische	0–32	Schottertragschicht, Frostschutzschicht
	0–45	
	0–56	

- Zerkleinerung
- Klassierung (trocken / nass)
- Sortierung (trocken / nass)

Zerkleinerung

Ziel ist es, die Korngröße und Kornform gezielt zu verändern und Verbundmaterialien in ihre Einzelkomponenten zu trennen. Dabei sind die Beanspruchungsintensität sowie der Zerkleinerungswiderstand des Ausgangsmaterials zu beachten. Je nach Einsatzzweck sind bestimmte Korngrößenverteilungen erforderlich, die den Anteil an feiner Gesteinskörnung (Feinkorn) beschränken oder den Einsatz feiner rezyklierter Gesteinskörnung ausschließen, z. B. bei R-Beton (vgl. Tab. 7.17). Um das Einsatzpotenzial des Recycling-Baustoffes hoch zu halten, ist ein möglichst niedriger Feinanteil anzustreben. Der Materialaufschluss wird über den Aufschlussgrad, d. h. den Anteil eines Verbundbaustoffes, der frei von Anhaftungen eines anderen Materials vorliegt, bestimmt. Bei einem starken Materialverbund, beispielsweise von Kies und Zement im Beton ist ein vollständiger Materialaufschluss nur mit technisch anspruchsvollen Verfahren (z. B. elektrodynamische Fragmentierung) möglich, die bisher nicht großtechnisch umgesetzt werden konnten. [84, 118]

Klassierung

Der Output der Zerkleinerung wird mithilfe von Siebmaschinen nach geometrischen Abmessungen in Fraktionen getrennt. Dabei wird ein Korngemisch auf einem Siebboden

---

[7] Bezogen auf aufbereitetes Bruchmaterial von Ziegelwerken oder auch sortenrein vorliegende Gemische von Ziegeln und Dachziegeln aus dem Rückbau

7 Verwertung von Abfällen

mit Öffnungen einer bestimmten Abmessung, auch Siebweite genannt, aufgegeben und gesiebt. Der Verwendungszweck des Recycling-Baustoffes bestimmt die Korngrößen und damit die Anzahl der Siebvorgänge sowie die Siebweiten. Die klassierte Körnung wird in Kornklassen eingeteilt. Typische Kornklassen mit Anwendungsbeispielen sind in Tab. 7.17 aufgelistet. [119, 120]

Sortierung
Sie dient der Abtrennung von Störstoffen wie Metallen, Kunststoffen, Holz oder Gips zur Einhaltung der Produktqualität. Dabei wird ein Materialgemisch nach Stoffart, auf Grundlage bestimmter Eigenschaften (z. B. Dichte, optischen Eigenschaften, Magnetismus) der einzelnen Komponenten, getrennt. Eine Grundoperation ist die Magnetabscheidung, die in mobilen und stationären Anlagen z. B. in Form von Überbandmagneten zur Ausschleusung von FE-Metallen – oft Trennung der Stahlbewehrung aus dem Stahlbeton – eingesetzt wird.

Abhängig von der Qualität des Ausgangsmaterials und den Anforderungen an die Produktqualität werden weitere Technologien wie Windsichter oder nasse Trennverfahren eingesetzt. Durch die Windsichtung werden leichte Störstoffe, wie Kunststoffe oder Dämmstoffe über einen Luftstrom nach Dichte, Größe und Form ausgeschleust. Korngruppen mit einer Korngröße von < 8 mm oder mineralische Bestandteile wie Beton und Ziegel können über die Windsichtung nicht getrennt werden. [118]

Mit der Schwimm-Sink-Trennung werden mineralische Materialien in Wasser nach Dichte getrennt. Die Trennung erfolgt über das Verhältnis zwischen Flüssigkeitsdichte und der Dichte der zu trennenden Materialien. Partikel mit einer Dichte größer als die Flüssigkeitsdichte sinken ab (Schwergut), während Partikel mit einer Dichte geringer als die Flüssigkeitsdichte aufschwimmen (Leichtgut). [83] Komplexere Sortiertechniken wie Sortierroboter oder sensorgestützte Sortiersysteme finden in Deutschland zur Behandlung von Bau- und Abbruchabfällen zurzeit noch wenig großtechnische Anwendung. Eine Zusammenfassung der Grundoperationen ist in Tab. 7.18 dargestellt.

Prozess – und Verfahrenstechnik für die Herstellung von Recycling-Baustoffen
Der Aufbereitung vorgeschaltet ist die Abbruchmaßnahme, die entscheidenden Einfluss auf die Qualität der hergestellten Recycling-Baustoffe hat. Grundlage für einen qualitativ hochwertigen Recycling-Baustoff ist neben der Aufbereitungstechnologie vor allem ein sortenreines Ausgangsmaterial, wie es beim *selektiven* Abbruch oder Rückbau gewonnen wird. Baumaterialien werden nach ihren Bestandteilen vor, während und nach dem Abbruch mit schwerem Gerät separiert und selektiv erfasst (selektiver Abbruch) oder von Hand mit kleinem, speziellem Gerät ausgebaut (selektiver Rückbau). Der selektive Rückbau ist arbeits- und kostenintensiver als der selektive Abbruch und wird meist in Verbindung mit einer Schadstoffsanierung durchgeführt [114].

Je nach Einbauzweck müssen Recycling-Baustoffe unterschiedliche Anforderungen hinsichtlich bautechnischer Eigenschaften und Umweltverträglichkeit erfüllen. Es gilt, je

Tab. 7.18 Grundoperation für die Aufbereitung von Bau- und Abbruchabfällen, eigene Darstellung nach [83, 114]

Grundoperation	Beschreibung	Ziele
Zerkleinern	Zerkleinern eines Festkörpers durch mechanische Kräfte bis zum Bruch	• Herabsetzen der oberen Korngröße • Aufschließen von Stoffverbunden in die Einzelkomponenten
Klassieren	Trennen körnigen Haufwerks nach Stoffart unter Nutzung geometrischer Abmessungen	• Abtrennen von Ober- und Unterkorn zum Schutz nachfolgender Aggregate vor Überlastung (Oberkorn) bzw. Verschleiß und Verstopfung (Unterkorn) • Herstellung bestimmter Korngrößenverteilungen und Kornklassen entsprechend des nachfolgenden Verwendungszweckes
Sortieren	Trennen eines Materialgemisches nach Stoffarten unter physikalischen Merkmalen	• Entfernung von Fremd- und Störstoffen • Trennung von RC-Baustoffgemischen in ihre mineralischen Bestandteile

höher die Sortenreinheit des Ausgangsmaterials, desto geringer ist der Aufbereitungsaufwand und desto größer ist das Potenzial, Recycling-Baustoffe in geschlossenen Kreisläufen zu verwerten. [114]

Mobile Aufbereitungsanlagen werden meist am Standort der Abbruchmaßnahme eingesetzt und ermöglichen einen direkten Wiedereinsatz der aufbereiteten mineralischen Bauabfälle vor Ort, während stationäre Aufbereitungsanlagen an festen Standorten betrieben werden. Die verfahrenstechnische Ausprägung ist bei mobilen Anlagen einfacher gestaltet, wodurch die Produktvielfalt und Steuerungsmöglichkeit der Produktqualität gegenüber stationären Anlagen eingeschränkter ist (Abb. 7.32). [83]

Im ersten Schritt der mobilen Aufbereitung wird das Aufgabematerial (mineralischer Bauabfall) auf festen Rosten vorgesiebt, um Bodenpartikel oder Störstoffe mit dem Vorsiebmaterial auszuschleusen. Die grobe Körnung (Überkorn) wird zum Brecher geleitet und zerkleinert. Im Anschluss werden über den Magnetscheider Metallteile ausgeschleust. Im Ergebnis fällt das Vorsiebmaterial und der RC-Baustoff an. In stationären Aufbereitungsanlagen werden weitere Aufbereitungsschritte durchgeführt. Über eine zweite Zerkleinerungsstufe sowie weitere Klassier- und Sortieraggregate (z. B. Windsichter oder Schwimm-Sink-Trennungen) können höhere Produktqualitäten und eine größere Produktvielfalt generiert werden (Abb. 7.32) [83, 122]. Die Aufbereitung von Bodenaushub, Straßenaufbruch, Baustellenabfällen sowie Bauabfällen auf Gipsbasis erfolgt in ähnlichen Anlagentypen. Je nach Inputart und Aufbereitungsziel sind Anpassungen der Anlagetechnik erforderlich. Diese verfahrensspezifischen Details werden in diesem Beitrag nicht näher behandelt.

7 Verwertung von Abfällen

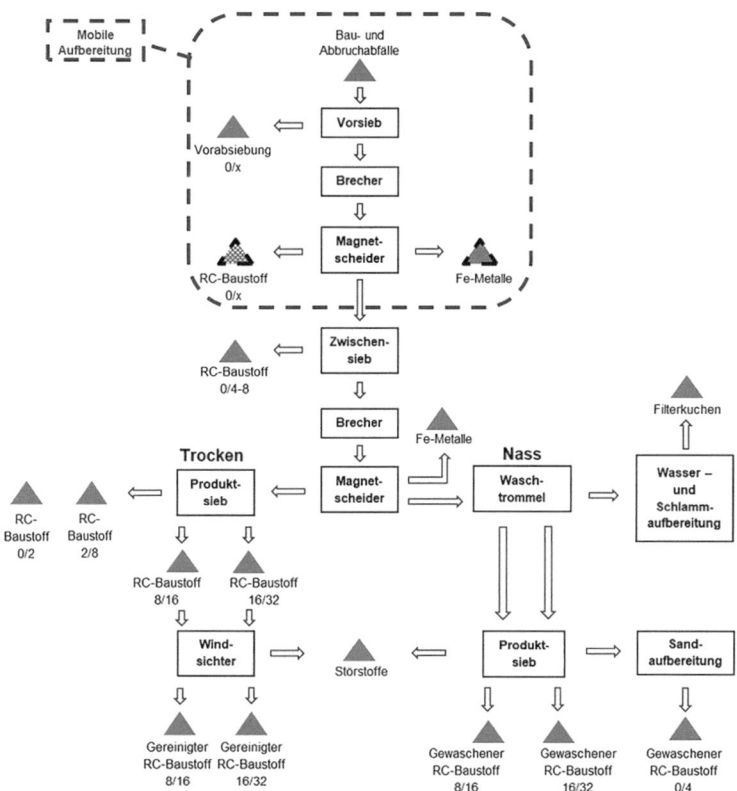

Abb. 7.32 Beispielhaftes Verfahrensfließbild für mobile sowie stationäre Bauschuttaufbereitungsanlagen (trocken / nass). (Eigene Darstellung nach [83, 127])

7.4.5 Verwertung von mineralischen Bau – und Abbruchabfällen

Aufkommen von mineralischen Bau- und Abbruchabfällen

Das Abfallaufkommen von Bau- und Abbruchabfällen ist mit einem Anteil von 55 % am gesamten Abfallaufkommen der größte Abfallstrom in Deutschland und liegt – abhängig von der wirtschaftlichen Konjunktur – seit Jahrzehnten auf einem Niveau zwischen 190 bis 250 Mio. Mg pro Jahr und im Mittel bei etwas über 200 Mio. Mg pro Jahr (Abb. 7.33) [84, 117]. Den größten Anteil hat die Kategorie Boden und Steine, im Jahr 2018 waren das 130 Mio. Mg (60 %). Bauschutt fiel im Umfang von 60 Mio. Mg (27 %) an, Straßenaufbruch und Baustellenabfälle mit je 14 Mio. Mg hatten jeweils einen Anteil von etwa 6 % an den mineralischen Bauabfällen. Bauabfälle auf Gipsbasis machen mit 0,6 Mio. Mg (0,3 %) nur einen geringen Anteil am gesamten Aufkommen von mineralischen Bauabfällen aus. Die getrennte Erfassung dieser Stoffströme, insbesondere der Gipsfraktion, ist für eine hochwertige Verwertung der genannten Massenströme jedoch von besonderer Bedeutung. [84]

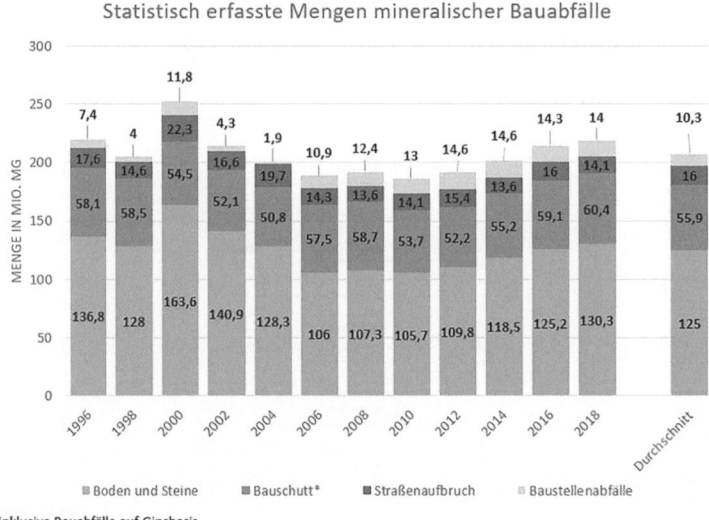

Abb. 7.33 Abfallaufkommen von Bau-und Abbruchabfällen von 1996 bis 2018 in Deutschland, eigene Darstellung nach [84, 117]

Verwertung von mineralischen Bau- und Abbruchabfällen

Mit einer Verwertungsquote von 89,7 % für Bau- und Abbruchabfälle (ausgenommen Boden und Steine) wird die Vorgabe der EU-Rahmenrichtlinie und des Kreislaufwirtschaftsgesetzes von 70 % deutlich eingehalten. Unter Verwertung wird dort neben dem Recycling (Herstellung von rezyklierter Gesteinskörnung) auch der Einsatz von Bau- und Abbruchabfällen im Deponiebau oder für die Verfüllung von Abgrabungen gefasst. [84]

Die Verwertungs- und Recyclingquoten unterscheiden sich stark von der Materialart (Abb. 7.34). Die Recyclingquote gibt den Anteil der produzierten Menge an Recyclingbaustoffen am jährlichen Abfallaufkommen für mineralische Bau- und Abbruchabfälle an. Die Verwertungsquote beschreibt den Anteil der verwerteten mineralischen Bau- und Abbruchabfälle am jährlichen Abfallaufkommen für mineralische Bau- und Abbruchabfälle. Während Straßenaufbruch mit 93,2 % (13,3 Mio. Mg) die höchste Recyclingquote aufweist ist diese bei Baustellenabfällen mit 1,8 % (0,3 Mio. Mg) am geringsten. Straßenaufbruch wird in der Regel zu neuem Mischgut verarbeitet und im Straßenoberbau hochwertig verwertet. Bauschutt weist mit 77,9 % (46,6 Mio. Mg) ebenfalls eine hohe Recyclingquote auf. Die mineralischen Bestandteile des Bauschutts werden zu Recycling-Baustoffen aufbereitet und vorwiegend im Straßen- und Erdbau verwertet. In der Betonherstellung in Form von R-Beton findet der Wiedereinsatz rezyklierter Gesteinskörnung bisher nur eine geringe Verwendung (<1 %) [83, 84]. Der größte Massenstrom, Boden und Steine, wird zu 10,2 % (13,1 Mio. Mg) recycelt, dabei werden vor allem abgetrennte Steine des anfallenden Bodenaushubs, Baggerguts

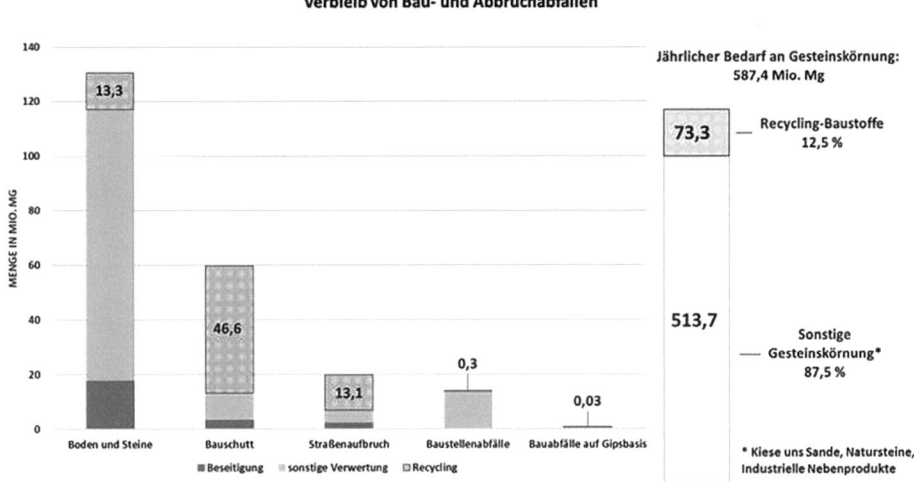

Abb. 7.34 Verwertungswege für Bau- und Abbruchabfällen 2018. (Eigene Darstellung nach [84])

sowie Gleisschotters verwertet. Der überwiegende Anteil 76 % (130,3 Mio. Mg) wird als Bodenmaterial zur Verfüllung im obertätigen Bergbau und Deponiebau eingesetzt. Bauabfälle auf Gipsbasis beinhalten gipsgebundene Platten (Gipskartonplatten und Gipsfaserplatten, Gipswandbauplatten), aus Produktionsausschuss, Neubau und Abbruch sowie Fließestrich und Gipsputze aus dem Rückbau von Gebäuden [123]. Diese werden zu etwa 5 % bis 10 % (30.000–60.000 Mio. Mg) [8, 124] recycelt und von der Gipsindustrie für die Herstellung neuer Gipsprodukte eingesetzt. Der restliche Anteil wird zu etwa gleichen Anteilen im Deponiebau und Bergbau verwertet oder auf Deponien beseitigt. Laut Bundesverband der Gipsindustrie wäre rund die Hälfte des Abfallstroms recyclingfähig [124]. Die getrennte Erfassung sowie das Recycling von gipshaltigen Abfällen ist für eine erfolgreiche Kreislaufführung von Bau- und Abbruchabfällen von besonderer Bedeutung. Gipshaltige Bauabfälle sind als Sulfatquelle hauptsächlich für Sulfatbelastungen im Bauschutt und Recycling-Baustoffen verantwortlich. Sulfathaltige Bestandteile können unter bestimmten Bedingungen unerwünschte Reaktionen eingehen und betonschädigende Minerale wie Ettringit- oder Thaumasit bilden und dementsprechend zu Schäden an Bauwerken im Hoch- sowie Erd- und Straßenbau führen. [124–127] Hohe Sulfatbelastungen von Ersatzbaustoffen schränken die Einsatzmöglichkeiten ein und sollten demnach vermieden werden [128].

Durch das Recycling von Bau- und Abbruchabfällen konnten in Deutschland im Jahr 2018 etwa 12,5 % natürliche durch rezyklierte Gesteinskörnung substituiert werden (Abb. 7.34). Hauptsächlicher Einsatzbereich war der Erd- und Straßenbau (Abb. 7.35). Der Einsatz von rezyklierter Gesteinskörnung in R-Beton wurde bislang nur in vereinzelten Bauwerken und Pilotprojekten realisiert, gewinnt jedoch zunehmend an Bedeutung.

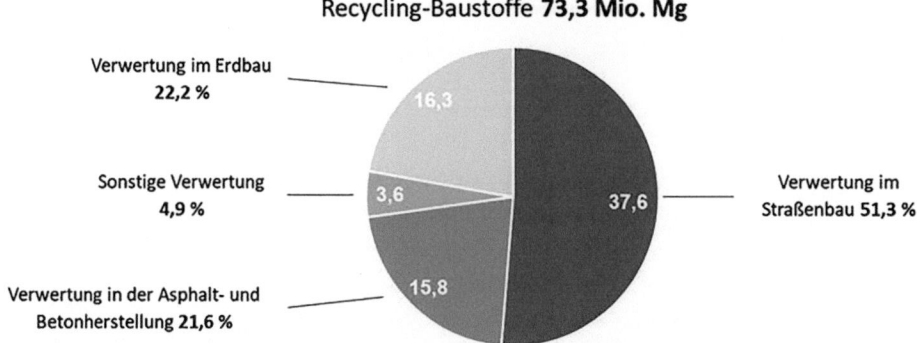

Abb. 7.35 Einsatzbereich für Recycling-Baustoffe. (Eigene Darstellung nach [84])

Unter Berücksichtigung des jährlichen Abfallaufkommens und des darin enthaltenen Anteils an Gesteinskörnung, könnten bei optimaler Aufbereitung etwa 20 % des Bedarfs über rezyklierte Gesteinskörnung gedeckt werden [83]. Der jährliche Bedarf an mineralischen Primärrohstoffen übersteigt die Verfügbarkeit von Recycling-Baustoffen bei weitem. Demnach werden jedes Jahr mehr Baustoffe in den Bauwerksbestand eingebracht als durch Abbruch und Sanierung von Bauwerken anfallen. Nach [129] sind etwa 26 Mrd. Mg mineralische Materialien in Deutschland verbaut[8]. Jedes Jahr kommen etwa 330 Mio. Mg mineralische Materialien im Hoch- und Tiefbau[9] hinzu, während etwa 200 Mio. Mg mineralischer Materialien durch Abriss- oder Sanierungsmaßnahmen dem anthropogenen Lager entnommen werden. Die Menge mineralischer Materialien im anthropogenen Lager wächst jedes Jahr kontinuierlich an. Es ist als urbane Mine zu betrachten, die es systematisch zu bewirtschaften gilt. [129]

7.5 Phosphorrückgewinnung aus Klärschlamm

Matthias Rapf

▶ Als Klärschlamm werden die in der kommunalen Abwasserreinigung mittels Sedimentation entnommenen Feststoffe bezeichnet. In den meisten Kläranlagen fällt Schlamm in zwei Sedimentationsschritten an: In der Vorklärung (primäre Sedimentation) werden organische Partikel als Primärschlamm abgeschieden; in der Nachklärung

---

[8] Wert bezogen auf das Basisjahr 2010 in der zur Grunde liegenden Studie [129].
[9] Als Tiefbau werden in der zugrunde liegenden Studie [129] „Technische Infrastrukturen" bezeichnet. Im Teilbereich Verkehrsinfrastruktur zählen dazu u. a. Straßenflächen, Lärmschutzwände und Straßenausstattung.

(sekundäre Sedimentation) wird die in der Belebungsstufe zugewachsene Biomasse, der sog. Überschussschlamm, entnommen. Beide Ströme werden in der Regel gemeinsam anaerob stabilisiert („gefault") und anschließend entwässert. Wegen der Notwendigkeit zur Gewässerreinhaltung ist Klärschlamm ein unvermeidbarer Abfall. Kommunaler Klärschlamm ist mit bundesweit 1,77 Mio Mg/a Trockenmasse (TM) [130] (entsprechend etwa 7 Mio Mg/a entwässerten Klärschlamms) die größte Einzelfraktion unter den Siedlungsabfällen.

7.5.1 Grundlegendes zum Siedlungsabfall Klärschlamm und seiner Entsorgung

Ausgefaulter Klärschlamm enthält üblicherweise etwa 50 bis 60 % organische Substanz in der Trockenmasse. Er ist, obwohl in den meisten Fällen anaerob biologisch stabilisiert, biologisch abbaubar und bildet bei seiner Lagerung Biogas. Daher ist in Deutschland die Deponierung von Klärschlamm gemäß Abfallablagerungsverordnung[10] und der diese ersetzenden, heute gültigen Deponieverordnung[11] seit Juni 2005 nicht mehr erlaubt.

Seit vielen Jahrzehnten dienen kommunale Klärschlämme wegen ihres Gehalts an Stickstoff und Phosphor sowie an Huminstoffen als Dünger und Bodenverbesserer in der Landwirtschaft und im Landschaftsbau. Nach Wegfall der Deponierung nahm die Bedeutung dieser Entsorgungsmethode weiter zu. Bis heute wird in Deutschland etwa ein Drittel der Klärschlämme *bodenbezogen* verwertet [130], in den anderen EU-Staaten ist dies aufgrund der EU-Deponierichtlinie und nicht vorhandener Verbrennungskapazitäten der überwiegende Entsorgungsweg [131].

Die bodenbezogene Verwertung ist seit jeher wegen des *Schadstoffgehalts* von Klärschlamm umstritten. Schadstoffe im Klärschlamm sind dabei kein Versehen, denn es ist die Aufgabe von Kläranlagen, aus Abwässern Schadstoffe zu entfernen und, wo diese nicht biologisch abgebaut werden können, im Klärschlamm zu akkumulieren und mit diesem zu entsorgen. Klärschlamm ist also vom Grundsatz her eine Schadstoffsenke.

Aus kreislaufwirtschaftlicher Sicht ist es daher auch durchaus problematisch, diese Schadstoffe nach aufwendiger Entnahme aus der Umwelt wieder in der Umwelt zu verteilen. Es handelt sich hierbei zunächst um Schwermetalle wie Zink, Kupfer, Chrom, Nickel, Blei, Quecksilber und Cadmium, wobei die Verwendung der drei letztgenannten

---

[10] Abfallablagerungsverordnung, AbfAblV: „Verordnung über die umweltverträgliche Ablagerung von Siedlungsabfällen und über biologische Abfallbehandlungsanlagen" (2001, gültig bis 15. Juli 2009).

[11] Deponieverordnung, DepV: „Verordnung über Deponien und Langzeitlager" (gültig seit 16. Juli 2009, zuletzt geändert am 9. Juli 2021).

Schwermetalle in Haushalten – und somit deren Konzentrationen im Abwasser und im Klärschlamm – immer mehr zurückgehen [130].

Seit zudem immer mehr handelsübliche mineralische Phosphatdünger aufgrund ihrer Herkunft aus sedimentärem Gestein hohe Konzentrationen äußerst bedenklicher Schwermetalle wie Cadmium, Thorium und Uran enthalten [132, 133], die bei der Rohphosphataufbereitung nur unzulänglich entfernt werden, ist die Diskussion um Schwermetalle im Klärschlamm immer weiter in den Hintergrund geraten.

Aus dem Abwasser werden aber auch schwer biologisch abbaubare organische Schadstoffe wie Pharmazeutika, Kosmetikbestandteile und diverse Industriechemikalien sowie größere Mengen an Kunststofffasern über den Klärschlamm ausgeschleust und in diesem aufkonzentriert. Zudem wird Klärschlamm durch die anaerob-biologische Behandlung bei der meist mesophilen[12] Faulung nur unzureichend hygienisiert und kann daher aktive phyto- und humanpathogene Organismen sowie Wurmeier und keimfähige Pflanzensamen enthalten [134].

Wegen der Hygieneproblematik ist die Nutzung von Klärschlamm bei der Nahrungsmittelproduktion in Deutschland weitgehend verboten (§ 15 AbfKlärV[13]). Zudem gilt die jahrzehntelange Klärschlammausbringung auf Felder und in Parks heute als ein Haupteintragspfad für Mikroplastik[14] in die terrestrische Umwelt in Europa. Die bisher so ausgebrachte Menge an Mikroplastik in Europa und Nordamerika (derzeit geschätzt mehrere 100.000 Mg pro Jahr [135, 136]) übersteigt dabei die derzeit in den Weltmeeren angenommene Menge [136].

Ein weiteres Problem sind die immer häufiger als Flockungsmittel verwendeten schwer biologisch abbaubaren synthetischen Polymere (z. B. Polyacrylate). Die Ausbringung von auf diese Weise konditionierten Schlämmen ist gemäß Düngemittelverordnung (§ 9a und § 10 DüMV 2019) stark eingeschränkt bis unmöglich.

7.5.2 Phosphor im Klärschlamm

Klärschlamm enthält, wie oben erwähnt, auch verhältnismäßig hohe Mengen an Phosphor – ein essentielles Element für alles Leben (zentraler Bestandteil u. a. von DNA, RNA, ATP, Zellmembranen; dazu von Knochen bei Wirbeltieren). Der Mensch nimmt Phosphor mit der Nahrung auf und scheidet einen Teil davon wieder aus. Auch diverse phosphorhaltige Substanzen in Wasch- und Spülmitteln, Kosmetika und Kunststoffen sind im Abwasser zu finden. Da Phosphor in Gewässern stark eutrophierend wirkt,

---

[12] Mesophiler Temperaturbereich bei der Vergärung: 35 bis 40°C.
[13] Klärschlammverordnung, AbfKlärV: „Verordnung über die Verwertung von Klärschlamm, Klärschlammgemisch und Klärschlammkompost" (2017, zuletzt geändert am 19.06.2020)
[14] Klärschlamm enthält signifikante Mengen an Textilfasern, Reifenabrieb und Kunststoffen aus Kosmetika.

muss er im Klärprozess mit geeigneten chemischen oder biologischen Verfahren eliminiert werden und gelangt so als Feststoff in den Klärschlamm. Bei der chemischen Elimination kommen vor allem eisenhaltige Fällsalze zum Einsatz. Eisen ist daher ein Hauptbestandteil der meisten Klärschlämme, was auf die Extraktion von Phosphor(verbindungen) aus Schlamm oder Schlamm-Asche einen negativen Einfluss hat (siehe 7.5.6).

Klärschlamm ist außer landwirtschaftlichen Rückständen die größte sekundäre Phosphorquelle in Deutschland [137]. Mit durchschnittlich 15 % P_2O_5 im mineralischen Anteil sind viele Klärschlämme bzw. ihre Aschen als sekundäres Phosphaterz von Bedeutung [138].

7.5.3 Primäre Phosphorvorkommen, Nutzung und Umweltauswirkungen

Primäre Phosphaterze werden im obertägigen Abbau aus fossilen Sedimentgesteinen gewonnenen. Beim Abbau und bei der Weiterverarbeitung der Erze entsteht erheblicher Umweltschaden. Neben dem großen Flächenverbrauch, wie er dem Tagebau generell eigen ist, fallen bei der Aufbereitung der Erze zu Rohphosphat schwermetallhaltige Schlämme an, die häufig unbehandelt aufgehaldet oder in Gewässer abgelassen werden [138–140].

Ein großer Teil des Rohphosphats wird mit Schwefelsäure aufgeschlossen, um sog. grüne Phosphorsäure zu gewinnen. Hierbei wird das Phosphat, das meist als Apatit (ein Calciumphosphat) vorliegt, in Lösung gebracht, und es entsteht die verunreinigte „grüne" Phosphorsäure, die überwiegend zu Düngemitteln wie z. B. Di-Ammoniumphosphat (DAP) und Mono-Ammoniumphosphat (MAP) verarbeitet wird. Das Sulfat der Schwefelsäure fällt mit dem Calcium des Erzes als sogenannter Phosphorgips aus.

Die heute abgebauten Phosphaterze enthalten zunehmend hohe Konzentrationen giftiger und sogar radioaktiver Schwermetalle (u. a. Cadmium, Uran und Thorium, letztere beide radioaktiv), was bei der Aufbereitung zum Problem wird. Die Metalle werden beim Ansäuern des Rohphosphats ebenfalls gelöst und sind anschließend sowohl in der sog. grünen Phosphorsäure (s. u.) als auch im Phosphorgips enthalten. Manche Gipshalden müssen als radioaktive Abfälle klassifiziert werden, und auch aus grüner Phosphorsäure hergestellte Phosphordünger enthalten oft erhöhte Konzentrationen der o. g. Schwermetalle. [141–143]

Es gibt zudem die Möglichkeit, die wasserunlöslichen Calciumphosphate im Rohphosphat durch unterstöchiometrische Säurezugabe lediglich in eine wasserlösliche Form, also Calciumdihydrogenphosphat, zu überführen. Wird mit Schwefelsäure aufgeschlossen, erhält man den Düngertyp *Superphosphat*, mit Phosphorsäure entsteht je nach Reinheit der Säure *Doppel-* oder *Tripelsuperphosphat*. In diesen Produkten sind naturgemäß alle durch das Rohphosphat eingebrachten Schwermetalle enthalten.

Nur etwa 10 % des weltweit abgebauten Rohphosphats werden mittels thermischer Reduktion im sogenannten Wöhler-Prozess unter Zugabe von Kies (Silikatquelle) und Koks (Reduktionsmittel) zu elementarem weißem Phosphor verarbeitet. Aufgrund der unterschiedlichen Siedepunkte des Phosphors und der Schadstoffe im Produktgas können diese verhältnismäßig einfach durch Filtration bei ca. 500 °C entfernt werden. Die hohe Reinheit der aus weißem Phosphor hergestellten sog. thermischen Phosphorsäure kann selbst mit aufwendiger Reinigung der grünen Phosphorsäure nur schwer erreicht werden. Thermische Phosphorsäure und andere aus weißem Phosphor hergestellte sog. Derivate werden daher überwiegend in industriellen Anwendungen eingesezt, wie z. B. der Lebensmittel-, Pharma- oder sonstigen chemischen Industrie, bei der Metallbearbeitung sowie in der Elektronikindustrie.

Die genannten Wege zur Phosphornutzung spiegeln sich auch in den Verfahren zur Phosphorrückgewinnung wider: Die meisten Verfahren schließen Sekundärphosphate mit Säuren auf; es gibt aber auch einige Ansätze mit dem Ziel der Gewinnung weißen Phosphors (siehe Abschn. 7.5.6).

7.5.4 Ressourcenproblematik

Natürliche Phosphaterze sind fossile und daher endliche Ressourcen. Der häufig prophezeite „Peak Phosphorus" [144–146], d. h. die Begrenzung der Nutzung fossiler Phosphatquellen in naher Zukunft aufgrund stark abnehmender Reserven, hat sich allerdings nicht bewahrheitet. Durch die ständige Entdeckung neuer Phosphatvorkommen, z. B. in Marokko und der Westsahara, hat sich die strategische Reichweite von Phosphaterz in den letzten Jahren immer wieder verlängert. Aus den aktuellen Zahlen des USGS[15] kann man abschätzen, dass die nach heutigem Stand der Technik wirtschaftlich nutzbaren Reserven noch mehr als 300 Jahre lang ausreichen.

Dennoch listet die EU seit 2014 Phosphaterz als kritischen Rohstoff [147]. Die Kritikalität des Phosphats liegt derzeit aber nicht in der Reichweite. Vielmehr sind zum einen die größten Phosphatvorkommen auf wenige Orte der Welt verteilt (v. a. Marokko und China), was ein Versorgungsrisiko darstellt. Zum anderen sind die gering belasteten magmatischen und biogenen Erze mittlerweile beinahe erschöpft, weswegen zunehmend auf geogene Sedimentgesteine mit hohen Schwermetallgehalten zurückgegriffen werden muss. Die damit verbundenen steigenden Aufbereitungskosten haben einen direkten Einfluss auf die Verfügbarkeit von Düngemitteln mit akzeptablem Schadstoffgehalt.

---

[15] Der United States Geological Survey (USGS) stellt auf seiner Webseite die jährlich aktualisierte Zahlen zur weltweiten Phosphatförderung und den bekannten Reserven zur Verfügung: https://pubs.usgs.gov/periodicals/mcs20xx/mcs20xx-phosphate.pdf (für xx das gewünschte Jahr einsetzen).

7.5.5 Pflicht zur Phosphorrückgewinnung in Deutschland und Entwicklungen in Europa

Die oben dargestellten Punkte waren die Beweggründe, in der Novelle der Klärschlammverordnung von 2017 die bodenbezogene Verwertung in Deutschland ab 2032 in den meisten Fällen zu untersagen und im gleichen Zuge in der Verordnung auch die Pflicht zur Phosphorrückgewinnung aus Klärschlamm festzuschreiben: Kläranlagen mit über 50.000 Einwohnerwerten (EW) müssen 2023 ein Konzept zur Phosphorrückgewinnung vorlegen und dieses ab spätestens 2032 umsetzen, Anlagen mit über 100.000 EW bereits ab 2029.

Diese Regelung bedingt auch, dass ab den genannten Zeitpunkten Klärschlamm unter den genannten Umständen nur noch mit Verfahren verbrannt bzw. thermisch behandelt werden darf, bei welchen nach der Behandlung eine Phosphorrückgewinnung möglich ist. Hierzu zählen derzeit nur die klassische Monoverbrennung im Wirbelschichtofen (in Deutschland derzeit 22 Anlagen) oder in der Rostfeuerung (in Deutschland derzeit 2 Anlagen) sowie die Mono-Vergasung (2 Anlagen) [130].

Die Mitverbrennung von Klärschlamm in Kohlekraftwerken, Zementfabriken und Müllverbrennungsanlagen wird ab 2029 bzw. 2032 nur noch dann zulässig sein, wenn der Phosphorgehalt auf unter 2 g/kg TM bzw. um mindestens 50 % abgereichert wurde. Im Jahr 2022 wurden in Deutschland etwa 60 % der thermisch behandelten Klärschlämme oder 50 % aller Klärschlämme in diversen industriellen Anlagen mitverbrannt [148].

Die EU sieht Klärschlamm „nach geeigneter Vorbehandlung" als geeignet, vor allem das Kohlenstoffreservoir europäischer Böden wieder aufzufüllen. Sie kündigt in ihrer „Bodenstrategie für 2030" jedoch an, die Klärschlammrichtlinie gemäß der „Biodiversitätsstrategie" und dem „Null-Schadstoff-Aktionsplan" bis 2022 neu zu bewerten [149].

Obwohl die EU wegen zahlreicher Mitgliedsstaaten, die Klärschlamm überwiegend bodenbezogen verwerten, offenbar keine klare Stellung beziehen kann, erkennt man hier die Absicht, diese Praxis mittelfristig mehr oder weniger stark einzuschränken. Die Deklaration von Rohphosphat als kritischen Rohstoff zeigt auch die Absicht der EU, das Phosphorrecycling zu fördern.

Die Tatsache, dass auch Ende 2022 noch keine Neubewertung der Klärschlammrichtlinie begonnen hat geschweige denn erfolgt ist, lässt jedoch vermuten, dass EU-weite klare gesetzliche Regelungen wie in Deutschland noch länger auf sich warten lassen werden.

Die europäische Wirtschaft jedoch hat auf die Entwicklungen in Mitteleuropa und die vorsichtigen Ankündigungen der EU längst reagiert. Seit 2018 haben die Preise für Klärschlammentsorgung EU-weit stark angezogen, und das Interesse an der Phosphorrückgewinnung wächst auch in Ländern ohne Aussicht auf eine baldige Gesetzesänderung (Quelle: eigene Erhebungen).

7.5.6 Entwicklung der Phosphorrückgewinnung, Stand 2023

Eingangs sei bemerkt, dass bis Ende 2023 noch keine Technologie zur Phosphorrückgewinnung aus Klärschlamm über den Bau und den Testbetrieb einer großtechnischen Anlage hinauskam. Anlagen im Regelbetrieb gibt es trotz teils jahrzehntelanger Entwicklungsarbeit keine. Mögliche Gründe dafür werden in Abschn. 7.5.7 diskutiert.

Für eine Einteilung der derzeit in Entwicklung befindlichen Verfahren ist zu unterscheiden in die Verwendung von

- Abwasser oder Schlammfiltrat,
- flüssigem Klärschlamm (Dünnschlamm),
- festem Klärschlamm (entwässert oder trocken) und
- Rückständen aus der thermischen Klärschlammbehandlung (Asche, Carbonisate).

Im Folgenden sollen unter abfallwirtschaftlichen Aspekten die beiden letztgenannten Punkte betrachtet werden. Ausgewählte, derzeit mindestens im Pilotmaßstab erprobte Verfahren, werden nachfolgend vorgestellt; in Abbildung 7.5.1 sind diese zusammenfassend dargestellt.

7.5.6.1 P-Rückgewinnung aus festem Klärschlamm

Verfahren, die entwässerten oder trockenen Klärschlamm einsetzen, enthalten üblicherweise einen thermischen Schritt, um die Organik des Schlamms zu entfernen. Die Inwertsetzung des Phosphors erfolgt dann meist in einem weiteren thermochemischen Schritt.

Phosphor verbleibt in der mineralischen Matrix

Ein möglicher Ansatz für die zweite thermochemische Stufe ist, den Phosphor in der mineralischen Matrix zu belassen, die Pflanzenverfügbarkeit des Phosphors zu verbessern und/oder Schwermetalle abzureichern. Das Produkt soll dann als (schwach) phosphathaltiges Mineralgranulat in der Landwirtschaft eingesetzt werden.

> **Beispiele für thermochemische Umwandlung von Klärschlamm in Dünger**
>
> Im *EuPhoRe*-Verfahren, von dem derzeit in Deutschland eine großtechnische Anlage in Bau ist, soll vorgetrockneter Schlamm in einem reduktiven und einem oxidativen Schritt bei Temperaturen bis zu 1000°C mineralisiert und mittels Zugabe von Additiven von Schwermetallen teilweise befreit werden. Es entsteht ein mineralisches Granulat mit Düngewirkung [150], vergleichbar mit dem Produkt des Ash Dec-Verfahrens (siehe Abschn. 7.5.6.2).
>
> Das *P-XTRACT*-Verfahren der Firma Wehrle verfolgt einen einfachen Ansatz, indem durch Zugabe von Additiven zur Verbrennung in der Wirbelschicht Phosphate in einem Teil der Asche angereichert werden, der dann von dem phosphatarmen Rest

separiert wird. Ersterer soll entweder als Düngemittel in der Landwirtschaft oder als Sekundärrohstoff in der chemischen Industrie eingesetzt werden. Eine Schwermetallabreicherung erfolgt nicht. [151] Derzeit wird an der Kläranlage Staufener Bucht bei Freiburg die erste Pilotanlage in Betrieb genommen [152]. ◄

Phosphor wird von der Matrix abgetrennt
In einem anderen Ansatz wird der Phosphor aus der Matrix entfernt und als Phosphorsäure oder elementarer weißer Phosphor gewonnen. Diese Substanzen sind bei entsprechender Reinheit direkt in der chemischen Industrie einsetzbar.

Beispiele für thermochemische Abtrennung von Phosphor aus Klärschlamm

In einer Pilotanlage testet der Energieversorger RWE seit 2021 ein Vergasungsverfahren (Multi Fuel Conversion, *MFC*), in dem trockener Klärschlamm mineralisiert und durch die im Prozess herrschenden reduzierenden Bedingungen Phosphate reduziert werden. Nach Filtration des Produktgases zur Schwermetallabtrennung wird der weiße Phosphor nach Abscheidung oder direkt in der Gasphase verbrannt und als Phosphorsäure ausgewaschen [153, 154].

Das von der EU geförderte Projekt *FlashPhos* erprobt bis 2026 ein Verfahren zur Gewinnung von weißem Phosphor aus Klärschlamm. In der ersten Stufe wird getrockneter Klärschlamm im Flugstrom vergast; dabei werden die mineralischen Bestandteile geschmolzen und ein Teil der Schwermetalle verdampft. In der so gereinigten Schlacke wird in einem nachfolgenden Schmelzofen unter streng reduzierenden Bedingungen elementarer weißer Phosphor gebildet, der nach einem weiteren Filtrationsschritt aus dem Produktgas mit einem Kühlschritt abgeschieden wird [155, 156]. ◄

Ziel von Entwicklungen dieser Art ist es bisweilen auch, die mineralischen Rückstände einer weiteren Verwertung zuzuführen, da eine Beseitigung sowohl eine ökonomische als auch eine ökologische Last wäre. Wird die flüssige Schlacke nach ihrem Austrag schlagartig abgekühlt, ist die Verwendung als Zementersatzstoff möglich [157].

7.5.6.2 P-Rückgewinnung nach thermischer Vorbehandlung des Klärschlamms

Da in Deutschland, den Niederlanden, der Schweiz und anderen Ländern in Mitteleuropa Klärschlamm überwiegend thermisch behandelt wird, werden entsprechend auch Verfahren entwickelt, die Klärschlammasche einer Verwertung zuführen sollen.

Die Phosphate in Klärschlammasche sind kaum pflanzenverfügbar, stark verdünnt und v. a. mit Schwermetallen verunreinigt. Deswegen eignet sich die Asche nicht ohne Vorbehandlung als Düngemittel oder als Rohstoff für die chemische Industrie. Auch von Asche ausgehend gibt es Behandlungsverfahren, bei denen der Phosphor in der mineralischen Matrix verbleibt, und solche, bei denen der Phosphor extrahiert wird.

Phosphor verbleibt in der mineralischen Matrix
Es existieren sowohl nasschemische als auch thermische Verfahren, in denen Klärschlammasche so behandelt wird, dass die Pflanzenverfügbarkeit der enthaltenen Phosphate erhöht wird.

> **Beispiele für nasschemische Umwandlung von Klärschlammasche in Dünger**
>
> Bei nasschemischen Verfahren geschieht dies durch Zugabe von Säure:
> Der Düngemittelproduzent *ICL Fertilizers* setzt die Klärschlammaschen als Zuschlag (z. B. 10 %) bei der klassischen Herstellung von Superphosphaten ein. Bei dieser wird Rohphosphat entweder mit Schwefelsäure (Superphosphat) oder Phosphorsäure (Doppel- und Tripelsuperphosphat) vermischt, wodurch unlösliches Calciumphosphat zu löslichem Calciumhydrogenphosphat umgewandelt wird. Die entstehende Paste wird granuliert und getrocknet. Vorteilhaft ist der vergleichsweise geringe verfahrenstechnische Aufwand. Das Verfahren wird in den Werken in Amsterdam und Ludwigshafen am Rhein umgesetzt [158, 159].
>
> In Haldensleben (Sachsen-Anhalt) befand sich bis 2022 unter dem Namen *Phos4Green* eine großtechnische Anlage der Firma Seraplant im Testbetrieb, die Klärschlammasche unter Zusatz verschiedener mineralischer Säuren zu Ein- oder Mehrnährstoffdüngern verarbeitete. Ähnlich wie bei der Herstellung von Superphosphaten wurden die Phosphate der Asche mit Säure in eine lösliche Form überführt und die Mischung in einem speziellen Verfahren getrocknet und granuliert [160, 161]. Auch bei Phos4Green verbleiben anorganische Schadstoffe im Produkt. Um die Grenzwerte der Düngemittelverordnung einzuhalten, müssen daher entsprechend niedrig belastete Aschen verwendet oder höher belastete Aschen vorbehandelt werden.
>
> Vorteilhaft ist wie oben die relative Einfachheit des Verfahrens. Aus wirtschaftlichen Gründen ist die Anlage derzeit allerdings bis auf weiteres stillgelegt. ◄

> **Beispiel für thermochemische Umwandlung von Klärschlammasche in Dünger**
>
> Bei thermischen Verfahren bewirkt eine Erhitzung der Asche nach Zugabe von Additiven eine Umkristallisierung der Phosphate in besser pflanzenverfügbare Phasen.
>
> Das bekannteste Verfahren dieser Art ist das *Ash Dec*-Verfahren, das derzeit von der finnischen Firma Outotec angeboten wird, jedoch noch nicht industriell umgesetzt ist. In diesem Verfahren wird die noch heiße Asche mit Alkalisalzen (z. B. Na_2SO_4, Na_2CO_3) versetzt und anschließend auf bis zu 1000°C erhitzt. Die Alkalien lagern sich in die Kristallmatrix ein, verbessern so die Pflanzenverfügbarkeit der Phosphate und verdrängen dafür teilweise Schwermetalle (v. a. As, Cd und Pb). Die Asche wird anschließend pur oder nach Zumischung anderer Nährstoffe granuliert und soll als Dünger verkauft werden [162, 163]. Im Rahmen des BMBF-Projektes P-Rhenania soll das Verfahren 2024 großtechnisch in eine Monoverbrennung im Drehrohr integriert werden [164], ähnlich dem in 7.5.6.1 beschriebenen EuPhoRe-Verfahren. ◄

7 Verwertung von Abfällen

> **Beispiele für Direktverwertung thermisch behandelten Klärschlamms**
>
> Anbieter von Klärschlammpyrolyse wie Pyreg (2 Pilotanlagen in D) verfolgen das Ziel, die kokshaltigen festen Rückstände als Bodenverbesserer direkt in der Landwirtschaft einzusetzen [165]. Die Ausbringung solcher Produkte ist allerdings laut Urteil 4 K 1093/20.KO des Verwaltungsgerichts Koblenz vom 25.11.2021 nicht zulässig, und es gab auch bis Ende 2023 keine Initiativen von Pyrolyseanbietern, dies zu ändern [166]. ◄

Phosphor wird von der Matrix abgetrennt
Einige Verfahren gewinnen, in Anlehnung an die industrielle Verarbeitung von Rohphosphaten, aus Klärschlammasche weißen Phosphor, Phosphorsäure oder Metallphosphate.

> **Beispiele für nasschemische Abtrennung von Phosphaten aus Klärschlammasche**
>
> Bei nasschemischen Ansätzen werden Phosphate mit einem Überschuss an Säure aus der Klärschlammasche herausgelöst. Die unlöslichen Bestandteile werden mechanisch abgetrennt; ihre Weiterverwendung ist voraussichtlich nicht möglich. Die Flüssigphase wird mit unterschiedlichen Trennverfahren behandelt und dabei neben Phosphorsäure auch andere Lösungen gewonnen, die je nach Reinheit verwertet oder entsorgt werden.
>
> *EcoPhos* (heute Firma Prayon) und *Phos4Life* (Kanton Zürich) setzen bei der Produktion von Phosphorsäure auf einen Komplettaufschluss der Asche mit verschiedenen Säuren, z. B. Schwefelsäure. Dabei werden neben dem Phosphat auch das enthaltene Eisen und sämtliche Schwermetalle gelöst, die dann im nachfolgenden Prozessschritt (Ionentauscher, Solvent Extraction) entfernt werden [167–169]. Die Möglichkeit, flüssige Nebenprodukte verwerten zu können, hängt in beiden Fällen von Standort- und Marktbedingungen ab. Beide Prozesse wurden bis zum Pilotmaßstab entwickelt, werden derzeit aber nirgends großtechnisch eingesetzt.
>
> Beim *TetraPhos*-Verfahren der Firma Remondis Aqua wird Klärschlammasche mit (selbst produzierter) Phosphorsäure aufgeschlossen. Durch Einstellung eines verhältnismäßig hohen pH-Werts verbleiben größere Anteile von Eisen und Schwermetallen im festen Rückstand. Dies gilt zwar auch für einen Teil des Phosphats, jedoch wird so auch der Aufwand für die nachfolgende Reinigung reduziert [170]. Die erste großtechnische *TetraPhos*-Anlage wurde am Klärwerk Hamburg 2019 errichtet, ist jedoch derzeit (Stand Dezember 2023) noch nicht im Regelbetrieb.
>
> Um die Verwendung der aufwendig zu betreibenden Ionentauscher oder der teuren Solvent Extraction zu vermeiden, setzt die Firma Easy Mining in ihrem *Ash-2Phos*-Verfahren auf einen Totalaufschluss der Asche mit Säure (z. B. HCl) und anschließend eine Reihe von Fällschritten. Nach Abtrennung des festen Rückstands wird das gelöste Phosphat mit Kalk als Calciumphosphat ausgefällt. Anschließend wird die verbleibende Lösung weiter in eisen-, aluminium- und schwermetallhaltige Fraktionen getrennt. Gemeinsam mit Gelsenwasser wird derzeit eine *Ash2Phos*-Anlage in Schkopau (Sachsen-Anhalt) geplant [171]. ◄

Beispiele für thermochemische Abtrennung von Phosphor aus Klärschlammasche

Bis 2012 verarbeitete der Phosphorproduzent *Thermphos* (NL) versuchsweise eisenarme Klärschlammasche als Zuschlag zum Rohphosphat in den dort vorhandenen Wöhler-Öfen (Elektro-Lichtbogenöfen) zur Herstellung von weißem Phosphor [172]. Eisen ist im Ausgangsmaterial zum Wöhler-Prozess unerwünscht, da es genau wie der Phosphor reduziert wird und mit diesem eine Legierung (Ferrophosphor) bildet, welche die Phosphorausbeute verringert und selbst nur einen geringen wirtschaftlichen Wert hat.

Nach der Insolvenz von Thermphos wurde im EU-Projekt *RecoPhos* versucht, den Wöhler-Prozess mit einem anderen Ofentyp zu betreiben, der durch seine Geometrie die Lösung des Phosphors im Eisen behindern und so die Phosphorausbeute erhöhen sollte. Das Verfahren wurde von der Firma ICL Chemicals nach Projektende weiterentwickelt, die Entwicklung jedoch vor dem Bau einer Pilotanlage eingestellt. ◄

7.5.6.3 Überblick über Phosphorrückgewinnungsverfahren aus festem Klärschlamm

Abb. 7.36 zeigt einen schematischen Überblick mögliche Techniken der Phosphorrückgewinnung aus festem Klärschlamm mit ausgewählten Beispielen (Stand Dezember 2023, kein Anspruch auf Vollständigkeit).

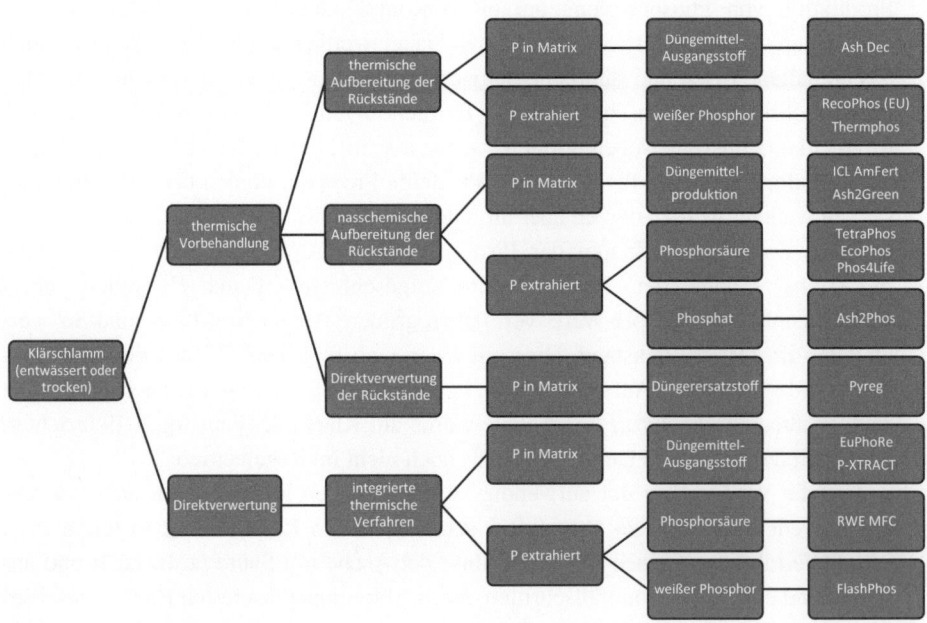

Abb. 7.36 Schematische Einteilung von Verfahren zur Phosphorrückgewinnung aus festem Klärschlamm oder Klärschlammasche

7.5.7 Kriterien zur Verfahrensauswahl

Aus den vorherigen Abschnitten und aus Abb. 7.36 ergeben sich betreffend die phosphorhaltigen Produkte zwei grundlegend unterschiedliche Optionen fürs Phosphorrecycling:

Option 1: Der Phosphor verbleibt in der mineralischen Matrix und wird zusammen mit ihr zu Düngemitteln verarbeitet.

Option 2: Der Phosphor wird aus der mineralischen Matrix zur Gewinnung reiner Chemikalien extrahiert.

Es besteht zwischen beiden Optionen ein offensichtlicher Unterschied darin, wie flexibel die Produkte eingesetzt werden können. Dies hat einen entscheidenden Einfluss auf die Nachfrage und damit den Marktwert der Produkte.

Dem Marktwert entgegen steht die Komplexität der Recyclingverfahren. Das Verhältnis der beiden kann in erster Näherung gemäß Abb. 7.37 dargestellt werden:

In der Form der Darstellung ist zu erkennen, dass der Marktwert mit der Phosphorkonzentration im Produkt steigt. So wird bei simpleren Verfahren häufig versucht, einen Kompromiss zwischen den beiden Aspekten zu finden, etwa durch künstliche Erhöhung des Phosphorgehalts der Produkte mittels zugekaufter primärer Phosphorsäure oder Phosphate (z. B. *Ash2Green, Ash Dec*).

Weitere Parameter wie eduktbedingte schwankende Produktzusammensetzung und Schadstoffgehalte können ebenfalls einen großen Einfluss auf den Marktwert haben (siehe unten).

Wird berücksichtigt, dass beim Recycling nicht nur Produkte erzeugt werden, sondern auch Abfall (ein Produkt mit negativem Wert, da zu entsorgen), ist die Wahl einfacher, robuster Verfahren nachvollziehbar. Wegen der materialtechnischen Komplexität von Abfällen, also auch von Klärschlamm, gestalten sich aber selbst diese vermeintlich einfachen Verfahren als relativ schwierig.

Die Herstellung hochwertiger Phosphorsubstanzen wie weißer Phosphor, Phosphorsäure und Metallphosphat, kann den einfachen Verfahren aus Sicht der Vermarktbarkeit der Produkte als durchaus überlegen angesehen werden. Zweifel daran, dass der damit verbundene hohe verfahrenstechnische Aufwand im Sinne einer nachhaltigen Wirtschaft ist, sind jedoch ebenfalls berechtigt. Am Ende wird immer der Einzelfall und die zur Zeit

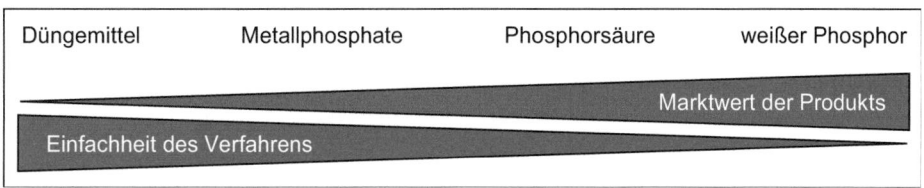

Abb. 7.37 Zusammenhang zwischen Einfachheit des P-Recyclingverfahrens und Marktwert des P-Produkts

der Umsetzung herrschende Markt- und Gesetzeslage entscheiden, welches Verfahren das sinnvollste ist.

In der Praxis müssen bei der Verfahrensauswahl mehrere erschwerende Aspekte berücksichtigt werden[16]:

- Die schwankende Zusammensetzung des Schlamms führt zu einer schwankenden Zusammensetzung von matrixgebundenen Produkten. Zusammen mit niedrigen Phosphorgehalten wirkt sich das negativ auf die Nachfrage und eventuelle Zulassungsverfahren aus.
- Die schwankende Zusammensetzung des Schlamms kann bei *reinen* Produkten zu geringeren Ausbeuten und fallweise großen Abfallströmen führen.
- Schlamm oder Asche verhalten sich physikalisch und chemisch anders (normalerweise schwieriger) als primäre Rohstoffe; bekannte Verfahrenstechniken müssen fallweise aufwendig modifiziert werden.
- Ein hoher Verbrauch an Additiven und Energie schafft eine Marktabhängigkeit, welche die Wirtschaftlichkeit der entsprechenden Verfahren gefährden.
- Um Produkte aufzuwerten, werden Nebenprodukte abgewertet – sie haben oft keinen industriellen Nutzen, müssen aufwendig aufbereitet oder als (gefährliche) Abfälle teuer entsorgt werden.
- Vom Standpunkt der Kreislaufwirtschaft aus ist es (trotz Einhaltung von Grenzwerten z. B. der Düngemittelverordnung) nicht vertretbar, Schadstoffe, die bereits dem Wirtschaftskreislauf entzogen worden sind, wieder in der Natur zu verteilen.

7.5.8 Zusammenfassung und Schlussfolgerungen

Wegen der hohen Schadstoffbelastung von Klärschlamm ist es aus kreislaufwirtschaftlicher Sicht sinnvoll, ihn vor der Verwertung zu behandeln. Diskutierte Optionen reichen von der einfachen thermischen Behandlung zur Zerstörung organischer Schadstoffe bis hin zur Gewinnung von hochreinem weißem Phosphor.

Entsprechend den oben aufgeführten Aspekten zur Verfahrensauswahl scheitert jedoch der Markteinstieg von vielen weit entwickelten Verfahren bisher an zu hohen Kosten, technischen Problemen beim Upscaling, ungelösten Fragen der Rückstandsentsorgung, der Akzeptanz der Produkte oder auch an gesetzlichen Vorgaben.

Außer der Beimischung von Klärschlammasche bei der Düngemittelproduktion, deren Kapazität stark beschränkt ist, befindet sich in Deutschland weiterhin (Dezember 2023) keine großtechnische Anlage zur Rückgewinnung von Phosphor aus Klärschlamm oder Klärschlammasche in Regelbetrieb. Einige befinden sich derzeit in der Planung, im Bau

---

[16] Leicht modifiziert können alle diese Punkte auf jede beliebige Recyclingaufgabe übertragen werden.

oder im Optimierungsbetrieb (z. B. *TetraPhos*, *Ash2Phos*). Von drei neueren Verfahren (*P-Extract*, *MFC* und *FlashPhos*) sind größere Pilot- bzw. Demonstrationsanlagen im Bau oder in Planung.

Berücksichtigt man die notwendige Zeit von einer Pilotanlage bis zum Betrieb der ersten Industrieanlage bzw. die Zeit für Planung, Genehmigung und Bau weiterer Anlagen (beides ca. 5 bis 10 Jahre), ist es heute noch nicht sicher, ob sich die genannten Verfahren bis zu den Jahren 2029 oder 2032 auf dem Markt etablieren werden.

Fragen zu Kap. 7

Abschn. 7.1

1. Welche Qualitätsanforderungen werden bei der Erfassung und Aufbereitung von Altglas gestellt?
2. Welche Glasfarbe ist gegenüber Fehlfarben am unempfindlichsten, welche am empfindlichsten?
3. Für welchen Sektor wird der größte Anteil an PPK produziert?
4. In welcher Gruppe nach DIN EN 643 werden etwa 80 % des Altpapiers zugeordnet?
5. Welche beiden Verfahren zur Verwertung von Eisenmetallen gibt es in Deutschland und was sind die wesentlichen Unterschiede?
6. Wie sind Nichteisenmetalle definiert und in welche drei Gruppen werden sie eingeteilt?
7. In welche Herkunftsbereiche differenzieren sich Post-Consumer-Abfälle?
8. Welche Verwertungsmöglichkeiten für sortenreine Kunststoffarten gibt es?
9. Erläutern Sie die Begriffe „werkstoffliche" und „rohstoffliche" Verwertung und nennen Sie jeweils Beispiele.
10. Welche Unterschiede gibt es laut Definition zwischen Sekundärbrennstoffen und heizwertreichen Fraktionen?

Abschn. 7.2

11. Wer trägt die Pflichten zur Rücknahme und Verwertung gemäß ElektroG?
12. Welche Materialen werden heute aus elektronischen und elektrischen Geräten rückgewonnen?
13. Gibt es zusätzlich gesellschaftlich relevante Rohstoffpotenziale?

Abschn. 7.3

14. Welches Gesetz reguliert auf europäischer und welches auf nationaler Ebene die Inverkehrbringung und die Rücknahme von Batterien?
15. Zwischen welchen Produktarten unterscheidet das Batteriegesetz?
16. Welche sind elektro-chemischen Systeme kennt man im Batteriebereich?

17. Wofür werden Rücknahmesysteme benötigt?
18. Welche Metalle werden aktuell aus Batterien zurückgewonnen und zurück in den Stoffkreislauf geführt?
19. Wie werden aktuell Lithium-Batterien verwertet? Und was ist bei diesen Batterien die Chance und was die Herausforderung der Zukunft?

Abschn. 7.4

20. Warum ist Deutschland trotz hoher Rohstoffvorkommen von einem Mangel an Kies, Sand und Natursteinen betroffen?
21. Welche Abfallarten fallen unter die Bau- und Abbruchabfälle?
22. Welche Einsatzmöglichkeiten bestehen für Ersatzbaustoffe?
23. Welche rechtlichen und regulatorischen Regelwerke sind für den Einsatz von Ersatzbaustoffen zu beachten?
24. Wie unterscheidet sich R-Beton von herkömmlichem Beton?
25. Wie kann die Qualität von Recycling-Baustoffen beeinflusst werden?
26. Welche sind die Hauptverwertungswege für mineralische Bau- und Abbruchabfälle?
27. Kann der Bedarf an mineralischen Materialien vollständig durch Recyclingmaterialien substituiert werden? Bitte begründen Sie Ihre Entscheidung

Abschn. 7.5

28. Wieso darf Klärschlamm in Deutschland nicht deponiert werden?
29. Weshalb wird Klärschlamm bodenbezogen verwertet?
30. Weshalb wird die bodenbezogene Verwertung von Klärschlamm oft kritisch betrachtet?
31. Weshalb wird in vielen Ländern Wert auf die Rückgewinnung von Phosphor gelegt?
32. Wie steht die deutsche Klärschlammverordnung zu den Themen „Bodenbezogene Verwertung" und „Phosphorrückgewinnung", und wie sieht es im Rest von Europa aus? Wie erklären Sie sich diese Unterschiede?
33. Welche Umweltauswirkungen haben der Abbau und die Verwendung fossiler Phosphatquellen?
34. Mit welchen beiden Verfahren kann Phosphor aus Rohphosphat extrahiert werden?
35. Welche verschiedenen Phosphor-Recyclate gibt es?
36. Welche Vor- und Nachteile haben Phosphorrückgewinnungsverfahren, bei denen der Phosphor in der mineralischen Matrix verbleibt?
37. Welche Vor- und Nachteile haben Phosphorrückgewinnungsverfahren, bei denen der Phosphor aus der mineralischen Matrix extrahiert wird?
38. Welches sind Einflussgrößen auf die Marktfähigkeit von Phosphorrückgewinnungsverfahren?

Literatur

[1] Anonym: Kreislaufwirtschaftsgesetz. Gesetz zur Förderung der Kreislaufwirtschaft und Sicherung der umweltverträglichen Bewirtschaftung von Abfällen, Kreislaufwirtschaftsgesetz vom 24. Februar 2012 (BGBl. I S. 212), das zuletzt durch Artikel 20 des Gesetzes vom 10. August 2021 (BGBl. I S. 3436) geändert worden ist

[2] Conversio Market & Strategy GmbH: Stoffstrombild Kunststoffe in Deutschland 2017 – Kurzfassung, BKV GmbH et al. (Hrsg.), Mainaschaff, 2018

[3] Statistisches Bundesamt (Destatis): Aufkommen an Haushaltsabfällen: Deutschland, Jahre, Abfallarten, https://www-genesis.destatis.de/genesis/online?sequenz=tabelleErgebnis&selectionname=32121-0001&zeitscheiben=2#abreadcrumb, Zugriff: 17.10.2022

[4] Statistisches Bundesamt (Destatis): Abfallbilanz (Abfallaufkommen/-verbleib, Abfallintensität, Abfallaufkommen nach Wirtschaftszweigen), https://www.destatis.de/DE/Themen/Gesellschaft-Umwelt/Umwelt/Abfallwirtschaft/Publikationen/Downloads-Abfallwirtschaft/abfallbilanz-pdf-5321001.pdf?__blob=publicationFile, Zugriff: 08.11.2022

[5] Steger, S. et al.: Stoffstromorientierte Ermittlung des Beitrags der Sekundärrohstoffwirtschaft zur Schonung von Primärrohstoffen und Steigerung der Ressourcenproduktivität, Umweltbundesamt, Dessau-Roßlau, 2019, https://www.umweltbundesamt.de/sites/default/files/medien/1410/publikationen/2019-03-27_texte_34-2019_sekundaerrohstoffwirtschaft.pdf, Zugriff: 09.11.2022

[6] Bundesverband Glasindustrie e. V. : Jahresbericht 2021, Düsseldorf, 2022, https://www.bvglas.de/presse/publikationen/, Zugriff: 17.10.2022

[7] Glawitsch, G.: Glassortierung mit Röntgenfluoreszenz zur Ausscheidung von Bleiglas und Glaskeramik, in Sensorgestützte Sortierung 2010, Heft 122 der Schriftenreihe der Gesellschaft für Bergbau, Metallurgie, Rohstoff- und Umwelttechnik, Clausthal-Zellerfeld, 2010

[8] Umweltbundesamt: Glas und Altglas, https://www.umweltbundesamt.de/daten/ressourcen-abfall/verwertung-entsorgung-ausgewaehlter-abfallarten/glas-altglas, Zugriff 18.10.2022. www.gruener-punkt.de, Zugriff 12.03.2010

[9] Weller, B., et al.: Konstruktiver Glasbau – Grundlagen, Anwendung, Beispiele, Detail Praxis, 1. Auflage, EDITION DETAIL, Regensburg, 2008

[10] Burger, A., et al.: Aufkommen und Verwertung von Verpackungsabfällen in Deutschland im Jahr 2020, Umweltbundesamt, Dessau-Roßlau, 2022 https://www.umweltbundesamt.de/sites/default/files/medien/1410/publikationen/2022-09-29_texte_109-2022_aufkommen-verwertung-verpackungsabfaelle-2020-d.pdf, Zugriff: 28.11.2022

[11] Beißel, M.: Anteile Glasfarben im Altglas, E-Mail, Mitteilung vom: 04.11.2022, Münster

[12] Fraunhofer UMSICHT: Recycling für den Klimaschutz – Ergebnisse der Fraunhofer UMSICHT-Studie zur CO2 Einsparung durch Recycling, Im Auftrag von ALBA Group, 2011

[13] Bundesverband Glasindustrie e. V.: Jahresbericht 2012, Düsseldorf, 2013, http://www.bvglas.de/presse/publikationen/jahresberichte/, Zugriff 17.10.2022

[14] Fraunhofer UMSICHT: resources SAVED by recycling. Im Auftrag von ALBA Group, 2021

[15] Umweltbundesamt: Altpapier, https://www.umweltbundesamt.de/daten/ressourcen-abfall/verwertung-entsorgung-ausgewaehlter-abfallarten/altpapier, Zugriff 17.10.2022

[16] Die Papierindustrie e. V.: PAPIER – 2022 – Statistiken zum Leistungsbericht, Berlin, 2022 https://www.papierindustrie.de/papierindustrie/statistik, Zugriff 17.10.2022

[17] Verband Deutscher Papierfabriken e. V.: Papier Kompass 2014

[18] Anonym: DIN EN 643:2014. Papier, Karton und Pappe, Europäische Liste der Altpapier-Standardsorten, Beuth Verlag, Berlin, 2014

[19] Hanke, A.: Die Zukunft des Altpapiers: Der Trend geht zum verstärkten Einsatz von hoch automatisierten Sortieranlagen, In: Entsorga-Magazin, Ausgabe 6/2014, Frankfurt, 2014

[20] Verband Deutscher Papierfabriken: Papier machen – Informationen zu Rohstoffen und Papierherstellung, https://www.papiermachtschule.at/fileadmin/user_upload/Papierproduktion/Produktionsprozess/Papiermachen.pdf, Zugriff: 18.10.2022

[21] Fraunhofer UMSICHT: Recycling für den Klimaschutz – Ergebnisse der Studie von Fraunhofer UMSICHT und INTERSEROH zur CO2-Einsparung durch den Einsatz von Sekundärrohstoffen, Im Auftrag von Interseroh, 2008

[22] Initiative Pro Recyclingpapier: Papieratlas 2022 – Sonderausgabe, https://www.papieratlas.de/wp-content/uploads/papieratlas2022_sonderausgabe.pdf, Zugriff: 18.10.2022

[23] Initiative Pro Recyclingpapier: Nachhaltigkeitsrechner, https://www.papiernetz.de/informationen/nachhaltigkeitsrechner/, Zugriff 18.10.2022

[24] Wagner, J., et al.: Ermittlung des Beitrages der Abfallwirtschaft zur Steigerung der Ressourcenproduktivität sowie Anteil des Recyclings an der Wertschöpfung, Umweltbundesamt, Dessau-Roßlau, 2012, https://www.umweltbundesamt.de/sites/default/files/medien/461/publikationen/4275.pdf, Zugriff: 09.11.2022

[25] Wirtschaftsvereinigung Stahl (Hrsg.): Fakten zur Stahlindustrie in Deutschland 2021, Berlin, 2021, https://www.stahl-online.de/wp-content/uploads/WV-Stahl_Fakten-2021_RZ_Web_neu.pdf, Zugriff 17.10.2022

[26] BVSE: Schrott der älteste Sekundärrohstoff der Welt, https://www.bvse.de/fachbereiche-schrott-e-schrott-kfz/metallschrott/schrott-der-aelteste-sekundaerrohstoff-der-welt.html, Zugriff 18.10.2022

[27] Verein Deutscher Ingenieure e. V.: VDI 4085:2011-04, Planung, Errichtung und Betrieb von Schrottplätzen – Anlagen und Einrichtungen zum Umschlagen, Lagern und Behandeln von Schrotten und anderen Materialien, Beuth Verlag, Berlin, 2011

[28] Danloy, G. et al.: Heat and mass balances in the ULCOS Blast Furnace, In: Proceedings of the 4th Ulcos seminar, 1–2- October 2008

[29] ITAD: Umfrageergebnisse Aufbereitung von HMV-Schlacke (IGAM, ITAD), Düsseldorf, 2019, https://www.itad.de/wissen/2019-05-22-umfrageergebnisse-der-verbaende-igam-und-itad-aufbereitung-von-hmv-schlacke.pdf/view, Zugriff: 07.11.2022

[30] Statistisches Bundesamt (Destatis): Abfallentsorgung 2017, Fachserie 19 Reihe 1 Wiesbaden, 2019 https://www.destatis.de/DE/Themen/Gesellschaft-Umwelt/Umwelt/Abfallwirtschaft/Publikationen/Downloads-Abfallwirtschaft/abfallentsorgung-2190100177004.pdf;jsessionid=EE1EC18B726EECE6C2288B87241671F3.live732?__blob=publicationFile, Zugriff 07.11.2022

[31] Schön, M.: Energieintensive Grundstoffe – Effizienzpotenziale und Perspektiven, In: BINE Informationsdienst, Fachinformationszentrum Karlsruhe (Hrsg.), Themeninfo II, Eggenstein-Leopoldshafen, 2004

[32] Pothen, F., et al.: Schrottbonus – Externe Kosten und fairer Wettbewerb in den globalen Wertschöpfungsketten der Stahlherstellung, Fraunhofer-Institut für Mikrostruktur von Werkstoffen und Systemen IMWS (Hrsg.), Halle (Saale), 2019, https://www.bdsv.org/fileadmin/user_upload/Final_Schrottbonus_PDF.pdf, Zugriff: 08.11.2022

[33] Wirtschaftsvereinigung Metalle: Die NE-Metalle, http://www.wvmetalle.de/die-ne-metalle/, Zugriff 14.11.2022

[34] Boin, U. et al.: Stand der Technik in der Sekundäraluminiumerzeugung im Hinblick auf die IPPC-Richtlinie, Umweltbundesamt Österreich (Hrsg.), Monographien, Band 120, Wien, 2000

[35] Baier, M., et al.: Deutschland – Rohstoffsituationsbericht 2020, BGR – Bundesanstalt für Geowissenschaften und Rohstoffe (Hrsg.), Hannover, 2021 https://www.bgr.bund.de/DE/Themen/Min_rohstoffe/Downloads/rohsit-2020.pdf?__blob=publicationFile&v=4, Zugriff: 14.11.2022

[36] Hilbrans, H.: Nichteisenmetalle, In Werkstoffkunde, Bargel, H. (Hrsg.), 11. Auflage, Springer-Vieweg Berlin, 2012
[37] Verein Deutscher Ingenieure e. V.: VDI 2343, Recycling elektrischer und elektronischer Geräte, Stoffliche und energetische Verwertung und Beseitigung, Beuth Verlag, Berlin, 2013
[38] Aluminium Deutschland e. V.: Aluminium-Lexikon – Der Werkstoff von A-Z, https://www.aluminiumdeutschland.de/aluminium-lexikon, Zugriff 14.11.2022
[39] Deutsches Kupferinstitut: Recycling von Kupferwerkstoffen, Düsseldorf, 2011, https://kupfer.de/wp-content/uploads/2019/10/Recycling-von-Kupferwerkstoffen-final.pdf, Zugriff: 26.10.2022
[40] Bertau, M. et al.: Industrielle Anorganische Chemie, 4. Auflage, Wiley-VCH Verlag, Weinheim, 2013
[41] WEKA Praxis Handbuch: Richtiger Umgang mit Abfällen: Abfälle einstufen, bewerten, verwerten, Band 1, WEKA Media, Kissing, 2004
[42] Hübner, T., et al.: Energiewende in der Industrie – Potenziale und Wechselwirkungen mit dem Energiesektor, 2019, https://www.bmwk.de/Redaktion/DE/Downloads/E/energiewende-in-der-industrie-ap2a-branchensteckbrief-metall.pdf?__blob=publicationFile&v=4, Zugriff: 26.10.2022
[43] Tikana, L.; Schmitz, B.: Kupfer komplett wiederverwendbar. Recycling entscheidet über Ökobilanz beim Bauen, Deutsches Kupferinstitut (Hrsg.), Düsseldorf, 2020, https://kupfer.de/wp-content/uploads/2020/04/FA_Recycling-entscheidet-%C3%BCber-%C3%96kobilanz-beim-Bauen.pdf, Zugriff: 26.10.2022
[44] BDE, et al.: Statusbericht der deutschen Kreislaufwirtschaft 2018 – Einblicke und Aussichten, 2018 https://www.bvse.de/images/pdf/Nachrichten_2018/Statusbericht_2018_Ansicht_und_Druck.pdf, Zugriff: 28.11.2022
[45] Fraunhofer UMSICHT: resources SAVED by recycling. Im Auftrag von ALBA Group, 2019
[46] Lindner, C., et al.: Stoffstrombild Kunststoffe in Deutschland 2021, BKV GmbH et al. (Hrsg.), Mainaschaff, 2022
[47] Umweltbundesamt: Kunststoffabfälle, https://www.umweltbundesamt.de/daten/ressourcen-abfall/verwertung-entsorgung-ausgewaehlter-abfallarten/kunststoffabfaelle, Zugriff: 17.10.2022
[48] Rohs, E.; Maile, K.: Werkstoffkunde für Ingenieure – Grundlagen, Anwendung, Prüfung; 3. Auflage, Springer Berlin Heidelberg, Berlin, 2008
[49] Novak, E.: Verwertungsmöglichkeiten für ausgewählte Fraktionen aus der Demontage von Elektroaltgeraten – Kunststoffe; Österreichisches Forschungsinstitut für Chemie und Technik; im Auftrag von: Bundesministerium für Land und Fortwirtschaft, Umwelt und Wasserwirtschaft (Hrsg.), Wien, 2006
[50] Vogel, J. et al.: Chemisches Recycling, Umweltbundesamt (Hrsg.), Dessau-Roßlau, 2020, https://www.umweltbundesamt.de/sites/default/files/medien/1410/publikationen/2020-07-17_hgp_chemisches-recycling_online.pdf, Zugriff: 30.11.2022
[51] Baur, E. et al.: Saechtling Kunststoff Taschenbuch, 30. Ausgabe, Carl Hanser Verlag, München, 2007. S.760
[52] ISO: ISO 21640:2021-05 Feste Sekundärbrennstoffe – Spezifikation und Klassen, Beuth Verlag, Berlin, 2021
[53] Statistisches Bundesamt (Destatis): Statistischer Bericht – Abfallentsorgung 2020, Tabelle 32111-03: Kapazität der Abfallbehandlungsanlagen 2020, 2022
[54] Ketelsen, K.; Becker, G.: Weiterentwicklung der MBA mit den Zielen der Optimierung der Ressourceneffizienz und Minimierung der Treibhausgasemissionen, In: Müll und Abfall 9–22, Erich Schmidt Verlag, 2022

[55] Gütegemeinschaft Sekundärbrennstoffe und Recyclingholz (BGS e. V.): Allgemeine und Besondere Güte- und Prüfbestimmungen für Sekundärbrennstoffe, Beuth Verlag, Berlin, 2012
[56] Verein Deutscher Zementwerke e.V.: Umweltdaten der deutschen Zementindustrie 2021, Düsseldorf, 2022, https://www.vdz-online.de/fileadmin/wissensportal/publikationen/umweltschutz/Umweltdaten/VDZ-Umweltdaten_Environmental_Data_2021.pdf, Zugriff: 24.10.2022
[57] Alwast, H.; Birnstengel, B.: Resource savings and CO_2 reduction potential in waste management in Europe and the possible contribution to the CO_2 reduction target in 2020, im Auftrag von BDSV e. V., BRB, BRBS, BVSE, CEWEP, ERFO, ERTMA, FIR, MRF, tecpol, VA, Berlin, Oktober 2008
[58] Bilitewski, B. et al: Energieeffizienzsteigerung und CO_2-Vermeidungspotenziale bei der Müllverbrennung – Technische und wirtschaftliche Bewertung, EdDE-Dokumentation Nr. 13, Köln, 2010
[59] Dehoust, G., et al.: Klimaschutzpotenziale der Abfallwirtschaft – Am Beispiel von Siedlungsabfällen und Altholz, Umweltbundesamt, Dessau-Roßlau, 2010 https://www.umweltbundesamt.de/sites/default/files/medien/461/publikationen/3907.pdf, Zugriff: 24.11.2022
[60] Fehrenbach, H., et al.: Ökobilanz thermischer Entsorgungssysteme für brennbare Abfälle in Nordrhein-Westfalen – Kurzfassung, MUNLV NRW (Hrsg.), Edingen-Neckahausen, 2007
[61] Oerter, M.: Qualitäts- und Gütesicherung als wichtiges Instrument im Emissionshandel- aus Sicht eines Gutachters, Fachlicher Teil der Mitgliederversammlung des BGS e. V. vom 24.11.2011, VDZ Düsseldorf (Hrsg.), Düsseldorf, 2011
[62] Sudhaus, M..: Gütegesicherte Sekundärbrenn- und rohstoffe – Im Zeichen einer nachhaltigen Energie- und Rohstoffversorgung, Fachlicher Teil der Mitgliederversammlung des BGS e. V. vom 24.11.2022, Münster, 2022
[63] Hams, S.; Flamme, S.: Recyclingindex in der Gütesicherung für Sekundärbrennstoffe – was gibt es Neues?, Vortrag zu: BGS-Fachtagung, Münster vom 24.11.2022, Münster, 2022
[64] stiftung elektro-altgeräte register (ear) 2023: Jahres-Statistik Meldung. [Online] (2021). https://www.stiftung-ear.de/de/service/statistische-daten/jahres-statistik-mitteilung, Zugriff 19.02.2023.
[65] stiftung elektro-altgeräte register (ear) 2022: Pressemeldung zum WEEE Tag (2022), https://www.stiftung-ear.de/fileadmin/Dokumente/presse/ear_PM_221014.pdf, Zugriff 19.02.2023.
[66] Elektro- und Elektronikgerätegesetz (ElektroG3): Gesetz über das Inverkehrbringen, die Rücknahme und die umweltverträgliche Entsorgung von Elektro- und Elektronikgeräten vom 8. Dezember 2022, gültig ab 31. Dezember 2022.
[67] Umweltbundesamt: Elektrogeräte: Mehr Rücknahmestellen und bessere Informationen https://www.umweltbundesamt.de/elektrogeraete-mehr-ruecknahmestellen-bessere, Zugriff 31.1.2023.
[68] stiftung elektro-altgeräte register (ear) 2023: https://www.stiftung-ear.de/de/ueber-uns/wer-wir-sind, Zugriff 19.02.2023.
[69] Verordnung zur Beschränkung der Verwendung gefährlicher Stoffe in Elektro- und Elektronikgeräten (Elektro- und Elektronikgeräte-Stoff-Verordnung – ElektroStoffV) vom 19.04.2013, zuletzt geändert am 10.08.2021.
[70] Daten nach UBA 2022 Sammlung und Verwertung von Elektro- und Elektronikaltgeräten: https://www.umweltbundesamt.de/daten/ressourcen-abfall/verwertung-entsorgung-ausgewaehlter-abfallarten/elektro-elektronikaltgeraete#wo-steht-deutschland
[71] Statistisches Bundesamt, Stand 11. Februar 2022, https://www.destatis.de/DE/Themen/Gesellschaft-Umwelt/Umwelt/Abfallwirtschaft/Tabellen/erstbehandlung-ers-2020.html Zugriff 1.2.2023

[72] Buchert, M.; Bulach, W.; (2021): Stadtgold – Metalllager mit Zukunft. Ein Leitfaden. Ergebnisse des Projekts Kartierung des anthropogenen Lagers III, Hrsg: Umweltbundesamt, Fachgebiet III 2.2, Berlin 2021.

[73] ear: Verzeichnis der Betreiber von Erstbehandlungsanlagen, https://www.ear-system.de/ear-verzeichnis/eba.jsf;jsessionid=O29k3PssmjNX3TpK819NCd1x.tomcat4#no-back, Zugriff 19.02.2023

[74] Recycling von Elektro- und Elektronikgeräten, Hersteller von Recyclingtechnologien nutzten Synergien eines Netzwerks. Hartleitner, B., Förster, A. und Gottlieb, A. 2013, Müll und Abfall

[75] Bunge, R.: Mechanische Aufbereitung, Primär und Sekundärrohstoffe, s.n., Weinheim, 2012

[76] P. F. Drucker, Management by Objectives, Düsseldorf: Econ Verlag, 1998.

[77] T. Wilfer, „Euwid Recycling," 2022.

[78] Umweltbundesamt, „Umweltbundesamt," 11 06 2016. [Online]. Available: www.umweltbundesamt.de.

[79] Umweltbundesamt, 17 September 2019. [Online]. Available: https://www.umweltbundesamt.de/

[80] Stiftung Gemeinsames Rücknahmesystem Batterien, „Welt der Batterien," [Online]. Available: https://www.grs-batterien.de/fileadmin/Downloads/Welt_der_Batterien/Welt_der_Batterien.pdf. [Zugriff am 11 2022].

[81] Europäische Kommission (2020) Ein neuer Aktionsplan für die Kreislaufwirtschaft Für ein saubereres und wettbewerbsfähigeres Europa, https://eur-lex.europa.eu/legal-content/DE/TXT/PDF/?uri=CELEX:52020DC0098&from=DE, Zugriff: 12.09.2022

[82] Henning, S.; Baier, M.; Bookhagen, B. et al. (2021) Deutschland – Rohstoffsituation 2020, Hannover, https://www.bgr.bund.de/DE/Themen/Min_rohstoffe/Downloads/rohsit-2020.pdf?__blob=publicationFile&v=4, Zugriff: 26.07.2022

[83] Rubli, S.; Brupbacher, A.; Rubli, D. et al. (2017) Umweltleistungen von Bauschuttaufbereitungsanlagen (BSAA): Schad- und Störstoffentfrachtung bei trockener und nasser Aufbereitung von Mischabbruch, https://docplayer.org/129647839-Umweltleistungen-von-bauschuttaufbereitungsanlagen-bsaa.html, Zugriff: 10.11.2022

[84] Müller, A. (ed) (2018) Baustoffrecycling: Entstehung – Aufbereitung – Verwertung, ISBN: 978-3-658-22987-0, 1st edn. Springer Verlag, Wiesbaden

[85] Schäfer, B.; Basten, M. (2021) Kreislaufwirtschaft Bau – Mineralische Bauabfälle Monitoring 2018: Bericht zum Aufkommen und zum Verbleib mineralischer Bauabfälle im Jahr 2018, https://kreislaufwirtschaft-bau.de/Download/Bericht-12.pdf, Zugriff: 10.8.2021

[86] Schwarzkopp, F. et al (2019) Die Nachfrage nach Primär- und Sekundärrohstoffen der Steine- und-Erden-Industrie bis 2035 in Deutschland, https://www.baustoffindustrie.de/fileadmin/user_upload/bbs/Dateien/Downloadarchiv/Rohstoffe/2016-04-07_BBS_Rohstoffstudie.pdf, Zugriff: 10.08.2021

[87] Elsner, H.; Szurlies, M. (2020) Kies – Der wichtigste heimische Baurohstoff, Hannover, https://www.bgr.bund.de/DE/Gemeinsames/Produkte/Downloads/Commodity_Top_News/Rohstoffwirtschaft/62_kies.pdf?__blob=publicationFile&v=5, Zugriff: 22.06.2021

[88] Dittrich, M.; Limberger, B. et al (2021) Sekundärrohstoffe in Deutschland, Heidelberg, https://www.nabu.de/imperia/md/content/nabude/konsumressourcenmuell/2104-22-ifeu-studie-sekundaerrohstoffe_in_deutschland.pdf, Zugriff:27.07.2022

[89] Buchert, M.; Bulach, W. et al (2017) Deutschland 2049 – Auf dem Weg zu einer nachhaltigen Rohstoffwirtschaft, Darmstadt, https://www.oeko.de/fileadmin/oekodoc/Abschlussbericht_D2049.pdf; Zugriff: 27.07.2022

[90] Lutter, S.; Manstein, C. et al (2018) Die Nutzung natürlicher Ressourcen: Bericht für Deutschland 2018, Dessau-Roßlau, https://www.umweltbundesamt.de/sites/default/files/medien/3521/publikationen/deuress18_de_bericht_web_f.pdf, Zugriff: 27.07.2022

[91] Anonym (2022) Flächenverbrauch für Rohstoffabbau, online, https://www.umweltbundesamt.de/daten/flaeche-boden, Zugriff: 26.07.2022

[92] Bundesamt der Justiz (2001) Verordnung über das Europäische Abfallverzeichnis (Abfallverzeichnis-Verordnung – AVV): AVV, Abfallverzeichnis-Verordnung vom 10. Dezember 2001 (BGBl. I S. 3379), die zuletzt durch Artikel 1 der Verordnung vom 30. Juni 2020 (BGBl. I S. 1533) geändert worden ist, Bundesgesetzblatt Jahrgang 2001 Teil I Nr. 65

[93] Bundesministerium der Justiz (2012) Gesetz zur Förderung der Kreislaufwirtschaft und Sicherung der umweltverträglichen Bewirtschaftung von Abfällen (Kreislaufwirtschaftsgesetz – KrWG): KrWG, Kreislaufwirtschaftsgesetz vom 24. Februar 2012 (BGBl. I S. 212), das zuletzt durch Artikel 20 des Gesetzes vom 10. August 2021 (BGBl. I S. 3436) geändert worden ist, Bundesgesetzblatt Jahrgang 2001 Teil I Nr. 65

[94] Europäische Union (2008) Richtlinie 2008/98/EG des europäischen Parlaments und des Rates, vom 19. November 2008 über Abfälle und zur Aufhebung bestimmter Richtlinien, https://eur-lex.europa.eu/legal-content/DE/TXT/PDF/?, Zugriff: 20.11.2022

[95] Europäische Union (2018) Richtlinie (EU) 2018/851 des Europäischen Parlaments und des Rates, vom 30. Mai 2018 zur Änderung der Richtlinie 2008/98/EG über Abfälle, https://eur-lex.europa.eu/legal-content/DE/TXT/?uri=CELEX%3A32018L0851, Zugriff: 18.11.2022

[96] Franßen, G. (2017) Mineralische Nebenprodukte und Abfälle 4: Rechtliche Rahmenbedingungen bei öffentlichen Ausschreibungen. Rechtliche Rahmenbedingungen, S. 47–58, ISBN: 978-3-944310-35-0, 4th edn. Mineralische Nebenprodukte und Abfälle 4. TK Verlag Karl Thomé-Kozmiensky, Neuruppin

[97] Bundesministerium der Justiz (2017) Verordnung über die Bewirtschaftung von gewerblichen Siedlungsabfällen und von bestimmten Bau- und Abbruchabfällen (Gewerbeabfallverordnung – GewAbfV): GewAbfV, Gewerbeabfallverordnung vom 18. April 2017 (BGBl. I S. 896), die zuletzt durch Artikel 5 Absatz 2 des Gesetzes vom 23. Oktober 2020 (BGBl. I S. 2232) geändert worden ist, Bundesgesetzblatt Jahrgang 2002 Teil I Nr. 37

[98] Giern, S. (2019) Mineralische Nebenprodukte und Abfälle 6: Umsetzung der Gewerbeabfallverordnung im Bereich der Bauabfälle, S.396 – 406, ISBN: 978-3-944310-47-3,6th edn. Mineralische Nebenprodukte und Abfälle 6, vol 6. Thomé-Kozmiensky Verlag GmbH, Neuruppin

[99] Ministerium des Innern des Landes Nordrhein-Westfalen (1988) Kreislaufwirtschaftsgesetz für das Land Nordrhein-Westfalen (Landeskreislaufwirtschaftsgesetz – LKrWG): LKrWG, Das Landesabfallgesetz vom 21. Juni 1988 (GV. NRW. S. 250), das zuletzt durch Artikel 2 des Gesetzes vom 7. April 2017 (GV. NRW. S. 442) geändert worden ist, https://recht.nrw.de/lmi/owa/br_text_anzeigen?v_id=10000000000000000534, Zugriff: 28.07.2022

[100] Referat I B – Kreislaufwirtschaft, Ressourcenschonung (2021) Abfallwirtschaftskonzept für Siedlungs-und Bauabfälle sowie Klärschlämme: Planungszeitraum 2020 bis 2030. – Zero Waste Strategie des Landes Berlin, Berlin; https://www.berlin.de/sen/uvk/umwelt/kreislaufwirtschaft/strategien/abfallwirtschaftskonzepte/abfallwirtschaftskonzept-2020-bis-2030, Zugriff: 18.09.2022

[101] Senatsverwaltung für Umwelt, Mobilität, Verbraucher – und Klimaschutz (2021) Verwaltungsvorschrift Beschaffung und Umwelt – VwVBU: VwVBU, https://www.berlin.de/nachhaltige-beschaffung/recht/, Zugriff: 17.09.2022

[102] Schultz-Hüskes, S.; Schwilling, T. (2022) Mineralische Nebenprodukte und Abfälle 9: Ressourcenwende im Bausektor durch den Einsatz von gütegesicherten Sekundärbau-

stoffen. Berlin strebt die vollständige Nutzung im öffentlichen Tief-und Hochbau an, S. 132 – 143, ISBN: 978-3-944310-58-9, 9th edn. Mineralische Nebenprodukte und Abfälle 9. Thomé-Kozmiensky Verlag GmbH, Neuruppin

[103] Bundesministerium für Umwelt, Naturschutz, nukleare Sicherheit und Verbraucherschutz (2021) Verordnung zur Einführung einer Ersatzbaustoffverordnung, zur Neufassung der Bundes-Bodenschutz- und Altlastenverordnung und zur Änderung der Deponieverordnung und der Gewerbeabfallverordnung vom 9. Juli 2021: MantelV, Bundesgesetzblatt Jahrgang 2021 Teil I Nr. 43

[104] Breit, W.; Burgmann, S. et al.: Neuerungen bei wiedergewonnenen und rezyklierten Gesteinskörnungen in DIN 1045-2:2023-08. In: beton Ausgabe 5/2024, S. 164, https://beton.news/printausgabe/ausgabe-5-2024/, Zugriff: 26.07.2024

[105] Deutscher Ausschuss für Stahlbeton e.V. (2010) DAfStb Beton, rezyklierte Gesteinskörnung:2010-09, DAfStb-Richtlinie Beton nach DIN EN 206-1 und DIN 1045-2 mit rezyklierten Gesteinskörnungen nach DIN EN 12620: DAfStb-Richtlinie, https://www.beuth.de/de/technische-regel/dafstb-beton-rezyklierte-gesteinskoernung/139271550, Zugriff: 18.09.2022

[106] DIN Deutsches Institut für Normung e. V. (2023) DIN 1045-2:2023-08, Tragwerke aus Beton, Stahlbeton und Spannbeton – Teil 2: Beton, https//:www.dinmedia.de/de/norm//din-1045-2/369550272, Zugriff: 25.07.2024

[107] Knappe, F.; Reinhardt, J. et al. (2017) Leitfaden zum Einsatz von R-Beton; https://um.baden-wuerttemberg.de/fileadmin/redaktion/m-um/intern/Dateien/Dokumente/2_Presse_und_Service/Publikationen/Umwelt/Leitfaden_R-Beton.pdf, Zugriff: 21.06.2019

[108] Müller, C.; Severins, K. et.al. (2017) Brechsand als Zementhauptbestandteil: Leitlinien künftiger Anwendungen im Zement und Beton. In: beton Jahrgang 70, vol 9, pp 336–345, https://betonshop.de/r-beton-in-der-praxis; Zugriff: 06.06.2022

[109] Breit, W. (2018) R-Beton es geht viel mehr! HighTechMAtBau – Die Konferenz für Neue Materialien im Bauwesen, Berlin; https://www.hightechmatbau.de/fileadmin/user_upload/2018-konferenz/vortraege/01-C01-A_R-Beton.pdf; Zugriff: 10.11.2022

[110] Breit, W.; Böing, R. (2018) R-Beton – es geht viel mehr!: Neue Materialien im Bauwesen. Tagungsband mit Beiträgen zur Konferenz vom 31. Januar 2018 in Berlin, Berlin; https://www.hightechmatbau.de/fileadmin/user_upload/2018-konferenz/tagungsband/HighTechMatBau-Konferenz_31Jan2018_Tagungsband.pdf, Zugriff: 10.11.2022

[111] Landesamt für Natur, Umwelt und Verbraucherschutz Nordrhein-Westfalen (2021) Verwendung von Beton mit rezyklierter Gesteinskörnung: Kreisläufe im Hochbau schließen, Recklinghausen; https://www.lanuv.nrw.de/fileadmin/lanuvpubl/1_infoblaetter/LANUV_Handout_Beton_neu.pdf, Zugriff: 18.07.2022

[112] Strauß, M. (2022) R-Beton – die Schweiz zeigt, wie es geht: Natürliche Ressourcen schonen. In: beton 67. Jahrgang, vol 9, pp 339–340, https://betonshop.de/r-beton-in-der-praxis; Zugriff: 06.06.2022

[113] Breit, W.; Scheidt, J. (2022) Status Quo beim Einsatz rezyklierter Gesteinskörnung in der Betonherstellung: Eigenschaften, Stand der Normung und Möglichkeiten zum Einsatz. In: beton Jahrgang 68, 1/2, pp 14–19, https://betonshop.de/r-beton-in-der-praxis; Zugriff: 06.06.2022

[114] Deutscher Abbruchverband e.V. (2015) Abbrucharbeiten: Grundlagen, Planung, Durchführung, ISBN: 9783481030971, 3rd edn. Rudolf Müller Mediengruppe, Köln

[115] Kurth, P.; Oexle, A.; Faulstich, M. (2022) Praxishandbuch der Kreislauf- und Rohstoffwirtschaft, ISBN: 978-3-658-36261-4, 2nd edn. Springer Vieweg, Wiesbaden

[116] Referat B I 2 (2016) Arbeitshilfen Recycling: Arbeitshilfen zum Umgang mit Bau- und Abbruchabfällen sowie zum Einsatz von Recycling-Baustoffen auf Liegenschaften des Bun-

des, 3. Auflage, Berlin, https://docplayer.org/61306046-Arbeitshilfen-recycling.html, Zugriff: 18.09.2022
[117] Statistisches Bundesamt (2022) Abfallwirtschaft – Kurzübersicht Abfallbilanz: Abfallbilanz 2020. https://www.destatis.de/DE/Themen/Gesellschaft-Umwelt/Umwelt/Abfallwirtschaft/Tabellen/liste-abfallbilanz-kurzuebersicht.html;jsessionid=D82E664307A3AAFC0A5FF550D03FCC9C.live721., Zugriff: 25.07.22
[118] Müller, A.; Stürmer, S. (2017) Aufbereitungstechnik – Status quo und Zukunft. beton 2017:11–17, https://betonshop.de/r-beton-in-der-praxis; Zugriff: 06.06.2022
[119] Holcim (Deutschland) GmbH. Anonym (2016) Betonpraxis: Der Weg zu dauerhaftem Beton, 3rd edn.; https://www.holcim.de/sites/germany/files/documents/Holcim_Betonpraxis_2016.pdf, Zugriff: 18.08.2018
[120] Jansen, D.; Kunz, K. (2011) Erprobungsstrecke mit Tragschichten ohne Bindemittel aus ziegelreichen RC-Baustoffen: Berichte der Bundesanstalt für Straßenwesen, Bergisch Gladbach; https://bast.opus.hbz-nrw.de/opus45-bast/frontdoor/deliver/index/docId/353/file/S70.pdf, Zugriff: 14.03.2021
[121] Mettke, A.; Jacob, S. et. al. (2017) Einsatz von mineralischen Recycling-Baustoffen im Hoch- und Tiefbau, München, https://www.bvse.de/images/news/Mineralik/2017/04-11_Brosch%C3%BCre_Einsatz_von_mineralischen_Recycling-Baustoffen_im_Hoch-_und_Tiefbau.pdf, Zugriff: 25.11.2022
[122] Umweltbundesamt (2013) Optimierung des Rückbaus/Abbaus von Gebäuden zur Rückgewinnung und Aufbereitung von Baustoffen unter Schadstoffentfrachtung (insbes. Sulfat) des RC-Materials sowie ökobilanzieller Vergleich von Primär- und Sekundärrohstoffeinsatz inkl. Wiederverwertung. Forschungskennzahl 3709 33 317, Dessau-Roßlau; https://www.umweltbundesamt.de/publikationen/optimierung-des-rueckbausabbaus-von-gebaeuden-zur, Zugriff: 02.11.2022
[123] Demmich, J. (2015) Mineralische Nebenprodukte und Abfälle 2: Gips-Recycling: Ein Beitrag zur Ressourceneffizienz, S. 623–630, ISBN: 978-3-944310-21-3, 2nd edn. Mineralische Nebenprodukte und Abfälle 2. TK Verlag Karl Thomé Kozmiensky, Neuruppin
[124] Mölling, R. (2021) Recycling von Gips als Beitrag zur Ressourcenschonung: Gipsindustrie fordert konsequente Anwendung der Gewerbeabfallverordnung. Medieninformation 02/21, Berlin, https://www.gips.de/fileadmin/user_upload/aktuelles/Medieninfo_BV_Gips_02-2021_-_Recyclinggips.pdf, Zugriff: 04.08.2022
[125] Neroth, G.; Vollenschaar, D. (2011) Wendehorst Baustoffkunde: Grundlagen – Baustoffe – Oberflächenschutz, ISBN: 978-3-8351-0225-5, 26th edn. Vincentz Verlag, Hannover
[126] Müller, A. (22 / 2012) Das Sulfatproblem; http://www.abw-recycling.de/art/publik/Veroeffentlichungen_2012/Das%20Sulfatproblem.pdf, Zugriff: 18.09.2022
[127] Rigo, E.; Unterderweide, K. (2021) Untersuchungen zur Ursache von Treiberscheinungen in Tragschichten ohne Bindemittel unter Verwendung von RC-Baustoffen aus Beton. Berichte der Bundesanstalt für Straßenwesen. Berichte der Bundesanstalt für Straßenwesen, Bergisch Gladbach, https://bast.opus.hbz-nrw.de/opus45-bast/frontdoor/deliver/index/docId/2567/file/S160+BA+Gesamtversion.pdf, Zugriff: 18.09.2022
[128] Bunzel, J.; Wilczek, M. (2016) Mineralische Nebenprodukte und Abfälle 3: Industrielles Recycling von gipshaltigen Abfällen: Betriebserfahrungen und Produktqualität der Aufbereitungsanlage in Großpösna / Störmthal, S. 487–497, ISBN: 978-3-944310-28-2, 3rd edn. Mineralische Nebenprodukte und Abfälle 3, vol 3. TK Verlag Karl Thomé Kozmiensky, Neuruppin
[129] Schiller, G.; Ortlepp, R.; Krauß, N.; Steger, S.; Schütz, H.; Acosta Fernández, J.; Reichenbach, J.; Wagner, J. und Baumann, J.: Kartierung des anthropogenen Lagers in Deutschland

zur Optimierung der Sekundärrohstoffwirtschaft. Texte 83/2015, Umweltbundesamt, Dessau-Rosslau, 2015

[130] Roskosch, A. und Heidecke, P.: Klärschlammentsorgung in der Bundesrepublik Deutschland. Umweltbundesamt, Dessau-Rosslau, 2018

[131] Statistisches Amt der Europäischen Union: Klärschlammproduktion und -beseitigung. Datenbrowser, abgerufen am 06.04.2023 unter https://ec.europa.eu/eurostat/databrowser/view/ENV_WW_SPD__custom_5698378/default/table

[132] Vogel, C.; Hoffmann, M.C.; Taube, M.C.; Krüger, O.; Baran, R. und Adam, C.: Uranium and thorium species in phosphate rock and sewage sludge ash based phosphorus fertilizers. Journal of Hazardous Materials 382(17):121100, Elsevier, Januar 2020

[133] Tulsidas, H.; Hilton, J. and Haldar, T.K.: Uranium Extraction from Phosphates : Background, Opportunities, Process Overview & Way Forward for Commercialisation. Vortrag beim International Symposium on Uranium Raw Material for the Nuclear Fuel Cycle; Wien, 23. Bis 27. Juni 2014

[134] Pietsch, M; Schleusner, Y.; Müller, P.; Eling, R; Philipp, W. und Hoelzle, L.E.: Risikoanalyse der bodenbezogenen Verwertung kommunaler Klärschlämme unter Hygieneaspekten. Umweltbundesamt, Dessau-Rosslau, 2015

[135] Bertling, J.; Zimmermann, T. und Rödig, L.: Kunststoffe in der Umwelt: Emissionen in landwirtschaftlich genutzte Böden. Fraunhofer UMSICHT, Oberhausen, 2021

[136] Nizzetto, L.; Futter, M. and Langaas, S.: Are Agricultural Soils Dumps for Microplastics of Urban Origin? Environ.Sci. Technol. 2016 50 (20), 10777–10779, ACS 2016. DOI: https://doi.org/10.1021/acs.est.6b04140

[137] Bundesministerium für Ernährung und Landwirtschaft: Recyclingphosphate in der Düngung – Nutzen und Grenzen. Standpunkt des Wissenschaftlichen Beirats für Düngungsfragen, BMEL, Berlin, 2020

[138] Rapf, M; Huber, H.-D. und Neuerer, M.: Studie über die Machbarkeit einer Mono-Klärschlammverbrennungsanlage am Standort des RMHKW Böblingen mit dem Ziel der Phosphorrückgewinnung aus der Verbrennungsasche. Universität Stuttgart und TBF + Partner AG im Auftrag des Zweckverbands Restmüllheizkraftwerk Böblingen, Stuttgart, 2016

[139] Gnandi, K.; Tchangbedji, G.; Killi, K.; Baba, G. and Abbe K.: The Impact of Phosphate Mine Tailings on the Bioaccumulation of Heavy Metals in Marine Fish and Crustaceans from the Coastal Zone of Togo. Mine Water and the Environment (2006) 25: 56–62, IMWA Springer-Verlag 2006

[140] Hakkou, R; Benzaazoua, M and Bussière, B.: Valorization of phosphate waste rocks and sludge from the Moroccan phosphate mines: Challenges and perspectives. Procedia Engineering 138 (2016): 110–118, Elsevier 2016

[141] Tomazini da Conceição, F. and Marcos Bonotto, D.: Radionuclides, heavy metals and fluorine incidence at Tapira phosphate rocks, Brazil, and their industrial (by) products. Environmental Pollution 139 (2006) 232–243, Elsevier 2006

[142] Sabiha-Javied; Mehmood, T; Chaudhry, M.M.; Tufail, M. and Irfan, N.: Heavy metal pollution from phosphate rock used for the production of fertilizer in Pakistan. Microchemical Journal 91–1 (2009) 94–99, Elsevier 2009

[143] Rutherford, P.M.; Dudas, M.J. and Samek, R.A.: Environmental impacts of phosphogypsum. The Science of the Total Environment 149 (1994) 1–38, Elsevier 1994

[144] N.N.: Approaching peak phosphorus. Editorial in Nature Plants 8, 979 (2022), Springer 2022. DOI: https://doi.org/10.1038/s41477-022-01247-2

[145] Cordell, D. and White, S.: Peak Phosphorus: Clarifying the Key Issues of a Vigorous Debate about Long-Term Phosphorus Security. Sustainability 2011, 3, 2027-2049; DOI: https://doi.org/10.3390/su3102027

[146] Walan, P.: Modeling of Peak Phosphorus – A Study of Bottlenecks and Implications for Future Production. Uppsala Universitet 2013

[147] European Commission: On the review of the list of critical raw materials for the EU and the implementation of the Raw Materials Initiative. COM (2014) 297 final, Brussels 2014

[148] Statistisches Bundesamt: Klärschlammentsorgung nach Bundesländern. Datenbrowser, abgerufen am 06.04.2023 unter https://www.destatis.de/DE/Themen/Gesellschaft-Umwelt/Umwelt/Wasserwirtschaft/Tabellen/liste-klaerschlammverwertungsart.html

[149] Europäische Kommission: EU-Bodenstrategie für 2030. COM(2021) 699 final, Brüssel 2020

[150] Euphore GmbH: https://euphore.de/referenzen.htm, abgerufen am 06.04.2023

[151] ZSW Baden-Württemberg: Phosphor während der Klärschlammverbrennung zurückgewinnen – Testanlage am ZSW erfolgreich in Betrieb gegangen. Pressemeldung vom 01.08.2019

[152] Abwasserzweckverband Staufener Bucht: https://azv-staufener-bucht.de/p-xtract/, abgerufen am 06.04.2023

[153] RWE AG: https://www.rwe.com/presse/rwe-power/2019-08-01-neue-versuchsanlage-gewinnt-lebenswichtigen-rohstoff-phosphor-aus-klaerschlamm-zuruck/, abgerufen am 06.04.2023

[154] RWE AG: https://www.rwe.com/presse/rwe-power/2021-07-06-mit-multi-fuel-conversion-anlage-forscht-rwe-an-gewinnung-von-phosphor-aus-klaerschlamm/, abgerufen am 06.04.2023

[155] Rapf, M.; Schmidberger, C und Lomazzi, E.: Zero-Waste und Klimaschutz: Klärschlammentsorgung und Ressourcennutzung mit FlashPhos. 13. VDI-Fachkonferenz Klärschlammbehandlung, Koblenz, 14. und 15. September 2022

[156] FlashPhos Consortium: https://flashphos-project.eu/project-results-publications/, abgerufen am 06.04.2023

[157] Edlinger, A.: RecoPhos Slag – transformation of sewage sludge ash (mineral components) into useful material (cement). RecoPhos Demonstration Event, Montanuniversität Leoben, 24.02.2015

[158] Langeveld, K.: Phosphorus Recovery into Fertilizers and Industrial Products by ICL in Europe. In: Ohtake, H. and Tsuneda, S. (eds.): Phosphorus Recovery and Recycling. Springer Nature Singapore Pte Ltd. 2019

[159] ICL Specialty Fertilizers: https://icl-sf.com/de-de/news/icl-verarbeitet-recycling-phosphor-in-duengemitteln/, abgerufen am 06.04.2023

[160] Kirchhof, J.: Den Kreislauf schließen – Phosphorrückgewinnung im Industriemaßstab. Verfahrenstechnik 11/2021, Vereinigte Fachverlage 2021

[161] Kirchhof, J. und Brumme, T.: PHOS4green – Umsetzung einer Anlage zur Herstellung von 60.000 t/a Düngemittel aus Klärschlammaschen am Standort Haldensleben. In: Holm, O.; Thomé-Kozmiensky, E.; Quicker, P. und Kopp-Assenmacher, S.: Verwertung von Klärschlamm 3, Nietwerder: Thomé-Kozmiensky Verlag GmbH 2020

[162] Hermann, L. und Schaaf, T.: Verfahren zur Düngemittelherstellung aus Klärschlammaschen –ASH DEC Prozess. Symposium „Ressourcenschutz in Hessen Auf dem Weg zur Phosphorrückgewinnung aus Klärschlamm", Hessisches Ministerium für Umwelt, Klimaschutz, Landwirtschaft und Verbraucherschutz, 15.06.2016

[163] Hermann, L. and Schaaf, T.: Outotec (AshDec®) Process for P Fertilizers from Sludge Ash. In: Ohtake, H. and Tsuneda, S. (eds.): Phosphorus Recovery and Recycling. Springer Nature Singapore Pte Ltd. 2019

[164] Leise, V.: P-Rückgewinnung: Verbundprojekt R-Rhenania geht in die letzte Phase. EUWID Recycling und Entsorgung Ausgabe 13/2024

[165] Pyreg: Broschüre Klärschlamm; https://pyreg.com/wp-content/uploads/2020_pyreg_brochure_schlamm_DE.pdf; abgerufen am 02.08.2024

[166] Palla, D.: Rückstände aus Klärschlamm-Pyrolyse als Dünger ungeeignet. EUWID Recycling und Entsorgung 39/2023

[167] Takhim, M.; Sonveaux, M. and de Ruiter, R.: The Ecophos Process: Highest Quality Market Products Out of Low-Grade Phosphate Rock and Sewage Sludge Ash. In: Ohtake, H. and Tsuneda, S. (eds.): Phosphorus Recovery and Recycling. Springer Nature Singapore Pte Ltd. 2019

[168] Morf, L.; Schlumberger, S.; Adam, F. and Díaz Nogueira, G.: Urban Phosphorus Mining in the Canton of Zurich: Phosphoric Acid from Sewage Sludge Ash. In: Ohtake, H. and Tsuneda, S. (eds.): Phosphorus Recovery and Recycling. Springer Nature Singapore Pte Ltd. 2019

[169] Schlumberger, S.: Phosphor Mining aus Klärschlammasche. Abschlussbericht zu Handen der Baudirektion des Kantons Zürich. Stiftung Zentrum für nachhaltige Abfall- und Ressourcennutzung, Hinwil, Schweiz, 2019

[170] Ruscheweyh, R; Lebek, M. und Rak, A.: Phosphorrecycling nach dem TetraPhos-Verfahren. Wasser und Abfall 04/2021, Springer 2021.

[171] Kabbe, C.: Sauberer Phosphor und marktgängige Coprodukte aus KS-Aschen mit Ash2Phos. 8. Kongress Phosphor – Ein kritischer Rohstoff mit Zukunft, Stuttgart, 23. Und 24. November 2022

[172] Schipper, W.J. and Korving, L.: Full-scale plant test using sewage sludge ash as raw material for phosphorus production. In: Proceedings of the International Conference on Nutrien Recovery from Wastewater Streams, Vancouver, May 10–13 2009. IWA Publishing 2009

Biologische Verfahren

8

Martin Kranert, Anna Fritzsche, Carla Cimatoribus,
Martin Reiser, Claudia Maurer und Klaus Fischer

Zusammenfassung

Organische Abfälle stellen in Deutschland den größten Anteil an den Siedlungsabfällen dar. Daher sind sowohl im Zusammenhang mit der Verwertung der separat erfassten Bioabfälle als auch der Vorbehandlung organikhaltiger Abfälle vor der Deponierung biologische Behandlungsverfahren ein wesentliches Element der Kreislaufwirtschaft, das seit Jahren besonders im Hinblick auf die Verwertungsverfahren einen starken Aufschwung erlebt. Eingesetzt werden Aerobverfahren (Kompostierung) und

M. Kranert (✉) · M. Reiser
Institut für Siedlungswasserbau, Wassergüte- und Abfallwirtschaft, Universität Stuttgart,
Stuttgart, Deutschland
E-Mail: martin.kranert@iswa.uni-stuttgart.de

M. Reiser
E-Mail: martin.reiser@iswa.uni-stuttgart.de

A. Fritzsche
Alfter, Deutschland
E-Mail: anna.fritzsche@posteo.de

C. Cimatoribus
Hochschule Esslingen, Esslingen, Deutschland
E-Mail: carla.cimatoribus@hs-esslingen.de

K. Fischer
Winnenden, Deutschland
E-Mail: klausmartinfischer@hotmail.com

C. Maurer
Bad Überkingen, Deutschland
E-Mail: maurer.cl@googlemail.com

Anaerobverfahren (Vergärung). Ausgehend von der Definition der Begrifflichkeiten und von den mikrobiologischen Grundlagen sind die prozessbestimmenden Faktoren zu betrachten, die eingesetzten Verfahrenstechniken zu erläutern und die Dimensionierung von Anlagen herzuleiten. Wesentlich ist bei den Verwertungsverfahren die Erzeugung eines fremd- und schadstoffarmen marktgängigen qualitätsgesicherten Produktes. Der Bestimmung und Reduzierung von Emissionen, besonders von Geruchsemissionen, kommt hierbei eine besondere Bedeutung zu.

Schlüsselwörter

Composting · Anaerobic digestion · Mechanical–biological treatment · Bio waste · Compost · Digestate · Quality assurance · Odor emissions · Biofilter · Bioscrubber

8.1 Stand der biologischen Verwertung in Deutschland und Rahmenbedingungen

Anna Fritzsche und Martin Kranert

▶ Bei Bioabfall handelt es sich gemäß § 2 Nr. 1 Bioabfallverordnung (BioAbfV) [1] um „Abfälle tierischer oder pflanzlicher Herkunft oder aus Pilzmaterialien zur Verwertung, die durch Mikroorganismen, bodenbürtige Lebewesen oder Enzyme abgebaut werden können […]". Darunter fallen verschiedene Abfälle mit hohem organischem Anteil, wie bspw. aus Siedlungsabfällen, aus der Nahrungs- und Futtermittelherstellung und -verarbeitung, aus der Forstwirtschaft oder der Textilindustrie. Im Jahr 2020 wurden insgesamt gut 15 Mio. Mg Bioabfall in Deutschland behandelt [2]. Der Input in biologische Behandlungsanlagen in Abb. 8.1 zeigt, dass zwei Drittel dieser Menge aus Siedlungsabfällen stammen, also Abfälle aus der Biotonne sowie Garten- und Parkabfälle sind.

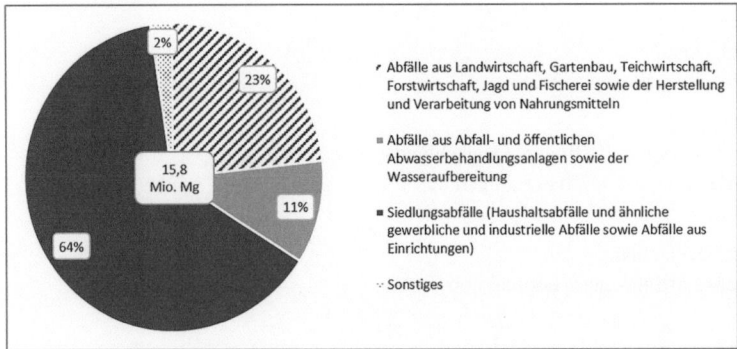

Abb. 8.1 Input in biologische Behandlungsanlagen (Bioabfall-, Grünabfall-, Klärschlammkompostierungsanlagen, Vergärungsanlagen und sonstige biologische Anlagen (Basis 2017)), [3]

Vor dem Hintergrund mangelnder Deponiekapazitäten, der Intentionen zur Schließung von Stoffkreisläufen und der Verwertung von Produkten mit geringen Stör- und Schadstoffanteilen wurde die getrennte Sammlung von Abfällen ausgebaut. Die separate Erfassung biogener Abfälle begann in Deutschland Anfang der 1980er Jahre [4]. In den Jahren 1990 bis 2000 vervierfachte sich die Menge an getrennt erfasstem Bioabfall von 2,1 Mio. Mg/a auf ca. 8,1 Mio. Mg/a (siehe Abb. 8.2). Der Sprung von 1993 auf 1995 und der weitere starke Anstieg kann durch die Einführung der TASi (Technische Anleitung Siedlungsabfall) im Jahr 1993 und das Inkrafttreten des KrW-/AbfG im Jahr 1994 zurückgeführt werden. In den Jahren von 2000 bis 2020 stieg die erfasste Menge an getrennt erfasstem Bioabfall um weitere gut 30 % auf 10,6 Mio. Mg/a, nicht zuletzt aufgrund einer Getrenntsammlungspflicht für Bioabfälle ab 2015. Im Jahr 2020 entspricht die Menge an getrennt erfasstem Bioabfall gut ein Viertel aller Haushaltsabfälle [5]. Zum Vergleich: Im Jahr 1990 entsprachen die getrennt erfassten Mengen an Bioabfall etwa 5 % aller Haushaltsabfälle.

Die Sammlung der getrennt erfassten Bioabfälle ist in Deutschland allerdings bis dato noch nicht vollumfänglich flächendeckend eingeführt. Die rechtliche Grundlage für den Umgang mit Abfällen in Deutschland und somit auch mit biogenen Abfällen bildet das Kreislaufwirtschaftsgesetz (KrWG). § 11 KrWG beinhaltet eine Getrenntsammlungspflicht für Bioabfälle ab dem 1. Januar 2015. Vor Umsetzug der Getrenntsammlungspflicht wurde das zusätzlich über die Biotonne abschöpfbare Potenzial auf 1 Mio. Mg [4] bis ca. 5 Mio. Mg [8, 10] pro Jahr geschätzt. Im Jahr 2020 zeigte die Erhebung des statistischen Bundesamtes über die getrennt erfassten Bioabfälle, dass etwa 1 Mio. Mg zusätzlich erfasst wurden. Immer noch verbleiben knapp 40 % organische Abfälle im Restmüll und werden nicht der getrennten Erfassung über die Biotonne zugeführt [11]. Die rechtliche Grundlage für den Umgang mit Abfällen in Deutschland und somit auch mit biogenen Abfällen bildet das Kreislaufwirtschaftsgesetz (KrWG).

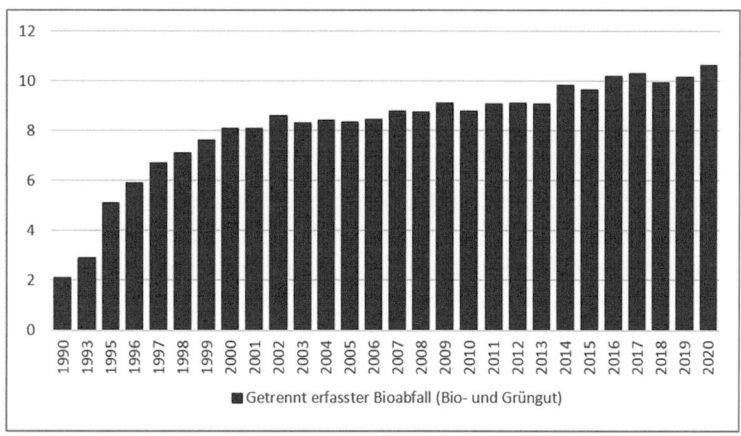

Abb. 8.2 Getrennt erfasster Bioabfall in Deutschland [6, 7]

Spezielle untergesetzliche Regelungen werden in der BioAbfV [1] sowie thematisch angrenzenden Regelungen wie der Dünge- [12], der Düngemittelverordnung [13] oder der Verordnung zur Durchführung des Tierische Nebenprodukte-Beseitigungsgesetzes [14] behandelt. In diesen rechtlichen Regelungen werden Definitionen, Grenzwerte, Überwachungsmethoden und weitere Bestimmungen für den Umgang mit biogenen Abfällen festgelegt. Sie gelten für Abfallerzeuger, öffentlich-rechtliche Entsorgungsträger, Erzeuger, Einsammler, Bioabfallbehandler sowie Abnehmer/Anwender von Kompost oder Gärresten.

Im Hinblick auf eine hohe Qualität der aus Bioabfällen hergestellten Produkte ist eine hohe Sortenreinheit der Bioabfälle erforderlich. Die Fremdstoffgehalte in getrennt erfassten Bioabfällen liegen hierbei in einer Spannweite von unter 1 % bis hin zu 12 % (bezogen auf die Frischmasse (FM)). Als relevante Einflussgrößen sind im Zusammenhang mit der Erfassung und Sammlung besonders zu nennen [15]:

- Sammelgebiet (Bebauungsstruktur, lokale Randbedingungen)
- Sammelsystem (Behälter, Abfuhrhäufigkeit, Anschlussmodus)
- Gebührengestaltung
- Weitere Stoffstromlenkung (Vorgaben zur Trennung, Grüngutsammlung, Eigenkompostierung)
- Öffentlichkeitsarbeit (s. u.)
- Qualitätssicherung bei der Anlieferung (Detektion, Kontrolle, Öffentlichkeitsarbeit)

Ein wesentliches Element der BioAbfV (2022) [1] betrifft die Verminderung der Fremdstoffanteile, besonders die Kunststoffeinträge, um deren Eintrag in die Umwelt zu reduzieren. Hierzu sind Kontrollwerte für Kunststoffgehalte in Bioabfällen bei der Anlieferung festgelegt. Für Biogut liegt dieser bei 1 % in der FM für Gesamtkunststoff größer 20 mm, für andere Bioabfälle in fester Form gilt ein Wert von 0,5 %, für flüssige, schlammige und pastöse Bioabfälle (z. B. Substrat aus entpackten Lebensmitteln) ein Wert bei einem Siebdurchgang von größer 2 mm von 0,5 % (bezogen auf die Trockenmasse (TM)). Es besteht ein Rückweisungsrecht für Biogut mit einem Anteil an Gesamtkunststoffen von mehr als 3 % (bezogen auf FM). Vom Anlagenbetreiber ist für jede Anlieferung eine Sichtkontrolle durchzuführen. Hierzu ist eine Vorgehensweise durch die Bundesgütegemeinschaft Kompost (BGK) beschrieben [16], ebenso wie in einem Merkblatt zur Eigenuntersuchung im Rahmen der Gütesicherung Lebensmittelrecycling [17]. Durch eine Chargenanalyse [18] kann der Fremdstoffgehalt überprüft werden. Bei Überschreiten des Kontrollwertes ist eine Fremdstoffabscheidung erforderlich. Ist dann nach einer zweiten Sichtkontrolle der Kontrollwert überschritten und die Überschreitung des Kontrollwertes durch eine Chargenanalyse ausgewiesen, ist eine Meldung an die zuständige Behörde erforderlich. Die Sortenreinheit von Bioabfällen in einem Sammelgebiet kann standardisiert über eine Gebietsanalyse nach BGK [19] bestimmt werden.

In der BioAbfV sind die zur Verwertung auf Flächen geeigneten Bioabfälle und andere Abfälle im Anhang 1 aufgelistet. Zugelassen sind Sammelbeutel aus bioabbaubaren

8 Biologische Verfahren

Kunststoffen (BAK), wenn diese vom öffentlich-rechtlichen Entsorgungsträger erlaubt sind. Diese BAK müssen nach DIN EN 13432 oder DIN EN 14995 zertifiziert sein und zusätzlich für eine vollständige Desintegration der Partikel größer 2 mm innerhalb von 6 Wochen Kompostierung zertifiziert sein (Kennzeichnung grüner Keimling). Andere bioabbaubare Kunststoffe, wie z. B. Verpackungen sind unzulässig (z. B. Kaffeekapseln, Cateringgeschirr, Tragetaschen).

Biogene Abfälle lassen sich in strukturreiches und strukturarmes Material unterteilen (Abb. 8.3). Strukturreiches Material ist eher fest und trocken und enthält größere holzige Anteile (Lignozellulose), wie z. B. Baum- und Strauchschnitt. Dieses Material ist insbesondere zur aeroben Behandlung geeignet. Strukturarmes Material ist tendenziell feucht oder nass, wie Speiseabfälle, krautige Gartenabfälle, Rasenschnitt oder Laub. Diese Bioabfälle eignen sich insbesondere zur anaeroben Behandlung. Besonders trockenes, holziges Material eignet sich auch zur direkten energetischen Verwertung in einem Biomasseheizkraftwerk, die mit der stofflichen Verwertung in Konkurrenz steht.

Im Jahresverlauf ist der Anfall an biogenen Abfällen nicht konstant (s. Abb. 8.4). Zur Beschreibung der jahreszeitlichen Schwankungen ist eine Einteilung der Abfälle in solche aus der Biotonne und solche aus Garten- und Parkanlagen sinnvoll. Bioabfälle aus der Biotonne werden häufig als *Biogut* bezeichnet, separat erfasste Grünabfälle (z. B. über Bündelsammlung, Recyclinghöfe, Kompostplätze) als *Grüngut*. An Abfällen aus der Biotonne ist zwischen Küchen- und Gartenabfällen zu unterscheiden. Während Küchenabfälle über das Jahr gesehen annähernd in konstanter Menge anfallen, ist die Menge an Garten- und Parkabfällen stark von den natürlichen Vegetationsperioden abhängig. Im Winter fallen die geringsten Mengen an Garten- und Parkabfällen an. Im

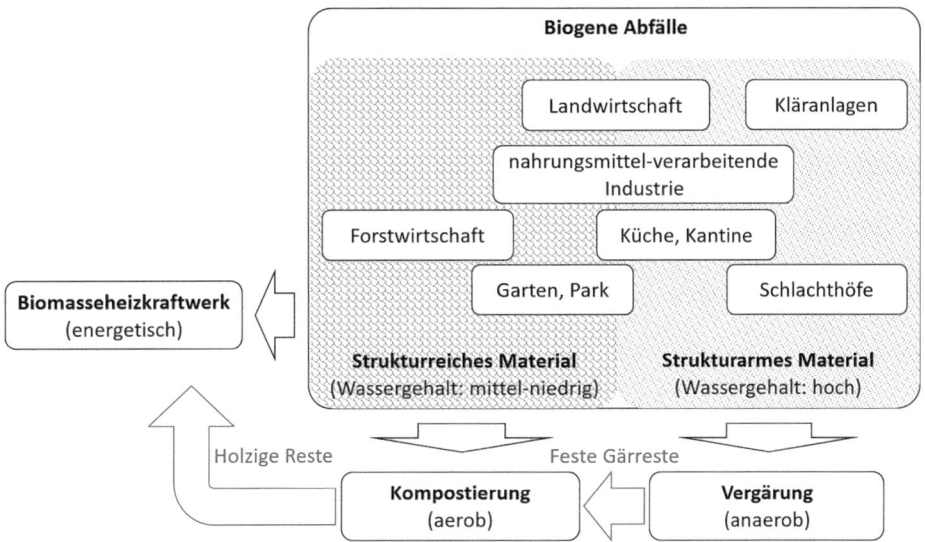

Abb. 8.3 Übersicht biogener Abfälle und Eignung für verschiedene Verwertungswege

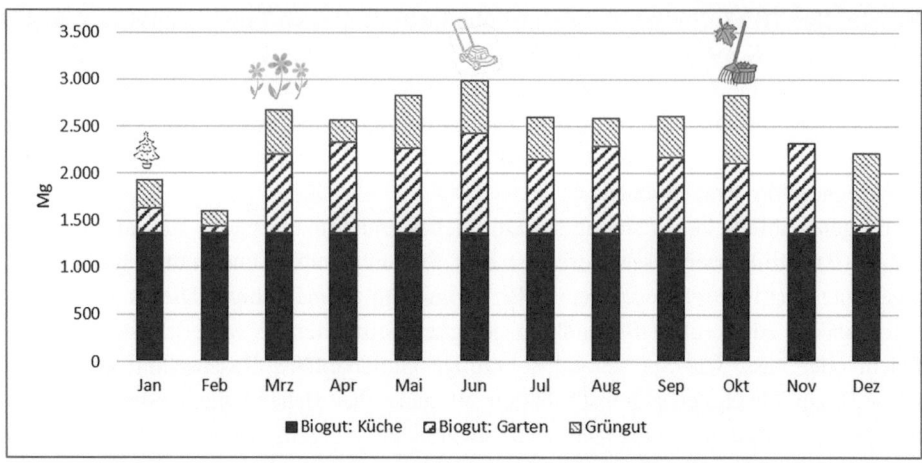

Abb. 8.4 Jahreszeitliche Schwankungen im Input einer Kompostierungsanlage

Frühjahr beginnen die Arbeiten in Gärten und Parks. Es fallen bspw. Baum-, Strauch- und Rasenschnitt, Restlaub sowie Wildkräuter in großen Mengen an. Nach diesem ersten Spitzenwert bleibt die Menge an Garten- und Parkabfällen im Sommer relativ konstant hoch. Im Herbst gibt es aufgrund von Laubfall sowie erneutem Baum- und Strauchschnitt einen zweiten Spitzenwert. Anschließend fällt die Menge an Garten- und Parkabfällen zum Winter hin wieder sehr stark ab.

Von den knapp 15 Mio. Mg/a in Deutschland behandelter biogener Abfälle wird etwa die Hälfte kompostiert und gut ein Drittel in Biogasanlagen vergoren (s. Abb. 8.5). In den letzten Jahren stieg der Anteil der Verwertung in Vergärungsanlagen stetig (s. Abb. 8.6). Auf diesem Weg können sowohl das stoffliche (Gärprodukt, Kompost) als auch das energetische Potenzial (Biogas) der biogenen Abfälle genutzt werden. Neben den klassischen Verfahren der Kompostierung (aerob) und Vergärung mit Biogaserzeugung (anaerob) werden Bioabfälle in geringem Umfang auch zur Herstellung von Biodiesel, Methanol oder Biokohle eingesetzt.

Darüber hinaus werden im Rahmen der Bioökonomie in innovativen Verfahren Bioabfälle als Ausgangsmaterial für die Erzeugung von hochwertigen Sekundärrohstoffen bis hin zu Basischemikalien in Bioraffinerien eingesetzt.

8 Biologische Verfahren

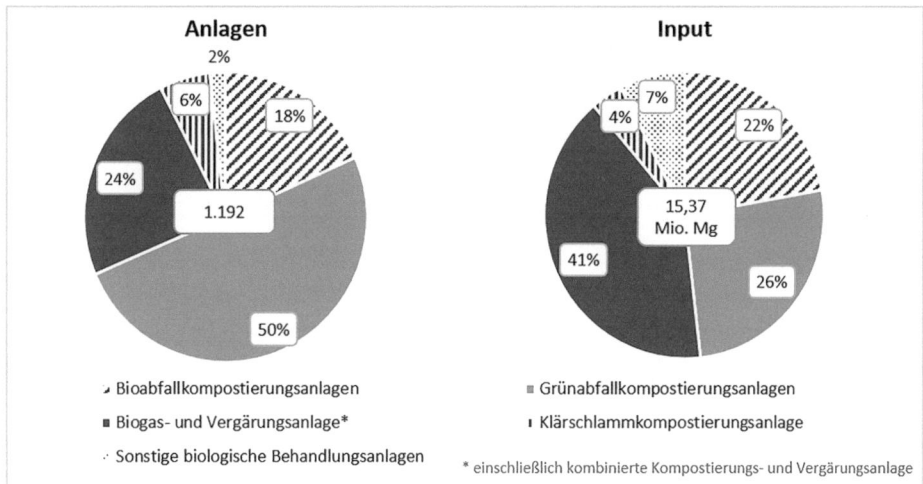

Abb. 8.5 Anteile der Anlagenarten bei der biologischen Behandlung nach Anzahl der Anlagen und Input (nach [2])

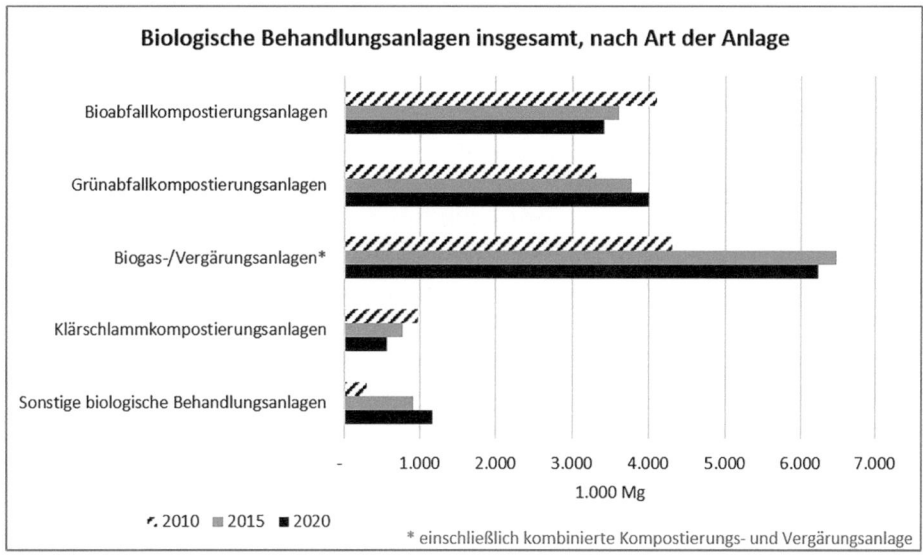

Abb. 8.6 Input in biologische Behandlungsanlagen nach Art der Anlage in den Jahren 2010, 2015 und 2020 (nach [2, 20, 21])

8.2 Kompostierung

Martin Kranert, Klaus Fischer, Anna Fritzsche und Claudia Maurer

8.2.1 Grundlagen

8.2.1.1 Einführung

▶ Kompostierung ist ein Prozess, bei dem organische Abfälle mit Hilfe von (Luft-) Sauerstoff durch Mikroorganismen abgebaut werden (aerober Abbau). Die Kompostierung findet üblicherweise in Haufwerken statt, wodurch die hierbei freigesetzte Wärmeenergie als deutliche Temperaturerhöhung erkennbar ist. Als Produkt entsteht ein – abhängig vom Rottezustand – stabilisierter hygienisierter Kompost, der als Sekundärrohstoffdünger, Bodenverbesserer oder Komposterde verwertet wird. Hierdurch werden organische Substanz und Mineralstoffe in den natürlichen Kreislauf zurückgeführt; die Wasserhaltekapazität und Struktur von Böden wird verbessert und das Pflanzenwachstum gefördert sowie die Humusbildung in Böden nachhaltig unterstützt; durch den Humusaufbau kann darüber hinaus Kohlenstoff im Boden gespeichert werden (C-Sequestrierung). Durch substratfähige Komposte ist es möglich, Torf zu substituieren (siehe auch Kap. 8.2.8).

Die Kompostierung organischer Stoffe wurde schon vor mehr als viertausend Jahren in Mesopotamien schriftlich erwähnt und auch seit über 2500 Jahren auch in China praktiziert; auch in der Antike wird die Kompostierung ausführlich beschrieben [22]. In der Landwirtschaft wird dieses Verfahren zur Verwertung landwirtschaftlicher Abfälle schon seit langer Zeit eingesetzt. Auch die Kompostierung im eigenen Garten wird schon lange angewandt.

In Deutschland wird die Kompostierung im technischen Maßstab als Maßnahme zur Abfallverwertung seit Mitte der fünfziger Jahre betrieben. Als Ausgangsmaterial wurde Hausmüll, teilweise unter Zumischung kommunaler Klärschlämme, eingesetzt. Die mit der Kompostierung vermischter Abfälle verbundene Stör- und Schadstoffbelastung der Komposte führte anfangs der achtziger Jahre des letzten Jahrhunderts zur getrennten Erfassung biogener Abfälle (Bioabfälle). Es entstand ein Boom im Bau von Kompostierungsanlagen mit dem Ziel, die biologische Verwertung von Abfällen weitgehend flächendeckend zu etablieren. Im Jahr 2020 wurden 13,7 Mio. Mg/a Bioabfälle aus privaten Haushalten, Einrichtungen, Gewerbe und Industrie behandelt, davon 7,4 Mio. Mg/a in Kompostierungsanlagen und 6,3 Mio. Mg/a in Anaerobanlagen. Im Jahr 2020 wurden 218 Bioabfallkompostierungsanlagen, 599 Grünabfallkompostierungsanlagen, 227 Anaerobanlagen und 58 Kombinationsanlagen von Vergärung und Kompostierung betrieben [23]. Ca. 11,3 Mio. Mg/a, entsprechend knapp 83 %, wurden in 2020 in Anlagen mit BGK- Gütesicherung behandelt [24]. In Verbindung mit der Gütesicherung von Komposten seit Anfang der neunziger Jahre stellt damit die Kompostierung organischer Abfälle ein wesentliches Standbein der Abfallwirtschaft dar.[1]

Auch europaweit betrachtet gewinnen besonders auch vor dem Hintergrund der europäischen Abfallrahmenrichtlinie [25] biologische Behandlungsverfahren an Bedeutung. So sind ab Ende 2023 Bioabfälle europaweit getrennt zu erfassen und einer hochwertigen Verwertung zuzuführen.

Aerobe Behandlungsverfahren vor der Deponierung von gemischten Restabfällen (mechanisch-biologische Verfahren) haben sich in den vergangenen 25 Jahren etabliert. Sie sind prozess- und verfahrenstechnisch in großem Umfang mit denen der Kompostierung identisch. Sie haben jedoch nicht das Ziel ein verwertbares Endprodukt Kompost zu erzeugen, sondern ein weitgehend stabilisiertes Deponiegut und sind daher nicht als Kompostierung, sondern übergeordnet als Rotteverfahren zu bezeichnen.

8.2.1.2 Verfahrenstechnische Grundlagen

Die Kompostierung organischer Stoffe ist ein natürlicher Prozess, der in technischen Anlagen genutzt wird, um aus getrennt erfassten organischen Reststoffen ein verwertbares Produkt zu erzeugen. Der Kompost kann in der Regel in den Naturkreislauf als Bodenverbesserer und Sekundärrohstoffdünger zurückgeführt werden.

Der Kompostierungsprozess ist ein aerober Vorgang, d. h. er ist auf ausreichende Versorgung mit Luftsauerstoff angewiesen. Mithilfe des Sauerstoffes oxidieren Mikroorganismen die ihnen angebotenen Kohlenstoffquellen überwiegend zu Kohlenstoffdioxid und Wasser (siehe auch Abschn. 8.2.3).

Die einsetzende Kompostierung ist durch eine rasche Selbsterhitzung des organischen Materials gekennzeichnet. Die hohe Verfügbarkeit an leicht abbaubaren Kohlenstoffquellen bedingt eine intensive mikrobielle Aktivität mit hoher Wärmefreisetzung, die zu einer Erhitzung des Kompostmaterials führt. In der Anfangsphase dominieren die mesophilen Mikroorganismen (20 bis ca. 40 °C) wie z. B. säureproduzierende Bakterien. Mit weiterer Temperaturerhöhung reduziert sich das Artenspektrum hin zu thermophilen Mikroorganismen (Lebensoptimum bei 55 °C), mehrheitlich Bakterien, Aktinomyceten und einige Pilze. Bei Temperaturen über 65 °C entfalten Pilze und die überwiegende Zahl der Aktinomyceten keine mikrobielle Aktivität mehr. Bei Temperaturen über 75 °C findet eine Selbstlimitierung statt. In der Abkühlungsphase treten die Mikroorganismen, die durch Sporen und Konidienbildung überlebt haben, wieder in Erscheinung, zusätzlich finden sich auch von außen eingetragene Mikroorganismen. Im Anschluss an die Abkühlungsphase werden die schwerer verfügbaren Kohlenstoffquellen bei sinkender Temperatur im Rottegut umgesetzt. In der Nachrotte oder Reifephase werden die biogenen Makromoleküle (Biopolymere) durch Spezialisten, überwiegend Pilze und Actinomyceten, zersetzt. Sie veratmen die schwerer abbaubaren Substratkomponenten und sind

---

[1] Typische Kenngrößen von Bio- und Grüngut sind in den Tab. A 8.1 bis A 8.6 im Anhang aufgeführt.

an geringere Wassergehalte im Substrat angepasst. Diese Phase des Kompostierungsprozesses verläuft fast ausschließlich im mesophilen Temperaturbereich. Die mikrobiellen Prozesse in der Nachrotte verlaufen deshalb langsamer als die der Intensivrotte. Generell liegen die Umsatzraten bei der Kompostierung deutlich höher als in den aus der Natur bekannten Mineralisierungsprozessen organischer Substanz.

Die wesentlichen, den raschen Abbau organischer Substanz begrenzenden Faktoren sind:

- Zu hoch ansteigende Temperaturen (>70 °C), die zu einer Einengung des aktiven Artenspektrums führen, den Abbau beenden (Trocken-Stabilisierung) oder verändern (z. B. Autooxidation)
- Ein sinkender Wassergehalt im Kompostmaterial, der durch Verdunstungsverluste im Zusammenhang mit der Wärmeentwicklung entsteht
- Mangelnde Sauerstoffversorgung, die zu einem unvollständigen Abbau und damit zu einer Versauerung im Kompostmaterial führt

Wichtigste Voraussetzung für hohe Umsatzraten an leicht verfügbaren Kohlenstoffquellen und anderer organischer Substanz während der intensiven Rottephasen (Intensivrotte) zu Beginn des Kompostierungsprozesses ist demzufolge ein gleichmäßiges Milieu für die mikrobielle Flora bei gemäßigten Temperaturen (um 55 °C) und ausreichender Wasser- und Sauerstoffversorgung. Mechanische Umsetzvorgänge sowie aktive Belüftung während der Hauptrotte können dabei den Abbau intensivieren. Die Nachrotte stellt grundsätzlich die gleichen Anforderungen an das Milieu, wenn auch die Wassergehalte niedriger liegen können. Aufgrund der Mycelbildung der Pilze und Actinomyceten sind häufigere Umsetzvorgänge in der Reifephase nicht zu empfehlen.

8.2.1.3 Physikalisch-chemische Aspekte

Der Kompostierungsprozess läuft in einem Dreiphasensystem ab, das aus festen, flüssigen und gasförmigen Komponenten besteht. Je nach Zusammensetzung des Eingangsmaterials stehen diese Komponenten in unterschiedlichen Volumenverhältnissen zueinander. Für einen zuverlässigen Rotteprozess sind ausreichendes Luftporenvolumen und ausreichender Wassergehalt im Kompostmaterial Voraussetzung (siehe auch Abschn. 8.2.2).

Da Luft und Wasser um dieselben Porenvolumina konkurrieren, ist hier auf ein ausgewogenes Verhältnis zu achten. Ist dies im Eingangsmaterial nicht gegeben, wird durch Zugabe von Strukturmaterial, durch Zerkleinerung und/oder durch Mischen des Eingangsmaterials eine möglichst optimale Struktur sichergestellt. Bereiche im Kompostmaterial, die durch mangelndes Luftporenvolumen mit Luftsauerstoff unterversorgt sind, setzen geruchsintensive anaerobe Stoffwechselprodukte frei.

In seiner chemischen Zusammensetzung besteht der Rohkompost aus unterschiedlichen organischen Stoffgruppen, die durch ihre Bausteine charakterisiert sind, sich deshalb auch in ihrer Abbaubarkeit unterscheiden und daher den Verlauf des Rotteprozesses wesentlich mitbestimmen. Von Bedeutung sind ebenfalls die Gehalte an Nährstoffen im Substrat, wie Stickstoff- und Phosphorverbindungen sowie Kalium und andere Spurenelemente.

Der pH-Wert sinkt zunächst durch die Freisetzung organischer Säuren und steigt dann im weiteren Verlauf der Rotte durch den Abbau der organischen Säuren und durch die in der organischen Substanz gebundenen alkalisch wirkenden anorganischen Salze an. Im Fertigkompost liegt er in der Regel im neutralen bis leicht alkalischen Bereich.

Ein durchschnittlicher Bioabfall mit ausreichendem Strukturmaterial wird den physikalischen und chemischen Anforderungen an den Kompostierungsprozess im Wesentlichen gerecht. Zusätze an Nährstoffen, den pH-Wert regulierenden Chemikalien oder gar Mikroorganismen zur Animpfung sind nicht erforderlich.

Zur chemischen Zusammensetzung sei auf die relevanten Stoffgruppen im Eingangsmaterial hingewiesen. Dies sind:

- Fette
- Proteine
- Kohlenhydrate
- Lignin

Der überwiegende Anteil der Fette, die niedermolekularen Proteine und die löslichen und leicht verfügbaren Kohlenhydrate werden während der Intensivrotte mineralisiert. Die höhermolekularen Kohlenhydrate und das Lignin gelten als schwerer abbaubar und werden während der Nachrotte überwiegend von darauf spezialisierten Mikroorganismen umgesetzt.

Generell laufen während des Kompostierungsvorgangs nicht nur mikrobielle Vorgänge ab, sondern auch rein chemische Reaktionen. Insbesondere bilden sich während des gesamten Rotteprozesses Huminstoffe aus Bruchstücken des mikrobiellen Abbaus und geben dem Kompost neben der dunkelbraunen Farbe wesentliche Qualitätsmerkmale. Die Huminstoffe haben ein großes Speichervermögen für Wasser und Pflanzennährstoffe in pflanzenverfügbarer Form. Außerdem tragen sie zu Lockerung und Krümelbildung im Boden bei und bleiben durch ihre Persistenz gegen einen weiteren mikrobiellen Abbau lange im Boden erhalten.

8.2.1.4 Mikrobielle Aspekte

Am mikrobiellen Abbau organischer Substanz ist eine breit gefächerte Mikroflora beteiligt. Fast das gesamte Artenspektrum verfügt über die enzymatische Ausstattung, den kompletten Abbauvorgang vom Eingangsmaterial zu Kohlenstoffdioxid, Wasser und Mineralstoffen vorzunehmen. Die Breite des Artenspektrums führt auch unter geringfügig schwankenden Milieubedingungen zu einem stabilen Kompostierungsprozess. Dennoch müssen bestimmte Kriterien während der Rotte eingehalten werden, um einen zügigen Abbau sicherzustellen (s. Tab. 8.1). Wenn z. B. die Sauerstoffversorgung unzureichend ist, führt dies zu einer unvollständigen Oxidation der Kohlenstoffquellen. Es

Tab. 8.1 Vergleich der wichtigsten Funktionen und Milieubedingungen der Mikroorganismen während der Kompostierung (nach [26])

	Bakterien	Aktinomyceten	Pilze
Substrat		Für schwer abbaubare Substrate geeignet	Für schwer abbaubare Substrate geeignet
Feuchtigkeit		Bevorzugen trockenere Bereiche	Bevorzugen trockenere Bereiche
Sauerstoff	Niedrigste Anforderungen an Sauerstoffgehalt	Bevorzugen gut durchlüftete Bereiche	Bevorzugen gut durchlüftete Bereiche
pH-Wert-Optimum	Neutral bis schwach alkalisch	Neutral bis schwach alkalisch	Schwach sauer
pH-Wert-Bereich	6–7,5		5,5–8
Mechan. Umsetzung	Kein Einfluss	Ungünstig	Ungünstig
Bedeutung während der Rotte	80–90 % der Abbauleistung		
Temperatur	Bis 75 °C, jedoch Reduzierung der Abbauleistung bei höheren Temperaturen	Bei 65 °C vermutlich Temperaturgrenze	Bei 60 °C Temperaturgrenze

werden in großen Mengen Fettsäuren und andere niedermolekulare organische Säuren gebildet, die zu einer pH-Wert-Verschiebung und damit zu einer generellen Milieuveränderung führen können. Dadurch entsteht ein hohes Geruchs- und Korrosionspotential in der Rotteabluft und im Sickerwasser. Darüber hinaus wird die Entstehung von Methan begünstigt.

Eine vergleichbare Wirkung in Bezug auf die Emissionen hat eine Überhitzung des Kompostmateriales. Sobald die Temperatur im Kompostmaterial zu hoch wird, bricht die Aktivität der meisten Mikroorganismen zusammen. Wegen der vorangegangenen hohen Umsatzraten an organischer Substanz ist die wässrige Phase im Material angereichert mit leicht flüchtigen Metaboliten des extrazellulären Mikroorganismenstoffwechsels. Hinzu kommen die Zellinhaltstoffe der durch Hitze inaktivierten Mikroorganismenflora. Durch die gleichzeitige hohe Wasserverdunstungsrate werden die o. g. leichtflüchtigen organischen Verbindungen freigesetzt.

Die Wärmeentwicklung in der Intensivrotte ist andererseits ein gewünschter Effekt, der die seuchenhygienische Unbedenklichkeit der Komposte aus Abfall sicherstellt. Bei Temperaturen von 55 °C bis 60 °C werden human- und tierpathogene Organismen abgetötet und Unkrautsamen und viele Erreger von Pflanzenkrankheiten unschädlich gemacht.

Neben der Temperatur spielen auch konkurrierende Mikroorganismen und die Bildung von antibiotikaartigen Stoffwechselprodukten und anderen Hemmstoffen eine wesentliche Rolle bei der Hygienisierung.

8.2.2 Der Rotteprozess – Faktoren, Kenngrößen und Prozessparameter

8.2.2.1 Allgemeines

Die biochemischen Abbaumechanismen, die bei der Kompostierung von organischer Substanz ablaufen, sind von verschiedenen Faktoren abhängig. Diese bestimmen die mikrobielle Aktivität, die sich u. a. im Gasaustausch und in der thermischen Leistung widerspiegelt und beeinflussen damit ebenfalls den Abbau von organischer Substanz. Sie können auch als Steuerungsmechanismen der Rotte eingesetzt werden und treten in der Regel in Interaktion miteinander. Die Prozessparameter während der Kompostierung zeigen eine deutliche Abhängigkeit vom Rotteverlauf und damit von der Rottezeit. Nachstehend sollen die wesentlichen Faktoren und der Verlauf einiger wesentlicher Parameter in Abhängigkeit von der Rottezeit dargestellt werden. Hierbei wird von einer Batch-Betrachtung ausgegangen.

8.2.2.2 Mikrobielle Aktivität

Die Kompostierung ist ein exothermer Prozess, bei dem ca. 60 bis 70 % der umgewandelten Energie als Wärme freigesetzt werden. Bezogen auf den Abbau von Glucose sind dies auf der Basis einer freien Bildungsenthalpie von 2870 kJ/mol ca. 1770 kJ/mol als Wärme, die durch eine teils starke Temperaturentwicklung messbar ist. Bezogen auf die abgebaute organische Substanz liegt dieser Wert im Bereich von 15 bis ca. 22,5 kJ/g [27]. Die durch die mikrobielle Aktivität frei gesetzte Wärmeenergie kann als regenerative Energie verwertet werden. Sie ist abhängig vom Abbau der organischen Substanz.

$$C_6H_{12}O_6 + 6O_2 \rightarrow 6CO_2 + 6H_2O \, \Delta G = -2870 \text{ kJ/mol}$$

Die mikrobielle Aktivität ist unter Zugrundelegung der thermischen Leistung als Kenngröße in vier Phasen einzuteilen (s. Abb. 8.7).

Die erste Phase ist die Anlauf- (Lag-) Phase, die den Zeitraum vom Aufsetzen des Rottegutes bis zu dem Zeitpunkt umfasst, zu dem sich eine angepasste Mikroorganismenpopulation gebildet hat, was durch ein starkes Ansteigen der thermischen Leistung aufgrund der mikrobiellen Aktivität angezeigt wird. Die zweite Phase verläuft exponentiell, hier ist eine starke Zunahme der thermischen Leistung aufgrund des mikrobiellen Wachstums zu vermerken. Die dritte Phase beinhaltet den Bereich der maximalen thermischen Leistung mit in der Regel zwei relativen Maxima. Hieran anschließend folgt die Ausklingphase, welche durch eine Reduzierung der mikrobiellen Aktivität infolge des verringerten Nährstoffangebotes und der Veratmung schwerer abbaubarer Substanzen gekennzeichnet ist.

Abb. 8.7 Thermische Leistung in Abhängigkeit von der Zeit als Parameter für die mikrobielle Aktivität [27]

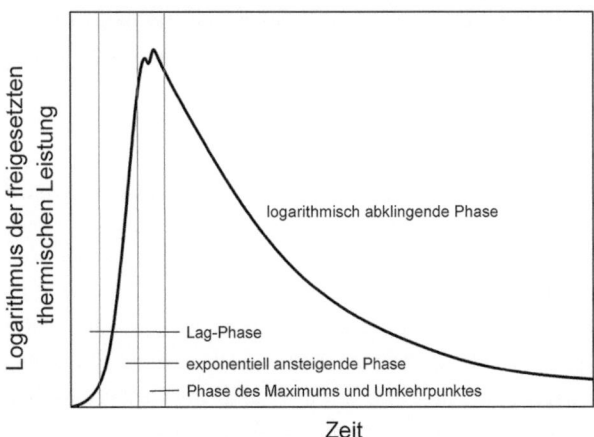

8.2.2.3 Temperatur

Die Temperatur im Rottegut beeinflusst die mikrobielle Aktivität, gleichzeitig wird sie jedoch auch als Steuerungsparameter für den Prozess eingesetzt; die Temperaturentwicklung eines Rottegutes gibt darüber hinaus Aufschluss über den aktuellen Abbauzustand und dient beim Selbsterhitzungsversuch zur Bestimmung des Rottegrades.

In der Regel geht mit zunehmender Temperatur eine Steigerung der mikrobiellen Aktivität einher. Hierzu wurden kinetischen Modelle aus dem Wachstumsverhalten von Bakterienreinkulturen hergeleitet. Die in der Chemie oftmals angewendete RGT-Regel (Vant' Hoff-Arrhenius-Regel), nach der bei einer Temperaturerhöhung von 10 °C die Reaktionsgeschwindigkeit um das Doppelte zunimmt, ist jedoch aufgrund der bei der Kompostierung anzutreffenden heterogenen Populationen mit ihren unterschiedlichen Temperaturbereichen und -maxima der Lebenstätigkeit nur beschränkt gültig. Bei Temperaturen unter 5 °C wird die mikrobielle Aktivität stark verlangsamt, während bei Temperaturen über 75 °C für die meisten Mikroorganismen infolge der Proteindenaturierung eine Inaktivierung stattfindet; einige Arten können jedoch auch noch bei höheren Temperaturen existieren [28, 29].

Generell beeinflusst die Temperatur neben der Art der Mikroorganismenpopulation den Sauerstoffübergang (Diffusionskoeffizient), die Löslichkeit des Sauerstoffs in der Flüssigphase sowie den Stickstoffabbau (Proteinzersetzung, Ammoniakaustrag, Nitrifikation).

Stickstoffverluste lassen sich verhindern, falls die Temperaturen 55 °C nicht wesentlich überschreiten [30], während gleichzeitig unter hygienischen Gesichtspunkten eine Materialtemperatur von mindestens 55 °C über einen möglichst zusammenhängenden Zeitraum von zwei Wochen, von 60 °C über sechs Tage oder von 65 °C über drei Tage eingehalten werden muss [1].

Bezüglich der Temperaturentwicklung ist neben der Einteilung hinsichtlich der Mikroorganismenpopulation (siehe auch Abschn. 8.2.1.4) (mesophil/thermophil) der Rotteprozess in vier Phasen einzuteilen (siehe Abb. 8.8):

1. Startphase
2. Thermophile Phase
3. Abkühlungsphase
4. Reifephase

In der **Startphase**, welche stark vom pH-Wert (siehe Abschn. 8.2.2.7), dem Substrat selbst und der Substrattemperatur beeinflusst wird, werden die psychrotoleranten Mikroorganismen durch die mesophilen Mikroorganismen infolge der schnellen Temperaturenwicklung abgelöst. Sie ist unter optimalen Bedingungen nach spätestens 24 h abgeschlossen, kann aber auch über mehrere Tage dauern. Die energiereichen leicht biologisch abbaubaren Verbindungen (Zucker und Eiweiße) werden durch mesohile Bakterien veratmet. Verbunden mit hoher mikrobieller Aktivität ist ein exponentielles Ansteigen der thermischen Leistung zu verzeichnen, was sich in der deutlichen Temperaturentwicklung niederschlägt.

In der nachfolgenden **thermophilen Phase** bei Temperaturen über 40 bis 45 °C sterben die mesophilen Mikroorganismen ab oder bilden Dauerformen (Sporen). Es überwiegen nun die thermophilen Mikroorganismen, vor allem thermophile Bakterien und Aktinomyceten, welche die verbliebenen leicht abbaubaren Substanzen abbauen. Aus der Aktivität der Mikroorganismen resultiert eine Temperaturzunahme auf bis zu 65 °C. Mitunter werden auch zwei relative Temperaturmaxima erreicht. Höhere Temperaturen führen zu einer Inaktivierung der Mikroorganismen. Aufgrund von abiotischen exothermen Reaktionen werden manchmal auch Temperaturen von bis zu 80 °C erreicht. Thermophile Pilze sind bis ca. 55 °C aktiv. Aufgrund der abnehmenden Verfügbarkeit von leicht abbaubaren Substanzen geht nach dem Erreichen des Maximums der mikrobiellen Aktivität die Temperatur zurück. Die thermophile Phase ist für die Hygienisierung von

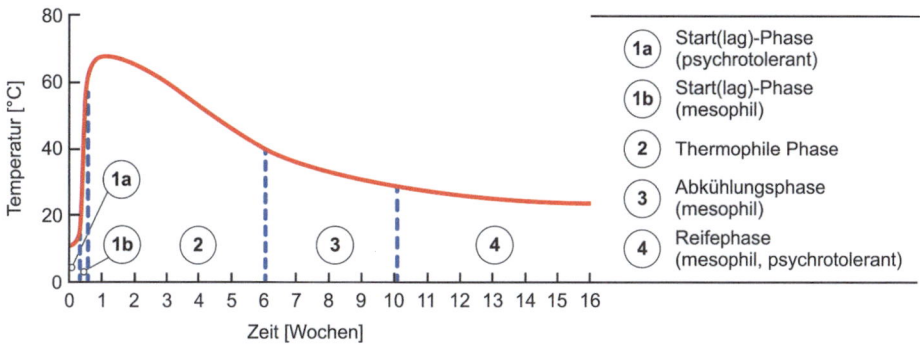

Abb. 8.8 Temperaturverlauf bei der Kompostierung (nach [31])

Bedeutung. Sie dauert abhängig vom Kompostierungssystem, den Wärmeverlusten und Belüftung von einigen Tagen bis deutlich über zwei Wochen.

Die **Abkühlungsphase**, in der die mesophilen Mikroorganismen wieder zunehmend an Bedeutung gewinnen, ist durch eine, im Vergleich zur thermophilen Phase, geringere mikrobielle Aktivität mesophiler Bakterien, Aktinomyceten und Pilze gekennzeichnet. Es werden nun die schwerer abbaubaren, höhermolekularen Substanzen wie Stärke und Zellulose veratmet. In technischen Kompostierungsverfahren kann diese Phase bis hin zu zwei Monaten andauern (Intensivrotte).

In der **Reifephase** werden höhermolekulare schwer abbaubare Substanzen abgebaut (z. B. Lignozellulose). Gleichzeitig findet der Aufbau von langkettigen Humusverbindungen statt. Die Bedeutung von Pilzen und Aktinomyceten für die mikrobiellen Prozessen nimmt zu. Diese Phase dauert mehrere Monate an und wird in technischen Systemen bei der Herstellung von Fertigkompost in der Nachrotte realisiert. Hierdurch wird die Pflanzenverträglichkeit der Komposte sichergestellt. Üblicherweise werden findet dieser Prozess auf in der Regel unbelüfteten Mieten statt. Diese sollten, wenn erforderlich, nur in sehr großem zeitlichen Abstand umgesetzt werden, um die Pilzmycele nicht zu zerstören.

In semidynamischen Systemen, bei welchen das Rottegut häufiger umgesetzt wird, findet mit jedem Umsetzvorgang eine Homogenisierung, evtl. Befeuchtung und intensive Versorgung mit Sauerstoff statt, welche sich als erneute Selbsterhitzung im Prozessverlauf widerspiegelt (s. Abb. 8.9).

Entsprechend der mikrobiellen Aktivität zeigen die Temperaturentwicklung, die thermische Leistung sowie der veratmete Sauerstoff bzw. der freigesetzte Kohlenstoff (Abschn. 8.2.2.4) eine deutliche Ähnlichkeit im Kurvenverlauf. Das Maximum der thermischen Leistung liegt im Bereich des maximalen Temperaturgradienten zwischen 40 °C und 50 °C. Dies korrespondiert mit dem veratmeten Sauerstoff bzw. freigesetzten

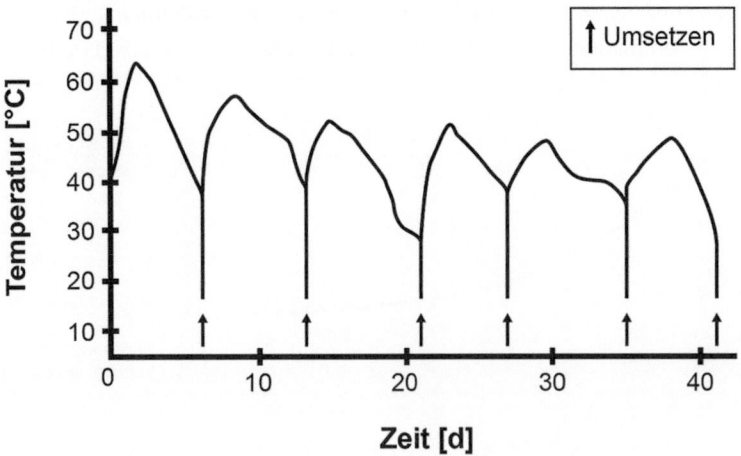

Abb. 8.9 Temperaturverlauf einer Miete bei mehrmaligem Umsetzen (nach [32])

Kohlenstoff. Das Temperaturmaximum wird mit einer Phasenverschiebung von ca. 6 bis 8 h erreicht.

Da mit zunehmendem Abbau der organischen Substanz die chemisch gebundene Energie geringer wird, kann die Temperaturentwicklung eines Substrates beim Rotteprozess (Selbsterhitzung) für die Bestimmung des Abbaugrades herangezogen werden. Wie in Abb. 8.10 dargestellt, nimmt die Selbsterhitzung mit dem Rottefortschritt deutlich ab. Die Selbsterhitzung wird zur Darstellung des Rottegrades herangezogen, welcher den aktuellen Stand des Abbauprozesses kennzeichnet und eine Stufe auf einer allgemein gültigen Skala von Kennwerten darstellt, die den Rottefortschritt vergleichbar charakterisieren [33]. Als Kennwerte werden hierbei die Maximaltemperatur, teilweise auch die maximale Steigung bzw. die Fläche unter der Kurve innerhalb der ersten 72 h herangezogen. Ein weiterer Parameter ist die Atmungsaktivität, auf welche im Abschn. 8.2.2.4 eingegangen wird.

8.2.2.4 Belüftung

Die Belüftung kann auf natürliche Weise (passiv) oder zwangsweise (aktiv) erfolgen. Sie hat bei der Kompostierung als aerobem Prozess verschiedene Funktionen zu erfüllen [29].

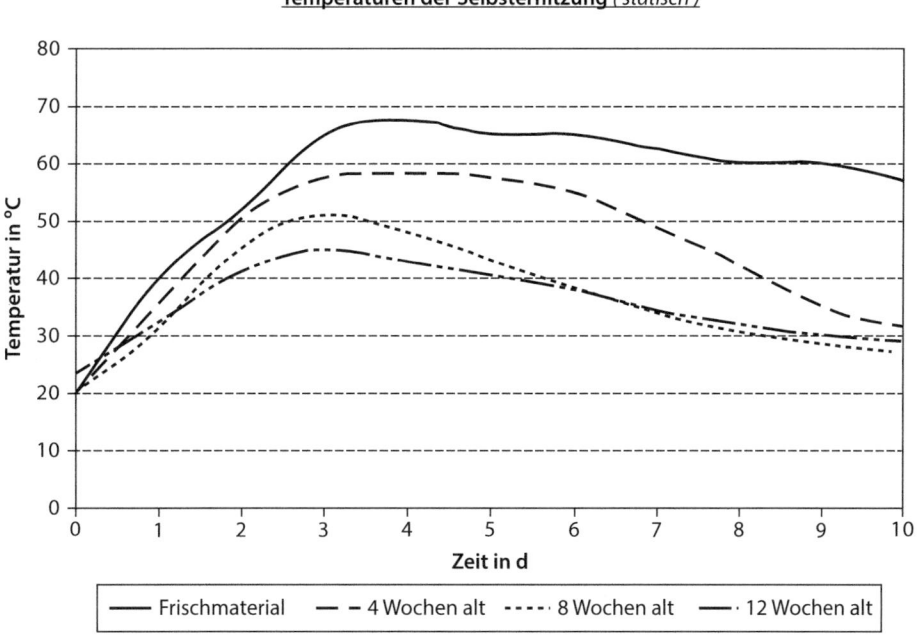

Abb. 8.10 Selbsterhitzungskurven von Kompost in verschiedenen Rottezuständen nach [32, 34]

- Versorgung der Mikroorganismen mit Sauerstoff zur Aufrechterhaltung ihrer Lebenstätigkeit und gleichzeitig Abführen des CO_2, um eine hohe mikrobielle Aktivität aufrechtzuerhalten;
- Austreiben von Wasser zur Trocknung des Rottegutes;
- Verhinderung eines Wärmestaus, um (abhängig vom Substrat) eine Inaktivierung der Mikroorganismen zu vermeiden und den Stickstoffaustrag zu begrenzen.

Der Luftvolumenstrom, der dem Rottegut zugeführt werden muss, ist in erster Linie abhängig vom Sauerstoffbedarf der Mikroorganismen. Diese vermögen Sauerstoff nur in gelöster Form aufzunehmen. Darüber hinaus kann die Begrenzung der Temperatur oder die Zielgröße des Erreichens eines definierten Wassergehaltes diesen Faktor bestimmen.

Der gelöste Sauerstoff im Wasser, welches die Mikroorganismen umgibt, ist – abhängig von der Temperatur – so gering, dass er in der Regel innerhalb weniger Sekunden verbraucht ist. Deshalb muss ständig neuer Sauerstoff über das Porensystem bereitgestellt werden. Der theoretische Sauerstoffbedarf, der zum biochemischen Abbau der organischen Substanz benötigt wird, ist in Kenntnis der fiktiven Strukturformel des Ausgangsmaterials stöchiometrisch zu errechnen. Unter dem Ansatz einer elementaren Zusammensetzung der organischen Substanz von $C_{10}H_{19}O_3N$ [29] bzw. $C_{64}H_{104}O_{37}N$ [26] kann der Sauerstoffbedarf sowie die gebildeten Mengen an Kohlenstoffdioxid und Wasser berechnet werden.

Hieraus ergibt sich auf Basis von [29] abhängig vom Rottegut ein Bedarf von ca. 2 g Sauerstoff/g abgebaute organische Substanz. Gleichzeitig werden ca. 2,2 g Kohlenstoffdioxid, 0,7 g Wasser und ca. 0,08 g Ammoniak gebildet.

In der Praxis schwankt der Sauerstoffbedarf abhängig von der organischen Trockenmasse (OTM) und dem Oxidationsgrad von 1,5 g O_2 bis 2,8 g O_2 pro g abgebauter organischer Trockenmasse.

Der spezifische Luftbedarf bezogen auf die organische Trockenmasse (OTM) errechnet sich hierbei zu

$$V_{Luft} = \frac{GV \cdot a_{OTM} \cdot b_{O2}}{\rho_L \cdot p_{O2}} \tag{8.1}$$

GV = Glühverlust des Rottegutes (−)
a_{OTM} = Abbau der organischen Trockenmasse (−)
b_{O2} = stöchiometrischer Sauerstoffbedarf in g O_2 pro g abgebauter organischer Trockenmasse
ρ_L = Dichte der Luft bei 20 °C = 1,2 g/l
P_{O2} = Massenanteil des Sauerstoffs in der Luft (0,231)

Als Respirationskoeffizient (RQ) wird das Verhältnis von Kohlendioxidentwicklung zum Sauerstoffverbrauch bezogen auf die Volumenanteile (in Prozent) bezeichnet.

$$RQ = \frac{CO_2}{O_2} \tag{8.2}$$

8 Biologische Verfahren

Dieser ist abhängig vom Ausgangssubstrat und dem aktuellen Rottezustand. Der Respirationskoeffizient (RQ) liegt für Kohlenhydrate bei 1,0, für Proteine bei 0,7 und für Fette bei 0,8. Hierbei gibt ein deutlicher Anstieg des Respirationskoeffizienten über 1,0 einen Hinweis auf das Eintreten anaerober, ein Abnehmen des Respirationskoeffizienten einen Hinweis auf eine Zunahme aerober Vorgänge während des Rotteprozesses [28].

Hierzu ist zu bemerken, dass der Sauerstoffbedarf in Abhängigkeit von äußeren Faktoren steht, welche die mikrobielle Aktivität beeinflussen, wie z. B. Nährstoffsituation, Temperatur und Wassergehalt. Zur Vermeidung anaerober Zustände und Aufrechterhaltung der aeroben mikrobiellen Aktivität muss die Versorgung mit Sauerstoff gewährleistet sein. Unterhalb einer Sauerstoffkonzentration von 10 % tritt eine Verlangsamung ausgeprägt zu Tage.

Atmungsaktivität

Die Atmungsaktivität, die über den in einer bestimmten Zeit verbrauchten Sauerstoff ermittelt wird und damit die pro Zeiteinheit oxidierte Masse angibt, ist abhängig von der Temperatur, dem Rottezustand sowie dem Substrat. Nach Überschreiten des Maximums der mikrobiellen Aktivität wird mit fortschreitender Rotte die Atmungsaktivität geringer. Sie kann ebenfalls (neben dem Temperaturmaximum der Selbsterhitzung) als Kenngröße für den Rottegrad herangezogen werden (Abb. 8.11).

Wird vorausgesetzt, die maximale Sauerstoffverbrauchsrate durch die Belüftung abzudecken, so ergibt sich ein Sauerstoffbedarf von 0,8 bis 2,0 g/(kg h) (Basis OTM). Dies entspricht einem Luftvolumenstrom von 3,9 bis 7,2 l/(kg h) (Basis OTM). Für

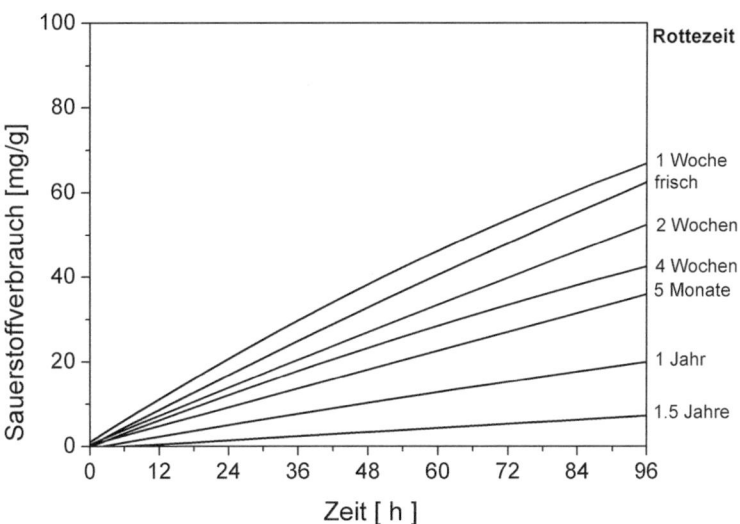

Abb. 8.11 Atmungsaktivität von Kompostproben (Basis OTM) in unterschiedlichen Rottezuständen (nach [33, 34])

das Austreiben von Wasser kann abhängig von der Temperatur im Luftporenraum eine Belüftungsrate erforderlich werden, die das Mehrfache dessen beträgt, was für die Deckung des Sauerstoffbedarfs erforderlich ist. Als Faustwert kann pro Kubikmeter Rottegut eine Belüftungsrate von 1 m^3/h (Durchschnitt) bis zu 5 m^3/h (Maximum) angesetzt werden. Entsprechend sollte die Belüftungsrate bei Intensivrotteprozessen an den aktuellen Sauerstoffbedarf angepasst werden können. Die CO_2- bzw. O_2-Konzentration in der Abluft stellt damit einen guten Steuerungsparameter dar (Abb. 8.12). Hierbei ist zu beachten, dass die Luft sowohl räumlich als auch zeitlich betrachtet gleichmäßig in das Rottegut eingetragen wird. Eine wesentliche Voraussetzung hierfür ist ein ausreichendes Luftporenvolumen und entsprechende Porenstruktur (siehe Abschn. 8.2.2.6).

8.2.2.5 Wassergehalt

Die Versorgung der Mikroorganismen mit Nährstoffen und der Abtransport von Stoffwechselprodukten aus der Zelle können nur in wässriger Lösung erfolgen, da die Transportvorgänge über eine semipermeable Membran erfolgen. Daher muss während der Kompostierung Wasser in ausreichender Menge zur Verfügung gestellt sein. Demnach wäre für einen optimalen Prozess ein hoher Wassergehalt erstrebenswert [35]. Gegenläufig hierzu verhält sich jedoch die Versorgung der Mikroorganismen mit Sauerstoff (siehe Abschn. 8.2.2.6), der bei hohen Wassergehalten nicht mehr in der notwendigen Quantität herangeführt werden kann. Daher wird die obere Grenze des Wassergehaltes von der Porenstruktur, welche materialabhängig ist, bedingt.

Versuche, in deren Rahmen Wassergehalte mit der Sauerstoffverbrauchsrate korreliert worden sind, haben gezeigt, dass Stoffe mit einer hohen Saugfähigkeit (z. B. Rinde, Papier) sowie großer Festigkeit und großen Porenräumen (Stroh) bei gleichem Luftporenvolumen deutlich höhere Wassergehalte ermöglichen als Stoffe ohne ausreichendes Saugvermögen und entsprechende Strukturstabilität [29, 36, 37].

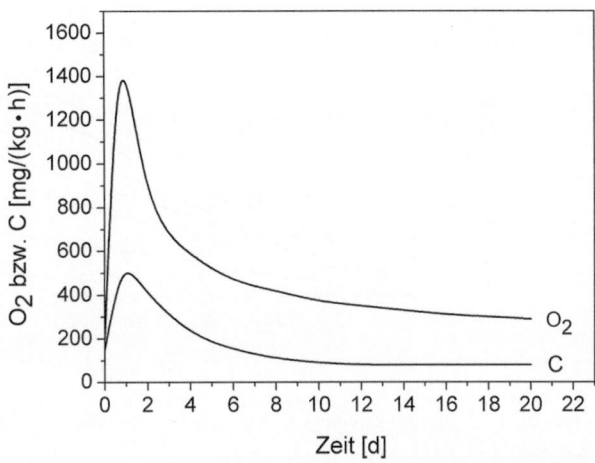

Abb. 8.12 Zeitlicher Verlauf von O_2 und CO_2-Konzentrationen, Basis OTM (nach [27])

Das Optimum des Wassergehalts bei der Bioabfallkompostierung liegt abhängig von der Struktur des Rottegutes zwischen 45 % und 65 %. Bei Wassergehalten unter 25 % wird die mikrobielle Aktivität stark vermindert und unter 10 % zum Stillstand gebracht [35]. Damit ist die Einstellung eines optimalen Wassergehaltes ein entscheidendes Kriterium für einen ordnungsgemäßen Rotteprozess.

8.2.2.6 Luftporenvolumen

Sauerstoff für die mikrobielle Aktivität muss über das im Substrat vorgegebene Gasraumvolumen bereitgestellt werden. Wird das Rottegut als Dreiphasensystem betrachtet, welches aus Feststoffen, Wasser und Gas besteht, so teilen sich Wasser und Luft das von den Feststoffen freie Volumen, das als Porenvolumen bezeichnet wird (Abb. 8.13).

Die Porenvolumina lassen sich über die Trockendichte, Korndichte und den Wassergehalt bestimmen.

Anteil Gesamtporenvolumen

$$n_p = \frac{V_p}{V_{ges}} = \frac{V_{ges} - V_s}{V_{ges}} = 1 - \frac{m_s \cdot \rho_D}{m_s \cdot \rho_s} = 1 - \frac{\rho_D}{\rho_s} \qquad (8.3)$$

Anteil Luftporenvolumen

$$n_L = \frac{V_L}{V_{ges}} = n_p - \frac{V_w}{V_{ges}} = n_p - \frac{m_w \cdot \rho_D}{m_s \cdot \rho_w} = n_p - \frac{\rho_D \cdot WG}{\rho_w (100 - WG)} \qquad (8.4)$$

V_{Ges} = Gesamtvolumen = $V_L + V_w + V_s$ (cm^3)
V_p = Porenvolumen (cm^3)
V_w = Wasservolumen (cm^3)
V_s = Kornvolumen (cm^3)

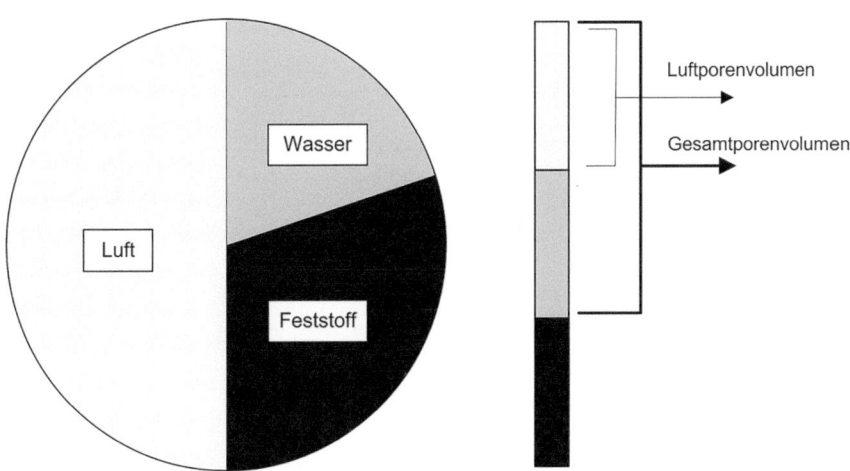

Abb. 8.13 Dreiphasensystem bei der Kompostierung

V_L = Luftvolumen (cm³)
ρ_D = Trockendichte (g/cm³)
ρ_S = Korndichte (für Inertmaterialen ca. 2,5 bis 2,6 g/cm³)
ρ_w = Dichte Wasser (1,0 g/cm³ bei 4 °C)
WG = Wassergehalt (%)
m_s = Masse Korn (g)
m_w = Masse Wasser (g)

Somit bewirkt bei konstantem Porenvolumen eine Vergrößerung des Luftporenvolumens im vorhandenen Porenraum eine Reduzierung der in diesen Poren befindlichen Wassermenge. Auch hier bestimmt die Art des Rottesystems (statisch oder dynamisch) bzw. die Struktur der Substrate das Optimum. So kann ein Luftporenvolumen – abhängig von eben genannten Faktoren – von 30 bis 50 % als für die Verrottung günstig bezeichnet werden. Deutlich über 70 % Luftporenvolumen bedeuten in der Regel eine Reduzierung der biologischen Aktivitäten infolge fehlenden Wasserangebots, unter 20 % ist die Versorgung der Mikroorganismen mit Sauerstoff nicht mehr ausreichend gewährleistet, die Bildung von anaeroben Zonen wird begünstigt [29, 38].

Wird eine statische Miete betrachtet, so verringert sich mit zunehmender Rottezeit das Gesamtporenvolumen aufgrund von Setzungsvorgängen und des Abbaus an organischer Substanz (Abb. 8.14). Im Verlauf nimmt die Korndichte des Materials, abhängig vom Abbauprozess, um über 20 % zu. Der Anteil des Wasservolumens verringert sich von über 20 % auf ca. 10 %, das Luftporenvolumen bleibt hierbei häufig in der Größenordnung von 60 bis 70 % konstant.

8.2.2.7 pH-Wert

Die Aktivität der Mikroorganismen und damit die Rotteintensität ist stark beeinflusst vom pH-Wert des Ausgangssubstrates, wobei weniger die potentielle, als die aktuelle

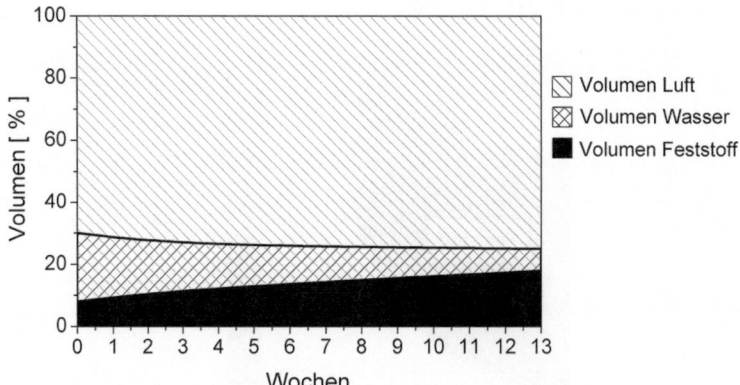

Abb. 8.14 Porenvolumina in Abhängigkeit von der Rottezeit (nach [32])

Wasserstoffionenkonzentration entscheidend ist [28]. Positiv auf die Rotteintensität wirken sich pH-Werte im alkalischen Bereich bis maximal 11 aus, während Werte unter pH 7 im Ausgangssubstrat eine Verlangsamung der mikrobiellen Aktivität bewirken. Dies zeigt sich deutlich zu Beginn des Rotteprozesses. Wie in Abb. 8.15 dargestellt, verlängert sich die Lag-Phase mit abnehmendem pH-Wert (hier dargestellt bis zum Zeitpunkt der maximalen Temperatursteigung) nahezu exponentiell. Über die Rottezeit betrachtet verändert sich der pH-Wert. Bei pH-Werten unter 5 ist eine starke Hemmwirkung festzustellen. Bioabfälle werden häufig aufgrund des praktizierten Sammelrhythmus von 14 Tagen mit pH-Werten im sauren Bereich in Kompostierungsanlagen angeliefert.

Der Verlauf des pH-Wertes wird zu Beginn des Rotteprozesses stark vom Zustand des Rottegutes beeinflusst.

Liegt ein neutrales bis leicht alkalisches Rottegut vor, findet während der ersten Rottephase ein Absinken des pH-Wertes in den sauren Bereich auf ca. pH 5,5 bis 6 statt. Dies wird verursacht durch die CO_2-Bildung, die Bildung von organischen Säuren als Zwischenprodukt des mikrobiellen Abbaus und die Nitrifikation. Mit zunehmender Rottezeit steigt der pH-Wert aufgrund verstärkter mikrobieller Aktivität, verbunden mit der Bildung von Ammoniak, auf Werte von deutlich über pH 8 an.

Wird das Rottegut in saurem Zustand in die Kompostierung gebracht, was gerade bei langen Abfuhrrhythmen in der Bioabfallsammlung aufgrund der Bildung organischer Säuren häufiger auftritt, ist dieses typische Absinken des pH-Wertes nicht zu erkennen. Hier findet innerhalb der ersten 1 bis 2 Wochen ein Ansteigen über den pH-Wert 7 statt; in den folgenden Wochen pendelt sich dieser ebenfalls auf ca. 8 bis 8,5 ein.

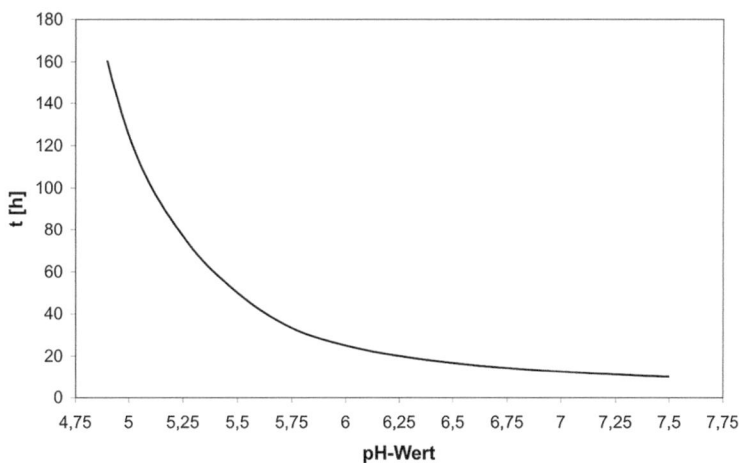

Abb. 8.15 Abhängigkeit der Lag-Phase vom pH-Wert (nach [32])

8.2.2.8 Art des Substrates, Substratkonzentration und -abbau

Kompostiert werden können nur organische Verbindungen, die biologisch zu verwerten sind. Diese bestehen aus einem mineralischen, einem organischen Anteil und Wasser. Die organischen Substanzen werden von den aeroben Mikroorganismen als Energiequelle zur Aufrechterhaltung der Lebenstätigkeit verwendet, während die mineralischen Substanzen, die eine große Relevanz für die Anwendung des Kompostes besitzen, für den *Rotteprozess* von zweitrangiger Bedeutung sind.

Die Abbaurate eines Substrates bei einer enzymisch katalysierten Umwandlung – angegeben in umgesetzter Substratmenge pro Zeiteinheit – ist abhängig von der Substrat- bzw. Enzymkonzentration. Für enzymatische Prozesse wird diese Relation durch die Michaelis-Menten-Beziehung ausgedrückt, nach der die Reaktionsgeschwindigkeit in der Regel mit dem Ansteigen der Substratkonzentration hyperbolisch zunimmt [39].

Übertragen auf homogene Systeme, d. h. die Mikroorganismen sind in einer flüssigen Phase dispergiert, in welcher das Substrat in gelöster Form vorliegt, steigt die Substratausnutzung mit der Substratkonzentration hyperbolisch an (Monod-Gleichung). Hierbei ist der Massentransport des Substrates zur Zelle kein limitierender Faktor, sodass die *Kinetik* durch das limitierende Substrat gesteuert wird [29, 39].

In der Kompostierung liegt ein heterogenes System vor, mit festem Substrat und begrenztem Wassergehalt. Dieses in fester Form vorliegende Substrat muss durch Hydrolyse in niedermolekulare Stoffe umgewandelt werden, bevor es in die Zelle zur Nährstoffversorgung gelangen kann. Hieraus resultiert, dass nicht die Substratkonzentration selbst, sondern die Möglichkeit der enzymatischen hydrolytischen Aufspaltung über die Verfügbarkeit des Substrates und damit die Nährstoffversorgung entscheidet (z. B. Zellulosezersetzung) [29].

Der Abbau der organischen Trockenmasse ist unter Kenntnis der Trockenmasse und der Glühverluste vor und nach dem Rotteprozess zu berechnen.

$$a_{OTM} = \left(1 - \frac{(1 - GV_A)}{(1 - GV_E)}\right) \cdot \frac{1}{GV_A} [-] \tag{8.5}$$

mit

GV_A = Glühverlust am Anfang der Rotte [−]
GV_E = Glühverlust am Ende der Rotte [−]

In den ersten Wochen des Rotteprozesses wird der größte Teil der organischen Trockenmasse abgebaut. Gegen Ende der Rottezeit verlangsamt sich der Abbauprozess, Umbauvorgänge gewinnen an Bedeutung (Abb. 8.16).

In der Bioabfallkompostierung kann innerhalb eines Zeitraumes von 12 Wochen – abhängig von Kompostmaterial und Prozessführung – mit einer Abbaurate von ca. 40 % bis zu 70 % gerechnet werden, während speziell bei stark lignozellulosehaltigen Grünabfällen die Abbaurate im gleichen Zeitraum unter 30 % liegen kann.

8 Biologische Verfahren

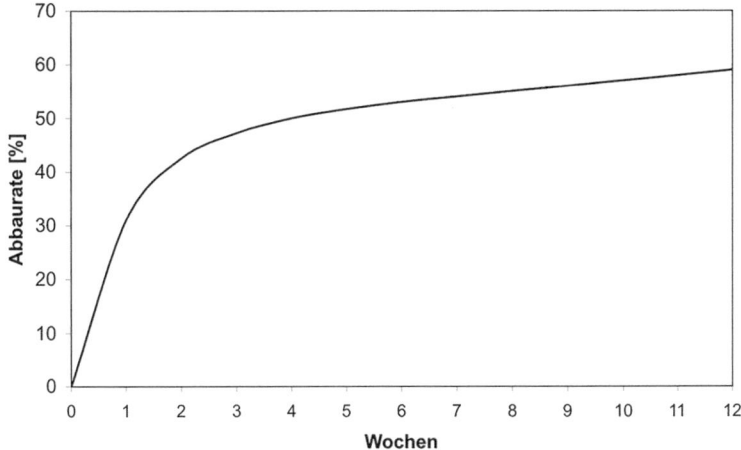

Abb. 8.16 Abbaurate der organischen Trockenmasse in Abhängigkeit von der Rottezeit (nach [32])

8.2.2.9 C/N-Verhältnis

Das Verhältnis von Kohlenstoff- zu Stickstoff-Atomen des Ausgangsmaterials zur Kompostierung hat einen Einfluss auf die Abbaurate des Rottegemisches. Die höchsten Abbauraten sind bei einem C/N-Verhältnis von ca. 20:1 bis 25:1 zu erzielen [36]. Im Fall eines zu engen C/N-Verhältnisses (< 10) stellt Kohlenstoff, bei einem zu weiten C/N-Verhältnis Stickstoff, einen limitierenden Wachstumsfaktor dar (> 40). Demnach bewirkt ein vom Optimum abweichendes C/N-Verhältnis eine Verlängerung der Rottezeit, die Abbaugeschwindigkeit wird reduziert. Eine Hemmung der Mikroorganismentätigkeit findet jedoch nicht statt [36]. Das C/N-Verhältnis von Küchenabfällen liegt i. d. R. etwas unter 20:1, bei Grünabfällen deutlich darüber.

Ammonium-/Nitrat-Stickstoff
Während des Abbaus stickstoffhaltiger organischer Verbindungen wird ein Teil des Stickstoffes als Ammoniumstickstoff umgewandelt. Dieser wird jedoch häufig direkt von den Mikroorganismen assimiliert oder über Nitrit zu Nitrat oxidiert. Hierbei ist festzustellen, dass in den ersten Wochen der Rotte eine Festlegung des organischen Stickstoffes erfolgt und erst danach eine Remineralisierung eintritt. Damit kann i. d. R. mit fortgeschrittenem Rottestadium eine Erhöhung des Nitratgehaltes festgestellt werden, während gleichzeitig der Ammoniumgehalt deutlich absinkt. Zu hohe Ammonium-Stickstoffgehalte geben einen Hinweis auf einen geringen Rottegrad. Es ist jedoch zu beachten, dass Ammonium- und Nitrat-Stickstoffgehalte nicht zur generellen Beurteilung des Rotteverlaufes herangezogen werden können; sie können nur im Zusammenhang mit anderen Parametern interpretiert werden.

8.2.2.10 Thermische Kenngrößen

Im Hinblick auf die thermodynamischen Prozesse während der Kompostierung, speziell die Wärmeübertragung, aber auch die Nutzung der durch den aeroben Abbau freigesetzten Wärmeenergie, sind zwei materialspezifische Parameter von Bedeutung:

- die spezifische Wärmekapazität und
- die Wärmeleitfähigkeit des Rottegutes.

Spezifische Wärmekapazität des Rottegutes

Die spezifische Wärmekapazität ist ein Maß dafür, welche Wärmemenge in einem Material bei einem entsprechenden Temperaturniveau gespeichert ist bzw. welche Wärmemenge notwendig ist, den Stoff auf eine entsprechende Temperatur zu bringen.

Die spezifische Wärmekapazität von Bioabfall bzw. Kompost wird erheblich durch den Wassergehalt beeinflusst. Sie ist linear vom Wassergehalt abhängig, wie in Abb. 8.17 dargestellt. Der Wert bei 100 % Wassergehalt entspricht dabei genau demjenigen von Wasser. In einem feuchten Rottegemisch mit einem Wassergehalt von 65 % erreicht die spezifische Wärmekapazität den Wert von 3,2 kJ/(kg K).

Eine Änderung der Zuschlagstoffe des Rottegutes beeinflusst die spezifische Wärmekapazität bezogen auf die Trockensubstanz in geringem Umfang. Durch Mineralisierungsvorgänge infolge des Abbaus organischer Substanz ist, bezogen auf die Trockensubstanz, eine Abnahme der spezifischen Wärmekapazität um bis zu 15 % vom Ausgangswert festzustellen.

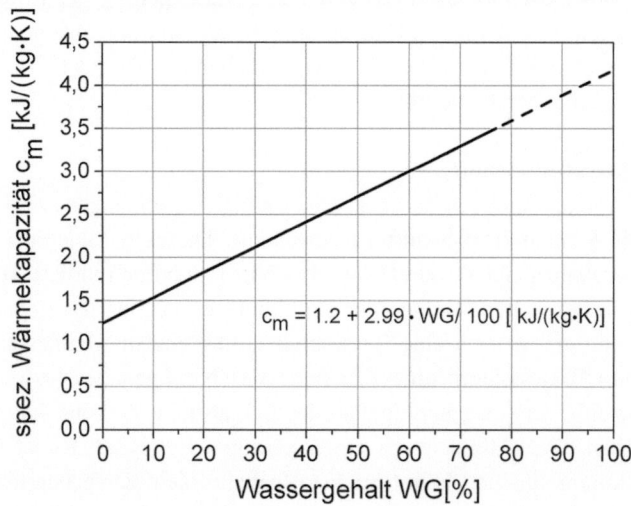

Abb. 8.17 Spezifische Wärmekapazität des Rottegutes in Abhängigkeit vom Wassergehalt [27]

Wärmeleitfähigkeit

Die Wärmeleitfähigkeit stellt eine Stoffkonstante dar, die bestimmt, in welchem Maß eine Wärmeübertragung im Material von statten geht. Sie hat somit direkte Auswirkungen auf die Wärmeverluste eines Haufwerkes und auf den Wärmeentzug z. B. mittels in den Kompost eingelegter Wärmetauscher.

Die effektive Wärmeleitung des Rottegutes, welches ein Dreiphasengemisch darstellt, wird jedoch nicht nur beeinflusst von der Wärmeleitfähigkeit des Strukturmittels selbst, sondern auch vom Zusammenwirken von Stoff- und Energietransport über das Porenwasser und die Porenluft. Hieraus resultiert, dass besonders das Luftporenvolumen und der Wassergehalt wesentliche Faktoren für die Wärmeleitfähigkeit darstellen.

In einem Dreiphasengemisch sind vier Arten der Wärmeübertragung möglich [40]:

- im Feststoff,
- in der Flüssigkeit,
- im Dampf-Luft-Gemisch, welches von benetzten Porenwänden umschlossen ist, sodass eine Wasserdiffusion stattfinden kann,
- im Dampf-Luft-Gemisch, welches von trockenen Porenwänden begrenzt ist, sodass nur Wärmestrahlung und die molekulare Wärmeleitung des Gases auftreten.

Mit zunehmendem Wassergehalt ist ein starkes Ansteigen der Wärmeleitfähigkeit verbunden, indem der Anteil des Wassers, welcher eine hohe Wärmeleitfähigkeit besitzt, gegenüber den Feststoffen und der Porenluft immer mehr zunimmt.

Mit zunehmender Temperatur steigt ebenfalls die Wärmeleitfähigkeit, vor allem verursacht durch die verstärkte Dampfdiffusion, welche den Energieaustausch fördert. Hieraus ist zu folgern, dass sich bei Komposten mit einem Wassergehalt von 50 bis 60 % und Temperaturen von 40 bis 60 °C, die Wärmeleitfähigkeit zwischen 0,20 W/(m · K) bis 0,35 W/(m · K) bewegt [27].

Im Vergleich zu anderen Stoffen liegt die Wärmeleitfähigkeit von Rottegut im Bereich zwischen mäßig leitendem und isolierendem Material. Für eine Wärmeentnahme mittels eingelegter Wärmetauscher ist die Leitfähigkeit als nur mäßig zu beurteilen.

8.2.3 Aufbau von Kompostierungsanlagen

8.2.3.1 Einleitung

Grundsätzlich ist in der Kompostierung von Siedlungsabfällen zwischen der Eigenkompostierung, welche auch als Maßnahme zur Abfallvermeidung betrachtet werden kann (siehe auch Abschn. 4.1.2), und der Kompostierung in technischen Anlagen zu differenzieren. Hierbei sind die technischen Kompostierungsanlagen in der Regel in Anlagen zur Bioabfall- und Grünabfallkompostierung (häufig auch als Biogut- und Grüngutkompostierungsanlagen bezeichnet) zu unterteilen, welche sich sowohl im

Eintragsmaterial als auch in der Verfahrenstechnik und Betriebsweise bis hin zu den Kostenstrukturen deutlich unterscheiden.

8.2.3.2 Eigenkompostierung

Die Eigenkompostierung von häuslichen Bioabfällen hat besondere Bedeutung, da

- keine Genehmigung für Bau und Betrieb erforderlich ist,
- keine Emissionen durch externe Sammlung und Transport entstehen,
- die erzeugten Komposte selbst eingesetzt werden. Hierdurch wird von vornherein durch die Haushalte auf Störstofffreiheit geachtet und der Vermarktungsaufwand entfällt,
- das Umweltbewusstsein durch die mit der Eigenkompostierung verbundenen Aktivitäten geschärft wird,
- keine Kosten für Sammlung, Transport, Kompostherstellung und Vorortvermarktung entstehen,
- die zu entsorgende Abfallmenge reduziert wird.

Die Realisierung der Eigenkompostierung ist von einer Anzahl an Faktoren abhängig. Es ist zu beachten, dass unter abfallwirtschaftlichen Aspekten auf Ebene der Gebietskörperschaften die Eigenkompostierung nur für Teilströme angesetzt werden kann. Schätzungen gehen von einer Menge in Höhe von 2,5 Mio. bis über 6 Mio. Mg/a an Bioabfällen aus, die in Deutschland in der Eigenkompostierung behandelt werden; DESTATIS gibt für 2020 eine Abschätzung von 2,6 Mio. Mg/a an [41]. Die Entscheidung auf Haushaltsebene, inwieweit eine Eigenkompostierung durchgeführt wird, hängt von den Rahmenbedingungen ab, deren wesentliche in Tab. 8.2 zusammengefasst dargestellt sind [9, 42–44].

Als Sonderfall der Eigenkompostierung ist die Quartierkompostierung (Genossenschaftskompostierung) zu nennen (Beispiel Stadt Zürich) [45]. Hierbei wird die Eigenkompostierung im Geschoßwohnungsbau durch die Bewohner gemeinsam durchgeführt. Es ist zu beachten, dass die Quartierkompostierung an das Engagement Einzelner und an die Akzeptanz aller Bewohner gekoppelt ist. Inwieweit städtische Siedlungen mit starker Bevölkerungsfluktuation eine langfristige Funktionssicherheit der Quartierkompostierung ermöglichen, ist fraglich [46].

8.2.3.3 Technische Kompostierungsverfahren

Zur Kompostierung großer Mengen separat erfasster Bioabfälle sind technische Anlagen erforderlich. Dabei ist in dezentrale und zentrale Anlagen zu unterscheiden.

Eine objektive Abgrenzung in *dezentrale* bzw. *zentrale* Anlagen ist nicht generell möglich. Bezogen auf die Situation in Deutschland mit entsorgungspflichtigen Gebietskörperschaften auf Land- bzw. Stadtkreisebene kann in diesem Zusammenhang die Abgrenzung durch die angeschlossenen Einwohnerzahlen bzw. den Anlagendurchsatz erfolgen. Gleichzeitig beinhaltet diese Abgrenzung auch die Art des Betriebes.

Tab. 8.2 Rahmenbedingungen für die Eigenkompostierung, nach [9, 42–44]

Lokale Voraussetzungen	☐ Stellfläche für Komposter bzw. Kompostmiete ☐ Aufbringungsfläche mindestens 25 m^2/E, besser 50 m^2/E (sonst Überdüngung) ☐ schattiger Standort ☐ Belange der Nachbarschaft beachten
Kompostierungstechnik	☐ schichtenweises Aufsetzen auf Miete oder in Komposter ☐ keine verzinkten Konstruktionen ☐ gute Belüftung über Oberfläche ☐ Wärmedämmung vorteilhaft im Winter ☐ Verbindung zum Erdboden erforderlich (Wasserhaushalt, Regenwürmer etc.)
Rotteprozess	☐ gute Durchlüftung (Struktur) ☐ Verhindern von Austrocknen, ggf. Befeuchten ☐ gute Vermischung der Ausgangsmaterialien ☐ mindestens einmaliges Umsetzen ☐ Vermischung mit Fertigkompost bei Neuansatz vorteilhaft ☐ Rottezeit mindestens 6 Wochen (Mulch), 6 bis 12 Monate Fertigkompost
Ausgangsmaterial	☐ alle Gartenabfälle (ohne phytopathogene Bestandteile) ☐ Häcksel von Baum- und Strauchschnitt ☐ Angewelkter Grasschnitt ☐ Laubarten mit hohem Gerbsäureanteil schwer verrottbar (Eiche, Nussbaum, Kastanie) ☐ Küchenabfälle gut kompostierbar (keine Fleisch- und Wurstwaren, kein Fisch, kein Käse (Hygiene) ☐ keine Staubsaugerbeutelinhalte und Kohleasche ☐ Zeitungspapier (in geringen Anteilen) kann zugegeben werden
Abfallwirtschaft	☐ Wirklichkeitsmaßstab wirkt unterstützend ☐ ggf. finanzielle Unterstützung bei Investition des Komposters (mit Fachberatung) ☐ Gartenbesitzer mit Eigenkompostierung (65–85 %), ca. 6 Mio. Mg/a (geschätzt) abgeschöpft in Deutschland
Motivation und Kenntnisstand	☐ Arbeits- und Zeitaufwand erfordert Motivation (altruistische Gründe, Gebühreneinsparung, eigener Bodenverbesserer) ☐ hoher Informationsstand muss gewährleistet sein (Kompostfibel, Schulung durch Gartenbauberater)

Als Schnittstelle kann eine Einwohnerzahl von maximal 10.000 Einwohnern bzw. ein maximaler Durchsatz bis zu 1000 Mg/a angesetzt werden. Der Betrieb dieser Anlagen erfolgt durch Gartenbaubetriebe bzw. die Landwirtschaft, die durch eigenes Personal und einen im Maschinenring organisierten Maschinenpark bis hin zum Einsatz der Komposte durch Eigenverwertung die Anlage betreiben.

Die Kompostierung von Grüngut wird in vielen Gebietskörperschaften schon seit vielen Jahren dezentral durchgeführt; in der Biogutkompostierung sind dezentrale Systeme selten. In Tab. 8.3 sind die Vor- und Nachteile der dezentralen Verfahren dargestellt.

Resultierend aus den Entwicklungen der letzten Jahre mit einem hohen Anschlussgrad städtischer Gebiete, der Emissionsminimierung, dem erforderlichen organisatorischem Aufwand, der Qualitätskontrolle und der Kosten, verbunden mit zunehmender Übertragung der Planung, dem Bau und Betrieb von Kompostierungsanlagen an Entsorgungsunternehmen sind die in dezentralen Anlagen kompostierte Bioabfallmengen verhältnismäßig gering.

8.2.4 Technik der Kompostierung

8.2.4.1 Prinzipieller Aufbau von Kompostierungsanlagen

Der Verfahrensablauf von Bioabfallkompostierungsanlagen ist grundsätzlich in die in Abb. 8.18 dargestellten Schritte zu unterteilen. Abb. 8.19 zeigt ein Grundfließbild.

Wiegung und Registrierung

Sämtliche angelieferten Abfälle sowie die Stoffströme, welche die Anlage verlassen, wie z. B. Kompost, Fe-Metalle sowie Sortier-, Sieb- und Sichtreste werden im Eingangsbereich verwogen und registriert. Gleichzeitig werden Gebühreneinnahmen und Erlöse aufgenommen.

Diese Maßnahmen sind erforderlich, um eine komplette Mengenbilanz der Stoffströme zu ermöglichen, die interne und externe Abrechnung zu gewährleisten (Abfallgebühren, Komposterlöse) und eine Sichtkontrolle ein- und ausfahrender Fahrzeuge und deren Ladungen durchzuführen. Im Hinblick auf eine zügige Abfertigung und die Minimierung des Verwaltungsaufwandes ist es üblich, dass die Wiege- und Abrechnungsvorgänge durch den Einsatz von EDV-Systemen automatisiert sind.

Annahme und Zwischenspeicherung

Zwar ist es prinzipiell machbar, (z. B. bei Kompostierungsanlagen mit sehr geringem Durchsatz oder Anlagen mit gleichmäßigen Materialanlieferungen) auf eine Zwischenspeicherungsmöglichkeit zu verzichten, in der Regel ist es jedoch erforderlich, eine solche vorzusehen. Eine Zwischenspeicherung hat folgende Funktionen wahrzunehmen:

- definierter Anlieferungsbereich für die Fahrzeuge; kein externer Fahrzeugverkehr im Bereich des Aufbereitungs- und Rotteteils,
- Zwischenlagerungsmöglichkeit für Einzelchargen zwecks späterer Homogenisierung,
- Mischung verschiedener Chargen,
- Sichtkontrolle der angelieferten Chargen mit der Möglichkeit des Abtrennens von groben Fehlwürfen oder stark verunreinigten Anlieferungen,
- Schaffung der Möglichkeit zeitgleicher Anlieferung durch verschiedene Fahrzeuge,

Tab. 8.3 Vor- und Nachteile dezentraler und zentraler Kompostierung (nach [47, 48])

Kriterium	Dezentrale Kompostierung	Zentrale Kompostierung
Anlagengröße	<1000 Mg/a	≫1000 Mg/a
Angeschlossene Einwohner	<10.000 E/Anlage	≫10.000 E/Anlage
Siedlungsstruktur	Ländlich strukturiert	Ländlich und städtisch Strukturiert
Genehmigungsprocedere [36]	<10 Mg/d: baurechtl. Genehmigung	10–75 Mg/d → Vereinfachtes Verfahren gemäß § 19 BImSchG (ohne Öffentlichkeitsbeteiligung) >75 Mg/a → Genehmigungsverfahren gemäß § 10 BImSchG (mit Öffentlichkeitsbeteiligung), IED Anlage!
Aufbereitungstechnik der Bioabfälle	Manuelle Sortierung von groben Störstoffen aus der Miete. Zerkleinerung von Gartenabfällen durch Häcksler, Mischung beim Aufsetzen	Maschinelle Aufbereitungstechnik abh. von Verfahren: Dekompaktierung, Siebung, Fe-Abscheidung, Störstoffentnahme, Homogenisierung, Mischung
Rottetechnik	Offene Mietenverfahren (ohne Zwangsbelüftung), teilweise mit Umsetzen. Mobile Aggregate	Offene und gekapselte Verfahrenstechnik, Intensivrotteverfahren, häufig automatisch ggf. umsetzen, Steuerung der Rotte, Bewässerung, i. d. R. fest installierte Aggregate
Feinaufbereitungstechnik	Absieben durch mobile Aggregate	Absieben, Hartstoffabscheidung, Sichtung durch i. d. R. fest installierte Aggregate
Anlagenbetrieb	Verbundsystem, Austausch von Personal und Maschinen (z. B. Maschinenring) Landwirtschaft, GaLaBau	Personal und Maschinen am Platz, Gebietskörperschaften, Entsorgungsunternehmen
Emissionen	Frachten rel. gering durch kleine Anlage, Konzentrationen rel. hoch, da keine Kapselung	Relativ große Frachten, da große Anlagen, Konzentrationen rel. gering bei Anlagenkapselung
Spezifischer Flächenbedarf	Relativ hoch, da in Relation zu Rottefläche große Weg- und Arbeitsflächen	Relativ gering, da günstige Flächenausnutzung u. a. durch kompakte Rottesysteme
Standortfindung	Mehre Standorte erforderlich, häufig schwierig	Nur ein Standort erforderlich, Akzeptanzproblematik

(Fortsetzung)

Tab. 8.3 (Fortsetzung)

Kriterium	Dezentrale Kompostierung	Zentrale Kompostierung
Lokale Identifikation	Rel. hoch, da überschaubar und dicht am Einzugsgebiet	Gering, dadurch häufig wenig Akzeptanz
Transportaufkommen	Geringe Entfernungen zum Sammelgebiet und zum Komposteinsatz, geringes Transportaufkommen	z. T. lange Anfahrtswege aus Gebietskörperschaft, lange Verwertungswege, hohes Transportaufkommen
Kompostqualität	Ungleichmäßig durch lokale und zeitliche Schwankungen, intensive Rottebetreuung aufwendig	Relativ gleich bleibend, da lokale und zeitliche Kompensationen möglich, Rotteführung und Störstoffentnahme gezielter möglich
Fremdüberwachung	Aufwendig, weniger überschaubar, da viele Einzelanlagen	Gut überschaubar, da im Verhältnis wenige Anlagen
Organisationsaufwand	Hoch, da Austausch von Personal und Maschinen	Relativ gering, da Personal und Maschinen am Platz
Vermarktung	Lokale Absatzmöglichkeit, hohe Identifikation mit Produkt	Aufwendiger, überregionale Vermarktung häufig erforderlich
Spezifische Kosten	Stark abhängig von Anlagenbetrieb und Vermarktungskosten, infolge einfacher Technik vergleichsweise häufig geringer	Relativ hoher Anteil an Kapitalkosten, besonders bei technisch aufwendigen Anlagen; starke Kostendegression bei steigendem Durchsatz

- Puffer für Spitzenbelastungen und kurzfristige Betriebsunterbrechungen,
- Gewährleistung eines kontinuierlichen Durchsatzes für die nachfolgende Aufbereitung, (Entkoppelung von Anlieferung und Aufbereitung).

Diese Zwischenspeicherung wird für Bioabfälle in der Regel auf einen Tag begrenzt, um die Bildung von Gerüchen und Sickerwasser zu vermeiden, aber auch die mit einer eventuellen Selbsterhitzung oder Anaerobie einhergehenden Emissionen. Zur Minimierung von Emissionen ist der Anlieferungs- und Zwischenspeicherbereich üblicherweise eingehaust; eine gezielte Absaugung einzelner Bereiche ist sinnvoll.

Für pflanzliche Abfälle, welche als Strukturmaterial eingesetzt werden sollen (z. B. Baum- und Strauchschnitt), sind, abhängig vom Sammelsystem und -turnus, weitere Zwischenspeicherplätze erforderlich. Diese Strukturmaterialien können in einem Freilager i. d. R. auch über mehrere Wochen zwischengespeichert werden.

8 Biologische Verfahren

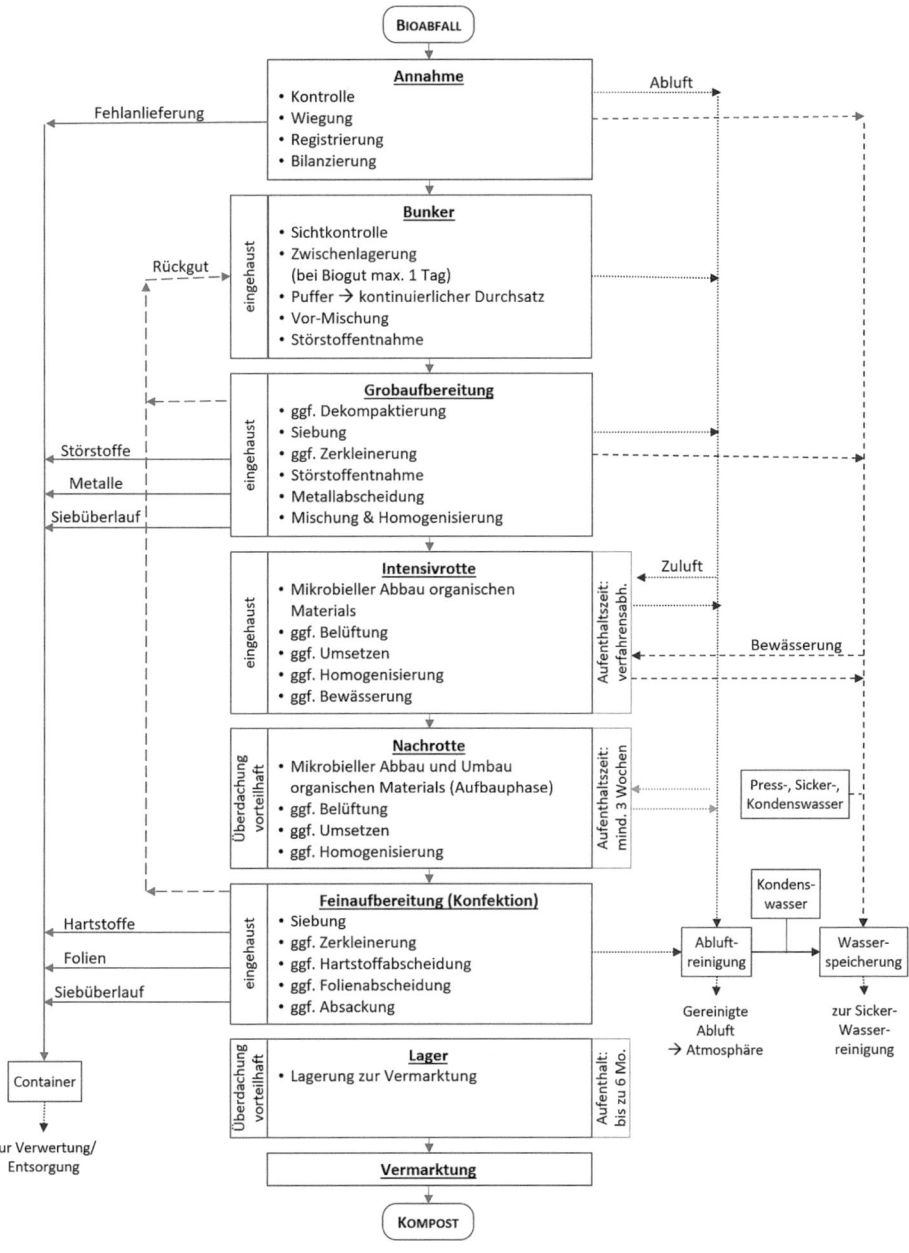

Abb. 8.18 Verfahrensschema einer Bioabfallkompostierungsanlage

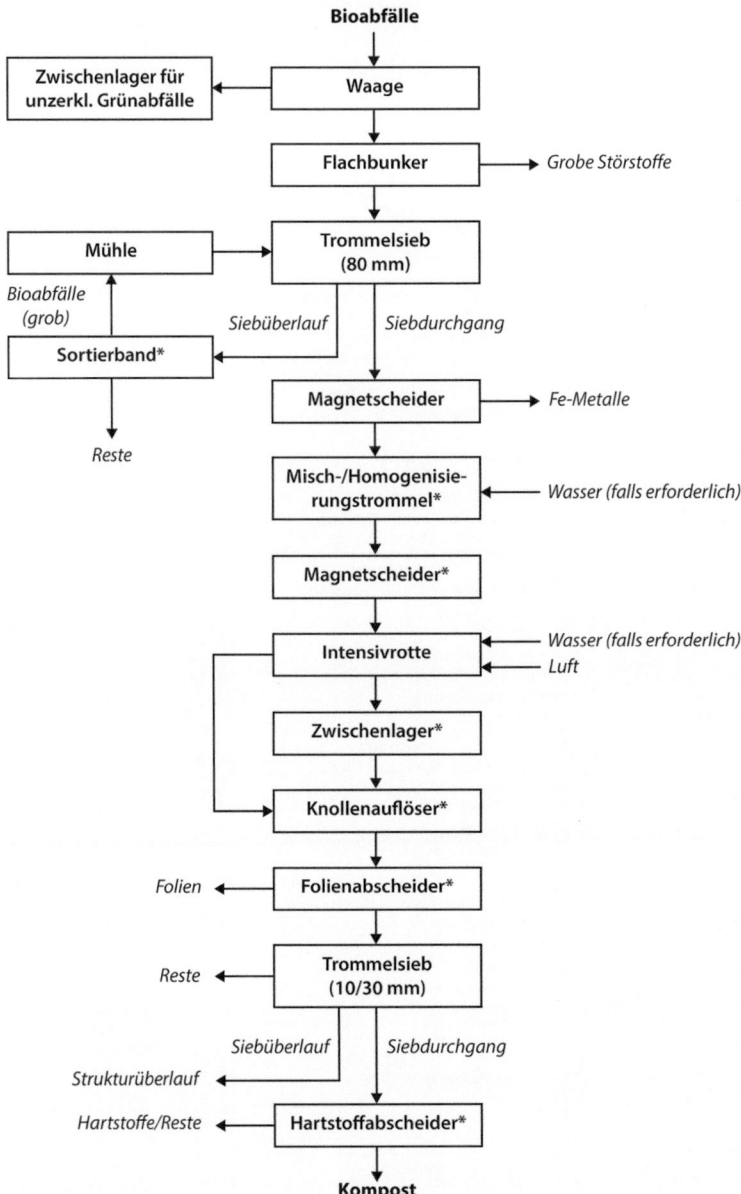

Abb. 8.19 Grundfließbild einer Bioabfallkompostierungsanlage (* entfällt häufig bei technisch einfachen Anlagen)

Grobaufbereitung

Mit der Aufbereitung der Abfälle vor der Kompostierung werden drei Ziele verfolgt:

- Herstellung eines schadstoff- und störstoffarmen Ausgangsproduktes zur Kompostierung,
- Einstellung optimierter physikalischer Eigenschaften des Rottegutes,
- Selektion von die nachfolgenden Prozessschritte störenden Materialien.

Diese Aufbereitung ist in der Regel erforderlich, da bei weitgehend flächendeckender Erfassung von Bioabfällen trotz hoher Trenneffektivität von einem Schad- und Störstoffgehalt größer 1 % auszugehen und durch das Behältersystem die Anlieferung von groben Abfallbestandteilen nicht auszuschließen ist. Hierfür sind die nachfolgend beschriebenen Verfahrensschritte geeignet, welche entweder in jeweils hierfür spezifisch vorgesehenen Aggregaten durchgeführt werden, oder durch einzelne Aggregate mehrere Funktionen übernommen werden. Generell ist für eine erfolgreiche und sinnvolle Aufbereitung nicht nur die Auswahl eines geeigneten Aggregats selbst, sondern ebenfalls die abgestimmte Anordnung der Aggregate untereinander von erheblicher Bedeutung.

Dekompaktierung

Häufig werden Bioabfälle im Haushalt, auch wenn dies von den entsorgungspflichtigen Gebietskörperschaften nicht empfohlen wird, in reißfesten Papier- oder Plastiktüten gesammelt, mancherorts ist auch das Einwegsammelsystem als Sacksystem eingeführt. In beiden Fällen ist für eine gezielte nachgeschaltete Aufbereitung bzw. einen geordneten Rotteprozess eine Öffnung der Säcke erforderlich. Dies wird in eigens hierfür eingesetzten Aggregaten oder z. B. innerhalb des Zerkleinerungs- oder Absiebvorganges durchgeführt.

Zerkleinerung

Die Zerkleinerung hat die Aufgabe, die angelieferten Abfälle zu dekompaktieren (z. B. Öffnen von Säcken) und deren Stückgröße soweit zu reduzieren, dass in den nachfolgenden Prozessschritten keine Verstopfungen auftreten oder durch Überschreiten der Abmessungen von Förderaggregaten Stoffe nicht kontinuierlich durch die Anlage gefördert werden können (z. B. Querstellen oder Herunterfallen von Förderbändern, Verstopfungen bei Übergabestellen etc.). Übliche Zerkleinerungsverfahren sind beispielsweise Kammwalzenzerkleinerer, Rotorscheren oder Schneckenmühlen (vgl. Kap. 6).

Im Hinblick auf die Kompostierung besteht die Hauptaufgabe darin, die spezifische Oberfläche der Abfälle zu vergrößern und damit besser mikrobiell angreifbar zu machen sowie die Aufnahmefähigkeit von Wasser oder von Zuschlagstoffen zu verbessern. Gleichzeitig kann eine gewisse Homogenisierung erreicht werden. Das Material sollte durch die Zerkleinerung zur Vergrößerung der Oberfläche aufgefasert werden (Schlagen, Reißen, Quetschen); Hacken oder Schneiden sind nur bedingt geeignete Methoden.

Die Zerkleinerung wird mehrheitlich nicht für alle Bioabfälle vorgenommen. Abhängig vom Zerkleinerungsverfahren (z. B. bei schlagender Beanspruchung einer Hammermühle) besteht sonst die Gefahr, dass Zellwasser aus dem Abfall freigesetzt wird und damit ein Verklumpen oder die Bildung von Sickerwässern auftreten kann. Außerdem ist der Verschleiß der Zerkleinerungsaggregate vor allem durch abrasive Bestandteile (Sand u. ä.) höher, als wenn nur bestimmte Fraktionen zerkleinert werden. Üblich ist, bei Grünschnitt nur grobe Stoffe (z. B. Baum- und Strauchschnitt) komplett zu zerkleinern, während im Biogut aus der getrennten Sammlung nur das Überkorn zerkleinert wird. Die Zerkleinerung von Bioabfällen kann dazu führen, dass die Fremdstoffgehalte im Produkt ansteigen. Dies ist besonders der Fall, wenn die Fremdstoffe so zerkleinert werden, dass sie nicht im Prozess entfernt werden können; dies gilt in besonderer Weise für Kunststoffe.

Siebung

Die Siebung hat im Rahmen der Grobaufbereitung die Funktion, die Abfälle in gewünschte Korngrößen zu klassieren. Hierdurch kann Überkorn, welches den nachfolgenden Verfahrensablauf beeinträchtigt, separiert werden. Gleichzeitig können grobe und nicht verrottbare Störstoffe (z. B. Plastiktüten) für eine nachfolgende weitere Störstoffauslese und grobe Bioabfälle zur separaten Zerkleinerung aus dem Material abgetrennt werden. Der Siebschnitt liegt hier bei ca. 60 bis 100 mm. Die Siebung der Feinfraktion mit dem Ziel, die Schwermetallbelastung des Kompostes zu verringern, ist für Bioabfall nicht praktikabel, da aufgrund des hohen Wassergehaltes und der damit verbundenen Anhaftung an gröbere Bestandteile die Feinfraktion nicht effektiv abgetrennt werden kann (Verklumpen, Verstopfen der Siebbeläge).

Störstoffauslese

Neben der Auslese grober auffälliger Störstoffe (z. B. Grobeisenteile, Baumstümpfe etc.) im Annahmebereich, ist die Auslese von Störstoffen aus dem Bioabfall sinnvoll, um nicht kompostierbare Bestandteile oder Schadstoffe vom Rotteprozess fernzuhalten. Da diese Auslese nur manuell, in Ansätzen seit neuerer Zeit auch maschinell mit elektronischen Detektionssystemen und anschließendem mechanischen Austragen, durchgeführt werden kann, werden nur die Teilströme behandelt, an welchen die Entnahme sinnvoll möglich ist (ohne Feinkorn). In der Regel führen auch hygienische Gründe dazu, auf eine Sortierung des kompletten Stroms der Bioabfälle zu verzichten. Grundsätzlich ist auch eine Detektion über Nahinfrarot (NIR) mit anschließender Entnahme (z. B. Ausblasen) möglich. Aufgrund der hohen Wassergehalte des Bioabfalls und Verklumpungen ist dies in der Praxis mit erheblichen Schwierigkeiten behaftet.

Magnetscheidung

Die Abtrennung der Eisenbestandteile erfolgt durch das magnetische Prinzip. In dieser Abtrennung steht nicht die eigentliche Eisenfraktion im Vordergrund, welche nach dem Rotteprozess bei kleinen Korngrößen nicht mehr auffindbar ist. Vielmehr ist hierdurch gleichzeitig eine Schadstoffentnahme realisierbar, da in Stahl enthaltene Schwermetalle bzw. im Verbund mit Eisenmetallen stehende Schwermetalle (z. B. Beschichtungen, Verbindungselemente u. ä.) selektiert werden können. Diese Abtrennung erfolgt im Verfahrensablauf an solchen Stellen, an denen diese Stoffe durch vorgeschaltete Aufbereitungsschritte gut zugänglich sind.

Mischung und Homogenisierung
Da die angelieferten Bioabfälle abhängig vom Einzugsgebiet, dem Sammelsystem, der Jahreszeit und der vorgegebenen Bioabfalldefinition häufig hinsichtlich ihrer Struktur und ihres Wassergehaltes für die Kompostierung keine optimale Zusammensetzung besitzen, ist es in solchen Fällen erforderlich, Wasser, Strukturmaterial oder auch sonstige Additive hinzugeben zu können. Insbesondere mit Zunahme der energetischen Nutzung biogener Abfälle werden immer mehr Bioabfälle vor der Kompostierung einer anaeroben Behandlung (Vergärung) zugeführt und erst in einem zweiten Schritt kompostiert. Die Gärreste sind nach der Vergärung feucht, ggf. auch komprimiert – hier ist die Mischung mit strukturreichem Material besonders wichtig. Eine gleichmäßige Verteilung kann durch Mischaggregate gewährleistet werden. In der Praxis ist, abhängig von den o. e. Randbedingungen, eine Zumischung von ca. 10 bis 30 Massenprozent an Strukturmaterial sinnvoll. Die Wassergehalte des Bioabfalls sollten in Hinblick auf eine geregelte Sauerstoffversorgung und gute Nährstoffangebote im Bereich von ca. 50 bis 65 % liegen.

Zur Verbesserung der Milieubedingungen für die Mikroorganismen und damit einer Intensivierung der Rotte ist eine Homogenisierung vorteilhaft, um lokal eine vielfältige Substratzusammensetzung zu gewährleisten. Diese Homogenisierung ist nicht zwangsläufig erforderlich, kann jedoch besonders in statischen Rottesystemen eine Intensivierung des Rotteprozesses ermöglichen. Hierbei sind Aufenthaltszeiten von mindestens 20 bis 30 min im Homogenisierungsaggregat erforderlich. Die Mischung kann zufriedenstellend bei kleineren Anlagen auch in Verbindung mit Zerkleinerungsaggregaten oder der Absiebung (Siebtrommeln) erfolgen, eine Homogenisierung erfordert in allen Fällen ein eigenes Aggregat bzw. einen eigenen Verfahrensschritt.

Intensivrotte
Die Intensivrotte bildet das Herzstück von Kompostierungsanlagen. Dort werden durch Mikroorganismen organische Substanzen abgebaut, indem sie in neue organische Verbindungen, teilweise in Mikroorganismenmasse, in Gase (besonders Kohlenstoffdioxid) und Wasser umgewandelt werden. Ziel ist die Erzeugung eines Bodenverbesserers bzw. Sekundärrohstoffdüngers oder Substrates mit definierten Charaktereigenschaften. Hierbei sind Wassergehalt und Rottegrad des Kompostes die wesentlichen Zielgrößen für den Prozess. Entsprechend sind die Rottesysteme so zu gestalten und zu steuern, dass die Sauerstoffversorgung im gesamten Rottesystem sichergestellt ist und der Wassergehalt im optimalen Bereich liegt (Luftporenvolumen). Es muss eine Rotteführung mit hoher Betriebssicherheit gewährleistet werden. Emissionen sind standortabhängig zu minimieren, was vielerorts unter Beachtung der heutigen Genehmigungspraxis nur mit

gekapselten Rottesystemen möglich ist. Hierbei ist aus Kostengründen eine Minimierung des Flächenbedarfes anzustreben.

Die Rottezeiten sind abhängig vom geforderten Rottegrad am Ende der Intensivrottephase. Frischkomposte mit Rottegrad II sind innerhalb einer Rottezeit von 8 bis 10 Tagen zu erzeugen, Fertigkomposte mit Rottegrad IV sind auch bei optimierter Betriebsführung nicht unter 8 bis 10 Wochen herzustellen.

Nachrotte
Zur Erzielung des Rottegrades V und der Gewährleistung der Pflanzenverträglichkeit des Kompostes wird in der Regel eine Nachrotte vorgesehen. Diese wird, abhängig von den o.e. Bedingungen, entweder direkt der Intensivrotte oder der Feinaufbereitung nachgeschaltet.

Für Rottesysteme mit Rottezeiten unter 12 Wochen ist diese Nachrotte zur Erzielung der Pflanzenverträglichkeit von Fertigkomposten unumgänglich. Die Nachrotte ermöglicht, die im praktischen Betrieb von Anlagen auftretenden Schwankungen des Rottegrades bei Intensivrottesystemen auszugleichen und damit eine kontinuierliche Pflanzenverträglichkeit des abgegebenen Kompostes zu garantieren (Nachreifung). Im Gegensatz zu den Intensivrotteverfahren ist keine gezielte Steuerung der Nachrotte erforderlich. Die Rottezeiten sind abhängig von der Art der Intensivrotte und sollten in der Regel mindestens 3 bis 4 Wochen betragen.

Feinaufbereitung (Konfektionierung)
Die Feinaufbereitung, welche in der Regel der Intensivrotte nachgeschaltet ist, dient der Erzeugung definierter Kompostqualitäten (z. B. gemäß BGK) hinsichtlich Korngröße, Hart- und Fremdstoffgehalten. Stark abnehmerorientierte Anlagen mit wechselnden Qualitätsanforderungen führen eine Feinaufbereitung sinnvollerweise erst kurz vor Kompostabgabe nach der Lagerung durch.

Zwischenlagerung
Besonders bei semidynamischen Rottesystemen mit sehr hohen stündlichen Austragungsleistungen ist vor der Feinaufbereitung eine Zwischenlagerung erforderlich, um eine kontinuierliche Auslastung und damit eine betriebswirtschaftlich sinnvolle Auslegung der Feinaufbereitung zu ermöglichen. Diese Zwischenlagerkapazitäten orientieren sich an der Austragsleistung der Rotte und der Durchsatzleistung der Feinaufbereitung.

Zerkleinerung
Abhängig vom Rottesystem, speziell auch von der Art des Austragsystems, kann der Kompost in größeren Agglomerationen vorliegen (z. B. Brocken). Zur Verbesserung des Handlings und der Ausbeute aus der Feinaufbereitung, ist manchmal ein Zerkleinerungsaggregat (z. B. Knollenauflöser) installiert. Hierbei werden aggregatabhängig gleichzeitig auch größere Stücke des Strukturmaterials weiter zerkleinert, was abhängig vom

geforderten Siebschnitt den Sieb überlauf reduziert. Die Zerkleinerungsleistung kann im Vergleich zur Grobaufbereitung relativ gering bemessen sein.

Folienabscheidung
Zur Entnahme von Kunststofffolien zur Begrenzung des Fremdstoffanteils kann ein Folienabscheider eingesetzt werden. Auch kann die Rückgutqualität (Überkorn) damit verbessert werden.

Absiebung
Zur Herstellung von Komposten definierter Korngrößen entsprechend ihrem Einsatzbereich ist eine Absiebung erforderlich. Die Siebschnitte liegen hier abnehmerabhängig bei 8 bis 12 mm (Feinkorn), 16 bis 25 mm (Mittelkorn), 30 bis 40 mm (Grobkorn). Überkorn kann als Strukturmaterial zurückgeführt oder als Mulchmaterial abgegeben werden. Sind hohe Fremdstoffanteile festzustellen, wird häufig eine Absiebung unter 10 mm durchgeführt; hierbei gehen jedoch auch hohe Anteile an Organik als Überkorn verloren. Bei der Rückführung von Überkorn als Strukturmaterial sind Kunststoffe zu entfernen, um deren Anreicherung im Kompost zu vermeiden. Hierzu können Nahinfrarot(NIR)-Detektionssysteme eingesetzt werden und die Kunstsoffe durch Ausblasen entfernt werden. Dies ist bis zu einer unteren Korngröße von ca. 10 mm realisierbar. Häufig wird das Überkorn auch Biomassekraftwerken zugeführt.

Hartstoffabscheidung
Materialien mit hoher Dichte, wie Glas- und Tonscherben sowie Steine, sind zur Verbesserung der Kompostqualität aus dem Kompost abzuscheiden. Inwieweit eine Hartstoffabscheidung durchzuführen ist, hängt von der Reinheit des verarbeiteten Bioabfalls und den Ansprüchen der Abnehmer ab. In kleinen Anlagen wird in der Regel auf diesen Verfahrensschritt verzichtet.

Zumischen von Zuschlagstoffen
Zur Herstellung von Komposterden oder von Kultursubstraten bzw. Düngemitteln definierter Qualitäten werden in Einzelfällen Mischaggregate zur Zumischung von Zuschlagstoffen eingesetzt.

Pelletierung
In Sonderfällen werden Komposte zur Erzeugung von Substratdüngern pelletiert. Hierbei wird gegebenenfalls eine Trocknung dieser Pellets zur besseren Lagerfähigkeit vorgesehen.

Absackung
Für eine Vermarktung des Kompostes über Handelsketten oder gezielte Abgabe an Kleinabnehmer bietet die Absackung des Kompostes den Vorteil, die Lagerung und den Transport des Kompostes zu vereinfachen. Gleichzeitig ist durch die Absackung ein

Werbeeffekt gegeben: Der Sack kann als Informationsträger dienen, z. B. hinsichtlich der Inhaltsstoffe und der Kompostanwendung.

Lagerung
Ein gleichmäßiger Kompostabsatz ist in der Regel nicht gegeben. Die Hauptabsatzzeiten liegen meist im Frühjahr und im Herbst, sodass eine Zwischenlagerkapazität von bis zu einem halben Jahr notwendig ist.

Innerbetrieblicher Transport
Im Hinblick auf einen kontinuierlichen Betrieb und aus arbeitsmedizinischen Gründen sollte der Transport innerhalb der Anlage weitgehend automatisch und in wenig störungsanfälligen Transporteinrichtungen erfolgen. In Lagerbereichen wird der Transport mit Radladern durchgeführt. Hier ist auf klimatisierte Kabinen mit Filtern zu achten, um pathogene Mikroorganismen von diesem Arbeitsplatz fernzuhalten.

Maßnahmen zur Emissionsminderung
In sämtlichen Behandlungsschritten ist auf eine den Erfordernissen angepasste Minderung der Emissionen zu achten (siehe Abschn. 8.6). Dies hat sowohl für innerbetriebliche Belange (Arbeitsschutz, Reinigungsaufwand, Reparaturaufwand von Bauteilen und Maschinen), als auch für die Außenwirkung der Anlage, deren Genehmigungsfähigkeit und Akzeptanz, erhebliche Bedeutung.

Maßnahmen zur Fremdstoffentfrachtung
Zur Erzeugung eines fremdstoffarmen Produktes mit hoher Qualität ist neben der Anlieferung sortenreiner Bioabfälle (siehe Abschn. 8.1) auch die anlageninterne Verarbeitung der Bioabfälle ein relevanter Faktor. Hierbei sind besonders folgende Einflussgrößen zu nennen [14]:

- Stoffstromlenkung (Sichtkontrolle, verunreinigte Chargen)
- Verfahrenstechnik Vorbehandlung (Dekompaktierung, Siebung, Zerkleinerung Störstoffauslese, Mischung und Homogenisierung, Metallabscheidung, Folienabtrennung)
- Verfahrenstechnik Feinaufbereitung (Siebung, Hartstoffabscheidung, Leichtstoffabscheidung)
- Behandlung von Rückgut (z. B. Abtrennung von Kunststoffen)
- Qualitätssicherung der Produkte (Gütesicherung)
- Vermarktung

Besonderheiten von Kleinanlagen
Dezentrale Kleinanlagen sind mit den o. e. Verfahrensabläufen nicht in wirtschaftlich vertretbarem Rahmen zu betreiben und stellen im Bereich landwirtschaftlicher Betriebe häufig untergeordnete Emissionsquellen dar. Daher wird in der Praxis auf verschiedene

Verfahrensschritte verzichtet. Die hieraus resultierenden Vor- und Nachteile sind in Abschn. 8.2.3.3 aufgeführt.

- Wiegung und Registrierung:
  - Nutzung der örtlichen Gemeindewaage, alternativ: Abschätzen nach Volumen.
- Annahme und Zwischenspeicherung:
  - direktes Anliefern zur Grobaufbereitung oder auf die Rottefläche.
- Grobaufbereitung:
  - Zerkleinerung von Baum- und Strauchschnitt extern oder mittels mobiler Anlagen,
  - Dekompaktierung mit Schlepper oder manuell (Hygiene!),
  - Siebung entfällt oder durch mobile Aggregate,
  - Störstoffauslese mit Schlepper oder manuell (Hygiene!).
- Mischung und Homogenisierung:
  - durch Schlepper oder Umsetzgerät,
  - Magnetscheidung entfällt in der Regel,
  - Intensivrotte und Nachrotte sind häufig nicht direkt zu trennen. Einsatz einfacher Mietenverfahren,
  - Feinaufbereitung durch Absieben mittels mobiler Siebaggregate. Eine weitere Konfektionierung entfällt,
  - Lagerung entsprechend Erfordernis auf hierfür vorgesehenen Lagerflächen, evtl. extern,
  - Innerbetrieblicher Transport durch Schlepper und/oder Umsetzgerät.
- Maßnahmen zur Emissionsminderung beschränken sich auf die Befestigung von Flächen mit Sicker- und Schmutzwassererfassung. Evtl. Abdeckung der Mieten mittels geeigneter Vliese. Ansonsten müssen durch betriebliche Maßnahmen wie Umsetzen etc. die Emissionen zu minimiert werden.

Grüngutkompostierung

Im Vergleich zu Kompostierungsanlagen für Biogut sind die Anlagen zur Grüngutkompostierung technisch einfacher gehalten. Das Eintragsmaterial sind Pflanzenabfälle aus Garten und Parkanlagen, die durch getrennte Sammlung oder Anlieferung erfasst werden. Die Ausgangsmaterialien schwanken sehr stark im Jahreszyklus. Strukturstabilität, Wassergehalt und Schadstoffgehalte sind abhängig von den Herkunftsbereichen und der Abfallart sehr unterschiedlich (Tab. A8.1, A8.5 und A8.6 im Anhang).

Die üblichen Verfahrensschritte der Grüngutkompostierung sind in Abb. 8.20 dargestellt. In kleinen Anlagen wird häufig mit mobilen Aggregaten gearbeitet. Manche Anlagen trennen seit in Kraft treten des EEG [49] vor der Rotte bzw. nach der Rotte holziges Grobgut ab und verbringen es zur energetischen Verwertung in Holzfeuerungsanlagen oder Biomasseheizkraftwerke, da dies wirtschaftliche Vorteile erbringt. Im Hinblick auf die Substitution fossiler Energieträger ist basierend auf neuen Forschungsergebnissen die energetische Verwertung der Grünabfälle im Gegensatz zur stofflichen Verwertung als Kompost bzw. Substrat mit Substitution vom Torf jedoch nicht

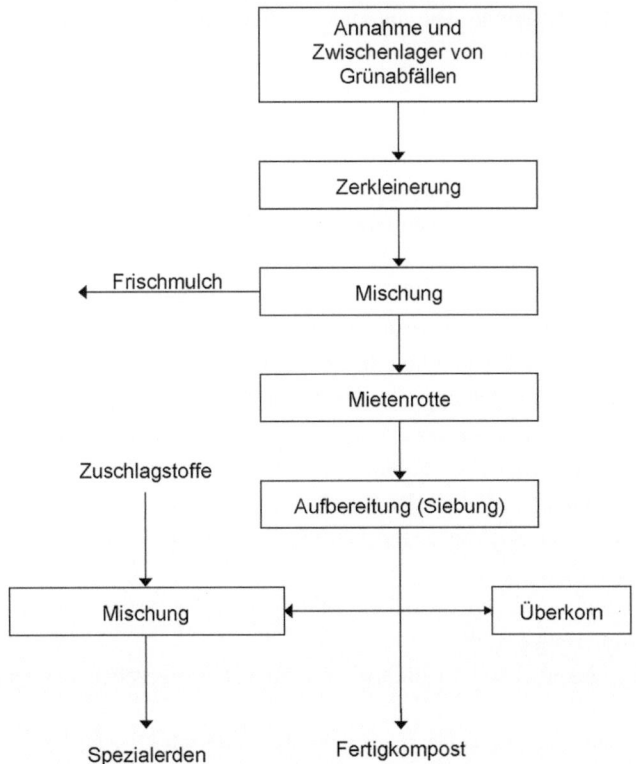

Abb. 8.20 Grundfließbild einer Grüngutkompostierungsanlage

zwangsläufig vorteilhafter [50]. Die baulichen Anforderungen an Grüngutkompostierungsanlagen sind im Vergleich zu Biogutkompostierungsanlagen geringer. Lager und Betriebsflächen müssen abgedichtet und befestigt sein. Niederschlagswasser muss gezielt abgeleitet, erfasst und behandelt werden können.

Die Geruchsemissionen sind im Vergleich zur Biogutkompostierung deutlich geringer. Die Lärm- und Staubemissionen speziell beim Zerkleinern, Sieben bzw. Umsetzen (Wasserdampf) müssen beachtet werden.

8.2.4.2 Kompostierungsverfahren

Zur Ausführung der Rotte gibt es statische und (quasi-)dynamische Systeme (Abb. 8.21). Dynamische Systeme werden eher selten und vorwiegend zur Intensivrotte eingesetzt. Zu den statischen Systemen gehören die Boxen-, die Container-, die Mieten-, die Tunnel- und die Presslingskompostierung. Für die Nachrotte wird meist die Mietenkompostierung eingesetzt. Die leicht abbaubaren organischen Bestandteile sind nach der Intensivrotte schon zu einem großen Teil abgebaut und das Material ist aufgrund der hohen Temperatur während der Intensivrotte hygienisiert. Daher sind die Emission von klimawirksamen Gasen, Keimen (bspw. Pilze, Bakterien) und Geruch so gering, dass

8 Biologische Verfahren

KOMPOSTIERUNGSVERFAHREN		
GESCHLOSSEN	EINGEHAUST	OFFEN/ÜBERDACHT
STATISCH Tunnel Boxen/Container QUASI-/DYNAMISCH Tunnel Turm Trommel Boxen/Container	STATISCH Miete Tafelmiete Dreiecks-/Trapezmiete Membranabdeckung Presslingsrotte QUASIDYNAMISCH Miete (häufiges Umsetzen)	STATISCH Miete Tafelmiete Dreiecks-/Trapezmiete Presslingsrotte QUASIDYNAMISCH Miete (häufiges Umsetzen)

Abb. 8.21 Übersicht über Kompostierungsverfahren

die Mieten häufig zwar überdacht aber seitlich offen ausgeführt werden. Die anderen Systeme, wie oben genannt einschließlich der Mietenkompostierung, werden für die Intensivrotte eingesetzt. Sie sind in der Regel eingehaust und verfügen über eine aktive Belüftung sowie eine Ablufterfassung mit anschließender Abluftreinigung über einen Biofilter [51, 52].

Im Auftrag des Umweltbundesamtes wurde eine Erfassung des Bestands der in Deutschland existierenden Anlagen zur Bioabfallbehandlung sowie der eingesetzten Verfahrenstechnik durchgeführt [53]. Abb. 8.22 zeigt die Häufigkeit verschiedener Rottesysteme abhängig von der Anlagengröße. Das häufigste Verfahren für die Intensivrotte ist, unabhängig von der Größe der Anlage, die Tafelmiete. Kleine Anlagen werden daneben

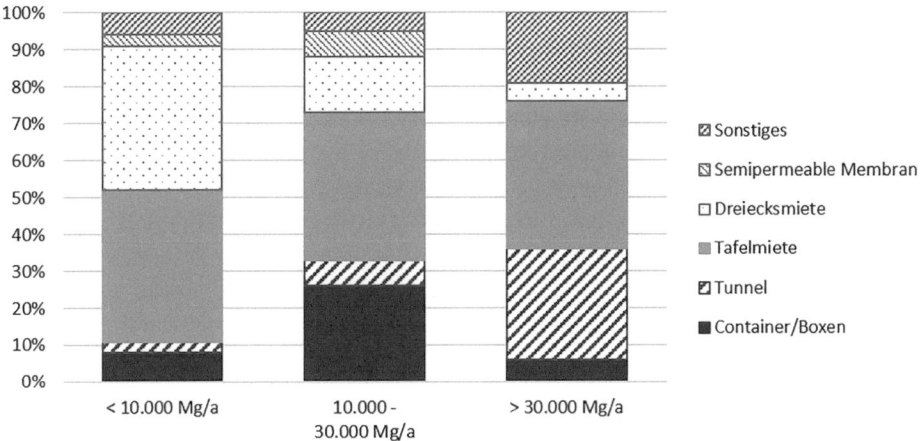

Abb. 8.22 Rotteverfahren der Intensivrotte abhängig von der Größe der Anlage nach [53]

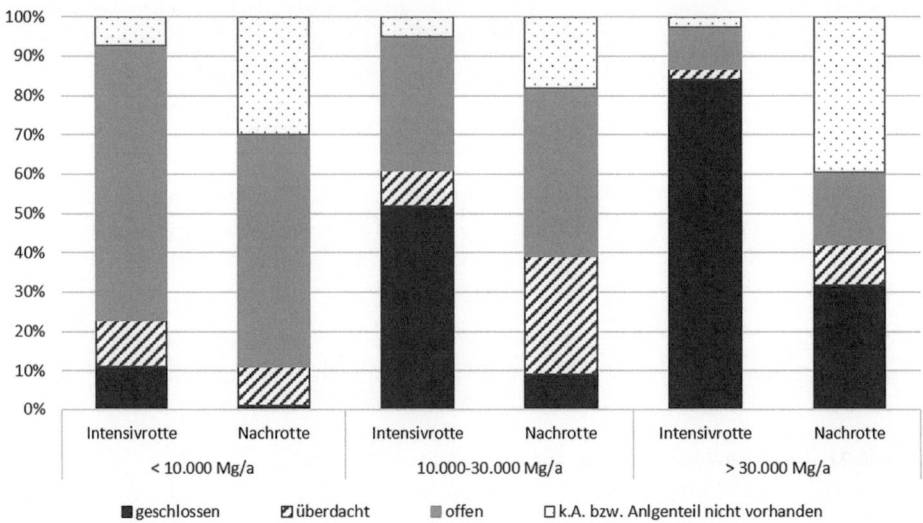

Abb. 8.23 Bauliche Ausführung der Intensiv- und Nachrotte abhängig von der Größe der Anlage nach [53]

vor allem als Dreieckmieten, mittlere als Boxen-/Container- und große Anlagen als Tunnelkompostierung ausgeführt.

Abb. 8.23 zeigt, dass sowohl in der Intensiv-, als auch in der Nachrotte der Anteil an geschlossen und überdachten Ausführungen mit der Anlagengröße zunimmt. Außerdem ist der Anteil der geschossenen und überdachten Ausführungen bei der Intensivrotte sehr viel höher als bei der Nachrotte, was die oben beschriebene Erklärung bzgl. der Emissionen und des Geruchs anhand von Zahlen aus der Praxis bestätigt.

Eine weitere Erhebung der baulichen Gestaltung von Biogutkompostierungsanlagen zeigt (vgl. Abb. 8.24), dass bei Anlagen größer 10.000 Mg/a meist auch die Bereiche der Anlieferung und der Materialaufbereitung (Siebung, Zerkleinerung, etc.) geschlossen bzw. eingehaust sind. Aufgrund der Bewegung und Aufbereitung des frischen Materials kommt es in diesen Bereichen vermehrt zu Emissionen, was diese Aufteilung erklärt.

An kleinen Anlagen erfolgt sowohl die Intensiv- als auch die Nachrotte fast ausschließlich mit passiver Belüftung (ohne Zwangsbelüftung). Bei mittleren Anlagengröße wird bei der Intensivrotte zu etwa zwei Drittel der Anlagen und bei der Nachrotte zu etwa drei Viertel eine Zwangsbelüftung (aktive Belüftung) in Form von Druck-, Saug- oder einer kombinierten Saug-Druck-Belüftung durchgeführt. An großen Anlagen erfolgt die Belüftung in der Intensivrotte fast ausschließlich über Zwangsbelüftung, bei der Nachrotte in knapp 50 % der Anlagen. Somit nimmt der Einsatz einer aktiven Belüftung mit der Anlagengröße zu. Damit verbunden vermindert sich die Verweilzeit mit Zunahme der Größe und der Technisierung der Anlage.

8 Biologische Verfahren

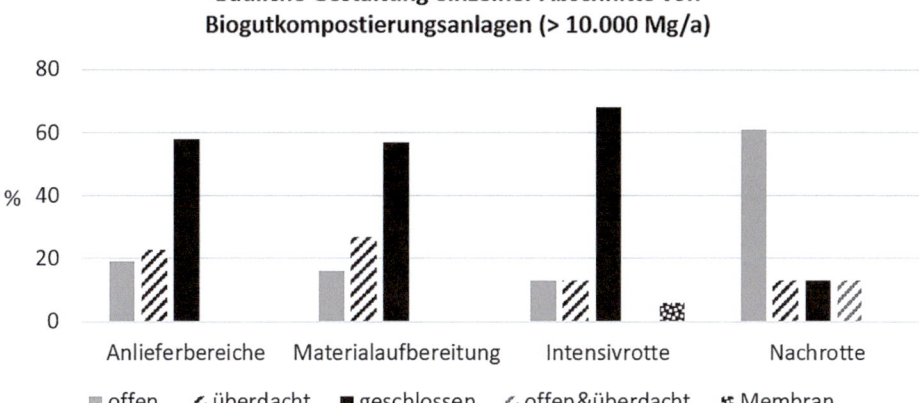

Abb. 8.24 Bauliche Gestaltung einzelner Abschnitte von Biogutkompostierungsanlagen nach [54]

Verfahren ohne Zwangsbelüftung

Offene Dreiecks- und Trapezmieten
Dreiecks-/Trapezmieten ohne aktive Belüftung sind die einfachste Form der Kompostierung. Sie werden häufig offen, ohne Überdachung ausgeführt (Abb. 8.25). In größeren Anlagen dienen sie – hier meist überdacht – zur Nachrotte, also Stabilisierung des Kompostes nach der Intensivrotte. Durch das ungünstige Oberflächen- Volumen- Verhältnis kann bei Dreiecks- und Trapezmieten sauerstoffreiche Luft nur bei strukturreichem

Abb. 8.25 Beispiel für eine unbelüftete Miete

Material in tiefere Schichten vordringen. Zur Kompostierung von Bioabfall in offenen Trapezmieten soll deshalb ein Volumenanteil von mindestens 30 % strukturreichen Materials im Rohkompost vorhanden sein. Bei großen Schütthöhen ist zusätzlich, vor allem in der ersten Rottephase, eine Verbesserung der Sauerstoffversorgung durch mehrfaches Umsetzen oder Zwangsbelüftung über die befestigte Bodenplatte sinnvoll.

Diese Mieten können mit Ladeschaufeln unterschiedlicher Größe oder speziellen selbstfahrenden Geräten umgesetzt werden (Abb. 8.26). Die Mieten sollten während der ersten 4 bis 6 Wochen einmal pro Woche umgesetzt werden. Anschließend kann auf ein 14-tägiges oder längeres Umsetzintervall übergegangen werden.

Offene Tafelmieten
Der Übergang von Trapez- zu Tafelmieten ist fließend. In Tafelmieten ist das Oberflächen-Volumen- Verhältnis weiter verringert. Die Ausführung ohne Zwangsbelüftung wird nur für sehr strukturreiche Grünabfälle angewandt, da ansonsten mit Sauerstoffmangel im Mietenkörper zu rechnen ist. Technisch einfache Tafelmieten werden mit einem Radlader mit angebauten Geräten umgesetzt.

Presslingsrotte
Die Presslingsstapel (Brikollare-Verfahren) werden in einer gekapselten Rottehalle oder in einem belüfteten Tunnel frei aufgestellt bzw. gelagert. Die Abluft der Halle bzw. des Tunnels muss über eine biologische Abluftreinigungsanlage geleitet werden (Abb. 8.27).

Der aufbereitete Kompostrohstoff wird durch eine spezielle Walkverdichtung zu Presslingen (z. B. 40 cm × 30 cm × 25 cm) geformt. Die Presslinge werden auf Paletten in je fünf bis sieben Lagen übereinander gestapelt. Während des Pressvorgangs werden Luftführungskanäle eingedrückt, um die Sauerstoffversorgung in allen Bereichen der Presslingstapel sicherzustellen. Nach Einbringen der Presslingstapel in die Intensivrottehalle setzen die Rottevorgänge mit Temperaturerhöhungen auf > 60 °C ein.

Abb. 8.26 Mietenkompostierung mit Mietenumsetzgerät. (© Eggersmann) [55]

Abb. 8.27 Prinzipskizze für Presslingstapel

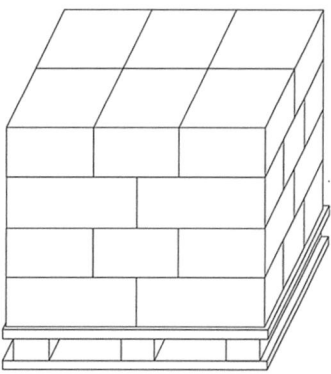

Je nach Flächenverfügbarkeit werden die Presslingstapel auf einer Fläche oder in mehreren Regaletagen eingelagert. Die Rottezeit beträgt etwa drei bis vier Wochen für Erzielung eines Rottegrades von III. Für Fertigkompostqualitäten ist eine zusätzliche Nachrotte erforderlich. Zur anschließenden Nachrotte oder Feinaufbereitung (bei Abgabe als Frischkompost) werden die Presslinge gemahlen. Die Presslingsrotte wird für Bioabfälle nur selten eingesetzt.

Verfahren mit Zwangsbelüftung

Ziel der Belüftung
Die Belüftung dient dazu, innerhalb möglichst kurzer Zeit den angestrebten Kompostreifegrad zu erreichen, die Prozessabluft ist in der Regel zu erfassen und über eine biologische Abluftreinigungsanlage (Biofilter, Biowäscher) zu reinigen.

Eine hohe Abbaugeschwindigkeit kann mittels folgender Verfahrensweisen erreicht werden:

a) Das Rottegut wird mit genügend Sauerstoff versorgt, um einen aeroben Rotteprozess zu gewährleisten.
b) Der Wasserhaushalt des Rottegutes wird während der Rotte gesteuert. In der Regel soll der Wassergehalt in der ersten Phase möglichst schnell auf den für die Rotte optimalen Wert gesenkt werden (von z. B. 65 % Wassergehalt auf ca. 50 % bis 55 %). Während der Rottesoll er in diesem Bereich gehalten und in der letzten Phase, meistens vor der Feinaufbereitung, auf 30 % bis 40 % gesenkt werden.
c) Der Temperaturverlauf des Rotteguts wird während der Intensivrotte im vorgesehenen Bereich eingeregelt oder zumindest günstig beeinflusst. Diese Zielsetzung dient u. a. dem Abtransport der freigesetzten Energie.

Für die verschiedenen Verfahrensweisen a bis c zur Erreichung einer hohen Abbaugeschwindigkeit werden folgende unterschiedlichen Luftmengen benötigt:

- Für a) werden je nach Abfallzusammensetzung und Rottestadium ca. 2 bis 6 m^3/h Frischluft pro Mg Rottegut (feucht) benötigt. Für b) ist eine – je nach Aufgabenstellung – etwa gleiche bzw. leicht erhöhte spezifische Luftmenge erforderlich. Die Verfahrensweisen a) und b) können also mit einem konstanten Volumenstrom gefahren werden.
- Um eine geregelte Temperatur in der Rotte zu erreichen (c)), muss eine temperaturgesteuerte Volumenstromregelung eingesetzt werden. Für c) werden jedoch weit höhere Belüftungsraten benötigt, d. h. je nach Art der Belüftung (Frischluft, Umluft, Kombinationen) sind die Volumenströme ca. 5- bis 10fach höher als bei a).
- Für alle 3 Wege ist eine Befeuchtung in den späteren Rotteabschnitten notwendig, da die Belüftung einen hohen Wasseraustrag mit sich bringt, der zu einer Austrocknung des Rottematerials unter den notwendigen Feuchtegehalt von minimal 50 % führt.

Varianten der Belüftung

Grundsätzlich kann das Rottegut mit einer Druck- oder Saugbelüftung oder in entsprechenden Kombinationen ausgeführt werden. Je nach Zielsetzung wird nur Frischluft oder werden Frischluft und Umluft verwendet (Mehrfachnutzung der Luft). Bereits in der Planungsphase ist darauf zu achten, dass möglichst kleine Abluftmengen entstehen, weil der Geruchsstoffstrom (in GE/s) der Rohluft ein wesentlicher Parameter für die Auslegung der Ablufteinigung ist.

Die Wahl des Lüftungskonzepts beeinflusst fast alle Kriterien des Rotteprozesses:

- Rottetechnik (Regelung der Sauerstoffversorgung, der Temperatur, des Wasserhaushalts)
- Emissionen (Sickerwasser, Kondenswasser, Abluftmenge, Geruchsstofffracht)
- Hallenklima in der Rottehalle bzw. in den Servicezonen (z. B. Temperatur, CO_2-Konzentration, NH_3-Konzentration, relative Feuchte, Keimbelastung)
- Betrieb und Wartung, Betriebssicherheit, Flexibilität der Rotteführung

Druckbelüftung

- Die Luft wird am Mietenfuß zugeführt; die Belüftungsventilatoren arbeiten im Druckbetrieb.
- Der Prozesswasseranfall ist minimal, da die Feuchte mit dem Belüftungsstrom aus der Miete ausgetragen wird. Der meist zu nasse Mietenfuß (das Gewicht des Rottematerials presst aus dem Material im Bereich des Mietenfußes Wasser aus) wird durch die dort einströmende Luft getrocknet. Die dadurch mit Wasserdampf gesättigte Luft kann in den trockneren Außenzonen kein zusätzliches Wasser mehr aufnehmen. Durch Kondensation können die Außenzonen sogar etwas rückbefeuchtet werden.

Dies bedeutet, dass die Druckbelüftung zu einer Vergleichmäßigung der Feuchteverteilung führt.
- Die Temperaturverteilung im Mietenquerschnitt ist gleichmäßiger als im Saugbetrieb.
- Der große Nachteil der Druckbelüftung liegt im freien Ausblasen der aus der Miete ausgetragenen Wärme und Feuchtigkeit, der Gerüche, der Keime, des CO_2 und der korrosiven Verbindungen. In geschlossenen Hallen führt dies zu einem stark belasteten Hallenklima mit Nebel und Kondensatbildung an den Außenwänden. Beim Korrosionsschutz der Halle und der Aggregate muss dies besonders beachtet werden. Es ist eine Hallenentlüftung zu installieren, die die freigesetzten Luftmengen abtransportiert. Weiterhin sind Gaswarneinrichtungen und geeignete Arbeitsschutzmaßnahmen zu realisieren.

Saugbelüftung
- Luft wird von der Oberfläche zum Mietenfuß gesaugt.
- Die Prozessabluft wird erfasst und tritt mit relativ hoher Geruchsstoffbeladung am Mietenfuß aus, was hohe Temperaturen mit bis zu 100 % rel. Luftfeuchte zur Folge hat.
- Im Gegensatz zur Druckbelüftung können ungleichmäßige Feuchte und Temperatur in der Miete auftreten. Die Miete ist deshalb regelmäßig zu wenden (alle 7 bis 14 Tage).
- Die Saugbelüftung kann bei tiefen Außentemperaturen zum Auskühlen der Miete führen, wenn nicht mit einer temperaturabhängigen Volumenstromregelung gearbeitet wird. Außerdem können die Hallenbauteile vereisen. Die zugeführte Luft muss ggf. über einen Wärmetauscher auf >5 °C erwärmt werden.
- Für hohe Wassergehalte im Kompost (>55 %) ist die Saugbelüftung ungünstig, da der Presswasserstrom im Rottegut nach unten durch die Belüftung verstärkt wird, was eine Vernässung des Mietenfußes zur Folge haben kann (Funktionssicherheit gefährdet).
- Saugbelüftung erfordert eine aufwendige Bodenkonstruktion, da viel Sickerwasser und Schmutzteile im Leitungssystem anfallen (Kondensation) und die Reinigung (Spülung) des Systems vorgesehen werden muss. Die Leitungen und Belüftungsaggregate sind korrosionsfest auszuführen.

Gesamtsysteme Be- und Entlüftung einer Kompostierungsanlage
Das Gesamtsystem schließt auch jene Anlagenteile mit ein, die zusätzlich zur Rottehalle noch entlüftet bzw. abgesaugt werden müssen. Dies betrifft vor allem die Annahmehalle, die Aufbereitungs- und die Konfektionierungseinrichtungen.

Die Luftführung ist möglichst so zu wählen, dass die Luft mehrfach genutzt werden kann (z. B. Abluft aus der Annahmehalle wird zur Belüftung des Rottegutes benutzt), sodass der Abluftreinigungsanlage möglichst kleine Abluftmengen zugeführt werden müssen.

Verfahren mit Zwangsbelüftung

Mietenkompostierung

Mieten werden, wie in Abb. 8.21 dargestellt, in verschiedenen Arten ausgeführt. Als unbelüftete Ausführungen der Mietenkompostierung wurden bereits die offenen Dreiecks-/Trapez- und die offenen Tafelmieten vorgestellt. Diese Mietenformen können auch mit Zwangsbelüftung ausgeführt werden, darüber hinaus kann die Kompostierung unter einer semipermeablen Membran erfolgen.

Belüftete Tafelmiete

Das Rottesystem Tafelmiete wird überwiegend für zentrale Anlagen mit mittlerer bis großer Leistung eingesetzt. Der Durchsatz solcher Anlagen liegt bei ca. 10.000 bis 60.000 Mg Bioabfällen pro Jahr. Je nach Anlagengröße, Rottetechnik und angestrebtem Rottegrad weisen die Tafelmieten erhebliche Dimensionen auf. Für Mietenhöhen von 2,0 m bis ca. 3,5 m (je nach Abfallzusammensetzung und mechanischen Einrichtungen) ergeben sich Mietenbreiten von ca. 20 m bis 40 m und Mietenlängen von ca. 50 bis 150 m. In der Berechnung des Platzbedarfs ist der Rotteschwund zu berücksichtigen. Der Belüftungsboden besteht abhängig vom Rottesystem aus einer befahrbaren Rotteplatte oder einem Kiesboden (z. B. bei schienengeführten Umsetzgeräten).

Die Rottezeit beträgt je nach Abfallzusammensetzung, Rotte- und Prozesssteuerung zur Erzeugung von Frischkompost ca. drei bis sechs Wochen, für Fertigkompost insgesamt ca. sechs bis zehn Wochen. Abb. 8.28 zeigt den Verlauf von Temperatur und Rottegutmasse in Abhängigkeit von der Rottezeit.

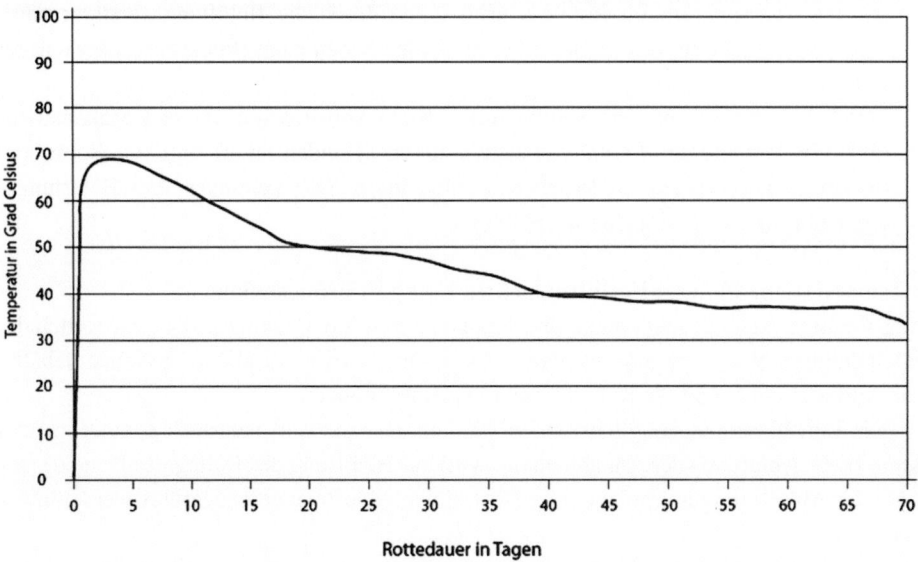

Abb. 8.28 Verlauf von Temperatur und Rottegutmasse in zwangsbelüfteten Systemen

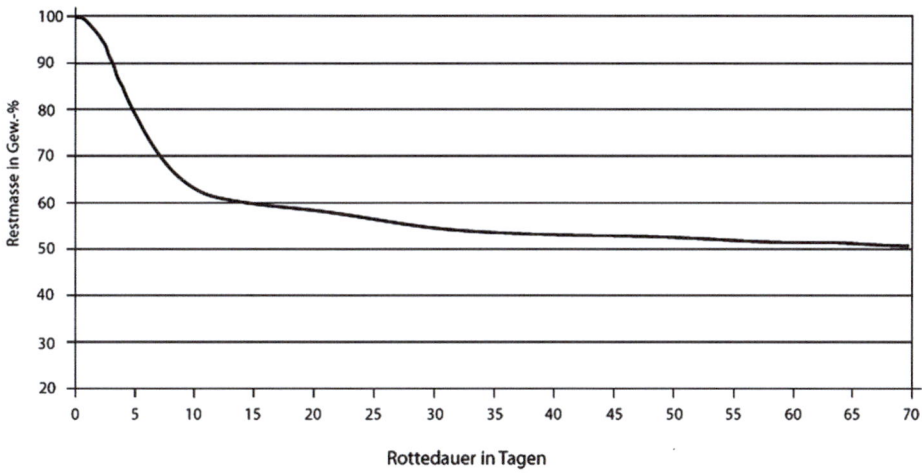

Abb. 8.28 (Fortsetzung)

Tafelmieten werden als stationäre (verändern ihre Lage durch das Umschichten nicht) und Wandertafelmieten (siehe Abb. 8.29) ausgeführt.

Dennoch haben die unterschiedlichen Arten der Tafelmieten Gemeinsamkeiten:

Abb. 8.29 Automatischer Umsetzer für Tafelmieten (Bild: Fischer)

- Gekapselte Bauteile mit Abluftreinigung, meistens inklusive der Nachrotte sind vorhanden
- Steuerung oder Regelung der Rotte durch Belüften, Bewässern, Umschichten/Homogenisieren und Temperaturkontrolle gehören hier zum Stand der Technik
- Hoher Automatisierungsgrad des Prozesses ist erreicht
- In der Regel werden automatische Ein- und Austragsysteme für das Rottegut betrieben

Kompostierung unter Membranen

Bei diesem statischen Rottesystem wird das im Freien in Mieten aufgesetzte Rottematerial mit einer atmungsaktiven semipermeablen Membran (Folie) abgedeckt (Abb. 8.30). Der Mietenfuß wird belüftet und besteht meistens aus gelochten Rohren, die in ein Kiesbett verlegt werden. Zwischen Rottegut und Kies befindet sich noch ca. 30 mm Holzhäcksel als Trennschicht.

In der Regel wird eine Druckbelüftung installiert. Die Belüftungsrate richtet sich nach dem Temperaturverlauf und dem Sauerstoffbedarf für die Rotte, sodass der Abluftvolumenstrom relativ gering ist.

Eine zusätzliche Befeuchtung des Rottegutes ist nicht notwendig.

Bei Druckbelüftung sind die Standortbedingungen zu beachten.

Die Handhabung der Membranabdeckung erfordert besondere Sorgfalt in Bezug auf:

- Vollständige Abdeckung der Mietenflächen
- Abdichtung an den Rändern
- Luftführung
- Reinigung und Sauberhaltung der Membran

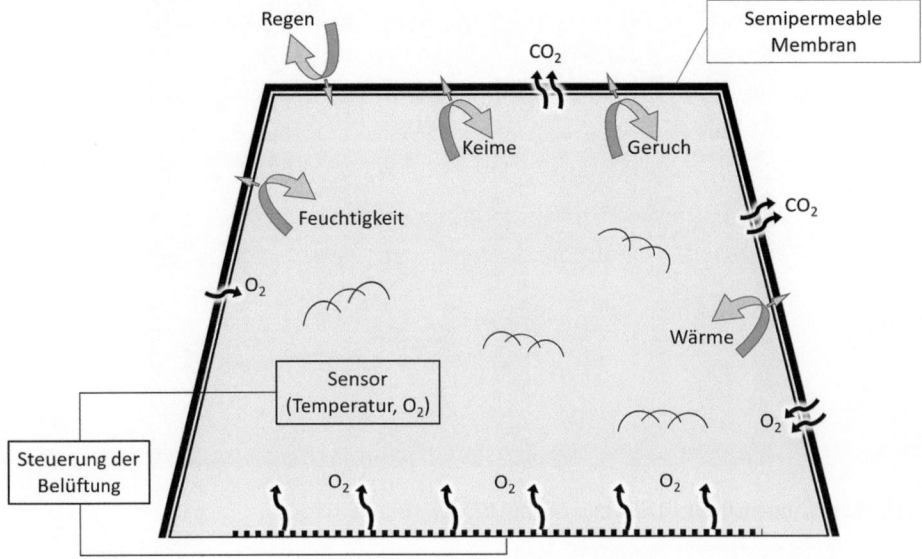

Abb. 8.30 Prinzipskizze für Kompostierung mit Membranabdeckung

8 Biologische Verfahren

Im Hinblick auf einenvorteilhaften Betrieb wird in Anlagen mit größeren Durchsatzleistungen (größer 10.000 Mg/a) häufig die Planenabeckung in Form eines aufklappbaren Daches (zum Befüllen und Entleeren mit Radlader) auf Stahlbetonwänden angebracht (Abb. 8.31).

Tunnelkompostierung

Die Tunnelkompostierung wird insbesondere in großen Anlagen zur Intensivrotte eingesetzt (Abb. 8.32). Das Konzept basiert auf der Technik, die für die Champignonzucht entwickelt wurde und die schon einige Jahrzehnte angewendet wird. Die einzelnen Bahnen sind sowohl zu den Seiten als auch nach oben geschlossen bzw. gekapselt.

Abb. 8.31 Kompostierung unter aufklappbaren Membranen (Bild: Fischer)

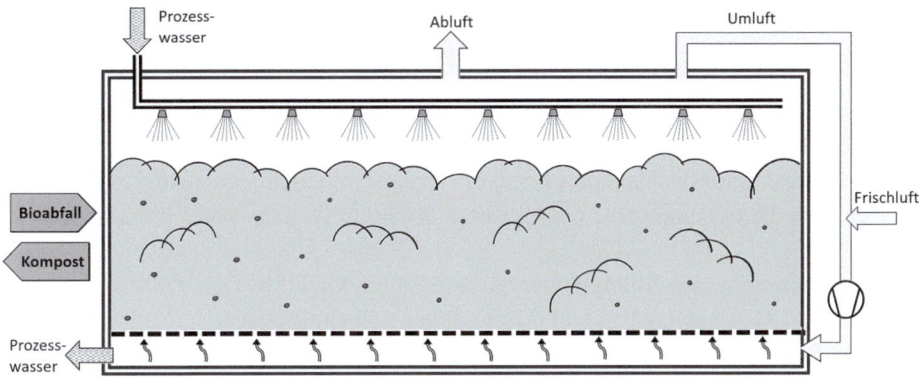

Abb. 8.32 Prinzipskizze für Tunnelkompostierung

Die Tunnel haben in der Regel einen Querschnitt von ca. 3 m × 3 m bis 4 m × 4 m und eine Länge von ca. 30 m bis 40 m.

Hauptmerkmale:

- Betrieb in Chargen (gute Steuerung einzelner Rottephasen möglich) oder als quasikontinuierlicher Betrieb mit Ein- und Austrag auf gegenüberliegenden Enden des Tunnels
- Im quasikontinuierlichen Betrieb kann zur Bewegung des Materials ein automatischer Umsetzer, ein Schubboden oder Radlader verwendet werden. Vorrotte in gekapselten Tunneln in einer geschlossenen Halle
- prozessgesteuerte Belüftung, meistens im Druckbetrieb mit hohem Anteil an Umluft
- häufig mit Kreislaufführung des Prozesswassers zur Steuerung der Feuchtigkeit
- Anlagenkapazität je Halle ca. 10.000 Mg/a bis 30.000 Mg/a, häufig optimal bei ca. 20.000 Mg/a

Als relativ einfaches System haben Tunnel keine automatischen Eintrags- und Austragsvorrichtungen. Sie werden meistens mit Radladern be- und entladen. Es werden jedoch auch halbautomatische Beladevorrichtungen (z. B. Teleskopbänder) und Entladevorrichtungen eingesetzt wie z. B. ein Schubboden („walking floor") oder ein Netzboden.

Die Rottezeit beträgt je nach Abfallzusammensetzung und Prozesssteuerung 3 bis 6 Wochen zur Erzeugung von Frischkompost (Rottegrad II bis III). Eine separate Nachrotte von zusätzlichen 4 bis 6 Wochen ist zur Herstellung von Fertigkompost erforderlich.

Boxen/Container

Die Boxen – bzw. Containerkompostierung ist mit der Tunnelkompostierung vergleichbar, nämlich ein gesteuertes Intensivrottesystem in geschlossenen Zellen mit ruhender Lagerung des Rotteguts (Abb. 8.33 und 8.34). Die Rottezellen werden in unterschiedlicher Anzahl eingesetzt, die unabhängig voneinander oder gruppenweise belüftet werden können. Das Nutzungsvolumen einer Rottezelle beträgt 20 m^3 (Container) bis 60 m^3 (Box).

Die Boxen sind ortsfeste Rottezellen, während die Container zwischen Befüll- und Rotteplatz hin- und hertransportiert werden. Der Einsatzbereich reicht bis ca. 25.000 Mg/a.

Die Rottezeit für Frischkompost beträgt je nach Abfallzusammensetzung zwei bis drei Wochen. Für Fertigkompost ist eine separate Nachrotte von ca. sechs bis acht Wochen erforderlich.

Zur Reduzierung des Abluftvolumenstromes durch Umluftbetrieb wird in Abhängigkeit vom O_2/CO_2-Gehalt nur so viel Frischluft wie nötig zugemischt.

Je nach Ausführung wird wie bei der Tunnelkompostierung Prozesswasser rückgeführt.

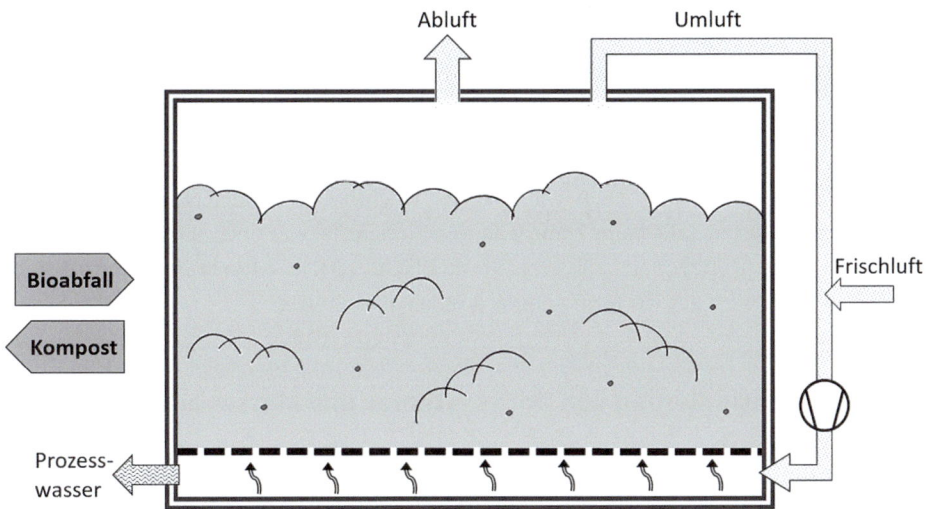

Abb. 8.33 Prinzipskizze für Boxenkompostierung

Abb. 8.34 Boxenkompostierung (© Compost Systems) [56]

Sonstige Kompostierungsverfahren mit Zwangsbelüftung
Neben diesen häufig verwendeten Rotteverfahren gibt es noch weitere Bauarten:
Rottetrommeln werden zur vorgeschalteten Homogenisierung oder ggf. zur dynamischen Vorrotte eingesetzt. Die Trommeln werden mit frischen Bioabfällen beschickt, teilweise können auch flüssige oder pastöse Monoabfälle (z. B. Klärschlämme, Trester, Treber) zugemischt werden. Durch die Drehung der Trommeln wird das Kompostmaterial

homogenisiert und gleichzeitig belüftet. Der Trommelaustrag wird anschließend in Mieten weiter kompostiert.

Die **Turmkompostierung** entstammt der Kompostierung von Klärschlamm. Bioabfallkompostierungsanlagen auf der Basis der Rottetürme sind selten. Rottetürme sind geschlossene Kompaktsysteme, in denen das Rottegut während der Hauptrotte (zwei bis vier Wochen) und evtl. auch während der Nachrotte behandelt werden kann. Das aufbereitete Rottegut fällt beim Eintritt in den Rotteturm von oben auf eine Verteileinrichtung, die das Rottegut gleichmäßig auf die Fläche verteilt. Mittels einer umlaufenden Förderschnecke wird das Rottegut zentrisch unten ausgetragen.

8.2.5 Dimensionierung von Rottesystemen und Massenbilanzen

Dimensionierung
Wesentliche Randparameter für die Dimensionierung von Rottesystemen sind:

- zu kompostierende Menge bzw. Durchsatzleistung
- die Rottezeit
- der Abbau an organischer Substanz und Wasseraustrag
- das Rottegut (speziell Raumgewicht)
- die Geometrie
- der Rotteschwundausgleich

Die maßgebliche Durchsatzleistung ist zu unterscheiden in die Jahresmenge und die in das Rottesystem eingetragene Tagesmenge. Während die Jahresmenge für eine Gesamtbilanz herangezogen werden kann, ist für die Auslegung des Rottesystems die Tagesmenge maßgeblich. Hierbei ist zu beachten, dass speziell für die Anteile an Gartenabfällen im Bioabfall starke jahreszeitliche Schwankungen auftreten können. Die Spitzenfaktoren liegen im Vergleich zum Tagesdurchschnitt bei ca. 1,1 bis hin zu 1,8.

Für die Auslegung von Systemen mit kurzen Rottezeiten (Herstellung von Frischkompost) bis zu ca. 2 Wochen ist die maximale Tagesmenge anzusetzen. Für Systeme mit längeren Rottezeiten von deutlich über 2 bis hin zu 12 Wochen kann der Jahresdurchschnitt im Hinblick auf eine wirtschaftliche Betriebsweise angesetzt werden. Die Eintragsmiete muss jedoch ebenfalls ggf. auf den maximalen Tagesdurchsatz ausgelegt werden.

Es ist zu beachten, dass bei fehlendem Strukturmaterial im Bioabfall dieses ergänzt werden muss, wodurch das System für eine zusätzliche Masse von bis zu 30 % kalkuliert werden muss.

Die Masse an Kompost aus dem Rotteprozess (m_{Ef}) ergibt sich zu

$$m_{fE} = \frac{m_{fA} \cdot (1 - WG_A) \cdot (1 - GV_A \cdot a_{OTM})}{(1 - WG_E)} \, [Mg] \tag{8.6}$$

8 Biologische Verfahren

mit

m = Masse [Mg]
GV = Glühverlust [–]
WG = Wassergehalt [–]
a_{OTM} = Abbau an organischer Trockenmasse [–]
Indizes:
A = Anfang der Rotte
E = Ende der Rotte
f = feucht

Der Rotteverlust RV errechnet sich zu

$$R_V = \frac{m_{fA} - m_{fE}}{m_{fA}} \; [-] \tag{8.7}$$

Der Anteil an Rottegut R_R ist

$$R_R = 1 - R_V \; [-] \tag{8.8}$$

Für die Berechnung des Rottevolumens V_R kann folgende Formel angesetzt werden:

$$V_R = \frac{t_R \cdot d_{wo} \cdot Q_d}{\rho_R} \cdot \frac{(1+R_R)}{2} [m^3] \tag{8.9}$$

mit

t_R = Rottezeit [wo]
d_{wo} = Anzahl der wöchentlichen Beschickungstage der Rotte [d_{wo}]
Q_d = tägliche Beschickungsmenge [Mg/d]
ρ_R = Dichte des Rottegutes [Mg/m³]

In Tab. 8.4 sind Kenngrößen für Bioabfallkompostierungsanlagen aufgelistet. Die benötigte Grundfläche ist stark abhängig von der Mietengeometrie wie Dreiecks-, Trapez- und

Tab. 8.4 Kenngrößen bei der Bioabfallkompostierung

Parameter	Spannweite	Durchschnitt
Wassergehalt (Eintrag) (%)	50–75	65
Organische Trockenmasse (Eintrag) (%)	35–80	65
Wassergehalt (Austrag) (%) (Rottegrad IV)	30–45	35
Organische Trockenmasse (Austrag) (%) (Rottegrad IV)	25–45	35
Dichte (Mg/m³) (Eintrag – Austrag)	0,4–0,8	0,5–0,6
Abbau an organischer Trockenmasse (Rottegrad II) (%)	10–30	20
Abbau an organischer Trockenmasse (Rottegrad IV) (%)	30–70	50
Massenreduktion (Rottegrad II)	10–30	20
Massenreduktion (Rottegrad IV)	40–65	50

Tafelmieten, darüber hinaus sind die Fahrwege mit zu berücksichtigen. Abb. 8.35 zeigt den Ansatz für die Mietenquerschnittsfläche für die Berechnung.

Hieraus ergibt sich die erforderliche Gesamt-Mietenlänge (ohne Verkehrsflächen) zu:

$$L_R = \frac{V_R}{A_q} [m] \tag{8.10}$$

V_R = Rottevolumen [m³]
A_q = Querschnittsfläche [m²]

Erfolgt ein Rotteschwundausgleich, indem beim Umsetzen die ursprüngliche Mietengeometrie wieder hergestellt wird (z. B. mit Radlader, Umsetzgeräte mit variablen Aufsetzeinrichtungen bei Tafelmieten), kann dieser in der Berechnung des erforderlichen Mietenvolumens bzw. der hieraus resultierenden Rottefläche berücksichtigt werden, wodurch eine deutliche Volumen- bzw. Flächeneinsparung erzielt werden kann. Die o. e. Formeln können sinngemäß auch für die Berechnung der Lagerflächen verwendet werden.

Hinsichtlich der Dimensionierung der Belüftungsaggregate sei auf Abschn. 8.2.2.4 verwiesen.

Massenbilanzen
Die Massenbilanz einer Kompostierungsanlage mit Grobaufbereitung, Intensivrotte und Feinaufbereitung ist in Abb. 8.36 beispielhaft dargestellt.

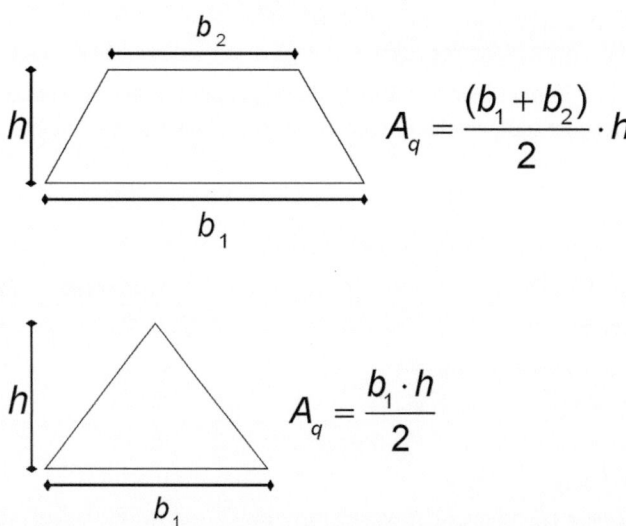

Abb. 8.35 Querschnittsflächen von Mieten

8 Biologische Verfahren

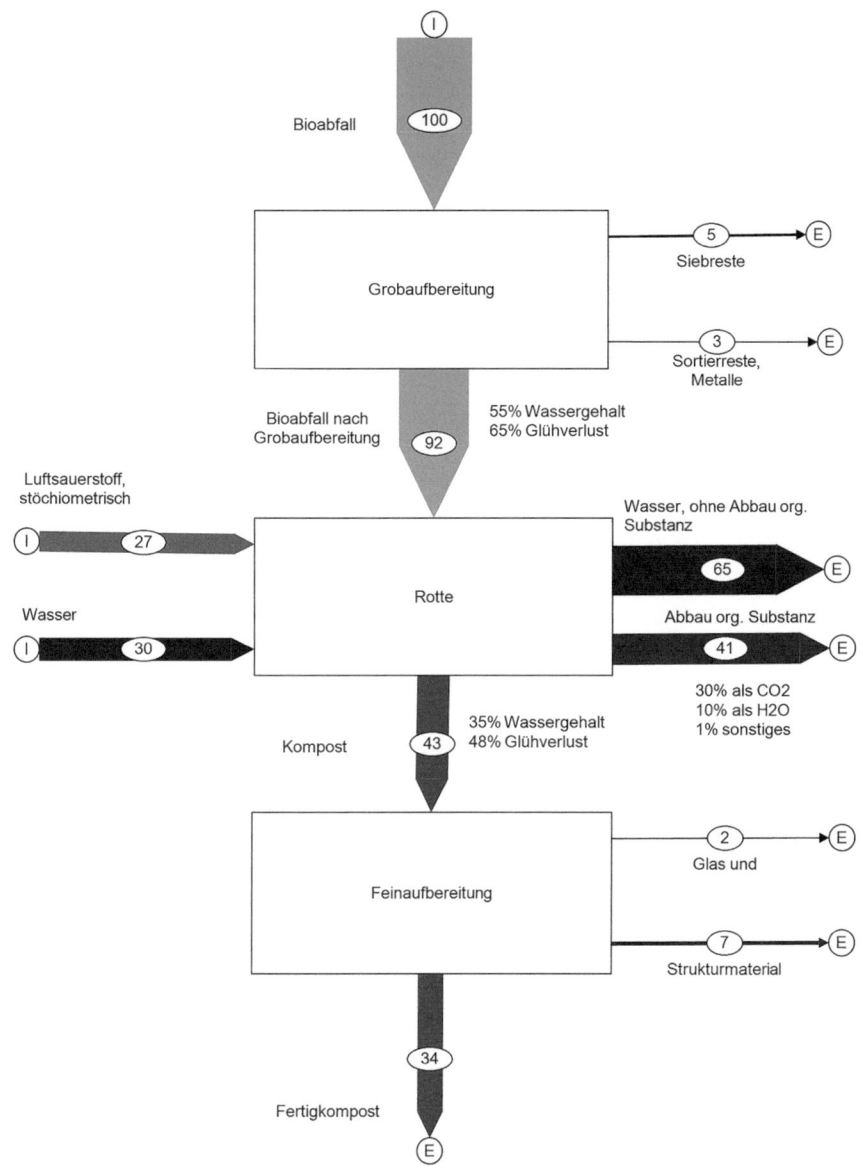

Abb. 8.36 Massenbilanz einer Kompostierungsanlage (Angaben in %)

In der Praxis wird die Massenbilanz einer Anlage beeinflusst von:

- Inputmaterial (Wassergehalt, Gehalt an organischer Trockenmasse, Störstoffgehalt),
- der Aufbereitungstechnik bei der Grob- und Feinaufbereitung (Zerkleinerung, Siebschnitte, Störstoffentnahme),
- der Rotteführung (Abbau an organischer Substanz, Wasserzufuhr und -austrag).

Die wesentliche Massenreduktion – bezogen auf den Eintrag – erfolgt durch die Rotteverluste, welche bei der Herstellung von Fertigkompost in der Größenordnung von bis zu 60 % liegen; hierbei hat das über die Abluft ausgetragene Wasser (aus dem Wassergehalt des Rottegutes) mit ca. 40 bis 45 % den größten Anteil. Der Abbau an organischer Trockenmasse, welcher mit 50 bis 60 % anzusetzen ist, verringert die Masse um ca. 15 %. Dieser Rotteverlust besteht vor allem aus Kohlenstoffdioxid und Wasser. Der Rotte zugeführtes Wasser wird im Rahmen des Prozesses bilanzmäßig wieder vollständig ausgetragen.

Als Reste aus der Sortierung, Sichtung und Fe-Abscheidung fallen ca. 5 % an; ca. 10 bis 15 % des eingetragenen Bioabfalls können als Strukturmaterial in das System zurückgeführt werden. Damit verbleiben ca. ein Viertel bis die Hälfte der Inputmenge als Fertigkompost zur Verwertung.

Energiebilanzen

Bei der Kompostierung wird im Gegensatz zu Anaerobverfahren nur Wärmeenergie freigesetzt, welche mit relativ hohem Wirkungsgrad z. B. über Wärmetauscher in der Abluft, mit geringem Wirkungsgrad auch durch eingelegte oder in den Wänden bzw. in dem Boden des Rottesystems eingelegte Wärmetauscherrohre entzogen werden kann. Diese Niedertemperaturwärme kann zur Aufheizung der Zuluft, für Heizzwecke oder zur Warmwasserbereitung genutzt werden. Durch den Einsatz von Abluftwärmetauschern können bis zu ca. 2/3 der freigesetzten Energie genutzt werden [27]. Durch Einsatz einer Wärmepumpe erhöht sich der Anteil über 100 %.

Der Energiebedarf ist maßgeblich von

- Art und Leistung der Belüftung und Entlüftung
- Grad der Mechanisierung (Aufbereitung, Rotte)
- Anlagendurchsatz

abhängig.

Bei stark mechanisierten Anlagen mit hoher Lüftungsleistung sind ca. 40–60 kWh/Mg, bei gering mechanisierten Anlagen ohne künstliche Belüftung ca. 10–30 kWh/Mg (Diesel und elektr. Energie) anzusetzen.

8.2.6 Bauliche Gestaltung und Flächenbedarf

Bauliche Gestaltung

Emissionsarme und technisch höherwertige Bioabfallkompostierungsanlagen beinhalten in der Regel folgende baulichen Einrichtungen:

- Waage (mit Wiegehaus)
- Bunkerhalle (Flachbunker, gekapselt)

8 Biologische Verfahren

- Grob-Aufbereitungshalle (gekapselt)
- Intensivrottebereich (Halle, Box, Container, Turm, Tunnel etc.)
- Fein-Aufbereitungshalle (häufig mit Zwischenlager)
- Nachrottebereich und Lager (häufig überdacht)
- Gebläsestation (Belüftungsaggregate)
- Biofilter/Biowäscher
- Warte, Betriebs- und Sozialgebäude mit Labor, ggf. Werkstatt, Lager
- Recyclinghof
- Löschwasserspeicher (standortabhängig)
- Modellgarten als Beispiel für Kompostanwendung (optional)

Teilweise sind die oben beschriebenen Hallen auch als ein Gebäude, getrennt durch Brandabschnitte, ausgeführt.

Durch die bauliche Gestaltung und Ausführung werden besonders die Emissionssituation, der Arbeitsschutz (Lärm, Staub, Mikroorganismen) und der betriebliche Ablauf beeinflusst. Die Konstruktion und architektonische Gestaltung haben Auswirkungen auf die Investitions- und Betriebskosten (Energieverbrauch, Reparaturanfälligkeit) und auf Anlagenakzeptanz und -image [57].

Ein Hauptproblem von gekapselten Rottesystemen sind hinsichtlich der Korrosion die dort herrschende hohe Luftfeuchtigkeit (wasserdampfgesättigt), hohe Lufttemperatur, die in der Regel höher als die Außentemperatur ist, und die aggressiven Luftinhaltsstoffe (organische Säuren, Ammoniak); Sickerwässer weisen häufig pH-Werte im sauren und alkalischen Bereich auf. Tragwerkskonstruktionen und Außenwandflächen erfordern daher spezielle konstruktive Lösungen. Es hat sich u. a. bewährt, das Tragwerk an die Außenseite des Gebäudes zu verlegen. Als Konstruktionsmaterialien werden Beton, (teilweise mit Epoxidharz beschichtet), Epoxidharzbeschichtete Stahlkonstruktionen, mit Aluminiumfolie kaschierte Holzleimbinder, Edelstahlblech, Folienbespannung und epoxidharzgetränktes Sperrholz eingesetzt. In Gegenden mit kalten Wintern sind wärmegedämmte Konstruktionen unabdingbar, um Eisbildung in den Hallen zu vermeiden. In offenen Rottehallen (z. B. für die Nachrotte) kann Tauwasser an den Dachunterseiten auftreten, dem durch konstruktive Maßnahmen begegnet werden kann.

In Bioabfallkompostierungsanlagen sind die befahrenen und mit Bioabfall bzw. Rottegut beschickten Flächen befestigt und wasserdicht auszuführen. Es werden sowohl Systeme mit glatter Oberfläche und obenliegender Dichtungsschicht als auch mit Drainschicht eingesetzt [58].

Eine hohe Wasserundurchlässigkeit sowie ein hoher Abnutzungs- und Frostwiderstand der Betonabdichtungen (obenliegende Dichtungsschicht) wird durch Betonzusätze und entsprechende Verarbeitung erreicht. Bitumen- und Asphaltdichtungen können ebenfalls prinzipiell eingesetzt werden, sie haben jedoch gegenüber Betondichtungen den Nachteil, dass sie sich bei Auflast stärker verformen und speziell Bitumen in Verbindung mit hohen Rottetemperaturen durch Mikroorganismen angegriffen wird. Gussasphalt bzw. Asphaltmatrixdeckschichten besitzen einen höheren Widerstand gegenüber

Mikroorganismen. Als Systeme mit innenliegender Dichtungsschicht bzw. Drainschicht werden Dichtungsbahnen mit aufliegendem Verbundsteinpflaster, mineralische Dichtung mit aufliegendem Verbundsteinpflaster oder- Dichtungen mit aufliegender Drainschicht angewendet.

Oberflächenwässer, die nicht betriebsspezifisch verunreinigt sind, können versickert, einem Vorfluter oder der Regenwasserkanalisation zugeleitet oder auch zur Bewässerung der Rotte verwendet werden. Betriebsspezifisch verunreinigte Oberflächenwässer und Sanitärabwässer sind an eine hierfür geeignete Kläranlage abzugeben. Die Behandlung der Sicker- und Kondenswässer ist von den lokalen Einleitbedingungen abhängig, diese Wässer können bei geschlossenen Systemen zur Befeuchtung der Rotte zurückgeführt werden.

Spezifischer Flächenbedarf
Der spezifische Flächenbedarf von Kompostierungsanlagen ist besonders abhängig vom Anlagendurchsatz, vom Technisierungsgrad und von der erforderlichen Rottezeit, welche durch den Rottegrad bestimmt wird.

Für einfache Mietenkompostierungsanlagen liegt der spezifische Flächenbedarf bei 1,2 bis 2,5 $m^2/(Mg \cdot a)$, abhängig von der Mietenführung (Umsetztechnik) und der Durchsatzmenge.

Bei Intensivrotteverfahren schwankt der spezifische Flächenbedarf zwischen 0,4 $m^2/(Mg \cdot a)$ für große Anlagen bis hin zu 2,0 $m^2/(Mg \cdot a)$ bei kleinen Durchsatzleistungen [59, 60] et al. (Tab. 8.5). Die Abnahme des spezifischen Flächenbedarfs mit zunehmender Durchsatzleistung ist darin begründet, dass Verkehrsflächen, Eingangs- und Waagebereich und auch teilweise die Flächen für die Aufbereitungsaggregate weitgehend von der Durchsatzleistung unabhängig sind.

Wird anstelle eines Fertigkompostes nur Frischkompost (Rottegrad II) erzeugt, reduziert sich der spezifische Flächenbedarf deutlich, da die Intensivrottebereiche kleiner gestaltet werden können und Nachrotte- und Lagerflächen entfallen.

8.2.7 Kosten

Eine allgemeine, projektunabhängige Angabe von Investitions- bzw. Betriebskosten ist nur innerhalb einer Spannbreite möglich, da neben den projektspezifischen

Tab. 8.5 Spezifischer Flächenbedarf von Kompostierungsanlagen mit Intensivrotte (Fertigkompost)

Durchsatzleistung (Mg/a)	Spezifischer Flächenbedarf ($m^2/(Mg \cdot a)$)
<10.000	0,8–2,0
ca. 15.000–40.000	0,6–1,2
>50.000	0,4–0,8

8 Biologische Verfahren

Randbedingungen die technische Entwicklung, die Wettbewerbssituation, Firmenpolitik und die volkswirtschaftliche Situation die Kostenstrukturen erheblich beeinflussen. Unter Ansatz gleicher Randbedingungen ist es jedoch möglich, die Kosten als Vergleichsmaßstab unter Berücksichtigung der angesprochenen Unschärfen anzugeben [59–65].

Es ist zu unterscheiden in die Investitions - und Betriebskosten (ohne bzw. mit Kapitalkosten).

Die *Investitionskosten* sind besonders von folgenden Faktoren abhängig:

- Anlagendurchsatz,
- Anlagentechnik (Automatisierungsgrad, eingesetzte Aggregate, Aggregatstandard),
- Emissionsschutzmaßnahmen (Einhausung, Lüftungstechnik, Abluftreinigung und Ableitung (Kamin)),
- Baustandard (architektonische Gestaltung und Detailkonstruktion, Materialwahl, Wartungsfreundlichkeit und Unterhalt),
- Infrastruktur des Standortes (Versorgungsleitungen, Verkehrsanbindung, Nutzung evtl. vorh. Einrichtungen (z. B. Deponie mit Infrastruktureinrichtung),
- Baugrundsituation (Grundwasserstand, zulässige Bodenpressung, Topographie).

Die spezifischen Behandlungskosten (z. B. EUR/a, EUR/Mg) resultieren aus den

- investitionsabhängigen Kosten,
- betriebsabhängigen Kosten,
- Erlösen,
- verschiedenen sonstigen Kosten.

Auf Basis der Auswertung von Firmenangeboten, ausgeführten Anlagen und Literaturstellen lassen sich die Spannweiten der spezifischen Investitions- und Betriebskosten angeben (Tab. 8.6).

Tab. 8.6 Spezifische Investitions- und Betriebskosten von Bioabfallkompostierungsanlagen

Anlage/Durchsatz [Mg/a]	Investitionskosten [EUR/(Mg · a)]	Betriebskosten [EUR/Mg]
Einfachanlagen		
Kleiner 5.000	350–700	70–140
ca. 10.000	250–500	50–100
ca. 25.000	200–400	40–80
ca. 50.000	150–300	30–60
Eingehauste Anlagen		
Kleiner 5.000	700–1200	110–220
ca. 10.000	600–1000	100–200
ca. 25.000	450–750	75–150
ca. 50.000	350–600	70–120

Der Anteil der Kapitalkosten an den spezifischen Betriebskosten liegt i. d. R. im Bereich von 50 bis 65 %, der Personalkostenanteil bei 10 bis 15 %.

8.2.8 Einsatz von Komposten

Der Einsatz von Komposten hat eine Viezahl an positiven Effekten auf die Bodenfruchtbarkeit und das Pflanzenwachstum.

Dies sind insbesondere

- Beitrag zum Ressourcen- und Klimaschutz (Kohlenstoffsequestrierung, Substratkomposte als Torfersatz)
- Schließung natürlicher Stoffkreisläufe (Wiederverwertung von organischen stoffen und Nährstoffen)
- Langfristige Nährstoffversorgung der Pflanzen an Makro- und Mikronährstoffen
- Erhöhung des Humusgehaltes und Kompensation von Humusverlusten in Böden
- Verbesserung der Wasserhaltekapazität von Böden
- Verbesserung der Bodenstruktur
- Stabilisierung des pH-Wertes in Böden
- Verbesserung der Aggregatstabilität von Böden und Verringerung der Erosion (Wasser und Wind)
- Verringerung von Pflanzenkrankeiten und Ungezieferbefall
- Beitrag zu besserer Qualität der Pflanzen und landwirtschaftlicher Produkte

Der Wert von Komposten kann, abhängig von den Inhaltsstoffen und Anwendungbereichen unter Zugrundelegung des Düngewertes und des Humusgehaltes mit ca. 20 bis 25 EUR/Mg angesetzt werden.

Die größte Anteil mit ca. 60 % der gütegesicherten Komposte und Gärprodukte wird in der Landwirtschaft eingesetzt. Hierbei besteht eine zunehmende Nachfrage im ökologischen Landbau [66]. Etwas über 20 % werden als Substrat- oder Fertigkompost bei der Erdenherstellung verwendet. Der Landschaftsbau und Hobbygartenbau haben jeweils einen Anteil von ca. 7 % (Abb. 8.37).

Kenngrößen von Biogut- und Grüngutkomposten sowie von Gärprodukten sind im Anhang in den Tabellen A 8.7 bis A 8.13 aufgeführt. Hinsichtlich der Qualitäten von Komposten und Gärprodukten sei auf Abschn. 8.4 verwiesen.

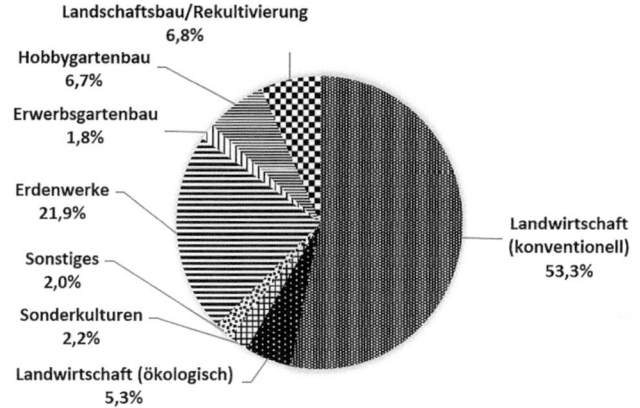

Abb. 8.37 Absatzwege gütegesicherter Komposte (2021) nach [67]

8.3 Anaerobe Behandlung (Vergärung)

Carla Cimatoribus und Klaus Fischer

▶ Die anaerobe Behandlung, auch Vergärung genannt, ist der biologische Abbau von organischem Material unter Ausschluss von freiem Sauerstoff. Dabei werden die flüssigen oder festen organischen Stoffe in einen teilweise stabilisierten Reststoff (Gärrest) und in eine Gasmischung aus Methan und Kohlenstoffdioxid (Biogas) umgewandelt. Die im organischen Material enthaltene Energie wird zum Teil auf das Biogas übertragen, welches verbrannt werden kann, um Strom und Wärme zu erzeugen. Die Speicherbarkeit von Biomasse und von Biogas ermöglicht potentiell die flexible und bedarfsorientierte Energieumwandlung. Die Gärreste enthalten verwertbare Nährstoffe und können direkt oder nach Kompostierung als Sekundärrohstoffdünger eingesetzt werden.

8.3.1 Vergärung in Deutschland: rechtlicher Rahmen, Sektorentwicklung

Die anaerobe Technologie ist im Rahmen der Behandlung kommunaler Schlämme (Schlammfaulung) sowie industrieller Abwässer weit verbreitet. Auch im landwirtschaftlichen Bereich wird Vergärung zur Behandlung von Gülle, pflanzlichen Reststoffen sowie nachwachsenden Rohstoffen (NaWaRo) eingesetzt.

Im Zuge der letzten Novellierung des Erneuerbaren-Energien-Gesetzes [68] wird der Fokus der Förderung auf die energetische Nutzung von biogenen Rest- und Abfallstoffen gelegt, da diese dazu beitragen, „mögliche Nutzungskonflikte zwischen der energetischen und der stofflichen Nutzung von Biomasse zu vermeiden oder zu vermindern."

Weiterhin wird die Förderung nur gewährt, wenn die nachgerotteten Gärrückstände stofflich verwertet werden (§ 43).

Das Kreislaufwirtschaftsgesetz (KrWG [69]) sowie die Bioabfallverordnung [1] setzen auf die getrennte Sammlung von Bioabfällen sowie auf deren hochwertige Verwertung: Die favorisierte Lösung für die Behandlung von Bioabfällen ist die vorgeschaltete Vergärung, zur Gewinnung von Energie durch Biogas, in Verbindung mit der Kompostierung, zur Rückgewinnung von Nährstoffen aus dem Kompost [70]. Es gibt circa 227 Anaerobanlagen und 58 Kombinationsanlagen in Deutschland, die Bioabfälle aus Haushalten und Gewerbe verarbeiten [2]. Durch die Pflicht zur getrennten Sammlung (§ 11 KrWG) wird sich zukünftig die Zahl der Anlagen bzw. deren Kapazität wahrscheinlich weiter erhöhen.

8.3.2 Biochemie der Vergärung

8.3.2.1 Reaktionen im System

Unter anaerober Vergärung wird der biologische Abbau von organischem Material durch bestimmte Bakteriengruppen in Abwesenheit von Sauerstoff und die partielle Umsetzung des Materials in Biogas verstanden. Mit Hilfe der Bakterien werden im **aeroben** Milieu Elektronen vom organischen Material auf den freien Sauerstoff übertragen, wobei Sauerstoff als Elektronenakzeptor dient und zu Wasser und CO_2 reduziert wird.

Bei der **anaeroben** Oxidationskette sind hingegen Kohlenstoff, Stickstoff oder Schwefel die Elektronenakzeptoren. Sie werden von Wasserstoffatomen zu CH_4, NH_3 oder H_2S reduziert, während CO_2 aus dem im organischen Material enthaltenen Sauerstoff entsteht.

Der Kohlenstoff im Substrat liegt in unterschiedlich reduzierten Zuständen vor, normalerweise mit durchschnittlichen Oxidationsstufen zwischen 0 (z. B. Glucose) und circa -3 (z. B. Fette),[2] und wird in der biologischen Reaktionskette von den Bakterien teilweise reduziert (zu CH_4, Ox. Stufe von C ist -4) und teilweise oxidiert (zu CO_2, Ox. Stufe von C ist $+4$). Je reduzierter der Zustand des Substrates (d. h. je niedriger die durchschnittliche Oxidationszahl von C), desto höher wird der Methanertrag daraus: Biogas aus fett- oder eiweißhaltigen Substraten kann bis zu 75 % Methan enthalten. Dagegen entsteht aus Kohlenhydraten deutlich mehr CO_2, wie man anhand von diesen vereinfachten Beispielen von Glukose und Palmitinsäure erkennen kann:

$$\text{Kohlenhydrat(Glukose)}: \overset{0}{C}_6H_{12}O_6 \rightarrow 3\overset{-4}{C}H_4 + 3\overset{+4}{C}O_2$$

$$\text{Fett(Palmitinsäure)}: \overset{-1,75}{C}_{16}H_{32}O_2 + 7H_2O \rightarrow 11,5\overset{-4}{C}H_4 + 4,5\overset{+4}{C}O_2$$

---

[2] Diese Betrachtung der Oxidationsstufen von Kohlenstoff ist stark vereinfacht und dient nur der Erläuterung des Beispiels.

8 Biologische Verfahren

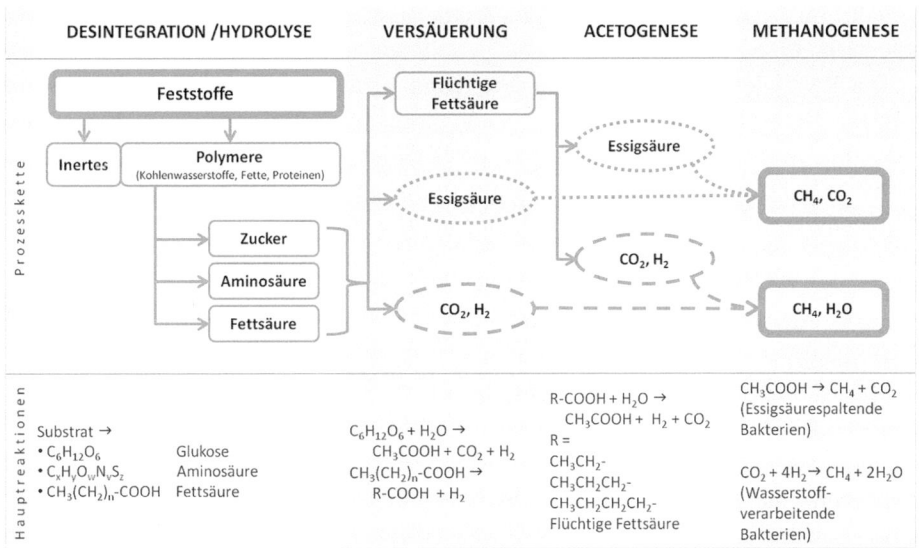

Abb. 8.38 Hauptreaktionen der Feststoffvergärung

Der anaerobe Prozess findet in vier Schritten bzw. Phasen (Hydrolyse, Versäuerung, Acetogenese und Methanogenese) statt, an denen jeweils spezielle Bakteriengruppen beteiligt (Abb. 8.38).

- In der **Hydrolysephase** werden die komplexen organischen Substratstrukturen desintegriert und in Monomere zerlegt, z. B. Kohlenhydrate in Monosaccharide, Eiweiß in Aminosäure und Fette in langkettige Fettsäure.
- Die vorhandenen Monomere werden schnell von **Versäuerung**sbakterien als Substrat verwendet, wobei Alkohole und flüchtige Fettsäuren (darunter Essig-, Propion-, Valerian-, Buttersäure) entstehen.
- In der **Acetogenese** werden die Fettsäuren (ab C3-Kette) in Essig- oder Ameisensäure (C2 bzw. C1) umgewandelt. In beiden Phasen, Versäuerung und Acetogenese, werden Wasserstoff und Kohlenoxide freigesetzt.
- Die **Methanerzeugung** kann dann auf zwei Wegen erfolgen: ungefähr 30 % des Methans entsteht durch H_2-Oxidation mit CO_2 und ca. 70 % aus Spaltung der Essigsäure in Methan und Kohlenstoffdioxid. Dieser letzte Schritt wird normalerweise als geschwindigkeitslimitierend angesehen, da die beteiligten Bakterien eine niedrigere Wachstumsrate und folglich eine höhere Empfindlichkeit gegenüber den Milieubedingungen aufweisen.

Im Falle von Substraten mit höherem Feststoffanteil kann die Hydrolyse zum geschwindigkeitslimitierenden Schritt werden und die gesamte Reaktionskette verlangsamen. Im Fall der Bioabfallvergärung wird die biochemische Hydrolyse durch gezielte (meistens mechanische) Vorbehandlungsschritte unterstützt (siehe 8.3.4 Anlagentechnik).

Die Redox-Reaktionskette in der Vergärung produziert Energie für den Zellstoffwechsel, die als chemische Energie in intrazellularen Molekülen gespeichert werden kann. Im Gegensatz zu aeroben Abbauprozessen ist diese durch den anaeroben Metabolismus freigesetzte Energie wesentlich geringer, da ein großer Teil der Energie in der Reaktionskette auf das Methan übertragen wird. Die verbleibende Energie steht den Bakterien für ihr Wachstum zur Verfügung. Da die hierfür zur Verfügung stehende Energie jedoch deutlich geringer ist als in aeroben Prozessen, ist der Biomasseaufbau bei den anaeroben Verfahren wesentlich geringer.

Beispielhaft für die Synergie und die Abhängigkeit zwischen den verschiedenen Bakteriengruppen ist die Rolle von Wasserstoff. Die essigsäurebildenden Bakterien benötigen einen niedrigen H_2-Partialdruck ($<10^{-3}$ atm), da die Reaktionen ansonsten endergon[3] werden: diese Reaktionen sind daher thermodynamisch erst dann möglich, wenn das produzierte H_2 gleichzeitig von wasserstoffoxidierenden Bakterien entfernt wird. Demgegenüber können die Methanbildenden Reaktionen nur bei H_2-Konzentrazionen über 10^{-6} atm exergon[4] werden. Das enge energetische Fenster, in dem beide Reaktionen thermodynamisch möglich sind, liegt zwischen 10^{-6} und 10^{-3} bzw. 10^{-2} atm H_2-Partialdruck (Abb. 8.39).

Wasserstoffproduzierende und oxidierende Bakteriengruppen sind folglich voneinander abhängig: der Wasserstoffpartialdruck steigt, wenn die Methanbildung aus H_2 gehemmt wird und begrenzt die Umwandlung von Fettsäuren, die sich im Reaktor ansammeln und zur pH-Wert-Absenkung führen. Ein zu niedriger pH-Wert wiederum wirkt wegen der Substrathemmung limitierend auf essigsäureverwertende Bakterien und kann zu Betriebsstörungen bis hin im Extremfall zum Betriebsausfall („Umkippen") führen.

8.3.2.2 Substratcharakterisierung

Die Substrate für die Vergärung stammen aus verschiedenen Quellen: Aus der Landwirtschaft und Tierzucht kommen Pflanzreste, Mist und Gülle sowie Energiepflanzen; vom Gewerbe, z. B. Lebensmittel-, Futtermittel-, Papier- und Pharmaindustrie fallen organisch belastete Abwässer und Schlämme sowie feste Abfälle an; aus kommunalen Einrichtungen (Gemeinden, Landkreise) stammen Klärschlämme und Bioabfälle. Die Charakterisierung insbesondere von festen Bioabfällen ist aufgrund von Inhomogenität und örtlichen Unterschieden sehr schwierig. Die wichtigsten Parameter, die u. a. die Auslegung der Anlage sowie die Prozessführung beeinflussen, sind:

Der **Feststoffgehalt**: besonders wichtig für die Auslegung der Vorbehandlungsschritte, beeinflusst er die Gesamtgeschwindigkeit des Prozess durch die Hydrolyse. Er wird im Bereich der Bioabfallvergärung normalerweise als Prozent der Frischmasse (FM) angegeben (TM, Trockenmasse).

---

[3] Endergon: thermodynamisch ungünstig, $\Delta G_R > 0$.
[4] Exergon: thermodynamisch günstig, $\Delta G_R < 0$.

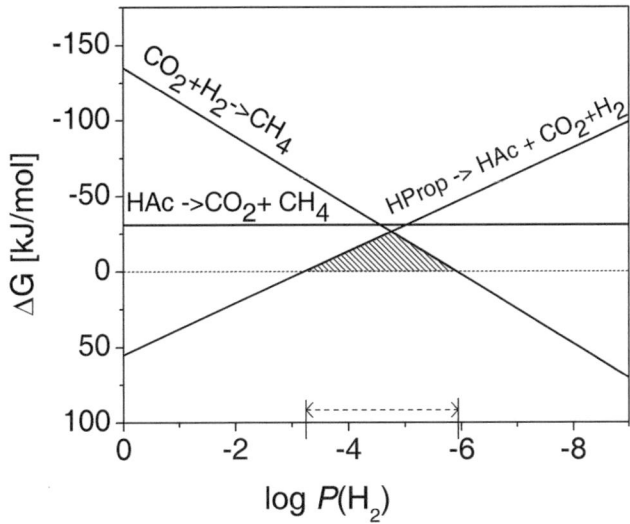

Abb. 8.39 Thermodynamische Effekte des Wasserstoffpartialdrucks P(H2) [atm] auf die Reaktionskette (pH = 7, 25 °C, weitere Details in [71], S. 679). Die Methanbildung aus CO_2 und die Propionat-Oxidation sind in dem Bereich 10^{-6} bis ca. 10^{-3} atm gleichzeitig exergon. Die Methanbildung aus Essigsäure (HAc) wird im Gegensatz hierzu vom Wasserstoffpartialdruck nicht beeinflusst. Anmerkung: 1 atm = 1,013·10^5 Pa

Der Anteil an **organischen Stoffen**: (auch als Glühverlust bezeichnet) dieser Parameter gibt einen quantitativen Hinweis über den Inhalt an biologisch abbaubaren Stoffen im Substrat und den voraussichtlichen Biogasertrag. Er wird normalerweise als oTM bezeichnet und als Prozent von TM angegeben. Da dieser Summenparameter aber keine Informationen über den Energiegehalt der organischen Stoffe beinhaltet (d. h. über den Reduktionszustand), ist er nicht direkt mit dem Methangehalt korrelierbar. Vorsicht ist auch geboten im Falle von Lignin-haltigen Substraten: Lignin wird zwar als oTM erfasst, kann aber in der Vergärung nicht abgebaut werden und bringt daher keinen Biogasertrag.

Der Inhalt an **organischem Kohlenstoff** (TOC, Total Organic Carbon) kann einen Hinweis geben, wie viel Biogas maximal aus dem Substrat produziert werden kann [72]. Die TOC-Messung erfasst alle durch Verbrennung oxidierten Kohlenstoffverbindungen; aus der Molmasse von Kohlenstoff (12 g/mol) gilt: 1 g TOC = 1/12 mol C.

In der Annahme, dass der gesamte Kohlenstoff im Substrat (ausgedrückt als TOC) in Biogas umgewandelt wird ($CH_4 + CO_2$, als Idealgas[5]), kann die Biogaserzeugung wie folgt berechnet werden:

$$1\,\mathrm{g\,TOC} = 1/12\,\mathrm{mol\,GAS} \times 22{,}414\,\mathrm{l_N/mol} = 1{,}868\,\mathrm{l_N\,GAS}$$

---

[5] Molares Normvolumen von einem idealen Gas: 22,414 l_N/mol.

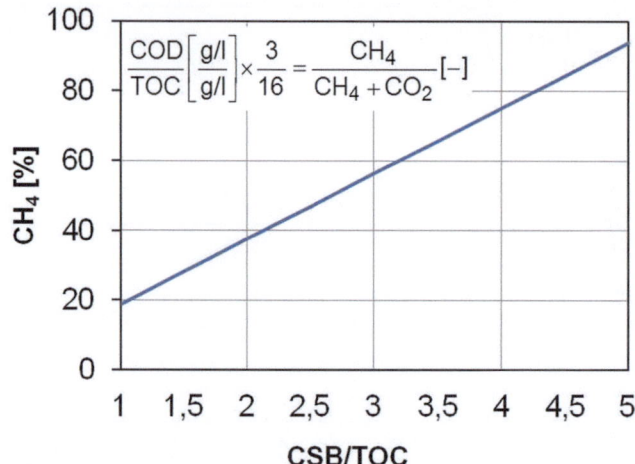

Abb. 8.40 Theoretischer Anteil an Methan im Biogas. Dieser hängt vom Verhältnis zwischen CSB und TOC ab. Es liegt typischerweise für Bioabfälle zwischen 2 und 3,5: daher ergibt sich ein Methangehalt zwischen 40 % und 65 %

Der Inhalt an **chemisch oxidierbaren Stoffen**, ausgedrückt als CSB (Chemischer Sauerstoffbedarf, in Englisch *COD*): Wie schon erwähnt, liegt der Kohlenstoff in den Substraten in unterschiedlich reduziertem Zustand vor. Dieser Kohlenstoff wird teilweise reduziert (zu CH_4) und teilweise oxidiert (zu CO_2). Folglich kann die Erfassung des Oxidationspotentials des Substrats eine Aussage über den Methangehalt im Biogas ermöglichen. Der Summenparameter CSB drückt aus, wie viele reduzierte Stoffe in gelöster Form im Substrat sind, d. h. wie viele Elektronen für die Reduktion zu CH_4 vorhanden sind. Ähnlich wie beim TOC, ist eine Korrelation zur theoretischen Methanproduktion herzuleiten[6]:

$$1\,g\,CSB = 1/64\,mol\,CH_4 \times 22,414\,l_N/mol = 0,35\,l_N\,METHAN$$

Folglich ist es möglich, die theoretische Konzentration von Methan im Biogas aus TOC und CSB zu ermitteln (Abb. 8.40):

Der CSB ist allerdings für feststoffhaltige Substrate nur schwer messbar. Ein Ansatz dazu sieht vor, dass die Standard-Messung in der sehr fein homogenisierten Probe erfolgt [73].

Die Konzentration an **Kohlenwasserstoffen, Fetten, Eiweiß**: diese Laborparameter lassen theoretisch sehr präzise Aussagen über Biogasmenge und -qualität zu, allerdings werden sie in der Praxis aufgrund des Laboraufwandes nur sehr selten gemessen (Tab. 8.7).

---

[6]Methan wird von 2 Mol Sauerstoff (äquivalent zu 64 g Sauerstoff bzw. 64 g CSB) vollständig oxidiert.

Tab. 8.7 Theoretische Biogasproduktion nach der Inputzusammensetzung

	CSB [gCSB/g_{TS}]	Max Gasausbeute [m_N^3/kg]	Methangehalt [%]
Kohlenhydrate	1–1,2	~0,8	~50
Fette	2,5–3	~1,4	~70
Eiweiß	1,4–1,7	~0,7	~70

Tab. 8.8 Eigenschaften einiger repräsentativen Substraten (aus eigener Datenerhebung und [72, 74, 75])

Substrat	TS [%]	oTS [%TS]	CSB [g/l] oder [g/kg $_{TS}$]	Biogasertrag [m_N^3/Mg $_{SUBSTRAT}$]
Kommunaler Klärschlamm	2–8	45–75	30–50	15–25
Grassilage	35–45	85–90	k.A	180–220
Rindergülle	6–11	70–85	20–60	15–20
Bioabfall (Biotonne)	30–75	30–70	250–300	100–200

In der Literatur finden sich mehrere Daten zur Charakterisierung von Vergärungssubstraten. Eine Auswahl davon ist in der Tab. 8.8 dargestellt.

Da kommunale Abwässer eine sehr niedrige organische Belastung aufweisen und das notwendige Reaktorvolumen daher sehr groß werden würde, wird dieses Substrat selten anaerob behandelt. Im Gegensatz dazu können industrielle Abwässer, angesichts ihrer höheren organischen Belastungen, in geringem Reaktorvolumen rentabel anaerob behandelt werden; es fallen nur geringe Mengen an Gärresten an. Weit verbreitet ist auch die Faulung von Klär- und industriellen *Schlämmen*, die in aufkonzentrierter Form bei der Abwasserreinigung anfallen; hier werden normalerweise einstufige Faulbehälter betrieben.

Vergärung wird seit langem in der *Landwirtschaft* eingesetzt, wobei Tier- und Pflanzenabfälle, sowohl flüssig als auch fest, als relativ unproblematische Substrate fermentiert werden können. In der letzten Dekade sind neben Abfällen die sogenannten Energiepflanzen (NaWaRo) als Substrat eingesetzt worden. Diese Pflanzen werden speziell zur Energieerzeugung angebaut und in Biogas umgewandelt.

Feste Bioabfälle aus der Bioabfallsammlung oder Industrie, aber auch pastöse und flüssige Abfälle aus dem Gastronomiegewerbe und der Industrie werden großenteils in eigenen Anlagen behandelt. Teilweise findet eine Co-Vergärung mit landwirtschaftlichen Abfällen oder Grünschnitt statt, selten mit kommunalen Klärschlämmen. *Restabfälle* werden in mechanisch-biologischen Behandlungsanlagen (MBA) in eigens hierfür errichteten Vergärungsanlagen behandelt.

8.3.2.3 Einflussfaktoren

Die Biologie des anaeroben Prozesses wird durch verschiedene chemisch-physikalische Parameter beeinflusst, die überwacht und kontrolliert werden sollten, um das System auf optimalen Betriebsbedingungen zu halten.

Nährstoffe

Zellen bestehen aus ungefähr 50 % Kohlenstoff, 20 % Sauerstoff, 10 % Stickstoff, 10 % Wasserstoff und 2 % Phosphor, des Weiteren aus Schwefel, Calcium, Kalium, Natrium und einigen essentiellen Schwermetallen (Fe, Zn, Co, Ni, Cu). Alle diese Elemente sollten in geeignetem Verhältnis in dem Reaktionsmilieu vorhanden sein und somit dem Zellstoffwechsel zur Verfügung stehen. Das gilt insbesondere für das C-N-Verhältnis: denn ein N-Mangel begrenzt das bakterielle Wachstum, da Stickstoff ein wesentlicher Bestandteil von Amino- und Nukleinsäure ist. Anderseits wird Stickstoff im anaeroben Milieu in Ammoniak umgewandelt, welches einer übermäßigen Säurebildung im Reaktor entgegenwirken kann, jedoch bei höheren Konzentrationen stark toxisch wirkt. Das Verhältnis C:N kann abhängig von Substrat und Betriebsbedingungen schwanken, sollte jedoch durchschnittlich um 30:1 liegen. Für das Verhältnis N:P gelten Werte um 5:1 als vorteilhaft [72].

Flüchtige Fettsäuren und pH-Wert

Der pH-Wert ist ein Hauptparameter in der Vergärung und lässt die gegenseitige Abhängigkeit der Bakteriengruppen im Prozess erkennen. Die enzymatischen Systeme der verschiedenen Mikroorganismen können nur richtig funktionieren, wenn sich diese in überlappenden pH-Bereichen befinden: hydrolysierende und versäuernde Bakterien haben optimale Milieubedingungen in einer leicht sauren Umgebung (um pH 6 bis 7), während methanbildende Mikroorganismen den neutralen bis leicht basischen Bereich bevorzugen, was letztendlich dem typischen pH-Wert des Prozesses entspricht.

Der pH-Wert beeinflusst jedoch auch indirekt das System, indem er das Dissoziationsgleichgewicht der Säuren verschieben kann: flüchtige Fettsäuren müssen im undissoziierten Zustand vorliegen, um die Zellwand durchqueren und von Bakterien umgewandelt werden zu können. Dieser Zustand wird nur bei pH-Werten unterhalb von 8 erreicht, jedoch kann sich bei Übersäuerung ein Teufelskreis bilden: eine übermäßige Säurekonzentration, hervorgerufen zum Beispiel durch eine zu hohe Substratbefrachtung, führt zu niedrigen pH-Werten. Dabei liegen die Säuren überwiegend in undissoziiertem Zustand und sammeln sich innerhalb der Zellen. Eine zu hohe Säurekonzentration in der Zelle führt zu schwere Beschädigung des enzymatischen Systems bis sogar zum Zelltod. Das Phänomen wird als Substrathemmung bezeichnet.

Puffersysteme: Karbonat und Ammoniak

Wird die organische Belastung des Reaktors plötzlich erhöht, können die hydrolysierenden und versäuernden Bakterien ihren Umsatz beschleunigen und eine Ansammlung von flüchtigen Fettsäuren verursachen, die von den methanbildenden

Bakterien nicht schnell genug verwertet werden können. Die daraus folgende schädliche pH-Wert-Senkung kann vermieden werden, wenn das System eine ausreichende Pufferkapazität aufweist. Die Pufferung wird in den anaeroben Systemen durch das Hydrogenkarbonat und teilweise aus dem Ammonium hervorgerufen, die im Substrat vorhanden sind oder aus dem Abbau entstehen.

$$CO_2 + H_2O \leftrightarrow [H_2CO_3] \leftrightarrow HCO_3^- + H^+$$
$$NH_3 + H_2O \leftrightarrow NH_4^+ + OH^-$$

Nimmt der Säuregehalt zu, verschiebt sich das Reaktionsgleichgewicht nach links. Der pH-Wert bleibt solange unverändert, bis die Pufferkapazität erschöpft ist. Wird das Milieu jedoch zu basisch (pH > 8), kann die Ammoniak-Konzentration so stark zunehmen, dass sie eine toxische und hemmende Wirkung hat.

Temperatur
Anaerobe Prozesse sind bis ca. 75 °C möglich. Nach der Arrhenius-Gleichung steigt die enzymatische und mikrobielle Aktivität mit zunehmender Temperatur; jedoch ist diese Zunahme nicht stetig. Vielmehr erreicht die Aktivität unterschiedliche Maxima in unterschiedlichen Temperaturbereichen. Die verhältnismäßig hohe Wachstumsrate der Versäuerungs- und Acetogenese-Bakterien impliziert eine niedrigere Temperaturempfindlichkeit dieser Mikroorganismen, obwohl deren Aktivität zwei Maxima (bei 35 °C und 55 °C) aufzeigt. Im Gegensatz hierzu weisen die empfindlichen methanbildenden Bakterien drei eindeutige Optimalbereiche auf (Abb. 8.41).

Die Bakteriengruppen sind in den verschiedenen Bereichen (psychrophiler Bereich: 15–20 °C, mesophiler Bereich: 30–40 °C, thermophiler Bereich: 55–70 °C) unterschiedlich

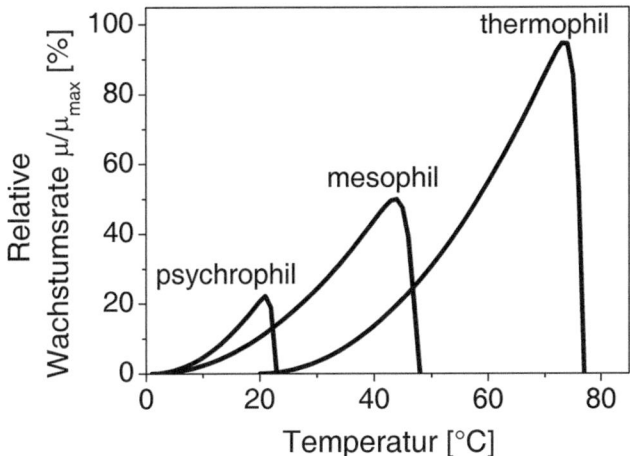

Abb. 8.41 Abhängigkeit der Wachstumsrate von der Temperatur, nach [76]. Die drei Temperaturbereiche weisen unterschiedliche Maxima auf

aktiv. Die Bereichsgrenzen sollen nicht überschritten werden und die Temperatur sollte – insbesondere im thermophilen Bereich – nicht um mehr als 5 °C schwanken, da sonst die adaptierten bakteriellen Gruppen schnell absterben und die Methanerträge sinken.

Schwefel
Schwefel kann ebenfalls wachstumshemmend wirken: die schwefelreduzierenden Bakterien konkurrieren mit den methanbildenden um das gleiche Substrat (H^+) und der undissoziierte Schwefelwasserstoff wirkt oberhalb einer Konzentration im Reaktionsmilieu von ca. 50 mg/l stark hemmend [72]. Darüber hinaus ist Schwefelwasserstoffgas korrosiv und giftig für den Menschen, deshalb ist es im Biogas unerwünscht. Um die Apparaturen zu schützen, wird normalerweise eine Entschwefelung des Gases schon ab ca. 200 ppm H_2S_{gas} durchgeführt (siehe 8.3.4 Anlagentechnik).

Schwermetalle und andere Hemmstoffe
Schwermetalle sind in jedem Gärsubstrat vorhanden und in geringen Konzentrationen für das Zellwachstum notwendig. Oberhalb bestimmter Grenzwerte und abhängig vom pH-Wert, sind sie jedoch giftig und hemmend. Andere Stoffe, die für die Vergärung schädlich sein können und auch in den Gärresten unerwünscht sind, sind z. B. Antibiotika (häufig in Gülle und Mist) oder aromatische Verbindungen wie Phenole.

Eine vereinfachte Illustration der möglichen Zusammenhänge zwischen Hemmungsfaktoren im anaeroben Milieu ist in Abb. 8.42 dargestellt.

Mechanische Faktoren: Partikelmaß und Reaktorrührung
Die Zerkleinerung und Homogenisierung des Substrats sind aus mehreren Gründen entscheidende Faktoren für eine effektive Vergärung:

- Die Kontaktfläche für die Bakterien wird erhöht.
- Die Zersetzung und Hydrolyse des Substrat werden beschleunigt: dies ist besonders wichtig für die Feststoffvergärung, in der die Hydrolyse geschwindigkeitslimitierend ist.
- Der TS-Gehalt des Zulaufs kann justiert werden, ggf. durch Vermischung mit Prozesswasser.
- Die Fließfähigkeit wird verbessert.

Als Nachteil einer zu starken Zerkleinerung muss man allerdings die entsprechende Fragmentierung der Störstoffe, insbesondere Kunststoffe, nennen (siehe auch Kap. 8.1).

In vielen Reaktorkonfigurationen ist es auch möglich im Reaktor zu rühren. Das bringt Uniformität in Temperatur und Konzentration des Reaktionsmilieus, hilft beim Austrag von Biogas aus der Substratmasse und kann auch Schaumbildung unterbinden. Diese Vermischung erhält man durch mechanisches Rühren oder, bei Verfahren mit hohem Feststoffgehalt (Trockenverfahren), auch durch Teilrückführung des Biogases, des Substrats oder des Sickerwassers. Das Rühren darf nur schwach sein, um Scherspannungen an den Zellwänden zu vermeiden.

8 Biologische Verfahren

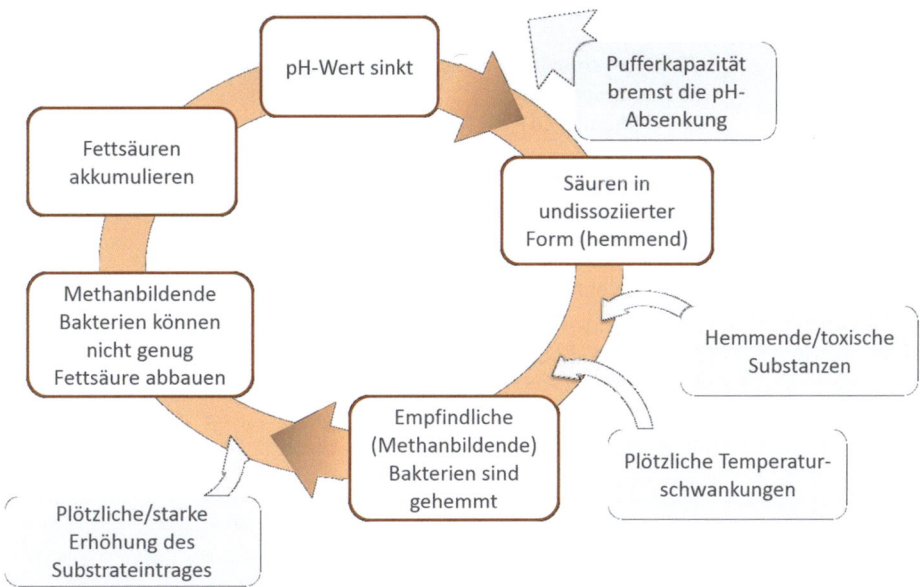

Abb. 8.42 Der „Teufelskreis" der Hemmung der Methanbildung: wenn gehemmt, verlangsamen die methanbildenden Bakterien den Abbau der Säuren, die sich daraufhin im System anreichern. Der nachfolgenden pH-Wert-Senkung kann zum Teil durch Erhöhung der Pufferkapazität entgegen gewirkt werden. Hierzu werden alkalische Substanzen wie NaOH in den Reaktor dosiert

8.3.3 Verfahrenstechnik der Vergärung

8.3.3.1 Reaktoren

Abhängig von den Betriebsbedingungen, den Substrateigenschaften, den Investitionsmöglichkeiten und den Anforderungen an die Gärreste wurden unterschiedliche Reaktorbauformen entwickelt. Diese können gemäß Tab. 8.9 zugeordnet werden.

Bezüglich der **Temperatur** ist der mesophile Bereich der am meisten verwendete, insbesondere bei Rührkesseln oder diskontinuierlicher Vergärung, während Pfropfenstromreaktoren fast ausschließlich thermophil betrieben werden. Die Vorteile der thermophilen Vergärung sind, dass der Biogasertrag höher ist als im mesophilen Bereich und dass die Hygienisierung schon im Reaktor stattfindet, allerdings muss der erhöhte Heizenergieaufwand in der Planung berücksichtigt werden.

Die zwei **Hauptphasen der Vergärung**, die Versäuerung und die Methanbildung, werden normalerweise in einem einzigen Reaktor durchgeführt; insbesondere im Abwasserbereich ist es allerdings auch möglich, die zwei Stufen zu trennen und zwei Kaskaden-Reaktoren zu betreiben. Jeder einzelne Reaktor kann dann unter optimalen Bedingungen bezüglich pH-Wert und Temperatur arbeiten. Die zwei- oder mehrstufigen Prozesse können die gesamte Leistung des Systems verbessern, setzen jedoch höhere Investitions- und Betriebskosten voraus. Typisch im landwirtschaftlichen und abfallwirt-

Tab. 8.9 Reaktorkonfigurationen

Temperatur	≈20 °C (psychrophil) ≈35 °C (mesophil) ≈55 °C (thermophil)
Stufen	Ein Reaktor für Versäuerung und Methanogenese (einstufig) Zwei Reaktoren für die zwei Phasen (zweistufig) Ein Hauptreaktor und eine Nachgärung
Beschickung	Kontinuierlich oder semi-kontinuierlich (Durchflussverfahren) Diskontinuierlich mit Perkolation (Rezirkulation des Prozesswassers)
Wassergehalt	Trockensubstanz > 15 % (trocken), hoher Feststoffgehalt Trockensubstanz < 15 % (semi-nass) Trockensubstanz < 8 % (nass), geringer Feststoffgehalt
Reaktoraufbau	Rührkesselreaktor (*Continuous stirred tank reactor CSTR*) Pfropfenstromreaktor (*Plug-Flow Reaktor PFR*) Schlammbett (UASB oder EGSB) – für Abwasserbehandlung

schaftlichen Bereich ist die Kombination eines Hauptreaktors mit einer Nachgärung, die gleichzeitig auch als Gärrestelager dient.

Die **Substratzufuhr** kann auf zwei Arten erfolgen: kontinuierlich/semi-kontinuierlich oder diskontinuierlich. Bei den häufig verwendeten kontinuierlichen Prozessen (Durchflussprozessen) wird das Substrat ununterbrochen oder in regelmäßigen Zeitabständen zu- geführt, während die Gärreste entsprechend regelmäßig ausgetragen werden. Zur besserer Durchmischung und Betriebsstabilisierung werden die Reaktoren in der Regel mit einer hohen Rückführrate der Gärreste betrieben. Der diskontinuierliche Reaktor, sogenannte Boxenfermenter, wird im Gegensatz dazu einmal mit dem Substrat beladen und dann für die notwendige Verweilzeit betrieben.

Der **Wassergehalt** der meisten Vergärungsprozesse liegt über 90 % (Nassverfahren); die typischen pumpfähigen Substrate sind Klärschlamm und Tiergülle, aber auch flüssige Produktionsabfälle und angemaischte Bioabfälle. Die trockene Fermentation (Wassergehalt unter 85 %) ist speziell für Bioabfälle, Pflanzenreste und Festmist entwickelt und kann diskontinuierlich oder auch kontinuierlich mit besonderen Pfropfenstromreaktoren erfolgen.

Zahlreiche **Bauformen,** die die verschiedenen Optionen kombinieren, wurden im Laufe der Jahre entwickelt. Insbesondere die Behandlung von feststoffhaltigen oder festen Abfällen erfolgt in Rührkesseln (Abb. 8.43), Pfropfenstromreaktoren oder Boxenfermentern.

Der Pfropfenstromreaktor ist besonders für feste Bioabfälle geeignet, die sich nur schwer durch ein Rührwerk vermischen lassen würden. Eine Rückführung der Gärreste oder des Prozesswassers ist notwendig, um den Abbaugrad zu erreichen und um die Mikroorganismen im System zu halten. Normalerweise werden diese Systeme in thermophilen Bereich betrieben (Abb. 8.44 und 8.45).

8 Biologische Verfahren

Abb. 8.43 Rührkessel. Diese einfache Reaktorbauart ist für flüssige pumpfähige Substrate geeignet, darunter kommunalen Schlamm und Gülle. Es ist möglich, feststoffhaltige Substrate durch eine separate Förderschnecke in den Reaktor einzubringen. Eine Optimierung des Prozesses kann durch ein zwei-stufiges Verfahren erreicht werden, das aber mit höheren Investitionskosten verbunden ist

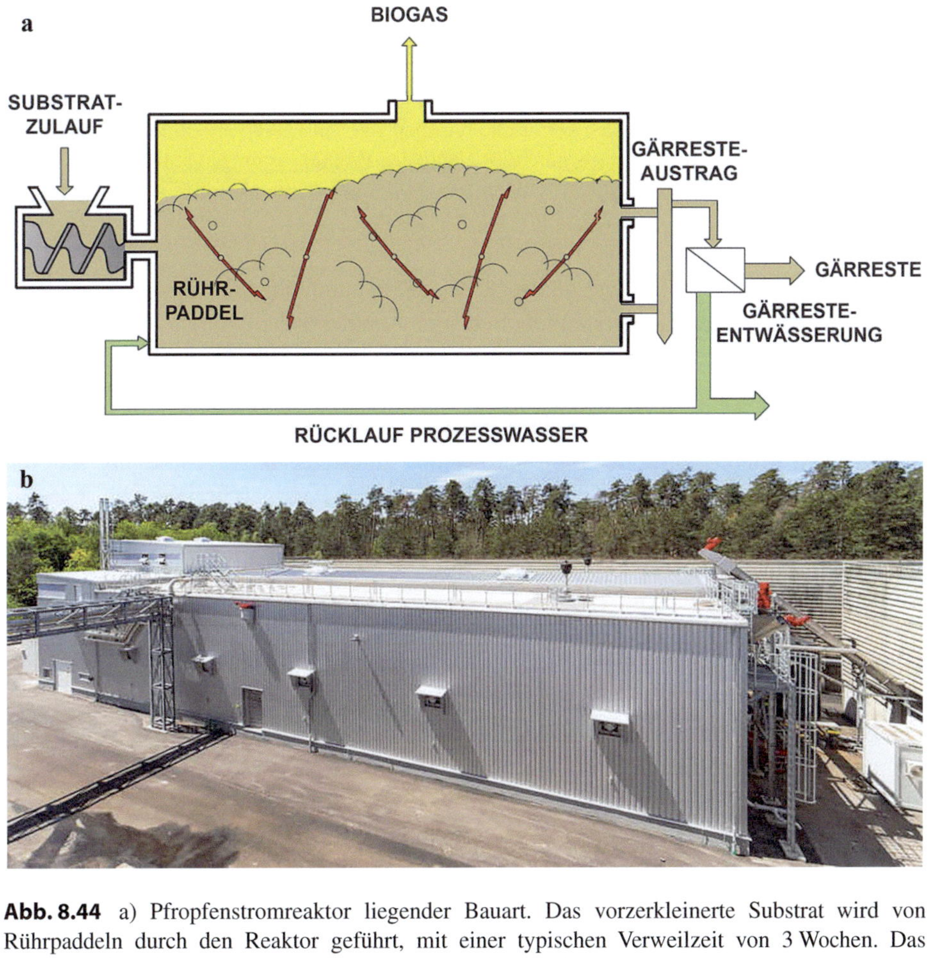

Abb. 8.44 a) Pfropfenstromreaktor liegender Bauart. Das vorzerkleinerte Substrat wird von Rührpaddeln durch den Reaktor geführt, mit einer typischen Verweilzeit von 3 Wochen. Das zurückgeführte Prozesswasser enthält nicht abgebautes Substrat und aktive Mikroorganismen b) Zwei parallele horizontaler Propfenstromreaktore für die Vergärung von kommunalen Bioabfällen (Kapazität 30.000 t/a). Bild: BVB Biogutvergärung Bietigheim GmbH

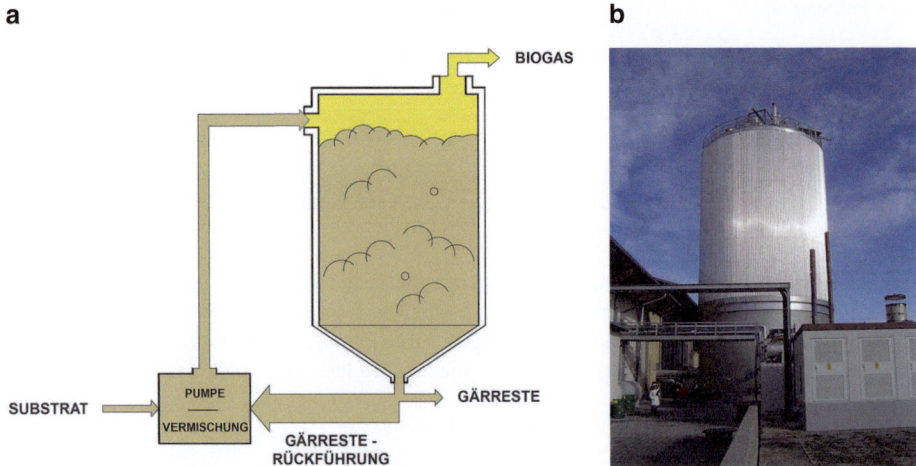

Abb. 8.45 a) Pfropfenstromreaktor vertikaler Bauart. In diesem vertikalen Reaktor werden hauptsächlich Bioabfälle mit hohem Feststoffgehalt im thermophilen Bereich vergoren. Das Substrat, im Verhältnis 1:5 bis 1:8 mit Gärresten vermischt, wird auf die Gärmasse verteilt. Diese sinkt durch Gravitation durch den Reaktor nach unten. b) Vertikaler Propfenstromreaktor für die Vergärung von kommunalen Bioabfällen (Kapazität 30.000 t/a). Bild: Fischer

Eine kostengünstige Lösung für trockene, nicht pumpfähige Substrate ist die diskontinuierliche Vergärung. Ursprünglich in der Landwirtschaft angewendet, wird sie in den letzten Jahren immer häufiger für Bioabfälle angewendet. Das Substrat wird in die Boxenfermenter eingebracht und innerhalb der vorgesehenen Verweilzeit vergoren. Normalerweise werden mehrere Boxenfermenter zeitversetzt befüllt und betrieben, um eine gewisse Kontinuität in der Biogasproduktion zu erreichen. Die Mischung und Verteilung der Bakterien werden durch die Rückführung des Perkolats erzielt (Abb. 8.46).

Alle Reaktoren müssen durch Vorerwärmung des Substrates oder des Perkolationswassers, effiziente Wärmedämmung und eventuell auch Heizmäntel auf der gewählten Betriebstemperatur gehalten werden.

8.3.3.2 Grundlagen der Reaktorbemessung für kontinuierliche Prozesse

Die Bemessung eines anaeroben Reaktors bezieht die Betrachtung der Prozesskinetik mit ein, die hauptsächlich durch die Bakterienwachstumsrate und die Substratumsatzrate beeinflusst wird. Insbesondere die Wachstumsgeschwindigkeit bestimmt die notwendige Zeit, in der die Bakterien im System gehalten werden müssen, damit sie sich vermehren können. Langsam wachsende Bakterien, wie die Methanogene, brauchen längere Verweilzeiten und sind daher maßgeblich für die Dimensionierung des Systems. Für sehr hohe Substratfrachten ist auch die Substratumsatzrate wichtig, weil die Bakterien ausreichend Zeit haben müssen, das Substrat zu verarbeiten.

8 Biologische Verfahren

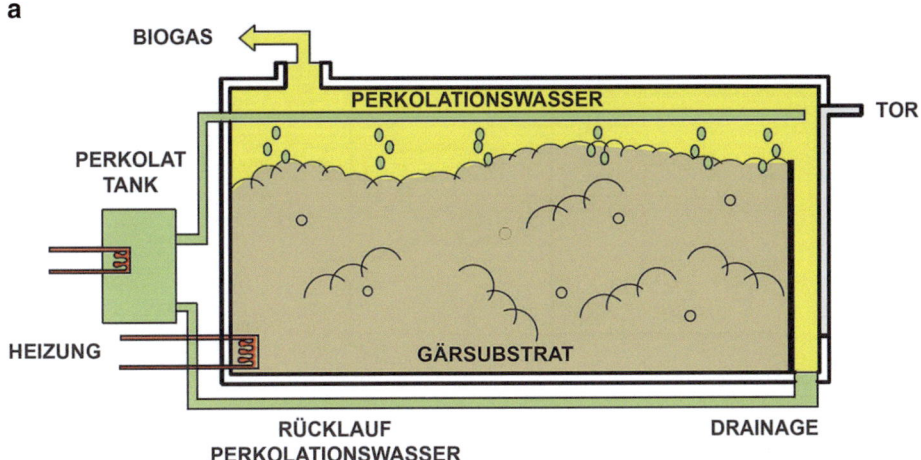

Abb. 8.46 a) Boxenfermenter. Dieser wird mit einem Radlader mit Substrat befüllt und nach der Vergärung entleert. Der Prozess kann mesophil oder thermophil betrieben werden. b) Beladung eines Boxenfermenters mit landwirtschaftlichen Reststoffen. Bild: Simone Kühn/GICON®-Gruppe

Diese zwei limitierenden – für die Dimensionierung maßgebenden – Bedingungen werden durch zwei Massenbilanzen ausgedrückt: die Bilanz für die Mikroorganismen und die Substratbilanz.

Die allgemeine Bilanz-Formel eines begrenzten Systems kann für Masse, Energie und Impuls verwendet werden:

$$\underbrace{\text{zeitliche Änderung}}_{\text{An- oder Abreicherung im System}} = \underbrace{\text{Eintrag} - \text{Austrag}}_{\text{Transport über Systemgrenzen}} + \underbrace{\text{Produktion} - \text{Verbrauch}}_{\text{Umwandlung innerhalb des Systems}}$$

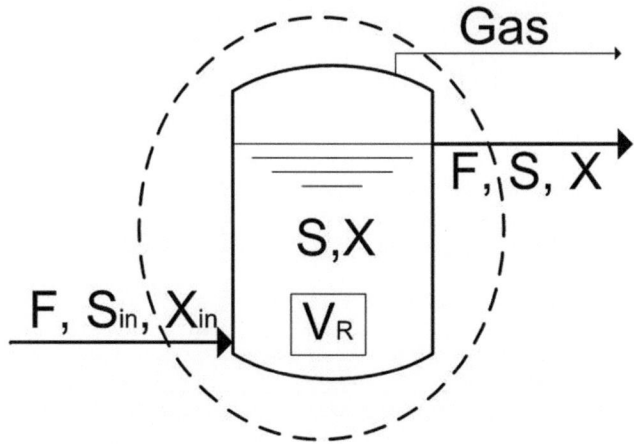

Abb. 8.47 Schematische Darstellung eines Rührkesselreaktors. Die gestrichelte Linie ist die Systemgrenze, innerhalb derer die Bilanzen berechnet werden

Für die Mikroorganismen in einem idealen Rührkesselreaktor (Abb. 8.47) ohne Rücklauf lautet die Bilanz folglich:

$$\frac{dXV_R}{dt} = FX_{in} - FX + r_x V_R \qquad (8.11)$$

wobei:
V_R: Reaktionsvolumen [m³]
X_{in}, X: Mikroorganismenkonzentration in Zu- und Ablauf [Masse/Volumen] z. B. [kg/m³]
F: Volumenstrom [Volumen/Zeit] z. B. [m³/d]
Mit den typischen Annahmen $X_{in} \approx 0$ und $V_R \approx$ konstant gilt:

$$\frac{dXV_R}{dt} = -FX + r_x V_R \qquad (8.12)$$

Die Reaktionsrate r_x ist die Wachstumsrate der Bakterien pro Volumeneinheit. Diese hängt von der Konzentration der Mikroorganismen (MO) ab sowie von einer speziesabhängigen Wachstumsrate μ:

$$r_x = \mu X \qquad (8.13)$$

Mit:

$$\mu = \frac{\text{Masse neuer MO}}{\text{MO im System} \cdot \text{Zeit}} \left[\frac{\text{kg}_{MO}}{\text{kg}_{MO} \cdot d} = d^{-1} \right]$$

$$r_x = \frac{\text{Masse neuer MO}}{\text{MO im System} \cdot \text{Zeit}} \cdot \frac{\text{MO im System}}{\text{Volumen}} \left[\frac{\text{kg}_{MO}}{\text{kg}_{MO} \cdot d} \cdot \frac{\text{kg}_{MO}}{m^3} = \frac{\text{kg}_{MO}}{m^3 \cdot d} \right]$$

8 Biologische Verfahren

Die spezifische Wachstumsrate beschreibt die Fähigkeit der Bakterien, das Substrat abzubauen und für den Stoffwechsel zu nutzen. Diese Korrelation wird üblicherweise durch die Monod-Funktion beschrieben [77], siehe Abb. 8.48:

$$\mu = \mu_{max} \cdot \frac{S}{S + K_S} \qquad (8.14)$$

mit:

- μ_{max}: Bakterienspezifische Wachstumsrate, spezienabhängig [d^{-1}]
- S: Substratkonzentration [kg/m3]
- K_S: Halb-Sättigungskonstante (Substratkonzentration wobei $\mu = \mu_{max}/2$) [kg/m^3]

Im Vergärungsprozess sind in den vier Phasen verschiedene bakterielle Gruppen am Werk, die ungleiche Wachstumsraten vorweisen (Tab. 8.10). Insbesondere die aceto-

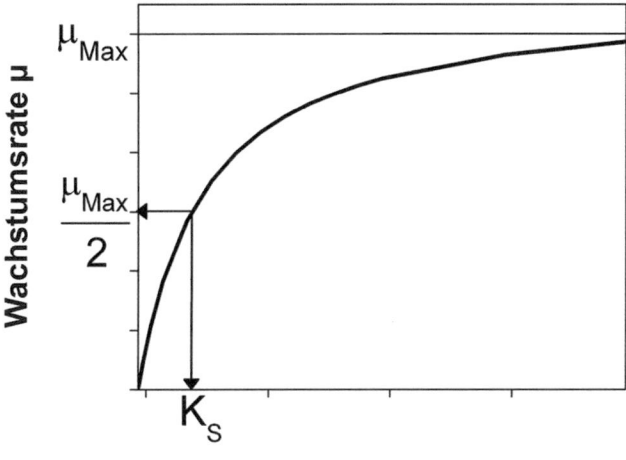

Abb. 8.48 Abhängigkeit der Wachstumsrate der Bakterien von der Substratkonzentration (Monod Funktion)

Tab. 8.10 Typische Werte spezifischer Wachstumsraten (aus [72, 77, 78])

Prozess (Bakteriengruppen)	μ_{max} @ T ≈ 35 °C [d^{-1}]	μ_{max} @ T ≈ 55 °C [d^{-1}]
Versäuerung	3–9	5–16
Acetogenese	0,1–2	0,5–3
Methanogenese aus Wasserstoff	1–2	8–12
Methanogenese aus Essigsäure	0,05–0,4	0,2–1,4

genen und die methanogenen Bakterien gelten als langsam wachsend und geschwindigkeitslimitierend. Daher ist ihre Wachstumsrate maßgeblich für die Dimensionierung des Reaktors. Wenn –wie bei der Vergärung der Fall– die Substratkonzentration deutlich höher als K_S ist, tendiert die Wachstumsrate zum maximalen Wert, d. h. es gilt $\mu \approx \mu_{max}$.

Die Bilanzierung kann auch auf das Substrat angewendet werden:

$$\frac{dSV_R}{dt} = FS_{in} - FS + r_S V_R \tag{8.15}$$

Die Substratumsatzrate r_S drückt aus, wie schnell welche Substratfracht in dem Reaktorvolumen von Bakterien verarbeitet werden kann. Sie kann aus der Wachstumsgeschwindigkeit abgeleitet werden:

$$r_S = -\frac{r_X}{Y_{X/S}} = -\frac{\mu}{Y} X \tag{8.16}$$

$$-r_S = \frac{\frac{\text{Masse neuerMO}}{\text{Volumen} \cdot \text{Zeit}}}{\frac{\text{Masse neuerMO}}{\text{Substrat verbraucht}}} \left[\frac{\frac{kg_{MO}}{m^3 \cdot d}}{\frac{kg_{MO}}{kg_S}} = \frac{kg_S}{m^3 \cdot d} \right] \tag{8.17}$$

Mit:

$Y_{X/S}$: Mikroorganismenertrag oder -ausbeute (*Yield* auf Englisch) aus dem Substrat [–]

Wichtig zu bemerken ist dass der Wert von r_S in der Bilanz (8.15) negativ ist (daher das Minuszeichen), denn das Substrat wird von den Mikroorganismen für ihr Wachstum verbraucht.

Ist ein stationärer Zustand erreicht, wird die Ableitung *d/dt* gleich null und aus den Bilanzen ergibt sich:

Stationäre Mikroorganismenbilanz aus (8.12):

$$0 = -FX + r_x V_R \tag{8.18}$$

Stationäre Substratbilanz aus (8.15):

$$0 = FS_{in} - FS + r_s V_R \tag{8.19}$$

Aus den zwei Bilanzen (8.18, 8.19) ergeben sich zwei Bedingungen für das Reaktorvolumen bzw. die Verweilzeit: es muss ausreichend sein, um erstens die Vermehrung der Bakterien und zweitens die Umsetzung des Substrates zu ermöglichen.

Volumen aus der Bilanz der Mikroorganismen (8.18):

$$V_R = \frac{F}{r_X} X = \frac{FX}{\mu X} = \frac{F}{\mu} \approx \frac{F}{\mu_{max}} \tag{8.20}$$

Diese Formel kann für den Rührkesselreaktor wie folgt umgeschrieben werden:

$$\frac{V_R}{F} = HRT = SRT = \frac{1}{\mu_{max}} \tag{8.21}$$

8 Biologische Verfahren

wobei *HRT* (Englisch: *Hydraulic Retention Time*) die hydraulische Verweilzeit im Reaktor ist. In einem Reaktor ohne Rückführung ist die hydraulische Verweilzeit identisch zu der Zeit, die die Bakterien in dem Reaktionssystem verbringen (*SRT, Sludge* oder *Solids Retention Time*, in der Abwasserbehandlung äquivalent zu dem Schlammalter). Diese Mikroorganismen-Verweilzeit *SRT* muss mindestens so hoch sein wie der Umkehrwert der limitierenden bakteriellen Wachstumsrate. Im Falle eines aufwendigen Hydrolysenschrittes wird die Hydrolisegeschwindigkeit als limitierende Rate in der Bilanz eingesetzt. Anders ausgedrückt: die Bakterien müssen ausreichend lange im System gehalten werden, um sich zu vermehren, bevor ein Teil davon (*FX* in der Bilanz) aus dem System ausgetragen wird.

Volumen aus der Substratbilanz (8.19):

$$V_R = \frac{F(S_{in} - S)}{-r_S} = \frac{F(S_{in} - S)}{\frac{\mu X}{Y}} \qquad (8.22)$$

Die Substratumsatzrate r_S (<0) kann mit der sogenannten organischen Raumbelastung B_R (*auf Englisch: organic volumetric loading rate*) in Verbindung gebracht werden. Letztere ist die maximale den Bakterien *zumutbare* Substratzulauffracht, äquivalent zu r_s bei $S=0$:

$$B_R = \frac{F \cdot S_{in}}{V_R} \left[\frac{m^3}{d} \cdot \frac{kg_S}{m^3} \cdot \frac{1}{m^3} = \frac{kg_S}{m^3 \cdot d} \right] \qquad (8.23)$$

Es gibt zahlreiche Erfahrungswerte für die maximale Raumbelastung B_{Rmax}, die insbesondere von Reaktortyp und Abbaubarkeit des Substrates abhängen (Tab. 8.11).

Wenn die Raumbelastung zu hoch ist, werden – insbesondere schnell abbaubare – Substrate versäuert, wobei die methanbildende Bakterien überlastet werden. Es bildet sich der sogen. *Hemmungsteufelskreis* von Abb. 8.42.

Aus (8.21, 8.23) werden die Bedingungen für die Dimensionierung des anaeroben Prozesses in einem Rührkesselreaktor ermittelt. Das Mindestvolumen muss beide Bedingungen erfüllen:

$$V_R \geq SRT_{min} \cdot F \qquad (8.24)$$

und

$$V_R \geq \frac{F \cdot S_{in}}{B_{R_{max}}} \qquad (8.25)$$

Das Vorgehen in der Praxis unterscheidet sich in Abhängigkeit von den Substraten:

- Bei der Vergärung von Bioabfällen oder Gülle mit ausreichender Aufbereitung ist typischerweise die Bakterienverweilzeit SRT_{min} im System maßgeblich. Diese beträgt im mesophilen Bereich mindestens 25 Tage (Kehrwert der Wachstumsrate der langsam wachsenden Methanogenen, siehe Tab. 8.10), im thermophilen Bereich sind 20 Tage üblich. Wenn die Hydrolyse der Feststoffe geschwindigkeitslimitierend wird

Tab. 8.11 Typische Werte für die Auslegung nach Raumbelastung (aus eigener Datenerhebung und [79])

Reaktor	Beispiel Substrat	Raumbelastung B_R
Rührkessel	Schlamm/Gülle	1,5–4,5 kg$_{oTS}$/m³d
UASB	Hochbelastete Abwässer	4–8 kg$_{CSB}$/m³d
Pfropfenstrom	Bioabfall	8–16 kg$_{oTS}$/m³d

(wie oft in der Landwirtschaft aufgrund von unzureichender Vorbehandlung) sind viel höhere Verweilzeiten, von 60–80 Tagen, notwendig. Nach der Berechnung des Volumens nach (8.24), wird die Bedingung für die Raumbelastung (8.25) überprüft.

- In der anaeroben Behandlung von hochbelasteten Abwässern in UASB- oder EGSB-Reaktoren ist hingegen die Substratbilanz maßgebend für die Dimensionierung, da die ausreichende Aufenthaltszeit der Bakterien im System konstruktionsbedingt gesichert ist. Oft ist in solchen Anwendungen die Substratzulauffracht sehr hoch und daher die Bedingung (8.25) für die Raumbelastung ausschlaggebend für einen sicheren Betrieb des Reaktors. Hier wird das notwendige Volumen aus der maximalen organischen Raumbelastung ermittelt und die Verweilzeit (Bedingung 8.24) dagegen überprüft.

Beispiel Auslegung eines Rührkesselreaktors))

Ein Bauernhof produziert im Durchschnitt 90 m³ Gülle pro Tag, mit einer Konzentration von ca. 50 kg$_{oTS}$/m³. Gesucht wird das Volumen eines Rührkesselreaktors für die mesophile Vergärung der Gülle. Gelegentlich sollen Pflanzenreste mitvergoren werden.

$F = 90$ m³/d, $S = 50$ kg$_{oTS}$/m³

Obwohl für die Methanogene 20–25 Tage Verweilzeit ausreichend wären, wird eine Verweilzeit von 30 Tage gewählt, um die notwendige Zeit für die Hydrolyse der Pflanzenreste zu berücksichtigen.

$$V_R = SRT_{\min} \cdot F = 30d \cdot 90 \frac{m^3}{d} = \underline{2700 m^3}$$

Mit welcher Raumbelastung wird die Anlage gefahren? Aus (8.23) folgt:

$$B_R = \frac{F \cdot S_{in}}{V_R} = \frac{90 \cdot 50}{2700} = 1,7 \frac{kg_{oTS}}{m^3 d}$$

Dieser Wert ist deutlich niedriger als die empfohlene maximale Raumbelastung von 4 kg$_{oTS}$/m³d [58]. Die Anlage wird „niedertourig" betrieben und kann mit Pflanzenresten zusätzlich beschickt werden. Wenn die Raumbelastung zu hoch wäre, könnten die Bakterien nur einen Teil des Substrats abbauen und das Übersäuerungsrisiko würde steigen.

Was würde passieren, wenn der Reaktor deutlich kleiner als 2700 m³ bzw. die Verweilzeit deutlich kürzer als 30 Tage wäre? Diese Frage kann man beantworten, indem man die Bilanz (8.12) betrachtet. Ein $V_R < V_{Rmin}$ wirkt sich auf die Bilanz wie folgt:

$$FX = r_x V_{R\min} > r_x V_R$$
$$\frac{dX}{dt} = -FX + r_x V_R < 0$$

Die Bakterienkonzentration X im Reaktor würde zurückgehen bis auf null, weil mehr Bakterien aus dem System ausgetragen werden würden als sich vermehren können (auf Englisch: *wash-out*). ◄

8.3.3.3 Vergärung im Pfropfenstromreaktor mit Rückführung der Gärreste mit Bemessungsbeispiel

Die Vergärung von festen oder feststoffhaltigen Bioabfällen erfolgt selten im Rührkessel, sondern wird vorwiegend in Pfropfenstromreaktoren durchgeführt, die keine aufwendigen Rührwerke benötigen. Da der Zulauf zur Anlage praktisch keine anaeroben Mikroorganismen enthält, ist es notwendig, einen Teil der Mikroorganismen vom Ablauf zum Zulauf zurückzuführen. Daher ist bei der Dimensionierung die Einbeziehung dieser Gärresterückführung in die Massenbilanzen von entscheidender Bedeutung (Abb. 8.49).

Die stationäre Mikroorganismenbilanz für den Pfropfenstromreaktor zwischen Reaktorzulauf (Punkt 1 in Abb. 8.49) und Reaktorablauf (Punkt 2 in Abb. 8.49) wird aus der Bilanz in einer infinitesimaler Scheibe i mit Volumen dV hergeleitet:

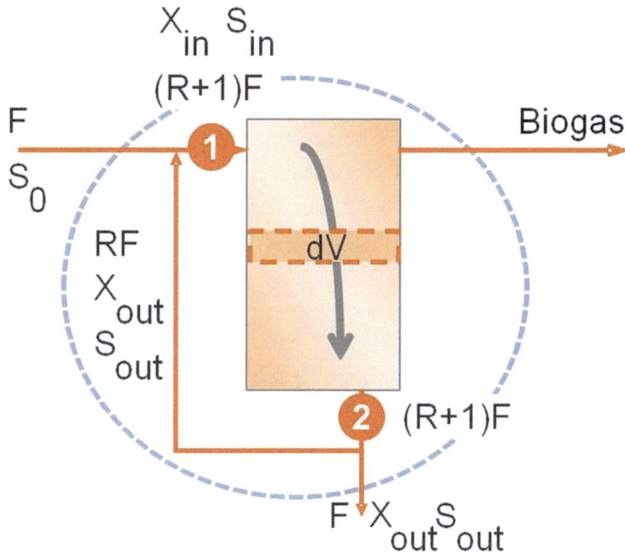

Abb. 8.49 Schematische Darstellung eines Pfropfenstromreaktors für Bioabfallvergärung mit Rückführung der Gärreste. R ist die Rückführungsrate, F der Volumenstrom, X und S die Konzentrationen von Mikroorganismen und Substrat

Mikroorganismen Output – Input in Scheibe i = Mikroorganismenproduktion in dV

$$F(R+1)(X^i_{out} - X^i_{in}) = r_x dV = \mu X dV \tag{8.26}$$

$$F(R+1)dX = \mu X dV \tag{8.27}$$

Die Rückführrate R ist definiert als Verhältnis zwischen zurückgeführtem und aus dem System ausgetragenem Volumenstrom (bzw. Fracht).

Bei Integration auf der gesamten Länge des Reaktors:

$$V_R = F(R+1) \int_{X_{in}}^{X_{out}} \frac{dX}{\mu X} \tag{8.28}$$

Die Zulaufkonzentration X_{in} wird durch eine Bilanz an der Zusammenführung des Anlagenzulaufs (wobei $X_0 \approx 0$) und der Rückführung (mit Konzentration X_{out}) berechnet:

$$\begin{aligned} F(R+1)X_{in} &= FX_0 + FRX_{out} \\ X_{in} &= X_{out}\frac{R}{R+1} \end{aligned} \tag{8.29}$$

Die Integration von (8.28) zwischen X_{in} und X_{out} ergibt:

$$V_R = F(R+1) \cdot \frac{1}{\mu} \cdot \ln\frac{R+1}{R} \tag{8.30}$$

Wie in dem Fall des Rührkessels (8.3.3.2 Grundlagen der Reaktorbemessung für kontinuierliche Prozesse), stellt die Verweilzeit der Bakterien SRT_{min} die Bedingung für die Bemessung des Reaktorvolumens:

$$V_R \geq F(R+1) \cdot SRT_{min} \cdot \ln\frac{R+1}{R} \tag{8.31}$$

Auch für diese Reaktoren ist die Überprüfung der Raumbelastung B_R notwendig, um Überlastungen der Bakterien zu vermeiden. Ähnlich wie bei der Bedingung für den Rührkesselreaktor (8.25), muss auch hier das Volumen ausreichend groß sein, um Substratüberlastungen zu vermeiden:

$$V_R \geq \frac{F \cdot S_0}{B_{R_{max}}} \tag{8.32}$$

Zu bemerken ist, dass auch für Reaktoren mit Rücklauf die Raumbelastung nur aus der tatsächlich neu zugeführten Substratfracht berechnet wird [79]. Werte für die maximale Raumbelastung finden sich in Tab. 8.11.

Die Formel (8.31) kann für hohe Rücklaufraten vereinfacht werden. In dem Fall $R \gg 2$, nähert sich der Pfropfenstromreaktor einem gemischten Reaktor an. Dank der Rückführung allerdings nähert sich die Mikroorganismenkonzentration X im Reaktor der Konzentration im Zulauf X_{in}. Im Gegensatz dazu würde X in einem idealen Rührkessel der Ablaufkonzentration X_{out} gleichen.

Die stationäre Mikroorganismenbilanz zwischen den Punkten 1 und 2 ist daher:

8 Biologische Verfahren

$$\frac{dXV_R}{dt} = 0 = R \cdot F \cdot X_{out} - (R+1) \cdot F \cdot X_{out} + \mu X_{in} \cdot V_R \quad (8.33)$$

Durch Kombination mit (8.29), Umstellung und Vereinfachung ergibt sich aus (8.33) das Volumen des Reaktors:

$$V_R = F \cdot \frac{1}{\mu} \cdot \frac{(R+1)}{R} \quad (8.34)$$

Analog zu (8.31) erfolgt die Bemessungsbedingung:

$$V_R \geq F(R+1) \cdot SRT_{min} \cdot \frac{1}{R} \quad (8.35)$$

Die Auslegung mit der vereinfachten Formel bietet eine zusätzliche Sicherheit, weil $1/R > ln(1+1/R)$. Die Näherung von (8.35) an (8.31) ist gerechtfertigt für $R \gg 2$, da $1/R \to ln(1+1/R)$.

Ein Vergleich mit der Biomassenbilanz für Rührkessel (8.21) ermöglicht die Interpretation der Bemessungsformel (8.35):

$$\frac{V_R}{F(R+1)} = HRT = \frac{SRT}{R} \quad (8.36)$$

Dank der Rückführung bleiben die Mikroorganismen die notwendige Zeit SRT_{min} im gesamten System (von Anlagenzulauf bis Anlagenablauf); die hydraulische Verweilzeit im Reaktor (HRT von Punkt 1 zu Punkt 2) ist allerdings nur SRT/R. Diese Feststellung bekräftigt die Annahme von (8.33), dass die Konzentration X der Biomasse im Reaktor circa der Konzentration im Zulauf gleicht. Bei sehr hohen Rückführraten $R \gg 2$ verbleibt die Biomasse im Reaktor deutlich kürzer als die eigentlich notwendige Vermehrungszeit SRT.

Die Wirkung der Gärresterückführung auf den Substratabbau wird durch die Analyse der Substratbilanz klar. Die stationäre Substratbilanz ist:

$$0 = (FS_0 + RFS_{out}) - F(R+1)S_{out} - r_S V_R \quad (8.37)$$

Der Substratverbrauch $r_S V_R$ ist der Teil der Zulauffracht, der in einem Durchgang durch den Reaktor umgesetzt wird:

$$r_S V_R = \alpha \cdot S_{in} \cdot F(R+1) \quad (8.38)$$

Wobei α der Abbaugrad (auch Konversion genannt) von S_{in} zu S_{out} ist (auf Englisch: *Conversion per pass*):

$$\alpha = \frac{S_{in} - S_{out}}{S_{in}} \quad (8.39)$$

Die Konversion α hängt von vielen Faktoren ab: sie verschlechtert sich bei abnehmender hydraulischen Verweilzeit HRT, weil das Substrat weniger Zeit in Reaktor verbleibt. Die

Reaktionsrate des Substratabbaus anderseits erhöht sich mit zunehmender Rückführrate R, weil dadurch die Mikroorganismen besser im Reaktor verteilt werden und schneller in Kontakt mit dem Substrat kommen. Darüber hinaus ist die Konversion für leicht verfügbare, gut abbaubare Substrate höher. Ein beispielhafter Verlauf von α ist in Abb. 8.50 dargestellt.

Aus (8.37, 8.38) und der Gleichung $F(R+1) \cdot S_{in} = F \cdot (S_0 + RS_{out})$ ergibt sich die Substratkonzentration am Reaktorablauf:

$$S_{out} = \frac{S_0(1-\alpha)}{1+R\alpha} \qquad (8.40)$$

Der gesamte Abbaugrad η der Anlage, d. h. von S_0 zu S_{out}, wird definiert als:

$$\eta = \frac{S_0 - S_{out}}{S_0} \qquad (8.41)$$

Durch Kombination von (8.40, 8.41) ergibt sich:

$$\eta = \frac{\alpha(R+1)}{1+R\alpha} \qquad (8.42)$$

Schließlich stellt sich die Auslegung des Reaktors als ein Kompromiss zwischen gegenseitigen Anforderungen dar:

- Das notwendige Reaktorvolumen wird kleiner bei zunehmender Rückführrate. Dabei ist allerdings für $R > 8$ die Verkleinerung irrelevant.
- Für ein gegebenes Volumen V_R, erhöht sich η bei zunehmender Rückführrate, weil die Mikroorganismen und das Substrat besser vermischt –einem Rührkessel annähernd– sind. Allerdings ist diese Erhöhung ab einer Rückführrate von ca. 2–3 unwesentlich, weil die Verringerung von α einsetzt.
- Hohe Rückführrate bedeuten einen großen hydraulischen Aufwand und daher höhere Investitionen für Pumpen, Förderbände, Rohrleitungen.

Die Abhängigkeiten von α, η und V_R von der Rückführrate sind in Abb. 8.50 dargestellt.

Aus der Abb. 8.50 wird deutlich, dass eine Rückführrate zwischen circa 3 und 7 eine günstig kleine Reaktordimensionierung ermöglicht, bei möglichst hohen Abbaugraden.

Beispiel: Systemleistung Pfropfenstromreaktor

Circa 100 m³/d Bioabfall mit einer durchschnittlichen Konzentration an Organik von 310 kg$_{oTS}$/m³ müssen in einem thermophilen Pfropfenstromreaktor behandelt werden. Die Vorbehandlung des Bioabfalls verbessert die Hydrolyse. Gesucht werden das Reaktorvolumen und die Abbauleistung des Systems.

$F = 100$ m³/d
$S_0 = 310$ kg$_{oTS}$/m³

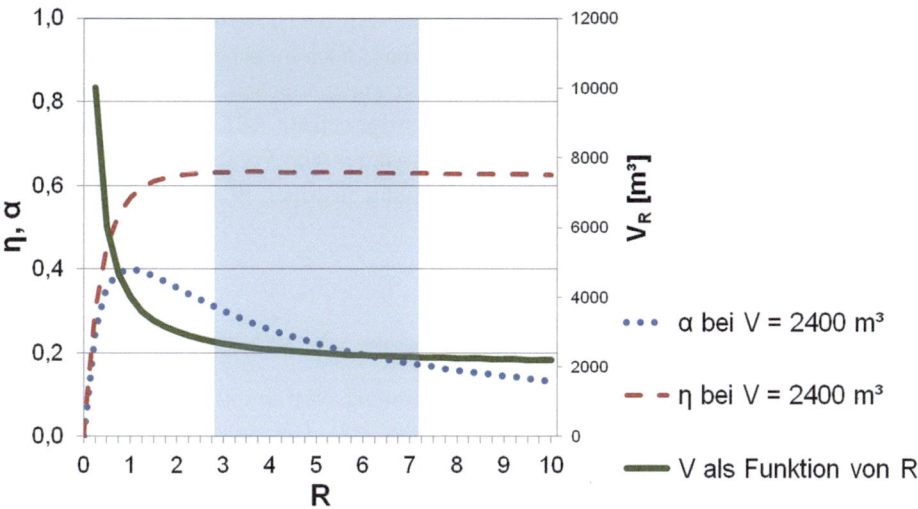

Abb. 8.50 Gesamter Substratabbau η, Substratabbau pro Durchgang im Reaktor α und Reaktorvolumen VR in Abhängigkeit von der Rückführrate R der Gärreste. Der Verlauf von η und α ist bei unterschiedlichen Volumen ähnlich

Es wird eine Rückführrate von 500 % gewählt: $R = 5$.

Der thermophile Bereich sieht eine minimale Verweilzeit der Biomasse von mindestens 20 Tagen: $SRT_{min} = 20$ d.

Das Reaktorvolumen wird aus (8.35) berechnet:

$$V_R = F(R+1) \cdot SRT_{min} \cdot \frac{1}{R} = 100 \cdot (5+1) \cdot 20 \cdot \frac{1}{5} = 2400 \, m^3$$

Die tatsächliche Verweilzeit im Reaktor *HRT* ist nur *SRT/R* = 4 d.

Für diese Verweilzeit und bei gut abbaubarem Bioabfall wird die Substratkonversion α bei circa 20 % geschätzt (siehe Abb. 8.45). Daraus resultiert eine gesamte Abbauleistung von ca. 60 %:

$$\eta = \frac{\alpha(R+1)}{1+R\alpha} = \frac{0,20 \cdot (5+1)}{1+5 \cdot 0,20} = 0,60$$

Der organische Inhalt in den Gärresten ist entsprechend:

$$S_{out} = \frac{S_0(1-\alpha)}{1+R\alpha} = \frac{310 \cdot (1-0,20)}{1+5 \cdot 0,20} = 124 \frac{kg_{oTS}}{m^3}$$

Schließlich wird die Raumbelastung aus (8.32) berechnet und überprüft:

$$B_R = \frac{F \cdot S_0}{V_R} = \frac{100 \cdot 310}{2400} = 13 \frac{kg_{oTS}}{m^3 d}$$

Die Raumbelastung ist relativ hoch (siehe Tab. 8.11), weil das Substrat einen hohen organischen Gehalt aufweist, liegt allerdings noch im zulässigen Bereich.

Falls das System für Stoßbelastungen von energiereichen Substraten ausgelegt werden soll, ist es ratsam, eine höhere Systemverweilzeit *SRT* zu wählen. Dadurch vergrößert sich das Reaktorvolumen und die hydraulische Verweilzeit verlängert sich auf 5 Tage. Entsprechend wäre die Raumbelastung niedriger. ◄

8.3.4 Anlagentechnik

8.3.4.1 Anlagenkomponenten und Bilanzen

In Bioabfallvergärungsanlagen sind viele Aufbereitungsschritte mit denjenigen der Bioabfallkompostierung identisch (siehe auch Abschn. 8.2). Dies gilt sinngemäß auch für die mechanisch-biologische Vorbehandlung (siehe auch Abschn. 8.5). Ein schematisches Verfahrensfließbild für eine einstufige Anlage ist in Abb. 8.51 dargestellt.

Substrataufbereitung

Abfälle mit Feststoffanteilen zwischen 12–15 % sind üblicherweise noch pumpfähig. Bevor sie dem Reaktor zugeführt werden müssen sie jedoch, abhängig von ihrer Korngröße und Zusammensetzung, zusätzliche Aufbereitungsschritte durchlaufen. Bioabfälle und Restabfälle mit Wassergehalten unter 70 % sind in der Regel fest und werden erst nach der mechanischen Aufbereitung mit Prozesswasser oder mit angemaischten Gärresten vermischt. Häufig sind geschlossene Gebinde (Säcke) zu öffnen, grobkörnige Fraktionen abzusieben und bei Zuführung in den Prozess zu zerkleinern, ferromagnetische Metalle sind abzuscheiden. Besonders relevant für die Qualität der Produkte ist die Trennung von Kunststoffen, durch Siebung, Sichtung oder ggf. manuelle Sortierung (siehe auch Abschn. 8.2). In Nassverfahren können durch Schwimm-Sink-Trennung die mineralische Fraktion (Steine, Sand) und Kunststoffe sowie holziges Material abgeschieden werden. Auch die Abtrennung der mineralischen Fraktion ist generell von großer Bedeutung, da sie starken Verschleiß an Pumpen, Rührwerken und Rohrleitungen verursacht und durch Sedimentation in relativ kurzer Zeit das verfügbare Reaktorvolumen drastisch reduzieren kann. Die Abfallaufbereitung kann auch hydrolytische Auflösung und Zerfaserung des Substrates einschließen, z. B. in einem Pulper (Abb. 8.52) oder einem Querstromzerspaner.

Abhängig von Anlageninput ist besonders bei mesophilen Anlagen ohne Nachrotte eine Hygienisierung erforderlich (z. B. wenn der Abfall tierische Nebenprodukte enthält). Diese ist in der Regel dem Anaerobreaktor vorgeschaltet. Die Aufenthaltszeit in der Hygienisierungsstufe beträgt üblicherweise eine Stunde bei 70 °C.

Austragsströme der Vergärung

Die vier Austragsströme der Vergärung (Biogas, Gärreste, Prozesswasser und Abluft) müssen in der Regel zusätzlich behandelt werden.

8 Biologische Verfahren

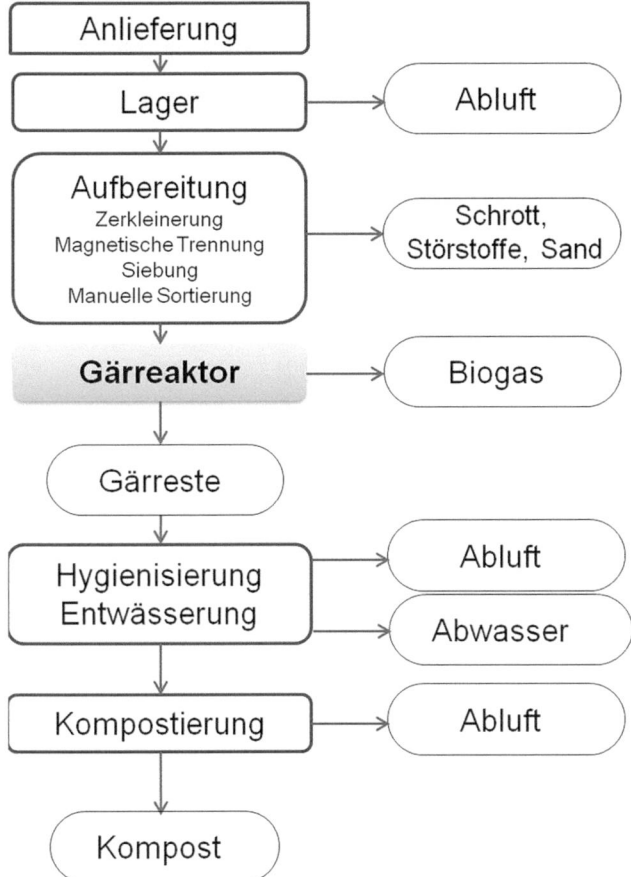

Abb. 8.51 Fließschema eines einstufigen Vergärungsverfahrens für Bioabfälle

Das erzeugte Biogas kann direkt in kuppelformigen Membrangasspeichern auf dem Dach von Fermentern oder Gärrestelagern oder – ggf. nach einer ersten Trocknung – in freistehenden Gasspeichern gespeichert werden.

Bei landwirtschaftlichen Biogasanlagen werden die Gärrückstände üblicherweise direkt landwirtschaftlich verwertet. Um ein stabilisiertes und hygienisiertes vermarktungsfähiges Produkt zu erzeugen, werden die festen Rückstände aus Bioabfallvergärungsanlagen zusammen mit Strukturmaterial kompostiert. Dafür müssen die Gärreste durch thermische oder mechanische Trocknung auf 30–40 % Trockensubstanzgehalt entwässert werden. Damit feste MBA-Rückstände aus Anaerobanlagen ablagerungsfähig werden, schließt sich üblicherweise ein aerober Behandlungsschritt (Rotte) an. Für die Kompostierung bzw. Rotte kommen alle am Markt befindliche Rotteverfahren in Betracht.

Das Abwasser aus der Gärrestetrocknung kann zum Teil zum Gärreaktor zurückgeführt werden. Der Rest kann eingeleitet werden, ggf. nach einer separaten aeroben

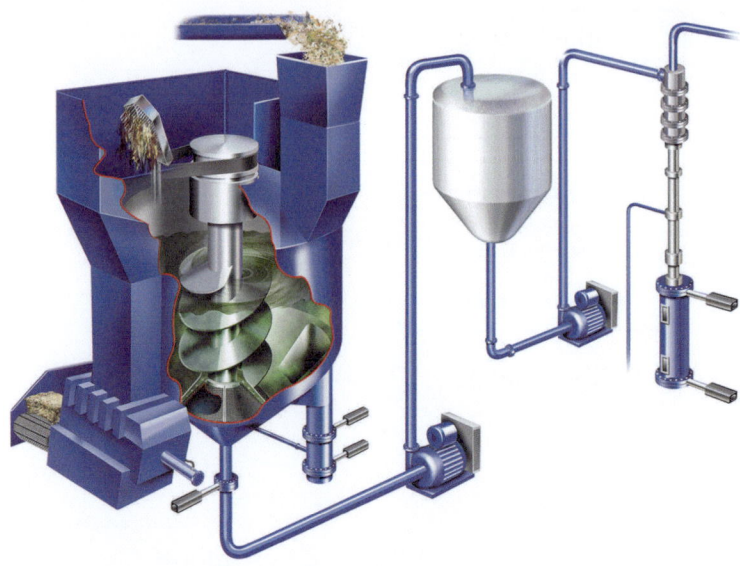

Abb. 8.52 Pulper und Grit Removal System zur Auftrennung der Fraktionen, Abscheidung des Sandes und Auflösung des Substrats [80]

oder anaeroben Behandlung. Abluft aus den Anlieferungs- und Aufbereitungshallen, aus dem Gärrestelager sowie aus der Trocknungsanlage werden üblicherweise in einem Biofilter behandelt (siehe Abschn. 8.6.4).

Die gesamte Massenbilanz einer Vergärungsanlage mit Kompostierung ist in Abb. 8.53 dargestellt.

Biogasaufbereitung und -verwertung

Das Biogas weist typischerweise einen Methangehalt von 55–70 Vol.-% auf, des Weiteren enthält es CO_2 (30–45 Vol.-%), Schwefelwasserstoff (0,001–1 Vol.-%) und Spuren anderer Gase. Die typischen Heizwerte pendeln abhängig von dem Methangehalt zwischen 18 und 24 MJ/m^3_N. Das Gas ist gewöhnlich wassergesättigt (Wassergehalt 5–15 % abhängig von der Prozesstemperatur), der Wasserdampf wird auskondensiert.

In der Regel wird das Gas in einem separaten Verfahren von Schwefelwasserstoff auf bis zu 0,01–0,05 Vol.-% gereinigt, da dieser giftig und korrosiv ist. Zudem wird das Gas entstaubt, um mechanische Beschädigungen der Motoren zu vermeiden.

Wenn das Gas als Treibstoff genutzt oder dem Erdgasnetz zugeführt werden soll, ist eine weitergehende Aufbereitung notwendig: das CO_2 muss entfernt werden, um den Methangehalt in dem behandelten Gas bis 95–98 Vol.-% anzureichern (Abb. 8.54).

Die Handhabung von Biogas birgt erhebliche Gefahren für Menschen und Umwelt, insbesondere die Erstickung und Vergiftungsgefahr durch CO_2 und H_2S, sowie Explosions- und Brandgefahr durch das Gemisch Methan/Luft. Eine übersichtliche Darstellung der Gefahren und Schutzmaßnahmen ist in [81] dargestellt.

8 Biologische Verfahren

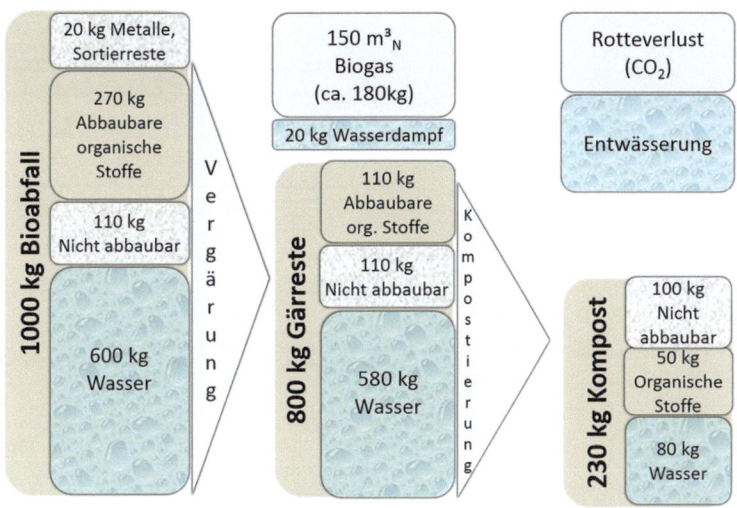

Abb. 8.53 Massenbilanz einer Vergärungsanlage von Bioabfall mit Kompostierung (eigene Datenerhebung). Ligninhaltige Stoffe (Holz) werden in der Vergärung nur schwer oder gar nicht abgebaut und werden dort als Inertstoffe bilanziert. In der Kompostierung hingegen werden sie zum Teil abgebaut und tragen zu dem organischen Gehalt im Kompost bei.

Biogas wird in vielen Fällen in einem Blockheizkraftwerk (BHKW) verbrannt: hier wird der thermische Wirkungsgrad der Verbrennung (50–55 %) mit dem elektrischen Wirkungsgrad (35–42 %) kombiniert, wobei ein hoher globaler Wirkungsgrad von 80–90 % erreicht wird (Tab. 8.12).

Ein BHKW besteht aus einem Gasmotor (Gas-Otto oder Gas-Diesel-Motor), einem elektrischen Generator und drei Wärmetauschern, die Wärme aus dem Motor, der Ölkühlung und der Abgaskühlung ziehen. Die dadurch erzeugte Energie deckt normalerweise den Strom- und Wärmebedarf der Anlage. Der Überschuss kann vermarktet werden. Abhängig vom Substrat und Anlagentyp ist eine Förderung gemäß EEG möglich.

8.3.4.2 Bauliche Gestaltung und Flächenbedarf

Für die Errichtung von Vergärungsanlagen sind folgende bau- und anlagentechnische Investitionen erforderlich:

- geschlossene Annahmehalle
- Waage
- Aufbereitungshalle mit Maschinentechnik zur Aufbereitung der Substrate
- Reaktor und eventuell Rührwerk, Heizsystem, Zu- und Ablaufeinrichtungen
- Entwässerungseinheit für die Gärreste, ggf. Nachaufbereitung, ggf. Nachrotte (gekapselt während der Anfangsphase) und Feinaufbereitung von Kompost
- Absauganlagen mit Biofilter

Abb. 8.54 Biogasbehandlung und -verwertung bei einer Bioabfallvergärungsanlage. Bei der Behandlung von industriellen Abwässern entsteht oft ein Biogas mit sehr hohen H_2S-Konzentrationen: in diesen Fällen wird vor der Trocknung eine biologische-chemische Entschwefelung vorgeschaltet

Tab. 8.12 Beispielhafte Energiebilanz einer thermophilen Vergärungsanlage für 30.000 Mg Bioabfall pro Jahr: Biogasertrag 120 m^3_N/Mg Bioabfall, Heizwert 6,0 kWh/m^3_N, thermische Trocknung der Gärreste (eigene Datenerhebung)

	[kWh/Mg Bioabfall]	[MWh/a]
Energiegehalt des erzeugten Biogases	720	21.600
Leistung BHKW – elektrisch (~38 %)	275	8200
Leistung BHKW – Wärme (~55 %)	400	12.000
Strombedarf für Maschinen und Betriebsgebäude	25	600
Wärmebedarf für Reaktor- und Gebäudeheizung, Gärrestetrocknung	300	9000
Stromüberschuss	**250**	**7500**
Wärmeüberschuss	**100**	**3000**

8 Biologische Verfahren

- Zwischenspeicher bzw. Lager für Substrat und Gärreste
- Biogasspeicher, freistehend oder als Membrangasspeicher auf dem Dach vom Fermenter oder Gärrestelager
- Betriebsgebäude
- Steuerungs- und Überwachungssystem
- Maschinentechnik zur Biogasaufbereitung (Trocknung, Entschwefelung, ggf. Aufbereitung zum Erdgas usw.), Verwertung vor Ort (BHKW) oder Einspeisung ins Erdgasnetz
- Infrastruktur wie Zufahrtsstraße, Straßen- und Platzbefestigung, Versorgungsleitungen und Entwässerung, Umzäunung, Außenanlagen
- Fahrzeuge

Abb. 8.55 zeigt die Aufstellung einer Vergärungsanlage für kommunale Bioabfälle mit Biogasaufbereitung.

Bei landwirtschaftlichen Biogasanlagen entfallen häufig einige dieser o.g. Einrichtungen, da bedingt durch das Substrat, Betriebsführung und landwirtschaftliche Infrastruktur mit Nutzung vorhandener Baulichkeiten auch unter Berücksichtigung der Genehmigungsverfahren andere Anforderungen gestellt werden als an Bioabfallvergärungsanlagen.

Der Flächenbedarf (ausschließlich Rottehalle) ist stark von der Einbindung der Anlage in die vorhandene Infrastruktur sowie von der gewählten Verfahrenstechnik und Durchsatzleistung abhängig. Er kann für die Bioabfallvergärung mit ca. 100–200 m^2 pro Mg/d Input angesetzt werden.

8.3.4.3 Inbetriebnahme

Abhängig von der Abbaubarkeit der Substrate, kann die Inbetriebnahme eines anaeroben Reaktors über mehrere Monate andauern. Die Bakterien müssen das Substrat angreifen und eine *synergische* Biozönose aufbauen. Um eine zu hohe Belastung zu vermeiden,

1. Anlieferung und Aufbereitung
2. Zwei parallele horizontale Fermenter
3. Nachkompostierung der festen Gärreste und Kompostaufbereitung
4. Kompostlager
5. Lager für flüssige Gärreste mit Gasspeicher auf dem Dach
6. Gasaufbereitung und Bioerdgaseinspeiseanlage
7. Fackel
8. Biofilter und Abluftanlage
9. Trafoanlagen
10. Betriebsgebäude

Abb. 8.55 Luftbild einer Bioabfallvergärungsanlage mit Biogasaufbereitung mit Bezeichnung der Anlagenkomponenten. Bild: BVB Biogutvergärung Bietigheim GmbH [82]

sollte daher der kontinuierliche oder semi-kontinuierliche Reaktor langsam und schrittweise befüllt werden. Gleichzeitig sollte er bis zur Betriebstemperatur graduell erwärmt werden. Es bietet sich üblicherweise an, ein adaptiertes Inoculum aus Klärschlamm oder Rindgülle einzuimpfen, um den Anfahrprozess zu beschleunigen, da die Methanbakterien eine relativ lange Reproduktionszeit haben.

Um einen stabilen Betrieb sicherzustellen, müssen einige wichtige Prozessgrößen beobachtet und gesteuert werden: typische Größen, die eine Störung im System (z. B. eine Säurebildung) erkennen lassen, sind die Quantität und Qualität von Biogas und der pH-Wert. Gelegentlich ist es auch erforderlich, den organischen Inhalt des Zu- und Ablaufs zu untersuchen, um den Abbaugrad zu überprüfen. Die Gärreste sind zusätzlich regelmäßig nach organischen und anorganischen Schadstoffen zu untersuchen.

Sedimentation und Inkrustation, verursacht durch Mineralstoffe sowie Karbonate und Schwefelverbindungen, sind häufig vorkommende Probleme in Fermentern. Die Ablagerungen stören die mechanischen Einrichtungen des Fermenters und reduzieren das vorhandene Faulraumvolumen. Mögliche Lösungsansätze sind die Eisen- und Schwerstoffabtrennung vor dem Eintrag in den Fermenter, Vermeidung von Totzonen bei der Wahl der Fermentergeometrie und integrierte Rührwerken.

8.3.4.4 Dezentrale low-tech Biogasanlagen

Während die Eigenkompostierung im Garten einen vergleichsweise geringen Aufwand erfordert, ist eine dezentrale Vergärung mit Haushaltsbiogasanlagen technisch anspruchsvoller. Wie bei der Kompostierung können hier Küchen- und Gartenabfälle verarbeitet werden, dazu kommen meist Fäkalien aus der Tierhaltung sowie menschliche Exkremente aus den Toiletten.

Haushaltsbiogasanlagen werden vor allem in ländlichen Gebieten ohne Elektrizitäts- oder Gasversorgung genutzt. Hier bieten diese Anlagen eine wesentliche Verbesserung der Lebensqualität durch Nutzung des Biogases zum Kochen und zur Beleuchtung. Es entfällt das Sammeln von Brennholz oder der Kauf von teuren Brennstoffen. Der Gärrest wird als Dünger im Gartenbau und der Landwirtschaft genutzt.

Aufgrund dieser Vorteile wurden solche Anlagen in vielen Ländern Asiens, Afrikas und Lateinamerikas entwickelt und erprobt und besonders in Asien in großem Umfang eingesetzt. Allein in China wurden in den letzten vier Jahrzehnten insgesamt 43 Mio. solcher Anlagen errichtet [83]. Der Aufbau einer derartigen Anlage ist in Abb. 8.56. dargestellt.

Der Bau solcher Anlagen erfolgt durch die Haushaltsmitglieder und ausgebildete Techniker. Diese Biogasanlagen sind relativ einfach zu bedienen und zu warten. Um die Biogasproduktion aufrechtzuerhalten, ist ein regelmäßiger Input und Output der Biogasanlage erforderlich. Schädliche Stoffe dürfen nicht in den Fermenter gelangen, hierzu gehören alle Arten von Pestiziden, Schwermetallverbindungen und Industrieabwässer.

Die Einrichtung von Biogasanlagen in ländlichen Gebieten wurde besonders in der Vergangenheit in China finanziell unterstützt, ein rechtlicher und politischer Rahmen hierfür geschaffen und eine technische Unterstützung für Bau und Wartung der Anlagen gewährt.

8 Biologische Verfahren

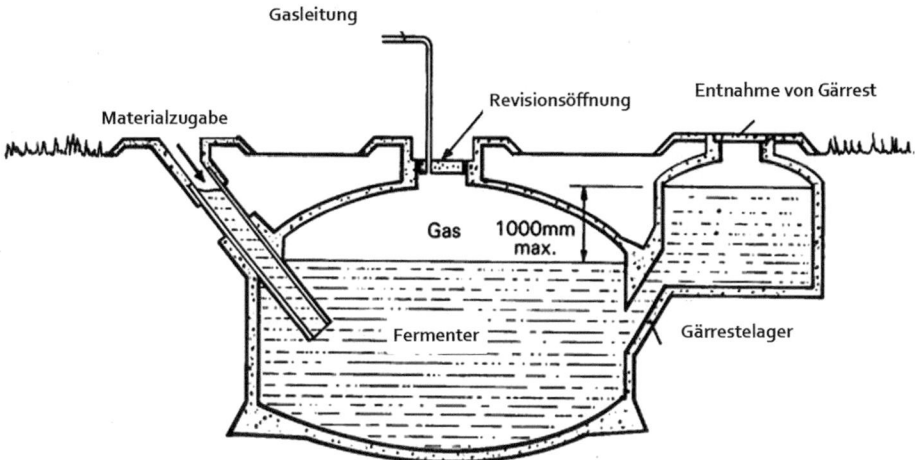

Abb. 8.56 Schema einer Haushaltsbiogasanlage. Das Volumen des Festkuppelreaktors beträgt typischerweise 6 bis 10 m^3, die Verweilzeit liegt bei 200 oder mehr Tagen. Im Fall täglicher Input-Zugabe deckt das entwickelte Biogas den Bedarf eines Haushalts zum Kochen und zur Beleuchtung. Bild verändert nach [84]

In über 1.900 Landkreisen und Städten wurden mehr als 8.000 sogenannte Energiebüros mit rund 40.000 Vollzeitmitarbeitern eingerichtet, die für die Verwaltung, Kontrolle und Wartung von Biogasanlagen in ländlichen Gebieten verantwortlich sind [83].

8.4 Qualität von Komposten und Gärprodukten

Martin Kranert

8.4.1 Rahmenbedingungen

Die rechtliche Grundlage für den Umgang mit Bioabfällen und damit auch für die Qualität von Komposten und Gärprodukten bilden verschiedene Verordnungen, besonders die Bioabfallverordnung (BioAbfV) [1] und die Düngemittelverordnung (DüMV) [12]. In diesen Verordnungen werden Grenzwerte und Vorgaben zur Analytik festgesetzt und Anforderungen an die Behandlung gestellt, wie bspw. an die Eingangskontrolle oder, Hygienisierung bei aerober (thermophile Kompostierung), anaerober (thermophile Vergärung) oder anderweitig hygienisierender Behandlung. Außerdem gibt es Hinweise auf die Anwendung in der Landwirtschaft und Vorgaben zur Dokumentation. Ziel ist es die seuchen- und phytohygienische Unbedenklichkeit zu gewährleisten sowie den Eintrag von Fremdstoffen, Schadstoffen und Nährstoffen auf Böden zu begrenzen.

Zusätzlich zu diesen rechtlichen Vorgaben gibt es in Deutschland freiwillige Zertifizierungssysteme für Komposte. Diese bieten dem Hersteller einige Vorteile in den zuvor genannten Regelwerken, wie bspw. Vereinfachungen bei der Dokumentation. In Deutschland hat sich die Gütesicherung über die Bundesgütegemeinschaft Kompost e. V. (BGK) etabliert (siehe Kap. 8.4.2). Darüber hinaus existieren einige regionale und materialbezogene Gütezeichen für Komposte und andere organische Bodenverbesserungsmittel und Dünger.

8.4.2 Bundesgütegemeinschaft Kompost e. V.

Um die Qualitätskontrolle von Kompost wahrzunehmen und Produkte hoher Qualität zu kennzeichnen, wurde im Jahr 1989 die Bundesgütegemeinschaft Kompost e. V. gegründet. Die Bundesgütegemeinschaft Kompost e. V. ist eine vom RAL-Institut für Gütesicherung und Kennzeichnung e. V. anerkannte Organisation zur freiwilligen Produktzertifizierung für Hersteller von Dünge- und Bodenverbesserungsmitteln aus der Kreislaufwirtschaft in Deutschland [85].

Aufgabe der Bundesgütegemeinschaft Kompost ist die wirksame, kontinuierliche und jederzeit nachvollziehbare Gütesicherung von Komposten und Gärprodukten sowie die Schaffung der dafür erforderlichen Voraussetzungen und Instrumente. Die Mitglieder der Gütegemeinschaft sind private und kommunale Komposthersteller sowie fördernde Mitglieder, z. B. Systemhersteller, Ingenieurbüros usw.

Die RAL-Gütesicherung besteht aus dem Anerkennungsverfahren und dem Überwachungsverfahren. Im Anerkennungsverfahren sind durch den Antragsteller die erforderlichen Unterlagen und Untersuchungsergebnisse der Erzeugnisse (ermittelt durch ein von der BGK anerkanntes Prüflabor) zur Verfügung zu stellen. Darüberhinaus ist der Nachweis über die hygienisierende Wirksamkeit des eingesetzten Behandlungsverfahrens durch eine Prozessprüfung zu erbringen. Das Überwachungsverfahren dient der regelmäßigen und detaillierten Kontrolle der Güteanforderungen in laufender Produktion. Hierbei sind die Ergebnisse der im Überwachungsverfahren jährlich durchzuführenden Untersuchungen der Erzeugnisse (erstellt durch ein von der BGK anerkanntes Prüflabor) und ein Prüfbericht der Folgebegutachtung der Produktionsanlage (i. d. R. alle 2 Jahre) dem Bundesgüteausschuss zur Prüfung vorzulegen (vgl. Abb. 8.57). bei positivem Ergebnis wird das Gütezeichen für ein weiteres Jahr verliehen.

Die mit dem Gütezeichen gekennzeichneten Produkte garantieren, dass ein hoher und gleichbleibender Qualitätsstandard eingehalten wird und in der Deklaration die wesentlichen Eigenschaften und Inhaltsstoffe sowie die Empfehlungen zur sachgerechten Anwendung gegeben werden.

Durch die Eigenüberwachung stellt der Antragsteller oder Gütezeichenbenutzer in Eigenverantwortung sicher, dass die Produktion und die gütegesicherten Produkte den Güte- und Prüfbestimmungen entsprechen. Mittels der Fremdüberwachung wird durch von der BGK e. V. anerkannte Probenehmer und Prüflabore eine unabhängige Überwachung gewährleistet.

Abb. 8.57 Prüfverfahren der Gütesicherung nach [86] Bundesgütegemeinschaft Kompost

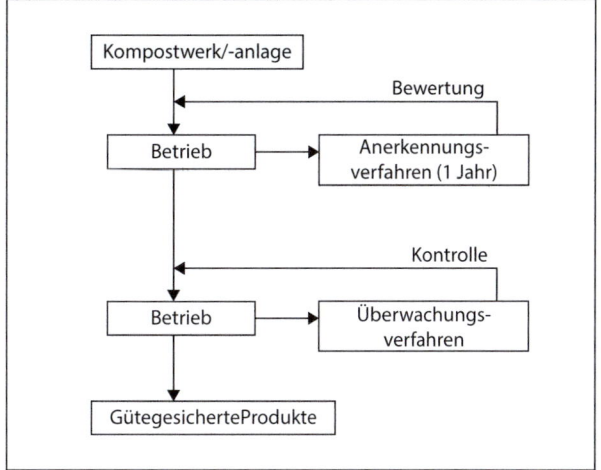

Abb. 8.58 Gütezeichen Kompost (a) und Gärprodukte (b). (© RAL [88, 89])

Im Jahr 2020 unterlagen in Deutschland ca. 515 Kompostierungsanlagen, 62 Kombi-Anlagen von Vergärung und Kompostierung und 100 Vergärungsanlagen der RAL-Gütesicherung. Sie verarbeiteten ca. 11,3 Mio. Mg/a Bioabfall und erzeugten ca. 3,9 Mio. Mg/a Kompost und 3,1 Mio. Mg/a Gärprodukte [87]. Die RAL-Gütezeichen der BGK für Komposte und Gärprodukte sind in Abb. 8.58 dargestellt.

8.4.3 Gütesicherung Produkte aus dem Bereich biologischer Verfahren der Abfallwirtschaft und Biogasanlagen

Komposte (RAL-GZ 251)

Als Kompost wird das Endprodukt aerober Behandlungsverfahren zum Abbau organischer Substanz mit dem Ziel, ein verwertbares Produkt zu erzeugen, bezeichnet. Dieses kann als Sekundärrohstoffdünger, Bodenverbesserungsmittel oder Mischkomponente zur Herstellung von Vegetationstragschichten oder Kultursubstraten eingesetzt werden. Je nach Rottegrad, Pflanzenverträglichkeit und Nährstoffgehalt werden Frischkomposte, Fertigkomposte und Substratkomposte unterschieden.

Die Qualitätsanforderungen der BGK einschließlich der Güte- und Prüfbestimmungen für Komposte sind im Rahmen der Gütesicherung RAL-GZ 251 [88] festgelegt. Es werden drei Produkte unterschieden:

Frischkompost ist ein hygienisiertes, in intensiver Rotte befindliches oder zu intensiver Rotte fähiges fraktioniertes Rottegut zur Bodenverbesserung und Düngung. Er entspricht den Rottegraden II oder III. (RAL-GZ 251 [88]). Er ist damit noch nicht vollständig kompostiert und enthält noch einen höheren Anteil an leicht abbaubarer organischer Substanz. Frischkompost ist häufig relativ feucht (lose Ware maximal 45 Gew-% Wassergehalt) und wird vor allem in der Landwirtschaft eingesetzt.

Fertigkompost ist hygienisierter, biologisch stabilisierter und fraktionierter Kompost zur Bodenverbesserung und Düngung. Er entspricht Rottegrad IV oder V. (RAL-GZ 251 [88]). Er besitzt einen höheren Anteil von stabilen Huminstoffen und ist pflanzenverträglich. Fertigkompost wird als Dünger und Bodenverbesserungsmittel im Garten- und Landschaftsbau eingesetzt.

Substratkompost ist Fertigkompost mit begrenzten Gehalten an löslichen Pflanzennährstoffen und Salzen, geeignet als Mischkomponente für Kultursubstrate (RAL-GZ 251 [88]).

Für alle Komposttypen werden die Körnungen wie folgt definiert:

- feinkörnig: bis 12 mm
- mittelkörnig: bis 25 mm
- grobkörnig: bis 40 mm

Beim Einsatz von Komposten müssen schädliche Auswirkungen auf Menschen, Tiere, Pflanzen, Boden und generell auf die Umwelt auf das kleinstmögliche Maß beschränkt werden und gleichzeitig wertgebende Eigenschaften vorhanden sein. Daher werden an Komposte strenge Qualitätsanforderungen gestellt. Folgende allgemeine Kriterien sollte Kompost erfüllen:

- Hygienische Unbedenklichkeit
- Eignung im vorgesehenen Anwendungsbereich
- Weitgehende Freiheit von Verunreinigungen

- Niedriger Gehalt an potentiellen Schadstoffen
- Bekannter Gehalt an wertgebenden Inhaltsstoffen
- Ansprechender Gesamteindruck und
- Gleich bleibende Produktqualität und Lagerfähigkeit

Die qualitativen Anforderungen für Kompost beschränken vor allem den Gehalt an Fremdstoffen und Schwermetallen. Der Gesamtgehalt an Fremdstoffen über 1 mm Durchmesser wie Kunststoff, Glas und Metall darf maximal 0,5 Gew.-% der Trockenmasse (TM) betragen; der Gehalt an Folienkunststoffen ist gemäß DüMV auf kleiner 0,1 Gew-% (TM) begrenzt. Die Flächensumme ausgelesener Fremdstoffe (z. B. Folien) in der Fraktion größer 2 mm darf 15 cm^2/l Frischmasse nicht übersteigen. Die wichtigsten sieben Schwermetalle dürfen bestimmte Grenzwerte gemäß BioAbfV [1] nicht überschreiten. Dies sind, in Abhängigkeit von der Aufbringungsmenge (20 bzw. 30 Mg TM innerhalb von drei Jahren (bezogen auf die TM): Blei 150 bzw. 100 mg/kg, Cadmium 1,5 bzw.1,0 mg/kg, Chrom 100 bzw. 70 mg/kg, Nickel 50 bzw. 35 mg/kg, Quecksilber 1,0 bzw. 0,7 mg/kg. Zink und Kupfer sind als Spurenelemente lebensnotwendig, werden jedoch ebenfalls limitiert auf 100 bzw. 70 mg/kg bei Kupfer und 400 bzw. 300 mg/kg bei Zink.

Die vollständigen Qualitätskriterien und Güterichtlinien für Frischkompost und Fertigkompost sind in den Güte- und Prüfbestimmungen zusammengestellt. In den Tab. A 8.9, A 8.10 und A 8.13 im Anhang des vorliegenden Buches sind Analysenergebnisse von RAL-gütegesicherten Bio- und Grüngutkomposten aufgeführt.

Die hohe Produktqualität und somit die hohen Umweltstandards können nur durch eine getrennte Sammlung der organischen Abfälle aus Haushalten und Gärten und Parkanlagen sowie durch technische Maßnahmen auf den Kompostierungsanlagen gewährleistet werden.

Gärprodukte (RAL GZ 245)
Gärprodukte sind die Dünge- und Bodenverbesserungsmittel aus den anaeroben Behandlungsanlagen von organischen Abfällen. Die Güte- und Prüfbestimmungen gemäß RAL GZ 245 [89] gelten für Gärprodukte, auf die abfallrechtliche Bestimmungen oder Hygienevorschriften für nicht für den menschlichen Verzehr bestimmte tierische Nebenprodukte Anwendung finden.

An gütegesicherten Gärprodukten wird unterschieden in:

- Festes Gärprodukt: hygienisiertes, stichfestes und streufähiges Dünge- und Bodenverbesserungsmittel aus der anaeroben Behandlung (TM-Gehalt > 15 %)
- Flüssiges Gärprodukt: hygienisiertes, flüssiges und pumpfähiges Dünge- und Bodenverbesserungsmittel aus der anaeroben Behandlung (TM-Gehalt < 15 %)

Die Analysenergebnisse von RAL-gütegesicherten festen und flüssigen Gärprodukten sind im Anhang (Tab. A 8.11, A 8. 12 und A 8.13) aufgeführt.

NaWaRo-Gärprodukte (RAL-GZ 246)
Für Produkte aus Biogasanlagen, in denen im Rahmen des EEG aus nachwachsenden Rohstoffen Energie erzeugt wird, gelten im Rahmen der Gütesicherung die Güte- und Prüfbestimmungen gemäß RAL-GZ 246. Auf eine detaillierte Betrachtung dieser Gärprodukte soll an dieser Stelle nicht weiter eingegangen werden [90].

Dünger (RAL-GZ 252)
Das RAL-Gütezeichen 252 (Dünger) beinhaltet Dünger Ausgangsstoff (RAL-GZ 252/1) und Düngeprodukte (RAL-GZ 252/2).

Die **Gütesicherung Lebensmittelrecycling** richtet sich an Aufbereitungsanlagen von verpackten Lebensmittelabfällen (Lebensmittelrecycling). Sie gilt für Substrate aus der Aufbereitung von gewerblichen ehemaligen Lebens-, Genuss- und Heimtierfuttermitteln, die als Gärsubstrate für den Einsatz in biologischen Behandlungsanlagen (i. d. R. Biogasanlagen) vorgesehen sind. Zentrales Element ist die Prüfung der erfolgreichen Abtrennung von Verpackungsmaterialien und anderen Fremdstoffen aus zulässigen Einsatzstoffen sowie die Minimierung von Umweltwirkungen bei der Ausbringung der aus den Substraten hergestellten Düngemittel [91].

Die **Gütesicherung von Holz- und Pflanzenaschen** ist ebenfalls in der Gütesicherung RAL GZ 252/1. Diese Gütesicherung ist für Betreiber von Feuerungsanlagen mit Aschen aus naturbelassenen, pflanzlichen Brennstoffen vorgesehen. Hierbei sind die Anwendungsbereiche der Gütesicherung sowohl für Holz- und Pflanzenaschen als Ausgangsstoff für Dünge- und Bodenverbesserungsmittel oder als verkehrsfähige Düngemittel im Sinne der Düngemittelverordnung [92].

Weitere Gütesicherungen
Für aus Klärschlämmen hergestellte Produkte existieren eigene Gütesicherungssysteme. Genannt seien hier das RAL GZ 258 AS-Humus, das mit Kohlenstoffträgern kompostierte Klärschlämme umfasst [93] und das RAL GZ 247 AS-Düngung, das die gesamte Verwertungskette von Abwasserschlämmen bis hin zur landwirtschaftlichen Verwertung abdeckt [94]. An der Gütesicherung können sowohl Kläranlagenbetreiber (Erzeuger) als auch Klärschlammverwerter teilnehmen. Die Anforderungen der Klärschlammverordnung [95] sind einzuhalten. Die BGK hat die Gütesicherungen für diese aus Abwasserschlamm hergestellten Produkte zum Ende des Jahres 2022 beendet.

8.5 Mechanisch-Biologische Abfallbehandlung

Martin Kranert und Klaus Fischer

Zur Vorbehandlung der Siedlungsabfälle gemäß der Abfallablagerungsverordnung (AbfAblV, 2001) wurde die mechanisch-biologische Abfallbehandlung (MBA) zugelassen. Die MBA ist damit gleichberechtigt mit der Müllverbrennung zur Abfall-Vorbehandlung

8 Biologische Verfahren 493

und Erzeugung eines Deponiegutes, das die Ablagerungskriterien erfüllt [96]. In Deutschland werden ca. 6,1 Mio. Mg/a an Abfällen in MBA und mechanischen Anlagen (MA) verarbeitet. Hierbei werden ca. 3,6 Mio. Mg/a Ersatzbrennstoffe und Biogas, 0,7 Mio. Mg/a an Deponat sowie 0,3 Mio. Mg/a Metalle und sonstige Wertstoffe erzeugt; der Massenverlust durch Prozesse und sonstige Verluste beträgt ca. 1,5 Mio. Mg/a [97].

Da seit dem 01. Juni 2005 keine unvorbehandelten Siedlungsabfälle in Deutschland deponiert werden dürfen, hat die MBA-Technik besonders in den Jahren danach eine zunehmend wichtige Rolle in der Abfallwirtschaft gewonnen.

Mechanisch-biologische Anlagen besitzen einen mechanischen Aufbereitungsteil und einem biologischen Anlagenteil zur Behandlung der organischen Fraktion. Die Behandlung hat folgende Ziele:

- höchstmögliche Reduzierung des Volumens und der Masse der zu deponierenden Abfälle
- Gewinnung von Wertstoffen
- Minderung der von der Deponie ausgehenden Umweltbelastungen
- Verminderung des Aufwands für die Nachsorge des Deponiekörpers
- Verringerung der aus Deponiekörpern austretenden Gase, insbesondere des klimarelevanten Treibhausgases Methan (CH_4)

Erste mechanische Restabfallbehandlungskonzepte wurden in den siebziger und achtziger Jahren des letzten Jahrhunderts im Zuge der Hausabfallverwertung und BRAM-Herstellung (heizwertreiche Abfälle) entwickelt. Diese Anlagen hatten das Ziel, wiederverwertbare Abfallstoffe von den Siedlungsabfällen abzutrennen und in den Wirtschaftskreislauf zurückzuführen. Die organischen Bestandteile des Hausmülls wurden in diesen Anlagen meist aerob behandelt, also kompostiert. Allerdings waren Stör- und Schadstoffgehalte dieser Komposte relativ hoch, sodass seit Beginn der 80er Jahre in Deutschland nur noch Komposte aus getrennt gesammelten Bio- und Grünabfällen verwertet werden.

8.5.1 Grundkonzeption der MBA

Mechanisch-biologische Restabfallbehandlungsanlagen lassen sich in die Verfahren nach Abb. 8.59 untergliedern.

Durch die mechanische Behandlung können die Störstoffe, Wertstoffe und die heizwertreiche Fraktion entfernt, die Korngröße reduziert und das heterogene Abfallgemisch homogenisiert werden. Danach erfolgt eine biologische Behandlung, die aerob oder anaerob möglich ist. Eine weitere Variante ist die biologische Behandlung als erster Schritt. In diesem Fall wird die aerobe Behandlung zur Wärmeerzeugung genutzt und damit das Material biologisch getrocknet. Eine mechanische Behandlung wird durch die Trocknung wesentlich einfacher.

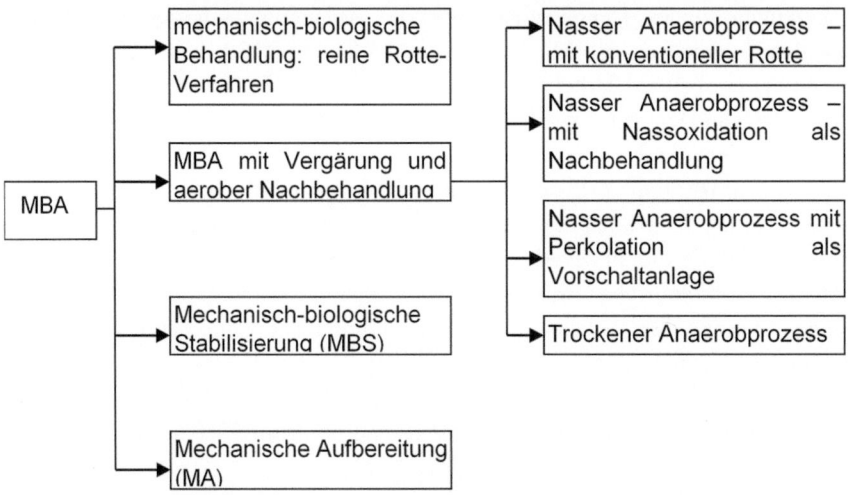

Abb. 8.59 Gliederung der derzeit angewendeten MBA-Techniken

Vorteile der MBA-Technologie:

- Die Wertstoffe stehen durch die integrierte Aufbereitungstechnik für eine weitere Verwertung zur Verfügung.
- Die abgetrennten heizwertreichen Fraktionen können als Sekundärbrennstoffe in vielen Bereichen eingesetzt werden. Dies dient der Einsparung fossiler Energie.
- Die Anlagen werden mit geringen Abluftemissionen und weitgehend abwasserfrei betrieben.
- Die durch eine MBA vorbehandelten Abfälle erfordern ein geringeres Deponievolumen.
- Deponien können bei geringerer Umweltbelastung länger genutzt werden.
- Durch den Export der MBA-Technologie in andere Länder werden Arbeitsplätze geschaffen [97].

Verfahrensschritte in Detail
Derzeit sind in Deutschland weitgehend High-Tech-Anlagen in Betrieb. Diese werden hier zunächst dargestellt (Abb. 8.60). Im Abschn. 8.5.8 werden einfache Anlagen beschrieben, wie sie zunehmend in Entwicklungs- und Schwellenländern Anwendung finden.

8.5.2 Mechanische Aufbereitung

Die mechanische Aufbereitung dient einerseits der Konditionierung für die nachgeschaltete biologische Behandlung und anderseits zur Stoffstromtrennung. Außerdem werden die Stör- und Schadstoffe vom Stoffstrom entfernt, um die Schadstoffeinträge sowie Störungen des Anlagenbetriebs zu vermeiden.

8 Biologische Verfahren

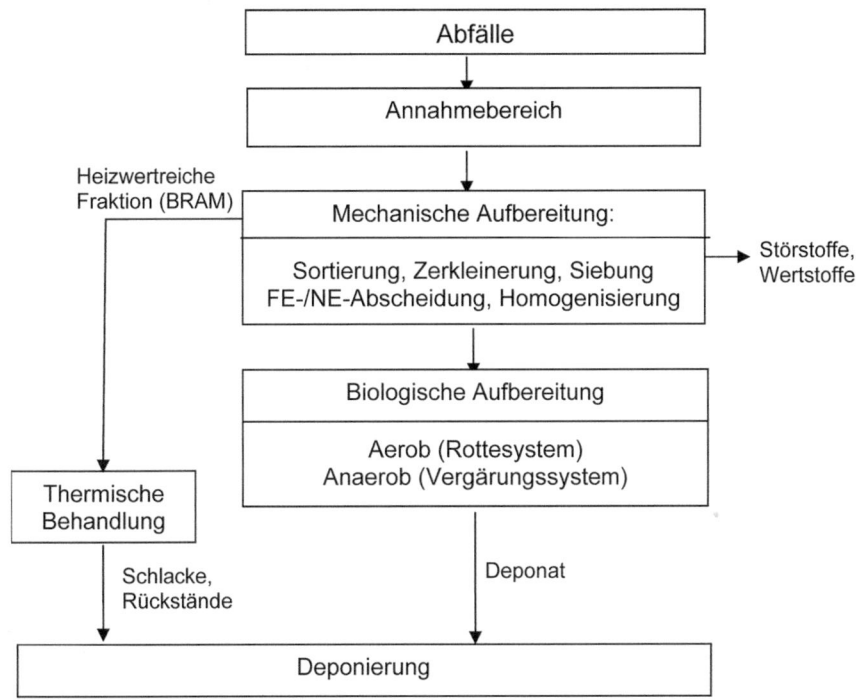

Abb. 8.60 Fließschema einer Mechanisch-Biologischen Abfallbehandlungsanlage (MBA) mit einer mechanischen Behandlung als erste Stufe. Anaerobverfahren wird häufig eine Entwässerung der Gärrückstände und eine aerobe Stufe nachgeschaltet. Bei den Anlagen mit biologischer Stabilisierung (MBS) erfolgt die biologische Behandlung als erster Schritt, die mechanische Trennung als zweite Behandlungsstufe.

Die Verfahrensschritte der mechanische Aufbereitung beinhalten meist Vorsortierung, Zerkleinerung, Fe-/NE-Metallabtrennung, Siebung, Sichtung und Homogenisierung, wobei nicht alle Schritte zur Anwendung kommen müssen. Die Abstimmung des Konzepts und anzuwendende Aggregate der mechanischen Aufbereitung müssen die eingesetzten Abfallarten berücksichtigen. In der Abb. 8.61 wird als Beispiel das Fließschema der mechanischen Aufbereitung in einer MBA gezeigt.

Die mechanische Vorsortierung erfolgt entweder nach ihrer Dichte oder nach ihrem Gewicht durch ballistische Separierung, Schrägsortierung oder Windsichtung. Nach dem Abtrennen von Wert- und Störstoffen werden die Abfälle einer Zerkleinerungsanlage zugeführt. In Abhängigkeit von der stofflichen Zusammensetzung erfolgt die Zerkleinerung hauptsächlich durch Druck, Prall, Schlag, Schneiden oder Scheren. Anschließend erfolgt die Abtrennung des Fe- und NE-Metallschrotts. Als Fe- und NE-Metallabscheider werden Überband-, Trommel-, Rollen- und Walzenmagnete, sowie Wirbelstromabscheider verwendet. Die Siebung in MBA-Anlagen dient zur Trennung der Grob- und Feinfraktion. Neuerdings werden zur Verbesserung der Qualitäten der ausgeschleusten

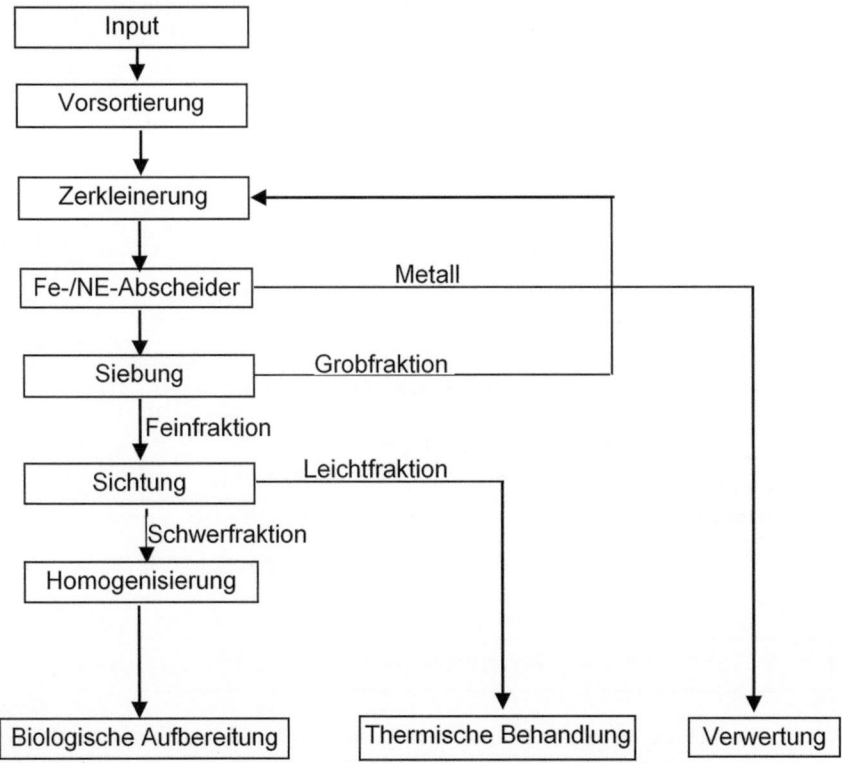

Abb. 8.61 Beispiel: Fließschema der mechanischen Aufbereitung in einer MBA

Ersatzbrennstoffe verstärkt NIR-Detektionssysteme mit Separationsaggregaten (Ausblasen) eingesetzt.

Die zur biologischen Behandlung geeigneten Stoffe finden sich zum Großteil in der Feinfraktion, die heizwertreichen Stoffe zur thermischen Behandlung in der Grobfraktion. Je nach Platzbedarf und Behandlungsanforderungen stehen Siebaggregate zur Verfügung, wie z. B. Trommelsieb, Kreisschwingsieb, Vibrationssieb oder Spannwellensieb. Um die bereits abgesiebten Fraktionen weiter nach ihrem Gewicht abzutrennen, werden Sichtungsverfahren eingesetzt. Für die Sichtung werden in der Regel Windsichter, ballistische Separatoren oder Schwimm-Sink-Sichter verwendet. Die Homogenisierung erfolgt durch Mischaggregate vor der biologischen Stufe. Durch die Homogenisierung werden die Materialströme gemischt, außerdem wird hierdurch der Feuchtegehalt eingestellt. Es kommen Schneckenwellenmischer, Rührwerke oder Mischtrommeln zum Einsatz. Bei einem Einsatz von Schneckenwellenmischer und Rührwerken erfolgt die Befeuchtung direkt, bei Mischtrommeln findet sie meist vorher statt. Die Befeuchtung erfolgt vorwiegend mit Brauchwasser und Regenwasser aus der MBA-Anlage.

8.5.3 Biologische Behandlung

Nach der mechanischen Aufbereitung werden die Abfälle den biologischen Aufbereitungsschritten zugeführt. In der biologischen Behandlungsstufe werden folgende Ziele angestrebt:

- Verringerung des Emissionspotentials für Sickerwasser und Gas durch weitgehende biologische Umsetzung bzw. Stabilisierung der Restabfälle.
- Deutliche Verringerung von Ablagerungen im Sickerwassererfassungssystem der Deponie.
- Verbesserung des Deponiebetriebes durch geringere Staubemissionen, weniger Papierflug und geringere Geruchsbelastung.
- Verringerung des Verdichtungsaufwandes infolge besserer Verdichtbarkeit.
- Geringere Setzungen (günstig z. B. für einen früheren Einbau einer Oberflächenabdichtung).

Die biologischen Behandlung kann im Prinzip entweder mit rein aeroben Rotteverfahren (Rottesystem) erfolgen oder mit anaerob-aeroben Verfahren, die eine Vergärung der Abfälle mit einer nachgeschalteten Nachrotte kombinieren (Vergärungssystem + Nachrotte).

Aerobe Behandlung
Unter aerober Behandlung versteht man alle Verfahren, die unter Zufuhr von Sauerstoff ablaufen. Die Kompostierung (Rotte) ist das wichtigste aerobe Verfahren. Während der Rotte wird die organische Substanz unter Luftzufuhr durch Mikroorganismen zu Kohlendioxid, Wasser, Biomasse und Huminstoffen umgewandelt. Bei den Rottetechniken werden mehrheitlich Mietenverfahren eingesetzt, aber auch Tunnel- und Zeilenverfahren sind verbreitet.

Die Geschwindigkeit des Abbaus der organischen Substanz und damit das Erreichen der Ablagerungskriterien (AT_4, GB_{21}) ist stark von der Intensität des Rotteverfahrens abhängig (siehe Abb. 8.62, 8.63 und 8.64). In intensiven Rotteverfahren ist eine Zwangsbelüftung sowie wöchentliches Umsetzen mit Bewässerung erforderlich. Es ist von Intensivrottezeiten von mindestens 4 bis 6 Wochen auszugehen, die Nachrottezeiten belaufen sich auf weitere 6 bis 10 Wochen. Während bei Intensivrotteverfahren innerhalb von ca. 16 Wochen das Erreichen der Ablagerungskriterien realisierbar ist, benötigen extensive Verfahren bis hin zu 12 Monaten.

Anaerobe/aerobe Behandlung
In Gegensatz zur aeroben Behandlung läuft die anaerobe Behandlung ohne Sauerstoff. In den Anaerobverfahren werden die organischen Substanzen zu Biogas (ca. 60 % CH_4, 40 % CO_2) und einem anaerob nicht weiter abbaubaren Gärrückstand umgesetzt. Gas und Gärrest werden üblicherweise weiter aufbereitet. Das Biogas wird zur Energie-

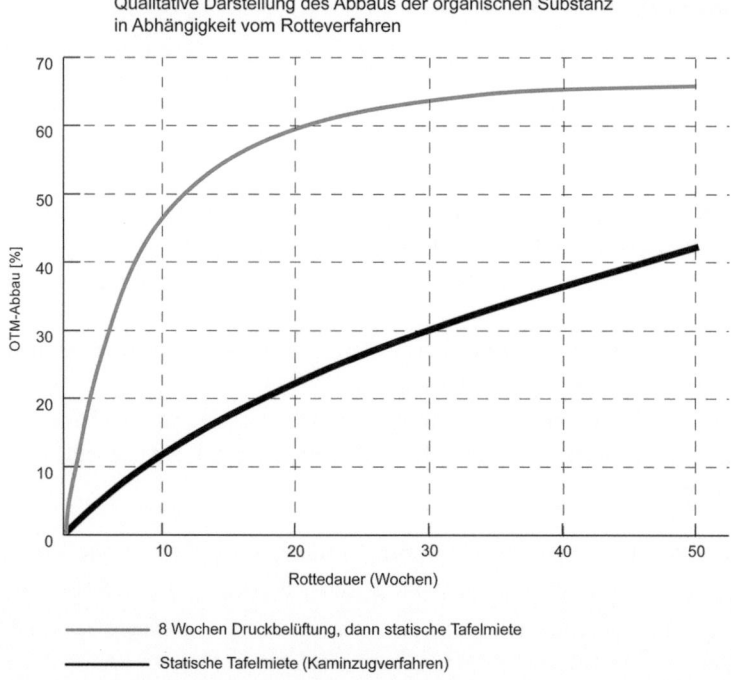

Abb. 8.62 Abbau der organischen Substanz in Abhängigkeit vom Rotteverfahren (nach [98])

erzeugung in Blockheizkraftwerken genutzt, die dabei anfallende Wärme wird teilweise zum Beheizen des Fermenters benötigt. Der Gärrückstand kann in einer Nachrotte nachkompostiert und dabei hygienisiert werden. Außerdem dient die Nachrotte noch zur Reduktion der Geruchsbelastung der Gärrückstände.

Vorteile der anaeroben Verfahren zur Restabfallbehandlung gegenüber dem aeroben Behandlungsverfahren:

- Möglichkeit einer vorgeschalteten Nasstrennung gestattet bessere Stoffstromtrennung;
- bessere Steuerbarkeit der Prozessbedingungen;
- kürzere Behandlungsdauer;
- geringerer Flächenbedarf;
- Nutzbarkeit des entstehenden Biogases als hochwertiger Energieträger;
- keine Belüftung, daher keine belüftungsbedingten Wärmeverluste und keine geruchsintensiven Gasemissionen.

Nachteile:

- hohe Störempfindlichkeit der Rühr- und Pumpwerke, sodass durch aufwendige mechanische Aufbereitung eine Störstoffabtrennung erfolgen kann;
- höherer verfahrens- und regelungstechnischer Aufwand;

8 Biologische Verfahren

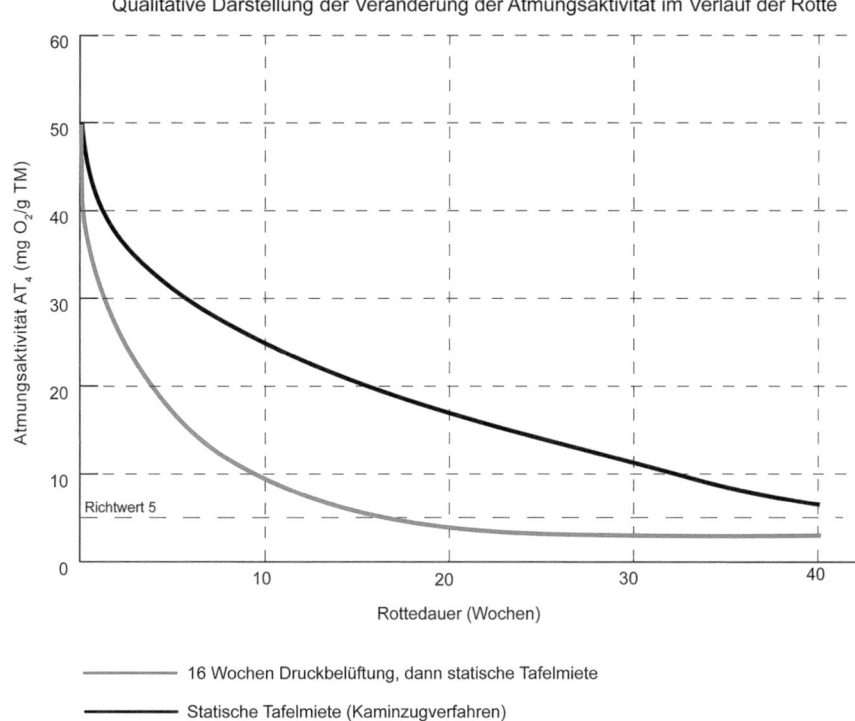

Abb. 8.63 Atmungsaktivität in Abhängigkeit vom Rotteverfahren und der Rottezeit (nach [98])

- Lignine werden anaerob kaum abgebaut, sodass zur Gewährleistung eines weitgehenden Abbaus der organischen Fraktion eine aerobe Nachrotte erforderlich ist;
- Geruchsbelastung durch die Vergärungsrückstände;
- Überschusswasser mangels Verdunstung, sodass Abwasser anfällt, das gereinigt werden muss.

Bei den anaeroben Restabfallbehandlungsanlagen werden einstufige, zweistufige, mesophile sowie thermophile Verfahrenstechniken eingesetzt.

Die MBA mit Vergärung können unterschieden werden in

- MBA mit Teilstrom-Trockenvergärung.
- MBA mit Vollstrom-Trockenvergärung. Hier ist eine Entwässerung der Gärrückstände und Prozesswasserausbereitung erforderlich.
- MBA mit Vollstrom-Nassvergärung. Diese sind verfahrenstechnisch relativ aufwendig. Die Anforderungen hinsichtlich der Bewältigung von Korrosion, Abrasion, Geruch, Entwässerung der Gärrückstände und Prozesswasseraufbereitung sind relativ hoch.

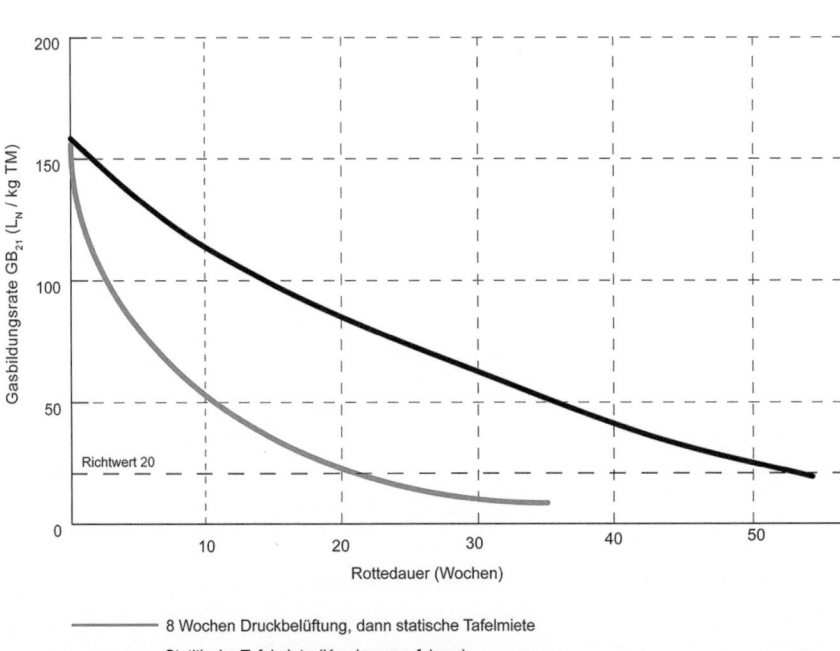

Abb. 8.64 Gasbildungsrate in Abhängigkeit vom Rotteverfahren und der Rottezeit (nach [99])

Der Biogasertrag von Anaerobverfahren liegt bei einem Mittelwert von 45 m³/Mg mit einer Spannweite von 9 bis 65 m³/Mg. Für Teilstrom-Vergärungsanlagen liegt der Wert bei unter 30 m³/Mg, während für Vollstrom-Vergärungsanlagen ca. 60 m³/Mg angesetzt werden können. Bezogen auf die in die Vergärungsanlage eingebrachte Frischmasse liegt die Spannweite bei ca. 80 bis knapp 200 m³/Mg (angegeben als Normvolumen) [100].

8.5.4 Emissionen

Den Emissionen von MBA kommt im Hinblick auf die ökologische Bewertung, den genehmigungsrechtlichen Belangen sowie unter dem Aspekt der Umweltverträglichkeit eine wesentliche Bedeutung zu. Emissionsrelevante Verfahrensbereiche der MBA sind in einer Gesamtübersicht in Tab. 8.13 dargestellt.

Staubemissionen
Allgemein werden Schwermetallverbindungen und schwerflüchtige organische Stoffe im Staub nachgewiesen. Während Annahme, Entladen, Zerkleinern der Abfälle, und Umsetzen der Mieten sowie generell bei allen Materialbewegungen wird Staub emittiert.

Tab. 8.13 Emissionsrelevante Bereiche in der MBA

Verfahrensschritt	Aggregate	Abwasser	Abluft	Sonstiges
Annahme	Bunker	Press-/Sickerwasser	Geruch, Staub, Mikroorganismen	Lärm
Mechanische Aufbereitung	Zerkleinerungsanlagen, Siebe, Magnetscheider, Mischer etc.	Press-/Sickerwasser	Geruch, Staub, Mikroorganismen	Lärm
Rottesystem	Mieten, Trommel, Tunnel, Box	Press-/Sickerwasser	Geruch, Staub, Mikroorganismen	Lärm
Vergärung	Reaktor, Entwässerung	Press-/Sickerwasser	Biogas	–
Abtransport	Lager, LKW	–	Geruch, Staub	Lärm

Zur Behandlung der Staubemissionen, insbesondere bei gekapselten Aggregaten, werden auch Staubfilter eingesetzt.

Abluft

In den Bereichen Annahme, mechanische Aufbereitung sowie Intensivrotte treten Abluftemissionen auf. Dabei ist mit flüchtigen organischen Verbindungen (VOC), Staub, Geruchsstoffen, Methan, Ammoniak etc. zu rechnen.

Um die Emissionen an die Atmosphäre bzw. an die Umgebung möglichst gering zu halten, sollen alle emissionsrelevanten Verfahrensschritte gekapselt bzw. in geschlossenen Gebäuden ablaufen. Diese Anlagenteile werden abgesaugt und die Abluft einer Abluftbehandlungsanlage zugeführt. Der Luftdruck in den Hallen wird geringfügig unter dem Außendruck gehalten, sodass auch bei Undichtigkeiten keine Emissionen nach außen dringen können. Die biologische Abluftreinigung ist bei MBA nicht ausreichend, um die strengen Grenzwerte der 30. BImSchV (Tab. 8.14) einzuhalten. An MBA werden vor allem thermische Abluftreinigungsverfahren wie z. B. die regenerative Nachverbrennung bzw. regenerative thermische Oxidation (RNV/RTO) eingesetzt. Weniger stark belastete Abluftströme werden mit einer Kombination aus chemischen Wäschern und Biofiltern behandelt.

Die Limitierung der VOC-Fracht im Reingas mit 55 g/Mg MBA-Inputmaterial beeinflusst die Konzeption von MBA in erheblichem Umfang und führt zu aufwendiger Betriebsführung. Neben einer Minimierung der durchgesetzten Luftmengen, was zu vermindertem Wasseraustrag, verringertem Abbau der organischen Substanz sowie Überhitzung der Rotte und zu geringen Luftwechselzahlen in der Hallenluft führen kann, sind besonders Korrosion und Siloxan-Verblockungen an den RTO-Anlagen ein nicht zu unterschätzendes Problem. Durch verbessertes Luftmanagement muss diesen Problemen Rechnung getragen werden.

Tab. 8.14 Emissionsgrenzwerte für MBA nach 30. BImSchV

Parameter	Einheit	Grenzwert
Gesamtkohlenstoff (TOC)	mg/m^3_N	20/40****
Gesamtkohlenstoff (TOC)	g/Mg MBA-Input	55
Lachgas (N$_2$O)	g/Mg MBA-Input	100
Staub	mg/m^3_N	30/10****
Dioxine/Furane (PCDD/F)	ng TE**/m^3_N	0,1
Geruch	GE***/m^3_N	500

* m^3_N = Normkubikmeter;
** TE = Toxizitätsäquivalente;
*** GE = Geruchseinheit;
**** Tagesmittelwert/Halbstundenmittelwert

RTO-Anlagen führen zu hohen Betriebskosten und weisen im Vergleich zu Biofiltern ein hohes Treibhausgaspotential auf, da ein autothermer Betrieb aufgrund der geringen C-Konzentrationen nicht möglich ist und zusätzlich fossile Energieträger (z. B. Erdgas) eingesetzt werden müssen. Durch die getrennte Behandlung von Abluftströmen mit hoher Belastung an organischen Kohlenstoffverbindungen (besonders in der ersten Rottephase) und schwacher Belastung kann die Abluftreinigung optimiert und der Primärenergiebedarf von RTO-Anlagen deutlich reduziert werden [101].

Abwasser

In fast allen Bereichen der mechanisch- biologischen Behandlungsanlagen treten Abwässer auf. Im Rottesystem ist aufgrund des relativ trockenen Restabfalls die Abwassermenge sehr gering. Diese Abwässer können vollständig zur Bewässerung in die Behandlungsprozesse zurückgeführt werden. Auch die während der Vergärung freiwerdende Abwässer können als Prozesswasser zur Bewässerung der Nachrotte verwertet werden. Die Entwässerung der Gärrückstände und Prozesswasseraufbereitung erfordern jedoch eine ausgefeilte, an die jeweiligen Randbedingungen angepasste Verfahrenstechnik.

Lärmemissionen

Lärmemissionen werden an verschiedenen Stellen während der mechanischen Aufbereitung erzeugt. Die komplette Anlage der mechanischen Aufbereitung sollte möglichst automatisiert und gekapselt werden. Aggregate und Gebäude sind schalltechnisch zu isolieren.

8.5.5 Anforderungen an die Ablagerung von MBA-Material

Gemäß § 6 DepV ist eine Ablagerung mechanisch-biologisch vorbehandelter Abfälle nur zugelassen, wenn folgende Randbedingungen erfüllt sind:

- Deponie bzw. Deponieabschnitt muss den Anforderungen der Klasse II genügen
- Zuordnungskriterien der DepV (Anhang 3) sind einzuhalten
- Vermischung der MBA-Abfälle mit anderen Stoffen ist verboten
- Abtrennung heizwertreicher und sonstiger verwertbarer sowie schadstoffhaltiger Abfallbestandteile vor der Ablagerung

Von besonderer Bedeutung sind die Zuordnungskriterien, welche die mikrobielle Aktivität und den Anteil organischer Stoffe umfassen. Dies sind insbesondere

- TOC im Feststoff < 18 % in der Trockenmasse
- DOC im Eluat < 300 mg/l
- Gasbildungsrate GB21 < 20 l_N/kg
- Atmungsaktivität AT4 < 5 mg O_2/g Trockenmasse
- Oberer Heizwert < 6000 kJ/kg

Hierbei kann der obere Heizwert alternativ zum TOC des Feststoffes, die Gasbildungsrate alternativ zur Atmungsaktivität, angewandt werden. Seit 2007 ist es akzeptiert, den DOC im Eluat als gleichwertig zu AT_4 und GB_{21} anzusetzen.

8.5.6 Energiebilanz der MBA

Der Energieaufwand bzw. Ertrag (bei Anaerobverfahren) ist stark von der eingesetzten Verfahrenstechnik, der Art der Energieverwertung und dem Brennstoffausnutzungsgrad abhängig.

Der elektrische Energieverbrauch für Rotteverfahren liegt bei 50 bis 90 kWh/Mg Input, bei Anaerobverfahren bei 50 bis 150 kWh/Mg Input. Zudem kann aus den Anaerobverfahren eigenerzeugte Bioenergie eingesetzt werden, die bei Vollstromverfahren zur Deckung des Eigenenergiebedarfes ausreicht [99].

In Tab. 8.15 sind Energieaufwand und -ertrag für verschiedene Anlagen beispielhaft zusammengestellt.

8.5.7 Massen- und Volumenbilanz

Durch die mechanisch-biologische Abfallbehandlung werden die zu deponierende Masse und das Volumen reduziert. Die Reduzierung der Masse im Deponat wird durch die Verringerung des Wassergehalts und den Abbau der organischen Substanz erreicht. Die Reduzierung des Volumens ist überwiegend auf die Erhöhung der Einbaudichte durch die Rotteprozesse sowie auf die Zerkleinerung zurückzuführen.

Je nach Stellung der mechanisch-biologischen Abfallbehandlung im Abfallwirtschaftskonzept und je nach Wahl der mechanisch-biologischen Behandlungsanlagen

Tab. 8.15 Energieaufwand und -ertrag von MBA (Untersuchungsergebnisse). Angaben in kWh/Mg Anlageninput, Min- und Max-Werte in Klammern [100]

kWh je Mg Anlageninput (Mittelwert mit Min- und Max-Wert in Klammern)	Aufwand				Ertrag HWR-Verwertung[1)]		Ertrag Biogasverwertung[2)]	
	Strom	Gas (RTO)	Diesel	Wärme	Strom	Wärme	Strom	Wärme
					oder		und	
MBA ohne Vergärung	37 (25–59)	56 (25–98)	11 (5–21)	–	320 (200–480)	1200 (750–1800)	–	–
MBA mit Vergärung	45 (28–57)	52 (22–88)	11 (5–21)	20 (10–30)			99 (20–145)	115 (24–167)
MBS	81 (45–112)	82 (38–110)	4 (2–9)	–	400 (320–520)	1500 (1200–1950)	–	–

[1)] Brennstoffausnutzungsgrad: 20 % elektrisch oder 75 % thermisch (alternativ zueinander)
[2)] bei vollst. Biogasverwertung im BHKW; Wirkungsgrad: 37 % elektrisch und 43 % thermisch (additiv zueinander)

fällt die Massenbilanz unterschiedlich aus. Für aerobe MBA liegt der Anteil (massenbezogen) an erzeugtem Deponat bei 10 % bis zu 50 %. Der Anteil der Stoffströme zur energetischen Verwertung liegt bei 20 % bis hin zu 70 %, der Anteil abgetrennter Wertstoffe, vor allem Metalle, bei 1 bis ca. 8 %, die Rotteverluste bei 10 bis 30 % (siehe auch Abb. 8.65). In anaeroben MBA werden ca. 10 bis 50 % als Deponat erzeugt, die kalorische Fraktion zur energetischen Verwertung liegt bei 25 bis 56 %. Der Anteil ausgeschleuster Wertstoffe beträgt 1 bis 3 %, der Verlust durch den Abbau organischer Substanz und ausgetragenem Wasser 2 bis zu 53 % (siehe auch Abb. 8.66). Die kalorische Fraktion liegt mehrheitlich zwischen 14 und 16 MJ/kg (Mittelkalorik).

Bezogen auf den Input wird das zu deponierende Volumen durch die mechanisch-biologische Abfallbehandlung um 30–60 Vol.-% reduziert. Die Einbaudichte wird von ca. 0,9 Mg/m^3 auf ca. 1,4 Mg/m^3 im Deponiegut gesteigert.

Bei den mechanisch-biologischen bzw. mechanisch-physikalischen Stabilisierungsverfahren (MBS bzw. MPS-Verfahren) wird der größte Anteil des Inputmaterials (60 bis 80 %) in einen Brennstoff überführt, maximal 10 % werden deponiert, ca. 10 bis 15 % sind Verluste und bis zu 5 % ausgeschleuste Wertstoffe (Metalle).

8 Biologische Verfahren 505

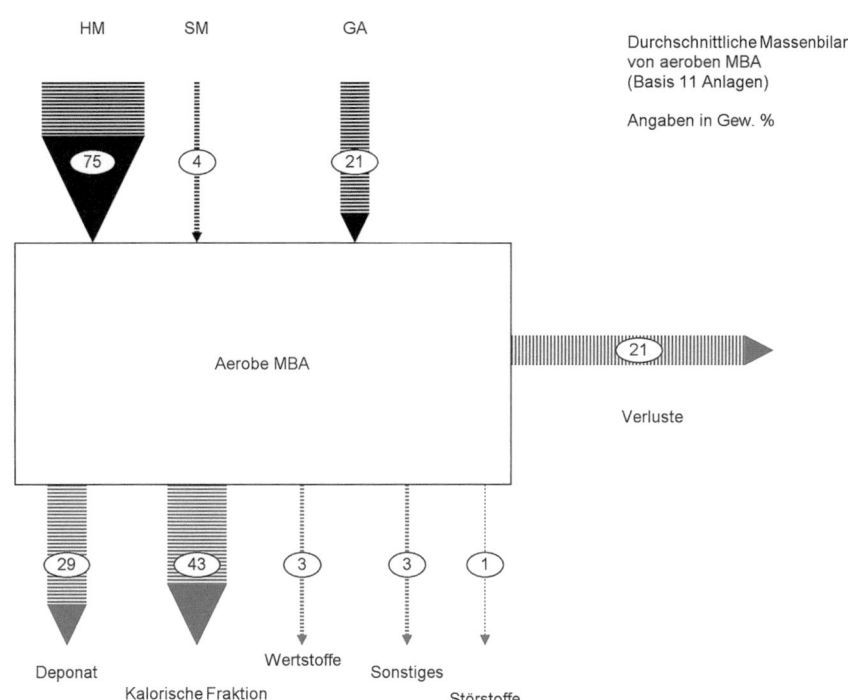

Abb. 8.65 Massenbilanz von aeroben MBA (Durchschnitt aus 11 Anlagen) (nach [102])

8.5.8 Low-Tech-MBA-Verfahren in Entwicklungs- und Schwellenländern

Vor dem Hintergrund der im Verhältnis zu thermischen Anlagen geringen Investitionskosten und hohen Flexibilität hinsichtlich der Veränderung von Abfallmengen und -zusammensetzung gewinnen MBA-Verfahren zunehmend in Entwicklungs- und Schwellenländern an Bedeutung, um die bei der Rohmülldeponierung entstehenden Umweltbeeinträchtigungen zu vermeiden. Diese einfachen Verfahren werden zu einer Vorbehandlung der gesamten häuslichen Abfälle eingesetzt. In vielen Ländern wird derzeit eine getrennte Einsammlung der Wertstoffe nur durch den informellen Sektor (etwa durch private Wertstoffsammler) durchgeführt. Mit diesen einfachen MBA-Verfahren können die Belastungen, die von Deponien ausgehen, zumindest teilweise verringert werden. Auch hier existieren einige Verfahrensvarianten, die Grundzüge der Verfahren lassen sich folgendermaßen beschreiben:

Die angelieferten Abfälle werden zunächst mechanisch behandelt. Als erster Schritt erfolgt die Vorsortierung per Hand, d. h. die Aussortierung der Störstoffe, die eine Beschädigung der nachgelagerten Misch- und Homogenisierungseinrichtungen verursachen können sowie eine Abtrennung der Wertstoffe. Nach der Vorsortierung werden die Ab-

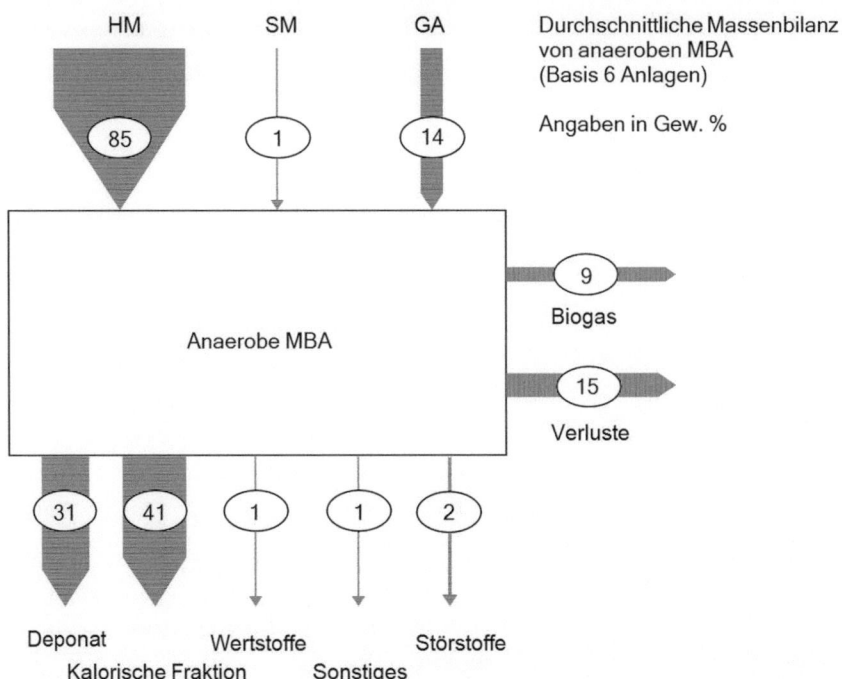

Abb. 8.66 Massenbilanz von anaeroben MBA (Durchschnitt aus 6 Anlagen) (nach [102])

fälle in eine Homogenisierungstrommel gebracht, die auch mobil auf einem LKW installiert sein kann. Hier erfolgt die Zerkleinerung und Homogenisierung der Abfälle sowie die Einstellung des Wassergehalts. Hierzu wird häufig Deponiesickerwasser verwendet. Nach der mechanischen Behandlung werden die Abfälle biologisch umgesetzt. Die in den Abfällen enthaltenen organischen Substanzen werden durch Mikroorganismen unter Zufuhr von Luft abgebaut. Diese Rotteverfahren können durch natürliche Belüftung, z. B. durch das *Kaminzugverfahren* oder einfache Mietenverfahren ohne weiteren Energieaufwand durchgeführt werden. Alternativ können die Abfälle auch kombiniert anaerob und aerob behandelt werden, was aber die Invest- und Betriebskosten deutlich erhöht.

8.5.9 Zukunft der MBA

In der Studie des Umweltbundesamts „Strategie für die Zukunft der Siedlungsabfallentsorgung (Ziel 2020)" wurde für Deutschland das Ziel formuliert, bis spätestens zum Jahr 2020 eine hochwertige umweltfreundliche Verwertung der Siedlungsabfälle zu erreichen, womit eine direkte Ablagerung beendet werden kann [103]:

1. Beendigung der Deponierung von unbehandelten Siedlungsabfällen aus Klimaschutzgründen und unter Nachhaltigkeitsaspekten,
2. vollständige und umweltfreundliche Verwertung der Siedlungsabfälle, insbesondere die Nutzung von hochwertigen Wertstoffen zur stofflichen und energetischen Verwertung.

Dieses Ziel wurde im Hinblick auf die Deponierung unvorbehandelter Siedlungsabfälle weitestgehend erreicht. Ungeachtet dessen gibt es Abfallströme, die weiterhin nicht verwertet werden können und auf Deponien der Klasse II abgelagert werden müssen (Beispiele: asbesthaltige Abfälle, Brandabfälle, Holzwolle-Leichtbauplatten, bituminöse bzw. teerhaltige Dichtungsbahnen etc.). In Deutschland gewinnen vermehrt MBS- und MPS-Anlagen an Bedeutung, auch um die in den Abfällen enthaltene Energie zur Substitution fossiler Energieträger zu nutzen. Durch die Intensivierung der getrennten Sammlung von Bioabfällen und trockenen Wertstoffen wird die Restabfallmenge tendenziell abnehmen. MBA werden daher verstärkt zur biologischen Trocknung und Brennstofferzeugung aus Restabfällen eingesetzt werden [104], Herstellung von Deponat aus MBA wird in Deutschland eine untergeordnete Bedeutung haben.

Im internationalen Raum, besonders in Entwicklungs- und Schwellenländern, wird die MBA-Technologie mittelfristig eine größere Relevanz bekommen.

In Deutschland sind folgende Entwicklungen bei den MBA aktuell:

1. Reduzierung der aus MBA freigesetzten Umweltbelastungen, besonders Minderung der Treibhausgase.
2. Erhöhung der Verfügbarkeit und Betriebssicherheit der MBA.
3. Steigerung der Energieeffizienz durch Verringerung des Eigenverbrauches und Nutzung der heizwertreichen Fraktion.
4. Weiterentwicklung der Sortiertechnologien und integrierter Gesamtkonzepte.
5. Verbesserung der Wirtschaftlichkeit und Bereitstellung angepasster MBA-Technologien für den internationalen Markt [102].

8.6 Geruchsemissionen aus biologischen Abfallbehandlungsanlagen

Martin Reiser

8.6.1 Betrachtung der Emissionen aus Aerobverfahren

Art und Menge der Emissionen aus der aeroben Abfallbehandlung werden im Wesentlichen von folgenden Faktoren beeinflusst:

In der Intensivrotte:

- Materialzusammensetzung
- Porenvolumen, Wassergehalt und Temperatur des Rotteguts, Art der Belüftung
- ggf. Schütthöhe und Umsetzhäufigkeit

In der Nachrotte:

- Reifestadium des Komposts
- Feinkornanteil, Wassergehalt und Temperatur des Komposts, Art des Behandlungsschrittes (Zerkleinerung, Bewegung des Materials)

8.6.2 Geruchsstoffe und Gerüche

Geruchstoffe entstehen sowohl während der gewünschten aeroben als auch der hier unerwünschten anaeroben Abbauvorgänge. Bei Gerüchen handelt es sich häufig um Gemische leichtflüchtiger Verbindungen mit sehr unterschiedlicher Zusammensetzung. In den ersten drei Wochen sind die Kompostierungsvorgänge am intensivsten, sodass in dieser Zeit zwangsläufig auch Geruchsemissionen mit den höchsten Konzentrationen bzw. Intensitäten zu erwarten sind.

Die Abgase aus den Intensivrotteverfahren sind einer biologischen Abluftreinigungsanlage zuzuführen [105].

8.6.3 Emissionen und Abluftbehandlung

Geruchsstoffe
Mehrere tausend chemische Verbindungen sind als Geruchsstoffe bekannt. Allen gemeinsam ist, dass sie relativ niedrige Molekulargewichte aufweisen, die obere Grenze liegt etwa bei 350 g/mol. Hierdurch ist eine gewisse Flüchtigkeit gesichert, d. h. die Stoffe weisen einen höheren Dampfdruck auf. Außerdem müssen zur Geruchswahrnehmung weitere Bedingungen erfüllt sein, u. a. eine Wasser- und Fettlöslichkeit der Stoffe, sodass die Moleküle überhaupt die Rezeptoren der Riechorgane erreichen können. Neben wenigen anorganischen Verbindungen setzen sich Gerüche meist aus organischen Stoffen zusammen [106].

Anorganische Geruchsstoffe
Hauptsächlich sehr flüchtige Wasserstoffverbindungen und Nichtmetalloxide sind die wenigen Vertreter der anorganischen Geruchsstoffe. Häufig handelt es sich zudem um toxische oder sogar um hochtoxische Verbindungen (s. Tab. 8.16 und 8.17).

Tab. 8.16 Beispiele für häufigere anorganische Geruchsstoffe

Ammoniak	NH_3	Chlordioxid	ClO_2
Schwefelwasserstoff	H_2S	Hydrazin	N_2H_4
Schwefeldioxid	SO_2	Ozon	O_3
Phosphorwasserstoff	PH_3	Distickstoffmonoxid	N_2O
Chlorwasserstoff	HCl		

Tab. 8.17 Typische Geruchsstoffkonzentrationen bzw. Geruchspegel in verschiedenen Bereichen eines größeren Kompostwerks

	Geruchsstoffkonzentration in GE_E/m^3	Geruchspegel in dB_{od}
Bunkerhalle (Anlieferung)	100–500	20–27
Aufbereitung (Zerkleinern und Trennen)	100–500	20–27
Belüftete Kompostmieten (Hallenluft in eingehauster Kompostierung)	1000–10.000	30–40
Druckbelüftete Kompostmieten (Mietenoberfläche je nach Mietenalter) Frische Miete Alte Miete	1000–20.000 300–1000	30–43 25–30
Mietenabsaugung	5000–50.000	37–47
Feinaufbereitung	100–500	20–27
Nachrotte/Kompostlager	20–200	13–23
Verkehrsflächen	20–200	13–23
Biofilter Reinluft	100–300	20–25

Organische Geruchsstoffe

Ein Überblick über die organischen Geruchsstoffe wird in Abb. 8.67 gegeben. Zur Strukturierung dienen im Wesentlichen die funktionellen Gruppen entsprechend der Nomenklatur der organischen Chemie.

8.6.4 Geruchsmessung

Für die Messung von Gerüchen wird die menschliche Nase als Sensor verwendet. Dies ist auch deshalb naheliegend, da im Beschwerdefall Anwohner ebenfalls mit Ihrem Geruchssinn die Emissionen einer Anlage wahrnehmen. Es gibt derzeit auf dem Markt zwar Geruchsmessgeräte, beispielsweise auf der Basis von Halbleitersensoren (sog. *Elektronische Nasen*), diese können jedoch nur bedingt zur Bestimmung der Geruchsstoffkonzentration

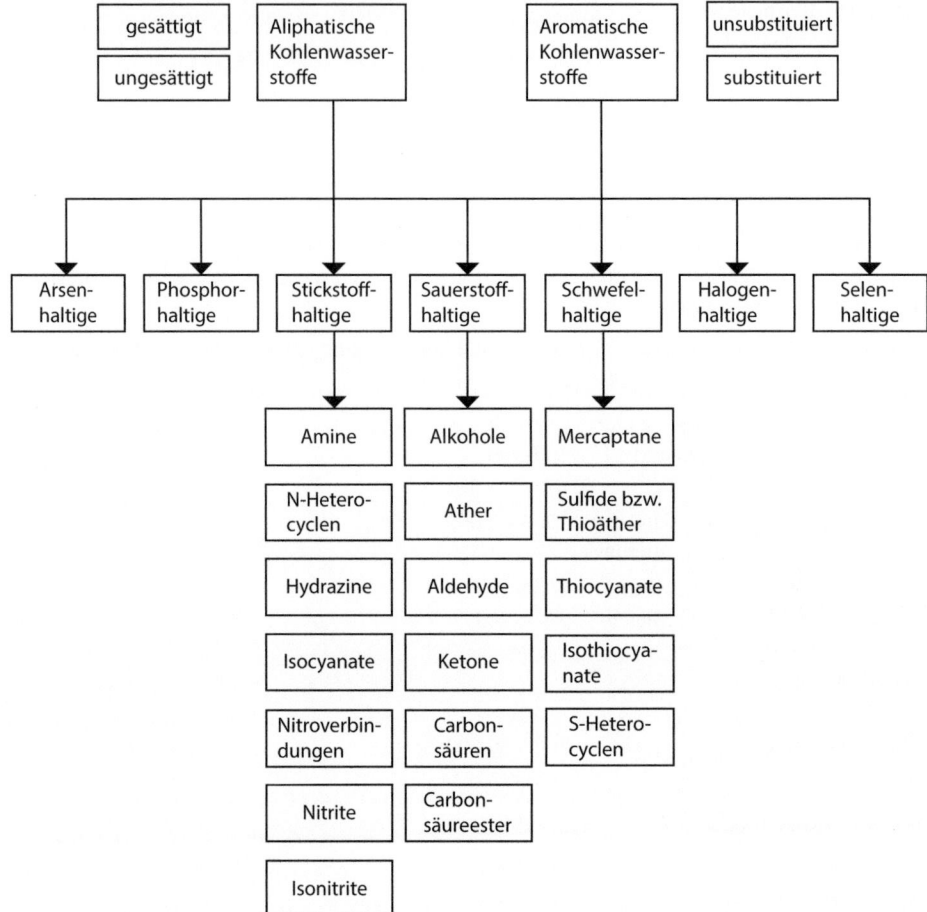

Abb. 8.67 Zuordnung der organischen Geruchsstoffe zu chemischen Verbindungsklassen

eingesetzt werden. Einer der Gründe hierfür ist, dass sich die Wirkung eines Geruchstoffgemisches auf das Geruchsempfinden bisher nicht aus den Konzentrationen der Einzelkomponenten (bis zu 200!) ableiten lässt. Es ist jedoch anzunehmen, dass in einigen Jahren auch für diesen Zweck brauchbare Messgeräte zur Verfügung stehen.

Die olfaktometrische Geruchsmessung mit der menschlichen Nase als Sensor und dem Olfaktometer als Auswerteeinheit ist dagegen standardisiert und wird von Gerichten und Aufsichtsbehörden anerkannt. Durch diese Geruchsmessungen können:

- die Geruchsschwelle (Geruchskonzentration in Geruchseinheiten pro m³ Luft [GE_E/m^3]),
- die Geruchsintensität (d. h. die Stärke der Geruchsempfindung, also z. B. schwacher oder deutlicher Geruch) und
- die hedonische Geruchswirkung (angenehm – unangenehm) ermittelt werden.

Geruchsmessungen lassen sich in zwei Gruppen von Messverfahren unterteilen.

Für Emissionsmessungen sind es die Verfahren für die praktisch immer ein Olfaktometer (Verdünnungsapparat) verwendet wird. Die Olfaktometrie beinhaltet dementsprechend die Messverfahren:

- Bestimmung der Geruchsstoffkonzentration nach DIN EN 13.725 (Ausführungshinweise dazu siehe VDI 3884, Blatt 1 [107])
- Bestimmung der Geruchsintensität. VDI 3882, Blatt 1 [108]
- Bestimmung der hedonischen Geruchswirkung VDI 3882, Blatt 2 [109]

Im Immissionsbereich (Außenluft) werden Olfaktometer in der Regel nicht eingesetzt; es wird die Umgebungsluft unverdünnt bei Begehungen beurteilt. Es werden dazu sowohl Raster- als auch Fahnenbegehungen eingesetzt:

- Bestimmung von Geruchsstoffimmissionen durch Begehungen DIN EN 16.841, Teil 1 + 2 (nähere Beschreibung dazu in VDI 3940, Blatt 1 + 2 [110])

Im Konfliktfall zu Geruchsbelästigungen wird als weitere Technik die Fragebogentechnik zur Wirkung und Bewertung von Gerüchen eingesetzt (VDI 3883, Blatt 1–4 [111–114]).

Olfaktometrie
Olfaktometrie ist die Messung der Reaktionen einer Gruppe von Prüfpersonen auf Geruchsreize. Ein Olfaktometer ist ein Gerät, in dem eine Probe geruchsbehafteten Gases in einem definierten Verhältnis mit Neutralluft verdünnt und einer Gruppe von Prüfpersonen dargeboten wird. Das Olfaktometer muss einen Verdünnungsbereich von weniger als 2^7 bis mindestens 2^{14} abdecken, wobei zwischen der größten und der kleinsten Verdünnung mindestens ein Verdünnungsbereich von 2^{13} liegen muss [115]. Die Darbietung der Reize erfolgt in einer Verdünnungsreihe entweder in aufsteigender (bevorzugt) oder zufälliger Konzentrationsfolge. Als Darbietungs- und Auswahlverfahren wird in Deutschland die Ja/Nein – Methode bevorzugt, bei der die Prüfpersonen gebeten werden, das aus einer Öffnung strömende Gas zu bewerten und dann zu entscheiden zwischen „Ja, es riecht" oder „Nein, es riecht nicht".

Als weiteres Verfahren kommt die *Forced-Choice-Methode* zur Anwendung, in der die Prüfpersonen jeweils mindestens zwei Gasaustrittsrohre gezeigt bekommen, von denen eines den Reiz darbietet und dem anderen Neutralluft entströmt. Die Position des Reizes ist in aufeinander folgenden Darbietungen zufällig auf die Riechrohre verteilt. Der Prüfperson muss sich bei jedem Durchgang entscheiden, welcher Gasstrom den Reiz enthält.

Als Ergebnis beider Methoden wird so für jede Prüfperson die persönliche Geruchsschwelle *ITE* (individual threshold estimate) für die analysierte Probe ermittelt. Durch geometrische Mittelwertbildung der Verdünnungsfaktoren aller für gültig befundenen

Prüferantworten einer Messung lässt sich der Verdünnungsfaktor an der 50 %-Wahrnehmungsschwelle (Z_{50}) berechnen. Die Geruchsstoffkonzentration an dieser Wahrnehmungsschwelle ist per Definition 1 GE_E/m^3 (1 europäische Geruchseinheit je Kubikmeter). Die Geruchsstoffkonzentration der untersuchten Probe wird dann als Vielfaches (entsprechend dem Verdünnungsfaktor bei Z_{50}) dieser Konzentration unter den Normbedingungen für Olfaktometrie dargestellt.

Wird für eine Abluftquelle z. B. eine Geruchsstoffkonzentration von 80 GE_E/m^3 ermittelt, so bedeutet dies, dass die Luft 80-fach verdünnt werden muss, um sie gerade noch wahrzunehmen. Wird sie noch stärker verdünnt, so wird die Geruchsschwelle unterschritten, d. h. für die menschliche „Durchschnittsnase" ist dieser Geruch damit verschwunden. Wie das Gehör überträgt auch der Geruchssinn Reize nicht linear, sondern logarithmisch. Dies bedeutet für die Praxis, dass sich bei einer Erhöhung der Geruchsstoffkonzentration von 100 GE_E/m^3 auf 1000 GE_E/m^3 der Geruchseindruck nicht verzehnfacht, sondern nur etwa verdoppelt. Die Geruchswirkung einer Abluft mit 1000 GE_E/m^3 wird also etwa doppelt so stark wahrgenommen wie die einer Luft mit 100 GE_E/m^3.

Als wirkungsbezogene Größe, die der Geruchsintensität näher kommt als die Geruchsstoffkonzentration, wird daher ein Ansatz analog zur Darstellung des Schalldruckpegels in Dezibel vorgeschlagen. Diese Art *Geruchspegel* lässt sich in geruchsbezogenen Dezibel dB_{od} darstellen, was dem zehnfachen Zehner-Logarithmus der Geruchsstoffkonzentration entspricht.

In der oben beschriebenen dynamischen Olfaktometrie übernimmt eine Gruppe von Personen („Panel") die Funktion des Sensors. Da der Geruchssinn von Mensch zu Mensch sehr unterschiedlich entwickelt ist, kann eine Anzahl von 4 (üblich) bis 8 Prüfpersonen nicht repräsentativ für die Grundgesamtheit der Bevölkerung stehen. Gemäß der Definitionen der europäischen Geruchseinheit bzw. des Verdünnungsfaktors an der 50 %-Wahrnehmungsschwelle Z_{50} ist die aus den gültigen Antworten der Prüfer ermittelte Geruchsschwelle jedoch genau diejenige Konzentration der Probe, an der 50 % der Grundgesamtheit der Bevölkerung einen Reiz wahrnehmen. Um eine bessere statistische Absicherung des Analysenergebnisses zu erhalten, erfolgt zum einen bei der Messung eine mehrfache Darbietung der Verdünnungsreihen an alle Prüfpersonen (3 (üblich) bis sechs Durchgänge).

Zum anderen erfolgt eine Standardisierung der Prüfpersonen, die zur Bewertung der physiologischen Wirkung herangezogen werden, indem Personen mit bekannter sensorischer Empfindlichkeit gegenüber einem anerkannten Referenzmaterial (derzeit n-Butanol) ausgewählt werden. Der Sensor, also in diesem Fall das Panel, wird mit diesem Referenzgeruchsstoff kalibriert.

Obwohl bekannt ist, dass der Bereich der Empfindlichkeit gegenüber Einzelgerüchen deutlich breiter ist als gegenüber Vielstoffgemischen, geschieht die Überprüfung der Empfindlichkeit derzeit ausschließlich mit Einzelsubstanzen, weil ein reproduzierbares Stoffgemisch nicht zur Verfügung steht. Als Bezugswert für die europäische Geruchseinheit wurde eine europäische Referenzgeruchsmasse (EROM) von 123 µg n-Butanol festgelegt [115]. Verdampft in einen Kubikmeter Neutralluft entspricht dies 0,040 µmol/mol.

Für eine Zulassung als Prüfperson in olfaktometrischen Messungen muss der geometrische Mittelwert der einzelnen Schwellenschätzung *ITE* für n-Butanol zwischen dem 0,5fachen und dem 2fachen Bezugswert des Referenzmaterials liegen, also hier zwischen 62 µg/m^3 und 246 µg/m^3. Die Nachweisgrenze eines Panels liegt somit im Konzentrationsbereich zwischen 20 und 80 ppb n-Butanol bzw. *Geruchsstoffgemisch*.

Eine derartige Messung ist naturgemäß mit gewissen Fehlern und daher auch mit einer größeren Streubreite behaftet, als beispielsweise chemische Bestimmungsmethoden. Weitere potentielle Fehlerquellen stecken in der Probenahme und der Probenbehandlung bis zur eigentlichen Geruchsmessung. Da der *Einfluss der Probenahme* auf das Endergebnis erheblich sein kann, ist ein recht umfängliches Regelwerk zu beachten [116].

Emissionsmessungen
Für die sensorische Messung von Geruchsemissionen werden die Proben im allgemeinen diskontinuierlich entnommen, indem aus dem geruchsbeladenen Abgasstrom einer Emissionsquelle eine bestimmte Luftmenge in einen geruchsneutralen Behälter gefüllt und danach untersucht wird. Meist wird ein Unterdrucksystem eingesetzt, mit dem eine Überführung der Probe direkt in einen Gasbeutel möglich ist, ohne dass die Probenluft mit Pumpen oder anderen Teilen in Berührung kommt.

Besondere Sorgfalt erfordert feuchte und warme Luft, wie z. B. Abluft aus Kompostmieten. Diese Luft neigt stark zur Kondensation an der Beutelwandung. Da sich im Kondensat viele Geruchsstoffe lösen, würde der Geruchswert damit stark verfälscht (erniedrigt). Eine Kondensation lässt sich jedoch leicht mit einer Vorverdünnung mit trockener Neutralluft (statisch oder dynamisch) verhindern. Geruchsproben dürfen nicht länger als 30 h in Beuteln aufbewahrt werden. Gemäß VDI 3880 soll bereits bei Lagerzeiten von mehr als sechs Stunden ein quellenspezifischer Nachweis geführt werden, dass sich die Geruchsstoffkonzentration in den Proben nicht verändert hat. Auch an ordnungsgemäß behandelten Proben können durch Adsorption an der Beutelwandung (und durch Desorption von Stoffen aus dem Beutelmaterial) gewisse Veränderungen auftreten.

Generell muss bei der Emissionsmessung für die Durchführung der Probenahme zwischen aktiven und passiven Quellen unterschieden werden.

Aktive Quellen, auch geführte Quellen genannt, weisen einen definierten, messbaren Volumenstrom auf, der punkt- oder flächenförmig in die Atmosphäre gelangen kann. Man unterscheidet demzufolge zusätzlich zwischen Punkt- und Flächenquellen. Aktive Punktquellen können beispielsweise Kamine sein, aktive Flächenquellen z. B. offene Biofilter. An aktiven Flächenquellen erfolgt die Erfassung der Abluftmengen durch Abdeckung einer repräsentativen Oberfläche mittels Trichter, Folie oder Zelt, wobei eine freie Abströmung in die Atmosphäre ohne Verfälschung der Druckverhältnisse unter Vermeidung von Windeinflüssen gewährleistet werden muss.

Passive Quellen verfügen über keinen definierten Abluftstrom. Darunter fallen z. B. freie Deponieflächen, unbelüftete Mieten, Fahrwege sowie Absiebe- und Umsetzvorgänge. Für die Erfassung von Gasen aus diesen Quellen, die z. T. einen erheblichen Beitrag zur Gesamtemission einer Anlage leisten können, existieren diverse Regelwerke wie die VDI-Richtlinien 3880 und 3790 Blatt 2 (Emissionen von Gasen, Gerüchen und Stäuben aus diffusen Quellen: Deponien). Als wichtige Methode zur Quantifizierung von Emissionsraten aus passiven Quellen hat sich in jüngster Zeit die Fernerkundung („Remote Sensing") in Kombination mit der Ausbreitungsmodellierung bewährt. Unter passenden Randbedingungen können damit indirekt auch Geruchsemissionen quantifiziert werden [117]. Uneinheitliche Probenahme führt z. T. zu großen Unterschieden bei der Ermittlung von repräsentativen Emissionswerten [118].

Immissionsmessungen
Als Immissionsmessung gelten alle Verfahren zur Bestimmung von Geruchsbelästigungen. Olfaktometermessungen im Immissionsbereich führen zu keinen verwertbaren Ergebnissen, weil die Geruchsstoffkonzentrationen oft zu gering sind und auch kurzzeitig wegen der Windeinflüsse stark schwanken. Geruchsimmissionen werden daher durch Begehungen mit Probanden bewertet, die direkt mit der Nase beurteilen, wie häufig Gerüche an einem Standort auftreten und ggf. mit welcher Intensität sie wahrnehmbar sind. Unterschieden wird in: Messung der Fahnenreichweite (Fahnenbegehungen), Messung des Zeitanteils der Geruchsimmissionen (Rasterbegehungen) und in die Belästigungserhebungen durch Befragung. Die wesentliche Messgröße bei der Immissionsbestimmung ist der sogenannte *Geruchszeitanteil*. Hierbei handelt es sich um die Häufigkeit, mit der die Erkennungsschwelle in der Außenluft in einem bestimmten Messzeitintervall überschritten und die Gerüche eindeutig erkannt werden [105].

Vorgehensweise bei Immissionsmessungen
An einem Probandenstandort wird 10 min lang in 10-s-Intervallen (also insgesamt 60 mal) abgefragt, ob ein Geruch wahrnehmbar ist oder nicht. Sind mehr als 10 % der Antworten positiv; gilt die gesamte Stunde als mit Geruch belastet. Zur Zeit der Bearbeitung der Richtlinie wurden die Intervalle mit der Uhr bestimmt, und die Ja/Nein-Antworten wurden mit Bleistift und Papier registriert. Damit war der Proband ausgelastet, als Ergebnisse lieferte das Verfahren ausschließlich Häufigkeiten. Verwendet man jedoch Kleinrechner mit einem Programm, welches die Zeitintervalle durch einen Piepton vorgibt, sodass dann die Antwort über die Tastatur eingegeben werden kann, sind die Probanden soweit entlastet, dass auch eine zusätzliche Beurteilung der empfundenen Geruchsintensität auf einer Skala von 0 bis 6 möglich ist. Darüber hinaus können auch noch Informationen über die Art des Geruchs (es riecht nach) und über die hedonische Geruchswirkung erhoben werden. Das Verfahren liefert also zusätzliche Informationen und verbessert die Immissionsbeurteilung.

In Abhängigkeit von der jeweiligen Messaufgabe, wie z. B.

- Beurteilung von Einzelquellen,
- Erstellung eines Emissionskatasters in einem Vielquellengebiet,
- Kalibrierung von Rechenmodellen

werden Raster- oder Fahnenbegehungen durchgeführt. In Rasterbegehungen wird ein fiktives Netz von Rasterpunkten über das Beurteilungsgebiet gelegt, in dessen Zentrum sich die Emissionsquelle befindet. Auf diese Weise lassen sich flächenbezogene Aussagen treffen.

Fahnenbegehungen hingegen werden nur im Bereich der möglichen Geruchsfahne, d. h. im Lee der Emissionsquelle, Untersuchungen durchgeführt. Demzufolge lassen sich, auch nur für den Bereich, der von der während der Untersuchung herrschenden Windrichtung abhängt, geruchsspezifische Aussagen ableiten. Bei der Fahnenmessung werden z. B. fünf Probanden quer zur Windrichtung in der Fahne verteilt, wobei die äußeren möglichst am Fahnenrand positioniert werden. Werden diese Messungen, z. B. in drei Entfernungen von der Quelle durchgeführt, lässt sich aus der Abnahme der Häufigkeiten und der Intensitäten sehr zuverlässig die aktuelle Geruchsschwellenentfernung ermitteln, die definitionsgemäß dort liegt, wo eine Häufigkeit von 10 % überschritten wird. Das ist im Allgemeinen auch die Entfernung, in der nahezu nur noch sehr schwache Gerüche wahrgenommen werden. Die Fahnenmessung kann für die von einer bestimmten Geruchsquelle verursachten Geruchsimmissionen sowohl Häufigkeiten als auch Intensitäten liefern.

8.6.5 Biologische Abluftreinigung

Die Anwendung der biologischen Abluftreinigung auf dem Gebiet der Abfallbehandlung hat eine lange Tradition. Vermutlich schon in prähistorischer Zeit schütteten die Menschen auf ihre Abfallgruben Erde, um damit unangenehme Gerüche der Abfälle zu vermeiden. Der Weg bis zu den heute bekannten Verfahren war jedoch noch weit. Es ist jedoch bezeichnend, dass auch die ersten technischen Anlagen im Bereich der Abfallbehandlung installiert und weiterentwickelt wurden. Das erste in der Literatur erwähnte Biofilter wurde nämlich auf einem Kompostwerk in der Schweiz eingesetzt [119]. Hier kam noch Erde als Filtermaterial zur Anwendung. Im Kompostwerk Duisburg-Huckingen wurden (1966) selbst erzeugte Komposte als Filtermaterial eingesetzt [120]. Das erste Patent zur absorptiven Abluftreinigung mithilfe von Biowäschern wurde schon 1934 angemeldet [121].

Anwendungen des Biowäscherverfahrens in der Abfalltechnik kamen jedoch erst einige Jahrzehnte später.

Grundlagen der biologischen Abluftreinigung

Die Einsatzmöglichkeiten der biologischen Verfahren sind vor allem dort zu sehen, wo Abluft mit kleineren Schadstoffkonzentrationen gereinigt werden muss. Dies können organische Verbindungen wie beispielsweise Lösungsmittel oder geruchsintensive Gemische sein. Auch anorganische Komponenten wie Ammoniak und Schwefelwasserstoff in niedrigen Konzentrationen können entfernt werden.

Um ausreichende Abbaugeschwindigkeiten zu erhalten, müssen folgende Bedingungen erfüllt sein:

- die Abluftinhaltsstoffe sind wasserlöslich
- die Abluftinhaltsstoffe sind biologisch abbaubar
- die Ablufttemperaturen liegen zwischen 5° und 60 °C
- die Abluft enthält keine toxischen Substanzen

Analog zur biologischen Abwasserreinigung erfolgt der Abbau durch Mikroorganismen. Je nach Abluftkomponenten sind daran mehr oder minder zahlreiche Bakterienarten sowie Aktinomyceten und Pilze beteiligt. Alle diese Mikroorganismen sind von einem Wasserfilm umgeben, der für ihre Abbau- und Stoffwechseltätigkeit notwendig ist. Die Abluftinhaltsstoffe müssen demnach zumindest eine gewisse Wasserlöslichkeit aufweisen, um überhaupt zu den abbauenden Mikroorganismen zu gelangen.

Der Abbau selbst führt im günstigen Fall zu einer vollständigen Mineralisation, d. h. zu Kohlendioxid und Wasser. Organische Verbindungen, die Heteroatome wie Stickstoff, Chlor oder Schwefel enthalten (z. B. Amine, chlorierte Kohlenwasserstoffe, Mercaptane) können je nach Wasserlöslichkeit und Abbaubarkeit ebenfalls entfernt werden. Allerdings entstehen dabei mineralische Endprodukte (beispielsweise Nitrat, Salzsäure, Schwefel und Schwefelsäure), die den pH-Wert des Filtermaterials oder Waschwassers verändern und bei höheren Konzentrationen toxisch wirken können. Derartige Produkte entstehen auch durch die biologische Umsetzung der sehr geruchsintensiven anorganischen Gase Ammoniak und Schwefelwasserstoff. Abgesehen von den hier dargestellten Ausnahmen werden beim Abbau keine Abfallstoffe produziert, die Abluftinhaltsstoffe werden somit nicht in andere Umweltbereiche verlagert, sondern tatsächlich beseitigt.

Wie in allen mikrobiellen Vorgängen müssen auch hier bestimmte Umweltbedingungen eingehalten werden, die eine Lebenstätigkeit der Mikroorganismen ermöglichen. Dazu gehören für die Mikroorganismen verträgliche Temperaturen (5 °C bis 60 °C) aber auch günstige pH-Bereiche (ca. pH 5 bis pH 8), niedrige Salzkonzentrationen sowie eine ausreichende Versorgung mit Nährstoffen und Spurenelementen (Stickstoff, Phosphor, Kalium, u. a.).

Steigende Temperaturen beschleunigen meist die mikrobielle Abbaugeschwindigkeit, allerdings wird gleichzeitig die Wasserlöslichkeit der Abluftbestandteile verringert. Eine Optimierung der Verfahren durch Temperatursteigerung ist daher nur sehr begrenzt möglich.

Von entscheidender Bedeutung ist der Stoffübergang aus der Gasphase in den Flüssigkeitsfilm bis hin zu den Mikroorganismen. Möglichst große Kontaktflächen sind entscheidend für die Leistungsfähigkeit der Anlagen.

Biofilter

Im Biofilterverfahren sind die Mikroorganismen auf einem festen Filtermaterial angesiedelt. Die Abluft wird durch dieses Material gedrückt oder gesaugt, dabei werden die Abluftinhaltsstoffe zunächst sorbiert und anschließend von den Organismen verwertet. Bei der Sorption spielen sowohl Absorptions- als auch Adsorptionsvorgänge eine Rolle. Als Filtermaterialien werden derzeit eingesetzt:

- verschiedene Komposte (Rindenkompost, Grünschnittkompost),
- gerissenes Wurzelholz,
- gehäckseltes Holz und Rinde,
- Fasertorf, Kokosfasern,
- inerte Zuschlagstoffe mit Blähton, Lavabims, Polystyrol u. a.,
- Mischungen aus diesen Materialien.

Die zusätzlich notwendigen anorganischen Nährstoffe wie Stickstoff, Phosphor etc. finden sich z. T. in ausreichender Menge in den Filtermaterialien. Kommen überwiegend inerte Materialkomponenten oder hohen Abluftkonzentrationen zum Einsatz, müssen diese Nährstoffe jedoch zusätzlich zugegeben werden.

Der Aufbau eines einfachen Biofilters geht aus Abb. 8.68 hervor. Die Filterschicht wird je nach Filtermaterial und Abluftkomponenten auf eine Höhe von 0,8 m bis maximal 3,0 m aufgeschüttet. Auch der Druckverlust ist vom Filtermaterial (und natürlich auch vom Volumenstrom) abhängig. Im Allgemeinen ist mit spezifischen Druckverlusten von ca. 500 bis 2000 Pa je Meter Filterhöhe zu rechnen. Die Verweilzeiten der Abluft in der Filterschicht liegen meist bei wenigen Sekunden bis zu ca. 30 s im Fall schlecht wasserlöslicher oder schlecht abbaubarer Stoffe. Durch den intensiven Kontakt der Abluft mit dem feuchten Filtermaterial ist die Luft wasserdampfgesättigt, wenn sie den Filter verlässt. Dadurch können im Filter sehr schnell Austrocknungserscheinungen auftreten, was zu Rissen und Spalten und damit zu einer inhomogenen Verteilung der Abluft führen kann. Die Wirkung des Biofilters wird demnach ganz wesentlich von einer sorg-

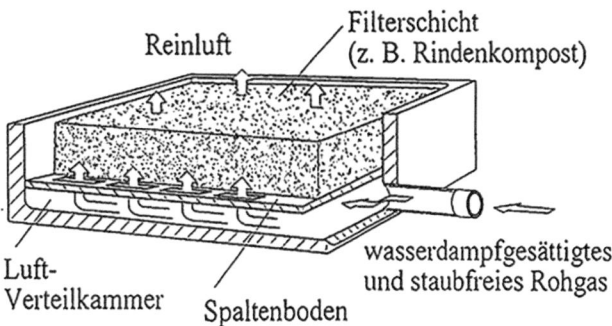

Abb. 8.68 Aufbau eines Biofilters nach [122]

Abb. 8.69 Aufbau eines Biowäschers nach [123]

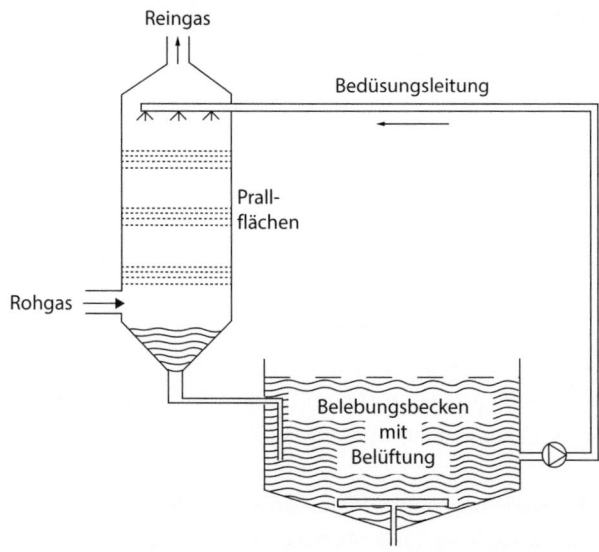

fältigen Überwachung und Regelung der Feuchtigkeit beeinflusst. Im Allgemeinen wird die zu behandelnde Rohluft mithilfe eines Wäschers schon vor Eintritt in das Biofilter befeuchtet.

Die Dimensionierung eines Biofilters wird hauptsächlich von der Abluftzusammensetzung bestimmt. Bei geruchsintensiver Abluft wird der Filter so ausgelegt, dass eine Raumbelastung von ca. 100 bis 250 m^3 Abluft je m^3 Filtermaterial und Stunde eingehalten wird. Aus diesen Zahlen wird ersichtlich, dass Biofilter beträchtliche Dimensionen annehmen können. Zur Reinigung von 100.000 m^3/h Abluft sind demnach Filtervolumina von ca. 1000 m^3 notwendig.

Um den erforderlichen Platz zu verringern, werden Biofilter auch als

- Hochfilter auf Flachdächern,
- geschlossene Containerfilter (stapelbar)

ausgeführt.

Biowäscher und Rieselbettreaktoren

Der Biowäscher beruht auf dem seit vielen Jahrzehnten bewährten Verfahren der biologischen Abwasserreinigung. In einem dem biologischen Abbau vorausgehenden Schritt erfolgt die Absorption der Abluftinhaltsstoffe in der Wäscherflüssigkeit. Hierzu werden die aus der Verfahrenstechnik bekannten Wäschervarianten eingesetzt.

In den Abb. 8.69 und 8.70 werden die beiden Varianten des Biowäscher-Verfahrens dargestellt.

Abb. 8.70 Aufbau eines Rieselbettreaktors nach [124]

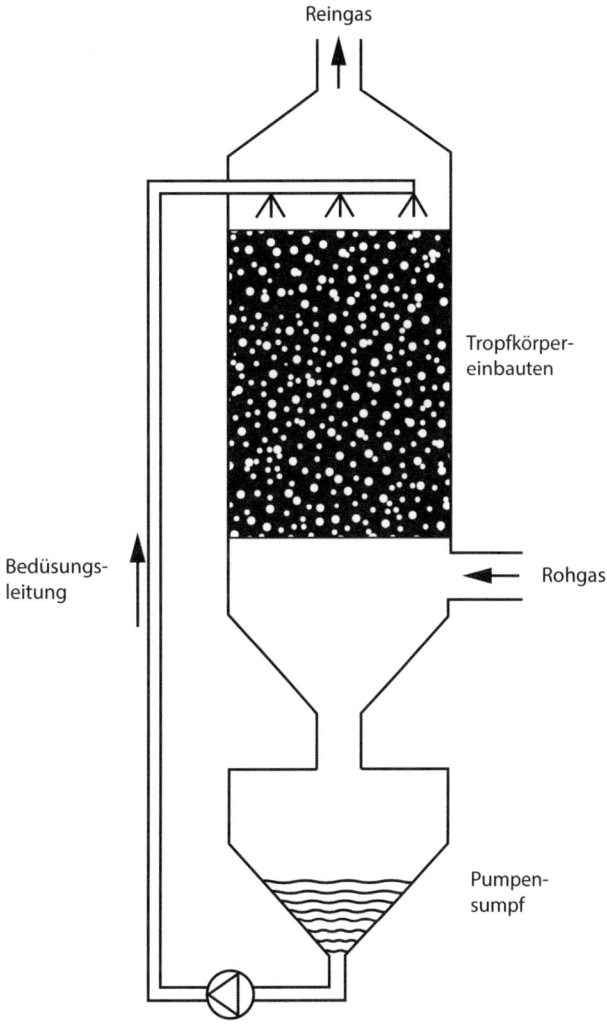

Beim Rieselbettreaktor besiedeln die Mikroorganismen die Füllkörper und werden gleichzeitig mit Kreislaufwasser berieselt. Absorption und Abbau der gelösten Stoffe findet hier also am selben Ort statt.

Diese beiden Vorgänge werden beim Biowäscher analog dem Belebungsverfahren getrennt. Das Waschwasser-Mikroorganismen-Gemisch wird bei dieser Variante mit Düsen fein versprüht. Zusätzliche Prallflächen sorgen für weitere Kontaktflächen mit der Abluft. Der Abbau der gelösten Stoffe findet hier in einem separaten Belebungsbecken statt, das entsprechend der Abbaugeschwindigkeit dimensioniert werden muss. Die Mikroorganismen im Belebungsbecken müssen mit Sauerstoff versorgt werden, durch die hierzu notwendige Belüftung können Abluftstoffe wieder desorbiert werden. Die Abluft aus dem Belebungsbecken wird deshalb meist ebenfalls dem Biowäscher zugeführt.

Die ausreichende Nährstoffversorgung des Biowäschers muss für einen ordnungsgemäßen Betrieb sichergestellt und regelmäßig kontrolliert werden. Für gut wasserlösliche und abbaubare Substanzen sind die Dimensionen des Biowäschers erheblich geringer als die des Biofilters. Investitionskosten und vor allem Betriebskosten liegen jedoch deutlich höher, vor allem aufgrund der hohen Kreislauf-Wassermenge.

Die Gasgeschwindigkeiten in Biowäschern liegen meist bei 1 bis 3 m/s, die Berieselungsdichten betragen etwa 10 bis 30 $m^3/m^2 \cdot h$, bezogen auf die Querschnittsfläche des Wäschers. Je nach Wäscherausführung und Abluftzusammensetzung kann von einem Wasser-Luft-Verhältnis von 1 zu 1000 bis 1 zu 300 ausgegangen werden. Das bedeutet, dass zur Reinigung von 10.000 m^3/h Abluft beispielsweise eine Wassermenge von 10 bis 33 m^3/h umgepumpt werden muss.

Anwendungsgebiete im Bereich der Abfallbehandlung
Entsprechend den Voraussetzungen für die biologische Abluftreinigung wie sie im vorangegangenen Kapitel geschildert wurden, gibt es in der Abfallbehandlung einige Bereiche, die für die Anwendung dieser biologischen Verfahren gut geeignet sind. Vor allem können dies stark geruchsbeladene Abluftströme sein, wie sie z. B. an Kompostierungs- und Vergärungsanlagen, bei Annahmebunkern und Zwischenlagern, in Umschlagstationen und Sortieranlagen auftreten können. Auch zur Behandlung von Deponieemissionen können Biofilter eingesetzt werden. Anhand einiger Beispiele aus der Praxis soll dies verdeutlicht werden.

Biofilter in der Kompostierung

Im Bereich eines Kompostwerks existieren zahlreiche potentielle Emissionsquellen (s. Tab. 8.17). Entlang des Weges des Abfalls von der Anlieferung bis zum fertigen Kompost, lassen sich folgende Geruchsquellen aufzählen:

- Anlieferung des Bioabfalls, Bunker;
- Sortierung, Siebung, Zerkleinerung;
- Mischtrommeln;
- Haupt- bzw. Intensivrotte;
- Umsetzvorgänge;
- Austrag des reifen Komposts;
- Nachrotte und Kompostlager.

Weiter können Gerüche von den Kompostsickerwässern, aus Schachtdeckeln und von verschmutzten Verkehrsflächen ausgehen. Die stärksten Emissionen entstehen beim eigentlichen Kompostierungsvorgang, also hauptsächlich während der Haupt- bzw. Intensivrotte.

Mit dem Abbau der Abfallstoffe werden von den Mikroorganismen neben den üblichen Zwischenprodukten des Stoffwechsels auch Geruchsstoffe abgegeben. Sowohl beim aeroben Abbau, insbesondere aber beim anaeroben Abbau werden zahlreiche leichtflüchtige Stoffe freigesetzt, die in der Summe den charakteristischen Kompostgeruch ergeben.

Die Zusammensetzung der Kompostierungsabluft ist von der Art des Abfalls und vom Zustand der Rotte abhängig. Folgende Verbindungen und Verbindungsklassen wurden u. a. bisher gefunden:

- Alkohole
- Ketone
- Ester
- organische Säuren
- aromatische Kohlenwasserstoffe
- organische Schwefelverbindungen
- Ammoniak und Amine
- Schwefelwasserstoff

Die Konzentrationen der Verbindungen liegen maximal bei einigen mg/m^3, viele Stoffe kommen nur in wenigen µg/m^3 vor. Die Gesamtkonzentration liegt meist im Bereich von 10 bis 100 mg/m^3 organischer Kohlenstoff (FID-Messung). Lediglich Methan kann in höheren Konzentrationen auftreten und damit auch die Gesamt-C-Konzentration erhöhen, falls ungewollte anaerobe Vorgänge stattfinden.

Die Wirkung der biologischen Abluftreinigung mit Biofiltern zeigt Abb. 8.71, in der die Abluft eines Kompostwerks vor und nach der Behandlung mit Biofilter mittels Gas-

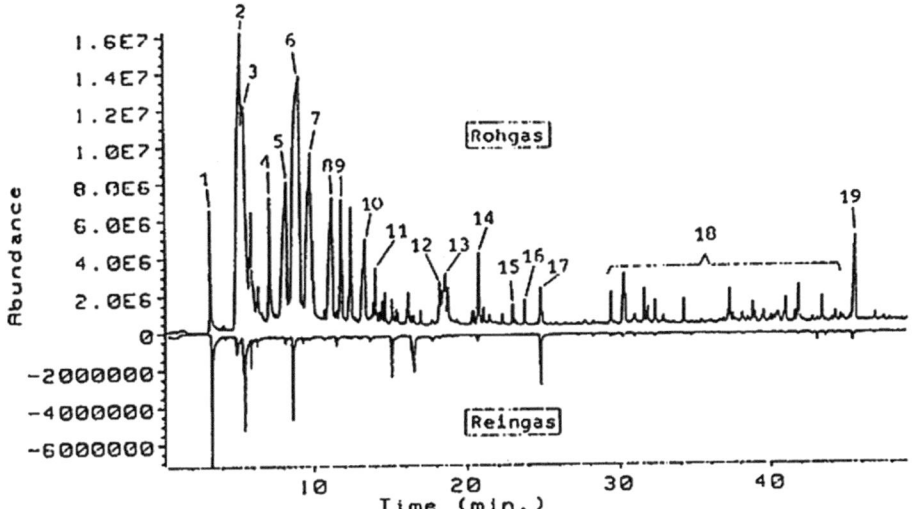

Abb. 8.71 Gaschromatographisch/massenspektrometrische Analyse von Kompostabluft (Mischmüllkompostierung) vor und nach Behandlung mit einem Biofilter

chromatographie genau untersucht wurde. Ein Großteil der Rohgaskomponenten ist nach dem Biofilter nicht mehr zu finden.

Die Einzelstoffe der Rohgasanalyse sind nach oben, die Werte nach der Behandlung im Biofilter (Reingas) sind nach unten aufgetragen. Die Reingaswerte sind sehr klein, sie wurden zusätzlich verstärkt (Faktor 4) um sie besser sichtbar zu machen.

In zentralen gekapselten Kompostanlagen wird der Großteil der Emissionen innerhalb der Anlage gefasst und dem Biofilter zugeführt. Durch richtig dimensionierte und gut gewartete Biofilter ist nach der Biofilteranlage kein Rohgasgeruch (d. h. keine Kompostabluft) mehr wahrnehmbar. Eingehende Untersuchungen der Landesanstalt für Immissionsschutz in Essen (heute Landesamt für Natur, Umwelt und Verbraucherschutz Nordrhein-Westfalen (LANUV)) [125] haben gezeigt, dass in diesem Fall die aus dem Biofilter austretende Abluft nur noch über kurze Distanzen wahrgenommen werden kann. Es wird deshalb vorgeschlagen, den Abluftstrom des Biofilters unter bestimmten Voraussetzungen nicht mehr in Ausbreitungsrechnungen zu berücksichtigen. Unter diesen Gesichtspunkten ist davon auszugehen, dass große zentrale Kompostanlagen für die Umgebung sogar weniger belastend sein können, als kleinere dezentrale Anlagen.

Voraussetzung ist natürlich eine intelligent und wirksam gestalteteAblufterfassung und eine sehr effektive Biofilteranlage.

Biofilter bei der Vergärung
In der anaeroben Behandlung von Bioabfällen findet der hauptsächliche Abbauvorgang in geschlossenen Reaktoren statt. Insofern entfallen gegenüber der Kompostierung alle Emissionsströme, die dort zur Belüftung der Intensivrotte dienen. Allerdings gibt es im Bereich

- der Annahme und Aufbereitung,
- der Entwässerung,
- und der aeroben Nachbehandlung

geruchsintensive Abluftströme, die ebenfalls mit Biofiltern oder Biowäscher behandelt werden. Insbesondere der Aerobisierungsschritt, d. h. die Belüftung und Nachbehandlung der Gärreste birgt ein beträchtliches Geruchspotential.

Inwieweit sich die verschiedenen anaeroben Verfahrensvarianten – mesophil/thermophil, Trocken- bzw. Nassfermentation, einstufig/mehrstufig – auf die gasförmigen Emissionen auswirken, ist derzeit nicht bekannt. Es steht jedoch fest, dass die Abluftmengen im Vergleich zu Kompostanlagen gleicher Durchsatzleistung kleiner sind und dass sie sich mit richtig dimensionierten Biofilteranlagen ohne weiteres behandeln lassen.

Kombination von Biowäscher und Biofilter
Biowäscher und Rieselbettreaktoren kommen zur Behandlung von Abluft aus Abfallanlagen praktisch nur in Kombination mit Biofiltern zur Anwendung. Eine ausschließliche Behandlung mit Biowäscher wird – soweit bekannt – nirgendwo praktiziert.

Tab. 8.18 Vergleich Biofilter/Biowäscher bei der Reinigung von Kompostabluft (beim Biowäscher wurde ein Rieselbettreaktor im Pilotmaßstab eingesetzt)

Biofilter-Flächenfilter	
Behandelte Abluftmenge	100.000 m^3/h
Belastung	100–150 m^3/m$^3 \cdot$h
Rohgaskonzentration	5000–50.000 GE$_E$/m^3
Reingaskonzentration	100–300 GE$_E$/m^3
Wirkungsgrad	96–99 %
Biowäscher-Rieselbettreaktor	
Behandelte Abluftmenge	1300 m^3/h
Flüssigkeits- Gas- Verhältnis	7,5 l/m^3
Verweilzeit der Gase im Wäscher	10–20 s
Rohgaskonzentration	5000–50.000 GE$_E$/m^3
Reingaskonzentration	500–1000 GE$_E$/m^3
Wirkungsgrad	90–98 %

Durch die Kombination der beiden Verfahren können die Emissionswerte u. U. weiter gesenkt und eine größere Betriebssicherheit erreicht werden. Die zusätzlichen Investitionen für den (*immer*) dem Biofilter vorgeschalteten Biowäscher halten sich insofern in Grenzen, als ein Wäscher zur Vorbefeuchtung der Abluft ohnehin benötigt wird. Tab. 8.18 zeigt den Vergleich Biofilter/Biowäscher bei der Behandlung von Kompostabluft. Hierbei muss beachtet werden, dass für den Biowäscher-Rieselbettreaktor sehr niedrige Belastungen bzw. sehr hohe Verweilzeiten eingestellt wurden.

Messungen in Kompostwerken mit Kombination Biowäscher/Biofilter zeigen, dass im realen Betrieb der Wirkungsgrad des Biowäschers deutlich niedriger liegt. Üblicherweise werden Wirkungsgrade von 50 bis 60 % erreicht.

Biowäscher und Rieselbettreaktoren benötigen deutlich weniger Fläche als Biofilter. Die Investitionskosten sind von der Ausführung der Anlagen abhängig, dürften sich aber nicht wesentlich von Biofiltern unterscheiden. Allerdings benötigen Biowäscher etwas mehr Wartung und verursachen, vor allem aufgrund des Waschwasserumlaufs, deutlich höhere Betriebskosten.

Erfahrungen mit Biowäschern/Rieselbettreaktoren zur Reinigung von Kompostabluft liegen bisher nur wenige vor. Im folgenden Abschnitt werden die Ergebnisse dargestellt, die mit Biofiltern bzw. Biowäschern erreicht werden konnten.

Es fällt auf, dass die mit dem Rieselbettreaktor erzielten Reingaskonzentrationen im Vergleich zum Biofilter relativ hoch waren, obwohl die Auslegung des Reaktors bezüglich Verweilzeit und Waschwassermenge überaus günstig war.

Biologische Abluftreinigungsverfahren sind zur Reinigung von Kompostabluft gut geeignet. Biofilter sind für diesen Zweck erprobt und weit verbreitet. Durch richtige Auslegung, gute Rohluftverteilung und ausreichende Wartung lassen sich Reinluftkonzentrationen zwischen 200 bis 500 GE$_E$/m^3 erzielen.

▶ Mit Biowäschern und Rieselbettreaktoren gibt es bisher nur wenige Erfahrungen. Die Ergebnisse der Pilotversuche deuten darauf hin, dass mit diesen Verfahren keine niedrigen Reingaswerte erreicht werden können. Das Biowäscher- Verfahren ist daher eher zur Vorbehandlung hoch belasteter Abluft geeignet. Als zweite Stufe sollte dann ein Biofilter folgen.

Grenzen der biologischen Abluftreinigung

Die Grenzen der verschiedenen Verfahren ergeben sich vor allem aus den begrenzten Möglichkeiten der Mikroorganismen und des physikalischen Stoffübergangs. In den bisher aufgeführten Beispielen handelt es sich hauptsächlich um Abluftkomponenten biogenen Ursprungs, die befriedigend bis sehr gut mikrobiell abbaubar sind und gleichzeitig eine gute Wasserlöslichkeit aufweisen (mit wenigen Ausnahmen). Diese Abluftarten sind damit geradezu prädestiniert für die Anwendung der biologischen Abluftreinigung.

Ein generelles Problem des Biofilterverfahrens ist der große Platzbedarf. Biowäscher sind erheblich kompakter, kommen aber aus den geschilderten Gründen nicht für eine alleinige Behandlung von z. B. Kompostabluft infrage. Eine deutliche Verringerung der benötigten Flächen kann durch Containerfilter erreicht werden, die auf Dachflächen eingesetzt oder auch mehrfach gestapelt werden können.

Fragen zu Kap. 8

Fragen zu Abschn. 8.2

1. Was ist Kompostierung?
2. Welche Gruppen von Mikroorganismen, mit welchen Funktionen und unter welchen Milieubedingungen sind für die Kompostierung von Bedeutung?
3. Welche Faktoren sind besonders bedeutsam für den Rotteprozess? Welche hiervon sind üblicherweise die limitierenden?
4. Woher rührt die Selbsterhitzung in der Kompostierung?
5. Wie sieht der typische Temperaturverlauf einer Kompostierung aus?
6. Welches sind die wesentlichen Rahmenbedingungen für die Eigenkompostierung?
7. Wie ist eine Bioabfallkompostierungsanlage üblicherweise aufgebaut? Welche Funktionen haben die einzelnen Verfahrensschritte?
8. Wie wird für Rotteverfahren die Belüftungsrate berechnet?
9. Wie werden Rottesysteme dimensioniert?
10. Kann der Kompostierungsvorgang durch Zuschlagstoffe verkürzt werden?
11. Warum muss bei der Boxenkompostierung der Kompost während der Intensivrotte nicht gewendet werden?
12. Welche Störstoffe können mit einem Magnetscheider abgetrennt werden?
13. Welche Störstoffe können mit einem Windsichter abgetrennt werden?
14. Warum sollte Bioabfall vor der Kompostierung zerkleinert werden?
15. Kann das Abwasser aus der Kompostierung auch zur Befeuchtung verwendet werden?

8 Biologische Verfahren

Fragen zu Abschn. 8.3

16. Welche Faktoren beeinflussen den Anaerobprozess und wie wirken sie sich auf die Auslegung des Prozesses?
17. Welche Massenbilanzen sind maßgeblich für die Bemessung der Vergärungsreaktoren? Welche Bedingungen müssen in der Bemessung erfüllt werden?
18. Die hochwertige Verwertung von Bioabfall sieht mehrere Behandlungsschritte vor: Welche?

Fragen zu Abschn. 8.4

19. Was wird unter Frischkompost, was unter Fertigkompost verstanden?
20. Welche Qualitätskriterien sollen Bioabfallkomposte erfüllen?
21. Wo sind die Qualitätskriterien für Bioabfallkomposte festgelegt?
22. Wie verläuft das Prüfverfahren der Gütesicherung?
23. Für welche anderen Produkte aus dem Bereich biologischer Abfälle, Dünger und Schlämme existieren RAL-Gütesicherungssysteme?

Fragen zu Abschn. 8.5

24. Welche Aufgaben soll eine MBA erfüllen?
25. Welche grundsätzlichen Verfahren von MBA werden derzeit eingesetzt?
26. Wie verändern sich Atmungsaktivität und Gasbildungsrate in Abhängigkeit von Rotteverfahren und Rottezeit bei der aeroben Restabfallbehandlung?
27. Welche Stoffe können aus einer MBA gewonnen werden?
28. Welche Emissionen entstehen durch eine MBA?
29. Warum sind bei einer MBA andere Emissionen zu erwarten als bei einer Kompostierung von Bioabfällen?
30. Wie können die Emissionen einer MBA reduziert werden?
31. Welche Vorteile bringt die Behandlung durch eine MBA im Vergleich zu einer Deponierung von unbehandelten Abfällen?

Fragen zu Abschn. 8.6

32. Was wird unter einer europäischen Geruchseinheit verstanden?
33. Welche Emissionen sind bei der Kompostierung zu erwarten?
34. Wie können die gasförmigen Emissionen behandelt werden?
35. Mit welcher Kenngröße werden Biofilter dimensioniert?
36. Welche Materialien können als Filtermaterial verwenden werden?
37. Welcher Sensor wird für Geruchsmessungen eingesetzt?

Literatur

[1] BioAbfV (Bioabfallverordnung): Verordnung über die Verwertung von Bioabfällen auf landwirtschaftlich, forstwirtschaftlich und gärtnerisch genutzten Böden. 1998, zuletzt geändert am 28.04.2022

[2] Statistisches Bundesamt: Statistischer Bericht - Abfallentsorgung 2020, Stand 2022. https://www.destatis.de/DE/Themen/Gesellschaft-Umwelt/Umwelt/Abfallwirtschaft/Publikationen/Downloads-Abfallwirtschaft/statistischer-bericht-abfallentsorgung-2190100207005.html. Zugriff 16.11.2022

[3] Statistisches Bundesamt: Fachserie 19 Reihe 1, Abfallentsorgung 2017 (Letzte Ausgabe - berichtsweise eingestellt). https://www.destatis.de/DE/Themen/Gesellschaft-Umwelt/Umwelt/Abfallwirtschaft/Publikationen/Downloads-Abfallwirtschaft/abfallentsorgung-2190100177004.html. Zugriff 16.11.2022

[4] Henssen, D.: Einführung und Optimierung der getrennten Sammlung und Nutzbarmachung von Bioabfällen – Handbuch. 1. Aufl., Verband der Humus- und Erdenwirtschaft e. V. Aachen & Bundesgütegemeinschaft Kompost e. V. (Hrsg.), Köln, 2009

[5] Statistisches Bundesamt: Erhebung über Haushaltsabfälle 2020. https://www.destatis.de/DE/Themen/Gesellschaft-Umwelt/Umwelt/_Grafik/_Interaktiv/Haushalstabfaelle.html Stand 2022. Zugriff 16.11.2022

[6] Kern, M.; Siepenkothen, J.: Potenziale für die Erzeugung von Biogas in der deutschen Abfallwirtschaft, Energie aus Abfall. Band 5, Beckmann, M.; Thomé-Kozmiensky, K. J. TK Verlag, Neuruppin, 2008, S. 495–505

[7] Statistisches Bundesamt: Erhebung über Haushaltsabfälle 2020. Stand 2022. https://www.destatis.de/DE/Themen/Gesellschaft-Umwelt/Umwelt/Abfallwirtschaft/Tabellen/_tabellen-innen-haushaltsabfaelle.html. Zugriff 16.11.2022

[8] Bundesministerium für Umwelt, Naturschutz und Reaktorsicherheit (Hrsg.): Ökologische Industriepolitik – Nachhaltige Politik für Innovation, Wachstum und Beschäftigung. BMU, Berlin, 2008

[9] Schneider, M.: Steigende Bioabfallmengen und höhere Bioabfallqualitäten – Ein Widerspruch? VHE – Verband der Humus- und Erdenwirtschaft e. V., Vortrag auf der Hamburg T.R.E.N.D., 2011

[10] Krause, P.; Oetjen-Dehne, R.; Dehne, I.: Verpflichtende Umsetzung der Getrenntsammlung von Bioabfällen. Umweltforschungsplan des Bundesministeriums für Umwelt, Naturschutz und Reaktorsicherheit, Forschungskennzahl 3712 33 328, 2014

[11] Dornbusch, Heinz-Josef; Hannes, Lara; Santjer, Manfred; Böhm, Carsten; Wüst, Susanne; Zwisele, Betram et al. (2020): Vergleichende Analyse von Siedlungsrestabfällen aus repräsentativen Regionen in Deutschland zur Bestimmung des Anteils an Problemstoffen und verwertbaren Materialien. Hg. v. Umweltbundesamt. INFA GmbH, ARGUS GmbH, Witzenhausen-Institut GmbH, Ingenieur-Büro Manfred Kanthak. Dessau-Roßlau (Texte, 113/2020).

[12] DÜV (Düngeverordnung): Verordnung über die Anwendung von Düngemitteln, Bodenhilfsstoffen, Kultursubstraten und Pflanzenhilfsmitteln nach den Grundsätzen der guten fachlichen Praxis beim Düngen. 2017

[13] DümV (Düngemittelverordnung): Verordnung über das Inverkehrbringen von Düngemitteln, Bodenhilfsstoffen, Kultursubstraten und Pflanzenhilfsmitteln. 2012

[14] TierNebG: Tierische Nebenprodukte-Beseitigungsgesetz. 2004

[15] Kranert, M.; Böhme, L.; Fritzsche, A; Gottschall, R.: Einflussgrößen auf die separate Bioguterfassung unter besonderer Berücksichtigung der Qualität. EdDE Dokumentation 18. Hrsg.: EdDE e,V., Köln, 2016

[16] BGK (Bundesgütegemeinschaft Kompost e.V.): BGK-Sichtkontrolle (2022). https://www.kompost.de/fileadmin/user_upload/Dateien/Themen/Methoden/Methodenpapier_-_Sichtkontrolle_fester_Bioabfaelle.pdf. Zugriff 09.12.2022

[17] BGK (Bundesgütegemeinschaft Kompost e.V.): BGK- Merkblatt zur Eigenuntersuchung (2022). https://www.kompost.de/fileadmin/user_upload/Dateien/Guetesicherung/Dokumente_LebRec/Dok._252L-012-2_Eigenuntersuchung.pdf. Zugriff 09.12.2022

[18] BGK (Bundesgütegemeinschaft Kompost e.V.): BGK-Chargenanalyse (2021). https://www.kompost.de/fileadmin/user_upload/Dateien/Themen/Methoden/5.6.1_Chargenanalyse.pdf. Zugriff 09.12.2022

[19] BGK (Bundesgütegemeinschaft Kompost e.V.): BGK-Gebietsanalyse (2018). https://www.kompost.de/fileadmin/user_upload/Dateien/Themen/Methoden/5.6.1_Gebietsanalyse.pdf. Zugriff 09.12.2022

[20] Statistisches Bundesamt: Fachserie 19 Reihe 1, Abfallentsorgung 2010, Stand 2012

[21] Statistisches Bundesamt: Fachserie 19 Reihe 1, Abfallentsorgung 2015, Stand 2017

[22] Bidlingmaier; W., Diaz, L.-F.: Kleine Geschichte der Kompostierung. Romeon Verlag, Jüchen, 2021

[23] BMUV (Bundesministerium für Umwelt, Naturschutz, nukleare Sicherheit und Verbraucherschutz): https://www.bmuv.de/themen/wasser-ressourcen-abfall/kreislaufwirtschaft/statistiken/bioabfaelle/bioabfallerfassung-und-einsatz-in-behandlungsanlagen. Zugriff 09.12.2022

[24] BGK (Bundesgütegemeinschaft Kompost e.V.): BGK Statistik - Verwertung von Bioabfällen 2020, H&K aktuell Q1 2021, Köln, 2021

[25] AbfRRL – RICHTLINIE 2008/98/EG DES EUROPÄISCHEN PARLAMENTS UND DES RATES vom 19. November 2008 über Abfälle und zur Aufhebung bestimmter Richtlinien. http://www.eur-lex.europa.eu

[26] Krogmann, U.: Kompostierung. Hamburger Berichte 7. Economica Verlag, Bonn, 1994

[27] Kranert, M.: Freisetzung und Nutzung von thermischer Energie bei der Schlammkompostierung. Stuttgarter Berichte zur Abfallwirtschaft, Band 33, E. Schmidt Verlag, Berlin, 1988

[28] Glathe, H. et al.: Biologie der Rotteprozesse bei der Kompostierung von Siedlungsabfällen. Müll und Abfallbeseitigung, Kennz, 1985, S. 5210–5290.

[29] Haug, R.-T.: The practical handbook of compost engineering. CRC Press LLC, Boca Raton (USA), 1993

[30] Gottschall, R.: Kompostierung. Müller-Verlag, Karlsruhe, 1984

[31] Kranert, M.; Cimatoribus, C.; Quicker, P.: Waste, 5. Biowaste Treatment. In: Ullmann`s Eincyclopedia of Industrial Chemistry. Wiley-VCH Verlag, Weinheim, 2020, https://doi.org/10.1002/14356007.o28_o06.pub2

[32] Jahns, I.: Vergleichende Untersuchung der rottebestimmenden Faktoren bei statischer und semidynamischer Mietenkompostierung. Diplomarbeit, FH Braunschweig/Wolfenbüttel, 1995

[33] Anonym: LAGA M10, Merkblatt der Länderarbeitsgemeinschaft Abfall. Qualitätskriterien und Anwendungsempfehlungen für Kompost, 1995

[34] Jourdan, B.: Zur Kennzeichnung des Rottegrades von Müll und Müll-Klärschlamm-Komposten. Stuttgarter Berichte zur Abfallwirtschaft, Band 30. E. Schmidt Verlag, Berlin, 1988

[35] Golueke, D.-G.: Biological reclamation of solid waste. Rodale Press, Emmaus PA., 1977

[36] Bidlingmaier, W.: Faktoren zur Steuerung der gemeinsamen Kompostierung von Abwasserschlamm mit organischen Strukturmitteln. Stuttgarter Berichte zur Abfallwirtschaft 12, 1980

[37] Jeris, J.; Regan, R.: Controlling environmental parameters for optimum composting. Compost Science 14, 1973, S. 8–15
[38] Bidlingmaier, W.; Denecke, M.: Grundlagen der Kompostierung. Müll-Handbuch, Kennz. 5305, E. Schmidt Verlag, Berlin, Lfg. 11/98, 1998
[39] Schlegel, H.: Allgemeine Mikrobiologie. 5. Aufl., Thieme Verlag, Stuttgart, 1981
[40] Krischer, O.: Trocknungstechnik, Bd. 1. Springer-Verlag, Berlin, 1963
[41] Statistisches Bundesamt: Bioabfälle, Eigenkompostierung. https://www.destatis.de/DE/Presse/Pressemitteilungen/2022/09/PD22_371_321.html. Zugriff 26.10.2022
[42] Pfirter, A. et al.: Kompostieren. Verlag Genossenschaft Migros Aargau/Solothurn, 1982
[43] Wiegel, U.: Eigenkompostierung in Kleinkompostern. Müllhandbuch Kennziffer 5640. E. Schmidt Verlag, Berlin, 1988
[44] UBA (Umweltbundesamt). https://www.umweltbundesamt.de/umwelttipps-fuer-den-alltag/garten-freizeit/kompost-eigenkompostierung#unsere-tipps, 2021. Zugriff 26.10.2022
[45] Anonym: Abfallverwertung – Die Kompostierung organischer Abfälle. Amt für Gewässerschutz und Wasserbau des Kantons Zürich, Zürich, 1984
[46] von Hirschheydt, A.: Wie geht es mit der dezentralen Kompostierung weiter? ANS-Schriften-reihe 11, Wiesbaden, 1988; S. 133–138
[47] Anonym: Vom Grüngut zum Kompost (Leitfaden). Bayerisches Staatsministerium für Landesentwicklung und Umweltfragen, München, 1991
[48] 4. BIMSCHV: Vierte Verordnung zur Durchführung des Bundesimmisionsschutzgesetzes vom 02.05.2013.
[49] EEG (2014): Gesetz zur grundlegenden Reform des Erneuerbare-Energien-Gesetzes und zur Änderung weiterer Bestimmungen des Energiewirtschaftsrechts. Bundesgesetzblatt Teil I 2014, Nr. 33, S. 1066
[50] Kranert, M.; Gottschall, R.: Grünabfälle – besser kompostieren oder energetisch verwerten? – Vergleich unter den Aspekten der CO2-Bilanz und der Torfsubstitution. EdDE-Dokumentation 11, EdDE e.V., Köln, 2007
[51] Thomé-Kozmiensky, K. J. (Hrsg.): Biologische Abfallbehandlung. EF-Verlag, Berlin, 1995
[52] Kern, M. et al.: Aufwand und Nutzen einer optimierten Bioabfallverwertung hinsichtlich Energieeffizienz, Klima- und Ressourcenschutz. Witzenhausen-Institut für Abfall, Umwelt und Energie GmbH (Hrsg.), Dessau, 2010
[53] Rettenberger, G. et al.: Erfassung des Anlagenbestands Bioabfallbehandlung – „Handbuch Bioabfallbehandlung". Umweltforschungsplan der Bundesministeriums für Umwelt, Naturschutz und Reaktorsicherheit, Forschungskennzahl 3709 33 343, UBA-FB 001671/1+2, 54/2012, Dessau-Roßlau, 2012. http://www.umweltbundesamt.de/sites/default/files/medien/461/publikationen/4324.pdf. Zugriff 26.10.2022
[54] Knappe, Florian; Reinhardt, Joachim; Kern, Michael; Turk, Thomas; Raussen, Thomas; Kruse, Sabrina; Hüttner, Axel (2019): Ermittlung von Kriterien für eine hochwertige Verwertung von Bioabfällen und Ermittlung von Anforderungen an den Anlagenbestand. Hg. v. Umweltbundesamt. ifeu Institut für Energie- und Umweltforschung gGmbH; Witzenhausen-Institut GmbH, Witzenhausen. Dessau-Roßlau (Texte, 49/2019)
[55] Eggersmann: Eggersmann Gruppe GmbH Co. KG, D-33790 Halle (Westf.). Freigabe Abbildung 03.11.2022
[56] Compost Systems: Compost Systems GmbH, A-4600 Wels (A). Freigabe Abbildung 15.11.2022
[57] Schnappinger, U.: Umwelttechnik und Industriebau. E. Schmidt Verlag, Berlin, 1994
[58] Anonym: Anforderungen an Bau und Betrieb von Kompostierungsanlagen. Landesamt für Wasser und Abfall Nordrhein-Westfalen, Düsseldorf, 1992
[59] Ingenieursozietät Abfall: Planungsunterlagen für die Kompostwerke Velsen, Heidenheim, Heidelberg, Augsburg (unveröffentlicht), 1984 bis 1993

[60] Kern, M.; Sprick, W.: Neuere Ergebnisse des Verfahrensvergleichs von Anlagen zur aeroben Abfallbehandlung. In: Wiemer, K.; Kern, M. (Hrsg.): Verwertung biologischer Abfälle. M.I.C. Baeza-Verlag, Witzenhausen, 1994
[61] Jager, J.: Grundlagen für die Kalkulation der Bau- und Betriebskosten von Kompostwerken. Müllhandbuch Kennziffer 5717. Schmidt Verlag, Berlin, 1988
[62] Kern, M.: Grundsätze und Systematik des Verfahrensvergleiches von Kompostierungssystemen. In: Wiemer, K.; Kern, M. (Hrsg.): Biologische Abfallbehandlung. M.I.C. Baeza-Verlag, Witzenhausen, 1993
[63] Meyer, U.: Vergleich der zentralen und dezentralen Kompostierung von Bioabfällen. Müllhandbuch Kennziffer 5740. E. Schmidt Verlag, Berlin, 1995
[64] Müsken, A.; Bidlingmaier, W.: Vergärung und Kompostierung von Bioabfällen. Landesanstalt für Umweltschutz Karlsruhe, 1994
[65] Oetjen-Dehne, R. et al.: Was kostet die biologische Abfallbehandlung? In: Thome-Kozmiensky (Hrsg): Biologische Abfallbehandlung. EF-Verlag, Berlin, 1995
[66] Gottschall, R., Richter F., Thelen-Jüngling, M. Zöller, N.: Projekt Öko-Kompost Baden-Württemberg: Bedarf und „Best Practice-Beispiele" für den Einsatz von Biogut-und Grüngutkomposten im Ökolandbau Baden-Württembergs. Bioabfallforum Baden-Württemberg.2022. https://bioabfallforum.wordpress.com/vortrage-2022/. Zugriff 26.10.2022
[67] BGK (Bundesgütegemeinschaft Kompost e.V.): BGK Humuswirtschaft und Kompost, Q1, 2022 S. 11
[68] EEG: Erneuerbare-Energien-Gesetz vom 21. Juli 2014 (BGBl. I S. 1066), das zuletzt durch Artikel 6 des Gesetzes vom 20. Dezember 2022 (BGBl. I S. 2512) geändert worden ist.
[69] KrWG: Gesetz zur Neuordnung des Kreislaufwirtschafts- und Abfallrechts. Bundesgesetzblatt Teil I 2012, Nr. 10, 2012, S. 212
[70] Bergs, C.-G.: Weiterentwicklung der Bioabfallverwertung – BioAbfV 2015. In: Kranert, M.; Sihler, A. (Hrsg.): Bioabfallforum 2013, Stuttgart, 2013
[71] Madigan, M.; Martinko, J.; Parker, J.: Brock biology of microorganisms. 9. Aufl., Prentice Hall, Upper Saddle River, 2000
[72] Bischofsberger, W.; Dichtl, N.; Rosenkwinkel, K.-H.; Seyfried, C.-F.; Böhnke, B.: Anaerobtechnik. 2. Aufl., Springer-Verlag, Berlin, 2005
[73] Bauer, P.: Versuche und Grundlagen zur diskontinuierlichen Beschickung von anaeroben Faulanlagen. Diplomarbeit, Universität Stuttgart, Stuttgart, 2012
[74] Eder, B.; Schulz, H.: Biogas Praxis. 3. Aufl., ökobuch Verlag, Freiburg, 2006
[75] Fritzsche, A.: Optimierung von Biogasanlagen für Bioabfälle. Dissertation. Stuttgarter Berichte zur Abfallwirtschaft Band 138. FEI e.V. Eigenverlag, Stuttgart, 2021; https://doi.org/10.18419/opus-11711
[76] Ratkowsky, D.; Lowry, R.; McMeekin, T.; Stokes, A.; Chandler, R.: Model for bacterial culture growth rate throughout the entire biokinetic temperature range. Journal of Bacteriology, 154, Nr. 3, 1983, S. 1222–1226
[77] Braun, R.: Biogas – Methangärung organischer Abfallstoffe: Grundlagen und Anwendungsbeispiele. Springer-Verlag, Wien, 1982
[78] Batstone, D.; Keller, J.; Angelidaki, I.; Kalyuzhnyi, S.; Pavlostathis, S.; Rozzi, A.; Sanders, W.; Siegrist, H.; Vavilin, V.: Anaerobic Digestion Model No. 1. IWA Publishing, London, 2002
[79] Tchobanoglous, G.; Burton, F.; Stensel, H.: Wastewater engineering: treatment and reuse. Metcalf & Eddy, McGraw-Hill, New York, 2003
[80] Fa. BTA: [Online]. Available: www.bta-international.de, Zugriff 21.09.2013
[81] DWA Merkblatt 363: Herkunft und Verwertung von Biogas. Hrsg.: DWA Hennef, 02/2022
[82] Biogutvergärung Bietigheim

[83] Huang, J.: Characterization of decentralized biogas technology in China and evaluation oft he transferability to other regions in Africa and Latin America. Dissertation. Stuttgarter Berichte zur Abfallwirtschaft Band 140. FEI e.V. Eigenverlag, Stuttgart, 2022

[84] Fraenkel, P.L.1986. „Water lifting devices", Intermediate Technology Power limited reading, UK: FAO Irrigation and drainage papers- 43, 1986. ISBN 92-5-102515-0

[85] BGK (Bundesgütegemeinschaft Kompost e.V.): Gütesicherung. https://www.kompost.de/guetesicherung/guetesicherung-kompost. Zugriff 26.10.2022

[86] BGK (Bundesgütegemeinschaft Kompost e.V). Zusammenstellung BGK, unveröffentlicht, Köln, 2009

[87] BGK (Bundesgütegemeinschaft Kompost e.V). Mitteilungen der Bundesgütegemeinschaft Kompost vom 03.11.2022

[88] RAL-GZ 251, Güte- und Prüfbestimmungen für Kompost. Beuth-Verlag Berlin, RAL, Sankt Augustin, 2007

[89] RAL-GZ 245, Güte- und Prüfbestimmungen für Kompost. Beuth-Verlag Berlin, RAL, Sankt Augustin, 2007

[90] RAL-GZ 246, Güte- und Prüfbestimmungen für Gärprodukte. Beuth-Verlag Berlin, RAL, Sankt Augustin, 2007

[91] BGK (Bundesgütegemeinschaft Kompost e.V.): RAL-GZ 252/1 Gütesicherung Lebensmittelrecycling. https://www.kompost.de/shop/ral-guetesicherung-allgemein/guetesicherung-lebrec.

[92] BGK (Bundesgütegemeinschaft Kompost e.V.): RAL GZ 252/2 Gütesicherung Holz- und Pflanzenaschen. https://www.kompost.de/guetesicherung/guetesicherung-von-holz-undpflanzenaschen

[93] VQSD (Verband zur Qualitätssicherung von Düngung und Substraten e.V): Gütesicherung AS-Humus (RAL GZ 258 AS-Humus). Gütezeichen http://www.vqsd.de/guetesicherung. Zugriff 03.01.2023

[94] VQSD (Verband zur Qualitätssicherung von Düngung und Substraten e.V): Gütesicherung AS-Düngung (RAL GZ 247 AS-Düngung). http://www.vqsd.de/guetesicherung. Zugriff 03.01.2023

[95] AbfKlärV (Klärschlammverordnung): Klärschlammverordnung vom 27. September 2017 (BGBl. I S. 3465), die zuletzt durch Artikel 137 der Verordnung vom 19. Juni 2020 (BGBl. I S. 1328) geändert worden ist

[96] Doedens, H.; Fricke, K.; Gallenkemper, B.; Ketelsen, K.; Radde, A.; Remde, B.: MBA und das Ziel 2020. Müll und Abfall, 03/2006, S. 120-132

[97] Abfall-Ressource der Zukunft. Hrsg.: Arbeitsgemeinschaft Stoffstromspezifische Abfallbehandlung (ASA) e.V., Ennigerloh, 2019

[98] Fricke, K. et al.: Stabilisierung von Restmüll durch mechanisch-biologische Behandlung und Auswirkungen auf die Deponie. BMBF-Verbundvorhaben „Mechanisch-biologische Vorbehandlung von zu deponierenden Abfällen", Teilvorhaben 2/1, 1999

[99] Ketelsen, K. et al.: Vergleich von Konzepten für die biologische Stufe von MBA. In: LASU. 9. Münsteraner Abfallwirtschaftstage, Münsteraner Schriften zur Abfallwirtschaft, Münster, 2005

[100] Turk, T. et al.: Nachrüstung von MBA durch Vorschaltung von Vergärungsanlagen. In: Wiemer, K.; Kern, M. (Hrsg.): Bio- und Sekundärrohstoffverwertung III. Witzenhausen-Institut, 2008, S. 606–616

[101] Wittmann, L.: Charakterisierung und Lokalisierung von Emissionen aus mechanisch-biologischen Abfallbehandlungsanlagen zur Entwicklung einer prozessangepassten Abluftbehandlung. Dissertation. Stuttgarter Berichte zur Abfallwirtschaft Band 137. FEI e.V. Eigenverlag, Stuttgart, 2020

[102] Doedens, H. et al.: Status der MBA in Deutschland. In Kooperation mit Leichtweiß-Institut der TU Braunschweig, Institut für Siedlungswasserbau, Wassergüte- und Abfallwirtschaft, Univ. Stuttgart, iba Ingenieurbüro für Abfallwirtschaft und Energietechnik GmbH, INFA Institut für Abfall, Abwasser und Infrastruktur-Management GmbH, 2007

[103] Verbücheln, M. et. al: Strategie für die Zukunft der Siedlungsabfallentsorgung (Ziel 2020). Umweltbundesamt, UFOPLAN 2003, FuE-Vorhaben 201 32 324 (2003). Zugriff 28.09.2015

[104] Ketelsen,K.; Kanning, K.: ASA-Strategie 2030. Hrsg.: Arbeitsgemeinschaft Stoffstromspezifische Abfallbehandlung (ASA) e.V., Ennigerloh, 2016

[105] Neufassung der Ersten Allgemeinen Verwaltungsvorschrift zum Bundes-Immissionsschutzgesetz (Technische Anleitung zur Reinhaltung der Luft – TA Luft) vom 18. August 2021 (GMBl. 2021, Nr. 48–54, S. 1050–1192)

[106] Schön, M.; Hübner, R.: Geruch. Vogel-Verlag, Würzburg, 1996

[107] VDI 3884 Blatt 1:2015-02 Olfaktometrie - Bestimmung der Geruchsstoffkonzentration mit dynamischer Olfaktometrie - Ausführungshinweise zur Norm DIN EN 13725. Berlin : Beuth Verlag

[108] VDI 3382 Blatt 1:1992-10 Olfaktometrie - Bestimmung der Geruchsintensität. Berlin: Beuth Verlag

[109] VDI 3882 Blatt 2:1994-09 Olfaktometrie - Bestimmung der hedonischen Geruchswirkung. Berlin: Beuth Verlag

[110] VDI 3940:2006-02 Bestimmung von Geruchsstoffimmissionen durch Begehungen - Bestimmung der Immissionshäufigkeit von erkennbaren Gerüchen - Rastermessung. Berlin: Beuth Verlag

[111] VDI 3883 Blatt 1:2015-09 Wirkung und Bewertung von Gerüchen; Erfassung der Geruchsbelästigung - Fragebogentechnik. Berlin: Beuth Verlag

[112] VDI 3883 Blatt 2: 1993-03. Wirkung und Bewertung von Gerüchen; Ermittlung von Belästigungsparametern durch Befragungen; Wiederholte Kurzbefragung von ortsansässigen Probanden. Berlin: Beuth Verlag

[113] VDI 3883 Blatt 3: 2014-06. Wirkung und Bewertung von Gerüchen - Konfliktmanagement und Immissionsschutz - Grundlagen und Anwendung am Beispiel von Gerüchen. Berlin: Beuth Verlag

[114] VDI 3883 Blatt 4: 2017-06. Wirkung und Bewertung von Gerüchen - Bearbeitung von Nachbarschaftsbeschwerden wegen Geruch. Berlin: Beuth Verlag

[115] DIN EN 13725:2022-06 Emissionen aus stationären Quellen - Bestimmung der Geruchsstoffkonzentration durch dynamische Olfaktometrie und die Geruchsstoffemissionsrate (EN 13725:2022)

[116] VDI 3880:2011-10 Olfaktometrie - Statische Probenahme. Berlin: Beuth Verlag

[117] Vesenmaier A., Reiser M., Zarra T., Naddeo V., Belgiorno V. and Kranert M.: Fugitive Methane and Odour Emission Characterization at a Composting Plant using Remote Sensing Measurements. CEST2017 – Environmental odour, monitoring and control, Volume 20 Issue 3 Pages 674 – 677, 2017

[118] VDI 3790 Blatt 1:2015-07 Umweltmeteorologie - Emissionen von Gasen, Gerüchen und Stäuben aus diffusen Quellen - Grundlagen. Berlin: Beuth-Verlag

[119] Fischer, K.: Biofilter: Aufbau, Verfahrensvarianten, Dimensionierung. In: Biologische Abluftreinigung. Expert-Verlag, Ehningen, 1990

[120] Eitner, D.: Biofilter in der Praxis. In: Biologische Abluftreinigung. Expert-Verlag, Ehningen, 1990

[121] Anonym: Patent Biowäscher, 1934

[122] VDI 3477:2016-03 Biologische Abluftreinigung - Biofilter. Berlin: Beuth Verlag

[123] VDI 3478 Blatt 1:2011-03 Biologische Abgasreinigung - Biowäscher. Berlin: Beuth Verlag
[124] VDI 3478 Blatt 2: 2008-04 Biologische Abgasreinigung - Biorieselbettreaktoren. Berlin: Beuth Verlag
[125] Both R., Schilling B.: Biofiltergerüche und ihre Reichweite - Eine „Abstandsregelung" für die Genehmigungspraxis. Tagung „Biologische Abluftreinigung", Maastricht (NL), 28.–29.04.1997. https://www.lanuv.nrw.de/fileadmin/lanuv/luft/pdf/maa97.pdf. Zugriff 15.02.2023

Thermische Verfahren

9

Helmut Seifert, Hans-Joachim Gehrmann und Jürgen Vehlow

Zusammenfassung

Neben den ursprünglichen Zielen der thermischen Abfallbehandlung (TAB), Inertisierung der Abfälle und Schadstoffzerstörung, gewinnen die Themen Ressourcenschonung und Klimaschutz durch Nutzung der Rückstände und der Energie im Abfall zunehmend an Bedeutung. Durch den Klimawandel notwendige Maßnahmen zur Reduktion von Kohlendioxid werden auch für Abfallverbrennungsanlagen diskutiert. So wird in jüngsten Entwicklungen unter anderem die CO_2-Abscheidung aus dem Abgas der Abfallverbrennung untersucht. Die Grundprozesse der TAB lassen sich entsprechend der Atmosphäre, in der die Reaktion abläuft, in Pyrolyse (inert), Vergasung (unterstöchiometrisch) und Verbrennung (überstöchiometrisch) unterscheiden. Beim Hausmüll dominiert die Verbrennung auf dem Rost mit anschließender Energienutzung in einem Dampfkessel. Zur Auslegung der unterschiedlichen Rostfeuerungen ist zunächst eine Verbrennungsrechnung durchzuführen, bevor eine rostspezifische Dimensionierung vorgenommen werden kann. Die dem Kessel nachgeschaltete Rauchgasreinigung gliedert sich in Entstaubung, Sauergasabreinigung, Entstickung sowie die Entfernung von Dioxinen/Furanen. Vor dem Hintergrund der Diskussion zu dem Verbot von per- und polyfluorierten Alkylsubstanzen (PFAS) ist auch in der Abfallverbrennung zukünftig mit entsprechenden neuen Rauchgasreinigungsstufen bzw. mit der Einführung von Grenzwerten in der Emission zu rechnen. Der Behandlung

---

H. Seifert · H.-J. Gehrmann (✉) · J. Vehlow
Institut für Technische Chemie, Karlsruher Institut für Technologie,
Eggenstein-Leopoldshafen, Deutschland
E-Mail: hans-joachim.gehrmann@kit.edu

H. Seifert
E-Mail: helmut.seifert@kit.edu

von Reststoffen aus der Abfallverbrennung, wie Rostaschen, Filterstäuben und Rauchgasreinigungsrückständen kommt eine wesentliche Bedeutung zu. Die thermische Behandlung von Sonderabfällen insbesondere industrieller Abfälle erfolgt meist in Drehrohröfen, während Klärschlämme häufig in Wirbelschichtöfen verbrannt werden. Sogenannte alternative, mehrstufige pyrolyse-und vergasungsbasierte Verfahren haben sich für gemischte Abfälle bisher in der Praxis nicht durchsetzen können. Derzeit sind Verfahren zum chemischen Recycling für spezielle Fraktionen wie Kunststoffabfälle durch alternative Verfahren in der Pilotierung.

Schlüsselwörter

Thermal waste treatment · Municipal solid waste · Combustion on the grate · Energy recovery · Flue gas cleaning · Dioxins/furans · Per- and Poly-Fluorinated Alkyl Substances · Residues · Hazardous waste · Rotary kiln furnace · Sewage sludge · Fluidized bed furnace · Pyrolysis · Gasification · Chemical recycling

▶ **Definition** In allen thermischen Verfahren zur Abfallbehandlung wird der Abfall für eine bestimmte Zeit (Verweilzeit) einer erhöhten Temperatur (Reaktionstemperatur) ausgesetzt. Entsprechend der eingestellten Gasatmosphäre, in der der Prozess abläuft, können verschiedene physikalisch-chemische Grundprozesse (⇒ vgl. Abschnitt 9.2) unterschieden werden. Bei den meisten Verfahren wird der Abfall in ausreichender überstoichiometrischer Luftatmosphäre oxidiert, d. h. verbrannt.

9.1 Zielsetzung der thermischen Abfallbehandlung

Die Zielsetzung der thermischen Abfallbehandlung ist seit Einführung der Abfallverbrennung in Deutschland im Jahre 1894 (1. Anlage in Hamburg am Bullerdeich) der Schutz der Gesundheit des Menschen und der Umwelt [1]:

- durch Inertisierung der Abfälle bzw. der entstehenden Reststoffe
  Dies geschieht unter erheblicher Volumenreduktion durch die Hausmüllverbrennung bzw. mit starker Massenreduktion durch die Klärschlammverbrennung.
- durch Schadstoffzerstörung
  Schadstoffe insbesondere auch toxische und hygienisch problematische Stoffe werden unter hoher Temperatur zerstört, z. B. bei der Sondermüll- und Klinikmüllverbrennung [2].

Zum Zweiten kann mit der thermischen Abfallbehandlung eine wirksame Ressourcenschonung erreicht werden, z.B. durch

- Rückstandsverwertung:
  Mit speziellen Verfahren z. B. der Pyrolyse [3] können wertvolle Inhaltsstoffe wie Edelmetalle aus Elektronikschrott oder Brom aus Flammschutzmitteln zurück gewonnen werden [4]. Aus Rostaschen der Abfallverbrennung werden Metalle, vor allem Eisenschrott und Aluminium zurück gewonnen, sie enthalten aber auch beachtliche Mengen an anderen Nichteisenmetallen, deren Verwertung mehr und mehr Bedeutung gewinnt [5]. Fallen die Schlacken im Verbrennungsprozess gut gesintert oder aufgeschmolzen an, können sie als Baumaterial eingesetzt werden [6].
- Substitution fossiler Brennstoffe
- Energetische Nutzung der Abfälle zur Wärme- oder Stromerzeugung können nennenswerte Mengen fossiler Brennstoffe substituiert werden [7, 8].
- Rohstoffliches Recycling für spezielle Fraktionen insbesondere Kunststofffraktionen können durch Pyrolyse- und Vergasungsverfahren die Polymere soweit abgebaut werden, dass eine rohstoffliche Nutzung der Produkte (Pyrolyseöl, Synthesegas) möglich ist.

Zunehmend an Bedeutung gewinnt das dritte Ziel: die energetische Abfallverwertung leistet einen Beitrag zum Klimaschutz

- durch Vermeidung organischer Emissionen:
  Mit den thermischen Verfahren wird die Emission von Gasen mit hohem Treibhauspotential wie Methan und FCKW, die bei der Deponierung freiwerden, vermieden [9].
- durch partiell CO_2-neutrale Energienutzung
  Da ein Großteil der Abfälle biogenen Ursprungs ist (z. B. beim Hausmüll meistens >50 Gew. %) und Abfälle somit einen weitgehend regenerativen Brennstoff darstellen, ist das emittierte CO_2 aus diesem Anteil als klimaneutral zu bewerten [10]. Eine Abscheidung von CO_2 aus Rauchgasen und Lagerung oder Nutzung (CCS/U CarbonCapture and Sequestration / Utilisation) würde demnach zu „negativen Emissionen" führen.

9.2 Grundprozesse der thermischen Abfallbehandlung

Bei der thermischen Abfallbehandlung können vier physikalisch-chemische Grundprozesse unterschieden werden. Dies sind in Abhängigkeit von der Temperatur und Umgebungs- bzw. Behandlungsgasatmosphäre:

- Trocknung
- Pyrolyse
- Vergasung
- Verbrennung

Tab. 9.1 Thermische Grundprozesse, Reaktionsbedingungen und Hauptprodukte

Temperatur [°C]	Pyrolyse	Vergasung	Verbrennung
	250–700	800–1600	850–1300
Druck [bar]	1	1–45	1
Atmosphäre	Inert / N_2	Vergasungsmedium: O_2, H_2O, Luft	Luft, O_2
Stöchiometrie	0	<1	≥1
Produkte:			
Gasphase (Hauptkomponenten)	H_2, CO, N_2, Kohlenwasserstoffe	H_2, CO, CH_4, CO_2, N_2	CO_2, H_2O, O_2, N_2
Feststoff	Asche, Koks	Schlacke	Asche/Schlacke

Der Trocknungsvorgang läuft allen anderen thermischen Prozessen voraus und ist ein physikalischer Prozess, bei dem das Wasser aus dem Abfall in das umgebende Gas (meist Luft) ausgetrieben wird. Dieser Vorgang, der in mehreren Stufen abläuft (Austreiben von Oberflächen gebundenem, dann hygroskopisch gebundenem und zuletzt in Mikroporen kapillar gebundenem Wasser), ist bei Atmosphärendruck unterhalb von 150 °C beendet. Die technisch umgesetzten thermischen Prozesse laufen bei höheren Temperaturen ab (Tab. 9.1).

Oberhalb etwa 200–250°C setzt die Pyrolyse ein, die auch Entgasung oder bei hoher Temperatur Verkohlung genannt wird. Unter Pyrolyse versteht man die thermische Zersetzung von organischem Material unter Ausschluss eines Vergasungsmittels, d. h. der Prozess läuft unter inerter Atmosphäre ab. Pyrolyse-Verfahren erreichen maximale Temperaturen um 700°C; Vergasungs- und Verbrennungsverfahren sind bei höheren Temperaturen angesiedelt.

Die Vergasung ist definiert als partielle Umsetzung von organischen Stoffen bei hohen Temperaturen zu gasförmigen Stoffen (Synthesegas) unter Zugabe eines gasförmigen Vergasungsmittels (i. d. R. Luft, Sauerstoff oder Wasserdampf). Die Vergasung kann autotherm ablaufen, dabei wird die erforderliche Temperatur durch Teiloxidation des organischen Stoffes, meist mit O_2 als Oxidationsmittel, erreicht. In diesem Fall stellt die Vergasung eine unterstöchiometrisch ablaufende Verbrennung dar. Wird die Reaktionstemperatur durch externe Wärmezufuhr erreicht, spricht man von allothermer Vergasung.

Bei der Verbrennung wird der organische Stoff vollständig unter Zugabe eines Oxidationsmittels oxidiert (i. d. R. mit Luft oder Sauerstoff).

Die vier Grundprozesse können in eine aufsteigende Prozesshierarchie, ausgehend von der Trocknung über die Pyrolyse gefolgt von der Vergasung bis zur Verbrennung, eingeordnet werden, wobei jeder Grundprozess als Teilprozess der nächst höheren Prozessstufe zu verstehen ist. So impliziert z. B. jedes Verbrennungsverfahren stets die Prozessstufen der Trocknung, Pyrolyse und Vergasung als Teilprozesse und bei jedem Vergasungsverfahren laufen zunächst Trocknungs- und Entgasungsschritte ab [11].

In den Hauptreaktionsprodukten unterscheiden sich die Grundprozesse wesentlich. So entsteht bei der Pyrolyse neben dem Permanentgas (vor allem aus H_2, CO und N_2 bestehend) auch eine kondensierbare Fraktion, die als sogenanntes Pyrolyseöl auch Kohlenwasserstoffe mit höher siedenden Anteilen (Teere) enthält.

Im Unterschied dazu soll bei Vergasungsverfahren ein möglichst teerfreies Synthesegas erzeugt werden, das im Wesentlichen aus H_2, CO und N_2 besteht. Wird die Vergasung autotherm durchgeführt, ist im Synthesegas auch CO_2 enthalten. Bei der Verbrennung sollen im idealen Fall im Abgas nur Produkte vollständiger Oxidation, d. h. CO_2 und H_2O, sowie N_2 aus der Verbrennungsluft und bei überstöchiometrischer Verbrennung, d. h. mit Luftüberschuss, auch O_2 zu finden sein.

Neben Kohlenwasserstoffen können im Abfall auch weitere umwandelbare Stoffe wie z.B. Schwefel und Chlor enthalten sein, die bei der thermischen Behandlung Schadstoffe wie z.B. SO_2, H_2S oder HCl oder auch Dioxine und Furane bilden können und aus dem Abgas bzw. Syngas abgereinigt werden müssen.

Als feste Produkte (Reststoffe) werden bei der Pyrolyse neben inerter Asche auch kohlenstoffhaltiger Koks gebildet, während die Reststoffe ausi der Vergasung und Verbrennung idealerweise aus inerten Schlacken oder Aschen bestehen.

Auch in den festen Produkten können Schadstoffe z. B. Schwermetalle enthalten sein, deren Verhalten insbesondere die Eluierbarkeit beachtet werden muss.

9.3 Standardverfahren zur Abfallverbrennung

Den überwiegenden Anteil der thermischen Verfahren stellen die Verbrennungsverfahren. Grundsätzlich besteht ein solches Verbrennungsverfahren aus einem thermischen Hauptverfahren, einer Wärmenutzung und einer meist mehrstufigen Rauchgasreinigung (Abb. 9.1).

Mit der Bilanzierung sowohl einzelner Stufen als auch des Gesamtverfahrens für Masse, Energie und Einzelspezies können gemäß [12] die energetischen Wirkungsgrade bestimmt werden.

Für die Hauptabfallgruppen Hausmüll, Sonderabfall (besonders behandlungsbedürftige Abfälle) und Klärschlamm hat das IPPC Büro (Integrated Pollution Prevention and Control) der EU in so genannten BREFs (Best Reference documents) technische Referenzverfahren zusammengestellt [13].

9.3.1 Hausmüllverbrennung

Nach Daten des Statistischen Bundesamtes [14] wurden in Deutschland im Jahr 2020 ca. 51 Mio. Mg Hausmüll erzeugt, entsprechend einer jährlichen Pro-Kopf-Quote von 632 kg/E·a [15]. Damit liegt Deutschland weit über dem Durchschnitt der 28 EU-Länder von 505 kg/E·a.

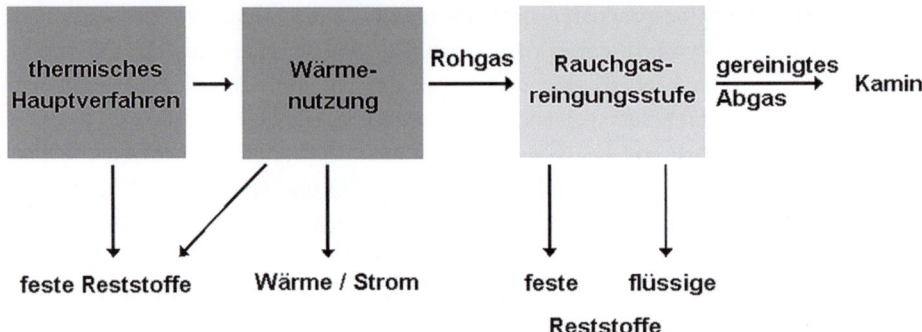

Abb. 9.1 Grundfließbild für Abfallverbrennungsanlagen

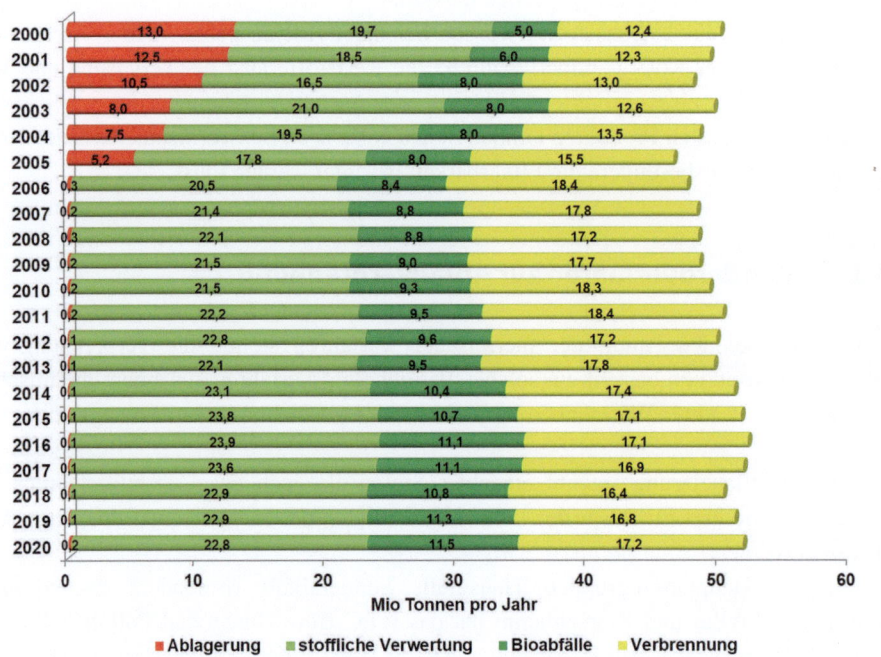

Abb. 9.2 Abfallbilanzen von 2000 bis 2020 in Deutschland [14]

In Deutschland wurden in 2020 [16] (Abb. 9.2) vom Hausmüll ca. 22,8 Mio. Mg oder 44,1 % der stofflichen und 11,5 Mio. Mg oder 22,3 % der biologischen Verwertung (Kompostierung oder Vergärung) zugeführt, 17,2 Mio. Mg oder knapp 33,2 % wurden in 154 [14] thermischen Abfallbehandlungsanlagen mit Energierückgewinnung verbrannt und nur 0,21 Mio. Mg oder 0,4 % wurden deponiert (Abb. 9.2). Seit Juni 2005 ist die

9 Thermische Verfahren

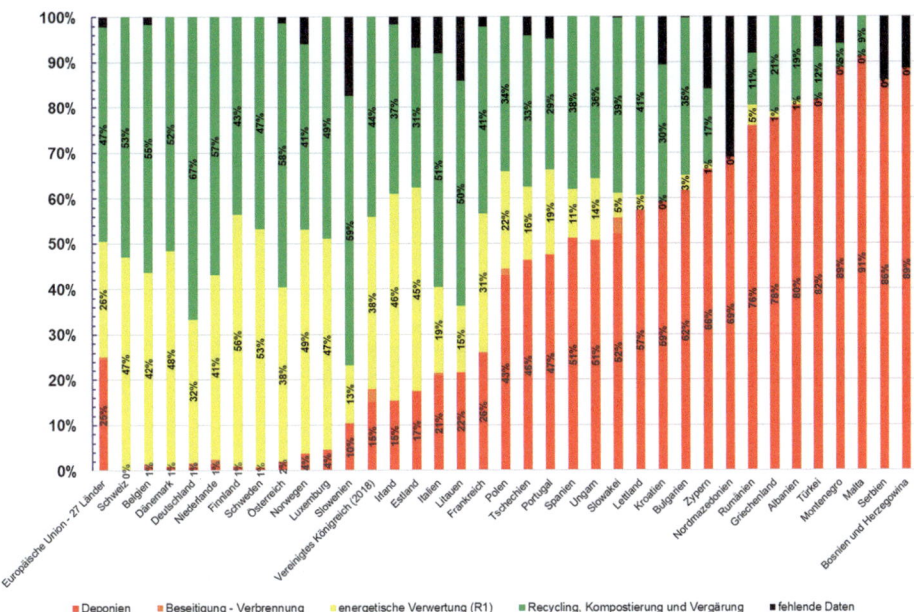

Abb. 9.3 Prozentuale Verwertung und Entsorgung von Siedlungsabfällen in Europa im Jahr 2019 [17]

Ablagerung unbehandelter Abfälle durch die Deponieverordnung untersagt und bei den deponierten Mengen handelt es sich daher um eine zeitlich begrenzte Zwischenlagerung.

Zum Vergleich: In den 27 EU-Staaten (ohne Großbritannien ab 2020) wurden 2019 von den jährlich anfallenden 225 Mio. Mg Siedlungsabfällen etwa 47 % [17] recycelt. Zum Recycling zählt die stoffliche Verwertung, Kompostierung und Vergärung. Deponierung und energetische Verwertung sind mit etwa 25 % gleichgroß. In den einzelnen Staaten stellt sich die Situation sehr unterschiedlich dar (Abb. 9.3) [17].

Während in einigen mitteleuropäischen Staaten und in Skandinavien die Siedlungsabfälle weitgehend verwertet werden und der Restabfall nahezu vollständig verbrannt wird, wird vor allem in den östlichen neuen Mitgliedstaaten der EU ein großer Teil weiterhin direkt deponiert; in einigen Ländern wird bisher keine Abfallverbrennung praktiziert (z. B. Malta, Serbien, Montenegro). Die energetische Verwertung wird in zwei Kategorien unterteilt: Gibt es keine Wärmenutzung, wird sie als „Beseitigung" bezeichnet, werden Prozessdampf und / oder Strom gewonnen, dann gilt die Energie als „Verwertung". Dazu wird das sogenannte „R1-Kriterium" berechnet, das nicht nur zwischen beiden Kategorien unterscheidet sondern auch angibt, wie hoch die energetische Verwertung ist [18].

Nach [19] existierten 2019 in 22 europäischen Ländern insgesamt 500 Anlagen zur Verbrennung von Siedlungsabfällen oder von Ersatzbrennstoffen mit einem Gesamt-

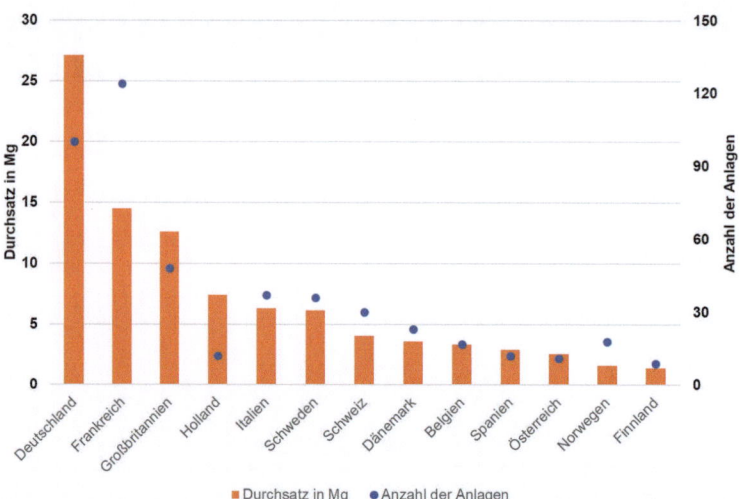

Abb. 9.4 Anzahl und Durchsatz der Hausmüll- und Ersatzbrennstoff-Verbrennungsanlagen in 13 europäischen Ländern [19]

durchsatz von 99 Mio. Mg/a. Abb. 9.4 zeigt die Anzahl und den jährlichen Durchsatz dieser Anlagen für die 13 Länder mit der größten Verbrennungskapazität. In diesen Ländern waren insgesamt 477 Anlagen mit einem Durchsatz von 94 Mio. Mg in Betrieb.

9.3.1.1 Rostfeuerungskonzept

Hausmüll und hausmüllähnliche Gewerbeabfälle werden überwiegend in Rostfeuerungsanlagen verbrannt [20]. Moderne Anlagen sind auf Durchsätze von ca. 150.000 Mg/a ausgelegt, dies entspricht einer thermischen Leistung von 50 MW bis 60 MW bei einem mittleren Heizwert von 8 MJ/kg bis 11 MJ/kg. Den typischen Aufbau einer solchen Anlage zeigt Abb. 9.5.

Die Abfälle werden aus dem Müllbunker (1) mit einem Kran über eine Schleuse (2) in den Feuerraum aufgegeben. Der Rost (3) kann aus unterschiedlichen Rostelementen (Stäbe, Walzen, Bänder) aufgebaut und als Balken- oder Walzenrost ausgeführt sein. Er wird von unten mit vorgewärmter Verbrennungsluft durchströmt.

Die Bewegung der Roststäbe bzw. Walzen des Rostes bewirkt den Transport des Abfalls von der Aufgabe (Zuteiler) zum Ascheaustrag. Dabei wird durch die Schürbewegung ein intensiver Kontakt von Brenngut und Verbrennungsluft geschaffen, sodass ein sehr guter Feststoffausbrand auf dem Rost erreicht wird.

Die teilausgebrannten Rauchgase strömen in die Nachbrennkammer, in der durch die Zugabe von Sekundär- und Tertiärluft eine gute Durchmischung von Gas und Verbrennungsluft erzielt wird, sodass bei Temperaturen von 850–950 °C ein vollständiger Ausbrand der Gase gewährleistet wird. Bei Unterschreiten der vom Gesetzgeber geforderten Mindesttemperatur (850 °C mit einer Verweilzeit von 2 s nach der letzten Luft-

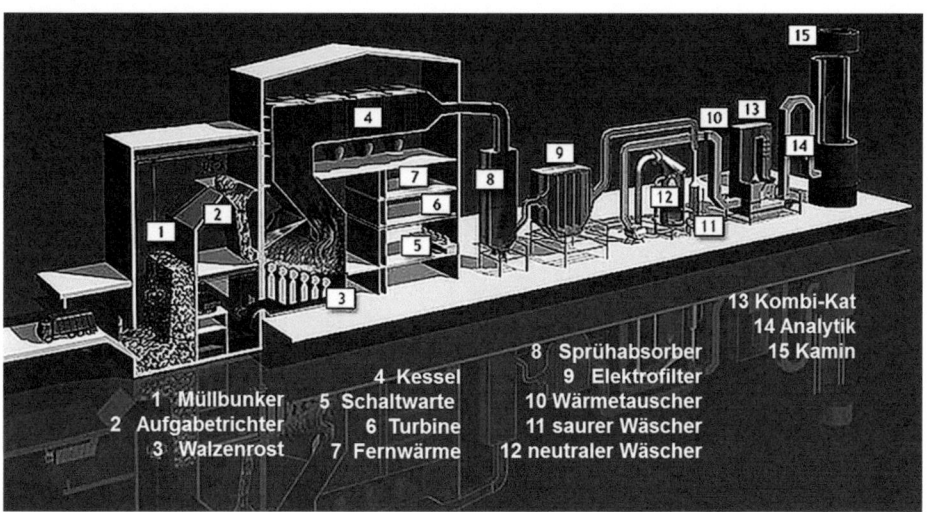

Abb. 9.5 Schema einer Abfallverbrennungsanlage mit Rostfeuerung

zufuhr [21]) werden in der Nachbrennkammer angeordnete Öl- oder Gasbrenner automatisch zugeschaltet.

Im anschließenden Abhitzekessel (4) wird das Rauchgas auf ca. 200 °C abgekühlt, der erzeugte Dampf wird als Prozess- oder Heizdampf (7) bzw. für die Verstromung (6) genutzt (typische Dampfparameter 40 bar, 350 °C). Nach der Wärmenutzung wird das Gas in einer mehrstufigen, häufig nassen Gasreinigung (8 bis 13), jedoch meist mit Eindampfung des Abwassers („abwasserfrei"), gereinigt, bevor es über den Schornstein (15) ins Freie abgeleitet wird.

9.3.1.2 Elemente und Aufbau von Rostfeuerungen

Die Elemente und Grundfunktionen einer Rostfeuerung sind am Schnittbild einer beispielhaften Anlage dargestellt (Abb. 9.6) [22]. Aus dem Müllbunker wird der Abfall in den Trichter der Abfallaufgabe (1) eingefüllt, von wo er über den Zufuhrschacht mittels einer Beschickungseinrichtung, z. B. einem Stößel (2), auf den Rost (4) im Feuerraum (3) transportiert wird. Der Rost wird von unten in mehreren Unterwindzonen (5) von Primärluft (6) durchströmt.

Unmittelbar nach dem Mülleintrag (A) wird der Müll getrocknet und gezündet (B). In der Hauptverbrennungszone (C) laufen nacheinander die Entgasung, Vergasung und Verbrennung ab. In der Nachbrennzone (D) wird ein vollständiger Feststoffausbrand der Rostasche sichergestellt, bevor diese über den Nassentschlacker (7) ausgetragen wird. Der Ausbrand der nach oben zum Kessel austretenden Rauchgase wird durch Zugabe von Sekundärluft (bedarfsweise auch Tertiärluft) (8) sichergestellt. Sowohl durch Aufteilung der Verbrennungsluft in Primär- und Sekundärluft (häufig 80/20 %), als auch

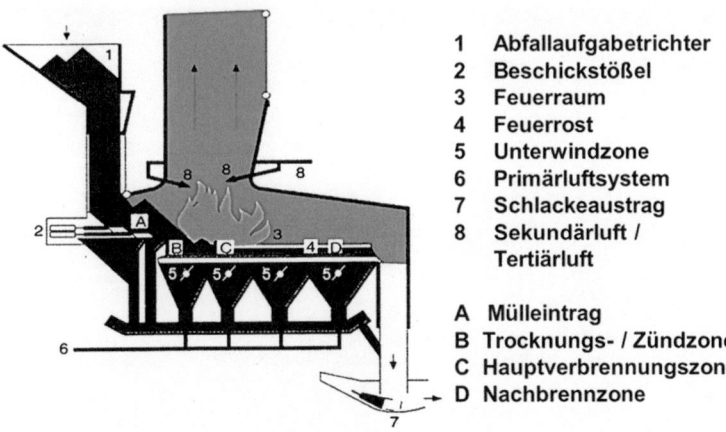

Abb. 9.6 Schnittdarstellung einer Rostfeuerung [22]

durch Aufteilung der Primärluft selbst auf die Unterwindzonen (bei 4 Zonen häufig im Verhältnis 1/2/2/1) lässt sich der Verbrennungsablauf abhängig von den Brennstoffeigenschaften des Abfalls optimieren.

Der Verbrennungsrost hat folgende Anforderungen zu erfüllen:

1. Transport des Abfalls durch den Feuerraum
2. Gleichmäßige Verteilung des Abfalls
3. Zufuhr, Verteilung und Vermischung der Primärluft mit dem Abfall
4. Steuerung der zonenabhängigen Brennstoffverweilzeit mithilfe der Rostvorschubgeschwindigkeiten
5. Geringer Aschedurchfall
6. Geringe Wartung und Verschleiß
   Ein Rost besteht aus einzelnen teilweise bewegten Elementen.
   Drei verschiedene Arten von Rostelementen werden technisch eingesetzt.
1. Platten und Bänder
   Roste aus solchen Elementen nennt man Wanderroste (Abb. 9.7). Heute werden Wanderroste meist nur noch als Zuteilerrost zum Abfalleintrag in den Feuerraum verwendet.
2. Walzen
   Mit in Transportrichtung des Abfalls drehenden Walzen werden Walzenroste aufgebaut (Abb. 9.8). Die Primärluft wird in Schlitzen über den Walzenumfang eingeblasen. Walzenroste werden bevorzugt für Anlagen größerer Durchsätze (bis >40 t/h) eingesetzt.
3. Geschürte Stäbe
   Geschürte Stäbe sind die am häufigsten eingesetzten Rostelemente. Die Funktion zeigt Abb. 9.9. Dabei wird jeder zweite Stab bewegt, d. h. zwischen zwei bewegten

9 Thermische Verfahren

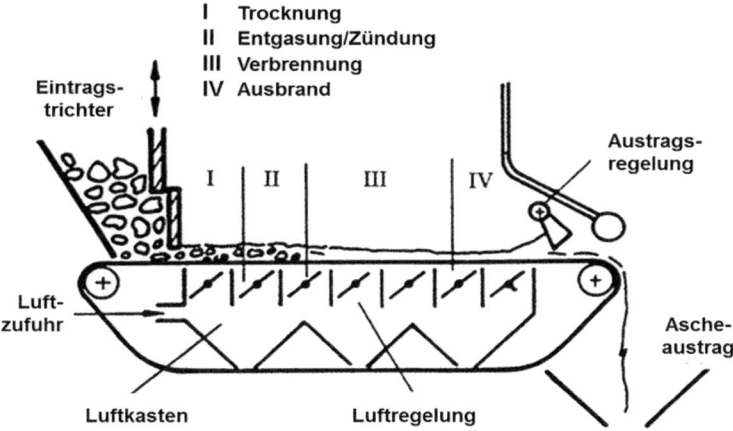

Abb. 9.7 Wanderrost

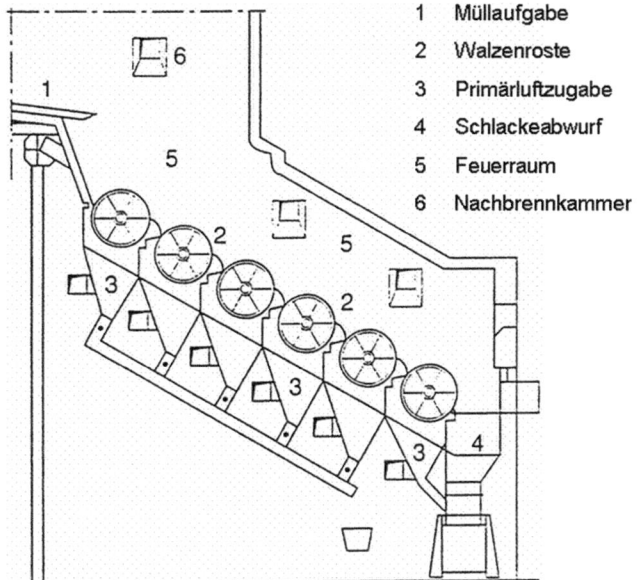

Abb. 9.8 Walzenrost

Stäben (A, B) ist jeweils ein fester Stab (F) angeordnet. Bewegen sich die Stäbe synchron miteinander in Richtung des Mülltransportes nennt man den Rost Vorschubrost (Abb. 9.9a). Laufen dabei jeweils 2 bewegte Stäbe (A und B) gegeneinander, liegt der Spezialfall des Gegenlaufrostes vor (Abb. 9.9b).

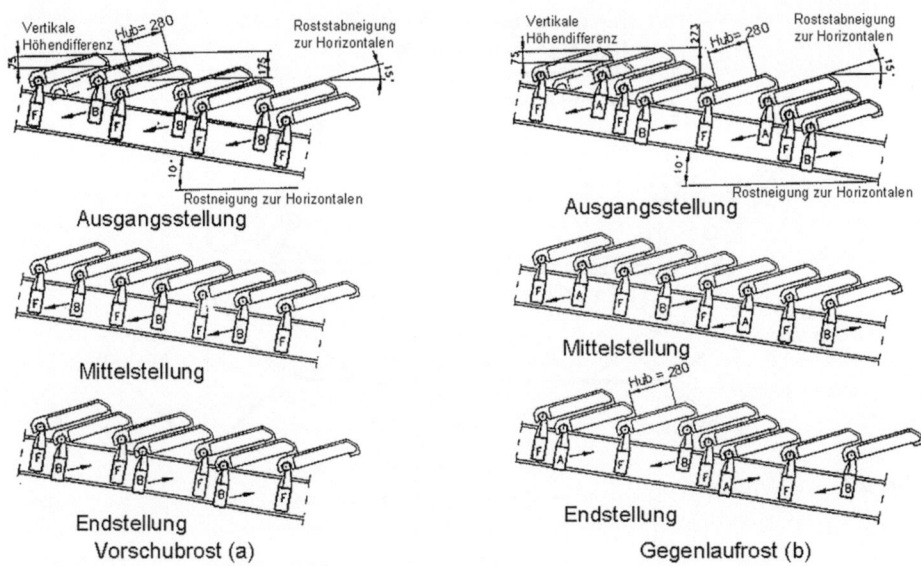

Abb. 9.9 A) Rostbewegung von Vorschubrost und b) Gegenlaufrost

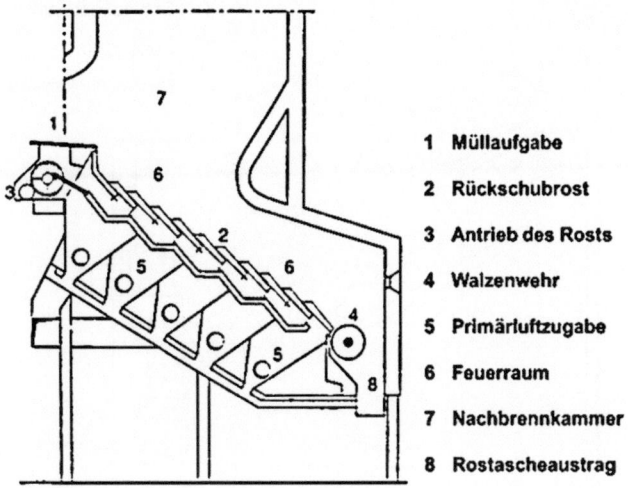

1 Müllaufgabe
2 Rückschubrost
3 Antrieb des Rosts
4 Walzenwehr
5 Primärluftzugabe
6 Feuerraum
7 Nachbrennkammer
8 Rostascheaustrag

Abb. 9.10 Rückschubrost

Da der Müll in beiden Fällen allein mit Hilfe der Rostbewegung durch den Feuerraum transportiert wird, können solche Roste horizontal oder mit nur geringer Neigung ausgelegt werden. Bewegen sich die Roststäbe (nur jeder zweite Roststab) entgegen der Abfalltransportrichtung, bezeichnet man diesen Rost als Rückschubrost (Abb. 9.10).

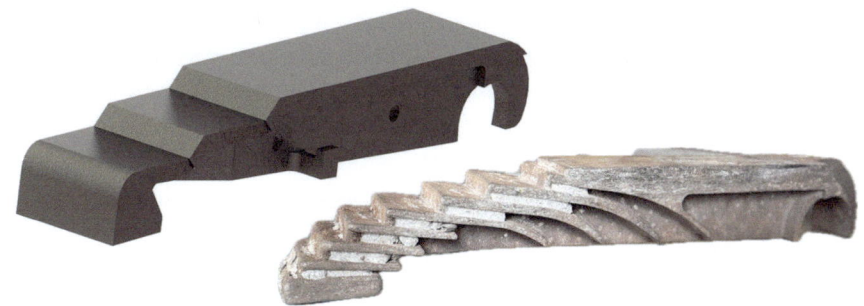

Abb. 9.11 Roststab in der Konstruktionszeichnung (linkes Teilbild) und nach Ablauf der Standzeit in einer Feuerung (rechtes Teilbild) [23]

Ein Beispiel für einen einzelnen Roststab zeigt Abb. 9.11 auf der linken Seite. Auf der rechten Seite ist ein Roststab dargestellt, der nach seiner Standzeit ausgetauscht werden muss.

Die Rostbewegung dient beim Rückschubrost ausschließlich der intensiven Durchmischung des Abfalls im Gutbett auf dem Rost und trägt im Unterschied zum Vorschub- und Gegenlaufrost nicht zum Mülltransport durch den Feuerraum bei. Dieser wird nur durch die Schwerkraft bewirkt, weshalb Rückschubroste stets mit einem starken Neigungswinkel (ca. 40–50°) ausgelegt werden. Als Konsequenz ergibt sich für die beiden Typen ein völlig unterschiedliches Mischungs- und Verweilzeitverhalten des Abfalls im Feuerraum (Abb. 9.12).

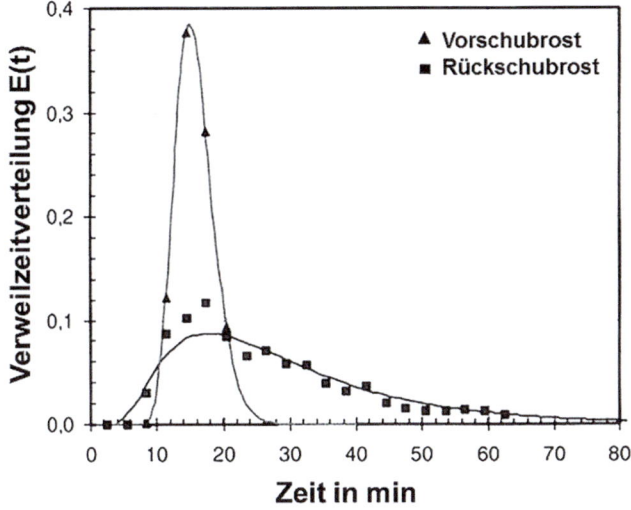

Abb. 9.12 Vergleich der Verteilung der Abfallverweilzeit bei Rück- und Vorschubrost [24]

Durch die intensive Mischwirkung des Rückschubrostes erhält man eine sehr breite Verweilzeitverteilung mit Anteilen sehr großer Verweilzeiten, was den Ausbrand begünstigt, allerdings auch Anteilen mit sehr kurzen Verweilzeiten, die beim Vorschubrost infolge der sehr engen Verweilzeitverteilung vermieden werden.

Zur Verbrennung von unbehandeltem Hausmüll mit maximalen Heizwerten von 12–13 MJ/kg werden die Roststäbe nur durch die von unten zugeführte Primärluft gekühlt. Bei höheren Heizwerten, z. B. für zu Ersatzbrennstoff (EBS) aufbereitetem Abfall, können die Stäbe durch eingebaute, wasserführende Kühlschlangen gekühlt werden.

9.3.1.3 Feuerungstechnische Grundlagen

Zur Auslegung einer Abfallverbrennungsanlage werden zunächst die verbrennungstechnischen Charakterisierungsgrößen für den Abfall benötigt.

Abfallzusammensetzung und Heizwert

Abfall besteht wie jeder andere feste Brennstoff aus

- Brennbarer Substanz (B)
- Asche (A) und
- Wasser (W)

Die Analyse dieser Grundzusammensetzung wird Immediatanalyse oder Proximatanalyse genannt und wird in drei Stufen durchgeführt. Durch Trocknung in Luft (nach DIN 51518) wird der Wasseranteil und durch weitere Erhitzung auf 900°C in inertem Medium der Gehalt an flüchtigen brennbaren Komponenten bestimmt (DIN 51720). Der verbleibende Koks besteht aus festem Kohlenstoff C_{fix} und Asche, die als Rückstand beim Abbrand des Kokses in Luft (DIN 51719) ermittelt wird.

Die brennbare Substanz, die aus Flüchtigen und C_{fix} besteht, kann mittels der Elementaranalyse im Kalorimeter in ihrer elementaren Zusammensetzung (C, H, N, S) bestimmt werden. Der Sauerstoffgehalt im Abfall ergibt sich aus der Differenz beider Analysen (Abb. 9.13).

Aus der Zusammensetzung des Abfalles kann der chemisch gebundene Energieinhalt des Abfalls bestimmt werden. Dabei wird zwischen dem Brennwert (auch oberer Heizwert H_o genannt) und dem technisch relevanteren unteren Heizwert H_u unterschieden. Mit dem oberen Heizwert H_o wird die auf die Brennstoff- und Abfallmenge bezogene Energie definiert, die bei vollständiger Verbrennung unter konstantem Druck frei wird, wobei die Verbrennungsprodukte auf die Bezugstemperatur von 25°C zurückgekühlt werden und der aus dem Brennstoff gebildete Wasserdampf seine Kondensationswärme wieder abgibt. Dieser Wert H_o kann mit dem Kalorimeter im Labor bestimmt werden.

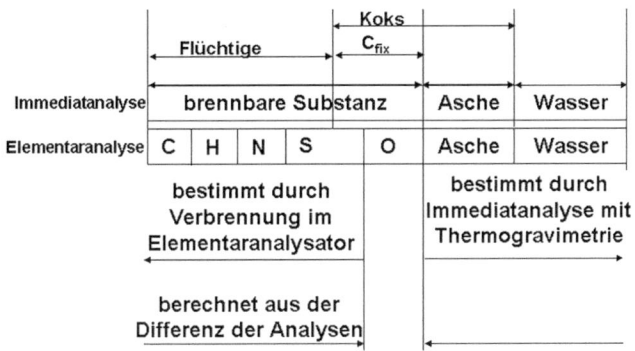

Abb. 9.13 Prinzipielle Zusammensetzung von festen Brennstoffen (Abfällen)

Wird die Kondensationswärme des Wassers nicht berücksichtigt, d. h. wird das Wasser im Abgas dampfförmig angenommen, erhält man den unteren Heizwert H_u, der mit folgender Beziehung (Gl. 9.1) aus dem oberen Heizwert H_o errechnet werden kann:

$$H_u = \frac{100 - W}{100}(H_o - 219{,}7 \bullet H) - 24{,}41 W \quad (9.1)$$

mit W = Wassergehalt im Abfall [Gew. %]
H = Wasserstoffgehalt im trockenen Abfall [Gew. %]
H_o = oberer Heizwert [kJ/kg$_{Abfall\ trocken}$]
24,41 = Verdampfungsenthalpie des Wassers im Abfall [kJ/(kg$_{Abfall}$ • % Wasser)]
219,7 = Verdampfungsenthalpie des Wassers aus der Verbrennung des im Abfall enthaltenen Wasserstoffs [kJ/(kg$_{Abfall\ trocken}$ • % Wasserstoff)]
H_u = unterer Heizwert [kJ/kg$_{Abfall\ feucht}$]

Der untere Heizwert H_u kann auch mittels empirischer Gleichungen, z. B. nach Dubbel [25] oder nach Boie [25] für `jüngere` Brennstoffe wie Abfall und Biomasse aus der Elementarzusammensetzung nach Gl. 9.2 näherungsweise abgeschätzt werden:

$$H_U = 350 \cdot C + 943 \cdot H + 104 \cdot S + 63 \cdot N - 108 \cdot O - 24{,}4 \cdot W \left[\frac{kJ}{kg}\right] \quad (9.2)$$

mit C, H, S, O, N = Elementkonzentrationen des trockenen Abfalls [Gew. %]
W = Wassergehalt im Abfall [Gew. %]

Die Grenzen selbstgängiger Abfallverbrennung können mit Werten der Immediatanalyse im Abfalldreieck nach Tanner [26] dargestellt werden (Abb. 9.14). Nur im Bereich 3 (Wassergehalt W <50 %, Aschegehalt A <60 % und Brennbares B >25 %) ist eine Verbrennung ohne Stützfeuerung möglich. Für europäischen Hausmüll ist das in der Regel der Fall (Bereich 1), während Hausmüll aus Asien, z. B. aus Japan (Bereich 2) häufig aufgrund des hohen biogenen Anteils zu hohe Wassergehalte aufweist [27].

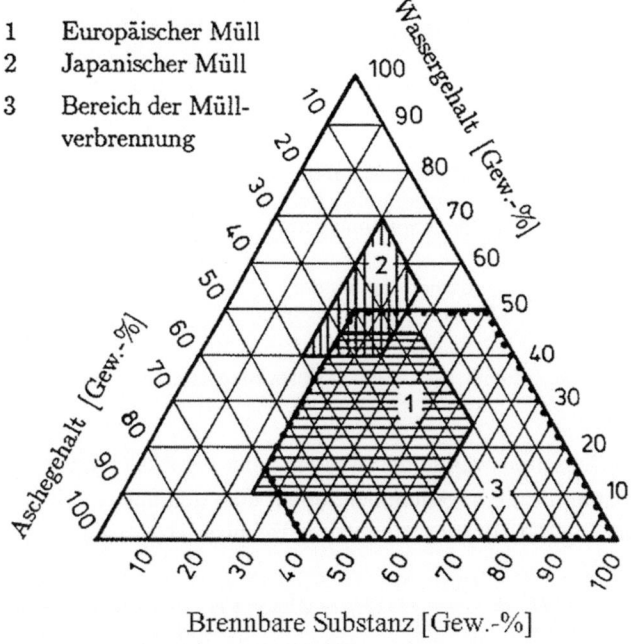

Abb. 9.14 Abfalldreieck nach Tanner [26]

Mit dieser Forderung an die Abfallzusammensetzung korreliert ein Mindestheizwert von $H_u \geq 5.000$ kJ/kg [26], der für eine selbstgängige Verbrennung erforderlich ist. In Europa liegen die unteren Heizwerte für Hausmüll trotz beträchtlicher Streuungen (vgl. Tab. 9.2) stets darüber, wobei im Mittel Werte zwischen 9.000 und 10.000 kJ/kg erreicht werden. Damit lassen sich die häufig gesetzlich geforderten Mindestverbrennungstemperaturen (z. B. in Deutschland bei der Hausmüllverbrennung nach 17. BImSchV [21]: >850°C mit 2 s Verweilzeit nach der letzten Luftzugabe) problemlos erfüllen.

Wie in Tab. 9.2 gezeigt, ist ein beachtlicher Anteil (50–60 %) der Abfälle biogenen Ursprungs (z. B. in Form von organischen Abfällen oder Papier), sodass dieser Energieanteil bei der energetischen Verwertung als erneuerbare Energie und somit als klimaneutral zu bewerten ist.

Spezifische Verbrennungskenngrößen
Grundlage zur Auslegung einer Verbrennungsanlage ist die Kenntnis von spezifischen, d. h. auf die Brennstoffmenge bezogenen Werten für den Mindestluftbedarf l_{min} und die entstehende Mindestabgasmenge v_{min} bei stöchiometrischer Verbrennung. Diese Werte erhält man üblicherweise aus einer Verbrennungsrechnung. Dabei wird mit Kenntnis der Elementarzusammensetzung des Brennstoffs die stöchiometrische Oxidationsreaktion für jedes Element angesetzt. Zum Beispiel lautet die Reaktionsgleichung für Kohlenstoff C

9 Thermische Verfahren

Tab. 9.2 Unterer Heizwert des Hausmülls und biogener Energieanteil in Europa [8]

Land	H_u [MJ/kg]	Biogener Energieanteil
Belgien	9,4	0,53
Bulgarien	7,2	0,48
Dänemark	8,5	0,65
Deutschland	10	0,67
Finnland	10,1	0,55
Frankreich	9,5	0,59
Griechenland	8,6	0,62
Irland	10,9	0,58
Italien	10,0	0,59
Luxemburg	8,7	0,58
Niederlande	9,2	0,70
Norwegen	11,0	0,64
Österreich	9,7	0,49
Polen	7,2	0,54
Portugal	10,4	0,50
Rumänien	7,1	0,52
Russland	8,0	0,78
Schweden	10,7	0,75
Schweiz	11,6	0,58
Slowakei	6,6	0,51
Spanien	8,7	0,62
Tschech. Republik	5,1	0,68
Ungarn	7,8	0,45
Ver. Königreich	10,5	0,63

$$C + O_2 \rightarrow CO_2 \tag{9.3}$$

Aus Gl. 9.3 leitet sich ab: 1 kmol C mit 12 kg (molare Masse von C = 12 g/mol) benötigt für die stöchiometrische Verbrennung 1 kmol O_2 mit 32 kg (molare Masse von O = 16 g/mol) und erzeugt dabei eine Abgasmenge von 1 kmol CO_2 mit 44 kg.

Mit dem konstanten Molvolumen von 22,41 m³/kmol erhält man

- den spezifischen stöchiometrischen Sauerstoffbedarf für C: 1,87 m3 O_2/kg C
- und die spezifische CO_2-Abgasproduktion für C: 1,87 m³ CO_2/kg C

Führt man diese Rechnung für die bei der Verbrennung wesentlichen Elemente C, H, S und O durch, erhält man für den minimalen Sauerstoffbedarf gemäß Gl. 9.4

$$O_{2\,min}\,[m^3/kg_{Abfall}] = 22{,}41 \bullet \left(\tfrac{C}{12} + \tfrac{H}{4} + \tfrac{S}{32} - \tfrac{O}{32}\right) \\ = 1{,}87 \bullet C + 5{,}6 \bullet H + 0{,}7 \bullet S - 0{,}7 \bullet O \qquad (9.4)$$

mit C, H, S und O als Gewichtsanteile im Abfall $\left[\tfrac{kg}{kg}\right]$ und mit dem Sauerstoffgehalt der Luft von 21 % ergibt sich der Mindestluftbedarf (trockene Luft) für die stöchiometrische Verbrennung mit Gl. 9.5:

$$l_{min,trocken}\,[m^3/kg_{Abfall}] = O_{2min} \bullet \frac{100}{21} \qquad (9.5)$$

Für die trockene Mindestabgasmenge $v_{min,tr}$ kann die obige Verbrennungsrechnung analog durchgeführt werden und man erhält

$$v_{min,trocken}\,[m^3/kg_{Abfall}] = 22{,}41 \bullet \left(\tfrac{C}{12} + \tfrac{S}{32} + \tfrac{N}{28}\right) + \tfrac{79}{100} \bullet l_{min,trocken} \\ = 1{,}87 \bullet C + 0{,}7 \bullet S + 0{,}8 \bullet N + 0{,}79 \bullet l_{min,trocken} \qquad (9.6)$$

Für die feuchte Mindestabgasmenge erhält man unter Berücksichtigung sowohl des Wassers, das aus der Verbrennung von Wasserstoff H im Abfall gebildet wird, als auch der Feuchte W des Abfalls:

$$v_{min,feucht}\,[m^3/kg_{Abfall}] = 22{,}41 \bullet \left(\tfrac{C}{12} + \tfrac{H}{2} + \tfrac{S}{32} + \tfrac{N}{28} + \tfrac{W}{18}\right) + \tfrac{79}{100} l_{min,trocken} \\ = 1{,}87 \bullet C + 11{,}2 \bullet H + 0{,}7 \bullet S + 0{,}8 \bullet N + 1{,}25 \bullet W + 0{,}79 \bullet l_{min,trocken} \qquad (9.6a)$$

mit C, H, S, N, W als Gewichtsanteile im Abfall [kg/kg]

Der Hauptanteil (ca. 2/3) des feuchten Abgases kommt bei üblichen Abfallzusammensetzungen aus dem Stickstoff der Verbrennungsluft (0,79 l_{min}). Neben der oben gezeigten detaillierten Verbrennungsrechnung werden für erste Abschätzungen auch häufig heizwertabhängige empirische Formeln zur Berechnung der Mindestmenge von Verbrennungsluft und Abgas benützt.

▶ **Tipp** Die einfachste Faustformel für den Mindestluftbedarf lautet:

$$l_{min,tr}\,[m^3/kg_{Abfall,roh}] \approx 0{,}25 \bullet H_{u,roh}\,[MJ/kg] \qquad (9.7)$$

Diese Beziehung, die sich auf Abfallrohdaten bezieht (d. h. nicht getrockneten Abfall), liefert jedoch meist zu niedrige Werte. Etwas besser angepasst erscheinen die statistischen Formeln nach Cerbe-Hoffmann für feste Brennstoffe [28]:

$$l_{min}\,[m^3/kg_{Abfall}] = 0{,}241 \bullet H_u + 0{,}5 \qquad (9.8)$$

$$v_{min,feucht}\,[m^3/kg_{Abfall}] = 0{,}213 \bullet H_u + 1{,}65 \qquad (9.9)$$

mit H_u in [MJ/kg]

9 Thermische Verfahren

Beispiel Brennstoffe		Heizöl	Steinkohle Gb		Braunkohle Rb		Stroh		Holz		Klärschlamm		Kunststoff	Hausmüll	
Immediatanalyse															
Wassergehalt	%	0	0	10	0	50	0	10	0	25	0	70	0	0	25
Aschegehalt	%	0	8,3	7,5	5	2,5	6,5	5,9	1	0,8	46	13,8	0	35	26,3
Flüchtige Best.	%	100	34,7	31,2	49,4	24,7	79	71,1	80	60,0	51	15,3	100	55	41,3
Fixed C	%	0	57	51,3	45,9	23,0	15,5	14,0	19	14,3	3	0,9	0	10	7,5
Elementaranalyse															
C	%	86,3	72,5	65,3	67	33,5	47,4	42,7	52	39,0	25,5	7,7	86	38	28,5
H	%	13,1	5,6	5,0	4,9	2,5	5,7	5,1	5,6	4,2	5	1,5	14	5	3,8
N	%	0	1,3	1,2	0,7	0,4	0,6	0,5	0,5	0,4	3,3	1,0	0	0,8	0,6
S	%	0,2	0,9	0,8	0,4	0,2	0,1	0,1	0,1	0,1	1,1	0,3	0	0,4	0,3
Cl	%	0	0,16	0,1	0,1	0,1	0,5	0,5	0,1	0,1	0,1	0,0	0	0,8	0,6
O	%	0,4	11,2	10,1	21,9	11,0	39,2	35,3	40,7	30,5	19,0	5,7	0,0	20,0	15,0
Energiegehalt															
oberer Heizwert aus Kalorimeter	MJ/kg	45,5	31,4	28,3	26,7	13,4	18,8	16,9	19,7	14,8	12	3,6	46	13,3	10,0
unterer Heizwert mit Kal., El. U. Imm.	MJ/kg	42,6	30,2	26,9	25,6	11,6	17,6	15,6	18,5	13,2	10,9	1,6	42,9	12,2	8,5
unterer Heizwert nach Boie "jüng. Br."	MJ/kg	42,5	29,6	26,4	25,8	11,7	17,8	15,8	19,1	13,7	11,9	1,9	43,3	15,9	11,4
Sauerstoffbedarf															
elementar	kg/kg	3,35	2,28	2,05	1,97	0,98	1,33	1,20	1,43	1,07	0,90	0,27	3,42	1,22	0,91
elementar	Nm³/kg	2,35	1,60	1,44	1,38	0,69	0,93	0,84	1,00	0,75	0,63	0,19	2,39	0,85	0,64
Mindestluftbedarf															
elementar	kg/kg	14,38	9,79	8,81	8,44	4,22	5,71	5,14	6,14	4,60	3,87	1,16	14,66	5,23	3,92
elementar	Nm³/kg	11,16	7,59	6,84	6,55	3,27	4,43	3,99	4,76	3,57	3,00	0,90	11,38	4,06	3,04
"Faustformel" 0,25*Hu	Nm³/kg	10,66	7,54	6,73	6,41	2,90	4,39	3,89	4,62	3,31	2,73	0,39	10,74	3,05	2,14
nach Cerbe-Hoffmann	Nm³/kg	10,66	7,77	6,99	6,68	3,29	4,73	4,25	4,95	3,69	3,13	0,88	10,85	3,44	2,56
Mindestabgasmenge trocken															
elementar	kg/kg	14,20	10,20	9,18	8,95	4,47	6,13	5,52	6,62	4,97	3,96	1,19	14,40	5,42	4,07
elementar	Nm³/kg	10,43	7,37	6,63	6,43	3,22	4,39	3,95	4,74	3,55	2,88	0,87	10,60	3,93	2,94
Mindestabgasmenge feucht															
elementar	kg/kg	15,38	10,70	9,73	9,39	5,19	6,64	6,08	7,13	5,60	4,41	2,02	15,66	5,87	4,65
elementar	Nm³/kg	11,90	8,00	7,32	6,98	4,11	5,03	4,65	5,37	4,34	3,44	1,90	12,16	4,49	3,67
nach Cerbe-Hoffmann	Nm³/kg	11,30	8,08	7,38	7,11	4,12	5,39	4,96	5,59	4,47	3,97	1,98	10,80	4,25	3,47

Abb. 9.15 Vergleich der Verbrennungskenngrößen für verschiedene Brennstoffbeispiele

In Abb. 9.15 sind für verschiedene Brennstoffe und Abfälle die spezifischen verbrennungstechnischen Kenngrößen verglichen. Dabei ergibt sich in erster Näherung für Hausmüll mit einem Wassergehalt von 25 Ma.-% ein Mindestluftbedarf von 3,04 m³/kg$_{Abfall}$ und eine feuchte Abgasmenge von 3,67 m³/kg$_{Abfall}$.

Reale Feuerungen können aus Gründen ungenügender Mischungsgüte nicht mit der stöchiometrischen Mindestluftmenge betrieben werden. Vielmehr ist ein Luftüberschuss erforderlich, der durch die sogenannte Luftzahl λ als Verhältnis von tatsächlich zugeführter Luftmenge l zur Mindestluftmenge l_{min} erfasst wird:

$$\lambda = \frac{l}{l_{min}} \qquad (9.10)$$

Die Überschussluft ergibt sich damit zu

$$l - l_{min} = (\lambda - 1) \bullet l_{min} \qquad (9.10a)$$

Zur Berechnung der tatsächlichen spezifischen Abgasvolumina v bzw. v_{feucht} muss die Überschussluft zu den Mindestabgasvolumina v_{min} bzw. $v_{min,feucht}$ addiert werden.

In der Praxis werden Hausmüllfeuerungen meist mit einer Luftzahl von λ = 1,6–2,0 betrieben. Die Luftzahl kann mit folgender Näherungsformel aus dem O_2-Gehalt des trockenen Rauchgases abgeschätzt werden:

$$\lambda \approx \frac{21}{21 - O_{2tr}[Vol.\%]} \qquad (9.11)$$

Nach der 17. BImSchV [21] muss der O_2-Gehalt im trockenen Abgas bei Hausmüllverbrennungsanlagen über 6 Vol.% liegen, das entspricht einer Luftzahl λ von >1,4.

Bei einer angenommenen Luftzahl λ von 1,7 ergibt sich gemäß Gl. (9.11) ein $O_{2,tr}=8,6$ Vol.% im Rauchgas. Mit einem l_{min} von 3,04 m³/kg errechnet sich nach Gl (9.10) ein Luftbedarf l von 5,17 m³/kg_{Abfall} sowie mit Gl. (9.10a) eine trockene Abgasmenge $v_{trocken}$ von 5,07 m³/kg_{Abfall} bzw. für das feuchte Abgas v_{feucht} von 5,84 m³/kg_{Abfall}.

Zur Auslegung einer Verbrennungsanlage erhält man die tatsächlichen absoluten Luft- und Abgasströme durch Multiplikation der spezifischen Werte mit dem Durchsatz, d. h. dem zu verbrennenden Abfallstrom.

9.3.1.4 Auslegung einer Rostfeuerung

Mit Kenntnis der verbrennungstechnischen Charakterisierungsgrößen, insbesondere dem relevanten Bereich des Heizwertes, kann die Rostfeuerung ausgelegt werden. Dazu sind zwei Kenngrößen von Bedeutung:

- die mechanische Rostbelastung $\dot{Q}_r$

$$\dot{Q} \equiv \frac{\dot{B}_m}{F_R} \left[\frac{kg}{m^2 h}\right] \quad (9.12)$$

Die mechanische Rostbelastung $\dot{Q}_r$ ist definiert als der auf die Rostfläche F_R [m²] bezogene Brennstoff (Abfall)-Mengenstrom $\dot{B}_m [kg/h]$ und soll nach Herstellerangaben im Bereich von 230–300 kg/m²h (0,064–0,085 kg/m²s) liegen.

Wird die mechanische Rostbelastung mit dem unteren Heizwert Hu multipliziert, erhält man

- die Rostwärmebelastung $\dot{q}_r$

$$\dot{q}_r \equiv \dot{Q}_r \bullet H_u = \frac{\dot{B}_m \bullet H_u}{F} \left[\frac{GJ}{m^2 \bullet h}\right] \quad (9.13)$$

$\dot{q}_r$ gibt die thermische Belastung des Rostes wieder und wird von Hämmerli in [22] für die Praxis zwischen 1,8 und 2,5 GJ/m² h (0,5–0,7 MW/m²) empfohlen. Maximalwerte sollen 3 GJ/m² h (0,83 MW/m²) nicht übersteigen.

In einem Rostleistungsnomogramm (Abb. 9.16) [22] wird bei vorgegebenem Heizwert und angenommener Rostwärmebelastung die mechanische Rostbelastung ermittelt und damit unter Festlegung einer ausbrandsicheren Rostlänge die sogenannte Breitenleistung [Mg/mh] im Nomogramm bestimmt. Mit diesem Wert kann bei vorgegebener Rostbreite die Rostleistung, d. h. der Durchsatz [Mg/h] ermittelt werden oder bei gegebenem Durchsatz die erforderliche Rostbreite festgelegt werden.

Für übliche Rostlängen von maximal 10 m können sich bei Durchsätzen von >30 Mg/h erforderliche Rostbreiten >15 m ergeben, die dann modular in mehrere Rostbahnen aufgeteilt werden können.

9 Thermische Verfahren

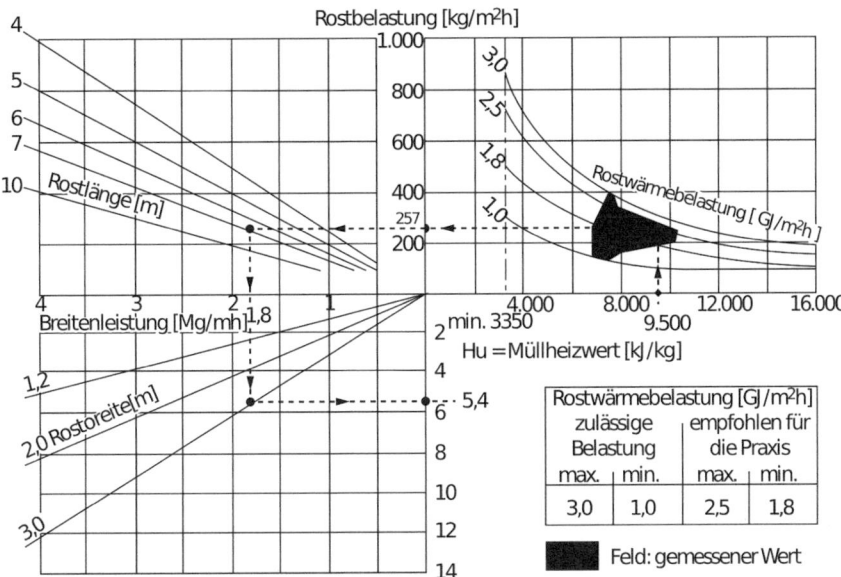

Abb. 9.16 Rostleistungsnomogramm für Müllöfen

Als Arbeitsdiagramm für den auszulegenden Bereich des Heizwertes wird im sogenannten Feuerungsleistungsdiagramm die Bruttowärmeleistung $\dot{Q}_W$ [MW] über dem Mülldurchsatz $\dot{B}_m$ [t/h] aufgetragen (Abb. 9.17) [22].

Als Parameter sind die Geraden konstanten Heizwertes mit dem schraffierten Arbeitsbereich eingetragen. Für den Basisauslegungsheizwert (10.500 kJ/kg in Abb. 9.17) wird die maximale Bruttowärmeleistung (MCR), die als obere Grenze durch die Kesselauslegung (im Beispiel 30 MW) festgeschrieben ist, bei maximalem Mülldurchsatz (bei 10,2 Mg/h) erreicht. Wird der Heizwert erhöht, reduziert sich der Durchsatz, der jedoch bei sinkendem Heizwert aufgrund der maximalen mechanischen Rostbelastung nicht über den max. Auslegungswert gesteigert werden kann.

Die horizontal eingetragene Untergrenze der Bruttowärmeleistung wird durch die Mindestfeuerraumtemperatur festgelegt und die vertikal eingetragene Grenze beim minimalen Mülldurchsatz resultiert aus einer minimalen Gutbetthöhe zum thermischen Schutz des Rostes.

9.3.1.5 Gasreinigung

Qualität des Rohgases

Die Hochtemperatur-Oxidation im Brennraum einer Abfallverbrennungsanlage bewirkt nach den obigen Ausführungen neben der oxidativen Stoffumwandlung eine Auftrennung der Inhaltsstoffe des Abfalls auf die beiden Ausgänge Rostasche und Rauch-

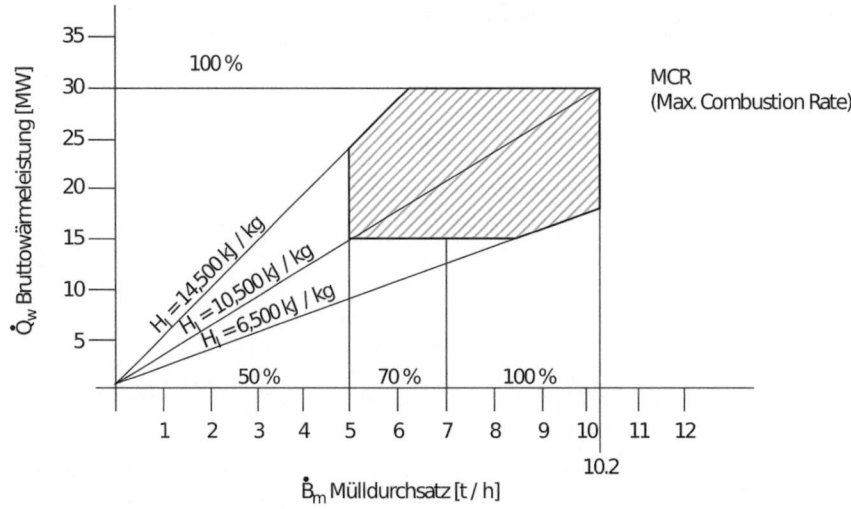

Abb. 9.17 Feuerungsleistungsdiagramm

gas, im ungereinigten Zustand Rohgas genannt, gemäß dem in Abb. 9.18 dargestellten Schema.

Bereiche der im Rohgas zu erwartenden Konzentrationen einzelner Komponenten und typische bei der Verbrennung von 1 Mg Hausmüll über das Rohgas transportierte Massenströme sind in Tab. 9.3 zusammengefasst. Im Vergleich mit anderen thermischen Prozessen sind besonders HCl, SO_2 und die PCDD und PCDF (polychlorierte Dibenzo-p-Dioxine und Dibenzofurane) zu beachten, die im Folgenden als PCDD/F bezeichnet werden sollen.

Rechtliche Regelungen
Die Emissionen aus Abfallverbrennungsanlagen sind strengen Regelungen unterworfen. In der EU sind die entsprechenden Grenzwerte in der Richtlinie für industrielle Emissionen 2010/75/EU niedergelegt. Diese Werte müssen in allen Mitgliedstaaten eingehalten werden, nur in wenigen Staaten haben die nationalen Behörden für vereinzelte Schadstoffe wie Hg oder NO_x niedrigere Grenzwerte festgelegt.

In anderen Industriestaaten gelten ähnlich strenge Werte, wenn auch die nationalen Grenzwerte manchmal über denjenigen der EU liegen. In den USA und vor allem in Japan werden von der Regierung nur Richtwerte vorgegeben, die von den lokalen Genehmigungsbehörden jedoch jeweils deutlich verschärft werden. Eine Zusammenstellung der Emissionsgrenzwerte ausgewählter Schadstoffe in der EU, den USA und Japan findet sich in Tab. 9.4.

9 Thermische Verfahren

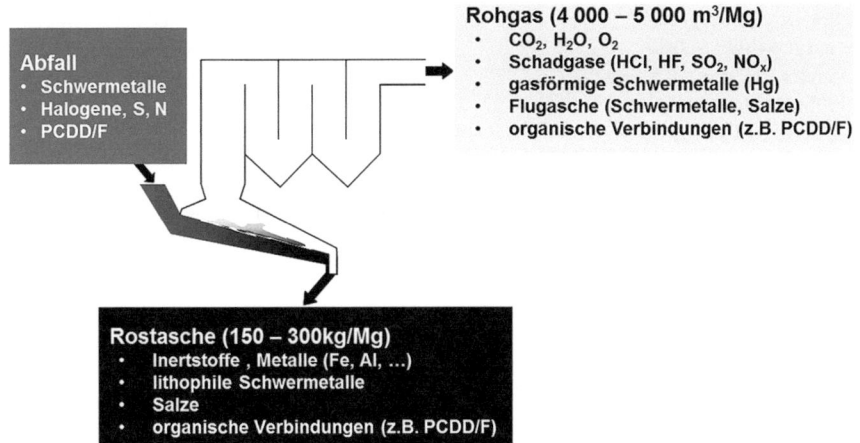

Abb. 9.18 Stofftrennung im Brennraum einer Abfallverbrennungsanlage (Mengen pro Mg Abfall)

Tab. 9.3 Konzentrationsbereiche und Massenströme im Rohgas einer Abfallverbrennungsanlage ([1]: ng(I-TEQ)/m^3; [2]: mg(I-TEQ)/Mg; I-TEQ ≡ Internationales Toxizitätsäquivalent)

	Konzentration (mg/m^3)	Masse (kg/Mg)
O_2	60.000–120.000	500
CO_2	150.000–200.000	900
H_2O	110.000–150.000	600
Staub	1000–5000	20
HCl	500–2000	6,5
SO_2	150–400	2
NO	100–500	2
NH_3	5–30	0,1
CO	<10–30	0.1
TOC	1–10	0,02
Hg	0.1–0.5	0,002
PCDD/F	0.5–5[1]	<5[2]

Prinzipien der Gasreinigung

Eine einzelne Prozessstufe ist nicht ausreichend, um die Schadstoffe von den oben angegebenen Rohgasniveaus auf Konzentrationen unterhalb der Emissionsgrenzwerte abzureinigen. Entsprechend den Eigenschaften der Schadstoffe werden verschiedene Technologien zu einer Kette einzelner Verfahrensstufen zusammengefasst. Ein typischer Aufbau der Gasreinigung in modernen Großanlagen ist in Abb. 9.19 dargestellt.

Tab. 9.4 Emissionsgrenzwerte ausgewählter Schadstoffe in der EU, den USA und Japan (Tagesmittelwerte; [1] mg/m³; [2] 273 K, 101,3 kPa, 11 Vol.% O_2; [2] 273 K, 101,3 kPa, 7 Vol.% O_2; [3] 273 K, 101,3 kPa, 14 Vol.% CO_2; [4] Cd+Tl; [5] ng(I-TEQ)/m³)

	EU[1] 2010/75/EU	USA[2]	Japan[3]
CO	50	100	50
TOC	10		
Dust	10	24	10–50
HCl	10	25	15–50
HF	1		
SO_2	50	30	10–30
NO_x	200	150	30–125
Hg	0,05	0,08	0,03–0,05
Cd	0,05[4]	0,02	
PCDD/F [5]	0,1	0,3	0,1

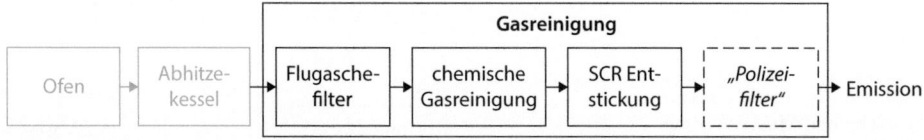

Abb. 9.19 Typische Verfahrenskette der Rauchgasreinigung in modernen Abfallverbrennungsanlagen

Der erste Reinigungsschritt ist üblicherweise eine Entstaubung, der die chemische Abreinigung der sauren Gase folgt. In den meisten Anlagen findet dann die Reduktion der Stickoxide statt und häufig ist eine Adsorptionsstufe zur Feinreinigung nachgeschaltet, die auch als „Polizeifilter" bezeichnet wird. Entscheidungskriterium für die Auswahl der zu implementierenden Technologien ist nicht allein deren Effizienz, zu berücksichtigen sind auch die Möglichkeiten und Kosten der Reststoffentsorgung, behördliche Auflagen und lokale Besonderheiten.

Entstaubung
Für die Partikelabscheidung wird häufig ein Elektrofilter, kurz E-Filter genannt, eingesetzt. In E-Filtern passiert das staubbeladene Gas mit geringer Geschwindigkeit Gänge zwischen hintereinander gespannten und auf einem elektrischen Potential von 30–300 kV gehaltenen Metalldrähten, den Sprühelektroden, und geerdeten Metallplatten, den Kollektorplatten. Die Staubpartikel werden im elektrischen Feld abgelenkt und auf den Metallplatten abgeschieden (linke Grafik in Abb. 9.20). Die Platten werden durch regelmäßiges Klopfen gereinigt. Mit einem E-Filter lassen sich Reststaubgehalte von wenigen mg/m³ erreichen.

9 Thermische Verfahren 557

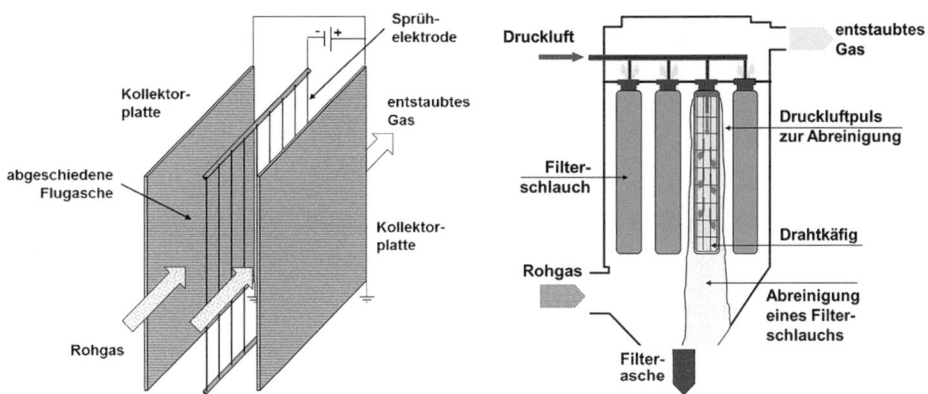

Abb. 9.20 Funktionsweise eines E-Filters (links) und eines Gewebefilters (rechts, ein Filterschlauch wird abgereinigt)

Niedrigere Werte garantiert ein Gewebefilter, das bevorzugt in trockenen Gasreinigungssystemen zu finden ist. In Gewebefiltern wird das staubbeladene Gas in eine Kammer mit auf Drahtkäfige aufgezogenen Gewebeschläuchen aus temperaturresistentem Material, z. B. PTFE, in wenigen Fällen auch mineralischen Geweben, geleitet. Das Gas durchströmt die Schläuche von außen, der abgeschiedene Staub wird durch Druckluftpulse von innen abgelöst und über Trichter ausgetragen. Das Schema eines Gewebefilters mit Abreinigung zeigt die rechte Grafik in Abb. 9.20.

Da im Temperaturbereich um oder unter 200 °C, in dem Filter betrieben werden, praktisch alle Metalle außer Hg auf den Oberflächen der Staubpartikel kondensiert sind, garantiert eine exzellente Entstaubung im Allgemeinen – bis auf Hg – die Einhaltung der Schwermetall-Emissionsgrenzwerte. Partikelgebundene PCDD/F werden ebenfalls wirkungsvoll abgeschieden. In modernen Anlagen mit ihrem höheren Anteil an gasförmigen PCDD/F müssen aber weitergehende Schritte zur deren Abscheidung vorgesehen werden.

Abreinigung saurer Gase
Nach der Entstaubung folgt üblicherweise die Abreinigung saurer Gase, für die prinzipiell zwei verschiedene Verfahrenskonzepte zum Einsatz kommen können:

- nass (mit oder ohne Abwasser), und
- trocken unter Nutzung von Ca-Verbindungen, meistens $Ca(OH)_2$, oder $NaHCO_3$ als Neutralisationsmittel.

Beide Verfahrenstypen sind in der Lage, alle Emissionsgrenzwerte einzuhalten, unterscheiden sich aber in den Betriebstemperaturen und vor allem in ihrer Stöchiometrie. Während nasse Verfahren nahezu stöchiometrische Mengen an Neutralisationsmitteln

Tab. 9.5 Typische Temperaturbereiche und Stöchiometriefaktoren für HCl und SO$_2$ in nassen und trockenen Gasreinigungsverfahren ([1] Wärmepumpen im sauren Wäscher)

	T in °C	Stöchiometriefaktor des Neutralisatiosmittel	
		HCl	SO$_2$
Nasse Verfahren	(< 40[1]) 60–65	1,02–1,15	
Trockene Verfahren			
Ca(OH)$_2$	140–180	1,1–1,5	1,3–3,5
NaHCO$_3$	140–250	1,04–1,2	

benötigen, arbeiten trockene Verfahren wegen der weniger effizienten heterogenen Reaktion zwischen Gas und Feststoff mit einem gewissen Überschuss an Neutralisationsmittel. Die typischen Temperaturbereiche und Stöchiometriefaktoren der gebräuchlichen Verfahrensvarianten sind in Tab. 9.5 zusammengestellt.

Die nasse Gasreinigung ist in Mitteleuropa weit verbreitet und wird in mindestens zwei Stufen durchgeführt. In einer ersten sauren Stufe, die häufig als reiner Venturi-Wäscher oder zweistufig ausgelegt ist, werden Chlorwasserstoff (HCl), Bromwasserstoff (HBr) und Fluorwasserstoff (HF) abgeschieden. Diese Stufe wird bei sehr niedrigen pH-Werten (pH < 1) gefahren, um auch Quecksilber (Hg) effizient abzureinigen. Hg liegt im Rohgas als zweiwertige Verbindung vor und bildet in stark sauer chloridreicher Lösung einen Chlorkomplex nach der Reaktionsgleichung [29]

$$Hg^{2+} + 4Cl^- \rightleftharpoons \left[HgCl_4\right]^{2-} \tag{9.14}$$

Dieses Tetrachloromercurat ist sehr stabil, solange keine Reduktionsmittel zugegen sind. Bei zu hohem pH-Wert kann SO$_2$ als Sulfit in die Waschlösung gelangen, wodurch das zweiwerige Hg zu einwertigem reduziert wird und der Komplex zerfällt. Einwertiges Hg disproportioniert spontan und bildet nach Gl. 9.15 metallisches Hg, das nur schwer abzureinigen ist.

$$2Hg^+ \rightarrow Hg^0 + Hg^{2+} \tag{9.15}$$

Dem sauren Wäscher wird ein `neutraler` Wäscher zur Schwefeldioxid (SO$_2$)-Abscheidung nachgeschaltet, häufig ein Füllkörper-Wäscher, dessen pH-Wert knapp unter dem Neutralpunkt gehalten wird, um die Mitabscheidung von CO$_2$ zu verhindern.

Die Absalzlösungen beider Wäscher werden gemeinsam oder getrennt mit NaOH oder Ca(OH)$_2$ neutralisiert, wobei häufig schwefelhaltige Verbindungen wie Na$_2$S oder organische Sulfide wie TMT 15, das Na-Salz des Trimercaptotriazins, zugesetzt werden, um Hg und andere Schwermetalle zu fällen. Die von ausgefallenen Metallhydroxiden (typisch sind 0,5–2 kg pro Mg Abfall) befreite Lösung kann an einen Vorfluter abgegeben werden. Das Schema einer nassen Gasreinigung mit Abwasserabgabe zeigt Abb. 9.21.

9 Thermische Verfahren

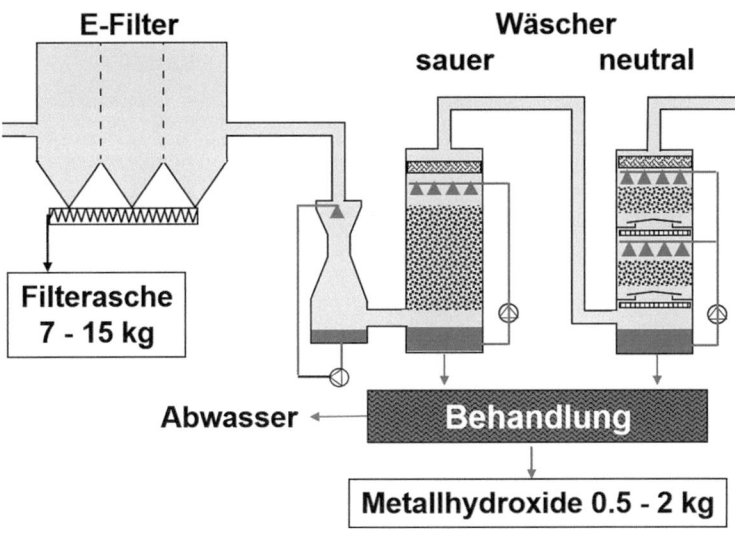

Abb. 9.21 Nasse Rauchgasreinigung mit Abwasserabgabe (Reststoffmengen je Mg verbrannten Abfalls)

Solche Systeme sind sehr effizient und garantieren typische Emissionswerte von 1–5 mg/m^3 für HCl und <1 mg/m^3 für HF und HBr. Der zweite Wäscher reduziert SO$_2$ bis in die Größenordnung von 10 mg/m^3. Die Grafik enthält die Reststoffmengen, die sich bei einer Neutralisation der im Wasser gelösten Salze mit Natronlauge (NaOH) berechnen lassen. In jedem Fall liegt der Stöchiometriefaktor in nassen Verfahren nahe 1, sodass die nasse Gasreinigung ein Minimum an Reststoffen (Salzen) produziert.

In Deutschland, aber auch in anderen Ländern wird oft die Abgabe von Abwasser aus der Gasreinigung von den Behörden nach dem Wasserhaushaltsgesetz [30] für Hausmüllverbrennungsanlagen verboten und die Absalzlösungen müssen eingedampft werden. Die übliche Konfiguration einer nassen Gasreinigung ohne Abwasserabgabe ist in Abb. 9.22 dargestellt. Nach der Staubabtrennung in einem Elektrofilter wird ein Sprühtrockner geschaltet, in dem die neutralisierten Absalzlösungen der Wäscher in den heißen Gasstrom eingedüst werden. Es empfiehlt sich, Hg vor der Eindampfung gezielt auszuschleusen, was z. B. durch Ionenaustausch leicht realisierbar ist [29]. Die bei der Verdampfung entstehenden Salze werden in einem Gewebefilter abgeschieden. Die Reststoffmengen entsprechen den in Abb. 9.21 angegebenen Werten.

Diese Art der Gasreinigung beseitigt zwar das Problem der Abwasserreinigung, hinterlässt aber einen Reststoff, der weitgehend aus löslichen Salzen besteht und damit ein Entsorgungsproblem verursacht.

Trockene Gasreinigungsverfahren haben als heterogene Feststoffreaktionen generell eine ungünstigere Stöchiometrie als nasse Verfahren. Konventionelle Verfahren nutzen die Reaktivität von gemahlenem Kalkstein, trockenem Ca(OH)$_2$ nach Befeuchtung des

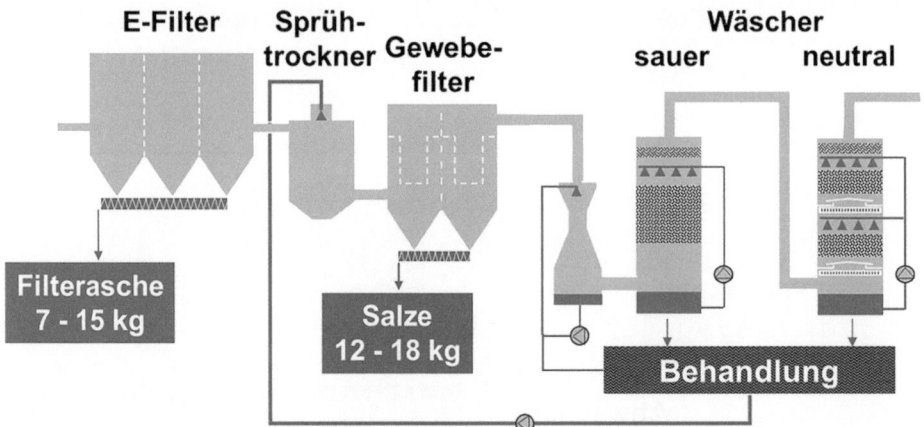

Abb. 9.22 Abwasserfreie nasse Rauchgasreinigung (Reststoffmengen je Mg verbrannten Abfalls)

Rohgases, oder aber einer $Ca(OH)_2$-Lösung/Suspension zur Einbindung der sauren Gase in einem Sprühtrockner. Die letzte Variante wird allgemein bevorzugt, da sie verfahrenstechnisch am einfachsten zu realisieren und stöchiometrisch am günstigsten ist. Die üblichen Stöchiometriefaktoren liegen für HCl bei 1,1–1,5 und können für SO_2 Werte > 3 erreichen. Dem Neutralisationsmittel wird immer ein Adsorber zur Einbindung von Hg und den PCDD/F zugegeben.

Das Prinzip einer trockenen Gasreinigung mit $Ca(OH)_2$ als Neutralisationsmittel ist in der linken Grafik der Abb. 9.23 dargestellt. Auch hier sind die typischen Reststoffmengen angegeben. Eine Vorabscheidung der Flugstäube ist optional, wird aber selten realisiert.

Seit den 1990er Jahren wird zunehmend frisch aufgemahlenes $NaHCO_3$ eingesetzt, das in Bezug auf seine Stöchiometrie den nassen Verfahren nahe kommt [31]. In allen Fällen wird nach der $NaHCO_3$-Eindüsung ein Adsorber, z. B. Aktivkohle, zur Abscheidung von Hg und Dioxinen zugegeben. Die Rückstände dieses Verfahrens werden in vielen Anlagen von dem Lizenzinhaber zurückgenommen und in einem chemischen Prozess verwertet. Das Verfahrensschema dieses NEUTREC® genannten Prozesses ist in der rechten Grafik der Abb. 9.23 dargestellt.

Entstickung

In allen Ländern ist auch die Emission von Stickoxiden reglementiert. Durch Primärmaßnahmen, z. B. gestufte Verbrennung, sind die Grenzwerte im Allgemeinen nicht einzuhalten. Als Reduktionsmethoden bietet sich die nichtkatalytische Reduktion (SNCR, selective non-catalytic reduction) durch Eindüsung von Ammoniak (NH_3) oder einem Amin bei Temperaturen um 900 °C im Bereich der Nachbrennkammer an. SNCR ist in der Lage, den gültigen Grenzwert für NO_x einzuhalten, könnte aber bei der zu erwartenden Absenkung dieses Wertes auf ≤ 100 mg/m^3 Schwierigkeiten haben.

9 Thermische Verfahren

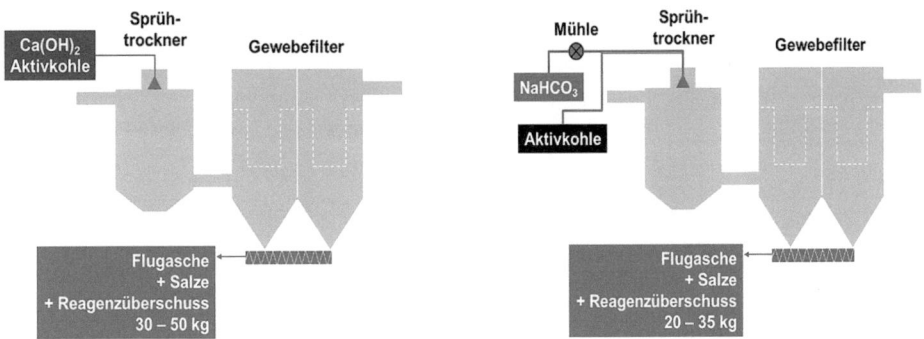

Abb. 9.23 Trockene Gasreinigungsverfahren mit Ca(OH)$_2$ (links) und NaHCO$_3$ (rechts) Reststoffmengen je Mg verbrannten Abfalls

In der Mehrzahl der Anlagen wird daher das SCR-Verfahren (selective catalytic reduction), die katalytische Reduktion im Temperaturbereich 200–250°C, bevorzugt. Die höhere Effizienz bezahlt man im Falle einer nassen Gasreinigung mit der Notwendigkeit der Aufheizung des Gases, bei trockenen Verfahren kann diese entfallen.

Entfernung der PCDD/F
Eine Gruppe von Schadstoffen, die besonders im Blickfeld der Öffentlichkeit steht, sind die polychlorierten Dioxine und Furane (PCDD/F)). International ist ein Emissionsgrenzwert von 0,1 ng(I-TEQ)/m^3 üblich, während im Rohgas moderner Verbrennungsanlagen Konzentrationen im Bereich 0,5–5 ng(I-TEQ)/m^3 gemessen werden. Die Bildung der PCDD/F kann durch Primärmaßnahmen minimiert werden; deren einfachste ist ein guter Ausbrand in Verbindung mit geringem Staubaustrag und guter Kesselreinigung [32].

Wirksamer ist die Erhöhung des SO$_2$-Gehalts im Rohgas, was bei Anlagen mit nasser Rauchgasreinigung durch Extraktion des Schwefels aus den Ablaugen des neutralen Wäschers und die Rückführung in die Nachbrennkammer realisiert werden kann [33]. Dieser Prozess, dessen Fließbild in Abb. 9.24 dargestellt ist, reduziert nicht nur die PCDD/F-Konzentration in die Nähe des Emissionsgrenzwerts, er reduziert durch die Sulfatierung der Flugstäube auch die Kesselkorrosion.

Dioxine adsorbieren leicht an Kohlenstoff und können daher durch ein Festbettfilter mit Aktivkoks oder durch Zugabe geringer Mengen von Aktivkohle in den Gasstrom in einem Flugstromverfahren sicher entfernt werden. Im letzteren Falle ist ein Gewebefilter zu verwenden, in dessen Filterkuchen eine gute Adsorption stattfindet.

Die katalytische Oxidation im Temperaturbereich um 200–250°C ist eine weitere wirkungsvolle Methode, gasförmige PCDD/F zu zerstören [34]. Wird ein SCR-Verfahren zur Entstickung angewendet, so kann der hintere Teil des Katalysators oxidierend gefahren werden. Der Vorteil der katalytischen Oxidation ist die vollständige Zerstörung

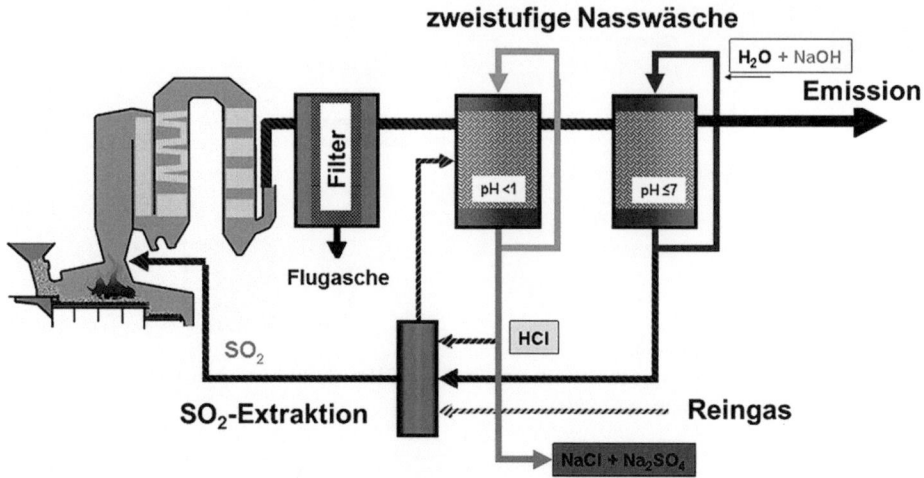

Abb. 9.24 Fließbild des Schwefel-Rückführprozesses zur Dioxinminimierung

der organischen Verbindungen; es fallen keine Reststoffe an, die behandelt oder abgelagert werden müssten.

> **Beispiel PCDD/F-Abscheidung**
>
> Auch das REMEDIA®-Verfahren nutzt einen Katalysator zur PCDD/F-Zerstörung [35]; er ist in das PTFE-Gewebe eines Gewebefilters eingebaut, seine Betriebstemperatur liegt bei 180–240 °C. Das Verfahren ist für die trockene Gasreinigung entwickelt worden und kombiniert so die Abscheidung saurer Gase mit der Zerstörung der PCDD/F.
>
> Für gasförmige PCDD/F lässt sich die Adsorptionswirkung von Kunststoffen im Temperaturbereich <100 °C zur Abreinigung ausnutzen [36]. Das ADIOX®-Verfahren verwendet einen mit Aktivkohle beladenen Kunststoff zur Herstellung von Füllkörpern und Tropfenabscheidern in Gaswäschern und ermöglicht so eine integrierte PCDD/F-Abscheidung auch in der nassen Gaswäsche. ◄

9.3.1.6 Reststoffe der Abfallverbrennung

Massenströme bei der Verbrennung in Rostfeuerungsanlagen
Die typischen Reststoffströme bei der Verbrennung von 1000 kg Abfall in einer Abfallverbrennungsanlage sind in Abb. 9.25 dargestellt [6, 13]. Der Hauptmassenstrom, die Rostasche, auch Schlacke oder MV-Schlacke genannt, fällt in Mitteleuropa mit ungefähr 150–250 kg an. Aus ihm lassen sich ca. 15–30 kg Eisenschrott und bis zu 5 kg Nichteisenmetalle abtrennen.

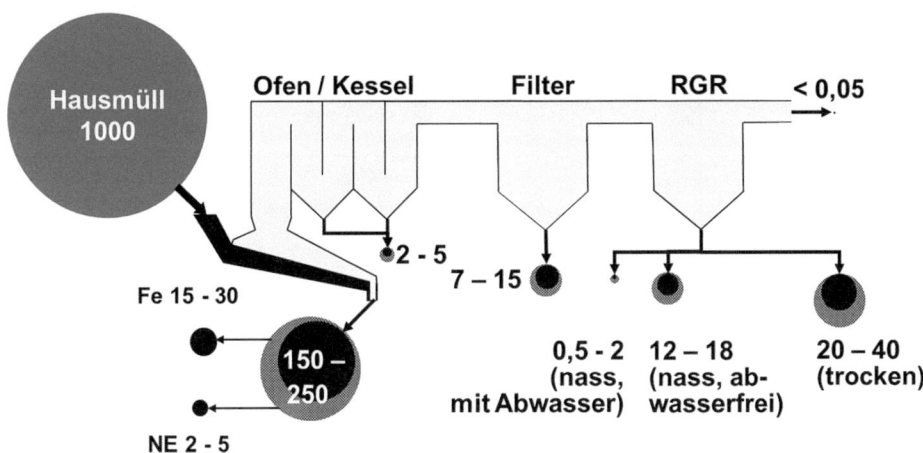

Abb. 9.25 Massenströme in einer Abfallverbrennungsanlage in kg (NE = Nichteisenmetalle)

Die Menge der im Abhitzekessel anfallenden Aschen wird von der Bauart des Kessels und von der aus dem Brennraum ausgetragenen Flugstaubmenge bestimmt. Kesselaschen sind in Deutschland wie auch in den meisten anderen Ländern wegen ihres höheren Schadstoffgehalts getrennt von den Rostaschen zu halten und werden im Allgemeinen gemeinsam mit den Filteraschen entsorgt.

Die Menge der Reststoffe aus der Rauchgasreinigung wird bestimmt durch das angewendete Reinigungsverfahren. Im Falle einer nassen Gaswäsche verbleiben nach Neutralisation der Absalzlösungen geringe Mengen an Metallhydroxiden. Die ca. 12–18 kg Salze, vornehmlich Chloride und Sulfate, liegen entweder gelöst im Abwasser vor oder sie fallen in einer Eindampfanlage in fester Form an. Trockene Rauchgasreinigungsverfahren auf Ca-Basis benötigen überstöchiometrische Mengen an Neutralisationsmittel und liefern damit erheblich höhere Reststoffmengen im Bereich 20 bis 40 kg.

Austrag und Zusammensetzung von Rostaschen

Die Rostaschen fallen in konventionellen Verbrennungsanlagen vom Ende des Verbrennungsrosts in einen Nassentschlacker, in dem die Asche schockartig gekühlt wird und der gleichzeitig für die Absperrung des unter leichtem Unterdruck stehenden Feuerraums gegenüber der Atmosphäre sorgt. Wird der Nassentschlacker mit einem Überschuss an Wasser gefahren, so findet eine Wäsche der Rostasche statt, wodurch ein erheblicher Teil des Chloridgehalts herausgelöst wird. Das Schema eines solchen Nassentschlackers zeigt die linke Grafik in Abb. 9.26 [37].

Insbesondere in der Schweiz sind mittlerweile einige Abfallverbrennungsanlagen mit einer Trockenentschlackung ausgerüstet worden. Ein solches System ist in der rechten Grafik der Abb. 9.26 dargestellt [38]. Für den Luftabschluss wird die Rostschlacke im Schlackenschacht aufgestaut, sodass eine eindeutige Trennung zwischen der Feue-

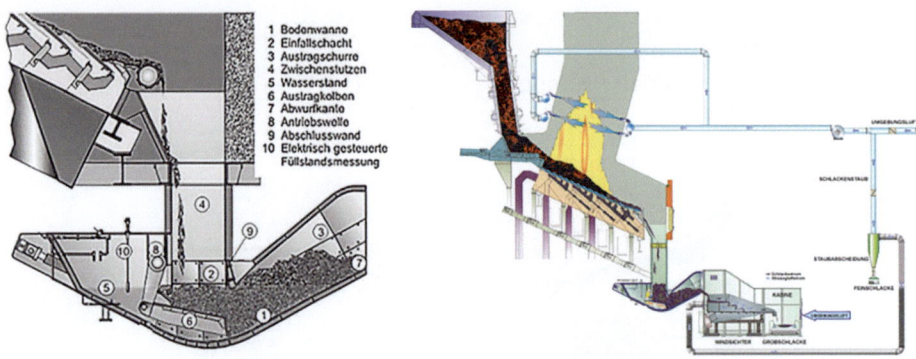

Abb. 9.26 Nassentschlacker (links; [37], modifiziert) und Trockenentschlackung (rechts; [38, 39])

rung und der Entschlackung gegeben ist. Die trocken aus dem Verbrennungssystem ausgetragene gesamte Rostschlacke wird direkt einem Windsichter zugeführt, in dem der Fein- und Staubanteil unter 1 mm sowie Faseranteile von der Grobschlacke abgetrennt werden. Nachfolgend wird in einem Staubabscheider (etwa Zyklon) die Feinschlacke aus dem Luftstrom abgeschieden. Die entfrachtete Windsichterluft mit einem sehr geringen Anteil an Schlackenstaub kann der Sekundärluft zugeführt werden. Durch die Abtrennung der Feinfraktion im Windsichter zu Beginn des Förderweges wird die Staubbelastung der gesamten nachfolgenden Transport- und Aufbereitungsaggregate minimiert. Der Trockenaustrag hat Vorteile, wenn eine optimale Rückgewinnung von NE-Metallen angestrebt wird, da diese besonders in der Feinfraktion der Rostaschen angereichert sind [5].

Rostaschen setzen sich aus oxidischen und silikatischen Phasen, geringen Mengen löslicher Salze und schwerflüchtiger organischer Verbindungen, sowie Resten an Unverbranntem und metallischen Komponenten zusammen [40]. Letztere umfassen bis über 10 % Eisenschrott und bis zu 3 % NE-Metalle, wobei Al den weitaus größten Anteil stellt [41].

Eine Schlüsselgröße für die Qualität der Rostaschen ist ihr Ausbrand, also der Gehalt an Kohlenstoffverbindungen, der, gemessen als TOC (total organic carbon), einen wesentlichen Parameter für den Zugang zu Deponien wie auch für die Verwertung darstellt. Eine optimierte Feuerungsregelung und der durchweg hohe Heizwert heutigen Hausmülls garantieren, dass in modernen Abfallverbrennungsanlagen TOC-Werte <1 Gew-% in den Rostaschen sicher erreicht werden.

Die Belastung mit niedrig flüchtigen organischen Schadstoffen wie PAK (polyaromatische Kohlenwasserstoffe) und organischen Chlorverbindungen, hier speziell den PCDD/F, hat in den letzten Jahrzehnten durch verbesserte Verbrennungsführung ständig abgenommen [42]. Letztere erreichen heute mit ca. 1–20 ng(I-TEQ)/kg nahezu den Bereich der Belastung natürlicher Böden in Deutschland (um 1 ng(I-TEQ)/kg) [43].

9 Thermische Verfahren

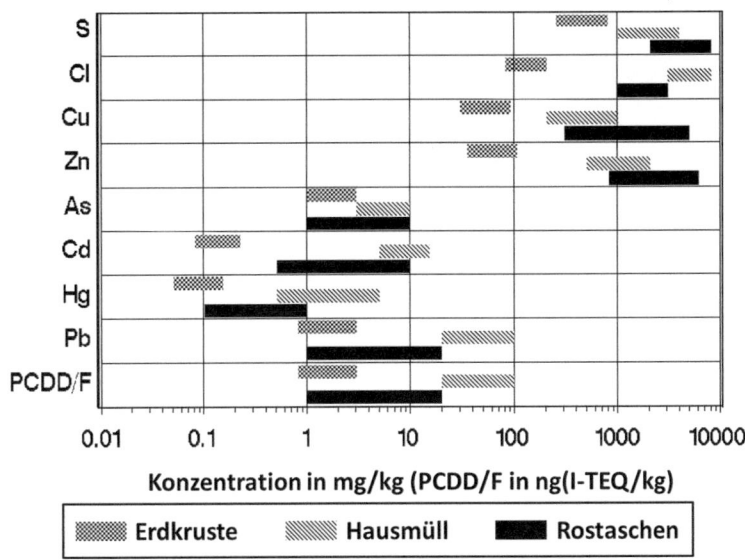

Abb. 9.27 Konzentrationsbereiche ausgewählter Elemente in der Erdkruste, im Hausmüll und in Rostaschen

Die Rostaschen tragen unterschiedliche Anteile an löslichen Salzen und Schwermetallverbindungen. In Abb. 9.27 sind Konzentrationsbereiche ausgewählter Elemente in Rostaschen zusammengestellt. Zum Vergleich enthält das Diagramm auch deren Gehalte in der Erdkruste und im Hausmüll [6, 44]. Die Darstellung zeigt, dass die meisten Elemente in den Rostaschen deutlich gegenüber ihrem Vorkommen in der Erdkruste angereichert sind und dass nur für einige thermisch flüchtige Elemente, z. B. Cl, Cd, Hg oder Pb, niedrigere Konzentrationen als im Hausmüll gefunden werden. Die Schwermetalle liegen in den Rostaschen üblicherweise als Oxide oder in Silikate eingebunden vor und sind damit in Wasser schwer löslich.

Entsorgung und Verwertung der Rostaschen
Die Entsorgung von Rostaschen auf Deponien, mehr noch die Verwertung von Rostaschen, hängt entscheidend von deren Umweltverträglichkeit ab. Für die Bewertung der Umweltverträglichkeit ist die Löslichkeit von Schwermetallen aus den Aschen von größerer Bedeutung als ihre Konzentration in denselben. Für die meisten Schwermetallverbindungen liegt das Löslichkeitsminimum im schwach alkalischen Bereich bei pH-Werten um 9–10.

Die Löslichkeit wird durch standardisierte Elutionsverfahren ermittelt und ist ein entscheidendes Kriterium sowohl für die Ablagerung auf Deponien als auch für die Verwertung. Das Europäische Komitee für Standardisierung CEN (Comité Européen de Normalisation) hat vier verschiedene Elutionstests vorgelegt, die in den EU-Mitglied-

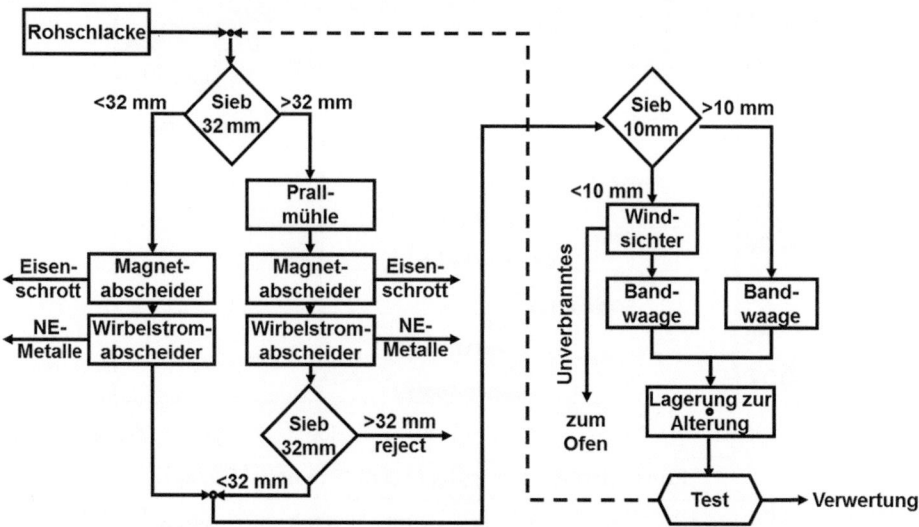

Abb. 9.28 Aufbereitung von Rostaschen in Hamburg ([46], modifiziert)

staaten als Standardverfahren anzuwenden sind. Für Deutschland bietet sich der zweistufige Elutionstest EN-12457-3 an. Er sieht in der ersten Stufe ein Flüssigkeits-Feststoffverhältnis (L/S = liquid-to-solid ratio) von 2 l/kg und eine Elutionszeit von 6 h, in der zweiten Stufe ein L/S von 8 l/kg und eine Elutionszeit von 18 h vor, was addiert theoretisch den Bedingungen des alten deutschen Standardtests DEV S4 (DIN 38 414 Teil 4) mit L/S = 10 l/kg und einer Elutionszeit von 24 h entspricht.

Häufiger wird in Deutschland aber inzwischen der einstufige Elutionstest EN-12457-4 angewendet, mit einem Gesamt-Flüssigkeits-Feststoffverhältnis L/S = 10 l/kg und einer Gesamtelutionszeit von 24h.

Die beschriebenen Tests werden ohne pH-Kontrolle durchgeführt. Frische Rostaschen aus modernen Anlagen weisen eine hohe Alkalinität mit pH-Werten bis >12 auf. Unter diesen Bedingungen steigt die Löslichkeit von Verbindungen einiger amphoterer Schwermetalle, vor allem von denen des Pb, wieder an und gefährdet damit eventuell die Deponierung, vor allem aber die Verwertung der Rostaschen.

Für die Ablagerung auf Deponien sind die Qualitätsanforderungen auf EU-Ebene in der Richtlinie 1999/31/EC über Abfalldeponien, bekannt als 'Deponierichtlinie' niedergelegt, im deutschen Recht regelt die Deponieverordnung von 2021 diese Anforderungen. Für die Verwertung, die in Deutschland vor allem im Straßen- und Dammbau erfolgt, hat die LAGA, die interministerielle Länderarbeitsgemeinschaft Abfall, eine Reihe von Elutionsrichtwerten in einem Merkblatt festgeschrieben [45]. In dem Merkblatt ist auch vorgesehen, dass die Rostaschen vor einer Verwertung 12 Wochen lang zu lagern sind. Die Alterung, auch Alteration genannt, führt zu Mineralumwandlungen und

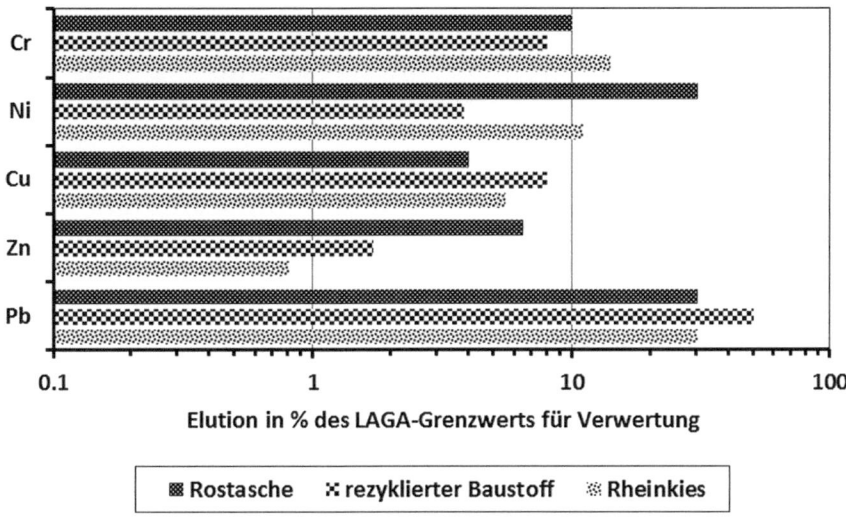

Abb. 9.29 Elutionswerte von aufbereiteter Rostasche, gemittelt aus je 52 Beprobungen zweier Anlagen [46, 48] sowie rezykliertem Baustoff und Rheinkies [49] (dargestellt in Prozent des LAGA-Grenzwerts für die Verwertung im Straßenbau)

durch CO_2-Aufnahme aus der Luft durch Karbonatbildung zu einer Absenkung des pH-Werts, was wiederum die Elution der Schwermetalle verringert [6].

Ein technisches Beispiel für eine Vorbehandlung mit intensiver Separierung von Eisen- und auch Nichteisenmetallen in in Abb. 9.28 [46] dargestellt. Es zeigt sich, dass die Aufarbeitung einen erheblichen Aufwand bedeutet, der durch den Erlös des als sekundären Baustoff abgegebenen Mineralstoffs nicht gedeckt werden kann. Inzwischen lässt sich aber aus dem Verkauf der separierten Metalle ein Gewinn erzielen, der bei steigenden Rohstoffpreisen und dem wachsenden Bedarf der Industrie vor allem an NE-Metallen auch in Zukunft erwirtschaftbar erscheint [47].

Die Qualität aufbereiteter und gealterter Rostaschen erfüllt die Bedingungen für eine Verwertung leicht, wie die Elutionswerte ausgewählter Schwermetalle zeigen (Abb. 9.29), die den Durchschnitt von 52 Beprobungen über ein Jahr hinweg in zwei kommerziellen Schlackeaufbereitungsanlagen dokumentieren [46, 48]. In die Grafik sind ebenfalls Elutionswerte aufgenommen, die an rezykliertem Baustoff und Rheinkies gewonnen wurden [49].

Das Balkendiagramm dokumentiert, dass Rostaschen die LAGA-Grenzwerte für die Verwertung im Straßenbau weit unterschreiten und ihre Elutionsstabilität der von rezyklierten Baustoffen und sogar als Baustoffe eingesetzten natürlichen Materialien nahe kommt. Wegen dieser hohen Umweltverträglichkeit werden in Deutschland ca. 80 % aller Rostaschen (derzeit ca. 4 Mio. Mg/a) verwertet. In den Niederlanden wie auch in Dänemark beträgt dieser Anteil nahezu 100 %. Zukünftig soll die Verwertung von

Tab. 9.6 Inertisierungsverfahren für Filteraschen

Verfahren	Additive/Prozess
Verfestigung/Stabilisierung	Neutralisationsschlamm: „Bamberger Modell"
	Pozzolanische Abfälle: Flugasche aus Kohlekraftwerken
	Chemische Stabilisierung: Chelatbildner, Sulfide
	Organische Zusätze: Asphalt, Bitumen
Thermische Behandlung	PCDD/F-Zerstörung: Hagenmaier-Trommel
	Sintern: Matrixmodifikation
	Schmelzen: ohne Additive
	Verglasung: mit Additiven
Kombinierte Prozesse	Wäsche/saure Extraktion-Verfestigung mit Zement: Schweizer TVA-Verfahren
	Saure Extraktion – thermische Behandlung: 3R-Verfahren
	Saure Extraktion – Metallabscheidung, Deponierung: FLUWA-Prozess, FLUREC [52]

mineralischen Ersatzbaustoffen über eine Mantelverordnung in Deutschland bundeseinheitlich geregelt werden [50].

Gutes Sintern des Gutbetts auf dem Rost einer Verbrennungsanlage ist ein Garant zur Erzeugung von Rostaschen mit hoher Elutionsstabilität und niedrigem Restkohlenstoffgehalt. Eine thermische Nachbehandlung ist für die Verwertung im Straßenbau nicht notwendig. Besonders das in Japan in sehr vielen Anlagen durchgeführte Einschmelzen führt bei Rostaschen aus mitteleuropäischen Abfallverbrennungsanlagen nicht zu einer signifikanten Qualitätsverbesserung [51]. Berücksichtigt man den hohen Energieaufwand, so muss konstatiert werden, dass Schmelzverfahren für Rostaschen aus Gründen der Ökoeffizienz abzulehnen sind.

Qualität und Entsorgung der Filteraschen

Filteraschen und in vermindertem Maße auch Kesselaschen zeichnen sich durch einen deutlich höheren Gehalt an Salzen, Schwermetallen und organischen Schadstoffen aus. In Deutschland gehören sie zu den überwachungsbedürftigen Abfällen und sind auf Sonderdeponien, bevorzugt unter Tage, abzulagern. Da diese Entsorgung teuer ist, hat es nicht an Versuchen gefehlt, zumindest Teile dieser Reststoffe durch Behandlung zu inertisieren oder sogar einer Verwertung zuzuführen. Eine Zusammenstellung der wichtigsten Behandlungstechnologien für Filteraschen enthält Tab. 9.6 [6].

Generell ist festzustellen, dass Verfestigungs- und Stabilisierungsverfahren nur Diffusionsbarrieren aufbauen, dass sie die Toxizität der Reststoffe aber nicht beseitigen. Sie stellen somit keine echten Senken für toxische Komponenten dar und fanden daher nur geringe Verbreitung als Vorbehandlung für eine einfachere Deponierung. Zementverfestigung und der Einsatz von Chelatbildnern finden sich in einer Reihe von japanischen Anlagen.

Thermische Verfahren zerstören zumindest die organischen Schadstoffe wie z. B. die PCDD/F. Die Behandlung durch Schmelzen und Verglasung wandelt Filteraschen in sehr kompakte glasartige Produkte um, die sich durch hohe Elutionsstabilität auszeichnen. Diese Produkte lassen sich verwerten und die beim Schmelzen verdampften oder in einer Metallschmelze anfallenden Schwermetalle sind rückgewinnbar. Die hohen Investitionskosten und der hohe Energieeinsatz dürften aber eine Kostendeckung der Verfahren durch Verkauf der Produkte im Allgemeinen verhindern. Außerdem treten bei der Behandlung von Filteraschen durch den hohen Halogenid- und Alkaligehalt größere Probleme mit flüchtigen Spezies und damit höhere Mengen an Nebenprodukten auf, die wiederum als Sonderabfälle entsorgt werden müssen. Schmelz- und Verglasungsverfahren finden praktisch nur in Japan Anwendung. In Europa sind um 1990 mehrere derartige Verfahren bis in den Demonstrationsmaßstab entwickelt worden, keines dieser Verfahren hat Eingang in die Technik gefunden.

Das in der Schweiz in etliche Anlagen praktizierte TVA-Verfahren entfernt lösliche Salze und stabilisiert die Filteraschen dann mit Zement. Das Ziel ist ein besseres Verhalten auf der Deponie.

Verfahrensbeispiele

Das mehrstufige 3R-Verfahren wurde in den 1980er Jahren entwickelt [53]. In einem ersten Verfahrensschritt werden die eluierbaren Schwermetalle aus den Filter- und Kesselaschen mit den von Hg befreiten Absalzlösungen des sauren Wäschers extrahiert. Die abfiltrierten und mit Ton vermischten Reste werden pelletiert und zur thermischen Behandlung zurück in den Feuerraum der Abfallverbrennungsanlage verbracht. Das Verfahren stellt eine Senke für Hg und große Anteile der extrahierbaren Schwermetalle – z. B. Cd, Zn, Cu, Pb – dar. Organische Schadstoffe werden im Brennraum zerstört und die verbliebenen Metallverbindungen durch Sintern stabilisiert. Eine mit dem 3R-Verfahren ausgerüstete Verbrennungsanlage benötigt also keine Deponie für Filter- und Kesselaschen.

In der Schweiz wurde auf der Basis dieses Verfahrens das FLUWA-Verfahren entwickelt [54], das inzwischen in 50 % der Abfallverbrennungsanlagen eingesetzt wird. Die mineralischen Reststoffe werden zusammen mit den Rostaschen deponiert, aus den Extraktionslösungen werden Metallhydroxide ausgefällt und einer Zinkhütte zugeführt.

Bereits um 1990 wurden Verfahren entwickelt um aus den Lösungen des 3R-Verfahrens insbesondere Zn zurück zu gewinnen [55]. Eine technische Umsetzung ließ sich aber zur damaligen Zeit wegen mangelnder Wirtschaftlichkeit nicht realisieren. Inzwischen sind die Metallpreise erheblich angestiegen und so ist in der Schweiz Ende 2012 das FLUREC-Verfahren in Betrieb genommen worden, das aus den Lösungen des FLUWA-Verfahrens elektrolytisch hochreines Zn abscheidet [56]. ◄

Qualität und Entsorgung der Gasreinigungsrückstände

Wie oben dargestellt, produzieren die verschiedenen Rauchgasreinigungsverfahren unterschiedliche Arten und Mengen von Reststoffen. Im Falle der Abwasserabgabe aus einer nassen Rauchgasreinigung ist zu klären, ob die in den Abläufen enthaltene Salzfracht vom vorhandenen Vorfluter verkraftet wird und ob eine Herstellung von NaCl, HCl, elementarem Chlor bzw. von Gips aus diesen Lösungen sinnvoll ist. Gips wird inzwischen in vielen Anlagen aus den Absalzlösungen des neutralen Wäschers hergestellt und hat einen Markt gefunden. Seltener werden in Deutschland die chloridhaltigen Lösungen des sauren Wäschers verwertet. Derartige Verfahren sind entwickelt worden [57], ihre Anwendung ist aber wegen der Kosten nur dort sinnvoll. wo die gereinigte Säure oder das Salz im Eigenbetrieb eingesetzt wird, oder wo ein stabiler Markt gefunden werden kann.

Im Allgemeinen werden bei Nassverfahren die Absalzlösungen neutralisiert und entweder in einem Sprühtrockner oder extern eingedampft. Die Reststoffe sind wasserlösliche Salze, insbesondere Chloride und Sulfate, deren Deponierung problematisch ist.

Eine trockene Gasreinigung produziert, wie oben bereits ausgeführt, erheblich größere Mengen an Salzen, da wegen der überstöchiometrischen Fahrweise unverbrauchtes Reagenz mit ausgetragen wird. In einigen Fällen werden bei der trockenen Gasreinigung die Filteraschen gemeinsam mit den Gasreinigungsreststoffen abgeschieden. Diese Rückstände sind in jedem Fall als Sonderabfall einzustufen und, wie die Salze aus der abwasserfreien nassen Gasreinigung, auf besonders gesicherten und damit teuren Sonderabfalldeponien abzulagern.

Die hohen Ablagerungskosten sollten also der nassen Gasreinigung mit Abwasserreinigung und Abwasserabgabe einen Vorteil einräumen, genauso wie sie eine Inertisierung der Filteraschen favorisieren sollte, was aber in den meisten Ländern und vor allem auch in Deutschland nicht der Fall ist. Ein Grund für diese Situation ist die ökonomische Attraktivität der Tieflagerung solcher Stoffe in Salzminen. Seit geraumer Zeit verlangen die Bergämter die Rückverfüllung der Kavernen in alten Steinsalz- und Kaligruben. Für diese als Verwertung anerkannte Verfüllung sind auch Reststoffe aus der Rauchgasreinigung zugelassen. Somit ist auf dem Verordnungswege eine Verwertung der problematischen Reststoffe aus der Gasreinigung ohne größere Vorbehandlung als eine geeignete Verpackung gefunden worden. Es ist offensichtlich, dass neben einer solchen Verwertung nur schwer ökonomische Wege für technische Behandlungs- und Verwertungsverfahren zu finden sein werden, selbst wenn diese die Option der Herstellung marktgängiger Produkte bieten sollten.

9.3.2 Sonderabfallverbrennung im Drehrohrofen

Besonders überwachungsbedürftige Abfälle (Sondermüll) aus Haushalten, Gewerbe und Industrie werden überwiegend in Drehrohranlagen verbrannt. Anlagen mit einem Durchsatz von ca. 40.000 Mg/a sind Stand der Technik, dies entspricht je nach Heizwert (bis

9 Thermische Verfahren

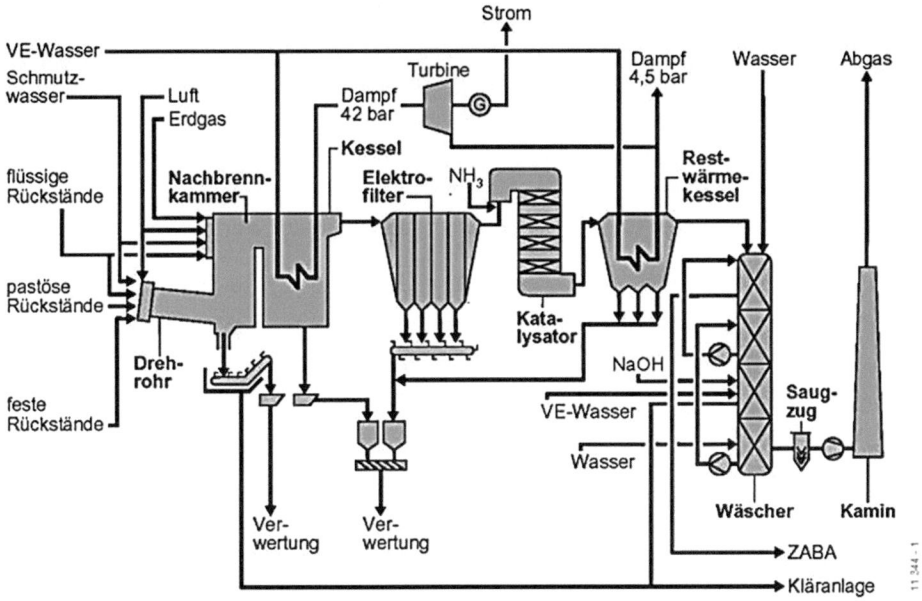

Abb. 9.30 Schema einer Drehrohranlage mit Wärmenutzung und Rauchgasreinigung [58]

2,4 MJ/kg für Schmutzwasser und bis 40 MJ/kg für verunreinigte Lösemittel) einer thermischen Leistung von 35–40 MW.

Die Anlagen bestehen aus einem mit Feuerfestmaterial ausgekleideten Drehrohr (L = 10–12 m / D = 4,5–5 m), einer Nachbrennkammer und einem Abhitzekessel (Abb. 9.30). Feste Abfälle werden in Gebinden (bis 200 l Rollreiffass) oder als bulk-Ware aus dem Bunker über eine Schurre in das Drehrohr aufgegeben. Pastöse und schlammförmige Abfälle werden über Lanzen, flüssige Abfälle über Brenner an der Stirnwand des Drehrohres zugeführt. Das leicht geneigte Drehrohr rotiert mit ca. 10 Umdrehungen pro Stunde, sodass die Feststoffanteile langsam zum Drehrohrauslauf transportiert werden (Verweilzeit 5–24 h) und dabei ein vollständiger Ausbrand des Feststoffes gewährleistet ist. Je nach Verbrennungstemperatur (900–1100 °C) wird trockene Asche oder schmelzflüssige Schlacke am Ende des Drehrohres in einen Nassentschlacker ausgetragen.

Im System Drehrohr/Nachbrennkammer gewährleistet das Drehrohr den Ausbrand der festen Abfälle. Vermischung und Verweilzeit der Rauchgase im Drehrohr sind nicht ausreichend für den Ausbrand der Gasphase, sodass insbesondere bei instationären Verbrennungszuständen (z. B. Gebindeverbrennung) nicht ausgebrannte Rauchgase in die Nachbrennkammer strömen. Moderne Anlagen sind mit einer runden, ausgemauerten Nachbrennkammer (H = 15 m, D = 5–6 m) mit Brennern für flüssige Abfälle oder Luftlanzen zur Vermischung der Rauchgase aus dem Drehrohr ausgestattet. Bei Temperaturen von 950–1050 °C und Sauerstoffkonzentrationen von ca. 10 Vol. % in der Nachbrennkammer ist der vollständige Ausbrand der Rauchgase gewährleistet. Im nachgeschalteten Abhitzekessel, der in der Regel als Schottenwandkessel ausgeführt ist, werden die Rauchgase auf ca. 200 °C abgekühlt; der erzeugte Dampf (typisch 40 bar, 350 °C) wird als Prozesswärme oder zur Verstromung eingesetzt. Zur Gasreinigung werden die in Abschnitt 9.3.1.5 beschriebenen Verfahren eingesetzt. Abb. 9.30 zeigt das Fließbild einer modernen Drehrohranlage mit Wärmenutzung und Rauchgasreinigung [58].

9.3.3 Klärschlammverbrennung im Wirbelschichtofen

Klärschlämme, insbesondere aus der industriellen Produktion, werden überwiegend in Wirbelschichtöfen verbrannt. Man unterscheidet stationäre und zirkulierende Wirbelschichten. Der heizwertarme Klärschlamm muss zunächst entwässert und eventuell mit einem Heizwertträger (z.B. Ballastkohle) angereichert werden, bevor er in den Wirbelschichtofen eingetragen wird. Moderne stationäre Wirbelschichtanlagen werden heute für jährliche Durchsätze bis 50.000 Mg Schlammtrockensubstanz gebaut, dies entspricht einer Filterkuchenmenge von ca. 200.000 Mg/a bzw. einer thermischen Leistung von ca. 25 MW (unterer Heizwert ca. 3,5 MJ/kg).

Prinzipiell besteht der Wirbelschichtofen aus einem zylindrischen Schacht mit einem Düsenboden, durch den vorgewärmte Verbrennungsluft eingetragen wird. Die Luft durchströmt das Wirbelbett gegen die Schwerkraft und hält es damit in Bewegung. Das Bettmaterial besteht zu ca. 90 % aus Sand oder Schlacke und nur zu ca. 10 % Brennstoff. Das Inertmaterial dient als Wärmeträger. Aufgrund der intensiven Durchmischung von Inertmaterial, Brennstoff und Verbrennungsluft stellen sich im Wirbelbett homogene Temperatur- und Konzentrationsverteilungen ein, sodass heizwertarme Brennstoffe sehr gut ausbrennen. Die Feuerraumtemperatur liegt bei 850–950 °C.

Beim stationären Wirbelbett wird nur die feinkörnige Asche mit dem Rauchgas aus dem Wirbelbett transportiert und über einen Staubabscheider ausgetragen, während bei der rotierenden Wirbelschicht das gesamte Bettmaterial im Kreislauf gefahren wird. Die Wärmeauskopplung zur Dampferzeugung erfolgt über Wärmetauscherflächen, die sowohl im Wirbelbett als auch im Rauchgas nach der Wirbelschicht angeordnet sind. Die Gasreinigung ist prinzipiell wie bei den im Abschnitt 9.3.1.5 beschriebenen Rostofenanlagen aufgebaut. Abb. 9.31 zeigt das Fließbild einer Wirbelschichtanlage für industrielle Klärschlämme mit Wärmenutzung und Rauchgasreinigung [59].

9.4 Mitverbrennung von Abfällen – Ersatzbrennstoffe

Neben der Verbrennung von Abfällen in speziellen Abfallverbrennungsanlagen werden zunehmend vor allem Hausmüll bzw. hausmüllähnliche Abfälle und Klärschlämme in nicht primär zur thermischen Abfallverwertung ausgelegten Anlagen mitverbrannt.

9 Thermische Verfahren

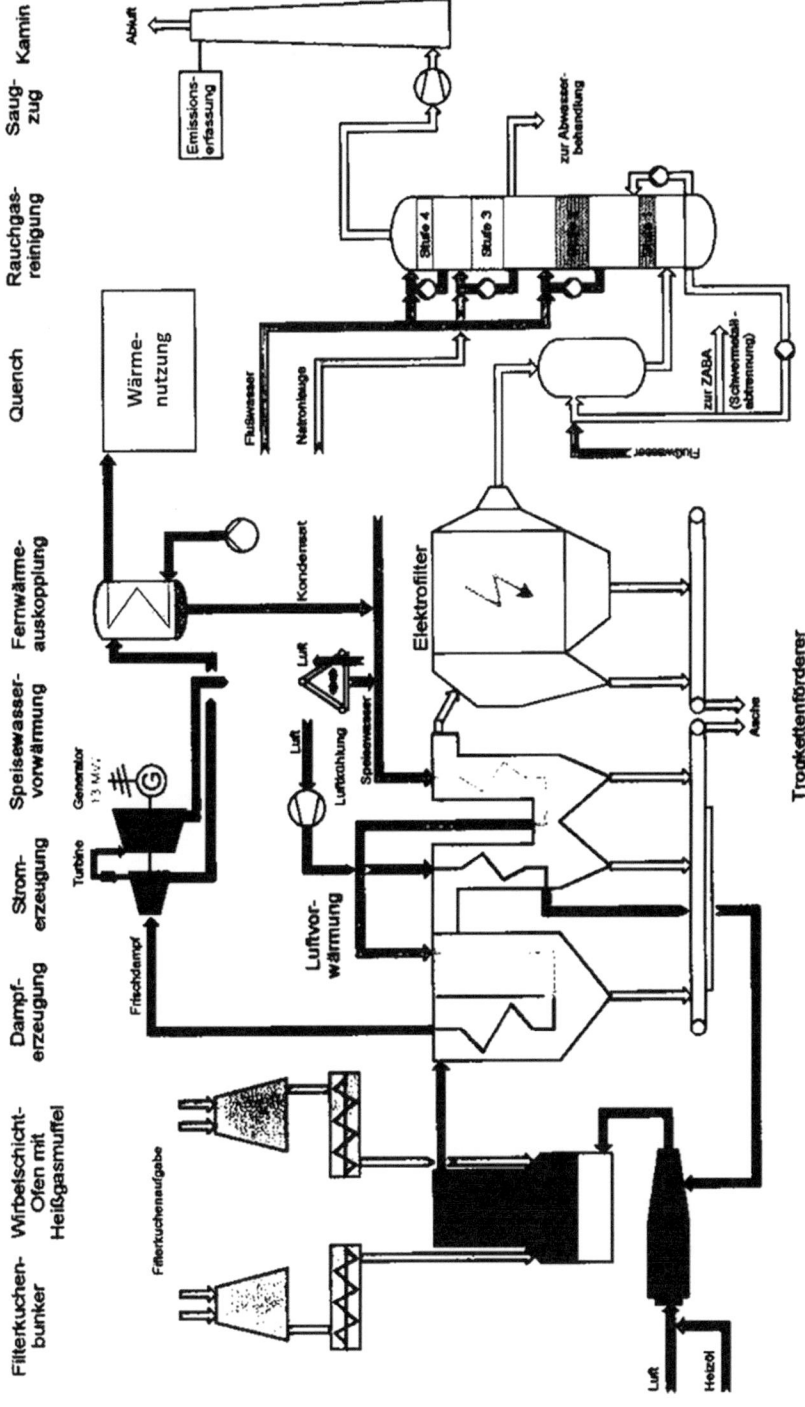

Abb. 9.31 Schema einer Klärschlamm-Wirbelschichtverbrennungsanlage mit Wärmenutzung und Rauchgasreinigung [59]

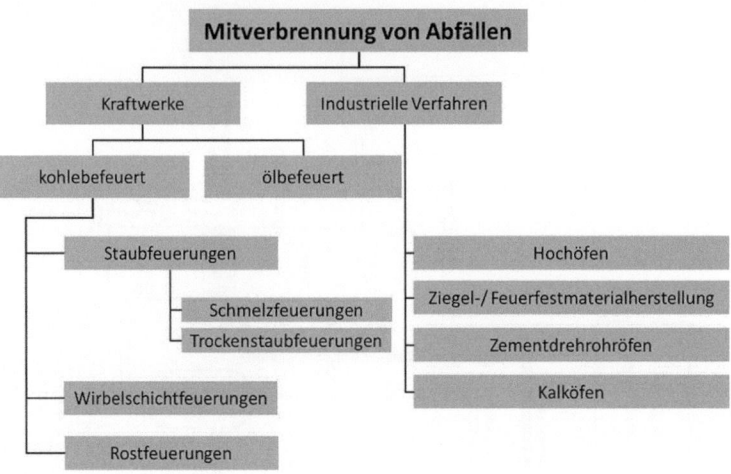

Abb. 9.32 Möglichkeiten der Mitverbrennung

Für die Mitverbrennung gelten die gleichen Zielsetzungen, wie sie in Abschnitt 9.1 beschrieben werden, wobei zusätzlich die ökonomischen Vorteile (geringe spezifische Investitionskosten) und die höhere Energieeffizienz der angewandten Prozesse als Anreiz dienen.

Die Mitverbrennung von Abfällen kann sowohl in Kraftwerken unterschiedlicher Technologien als auch in Industriefeuerungen stattfinden (Abb. 9.32).

Häufig werden bei der Mitverbrennung von Abfällen sogenannte Ersatzbrennstoffe (EBS), d. h. aus Abfällen gewonnene Brennstoffe, eingesetzt. Die Herstellung und Klassifizierung ist im Detail in Kap. 7.1.6 erläutert.

Die durch Trocknung, mechanische Aufbereitung und/oder mechanisch-biologische Aufbereitung (MBA) von nicht gefährlichen Abfällen erzeugten EBS erreichen höhere Heizwerte und sind in ihren kalorischen und verbrennungstechnischen Eigenschaften den fossilen Regelbrennstoffen ähnlicher [60]. Bei den EBS wird nach Herkunft der Abfälle zwischen EBS-S (aus gemischten Siedlungsabfällen) und EBS-P (aus produktionsspezifischen Gewerbeabfällen) unterschieden.

Zur Spezifizierung hochkalorischer Ersatzbrennstoffe, so genannter SRF (Solid Recovered Fuels), wurde eine europäische Klassifizierung gemäß der europäischen Norm CEN/TS15359 festgelegt [61]. Danach erfolgt die vollständige Klassifizierung der SRF über drei Zahlen (zwischen 1 und 5), die die Eingruppierung des SRF in die Kategorien Heizwert, Chlorgehalt und Quecksilbergehalt ausdrückt (Tab. 9.7).

Gemäß statistischer Daten der Jahre 2012 bis 2016 wurden vom gesamten europäischen SRF-Aufkommen von annähernd 17 Mio. Mg mit ca. 9 Mio. Mg mehr als 50 % in Deutschland produziert (Abb. 9.33) [62]. Die zeitliche Entwicklung des Einsatzes von SRF in Deutschland zeigt Abb. 9.34.

Tab. 9.7 Klassifikation von SRF nach CEN/TS 15359

Kategorie	Einheit	Klasse				
		1	2	3	4	5
Unterer Heizwert (H_u)	MJ/kg	≥ 25	≥ 20	≥ 15	≥ 10	≥ 3
Chlor	Gew.-% (tr.)	$\leq 0,2$	$\leq 0,6$	$\leq 1,0$	$\leq 1,5$	≤ 3
Quecksilber	Gew.-% (tr.)	$\leq 0,02$	$\leq 0,03$	$\leq 0,08$	$\leq 0,15$	$\leq 0,5$

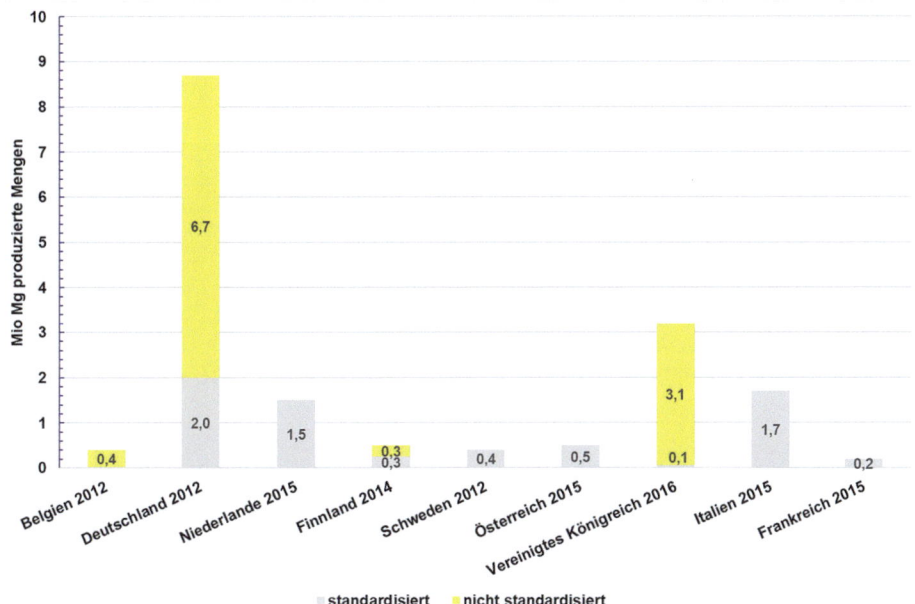

Abb. 9.33 Produktion von SRF mit Daten aus den Jahren 2012 bis 2016 in Europa ([62]; Werte in Mio Mg

Mit dem Kohleausstiegsgesetz [64] nimmt der Einsatz an Sekundärbrennstoffen in Kohlekraftwerken erwartungsgemäß ab. Die freiwerdenden Kapazitäten gelangen sowohl in den Zementbereich als auch in Industrie- und Ersatzbrennstoffkraftwerke.

Mit einer Einsatzmenge von 2,4 Mio. Mg/a (2020) sind Sekundärbrennstoffe aus Gewerbeabfällen und hochkalorischen Fraktionen zu einer unverzichtbaren Energiequelle für die deutsche Zementindustrie geworden. Im Jahr 2020 erreichte die Substitutionsrate in deutschen Zementwerken durch Ersatzbrennstoffe nahezu 70 % [63].

In den letzten Jahren gewinnt der Einsatz in industriellen Kraftwerken, z. B. in der chemischen Industrie bzw. der Papierindustrie, an Bedeutung. Daten zu eingesetzten Mengen gibt es nach [65] für 2018 als Schätzwert mit etwa 5,5 Mio Mg. In EBS-Kraftwerken werden etwa 6,3 Mio Mg verbrannt [65]. Der Gesamtnutzungsgrad dieser An-

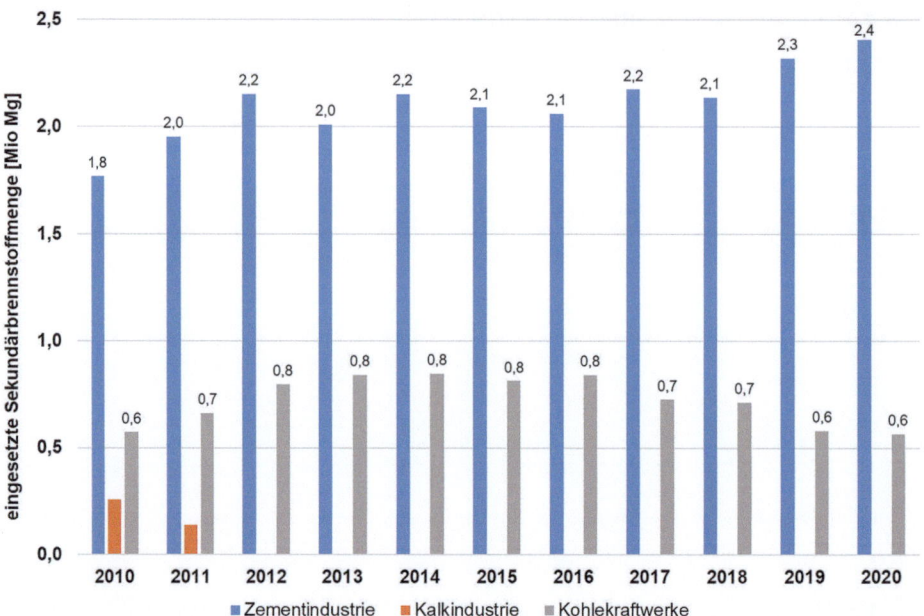

Abb. 9.34 Entwicklung der Einsatzmengen von Sekundärbrennstoffen in Deutschland Angaben für Brennstoffe aus Gewerbeabfällen bzw. hochkalorischen Fraktionen [63])

lagen liegt bei rund 70 % (Strom, Wärme und Dampf), weil sie häufig an Industriestandorte gekoppelt und entsprechend optimiert sind, z. B. auf eine ganzjährige Lieferung von Prozessdampf.

Die unterschiedlichen Stückigkeiten des EBS (von Staubfeuerung über Hackschnitzel bis zu Pellets) wie sie in Mitverbrennungsanlagen zum Einsatz kommen zeigt Abb. 9.35.

9.5 Alternative Verfahren der thermischen Abfallbehandlung

9.5.1 Verfahrensprinzipien

Derzeit werden zur thermischen Abfallbehandlung überwiegend die oben beschriebenen Verbrennungsverfahren eingesetzt. Weltweit waren Ende 2018 ca. 2450 Anlagen mit einer Kapazität von 370 Mio. Mg/a in Betrieb [66]. Seit langer Zeit sind als Alternativen aber auch Pyrolyse- und Vergasungsverfahren entwickelt worden, die für unbehandelte Siedlungsabfälle in Deutschland mit einer Ausnahme keine Anwendung fanden, in Japan dagegen einen beachtlichen Marktanteil haben.

Die proklamierten Vorteile derartiger Verfahren sollen eine höhere Energieausbeute, geringere Emissionen und qualitativ hochwertigere Reststoffe sein, die zum großen Teil

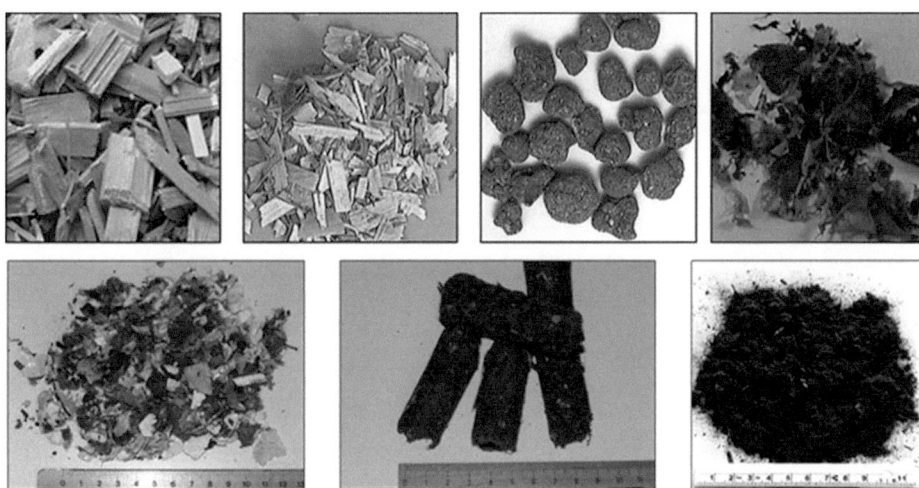

Abb. 9.35 Unterschiedliche Stückigkeiten von Ersatzbrennstoffen (Hackschnitzel, Pellets, Fluff, Staub)

als geschmolzene Schlacken anfallen. Außerdem werden geringere Prozesskosten versprochen.

Die beiden oben genannten Verfahrenstypen arbeiten unterstöchiometrisch, die Pyrolyse unter Ausschluss von Luft, die Vergasung mit Luftzahlen unter 1; beide sind zwei- oder mehrstufig ausgelegt, wobei die letzte thermische Verfahrensstufe im Allgemeinen eine Verbrennung ist. Die meisten Verfahren benötigen eine Vorbehandlung des Einsatzstoffs, in den meisten Fällen EBS oder SRF.

Als Pyrolysestufe dient vorwiegend ein beheiztes Drehrohr, zur Vergasung werden Schachtöfen oder Festbettreaktoren, Wirbelschichten, Roste sowie Flugstromreaktoren eingesetzt. Die Verbrennungsstufe ist üblicherweise eine Brennkammer. Bei einigen Verfahren wird das Synthese-/Produktgas zur Verstromung in Gasmotoren eingesetzt, direkt oder nach Zwischenreinigung einer Gasturbine zugeführt oder in einen industriellen thermischen Prozess, z. B. ein Zementdrehrohr oder einen Kalkofen eingespeist.

Zur Vergasung wird in praktisch allen Fällen Luft, sauerstoffangereicherte Luft oder reiner Sauerstoff eingesetzt. Die Prozessparameter von Pyrolyse und Vergasung finden sich in Tab. 9.1.

9.5.2 Pyrolyseverfahren

Pyrolyse zur Behandlung von Siedlungsabfällen wird nur in wenigen technischen Anlagen eingesetzt. Die erste kommerzielle Anlage ging 1984 in Burgau in Bayern mit einem Durchsatz von ca. 30 000 Mg/a in Betrieb [67]. Das Fließbild dieser Anlagen, die

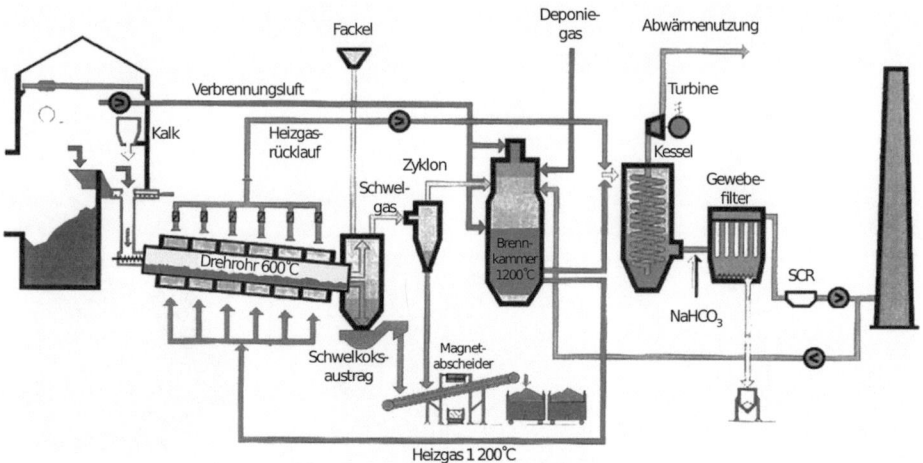

Abb. 9.36 Hausmüllpyrolyseanlage Burgau ([68], modifiziert)

zwischenzeitlich mehrfach aufgerüstet wurde, zeigt Abb. 9.36. Die Anlage wurde Ende 2015 stillgelegt.

Der per Rotorschere zerkleinerte Hausmüll wird in ein außenbeheiztes Drehrohr eingebracht und bei 600°C pyrolysiert. Der Reststoff, Schwelkoks genannt, ein Gemisch aus Inertmaterial und hohen Organikanteilen, wird ausgetragen, von Eisenschrott befreit und untertage abgelagert. Das Schwelgas passiert einen Zyklon zur Abscheidung grober Flugstäube und wird bei 1200°C in einer Brennkammer zusammen mit Deponiegas verbrannt. Ein Teil des Rauchgases wird zur Beheizung des Drehrohrs eingesetzt, die Hauptmenge passiert einen Abhitzekessel und eine mit $NaHCO_3$ betriebene trockene Gasreinigung.

In den 1990er Jahren baute die Firma Siemens in Fürth eine großtechnische Schwel-Brenn-Anlage [69], die der oben beschriebenen Anlage sehr ähnlich war. Das Drehrohr wurde über eingebaute Rohrbündel mit Heißluft beheizt, die Pyrolysetemperatur betrug 450°C. Das Schwelgas wurde nicht entstaubt, der Koks wurde aus dem festen Reststoff abgetrennt und mit dem Schwelgas gemeinsam in einer Brennkammer bei 1350°C verbrannt. Die Anlage wurde im Probebetrieb wegen Blockaden des Gaskanals und Problemen mit den Drehrohrdichtungen stillgelegt, das Verfahren vom Markt genommen.

Siemens hatte eine Lizenz an die Firma Mitsui Environmental Systems in Japan vergeben, wo etliche großtechnische Anlagen des jetzt MES R21 genannten Verfahrens in Betrieb genommen wurden [70]. Auch die japanische Firma Takuma nahm eine Lizenz und baute einige Anlagen mit geringerem Durchsatz. Beide Firmen bauten insgesamt 11 Anlagen mit einem Gesamtdurchsatz von annähernd 2400 Mg/d. Das Verfahren wird aber inzwischen in Japan wegen geringer Energieausbeute und hoher Investitions- und Betriebskosten nicht mehr angeboten.

Zwischen 2001 und 2009 wurde in Hamm eine ConTherm genannte Drehrohrpyrolyse, in der aufbereitete plastikreiche Abfallfraktionen eingesetzt wurden, als Vorschaltanlage für ein Kohlekraftwerk betrieben [71]. Die Anlage bestand aus zwei Linien mit einem Gesamtdurchsatz von 100.000 Mg/a. Die Anlage hatte technische Probleme, z. B. Ablagerungen im Pyrolysegasrohr zum Kraftwerk. Die Ökonomie gestaltete sich schwierig, da die Preise des Einsatzmaterials ständig anstiegen. ConTherm wurde daher 2009 außer Betrieb genommen.

9.5.3 Vergasungsverfahren

Auch Vergasungsverfahren für Siedlungsabfälle wurden entwickelt. Es handelt sich meistens um zweistufige Verfahren mit einer Verbrennung des Synthesegases in einer Brennkammer. Daneben gibt es einige Verfahren, bei denen die Vergasungs- und die Verbrennungsstufe nahezu ohne räumliche Trennung ineinander übergehen, z. B. das Energos- [72] oder das Cleergas-Verfahren [73], die eigentlich als zweistufige Verbrennung zu bezeichnen sind, aus Gründen der Akzeptanz und teilweise günstigerer Stromtarife im Rahmen der Unterstützung alternativer Technologien als Vergasungsverfahren angeboten werden.

Zu den Verfahren, die eine deutliche Trennung der Stufen aufweisen, sollen einige Beispiele näher beschrieben werden. Ein Verfahren, das in den 1990er Jahren in Deutschland und der Schweiz auf den Markt drängte, ist das Thermoselect Verfahren [74]. Es handelt sich dabei um eine Verfahrenskette aus einer Entgasung des unbehandelten Abfalls in einem Kanal bei ca. 600 °C, der Vergasung bei 1200 °C in einer Kammer mit Einschmelzung des Reststoffs bei 2000 °C und einer sehr aufwendigen Synthesegasreinigung, wie Abb. 9.37 zeigt. Das Ziel des Verfahrens war eine hochwertige Nutzung aller Reststoffe, vor allem des Synthesegases.

Eine erste großtechnische Anlage wurde in Karlsruhe errichtet, hier wurde das Synthesegas allerdings in einer Brennkammer verbrannt. Die Anlage wurde nach Problemen im Probebetrieb 2000 und 2001 bereits 2004 wegen hoher Verluste stillgelegt. Damit scheiterten auch einige andere Projekte in Europa. In Japan hat die Firma JFE/Kawasaki Steel eine Lizenz des Verfahrens genommen und betreibt 5 Anlagen mit einer Gesamtkapazität von ca. 1,3 Mio. Mg/a. Das Verfahren wird inzwischen wegen zu geringer Energieausbeute und zu hoher Kosten in Japan nicht weiter angeboten.

Das am weitesten verbreitete Verfahren ist eine Schachtofen-Vergasung von unbehandelten Siedlungsabfällen unter Zugabe geringer Mengen an Koks [75]. Das bei bis zu 2000 °C erzeugte Synthesegas wird ohne Behandlung direkt in einer Brennkammer verbrannt. Den Vergasungsteil des Verfahrens zeigt die linke Grafik in Abb. 9.38. Das Verfahren wird seit 1979 von Nippon Steel unter dem Namen DMS (Direct Melting System) angeboten, zurzeit sind 28 Anlagen mit einer Gesamtkapazität von 6200 Mg/d in Betrieb. Die Firma JFE bietet ein sehr ähnliches Verfahren an.

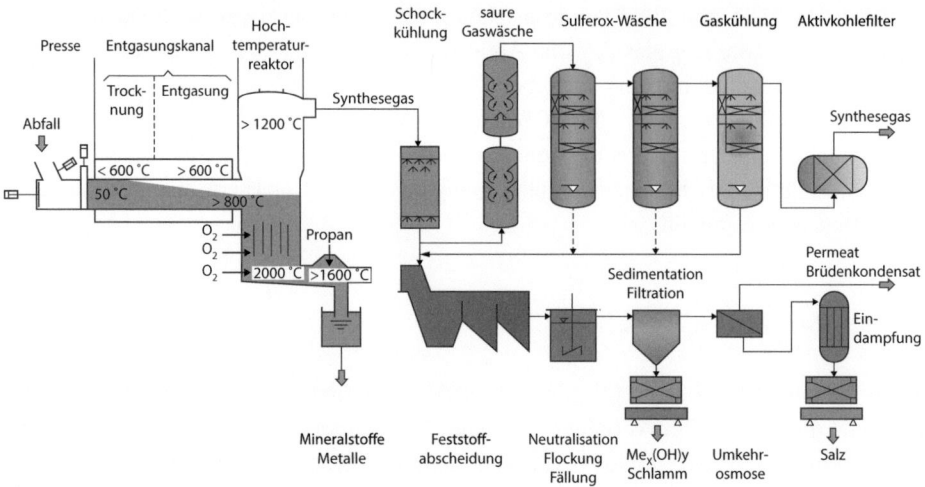

Abb. 9.37 Fließbild des Thermoselect-Verfahrens [22]

Ein weiteres in Japan verbreitetes Verfahren ist eine Wirbelschichtvergasung mit nachfolgender Verbrennung in einer Drall-Brennkammer, das Ebara-TwinReg-Verfahren [76]. Der Abfall muss auf eine passende Stückigkeit durch Zerkleinerung vorbereitet werden. Auch hier wird das Synthesegas nach passieren eines Zyklons direkt verbrannt. Bis 2009 wurden in Japan 12 Anlagen mit 21 Linien und einer Gesamtkapazität von 3100 Mg/d gebaut. Das Schema des Vergasungs- und Verbrennungsteils des Verfahrens ist in der rechten Grafik der Abb. 9.38 zu sehen.

9.5.4 Marktsituation der Alternativ-Verfahren

Wie oben ausgeführt, haben die Pyrolyseverfahren zurzeit in Europa für Siedlungsabfälle keinen Markt und auch in Japan wird diese Verfahrensklasse nicht weiterverfolgt. Für andere Abfallströme wie z. B. Kunststoffe oder Elektronikschrott könnte sich die Situation in Zukunft ändern, denn ein Vorteil dieser Verfahren ist die hohe Qualität der aus den festen Reststoffen rückgewinnbaren Metalle. Insbesondere vor dem Hintergrund der Diskussion zum chemischen Recycling von Kunststoffabfällen als Beitrag zur Kreislaufwirtschaft werden derzeit Pyrolyseverfahren pilotiert [77], um Öle z. B. als Naphtasubstitut der chemischen Industrie zur Verfügung zu stellen.

Für Vergasungsverfahren und vor allem den eigentlich als Zweistufen-Verbrennung zu bezeichnenden Verfahren sieht die Situation in Europa, insbesondere im Vereinigten Königreich, positiver aus. Dort werden solche Verfahren mit 2 ROCs (Renewable Obligation Certificates) bewertet, doppelt so hoch wie konventionelle Verbrennungsver-

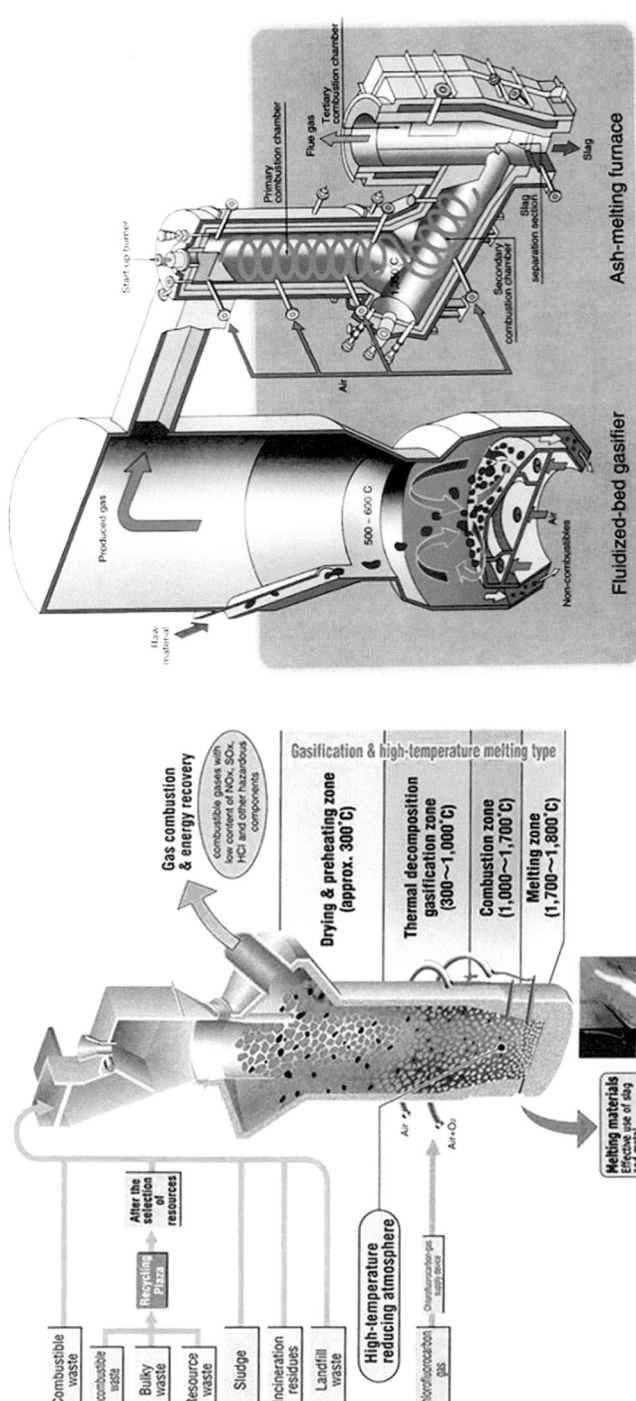

Abb. 9.38 Schema des Vergasungsteils des Nippon Steel DMS-Verfahrens (links) und des Vergasungs- und Verbrennungsteils des Ebara-TwinReg-Verfahrens (rechts)

fahren, was eine höhere Vergütung des abgegebenen Stroms und damit einen kommerziellen Vorteil bedeutet.

In Japan haben alternative Verfahren Vorteile, da viele Anlagen geringere Kapazitäten als in Europa haben und damit der ökonomische Vorteil der Größe weniger stark zu Buche schlägt. Des Weiteren sind dort die Kosten der Abfallbehandlung höher, da in vielen Rostverbrennungen Rost- und z. T. auch Filteraschen eingeschmolzen werden. Außerdem spielte die Nutzung der Energie in Japan bisher nur eine nachgeordnete Rolle. Ein Nachteil der meisten Alternativverfahren ist ihre begrenzte Verfügbarkeit. So ist der Wartungsaufwand offensichtlich beachtlich und viele Vergasungsanlagen werden weniger als 300 Tage im Jahr betrieben.

Wurden in den 2000er Jahren zum Teil bis zu 70 % der Neuanlagen in Japan als Vergasungs- oder Pyrolyseanlagen ausgeführt [78], so änderte sich die Situation am Ende des Jahrzehnts, da die Ökonomie der Anlagen und vor allem die Energieausbeute eine immer größere Rolle bei der Vergabe neuer Anlagen spielten. Seit 2008 sind wieder mehr als 75 % der Neubauten in bewährter Rosttechnik ausgeführt.

In anderen Ländern wie USA und Kanada werden die alternativen Verfahren mit den oben angeführten Argumenten weiterhin am Markt angeboten. Es ist aber zu vermuten, dass für die absehbare Zukunft derartige Technologien nur Teilmärkte erobern werden und hier vor allen für gut definierte und hochenergetische Abfallfraktionen, bevorzugt aus dem gewerblichen und industriellen Bereich. Rechnet man alle Ausgaben für die Bereitstellung eines hochwertigen Einsatzstoffes in die Bilanzen ein, werden sich eventuelle höhere Energieausbeuten eines solchen Verfahrens nur schwer als echte ökonomische Gewinne herausstellen.

Fragen zu Kap. 9

1. Welche drei Hauptzielrichtungen verfolgt die thermische Abfallbehandlung und wodurch werden sie erreicht?
2. Wie definieren sich die drei Grundprozesse der thermischen Abfallbehandlung?
3. Wie ist eine Hausmüllverbrennungsanlage in der Regel aufgebaut?
4. Welches sind die Hauptkomponenten der Verfahrenskette?
5. Aus welchen Elementen ist eine Rostfeuerung aufgebaut und welche Funktionen hat der Verbrennungsrost zu erfüllen?
6. Welches sind die gebräuchlichsten Rostarten, wie sind diese zu charakterisieren?
7. Welches sind die vier Grundbestandteile fester Brennstoffe und somit auch des Abfalls? Mit welcher Analyse werden sie bestimmt?
8. Auf welchen beiden Kenngrößen basiert die Auslegung einer Rostfeuerung, wie sind diese definiert?
9. Was beschreibt das Feuerungsleistungsdiagramm und wodurch sind die Grenzen in diesem Diagramm bestimmt?
10. Welches sind die Hauptaufgaben (5) einer Rauchgasreinigung (RGR)? Welche Arten von RGR unterscheidet man?

11. An welchen Stellen (Anlagenkomponenten) einer Hausmüllverbrennung entstehen feste oder flüssige Reststoffe, wie sind diese zu charakterisieren?
12. Nennen Sie einige „Alternative Verfahren" der thermischen Abfallbehandlung und geben Sie die im jeweiligen Verfahren benutzten Grundprozessstufen an!
13. Mit welchen Verbrennungsverfahren werden a) Sonderabfälle und b) Klärschlämme behandelt?

Literatur

[1] Zwahr, H.: 100 Jahre thermische Müllverwertung in Deutschland. VGB Kraftwerkstechnik, 76, H. 2, 126–133, 1996
[2] Christill, M., Kolb, T., Seifert, H., Leuckel, W.: Untersuchungen zum thermischen Abbauverhalten chlorierter Kohlenwasserstoffe, VDI-Berichte Nr. 1193, VDI-Verlag, Düsseldorf, 1995, S. 381
[3] Scheirs, J., Kaminsky, W.: Feedstock recycling and pyrolysis of waste plastics: converting waste plastics into diesel and other fuels, Wiley Series in Polymer Science, Hoboken, NJ, 2006
[4] Hornung, A., Koch, W., Schöner, J., Furrer, J., Seifert, H., Tumiatti, V.: Environmental engineering recycling of electronical and electrical equipment (EEE), 21st International Conference on Incineration and Thermal Treatment Technologies (IT3), New Orleans, LA, USA, May 2002
[5] Bunge, R.: Wertstoffgewinnung aus KVA-Rostasche. In: KVA-Rückstände in der Schweiz. Der Rohstoff mit Mehrwert (Schenk, K., Hrsg.), Bundesamt für Umwelt, Bern, 2010, S. 170
[6] Chandler, A. J., Eighmy, T. T., Hartlén, J., Hjelmar, O., Kosson, D. S., Sawell, S. E., van der Sloot, H. A., Vehlow, J.: Municipal solid waste incinerator residues, Elsevier Publishers, Amsterdam, 1997
[7] Seifert, H.: Energetische Nutzung von Abfall durch Schadstoffarme Verfahren – ein Beitrag zur regenerativen Energie, 4. Symposium der deutschen Akademie der Wissenschaften – Energie und Umwelt, Springer Verlag, Berlin, 2000
[8] Vehlow, J.: Waste-to-Energy initiatives in the European Union: mandated energy recovery from wastes, NAWTEC 14, Tampa, 1.–3. May 2006
[9] Rittmeyer, C., Kaese, P., Vehlow, J., Vilöhr, W.: Decomposition of organohalogen compounds in municipal solid waste incineration plants. Part II: Co-combustion of CFC containing polyurethane foams. Chemosphere, 28, 1455, 1994
[10] Seifert, H.: Energy recovery from waste – a contribution to climate protection, 7th European Conference on Industrial Furnaces and Boilers (INFUB), Porto, April 2006
[11] Bilitewski, B., Härdtle, M.: Grundlagen der Pyrolyse von Rohstoffen. In: Pyrolyse von Abfällen (Thomé-Kozmiensky, K.J., Hrsg.), EF-Verlag für Energie und Umwelttechnik, Berlin, 1985
[12] Kommission Reinhaltung der Luft im VDI und DIN – Normenausschuss KRdL, Fachbereich Umwelttechnik: VDI-Richtlinie 3460, Blatt 2 (Weißdruck), Juni 2014
[13] European Commission: Integrated Pollution Prevention and Control – reference document on the best available techniques of waste incineration, Joint Research Centre, IPTS C, Seville, 2006: http://eippcb.jrc.ec.europa.eu/reference/BREF/wi_bref_0806.pdf
[14] statistisches Bundesamt DESTATIS, Abfallbilanz 2020

[15] statistisches Bundesamt DESTATIS, Abfallaufkommen pro Kopf und Jahr für Deutschland und Europa
[16] destatis Fachserie 19, Reihe 1, Artikelnummer: 2190100177005, 2019
[17] Eurostat – Municipal Waste Statistics; https://ec.europa.eu/eurostat/statistics-explained/index.php?title=Municipal_waste_statistics#Municipal_waste_treatment
[18] European Commission: Guidelines on the interpretation of the R1 energy efficiency formula for incineration facilities dedicated to the processing of municipal solid waste according to Annex II of Directive 2008/98/EC on waste; https://ec.europa.eu/environment/pdf/waste/framework/guidance.pdf; Annex II of directive 2008/98/EC
[19] 2019 data. Source: CEWEP Members + Eurostat
[20] Albert, F. W.: Die Niederungen des Alltags: Über den erfolgreichen Betrieb einer Müllverbrennungsanlage. VGB-Kraftwerkstechnik, 77, 39–47, 1997
[21] Bundesministerium für Verkehr, Bau und Stadtentwicklung, 17. Verordnung zur Durchführung des Bundes-Immissionsschutzgesetzes (Verordnung über die Verbrennung und Mitverbrennung von Abfällen vom 2. Mai 2013), Bundesgesetzblatt Teil I, 1021, 1044, 3754
[22] Thomé-Kozmiensky, K. J.: Thermische Abfallbehandlung, EF-Verlag für Energie und Umwelttechnik, Berlin, 1994
[23] Firma Breiding GmbH
[24] Scholz, R., Beckmann, M., Schulenburg, F.: Abfallbehandlung in thermischen Verfahren. In: Verbrennung, Vergasung, Pyrolyse – Verfahrens- und Anlagenkonzepte (Bahadir, M., Collins, H.-J., Hock, B., Hrsg.), B. G. Teubner Verlag, Stuttgart, 1, 2001
[25] Dubbel: Taschenbuch für den Maschinenbau (Grote, K.-H., Feldhusen, J., Hrsg.), Springer-Verlag, Berlin
[26] Reimann, D. O., Hämmerli, H.: Verbrennungstechnik für Abfälle in Theorie und Praxis, Schriftenreihe Umweltschutz, Bamberg, 1995
[27] Görner, K.: Technische Verbrennungssysteme, Springer-Verlag, Berlin, 1991
[28] Cerbe Wilhelms, G.: Technische Thermodynamik: Theoretische Grundlagen und technische Anwendungen, Carl Hanser Verlag, München, 2013
[29] Braun, H., Metzger, H., Vogg, H.: Zur Problematik der Quecksilber-Abscheidung aus Rauchgasen von Müllverbrennungsanlagen, 1. Teil. Müll und Abfall, 18, 62, 1986; 2. Teil, Müll und Abfall, 18, 89, 1986
[30] Verordnung über Anforderungen an das Einleiten von Abwasser in Gewässer Abwasserverordnung - AbwV) 2014
[31] Fellows, K. T., Pilat, M. J.: HCl sorption by dry $NaHCO_3$ for incinerator emission control, Journal of the Air & Waste Management Association, 40, 887, 1990
[32] Vogg, H., Merz, A., Stieglitz, L., Vehlow, J.: Chemisch-verfahrenstechnische Aspekte zur Dioxinreduzierung bei Abfallverbrennungsprozessen. VGB Kraftwerkstechnik, 69, 795, 1989
[33] Hunsinger, H., Seifert, H., Jay, K.: Reduction of PCDD/F formation in MSWI by a process-integrated SO_2 cycle. Environmental Engineering Science, 24, 1145, 2007
[34] Hiraoka, M., Takeda, N., Okajima, S., Kasakura, T., Imoto, Y.: Catalytic destruction of PCDDs in flue gas. Chemosphere, 19, 361, 1989
[35] Pranghofer, G. G., Fritzky, K. J.: Destruction of polychlorinated dibenzo-p-dioxins and Dibenzofurans in Fabric Filters. 3rd International Symposium on Incineration and Flue Gas Treatment Technologies, Brussels, July 2–4, 2001
[36] Andersson, S., Kreisz, S., Hunsinger, H.: Innovative material technology removes dioxins from flue gases. Filtration and Separation, 40, 22, 2003
[37] Martin GmbH: Entschlacker, 2017: https://www.martingmbh.de/de/technologien.html
[38] Langhein, E.-C.; Hanenkamp, A.; Schönsteiner, M.; Koralewska, R.: Trockenaschen vom Abfall bis zum Wertstoff Martin GmbH für Umwelt- und Energietechnik, München (D); Mineralische Nebenprodukte und Abfälle, Band 4; Herausgeber: Karl J. Thomé-Kozmiensky

†, Stephanie Thiel, Elisabeth Thomé-Kozmiensky, Bernd Friedrich, Thomas Pretz, Peter Quicker, Dieter Georg Senk, Hermann Wotruba; veröffentlicht: 2017; ISBN: 978-3-944310-35-0

[39] Langhein, E.-C.; Hanenkamp, A.; Schönsteiner, M.; Koralewska, R.: Hohes Wertschöpfungspotenzial; Die „Martin Slagline" kombiniert den trockenen Austrag und die Aufbereitung von Rostschlacke; ReSource 2/2017

[40] Pfrang-Stotz, G., Reichelt, J.: Mineralogische, bautechnische und umweltrelevante Eigenschaften von frischen Rohschlacken und aufbereiteten/abgelagerten Müllverbrennungsschlacken unterschiedlicher Rost- und Feuerungssysteme. Berichte der Deutschen Mineralogischen Gesellschaft, 1, 185, 1995

[41] Ammann, P.: Dry extraction of bottom ashes in WtE plants. CEWEP-EAA Seminar, Copenhagen, September 2011

[42] Vehlow, J., Bergfeldt, B., Hunsinger, H.: PCDD/F and related compounds in solid residues from municipal solid waste incineration – a literature review. Waste Management & Research, 24, 404, 2006

[43] Fiedler, H.: Sources of PCDD/PCDF and impact on the environment. Chemosphere, 32, 55, 1996

[44] Vehlow, J.: Bottom ash and APC residue management. In: Power Production from Waste and Biomass – IV (Sipilä, K., Rossi, M., Hrsg.), VTT Information Service, VTT, Espoo, 151, 2002

[45] LAGA: Merkblatt Entsorgung von Abfällen aus Verbrennungsanlagen für Siedlungsabfälle, verabschiedet durch die Länderarbeitsgemeinschaft Abfall (LAGA) am 1. März 1994. In: Müll-Handbuch (Hösel, G., Schenkel, W., Schnurer, H., Hrsg.). Berlin: Erich Schmidt Verlag, Kennzahl 7055, Lfg. 4/94, 1994

[46] Zwahr, H.: MV-Schlacke – mehr als nur ein ungeliebter Baustoff? Müll und Abfall, 37, 114, 2005

[47] Vehlow, J., Seifert, H.: Management of residues from energy recovery by thermal waste-to-energy systems and quality standards. Report for IEA Bioenergy Task 36 Topic 5, 2017: http://task36.ieabioenergy.com/wp-content/uploads/2016/06/Report_Topic5_Final-5.pdf

[48] Pfrang-Stotz, G., Schneider J.: Comparative studies of waste incineration bottom ashes from various grate and firing systems, conducted with respect to mineralogical and geochemical methods of examination. Waste Management & Research, 13, 273, 1995

[49] Sauter, J.: Vergleichende Bewertung der Umweltverträglichkeit von natürlichen Mineratlstoffen, Bauschutt-Recyclingmaterial und industriellen Nebenprodukten. Diplomarbeit am Institut für Straßen- und Eisenbahnwesen der Universität Karlsruhe (TH), 2000

[50] https://www.gesetze-im-internet.de/ersatzbaustoffv/ErsatzbaustoffV.pdf

[51] Schneider, J., Vehlow, J., Vogg, H.: Improving the MSWI bottom ash quality by simple in-plant measures. In: Environmental Aspects of Construction with Waste Materials (Goumans, J. J. J. M., van der Sloot, H. A., Aalbers, Th. G., Hrsg.), Elsevier Publishers, Amsterdam, S. 605, 1994

[52] FLUREC-Verfahren; https://www.kebag.ch/abfall-energie/flurec.html

[53] Vehlow, J., Braun, H., Horch, K., Merz, A., Schneider, J., Stieglitz, L., Vogg, H.: Semi-technical demonstration of the 3R process. Waste Management & Research, 8, 461, 1990

[54] Frey, R., Brunner, M.: Rückgewinnung von Schwermetallen aus Flugaschen. In: Optimierung der Abfallverbrennung (Thomé-Kozmiensky K. J., Hrsg.), TK-Verlag, Neuruppin, S. 443, 2004

[55] Volkman, Y., Vehlow, J., Vogg, H.: Improvement of flue gas cleaning concepts in MSWI and utilization of by-products. In: Waste Materials in Construction (Goumans, J. J. J., van der Sloot, H. A., Albers, T. G., Hrsg.), Elsevier Publishers, Amsterdam, S. 145, 1991

[56] Schlumberger, S.: Neue Technologien und Möglichkeiten der Behandlung von Rauchgasreinigungsrückständen im Sinne eines nachhaltigen Ressourcenmanagements. In: KVA-Rückstände in der Schweiz – Der Rohstoff mit Mehrwert (Schenk K., Hrsg.), Bundesamt für Umwelt, Bern, S. 194, 2010
[57] MVR, Salzsäureherstellung, 2017: http://www.mvr-hh.de/Salzsaeureherstellung.45.0.html
[58] Joschek, H.-I., Dorn, I.-H., Kolb, T.: The rotary kiln/the chronicle of a modern technology taking BASF waste incineration as an example. VGB Kraftwerkstechnik, 75, 370, 1995
[59] Thomé-Kozmiensky, K. J.: Klärschlammentsorgung, TK-Verlag, Thomé-Kozmiensky Neuruppin, 1998
[60] Bleckwehl, S., Riegel, M., Kolb, T., Seifert, H.: Charakterisierung der verbrennungstechnischen Eigenschaften fester Brennstoffe. Verbrennung und Feuerungen. 22. Deutscher Flammentag, Braunschweig, 21.–22.09.05, VDI-Berichte 1888, Seiten 93 – 100, VDI-Verlag Düsseldorf, ISBN: 3-18-091888-8
[61] Frankenhäuser, M.: SRF – CEN standards, definitions and biogenic content. Production and utilisation options for Solid Recovered Fuels. IEA Bioenergy Wokshop Task 32 and 36, Dublin, 2011: http://task36.ieabioenergy.com/wp-content/uploads/2016/06/European_standardization_of_Solid_Recovered_Fuels-2011-10-20.pdf
[62] Trends in the use of solid recovered fuels; Authors: Giovanna Pinuccia Martignon (RSE); Edited by Inge Johansson and Mar Edo (RISE); Copyright © 2020 IEA Bioenergy. All rights Reserved, ISBN, 978–1–910154–72–4; Published by IEA Bioenergy
[63] Perspektiven der Mitverbrennung von Sekundärbrennstoffen nach dem Ausstieg aus der Kohleverstromung; Sigrid Hams und Prof. Dr.-Ing. Sabine Flamme; Müll und Abfall 2 · 22; Seite 84 bis 89
[64] Kohleausstiegsgesetz 2020; https://www.bmwk.de/Redaktion/DE/Artikel/Service/kohleausstiegsgesetz.html
[65] TEXTE 51/2018; Projektnummer 75778 UBA-FB EF001021; Energieerzeugung aus Abfällen, Stand und Potenziale in Deutschland bis 2030 von Prof. Dr.-Ing. Sabine Flamme, Dipl.-Betriebswirt Jörg Hanewinkel neovis GmbH + Co. KG; Prof. Dr.-Ing. Peter Quicker, Dr. Kathrin Weber Ingenieurbüro Qonversion; Im Auftrag des Umweltbundesamtes
[66] Tagesanzeiger Köln vom 8. Januar 2020: „Der Markt für Anlagen in der thermischen Abfallverwertung bleibt weiter stark"; http://kweu.de/dJlJ/
[67] Fichtel, K.: Bericht über die Müllpyrolyse-Anlage Burgau. In: Müllverbrennung und Umwelt 2 (Thomé-Kozmiensky, K. J., Hrsg.), EF-Verlag, Berlin, S. 662, 1987
[68] Gehrmann, H.-J.: Mathematische Modellierung und experimentelle Untersuchungen zur Pyrolyse von Abfällen in Drehrohrsystemen. Dissertation (2005); Monographie CUTEC Schriftenreihe 67, ISBN 3-89720-836-9
[69] Berwein, H. J.: Weiterentwickelt: Schwelbrennverfahren. Entsorgungspraxis 6, 242, 1988
[70] Ayukawa, A., Uno, S.: Utilization of Pyrolysis Char from MSW. 2. i-CIPEC, Jeju, Korea, 5.–7- September 2002
[71] Schulz, W., Hauk, R.: Kombination einer Pyrolyseanlage mit einer Steinkohlekraftwerksfeuerung. 11. DVV-Kolloquium Stoffliche und thermische Verwertung von Abfällen in industriellen Hochtemperaturprozessen, TU Braunschweig, Braunschweig, September 1998
[72] del Alamo, G., Hart, A., Grimshaw, A., Lundstrøm, A.: Characterization of syngas produced from MSW gasification at commercial-scale ENERGOS plants. Waste Management, 32, 1835, 2012
[73] Goff, S.: Covanta R&D developments in MSW gasification technology. WTERT 2012 BI-Annual Conference, Columbia University, New York, 18.–19. Oktober 2012: http://www.seas.columbia.edu/earth/wtert/sofos/WTERT2012/proceedings/wtert2012/presentations/Steve%20Goff.pdf

[74] Stahlberg, R., Feuerriegel, U.: Das Thermoselect-Verfahren zur Energie- und Rohstoffgewinnung – Konzept, Verfahren, Kosten -. VDI-Berichte Nr. 1192, 319, 1995
[75] Tanigaki, N., Manako, K., Osada, M.: Co-gasification of municipal solid waste and material recovery in a large-scale gasification and melting system. Waste Management, 32, 667, 2012
[76] Suzuki, S.: The Ebara Advanced Fluidization Process for energy recovery and ash vitrification. 15th North American Waste to Energy Conference, 21.–23. May 2007, Miami, Proceedings 11, 2007
[77] Pressemitteilung BASF und ARCUS 2022. https://www.basf.com/at/de/media/news-releases/2022/09/p-22-328.html
[78] Vehlow, J., Seifert, H., Eyssen, R.: Japans Abfallmanagement im Strukturwandel. Müll und Abfall, 47, 254, 2015

Deponie

10

Gerhard Rettenberger

Zusammenfassung

Deponien sind Einrichtungen, die über einen Ablagerungsbereich verfügen, in dem Abfälle auf unbegrenzte Zeit abgelagert werden. Tatsächlich gibt es in der Praxis keine einheitliche Deponietechnik. Vielmehr unterlag die Deponietechnik einem intensiven Wandel über die Zeit. Aber auch von Land zu Land sind die Unterschiede beträchtlich. Ein gewisser Standard setzte sich erst mit dem Erlass der „Europäischen Deponierechtlinie" im Jahre 1999 durch. Dieser wurde in Deutschland nicht nur übernommen, sondern insbesondere durch die Aufnahme von Zuordnungswerten – Beschaffenheitsanforderungen, die von den Abfällen als Voraussetzung zur Deponierung einzuhalten sind – verschärft. Dadurch ist die Ablagerung von Abfällen mit organischen Bestandteilen weitgehend ausgeschlossen.

Das Verhalten von Deponien ist damit sehr unterschiedlich. Während ältere Deponien, die überwiegend als Verdichtungsdeponien betrieben wurden, eine Sickerwasserbildung mit deutlich organischer Belastung haben sowie eine Deponiegasbildung aufweisen, wodurch eine Deponiegaserfassung und -entsorgung bzw. Sickerwasserreinigung zur Anwendung kommen muss. Gleichwohl sind von allen Deponien immer noch umweltgefährdende Emissionen zu erwarten. Daher sind Barrieren erforderlich, die u. a. als Basis – und Oberflächenabdichtungssysteme einzurichten sind. Alle Einrichtungen sind entsprechend zu planen, qualitätsgesichert zu bauen und zu unterhalten. Der Betrieb der Deponie, also die Annahme und Verarbeitung der Abfälle sowie die Überwachung und Nachsorge der Deponie muss nach bestimmten Vorgaben

G. Rettenberger (✉)
Trier, Deutschland
E-Mail: gerhard.rettenberger@me.com

erfolgen. Gleichwohl kann es in einigen Fällen sinnvoll sein, bestehende Deponien wieder zurückzubauen.

Umweltgerechte Deponien zu realisieren und zu betreiben, umfasst eine Vielzahl von Aufgabenstellungen, die Kenntnisse über das Deponieverhalten, die Technik der Barrieren, die Dimensionierung, den Bau und Betrieb von Einrichtungen sowie die Nachsorge und die Überwachung erfordern.

Schlüsselwörter

Deponie · Deponiekonzepte · Langzeitverhalten · Deponiegas · Deponiegaserfassung · Passive Entgasung · Deponiebelüftung · Deponiegasverwertung · Sickerwasser · Sickerwasserableitung · Sickerwasserreinigung · Deponieklassen · Multibarrierenkonzept · Basisabdichtung · Oberflächenabdichtung · Deponiebetrieb · Stilllegung · Nachsorge · Planung und Herstellung von Deponien · Deponiesanierung und Deponierückbau

10.1 Einleitung

10.1.1 Von der wilden Müllablagerung (Kippe) zur geordneten Deponie – Deponien können ziemlich unterschiedlich sein

In Deutschland werden Deponien seit 1991 bzw.1993 in unterschiedlichen Deponietypen, Deponieklassen genannt realisiert. Diese werden mit DK 0 bis DK III bezeichnet. Hinzu kommt die Deponie als Untertagedeponie. Somit gibt es also fünf unterschiedliche Deponietypen. Vereinfacht gesagt handelt es sich dabei um Deponien für gering belastete Inertabfälle (DK 0), inerte Abfälle (DK I), Siedlungsabfälle (einschließlich Restabfall aus Haushaltungen) (DK II) und Industrieabfälle (DK III).

Tatsächlich wird weltweit der überwiegende Teil der anfallenden Abfälle, ob organisch oder inert, Siedlungsabfall oder Industrieabfall, gefährlicher oder nicht gefährlicher Abfall deponiert, und zwar in einem gemeinsamen Deponietyp. So war es auch früher überwiegend in Deutschland. Im Grunde ist dies leicht zu erklären. Abfallentsorgung, also Deponieren musste billig sein, somit lohnt sich kaum ein technischer Aufwand. Also sehen alle Deponietypen in etwa gleich aus. Damit ist das Deponieren im Vergleich zur Verbrennung oder Kompostierung aber auch im Vergleich zu den meisten Recycling- bzw. Verwertungsverfahren mit Abstand die kostengünstigste Entsorgungsstrategie, selbst unter Berücksichtigung der Nachsorgekosten. 1972 kostete das Deponieren in Bochum DM 1,94/Mg FM [59]. Deponien im internationalen Bereich haben derzeit meist eine Annahmegebühr zwischen 5–15 $/Mg, während eine Abfallverbrennung überwiegend über 100 $/Mg kostet. Am gravierendsten für die Umwelt ist dies bei den gefährlichen Abfällen, für die oft genug Verbrennungspreise von über 300 $/Mg bezahlt werden müssen. Also werden die Abfälle dann doch vorzugsweise deponiert. Ein fürchterlicher Zustand, um den sich die Weltgemeinschaft kümmern müsste.

Das Deponieren hat natürlich auch eine historische Komponente. Solange die Menschen noch als Sammler und Jäger unterwegs waren, ging es darum, die Spuren zu verwischen, um nicht von wilden Tieren aufgespürt werden zu können. Dies ist auch heute noch in einigen Gegenden eine nützliche Methode gegen Bären. So gab es schon im Alten Testament eine Anleitung zum Vergraben von Abfällen. Eine Methode zur Spurenbeseitigung aber auch zur Hygienisierung der Abfälle unter Ausnutzung der Bodenbakterien. Nach der Sesshaftwerdung der Menschheit war es auch überaus nützlich, die Abfälle aus den Siedlungsgebieten zu bringen, sie z. B. in Wäldern oder Gruben bzw. in Hohlräumen zu verstecken. Für Historiker eine wahre Fundgrube heutzutage. Damit wurde auch der Ästhetik und der Ungezieferplage Rechnung getragen. Natürlich wurde dies überall höchst unterschiedlich gehandhabt. Es sind dazu aber Transportkapazitäten erforderlich, die in größeren Ansiedlungen eher nicht vorhanden waren. In vielen Fällen hat es daher nicht wirklich funktioniert. Die Geschichtsbücher sind davon voll. Obwohl insgesamt die Abfallbeseitigung, angesichts großer geschichtlicher Verwerfungen über die Zeiten, nicht die große Rolle gespielt hat.

Mit der zunehmenden Vergrößerung der Siedlungen wurde der Abfalltransport aus der Stadt hinaus immer wichtiger. Daher entstanden unansehnliche, übelriechende und brennende Ecken und Flächen in den Städten, was schon im frühen 20. Jahrhundert zum Bau von Müllverbrennungsanlagen in den großen Städten führte und zu Ablagerungen am Siedlungsrand von den Dörfern und kleinen Städten. Diese lassen sich auch heute noch lokalisieren, da sie schon eine gewisse Größe erreichten. Da diese Einrichtungen eher lokalen Charakter hatten, war ihre Ausführung auch entsprechend verschieden. Als sich dann daraus die Technik der Deponie entwickelte, war diese entsprechend unterschiedlich. Und dies gilt für die internationale Entwicklung noch in weit höheren Maßen. Deponietechnik ist also sowohl räumlich als auch zeitlich und abfallspezifisch, ziemlich verschieden. Sie hat in einigen Ländern nur noch eine begrenzte Bedeutung, in anderen Ländern ist sie nahezu die einzige Entsorgungstechnik.

Was aber nahezu alle Deponien eint, ist die Ablagerung von Abfällen mit organischen, also mikrobiell zersetzlichen Abfällen. Weltweit findet eine Trennung nach inerten und organischen bzw. gefährlichen und nicht gefährlichen Abfällen kaum statt. Daher werden in nahezu allen Deponien Deponiegase gebildet, die zu ca. 55–60 % Methan enthalten. Methan ist ein Gas, das in erheblichem Maße zum Treibhausgaseffekt beiträgt, ca. 25–28-fach im Vergleich zu Kohlenstoffdioxid (bezogen auf die Masse). Damit tragen Abfalldeponien wesentlich zum Treibhausgaseffekt bei. Schätzungen liegen bei ca. 12–18 % bezogen auf die gesamte Kohlenstoffdioxidemission pro Jahr (Gesamtemission weltweit: 36,7 Mia Mg CO_2-Äquivalente (2019)).

Auch in Europa spielt die Ablagerung von Abfällen nach wie vor eine bedeutende Rolle, allerdings mit einer deutlich rückläufigen Tendenz. So wurden im Jahre 2019 in Serbien 99 %, in Bulgarien noch 61 % der kommunalen Abfälle deponiert, in Österreich

Tab. 10.1 Anzahl der Deponien in Deutschland zwischen 1970 und 2017[*]

	Im Jahre					
	Vor 1970	1990	1993	2005	2014	217
Anzahl der (Hausmüll) Deponien (DK II)	85.000	8273	562	162	156	144
Anzahl in den neuen Bundesländern	3500	7893	292	27	20	–

[*] Quelle: nach [1–3] vom Verfasser zusammengestellt

dagegen nur noch 3 % [1]. In Deutschland hat die Bedeutung der Deponie mit noch 1 % deponierter kommunaler Abfälle, ebenfalls deutlich abgenommen. Dies entspricht dem Willen der Bevölkerung und somit auch dem politischen Willen. Tab. 10.1 verdeutlicht diesen Rückgang.

Gab es in den sechziger Jahren in beiden deutschen Staaten noch ca. 85.000 Ablagerungen (Kippen), so nahm die Zahl in den neunziger Jahren auf ca. 8.273 ab. Danach ging die Zahl der Deponien für kommunale Abfälle ständig zurück und wies im Jahr 2005, dem Jahr, als die gesetzlichen Vorgaben (die Zuordnungswerte, s. u.) der bereits damals bestehenden Deponieverordnung wirksam wurden, noch eine Zahl von 162 [4] auf. In der Zukunft ist mit einem weiteren Rückgang aktiv betriebener Siedlungsabfalldeponien zu rechnen, was aber bis 2017 nur geringfügig eingetreten ist. (Anmerkung: 2017 gab es in Deutschland insgesamt 1080 Deponien, davon 777 DK 0, 131 DK I, 144 DK II und 26 DK III Deponien. In diesen Deponien wurden $46{,}094 \cdot 10^6$ Mg FM abgelagert.) Jedoch zeichnet sich derzeit auch in Deutschland ein Bedarf für neue Deponien, insbesondere für inerte Abfälle, ab. Für die Branche bedeutsam ist natürlich die Frage, wieviel Deponien derzeit noch bearbeitet werden müssen, also z. B. mit einer Oberflächenabdichtung versehen werden müssen o.ä und wie groß der Prozentsatz der Fertigstellung ist. Hierzu gibt es keine statistisch verlässlichen Angaben. Nach einer eigenen Abschätzung dürfte die Zahl, der noch nachzusorgenden Deponien für Siedlungsabfall bei ca. über 1000 liegen, der Umsetzungsgrad beträgt vielleicht 30 %. Hinzu kommen noch die Deponien für inerte Abfälle. Der Investitionsaufwand hierfür wird also in der nahen Zukunft beträchtlich sein, wobei das Geld infolge der verpflichtenden Rückstellungen vorhanden sein müsste. Der Aufwand dürfte in die Milliarden gehen. Viel zu tun für die Bau- und Maschinenbranche sowie die Ingenieurbüros.

Damit stellen sich weltweit völlig unterschiedliche Aufgaben im Rahmen der Deponietechnik. Geht es in Deutschland überwiegend darum, Deponien für weitgehendst inerte Abfälle zu errichten und zu betreiben bzw. bestehende und noch vor kurzem betriebene Deponien stillzulegen und abzuschließen sowie zu überwachen und nachzusorgen und bereits stillgelegte Deponien zu überwachen und ggf. zu sanieren und die Nachnutzung auszuführen, so müssen weltweit Deponien betrieblich weiterentwickelt, bestehende Deponien bautechnisch verbessert und teilweise saniert sowie neue Deponien nach modernen Gesichtspunkten für nicht inerte Siedlungsabfälle gebaut werden. Insbesondere müssen die Deponiegasemissionen drastisch vermieden werden.

Als Beispiele aus dem internationalen Bereich bei der Umsetzung einer sicheren Deponietechnik mögen die neuen Beitrittsländer zur EU genannt werden. Derzeit werden dort die kommunalen Abfälle nach wie vor noch mit einem hohen Anteil deponiert, wobei der technische Standard überwiegend nicht den europarechtlichen Vorgaben entspricht. Im Rahmen des EU-Anpassungsprozesses müssen dort die meisten dörflichen Müllablagerungen, sogenannte Kippen, geschlossen und saniert werden. Eine flächendeckende sofortige Umstellung auf hochwertige Abfallbehandlungsverfahren wäre allerdings praktisch unbezahlbar, sodass zunächst noch weitere Deponien, nunmehr nach den neuesten Bestimmungen, eingerichtet werden müssen. Die EU-Kommission hat den betroffenen Ländern einen längeren Zeitraum zur Einführung hoher Recyclingquoten bzw. Abfallvorbehandlungsverfahren eingeräumt. Somit werden in diesen Ländern zumindest in der nahen Zukunft neue Deponien benötigt.

Auch in Deutschland hatte die Umstellung von der Deponiewirtschaft zur Abfallverwertung bzw. Recyclingtechnik viele Jahre benötigt und sich seit etwa Mitte der sechziger Jahre bis heute in einer kontinuierlichen Entwicklung vollzogen, Die einzelnen Phasen der Entwicklung sind in Tab. 10.2 nochmals zusammengestellt.

International gesehen sind Deponien bzw. deren technologischer Entwicklungsstand höchst unterschiedlich und folgen teilweise völlig unterschiedlichen Deponiekonzepten. Nachfolgend sind einige Beispiele dafür genannt, in welchen Formen Deponien anzutreffen sind:

- Das Deponievolumen kann zwischen < 50.000 m^3 und > 20 Mio. m^3 liegen.
- Die Deponiefläche kann < 1 ha sein, aber auch über 100 ha betragen.
- Die Deponie kann als Halde geschüttet sein (Haldendeponie), sie kann aber auch innerhalb einer von Mineralstoffen oder Kohle ausgebeuteten Grube angelegt sein (Grubendeponie).
- Viele Deponien sind an den Außenböschungen teilweise sehr steil mit einem Gefälle von bis zu 1:1,5 geschüttet, andere sind eher flach.
- Die Deponie kann eine Höhe von über 100 m erreichen, sie kann aber auch nur 1–2 m hoch sein.
- Die Deponie kann über dem natürlichen Wasserspiegel des Grundwassers angelegt sein, aber auch darunter, sie kann auch untertage in ehemaligen Bergwerken betrieben werden.
- Die Deponie kann verschiedenste Abfallarten incl. Industrie- und Krankenhausabfällen aufnehmen, sie kann aber auch nur ausgewählte und ggf. vorbehandelte Abfälle z. B. zerkleinerte oder biologisch behandelte Abfälle akzeptieren.
- Die Deponie kann mit oder ohne Anlagen zur Erfassung von Sickerwasser und Deponiegas ausgestattet sein.
- Die Deponie kann über Abdichtungs-(Barrieren-)Systeme verfügen, muss aber nicht.
- An einigen Deponien wird der Abfall lose deponiert, an einigen zuvor zu Ballen gepresst und aufgestapelt (Ballendeponie). Auf vielen Deponien wird der Abfall nach der Anlieferung sofort mit speziellen Maschinen (Kompaktoren) möglichst hoch ver-

Tab. 10.2 Entwicklungsstufen der Deponietechnik in Deutschland seit den fünfziger Jahren

Zeitraum/ Bezeichnung	Merkmal	Erläuterungen
Vor ca. 1970 Kippe	Deponien werden überwiegend als kleine Kippen betrieben (überwiegende Größe bis 50.000 m^3)	Es existiert noch kein Abfallgesetz. Deponierung lag in den Händen der Gemeinden
1969 Merkblatt-Deponie	Zukünftige Deponien sollen nach technischen Regeln gebaut und betrieben werden, die in einem Merkblatt festgeschrieben sind	Das Merkblatt M3 der Zentralstelle für Abfallbeseitigung legt die wesentlichen Merkmale einer geordneten Deponie fest. Das Merkblatt benennt die technischen Voraussetzungen zur Weiterführung bestehender Kippen als Deponien => Übergangsdeponien
Um 1970–1972 Übergangsdeponie	Die meisten Kippen werden aufgegeben, einige ausgewählte werden als zentrale Deponien mit verbesserter Technik weitergeführt. Müllkompaktoren werden eingeführt, Ablagerungsvolumen bereits bis ca. 1 Mio m^3	Inkrafttreten des 1. Abfallgesetzes in Deutschland. Zuständigkeit bei Deponien wechselte von den Gemeinden überwiegend zu großen Städten, Landkreisen oder Zweckverbänden
Ab etwa 1975–1979 Geordnete Deponie	Nach Verfüllung der Übergangsdeponien werden neue Deponien nur noch nach dem mittlerweile neu erschienen LAGA-Merkblatt „Die geordnete Ablagerung von Abfällen" (1979) neu eingerichtet. Sie verfügen über Basisabdichtung und Sickerwassererfassung. Der Einbaubetrieb findet mit dem Kompaktor statt	Die Abfallbeseitigung steht im Vordergrund. Daher werden zur Deponie auch Bauschutt, Gewerbeabfall, Klärschlamm, Krankenhausabfall, Industriemüll (z. B. Gießereisand) angeliefert.(LAGA => Länderarbeitsgemeinschaft Abfall)
Ab ca. 1980 Reststoffdeponie	Durch Einführung verschiedener Recyclingstrategien verändert sich das zur Deponie angelieferte Abfallspektrum. Die Deponietechnik bleibt weitestgehend unverändert, bis auf die verbreitet eingeführte Entgasungstechnik	Durch Einführung des Vermeidungs- und Verwertungsgebotes in das Abfallrecht verändert sich die Funktion der Deponie
Ab ca. 1990 modifizierte Reststoffdeponie	Sprunghafte Weiterentwicklung der Deponietechnik im Vorfeld des Erlasses der TA Abfall und TA Siedlungsabfall (TA => Technische Anleitung). Einführung der Kombinationsabdichtung	Durch zahlreiche (Bürger-) Proteste sind Deponien kaum mehr genehmigungsfähig. Es mussten neue Technologien eingeführt werden um eine Genehmigungsfähigkeit zu erreichen

(Fortsetzung)

Tab. 10.2 (Fortsetzung)

Zeitraum/ Bezeichnung	Merkmal	Erläuterungen
Ab 1991 TASo-Deponie und ab 1993 TASi-Deponie	Einführung des Multibarrierenkonzeptes, der intensiven Überwachung und Dokumentation sowie von erhöhten Anforderungen an die Organisation von Deponien; zukünftig (ab 1.7.2005) müssen Abfälle bestimmte Eigenschaften besitzen, sofern diese deponiert werden sollen. Einführung von Deponieklassen. Bis dahin überwiegend nur Siedlungsabfall- und Sonderabfalldeponien	Damit wurde eine rechtlich verbindliche Festlegung des Standes der Technik festgelegt. Führte tatsächlich zu einer wesentlichen Verbesserung der Genehmigungsfähigkeit
Ab 20.2.2001 MBA Deponie	Es wird ein Deponietyp (DKII) zugelassen, in dem mechanisch-biologisch vorbehandelte Abfälle deponiert werden können	Veränderung der Anforderungen an die Abfalleigenschaften zur Ablagerung durch neuere wissenschaftliche Erkenntnisse. Infolge einer fehlenden Akzeptanz der Abfallverbrennung setzte sich ein modifizierter politischer Willen durch
Ab 1.7.2005 "Inert"-Deponie	Deponie ist dadurch gekennzeichnet, dass sie nur Organik arme (z. B. auch biologisch stabilisierte Abfälle) aufnimmt. Danach sind keine Kompaktoren mehr erforderlich. Bauschutt, Böden, Schlacken und Aschen kennzeichnen viele (DKII) Deponien	Neue Deponietechnik nach Ablauf der Übergangsvorschrift der TASi von 1993 für Vorgaben zur Abfallbeschaffenheit vor der Ablagerung
Ab 16.7.2009 DepV-Reaktor-Deponie	In der völlig überarbeiteten Deponieverordnung wird nunmehr das Multibarrierensystem dahingehend modifiziert, dass der Deponiekörper gezielt beeinflusst und stabilisiert werden darf, um eine verbesserte Nachsorge zu erreichen. Dies erfolgt z. B. durch eine Wasserinfiltration bzw. eine Belüftung	Ist insbesondere für bestehende Deponien von vor 2005 relevant, war bislang so nicht vorgesehen und kann zu einfacheren (kostengünstigeren) Barrieren führen
Ab 2020 und aktuell Mineralstoffdeponie	Deponien überwiegend nur noch zur Deponierung nicht verwertbarer mineralischer Abfälle eingesetzt, z. B. Asbest, Aschen, Schlacken, Bauschutt	Für verstärkt zum Bau von DK I Deponien. Das „final sink" Konzept (Deponierung nur noch Erdkrusten ähnlicher Stoffe) wird mehr und mehr umgesetzt

dichtet und aufgeschichtet (Verdichtungsdeponie), an anderen Deponien wird er zunächst in Mieten gerottet und erst dann deponiert (Rottedeponie).
- In einigen Ländern wird eine Deponietechnik so betrieben, dass in den Deponiekörper Sauerstoff zutreten kann.
- An vielen Deponien, insbesondere in wirtschaftlich noch wenig entwickelten Ländern, wird der Abfall vor dem Einbau aussortiert (z. B. durch sogenannte Müllpicker oder Müllsammler, teilweise als Scavanger oder Reclaimer bezeichnet oder in technischen Anlagen), an europäischen Deponien wird dies überwiegend nicht durchgeführt.
- Einige Deponien werden auch während des Betriebs immer wieder abgedeckt, bei anderen wird hierauf verzichtet.
- Deponiekonzepte insbesondere bei der Annahme von Industrieabfällen sehen vor, den Abfall vor der Deponierung z. B. mit Zement zu verfestigen oder mit Beton zu umhüllen.

Schon aus dieser Aufstellung mag zu erkennen sein, dass Bauformen und Betriebsweisen von Deponien in der Praxis höchst unterschiedlich sein können. Einheitliche Deponieformen existieren selbst in Europa nicht. Daher wird wohl die allgemeine Definition des Begriffs Deponie vergleichsweise einfach gehalten. Aus der deutschen Deponieverordnung [4] lässt sich die Definition ableiten, dass es sich bei Deponien um Einrichtungen handelt, die über einen Ablagerungsbereich verfügen, in dem Abfälle auf unbegrenzte Zeit abgelagert werden. Nach der Richtlinie des Rates 1999/31/EG vom 26.4.1999 über Abfalldeponien, zwischenzeitlich mehrfach novelliert, ist die Deponie definiert als Abfallbeseitigungsanlage für die Ablagerung oberhalb und unterhalb der Erdoberfläche für länger als einem Jahr vor der Beseitigung [5].

Die technische, betriebliche und organisatorische Ausprägung einer Deponie wird letztendlich durch weitere internationale (z. B. die Richtlinie des Rates) und nationale rechtliche Vorgaben festgelegt, die von Land zu Land sehr unterschiedlich sein können. In Europa basieren die Deponiekonzepte auf der EU-Deponierichtlinie. In dieser sind eine Vielzahl von detaillierten Anforderungen an Deponien festgelegt, und zwar insbesondere an folgende Bereiche:

- die technische Ausstattung
- die Annahme der Abfälle
- den Betrieb
- die Überwachung
- die Organisation und die Anforderungen an das Betriebspersonal

Die Abmachungen der Mitgliedstaaten untereinander in der EU sehen vor, dass Richtlinien in nationales Recht zu übertragen sind, was in Deutschland mit der Deponieverordnung zum 16.7.2009 vollzogen wurde. Da die deutsche Deponieverordnung jedoch teilweise erheblich über die Vorgaben der EU-Richtlinie hinausgeht, existiert derzeit in

Europa faktisch ein unterschiedliches Deponierecht, was zwangsläufig zu unterschiedlichen Deponieformen führt.

In Deutschland hatte die Entwicklung der Deponietechnik bereits 1991 bzw. 1993 mit der früheren „Technischen Anleitung Abfall bzw. Siedlungsabfall", einen wesentlichen Schritt vollzogen, der nach einem Übergangszeitraum von immerhin 12 Jahren im Jahr 2005 erst voll umfänglich wirksam wurde. Dadurch, dass nur noch Abfälle mit geringen organischen, Anteilen abgelagert werden dürfen, ergibt sich ein völlig anderes Deponieverhalten bei Sickerwasser- und Deponiegasbildung, sowie Geotechnik. Damit wird sich die betriebliche Deponietechnik stark verändern. Viele Techniken, die in Deutschland entwickelt wurden, werden heute nur noch bei alten Deponien bzw. im Rahmen der Deponiestilllegung benötigt werden.

Wenn also in folgendem Text auf Deponiegas eingegangen wird, betrifft dies nicht die neueren Deponien in Deutschland, sehr wohl aber die älteren Deponien und die restlichen Deponien in Europa und die Deponien weltweit. Insoweit werden in diesem Buch Techniken dargestellt, die in Deutschland bei neuen Deponien nicht mehr benötigt werden, für die Deponiestilllegung oder aber im Ausland nach wie vor eine große Rolle spielen.

Dies sollten die Leser/innen bedenken, wenn sie die nachfolgenden Abschnitte lesen. Teilweise wird in den Abschnitten auch darauf hingewiesen.

10.1.2 Wie viele Deponien werden gebraucht

In Deutschland gab es 2017 1080 Deponien, und zwar: 777 DK 0, 131 DK I, 144 DK II und 26 DK III Deponien. Insgesamt wurden auf diesen Deponien 46,094 Mio Mg FM abgelagert. Die Behörden gehen derzeit von einer Entsorgungssicherheit von 25 Jahren aus.

Allerdings wird nach Angaben der Deponiebetreiber in ca. 20 % der Regionen bei DK I Deponien eine Entsorgungssicherheit nicht erreicht. Die Frage, die sich aber stellt, ist, wie belastbar die Restlaufzeiten bei einem veränderten Anfall an Abfällen sind. Danach schwanken die Restlaufzeiten zwischen 9,5 und 5,2 Jahren, dabei wird in der Praxis ein Unterschreiten von 10 Jahren bereits als kritisch gesehen, da für die Planung einer neuen Deponie an einem neuen Standort 10 Jahre mindestens angesetzt werden müssen. Unter Berücksichtigung des Deponievolumens, das aktuell in Planung ist zwischen 14,3 und 7,9 Jahren. Dabei muss aber klar sein, dass nicht jede Deponie, die geplant wird, am Ende auch in Betrieb genommen wird. Werden die genannten Zahlen genutzt, um den Bedarf an weiteren Deponien zu beziffern, so müssten im ungünstigsten Fall in den nächsten 5 Jahren 131 Deponien der Klasse DK I ersetzt werden, also ca. 26 jedes Jahr.

Sollte es zukünftig Engpässe bei den DK I Deponien geben, so müsste wohl mit einem Anstieg der Anliefergebühren von etwa 15 €/Mg FM (Schätzung der Behörde) auf über 40–50 €/Mg FM gerechnet werden [60]. Ein Bedarf an DK I bzw. DK III Deponien wird derzeit eher nicht gesehen, wenngleich auch hier sicherlich einzelne Projekte zu realisieren sein werden.

Wie viele Deponien müssen derzeit unterhalten bzw. nachgesorgt werden? Die aktuell weit größte Zahl an Deponieprojekten findet im Zusammenhang mit der Deponiestilllegung und Nachsorge statt. Eine verlässliche Zahl darüber und in welchem Fertigstellungsgrad sich diese Projekte befindet ist aktuell nicht verfügbar. Dies ist insbesondere für DK II Deponien relevant. Eine Schätzung des Autors geht etwa von ca.1000 Deponien aus, wobei vermutlich erst 30 % über eine insgesamt abgeschlossene Deponieoberflächenabdichtung verfügen dürften. Der zukünftige Investitionsbedarf ist erheblich.

10.2 Warum Deponietechnik? –Verschiedene Deponiekonzepte, ihre Merkmale und ihr Verhalten, die verschiedenen Deponieklassen für unterschiedliche Abfälle

10.2.1 Anlass für Deponiekonzepte

Würden Abfälle einfach auf den Boden gekippt werden, wäre mit einer Vielzahl von Umweltbeeinträchtigungen zu rechnen:

- Niederschläge können auf den Abfall ungehindert auftreffen. Damit kommt es zur Pfützenbildung und unkontrollierten, übel riechenden Wasseraustritten, insbesondere aber zu einer Durchsickerung der Deponie mit Sickerwasserbildung und –austritt in den Untergrund mit folgender Grundwasserverschmutzung.
- Durch Zersetzungsvorgänge im Abfall entstehen Gase, die zu unangenehmen Geruchswahrnehmungen bis zu mehreren Kilometern Entfernung führen können. Die Zersetzungsgase enthalten Methan und Kohlenstoffdioxid, sodass Gefahren durch Explosionen, Brand, toxische Gase oder Erstickung gegeben sind. Außerdem tragen die Gase in erheblichem Maße zum Treibhausgaseffekt bei, beeinflussen die Ozonschicht und können die oberflächennahe Ozonbildung bei Sonneneinstrahlung fördern.
- Die Abfälle sind attraktive Futter- und Nistplätze für Tiere, die von dort aus in die Nachbarschaft auswandern können, Möwen, Krähen, Ratten, Mäuse, Schaben, Kakerlaken, auch Störche, Hunde, Wildschweine und Affen haben Abfallplätze als attraktive Futterplätze entdeckt. Sie können Krankheiten übertragen. Möwen und Krähen spielen an Deponien, in denen unvorbehandelte Siedlungsabfälle deponiert werden, eine große Rolle.
- Viele Abfälle können leicht verweht werden. Es kommt zu Staubemissionen sowie Papier- und Plastikverwehungen, auch Papier- und Plastikflug genannt. Solche Emissionen können mehrere hundert Meter weit reichen. Da Abfallablagerung immer

pathogene Keime enthalten, können diese mit den Verwehungen leicht in die Nachbarschaft gelangen und so Krankheiten verursachen.
- Die lockeren Abfälle können, da Luft leicht hinzutreten kann, in Brand geraten. Gefahren für Leib und Leben durch toxische Gase und Hitze sowie Geruchsbelästigungen durch Brandgase sind damit verbunden.
- Die Abfallaufschüttung ist nicht sehr stabil. Rutschungen können entstehen und die Nachbarschaft gefährden.
- Abfälle, die nur lose verteilt bzw. geschüttet werden, haben einen beträchtlichen Flächenverbrauch, da die Dichte solcher Aufschüttungen relativ gering und die Schütthöhe nur sehr niedrig ist, da die Anliefer- und Abfalleinbaufahrzeuge die Abfallaufschüttung nicht oder nur bis zu niedrigen Höhen noch befahren können.
- Durch die zumeist fehlende Kontrolle und Deponieumzäunung werden oftmals auch ungeeignete Abfälle mit abgelagert, die zu erheblichen Umweltauswirkungen führen können.

Damit diese beschriebenen Effekte nicht oder nur eingeschränkt auftreten können, müssen Abfallaufschüttungen systematisch nach Plan gebaut, betrieben und überwacht werden.

10.2.2 Deponiekonzepte

Deponien unterscheiden sich weltweit erheblich, obwohl sie alle das gemeinsame Ziel haben, die im vorhergehenden Abschnitt genannten Umweltbeeinträchtigungen durch unkontrollierte Aufschüttungen zu minimieren. Gleichwohl lassen sich einige gemeinsame Merkmale feststellen, die auf bestimmte Grundkonzepte zurückgehen. Diese können wie folgt differenziert werden:

a) **Verdichtungsdeponie**
Dieses Deponiekonzept ist das am weitest verbreitete. Es liegt sowohl der EU-Deponierichtlinie zugrunde, als auch der deutschen Deponieverordnung. Bei dieser Deponieform wird der Abfall schichtweise systematisch aufgeschüttet, zerkleinert und verdichtet, um eine möglichst hohe Dichte im Abfallkörper zu erzielen. Dazu sind spezielle Maschinen zum Aufbau des Deponiekörpers erforderlich. Die Vorteile dieses Deponiekonzeptes sind geringe Geruchs- und Staubemissionen, minimale Zahl von Bränden, wenig Tierbesatz und nur wenig Papier-/Plastik- bzw. Staubverwehungen. Ein ganz entscheidender Vorteil ist, dass die Halde selbst von schweren Lastwagen befahren werden kann. Dadurch können hohe Halden bei geringem Flächenverbrauch und optimaler (wirtschaftlicher) Ausnutzung der Dichtsysteme (deponierte Abfallmasse pro m^2) geschüttet werden. Da in ihrem Innern jedoch kein Sauerstoff auftritt (dieser wird in wenigen Stunden nach der Ablagerung mikrobiell verbraucht und kann von außen aufgrund der geringen Durchlässigkeit nicht mehr nachströmen), bilden

sich Zersetzungsgase (überwiegend Methan und Kohlenstoffdioxd), die den Deponiekörper erst füllen und dann in die Umgebung emittieren. Die Methanemissionen aus Deponien liefern einen beträchtlichen Beitrag zum Treibhausgaseffekt (derzeit auf bis ca. 18 % der gesamten Treibhausgasemissionen geschätzt). Zusätzlich werden Gerüche verursacht, Explosionsgefahren entstehen und die Rekultivierung wird behindert. Durch den Abbau entstehen oft Setzungen von mehreren Metern Höhe. Aus der Abb. 10.1 wird deutlich, dass der Abfall befahrbar ist, Klärschlamm mit deponiert werden kann (Vordergrund) und der Abfalleinbau mittels spezieller Maschinen (Abfallkompaktor) erfolgt. Angemerkt sei, dass diese Art der Ablagerung in Deutschland seit 2005 nicht mehr erlaubt ist, international ist sie die Standarddeponie.

b) **Reaktordeponie**

Bei der Reaktordeponie handelt es sich um eine Verdichtungsdeponie, bei der der Deponiekörper gezielt durch technische Maßnahmen beeinflusst wird. Hierbei geht es insbesondere um die Beeinflussung des Wasser- (durch Infiltration von Wasser) und des Gashaushaltes (durch zunächst kontrollierte Erfassung der Zersetzungsgase und Verhinderung der Emissionen sowie dem späteren Einblasen/Einsaugen von Luft) mit dem Ziel einer Stabilisierung bzw. Inertisierung (weitestgehende Zersetzung abbaubarer organischer Substanz) der deponierten organischen Abfälle. Gerade der Eintrag von Luft in den Deponiekörper ist mittlerweile in Deutschland an zahlreichen Deponien umgesetzt worden, da es so zu einer deutlichen Verminderung der Methanemissionen kommen kann – die Wasserinfiltration dagegen eher selten. Die Techniken

Abb. 10.1 Verdichtungsdeponie – Anlieferung und Einbau der Abfälle. (©Rettenberger 2017 All Rights Reserved)

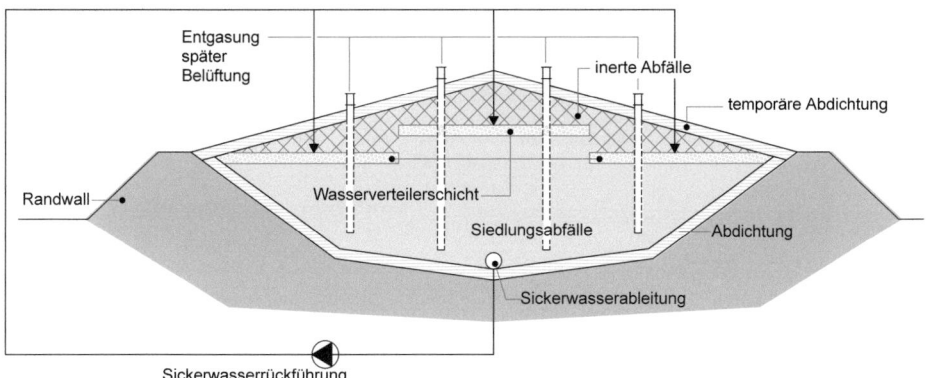

Abb. 10.2 Prinzipskizze einer Reaktordeponie. (©Rettenberger 2017 All Rights Reserved)

sind relativ neu und erfordern zusätzliche Investitionen. Teilweise werden diese zeitlich nacheinander umgesetzt. Sie sind ausdrücklich in den gesetzlichen Vorgaben vorgesehen. In Abb. 10.2 wird das Prinzip verdeutlicht.

c) **Rottedeponie**

Grundgedanke dieser Deponieform ist, dass der Abfall vor dem Einbau in einer (Einfach-) Miete auf dem Deponiekörper gerottet, also aerob behandelt wird. Anschließend wird der Abfall wie bei einer Verdichtungsdeponie eingebaut.

Vorteil dieses Deponiekonzeptes ist es, dass der Abfall, da er biologisch stabilisiert wurde, nur noch zu geringer Deponiegasbildung führt, das Sickerwasser, zumindest anfänglich, deutlich weniger belastet ist und der Abfall nach dem Einbau eine hohe Dichte aufweist. In Deutschland wurde das Verfahren insbesondere als sogenanntes Kaminzugverfahren weiterentwickelt, bei dem die Mietenbelüftung u. a. durch in die Miete eingelegte Schläuche begünstigt werden soll. In Abb. 10.3 ist eine Kaminzugrotte als Vorstufe des nachfolgenden verdichteten Einbaus auf einer Rottedeponie zu sehen.

Nachteilig an Rottedeponien sind oftmals vorhandene Geruchsemissionen sowie der schwer zu kontrollierende Besatz mit Ungeziefer (Schaben, Kakerlaken), was sich aber mit entsprechenden betrieblichen Maßnahmen beherrschen lässt. Gleichwohl war die Rottedeponie das Vorbild für die Entwicklung der Technik der mechanisch-biologischen Abfallvorbehandlung, bei der ein Teilstrom, der in einer technischen Anlage unter kontrollierten Bedingungen mit Erfassung und Reinigung der Abluft behandelten Abfälle deponiert wird. Dieses Deponiekonzept kommt vereinzelt in der Praxis vor, wird aber immer wieder gerade für Entwicklungsländer oder Schwellenländer diskutiert und auch angewandt.

Abb. 10.3 Rottedeponie mit Kaminzugrotten. (©Rettenberger 2017 All Rights Reserved)

Speziell in Japan hat sich ein modifiziertes Deponiekonzept etabliert, bei dem von Beginn der Deponieschüttung mit durchlässigen Einbauten in den Deponiekörper versucht wird, eine Luftzuführung zu gewährleisten (semiaerobic landfill, Fukuoka method). Damit hat die Deponie ein ähnliches Verhalten wie eine Rottedeponie. Aufgrund der erhöhten Emissionen (Geruch, Staub), der ständigen Brandgefahr sowie einer nur geringen Dichte der eingebauten und nicht verdichteten Abfälle hat dieses Deponiekonzept wohl keine Verbreitung in andere Länder gefunden. Unter den in Japan üblichen hohen Inertanteilen in den Abfällen mag eine gewisse Machbarkeit gegeben sein.

d) **Deponie mit vorbehandelten oder mineralischen Abfällen**
Hierunter lassen sich im Wesentlichen vier Deponiekonzepte unterscheiden:
Ballendeponie
Dabei werden in Ballen (ca. $1 \times 1 \times 2$ m) gepresste Siedlungsabfälle zur Deponie transportiert und dort gestapelt abgelagert. (siehe Abb. 10.4). Dem Vorteil eines vergleichsweise organisierten geordneten Betriebs steht der Nachteil gegenüber, dass zwischen den aufgesetzten Ballen Klüfte verbleiben. Dadurch kann Niederschlagswasser rasch versickern, sodass große Mengen an mäßig belastetem Sickerwasser entstehen. Ebenso kann Luft tief in den Deponiekörper eindringen, was Brände begünstigt und eine Entgasung der Deponie erschwert. Ballendeponien wurden in der Praxis vereinzelt großtechnisch realisiert.

Deponie mit mechanisch-biologisch vorbehandelten Abfällen (MBA-Deponie)
Bei diesem Deponiekonzept wird ausschließlich mechanisch-biologisch vorbehandelter Abfall verdichtet eingebaut. Durch die besonderen Eigenschaften der so vorbehandelten

Abb. 10.4 Ballendeponie, gestapelte Ballen im Hintergrund. (©Rettenberger 2017 All Rights Reserved)

Abfälle unterscheidet sich dieses Deponiekonzept von üblichen Verdichtungsdeponien mit unvorbehandelten Siedlungsabfällen erheblich. Der Abfall, der völlig andere Eigenschaften als Siedlungsabfall hat (krümelige Struktur, ähnlich wie Kompost), lässt sich bei diesem Deponiekonzept deutlich höher verdichten (bis ca. 1,3/1,6 Mg/m^3 bezogen auf FM) und zersetzt sich nur noch geringfügig, was insgesamt zu nur noch kleinen Gasbildungsraten bzw. Setzungen führt. Nach dem Einbau hat es eine geringe Wasserdurchlässigkeit. Aus Abb. 10.5 ist der Einbaubetrieb bei einer großtechnischen Anwendung zu ersehen. (siehe auch Abschn. 10.7). Durch die Realisierung von MBA-Anlagen in Deutschland werden mehrere MBA-Deponien betrieben. Ihre Anzahl ist rückläufig, da sich der Anteil der Abfälle aus MBA Anlagen zur Verwertung zwischenzeitlich vergrößerte. Zudem ist die MBA Kapazität in Deutschland rückläufig.

Deponien mit verfestigten Abfällen
In diesem Deponiekonzept wird dem Abfall ein Bindemittel zugegeben, sodass dieser bessere Festigkeitseigenschaften bekommt. Zudem wird der Abfall trockener, also reaktionsträger, da Wasser gebunden wird. Da auch die Auslaugfähigkeit abnimmt, vermindert sich die Schadstoffemission. Damit kann ein stabilisierter, wenig wasserdurchlässiger und sich nur noch wenig zersetzender Deponiekörper aufgebaut werden. Durch die bislang gesetzlich vorgegebenen Anforderungen an die Abfälle vor der Deponierung ist dieses Deponiekonzept in Deutschland nicht realisiert worden. Die zwischenzeitlich geänderte Rechtslage eröffnet allerdings neue Ansätze. Für Industrieabfälle ist diese Deponieform insbesondere im Ausland häufiger vertreten, da sie eine weniger teure Alter-

Abb. 10.5 Einbau der vorbehandelten Abfälle in einer MBA-Deponie. (©Rettenberger 2017 All Rights Reserved)

native zur Beseitigung (z. B. Verbrennung) von Industrieabfall darstellt. Abb. 10.6 zeigt eine Deponie, bei der die verfestigten Abfälle zunächst in Big-Bags verfüllt und dann abgelagert werden.

Inertdeponien
Dieses Deponiekonzept ist durch die Art der Abfälle charakterisiert. Diese sollen weitestgehend inert sein, was u. a. auf Bodenaushub und Bauschutt, Aschen, Schlacken (z. B. auch von Müllverbrennungsanlagen), Asbest und sonstige Mineralstoffe oder kontaminierte Böden aus der Altlastensanierung zutrifft (siehe Abb. 10.7). In der Regel treten an solchen Deponien nur noch geringe Emissionen auf. Deponiegase entstehen praktisch nicht. Die Sickerwässer sind nur wenig verunreinigt. Die Abfälle können vergleichbar wie bei einer Bodendeponie mit üblichen Erdbaumaschinen verarbeitet werden. Inertstoffdeponien werden zukünftig als DK 0 bzw. DK I Deponien in Deutschland in größerer Zahl zur Anwendung kommen und entsprechen damit den gesetzlichen Vorgaben.

Sondermülldeponien
Obwohl es den Begriff Sondermüll in den Gesetzen und sonstigen Rechtsnormen nicht gibt, hier wird von gefährlichen Abfällen gesprochen, taucht er trotzdem häufig z. B. zur Bezeichnung von bestimmten Deponien („Zufahrt zur Sonderabfalldeponie G.) auf. Gelegentlich wird auch von Industrieabfalldeponien gesprochen. Sondermülldeponien dienen somit im Wesentlichen zur Deponierung von Abfällen aus der Industrie. Damit

Abb. 10.6 Deponie mit verfestigten Abfällen in Big-Bags. (©Rettenberger 2017 All Rights Reserved)

Abb. 10.7 Inertstoffdeponie. (©Rettenberger 2017 All Rights Reserved)

werden dort unterschiedlichste Abfälle angenommen, z. B. solche abgepackt in Big-Bags oder Fässern, es wurden Schlämme, unterschiedlichste Rückstände aus der Produktion oder Farbreste deponiert. Daher unterscheiden sich Sondermülldeponien entsprechend

Abb. 10.8 Sonderabfalldeponie. (©Rettenberger 2017 All Rights Reserved)

der Art der angenommenen Abfälle erheblich. Vorstehende Abb. 10.8 soll einen Eindruck von einer speziellen Sonderabfalldeponie wiedergeben. Häufig werden Abfälle mit ausgewählten Stoffen überdeckt und von anderen Abfällen getrennt abgelagert. Eine Verfestigung der Abfälle vor der Deponierung ist eine Option. Letztendlich aber sind Sondermülldeponien im Vergleich z. B. zu den Verdichtungsdeponien ähnliche Anlagen, in denen zwischen Dichtungssystemen Abfälle mithilfe von Erdbaumaschinen systematisch zu einer befahrbaren Halde aufgeschüttet werden. Durch die Einführung von Zuordnungswerten hat sich dieses Deponiekonzept in Folge der veränderten Abfallarten zur Deponie wesentlich geändert. Es werden überwiegend nur noch Schlacken und Aschen aus thermischen Prozessen und andere mineralische Schüttgüter in DK III Deponien abgelagert. Sonderabfalldeponien, die diesem Konzept nach DK III nicht entsprechen, was leider international überwiegend noch der Fall ist, also betrieben werden, müssten aus Gründen der Schadstoffemissionen beendet und saniert werden.

Untertagedeponie
In Folge von Bergwerksbetrieb verbleiben große Hohlräume, die allein schon aus Stabilitätsgründen verfüllt oder gesichert werden müssen. Dies kann auch mit geeigneten Abfällen erfolgen. Aus Brand-, Arbeitsschutz- und Sicherheitsgründen eignen sich hierzu nur weitestgehend inerte also mineralische Abfälle, die aber durchaus toxisch sein können (z. B. Filterstäube). Nach Deponierecht, hier wird die Untertagedeponie rechtlich geregelt, kommen in Deutschland praktisch nur Verfüllungen im Salzgestein infrage. In Deutschland sind mehrere solcher Deponien in Betrieb. Insbesondere für Abfälle aus der Rauchgasreinigung von Abfallverbrennungsanlagen spielen sie eine bedeutende

Abb. 10.9 Untertagedeponie [7]

Rolle. Andere untertägige Bergwerke, die Abfälle annehmen, nehmen diese nicht als Deponie, sondern als Abfall zur Verwertung an. Dies ist rechtlich in der Versatzverordnung (VersV) geregelt. Danach dürfen nur solche Abfälle eingebaut werden, die dieser Verordnung genügen und damit weitestgehend inert sind. Dies ist daher geboten, da sich die Bergwerke mit der Zeit mit Wasser füllen können. Abb. 10.9 zeigt den Einbaubetrieb in einer Untertagedeponie.

Monodeponie
Hierbei handelt es sich um Deponien oder Deponieabschnitte, in denen ausschließlich spezifische Massenabfälle, die nach Art, Schadstoffgehalt und Reaktionsverhalten ähnlich und untereinander verträglich sind, abgelagert werden können. Diese Deponieform kommt zumeist in privater Anwendung für Industrieabfälle vor.

e) **Sonderformen**
Neben den genannten Deponiekonzepten existieren weltweit noch eine Vielzahl von Sonderformen, die in der Regel durch die lokalen Ressourcen bedingt sind. Besonders hervorzuheben ist das in den USA verbreitete Deponiekonzept „fill-and-trench". Dabei werden zunächst Gräben ausgehoben, die danach mit Abfall verfüllt werden. Anschließend wird die Erde aus dem Bau eines weiteren Grabens darüber abgelagert. Diese Methode erfordert den Einsatz vieler Erdbaumaschinen, sodass dieses Deponiekonzept wohl auf die baumaschinenherstellende Industrie zurückzuführen ist.

Von den beschriebenen Deponiekonzepten lassen sich zwei wesentliche Kriterien ableiten, die auch weltweit betrachtet, überwiegend verfolgt werden:

1. Deponien werden nur für bestimmte Abfälle konzipiert und betrieben, wobei überwiegend wie folgt unterschieden wird:
    - Deponien für inerte Abfälle, meist Bauabfälle, Aschen oder Schlacken,
    - Deponien für Abfälle mit organischen Bestandteilen, meist Siedlungsabfälle,
    - Deponien für Abfälle mit organischen und toxischen Bestandteilen, meist Industrieabfälle.

Die Unterscheidung wurde u. a. in das EU-Deponierecht aufgenommen und führte zur Unterscheidung von Deponieklassen (DK) in Deutschland.

2. Deponien werden überwiegend als Verdichtungsdeponie betrieben. Die Verdichtung hat verschiedene Vorteile, u. a. die Befahrbarkeit. Sie verbrauchen daher vergleichsweise wenig Fläche und haben weniger Belästigungen für die Nachbarschaft. Zumeist ist auch das Erscheinungsbild akzeptabel und nicht mit dem wilden Haufwerk früherer Kippen vergleichbar. Dies ist daher auch weltweit das am häufigsten anzutreffende Deponiekonzept für Siedlungsabfälle. Dies war auch in Deutschland der Fall, was sich allerdings ab 1.7.2005 geändert hat. Aber die alten Deponien, die weiter betrieben werden und häufig bereits abgeschlossen sind oder derzeit abgeschlossen werden, entsprechen dem genannten Deponiekonzept. Daher haben Kenntnisse über deren Verhalten als Voraussetzung zur Planung und Realisierung einer technisch einwandfreien Stilllegung und Nachsorge sowie ggf. Stabilisierung in der Praxis zur Zeit und auch in den nächsten Jahren eine große Bedeutung.

10.3 Das Verhalten von Verdichtungsdeponien mit Abfällen mit organischen Anteilen, Konsequenzen für die Technik einer Deponie

10.3.1 Die Randbedingungen

Die Deponierung findet aus Kostengründen in der Regel nicht unter einem Dach statt, sodass die Abfälle den meteorologischen Einflüssen ausgesetzt sind. So haben insbesondere Niederschläge während des Betriebes ungehinderten Zugang zum Deponiekörper und die Gasphase im Deponiekörper steht in unmittelbarem Kontakt zur Atmosphäre. Luftdruckveränderungen teilen sich unmittelbar mit. An der Oberfläche findet ein unmittelbarer Gasaustausch statt, der durch Konvektion (Wind) und Diffusion (Konzentrationsgefälle) hervorgerufen wird. Die Wärme der Umgebung kann sich unmittelbar auf den Deponiekörper übertragen.

Daher müssen im Wesentlichen drei Effekte beachtet werden:

1. Bildung von Sickerwasser
   Durch den ungehinderten Zutritt von Niederschlag in den Deponiekörper wird ein Teil des Wassers (ca. 25–50 % des Niederschlages, s.u.) durch die Deponie hindurch sickern und an der Deponiebasis austreten. Dieses Wasser wird als Sickerwasser bezeichnet. Es ist dadurch gekennzeichnet, dass es Inhaltsstoffe aus dem Deponiekörper ausgelaugt hat und somit den Untergrund bzw. das Grundwasser belastet. Es lässt sich in etwa mit Jauche vergleichen.
2. Bildung von Deponiegas
   Aufgrund der vorhandenen Feuchtigkeit im Deponiekörper, die Wassergehalte liegen oft zwischen 30 und 50 %, was nicht nur auf den Zutritt von Niederschlagswasser sondern auch auf eine vorhandene Eigenfeuchte des Abfalls zurückzuführen ist, entsteht durch mikrobielle Zersetzung der Abfälle Gas, das überwiegend aus Methan und Kohlenstoffdioxid sowie einer Vielzahl von Spurengasen (z. B. Schwefelwasserstoff und Ammoniak) zusammengesetzt ist. Die Konzentrationen der Gase schwanken über die Laufzeit der Deponie. Während der Phase der intensiven Gasentwicklung liegt die Methankonzentration etwa zwischen 55 und 60 %, Kohlenstoffdioxid etwa zwischen 45 und 40 %, ca. 1 % sind Spurengase. Dieses Gas wird als Deponiegas bezeichnet. Es gehört in die Gruppe der Biogase und ist mit Klärgas und Gas aus landwirtschaftlichen Biogasanlagen vergleichbar.
3. Auftreten von Setzungen
   Durch die Deponiegasbildung findet eine Umwandlung fester Substanz in gasförmige statt, was zwangsläufig zu Sackungen des Deponiekörpers führt. Ebenso enthält der Deponiekörper auch nach intensiver Verdichtung noch ein gas- und wassererfülltes Porenvolumen von > 40–50 %. Dies wird daraus deutlich, dass die Dichte des Deponiekörpers ca. 0,9–1,0 Mg/m^3, die Materialdichte zwischen 1,6 Mg/m^3 und 2,3 Mg/m^3 beträgt. Damit können noch auflastbedingte Konsolidationsvorgänge ablaufen.

10.3.2 Deponiegas

Wird Abfall zur Deponie angeliefert, so ist er zunächst noch mit Luftgasen durchsetzt. Nach Deponierung und Verdichtung wird der Sauerstoff in wenigen Stunden durch spontan ablaufende aerobe (d.h. unter Anwesenheit von Sauerstoff) mikrobielle Vorgänge verbraucht. Fakultative Mikroorgansimen, die sowohl mit als auch ohne Sauerstoff leben können, setzen dann den Abbau anaerob (unter Abwesenheit von Sauerstoff) fort, sodass bei Verdichtungsdeponien wenige Stunden nach Einbau der anaerobe Abbau beginnt, da die dazu erforderlichen Mikroorganismen bereits im Abfall vorhanden sind. Im Gegensatz zum aeroben Abbau entwickelt sich der anaerobe Abbau mit der damit verbundenen Methanbildung jedoch erst langsam, da die daran beteiligten Bakterien lange Vermehrungszeiten und spezielle Milieuanforderungen haben.

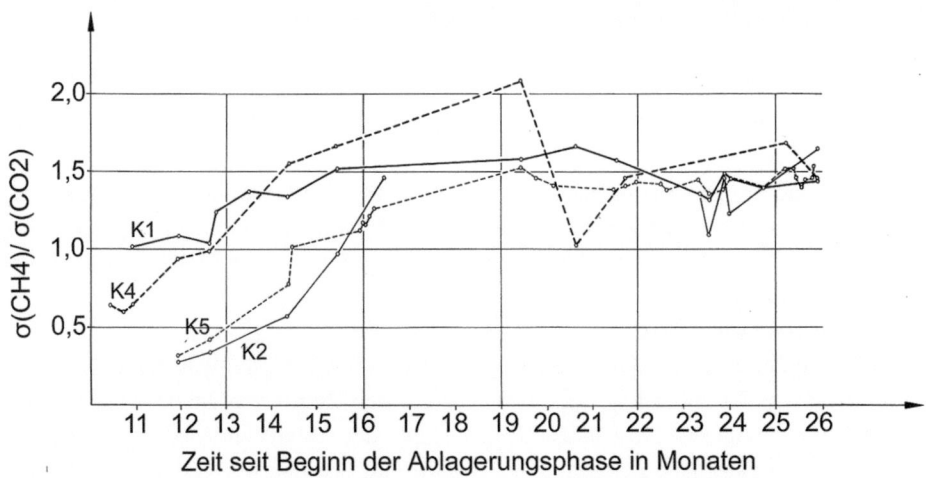

Abb. 10.10 Entwicklung des Verhältnisses von $\sigma(CH_4)$ zu $\sigma(CO_2)$ im Deponiekörper nach Ablagerungsbeginn, gemessen an vier Gasbrunnen [8]

Bis eine Deponiegasentwicklung im Deponiekörper einsetzt, ist ein Zeitraum von 1–2 Jahren erforderlich [8]. Aus Abb. 10.10 wird anhand des Konzentrationsverhältnisses $\sigma(CH_4)$ zu $\sigma(CO_2)$ deutlich, dass ein Wert von 1,3–1,5, der typisch für Deponiegas ist, erst nach einem Zeitraum von 1,5 bis 2 Jahren erreicht wird. Danach ändert sich das Konzentrationsverhältnis über einen längeren Zeitraum nur noch wenig. Somit wird deutlich, dass eine wirksame Deponieentgasung bereits wenige Monate nach Schüttbeginn einer Deponie betriebsbereit sein muss.

Beim anaeroben Abbau erfolgt in einem ersten Schritt, der Hydrolyse, durch Wasseranlagerung eine Aufspaltung der vorhandenen Substrate in kleinere, wasserlösliche Moleküle mithilfe von Exoenzymen. Anschließend werden diese Verbindungen durch fermentative, fakultativ anaerobe Bakterien aufgenommen und umgesetzt (Acidogenese). Wie die hydrolysierenden Bakterien bilden sie eine sehr heterogene Bakteriengruppe. Als fakultative Bakterien können sie bei einem Wechsel der Milieubedingungen von aerob zu anaerob ihre Stoffwechselprozesse entsprechend umstellen. Die Zusammensetzung der Abbauprodukte wird durch die Konzentration des gebildeten Wasserstoffs und den pH-Wert bestimmt. Bei hoher Wasserstoffkonzentration werden vorwiegend organische Säuren und Alkohole, bei niedrigen pH-Werten vorwiegend Essigsäure, Kohlenstoffdioxid und Wasserstoff gebildet. Diese Zwischenprodukte werden in einem dritten Schritt durch autogene Bakterien, fakultative und obligate Anaerobier zu Wasserstoff, Kohlenstoffdioxid und Essigsäure weiter abgebaut. Dieser Abbauschritt ist allerdings an geringe Wasserstoffkonzentrationen gebunden, sodass die Mikroorganismen dieses Abbauschrittes in einer engen Symbiose mit den wasserstoffverwertenden Mikroorganismen, Methanbakterien und Desulfurikanten leben. Der letzte Abbauschritt (Methanogenese) erfolgt durch obligat anaerobe Methanbildner. Diese können neben Essig-

10 Deponie

säure, Wasserstoff und Kohlenstoffdioxid lediglich noch Kohlenstoffmonoxid, Aminosäuren, Methanol und Methylamin als Substrat nutzen [9]. Ungefähr 30 % des Methans entsteht durch H_2-Oxidation mit Kohlenstoffdioxid und ca. 70 % aus Spaltung der Essigsäure.

Vereinfacht kann der anaerobe Abbau am Beispiel der Glucose mit folgender Gleichung beschrieben werden [10]:

$$C_6H_{12}O_6 \rightarrow 3CH_4 + 3CO_2 + 405\frac{kJ}{mol} \tag{10.1}$$

Somit werden bei der Bildung von einem Kubikmeter Biogas 3,025 MJ/m³ oder 0,84 kWh/m³ an Wärmemenge freigesetzt. Dies ist deutlich weniger als beim aeroben Abbau, bei dem ca. das 7,1-fache an Wärmemenge gebildet wird. Siehe auch Abschn. 8.3.2.: Biochemie der Vergärung.

Die Entwicklung des Deponiegases führt im Deponiekörper zu charakteristischen Zuständen, wie sie in Abb. 10.11 zusammenfassend dargestellt sind. Danach lassen sich unterscheiden:

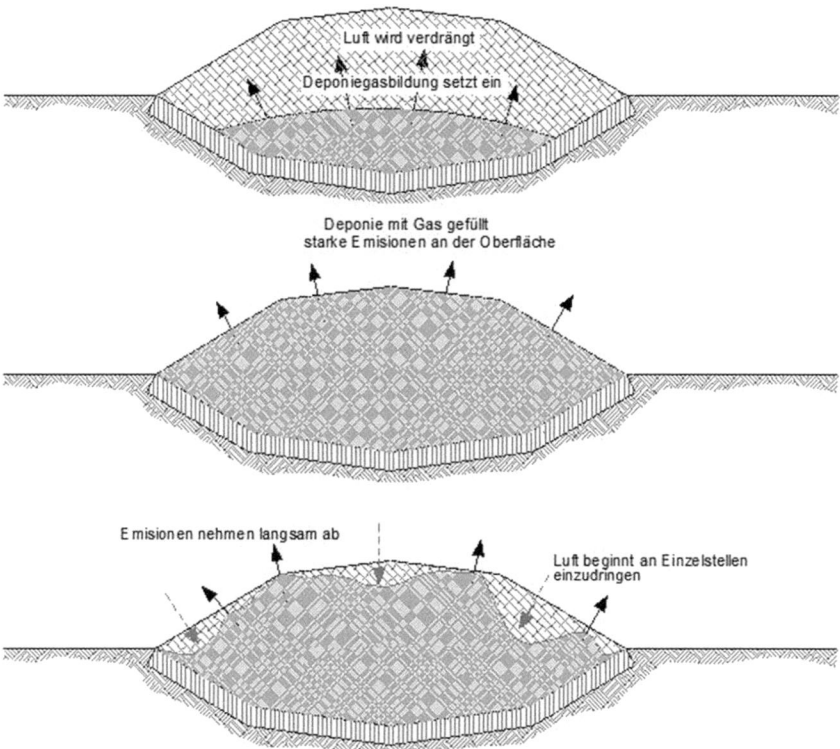

Abb. 10.11 Unterschiedliche Zustände der Gasphase in einer Abfallablagerung infolge der Deponiegasentwicklung (schematisch) [8]

a) eine zeitliche Phase, in der sich der Deponiekörper mit Deponiegas auffüllt und die noch vorhandenen Luftgase verdrängt werden (kürzeste Phase ca. 1–2 Jahre)
b) eine zeitliche Phase, in der der Deponiekörper praktisch vollständig mit Deponiegas aufgefüllt ist und es aufgrund der Deponiegasbildung zu Emissionen über die Oberfläche kommt (längste Phase 1–3 Jahrzehnte)
c) eine zeitliche Phase, in der sich der Deponiekörper mit Luftgasen auffüllt, Deponiegas verdrängt wird und keine nennenswerten Emissionen über die Oberfläche stattfinden (Dauer ca. 1–2 Jahrzehnte, auch Schwachgasphase genannt)

Die einzelnen Phasen lassen sich an der Zusammensetzung der Gasphase eindeutig kennzeichnen. Dabei können 9 Phasen gegeneinander abgegrenzt beschrieben werden:

Phase I–III:	Aerobe Phase, saure Gärung, instabile Methanphase: Im Abfall ist nach dem Einbau des Abfalls noch Luft enthalten. Durch aerobe mikrobielle Vorgänge wird Sauerstoff in kurzer Zeit verbraucht und Kohlenstoffdioxid gebildet. Nach kurzer Zeit enthält der Abfall keinen Sauerstoff mehr, allerdings noch Stickstoff. Die Hydrolyse bzw. die Acidogenese ist feststellbar. Nach einer gewissen Zeit tritt Methan auf
Phase IV:	Stabile Methangärung (Methanphase): In der Abfallablagerung hat sich eine gleichmäßige Deponiegasbildung entwickelt, die zu einem völligen Auffüllen des Porenraumes mit Deponiegas geführt hat. Die Relation von Methan- zu Kohlenstoffdioxidkonzentration liegt etwa zwischen 1,25 bis 1,5. An der Oberfläche und in der Umgebung der Deponie sind erhöhte Emissionen messbar
Phase V:	Langzeitphase: In der Abfallablagerung setzt im Laufe der Zeit ein Rückgang der Gasentwicklung ein. Die Deponiegasbildung ist weiter relativ gleichmäßig, leicht abbaubare Abfälle sind weitestgehend abgebaut. Der Porenraum ist mit Deponiegas komplett erfüllt. Die Emissionen sind merklich zurückgegangen. Die Zusammensetzung des Deponiegases, d. h. das Verhältnis der Methan- zur Kohlenstoffdioxidvolumenkonzentration steigt bis auf 4 an
Phase VI:	Lufteindringphase: Da die Deponiegasentwicklung weiter zurückgegangen ist, können die in die Ablagerung eindringenden Luftgase durch ausströmendes Deponiegas nicht mehr vollständig verdrängt werden, sodass in der Abfallablagerung Luftgase auftreten. Dieser Vorgang wird von außen nach innen verlaufen und mit der Zeit die gesamte Ablagerung umfassen. Dabei setzen aerobe Abbauvorgänge ein. Die Emissionen gehen weiter zurück und sind bereichsweise nicht mehr messbar. Neben Methan und Kohlenstoffdioxid tritt jetzt wieder Stickstoff auf
Phase VII:	Methanoxidationsphase: In der Abfallablagerung kommt es zu einer fortschreitenden Aerobisierung. Dabei entsteht Kohlenstoffdioxid. Methan kann durch mikrobielle Methanoxidation abgebaut werden, sodass sich die Relation von Methan- zu Kohlenstoffdioxidkonzentration unter 1 liegt. Emissionen finden praktisch nicht mehr statt
Phase VIII:	Kohlenstoffdioxidphase: Die Milieubedingungen in der Ablagerung sind weitestgehend aerob. Methan tritt somit nur noch in geringen Konzentrationen auf. Da noch schwer abbaubarer Abfall in der Ablagerung enthalten ist (z. B. Holz), finden sich noch über einen längeren Zeitraum neben den Luftgasen noch geringfügig erhöhte Kohlenstoffdioxidkonzentrationen im Porenraum der Ablagerung. In der Praxis tritt dieser Zustand derzeit nur bei kleinen und flachen Altdeponien oder Deponien mit großen Anteilen mineralischer Abfälle auf (gilt auch für Phase IX)

Phase IX:	Luftphase: Die abbaubaren Abfallbestandteile der Ablagerung sind weitestgehend abgebaut (inertisiert). Die Gasphase im Porenraum der Ablagerung entspricht der im natürlichen Gestein bzw. Boden. Die Sauerstoffkonzentratio0n liegt zwischen 0 und 20 %, die des Kohlenstoffdioxids zwischen 1 und 7 %

Damit wird deutlich, dass es im Laufe der Zeit in einem Deponiekörper unterschiedliche Zustände gibt, was sich an einer unterschiedlichen Zusammensetzung der Gasphase im Deponiekörper bemerkbar macht. Der qualitative Verlauf der Gaszusammensetzung im Deponiekörper über die Zeit ist in der Abb. 10.12 schematisch dargestellt (weitere Details zur Gasbildung siehe Abschnitt Anaerobverfahren). Eine technische Deponieentgasung muss sich daran anpassen (s. u.).

Ist also die Deponiegaszusammensetzung dadurch geprägt, dass das Verhältnis Methan- zu Kohlenstoffdioxidkonzentration etwa zwischen 1,25 und 1,5 liegt, so verändert sich dieses über die Zeit. Es verändert sich aber auch in Abhängigkeit der Tiefe, da sich dort das Eindringen von Luft bemerkbar macht. Hier lässt sich sogar die Oxidation von Methan feststellen, da sich methanoxidierende Bakterien ansiedeln. Auch durch die Absaugung von Deponiegas wird Deponiegas verändert, da durch das Einbringen von Unterdruck in den Deponiekörper z. B. infolge einer Absaugung auch Luft mit in die Deponie eingesaugt wird, was zu einer Verdünnung mit Luftgasen führt.

Neben den Hauptgasen Methan und Kohlenstoffdioxid treten im Deponiegas eine Vielzahl von organischen und anorganischen Spurengasen auf, die entweder aus den Abfallbestandteilen in die Gasphase übergehen, oder beim Abbauprozess entstehen. Neben

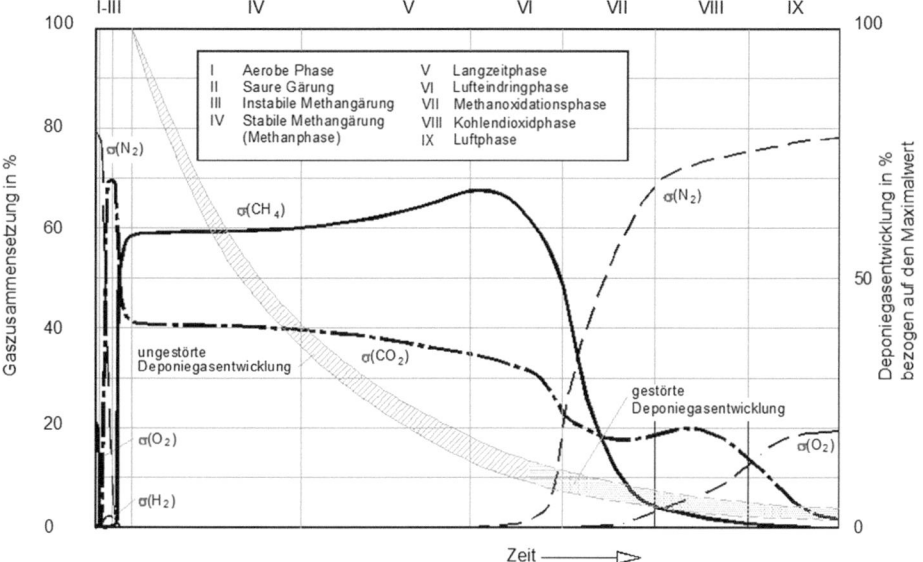

Abb. 10.12 Verlauf der Deponiegaskonzentration im Deponiekörper über die Zeit, qualitativ [11]

aliphatischen und aromatischen, teilweise auch halogenierten Kohlenwasserstoffen findet sich vor allem Wasserstoff, Ammoniak, Wasserdampf sowie Schwefelwasserstoff. Letzterer ist äußerst geruchsintensiv, hat aber wegen seiner extremen Giftigkeit eine hohe Relevanz unter dem Aspekt des Arbeitsschutzes. Wasserdampf kondensiert bei absinkenden Temperaturen im Rohrleitungssystem (z. B. Bodentemperaturen unter 8°C, Temperaturen in der Deponie zwischen 20 und 50°C) und kann zu Verblockungen führen.

Wie oben bereits beschrieben ist die Deponiegassituation bei DK II Deponien, die nach 2005 begonnen wurden, völlig verschieden. Deponiegas dürfte nur noch in geringen Konzentration und Mengen anfallen. In der Deponie müssten überwiegend Luftgase auftreten. Dies wird auch in DK III Deponien so sein. In DK 0 Deponien dürften ebenfalls keine Deponiegase auftreten. Vielmehr wäre dies ein Zeichen für unzulässig abgelagerte organische Abfälle.

10.3.3 Sickerwasser

Deponiesickerwasser entsteht durch das Eindringen von Niederschlagswasser in den Deponiekörper. Weiterhin trägt das durch Auflast ausgepresste Wasser zum Sickerwasseranfall bei. Dies ist insbesondere bei Deponien der Fall, in denen überwiegend biogene Abfälle aus Haushaltungen deponiert werden.

Der Sickerwasserabfluss aus einer Deponie lässt sich aus der nachstehenden Wasserhaushaltsgleichung ableiten, wobei die einzelnen Bilanzglieder in nachstehender Abb. 10.13 schematisch veranschaulicht sind:

$$N - ET_a - S +/- R - A_B - A_B +/- W_B + W_K = 0 \qquad (10.2)$$

N: Niederschlag
ET_a: aktuelle (tatsächliche) Evapotranspiration
S: Speicherung
R: Rückhalt
A_B: Sickerwasser-Abfluss an der Deponiebasis
A_0: Oberflächenabfluss
W_B: Wasserneubildung/-verbrauch durch biochemische Prozesse
W_K: Wasserabgabe infolge von Konsolidationsprozessen

Im Wesentlichen ergibt sich somit der Sickerwasserabfluss aus den positiven Bilanzgliedern Niederschlag und Wasserabgabe durch Konsolidation sowie aus den negativen Bilanzgliedern Verdunstung (Evapotranspiration: Verdunstung über den Boden- und die Pflanzen) und Oberflächenabfluss sowie aus den Bilanzgliedern Wasserbildung/-verbrauch, Speicherung und Rückhalt, die sowohl negativ als auch positiv sein können. Dabei werden die einzelne Bilanzglieder üblicherweise in mm/m^2 angegeben.

10 Deponie

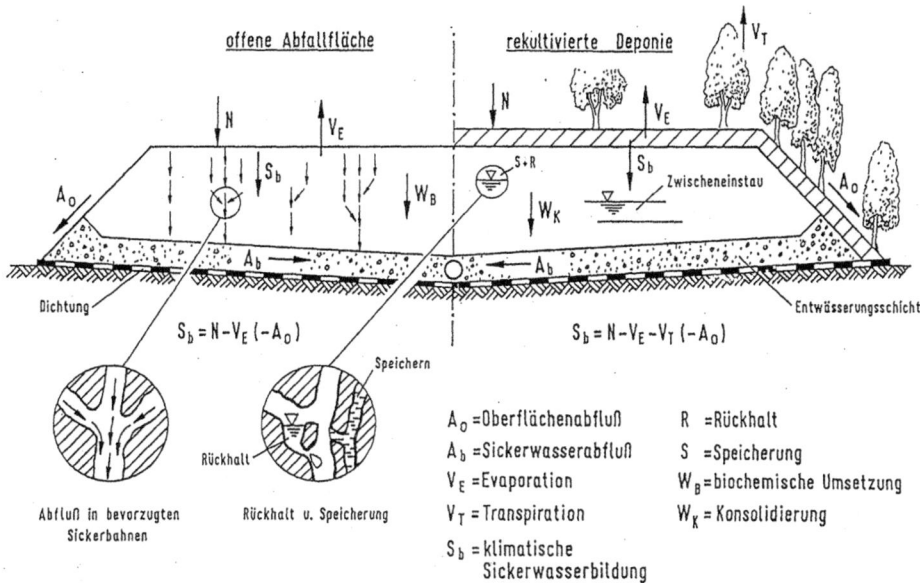

Abb. 10.13 Schematische Darstellung des Wasserhaushalts einer Deponie [12]

Die mittlere jährliche Sickerwassermenge beträgt in Deutschland bei nicht abgedeckten/-gedichteten Deponien etwa 25 % des jährlichen Niederschlags bei hochverdichtet betriebenen Deponien und ca. 45 % bei schlecht verdichteten Deponien. Nach Sättigung des Deponiekörpers (etwa bei 50–60 % Wassergehalt) werden Werte um 50–60 % beobachtet. Die Sickerwassermengen zeigen deutliche Schwankungen, die im Tageswert bis zum 3–5-fachen des durchschnittlichen Tageswertes betragen können. Bei einer Niederschlagshöhe von 860 mm/m² im Jahr (entsprechend 860 l/m².a) ergibt sich eine tägliche Sickerwasserspende bei einem Prozentsatz von 25 % von 5,9 m³/d·ha oder 0,068 l/s·ha. Als täglicher Spitzenwert müsste mit 17,7–29,5 m³/ha·d gerechnet werden. Bei Inertdeponien nimmt die Sickerwassermenge deutlich zu, da diese nur eine geringe Speicherung bzw. geringen Rückhalt haben. Deponien mit Oberflächenabdichtungen haben einen rasch zurückgehenden Sickerwasseranfall, der in wenigen Jahren auf nahezu Null zurückgehen kann. Der Verlauf hängt überwiegend davon ab, wieviel Wasser aus der Betriebsphase im Deponiekörper noch gespeichert ist und durch Konsolidation ausgepresst werden kann.

Die Berechnung der Sickerwasserspende (also spezifischer Volumenstrom des Sickerwassers) kann mit nachstehender Gl. (10.3) durchgeführt werden:

$$S_w = f \cdot N (10.000/(365 \cdot 86.400))0,25 \, in \, l/s.ha \qquad (10.3)$$

S_w: Sickerwasserspende, in l/s.ha

f: Faktor für Tagesschwankungen, ca. 3 bis 5

N: jährliche Niederschlagshöhe in l/m².a

10.000/(365 86.400): Umrechnungsfaktor von 1 m² auf 1 ha sowie von 1 Jahr auf 1 Sekunde

Die Simulation des Wasserhaushaltes kann mit dem Modell HELP durchgeführt werden. Es rechnet als Schichtmodell (d. h. die Deponie wird als geschichteter Aufbau gesehen, indem das Wasser von Schicht zu Schicht versickert) in eintägigen Zeitschritten. Das Modell BOWAHALD bildet insbesondere Abdichtungssysteme mit verschiedenen Bepflanzungsarten verlässlich mit ab [12].

Die Zusammensetzung der Sickerwässer, wie sie an vielen Deponien festgestellt wurde, kann aus Tab. 10.3 entnommen werden.

Hinsichtlich der Beschaffenheit des Sickerwassers lassen sich bezogen auf die Sickerwasserbeschaffenheit zwei typische Phasen mit deutlich unterschiedlicher Zusammensetzung des Sickerwassers gegeneinander abgrenzen (s. o.). Dies hängt davon ab, ob im Deponiekörper bereits eine Methanbildung abläuft (Methanphase) oder ob sich die Deponie noch überwiegend in der sauren Phase/instabile Methangärung befindet.

Dies wird aus Tab. 10.3 ersichtlich. Die Sickerwasserkonzentrationen in der (anfänglichen) sauren Phase unterscheiden sich deutlich von denen der (späteren) Methanphase. Der Verlauf der Konzentrationen über die Zeit ist in Abb. 10.14 schematisch dargestellt. Wichtig für die biologische Sickerwasserreinigung ist, dass in der stabilen Methanphase Phosphor weitestgehend in ungelöster Form vorliegt, und daher für eine biologische Behandlung häufig nicht in ausreichender Menge vorhanden ist. Meist muss Phosphor zugegeben werden.

Tab. 10.3 Zusammensetzung von Sickerwasser aus Siedlungsabfalldeponien [13]

Parameter	Saure Phase		Methanphase	
	Mittel	Bereich	Mittel	Bereich
pH [−]	6.1	4.5–7.5	8	7,5–9
BSB_5 [mg/l]	13.000	4000–40.000	180	20–250
CSB [mg/l]	22.000	6000–60.000	3000	500–4500
BSB_5/CSB [−]	0.59	0,67 (im Mittel)	0.06	0,04–0,056
SO_4^{2-} [mgS/l]	1200	70–1750	80	10–420
Ca [mg/l]	470	10–2500	60	20–600
Mg [mg/l]	780	50–1150	180	40–350
Fe [mg/l]	25	20–2100	15	3–280
Mn [mg/l]	5	0.3–65	0.7	0.03–45
Zn [mg/l]	7	0.1–120	0.6	0.03–4
Sr [mg/l]		0.5–15	1	0.3–7

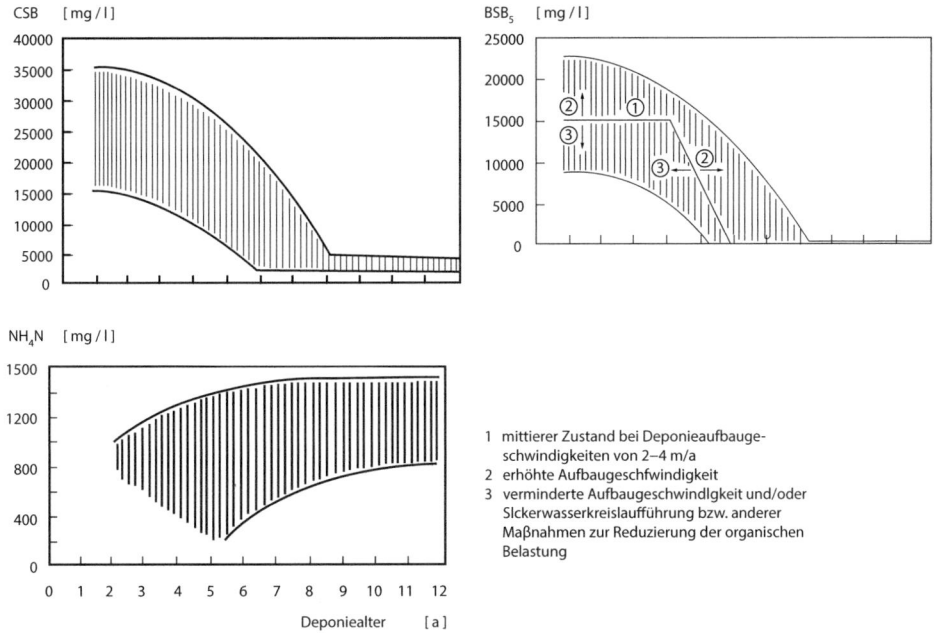

Abb. 10.14 Zeitliche Entwicklung der Sickerwasserzusammensetzung in Siedlungsabfalldeponien am Beispiel CSB, BSB_5 und NH_4^+ nach Ehrig, [16]

Hieraus lässt sich Folgendes ableiten:

- In der sauren Phase werden mit dem Sickerwasser vermehrt organische Säuren ausgetragen, wodurch sich ein niedriger pH-Wert, hohe BSB_5- und CSB-Werte sowie erhöhte Metallkonzentrationen einstellen.
- In der Methanphase enthält das Sickerwasser vergleichsweise geringe BSB_5 bzw. CSB-Werte, d. h. in der Deponie werden organische Stoffe abgebaut (u. a. zu Deponiegas), die Deponie wirkt also wie eine Kläranlage, im Sickerwasser befinden sich aber dafür höhere Konzentrationen schwer abbaubare Stoffe (z. B. schwer abbaubarer Rest-CSB), was die biologische Reinigung deutlich erschwert, sowie hohe Konzentrationen an Ammonium-Stickstoff, Metalle aber nur noch in geringen Konzentrationen. Bei älteren Deponien sind nur noch die Bedingungen der Methanphase bzw. späterer Phasen gegeben. (Anmerkung: eigentlich müsste sich bei zunehmendem Luftzutritt in der Deponie wieder eine Versäuerung mit den entsprechenden Konsequenzen auf die Sickerwasserqualität einstellen. In der Praxis konnte dies noch nicht beobachtet werden.)

Im Deponiebetrieb besteht ein Interesse daran, dass die Deponie möglichst rasch in die Methanphase kommt, da die Sickerwasserreinigung dann deutlich kostengünstiger ist.

Ein beschleunigter Übergang von der sauren Phase in die Methanphase bei Deponien mit nicht vorbehandelten Abfällen lässt sich erzielen, wenn die unterste 2-m-Schicht einer Deponie bei der Inbetriebnahme nach einer Vorrotte in lockerer Lagerung eingebaut wird. Die Vorgehensweise gehört zum Stand der Technik bei jeder Deponie mit organischem Anteil im Abfall.

Die weitere Abnahme der Sickerwasserinhaltsstoffe in der Methanphase folgt einer Exponentialfunktion und beschreibt Abbau- und Auswaschprozesse gemäß folgendem Ansatz:

$$c(t) = c_0 e^{-kt} \tag{10.4}$$

c (t): Konzentration zum Zeitpunkt t in mg/l
   c_0: Ausgangskonzentration in mg/l
   k: Abbaukonstante in 1/a, ermittelt aus der Halbwertszeit, s. u
   t: Ablagerungsdauer seit Einsetzen der Methanphase in Jahren

Die Halbwertszeiten ($t_{1/2} = -\ln(0,5)/k$) an Deponien liegen ca. zwischen 13 und 18 Jahren [14], teilweise aber auch über 90 Jahre [15].
Die Beschaffenheit der Sickerwässer für verschieden alte Deponien kann beispielhaft Tab. 10.4 entnommen werden.

Sofern in einer Deponie überwiegend nur inerte Abfälle deponiert werden, wie dies z. B. bei einer Deponie der Klasse DK I oder DK 0 der Fall ist, liegen sowohl hinsichtlich der Sickerwassermenge als auch hinsichtlich der Beschaffenheit völlig andere Verhältnisse vor. Da der Deponiekörper über nahezu kein Speichervermögen verfügt, ist der Sickerwasseranfall deutlich erhöht und wird nahezu in der Größenordnung der Regenspende abzüglich Verdunstung liegen. Außerdem wird die Verweildauer im Deponiekörper kürzer sein. Die Sickerwässer haben nahezu keine organische Belastung und sind

Tab. 10.4 Zusammensetzung von Sickerwässern aus Siedlungsabfalldeponien mit unterschiedlichem Alter [14]

Parameter		Mittelwert	Min	Max	Mittelwert 1–5 J	Mittelwert 6–10 J	Mittelwert 11–20 J	Mittelwert 21–30 J	Min	Max
pH		7,6	7	8,3	7,3	7,5	7,6	7,7	5,4	9
BSB_5	mg/l	230	20	700	2285	800	275	185	6	16.000
CSB	mg/l	2500	460	8300	3810	2485	1585	1160	22	22.700
NH_4	mgN/l	740	17	1650	405	600	555	445	0,4	7000
NO_3	mgN/l				3,6	7,6	12	9		200
NO_2	mgN/l				0,06	0,63	0,5	0,8		11,7
Ges. P	mg/l	6,8	0,3	54						
AOX	µg/l	1725	195	6200	2765	1930	1505	1130	20	7500

überwiegend durch anorganische Stoffe wie Sulfat geprägt. Nach Erfahrungen von solchen Deponien ist das Wasser klar und geruchlos. Meist können diese Wässer direkt in den Vorfluter ggf. nach einer Speicherung in einem Teich eingeleitet werden. Bei DK II Deponien nach 2005 dürfte das vergleichbar sein. DK III Deponien sind insgesamt zu verschieden, sodass eine Sickerwassereinschätzung schwierig ist. Tendenziell dürften sie aber hinsichtlich der Sickerwassersituation den neueren DK II Deponien entsprechen.

10.3.4 Setzungen

Setzungen/Sackungen treten auf durch:

- Masseschwund infolge Deponiegasbildung,
- Auspressen des im Deponiekörper gespeicherten Wassers,
- Zusammendrücken der im Wasser vorhandenen gaserfüllten Poren.

Damit überlagern sich mehre Prozesse, sodass die Setzungen/Sackungen schwer zu prognostizieren sind. Letztendlich verlaufen sie aber weitgehend parallel zur Deponiegasbildung, nachdem die Setzungen durch Konsolidation abgeschlossen sind. Sofern keine neuen Auflasten aufgebracht werden, sind Konsolidationssetzungen nach ca. drei Jahren abgeschlossen [17]. Bei Deponien können Setzungen aus den laufenden Messungen mit einer Ausgleichsfunktion prognostiziert werden, wobei sich nachstehende Gleichung als geeignet erwiesen hat [18].

$$s = s_k \cdot (1 - c_k^t) = s_L \cdot (1 - c_L^t) \tag{10.5}$$

mit

s: Setzung zum Zeitpunkt t in m
(Setzungsbeginn $s_0 = 0$, $t_0 = 0$)
s_K: Endbetrag der Kurzzeitsetzung in m
c_k: Zeitkonstante der Kurzzeitsetzung in m
s_L: Endbetrag der Langzeitsetzung in m
c_L: Zeitkonstante der Langzeitsetzung in m
t: Zeit in Jahren

Diese Gleichung mit zwei Exponentialfunktionen dient zur Kurvenanpassung an bestehende Messwerte. An einem konkreten Beispiel einer 38,8 m hohen Deponie wurden Werte in folgender Größenordnung ermittelt: s_k ca. 0.79 m, c_k ca. 0,042 m, s_L ca. 3,70 m, c_L ca. 0,75 m [19].
Eine andere Methode besteht darin, den Setzungsverlauf aus der Gasprognose sowie der Konsolidation zu ermitteln. Aus der Gasbildung lässt sich der Masseschwund direkt ableiten, die Konsolidation entsprechend bodenmechanischen Betrachtungsweisen.

Bezogen auf die Schütthöhe können Setzungen bei Deponien mit unvorbehandelten Siedlungsabfällen bis ca. 30–40 % der Schütthöhe betragen. In der Praxis werden solche Werte selten gemessen, da ein Teil der Setzungen bereits während der Betriebsphase ablaufen, sodass zum Zeitpunkt der Messungen schon ein Teil der Setzungen abgeklungen ist.

10.3.5 Langzeitverhalten

Die Deponiegasbildung sowie die Auslaugung durch die Sickerwasserbildung führen zu einem Stoffaustrag aus dem Deponiekörper. Die Frage ist, wie lange nennenswerte Stoffausträge auftreten bzw. die Deponie so inert sein wird, dass sie zu keinen Umweltgefährdungen mehr führt. In Abb. 10.15 ist der Stoffaustrag über die Zeit als Ergebnis einer Modellrechnung dargestellt [12]. Danach ist nach 30 Jahren 85,3 % des CSB, 99,1 % bzw. 94,7 % des Gases, aber nur 38,1 % des NH_4^+-N ausgetragen. Somit wird deutlich, dass der Stoffaustrag deutlich über 100 Jahren liegen kann, teilweise noch deutlich darüber. Er wurde auch schon mit ca. 400 Jahren angegeben. Entscheidend ist dabei die Spülwirkung des durchsickernden Niederschlagswasser. Quantitativ kann dies mit dem Wasser zu Trockenmasse Verhältnis beschrieben werden. Wenn dieses einen Wert von 6 überschritten hat, kann davon ausgegangen werden, dass der Austrag nur noch minimal ist. Es wird deutlich, dass mit einer Verbesserung der Abdichtung an der Ober-

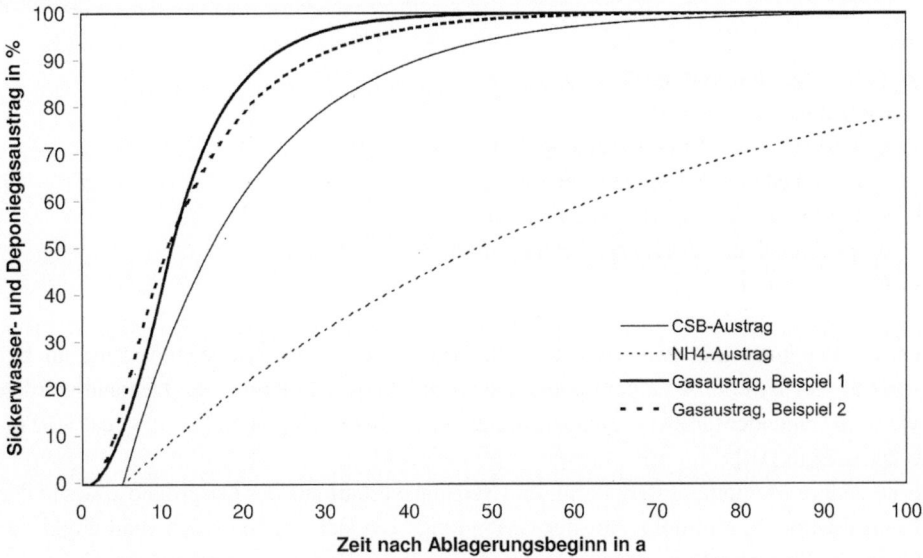

Abb. 10.15 Stoffaustrag über das Sickerwasser und Deponiegas im Laufe der Zeit [12]

fläche die Spülwirkung abnimmt und damit die Zeit für einen ausreichenden Austrag länger wird.

10.3.6 Konsequenzen für die Technik einer Deponie

Angesichts des dargestellten Emissions-Szenarios, das teilweise zu erheblichen Beeinträchtigungen der Deponienachbarschaft führen kann, sind mehrere technische Maßnahmen erforderlich, um die Emissionen weitestgehend zu unterdrücken. Diese Maßnahmen werden nach der Strategie des Multibarrierenkonzeptes konzipiert. Dabei werden in Anlehnung an die Anforderungen an ein Endlager für radioaktive Abfälle Deponien mit einem mehrfachen in sich unabhängigen (redundanten) Barrierensystem zur Abschottung der Deponieinhaltsstoffe gegenüber der Umwelt ausgestattet. Dieses ist so aufgebaut, dass an der Basis einer Deponie eine Dichtung eingebracht wird, auf der sich Sickerwasser anstauen und von dort aus abgeleitet und gereinigt werden kann. Dadurch aber, dass diese Barriere nur sehr aufwändig kontrollierbar ist, wird eine zweite Barriere nach Abschluss der Verfüllung an der Oberfläche als kontrollierbares Barrierensystem aufgebracht. Um ein hochwertiges Barrierensystem zu realisieren, haben sich weitere Barrieren als erforderlich erwiesen. Dazu gehört insbesondere der Untergrund unter einer Deponie, der möglichst undurchlässig und schadstoffadsorbierend sein muss. Diese Barriere wird als *geologische Barriere* bezeichnet. Aber auch der Abfall selbst und der beinflussbare und beschreibbare Deponiekörper sollen so beschaffen sein, dass möglichst nur noch geringe Emissionen entstehen. Daher werden an den Abfall als Voraussetzung zur Deponierung folgende drei grundsätzliche Anforderungen gestellt:

- In den Abfällen dürfen die organischen Bestandteile, gemessen als Glühverlust bzw. TOC (gesamter organischer Kohlenstoff) ein bestimmtes Maß nicht überschreiten (indirekte oder direkte Begrenzung des Kohlenstoffs).
- Die Abfälle dürfen nicht zu viele Kohlenwasserstoffe und wasserlösliche Stoffe (überwiegend Salze) enthalten (Begrenzung der petrolätherextrahierbaren Stoffe bzw. des Abdampfrückstandes.).
- Aus den Abfällen dürfen nicht zu viele Stoffe insbesondere auch nicht zu viele organische Stoffe ausgelaugt werden können (Begrenzung der Eluatbeschaffenheit).

Diese Anforderungen, insbesondere die Begrenzung der organischen Stoffe, führen dazu, dass die meisten Abfälle nicht mehr deponiert werden können – es sei denn, sie wurden zuvor einer Behandlung unterzogen. In Deutschland gibt es hierzu im Wesentlichen zwei Möglichkeiten. Die eine besteht in der thermischen Behandlung der Abfälle und die andere in einer mechanisch-biologischen Vorbehandlung (hierzu wurden weitere Parameter zur Kennzeichnung des Deponiegaspotenzials entwickelt und eingeführt wie AT_4 (Atmungsaktivität in 4 Tagen) und GB_{21} (Gasbildungspotenzial in 21 Tagen, s. o.)).

Künftig werden somit überwiegend nur noch folgende Abfälle in Deutschland zur Deponierung angenommen werden können:

- Inerte Abfälle aus unterschiedlicher Herkunft, u. a. Schlacken und Aschen, verunreinigte Böden etc., Bau- und Abbruchabfälle, Bodenaushub, Asbest
- Schlacken und Aschen nach thermischer Behandlung von Abfällen
- Abfälle nach mechanisch-biologischer Behandlung.

Dies ist weltweit eine Besonderheit. International können weiterhin, auch unter EU-Deponierecht, unbehandelte Siedlungsabfälle sowie Industrieabfälle deponiert werden.

Somit besteht das Multibarrieren-System einer Deponie aus den folgenden 5 Barrieren (vgl. Abb. 10.16):

1. Barriere Abfallbeschaffenheit
2. Barriere Geologie und Hydrologie des Standortes
3. Barriere Deponiebasisabdichtung mit Sickerwassererfassung und –behandlung
4. Barriere Deponiekörper mit prognostizierbarem Verhalten
5. Barriere Oberflächenabdichtung und getrennte Erfassung des Niederschlagswassers

Dabei sind die Barrieren 2, 3 und 5 technische Barrieren. Die Frage, die derzeit in der Praxis zu beantworten ist, ist nun, ob die fünf Barrieren ausreichend sind oder ob sie hinsichtlich des Langzeitverhaltens der Deponie noch ergänzt oder aber modifiziert werden sollten. Grundsätzlich werden folgende Positionen vertreten [20]:

a) Es ist ausreichend, wenn der Deponiekörper auf Dauer abgekapselt gehalten wird.
b) Der abgelagerte Abfall wird zusätzlich zu den Barrieren so beeinflusst und stabilisiert, dass ein weiterer biologischer Abbau bzw. ein Stoffaustrag nur noch geringfügig erfolgen kann (In-situ-Stabilisierung).

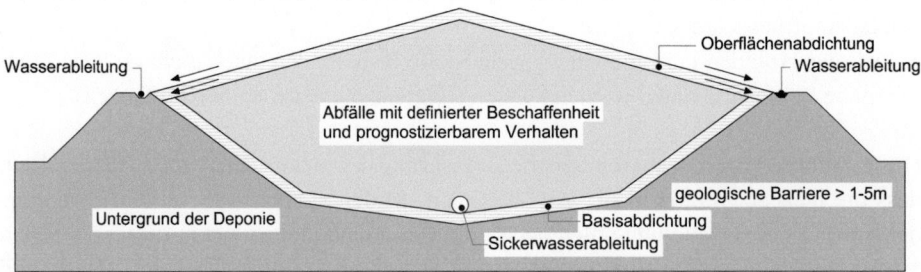

Abb. 10.16 Prinzipskizze des Multibarrierenkonzeptes. (© Rettenberger 2017 All Rights Reserved)

Die Position b) setzt voraus, dass der Deponiekörper, dies trifft überwiegend auf Altdeponien zu, die noch mit unbehandelten Abfällen verfüllt wurden, technisch beeinflusst und stabilisiert wird. Dies kann durch die Infiltration von Wasser sowie das anschließende Einblasen bzw. Eintragen von Luft in die Deponie durchgeführt werden. Damit wird der Deponiekörper so verändert, dass ein zusätzlicher, beschleunigter mikrobieller Abbau (aerober Abbau verläuft schneller als ein anaerober) sowie ein Auswaschprozess durch Wasserinfiltration die Deponie weiter stabilisiert und so das Gefährdungspotenzial der Deponie abgesenkt wird. Ein Versagen einer Barriere wird dann eher tolerabel sein. Ggf. könnten die Anforderungen an die Qualität der Barrieren von vornherein geringer angesetzt werden. Demgegenüber muss bei Position a) das Barrierensystem dauerhaft aufrechterhalten werden, was eine ständige Kontrollier- und Reparierbarkeit erforderlich macht. Dafür könnte auf die Stabilisierung verzichtet werden und die Emissionen (Deponiegas, Sickerwasser) wären gleichwohl minimal. Eine Tendenz in der Praxis, welche Position favorisiert wird, ist derzeit noch nicht absehbar. Das Deponierecht (DepV) ermöglicht beide Strategien. Derzeit wird der Eintrag von Luft in die Deponie an zahlreichen Deponien praktiziert, ein Wassereintrag jedoch eher selten. Der Eintrag von Luft verbessert die Gaserfassung und unterdrückt insbesondere die Bildung von Deponiegas, was angesichts der Klimarelevanz von Methan einen wesentlichen Beitrag zur Verminderung der Treibhausgasemissionen darstellt.

Die In-situ-Stabilisierung hätte insgesamt den Vorteil, dass bei einem Versagen der Barrieren, was für die Zukunft nie vollständig auszuschließen ist, der Deponiekörper sich gleichwohl in einem Zustand befindet, dass er nur noch geringe Emissionen abgibt. Damit hätte man insbesondere für die Zukunft eine nachhaltige Lösung gefunden, was bei dem aktuellen Barrierensystem ohne eine ständige Aufrechterhaltung dieser Barrieren eher nicht möglich wäre.

10.3.7 Deponieklassen

Die nähere Befassung mit der technischen Ausgestaltung des Barrierensystems hat gezeigt, dass dieses mit vergleichsweise großen Aufwendungen verbunden ist, sodass es zweckmäßig erscheint, dieses nicht für alle Abfallarten, die hinsichtlich ihrer Deponierfähigkeit sehr unterschiedlich sein können, in gleicher Weise zu realisieren. Dafür wurden letztendlich mehrere Deponieklassen definiert und für unterschiedliche Abfälle mit differenzierten Anforderungen ausgestattet. Nach dem Deponierecht in Deutschland werden folgende Klassen unterschieden (verkürzt dargestellt):

• Deponieklasse der Klasse 0 (DK 0):	Oberirdische Deponie für Inertabfälle
• Deponieklasse der Klasse I (DK I):	Oberirdische Deponie
• Deponieklasse der Klasse II (DK II):	Oberirdische Deponie

• Deponieklasse der Klasse III (DK III):	Oberirdische Deponie für nicht gefährliche Abfälle und gefährliche Abfälle
• Deponieklasse der Klasse IV (DK IV):	Untertagedeponie in einem Bergwerk mit eigenständigem Ablagerungsbereich oder einer Kaverne, die völlig im Gestein eingeschlossen ist

Diese Deponien haben also untereinander abweichende technische Barrieren und dürfen daher nur für die jeweilige Deponieklasse geeignete Abfälle annehmen. Dabei müssen von den zu der entsprechenden Deponie mit der spezifischen Klasse verbrachten Abfällen die jeweiligen stofflichen Eigenschaften, die als Zuordnungswerte bezeichnet werden, eingehalten werden (siehe unten).

10.4 Das Deponierecht, seine Historie und die verschiedenen Deponieklassen

Grundsätzlich sehen die für die Entsorgung von Abfällen relevanten Gesetze vor, dass die erforderlichen technischen Maßnahmen, soweit dadurch die Umweltauswirkungen betroffen sind, nach dem Stand der Technik zu erfolgen haben. Dies ist eine Konsequenz aus dem in diesen Gesetzen angewandten Vorsorgeprinzip.

Relativ spät entwickelten sich jedoch einheitliche technische Standards. Zwar hatte die LAGA (Länderarbeitsgemeinschaft Abfall der Bundesländer) bereits im Jahre 1979 das Merkblatt „Die geordnete Ablagerung von Abfällen" veröffentlicht, welches das Merkblatt M3 der Zentralstelle für Abfallbeseitigung aus dem Jahre 1969 ersetzte, jedoch war mit einem Merkblatt ohne gesetzliche Grundlage der Stand der Technik nicht eindeutig gefordert, was in vielen Genehmigungsverfahren zu beträchtlichen Problemen führte. Unter anderem wurden auch daher zwischen 1990 und 1993 drei Verwaltungsvorschriften zum Abfallgesetz erlassen, die die Abfallwirtschaft grundlegend veränderten:

- Erste allgemeine Verwaltungsvorschrift über Anforderungen zum Schutz des Grundwassers bei der Lagerung und Ablagerung von Abfällen vom 31.1.1990.
- Zweite allgemeine Verwaltungsvorschrift zum Abfallgesetz (TA Abfall); Technische Anleitung zur Lagerung, chemisch/physikalischen, biologischen Behandlung, Verbrennung und Ablagerung von besonders überwachungsbedürftigen Abfällen vom 12.3.1991. Sie enthielt Anforderungen an die Verwertung und sonstige Entsorgung von gefährlichen Abfällen nach dem Stand der Technik sowie damit zusammenhängende Regelungen, die erforderlich sind, damit das Wohl der Allgemeinheit nicht beeinträchtigt wird.
- Dritte allgemeine Verwaltungsvorschrift zum Abfallgesetz (TA Siedlungsabfall); Technische Anleitung zur Verwertung, Behandlung und sonstigen Entsorgung von Siedlungsabfällen vom 14.5.1993. Sie enthielt Anforderungen an die Verwertung, Be-

handlung und sonstige Entsorgung von Siedlungsabfällen nach dem Stand der Technik sowie damit zusammenhängende Regelungen, die erforderlich sind, damit das Wohl der Allgemeinheit nicht beeinträchtigt wird.

Eine der wesentlichen Neuerungen war die Einführung von Zuordnungswerten [6]. Danach werden verschiedene Beschaffenheitsmerkmale sowie Konzentrationswerte vorgegeben, die die Abfälle als Voraussetzung zu einer Deponierung einhalten (unterschreiten) müssen. Einer der wesentlichen Parameter war der Glühverlust, der für Abfälle zu einer DK II Deponie auf 5 % gesetzt wurde. Unbehandelte Siedlungsabfälle haben einen Glühverlust von 50–60 %. Selbst nach einer Behandlung von Bioabfällen in einer Kompostierungsanlage haben die Abfälle noch einen Glühverlust in der Größenordnung von 45–50 %. Somit können unter diesen Vorgaben nur noch thermisch behandelte Abfälle (also Aschen und Schlacken) bzw. Böden oder Bauschutt bzw. vergleichbare Abfallstoffe deponiert werden. Solche Deponien erzeugen dann praktisch kein Deponiegas mehr. Diese Vorgabe eines Glühverlustwertes bei Deponien war in Deutschland einer der größten Beiträge zur Verminderung der Treibhausgasemissionen in diesen Jahren.

Die Zuordnungswerte wurden für Siedlungsabfalldeponien erstmals in der „Technischen Anleitung Siedlungsabfall", einer Verwaltungsvorschrift aus dem Jahre 1993 erlassen, allerdings mit einer Übergangsfrist von 12 Jahren versehen, sodass die Glühverlustregelung erst im Jahr 2005 wirksam wurde. Danach hat die Deponietechnik in Deutschland umfangreiche Veränderungen erfahren. Diese wurden bereits oben beschrieben:

- Es werden praktisch nur noch mineralische Abfälle in DK II Deponien abgelagert. Die Abfallmengen zur Deponie DK II nehmen erheblich ab.
- Es ergibt sich ein völlig anderes Deponieverhalten.
- Die Sickerwasserzusammensetzung ist nicht mehr mit dem einer früheren Siedlungsabfalldeponie vergleichbar. Die bisherigen Techniken werden nicht mehr benötigt.
- Eine nennenswerte Deponiegasentwicklung tritt nicht mehr auf. Deponiegastechnik ist nicht mehr erforderlich.
- Der weitgehend inerte Abfall erfordert eine neue Betriebstechnik für den Abfalleinbau. Viele Techniken, die in Deutschland entwickelt wurden, werden somit zukünftig nur noch im Ausland eingesetzt werden.

Grundlegendes Ziel der TA-Siedlungsabfall war es, nicht verwertbare Abfälle zukünftig so abzulagern, dass:

- auch langfristig keine schädlichen Sickerwässer das Grund- und Trinkwasser gefährden und
- die Bildung von Deponiegas verhindert wird.

Dies sollte dadurch erreicht werden, dass insbesondere die:

- biologisch abbaubaren organischen Bestandteile im Restabfall und
- die Eluatbeschaffenheit der Abfälle

begrenzt werden.

Hierzu wurden Zuordnungswerten, also Anforderungen an die chemische (früher auch mechanische) Beschaffenheit der Abfälle, festgelegt. Nur unter der Voraussetzung, dass Abfälle diese Zuordnungswerte einhalten, können sie deponiert werden. Um dies zu verdeutlichen, sind einige der Zuordnungswerte in Tab. 10.5 aus der DepV angegeben. Die Zuordnungswerte in der aktuell gültigen Fassung, sind, nachdem sie zwischenzeitlich in die Deponieverordnung (DpV) übernommen wurden, der DepV in der jeweiligen aktuellen Fassung zu entnehmen [4].

Die Zuordnungswertetabelle der DepV nennt eine Vielzahl von Ausnahmen, die alle nicht in die obige Tabelle aufgenommen wurden. Zum Beispiel kann bei DK I oder DK II Deponien bei Bodenmaterial ohne Fremdstoffe. ein Glühverlust bis 5 Masse-% oder ein TOC bis 3 Masse-% akzeptiert werden, wenn die Überschreitung ausschließlich auf natürliche Bestandteile des Bodenmaterials zurückgeht.

Bei mechanisch-biologisch vorbehandelten Abfällen gelten folgende Ausnahmen:

- der organische Anteil der Trockenmasse der Originalsubstanz gilt als eingehalten, wenn ein TOC von 18 Masseprozent oder ein Brennwert von 6000 kJ/kg TM nicht überschritten wird,
- der DOC von max. 300 mg/l wird nicht überschritten,
- die biologische Abbaubarkeit des Trockenrückstandes der Originalsubstanz von 5 mg/g (bestimmt als Atmungsaktivität – AT_4) oder von 20 l/kg (bestimmt als Gasbildungsrate im Gärtest GB_{21}) wird nicht überschritten.

Wie aus Tab. 10.5 hervorgeht, sind die Zuordnungswerte in drei Hauptkapitel getrennt und die einzuhaltenden Werte steigen mit der Deponieklasse an. Dafür werden die technischen Anforderungen (s. u.) mit zunehmender Deponieklasse höher.

Mit dem Erlassen der TA Siedlungsabfall (1993) und TA Abfall (1991) (Anmerkung: der TASi zeitlich vorausgehende Verwaltungsvorschrift für Industrieabfälle) konnten nur noch zur Deponierung geeignete Abfälle abgelagert werden. Allerdings wurde in den Verwaltungsvorschriften die Deponietechnik in all ihren Aspekten, (Standortfindung, Errichtung, Betrieb, Abschluss und Nachsorge, Überwachung) umfangreich geregelt, wobei im Vergleich zum damaligen Stand, hohe Anforderungen gestellt wurden.

Deutlich später hat dann der Rat der Europäischen Union – am 26.4.1999 – eine eigene Deponierichtlinie (Richtlinie 1999/31/EG des Rates über Abfalldeponien) beschlossen, die am 16.7.1999 in Kraft trat. Die Mitgliedstaaten hatten zwei Jahre Zeit für die Umsetzung in nationales Recht. International gesehen stellt die EU-Deponierichtlinie nicht nur den Standard für die Staaten der EU dar, sondern wird auch von vielen Schwellen- und Entwicklungsländern beachtet und angestrebt. Sie hat daher gerade international eine große Bedeutung.

Tab. 10.5 Auszug aus der Zuordnungswertetabelle der DepV Stand 9.7.2021

Nr	Parameter	Maßeinheit	DK0	DKI	DKII	DKIII
1	**Organischer Anteil des Trockenrückstandes der Originalsubstanz**					
1.01	Bestimmt als Glühverlust	Masse% TM	≤ 3	≤ 3	≤ 5	≤ 10
1.02	Bestimmt als TOC	Masse% TM	≤ 1	≤ 1	≤ 3	≤ 6
2	**Feststoffkriterien**					
2.07	Extrahierbare lipophile Stoffe in der Originalsubstanz	Masse% TM	$\leq 0,1$	$\leq 0,4$	$\leq 0,8$	≤ 4
3	**Eluatkriterien**					
3.02	DOC	mg/l	≤ 50	≤ 50	≤ 50	≤ 100
3.06	Cadmium	Mg/l	$\leq 0,004$	$\leq 0,004$	$\leq 0,004$	$\leq 0,004$
3.12	Sulfat	mg/l	≤ 100	≤ 2000	≤ 2000	≤ 5000
3.20	Gesamtgehalt an gelösten Feststoffen	mg/l	≤ 400	≤ 3000	≤ 6000	≤ 110.000

Die EU-Deponierichtlinie enthält 20 Artikel und 3 Anhänge:

• Anhang I:	Allgemeine Anforderungen für alle Deponiekategorien (Standort, Sickerwasser, Gas, Standsicherheit)
• Anhang II:	Abfallannahmekriterien und -verfahren
• Anhang III:	Mess- und Überwachungsverfahren während des Betriebs und der Nachsorgephase

Ziel ist, durch Festlegung strenger betriebsbezogener und technischer Anforderungen für Abfalldeponien und Abfälle, Maßnahmen, Verfahren und Leitlinien vorzusehen, womit während des gesamten Bestehens der Deponie negative Auswirkungen auf die Umwelt, insbesondere die Verschmutzung von Oberflächenwasser, Grundwasser, Boden und Luft weitestmöglich vermieden oder vermindert werden.

Die Richtlinie unterscheidet drei Deponieklassen:

- Deponie für gefährliche Abfälle,
- Deponie für nicht gefährliche Abfälle und
- Deponie für Inertabfälle.

Abfälle dürfen nur unter Beachtung eines dreistufigen Verfahrens – grundlegende Charakterisierung, Übereinstimmungsuntersuchung, Untersuchung auf der Deponie – angenommen werden. Biologisch abbaubare Abfälle sind in drei Stufen (Stichtag 16. Juli 1999) wie folgt zu reduzieren (Bezugsjahr ist im Regelfall das Jahr 1995):

- nach 5 Jahren auf 75 Gew.-% der Gesamtmenge
- nach 8 Jahren auf 50 Gew.-% der Gesamtmenge
- nach 15 Jahren auf 35 Gew.-% der Gesamtmenge

Diese Anforderungen bleiben deutlich hinter den Vorgaben der Verwaltungsvorschriften TA Siedlungsabfall/TA Abfall zurück, wonach die Ablagerung biologisch abbaubarer Abfälle ab 2005 nicht mehr möglich war, sofern die Abfälle einen Glühverlust von 3 % (DK I) bzw. 5 % (DK II) oder 10 % (DK III) überschreiten.

Darüber hinaus ist die Ablagerung von flüssigen Abfällen, von explosiven, korrosiven, brandfördernden oder entzündbaren Abfällen verboten. Das gilt auch für Krankenhausabfälle und ganze Altreifen.

Es werden nur behandelte Abfälle zur Deponierung zugelassen. Unter bestimmten Voraussetzungen kann jedoch auf eine Behandlung verzichtet werden. Auf Deponien für nicht gefährliche Abfälle können Siedlungsabfälle, nicht gefährliche Abfälle sonstiger Herkunft und stabile, nicht reaktive gefährliche Abfälle abgelagert werden, was sich wie ein Widerspruch anhört, in der Praxis aber so gehandhabt wird. Zum Beispiel können asbesthaltige Abfälle gefährlicher Abfall sein, können aber gleichwohl in einer Deponie für Inertabfälle, also DK I Deponie, deponiert werden.

Weiter werden insbesondere geregelt:

- Voraussetzungen für die Genehmigung sowie den Inhalt der Genehmigung: So sind u. a. Mindestanforderungen an die Angaben in der Genehmigungsakte vorgegeben. Diese muss u. a. Angaben zu Abfallarten, Kapazität der Deponie, Deponieklasse, Standortbeschreibung, Plan für Stilllegung und Nachsorge sowie Jahresberichten enthalten.
- Aufbringung der Kosten: Alle Kosten für Errichtung und Betrieb sowie die Kosten für Stilllegung und Nachsorge müssen durch ein zu erbringendes Entgelt abgedeckt werden. In der Praxis wird die Nachsorge meist mit 30 Jahren angesetzt.
- Die Anforderungen an den Bau und den Betrieb der Deponie: Hier werden im Wesentlichen die geologische Barriere, Abdichtungssysteme, Sickerwasser- und Gasfassung, Umgang mit Belästigungen und Gefährdungen sowie Anforderungen an die Standsicherheit und Absperrung beregelt.
- Das Annahmeverfahren der Abfälle auf der Deponie: Mit dem Annahmeverfahren soll sichergestellt werden, dass bestimmte Abfälle einer Deponieklasse und dann auch noch der richtigen Deponieklasse zugeordnet worden sind. Hierzu zählen: Prüfung der Abfalldokumente, Sichtkontrolle des Abfalls im Eingangsbereich und an der Ablagerungsstelle, Führung eines Registers über Menge und Beschaffenheit des Abfalls.
- Die Überwachung des Betriebes der Deponie: Der Betreiber hat während des Betriebs ein Mess- und Überwachungsverfahren durchzuführen, um umweltschädigende Auswirkungen der Deponie rechtzeitig feststellen zu können. Hierzu zählen meteorologische Daten, Emissionsdaten, Daten zu Sickerwasser und Deponiegas, Grundwasserüberprüfungsmaßnahmen.

10 Deponie

In der Verordnung zur Festlegung von Kriterien und Verfahren für die Annahme von Abfällen auf Abfalldeponien, die in Deutschland zum 1.2.2007 in Kraft getreten ist, wurden die Beprobung der Abfälle sowie die Analytik geregelt. Die Zuordnungswerte für Deponien wurden mit dieser Verordnung an die EU-Vorgaben sowie die deutsche Abfallablagerungsverordnung angepasst. Letztere regelte insbesondere die Ablagerung mechanisch-biologisch vorbehandelter Abfälle.

Zur Umsetzung der Europäischen Deponierichtlinie in Deutsches Recht wurde die „Verordnung über Deponien und Langzeitlager" (DepV) am 24.7.2002 erlassen, wobei zunächst die bereits existierenden Rechtsnormen, also TASi und TASo erhalten blieben.

Nach einer Novellierung der Deponieverordnung wurden diese dann aber zum 15.7.2009 aufgehoben und deren Inhalte, soweit notwendig, in die Deponieverordnung integriert. Die deutsche Bundesregierung hat mit der Verordnung zur Vereinfachung des Deponierechtes neues Deponierecht erlassen und die unterschiedlichen bislang existierenden Rechtsnormen zu einer zusammengefasst [4].

Dabei handelt es sich nicht nur um ein redaktionelles Zusammenfassen der einzelnen Rechtsnormen, vielmehr wurden gleichzeitig eine Vereinfachung und eine stärkere Anpassung an die EU-Deponierichtlinie angestrebt. Damit wird sich in naher Zukunft auch für Deponien in Deutschland ein neues Anforderungsprofil ergeben.

Da das Deponierecht, wie aufgeführt, stark zersplittert war und sich zudem auf Verordnungen und Verwaltungsvorschriften verteilte, war eine solche Zusammenfassung angezeigt. Diese „Verordnung zur Vereinfachung des Deponierechts" trat am 16.7.2009 in Kraft. Es handelt sich um eine Artikelverordnung, deren 1. Artikel die Verordnung über Deponie und Langzeitlager (Deponieverordnung – DepV) enthält. Dabei wurden die tangierten existierenden Rechtsnormen aufgehoben. Die DepV wurde zuletzt am 9.7.2021 im Zuge des Erlasses der Ersatzbaustoffverordnung novelliert. Weitere Novellen werden kommen. Obwohl es hier um die Verwertung solcher Stoffe geht, ist die Deponiewirtschaft davon tangiert, da dann ggf. mehr oder weniger Abfälle zur Deponie kommen könnten.

▶ Die Deponieverordnung enthält detaillierte technische, betriebliche und organisatorische Anforderungen an die Errichtung, Beschaffenheit, Betrieb und Stilllegung von Deponien und Langzeitlagern sowie deren Nachsorge. Ziel war es, die abzulagernde Menge an Abfällen und deren Schadstoffgehalt auf ein für die Umwelt vertretbares Maß abzusenken. Ökologisch unzulängliche Deponien dürfen ab 2009 nicht mehr (weiter) betrieben werden.

Die DepV enthält in 6 Teilen 28 Paragraphen und 6 Anhänge. Im Einzelnen sind das:

• Teil 1:	Allgemeine Bestimmungen	
• Teil 2:	Errichtung, Betrieb, Stilllegung und Nachsorge von Deponien	
• Teil 3:	Verwertung von Deponieersatzstoffen	

• Teil 4:	Sonstige Vorschriften (u. a. Sicherheitsleistungen, Antrag, Anzeige)
• Teil 5:	Langzeitlager
• Teil 6:	Schlussvorschriften (u. a. Altdeponien in der Ablagerungs- und Stilllegungsphase, Ordnungswidrigkeiten und Übergangsvorschriften)
• Anhang 1:	Anforderungen an den Standort, die geologische Barriere, Basis- und Oberflächenabdichtungssysteme von Deponien der Klasse 0 bis III
• Anhang 2:	Anforderungen an den Standort, geologische Barriere, Langzeitsicherheitsnachweis und Stilllegungsmaßnahmen von Deponien der Klasse IV im Salzgestein
• Anhang 3:	Zulässigkeits- und Zuordnungskriterien (siehe Anhang 13.3.1)
• Anhang 4:	Vorgaben zur Beprobung (Probenahme, Probevorbereitung und Untersuchung von Abfällen und Deponieersatzbaustoffen)
• Anhang 5:	Information, Dokumentation, Kontrollen, Betrieb
• Anhang 6:	Besondere Anforderungen an die zeitweilige Lagerung von metallischen Quecksilberabfällen bei einer Lagerdauer von mehr als einem Jahr in Langzeitlagern

Die zunächst in der am 25.7.2005 erlassenen Deponieverwertungsverordnung geregelte Verwertung von Abfällen als Deponieersatzbaustoffen wurde nunmehr in die Deponieverordnung in die Anlage 3 integriert. Dabei wird die Verwertung

a) bei der Vervollständigung oder Verbesserung der geologischen Barriere,
b) bei der Errichtung des Basisabdichtungssystems,
c) im Deponiekörper,
d) bei der Errichtung des Oberflächenabdichtungssystems

geregelt. Insbesondere bei der Stilllegung von Deponien werden derzeit in der Praxis große Mengen an Deponieersatzbaustoffen in Deponien verwertet. Wie oben ausgeführt, ist die Verwertung von Ersatzbaustoffen außerhalb einer Deponie in der ErsatzbaustoffV geregelt. Es sind hier also zwei unterschiedliche Rechtsnormen mit teilweise unterschiedlichen Grenzwerten zu beachten, was die Arbeit in der Praxis nicht einfacher macht.

10.5 Anforderungen an die Errichtung der technischen Barrieren

Entsprechend des oben dargestellten Multibarrierenkonzeptes werden in den genannten Rechtsnormen verschiedene Anforderungen an die einzelnen Barrieren genannt. In Tab. 10.6 sind diese entsprechend der EU-Richtlinie für die geologische Barriere und das Basisabdichtungssystem als Vorgabe sowie in Tab. 10.7 für das Oberflächenabdichtungssystem als Empfehlung zusammengestellt. Die letztendlich gewählten Systeme müssen den hier genannten Anforderungen gleichwertig sein. Danach sind Oberflächenabdichtungssysteme von der Behörde vorzuschreiben, sofern der Bildung von Sicker-

Tab. 10.6 Anforderungen an die Basisabdichtung nach EU-Deponie-Richtlinie [5]

Deponieklasse	Nicht gefährlich	Gefährlich	Inert
Mineralische Schicht	$K \leq 1{,}0 \times 10^{-9}$ m/s Mächtigkeit ≥ 1 m	$K \leq 1{,}0 \times 10^{-9}$ m/s Mächtigkeit ≥ 5 m	$K \leq 1{,}0 \times 10^{-7}$ m/s Mächtigkeit ≥ 1 m
Künstliche Abdichtungsschicht	Erforderlich	Erforderlich	
Drainageschicht, $\geq 0{,}5$ m	Erforderlich	Erforderlich	

(Anmerkung: die mineralische Schicht muss den genannten Werten gleichwertig sein)

Tab. 10.7 Empfehlungen für die Oberflächenabdichtung nach EU-Deponie-Richtlinie [5]

Deponieklasse	Nicht gefährlich	Gefährlich
Drainageschicht	Erforderlich	Nicht erforderlich
Künstliche Abdichtungsschicht	Nicht erforderlich	Erforderlich
Undurchlässige mineralische Abdichtungsschicht	Erforderlich	Erforderlich
Drainageschicht $> 0{,}5$ m	Erforderlich	Erforderlich
Oberbodenabdeckung > 1 m	Erforderlich	Erforderlich

wasser vorzubeugen ist. Ein Verzicht auf eine Oberflächenabdichtung wäre eigentlich nur für extrem trockene oder kalte Standorte möglich.

Zur Ausbildung der geologischen Barriere regelt die EU-Deponierichtlinie Folgendes (Zitatauszug): „Die geologische Barriere wird durch geologische und hydrogeologische Bedingungen in dem Gebiet unterhalb und in der Umgebung eines Deponiestandorts bestimmt .... Erfüllt die geologische Barriere aufgrund ihrer natürlichen Beschaffenheit nicht die Anforderungen, so kann sie mit anderen Mitteln künstlich vervollständigt und verstärkt warden .... Eine künstlich geschaffene geologische Berriere sollte mindestens 0,5 m dick sein".

Die bisherigen Anforderungen nach deutschem Recht (TA Siedlungsabfall, TA Abfall) waren in der Vergangenheit im Wesentlichen durch die Vorgabe von Regelabdichtungen geprägt, es war also ein bestimmter Aufbau vorgegeben. Von diesem wird in neueren Projekten abgewichen.

Die deutsche Deponieverordnung sieht nunmehr keine Regelabdichtungssysteme mehr vor. Vielmehr werden die einzelnen Systemkomponenten in einem allgemeinen Aufbau benannt (vgl. Tab. 10.8, zitiert aus DepV, zuletzt geändert am 9.7.2021).

Dazu führt die DepV aus: „ Der dauerhafte Schutz des Bodens und des Grundwassers ist durch die Kombination aus geologischer Barriere ......und einem Basisabdichtungssystem im Ablagerungsbereich .....(entsprechend Nr. 2–4 in Tab. 10–8) zu erreichen. Beim Erfordernis von zwei Abdichtungskomponenten sollen diese aus einer Konvektionssperre (Kunststoffdichtungsbahn oder Asphaltdichtung) über einer mineralischen Komponente bestehen. Die mineralische Komponente ist mehrlagig herzustellen."

Tab. 10.8 Aufbau der geologischen Barriere und des Basisabdichtungssystems [4]

Nr	System-Komponente	DK 0	DK I	DK II	DK III
1	Geologische Barriere[1]	$k \leq 1 \cdot 10^{-7}$ m/s $d \geq 1{,}00$ m	$k \leq 1 \cdot 10^{-9}$ m/s $d \geq 1{,}00$ m	$k \leq 1 \cdot 10^{-9}$ m/s $d \geq 1{,}00$ m	$k \leq 1 \cdot 10^{-9}$ m/s $d \geq 5{,}00$ m
2	Erste Abdichtungs-Komponente[2]	Nicht erforderlich	Erforderlich	Erforderlich	Erforderlich
3	Zweite Abdichtungs-Komponente[2]	Nicht erforderlich	Nicht erforderlich	Erforderlich	Erforderlich
4	Mineralische Entwässerungsschicht[3], Körnung gemäß DIN 19667	$d \geq 0{,}30$ m	$d \geq 0{,}50$ m	$d \geq 0{,}50$ m	$d \geq 0{,}50$ m

Legende:

[1] Der Durchlässigkeitsbeiwert k ist bei einem Druckgradienten $i = 30$ (Laborwert nach DIN EN ISO 17892–11, Ausgabe Mai 2019, Geotechnische Erkundung und Untersuchung – Laborversuche an Bodenproben – Teil 11: Bestimmung der Wasserdurchlässigkeit (ISO 17892–11:2019) einzuhalten.

[2] Werden Abdichtungskomponenten aus mineralischen Bestandteilen hergestellt, müssen diese eine Mindestdicke von 0,50 m und einen Durchlässigkeitsbeiwert von $k \leq 5 \times 10^{-10}$ m/s bei einem Druckgradienten von $i = 30$ (Laborwert nach DIN EN ISO 17892–11, Ausgabe Mai 1999, Geotechnische Erkundung und Untersuchung – Laborversuche an Bodenproben – Teil 11: Bestimmung der Wasserdurchlässigkeit (ISO 17892–11:2019) einhalten. Werden Kunststoffdichtungsbahnen als Abdichtungskomponente eingesetzt, darf ihre Dicke 2,5 mm nicht unterschreiten.

[3] Wenn nachgewiesen wird, dass es langfristig zu keinem Wasseranstau im Deponiekörper kommt, kann mit Zustimmung der zuständigen Behörde bei Deponien der Klasse I, II und III die Entwässerungsschicht mit einer geringeren Schichtstärke oder anderer Körnung hergestellt werden.

Wie aus Tab. 10.8 ersichtlich ist, kommt der geologischen Barriere eine besondere Bedeutung zu. Sie ist in allen Deponieklassen erforderlich, insbesondere auch der DK 0, da diese über keine Basisabdichtung verfügt. Die geologische Barriere wird dabei im Wesentlichen durch geologische und hydrogeologische Bedingungen in dem Gebiet unterhalb und in der Umgebung eines Deponiestandortes bestimmt, wobei ein ausreichendes Rückhaltevermögen für Schadstoffe gegeben sein muss.

Eine Basisabdichtung für Deponien nach DK II besteht entsprechend obiger Tab. 10.8 also aus der oberen Schicht der geologischen Barriere, die sich mit dem Deponieplanum nach oben abgrenzt, einer ersten Abdichtungskomponente (sofern mineralisch mit einer Mindestdicke von 0,5 m), einer zweiten Abdichtungskomponente (sofern diese aus einer Kunststoffdichtungsbahn besteht, ist die Mindestdicke 2,5 mm) sowie der darauf angeordneten mineralischen Entwässerungsschicht, in die dann Sickerleitungen verlegt werden, aufgebaut. Darüber wird dann der Abfall aufgeschüttet. Sofern Kunststoffdichtungsbahnen verwendet werden, sind Schutzschichten (z. B. Geotextilien) erforderlich. Weitere geotechnisch wirksame Elemente sollten nicht eingebaut werden, da diese zu Verstopfungen führen.

Deponieklasse I: **Deponieklasse II:**

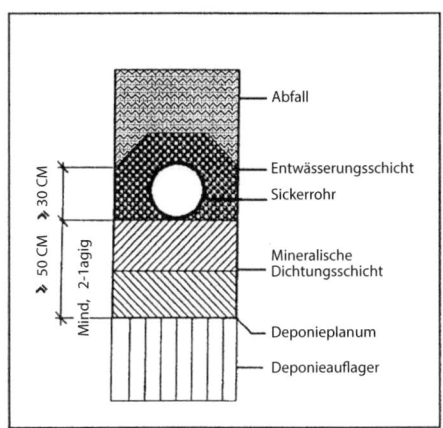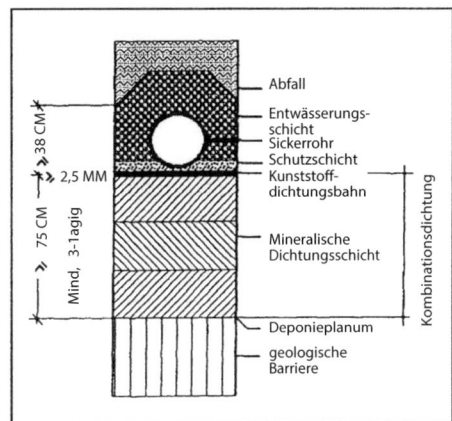

Abb. 10.17 Deponiebasisabdichtungssystem für DK I und DK II nach TASi [6]

Da ältere Deponien, die sich teilweise bereits in der Nachsorgephase befinden, noch über ein Regelabdichtungssystem nach TASi verfügen, soll hier zum Vergleich ein Basiskunststoffdichtungssystem für eine DK I und DK II Deponie, letztere bestehend aus einer Kunststoffabdichtungsbahn und einer mineralischer Dichtungsschicht dargestellt werden. Der Aufbau kann aus Abb. 10.17 entnommen werden. Diese Regelabdichtung wurde an zahlreichen Deponien realisiert.

Ein Oberflächenabdichtungssystem für Deponien hat nach Tab. 10.9 folgenden Aufbau: Zunächst wird, bis auf DK 0, auf den verfüllten Deponiebereich dadurch, dass die

Tab. 10.9 Aufbau des Oberflächenabdichtungssystems [4]

Nr	Systemkomponente	DK 0	DK I[5]	DK II[6]	DK III
1	Ausgleichsschicht[1]	Nicht erforderlich	ggf.[7] erforderlich	ggf.[7] erforderlich	ggf.[7] erforderlich
2	Gasdränschicht[1]	Nicht erforderlich	Nicht erforderlich	ggf.[8] erforderlich	ggf.[8] erforderlich
3	Erste Abdichtungskomponente	Nicht erforderlich	Erforderlich[2]	Erforderlich[2]	Erforderlich[3]
4	Zweite Abdichtungskomponente	Nicht erforderlich	Nicht erforderlich	Erforderlich[2]	Erforderlich[3]
5	Dichtungskontrollsystem	Nicht erforderlich	Nicht erforderlich	Nicht erforderlich	Erforderlich
6	Entwässerungsschicht4) $d \geq 0{,}30$ m, $k \geq 1 \cdot 10^{-3}$ m/s Gefälle $> 5\,\%$	Nicht erforderlich	Erforderlich	Erforderlich	Erforderlich

(Fortsetzung)

Tab. 10.9 (Fortsetzung)

Nr	Systemkomponente	DK 0	DK I[5)]	DK II[6)]	DK III
7	Rekultivierungsschicht/ technische Funktionsschicht	Erforderlich	Erforderlich	Erforderlich	Erforderlich

[1)] Die Ausgleichsschicht kann bei ausreichender Gasdurchlässigkeit und Dicke die Funktion der Gasdränschicht nach Nummer 2 mit erfüllen

[2)] Werden Abdichtungskomponenten aus mineralischen Materialien verwendet, darf deren rechnerische Permeationsrate bei einem permanenten Wassereinstau von 0,30 m nicht größer sein als die einer 50 cm dicken mineralischen Dichtung mit einem Durchlässigkeitsbeiwert von $k \leq 5 \cdot 10^{-9}$ m/s (Laborwert nach DIN EN ISO 17892–11, Ausgabe Mai 2019, Geotechnische Erkundung und Untersuchung – Laborversuche an Bodenproben – Teil 11: Bestimmung der Wasserdurchlässigkeit (ISO 17892–11:2019); bei einem Druckgradienten von $i = 30$). Abweichend von Satz 1 können mineralische Abdichtungskomponenten, deren Wirksamkeit nicht mit Durchlässigkeitsbeiwerten beschrieben werden kann, eingesetzt werden, wenn sie im fünfjährigen Mittel nicht mehr als 20 mm/Jahr Durchsickerung aufweisen. Werden Kunststoffdichtungsbahnen als Abdichtungskomponente eingesetzt, darf ihre Dicke 2,5 mm nicht unterschreiten.

[3)] Werden Abdichtungskomponenten aus mineralischen Materialien verwendet, darf deren rechnerische Permeationsrate bei einem permanenten Wassereinstau von 0,30 m nicht größer sein als die einer 50 cm dicken mineralischen Dichtung mit einem Durchlässigkeitsbeiwert von $k \leq 5 \times 10^{-10}$ m/s (Laborwert nach DIN EN ISO 17892–11, Ausgabe Mai 2019, Geotechnische Erkundung und Untersuchung – Laborversuche an Bodenproben – Teil 11: Bestimmung der Wasserdurchlässigkeit (ISO 17892–11:2019); bei einem Druckgradienten von $i = 30$. Abweichend von Satz 1 können mineralische Abdichtungskomponenten, deren Wirksamkeit nicht mit Durchlässigkeitsbeiwerten beschrieben werden kann, eingesetzt werden, wenn sie im fünfjährigen Mittel nicht mehr als 10 mm/Jahr Durchsickerung aufweisen. Werden Kunststoffdichtungsbahnen als Abdichtungskomponente eingesetzt, darf ihre Dicke 2,5 mm nicht unterschreiten.

[4)] Die zuständige Behörde kann auf Antrag des Deponiebetreibers Abweichungen von Mindestdicke, Durchlässigkeitsbeiwert und Gefälle der Entwässerungsschicht zulassen, wenn nachgewiesen wird, dass die hydraulische Leistungsfähigkeit der Entwässerungsschicht und die Standsicherheit der Rekultivierungsschicht dauerhaft gewährleistet sind.

[5)] An Stelle der Abdichtungskomponente, der Entwässerungsschicht und der Rekultivierungsschicht kann eine als Wasserhaushaltsschicht ausgeführte Rekultivierungsschicht zugelassen werden, wenn abweichend von den Anforderungen nach 2.3.1.1 Ziffer 3 (Anmerkung: der DepV) der Durchfluss durch die Wasserhaushaltsschicht im fünfjährigen Mittel nicht mehr als 20 mm/Jahr spätestens fünf Jahre nach Herstellung beträgt.

[6)] An Stelle der zweiten Abdichtungskomponente und der Rekultivierungsschicht kann eine als Wasserhaushaltsschicht nach Nummer 2.3.1.1 (Anmerkung: der DepV) bemessene Rekultivierungsschicht eingebaut werden. Wird die erste Abdichtungskomponente als Konvektionssperre ausgeführt, kann an Stelle der zweiten Abdichtungskomponente auch ein Kontrollsystem für die Konvektionssperre eingebaut werden. In diesem Fall ist im Bereich von Stellen, an denen das Dränwasser gesammelt und abgeleitet wird, unmittelbar unter der Konvektionssperre eine zweite Abdichtungskomponente einzubauen oder gleichwertige Systeme vorzusehen. Sätze 1 bis 3 gelten bei Deponien oder Deponieabschnitten, auf denen Hausmüll, hausmüllähnliche Gewerbeabfälle, Klärschlämme und andere Abfälle mit hohen organischen Anteilen abgelagert worden sind, mit der Maßgabe, dass der Deponiebetreiber Maßnahmen nach § 25 Absatz 4 (Anmerkung: der DepV) zur Beschleunigung biologischer Abbauprozesse und zur Verbesserung des Langzeitverhaltens nachweislich erfolgreich durchführt oder durchgeführt hat.

[7)] Das Erfordernis richtet sich nach Nummer 2.3 Satz 2 (Anmerkung: der DepV).

[8)] Das Erfordernis richtet sich nach Anhang 5 Nr. 7 (Anmerkung: der DepV).

Dichtungsschicht möglicherweise nicht unmittelbar auf den unebenen Abfall aufgebracht werden kann, ggf. eine Ausgleichsschicht aufgebracht, darüber, falls erforderlich (nur sofern nennenswert Deponiegas gebildet wird), eine Gasdränschicht. Hierauf kommen ggf. die erste und zweite Abdichtungskomponente sowie die Entwässerungsschicht. Ein Dichtungskontrollsystem ist nur bei einer DK III Deponie erforderlich. Hiermit soll festgestellt werden, ob Leckagen auftreten, die dann repariert werden müssten. Solche Systeme überwachen mit dem Einbau von leitfähigen Systemen den Stromdurchfluss, der sich infolge von Wasserzutritt verändert. Dann wird die Rekultivierungsschicht mit einer Dicke von > 1 m angeordnet. Die Oberflächenneigung soll ein Mindestgefälle von 5 % auch nach Abschluss der Setzungen nicht unterschreiten.

Von besonderer Bedeutung ist die Fußnote 7. Danach kann auf eine zweite Abdichtungskomponente verzichtet werden, wenn Maßnahmen zur Beschleunigung biologischer Abbauprozesse und zur Verbesserung des Langzeitverhaltens nachweislich erfolgreich durchführt oder durchgeführt hat. Da aktuell eine Vielzahl von solchen Maßnahmen an deutschen Deponien durchgeführt werden, hat diese Fußnote hohe wirtschaftliche Relevanz.

In der Praxis wurden unter Beachtung der DepV Vorgaben verschiedene Abdichtungskonzepte realisiert. Beispiele während der Ausführung zeigt Abb. 10.18.

Für Abdichtungskomponenten haben sich verschiedene Materialien und Systeme in der Praxis bewährt:

- Kunststoffdichtungsbahnen: Hierbei handelt es sich um flächig ausgelegte und überlappend verschweißte Dichtungsbahnen aus rußstabilisiertem Polyethylen mit einer

Abb. 10.18 Oberflächenabdichtungssysteme in der Realisierung. (© Rettenberger 2022 All Rights Reserved)

Dichte von 0,932–0,942 kg/m^3. Die Permeation von anorganischen Stoffen ist dabei vernachlässigbar gering. Für lösemittelhaltige Stoffe zeigt sich eine minimale Durchlässigkeit. Um auch geringste Fehlstellen zu vermeiden, ist die Verlegung intensiv zu überwachen.

- Asphalt: Hierzu können ortsnah verfügbare Baustoffe zum Einsatz kommen, die zum Erreichen der Funktionserfüllung mit einem Bindemittel (Straßenbaubitumen, polymermodifiziertem Bitumen) gemischt werden. Die Zusammensetzung des Asphaltmischgutes muss über die Masseanteile der Komponenten dokumentiert sein. An den Einbau werden Anforderungen gestellt, die deutlich höher als z. B. im Straßenbau sind.
- Natürliche mineralische tonmineral-(silikat-)haltige Materialien: Hierbei handelt es sich um Stoffe, die sich in Schichten so ausbreiten und verdichten lassen, dass diese nur noch eine äußerst geringe Durchlässigkeit besitzen. Durch Inhomogenitäten bedingt, müssen die Dichtungskomponenten in mehreren Schichten und mit einer gewissen Mindestdicke aufgebaut werden.
- Vergütete mineralische Materialien: Hierbei werden mineralischen Materialien Zusatzstoffe (z. B. Polymere) hinzugegeben, die dazu führen, dass die verdichteten Schichten nur noch gering durchlässig sind. Durch den erforderlichen Mischprozess bedingt, sowie durch die Wahl geeigneter Materialien, lassen sich geringe Schichtdicken realisieren (8 cm). Auch können Ersatzbaustoffe Verwendung finden. Dabei sind die Anforderungen nach Deponieverordnung zu beachten.
- Kapillarsperre: Diese Abdichtungskomponente bezieht ihre Dichtwirkung aus den Kapillareffekten, die sich innerhalb einer porösen, mineralischen Schicht einstellen. Wenn sich in einer Kapillare Wasser befindet, verlässt dieses bis zu einer gewissen Höhe am Ende die Kapillare nicht, selbst wenn diese senkrecht steht. Würde die Kapillare verlängert werden, würde das Wasser wieder bis zum Ende transportiert werden, aber nicht weiter. Der Dichtungseffekt entsteht somit dadurch, dass die Kapillaren in einem groben Material enden, die Kapillare also nicht verlängert wird und dass das Wasser in den Kapillaren vor deren Erschöpfung über dem groben Material jederzeit ablaufen kann. Kapillarsperren sind also dadurch gekennzeichnet, dass über einem groben Material feines Material angeordnet wird, dass diese Schicht mit einem Gefälle verlegt wird und dass das Wasser aus der Schicht in gewissen Abständen abgeführt wird.
- Wasserhaushaltsschicht: Die Wasserhaushaltsschicht ist eine besondere Form der Rekultivierungsschicht. Sie soll aufgrund des Zusammenwirkens des Wasserspeichervermögens des Bodens und der Verdunstungsleistung des Bodens (auch von der Oberfläche) und des Bewuchses die Durchsickerung in hohem Maße mindern. Sie sollte ein hohes Wasserspeichervermögen (nutzbare Feldkapazität > 220 mm (ein Maß für die Speicherung)) und eine Dicke von wenigstens 1,5 m und damit eine hohe Evapotranspirationsrate (Verdunstungsrate) besitzen.

- Methanoxidationsschicht: Nach Deponieverordnung kann eine Rekultivierungsschicht zugleich Aufgaben einer Oxidation von emittierenden Restgasen übernehmen. Eine Methanoxidationsschicht ist somit eine besondere Form der Behandlung von Deponiegas und eine Rekultivierungsschicht. Die Schicht sollte Wasser gut speichern können (nutzbare Feldkapazität von wenigstens 140 mm, ein Maß für das durch Mikroorganismen verbrauchbare Wasser) sowie genügend freie Poren besitzen, um eine Versorgung der Mikroorganismen mit Luftsauerstoff gewährleisten zu können (Luftkapazität (freie, nicht wassererfüllte Poren) langfristig über 10 %, möglichst über 14 %) [22, 23].

Eine besondere Funktion kommt der Rekultivierungsschicht zu. Diese soll neben der Schutzfunktion für die Dichtungselemente den Wasserhaushalt ausgleichen. Daher soll sie eine nutzbare Feldkapazität von wenigstens 140 mm aufweisen. Durch einen geeigneten Bewuchs soll eine möglichst hohe Evapotranspiration erreicht werden.

Der Gesetzgeber hat eine Reihe von Modifikationen vorgesehen. So kann z. B. in einer Deponie der DK I an Stelle einer Abdichtungskomponente die Rekultivierungsschicht als Wasserhaushaltsschicht aufgebaut werden. Im Falle einer Deponie entsprechend DK II kann auf eine zweite Dichtungskomponente verzichtet werden, *sofern* die Deponie zur Beschleunigung biologischer Abbauprozesse durch einen Eintrag von Wasser und/oder Luft stabilisiert wird (s. o.). In einem Aufbau mit einer Kunststoffabdichtungsbahn könnte auch an Stelle einer zweiten Dichtungskomponente ein Kontrollsystem (Leckageüberwachung) eingebaut werden.

Die Art der gewählten Abdichtungskomponente sowie der eingesetzten Baustoffe ist in die Verantwortung des Bauherrn gelegt. Die zuständige Behörde entscheidet letztendlich über deren Zulassung.

An die Qualität der einzelnen Komponenten werden spezifische Anforderungen gestellt. Hierzu ist in Deutschland ein umfangreicher, detaillierter „bundeseinheitlicher Qualitätsstandard" im Laufe der Jahre entwickelt und publiziert worden, also ein Qualitätsstandard auf der Basis der DepV. In dieser ist festgelegt, dass sonstige Baustoffe, Abdichtungskomponenten und Abdichtungssysteme nur eingesetzt werden können, wenn sie dem bundeseinheitlichen Qualitätsstandard entsprechen. Aktuell sind 25 Standards veröffentlicht (Stand Dezember 2022, [24, 25]). Die Anforderungen an die Materialien und ihre Verarbeitung müssen vom Bauherrn in den Ausschreibungsunterlagen festgelegt und vom Bauherrn (zumeist vertreten durch eine Bauleitung) überwacht werden. Nur bei Dokumentation der erreichten Qualität kann von einer funktionierenden Abdichtung gesprochen werden. Dabei spielen auch die Anforderung an die Funktionstüchtigkeit, die nach dem Stand der Technik für Deponien über 100 Jahre gesichert gegeben sein muss, eine wesentliche Rolle.

10.6 Technische Ausstattung

10.6.1 Übersicht über die technische Ausstattung einer Deponie

Aus Abb. 10.19 können die wesentlichen Elemente, die zur Ausstattung einer Deponie gehören, ersehen werden. Diese sind:

- Zufahrtsbereich mit Eingangstor und Anbindung an das öffentliche Verkehrsnetz,
- Eingangskontrolle sowie Wägebereich,

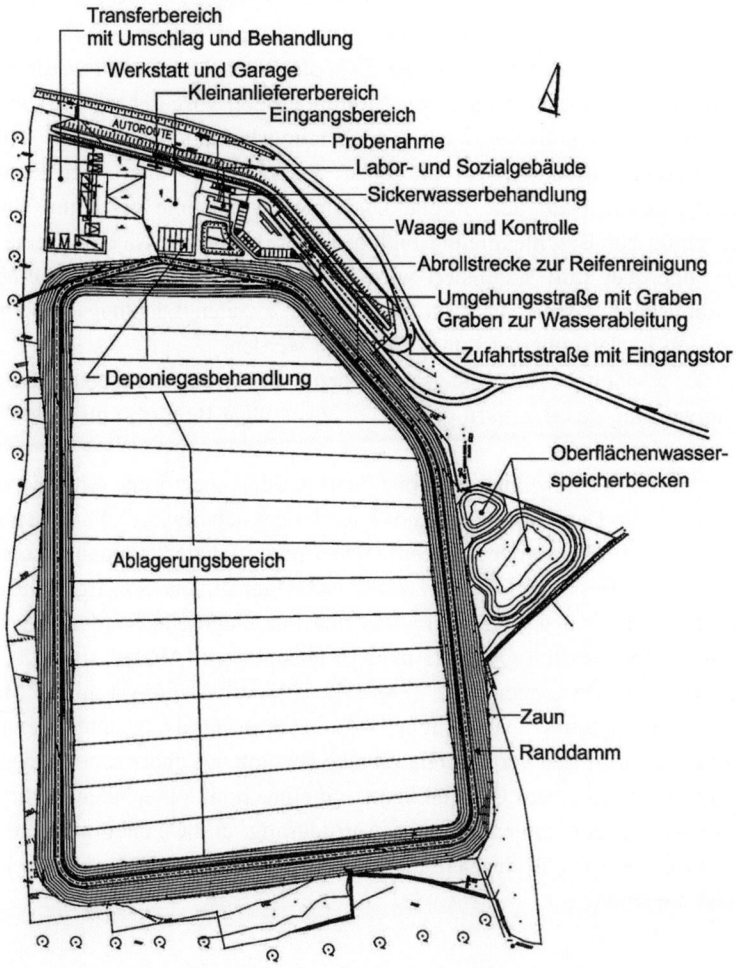

Abb. 10.19 Lageplan einer Abfalldeponie mit den wesentlichen Ausstattungselementen [21]

- Interne Verkehrsführung einschließlich Parkplätze im befestigten Bereich sowie dem Deponiekörper (max. Steigung 8–10 %),
- Bereich für Kleinanlieferer,
- Ggf. Müllumschlag- und Behandlungsanlagen,
- Betriebsgebäude mit Einrichtungen für das Betriebspersonal, Büroräume, Labor für Abfall-, Wasser- und Gasanalytik sowie Geräte für die Überwachung im Betrieb,
- Werkstatt und Garagen mit Wartungsgrube für die Arbeitsmaschinen,
- Reifenreinigungsanlagen,
- Einrichtungen zur Deponieüberwachung (GW-Brunnen, Gasmigrationspegel) sowie zur Erfassung meteorologischer Daten,
- Einrichtungen zur Ableitung des Oberflächenwassers bestehend aus Gräben und Speicherbecken sowie Übergabebauwerke,
- Einrichtungen zur Erfassung, Speicherung und Behandlung von Sickerwasser,
- Einrichtungen zur Erfassung, Behandlung und Verwertung von Deponiegas,
- Umzäunung.

Diese Elemente sind vom Bauherrn bzw. von dem von diesem Beauftragten Ingenieurbüro/Planer umzusetzen. Einige relevante Grundlagen, die dabei zu berücksichtigen sind, sind im Folgenden näher dargestellt. Zur Gestaltung der einzelnen Elemente sei auch auf die Empfehlungen der Deutschen Gesellschaft für Geotechnik e. V. DGGT, AK 6.1 – Geotechnik der Deponiebauwerke verwiesen [26].

Zwei Beispiele für Regelquerschnitte der Straßen in der Zufahrt bzw. im Deponiegelände zeigt Abb. 10.20.

10.6.2 Oberflächenwasserableitung

An nicht abgedeckten Abfallflächen von Deponien, selbst bei größeren Gefällen, entsteht in der Regel kaum Oberflächenabfluss. Von mit Boden abgedeckten Deponieflächen hingegen ist bei größeren Gefällen ein Oberflächenwasserabfluss gegeben. Dieser Oberflächenabfluss kann zu Erosionen (Erosionsrinnen) insbesondere in Böschungsbereichen, Unterströmungen und Hangrutschungen bzw. Überflutungen führen und muss daher kontrolliert abgeführt werden. Hierzu sind am Fuße der Deponie bzw. bei Böschungslängen über 50 m auf dem Deponiekörper in der Regel an Bermen (Geh- oder Fahrweg in einer Böschung, zur Deponie mit geringem Gefälle geneigt) wasseraufnehmende Gräben anzuordnen. Zudem sind die Flächen bzw. Böschungen verdichtet aufzubauen und möglichst frühzeitig zu begrünen.

Die Dimensionierung erfolgt auf der Basis einer Regenspende für einen Regen, der bei einer Regendauer von 10 min alle 10 Jahre gerade einmal überschritten wird ($r_{10,\ n=0,1}$). Der Abflussbeiwert (Quotient aus tatsächlichem Abfluss und Niederschlag im selben Zeitraum bezogen auf eine definierte Fläche bei gleicher Einheit, also z. B. m^3) liegt in Abhängigkeit des Gefälles zwischen 0,2 und 0,4 (also 40 % des Niederschlages

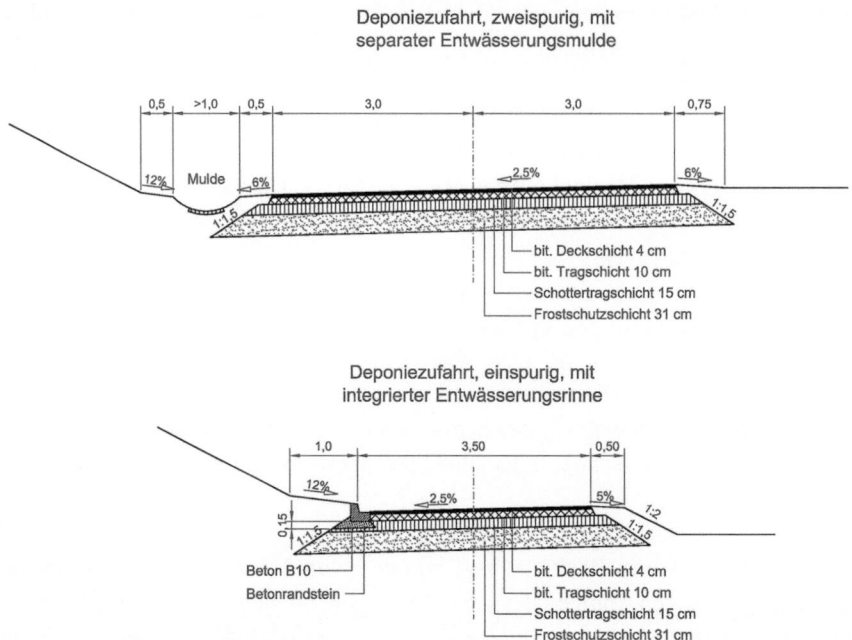

Abb. 10.20 Regelquerschnitte für Straßen im Deponiebereich. (Quelle: Ingenieurgruppe RUK GmbH, ©Rettenberger 2017. All Rights Reserved)

fließen ab). Die wasserableitenden Gräben werden als Freispiegelleitungen ausgebildet. Damit ist ein einheitliches Gefälle in eine Richtung (keine Tiefpunkte sonst Speicher und Pumpen erforderlich) auszubilden. Die Gräben werden in der Regel mit einem Trapezquerschnitt ausgeformt und können z. B. mit der Formel von Manning–Strickler (10.6) dimensioniert werden [27, 28]:

$$v = k_{st} \cdot r_h^{2/3} \cdot I^{1/2} \tag{10.6}$$

mit

v: Fließgeschwindigkeit in m/s

k_{st}: Rauheitsbeiwert nach Strickler in $m^{1/2}/s$ z. B. bei Beton glatt 100, verputzter Beton 90

r_h: hydraulischer Radius = A/U

U: benetzter Umfang in m

A: Fläche des durchströmten Querschnitts in m^2

I: Gefälle

Das Sohlgefälle der Gräben liegt in der Regel zwischen 0,1 ‰ und 2 ‰. Die Fließgeschwindigkeit v sollte aus Gründen einer Beschädigung des Gerinnes 6 m/s nicht überschreiten, ist aber zudem von der Art des Gerinnematerials abhängig festzulegen.

10.6.3 Erfassung, Speicherung und Behandlung von Sickerwasser

Die Erfassung der Sickerwässer erfolgt über eine flache Sohldränage, in die zur beschleunigten Wasserableitung Rohrleitungen eingelegt werden. Gestaltungshinweise können der DIN 19667 Dränung von Deponien entnommen werden [30]. Diese müssen eine lange möglichst dauerhafte Funktion gewährleisten und somit auch eine hohe Beständigkeit gegen chemische Angriffe haben. Daher werden praktisch ausschließlich statisch dimensionierte gelochte oder geschlitzte Rohre aus Polyethylen hoher Dichte (PEHD) eingesetzt.

Ein wichtiger Punkt ist die Vermeidung von Verblockungen der über 2/3 des Rohrumfangs verteilten Rohröffnungen, was durch Abscheidungen aus dem Sickerwasser, Ausfällungen und biologische Schlämme eintreten kann. Um die Funktion zu gewährleisten, müssen die Dränageleitungen innerhalb der Deponie daher kontrollierbar (kamerabefahrbar) und spülbar sein. Hieraus folgt, dass die Leitungen eine gewisse Länge nicht überschreiten können (ca. 400–500 m bei beidseitiger Befahrungsmöglichkeit), da die Länge, die bei der Kamerabefahrung erreichbar ist, begrenzt ist. Die Sohldränage besteht daher ausschließlich aus Sammlern ohne jegliche Abzweige, da diese sowohl bei der Kamerabefahrung als auch bei der Spülung nicht gezielt angesteuert werden könnten.

Die Dränagen sollen ein Gefälle von mindestens 1 % haben. Diese sollten einen Durchmesser von mindestens 250 mm haben und an 2/3 des Umfangs mit Öffnungen versehen sein. Für größeren Deponien ist eine hydraulische Dimensionierung erforderlich [29]

Die Abdeckung mit Kies über dem Rohrscheitel richtet sich nach den statischen Erfordernissen und sollte eine Höhe von 30 cm nicht unterschreiten. Die Dränagerohre müssen auf eine Rohrbettung (Abb. 10.21) aufgelegt werden.

Die prinzipielle Gestaltung der Deponiebasis mit Sickerwassersammlern (Abstand 30 m) sowie den erforderlichen Gefällen (1 % längs und 3 % quer) zeigt Abb. 8.22. Die

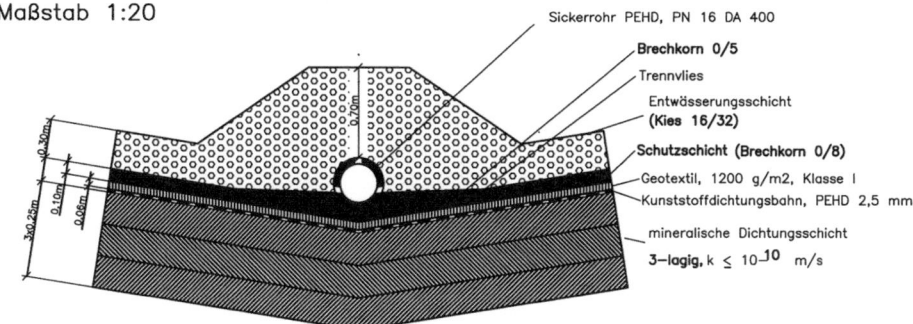

Abb. 10.21 Dränagerohrverlegung an der Deponiebasis (Beispiel). (Quelle: Ingenieurgruppe RUK GmbH, ©Rettenberger 2017. All Rights Reserved)

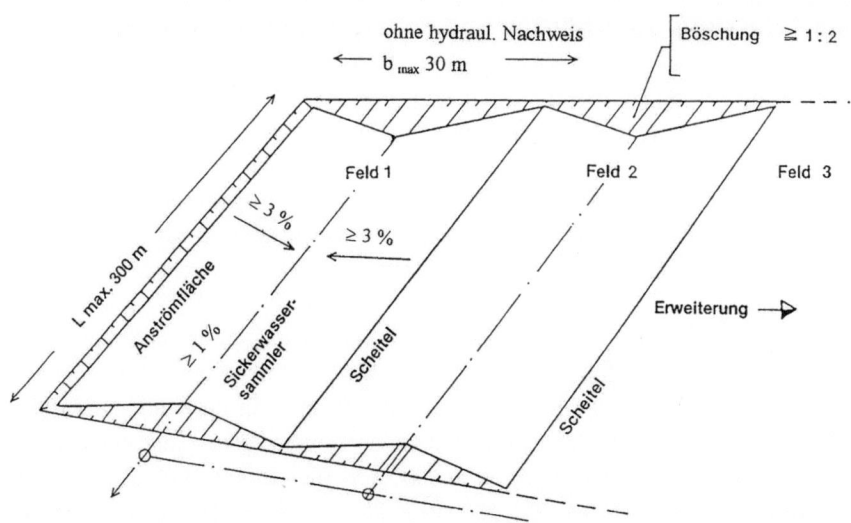

Abb. 10.22 Gefälle, Deponiefeldbreite und -länge nach DIN 19667 [30]

Feldlänge, die hier mit 300 m Länge angegeben ist, kann zwischenzeitlich aufgrund des technischen Fortschritts bei der Kamerabefahrung deutlich höher gewählt werden (Abb. 10.22).

Über die Dränageleitungen gelangt das Sickerwasser in die außerhalb des Deponiekörpers liegenden Randschächte. Diese sind zur Kontrolle und Spülung der Leitungen erforderlich. Von dort wird das Sickerwasser über eine Sammelleitung einem Speicherbecken zugeführt. Dieses dient als Ausgleichsbecken, ehe das Wasser einer Sickerwasserreinigungsanlage zugeleitet wird. Damit kein Deponiegas über die Dränagen austritt, müssen diese mit jeweils einem Syphon verschlossen werden (vgl. Abb. 10.23).

Schächte innerhalb des Deponiekörpers sind wegen der zu erwarteten Verformungen (Setzungen, Sackungen, teilweise mit horizontalen Verschiebungen) des Deponiekörpers nicht zulässig.

Zur Behandlung von Deponiesickerwasser kommen im Allgemeinen folgende Verfahren zum Einsatz, die auch aus dem Bereich der kommunalen und industriellen Abwassertechnik bekannt sind:

- Biologische Verfahren
- Adsorptive Verfahren
- Chemische Verfahren mit Flockung/Fällung
- Nasschemische Oxidationsverfahren
- Membranverfahren
- Eindampfungsverfahren

10 Deponie

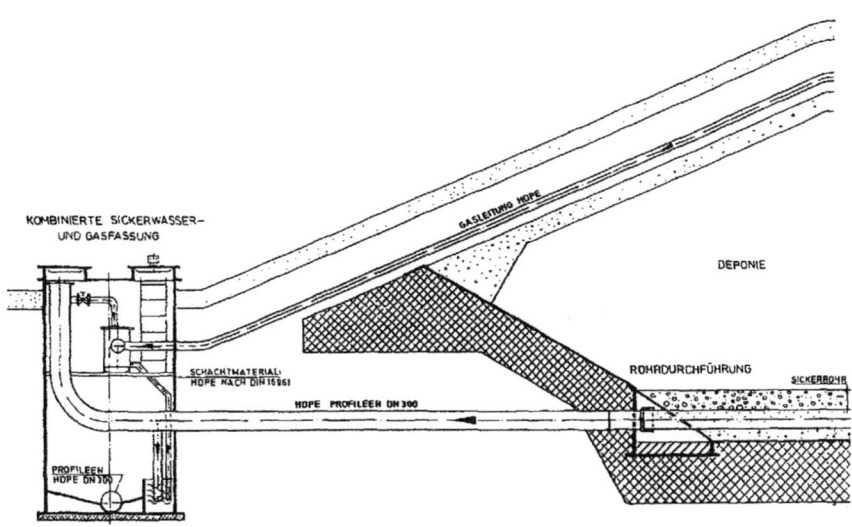

Abb. 10.23 Syphon am Ende einer Sickerwasserdränageleitung

In der Praxis kommt mittlerweile überwiegend eine Kombination aus biologischer Behandlung mit nachfolgender Aktivkohleadsorption zur Anwendung. Deutlich geringer vertreten ist die Umkehrosmose mit Rückführung des Konzentrats auf die Deponie [15]. Bei älteren Deponien, in deren Sickerwasser nur noch schwer abbaubare organische Stoffe enthalten sind, wird bereits häufig auf die biologische Behandlung verzichtet und nur noch eine Aktivkohlebehandlung eingesetzt. An endabgedeckten Deponien zeigte sich ein erheblicher Rückgang der Sickerwassermenge (bis ca. 90 %) sowie ein deutlicher Rückgang an BSB_5, CSB und NH_4^+-N.

Biologische Verfahren
In den biologischen Verfahren werden im Sickerwasser vorhandene Kohlenstoff- und Ammoniumstickstoffverbindungen durch Mikroorganismen in körpereigene Substanz umgewandelt und zur Energiegewinnung zur Aufrechterhaltung ihres Betriebsstoffwechsels verwendet. Der Verfahrensprozess ist dem einer kommunalen Kläranlage vergleichbar. Dabei wird das Abwasser belüftet, sodass sich die Mikroorganismen vermehren können, die aus dem abgeleiteten Abwasserstrom abgeschieden und in den Prozess zurückgeführt werden müssen.

Als Endwerte lassen sich Konzentrationen von ca. 100 mg/l BSB_5 bzw. ca. 1000 mg/l CSB erreichen. Der im Sickerwasser in reduzierter Form vorliegende Stickstoff (als NH_4^+-N) wird in einer Nitrifikationsstufe zu Nitrat umgewandelt. Durch eine entsprechende Betriebsweise (z. B. Schaffung luftfreier Zonen im Reaktor) kann durch Denitrifikation das gebildete Nitrat reduziert werden. Als Reaktionsprodukte entstehen somit neben einem Zuwachs an Biomasse (Klärschlamm) gasförmige Reststoffe in Form von CO_2 und N_2 sowie Wasser. Da ein solches nur biologisch gereinigtes Wasser weder in eine Kanalisation noch in einen Vorfluter eingeleitet werden kann, muss es mit anderen Verfahren noch weiter nachgereinigt werden. Hier hat sich das Adsorptionsverfahren bewährt.

Adsorptionsverfahren
Bei der Adsorption lagern sich Abwasserinhaltsstoffe an der Oberfläche der Adsorptionsmittel aufgrund physikalischer Wechselwirkungen an. Als Adsorptionsmittel wird im Wesentlichen Aktivkohle eingesetzt. Entscheidend für die Eignung als Adsorptionsmittel ist eine möglichst große spezifische Oberfläche, die z. B. für Aktivkohle zwischen 600 und 1600 m^2/g betragen kann. Zur verfahrenstechnischen Anwendung wird die Kohle meist granuliert als Schüttgut in einen Stahltank eingebracht und als nass aufgestellter Filter (d. h. der Wasserspiegel ist über dem Granulat) durchströmt. Nach erfolgter Beladung wird die Aktivkohle ausgetauscht. Die Aktivkohle kann auch einem Schlammreaktor zugegeben werden, muss aber in diesem Fall wieder abgetrennt werden.

Fällung/Flockung
Durch Fällung werden gelöste Substanzen bei Zugabe entsprechender Chemikalien zu unlöslichen Produkten umgewandelt. Diese Produkte können entweder direkt oder nach einer anschließenden Flockung z. B. durch Sedimentation aus dem Sickerwasser entfernt werden.

Mithilfe von Flockung/Fällung lassen sich biologisch nicht abbaubare CSB-erzeugende Verbindungen, AOX-Verbindungen und organische Stickstoffverbindungen aus dem Sickerwasser entfernen. In diesem Verfahren ist eine einhergehende zusätzliche Schlammbildung und eine Aufsalzung des Wassers zu beachten.

Membranverfahren
Membranverfahren sind Filtrationsverfahren, in welchen das zu behandelnde Sickerwasser unter einem hydrostatischen Druckgefälle, das größer ist als der osmotische Druck, durch eine semipermeable Membran gedrückt wird (Abb. 10.24), die unterschiedlich verschaltet (Hintereinanderschaltung) sein können. Hierbei wird das Sickerwasser in zwei Ströme etwa im Verhältnis 1:4 aufgeteilt: ein gereinigtes Permeat (entspricht der 4) und ein Konzentrat (entspricht der 1), das weiter zu entsorgen ist.

Mit Membranverfahren können im Gegensatz zu anderen Verfahren organische und anorganische Stoffe gleichzeitig abgetrennt werden, vorausgesetzt, die Moleküle sind groß genug. So lassen sich z. B. Ammoniumionen nur schlecht abscheiden, während Schwermetalle gut abtrennbar sind.

Die Membranen werden je nach Hersteller in Tubular-, Wickel- oder Rohrscheibenmodulen installiert (Abb. 10.25). Da die Membranen sehr feinporig sind, ist ihre Empfindlichkeit gegenüber Verstopfung bzw. Verblockung ziemlich groß. Eine Verblockung kann zum einen durch Fouling (Verblockungen durch im Wasser befindliche Schwebstoffe) und zum anderen durch Scaling (Ausfallen von gelösten Stoffen infolge

10 Deponie

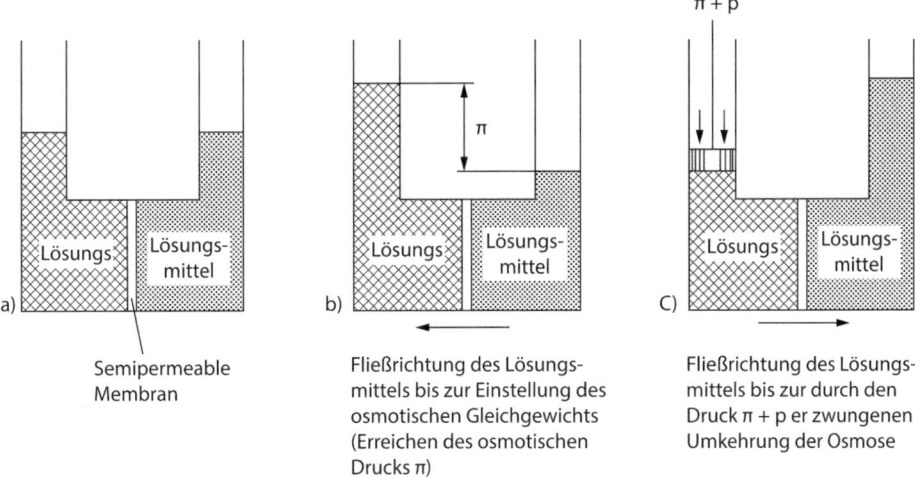

Abb. 10.24 Prinzipieller Ablauf des Umkehrosmoseprozesses [31]

der Aufkonzentrierung) auftreten. Üblicherweise werden in der Umkehrosmose Drücke bis 15 bar eingesetzt, bei den Hochdruckverfahren bis 120 bar, letztere konzentrieren bis zu 1:10 auf.

Das Konzentrat, das in Membrantrennverfahren anfällt, wird in der Regel zur Deponie verbracht und deponiert ggf. nach einer Verfestigung durch Zugabe von Bindemittel (Zement o. Ä.).

Das Sickerwasser kann je nach Reinigungsgrad direkt (Vorfluter) oder indirekt (Kanalisation) abgeleitet werden. Die Vorgaben an den erforderlichen Reinigungsgrad bzw. die Restverunreinigungen (Konzentrationswerte) ergeben sich aus dem Anhang 51 zur Abwasserverordnung [33].

10.6.4 Erfassung, Behandlung und Verwertung von Deponiegas

a) Gasprognose

Die in der Deponie entstehenden Deponiegase müssen erfasst und abgeleitet werden. Hierfür sind entsprechende Anlagen erforderlich, wie sie weiter unten erläutert werden.

Für die Auslegung der Gaserfassungs- und ggf. auch Verwertungsanlagen ist eine Vorhersage der Gasentwicklung einer Deponie elementare Voraussetzung. Aufgrund der Unsicherheiten bei der Erstellung einer solchen Prognose wird in den Planungen immer mit einem Sicherheitszuschlag kalkuliert werden müssen.

Die Prognose der Gasbildung wird in der Praxis mit Hilfe eines kausalistischen und eines mathematischen Modells durchgeführt. Das kausalistische Modell beschreibt das

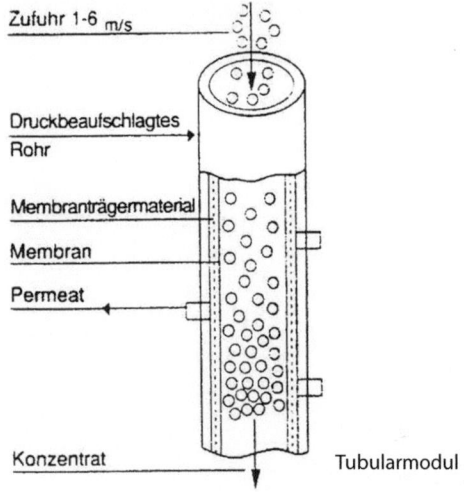

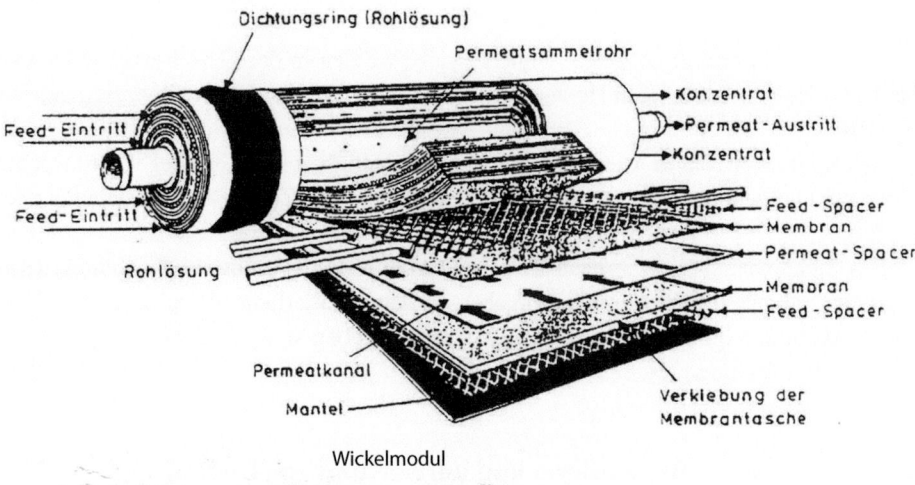

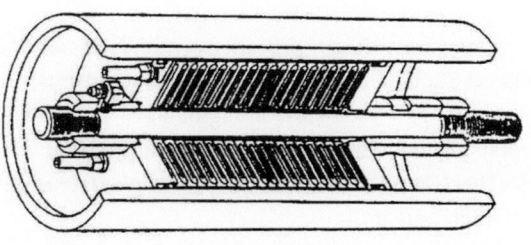

Abb. 10.25 Darstellung verschiedener Modultypen [32]

Gaspotenzial, d. h. das gesamte Gasvolumen, das pro Mg FM Abfall gebildet werden kann. Mithilfe des mathematischen Modells wird eine Aussage über den Zeitraum bzw. die Geschwindigkeit getroffen, mit der das Gaspotenzial freigesetzt werden kann und als Volumenstrom emittiert und (zumeist mit den Einheiten m^3/h) gemessen werden kann.

Das insgesamt (über lange Zeiträume) bildbare Deponiegas leitet sich unmittelbar aus dem abbaubaren Kohlenstoff ab. Es wird in der Regel als m^3/Mg FM angegeben. Da zwar der organische Kohlenstoff durch eine chemische Analyse gemessen werden kann (TOC), daraus aber nicht auf den abbaubaren Anteil geschlossen werden kann, muss dieser durch entsprechende biologische Tests bestimmt werden. Dies kann mittels Faulversuchen (z. B. nach VDI 4630 [34]) beziehungsweise GB_{21} (Gasbildung in 21 Tagen, siehe DepV, Anhang 4 [4]) durch Umrechnung mit einem Faktor, der den Kurzzeiteffekt kompensiert, durchgeführt werden. Der Literatur, z. B. dem „BQS 10–1 Deponiegas" [55] können Angaben zum abbaubaren Kohlenstoff für unterschiedliche Abfälle entnommen werden. Dieser unterscheidet sich vom TOC, da der TOC noch den nicht abbaubaren Kohlenstoff enthält. In den meisten Fällen der Erarbeitung von Gasprognosen wird hierauf Bezug genommen [35].

Auch besteht ein Zusammenhang zum AT_4 (Atmungsaktivität in 4 Tagen, siehe DepV, Anhang 4), der bei AT_4-Werten $>$ 10 g/kg mit nachstehender Gleichung ausgedrückt werden kann [36]:

$$C_{ab} = 3,75 \cdot AT_4 - c \tag{10.7}$$

Bei AT_4-Werten $<$ 10 g/kg kann folgender empirischer Zusammenhang angegeben werden:

$$C_{ab} = 3 \cdot AT_4 \tag{10.8}$$

Dabei ist:

C_{ab}: abbaubarer Kohlenstoff, in kg/Mg TM
AT_4: Atmungsaktivität in 4 Tagen, in kg/Mg TM
c: Konstante mit dem empirischen Wert 7,5 kg/Mg TM
Das Deponiegaspotenzial in m^3/Mg FM ergibt sich durch folgende Umrechnung:

$$C_{ab,f} = C_{ab} \cdot 1,868 \cdot (100 - WG)/100 \tag{10.9}$$

Dabei ist:

$C_{ab,f}$: abbaubarer Kohlenstoff auf Feuchtmasse bezogen
WG: Wassergehalt in %

Bei typischen Werten für unbehandelten Hausabfall von 50 kg/Mg TM für den AT_4 und 35 % für den Wassergehalt ergibt sich somit ein Wert für das Deponiegaspotenzial von 219 m^3/Mg FM.

Da nur ein Teil des bioverfügbaren Kohlenstoffs zu Deponiegas in der Deponie umgesetzt wird, muss dies mit unterschiedlichen Abminderungsfaktoren in den Prognosemodellen berücksichtigt werden. So wurde z. B. für kommunalen Klärschlamm im

Labor ein Zusammenhang zwischen der Gasbildung, dem abbaubaren Kohlenstoff und dem Kohlenstoffanteil, der durch Assimilation in der Bakterienmasse gespeichert ist, gefunden, der nach folgender Gleichung formuliert werden kann:

$$G_c = 1,868 \cdot C_{ab,t}(0,014 \cdot \partial + 0,28)$$ (10.10)

G_c:	Die in langen Zeiträumen gebildete Gasmenge in m³
∂:	Temperatur in °C
$C_{ab,t}$:	Abbaubarer organischer Kohlenstoff in kg/Mg FM

Der Klammerausdruck führt, wenn er auf Siedlungsabfalldeponien übertragen wird, bei 30°C (Temperaturen in Deponien liegen anfänglich etwa zwischen 30 und 50°C) zu einem Abminderungsfaktor von 0,7; d. h. statt 100 % Deponiegas, wie es im Labor gemessen werden kann, entstehen in der Deponie nur 70 %.

Grundlage von Deponiegasprognosemodellen ist die Berechnung der Gasbildung über die Zeit, es wird also das Deponiegaspotenzial über die Zeit aufgefaltet. Hierzu sind verschiedene Ansätze gebräuchlich. Eine Auswahl wird im Folgenden vorgestellt.

Abbau- und Zerfallsprozesse gehorchen bei ansonsten konstanten Randbedingungen meist einem Abbau 1. Ordnung, da die Zersetzungsgeschwindigkeit proportional zu der zu einem beliebigen Zeitpunkt des Abbaus vorhandenen Konzentration des Ausgangsproduktes (hier C_{ab}) ist (dC/dt=–k·t, Einheiten siehe unten). Die Lösung dieser Diffentialgleichung führt zu einer Exponentialfunktion. Die Prozesse in der Deponie lassen sich entsprechend mit nachstehenden Exponentialgleichungen ausdrücken:

$$G_{s,t} = G_e \cdot (1 - e^{-kt})$$ (10.11)

Dabei ist:

$G_{s,t}$:	Bis zur Zeit t gebildete spezifische Deponiegasmenge in m³ je Mg FM
G_e:	Das in langen Zeiträumen bildbare Gasvolumen, in m³ je Mg FM
k:	Abbaukonstante in 1/a
t:	Zeit in Jahren, in a

Oder als 1. Ableitung der Gl. 10.11

$$G_t = G_e \cdot k \cdot e^{-kt}$$ (10.12)

Dabei ist:

G_t: das im Jahr *t* insgesamt pro Tonne FM durchschnittlich gebildete spezifische Gasvolumen in m³ je Tonne FM.

Die Abbaukonstante lässt sich aus der Halbwertszeit mit k=-ln(0,5)/$t_{1/2}$ unmittelbar berechnen. Einflüsse von Temperatur und Feuchte werden nicht berücksichtigt. Dieses

Modell muss noch an die Erfordernisse einer Deponiegasprognoseberechnung angepasst werden. Dazu wurden verschiedene Ansätze publiziert. Eine Übersicht international verwendeter Modelle findet sich in [36]. Für Grund (Default)-Werte bezüglich Halbwertszeiten und dem Anteil abbaubarer organischer Substanz wird auf die Literatur [35] verwiesen.

Von Tabasaran/Rettenberger wurde folgender Modellansatz vorgeschlagen [36–38]:

$$G_{s,t} = 1,868 \, C_{ab} \cdot f_1 \cdot f_2 \cdot f_3 \cdot m_n (1 - e^{-kt}) \text{ in m}^3 \qquad (10.13)$$

Dabei ist:

f_1: Korrekturfaktor für den Kohlenstoffverlust durch aeroben Abbau oder Brand, muss deponiespezifisch bestimmt werden

f_2: Korrekturfaktor für eine verminderte Gasausbeute, ca. 0,4 bis 0,6

f_3: Faktor zur Berücksichtigung der Assimilation mit $f_3 = (0,014.\partial + 0,28)$, mit $\partial =$ durchschnittliche Temperatur im Deponiekörper in Grad Celsius

m_n: Abfallmasse des Betrachtungsjahres n in Mg

Die zeitliche Skalierung von angelieferter Abfallmenge und Gasbildung erfolgt in jährlichen Intervallen. Üblicherweise wird die jährliche Gasbildung auf eine (durchschnittlich) stündliche umgerechnet. Zur Gesamtbetrachtung werden die Jahresbeiträge entsprechend synchron aufaddiert. Als erstes Jahr einer Gasentwicklung wird das Jahr nach dem Jahr der Abfallablagerung angenommen. Üblicherweise werden durchschnittliche Werte für die gesamte Deponie oder bei größeren Deponien für einzelne Deponieabschnitte gewählt. Das Modell könnte auch auf einzelne Abfallfraktionen, wie dies z. B. im nachstehend erläuterten IPCC Modell vorgeschlagen wird, angewandt werden. Vergleichbare Modelle können der Literatur entnommen werden [39]. Dieses Modell wird überwiegend zur Auslegung von Deponiegaserfassungsanlagen genutzt und hat sich in der Praxis vielfach bewährt. Erfahrungen mit diesem Modell liegen bislang nur für den mesophilen/thermophilen Bereich bei Wassergehalten über 30 % vor. Bei einer mittleren Betrachtung über lange Zeiträume sollte berücksichtigt werden, dass sich die Halbwertszeiten weiter erhöhen.

Wesentliche Voraussetzung für die Erstellung einer Prognose ist die Abschätzung der Werte der Parameter:

$C_{ab,f}$:	Für Hausmüll liegt der Wert in der Regel zwischen 170 und 220 kg/Mg FM
∂:	Die einzusetzenden Temperaturen sollten zwischen 27 und 33°C gewählt werden. In Deponien wurden zwar auch schon bis zu 70–80°C gemessen. Der Korrekturfaktor bezieht sich jedoch auf den mesophilen Bereich
k:	Beobachtungen an Deponien haben k-Werte von 0,116 bis 0,173 ergeben. Die k-Werte können aus den Halbwertszeiten $t_{0,5}$ ermittelt werden. Nach Erfahrungen von ausgeführten Deponiegasanlagen liegen diese zwischen 4 und 6 Jahren (k = − ln (0,5)/$t_{0,5}$), bei älteren Deponien eher bei 8 Jahren und höher

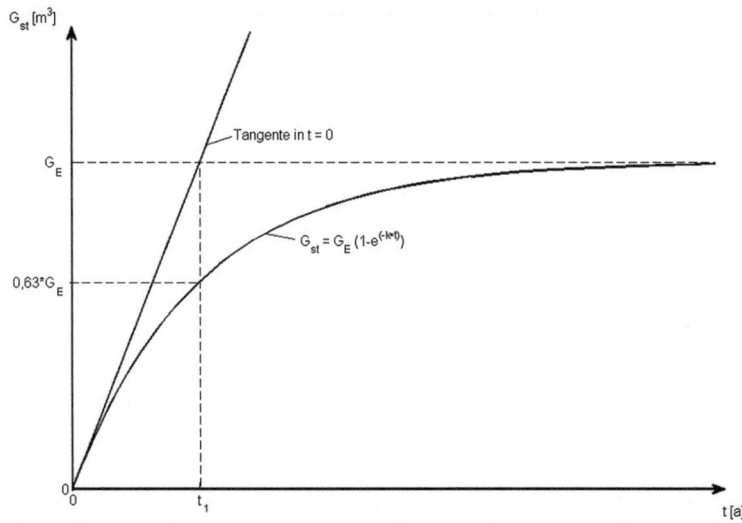

Abb. 10.26 Kurvenverlauf der Gasmengenentwicklung nach Gl. (10.11, 10.13). (©Rettenberger. All Rights Reserved)

Die oben genannten Gln. (10.11, 10.13) stellen eine Summenkurve dar. Sie beschreiben die bis zum betrachteten Jahr t insgesamt gebildete Gasmenge (vgl. Abb. 10.26).

Um den Gasvolumenstrom in einem Jahr (m³/a) bzw. in einer Stunde (m³/h) zu ermitteln, muss dann die Differenz zweier folgender Jahre nach den Gln. (10.11) bzw. (10.13) gebildet werden. Alternativ könnte auch die 1. Ableitung berechnet werden:

$$G_t = 1,868 \, C_{ab,t} f \cdot f_1 \cdot f_2 \cdot f_3 \cdot m_n \cdot k \cdot -e^{-kt}) \text{ in m}^3/a \quad (10.14)$$

mit:

G_t:	Gasbildung im Jahr t der Abfallmasse aus dem Jahre n in m³/Jahr

Üblicherweise wird dieser Wert auf den stündlichen Volumenstrom umgerechnet (m³/h). Die Gleichung (10.14) zeigt folgenden prinzipiellen Kurvenverlauf (Abb. 10.27). Aus dieser Abbildung lässt sich die Bedeutung der Halbwertszeit ablesen. Danach ist der Zeitraum bis zum Erreichen von 0,5 G_{max} ausgehend von G_{max} gleich lang wie der Zeitraum bis zum Erreichen von 0,25 G_{max} ausgehend von 0,5 G_{max}.

Eine typische Prognose ist in Abb. 10.28 angegeben. Durch die Verfüllung der Deponie kommt es zunächst zu einem Anstieg des Gasvolumenstroms. Nach einem Jahr nach Ende der Verfüllung nimmt die Gasmenge mit der gewählten Halbwertszeit ab. Wichtig ist die Tatsache, dass in der Regel nicht alles gebildete Deponiegas auch tatsächlich erfasst wird. Durch deponietechnische Maßnahmen allerdings, z. B. eine Ober-

10 Deponie

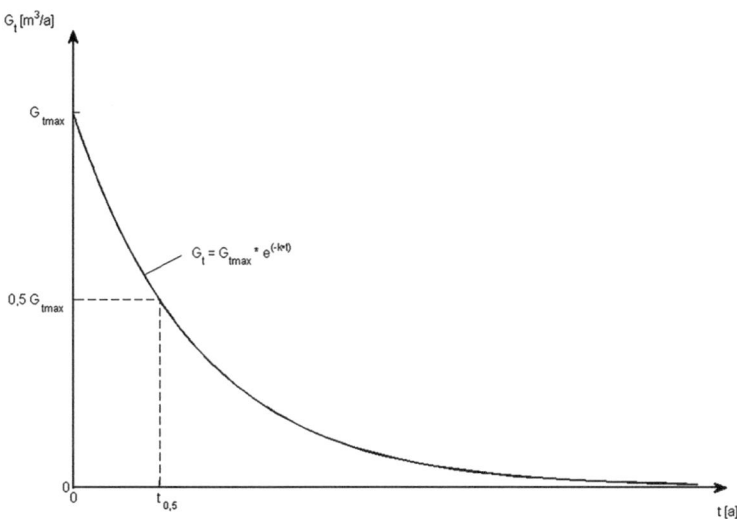

Abb. 10.27 Prinzipieller Kurvenverlauf nach Gl. (10.14). (©Rettenberger 2017. All Rights Reserved)

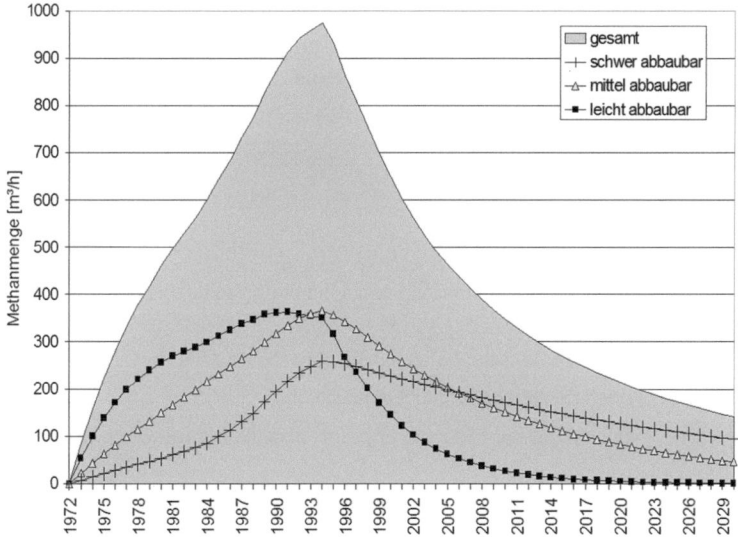

Abb. 10.28 Gasentwicklung in einer Deponie nach einer Gasprognoseberechnung. (©Rettenberger 2022. All Rights Reserved)

flächenabdeckung oder ein optimales Erfassungssystem aber auch eine entsprechende Betriebsweise, lässt sich die Gaserfassung deutlich verbessern. Liegen im gleichen Zeitraum die Daten über die erfassten Gasmengen und die Angaben aus einer Gasprognose vor, in der Praxis sind dies Angaben über ein Jahr, lässt sich hieraus der Erfassungsgrad ermitteln. Nach dem BQS 10–1 „Deponiegas" muss die Bestimmung des Erfassungsgrades vom Betreiber einer Deponie durchgeführt werden.

Ein Faustwert für die in der Praxis häufig festgestellte erfassbare Gasmenge aus einer Deponie mit einer bestimmten deponierten Abfallmasse (FM) liegt bei 2–4 m^3/Mg a zum Zeitpunkt des Endes der Betriebsphase. Dies führt an einer Deponie mit 1 Mio. Mg FM deponierter Abfallmasse zu 228–456 m^3/h erfassbarem Deponiegas. Dieser Abschätzung liegt ein Erfassungsgrad von ca. 30 % zugrunde. Ein solcher wird häufig in der Praxis (leider) kaum erreicht. Er sollte jedoch deutlich höher sein, um eine nennenswerte Verminderung der Treibhausgasemissionen gewährleisten zu können.

In den letzten Jahren wurde offenkundig, dass die Halbwertszeiten nicht konstant sind. Bei älteren Deponien werden die Halbwertszeiten deutlich länger. Dies muss für Prognosen, insbesondere bei älteren Deponien, berücksichtigt werden.

Die international gebräuchliche FOD-Methode (first order decay) zur Bestimmung der Methanerzeugung in Deponien und die verwendeten Parameter seien im Folgenden näher erläutert [40], da dieses Modell jetzt auch im BQS 10–1 „Deponiegas" zur Ermittlung des Erfassungsgrades vorgeschlagen wird. Im Gegensatz zu oben beschriebenem Modell nach Tabasaran/Rettenberger wird hier Methan und nicht Deponiegas in der Einheit Gg (also Masse) pro a (also ein Massenstrom) und nicht ein Deponiegasvolumenstrom modelliert.

Im IPCC-Modell wird die Modellierung mit den folgenden Gleichungen vorgenommen, wobei hier der Bezug zu TM ist. Eine entsprechende Umrechnung müsste ggf. nach obiger Gleichung vorgenommen werden. [36]:

$$CH_{4,erz,T} = DDOC_{m,decomp,T} \cdot F \cdot 16/12 \tag{10.15}$$

Dabei ist:

$CH_{4,erz,T}$:	Masse an Methan, welche durch die biologisch abbaubaren Abfälle erzeugt wird, in Gg/a
$DDOC_{m,decomp,T}$:	Masse des im Jahr T abgebauten abbaubaren DOC in Gg TM/a
F:	Anteil des Methans am Deponiegas
T:	Jahr, für das die Emission ermittelt wird, häufig bezeichnet als Inventarjahr

Die Masse des abgelagerten und abbaubaren Kohlenstoffs wird nach folgender Gleichung errechnet:

$$DDOC_m = W \cdot DOC \cdot DOC_f \cdot MCF \tag{10.16}$$

Dabei ist:

$DDOC_m$: Masse des abbaubaren und abgelagerten DOC in Gg, bezieht sich auf TM
W: Masse des abgelagerten Abfalls in Gg FM

DOC: Anteil des theoretisch abbaubaren organischen Kohlenstoffs im Jahr der Ablagerung in Gg/Gg Abfall, bezieht sich auf TM

DOC_f: Anteil des *DOC*, der unter realen Deponiebedingungen biologisch abbaubar ist

MCF: Methankorrekturfaktor für den Kohlenstoffverlust durch aeroben Abbau einschließlich Brände für das Jahr der Ablagerung

Es wird für jedes einzelne Jahr die Gesamtmasse an abbaubarem DOC in der Deponie berechnet, um dann die Menge an DOC zu berechnen, die in jedem Jahr zu Methan und Kohlenstoffdioxid abgebaut wird:

$$DDOC_{ma,T} = DDOC_{md,T} + (DDOC_{ma,T-1} \cdot e^{-k}) \qquad (10.17)$$

Dabei ist:

$DDOC_{ma,T}$:	In der Deponie akkumulierte $DDOC_m$ am Ende des Jahres T in Gg
$DDOC_{ma,T-1}$:	In der Deponie akkumulierte $DDOC_m$ am Ende des Jahres T − 1 in Gg
$DDOC_{md,T}$:	In der Deponie abgelagerte $DDOC_m$ im Jahr T in Gg
k:	Abbaukonstante (1/Jahr)

$$DDOC_{m,decomp,T} = DDOC_{ma,T-1} - 1 \cdot (1 - e^{-k}) \qquad (10.18)$$

Dabei ist:

$DDOC_{m,decomp,T}$: Masse des im Jahr T abgebauten abbaubaren $DDOC_m$ in Gg/a.

Für die Berechnung der Methanbildung wird ein Multi-Phasen-Modell verwendet, das die abgelagerten Abfälle in unterschiedlich schnell biologisch abbaubare Abfallfraktionen differenziert. Die Methanbildung jeder Abfallfraktion wird separat mit einer der jeweiligen Abbaugeschwindigkeit entsprechenden Halbwertszeit berechnet. Anschließend werden die Beiträge der einzelnen Fraktionen zur Gesamtmethanbildung summiert (Abb. 10.28).

Dieses Modell eignet sich auch zur Ermittlung der Emissionen aus einer Deponie. Dazu wird das mit der Deponiegasfassung erfasste Methan abgezogen und über einen Korrekturfaktor die biologische Oxidation des Methans in den Deckschichten der Deponien berücksichtigt. Dies erfolgt mit folgender Gleichung:

$$CH_{4,em,T} = (CH_{4,erz,T} - R(T)) \cdot (1 - OX) \qquad (10.19)$$

Dabei ist:

$CH_{4,em,T}$: Masse an CH_4, welche durch die biologisch abbaubaren Abfälle emittiert wird in Gg/a

$R(T)$: CH_4-Erfassung im Jahr T in Gg/a

OX: Oxidationsfaktor (Anteil)

Eine ausführliche Beschreibung der FOD-Methode und ihrer Parameter ist in [35] sowie in [41] zu finden. Ebenso sind im BQS10–1 „Deponiegas" Angaben hierzu gemacht, vgl. Tab. 10.10.

Tab. 10.10 Parameter zur Verwendung im IPCC Modell, zitiert nach BQS10–1 „Deponiegas"

Abfallfraktion	DOC in -	DOC_f in -	Halbwertszeit in Jahre	k in 1/Jahr
Leicht abbaubar				
Organik, Klärschlamm	0,15	0,5	4	0,173
Garten-/Parkabfälle	0,2	0,5	7	0,0990
Papier/Pappe	0.4	0,5	7	0,0990
Mittel abbaubar				
Textilien, Windeln	0,24	0,5	12	0,0578
Verbundmaterialien, Leichtverpackungen	0,1	0,5	12	0,0578
MBA Abfälle	0,023	0,5	12	0,0578
Schwer abbaubar				
Holz und Stroh	0,43	0,1	50	0,0139

b) **Entgasung**

Eine Entgasung ist nur in DK II Deponien oder Altdeponien mit Deponiebetrieb vor dem Jahre 2005 erforderlich. Andere Deponieklassen oder neuere Deponien sollten bei ordnungsgemäßem Betrieb keine Deponiegasbildung zeigen.

Wie in Abb. 10.11 dargestellt, ist der Zustand der Gasphase in einer Deponie infolge rückläufiger Gasbildung über die Zeit sehr unterschiedlich. Entsprechend zeigen Abfalldeponien sehr unterschiedliches Verhalten, dem eine Entgasung gerecht werden muss:

- Es gibt klassische DK II Deponien mit noch wesentlicher Gasbildung, mit Deponieentgasung und Gasverwertung.
- Teilweise ist die Deponiegassituation in den einzelnen Abschnitten stark unterschiedlich.
- Manche Deponien zeigen ein ausgeprägtes Auftreten von Schwachgas (Methankonzentration unter 25 %). Dies kann betrieblich verursacht sein oder es gelangt Luft von außen in die Deponie.
- Einige Deponien werden gezielt durch Einblasen oder Einsaugen von Luft in die Deponie aerobisiert, also von einem anaeroben Zustand in einen aeroben verbracht (falls $C_{org} <$ 12 g C_{org}/kg TM und eine Gasverwertung nicht mehr wirtschaftlich ist.).
- Viele Deponien befinden sich bereits in der Nachsorgephase und haben nur noch eine geringe Gasbildung. Sie müssten daher kaum noch intensiv entgast werden.
- Wenige Deponien können bereits die Nachsorgephase beenden, haben also nur noch eine geringfügige Deponiegasbildung.

Bereits weiter oben wurde ausgeführt, welche Folgen eine Deponiegasbildung haben kann (Beitrag zum Treibhausgaseffekt, Gesundheits- und Explosionsgefahren, Gerüche, Beeinflussung der Rekultivierung etc.), sodass systematische Erfassung, Ableitung und Entsorgung der Deponiegase erforderlich sind. Was also ist das Ziel, was soll eine gute Deponieentgasung gewährleisten: Geruchsfreiheit, keine Explosionsgefahren, keine gesundheitsschädlichen Emissionen, keine nachteiligen Auswirkungen auf die Vegetation und die Einrichtungen der Deponie. Zentrale Priorität aktuell besitzt jedoch der Klimaschutz, da der Treibhausgaseffekt durch Methan im Vergleich zum Kohlenstoffdioxid 25–28 Mal höher ist. Somit ist der Beitrag von Deponien zum Triebhausgaseffekt gewaltig.

Ziel einer Entgasung ist also das Erreichen eines optimalen Erfassungsgrades (möglichst nahezu 100, wobei dieser Wert derzeit durch eine Rechtsnorm nicht vorgegeben ist. Aktuell dürften die Erfassungsgrade selbst für gut geführte Deponien zwischen 35 und 50 % liegen, weltweit bei 5–10 %, sofern überhaupt eine Entgasung vorhanden ist.

Welche grundsätzlichen Entgasungskonzepte sind denkbar und werden in der Praxis umgesetzt:

- Absaugung der Deponiegase über ein ausreichend dichtes Netz an Gaskollektoren, die Methankonzentration sollte sich um 45 % während der Abfallablagerung und um 50 % nach deren Ende einstellen. Es ist ein ständiges Anpassen des abgesaugten Volumenstroms z. B. als Konsequenz einer Emissionsüberwachung notwendig.
- Entgasung wie zuvor aber bei Vorhandensein einer Oberflächenabdichtung bis zu einer Methankonzentration von um 50 %. Der Vorteil dieser Variante ist ein nur noch geringer abzusaugender Gasvolumenstrom.
- Absaugung der Deponiegase über ein ausreichend dichtes Netz an Gaskollektoren mit einem so hohen Gasvolumenstrom, dass sich eine niedrige Methankonzentration (30 % bis unter ca. 10 % Volumenanteil) einstellt. Mit dieser Übersaugung findet in der Regel eine deutliche Erhöhung der abgesaugten Methanfracht statt, die zu einer Verbesserung des Erfassungsgrades und einer Aerobisierung mit beschleunigtem Abbau führt. Das Risiko eines Brandes, abhängig von der Sauerstoffkonzentration in der Deponie (bei O_2 >8 %), muss beachtet werden.
- Einblasen von Luft in den Deponiekörper und parallele Absaugung mit einem geringfügig größeren Volumenstrom über ein ausreichend dichtes Netz an Gaskollektoren. Durch die Unterdrückung der Methanbildung kommt es zur Verminderung möglicher Restemissionen. Gleichzeitig werden die restlichen organischen Bestandteile in der Deponie beschleunigt abgebaut.
- Gezielte Ableitung des Deponiegases durch dessen Eigendruck über geeignete Sammelsysteme unterhalb eines gasdichten Oberflächenabdichtungssystems über einen Methanoxidationsfilter oder eine Methanoxidationsschicht. Diese Art der Entgasung wird als passive Entgasung bezeichnet.

Nach der Art ihrer grundsätzlichen Vorgehensweise lassen sich folgende Entgasungtechniken unterschieden:

- passive Entgasung
- aktive Entgasung

Bei der passiven Entgasung wird der Eigendruck der Gasphase im Deponiekörper ausgenutzt. Das Deponiegas wird hierdurch aus dem Deponiekörper herausgedrückt und kann so gezielt abgeleitet werden. In der aktiven Entgasung wird mithilfe von Gasfördereinrichtungen in der Deponie ein Unterdruck aufgebaut und so das Gas aus der Deponie abgesaugt.

Passive Entgasungsmaßnahmen sind aufgrund des sehr geringen Gaserfassungsgrades an nicht abgedichteten Deponien nur für ältere Deponien mit sehr geringem Gasaufkommen (durchschnittliche Methanemission über die Deponieoberfläche < 0,5 l /m^2.h) und bei vollständig abgedichteten Deponien, ausreichend. In der letzten Zeit haben sie aber in Verbindung mit einer Methanoxidation in der Deponieabdeckung wieder an Bedeutung gewonnen.

Um eine aktive Entgasung effektiv betreiben zu können, müssen folgende Punkte umgesetzt werden:

- der Unterdruck muss wirksam in den Deponiekörper eingebracht werden,
- an sämtlichen Gaskollektoren muss ein Unterdruck eingestellt sein,
- das Ansaugen von Luft muss gezielt eingestellt werden (s. o.),
- die Entgasungssysteme müssen langzeitbeständig sein,
- eine Absaugung muss von Deponiebeginn an also auch während des Deponiebetriebes möglich sein,
- die Entgasungskapazitäten müssen an die Gasbildung angepasst sein.
- Die Emissionen über den Deponieoberflächen muss erfasst werden,
- Es muss ein möglichst hoher Erfassungsgrad erreicht werden.

Daraus ergeben sich folgende Konsequenzen:

- Zur Gaserfassung im Deponiekörper eignen sich großvolumige perforierte Rohre mit einem großen freien Durchgang in möglichst kurzer Längenausdehnung.
- Die Deponieentgasung muss fachgerecht geplant, ausgelegt und errichtet werden.
- Die Entgasung muss nach einem Betriebskonzept durchgeführt werden.
- Sicherheitstechnische Belange (Explosions- und Brandgefahr) müssen entsprechend umgesetzt werden.
- Die Entgasung ist zyklisch alle 4 Jahre daraufhin zu prüfen, ob sie noch dem Stand der Technik entspricht und technisch bzw. betrieblich die gesetzten Ziele erreicht. Ansonsten sind Anpassungen durchzuführen.
- Für die Entgasung ist ein Qualitätsmanagementplan zu erstellen.

10 Deponie

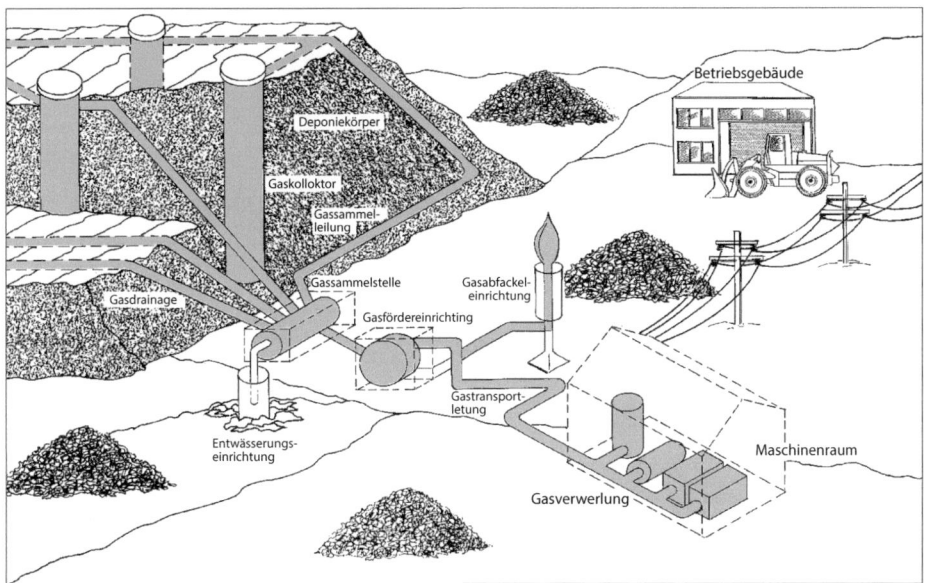

Abb. 10.29 Gaserfassungssystem einer aktiven Entgasung [43]

Abb. 10.29 zeigt eine Übersicht eines kompletten Gaserfassungssystems.
Wie aus der Abb. 10.29 ersichtlich, besteht dieses System aus folgenden deponiegebundenen als auch nicht deponiegebundenen Komponenten:

- Gaskollektor, entweder in horizontaler oder vertikaler Ausführung,
- Gassammelleitung,
- Gassammelstelle,
- Entwässerungseinrichtung (Kondensatabscheidung): Hierbei handelt es sich um Einbauten zur Sammlung und Ableitung von Kondensat aus den Tiefpunkten des Leitungssystems (vgl. Abb. 10.30),
- Gasansaugleitung zwischen Gassammelstelle und Gasfördereinrichtung,
- Gasfördereinrichtung: Als Gasfördereinrichtung werden z. B. Radialgebläse, Drehkolben oder Seitenkanalverdichter eingesetzt,
- Aggregathaus zur Aufnahme der Gasfördereinrichtung,
- Gastransportleitung,
- Gasabfackeleinrichtung,
- Maschinenhaus: Im Maschinenhaus sind die Gasverwertungs- und Gasreinigungsanlagen sowie die Schaltwarte und ähnliche Einrichtungen getrennt untergebracht.

Die Gaskollektoren werden im Wesentlichen als linienförmige, vertikale oder horizontale Bauwerke ausgeführt. Linienförmige vertikale Gaskollektoren (Gasbrunnen), sind während des Betriebes der Deponie zu errichten. Im Falle einer Sanierung o.ä. können

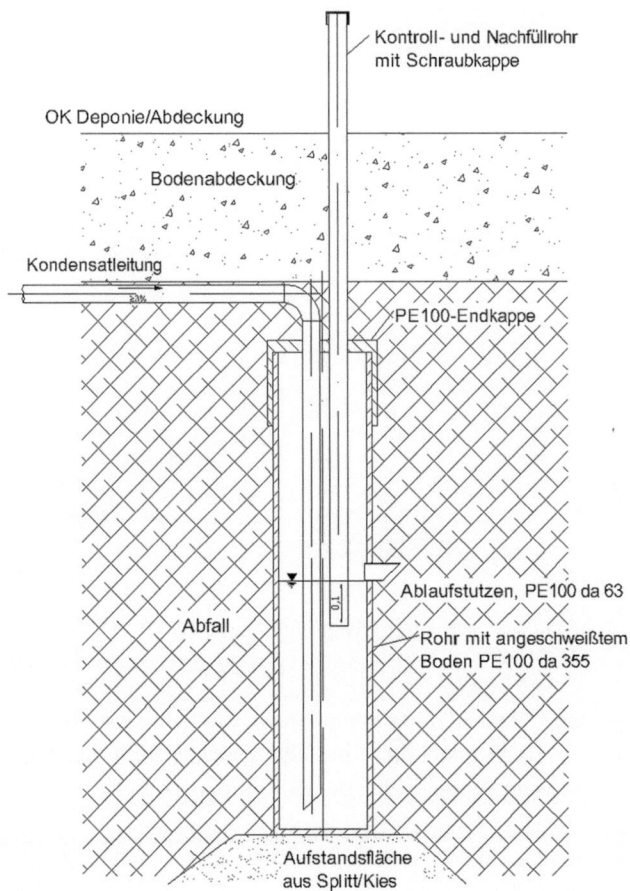

Abb. 10.30 Kondensatentnahme im Tiefpunkt einer Gassammel- oder –transportleitung, als Syphon ausgebildet. (Quelle: Ingenieurgruppe RUK GmbH, ©Rettenberger 2017. All Rights Reserved))

sie auch nach der Betriebsphase mittels Bohrungen oder Rammverfahren hergestellt werden [42]. Sie sollten einen Durchmesser von 0,6 bis 1,2 m besitzen und mit kalkfreiem bzw. kalkarmem (<10 % Calciumcarbonat) Kies oder Schotter verfüllt werden. Das zentral eingelegte Gasdränrohr sollte mindestens der Druckstufe SDR 17,6 entsprechen. Das Rohrmaterial muss gegenüber den aggressiven Gasen und Kondenswässern resistent sein. Bewährt haben sich insbesondere PEHD-Rohre. Die Perforation der Rohre sollte ca. 3,5 bis 5 % der Rohrmantelfläche betragen. Im oberen Bereich der Deponie sind die Innenrohre als Vollrohr auszuführen. Die Gasbrunnen sollen zur Sohle einen Abstand von über 2 m haben, um die Basisabdichtung bei Setzungen nicht zu gefährden. Tiefendifferenzierte Gaskollektoren können bei höheren Deponien oder solchen mit unterschiedlichen Methankonzentrationen sinnvoll sein. Insbesondere bei älteren, eher trocke-

10 Deponie

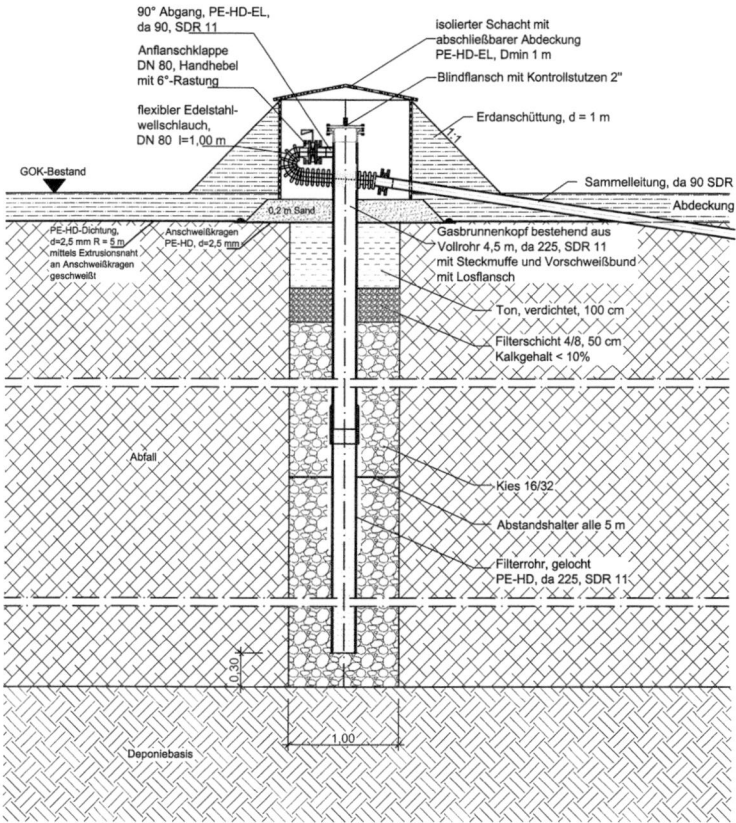

Abb. 10.31 Gasbrunnen bei temporärer Anwendung. (Quelle: Ingenieurgruppe RUK GmbH, ©Rettenberger 2017. All Rights Reserved))

nen Deponien können die Abmessungen ggf. variiert (verkleinert) werden. Beispiele von Gasbrunnen zeigen die Abb. 10.31 und 10.32. Ein Beispiel eines ziehbaren Gasbrunnens ist Abb. 10.32 zu entnehmen. Ein Beispiel für eine Horizontalentgasung ist in Abb. 10.33 dargestellt (Abb. 10.34).

Bei der Ausführung der Gasbrunnen muss berücksichtigt werden, dass die Brunnen aufgrund der Setzungsvorgänge in der Deponie aus dem Deponiekörper herauswachsen. Es hat sich daher bewährt, die Brunnen mit Brunnenköpfe auf der Geländeoberfläche zu installieren und mit einem flexiblen Anschluss zu versehen, der die Bewegungen des Deponiekörpers zumindest teilweise ausgleichen kann. Durch das Anbringen einer Abdeckhaube könnte der Brunnenkopf zusätzlich gegen die Witterung geschützt werden, was aber nicht generell erforderlich ist. Der Abstand der Gasbrunnen untereinander sollte in der Regel etwa 50–80 m betragen. Es ist nicht auszuschließen, dass sich während des Betriebes der Entgasung eine Notwendigkeit zur Installation weiterer Gaskollektoren zeigt.

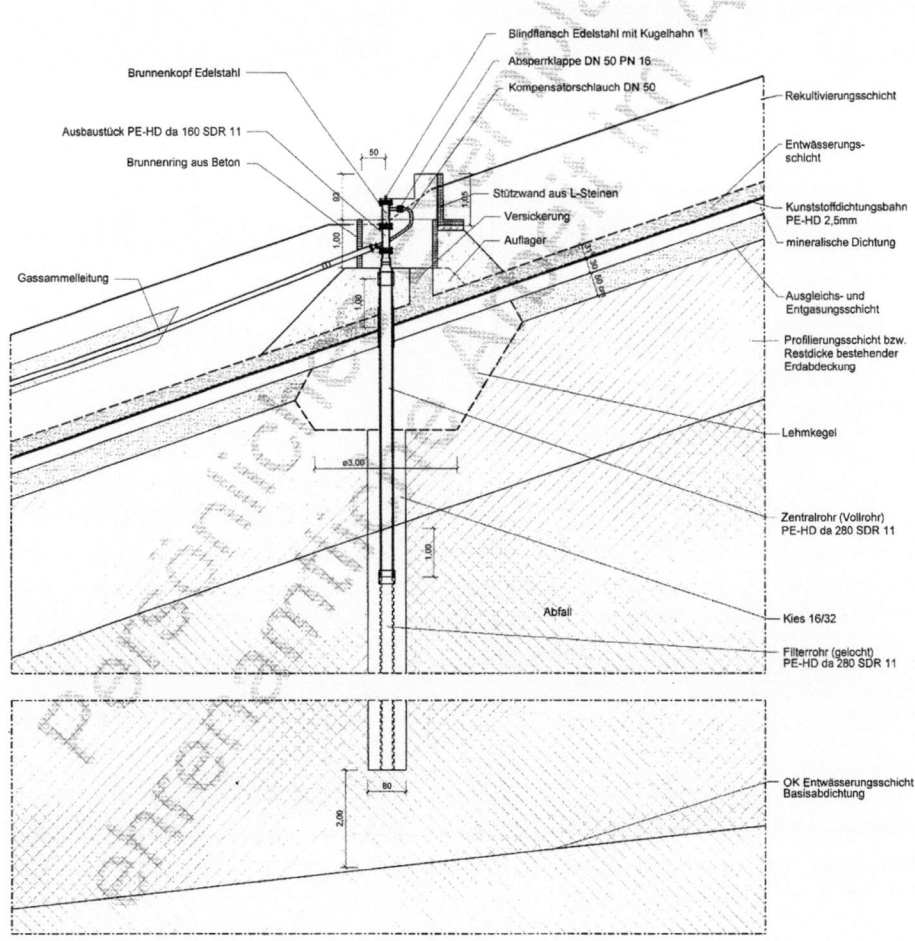

Abb. 10.32 Gasbrunnen bei abgedichteter Deponie [56]

Linienförmige, horizontale Gaskollektoren (Gasdränstränge) werden während des Deponiebetriebes eingebaut. Sie haben den Vorteil, dass sie den Verfüllbetrieb nicht stören, da auf der Abfalleinbaufläche keine Brunnenköpfe erstellt bzw. Gasansaugleitungen verlegt werden müssen. Lediglich während des Einbaus der Gasdränagestränge wird der Deponiebetrieb evtl. kurzzeitig beeinträchtigt. Der Nachteil gegenüber den Gasbrunnen besteht in einer geringeren spezifischen Erfassung pro Meter Dränagelänge ($m^3/m \cdot h$) aufgrund der Schichtenanisotropie des Müllkörpers, dessen horizontale Durchlässigkeit wesentlich höher ist als die vertikale und einer oft geringen Standzeit, die sich aus den unterschiedlichen Setzungen von benachbarten Abschnitten der Deponie oder durch Wassereinstau im Deponiekörper ergibt.

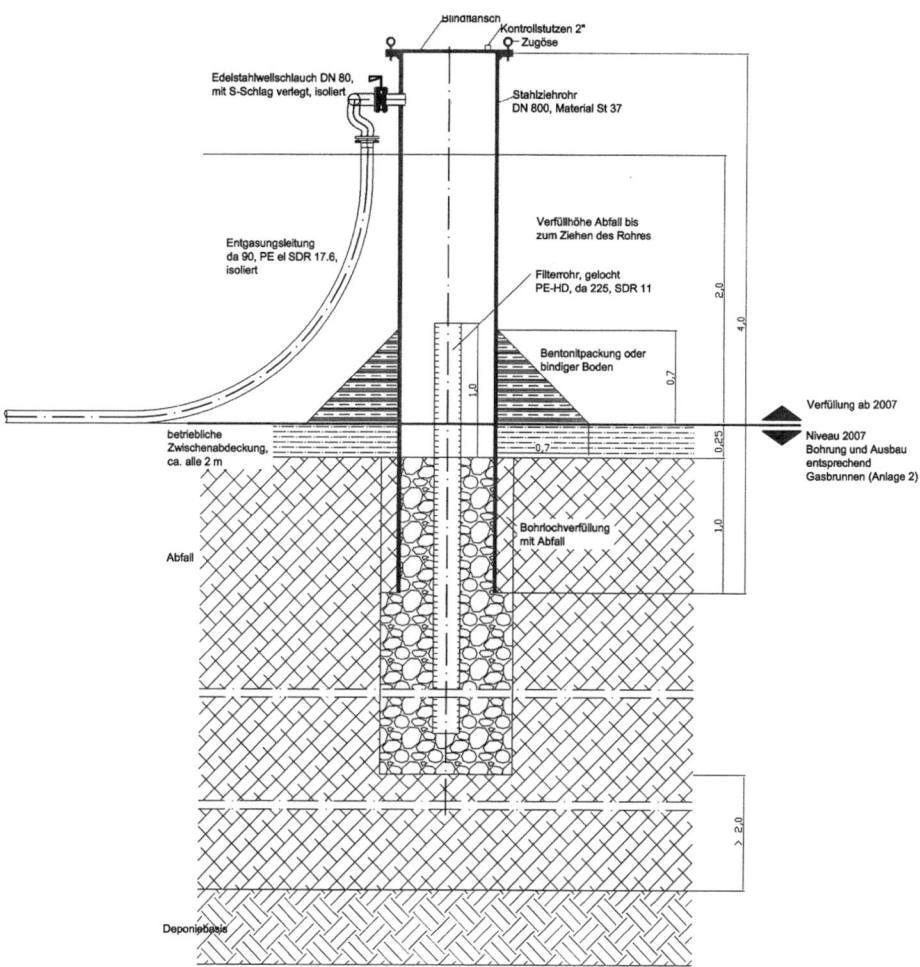

Abb. 10.33 Ziehbarer Gasbrunnen. (Quelle: Ingenieurgruppe RUK GmbH, ©Rettenberger 2017. All Rights Reserved))

Als Dränagerohre werden ebenfalls PEHD-Rohre $\geq$ DN 250 (SDR 17.6) verlegt, die mit kalkfreier bzw. -armer Kiesumhüllung zur Entwässerung umgeben sind. Nach bisherigen Erfahrungen hat sich ein Abstand der Gasdränagestränge von vertikal etwa 6 bis 8 m und horizontal etwa 20 bis 40 m bewährt. Die Dränagen müssen mit einem Gefälle von 3–5 % sowie Sickerpackungen in den Tiefpunkten verlegt werden.

Infolge der Absaugung der Deponiegase aus der Deponie wird Luft aus der Atmosphäre mit angesaugt, was sich an Deponien praktisch nicht völlig vermeiden lässt oder aber gezielt zur Aerobisierung der Deponie genutzt wird. Dabei kommt es zu typischen, aber von Kollektor zu Kollektor unterschiedlichen Konzentrationsverläufen in Abhängigkeit des abgesaugten Volumenstroms (Abb. 10.35). Wird allerdings die abgesaugte

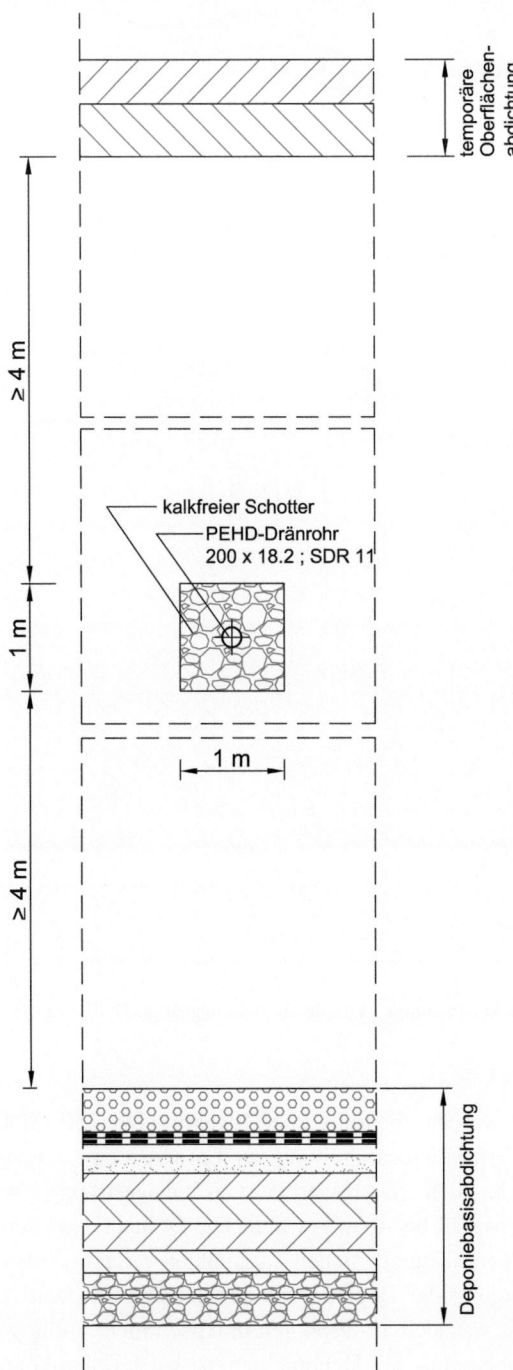

Abb. 10.34 Horizontalentgasung. (Quelle: Ingenieurgruppe RUK GmbH, ©Rettenberger 2017. All Rights Reserved))

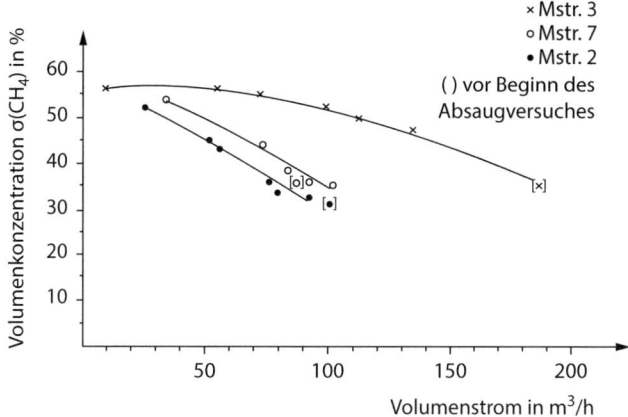

Abb. 10.35 Methanvolumenkonzentration in Abhängigkeit des abgesaugten Volumenstroms [8]

Methanfracht betrachtet, so kann diese trotz fallender Methankonzentration ansteigen (Abb 10..10.36). Damit steigt auch der Erfassungsgrad an. Jedoch stellt sich auch hier ein Maximum ein. Sollte dabei der Erfassungsgrad zu klein sein, so müssten zusätzliche Gaskollektoren realisiert werden. Die Verbesserung des Erfassungsgrades durch Übersaugung wird bei vielen älteren Deponien derzeit in der Praxis gezielt genutzt.

▸ Es ist generell erforderlich, durch Einregulierung an jedem Kollektor den Volumenstrom so zu beeinflussen, dass eine bestimmte Konzentration erreicht wird. Diese Einstellwerte (Unterdruck, Volumenstrom, Methankonzentration) sind zu ermitteln und als Zielwerte dem Betreiber einer Deponieentgasung vorzugeben.

Je nach Größe der Deponie, deren flächenhafter Ausdehnung, der anfallenden Gasmenge und der gewählten Gasbehandlung können unterschiedliche Gasableitungssystem unter betriebstechnischen Gesichtspunkten sinnvoll sein. Grundsätzlich lassen sich drei Formen des Anschlusses der Brunnen an die Gasfördereinrichtung unterscheiden:

- Dezentrale Gaserfassung: Gase werden an mehreren Stellen abgesaugt und abgefackelt. Jeder Brunnen wird einzeln abgesaugt.
- Zentrale Gaserfassung mit Verästelungsnetz: Mehrere Gasbrunnen werden über eine Gasregelstation an eine Sammelleitung angeschlossen.
- Zentrale Gaserfassung mit Gasringleitung: Jeder Brunnen wird einzeln abgesaugt. Die Gase werden über Gassammelstellen (Gasregelstation) einer Ringleitung zugeführt und von einer Gasfördereinrichtung abgesaugt.

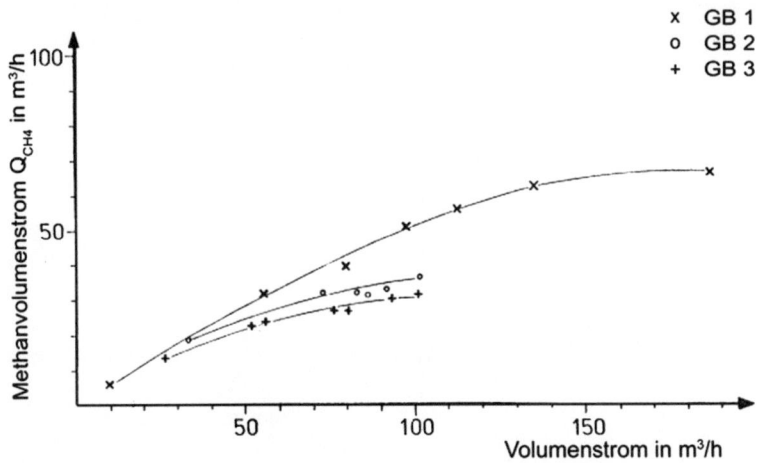

Abb. 10.36 Methanfracht in Abhängigkeit des abgesaugten Volumenstroms [8]

Die prinzipielle Anordnung kann Abb. 10.37 entnommen werden. Abb. 10.38 und 10.39 zeigen Fotos bzw. Planzeichnungen von Gassammelstellen (Gasregelstationen).

Die zentrale Gaserfassung mit Verästelungsnetz ist sehr aufwändig in Bezug auf Betrieb und Überwachung und daher wenig vorteilhaft. Die zentrale Gaserfassung mit nur einer Gaserfassungsstation bietet hier Vorteile, insbesondere in Bezug auf die geforderten sicherheits-, steuerungs- und messtechnischen Einrichtungen. Die Kollektoren können über eine Gasregelstation an einer bzw. zwei Ringleitungen angeschlossen werden, sofern die Gase unterschiedlich zusammengesetzt sind (z. B. hohe CH_4-Konzentrationen bzw. niedrige CH_4-Konzentrationen (Schwachgas) siehe weiter unten). In der Praxis wurden solche Zweileitersysteme zwar mehrfach realisiert. Ihre Notwendigkeit hat sich aber häufig nicht bestätigt. Ihr Einsatz muss also sorgfältig abgewogen werden.

c) **Behandlung des Deponiegases**
Die Behandlung der Deponiegase hat die Aufgabe, die gesammelten Gase möglichst umweltverträglich zu beseitigen, was wirtschaftlich nur durch eine thermische Behandlung (z. B. Abfackelung, motorische Verwertung) erreicht werden kann. Vorstellbar wäre auch eine stoffliche Verwertung, was aber in der Praxis derzeit keine Bedeutung hat.

Da die Erfassung der Gase mit einem hohen Erfassungsgrad Priorität besitzt, muss an jeder Deponie, die mit einem Gaserfassungssystem ausgerüstet ist, auch eine Fackel oder eine andere thermische Anlage installiert werden, unabhängig davon, ob die Gase verwertet werden oder nicht. Da zudem der Gasanfall nicht konstant ist (siehe oben) und Gasverwertungsanlagen nur dann in der Regel wirtschaftlich zu betreiben sind, wenn sie eine Laufzeit über 8–10 Jahre besitzen, müssen Deponiegase während des Spitzenanfalls (siehe oben, kurz nach Ende der Betriebsphase), da sie da nicht verwertet werden

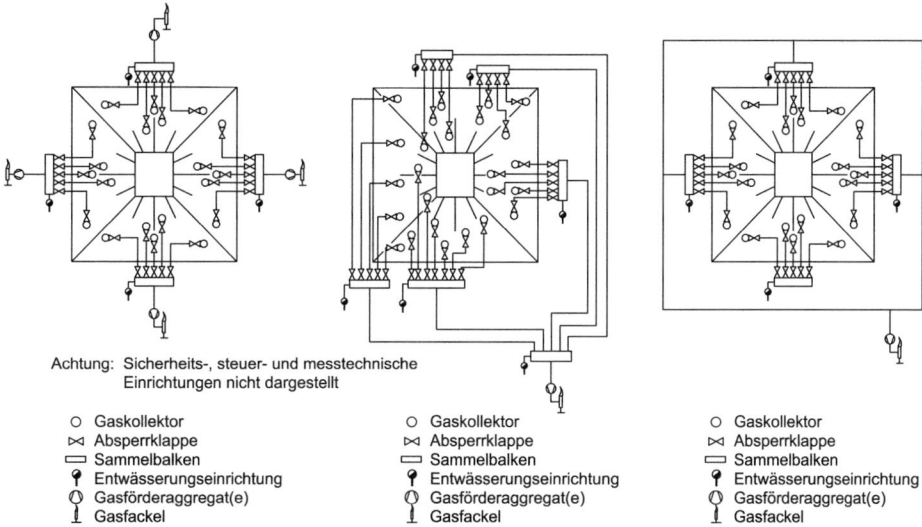

Abb. 10.37 Prinzipielle Anordnung der Gasableitung. (Quelle: Autor, ©Rettenberger 2017. All Rights Reserved)

können, abgefackelt bzw. thermisch behandelt werden, ansonsten würde es zu erheblich umweltbelastenden Emissionen kommen. In Deutschland ist dies nicht mehr relevant, für ausländischen Deponien sehr wohl.

Ein Beispiel einer ausgeführten Deponiegasfackel zeigt Abb. 10.40.

Eine schadstoffarme Verbrennung in Fackeln lässt sich nur erreichen, wenn der Brennraum abgeschirmt (keine offene Verbrennung) und isoliert ist, sodass die Verbrennungstemperaturen ab Flammenspitze über 1000 °C bei einer ausreichenden Verweilzeit des Gases im Verbrennungsraum ab Flammenspitze über 0.3 s liegen (Vorgaben können der TA Luft entnommen werden). Die Temperaturverteilung in der Brennzone ist dann gleichmäßig, der Ausbrand nahezu vollständig.

d) **Schwachgasentsorgung**

An älter werdenden Deponien ist zu beobachten (siehe oben), dass neben zurückgehenden Gasmengen auch die Deponiegaskonzentrationen (Schwachgas) kleiner werden. In diesen Fällen ist die Entgasung hieran anzupassen. Dabei sind folgende Schritte sinnvollerweise abzuarbeiten:

a) Prüfung, ob der Konzentrationsrückgang möglicherweise andere Ursachen hat (nicht geplante Übersaugung, Ansaugen von Luft an Undichtigkeiten).
b) Verkleinerung der Anlage so, dass die geringeren Volumenströme einregelbar sind.
c) Austausch der bestehenden Techniken gegen modifizierte bzw. an kleinere Volumenströme angepasste Systeme.

Abb. 10.38 Gassammelstelle (Gasregelstation) mit Übergang von Gassammelleitungen zu Gasansaugleitungen. (Quelle: Autor, ©Rettenberger 2017. All Rights Reserved)

Sollten diese Maßnahmen nicht zu einem Anstieg der Methankonzentrationen führen oder ist ein Schwachgasbetrieb mit Übersaugung gewünscht, so ist die Entsorgung der Gase auf Techniken mit niedrigen Methankonzentrationen (Schwachgas) umzustellen. Am Markt werden u. a. folgende Techniken dazu angeboten:

- Modifizierte Fackel (modifizierter Brennertyp und geänderte Luftzumischung) bis $\sigma(CH_4) > 25\,\%$, als Schwachgasfackel bis $\geq 12\,\%$, das sind Anlagen ohne Vorwärmung von Brenngas oder Verbrennungsluft.
- Anlagen mit Vorwärmung von Verbrennungsluft $\geq 6\,\%$ Methan.
- Thermische Behandlungsanlagen mit getrennter Vorwärmung von Brenngas und Verbrennungsluft $\geq 3\,\%$ Methan.
- Anlagen mit Vorwärmung von Brenngas und Verbrennungsluft $< 3\,\%$ Methan.
- Einsatz als Verbrennungsluft in anderen Verbrennungsanlagen $<1\,\%$ Methan. Regenerative thermische Oxydation (flammenlose Oxydation an heißen Oberflächen), $\sigma(CH_4) < 17\,\%$.

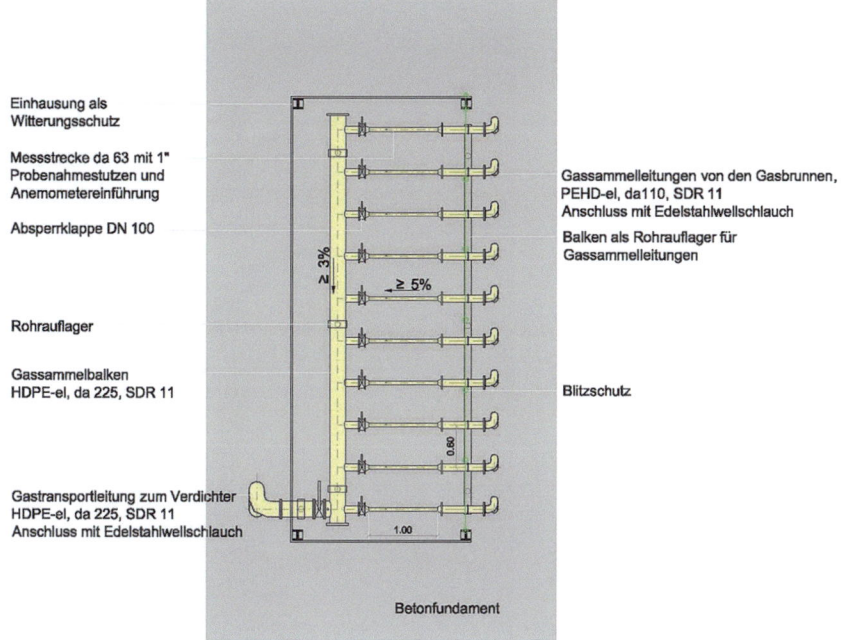

Abb. 10.39 Planzeichnung einer Gassammelstelle (Gasregelstation). (Quelle: Ingenieurgruppe RUK GmbH, ©Rettenberger 2017. All Rights Reserved)

- Biofilter- oder Rekultivierungsschicht-Durchströmung (Filtermaterialien und Nutzung einer mikrobiellen Methanoxidation), $\sigma(CH_4)$ in der Mischung < 12 %.

Damit lässt sich ein komplettes Methan-Konzentrationsspektrum im Schwachgasbereich abdecken.

e) **Deponiebelüftung**

Mit der Deponiebelüftung wird der Deponiekörper in einen aeroben Zustand gebracht, sodass die Deponiegasentwicklung unterbleibt und die noch abbaubaren Abfallstoffe aerob zersetzt werden. Dies verläuft nicht nur deutlich schneller (etwa um den Faktor 6), sondern auch umfassender, da einige Abfälle (Holz, Papier) anaerob praktisch nicht oder nur sehr langsam abbaubar sind.

Eine Deponiebelüftung kann mit zwei unterschiedlichen Strategien erreicht werden:

- entweder durch ein Übersaugen der Deponie mittels aktiver Deponieentgasung mit einer Erhöhung des Volumenstroms etwa um den Faktor 6 bis 12 gegenüber der konventionellen Entgasung oder
- durch ein Einblasen von Luft (vgl. Abb. 10.41). Dabei wird kontinuierlich Luft mit geringen Drücken (10 bis 30 mbar) bei gleichzeitiger Absaugung eines etwas grö-

Abb. 10.40 Beispiel einer Deponiegasfackel [44]

ßeren Volumenstroms etwa im Verhältnis 12–15:1 im Vergleich zur bestehenden Deponiegasbildung eingebracht. Die Verteilung der Luft erfolgt durch Konvektion und Diffusion. Die abgesaugte Luft enthält noch geringe Konzentrationen von Methan sowie weitere teilweise geruchsintensive Spurengase. Daher ist eine Abluftbehandlung in Biofiltern oder mit thermischer Oxidation (z. B. RTO) erforderlich. Weitere Verfahrensvarianten wurden vorgeschlagen, z. B. das Einbringen der Luft mit Druckstößen oder das Ableiten der Abluft über Biofilterschichten an der Deponieoberfläche [46].

Da durch die Belüftung keine Deponiegasverwertung mehr möglich ist und zudem die Gefahr einer Überhitzung des Deponiekörpers besteht, wird diese Technik erst angewandt, wenn der restliche abbaubare Kohlenstoff in der Deponie unter ca. 12 g/kg TM liegt. Ebenso ist eine Überwachung der Temperaturen sowie der CO Konzentrationen erforderlich.

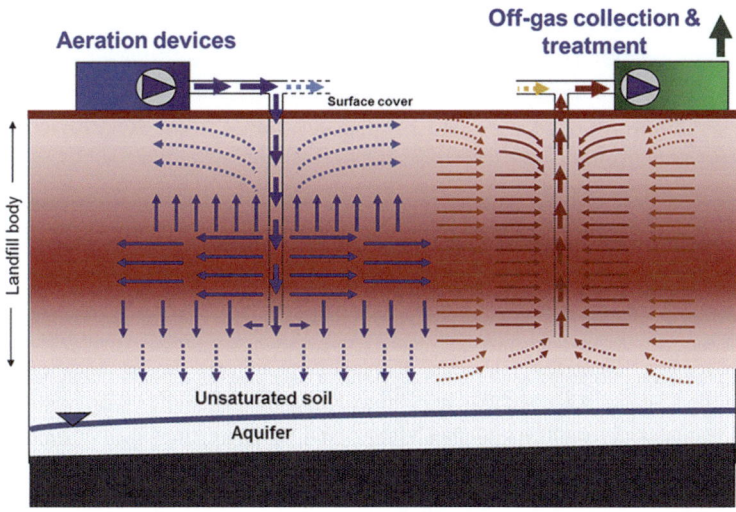

Abb. 10.41 Prinzipdarstellung der Deponiebelüftung [45]

Generell ist die Anlagentechnik durch Fachplaner vorzunehmen. Konzeption und Dimensionierung sind erforderlich unter Angaben zu Laufzeiten, Restemissionen, Betriebsparametern, elektrischer Energiebedarf sowie der vorgesehenen Anschlussphase nach Betriebsende. Die Anlagensicherheit ist zu beachten, ebenso die Kontrollmaßnahmen nach DepV Anhang 5 Nr. 3.2 bezüglich Wasser- und Gashaushalt, der Temperaturentwicklung und der Setzungen.

Eine Deponiebelüftung war erfolgreich, wenn die verbleibende Restgasentstehung passiv behandelt werden kann, wozu ein Wert für die Methanemission von $< 0{,}5$ l/m^2.h einzuhalten ist.

f) **Passive Entgasung**

Im Fall von geringen Restemissionen kann der Deponiebetreiber darauf verzichten, das Deponiegas aktiv zu fassen. Es wäre eine passive Entgasung mit Methanoxidation möglich. Der Deponiebetreiber muss dann allerdings gegenüber der zuständigen Behörde nachweisen, dass das im Deponiegas enthaltene Methan vor Austritt in die Atmosphäre weitestgehend oxidiert wird. Ein solcher Nachweis ist z. B. auch bei der Ablagerung von mechanisch-biologisch vorbehandelten Abfällen erforderlich. Dazu muss der oben genannte Wert von $< 0{,}5$ l/m^2.h unterschritten sein.

Mit einem passiven System wird das Gas unter Ausnutzung des im Deponiekörper entstehenden Überdrucks ebenfalls gezielt abgeführt. In der Regel ist hierzu Voraussetzung, dass die Deponie abgedichtet ist und das Gas zu einer Behandlung abgeleitet wird. Zur Anwendung kommen dann zwei grundsätzliche Vorgehensweisen:

- Punktuelle Ableitung des Gases und Zuführung zu technischen Filtern. In diesen wird Methan von ubiquitär vorhandenen, methanotrophen Mikroorgansimen in Anwesenheit von Sauerstoff zu CO_2 oxidiert.
- Flächige Abführung des Gases und Eintrag des Gases in die Rekultivierungsschicht zur Methanoxidation.

Insbesondere die zweite Variante wurde bereits häufig realisiert. Wichtig ist dabei, dass die Gase zur Vermeidung lokaler Überlastungen möglichst flächig in die Rekultivierungsschicht eingebracht werden. Fehlstellen an Setzungsrissen, Schachtanschlüssen, Deponierändern sind zu vermeiden. Wurden an einer Deponie bereits Gasbrunnen betrieben, kann das Gas über Rohrleitungen unter die Rekultivierungsschicht geführt werden (siehe Abb. 10.42), wird eine Kunststoffdichtungsbahn verlegt, so kann diese überlappend ausgeführt werden (Abb. 10.43), ansonsten sind Durchdringungen erforderlich. Auf die bundeseinheitlichen Qualitätsstandards für Methanoxidationsschichten wurde bereits oben verwiesen.

g) **Verwertung von Deponiegas**

Grundsätzlich stehen folgende Möglichkeiten zur Verwertung des Deponiegases zur Verfügung:

- Strom- und Wärmeerzeugung mit von Verbrennungsmotoranlagen angetriebenen Generatoren und versorgten Wärmetauschern;
- Wärme-/Dampferzeugung nach Verbrennung in Feuerungsanlagen;
- Strom- und Wärmeerzeugung mittels von Gasturbinen angetriebenen Generatoren und versorgten Wärmetauschern;
- Methananreicherung bzw. Abtrennung von Kohlenstoffdioxid und Einspeisung in ein Erdgasnetz;
- Nutzung als Treibstoff;
- Stoffliche Verwertung.

Die Verwendung mit Verbrennungsmotoren zur Stromerzeugung stellt die am häufigsten angewandte Methode der Deponiegasnutzung dar. Dies liegt vor allem daran, dass mit dem Strom eine veredelte Energieform erzeugt wird, die sowohl für den Eigenbedarf an der Deponie verbraucht, als auch problemlos in das öffentliche Netz eingespeist werden kann. Zumeist werden Anlagen komplett installiert in Containern eingesetzt. Der elektrische Wirkungsgrad einer Gasverstromung durch Gasmotoren liegt heute > 40 % bezogen auf den Energiegehalt des Deponiegases. Durch die Nutzung der Abwärme der Motoren bzw. der Abgase in Blockheizkraftwerken (BHKW) können maximal etwa 75–80 % der Energie genutzt werden. Häufig kann beim Einsatz von BHKW jedoch die Abwärme nicht immer vollständig abgegeben werden, da eventuelle Verbraucher zu weit entfernt sind. Die Nutzung der Abwärme für den Eigenbedarf ist i. A. nur während der

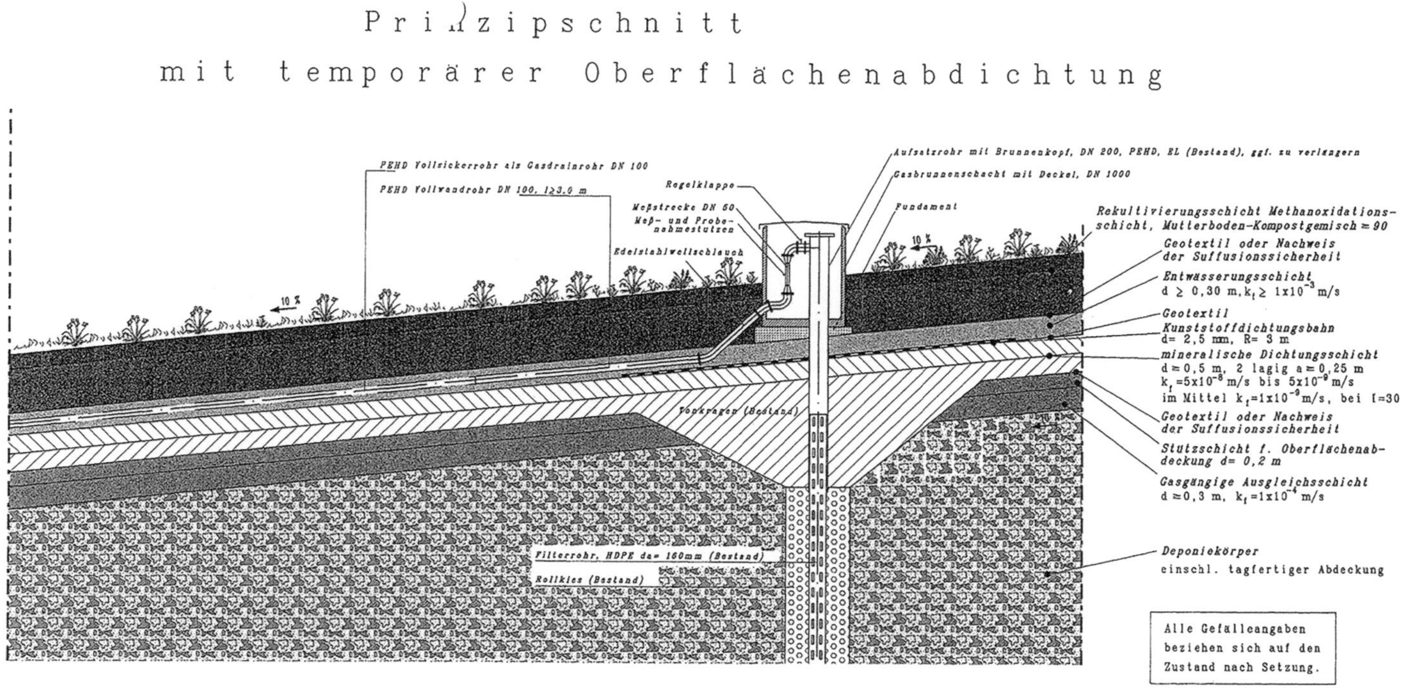

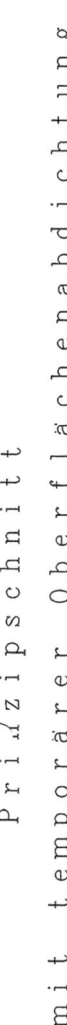

Abb. 10.42 Aufbau einer passiven Entgasung mit Methanoxidation in der Rekultivierungsschicht. (Quelle: Ingenieurgruppe RUK GmbH, ©Rettenberger 2017. All Rights Reserved)

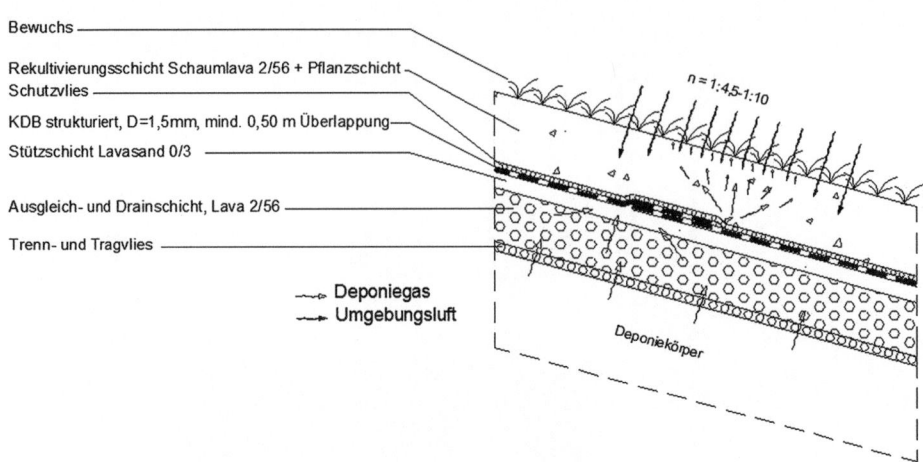

Abb. 10.43 Passive Entgasung mit Methanoxidation in der Rekultivierungsschicht mit überlappenden Kunststoffdichtungsbahnen. (Quelle: Ingenieurgruppe RUK GmbH, ©Rettenberger 2017. All Rights Reserved)

Heizperiode möglich. Der Einsatz eines BHKW muss daher bedacht sein. In der Regel ist ein BHKW alternativlos.

Die Motorenanlagen müssen die Grenzwerte der TA Luft bzw. der 44. BImschV einhalten. Dies ist ohne eine Gasreinigung bzw. Abgasreinigung in den meisten Fällen durch die Verwendung aufgeladener Motoren im Magerbetrieb möglich.

In den letzten Jahren haben sich im Deponiegas siliziumorganische Verbindungen bemerkbar gemacht, die bei der Verbrennung in Siliziumoxid umgewandelt werden und teilweise zu weißlichen Krusten in Motoren (Kolben, Ventile) führen. Dabei kann der Verschleiß zunehmen.

Ebenso hat sich Formaldehyd im Abgas häufig als Problem gezeigt. An Lösungen wird derzeit gearbeitet. Dies gilt auch für unverbranntes Methan im Abgasstrom.

Die Wärmenutzung des Deponiegases kann entweder durch die Kombination einer Muffel mit einem Abhitzekessel oder durch Ersatz als Brennstoff (z. B. Erdgas, Heizöl) in Feuerungsanlagen erfolgen. Voraussetzung hierfür ist – wie bei den BHKW –, dass entsprechende Verbraucher in unmittelbarer Nähe der Deponie angesiedelt sind. Die Abtrennung von Kohlenstoffdioxid zur Erzeugung von Biomethan ist bei Deponiegas in der Regel nicht sinnvoll, da der zumeist vorhandene Stickstoff technisch sich nicht abtrennen lässt. Neuere Entwicklungen hierzulassen sich allerdings derzeit am Markt beobachten. Ebenso sind stoffliche Verwertungsvarianten derzeit allenfalls in einem Versuchsstadium.

h) Sicherheitstechnik

Da Deponiegas mit dem brennbaren Gas Methan zwischen der unteren Explosionsgrenze für Methan (UEG, etwa bei 4,4 % CH_4 in Luft) und der oberen Explosionsgrenze für Methan (OEG, etwa 16,5 % CH_4 in Luft) ein explosionsfähiges Gemisch bildet, sind Gefährdungen für die Arbeitskräfte bzw. die Umgebung nicht auszuschließen, da bei einer Zündung Drücke bis über 7 bar bei einer Deflagration und weit darüber bei einer Detonation entstehen können. Daher hat der Betreiber der Deponie (genauer: Genehmigungsinhaber) eine Gefährdungsbeurteilung nach Gefahrstoffrecht und auch nach BQS 10-1 „Deponiegas" durchzuführen. Sollten sich hierbei Gefährdungen zeigen, sind entsprechende Maßnahmen zu ergreifen. Dabei sind die Bereiche mit Explosionsgefahren (sogenannte Zonen) zu kennzeichnen und in einem Explosionsschutzdokument zusammen mit den vorausgehenden Untersuchungen und ausgewählten Maßnahmen darzustellen. Wichtig in diesem Zusammenhang ist insbesondere die Erstellung von Betriebsanweisungen, ein Prüfplan sowie ein Konzept zur Wartung und Instandhaltung und die Unterweisung der Arbeitskräfte einschließlich der von Fremdfirmen ggf. kombiniert mit einer Arbeitsfreigaberegelung. Die Anlagen sind vor Inbetriebnahme und danach wiederkehrend alle drei bzw. sechs Jahren einer Prüfung zu unterziehen [58].

10.7 Betrieb von Deponien

Folgende Betriebsbereiche können an einer Deponie unterschieden werden:

- Eingangsbereich mit Abfallregistrierung (Abfallart, Herkunft, Masse) und Abfallkontrolle (Probenahme vom anliefernden Fahrzeug);
- Interner Abfalltransport und Abfalleinbau;
- Erdbau, insbesondere zum Herstellen von betrieblichen Abdeckungen, Außenböschungen, Wegen, temporäre Rekultivierungsschichten;
- Deponiegas- und Sickerwasseranlagen;
- Deponieüberwachung und Labor;
- Deponieleitung.

Für eine durchschnittliche Deponie sind dazu zwischen 8–10 Personen erforderlich. Die Organisationsstruktur für einen Deponiebetrieb kann beispielhaft Abb. 10.44 entnommen werden [47].

Grundsätzlich werden die Benutzungsbedingungen für die Anlieferer in einer Benutzerordnung festgelegt. Die gesamten betrieblichen Angelegenheiten werden in einem Betriebshandbuch beschrieben, das laufend anzupassen und zu aktualisieren ist. Es enthält im Wesentlichen:

- Deponie- und Anlagenbeschreibung,
- Beschreibung des Betriebsablaufs, Prüfpläne, Wartungs- und Instandhaltepläne,
- Organisationsstruktur mit Betriebseinheiten,

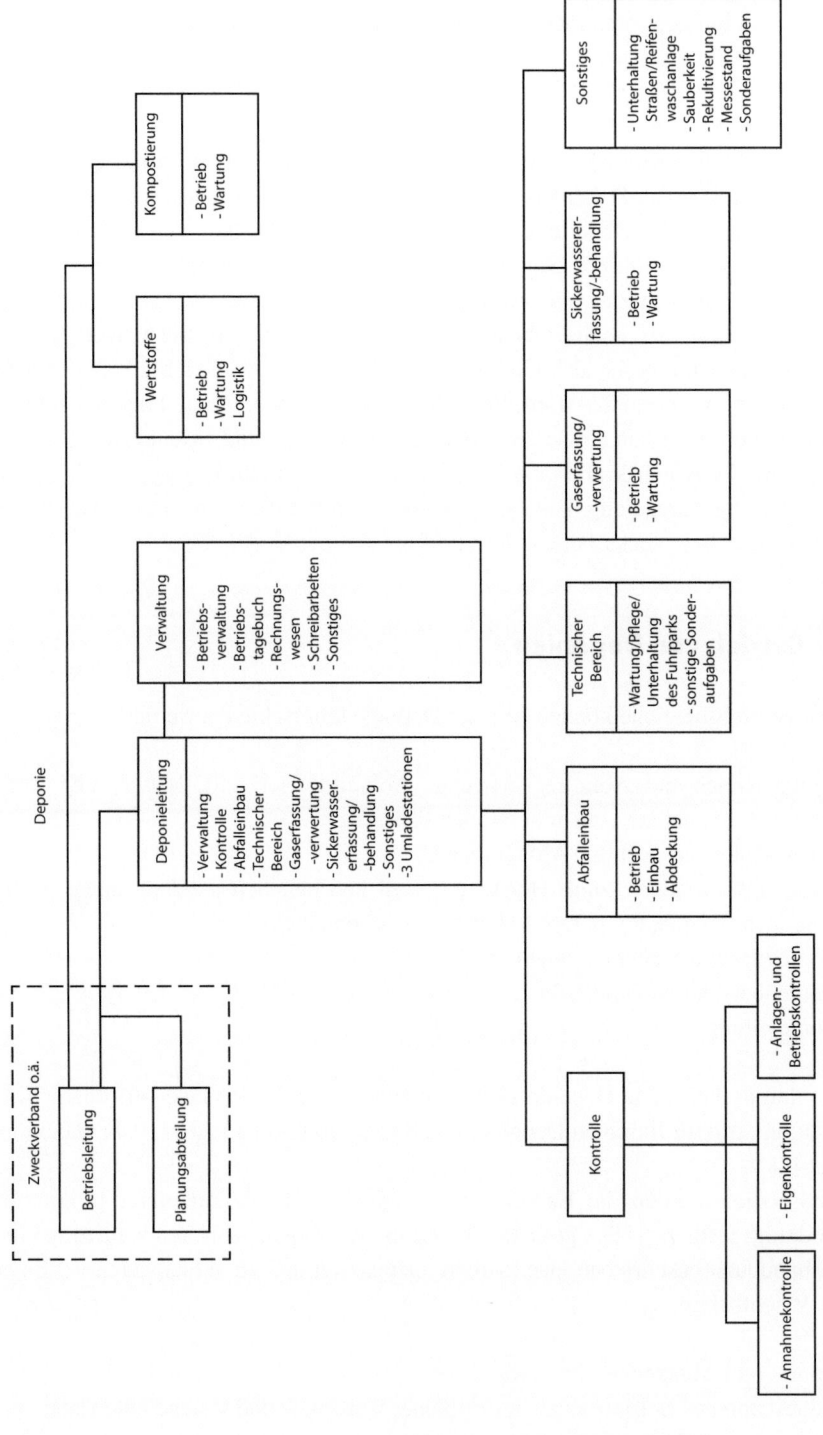

Abb. 10.44 Organisationseinheiten (Beispiel) einer Deponie. (Quelle: Ingenieurgruppe RUK GmbH, ©Rettenberger 2017. All Rights Reserved)

- Arbeitsplatzbeschreibung, Betriebsanweisungen,
- Arbeitsanweisungen für sämtliche betrieblichen Arbeitsabläufe,
- Dokumentation,
- Qualitätsmanagementplan.

Grundsätzlich können an der Deponie nur solche Abfälle angenommen werden, die die Zuordnungswerte einhalten. Das dazu erforderliche Annahmeverfahren ist in DpV § 8 ausführlich geregelt. Danach erfolgt die Kontrolle der angelieferten Abfälle im Eingangsbereich im Wesentlichen durch die Registrierung, Verwiegung und visuelle Kontrolle sowie Entnahme von Proben an einem Teil der Anlieferungen. Insbesondere sind die Abfälle bei Erreichen entsprechender Mengengrenzen zu beproben (Identitätsprüfung), um diese mit der angekündigten Beschaffenheit (Deklarationsprüfung) vergleichen zu können.

Die befestigten Straßen im Deponiebereich müssen regelmäßig gereinigt werden, die nicht befestigten Straßen bis zum Einbaubereich müssen laufend in Stand gesetzt und erweitert werden.

Die Anlieferung des Abfalls zur Einbaustelle erfolgt in der Praxis in zwei Varianten:

- Direkte Anlieferung durch die Müllfahrzeuge bis zur Einbaustelle,
- Umladung des Abfalls an einer Umschlagsstation im Deponiebereich und Transport des Abfalls zur Einbaustelle mit deponieeigenen Fahrzeugen.

Der Einbau der Abfälle unterscheidet sich in Abhängigkeit der Deponiebetriebsform (Verdichtungsdeponie, Rottedeponie, Inertdeponie) und der Art der Abfälle wie:

- Unvorbehandelte, organikreiche Siedlungsabfälle (in Deutschland nicht mehr zugelassen);
- MBA-Abfälle;
- Inert-Abfälle, Bauabfälle, Böden, Aschen und Schlacken;
- verfestigte oder zu Ballen gepresste Abfälle (in Deutschland allenfalls Einzelfall).

Für den Einbau unvorbehandelter Siedlungsabfälle wird eine möglichst große Verdichtung angestrebt. Mit zerkleinernd und verdichtend wirkenden Maschinen (Müllkompaktor) lassen sich Dichten zwischen 0,9 und 1,0 Mg/m^3 FM erreichen. Dazu sind Müllkompaktoren mit speziell gestalteten Laufrädern (Stampffüßen) und einem hohen Eigengewicht erforderlich (siehe Abb. 10.45). Diese besitzen ein Gewicht von bis zu 36 Mg. Da Siedlungsabfälle in Deutschland nicht mehr unbehandelt deponiert werden, sind solche Geräte auf deutschen Deponien im Gegensatz zu ausländischen Deponien nicht mehr im Einsatz. Durch den Einbau mit hoher Dichte wird nicht nur das Deponievolumen optimal ausgenutzt, sondern auch die Brandgefahr wesentlich herabgesetzt, Staubemissionen und Papierflug werden vermindert sowie Tiere (Ratten, Hasen, Vögel, etc.) von der Deponie ferngehalten.

Abb. 10.45 Abfallkompaktor. (Quelle: Autor, ©Rettenberger 2017. All Rights Reserved)

Einen großen Einfluss auf die Verdichtung des Mülls besitzt die Überfahrhäufigkeit, die in der Regel bis zu 5 betragen soll. Je nach Abfallanlieferungsmasse pro Tag sollte eine Deponie über mehrere Kompaktoren verfügen. Ein Kompaktor kann Abfälle bis max. 800–1000 Mg/d FM verarbeiten, besser aber nur 600–700 Mg/d FM.

Der Einbau der Abfälle muss als Flächeneinbau (ca. 0,4 cm dicke Lagen) in der Ebene oder der Schräge erfolgen. Im Ausnahmefall, wenn z. B. Klärschlamm oder Krankenhausabfall (beides in Deutschland zuletzt nicht mehr erlaubt) mit deponiert wird, muss auf Kippkantenbetrieb (unterstes Bild in Abb. 10.46) umgestellt werden. Dadurch sinkt die Dichte beträchtlich bis auf ca. 0,4–0,6 Mg/m^3 FM ab. Die vorherrschende Technik ist der Einbau in zwei Meter hohen Lagen im Deponiekörper mit Verdichtung in der Schräge mit ca. 1:10 Gefälle (1 m Höhenverlust auf 10 m) bei 0,4 m hohen Lagen. Ob abwärts oder aufwärts fahrend günstiger ist, ist in der Fachwelt umstritten.

Die erste Abfallschicht über der Deponiesohle und dem Dränsystem bei der Deponierung unvorbehandelter Siedlungsabfälle besteht aus gering verdichtetem und vorgerottetem Hausmüll, der von grobstückigen Inhaltsstoffen befreit wurde (in der Praxis als Feinmüll bezeichnet). Darüber folgen die in der beschriebenen Weise aufgebrachten Müllschichten. Das Aufbringen einer arbeitstäglichen Abdeckung aus Erdstoffen oder anderen mineralischen Abfällen hängt von den Standortgegebenheiten ab. Prinzipiell kann darauf verzichtet werden. In der Praxis sind beide Varianten vertreten. Vögel (Möwen, Krähen, Störche etc.) lassen sich nur mit einer arbeitstäglichen Abdeckung ausreichender Dicke abhalten.

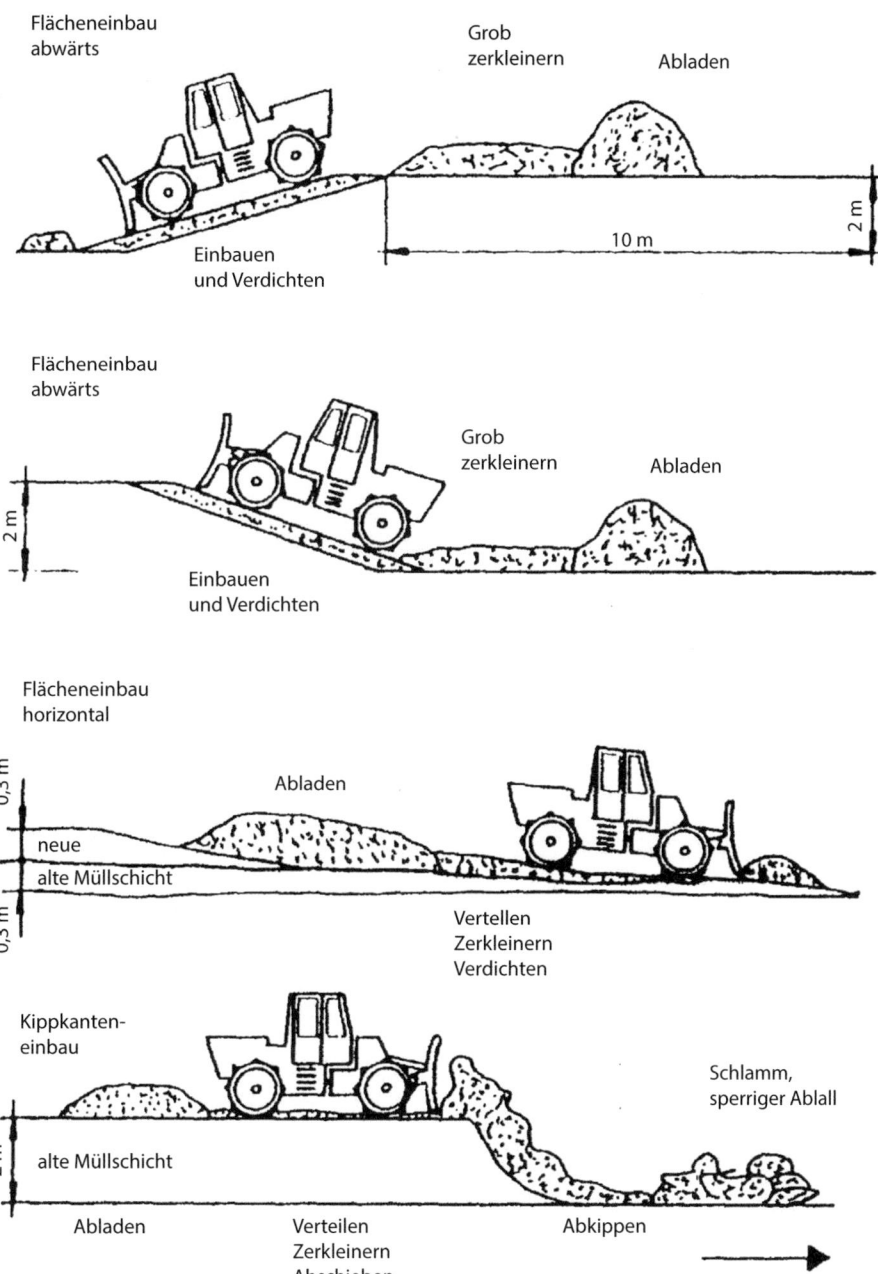

Abb. 10.46 Methoden des Abfalleinbaus mit Müllkompaktoren (aus LAGA Deponiemerkblatt „die geordnete Ablagerung von Abfällen", mittlerweile aufgehoben)

▶ Nochmals zur Klarstellung: Diese Art des Abfalleinbaus war üblich bei DK II Deponien vor 2005. In Deutschland kommt sie nicht mehr vor, im Ausland ist sie Standard.

Nach Einführung der MBA Technik in Deutschland wird nunmehr auch eine Fraktion zur Deponie erzeugt. Diese Abfälle müssen spezielle Zuordnungswerte einhalten (GB_{21} und AT_4), die aber nur für DK II Deponien genannt werden. Aufgrund der speziellen Eigenschaften der MBA-Abfälle (ähnlich wie Kompost) ist eine angepasste Einbautechnik erforderlich. In jedem Fall soll aber eine möglichst hohe Dichte erreicht werden, die deutlich über 1,0 Mg/m^3 FM liegt, eher bei über 1,3 Mg/m^3 FM.

Nach der Struktur und den mechanischen Eigenschaften von mechanisch-biologisch behandelten Abfällen, können solche Abfälle nicht wie in einer Deponie mit einem Müllkompaktor eingebaut werden. Zudem ist darauf zu achten, dass die Abfälle einen bestimmten Wassergehalt haben, der sich aus der Ermittlung der Proctor-Dichte (höchste Dichte als Funktion des Wassergehaltes) ergibt. Bewährt hat sich ein Einbau mit Schaffußwalzen sowie eine nachträgliche Glättung mit einer Glattmantelwalze, um Oberflächenwasser ableiten zu können. Am Markt werden spezielle Maschinen für den Einbau solcher Abfälle angeboten (Abb. 10.47).

Der Abfalleinbau in DK I oder DK III Deponien bzw. der Abfalleinbau inerter Abfälle in DK II Deponien wird vergleichbar dem Einbau von Boden durchgeführt. Dabei ist wesentliches Ziel eines solchen Betriebs, dass eine befahrbare, standsichere Halde entsteht. Damit wird der Flächenbedarf und der Volumenverbrauch einer Deponie minimiert.

Inerte Abfälle bzw. verfestigte Abfälle können mit üblichen Erdbaugeräten (Laderaupen) eingebaut werden. Diese Geräte sind i. d. R. auf Deponien für Profilierungsarbeiten vorhanden. Aus Kapazitätsgründen sind ggf. weitere Maschinen erforderlich. Auch bei diesem Betrieb wird der Abfall in der Regel bis zur Einbaustelle angeliefert und dort abgekippt. Die entstehenden Haufwerke werden anschließend mit einem Raupenfahrzeug in dünnen Schichten ausgebreitet. Zum Erreichen einer hohen Dichte wäre die weitere Verdichtung mit Walzen notwendig. Dies ist aber bislang bei diesen Deponien nicht üblich. Insbesondere die Böschungsbereiche sind aus Gründen der Standsicherheit gut zu verdichten. Ein Einbau in 2 m dicken Schichten im Kippbetrieb (siehe oben) führt nur zu einer mäßigen Verdichtung und Standsicherheit. Eine Standsicherheitsberechnung unter Berücksichtigung der bodenmechanischen Eigenschaften der Abfälle und der Wassersituation in der Deponie ist unerlässlich.

Einen besonderen Schwerpunkt des Deponiebetriebs stellt Betrieb, Unterhalt und Wartung von Sickerwasser- und Deponiegasanlagen dar. Geht es bei den Sickerwasserreinigungsanlagen überwiegend darum, den Betrieb durch Wartungs-, Einstellungs- und Kontrollmaßnahmen so aufrechtzuerhalten, dass die Einleitwerte im Ablauf der Anlage eingehalten werden, so ist bei Deponiegasanlagen zusätzlich von größter Wichtigkeit, den abgesaugten Volumenstrom wenigstens wöchentlich so einzustellen, dass die

Abb. 10.47 Einbaugerät für MBA-Abfälle im Einsatz. (Quelle: Autor, ©Rettenberger 2017. All Rights Reserved)

Methankonzentration, aber insbesondere auch die Unterdrücke, wie oben dargestellt, eingehalten werden.

Die Deponieüberwachung erfordert nach den Vorgaben der Deponieverordnung die Durchführung eines Mess- und Kontrollprogramms. Danach sind meteorologische Daten, Emissionsdaten (Sickerwasser, Deponiegas, Wirksamkeit der Entgasung, Gerüche), Grundwasserdaten, Daten zum Deponiekörper und Daten zum Abdichtungssystem (Verformung der Basisabdichtung, Temperaturen, Funktionsfähigkeit) zu erfassen.

Die Daten sind jährlich in einem Jahresbericht zusammenzustellen und in einer Erklärung zum Deponieverhalten auszuwerten.

Nach den gesetzlichen Vorgaben hat der Deponiebetreiber für seine Arbeitskräfte entsprechende Maßnahmen zur Arbeitssicherheit zu ergreifen. Hierbei sei insbesondere auf die DGUV-Regel 114–004 Deponie [48] verwiesen, aber auch auf die Gefahrstoffverordnung [49] (wegen Explosions- und Brandschutz und dem Umgang mit Gefahrstoffen) sowie die Betriebssicherheitsverordnung [50].

10.8 Stilllegung, Nachsorge und Nachnutzung

Nach Deponierecht lässt sich der zeitliche Ablauf einer Deponie in mehrere Phasen gliedern, so wie dies in Abb. 10.48 dargestellt ist.:

Aus Abb. 10.48 wird erkennbar, dass es für die Deponiephasen Zeitpunkte und Zeitabläufe gibt. Nach der Bauphase folgt die Ablagerungsphase. Die Ablagerungsphase endet bei Einstellung der Ablagerung, die Stilllegungsphase durch die Feststellung, dass die erforderlichen Maßnahmen (u. a. Oberflächenabdichtung) abgeschlossen sind. Danach schließt sich die Nachsorgephase an. Nachdem in der Stilllegungsphase die bautechnischen Elemente komplett fertig gestellt worden sind und lediglich noch die technischen Einrichtungen weitergeführt werden, dient die Nachsorgephase überwiegend dazu, die Deponie weiterhin zu überwachen und zu kontrollieren sowie die betrieblichen Einrichtungen, insbesondere Sickerwassererfassung und Reinigung sowie Deponiegaserfassung und Beseitigung weiter zu betreiben. Wenn dies nicht mehr erforderlich ist, sowie die Deponie weitestgehend in einen stabilen Zustand übergegangen ist, kann die Behörde den Abschluss der Nachsorge feststellen. Hierzu ist ein entsprechender Antrag bei der Behörde zu stellen. Die abzuprüfenden Kriterien sind in der Deponieverordnung genannt und sind in Tab. 10.11 enthalten.

Da dadurch die Deponie relativ lange ungenutzt ist, das heißt nur Kosten verursacht, aber keine Gebühren mehr erbringt, ist der Gedanke einer Nachnutzung naheliegend. Eine solche Nachnutzung kann in unterschiedlicher Art und Weise erfolgen:

- Integration in die Umgebung z. B. mit Wald,
- Nutzung als Naturschutzgebiet,

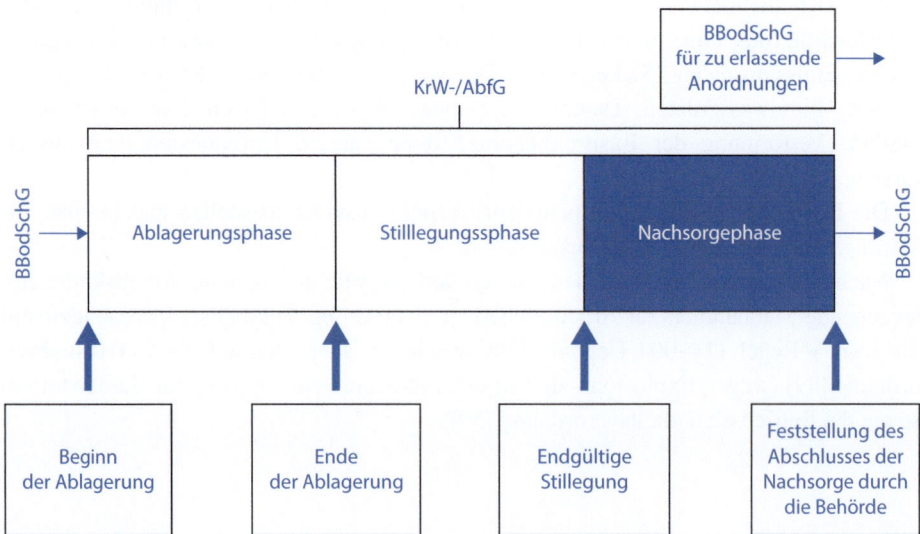

Abb. 10.48 Untergliederung der Phasen im zeitlichen Ablauf einer Deponie [51]

Tab. 10.11 Kriterien zur Feststellung des Abschlusses der Nachsorge

Umsetzungs- oder Reaktionsvorgänge sowie biologische Abbauprozesse sind weitgehend abgeklungen
Eine Gasbildung findet nicht statt oder ist soweit zum Erliegen gekommen, dass keine aktive Entgasung erforderlich ist, austretende Restgase ausreichend oxidiert werden und schädliche Auswirkungen auf die Umgebung durch Gasmigration ausgeschlossen werden können. Eine ausreichende Methanoxidation des Restgases ist nachzuweisen
Setzungen sind soweit abgeklungen, dass setzungsbedingte Beschädigungen des Oberflächenabdichtungssystems für die Zukunft ausgeschlossen werden können. Hierzu ist die Setzungsentwicklung der letzten 10 Jahre zu bewerten
Das Oberflächenabdichtungssystem ist in einem funktionstüchtigen und stabilen Zustand, der durch die derzeitige und geplante Nutzung nicht beeinträchtigt werden kann; es ist sicherzustellen, dass dies auch bei Nutzungsänderungen gewährleistet ist
Die Deponie ist insgesamt dauerhaft standsicher
Die Unterhaltung baulicher und technischer Einrichtungen ist nicht mehr erforderlich; ein Rückbau ist gegebenenfalls erfolgt
Das in ein oberirdisches Gewässer eingeleitete Sickerwasser hält ohne Behandlung die Konzentrationswerte des Anhangs 51, Abschnitt C, Absatz 1 und Abschnitt D, Absatz 1 der Abwasserverordnung ein
Das Sickerwasser, das in den Untergrund versickert, verursacht keine Überschreitung der Auslöseschwellen in den nach § 12 Absatz 1 festgelegten Grundwasser-Messstellen, und eine Überschreitung ist auch für die Zukunft nicht zu besorgen
Wurden auf der Deponie asbesthaltige Abfälle und Abfälle, die gefährliche Mineralfasern enthalten, abgelagert, müssen geeignete Maßnahmen getroffen werden, um zu vermeiden, dass Menschen in Kontakt mit diesem Abfall geraten können

- Nutzung zu landwirtschaftlichen Zwecken,
- Nutzung als Park, Gelände zur Naherholung, Integration in übergeordnete Freizeitnutzungen für Wanderwege, Golfplätze und Ähnliches,
- Nutzung als Gelände für stadtnahe Zwecke wie Ansiedlung von Kleingartensiedlungen, Spielplätzen und Ähnlichem,
- Nutzung als Gewerbegelände u. a. Anlagen der Abfallwirtschaft,
- Nutzung als Standorte für Energieerzeugungsanlagen wie Photovoltaikanlagen, Windkraftanlagen,
- Nutzung für den Anbau von Energiepflanzen,
- Nutzung der bestehenden Anlagen wie Sickerwasserreinigungsanlagen für Fremdsickerwässer, Deponiegasverwertungsanlage zur Nutzung von Biogasen, etc.

Sämtliche hier erwähnten Nachnutzungen wurden bereits großtechnisch realisiert, auch der Bau von Windrädern auf Deponiehalden.

10.9 Neue Deponien, Standortfindung und Umweltverträglichkeit, Deponie auf Deponie

Zur Neuplanung von Deponien bis zum Beginn der Betriebsphase werden in der Praxis ca. 10 Jahre angesetzt. Somit ist rechtzeitig vor Erschöpfung der bestehenden Kapazitäten mit der Schaffung neuer Kapazitäten, selbstverständlich nach Ausschöpfung aller Möglichkeiten einer Abfallvermeidung, Wiederverwendung, Recycling und sonstiger Verwertung zu beginnen. Hierfür stehen im Grundsatz drei Möglichkeiten zur Verfügung:

- Einer Zusammenarbeit mit einer benachbarten Deponie und Nutzung deren Kapazitäten
- Bau einer neuen Deponie;
- Erweiterung der bestehenden Deponie in der Fläche und/oder der Höhe.

Voraussetzung für eine Deponieplanung ist die Bedarfsabschätzung, also wieviel Abfall soll in der Zukunft deponiert werden. Übliche Laufzeiten für Deponien in der Praxis werden etwa mit 12 bis 15 Jahre angesetzt. Längere Zeiträume werden üblicherweise nicht gewählt, da zur Bedarfsschätzung eine Prognose erforderlich ist. Im Allgemeinen werden größere Prognosezeiträume als nicht verlässlich angesehen und sind daher eher nicht genehmigungsfähig. In der Regel werden Deponien für eine bestimmte Kapazität genehmigt. Damit liegen Fläche, Höhe und Volumen fest. Der Planfeststellungsbescheid der Deponie lässt dies abschließend zu. Sofern die bestehende Deponie ihre Kapazitäten voll ausgenutzt hat, wäre also für eine Erweiterung eine neue Zulassung mit Planfeststellungsverfahren und Umweltverträglichkeitsprüfung (UVP) erforderlich.

Die Möglichkeiten einer Zusammenarbeit mit anderen Deponien sind eher unwahrscheinlich, in der Praxis aber nicht ausgeschlossen, speziell bei DK I (z. B. bei Standorten in ehemaligen Abbaugebieten) oder DK III (oft an Betriebsstandorten errichtet) Deponien, da diese häufig privatwirtschaftlich überregional betrieben werden.

Bei Neuanlage von Deponien ist das Auffinden eines geeigneten Standortes einer der Hauptaufgabenschwerpunkte. Hierbei steht mit oberster Priorität der Schutz des Grundwassers im Vordergrund. Daneben sind insbesondere Fragen der Zuordnung zum Entsorgungsgebiet, zur Reduzierung der Transportentfernungen, als auch des Nachbarschaftsschutzes u. a. durch Einhaltung eines gewissen Abstandes zur unmittelbaren Nachbarschaft zu beachten. Geruchsemissionen sowie Gas- und Staubemissionen spielen eine entscheidende Rolle, die mithilfe der Kenntnisse über die lokalen meteorologischen Verhältnisse mit Ausbreitungsmodellen bewertet werden müssen. Generell sind die Fragen Teil einer Umweltverträglichkeitsprüfung, die für die Deponie durchzuführen ist.

Die Prüfung der Umweltverträglichkeit freilich geht über die obigen Gesichtspunkte weit hinaus. Es ist zu prüfen, in welcher umfassenden Art und Weise sich der Standort

Tab. 10.12 Prüfumfang einer UVP für Deponien

Wirkfaktoren in der Bauphase: Raum (z. B. Flächenverbrauch), Luft (z. B. Staub), Wasser (z. B. Eingriff in das Grundwasser), Feststoff (z. B. Rückstände), Sonstiges (z. B. Erschütterungen)
Wirkfaktoren in der Betriebsphase: Raum (s. o.), Luft (z. B. Deponiegas), Wasser (z. B. Sickerwasser), Feststoff (z. B. Staub), Sonstiges (z. B. Erschütterungen)
Wirkfaktoren im nicht bestimmungsgemäßen Betrieb: Luft (z. B. Geruch), Wasser (z. B. Schäden an der Basisabdichtung), Sonstiges (z. B. Unfälle)

mit und ohne Deponie entwickelt. Hierbei sind insbesondere die Belange des Nachbarschaftsschutzes, des Grundwasserschutzes und des Naturschutzes in seinen kompletten Ausprägungen einschließlich des Artenschutzes zu prüfen, aber auch sämtliche Fragen zur Sozialverträglichkeit sowie zu Veränderungen des Standortes. Der Prüfumfang einer UVP kann Tab. 10.12 entnommen werden.

Das Auffinden eines Standortes wird üblicherweise flächenbezogen für ein bestimmtes Planungsgebiet durch eine Negativauslese begonnen (ungeeignete geologische Voraussetzungen, Schutzgebiete, Abstände, konkurrierende Nutzungen, etc.). Die noch verbleibenden Flächen werden dann hinsichtlich ihrer Eignung als Deponiestandort verglichen und bewertet. Meist wird hieraus eine Rangfolge abgeleitet. Dann werden häufig mehrere Deponiestandorte vergleichend untersucht und einer UVP unterzogen. Diese Vorgehensweise ist aufwendig und fordert erhebliche finanzielle Mittel.

Die Erweiterung von Deponien hat sich in letzter Zeit als ausgesprochen erfolgreich erwiesen. Da die Standorte bereits vorgeprüft und von der Bevölkerung akzeptiert sind, hat sich die Genehmigungsfähigkeit als günstig erwiesen. Solche Erweiterungen können in unterschiedlicher Art und Weise realisiert werden. Die Deponie kann erweitert werden, d. h. die Fläche wird vergrößert, ein Teil der neuen Deponie ist dann auf der Außenböschung der alten Deponie, ein Teil benötigt eine Deponiebasisabdichtung. Insgesamt muss die Deponie nicht höher als die bestehende werden.

Die Deponieerhöhung ist vergleichbar einfach zu realisieren. Da es aber zu einer zusätzlichen Auflast kommt, muss die Deponie hinsichtlich Standsicherheit und Auflast auf der Basis bzw. den Sickerwasserleitungen geeignet sein.

Sollte die bestehende Deponie die technischen Voraussetzungen, die an eine entsprechende Deponieklasse gestellt werden, nicht erfüllen, so kann dies dadurch kompensiert werden, in dem die bestehende Deponie mit einer Oberflächenabdichtung versehen wird, die dann so ausgebildet wird, dass diese für die Deponieerweiterung als Basisabdichtung genutzt werden kann. Dabei muss selbstverständlich gewährleistet sein, dass die bestehende Deponie alle ihre Funktionen für Deponiegas- und Sickerwassererfassung, für Oberflächenabdeckung und Basisabdichtung erfüllt. Dieses Konzept wird in der Praxis als „Deponie auf Deponie" [57] bezeichnet und wurde bereits an mehreren Standorten erfolgreich umgesetzt.

10.9.1 Errichtung von Deponien – die Bauherren, Planer und Hersteller, die Behörden, Beispiele und Kosten

Wer eigentlich hat einen Grund eine Deponie zu bauen? Da sind zunächst diejenigen, die in dem Betrieb einer Deponie entweder einen Markt oder eine Entsorgungsstrategie für ihre eigenen Abfälle sehen. Erstere Deponien bedienen also einen Abfallmarkt mit Entsorgungsdienstleistungen (kommt häufig bei DK 0 und DK I Deponien vor), letztere betreiben eine Betriebsdeponie, was überwiegend bei Industrieabfalldeponien, meist DK III Deponien der Fall ist. In einigen Regionen legt die Verwaltung, z. B. der Landkreis Wert darauf, dass Böden oder Bauabfälle kostengünstig entsorgt werden können, sodass DK 0 bzw. DK I Deponien realisiert werden. Voraussetzung hierzu ist, dass ein Standort vorhanden ist und dieser dem Bauherrn gehört. Außerdem ist Baurecht erforderlich, d. h. die Nutzung einer Fläche als Deponie muss in einem Flächennutzungsplan vorgesehen sein. Letztere werden durch Regionalparlamente (Gemeinden, Landkreise) unter Zustimmung der Behörde erlassen. Sie werden so mit landesplanerischen Belangen, also raumrelevanten Anforderungen (Straße, Energie, Naturschutz etc.) abgestimmt.

Dann treten jene als Bauherren auf, die diese Aufgaben per Gesetz übertragen bekommen, also durch Bundes- bzw. Landesrecht. Meist werden im Rahmen von landesplanerischen Vorgaben für die einzelnen Landkreise und Städte vorgegeben, welcher Technologien, also auch Deponien, sie sich bedienen sollen. Diese Bauherren haben zwar später das Recht, ihre Anlagen über den Einzug von Gebühren zu finanzieren, sie müssen sich aber zunächst mit der Realisierung auseinandersetzen und benötigen dazu in ihren Organisationen das entsprechende Personal. Letztendlich müssen sie sich die Durchführung durch ihre Parlamente bestätigen lassen.

Dann geht es um die Definition der Rahmenbedingungen, also die Erstellung eines Pflichtenheftes, was die Deponie leisten können muss. In der Regel übernehmen solche Aufgaben Beratungsfirmen, oft Ingenieurbüros genannt. Danach beginnt die Standortsuche, wozu eine Vielzahl von Untersuchungen (Grundwasser, Naturbestand, UVP) durchzuführen sind. Diese ist meist mit der Erstellung eines Kostenbildes verbunden. Die Standorte sind auch mit der Landesplanung abzustimmen. Nach Auswahl eines Standortes ist dieser zu beschaffen. Ist dies am freien Markt nicht möglich, kann zum Mittel der Enteignung gegriffen werden, was für die oben beschriebenen Varianten nicht möglich ist. Es ist sicherlich deutlich geworden, dass mehrere Behörden bereits in dieser Phase der Projektrealisierung beteiligt sind, insbesondere auch die Genehmigungsbehörde, denn sie stellt klar, welche Untersuchungen und welche Antragsunterlagen einzureichen sind, damit sie eine Zulassungsentscheidung fällen kann.

Deponien bedürfen nach Gesetz einer Zulassung, in der Regel in einem Planfeststellungsverfahren, das die zuständige Behörde durchführt. Dazu müssen der Behörde die erforderlichen Antragsunterlagen mit der Bitte auf Zulassung übergeben werden. In dem Verfahren sind grundsätzlich die tangierten weiteren Behörden (z. B. die für Naturschutz, Wasserwirtschaft, Grundwasser zuständig sind) um Stellungnahme zu bitten, außerdem ist die Bevölkerung zu beteiligen. Dies geschieht mit Auslegung der Antragsunterlagen, Einsprüchen Betroffener, und einem Erörterungstermin.

Die einzureichenden Unterlagen müssen das Projekt in allen seinen relevanten Aspekten umfassend beschreiben, sodass die Auswirkungen auf die Umwelt und die Bevölkerung eindeutig erkannt werden können. Eine solche Akte besteht in der Regel aus einem Erläuterungsbericht, Gutachten, technischen Berechnungen sowie Planzeichnungen. Bei größeren Projekten umfasst die Akte mehrere Ordner. Solche Unterlagen werden ebenfalls von einschlägigen Beratungsfirmen (Ingenieurbüros) erstellt. In der Regel geht diesem Arbeitsschritt eine sogenannte Grundlagenermittlung und Vorplanung voraus.

Nach Erteilung der Zulassung in einem Planfeststellungsbescheid kann das Projekt umgesetzt werden, es sei denn, dass eine Partei gegen den Bescheid und somit gegen die erlassende Behörde am (Verwaltungs-)Gericht Einspruch einlegt. Ein Gerichtsverfahren hemmt den weiteren Fortgang des Projektes, es sei denn, es wird ein Antrag auf vorzeitigen Baubeginn bewilligt.

Ist Baurecht gegeben, muss der Bauherr ein ausführendes Unternehmen suchen, was in der Regel in einem Ausschreibungsverfahren erfolgt. Mit den so ausgewählten Unternehmern wird ein Bauvertrag über den Bau bzw. die Lieferung bestimmter Leistungen und Anlagen geschlossen. Öffentlichen Aufträgen liegt hier meist die VOB (Verdingungsordnung für Bauleistungen) zu Grunde. Dabei sind der Stand der Technik bzw. die allgemein anerkannten Regeln der Technik einzuhalten. Dazu sind eine Vielzahl von Normen, rechtlichen Vorschriften (z. B. aus dem Arbeitsrecht), Regelwerke bzw. die VOB Teil C als eine Zusammenstellung grundlegender DIN-Normen für Bauleistungen sowie der Bundeseinheitlichen Qualitätsstandard (BQS) zu beachten. Alle diese Punkte müssen in der Planung bereits berücksichtigt sein, um im Bauvertrag vereinbart werden zu können.

Die Ausführung ist vom Bauherrn zu begleiten, meist durch ein Ingenieurbüro vertreten, die ausgeführten Leistungen bzw. Lieferungen sind abzunehmen. Schließlich sind die Rechnungen zu bezahlen bzw. die Mängel zu benennen und abzuarbeiten.

Einige wesentliche Kriterien, die in den Planungsarbeiten für eine Deponie von den beteiligten Firmen zu berücksichtigen sind, sind im Folgenden beispielhaft genannt:

- Festlegung einer geeigneten Grundform der Deponie am ausgewählten Standort. Die Grundform einer Deponie ist wesentlich durch die Ableitung von Sickerwasser und Oberflächenwasser in freiem Gefälle geprägt.
- Freie Vorflut ohne die Anwendung von Pumpen sollte möglich sein.
- Volumenoptimierung zur Minimierung der Kosten für die Barrieren, d. h. das Verhältnis Deponievolumen zu m^2 Flächenverbrauch sollte optimiert werden.
- Geometrische Gestalt der Basis zur Einhaltung der notwendigen Gefälle und Haltungslängen.
- Kostenoptimierung der eingesetzten Barrieren, insbesondere unter dem Gesichtspunkt eines Massenausgleichs bei der Gestaltung der Sohle.

- Verfügbare Baumaterialien sind zu berücksichtigen.
- Standsicherheit und Oberflächenwasserabfluss müssen gewährleistet sein.
- Einpassung des Deponiekörpers in das bestehende Gelände ist vorzunehmen.
- Einhaltung der Vorgaben durch die gesetzlichen Normen wie z. B. die Deponieverordnung bzw. das Gefahrstoffrecht, andere technische Normen und Richtlinien, VOB Teil C, Einhaltung der Vorgaben durch den Arbeitsschutz bzw. die Unfallverhütung sind zu beachten.
- Erschließung und wirtschaftliche Gestaltung des Betriebes und der Überwachung sowie die Festlegung des Betriebskonzeptes müssen gewährleistet sein.
- Betriebsoptimierte Anordnung und Ausgestaltung der Infrastruktur sind zu beachten.

Resultierend aus diesen Bedingungen hat sich in Deutschland eine gewisse Deponieform als zweckmäßig herausgestellt (vgl. Abb. 10.49). Diese ist geprägt durch einen Randdamm, der zur Deponie mit einem Gefälle von etwa 1:2 geneigt ist. Der Randdamm ist seitlich umgeben durch eine Randstraße bzw. einen Graben zur Oberflächenwasserabführung und dem Deponiezaun. Von dem Randgraben ausgehend steigt dann der Deponiekörper mit einem Gefälle von zumeist 1:3 bis 1:2.5 an und flacht dann zum Zentrum der Deponie bis auf 1:20 (5 %) im Endzustand (nach Abklingen der Setzungen) ab, sofern dies das Landschaftsbild erforderlich macht. In der Regel sind in den Deponiekörper alle ca. 50 m Bermen einzufügen. Diese sind erforderlich, um die Deponie einerseits besser erschließen und überwachen zu können, andererseits das abfließende Oberflächenwasser rechtzeitig abzufangen, um einer Erosionsgefahr zu begegnen. Ausgehend von einer Haltungslänge der Dränagen (ca. 400 m) könnten Deponien somit ca. 70 m

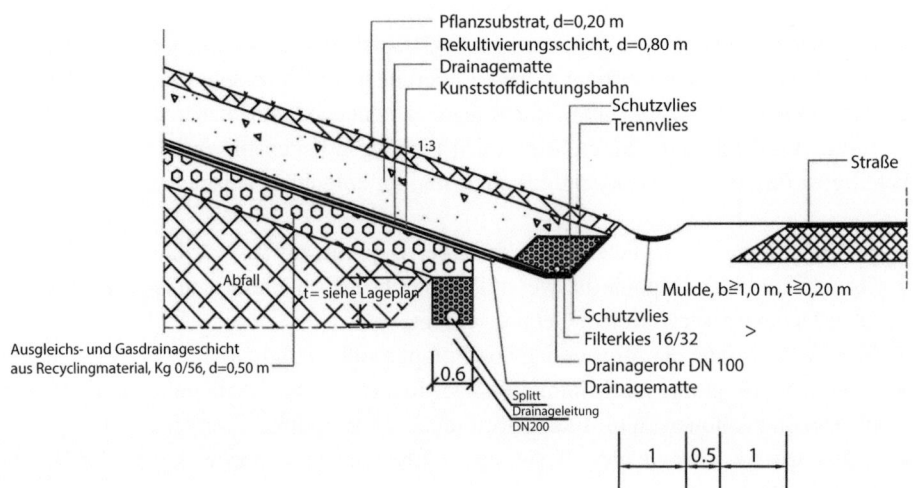

Abb. 10.49 Randgestaltung einer Abfalldeponie. (Quelle: Ingenieurgruppe RUK GmbH, ©Rettenberger 2017. All Rights Reserved)

hoch werden, was sie aber aus Gründen der Landschaftsgestaltung in der Regel nicht erreichen.

Die Ausdehnung der Deponie selbst ist dadurch vorgegeben, dass die Sickerleitungen kontrollierbar und reparierbar sein sollen. Dies erfordert, wie oben bereits dargestellt, nicht verzweigte, geradlinig verlaufende, schachtfreie Leitungen. Damit hängen die Leitungslängen von der Verfügbarkeit entsprechender Überwachungs- und Wartungs-Einrichtungen ab. Derzeit kann davon ausgegangen werden, dass Leitungslängen bis ca. 450 m mit Kameras befahren und mit Robotern instandgesetzt werden können, sofern die Leitungen von beiden Seiten zugänglich sind. Ebenso soll das Wasser stets in freiem Gefälle ableitbar sein, um langfristig ein Pumpen von Wasser ebenfalls vermeiden zu können. Beispielhaft ist in Abb. 10.19 der Lageplan einer Deponie vor der Verfüllung und in Abb. 10.50 nach Verfüllung angegeben.

Die Kosten für eine Deponie setzen sich im Wesentlichen aus:

- den Baukosten für Barrieren-Systeme sowie die technischen Anlagen und die Infrastruktur
- den Betriebskosten (zusammengesetzt aus Verbrauchs- und Personalkosten sowie Kosten für Erneuerungen sowie Unterhalt und Wartung)
- den Kosten für die Unterhalt, Wartung und Instandhaltung)

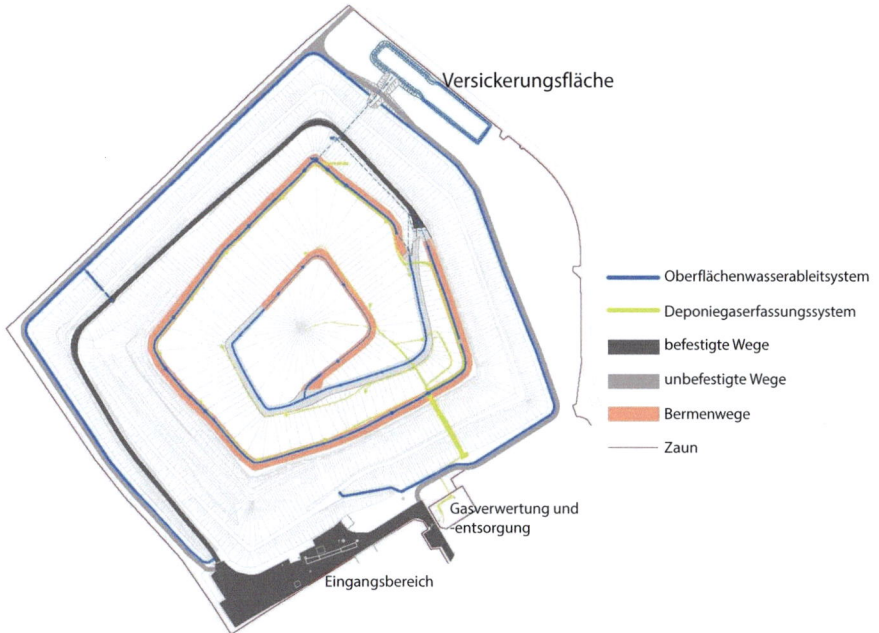

Abb. 10.50 Gestalt einer Haldendeponie nach Abschluss der Rekultivierung. (Quelle: Ingenieurgruppe RUK GmbH, ©Rettenberger 2017. All Rights Reserved)

zusammen.
> Faustwerte können etwa wie folgt genannt werden:
> Baukosten: 30–40 €/Mg FM Abfall
> Betriebskosten: 15–30 €/Mg FM Abfall
> Nachsorgekosten: 10–15 €/Mg FM Abfall, in Ausnahmefällen 25 €/Mg FM

In Summe ist damit mit ca. € 70/Mg FM für die Deponierung zu rechnen. International werden oft Kosten von 10–30 €/Mg FM genannt. Damit lassen sich aber die oben genannten Standards *nicht* einhalten. Dies sind nur grobe Anhaltswerte. Sie können eine genaue Kostenermittlung (ein Leistungsverzeichnis kann mehrere hundert Seiten umfassen) selbstverständlich nicht ersetzen. Bemerkenswert sind jedoch die – trotz langer Nachsorgezeiträume von in der Regel 30 bis 40 Jahren – relativ niedrigen Nachsorgekosten, die sich aber in der Praxis bestätigt haben. Eine konkrete Nachsorgekostenermittlung kann mehrere hundert Positionen umfassen.

10.10 Deponiesanierung, Deponierückbau und Nachnutzung

10.10.1 Deponiesanierung

Im Rahmen der Instandhaltung hat der Deponiebetreiber Aufgaben der Wartung, Inspektion, Instandsetzung und Verbesserung durchzuführen. Solche Aufgaben fallen zwar überwiegend in der Deponiegas- und Sickerwasserentsorgung an, aber auch die baulichen Anlagen erfordern eine Vielzahl von Aktivitäten. Typische Anlagen im Rahmen der Wartung und Instandhaltung sind z. B.:

- Sickerwasserdränagen, Sickerwasserschächte, Ableitungssystem und Reinigungsanlagen
- Gaserfassungsleitungen und Gaskollektoren, Kondensatabscheider, Gasregel- und Gasförderstationen
- Straßen und Reifenreinigungsanlagen, Böschungen
- Randgräben

Üblicherweise wird hier nicht von Sanierung gesprochen, ausnahmsweise vielleicht bei den Sickerwasserdränagen bzw. Schächten, da dies ziemlich aufwendige Maßnahmen erforderlich machen. Solange Dränagen noch mit Kameras befahren werden können, sind diese meist durch Einbau von Leitungen oder Folien bzw. Auskleidungen mit speziellen Materialien sanierungsfähig. Sind wesentliche Leitungen allerdings komplett zerstört, müssen diese ausgewechselt werden, was ein Aufgraben zumeist in Schachtbauweise erforderlich macht.

Einen wesentlichen Umfang stellen Anlagenerneuerungen dar. Nach einer gewissen Zeit müssen bestehende Anlagen zur Sickerwasserreinigung und Deponiegasentsorgung angepasst und ersetzt werden. Dies daher, weil sich die Zusammensetzungen von Sickerwasser und Deponiegas geändert haben, vor allen Dingen aber auch die Menge. Zu große Anlagen können kleiner gewordene Volumenströme nicht mehr mit den notwendigen Wirkungsgraden entsorgen und müssen ersetzt werden.

Umfangreiche Sanierungsmaßnahmen sind meist an Altdeponien erforderlich, die über keine oder nur eine unzulängliche Basisabdichtung verfügen und für die eine deutliche Beeinflussung des Grundwassers messbar ist. Häufig sind solche Deponien auch durch die Ablagerung industrieller Abfälle geprägt.

In diesen Fällen kommen verschiedene Lösungen zur Anwendung, die zumeist am Prinzip der Gefahrenabwehr ausgewählt werden und nicht am Vorsorgeprinzip. Nach einer abgestuften Vorgehensweise lassen sich folgende Varianten nennen:

- Intensive Beobachtung, ggf. eingeschränkte Grundwassernutzung,
- Bau einer Oberflächenabdichtung,
- Bau eines kompletten Absicherungssystems der Deponie gegen das umgebende Grundwasser,
- Rückbau der Deponie.

Abb. 10.51 zeigt beispielhaft das ausgeführte Sanierungskonzept für eine Sonderabfalldeponie in Deutschland. An diesem Standort wurde festgestellt, dass sich unterhalb der Deponie weitgehend undurchlässige geologische Schichten befinden. Darunter befindet sich ein gespannter Grundwasserleiter, d. h. es gibt dort aufsteigendes Wasser. Daher wurden die oberen umgebenden Grundwasserleiter dadurch gesichert, indem sogenannte Dichtwände in den umgebenden Untergrund eingebaut wurden, die eine Emission von Sickerwasser in die Umgebung nicht mehr zulassen. Dies wird dadurch unterstützt, indem der Wasserspiegel unterhalb der Deponie gegenüber dem umgebenden Grundwasserspiegel erniedrigt wird. Solche Maßnahmen sind bereits mehrfach durchgeführt worden. Es lassen sich mit dieser Technik Tiefen über 40 m sicher abdichten. Der Nachteil dieser Vorgehensweise besteht darin, dass nicht abgeschätzt werden kann, wie lange die Grundwasserabsenkung und damit auch eine Wasserreinigung durchgeführt werden müssen. Daher kann ein kompletter Deponierückbau sinnvoll sein. Nach bisherigen Erfahrungen ist dies aber nur im Falle kleinerer Deponien noch finanziell machbar.

10.10.2 Deponierückbau

Ein Deponierückbau wird einerseits zur Deponiesanierung erwogen und durchgeführt, man spricht dann eher von Abgraben einer Deponie – in der Schweiz wurde eine Industrieabfalldeponie bei ca. 200.000 Mg FM komplett mit Kosten im Bereich von einer Milliarde € zurückgebaut –, andererseits zur Gewinnung von Rohstoffen. Was dann wirklich einem Rückbau entspricht, d. h. die Deponie ist verschwunden und nicht an anderer Stelle wieder neu aufgebaut. Ein Rückbau jedoch ist bislang nicht gelungen. Technisch ist das Abgraben einer Deponie problemlos machbar, die Umweltauswirkungen (Gerüche, Stäube, Gase und Keime) sind gering. Dies haben zahlreiche durchgeführte Projekte gezeigt. Auch für einen Rückbau stehen erprobte Aufbereitungsverfahren zur Verfügung. Die Frage ist, ob ein Deponierückbau wirtschaftlich sein kann. Der Gesetzgeber unterstützt den Deponierückbau dadurch, dass er eine Wiederablagerung auf einer DK II Deponie zulässt (DepV, § 6 Absatz 6).

Insgesamt stellt sich der Deponierückbau derzeit als nicht wirtschaftlich dar (Kosten etwa € 35/Mg–45/Mg FM unter Berücksichtigung der Erlöse aus den gewonnenen Stoffen, bei Nachsorgekosten von etwa € 10–15/Mg FM). Kommen aber weitere Nutzungsmöglichkeiten für die Deponie hinzu, und dies sind zum jetzigen Zeitpunkt vor allem die Nachnutzungsmöglichkeiten für Immobilien, so können sich bereits heute interessante Projekte ergeben, wie dies im Ausland bereits aufgezeigt wurde. Die enorm wachsenden Städte, z. B. in China oder in den arabischen Ländern werden einen ersten systematischen Deponierückbau erzwingen. In Deutschland ist dies heute eine Frage des spezifischen Projektes und in der Zukunft eine Frage des Erlöses für rückgewonnene Abfallfraktionen. Dazuhin wird die eine oder andere Deponie saniert, sodass bei einem Deponierückbau diese Kosten eingespart werden können. Auf dieses Argument setzt derzeit vor allem die EU.

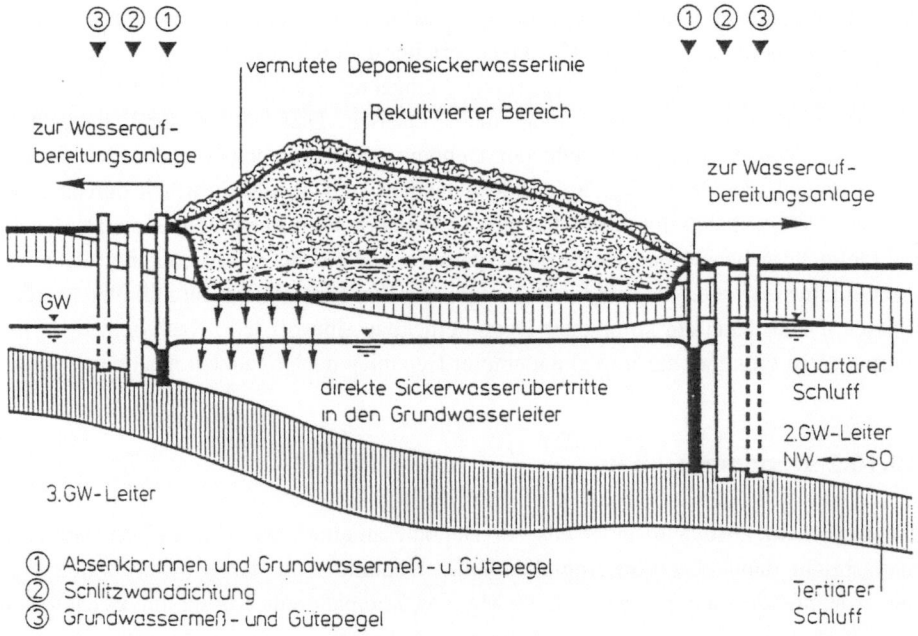

Abb. 10.51 Prinzipskizze einer Deponiesanierung. (Quelle Autor, ©Rettenberger 2022. All Rights Reserved)

Im Rahmen neuerer Forschungen wurden Erkenntnisse zu erzielbaren Produktqualitäten und geeigneten Aufbereitungstechniken von Deponat erarbeitet [52]. Dabei haben sich zusammengefasst folgende Erkenntnisse ergeben:

- Mit der nassmechanischen Aufbereitung kann die Feinfraktion, aber auch die gröbere Fraktion, gut getrennt werden.
- Die verbliebenen verschmutzenden Anhaftungen benötigen noch eine ergänzende vorauslaufende Behandlung.
- Das gewonnene Schwergut kann als Ersatz- oder Deponiebaustoff verwendet werden, ebenso der abgeschiedene Sand. Eine weitere Aufbereitung des Feinmaterials ist empfehlenswert.
- Die Leichtfraktion eignet sich als Ersatzbrennstoff in entsprechenden Kraftwerken. Sie besteht überwiegend aus Holz und Kunststoffen einschließlich Textilien.
- Die Fraktion < 10 mm kann auf einer Deponie der Klasse DK I abgelagert werden. Wird nur diese Franktion deponiert, so ergeben sich Volumengewinne von 70–80 %. Damit können durch einen Deponierückbau insbesondere auch neue Deponiekapazitäten geschaffen werden.

Das Wertstoffpotenzial von Abfällen wird überwiegend durch den Energiegehalt (Heizwert) sowie die Metalle repräsentiert. In Abb. 10.52 ist die Zusammensetzung einer Mittel- und Grobfraktion eines zurückgebauten 7 bzw.18 Jahre alten Abfalls angegeben [53]. Die abgetrennte Fraktion <50 mm zeigte, dass deren Anteile bezogen auf die Ausgangsmasse zwischen 25,3 % und 73,6 % lag.

Nach den Ergebnissen aus Abb. 10.52 ist zu ersehen, dass sich die Kunststoffe überwiegend in der Grobfraktion anreichern, während sich die Metalle in beiden Fraktionen mit schwankenden Wertebereichen bis zu 8,6 % finden. Auch Holz ist in beiden Fraktionen gleichermaßen festgestellt worden, ebenso Papier mit teilweise großen Schwankungen. Auch die inerten Anteile, insbesondere die Steine, finden sich sowohl in der Grob- als auch in der Mittelfraktion, in der sich eher die lehmigen Anteile finden lassen. Der teilweise hohe Anteil der Mittelfraktion an der gesamten Probe zeigt deutlich, dass die Grobfraktion mit ihren eher heizwertreichen Stoffen teilweise nur ca. ein Viertel der gesamten Probe ausmachen kann. Hoch erscheinen auch die festgestellten Wassergehalte. Der Energieinhalt findet sich, wie bereits mehrfach in der Literatur dargestellt, überwiegend in der Grobfraktion. Allerdings ist auf die hohe Abhängigkeit vom Wassergehalt hinzuweisen.

Grabarbeiten im Deponiekörper sind vergleichbare Bautätigkeiten wie auf Erdbaustellen. Natürlich müssen die dabei auftretenden Emissionen berücksichtigt werden. Solche sind insbesondere Deponiegas, Staub, Sickerwasser, Keime und Gerüche. Interessanterweise wurden bislang an Siedlungsabfalldeponien keine Probleme mit Asbestemissionen beobachtet. Die wesentlichen Emissionen, dies haben die bisherigen Erfahrungen mit dem Rückbau von Deponien ergeben, sind die Staubemissionen. Dabei hat sich gezeigt, dass beim Abkippen und Transportieren des Abfalls mit die höchsten

Material	Probe 1 Grobfraktion	Probe 1 Mittelfraktion	Probe 2 Grobfraktion	Probe 2 Mittelfraktion	Probe 3 Grobfraktion	Probe 3 Mittelfraktion
	Massenanteil [%]					
Kunststoff	38,2%	5,3%	26,4%	5,1%	21,3%	9,9%
Fe-Metalle	0,9%	1,4%	6,1%	1,7%	1,8%	8,6%
NE-Metalle		0,1%		0,0%		0,5%
Holz	13,2%	2,3%	15,7%	9,9%	14,2%	20,8%
Textilien	5,7%	0,6%	2,5%	1,4%	22,7%	1,8%
Papier	1,1%	0,6%	6,5%	1,2%	31,1%	23,7%
Steine	20,0%	26,5%	29,4%	18,7%	4,4%	30,1%
Lehm	20,0%	60,9%	12,6%	60,3%	0,0%	0,0%
Glas	0,9%	2,3%	0,8%	1,6%	0,4%	4,6%
Elektro	0,0%	0,0%	0,0%	0,0%	4,0%	0,0%
Summe	100,00%	100,00%	100,00%	100,0%	100,00%	100,0%
Wassergehalt	51,30%	25,20%	54,70%	32,50%	55,80%	40,70%

Abb. 10.52 Ergebnisse der Sortieranalyse von Grob- und Mittelfraktion aus dem Deponierückbau

Staubemissionen auftreten. Aus diesem Grund ist es entscheidend, bei den Arbeiten entsprechende Schutzmaßnahmen zu treffen. Neben der Verwendung von persönlichen und technischen Arbeitsschutzmaßnahmen ist es sinnvoll, die Staub- und Deponiegasemissionen direkt an der Emissionsquelle durch geeignete Maßnahmen zu reduzieren. Zu diesem Zweck bietet sich bezüglich einer Reduzierung der Staubemission die regelmäßige Bewässerung der Verkehrsflächen und bezüglich der Reduzierung der Deponiegasemissionen eine Zwischenabdeckung der Grabungsstelle, die beispielsweise über Nacht und über die Wochenenden aufgebracht werden kann, an. Eine Vorbelüftung der Deponie kann ebenfalls mögliche Geruchsemissionen vermindern. Durch die Reduzierung der Deponiegasemissionen ergibt sich gleichzeitig eine Reduzierung der Geruchsbelästigung in der näheren und weiteren Umgebung der Grabungsstelle [54]. In Abb. 10.53 ist der Rückbau einer Siedlungabfalldeponie mittels Bagger zu ersehen.

Der Gesetzgeber hat die Nachnutzung von Deponien dadurch ermöglicht, dass er den Schutz des Oberflächenabdichtungssystems nicht nur durch eine Rekultivierungsschicht zulässt, sondern auch durch eine technische Schicht. Als Nachnutzung kamen bereits folgende Varianten zur Anwendung:

- Fotovoltaikanlagen,
- Windkraftanlagen,
- gewerbliche Nutzung der Flächen,
- landwirtschaftliche Nutzung,

Abb. 10.53 Deponierückbau an einer Siedlungsabfalldeponie. (Quelle Autor, ©Rettenberger 2022. All Rights Reserved)

Abb. 10.54 Fotovoltaikanlage auf einer Deponie. (Quelle Autor, ©Rettenberger 2017. All Rights Reserved)

- Park- oder Freizeitanlagen,
- Nutzung für den Natur- und Artenschutz, Anlage von Biotopen, Anlage eines Waldes, Weideland für Kühe und Schafe.

In Abb. 10.54 ist eine Fotovoltaikanlage auf einem Deponiegelände zu sehen. Die Deponieflächen erweisen sich somit in der Regel aufgrund ihrer Ferne von Ansiedlungen als günstige Reservate. Ihr besonderer Vorteil der nur zeitweisen Nutzung für Deponiezwecke kommt hier deutlich zur Geltung.

Fragen zu Kap. 10

1. Welche Rechtsnorm ist in Deutschland für die Deponie maßgebend?
2. Welche Gefährdungen können von ungeordneten Deponien ausgehen?
3. Welche unterschiedlichen Deponiekonzepte kommen in der Praxis vor?
4. Nach welchem Zeitraum setzt die Deponiegasbildung ein?
5. In wie viele (in welche) Phasen lässt sich die Deponiegasentwicklung einteilen?
6. Welche Phasen sind bei der Bewertung der Sickerwasserbeschaffenheit zu unterscheiden?
7. Mit wie viel Sickerwasser/mit wie viel Deponiegas ist im jährlichen Durchschnitt zu rechnen?
8. In welcher Größenordnung treten an Deponien mit unvorbehandelten Abfällen Setzungen auf?
9. Welche Deponieklassen unterscheidet das deutsche Deponierecht? Welche kennt das EU-Deponierecht?
10. Unter welchen Voraussetzungen können Abfälle deponiert werden?
11. Aus welchen Materialien können Abdichtungskomponenten bestehen?
12. Welches Gefälle soll eine Deponiebasis zur Ableitung des Sickerwassers aufweisen?
13. Wie ist die prinzipielle Anordnung zur Gasableitung?
14. Wie ist der technische Aufbau einer passiven Entgasung mit Methanoxidation?
15. Unter welchen Voraussetzungen kann die Feststellung des Abschlusses der Nachsorgephase einer Deponie erfolgen? Welche Phasen hat sie bis dahin durchlaufen?
16. Was wird unter einem BQS verstanden? Nennen Sie einen.
17. Welche Nachnutzungen von Deponien sind bereits realisiert worden? Ist ein Deponierückbau wirtschaftlich?

Literatur

[1] Statista: das Statistik Portal, de.statista.com, 2016
[2] Anonym: Umweltbundesamt, Daten zur Umwelt 2005, Erich Schmidt Verlag, Berlin, 2006
[3] Anonym: Umweltbundesamt, www.umweltbundesamt.de
[4] Anonym: Verordnung über Deponien und Langzeitlager (Deponieverordnung – DepV), Ausfertigungsdatum 27.4.2009, in Kraft getreten am 16.7.2009, zuletzt geändert am 9.7.2021
[5] Anonym: Richtlinie 1999/31/EG des Rates vom 26.4.1999 über Abfalldeponien, Amtsblatt der Europäischen Gemeinschaften vom 16.7.1999, L 182/1–L 182/19
[6] Anonym: Dritte Allgemeine Verwaltungsvorschrift zum Abfallgesetz, Technische Anleitung zur Verwertung, Behandlung und sonstigen Entsorgung von Siedlungsabfällen (TA Siedlungsabfall) vom 14. Mai 1993, BAnz. S. 4967 und Beilage
[7] Anonym: Internetauftritt Umweltministerium Baden-Württemberg, Angaben zur Untertagedeponie Heilbronn

[8] Rettenberger, G.: Untersuchungen zur Charakterisierung der Gasphase in Abfallablagerungen, Stuttgarter Berichte zur Abfallwirtschaft, Band 82, Kommissionsverlag Oldenbourg Industrieverlag GmbH, München, 2004
[9] Heyer, K.-U.: Emissionsreduzierung in der Deponienachsorge. Hamburger Berichte, Band 21, Verlag Abfall aktuell, Stuttgart, 2003
[10] Maurer, M., Winkler, J.P.: Biogas – Theoretische Grundlagen, Bau und Betrieb von Anlagen, 2. Auflage, C. F. Müller, Karlsruhe, 1982
[11] Rettenberger, G.: Erkenntnisse aus dem Deponierückbau bezüglich Langzeitverhalten der Deponiegasentwicklung – Empfehlungen für die Entgasung älterer Deponien in Rettenberger (Hrsg.): Deponiegas 1995 – Nutzung und Erfassung, Trierer Berichte zur Abfallwirtschaft, Band 9, Economica Verlag, Bonn, 1996
[12] Ramke, H. G., u. a.: Modellierung des Wasserhaushalts, in Leitfaden zur Deponiestilllegung, hrsg. von DWA und VKS im VKU, Juni 2003
[13] Tabasaran, O.: Zeitgemäße Deponietechnik, Erich Schmidt Verlag, Berlin, 1999
[14] Krümpelbeck, I. u. a.: Sickerwasser – Menge, Zusammensetzung und Behandlung, Müllhandbuch, Erich Schmidt Verlag, Berlin, Lfg. 3/01, KZ 4670
[15] Trapp, M.: Entwicklung der Sickerwasserbeschaffenheit von Siedlungsabfalldeponien in Deponietechnik 2016, herausgegeben von Stegmann, R. und Rettenberger, G. u.a., Hamburger Berichte 44, Verlag Abfall aktuell, Stuttgart, 2016
[16] Bilitewski, B., Härdtle, G., Marek, K.: Abfallwirtschaft, Springer Verlag, Berlin, 2000
[17] Wiemer, K. Qualitative und quantitative Kriterien zur Bestimmung der Dichte von Abfällen in geordneten Deponien, Abfallwirtschaft an der Technischen Universität, Berlin, 1982
[18] Anonym: GDA, GDA-Empfehlungen E 2-24: Hinweise zur Ermittlung der Setzungen des Abfallkörpers, Bautechnik 9/1997
[19] Gerloff, K. H.: Das Setzungsverhalten einer Deponie: Messung, Analyse und Prognose, in: Müllhandbuch, Lfg. 4/96, Erich Schmidt Verlag, Berlin
[20] Cossu, R.: Proposals of a methodology for assessing the Final Storage Quality of a Landfill in Sardinia 2007, Proceedings of Eleventh International Waste Management and Landfill Symposium. Hrsg.: Cossu, Diaz, Stegmann, CISA, Euro Waste Srl, Padua 2007
[21] Rettenberger, G.: Landfills for Hazard Wastes – Sense or Nonsense – Conclusions and Recommendations, in 7th International Conference on Industrial & Hazardous Waste Management, CRETE 2021, Chania/Greece,
[22] Gerigh, Ch.: Anforderungen an die Realisierung einer technischen Methanoxidation in Trierer Berichte zur Abfallwirtschaft, Band 22, herausgegeben von Rettenberger, G., Stegmann, R., Verlag Abfall aktuell, Stuttgart, 2015
[23] Rettenberger, G.: Gestaltung von Deponieoberflächen als Methanfilter in Trierer Berichte zur Abfallwirtschaft, Band 12, herausgegeben von Rettenberger, G., Stegmann, R., Verlag Abfall aktuell, Stuttgart, 1999
[24] Bräcker, W.: Aktueller Stand der BQS und Eignungsbeurteilung der LAGA Ad-hoc-AG „Deponietechnik", wie [16]
[25] Burghardt, G., Egloffstein, Th.: Planung von Oberflächenabdichtungssystemen auf der Grundlage von DepV und BGS, in Zeitgemäße Deponietechnik 2014: Die Deponie zwischen Stilllegung und Nachsorge, herausgegeben von Kranert, M., Stuttgarter Berichte zur Abfallwirtschaft, Band 112, DIV Deutscher Industrieverlag GmbH, München, 2014
[26] Anonym: Empfehlungen der Fachsektion 6 – AK6.1 der Deutschen Gesellschaft für Geotechnik e.V. DGGT, www.gdaonline.de
[27] Lechner, K. u.a.: Taschenbuch der Wasserwirtschaft, Springer Vieweg, Wiesbaden, 2015
[28] Bohl, W., Elmendorf, W.: Technische Strömungslehre, 13. Auflage, Vogel Fachbuch, Würzburg, 2005

[29] Ramke, H. G.: Hydraulische Beurteilung und Dimensionierung der Basisentwässerung von Deponien fester Siedlungsabfälle – Wasserhaushalt, hydraulische Kennwerte, Berechnungsverfahren – Dissertation, Mitteilungen aus dem Leichtweißinstitut für Wasserbau, Heft 114, TU Braunschweig, 1991
[30] Anonym: DIN 19667, Dränung von Deponien, Technische Regeln für Bemessung, Bauausführung und Betrieb, Ausgabe: 1991–05
[31] Hartinger, L.: Handbuch der Abwasser- und Recyclingtechnik, Carl Hanser Verlag, München, 1991
[32] Dahm, W., Kollbach, J. St., Gebel, J.: Sickerwasserreinigung, EF-Verlag für Energie und Umwelt, 1994
[33] Anonym: Verordnung über Anforderungen an das Einleiten von Abwasser in Gewässer (Abwasserverordnung – AbwV) vom 21.3.1997 zuletzt geändert am 1.6.2016
[34] VDI: Richtlinie VDI 4630 „Vergärung organischer Stoffe; Substratcharakterisierung, Probenahme, Stoffdatenerhebung, Gärversuche", Beuth Verlag Berlin, November 2016
[35] Rettenberger, G., Haubrich, E., Schneider, R.: Überprüfung der Emissionsfaktoren für die Berechnung der Methanemissionen aus Deponien, Studie im Auftag des Umweltbundesamtes, Berlin, 2014, www.Umweltbundesamt.de
[36] VDI: Richtlinie VDI 3790, Blatt 2, „Emissionen von Gasen, Gerüchen und Stäuben aus diffusen Quellen – Deponien", Beuth Verlag Berlin, 2017
[37] Rettenberger, G.: Untersuchungen zur Entstehung, Ausbreitung und Ableitung von Zersetzungsgasen in Abfallablagerungen, Bericht im Auftrag des Umweltbundesamtes, Texte 12/82, Umweltbundesamt, Dessau-Roßlau
[38] Tabasaran, O.: „Überlegungen zum Problem Deponiegas", Müll und Abfall, Heft 7, Erich Schmidt Verlag, Berlin, 1976
[39] Ehrig, H.-J.: Gasprognose bei Restmülldeponien in Trierer Berichte zur Abfallwirtschaft, Band 2, Deponiegasnutzung, herausgegeben von Rettenberger, G., Stegmann, R., Economica Verlag, Bonn, 1991
[40] Rettenberger, G.: Stand der Arbeiten zur VDI Richtlinie 3790 Blatt 2 „Emissionen von Gasen, Gerüchen und Stäuben aus diffusen Quellen – Deponien, in Zeitgemäße Deponietechnik 2014, herausgegeben von Kranert, M., Stuttgarter Berichte zur Abfallwirtschaft, Band 112, DIV Deutscher Industrieverlag GmbH, München, 2014
[41] Rettenberger, G., Haubrich, E., Schneider, R.: Methode zur Berücksichtigung der Methanemissionen bei einer Deponiestabilisierung an Siedlungsabfalldeponien im nationalen Treibhausgasinventar, im Auftrag des Umweltbundesamtes, Berlin, 2016, www.Umweltbundesamt.de
[42] Christoph, H.: Vergleich der horizontalen mit der vertikalen Entgasung am praktischen Beispiel der Deponie Außernzell in Rettenberger/Stegmann (Hrsg.): Deponiegas 99: Trierer Berichte zur Abfallwirtschaft, Band 12, Verlag Abfall aktuell, Stuttgart, 1999
[43] Deutsche Gesetzliche Unvallversicherung e.V. (DGUV): DGUV Regel 114-004 Deponien, Berlin, Ausgabe 2001
[44] Heyer, K.-U., Hupe, K., Ritzkowski, M., Stegmann, R.: Stabilisierung durch Belüftung, Erfahrungen mit der großtechnischen Anwebdung in Trierer Berichte zur Abfallwirtschaft, Band 13, herausgegeben von Rettenberger, G. und Stegmann, R., Verlag Abfall aktuell, Stuttgart, 2001
[45] Reiser, M., Laux, D., Kranert, M., Lohotzky, K.: In-situ-Aerobisierung auf der Deponie Dorfweiher – Ergebnisse aus und nach 3 Jahren, Zeitgemäße Deponietechnik 2013: Technisch hochwertige Deponiestilllegung, herausgegeben von Kranert, M., Stuttgarter Berichte zur Abfallwirtschaft, Band 109, DIV Deutscher Industrieverlag GmbH, München, 2013

[46] Rettenberger, G., Urban-Kiss, St., Stöhr, R.: Betriebshandbuch und Betriebstagebuch für Siedlungsabfalldeponien in Müllhandbuch, Erich Schmidt Verlag, Berlin, Lfg. 3/96, Kennziffer 4581

[47] Anonym: Verordnung zum Schutz vor Gefahrstoffen (Gefahrstoffverordnung – GefStoffV) vom 26.11.2010, zuletzt geändert am 3.2.2015

[48] Anonym: Firmenunterlagen der Firma LAMBDA Gesellschaft für Gastechnik mbH, Herten

[49] Anonym: Verordnung über Sicherheit und Gesundheitsschutz bei der Verwendungvon Arbeitsmitteln (Betriebssicherheitsverordnung – BetrSichV) vom 27.9.2002, zuletzt geändert am 13.7.2015

[50] ATV-DVWK, VKS e. V. Leitfaden zur Deponiestilllegung, Autoren: Palm, A., Schmitt-Tegge, J., Sondermann, W.-D., Köln, Hennef, 2003

[51] ATV-DVWK, VKS e.V. Leitfaden zur Deponiestilllegung, Autoren: Palm, A., Schmitt-Tegge, J., Sondermann, W.-D., Köln, Hennef, 2003

[52] Wanka, S., Münnich, K., Zeiner, K., Fricke, K.: Landfill mining, Nasschemische Aufbereitung von Feinmaterial in Müll und Abfall, Heft 1, Januar 2016, Erich Schmidt Verlag, Berlin

[53] [53] Rettenberger, G., Rückbau von Deponien in Mineralische Nebenprodukte und Abfälle 3, herausgegeben von Thome-Kozmiensky, K.J., TK Verlag, Neuruppin, 2016

[54] Rettenberger, G., Rückbauen und Abgraben von Deponien und Altablagerungen, Verlag Abfall aktuell, Stuttgart, 1998

[55] LAGA Ad-hoc-AG „Deponietechnik": Bundeseinheitlicher Qualitätsstandard 10-1 „Deponiegas" vom 10.11.2021, veröffentlicht am 1.3.2022, verfügbar über Internet

[56] VDI: Richtlinie VDI 3899, Blatt 2 „Deponiegas, Systeme zur Deponiegaserfassung und Belüftung", Beuth Verlag Berlin, 2020

[57] DWA, VKU: Arbeitsbericht Deponie auf Deponie, VKU Verlag GmbH, Mai 2022

[58] Anonymus: Betriebssicherheitsverordnung (BetrSichV), Verordnung über Sicherheit und Gesundheitsschutz bei der Verwendung von Arbeitsmitteln, BGBl., S. 49, vom 3.2.2015, zuletzt geändert zum 27.7.2021

[59] Mahlke: die geordnete Deponie von Abfallstoffen in 3. Lehrgang für Ingenieure der Müll- und Abfallbeseitigung an der Universität Stuttgart vom 14.2–25.2.1977, herausgegeben von Forschungs- und Entwicklungsinstitut für Industrie und Siedlungswasserwirtschaft sowie Abfallwirtschaft e.V. in Stuttgart 1972

[60] Haeming, H.: Marktsituation und Marktmechanismen bei Deponien – aktuelle Situation in den Bundesländern, in Bioabfall und stoffspezifische Verwertung III, Verlag Witzenhausen Institut GmbH, Witzenhausen 2021

Gefährliche Abfälle

11

Matthias Rapf und Erwin Thomanetz

Zusammenfassung

Das Problem einer umweltkonformen Entsorgung *gefährlicher* Abfälle wurde in Deutschland in den letzten Jahrzehnten durch Zusammenwirken des Gesetzgebers und der Industrie weitestgehend gelöst, und diesbezügliche Umweltskandale sind aus den Schlagzeilen verschwunden. Neben einer Vielzahl individueller Abfallvermeidungs- und Abfallverwertungs-maßnahmen in der Industrie gehören die stoffzerstörenden Maßnahmen der thermischen Behandlung sowie die Entgiftungs- und Trennverfahren der chemisch-physikalischen Behandlung von festen, flüssigen und pastösen gefährlichen Abfällen zum unentbehrlichen Repertoire einer zukunftsweisenden Kreislaufwirtschaft. Demgegenüber sinkt in Deutschland der Stellenwert der oberirdischen Ablagerung während die untertägige Deponierung und der Bergversatz in Steinsalzformationen für entsprechend geeignete Abfälle zunehmend genutzt wird. Zu Beginn dieses Kapitels wird die mittlerweile in ganz Europa gültige Gesetzgebung betreffend gefährliche Abfälle dargelegt; hierbei wird insbesondere auf die Instrumente zur Überwachung von Transporten und Entsorgung dieser Abfälle eingegangen, die einen sicheren Umgang mit gefährlichen Abfällen ermöglichen und gewährleisten. Nach einem Überblick über die am meisten gebräuchlichen Entsorgungswege erfolgt eine ausführliche Beschreibung der Chemisch-Physikalischen Behandlung, während die ebenso bedeutsame thermische Behandlung in Kap. 9, die oberirdische Deponierung sowie die untertägige Ablagerung in Kap. 10 dargestellt

M. Rapf (✉) · E. Thomanetz
Institut für Siedlungswasserbau, Wassergüte- und Abfallwirtschaft, Universität Stuttgart, Stuttgart, Deutschland
E-Mail: matthias.rapf@iswa.uni-stuttgart.de

werden. Den Abschluss dieses Kapitels bilden die Vermeidung, Verminderung und Verwertung gefährlicher Abfälle mit Beispielen aus der Industrie.

> **Schlüsselwörter**
>
> Hazardous waste · Hazardous waste control · Hazardous waste treatment · Chemical-physical treatment of hazardous waste · Waste sampling · Prevention and reduction of hazardous wastes

11.1 Allgemeines

11.1.1 Definition und gesetzliche Grundlagen

Gefährliche Abfälle (englisch „hazardous waste") werden landläufig mit dem populären Synonym „Sonderabfall" bezeichnet. Im deutschen Kreislaufwirtschaftsgesetz KrWG [1] findet sich der Begriff Sonderabfall nicht – vielmehr wird dort zwischen gefährlichen und nicht gefährlichen Abfällen unterschieden.

Gefährlich sind Abfälle dann, wenn sie nach Art, Beschaffenheit oder Menge in besonderem Maße gesundheits-, luft- oder wassergefährdend, explosibel oder brennbar sind oder Erreger übertragbarer Krankheiten enthalten oder hervorbringen können.

Derartige gefährliche Merkmale sind in Anhang III der EU-Richtlinie 2008/98/EG aufgelistet [2]. Im Anhang der Abfallverzeichnis-Verordnung (AVV) [3] sind solche Abfälle mit einem „*" gekennzeichnet. Insgesamt sind derzeit 842 Abfälle gelistet – davon sind 288 wegen ihrer Herkunft per Definition gefährliche, sogenannte *Sternchenabfälle* (siehe auch Kap. 3.2); 378 Abfälle sind sogenannte Spiegeleinträge, die sowohl mit und ohne gefährlichen Eigenschaften anfallen können.

Die Gefährlichkeitskriterien sind dabei angelehnt an die Gefahrstoffkriterien für Güter (siehe hierzu auch die EU-Chemikalienverordnung (REACH) [4]). Die AVV gibt auf Grund ihrer Gliederung nach Branchen und der Beschreibung der Abfälle gute Beispiele für die Art und Herkunft gefährlicher Abfälle in den europäischen Industrienationen.

Gemäß § 3 Abs. 5 KrWG wird die Gefährlichkeit eines Abfalls durch Rechtsverordnung nach § 48 Satz 2 definiert. An solche Abfälle sind betreffend Entsorgung und Überwachung besondere Anforderungen zu stellen.

Besonders bedeutsame Regulierungen sind hier:

- das Vermischungsverbot gemäß § 9 Abs. 2 KrWG,
- die Pflicht zur Führung von Entsorgungsnachweisen und Registern gemäß den §§ 49 ff. KrWG in Verbindung mit der Nachweisverordnung (NachwV) [5],

- die Pflicht zur Einholung der behördlichen Entsorgungserlaubnis für Sammler, Beförderer, Händler und Makler gemäß §§ 53 und 54 KrWG in Verbindung mit der Abfallanzeige- und Erlaubnisverordnung AbfAEV [6].

In der Öffentlichkeit wird vielfach pauschal der Begriff Giftmüll für industrielle Abfälle gebraucht – seien sie nun tatsächlich giftig und gefährlich oder nicht. Dies leitet sich aus einer Zeit her, in der immer wieder skandalöse Praktiken bei der Entsorgung von Industrieabfällen aufgedeckt wurden und die behördliche Überwachung mangelhaft war.

Es sei angemerkt, dass sich die Gefährlichkeit eines Abfalls in der Praxis, außer im Umgang mit diesen Abfällen selbst, nur in verhältnismäßig seltenen Fällen unmittelbar auf den Menschen auswirkt – vielmehr sind überwiegend Umweltschäden die Folge, wodurch der Mensch dann allerdings mittelbar betroffen sein kann – meist durch Kontaminationen von Grund- und Oberflächenwasser.

11.1.2 Mengen, Arten und Entsorgungswege gefährlicher Abfälle

Die Datenquelle in Deutschland für Statistiken betreffend Mengen, Wege und Verbleib gefährlicher Abfälle, war das bis April 2010 auf Papierformularen beruhende Begleitscheinverfahren und – bei grenzüberschreitender Verbringung gefährlicher Abfälle – das nach wie vor mit Papierformularen abzuwickelnde Notifizierungsverfahren.

Seit April 2010 wurden in Deutschland die Papierformulare des Begleitscheinverfahrens durch das elektronische Abfallnachweisverfahren (eANV) abgelöst, welches gemäß § 53 und § 54 KrWG bundesweit einheitlich über die Zentrale Koordinierungsstelle (ZKS-Abfall) abgewickelt wird [7].

Die Daten aus der ZKS-Abfall werden im Rahmen des Umweltstatistikgesetzes (UStatG) aufbereitet und veröffentlicht. Abfallstatistiken der Bundesländer sowie für Gesamtdeutschland sind im Internet auf der Seite des statistischen Bundesamtes (www-genesis.destatis.de, (www mit Bindestrich)) erhältlich. Aus diesen lässt sich entnehmen, welche verschiedenen Arten gefährlicher Abfälle in welchen Mengen in Deutschland anfallen und auf welchem Wege sie entsorgt werden.

In den im folgenden verwendeten Statistiken tauchen nur diejenigen Abfälle auf, welche das Werkstor eines Industriebetriebs verlassen. Innerbetrieblich behandelte gefährliche Abfälle werden von der Statistik nicht erfasst. Lediglich die bei der innerbetrieblichen (primären) Abfallbehandlung angefallenen und nach außen abgegebenen Abfälle (Sekundärabfälle) gehen – sofern diese noch gefährlich sind – in die Statistik ein. Auf Grund der aufwändigen Auswertungen datieren die Statistiken meist 1,5 Jahre zurück.

Gefährliche Abfälle stammen in Deutschland zum größten Teil aus Bautätigkeiten (Hoch- und Tiefbau, Abbruch, Altlastensanierung) und aus Abfallbehandlungsanlagen (Sekundärabfälle). Ebenfalls größere Mengen erzeugen die chemische und die metallbearbeitenden Industrie sowie die thermische Metallurgie (v. a. Eisen und Aluminium).

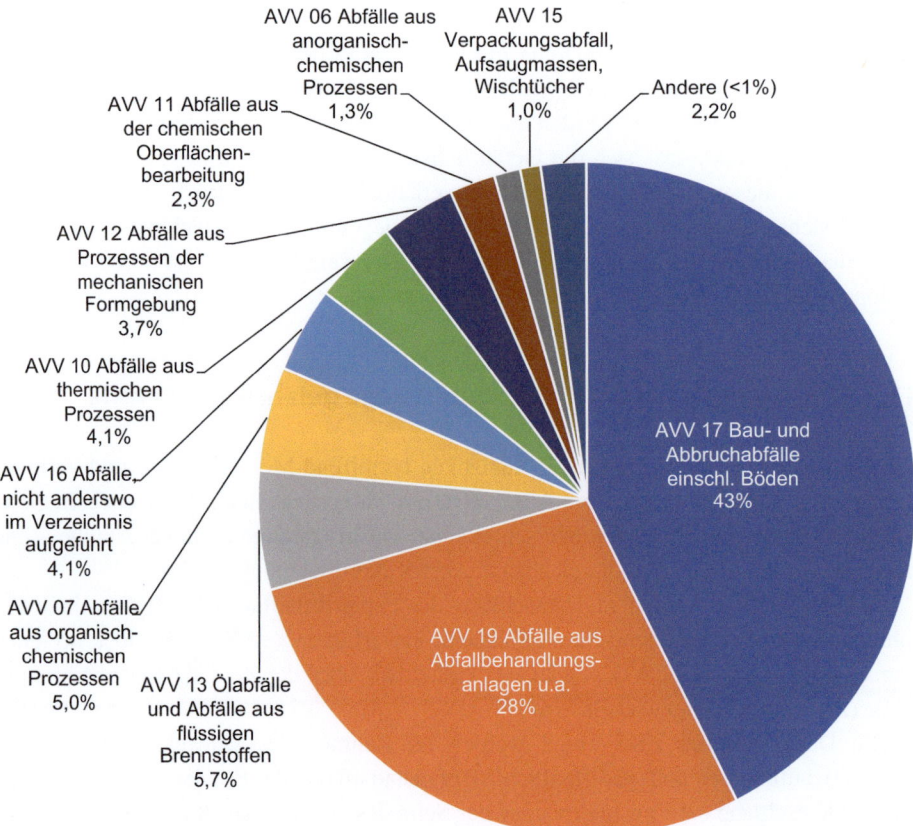

Abb. 11.1 Entsorgung gefährlicher Abfälle in Deutschland 2020 nach AVV-Kapitel [8]

Grundsätzlich gibt es aber kaum einen Industriezweig, bei dem keine gefährlichen Abfälle anfallen (s. Abb. 11.1 und 11.2).

Gefährliche Abfälle aus privaten Haushalten tragen, trotz ihrer 14 Einzeleinträge, im AVV mit 0,5 % nur wenig zum Gesamtaufkommen bei.

In Abb. 11.2 werden die Kapitel ohne Bausektor und Abfallbehandlung dargestellt, was in etwa dem produzierenden Gewerbe entspricht und einen Blick auf die durchaus interessanten *anderen* Kapitel aus Abb. 11.1 erlaubt. Unter ihnen finden sich neben den gefährlichen Haushaltsabfällen zum Beispiel auch Lack-, Klebstoff- und Lösemittelabfälle, Pestizide aus der Landwirtschaft sowie infektiöses Material und Pharmazeutika aus dem Medizinsektor, die an Brisanz nicht zu unterschätzen sind.

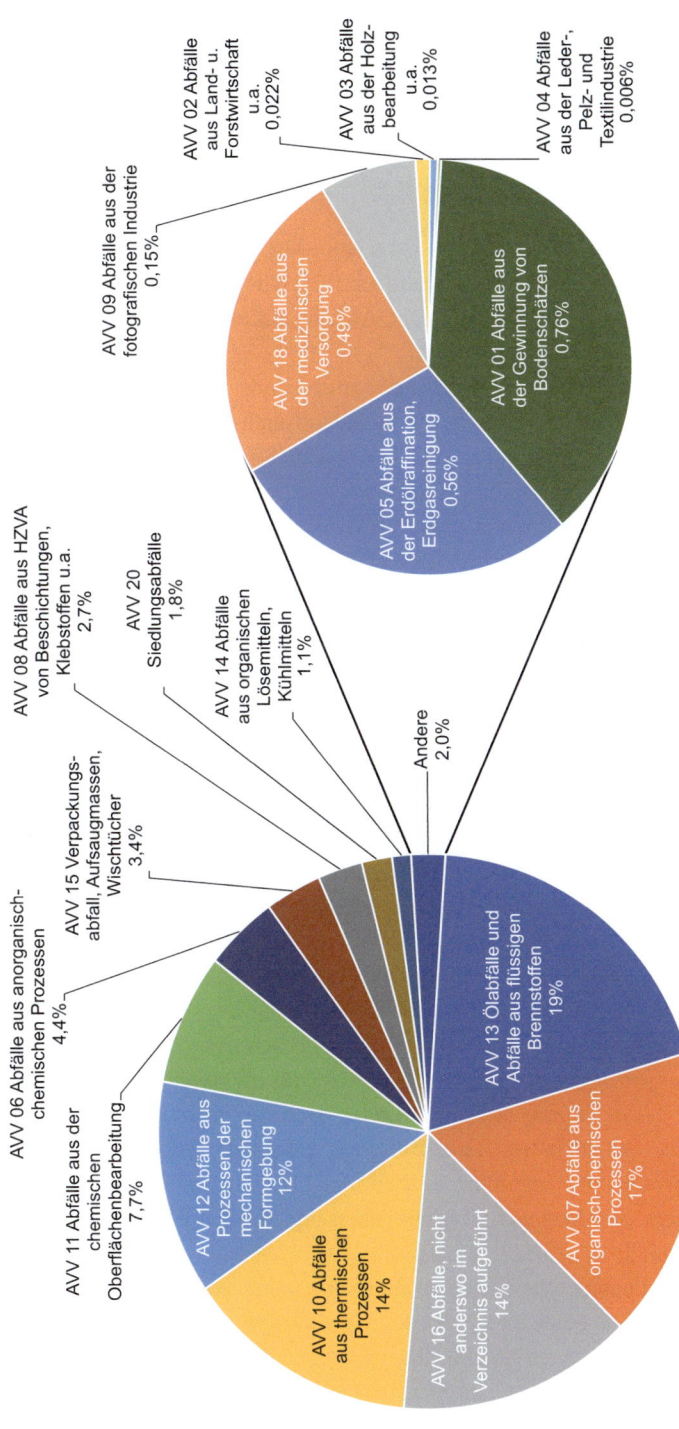

Abb. 11.2 Entsorgung gefährlicher Abfälle in Deutschland 2020 nach AVV-Kapitel ohne Baubranche (AVV-Kapitel 17) und Abfallbehandlungsanlagen (AVV-Kapitel 19) [8]. Anmerkung zu AVV 08: HZVA = Herstellung, Zubereitung, Vertrieb und Anwendung

Auf Grund der Strukturierung des Abfallverzeichnisses enthalten verschiedene Kapitel ähnliche Abfälle, wie z. B. Öle, Aschen und Abwasserschlämme. Zudem enthält das Kapitel 16 „Abfälle, die nicht anderswo im Verzeichnis aufgeführt sind" Unterkapitel wie Altfahrzeuge, elektrische und elektronische Geräte, Fehlchargen und ungebrauchte Erzeugnisse und Chemikalien ohne spezifische Herkunft. Die Zusammenstellung in Abb. 11.3 gibt daher einen branchenunabhängigen Überblick über die verschiedenen Abfallarten.

Im Jahr 2021 wurden in Deutschland etwa 24,5 Mio. Mg gefährlicher Abfälle entsorgt; davon wurden 22 Mio. Mg aus dem Inland und 2,5 Mio. Mg aus dem Ausland angeliefert. Abb. 11.4 zeigt die Aufteilung dieser Abfälle auf die verschiedenen Entsorgungswege.

Die meisten gefährlichen Abfälle werden auf verschiedene Weisen vorbehandelt, mit dem Ziel der Mengenreduzierung, der Entgiftung und nicht zuletzt der Wertstoffrückgewinnung: Etwa 55 % der entsorgten Abfälle werden stofflich verwertet, und nur etwa 20 % der ursprünglichen Abfallmenge werden auf oberirdischen Deponien oder in Salzbergwerken abgelagert ([8]; Mittelwerte von 2006 bis 2020). Der Rest wird in Behandlungsanlagen beseitigt bzw. zur Beseitigung vorbehandelt:

In chemisch-physikalischen Behandlungsanlagen (CPB, s. a. Abschn. 11.4) wird vor allem aus organisch oder anorganisch belasteten wässrigen Flüssigabfällen das Wasser zurückgewonnen. Bei organisch belasteten Wässern handelt es sich vor allem um Öl-Wasser-Gemische; anorganische Belastungen sind z. B. extreme pH-Werte, gelöste Schwermetalle, Cyanid, Nitrit und Chromate. Die infolge der Behandlung anfallenden Schlämme und Öle werden beseitigt, d. h. je nach Zusammensetzung verbrannt oder deponiert. Fallweise müssen selbst nur anorganisch belastete wässrige Abfälle thermisch behandelt werden, wenn mit CPB-Verfahren die Grenzwerte der Abwasserverordnung nicht eingehalten werden können. Hierbei werden nach der Verdampfung des Wassers anorganische Schadstoffe (v. a. Schwermetalle) in der Flugasche aufkonzentriert.

Bei der thermischen Behandlung (Kap. 9.3.2) in *Sonderabfallverbrennungsanlagen* (SAV) und der Mitverbrennung in Feuerungsanlagen wie Kohlekraftwerken oder Zementwerken werden bei Temperaturen von 1200°C oder mehr alle organischen Schadstoffe vollständig zerstört. Die thermische Behandlung ist besonders geeignet für brennbare Abfälle; sie ist aber auch die *ultima ratio* für Abfälle, für die *mildere* Behandlungsverfahren bei niederen Temperaturen nicht erfolgreich sind. So müssen z. B. hochbelastete Industrieabwässer, die nicht mit chemisch-physikalischen Verfahren behandelt werden können, der Verbrennung zugeführt werden. Auch Böden sowie Bau- und Abbruchabfälle mit geringen, aber besonders bedenklichen organischen Bestandteilen werden häufig in SAV behandelt.

Im Fall einer Mitverbrennung von Abfällen in *Zementwerken* muss darauf geachtet werden, dass die mineralischen Rückstände der Abfälle die Qualität des Produktes nicht beeinträchtigen. Generell unterliegen thermische Anlagen, die Abfälle mitverbrennen, den Bestimmungen der 17. BImSchV, wodurch auch durch den Abfall verursachte schädliche gasförmige Emissionen weitestgehend vermieden werden.

11 Gefährliche Abfälle

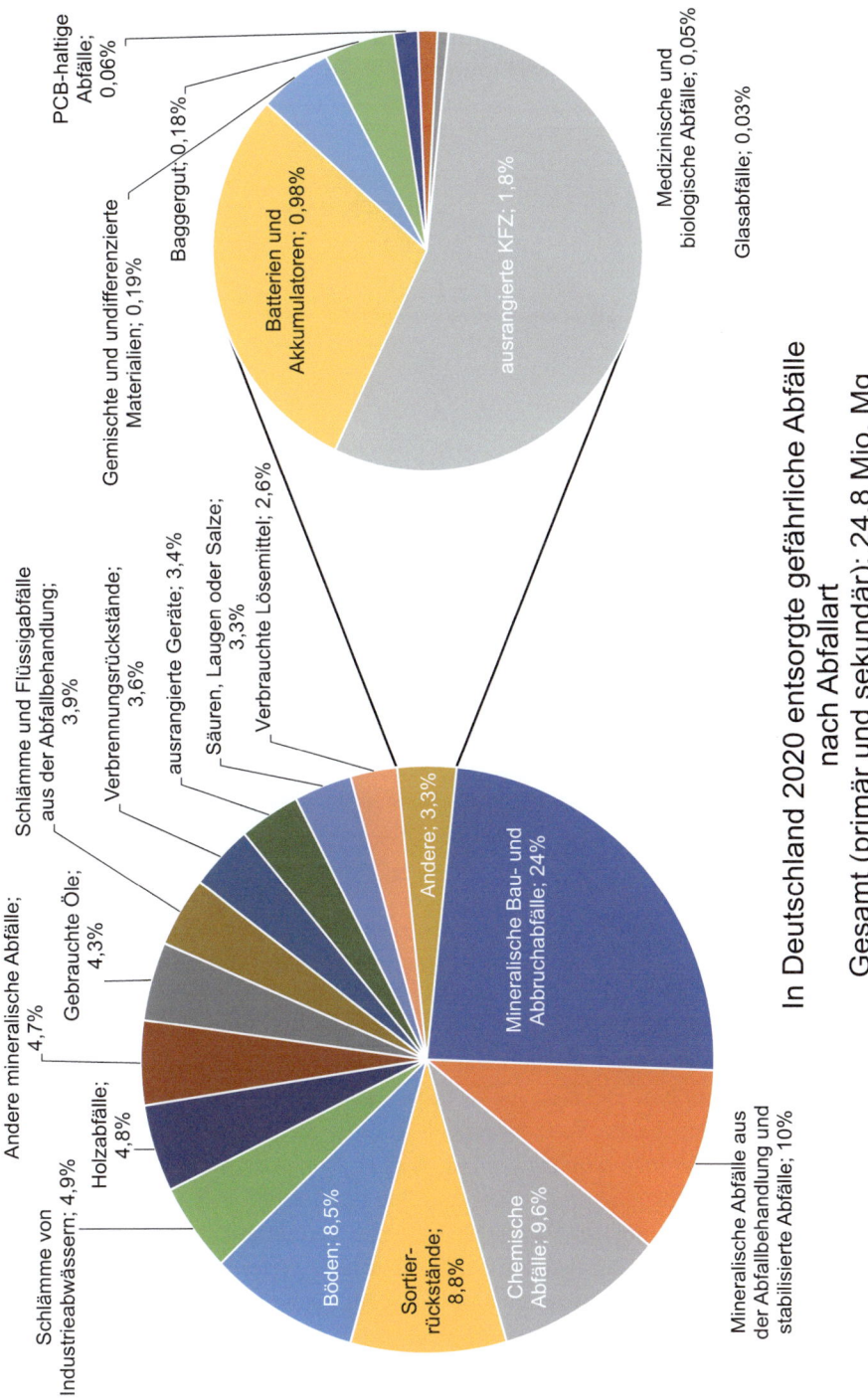

Abb. 11.3 Entsorgung gefährlicher Abfälle in Deutschland 2020 nach Abfallart [8]. Anmerkung: Die zu den anderen Abbildungen leicht verschiedene Gesamtmenge beruht auf der Summe von Rundungsfehlern aus der händischen Zusammenstellung der Einträge aus der Abfallstatistik

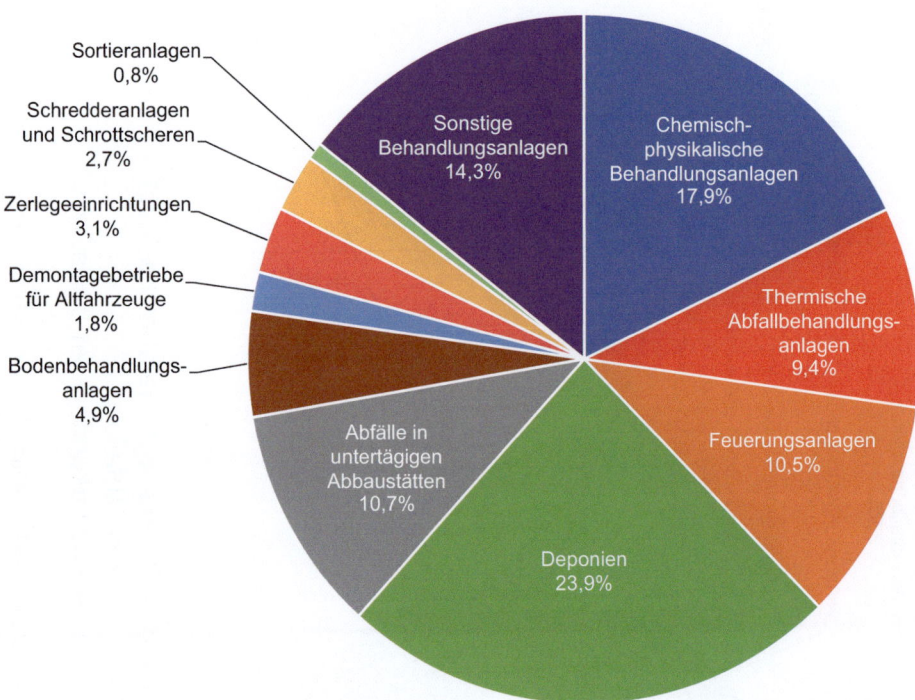

Abb. 11.4 Entsorgung gefährlicher Abfälle nach Entsorgungsanlagen, Deutschland 2021 [8]

Dezidierte Boden- und gemäß Abb. 11.4 als „sonstige" bezeichnete Behandlungsanlagen arbeiten ebenfalls nach thermischen oder chemisch-physikalischen Ansätzen (letztere z. B. Bodenwäsche), aber auch biologische Verfahren kommen zum Einsatz.

Abschließend ist festzuhalten, dass, anders als bei den Siedlungsabfällen, die kaum zu überschauende Vielfalt unterschiedlicher industrieller Prozesse zur Erzeugung von jeweils produkt- oder produktionsspezifischen Abfällen führt. Jeder neue Abfall erfordert eine Einzelfallbetrachtung, um ein Verfahren oder eine Verfahrenskombination zu finden, die geeignet sind, den Abfall möglichst schadlos und zu vertretbaren Kosten zu entsorgen. So findet sich kaum ein Entsorgungskonzept für einen Industrieabfall, der dem eines vom Grunde her vergleichbaren Abfalls gleicht.

11.1.3 Gefährlicher Abfall – Überwachungsinstrumente

Auf Grund früherer schlechter Erfahrungen bei der Entsorgung unterliegen heute alle gefährlichen Abfälle einer behördlichen Überwachung in elektronischer Form über das elektronische Abfall-Nachweisverfahren (eANV) gemäß Nachweisverordnung [5].

Beteiligt am Nachweisverfahren sind alle am Entsorgungsprozess beteiligten Parteien: der Abfallerzeuger, der Einsammler oder Beförderer und das Entsorgungsunternehmen. Mit jeder Übergabe geht auch die Nachweispflicht auf das nachfolgende Unternehmen über.

Im Hinblick auf Erleichterungen für kleinere Firmen wird nach der Menge der erzeugten gefährlichen Abfälle differenziert:

- Bis 2 Mg gefährliche Abfälle (insgesamt) pro Jahr (= Kleinmenge): keine Nachweispflicht aber Registerpflicht, d. h. Führung des elektronischen Nachweisbuchs.
- Bis 20 Mg je gefährlichem Abfall pro Jahr: Der Erzeuger kann bei verschiedenen Abfällen ähnlichen Typs mit dem gleichen Entsorgungsweg seine Nachweispflicht auf den Einsammler übertragen, der dann einen Sammelnachweis führt.
- Mehr als 20 Mg je gefährlichem Abfall pro Jahr: Der Abfallerzeuger führt über jeden Abfall einen eigenen Entsorgungsnachweis.

Die besonders relevanten Überwachungsinstrumente für gefährliche Abfälle gemäß NachwV im Einzelnen
- Durchführung der Deklarationsanalyse (DA) des Abfalls von einem zertifizierten Labor
- Vorabkontrolle: Erstellung eines elektronischen Entsorgungsnachweises eANV (= genehmigter Entsorgungsweg). Das eANV ist dem früheren Nachweis in Papierform ähnlich und muss *vor* der Abfallentsorgung erfolgen. Voraussetzung ist, dass sämtliche Beteiligte registriert sind und über Identifikationsnummern (z. B. Erzeugernummer, Beförderernummer, Entsorgernummer) verfügen. Diese werden einmalig beantragt.

Die Erstellung eines Entsorgungsnachweises (EN) umfasst folgende Schritte:

- Der Abfallerzeuger erstellt die Verantwortliche Erklärung (VE) einschließlich Deklarationsanalyse (DA) und und sendet sie via ZKS an den Abfallentsorger. Damit deklariert der Abfallerzeuger die Art, Zusammensetzung und Menge des Abfalls und garantiert, dass nur der beschriebene Abfall übergeben wird.
- Der Abfallentsorger erstellt (nach Überprüfung der Art, Zusammensetzung und Menge der Abfälle) eine elektronische Annahmeerklärung (AE) und leitet Sie über das ZKS den Behörden und dem Erzeuger zu.

- Die für den Entsorger zuständige Überwachungsbehörde übermittelt dem Abfallerzeuger via ZKS die Behördenbestätigung (BB), dass der Abfall auf dem beantragten Weg entsorgt werden darf. Zu beachten sind hierbei Erleichterungen nach dem sog. *Privilegierten Verfahren für Entsorgungsfachbetriebe*. (Siehe NachwV, § 7.)
- Begleitscheine zur Verbleibskontrolle: Für jeden einzelnen Abfalltransportvorgang wird auf Grundlage des EN ein Begleitschein in elektronischer Form erstellt. Bei jeder Übergabe des Abfalls elektronisch signiert – in der Reihenfolge der Verantwortlichen:
  - Abfallerzeuger (Angaben über Abfallherkunft und übergebene Menge)
  - Abfallbeförderer (Angaben über den Beförderer, Termin der Übergabe)
  - Abfallentsorger (Angaben zur Art und Weise der Entsorgung)

  Der Informationsfluss im elektronische Begleitscheinverfahren ist in Abb. 11.5 skizziert.

- Mitführung von Papierkopien der elektronischen Begleitscheine oder eines elektronischen Lesegeräts für die Begleitscheine durch den LKW-Fahrer beim Abfalltransport.
- die elektronische Führung von Abfall-Registern (= Nachweisbücher der entsorgten Abfälle) seitens des Erzeugers, des Beförderers und des Entsorgers, je nach jährlich erzeugter Abfallmenge, s. o.

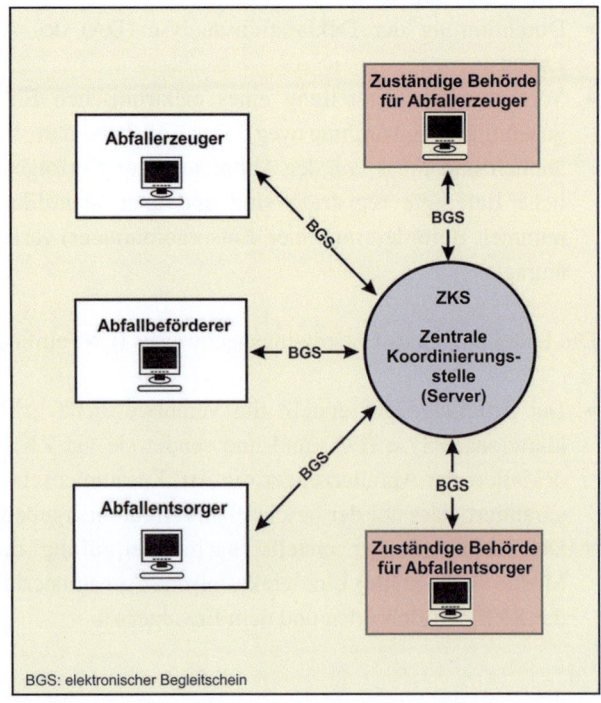

Abb. 11.5 Elektronisches Begleitscheinverfahren gemäß NachwV [5] für gefährliche Abfälle, obligatorisch für jeden einzelnen Abfalltransport

- Im Hinblick auf eine ordnungsgemäße Entsorgung, ist in Betrieben, bei welchen gefährliche Abfälle anfallen, gemäß §§ 59 und 60 KrWG in Verbindung mit der Betriebsbeauftragtenverordnung [9] (AbfBeauftrV) mindestens ein Betriebsbeauftragter für Abfall zu bestellen, der sich – nebenbei oder hauptamtlich – um die Einhaltung der abfallrechtlichen Bestimmungen durch seine Firma kümmert. Ihm obliegt es auch, den Weg der Abfälle von ihrer Entstehung bis zur endgültigen Entsorgung zu überwachen. Dazu führen die Betriebsbeauftragten großer Firmen in der Regel Audits bei den zu beauftragenden Entsorgungsunternehmen durch. Die Verantwortlichkeiten verbleiben allerdings bei der Firmenleitung.

Die für die Online-Anwendung in Deutschland weiterentwickelte Begleitscheinprozedur als wirkungsvolles Überwachungsinstrument betr. Wege und Verbleib gefährlicher Abfälle wird in Abb. 11.5 schematisch dargestellt.

Es sei angemerkt, dass der Abfallerzeuger, der Abfalltransporteur und der Abfallentsorger Gebühren für den Service und die Genehmigungen der Behörden entrichten.

Auch für das Erstellen von Begleitscheinen werden ggf. Kosten fällig, die im einstelligen Eurobereich liegen. Dies hängt davon ab, ob die Beteiligten die kostenfrei zur Verfügung gestellte Software des Bundes (sog. Länder-eANV) nutzen oder über Provider arbeiten, welche ein komfortableres Arbeiten mit dem ZKS ermöglichen, dafür aber Kosten in Rechnung stellen.

11.1.4 Analytik gefährlicher Abfälle – Möglichkeiten und Grenzen

Um einen gefährlichen Abfall zu entsorgen, ist den zuständigen Behörden der Entsorgungsnachweis mit Deklarationsanalyse vorzulegen, aus welchen sich Herkunft, Entstehungsweise, Konsistenz und besondere Eigenschaften des Abfalls erkennen lassen. Auf Grund solcher Kriterien kann der Entsorgungsweg festgelegt werden.

So sind im Hinblick auf oberirdische Deponierung (siehe Kap. 10.2) die Zuordnungswerte für die Deponieklasse III (DK III) der Deponieverordnung [10] Anhang 3 Punkt 2 Tabelle 2, relevant – und zwar für den Abfall selbst sowie für dessen Eluat. Flüssige Abfälle sind von der Deponierung ausgeschlossen.

Für die Untertagedeponie (UTD) gemäß Deponieverordnung, Deponieklasse IV (DK IV) und den Untertageversatz (UTV) gemäß Versatzverordnung [11] sind vor allem Informationen über brandfördernde, geruchsintensive oder gasbildende Abfallkomponenten und Angaben zur Reaktivität mit Wasser bedeutsam. Beim UTV spielen noch der Glühverlust bzw. der TOC eine Rolle. Flüssige Abfälle sind untertage ebenfalls ausgeschlossen.

Im Hinblick auf die Verbrennung flüssiger, pastöser oder fester Abfälle sind verbrennungs- und emissionsrelevante Parameter bedeutungsvoll, wie z. B. Wassergehalt, Heizwert, Glühverlust, Gehalte an Chlor, Brom, Schwefel, Stickstoff und Schwermetallen.

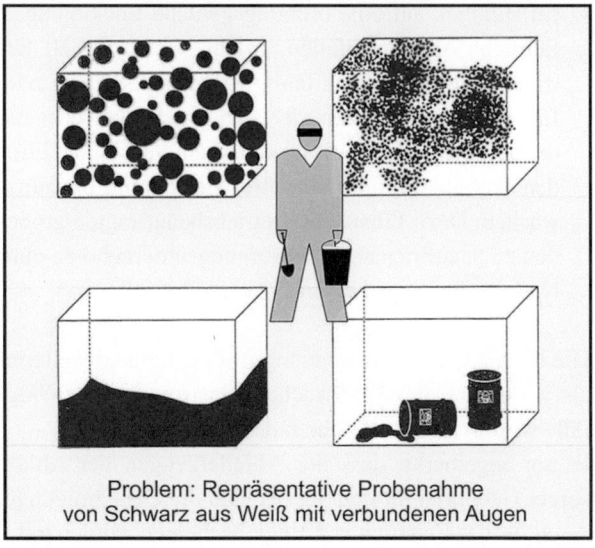

Abb. 11.6 Problem Probenahme aus Haufwerken fester Stoffe, hier: Schwarz aus Weiß [14]

Dies gilt gleichermaßen für die Co-Verbrennung in Zementwerken oder Großkraftwerken.

Im Hinblick auf Chemisch-Physikalische Behandlung der meist flüssigen und schlammigen Abfälle sind Angaben über die Konzentrationen behandlungsrelevanter Bestandteile zu machen – z. B. betreffend den Gehalten an suspendierte Stoffen, Mineralöl, Lösemitteln, Schwermetallen, Cyanid, Nitrit, Chromat und ggf. anderen umweltrelevanten und toxischen Komponenten.

Die bis zu fünf Jahre gültige Deklarationsanalyse eines Abfalls erfolgt in der Regel an Hand von Stichproben gemäß LAGA Vorschrift PN 98 [12]. Nach der Probenahme folgen Analysen nach DIN-Methoden, welche von zertifizierten Laboratorien durchzuführen sind.

Trotzdem kann der Abfall hierdurch nur grob orientierend charakterisiert werden, denn der Fehler, der bei der Probenahme von inhomogenem Material unbekannter Inhomogenität gemacht wird, ist letztlich unbekannt und kann sehr groß sein. Auch kann der Abfall von Charge zu Charge und von Zeit zu Zeit stofflichen Änderungen unterworfen sein. Der Illustration von Fehlermöglichkeiten bei der Probenahme dient Abb. 11.6: Die Person mit der Augenbinde soll eine Probe aus den dargestellten Volumina entnehmen, mit denen die Konzentration von schwarz in weiß bestimmt werden kann.

▶ Der Gesetzgeber hat diesen Fehlermöglichkeiten und Unsicherheiten dadurch Rechnung getragen, dass die Grenzwerte auch dann noch als eingehalten gelten, wenn bei der Identitätskontrolle des Abfalls diese deutlich überschritten werden. Siehe hierzu auch die früher gültige TA-Abfall, Anhang B, Punkt 3.2 [13].

11 Gefährliche Abfälle

Es sei angemerkt, dass sich die vorgeschriebenen analytischen Kontrollen – trotz ihrer Schwäche betr. Probenahme – als ein wirksames Disziplinierungsinstrument bei der ordnungsgemäßen Entsorgung gefährlicher Abfälle erwiesen haben, mit der Folge, dass *Giftmüllskandale* heute aus den Schlagzeilen verschwunden sind.

In diesem Zusammenhang sei auch auf das mittlerweile verschärfte Umweltstrafrecht hingewiesen, welches bei fahrlässigem oder vorsätzlichem Verstoß gegen geltende Bestimmungen mit empfindlichen Geld- oder Haftstrafen droht (StGB § 326).

11.2 Technische Verfahren zur Behandlung und Beseitigung gefährlicher Abfälle

Die Entsorgung gefährlicher Abfälle gliedert sich, analog zu nicht gefährlichen Abfällen, in die Bereiche Behandlung und Beseitigung. Die stoffliche Verwertung oder die Rückgewinnung von Rohstoffen sollte gemäß Abfallhierarchie vorausgehen, was in der Industrie häufig in den Betrieben stattfindet, bevor die Abfälle letztendlich entsorgt werden (siehe Abschnitt 11.5).

Behandelt werden müssen nicht verwertbare Rückstände aus der Produktion (Primärabfälle), dem Recycling bzw. der Rückgewinnung sowie aus Abfall- und Abwasserbehandlungsanlagen (Sekundärabfälle), die gemäß Deponieverordnung (für gefährliche Abfälle Deponieklassen III und IV, siehe Kap. 10.3.7) nicht abgelagert (d. h. endgültig beseitigt) werden dürfen.

Im allgemeinen bedürfen Abfälle vor ihrer Ablagerung einer Vorbehandlung, wenn sie in irgendeiner Weise reaktiv sind. Hierzu zählen diverse Eigenschaften organischer Substanzen wie Entzündlichkeit, Explosivität, biologische Aktivität und Infektiosität, aber auch anorganischer Abfallbestandteile wie z. B. die Reaktivität mit Wasser oder Sauerstoff. Ebenso müssen flüssige Abfälle behandelt werden, da Flüssigkeiten grundsätzlich nicht abgelagert werden dürfen.

Aus den in 11.1.2 genannten Behandlungsverfahren für gefährliche Abfälle werden in diesem Kapitel die chemisch-physikalischen Verfahren besprochen. Gemeinsam mit den thermischen Verfahren (siehe Kap. 9) werden sie für die meisten behandlungsbedürftigen Abfälle eingesetzt.

11.3 Chemisch-Physikalische Behandlung von gefährlichen Abfällen (CPB)

11.3.1 CPB – Allgemeines

Bei der chemisch-physikalischen Behandlung (CPB) von gefährlichen Abfällen handelt es sich in der Regel um die Behandlung von flüssigen gefährlichen Abfällen aus der Industrie – also z. B. um Altöle, um verbrauchte Schneidölemulsionen, um verunreinigte

Säuren und Laugen, um schwermetallhaltige, nitrithaltige oder cyanidhaltige Konzentrate sowie auch um Lösemittel-Wassergemische und um Dünnschlämme, aber z. B. auch um Deponiesickerwasser [14, 20–22].

In der Entsorgungspraxis überschneiden sich hierfür oftmals die Begriffe: So rangieren derartige Abfallflüssigkeiten fallweise auch unter der Bezeichnung *Industrieabwasser*. Meist sind die Volumenströme im Einzelfall klein und die Konzentrationen der betreffenden umweltrelevanten organischen und/oder anorganischen Inhaltsstoffe hoch.

In der Abfallverzeichnisverordnung [3] sind daher zahlreiche flüssige gefährliche Abfälle zu finden, welche ebenso als Abwässer angesehen werden können – zumal der vorherrschende Abfallbestandteil aus Wasser besteht.

Typisch für diese Zwitterstellung sind z. B. Säuren (06 01. *) und Laugen (06 02. *) schwermetallhaltige Konzentrate (06 03 13 *) sowie wässrige Spülflüssigkeiten (11 01 11 *), wässrige Waschflüssigkeiten und Mutterlaugen (07 05 01 *) oder Deponiesickerwasser (19 07 02 *).

Umgekehrt können zahlreiche Abwässer, welche aus Produktionsanlagen der chemischen oder pharmazeutischen Industrie stammen, auch als flüssige gefährliche Abfälle angesehen werden.

▶ **Tipp** Eine klare Definition existiert nicht und in der Praxis wird vielfach – allerdings höchst unzulänglich – wie folgt unterschieden:
- Flüssigabfälle sind dadurch charakterisiert, dass sie mit Tankfahrzeugen entsorgt werden.
- Abwasser ist dadurch gekennzeichnet, dass es durch Rohre bzw. Kanäle abgeleitet wird.

Für den Gewässerschutz bedeutsam ist jedoch, dass entsprechende Direkt- bzw. Indirekteinleiter-Grenzwerte einzuhalten sind – gleichgültig ob es sich um Kläranlagenablauf oder um Flüssigabfall nach der CP-Behandlung handelt.

Praxisrelevante CPB-Verfahren für Flüssigabfälle, bzw. Industrieabwässer sind im Folgenden aufgelistet:

Physikalische Verfahren zur Durchführung von Stoff-Trennungen
- Sedimentation zur Abtrennung von Feststoffen in Absetzbehältern
- Flockung durch Zugabe geeigneter Additive zur Erhöhung der Sinkgeschwindigkeit feindisperser Stoffe
- Filtration zur Entwässerung von Dünnschlämmen in Filterpressen
- Zentrifugation zur Öl- und Feststoffabtrennung in Dekantern
- Schwerkraftabscheidung zur Öl-Wasser-Separierung in Absetzbehältern
- Skimmen zur Abschöpfung von Ölschichten auf Wasseroberflächen

- Flotation zur Abtrennung von Öl- und Feststoffflocken durch Anlagerung an aufsteigende Luftbläschen
- Ultrafiltration zur Öl-Wasser-Trennung von Emulsionen an Membranen
- Koaleszenz zur Trennung emulgatorfreier Emulsionen an oleophilen Oberflächen
- Elektrokoagulation zur Spaltung von Abfallemulsionen durch elektrische Effekte
- Umkehrosmose zur Trennung von Wasser und Wasserinhaltsstoffen an Membranen
- Verdampfung zur Aufkonzentrierung von Abwasserinhaltsstoffen
- Eindampfung zur Aufkonzentrierung von Abwasserinhaltsstoffen bis zur Trockene
- Destillation zur Abtrennung leichtflüchtiger Stoffe aus Abwasser
- Aktivkohle-Adsorption zur Entfernung organischer, vorwiegend unpolarer Abwasserinhaltsstoffe
- Strippung mit Luft oder Wasserdampf zur Austreibung leichtflüchtiger Abwasserinhaltsstoffe

Chemische Verfahren zur Stoffumwandlung bzw. Stoffzerstörung
- Neutralisation saurer oder alkalischer wässriger Lösungen
- Anwendung von Fällungsprozessen zur Schwermetall-Entfrachtung wässriger Lösungen durch hydoxidische, carbonatische oder sulfidische Fällung
- Anwendung von Redoxprozessen zur Entgiftung wässriger Lösungen (Cyanid, Nitrit, Chromat)
- Ionenaustausch zur Entfernung unerwünschter Ionen aus wässrigen Lösungen
- Salzspaltung/Säurespaltung zur Spaltung emulgatorhaltiger hochverschmutzter Emulsionen
- Einsatz organische Spalter-Polymere zur Spaltung emulgatorhaltiger hochverschmutzter Emulsionen
- Druck-Nassoxidation mit (Luft) Sauerstoff zur Umwandlung oder Zerstörung organischer Stoffe in Abwässern
- Nasschemische Oxidation, drucklos, durch Anwendung von AOP (Advanced Oxidation Processes) zur Zerstörung von CSB-verursachenden Stoffen in Abwässern, und damit Verringerung deren Toxizität oder Erhöhung ihrer Bioabbaubarkeit
- Thermische Oxidation in Verbrennungsanlagen zur Totalzerstörung aller organischen Inhaltsstoffe in Abwässern

Mikrobiologische Verfahren zur Stoffumwandlung bzw. Stoffzerstörung
- Aerobe Behandlung in Bioreaktoren, drucklos oder unter Druck, zur Umwandlung oder Zerstörung von organischen Inhaltsstoffen in Abwässern durch Bakterien und/oder Pilze
- Anaerobe Behandlung in Bioreaktoren, drucklos oder unter Druck zur Umwandlung oder Zerstörung von organischen Inhaltsstoffen in Abwässern durch Archaea und/oder Bakterien

Die chemisch-physikalische Behandlung von gefährlichen Abfällen erfolgt in manchen Fällen innerhalb der Betriebe unweit des Anfallorts der Abfälle.

So verfügen größere Galvanikbetriebe über CPB-Anlagen zur Entgiftung von Cyanid und Chromat und in zunehmendem Maße über Einrichtungen zur Rückgewinnung von Metallen, z. B. Ionenaustauscher, was den Anfall von Galvanikschlämmen deutlich vermindert hat.

Abfall-Schneidölemulsionen werden in größeren Betrieben der Metallbranche vielfach in eigenen Ultrafiltrations-Emulsions-Trennanlagen behandelt. Oft finden sich in Kombination auch Anlagen zur oxidativen Nitritentgiftung.

Häufig sind auch betriebseigene CPB-Anlagen zur Abwasserneutralisation und Schwermetallfällung anzutreffen, meist mit nachgeschalteter Filteranlage.

Betriebe, die über keine eigenen CPB-Anlagen verfügen – in der Regel kleinere oder mittlere Betriebe – machen von den Entsorgungsangeboten der Sonderabfallentsorger Gebrauch. Solche in jedem Bundesland in Deutschland ansässigen und vielfach auch überregional operierenden Entsorgungsfirmen, welche im Bundesverband Sekundärrohstoffe und Entsorgung e. V. organisiert sind, verfügen über Behältnisse und Spezialfahrzeuge für Flüssigabfälle. Außerdem verfügen sie über Sammelstellen für gefährliche Abfälle, über Zwischenlager und über zentrale CPB-Anlagen, in welchen Anlagen zur Feststoffabtrennung und Schlammentwässerung, Ölabschöpfung, Emulsionstrennung, Entgiftung, Neutralisation und Adsorption vorhanden sind.

In der Regel gelangen die Abläufe von CPB-Anlagen in eine firmeneigene oder kommunale mechanisch-biologische Kläranlage – sozusagen als abschließende Behandlung. Dies ist in jedem Falle aus Gründen des Gewässerschutzes sinnvoll: Einerseits werden in den großen Volumina einer Kläranlage störfallbedingte Konzentrationsspitzen umweltrelevanter oder toxischer Komponenten in Abwasserströmen vergleichmäßigt – andererseits ist der aerobe mikrobielle Abbau der effektivste und damit kostengünstigste Zerstörungsmechanismus für die allermeisten organischen Stoffe.

Es sei an dieser Stelle darauf hingewiesen, dass CPB-Anlagen für gefährliche Abfälle Maßgaben genügen müssen, wie sie in der bis Mitte Juli 2009 gültigen TA Abfall [13] vermerkt waren. Aus Ermangelung einer derzeit verfügbaren ähnlichen Anweisung sei, trotz Außerkraftsetzung der TA-Abfall, auf dieses Regelwerk verwiesen. Die CPB-Anlagen betreffenden Punkte sind:

6	**Übergreifende Anforderungen** an Zwischenlager, Behandlungsanlagen…, insbes.:
6.1.4	Rohrleitungen
6.1.5	Abdichtung
6.1.6	Überdachung
6.1.7	Abwassererfassung und Entsorgung
6.3.1	Eingangsbereich
6.3.2	Arbeitsbereich

11 Gefährliche Abfälle

6	**Übergreifende Anforderungen** an Zwischenlager, Behandlungsanlagen…, insbes.:
6.3.3	Lagerbereich
6.3.3.1.2	CPB-Anlagen
6.3.3.3.1	Lagerung in Behältern
7	Besondere Anforderungen an Zwischenlager mit allen Unterpunkten
8	Besondere Anforderungen an Behandlungsanlagen mit allen Unterpunkten

Zu den genannten Punkten werden hier keine Ausführungen gemacht, da sie ausführlich in der (bis Juli 2009 gültigen) TA-Abfall beschrieben sind.

In Abb. 11.7 wird die prinzipielle Anordnung einer hypothetischen Chemisch-Physikalischen Behandlungsanlage für flüssige gefährliche Abfälle, einschließlich Verkehrsflächen und Peripherie wiedergegeben.

Als zusätzliche Orientierung betreffend Input und Output einer solchen Anlage dient die folgende Massenbilanz in Abb. 11.8.

Anhand der Massenbilanz wird die Aufgabe einer CPB-Anlage als Anlage zur Wasserabtrennung aus Flüssigabfällen und Reinigung des abgetrennten Wassers besonders augenfällig.

Neben den genannten Verfahren zentraler CPB-Anlagen regionaler und überregionaler Entsorgungsfirmen ist die Vielzahl hochspezialisierter CPB-Verfahren, wie Pervapora-

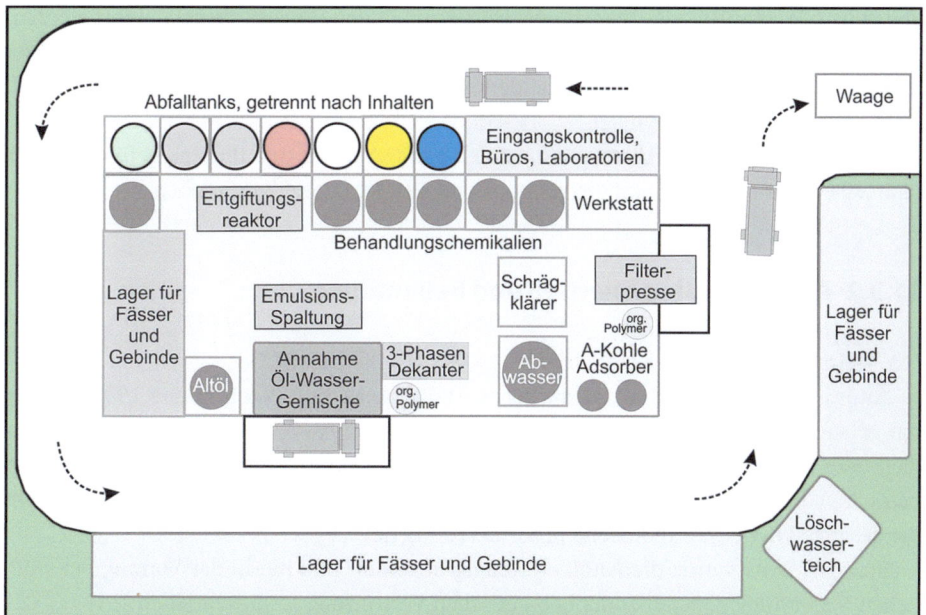

Abb. 11.7 Prinzipskizze einer CPB-Anlage für flüssige gefährliche Abfälle [14]

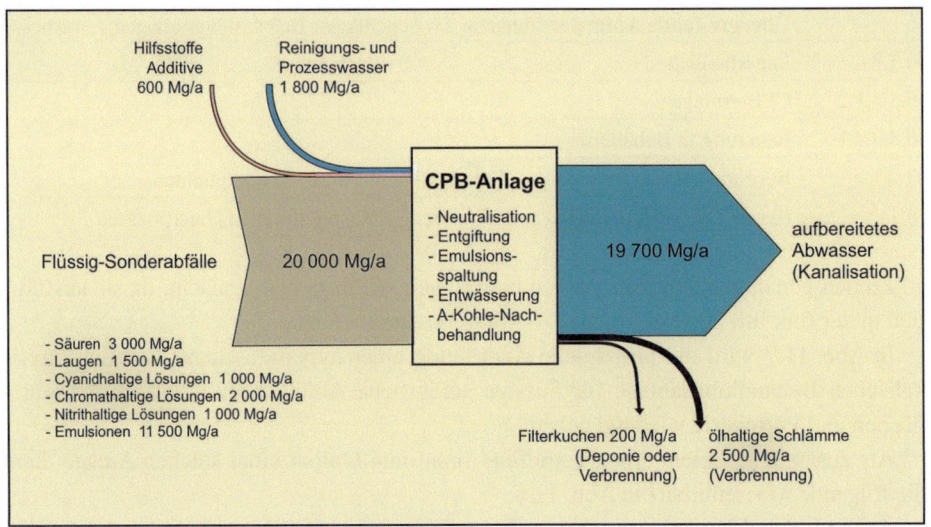

Abb. 11.8 Massenbilanz einer hypothetischen CPB-Anlage für flüssige gefährliche Abfälle [14]

tion, Extraktivdestillation, Strippung oder Flüssig-Flüssig-Extraktion – vornehmlich in der Chemischen Industrie – kaum zu überblicken.

Meist sind solche Anlagen innerhalb der Produktionsanlage integriert und stellen effektive Prozesse zur Abfallvermeidung und Abfallverminderung dar, in denen Produkte und andere Wertstoffe oder Wasser abgetrennt und in den Prozess zurückgeführt werden.

In Anbetracht der Vielzahl chemischer Produktionsprozesse mit ihren Eigenheiten und ihren individuellen, maßgeschneiderten CPB-Einrichtungen, wird an dieser Stelle nicht näher hierauf eingegangen.

In den nachfolgenden Abschnitten werden einige bedeutsame flüssige gefährliche Abfälle näher charakterisiert und die wichtigsten CPB-Verfahren beschrieben.

11.3.2 Altöl, Charakterisierung und Behandlung

(AVV-Gruppen: 12 01*, 13 01*, 13 02*, 13 03*, 13 05*, 13 07*)

Altöl ist heute generell als gefährlicher Abfall eingestuft. Noch in den 1990iger Jahren gelangten aufgrund unerlaubter Vermischungen von Altölen mit PCB-haltigen Trafoölen oder CKW-haltigen Kaltreinigern verunreinigte Altöle unerkannt in Regenerationsbetriebe, von wo aus in der Folge kontaminierte Regeneratöle in den Handel kamen und die gesamte Öl-Recyclingbranche in Misskredit geriet.

Im April 2002 wurde die Altölverordnung novelliert und hierin der Vorrang der stofflichen Verwertung gegenüber der energetischen Verwertung festgeschrieben [15].

In Deutschland gelangten im Jahr 2014 ca. 1,09 Mio Mg Frisch-Mineralöle als Schmierstoffe für Verbrennungsmotoren, Getriebe und Maschinen auf den Markt. Demgegenüber wurden im selben Jahr 467.000 Mg Altöl gesammelt; die Differenzmenge geht anwendungsbedingt verloren. Von den sich einschließlich 129.000 Mg importierter Altöle ergebenden 596.000 Mg wurden 88 % stofflich und 10 % energetisch, vorwiegend in Zementwerken, verwertet. Der Anteil der stofflichen Verwertung steigt dabei stetig – 2006 waren es noch 77 %. [16]

Altöle sind durch emulgierte, partikuläre und gelöste Verunreinigungen gekennzeichnet, insbesondere durch Wasser, Metallabrieb und Sand, durch thermische Crackprodukte und Ruß sowie durch schwer definierbare Oxidationsprodukte der zahlreichen Öl-Additive und des Öls selbst. Dazuhin spielen altölfremde Komponenten eine Rolle wie z. B. pflanzliche Öle oder leichtflüchtige Lösemittel, welche – trotz Verbot – fallweise mit dem Altöl vermischt werden [18, 19]

Solange eine Flammpunktanalyse nicht vorliegt, wird daher Altöl aus Sicherheitsgründen gemäß den Vorschriften der VbF[1] und der TRbF[2] grundsätzlich als brennbare Flüssigkeit der höchsten Gefahrenklasse A (mit Flammpunkt unter 21°C) eingestuft.

Altöl enthält immer mehr oder weniger Wasser (Emulsionswasser, Verbrennungswasser, Reinigungswässer) – in der Praxis liegen die Werte um ca. 10 Masse-%.

Wenn bei der chemischen Analyse folgende Grenzwerte überschritten werden, so darf das Altöl in der Regel stofflich nicht verwertet werden:
PCB (gesamt): 20 mg/kg
Gesamt-Halogen: 2000 mg/kg
In der Praxis liegen die Werte im Schnitt deutlich niedriger.

Altöle, welche einen der genannten Grenzwerte überschreiten, müssen in einer Verbrennungsanlage für gefährliche Abfälle beseitigt werden.

Betreffend Altöl-Sammlung und –Transport ist eine Nachweisführung in Form einer speziellen Erklärung gemäß Vordruck in Anlage 2 der AltölV obligatorisch.

11.3.3 Abfall-Emulsionen

11.3.3.1 Allgemeines zu Emulsionen

Emulsionen bestehen in der Regel aus zwei nur wenig ineinander löslichen Flüssigkeiten – z. B. Öl und Wasser – welche bei intensiver Vermischung eine Dispersion bilden (Dispersion = feine Verteilung einer Komponente in einer anderen). Der Tröpfchendurchmesser von Emulsionen liegt i. A. zwischen ca. 0,5 µm und 50 µm.

---

[1] Verordnung über Anlagen zur Lagerung, Abfüllung und Beförderung brennbarer Flüssigkeiten zu Lande (Verordnung über brennbare Flüssigkeiten – VbF), 1980, zuletzt geändert 2016.
[2] Technische Regeln für brennbare Flüssigkeiten, aktuelle Fassung von 2002.

Abb. 11.9 Prinzip der Stabilisierung von Emulsionen durch Emulgatoren [14]

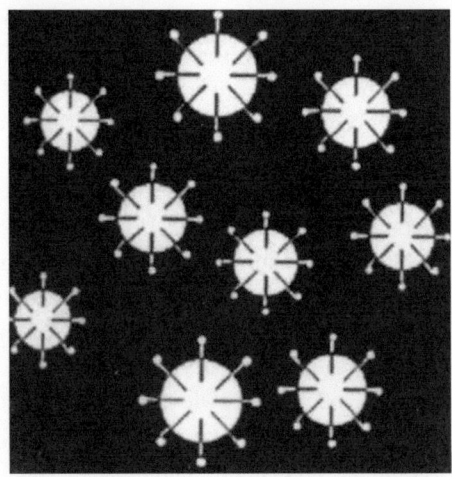

Große Bedeutung haben Mineralöl-Wasser-Emulsionen in der metallverarbeitenden Industrie als Kühl-Schmierstoffe (KSS, „Bohrmilch", Schneidölemulsionen; Mineralölgehalt: 5 bis 10 %) [18, 19].

Grundsätzlich sind alle Emulsionen thermodynamisch instabile Systeme, welche das Bestreben haben, die Grenzflächenenergie der künstlich erzeugten großen Phasengrenzflächen der vielen kleinen Emulsionströpfchen zu verkleinern. Diese Oberflächenverkleinerung geschieht durch sog. Koaleszenzvorgänge – dem Zusammenfließen von kleinen Tröpfchen zu immer größeren – so lange, bis die Ausdehnung der Grenzfläche ein Minimum erreicht hat.

Zu unterscheiden sind instabile Emulsionen, welche sich rasch entmischen und stabile Emulsionen, welche längere Zeit (Wochen, Monate) unverändert bleiben. Stabile Emulsionen können durch Zugabe von Emulgatoren hergestellt werden. Alle Emulsionen entmischen sich jedoch früher oder später, in der Regel verursacht durch mikrobielle Zersetzungsvorgänge.

Die Stabilität von Emulsionen beruht auf elektrostatischen Abstoßungskräften zwischen den gleichsinnig geladenen (i. A. partiell negativen) Emulsionströpfchen. Die Ladungen beruhen auf Ladungstrennungsvorgängen, die bei der Vermischung der Flüssigkeiten während der Emulsionszubereitung eintritt. Durch die Anwesenheit von Emulgatoren werden die elektrostatischen Effekte wesentlich ausgeprägter und die Emulsionen in der Folge stabiler.

Die Wirkungsweise der Emulgatoren (Abb. 11.9) beruht auf ihrer molekularen Struktur; es sind i. A. tensidartige Moleküle, welche Kopf-Schwanz-Polarisation aufweisen.

Die in die wässrige Phase (schwarz) ragenden negativ geladenen Köpfe der Tensidmoleküle bewirken die elektrostatische Abstoßung der Öltröpfchen (weiß), so dass diese nicht koalisieren. Die positiven, lipophilen Schwänze befinden sich in den negativ geladenen Öltröpfchen.

Emulsionen besitzen die Eigenschaften ihrer Komponenten in Kombination, was für bestimmte Anwendungen vorteilhaft ist, z. B. bei Schneidölemulsionen: Wasser kühlt und spült, Mineralöl schmiert (= Kühl-Schmierstoffe, KSS).

11.3.3.2 Entsorgung von Abfall-Emulsionen

Die Öl-in-Wasser Emulsionen spielen mengenmäßig in Deutschland die wichtigste Rolle. So fallen hiervon ca. 830.000 Mg/a [8][3] als gefährliche Abfälle an, welche sowohl betriebsintern als auch betriebsextern entsorgt werden (AVV-Abfallschlüssel v. a. 12 01 09 *, 13 01 05 * und 13 08 02 *).

Neben den Hauptbestandteilen Öl und Wasser enthalten solche Emulsionen eine Reihe von Additiven, wie Emulgatoren, Korrosionsinhibitoren, Mikrobiozide, Komplexbildner, Antischaummittel und Hochdruckzusätze.

Das Ziel der Behandlung ist die Spaltung der Emulsion, also die Trennung der Emulsion in eine Öl- und Wasserphase.

Die Mechanismen der Emulsionstrennung beruhen entweder auf einer Kompensation der auf den Öltröpfchen befindlichen gleichsinnigen elektrischen Ladungen durch Zufuhr gegensinniger Ladungen oder auf einer Überwindung der durch diese Ladungen hervorgerufenen Abstoßungskräfte durch Druck oder Temperatur.

In Tab. 11.1 sind die wichtigsten Behandlungsverfahren für Abfallemulsionen aufgelistet und stichwortartig charakterisiert.

Zu erwähnen sind auch noch folgende innovative und abfallarme Verfahren, welche jedoch in Deutschland bislang nicht sehr verbreitet sind:

- Spaltung mit Kohlenstoffdioxid bei ca. 80°C und erhöhtem Druck
- elektrochemische Spaltung durch gezielte Auflösung von Eisen- oder Aluminiumanoden
- Spaltung mittels Elektrokoagulation

Bei der Behandlung von Abfallemulsionen in Deutschland können derzeit grob zwei Verfahrensweisen unterschieden werden, welche insbesondere von der Größe des Betriebs abhängen:

Abfallemulsionen, die bei großen metallbearbeitenden Firmen anfallen, werden oftmals innerbetrieblich, nach Vorfiltration, mittels Ultrafiltration (UF) behandelt. Dieses Membranverfahren ist deshalb meist unproblematisch anzuwenden, weil die Art und Eigenschaften der zu spaltenden Emulsionen gut bekannt sind und Vermischungen mit membranschädigenden anderen Flüssigabfällen (z. B. Lösemitteln) ausgeschlossen werden können. Betriebsinterne Anlagen sind i. A. erst ab einem Emulsionsaufkommen von 50 bis 100 m^3/a rentabel.

---

[3] Mittelwert aus den Jahren 2010 bis 2020.

Tab. 11.1 Verbreitete Verfahren zur Trennung von Abfall-Emulsionen [14]

Verfahren	Techn. Spezifikationen	Vorteilhafte Aspekte	Nachteilige Aspekte
Salzspaltung	Batch-Prozess, Ladungskompensation durch Salzionen (Fe^{3+}, Al^{3+}, Mg^{2+})	Einfach, kostengünstig, für alle Emulsionen, auch stark verschmutzte Emulsionsgemische	Starker Schlammanfall, Ablauf mit hoher Salzfracht
Säurespaltung	Batch-Prozess, Ladungskompensation durch Oxonium	Einfach, kostengünstig, für alle Emulsionen, auch stark verschmutzte Emulsionsgemische	Ablauf mit hoher Salzfracht
Spaltung mit organischen Spaltern	Batch-Prozess, Ladungskompensation durch kationische Polymere	Einfach, kostengünstig, für alle Emulsionen, auch stark verschmutzte Emulsionsgemische	Prozesssteuerung erfordert Erfahrung, Überdosierung verschlechtert Spaltergebnis
Koaleszenzapparate	Konti-Prozess, Spaltung durch Adhäsion von Öltröpfchen an geeigneten Oberflächen (PE, PP, PU u. a.)	Einfach, kostengünstig	Nur für emulgatorfreie Emulsionen (z. B. Kompressorkondensate)
2-Phasen Dekanter 3-Phasen Dekanter	Konti-Prozess, Spaltung durch Zentrifugalkräfte (bis 4000 g)	Hoher Durchsatz, für alle Emulsionen, auch stark verschmutzte Emulsionsgemische	Hoher Invest, Additive nötig
Flotation: Entspannungsflotation Elektroflotation	Konti-Prozess, Spaltung durch Adhäsion von Öltröpfchen an aufsteigende Gasbläschen	Hoher Durchsatz, für alle Emulsionen, auch stark verschmutzte Emulsionsgemische	Hoher Invest, Additive nötig
Verdampfung mit oder ohne Vakuum und Wärmerückgewinnung	Konti-Prozess, Spaltung durch Verdampfung des Wassers	Additiv freies Verfahren, für alle Emulsionen, auch stark verschmutzte Emulsionsgemische	hoher Invest, energieintensiv (Abwärmenutzung z. B. aus benachbarter SAV ist anzustreben)
Ultrafiltration	Konti-Prozess, Spaltung durch Abtrennung des Wassers mittels Membran	Additiv freies, elegantes Verfahren	Hoher Invest, Vorfiltration erforderlich, hoher Wassergehalt im Öl, fouling-Probleme
Adsorption	Batch-Prozess, Spaltung durch Anlagerung des Öls an hydrophobierte Kieselsäure	Einfach, hohe Aufnahmekapazität des Adsorbens	Teures Adsorbens, Rückstände sind Sonderabfall, nur für kleine Mengen Emulsionen mit geringem Ölgehalt (1 %)

Für Abfallemulsionen aus der Klein- und Mittelständischen Industrie erfolgt der erste Entsorgungsschritt durch Sammlung in speziellen Tankfahrzeugen, die damit zentrale Entsorgungsunternehmen für gefährliche Abfälle beliefern. Es handelt sich um Mischungen unterschiedlicher Emulsionstypen meist unbekannter Vorgeschichte. Solche Emulsionsgemische enthalten auch erhebliche Anteile an sedimentierbaren Stoffen (Trockensubstanz bis ca. 5 %). Sie werden in der Regel in ein überdachtes oder eingehaustes Sedimentations- und Speicherbecken überführt, in welchem freies Öl aufrahmen kann und von wo aus die Emulsionsgemische zur Spaltung unter Einsatz organischer Spalter gelangen. Alternativ werden oft auch 3-Phasen Dekanter eingesetzt. Vereinzelt ist hier noch die einfache und robuste Salz- oder Säurespaltung zu finden, welche auf Grund der erheblichen Aufsalzung der Wasserphase nicht mehr dem Stand der Technik entspricht.

Nach erfolgter Emulsionsspaltung besitzt die Wasserphase in der Regel noch einen hohen CSB von fallweise mehreren 1000 mg/l und auch noch Restölgehalte von mehreren 100 mg/l, ggf. aber auch höhere Gehalte an Nitrit.

Eine Nachbehandlung der Wasserphase ist daher obligatorisch, insbesondere ist Nitrit zu entgiften (siehe Kapitel 11.4.5 Nitritentgiftung). Zur CSB Reduzierung wird oftmals Flockung/Fällung durch Zugabe von Eisen-II-sulfat und Caiciumhydroxid angewandt, fallweise gefolgt von einer Feinreinigung mit Aktivkohle.

Letztlich kann so der CSB erheblich gesenkt und die Grenzwerte für Nitrit (wenn gefordert) und für Mineralölkohlenwasserstoffe (20 mg/l) eingehalten werden.

11.3.4 Cyanide

11.3.4.1 Allgemeines zu Cyanid und zu cyanidischen Abfällen

Das Cyanid-Ion (CN^-) bzw. der im Sauren aus dem Cyanid-Ion sich bildende gasförmige Cyanwasserstoff (= Blausäure, HCN) gehört mit zu den giftigsten chemischen Verbindungen, die sehr schnell tödlich wirken – fallweise in Sekunden.

Die letale Dosis für den Menschen liegt um 1 mg pro kg Körpergewicht (oral). Zu beachten ist, dass Cyanwasserstoff auch leicht über die Haut in den Körper eindringen kann. Für Fische können bereits Cyanidkonzentrationen im Wasser ab 0,03 mg/l tödlich sein. Fischsterben in Gewässern wurde vielfach durch fahrlässige Einleitung von Cyanid verursacht [18–21].

Cyanid in Abwässern bzw. flüssigen gefährlichen Abfällen muss daher mit chemischen Methoden wirkungsvoll entgiftet werden, und zwar aus Sicherheitsgründen im kontrollierten Chargenbetrieb.

Die gesetzlichen Grenzwerte für Direkt- und Indirekteinleiter von Abwässern für Cyanid, leicht freisetzbar (= Cyanid-Ion, CN^-), liegen je nach Branche bei 0,2 mg/l (Galvanik, Leiterplattenherstellung, mechanische Werkstätten) bzw. bei 1 mg/l (Härtereien).

Für den Parameter Gesamtcyanid, welcher die Summe des leicht freisetzbaren und des komplex gebundenen Cyanids darstellt, können örtlich Grenzwerte festgeschrieben sein. Die komplexen Cyanide der Schwermetalle Zink, Kupfer, Nickel, Kobalt und Eisen sind im Galvanikbereich von großer praktischer Bedeutung, da sie sich positiv auf die Qualität der abgeschiedenen Metallschichten (Glanz, Porenarmut, Haftung) auswirken.

Vor Ableitung in den Kanal oder in ein Gewässer sind daher die Cyanokomplexe ebenfalls zu behandeln – und zwar nicht nur wegen des Cyanids–, sondern vor allem auch wegen der Schwermetalle, für welche strenge Grenzwerte einzuhalten sind. Folgende Komplexionen sind hier beispielhaft zu nennen:

Tetracyanozinkat: $[Zn(CN)_4]^{2-}$, Tetracyanocuprat: $[Cu(CN)_4]^{2-}$, Tetracyanoniccolat: $[Ni(CN)_4]^{2-}$, Hexacyanocobaltat (III): $[Co(CN)_6]^{3-}$, Hexacyanoferrat (III): $[Fe(CN)_6]^{3-}$, Hexacyanoferrat (II): $[Fe(CN)_6]^{4-}$

Feste cyanidische Abfälle – insbesondere Härtesalze – werden in der Regel nicht entgiftet, sondern – gemäß DepV – verpackt, in einem stillgelegten Salzbergwerk zum Beispiel der Kali- und Salz AG in Herfa-Neurode (Hessen, bei Kassel) untertage abgelagert (siehe Kapitel Deponierung).

In Härtereibetrieben fallen jedoch nicht nur die verbrauchten Härtesalze an, sondern auch cyanidische Spülwässer, welche vornehmlich freies Cyanid enthalten und welche der nasschemischen Entgiftung bedürfen.

Bedeutende industrielle Cyanid-Emittenten sind die chemische und die metallschaffende Industrie. Cyanidische Abfälle fallen vornehmlich in folgenden Bereichen an:

- Blausäurefabrikation
- Kokereien und andere Pyrolyseprozesse
- Mineralölraffinerien
- Herstellung von Cyanurchlorid für Reaktivfarbstoffe, Lacke, EDTA und NTA
- Herstellung von Kalkstickstoffdünger (Calciumcyanamid, Ca[NCN])
- Herstellung von Polyurethan
- Herstellung von Acrylglas
- Galvanotechnische Betriebe
- Stahl-Härtereien, insb. Betriebe für das Einsatznitrieren
- Hochöfen

11.3.4.2 Cyanidentgiftung mit Hypochlorit (Chlorbleichlauge)

Die Zerstörung von Cyaniden in Abwässern bzw. flüssigen gefährlichen Abfällen geschieht in der Praxis üblicherweise nasschemisch durch Oxidation des Cyanids zu weniger giftigen oder ungiftigen Folgeprodukten.

In dem nach wie vor am weitesten verbreiteten Cyanid-Entgiftungsverfahren wird Chlorbleichlauge (ca. 13 %ige wässrige Lösung von Natriumhypochlorit, NaOCl) eingesetzt.

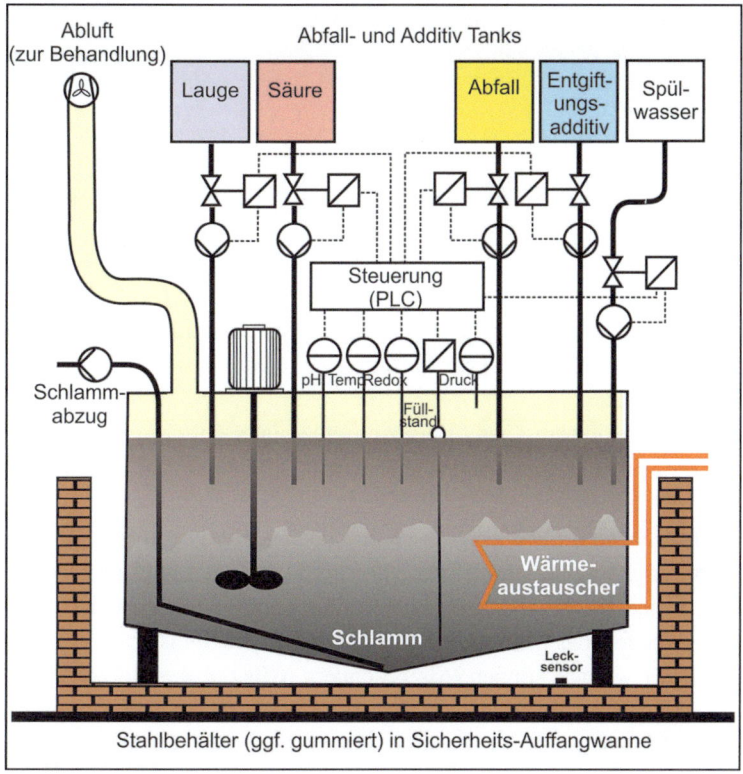

Abb. 11.10 Prinzipskizze, Universalreaktor zur Entgiftung von Cyanid, Nitrit und Chromat [14]

Das Hypochlorit wirkt – wie alle starken Oxidationsmittel – unspezifisch auf alle im Abwasser enthaltenen oxidierbaren Stoffe. Daher ist die tatsächlich benötigte Menge Hypochlorit mittels Voruntersuchungen im Labor zu ermitteln.

Die chemischen Reaktionen der Entgiftung verlaufen simultan in mehreren Stufen. Aus Gründen des Personenschutzes kommt hierbei der Kontrolle des pH-Werts besondere Bedeutung zu, da giftige Gase freigesetzt werden können. Deshalb ist auch die Absaugung des Behandlungsreaktors obligatorisch (Abb. 11.10).

Die Entgiftungsreaktion ist durch Messung der Redoxspannung messtechnisch einfach zu verfolgen, wobei ein deutlicher Potentialsprung überschüssiges Hypochlorit anzeigt Der Chemismus der Cyanidbehandlung mit Hypochlorit ist im folgenden wiedergegeben:

Obwohl der erste Reaktionsschritt der Cyanidentgiftung kaum vom pH-Wert abhängig ist, muss die zu entgiftende Lösung – falls sie nicht ohnehin bereits stark alkalisch ist – als erstes mit Lauge auf einen pH-Wert von mindestens 10 eingestellt werden, um die Freisetzung des gasförmigen hochgiftigen Cyanwasserstoffs (Blausäure) sicher zu vermeiden. Das Cyanid wird dann durch Hypochlorit rasch oxidiert. Dabei entsteht primär das giftige Gas Chlorcyan.

$$\underset{\text{Cyanid}}{CN^-} + \underset{\text{Hypochlorit}}{ClO^-} + \underset{\text{Wasser}}{H_2O} \rightleftharpoons \underset{\text{Chlorcyan}}{ClCN} + \underset{\text{Hydroxylionen}}{2OH^-}$$

Das Chlorcyan reagiert im zweiten Reaktionsschritt wie folgt weiter (Verseifung).

$$\underset{\text{Chlorcyan}}{ClCN} + \underset{\text{Hydroxylionen}}{2OH^-} \rightleftharpoons \underset{\text{Cyanat}}{CNO^-} + \underset{\text{Chlorid}}{Cl^-} + \underset{\text{Wasser}}{H_2O}$$

Die Chlorcyan-Verseifung ist der geschwindigkeitsbestimmende Schritt bei der Cyanidentgiftung und ist bei pH 10 nach ca. 4 h und bei pH-Werten um 11 in weniger als einer Stunde abgeschlossen.

Ist das leicht freisetzbare Cyanid bis zum zulässigen Grenzwert in das ca. um den Faktor 1000 geringer toxische Cyanat umgewandelt, so ist das Ziel der Cyanidentgiftung grundsätzlich erreicht.

Die Cyanidkonzentrationen von zu entgiftenden Lösungen liegen in der Praxis in einem weiten Bereich zwischen einigen 10-er mg/L, z. B. bei galvanischen Fließspülen, und bis zu mehreren 1000 mg/L, z. B. bei galvanischen Standspülbädern.

Es sei angemerkt, dass durch Hypochlorit auch die meisten o.g. Metall-Cyanokomplexe oxidiert werden können. Als besonders oxidationsresistent erweisen sich jedoch die Kobalt-Cyanokomplexe und vor allem der Nickel-Cyanokomplex. Zur Zerstörung dieser Komplexe müssen entweder längere Reaktionszeiten eingehalten werden – fallweise mehr als 10 h – oder es wird versucht mit großem Hypochlorit-Überschuß und kürzeren Zeiten zu arbeiten – fallweise mit der doppelten Menge.

Für die Oxidation des Cyanid zum Cyanat müssen im praktischen Betrieb pro 1 kg Cyanid etwa 20 kg 13 %iger Natriumhypochloritlösung eingesetzt werden – dies ist die ca. 1,3-fach stöchiometrisch erforderliche Menge.

Falls zusätzlich noch die Oxidation des Cyanats angestrebt wird, ist weiteres Hypochlorit zuzugeben. Es läuft dann folgende Reaktion ab, welche im alkalischen sehr langsam ist und ggf. über 20 h dauert:

$$\underset{\text{Cyanat}}{2CNO^-} + \underset{\text{Hypochlorit}}{3ClO^-} + \underset{\text{Wasser}}{H_2O} \rightleftharpoons \underset{\text{Kohlenstoffdioxid}}{2CO_2} + \underset{\text{Stickstoff}}{N_2} + \underset{\text{Chlorid}}{3Cl^-} + \underset{\text{Hydroxylionen}}{2OH^-}$$

Hierbei entstehen letztlich nur Reaktionsprodukte ohne toxische Eigenschaften. Da die Wasserphase dabei erheblich aufgesalzen wird (7 kg NaCl pro 1 kg CN^-), hat die Totaloxidation des Cyanids an Bedeutung verloren.

Im Anschluß an die Entgiftungsreaktionen ist es erforderlich, das zwangsläufig in der Charge enthaltene überschüssige Hypochlorit, als Aktivchlorverbindung, vor Ableitung der Wasserphase in die Kanalisation zu zerstören.

Hierfür kann die rasch ablaufende Reaktion mit Wasserstoffperoxid herangezogen werden, welche – um die Bildung von Chlorgas zu vermeiden – im neutralen bis alkalischen pH-Bereich durchzuführen ist, und welche mittels Redox-Sonde gut verfolgt werden kann.

Das Wasserstoffperoxid fungiert hierbei als Reduktionsmittel, welches das Hypochlorit (Chlor (+I)) zu Chlorid (Chlor (−I)) reduziert.

$$\underset{\text{Hypochlorit}}{ClO^-} + \underset{\text{Wasserstoffperoxid}}{H_2O_2} \rightleftharpoons \underset{\text{Chlorid}}{Cl^-} + \underset{\text{Wasser}}{H_2O} + \underset{\text{Sauerstoff}}{O_2}$$

Auf eine Besonderheit ist aufmerksam zu machen:

Es kann in manchen Fällen beobachtet werden, dass der Gehalt an leicht freisetzbarem Cyanid in der bereits behandelten Charge langsam wieder auf Werte oberhalb des Grenzwerts ansteigt – eine Folge der allmählichen Zersetzung bestimmter komplexer Cyanide wie z. B. der Prussiate (= Hexacyanoferrat, bei welchen der CN-Ligand durch NO oder NH_3 u. a. ersetzt ist). In solchen Fällen ist auf eine vollkommenere Zerstörung der Komplexe hinzuwirken, z. B. durch eine Verlängerung der Verweilzeit des Abwassers im Behandlungsreaktor.

Von behördlicher Seite wird der Einsatz von Hypochlorit als Aktivchlor-Verbindung zunehmend kritisch betrachtet, da sich während der Entgiftungsreaktion AOX-verursachende Substanzen, z. B. Chloroform und chlorierte Phenole, bilden. Dabei können hohe, weit über den gesetzlichen Grenzwerten liegende AOX-Werte – z. T. mehrere 10-er Milligramm pro Liter – auftreten. Aus diesen Gründen haben neu zu installierende Cyanid-Entgiftungsanlagen nach dem Hypochlorit-Verfahren oftmals Schwierigkeiten bei der behördlichen Genehmigung.

11.3.4.3 Cyanidentgiftung mit Wasserstoffperoxid

Eine für die Cyanidentgiftung als umweltfreundlicher einzuschätzende Alternative zur Hypochloritanwendung besteht im Einsatz von Wasserstoffperoxid (H_2O_2), in Form von 35 %iger oder 50 %iger wässriger Lösung. Insbesondere Härtereiabwässer sind aufgrund der meist fehlenden Schwermetall-Cyanidkomplexe hierdurch gut zu behandeln.

Das Endprodukt der Oxidation des Cyanids durch Wasserstoffperoxid ist Cyanat. Eine Weiterreaktion zu Kohlenstoffdioxid, Stickstoff und Wasser findet nicht statt. Vorteilhaft ist, dass das bei der Hypochloritanwendung entstehende giftige Chlorcyan nicht entsteht.

Obwohl das Optimum der Reaktionsgeschwindigkeit bei pH-Werten um 4 liegt, muss die Reaktion aus Sicherheitsgründen (Blausäureentwicklung) im stark alkalischen durchgeführt werden:

$$\underset{\text{Cyanid}}{CN^-} + \underset{\text{Wasserstoffperoxid}}{H_2O_2} \rightleftharpoons \underset{\text{Cyanat}}{CNO^-} + \underset{\text{Wasser}}{H_2O} \quad pH > 10$$

Die Reaktionszeiten liegen i. A. bei mehreren Stunden, da die Reaktionsgeschwindigkeit im alkalischen, trotz Wasserstoffperoxidüberschuss, klein ist.

Katalytisch beschleunigt werden kann die Reaktion z. B. durch Kupferionen oder durch spezielle (teure) Jodoargentate; hiermit sollen Reaktionszeiten von rund einer Stunde erzielbar sein.

Anzumerken ist, dass das Cyanat im alkalischen mit Wasserstoffperoxid in gewissem Umfang unter Bildung von Ammoniak reagiert:

$$\underset{\text{Cyanat}}{CNO^-} + \underset{\text{Wasserstoffperoxid}}{2H_2O_2} \rightleftharpoons \underset{\text{Ammoniak}}{NH_3} + \underset{\text{Kohlenstoffdioxid}}{CO_2} + \underset{\text{Hydroxylionen}}{OH^-}$$

Die messtechnische Kontrolle der Entgiftungsreaktion mit Wasserstoffperoxid erweist sich in der Praxis als schwierig, da Wasserstoffperoxid – im Gegensatz zur Hypochlorit – kein definiertes konzentrationsabhängiges Redoxpotential besitzt.

Als weiterer nachteiliger Aspekt der Cyanidentgiftung mit Wasserstoffperoxid erweist sich, dass Metall-Cyanokomplexe im Abwasser nur ungenügend oder nicht oxidiert werden.

Es muss dann mit anderen Per-Verbindungen, wie Kaliummonoperoxosulfat ($KHSO_5$ = HO-O-SO_3K = Salz der Peroxomonoschwefelsäure = Salz der Caro'schen Säure, „Caroat", „Curox") bzw. mit Natriumperoxodisulfat ($Na_2S_2O_8$ = $NaSO_3$-O–O-SO_3Na, Salz der Peroxodischwefelsäure) nachbehandelt werden.

In der Praxis wird z. B. das Tripelsalz: 2 $KHSO_5$ · $KHSO_4$ · K_2SO_4 in frischbereiteter ca. 15 %iger Lösung angewandt (Dosierung: ca. 10 L/(h·m^3)).

$$\underset{\text{Cyanid}}{CN^-} + \underset{\text{Hydrogenperoxosulfat}}{HSO_5^-} \rightleftharpoons \underset{\text{Cyanat}}{CNO^-} + \underset{\text{Hydrogensulfat}}{HSO_4^-}$$

Die Reaktion mit Caro'schem Salz kann bei pH-Werten um 10 bis zu den angestrebten Grenzwerten durchgeführt werden, und es sind dann in der Regel die meisten Cyanokomplexe auch weitgehend zerstört, obwohl die Nickelkomplexe oftmals Schwierigkeiten bereiten.

Aufgrund des hohen Preises solcher Per-Verbindungen sowie aufgrund der hierdurch verursachten beträchtlichen Aufsalzung der Wasserphase mit dem (betonschädigenden) Sulfat empfiehlt sich deren Einsatz nur zur Restentgiftung von bereits mit Wasserstoffperoxid vorbehandelten Reaktionsansätzen.

Auch bei Durchführung der Cyanidentgiftung mit Wasserstoffperoxid bzw. Peroxi-Verbindungen sind fallweise AOX-verursachende Stoffe im Abwasser nachzuweisen. Hierbei spielen Radikalreaktionen eine Rolle, indem Chlorid durch OH-Radikale zu Chlor oxidiert wird. Das Ausmaß der AOX-Entstehung ist allerdings deutlich geringer als bei der Entgiftung mit Hypochlorit.

Propagiert wurde in den letzten Jahren der Einsatz von UV-Strahlung bei der Cyanidoxidation mit Wasserstoffperoxid, insbesondere zur Zerstörung des Organikanteils der komplexen Cyanide sowie auch zur Oxidation anderer CSB-verursachender organischer Substanzen. Hierbei werden die zu behandelnden cyanidhaltigen Lösungen an UV Strahlern mit hohem UV-C-Strahlungsanteil vorbeigeführt, wobei sich photochemisch aus dem Wasserstoffperoxid hochreaktive Hydroxyl-Radikale (OH*) bilden, welche zu den stärksten Oxidationsmitteln schlechthin gehören.

$$\underset{\text{Wasserstoffperoxid}}{H_2O_2} \rightleftharpoons \underset{\text{Hydroxylradikale}}{2 \cdot OH}$$

Solche modernen *Advanced Oxidation Processes* (AOP) sind in der Praxis allerdings nicht häufig anzutreffen – wohl auch deshalb, weil der Markt in Deutschland für Cyanidentgiftungs-verfahren weitgehend gesättigt ist.

11.3.4.4 Weitere Cyanid-Entgiftungsverfahren – Cyanidentgiftung durch Fällung als Berliner Weiß

Die Fällung von Cyanid mit Eisen-II-Ionen ist eines der ältesten Entgiftungsverfahren für cyanidhaltige wässrige Lösungen und Konzentrate und wird auch heute noch fallweise in den Bereichen Hochofen und Kokerei angewandt.

Mit diesem Verfahren sind insbesondere auch die sonst nur schwer auf andere Weise zerstörbaren komplexen Eisencyanide eliminierbar.

Die Reaktion wird im Chargenbetrieb im alkalischen durchgeführt:

$$\underset{\text{Cyanid}}{6CN^-} + \underset{\text{Eisen-II}}{Fe^{2+}} \rightleftharpoons \underset{\text{Hexacyanoferrat-II}}{[Fe(CN)_6]^{4-}}$$

Diese Stufe kann potentiometrisch gut kontrolliert werden.

Hiernach wird der pH-Wert auf ca. 3,5 abgesenkt und Eisen-II-sulfat in konzentrierter wässriger Lösung zugegeben.

$$\underset{\text{Hexacyanoferrat-II}}{[Fe(CN)_6]^{4-}} + \underset{\text{Eisen-II}}{2Fe^{2+}} \rightleftharpoons \underset{\text{Eisen-II-Hexacyanoferrat-II Berliner Weiß}}{Fe_2[Fe(CN)_6]}$$

Der Niederschlag wird mittels Filterpresse entwässert.

Der Filterkuchen ist immer durch „Berliner Blau" (Eisen-III-Hexacyanoferrat-II, $Fe_4[Fe(CN)_6]_3$) blau gefärbt, das sich durch Oxidation von Eisen-II zu Eisen-III mittels Luftsauerstoff bildet.

Dem technisch wenig aufwendigen und betreffend des eingesetzten Additivs kostengünstigen Verfahren haften jedoch einige Nachteile an:

- erheblicher Anfall von Abfall-Filterkuchen, oftmals belastet mit eingeschlossenem freien Cyanid (= Widerspruch zur Maxime der Abfallvermeidung)
- erhebliche Cyanid-Restkonzentrationen im entfrachteten Abwasser (z. T. mehr als 10 mg pro Liter) machen dessen oxidative Nachbehandlung nötig
- komplexe Cyanide werden nur unvollkommen umgesetzt

▶ Aufgrund dieser Nachteile wird die Cyanidentgiftung mit Eisen-II heute nur noch bei Altanlagen geduldet.

Cyanidentgiftung mit Formaldehyd

Für größere Abwasservolumenströme und bei verhältnismäßig geringen Cyanidkonzentrationen von einigen 10-er mg/l (Gichtgas-Waschwässer, Abwässer aus Hochtemperaturprozessen und bestimmten chemischen Synthesen) können freies Cyanid und einige Metall-Cyanidkomplexe (z. B. des Zink) kostengünstig, pH-unabhängig und messtechnisch gut kontrollierbar, mit Formaldehyd entgiftet werden, wobei Formaldehydcyanhydrin (Glykonitril) entsteht, das mit Wasserstoffperoxid zu Glycolsäureamid oxidiert wird, welches letztlich zur biologisch gut abbaubaren Glycolsäure hydrolysiert.

Cyanidentgiftung mit Ozon

Das außerordentlich lungengiftige Gas Ozon (O_3) gehört zu den stärksten technisch verfügbaren Oxidationsmitteln, und findet seit Jahrzehnten zur Aufbereitung und Desinfektion von Trinkwasser Verwendung. Der MAK-Wert ist ausgesetzt, zumal Verdacht auf krebserzeugendes Potential besteht. Da Ozon aufgrund seiner Eigenschaft des Selbstzerfalls nicht lagerfähig ist, kann es nur am Ort seines Einsatzes durch das Siemens Verfahren der stillen elektrischen Entladung hergestellt werden.

Cyanid wird im pH-Bereich von 7 bis 10, in Ozon-Begasungsreaktoren, wie folgt oxidiert:

$$\underset{\text{Cyanid}}{CN^-} + \underset{\text{Ozon}}{O_3} \rightleftharpoons \underset{\text{Cyanat}}{CNO^-} + \underset{\text{Sauerstoff}}{O_2}$$

Je nach Art und Konzentration anderer anwesender, ggf. katalytisch wirkender Abwasserinhaltsstoffe, werden hierfür Reaktionszeiten zwischen 15 min und 4 h genannt.

Das Reaktorkonzept erfordert eine Ozon-Rückhalteeinrichtung für Abluft, z. B. einen Thermoreaktor, in welchem sich das Ozon bei Temperaturen um 200°C spontan zersetzt.

Es sei angemerkt, dass aufgrund der beträchtlichen Investitionskosten die Cyanidentgiftung mittels Ozon in der Praxis bislang nur wenig Eingang gefunden hat. Auch ist die Akzeptanz bezüglich des Umgangs mit dem giftigen Ozon innerhalb eines Betriebs nicht allzu hoch.

Cyanidentgiftung mit Schwefelverbindungen

Bemerkenswert ist, dass die Entgiftung von Cyanid im Warmblütlerorganismus vorwiegend durch oxidativ-enzymatische Umsetzung zum wesentlich weniger giftigen Thiocyanat (Rhodanid, SCN^-) erfolgt.

Grundsätzlich kann eine oxidative Umsetzung von Cyanid zu Rhodanid auch für technische Cyanidentgiftungen zum Einsatz kommen. Als Oxidationsmittel eingesetzt werden Polysulfide in spezieller Formulierung.

Die Cyanidentgiftung durch Umsetzung mit Polysulfiden zu Rhodanid wird in größerem technischen Maßstab vereinzelt in den USA realisiert. Die Reaktion ist auf einfache Weise im volldurchmischten Reaktor bei pH 10 durchzuführen und zeichnet sich durch günstige Betriebskosten aus.

11 Gefährliche Abfälle

$$\underset{\text{Cyanid}}{CN^-} + \underset{\text{Polysulfid}}{S_xS^{2-}} \rightleftharpoons \underset{\text{Thiocyanat}}{SCN^-} + \underset{\text{Polysulfid}}{S_{x-1}S^{2-}} (x = 2 \text{ bis } 5)$$

Betreffend nachteiliger Aspekte der Cyanidoxidation mit Polysulfiden sei angemerkt, dass höhere Rhodanid-Konzentrationen im Zulauf von kommunalen Kläranlagen auf die biologischen Prozesse hemmend wirken können. Auch sei auf die korrosive Wirkung von Rhodanid gegenüber metallischen Werkstoffen hingewiesen.

Erwähnenswert ist noch ein in den USA für die Gold-Cyanidlaugerei entwickelter Prozess (INCO-process) zur oxidativen Cyanidentgiftung mittels Schwefeldioxid und Luftsauerstoff bei Umgebungstemperatur, welcher durch Kupferionen (um 50 mg/l) katalysiert wird. Die Konzentrationen des zu entgiftenden Cyanids sind hoch und liegen fallweise bei mehreren 100 bis mehreren 1000 mg/l. Infolge der Oxidation des Cyanids bildet sich Cyanat.

$$\underset{\text{Cyanid}}{CN^-} + \underset{\text{Schwefeldioxid}}{SO_2} + \underset{\text{Sauerstoff}}{O_2} + \underset{\text{Wasser}}{H_2O} \rightleftharpoons \underset{\text{Cyanat}}{CNO^-} + \underset{\text{Protonen}}{2H^+} + \underset{\text{Sulfat}}{SO_4^{2-}}$$

Bei pH-Werten zwischen 9 und 10 und Behandlungszeiten um 30 min lassen sich damit i. A. Rest-Cyanidgehalte von unter 0,5 mg/l erreichen. Komplexe Schwermetallcyanide werden ebenfalls zerstört, wobei die Metallhydroxide ausfallen.

Cyanidentgiftung durch Elektrolyse

Grundsätzlich können alle Redoxreaktionen auch elektrochemisch durchgeführt werden, wobei die Oxidation an der Anode (Elektronenableitung) und die Reduktion an der Kathode (Elektronenzuleitung) – räumlich getrennt voneinander – ablaufen.

Umwelttechnisch vorteilhaft ist dabei, dass die entsprechenden Redoxreaktionen ohne Zugabe des Redox-Reaktionspartners ablaufen.

Auch Cyanid kann anodisch zu Cyanat oxidiert und damit entgiftet werden. Vereinfacht ist die erste Teilreaktion wie folgt zu formulieren:

$$\underset{\text{Cyanid}}{CN^-} + \underset{\text{Hydroxylionen}}{2OH^-} \rightleftharpoons \underset{\text{Cyanat}}{CNO^-} + \underset{\text{Wasser}}{H_2O} + \underset{\text{Elektronen}}{2e^-}$$

In einem zweiten Reaktionsschritt erfolgt die anodische Oxidation des Cyanat zu Kohlenstoffdioxid und Stickstoff:

$$\underset{\text{Cyanat}}{2CNO^-} + \underset{\text{Hydroxylionen}}{4OH^-} \rightleftharpoons \underset{\text{Kohlenstoffdioxid}}{2CO_2} + \underset{\text{Stickstoff}}{N_2} + \underset{\text{Wasser}}{2H_2O} + \underset{\text{Elektronen}}{6e^-}$$

Im Falle der Entgiftung monometallischer Galvanikbäder (insb. Kupfer oder Zink) findet simultan mit der Cyanidentgiftung eine erwünschte kathodenseitige Abscheidung der Metalle statt.

Neben dem freien Cyanid werden auch Metall-Cyanokomplexe zerstört, wobei manche oxidationsresistenten Cyanokomplexe (Kupfer, Nickel, Kobalt) auch hier z. T. praktische Schwierigkeiten bereiten.

Die elektrochemische Cyanidentgiftung eignet sich vor allem für Cyanidkonzentrationen unterhalb von etwa 100 mg/l. Die Betriebskosten sind dann fallweise recht günstig. Vorteilhaft ist, dass die kathodisch abgeschiedenen Metalle rückgewonnen werden und der Anfall von Metallhydroxid-Abfallschlämmen erheblich vermindert ist.

Gegenüber anderen Cyanid-Entgiftungsverfahren sind die Investitionskosten für die elektrochemische Cyanidentgiftung jedoch vergleichsweise hoch.

11.3.5 Nitrit

11.3.5.1 Allgemeines zu Nitrit und nitrithaltigen Abfällen

Das Nitrit (NO_2^-) steht in ökologischem Zusammenhang mit den Stickstoffverbindungen Nitrat (NO_3^-), den Gasen Distickstoffoxid (N_2O), Stickstoffmonoxid und Stickstoffdioxid ($NO + NO_2 = NO_x$) sowie den Nitrosaminen. Die genannten Verbindungen können sich – insbesondere unter Beteiligung von Mikroorganismen – ineinander umwandeln [18–20]. (Betreffend Quantitäten spielen die Bereiche Industrie sowie gefährlicher Abfall eine vergleichsweise geringe Rolle, vielmehr ist hier vorrangig die Landwirtschaft zu nennen.)

In der Industrie fallen nitrithaltige Prozessabwässer vor allem in der Metallbranche beim Härten, Brünieren und Beizen metallischer Werkstücke an. Auch Schneidölemulsionen sind häufig mit Nitrit additiviert. Nitrit fungiert dabei als Korrosionsinhibitor.

Vor Einleitung solcher Abwässer in ein Gewässer ist das Nitrit soweit zu eliminieren, dass der Grenzwert der im Anhang 40 der Allgemeinen Rahmen-Abwasser-Verwaltungsvorschrift für Nitrit-Stickstoff mit 5 mg/l eingehalten wird. Hinsichtlich einer Einleitung in die Kanalisation sind die örtlichen Bestimmungen maßgeblich, welche für Nitrit u. U. keinen Grenzwert beinhalten.

Zur Giftigkeit von Nitrit sind generell folgende Sachverhalte anzumerken:

Für den erwachsenen Menschen ist oral eingenommenes Nitrit minder giftig. Immerhin enthalten nahezu sämtliche Wurst- und Räucherwaren, lebensmittelrechtlich zugelassen, erhebliche Zusätze an Nitrit – bis 200 mg Natriumnitrit pro kg Frischgewicht.

Nitrit gilt als Fischgift und darf daher nicht in den Gewässerkreislauf gelangen. Erhöhte Nitritkonzentrationen im Zulauf von Kläranlagen stören zudem die biologische Nitrifikation bis hin zu deren Erliegen [21]. Umwelttoxikologisch ebenso bedeutsam sind die Folgeprodukte des Nitrits in aquatischen Systemen, nämlich die Nitrosamine, die sich mikrobiell bei gleichzeitiger Anwesenheit von Nitrit und Aminen bilden. Nitrosamine gehören zu den potentesten heute bekannten Kanzerogenen.

Nitrit kann sowohl oxidativ als auch reduktiv nasschemisch entgiftet werden. Durch Oxidation entstehen Nitrat und in Nebenreaktionen Stickoxide (= nitrose Gase). Bei der Reduktion entstehen Stickstoff und ebenfalls Stickoxide.

11.3.5.2 Nitritentgiftung mit Hypochlorit (Chlorbleichlauge) oder Wasserstoffperoxid

Eine kostengünstige Nitritentgiftung ist die Oxidation des Nitrits zu Nitrat mittels Chlorbleichlauge (ca. 13,5 %ige wässrige Lösung von Natriumhypochlorit, NaOCl).

Die Reaktion wird im Hinblick auf die Kontrolle des Behandlungserfolgs chargenweise in einem Rührkesselreaktor (Universal-Entgiftungsreaktor, Abb. 11.10) durchgeführt. Auch hier ist die Entgiftungsreaktion durch Messung des Redoxpotentials messtechnisch einfach zu verfolgen.

Die Entgiftung der Hauptmenge an Nitrit erfolgt zuerst im alkalischen bei pH 8 bis 9, um die Stickoxidbildung zu minimieren. Die weitergehende Entgiftung erfolgt dann durch Absenkung des pH-Werts auf 4.

Die Nitritoxidation mit Hypochlorit verläuft im alkalischen nur langsam, in schwach saurem Milieu bei pH-Werten um 4 dagegen mit hoher Reaktionsgeschwindigkeit:

$$\underset{\text{Nitrit}}{NO_2^-} + \underset{\text{Hypochlorit}}{OCl^-} \rightleftharpoons \underset{\text{Nitrat}}{NO_3^-} + \underset{\text{Chlorid}}{Cl^-}$$

Alternativ kann das als umweltfreundlicher einzustufende, wenn auch teurere Wasserstoffperoxid angewandt werden.

$$\underset{\text{Nitrit}}{NO_2^-} + \underset{\text{Wasserstoffperoxid}}{H_2O_2} \rightleftharpoons \underset{\text{Nitrat}}{NO_3^-} + \underset{\text{Wasser}}{H_2O}$$

Zu beachten ist die massive Freisetzung von Stickoxiden im stark sauren bei pH-Werten. unter 2.

$$\underset{\text{Nitrit}}{2NO_2^-} + \underset{\text{Oxonium}}{2H_3O^+} \rightleftharpoons \underset{\text{Stickstoffmonoxid}}{NO} + \underset{\text{Stickstoffdioxid}}{NO_2} + \underset{\text{Wasser}}{3H_2O}$$

Während des Ansäuerns von Nitrit-Lösungen im Reaktionsbehälter können – trotz Rührens – örtliche Säure-Konzentrationsspitzen auftreten, so dass sich Stickoxide entwickeln. Aus Gründen des Personenschutzes muss daher bei der Nitritentgiftung vorsichtig angesäuert werden.

Wegen des praktisch nicht bestimmbaren Redoxpotentials von Wasserstoffperoxid ist die messtechnische Erfassung des Reaktionsverlaufs über diesen Parameter hier nicht möglich. Es müssen dann Proben entnommen und der Entgiftungsverlauf verfolgt werden.

11.3.5.3 Nitritentgiftung mit Säureamiden

Eine elegante, wenn auch teurere Methode ist die reduktive Nitritentgiftung im Chargenreaktor mit Säureamiden, insbesondere mit Amidosulfonsäure, die als Festsubstanz eingesetzt wird.

Die Reaktion verläuft rasch im schwach sauren bei pH-Werten um 4, wobei der gebildete Stickstoff aus der Lösung ausgast:

$$NO_2^- + NH_2SO_3H \rightleftharpoons N_2 + SO_4^{2-} + H_3O^+$$

Nitrit — Amidosulfonsäure — Stickstoff — Sulfat — Oxonium

Ein gewisser Nachteil ist die Bildung des (betonschädigenden) Sulfats, sowie der Sachverhalt, dass das freiwerdende Oxonium neutralisiert werden muss, was eine unerwünschte Aufsalzung des Wasserphase verursacht.

Das Ende der Reaktionen wird bei den reduktiven Verfahren in der Regel mittels einer Nitrit-Schnellanalyse (Teststäbchen) festgestellt.

11.3.5.4 Nitritentgiftung durch mikrobielle Nitritreduktion (Denitritation)

Falls keine bakterientoxischen Substanzen bzw. Schwermetallionen in störenden Konzentrationen im Abwasser enthalten sind, kann das Nitrit auch mikrobiell reduziert werden (= Denitritation). Mangel an gelöstem Sauerstoff veranlasst bestimmte Bakterien dazu, den im Nitrit gebundenen Sauerstoff zur Oxidation organischer Substanz zu nutzen. Letztlich wird gasförmiger molekularer Stickstoff (N_2) freigesetzt, wobei intermediär verschiedene Oxidationsstufen des Stickstoffs durchlaufen werden:

Oxidationsstufen des Stickstoffs

$$\overset{+4}{NO_2^-} \rightarrow \overset{+2}{NO} \rightarrow \overset{-1}{N_2O} \rightarrow \overset{0}{N_2}$$
Nitrit — Stickstoffmonoxid — Distickstoffoxid — Stickstoff

Summarisch stellt sich die Denitritationsreaktion wie folgt dar, wobei hier als organisches Substrat beispielhaft Methanol gewählt wurde, das als leicht oxidierbarer Wasserstoffdonator (Elektronenakzeptor) dient. Grundsätzlich reagieren andere organische Substrate in analoger Weise.

$$2NO_2^- + CH_3OH \rightleftharpoons N_2 + CO_2 + H_2O + 2OH^-$$
Nitrit — Methanol — Stickstoff — Kohlenstoffdioxid — Wasser — Hydroxylionen

Sind anoxische Bedingungen gegeben, z. B. durch Verweilen der nitrithaltigen Wasserphase in einem langsam gerührten Tank, so verläuft die Denitritation i. A. als recht stabiler Prozess.

Auf diese Weise sind kleinere Chargen, auch höherkonzentrierter nitrithaltiger Lösungen, ohne weiteres Zutun kostengünstig zu entgiften [17, 18].

11.3.6 Chromatentgiftung

11.3.6.1 Allgemeines zu Chromat und chromathaltigen Abfällen

Chromat (CrO_4^{2-}), Dichromat ($Cr_2O_7^{2-}$) und Chrom-VI-oxid = Chromsäureanhydrid (CrO_3), sind Verbindungen, in welchen das Element Chrom in seiner höchsten Oxidationsstufe, also +6-wertig vorliegt [18, 22, 23].

Bedeutende industrielle Verwendung finden Chrom-VI-Verbindungen vor allem in der Galvanik (Verchromung), in der Oberflächenbehandlung von Aluminium (Chromatierung), in der Druckindustrie (lichtempfindliche Beschichtungen), bei der Holzbehandlung (Imprägnierung gegen Pilze und Insekten) sowie zur Herstellung spezieller Farbpigmente. In der Ledergerberei werden – zumindest in Deutschland – Chrom-VI-Verbindungen nicht mehr eingesetzt. Das sog. Chromleder enthält heute nur noch Chrom-III.

Chrom-VI-Verbindungen sind akut und chronisch toxisch (insb. sind Haut und Schleimhäute betroffen) und – falls staubförmig inhaliert – Lungenkrebs erzeugend. (TRK-Wert, TRGS 905)

Für Chrom-VI-Verbindungen in Abwässern gelten strenge Grenzwerte, je nach Branche zwischen 0,005 mg/l und 0,5 mg/l. Chrom-VI-haltige flüssige gefährliche Abfälle sind daher vor Einleitung ins Kanalnetz oder in den Vorfluter zu entgiften.

Die bedeutsamste Behandlungsmethode besteht in der Reduktion des Chroms der Oxidationsstufe +6 (Chromat bzw. Dichromat) zum wesentlich weniger toxischen und hydroxidisch fällbaren Chrom der Oxidationsstufe +3.

11.3.6.2 Chromatentgiftung mit Hydrogensulfit bzw. Schwefeldioxid

Für die Reduktion des Chrom-VI zu Chrom-III wird in der Regel das kostengünstige Hydrogensulfit (= „Bisulfit", + 4-wertiger Schwefel) eingesetzt.

Die Reaktion wird im Hinblick auf die Kontrolle des Behandlungserfolgs chargenweise in einem Rührkesselreaktor (Universal-Entgiftungsreaktor, siehe Abb. 11.10) durchgeführt. Auch hier ist die Entgiftungsreaktion durch Messung des Redoxpotentials messtechnisch einfach zu verfolgen.

Die Geschwindigkeit der Reaktion ist vom pH-Wert abhängig. Es wird üblicherweise mit Schwefelsäure auf pH-Werte um 2 bis 3 eingestellt, wobei in einer Nebenreaktion Schwefeldioxid gebildet wird.

Die Reaktion ist nach ca. 20 min beendet, und die Einleitungsgrenzwerte sind erreicht.

$$\underset{\text{Dichromat}}{Cr_2O_7^{2-}} + \underset{\text{Hydrogensulfit}}{3HSO_3^-} + \underset{\text{Oxonium}}{5H_3O^+} \rightleftharpoons \underset{\text{Chrom-III-Ionen}}{2Cr^{3+}} + \underset{\text{Sulfat}}{3SO_4^{2-}} + \underset{\text{Wasser}}{9H_2O}$$

Bei pH-Werten zwischen 4 und 5 dauert die Reaktion allerdings wesentlich länger und ist ggf. erst nach über einer Stunde zu Ende; dafür wird kaum Schwefeldioxid gebildet.

Statt Hydrogensulfit kann auch *gasförmiges Schwefeldioxid* (+ 4-wertiger Schwefel) als Reduktionsmittel Verwendung finden. Vorteilhaft hierbei ist die wesentliche geringere Aufsalzung. Dieses Verfahren ist vornehmlich in den USA verbreitet.

$$\underset{\text{Dichromat}}{Cr_2O_7^{2-}} + \underset{\text{Schwefeldioxid}}{3SO_2} + \underset{\text{Oxonium}}{2H_3O^+} \rightleftharpoons \underset{\text{Chrom-III-Ionen}}{2Cr^{3+}} + \underset{\text{Sulfat}}{3SO_4^{2-}} + \underset{\text{Wasser}}{3H_2O}$$

Fallweise werden auch andere Schwefelverbindungen als Reduktionsmittel eingesetzt, deren Trivialbezeichnungen in der Praxis variieren. Die entsprechenden Verfahren und Reaktionen werden in den kommenden Abschnitten vorgestellt.

11.3.6.3 Chromatentgiftung mit Disulfit

Synonyme für Disulfit sind *Metabisulfit* und *Pyrosulfit*. Es ist das Salz der hypothetischen Dischwefligen Säure = *Pyroschweflige Säure* = $H_2S_2O_5$ = HO-SO_2-SO-OH. Der Schwefel ist hier +4-wertig.

In der Praxis kommt eine 20- bis 40 %ige wässrige Lösung von Na-Disulfit zur Anwendung. Die Reaktion findet im sauren bei pH-Werten um 2 statt:

$$2\underset{\text{Dichromat}}{Cr_2O_7^{2-}} + 3\underset{\text{Disulfit}}{S_2O_5^{2-}} + 10\underset{\text{Oxonium}}{H_3O^+} \rightleftharpoons 4\underset{\text{Chrom–III–Ionen}}{Cr^{3+}} + 6\underset{\text{Sulfat}}{SO_4^{2-}} + 15\underset{\text{Wasser}}{H_2O}$$

11.3.6.4 Chromatentgiftung mit Dithionit

Dithionit ist das Salz der hypothetischen dithionigen Säure $H_2S_2O_4$ = HO-SO-SO-OH. Der Schwefel ist hier +3-wertig. In der Praxis wird das Natriumsalz verwendet.

Das Verfahren wird vor allem dann eingesetzt, wenn die Chromatkonzentrationen gering sind und die Entgiftung aufsalzungsarm stattfinden soll. Die Reaktion wird im neutralen bis alkalischen Bereich, bei pH-Werten von 7 bis 9, durchgeführt. Hierbei wird das Dithionit auch als kristalline Festsubstanz eingesetzt.

Die Reaktionszeiten sind kurz und betragen 10 bis 15 min:

$$2\underset{\text{Chromat}}{CrO_4^{2-}} + 3\underset{\text{Dithionit}}{S_2O_4^{2-}} + 4\underset{\text{Oxonium}}{H_3O^+} \rightleftharpoons 2\underset{\text{Chrom–III–Ionen}}{Cr^{3+}} + 3\underset{\text{Sulfat}}{SO_4^{2-}} + \underset{\text{Wasser}}{H_2O}$$

Zu beachten ist, dass beim Einsatz von Disulfit oder Dithionit i. A. mit unangenehmen Gerüchen durch Schwefelverbindungen zu rechnen ist.

11.3.6.5 Weitere Verfahren zur Chromatentgiftung

Chromatentgiftung mit Eisen-II-Salzen

Die Chromatreduktion kann auch mit Eisen-II-Ionen im sauren bei pH 2 bis 3 aber auch im alkalischen durchgeführt werden. Im Allgemeinen wird Eisen-II-sulfat-Heptahydrat, $FeSO_4 \cdot 7\,H_2O$ eingesetzt.

Die Entgiftungsreaktion ist durch Messung der Redoxspannung messtechnisch einfach zu verfolgen, wobei ein Potentialsprung überschüssiges Eisen-II anzeigt.

$$\underset{\text{Dichromat}}{Cr_2O_7^{2-}} + 6\underset{\text{Eisen–II–Ionen}}{Fe^{2+}} + 14\underset{\text{Oxonium}}{H_3O^+} \rightleftharpoons 2\underset{\text{Chrom–III–Ionen}}{Cr^{3+}} + 6\underset{\text{Eisen–III–Ionen}}{Fe^{3+}} + 21\underset{\text{Wasser}}{H_2O}$$

Nachteilig ist der hohe, durch das Eisen verursachte Schlammanfall in der sich anschließenden hydroxidischen Fällung, der um das doppelte höher ist als bei der Chromatreduktion mittels Sulfit. Auch die Salzfracht ist etwa um den Faktor 4 höher.

Die Bedeutung dieser abfallintensiven Chromat-Entgiftungsmethode mit Eisen-II-Ionen ist daher rückläufig. Von Interesse ist fallweise die Durchführung der Reaktion im alkalischen, wenn z. B. durch Chlorüberschuss im Abwasser reoxidiertes Chrom erneut reduziert werden muss, um den Chromat-Grenzwert einhalten zu können.

11 Gefährliche Abfälle

Im alkalischen Milieu entsteht zunächst das stark reduzierend wirkende Eisen-II-Hydroxid, welches wie folgt weiterreagiert:

$$\underset{\text{Chromat}}{CrO_4^{2-}} + \underset{\text{Eiesn-II-Hydroxid}}{3Fe(OH)_2} + \underset{\text{Wasser}}{H_2O} \rightleftharpoons \underset{\text{Chrom-III-Hydroxid}}{Cr(OH)_3} + \underset{\text{Eisen-III-Hydroxid}}{3Fe(OH)_3} + \underset{\text{Hydroxylionen}}{2OH^-}$$

Auch hierbei ist der spezifische Schlammanfall erheblich.

Chromatentgiftung mit Wasserstoffperoxid
Im Hinblick auf eine abfallarme Entgiftungsmethode ist der Einsatz von Wasserstoffperoxid von Interesse. Zwar fungiert Wasserstoffperoxid üblicherweise als Oxidationsmittel, gegenüber Chromat wirkt es im stark sauren Milieu (um pH 1) jedoch als Reduktionsmittel.

Die Chromatreduktion mit Wasserstoffperoxid läuft wie folgt ab:

$$\underset{\text{Dichromat}}{Cr_2O_7^{2-}} + \underset{\text{Wasserstoffperoxid}}{3H_2O_2} + \underset{\text{Oxonium}}{8H_3O^+} \rightleftharpoons \underset{\text{Chrom-III-Ionen}}{2Cr^{3+}} + \underset{\text{Sauerstoff}}{3O_2} + \underset{\text{Wasser}}{15H_2O}$$

Zu beachten ist, dass überschüssiges Wasserstoffperoxid vor der sich anschließenden hydroxidischen Fällung noch im sauren Milieu zerstört werden muss, da es im alkalischen als Oxidationsmittel wirkt und eine langsame aber stetige Rückreaktion des Chrom-III zu Chromat stattfinden würde.

Die Wasserstoffperoxid-Zersetzung kann z. B. katalytisch an Edelmetallkontakten erfolgen oder durch Einrühren von Aktivkohlepulver oder Braunstein (MnO_2).

Chromatentgiftung durch Elektrolyse
Im Galvanikbereich werden elektrolytische Verfahren zunehmend zur Regeneration und Säuberung von Chromsäureelektrolyten sowie von chromsäurehaltigen Eluaten aus Ionenaustauschern eingesetzt. Zu nennen sind Kombinationsverfahren von Elektrolyse und Elektrodialyse, welche als wirkungsvolle Abfallvermeidungsmaßnahmen anzusehen sind.

11.3.6.6 Weiterbehandlung des bei der Chromatentgiftung entstandenen Chrom-III

Das Ziel der Chromatentgiftung ist grundsätzlich durch die Umwandlung des Chrom-VI zu Chrom-III erreicht, wenn der Grenzwert für Chrom-VI eingehalten wird.

Allerdings gilt auch für Chrom-III im abzuleitenden Abwasser ein Grenzwert – derzeit von 0,5 mg/L. Daher müssen auch die entstandenen Chrom-III-Ionen aus dem wässrigen System entfernt werden.

Üblicherweise kommt hierfür die hydroxidische Fällung zum Einsatz. Der dabei entstehende Dünnschlamm muss effektiv entwässert werden, um als Filterkuchen (z. B. chromhaltiger Galvanikschlamm) deponiefähig zu sein (siehe hierzu nachfolgendes Kapitel: Schwermetallfällung).

Anmerkung
Die Bezeichnung „Chromhaltige Schlämme" bedeutet nicht, dass es sich um einen Mono-Schlamm handelt. Ein solcher würde nicht als Abfall entsorgt, sondern metallurgisch aufbereitet werden. Die Bezeichnung *chromhaltig* gibt allenfalls die Hauptkomponente an. Meist sind noch andere Metallhydroxide und sonstigen Verunreinigungen enthalten, so dass eine wirtschaftliche metallurgische Aufarbeitung schwierig oder unmöglich wird. In modernen Galvanikbetrieben wird daher durch entsprechende Prozessführung versucht, überwiegend Metallhydroxid-Monoschlämme anfallen zu lassen, und so die Menge an zu entsorgenden gefährlichen Abfällen zu reduzieren.

11.3.7 Schwermetalle

11.3.7.1 Allgemeines zu Schwermetallen
Die meisten Schwermetalle [18, 22, 23] in metallischer Form, z. B. Kupfer, Zink, Nickel, Chrom oder Cadmium, bilden mit dem Sauerstoff der Luft stabile, schwer wasserlösliche Oxidschichten, wodurch sie nur eingeschränkt giftig sind. In besonderem Maße bedenklich sind vielmehr die meist bei niedrigen pH-Werten in Wasser gelösten Schwermetallionen, die in flüssigen Abfällen zahlreicher industrieller Prozesse, insbesondere aus den Bereichen Metall-Oberflächenbehandlung (Beizen, Brünieren, Phosphatieren), aus der Galvanik oder aus der Leiterplattenproduktion, enthalten sind.

11.3.7.2 Schwermetallentgiftung durch Hydroxidische Fällung
In der hydroxidischen Fällung wird der pH-Wert des Abwassers mittels Hydroxylionen (OH-Ionen) – also durch Zugabe von Lauge – so verschoben, dass die schwerlöslichen Schwermetallhydroxide ausfallen und die wässrige Lösung an gelösten Metallionen verarmt.

Beispielhaft für 2-wertige Metalle:

$$\underset{\text{gut löslich}}{\text{Metall-Ion}^{2+}} + 2\,\text{OH}^- \rightleftharpoons \underset{\text{schwer löslich}}{\text{Me(OH)}_2}$$

Als Fällungsmittel wird häufig Natronlauge (bis 35 %ig) eingesetzt. In manchen Fällen ist es – trotz deutlich erhöhtem Schlammanfall – vorteilhaft, Calciumhydroxid-Suspension (bis 12 %ig) zu verwenden, da die Schwermetallfällung durch Bildung schwerlöslicher Calciumverbindungen zu besserem Entwässerungsverhalten des Fällungsschlamms führt. Dies ist z. B. der Fall bei Zink und Chrom. Zusätzlich werden ggf. vorhandene unerwünschte Anionen wie Fluorid und Sulfat mitgefällt.

Ziel ist die Erreichung der gesetzlichen Schwermetall-Grenzwerte im Ablauf der Behandlungsanlage, die im Konzentrationsbereich zwischen 0,1 mg/l und 2 mg/l liegen – je nach Metall, Branche und ortsspezifischen Gegebenheiten.

In der hydroxidischen Metallfällung generell zu beachten ist, dass die Hydroxide der amphoteren Schwermetalle Zink und Chrom schon bei geringem Laugenüberschuss über

Abb. 11.11 Zusammenhang zwischen Metallionenkonzentration und pH-Wert bei der hydroxidischen und sulfidischen Fällung in reinen Lösungen [14]

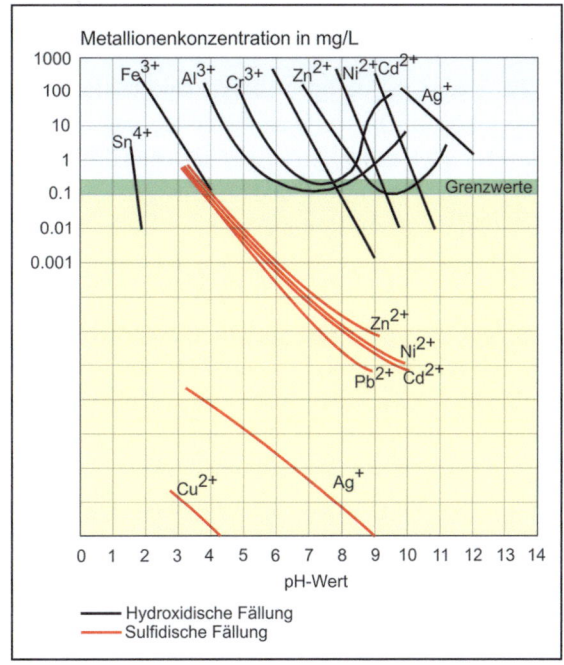

dem Fällungsoptimum als Hydroxokomplexe wieder in Lösung gehen. Das gleiche gilt für das Leichtmetall Aluminium:

$$\underset{\substack{\text{Zinkhydroxid schwer}\\ \text{löslich in Wasser}\\ \text{gut löslich in Lauge}}}{Zn(OH)_2} + 2\,OH^- \rightleftharpoons \underset{\text{Zinkat gelöst}}{[Zn(OH)_4]^{2-}}$$

$$\underset{\substack{\text{Chromhydroxid schwer}\\ \text{löslich in Wasser}\\ \text{gut löslich in Lauge}}}{Cr(OH)_3} + OH^- \rightleftharpoons \underset{\text{Chromit gelöst}}{[Cr(OH)_4]^-}$$

$$\underset{\substack{\text{Aluminiumhydroxid schwer}\\ \text{löslich in Wasser}\\ \text{gut löslich in Lauge}}}{Al(OH)_3} + OH^- \rightleftharpoons \underset{\text{Aluminat gelöst}}{[Al(OH)_4]^-}$$

Die *theoretisch*, d. h. in reinen Lösungen, erreichbare Metallionen-Restkonzentration bei der hydroxidischen Fällung ist in Abb. 11.11 ersichtlich.

Praktische Probleme mit der Hydroxidischen Schwermetallfällung

Vielfach verlaufen hydroxidische Fällungen nicht so zufriedenstellend, wie dies theoretisch möglich erscheint, und die gesetzlichen Grenzwerte für Schwermetallionen im Ablauf der Behandlungsanlage können nach erfolgter Fällung nicht immer eingehalten werden.

Für solche nachteiligen Effekte sind vielfach Neutralsalz-Ionen wie Sulfat und Chlorid verantwortlich, sowie anorganische und organische Komplexierungsmittel und Tenside, aber auch andere prozesstechnische Hilfsstoffe.

Besonders erschwert und z. T. sogar gänzlich verhindert wird die hydroxidische Metallfällung durch Komplexbildner. Solche Substanzen werden vor allem im Galvanikbereich eingesetzt, um Metallionen in Lösung zu halten.

In das zu behandelnde Abwasser gelangen die Komplexbildner und die Metallkomplexe dadurch, dass die zu galvanisierenden Gegenstände Ausschleppungen aus den galvanischen Prozessbädern bewirken, sowie dadurch, dass die galvanisierte Ware abgespült werden muss. Insbesondere bei schöpfenden Gegenständen können die Austragungen aus den Spülbädern erheblich sein. Die beim Galvanikprozess erwünschten Eigenschaften der Komplexbildner erweisen sich im Abwasser wiederum als problematisch, da die Metallionen – jetzt allerdings unerwünscht – in Lösung gehalten werden.

In der folgenden Auflistung werden einige wichtige Vertreter von Komplexbildnern genannt:

- Cyanid, CN^-
- Ammoniak, NH_3, (Amin-Komplexe)
- Polyphosphate, wie z. B. $Na_4[P_2O_7]$, $Na_5[P_3O_{10}]$
- TEA, Triethanolamin, $N-(CH_2-CH_2-OH)_3$ und andere organische Amine, (Amin-Komplexe)
- NTA, Nitrilotriessigsäure-Natrium-Salz, $N-(CH_2COONa)_3$ sowie EDTA, Ethylendiamintetraessigsäure-Na $(CH_2COONa)_2-N-CH_2-CH_2-N-(CH_2COONa)_2$
- Quadrol: $(CH_3-CHOH-CH_2)_2-N-CH_2-CH_2-N-(CH_3-CHOH-CH_2)_2$. N,N,N',N'-Tetrakis-2-hydroxipropylethylendiamin
- Zitronensäure, $HOOC-CH_2-C(OH)(COOH)-CH_2-COOH$
- Weinsäure, $HOOC-CHOH-CHOH-COOH$
- Gluconsäure, $HOOC-CHOH-CHOH-CHOH-CHOH-CH_2OH$

Keine Probleme bereiten i. A. die wenig stabilen Komplexe mit anorganischen Liganden, wie CN und NH_3, ebensowenig die Polyphosphat-Komplexe, da diese sowohl im sauren als auch im alkalischen leicht in Orthophosphat zerfallen, das kein Komplexbildner ist.

Als besonders fällungsresistent erweisen sich hingegen die sog. Schwermetall-Chelate, bei welchen die organischen Komplexbildner das Metallion zangenartig umschließen und damit effektiv vom Fällungsmittel abschirmen.

In manchen Fällen können derartige Schwermetall-Chelatkomplexe, wie z. B. der EDTA- oder der NTA-Komplex des Kupfers durch sog. Umkomplexieren ausgefällt werden. Hierbei wird dem Abwasser Calciumhydroxidsuspension im Überschuss zugegeben, wobei sich der Calcium-EDTA bzw. NTA-Komplex bildet und Kupferhydroxid ausfällt:

$$\text{CuEDTA} + \text{Ca}^{2+} + 2\text{OH}^- \rightarrow \text{Ca EDTA} + \text{Cu(OH)}_2$$

In analoger Weise kann durch Zugabe von Eisen-II von Kupfer auf Eisen umkomplexiert werden:

$$\text{CuEDTA} + \text{Fe}^{2+} + 2\text{OH}^- \rightarrow \text{Fe EDTA} + \text{Cu(OH)}_2$$

Auch hierbei fällt Kupferhydroxid aus und Eisen geht komplexiert in Lösung.

Eine vielfach angewandte Problemlösung besteht auch darin, die organischen Komplexbildner oxidativ zu zerstören, um die Metalle aus ihrer Maskierung zu befreien.

So werden bei der Cyanidentgiftung mit Hypochlorit, während der hierbei üblichen Aufenthaltszeiten bis zu ca. einer Stunde, auch die meisten cyanidischen Metallkomplexe zerstört.

Zur Komplexzerstörung können ggf. auch Advanced Oxidation Processes (AOP) – also z. B. das System H_2O_2/UV – vorteilhaft angewandt werden.

Eine weitere Beeinträchtigung der hydroxidischen Fällung kann durch organische Polymere und Tenside auftreten, wodurch der Absetzvorgang der gebildeten Hydroxidflocken gestört wird. Durch solche Substanzen bilden sich stabile Schutzkolloide aus, welche die Wirkung von Flockungshilfsmitteln beeinträchtigen oder ganz aufheben.

Eine der praktikabelsten Möglichkeiten, Schwermetalle aus Ihren Komplexen zu fällen, besteht in der sulfidischen Fällung, die im folgenden Abschnitt beschrieben wird.

11.3.7.3 Schwermetallentgiftung durch Sulfidische Fällung

Wesentlich wirksamer als die hydroxidische Fällung ist die sulfidische Fällung. Hier kommt als Fällungsmittel unter anderem Natriumsulfid zum Einsatz. Seltener findet sich die Fällung mittels gasförmigem Schwefelwasserstoff, dessen Einsatz hinsichtlich Arbeitsschutz und Geruchsentwicklung problematisch ist.

Zahlreiche Schwermetallsulfide weisen so geringe Löslichkeiten auf, dass auch Fällungen aus Abwässern mit Komplexbildnern möglich sind. In der Fällung wird im wesentlichen das Hydrogensulfid wirksam:

$$\text{Me}^{2+} + \text{HS}^- + \text{OH}^- \rightarrow \text{MeS} + \text{H}_2\text{O}$$

Anzumerken ist, dass die sulfidische Fällung i. A. über einen weiten pH-Bereich angewandt werden kann, siehe Abb. 11.11. Allerdings lassen sich die Metalle Aluminium, Zinn und Chrom nicht sulfidisch fällen, da sie keine schwerlöslichen bzw. hydrolysestabilen Sulfide bilden können.

Die sulfidische Fällung mit Natriumsulfid ist in der Praxis aus folgenden Gründen problematisch:

- Das Fällmittel Natriumsulfid entwickelt – insbesondere im sauren – den toxischen und geruchsintensiven Schwefelwasserstoff.
- Sulfidische Niederschläge fallen oftmals feindispers bzw. kolloidal an und sind dann schwer filtrierbar.

- Um die Sulfidgrenzwerte im Abwasser einzuhalten, ist der Ablauf nachzubehandeln z. B. mit Eisen-II-ionen, wodurch zusätzlich Eisensulfidschlamm entsteht.

In der Wirkung wesentlich effektiver und in der Handhabung einfacher, allerdings auch teurer, sind organische Sulfide, die anstelle der anorganischen sulfidischen Fällungsmittel propagiert werden:

- Dithiocarbamat
- Trimercapto-s-triazin (TMT 15®)
- Mercaptobenzothiazol
- Xanthogenate

Hierdurch werden einerseits sehr schwerlösliche Niederschläge erzeugt, allerdings auch verhältnismäßig viel Schlamm [17, 22]. Um die Nachteile der hydroxidischen und der sulfidischen Fällung zu kompensieren bzw. beider Vorteile auszunutzen, kommen der Praxis häufig Kombinationen aus beiden Verfahren zum Einsatz.

11.3.8 Entwässerung von Abfall-Dünnschlämmen im Hinblick auf Deponierung

11.3.8.1 Allgemeines zur Schlammentwässerung

Die Abtrennung von Wasser aus Dünnschlämmen zur Erzeugung möglichst feststoffreicher Filterkuchen ist eine der am häufigsten angewandten Prozeduren in der chemisch-physikalischen Behandlung von flüssigen gefährlichen Abfällen [18, 22, 23].

Die Wasserabtrennung dient zur Minimierung der Abfallmenge und vermindert die Transportkosten sowie die Kosten nachgeschalteter Behandlungsschritte.

Eine effektive Entwässerung von flüssigen gefährlichen Abfällen ist heute vor allem notwendig, um die Deponiefähigkeit des Entwässerungsrückstands zu gewährleisten.

Während die Dünnschlammentwässerung früher noch vielfach mit Durchlaufzentrifugen oder mit kontinuierlich arbeitenden Siebbandpressen erfolgte, reichen diese Entwässerungstechniken im Hinblick auf oberirdische Deponierung meist nicht mehr aus.

Die von der Deponieverordnung vorgegebenen Zuordnungswerte für Flügelscherfestigkeit, axiale Verformung und Bruchfestigkeit der Abfälle können nur durch Anwendung von Kammerfilterpressen oder Membran-Kammerfilterpressen erreicht werden. Der gängige Begriff der *Stichfestigkeit* (= Spaten bleibt im Abfall stecken, ohne umzufallen) als Ablagerungskriterium für Schlämme hat heute an Bedeutung verloren.

11.3.8.2 Schlammentwässerung mit der Kammerfilterpresse

Eine moderne Filterpresse für industrielle Anwendungen ist ein Apparat, durch den eine bevorratete Dünnschlamm-Suspension chargenweise entwässert wird – üblicherweise unter Zugabe von Filterhilfsmitteln.

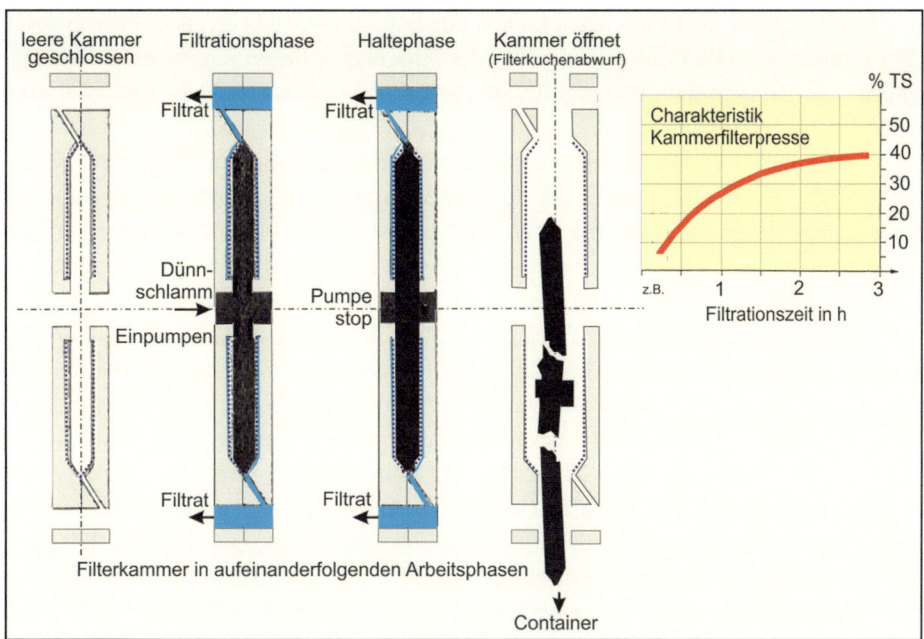

Abb. 11.12 Funktionsweise einer Kammerfilterpresse, dargestellt an einer Kammer [14]

Dabei folgen jeweils die Schritte: Beschickung/Filtration – ggf. Nachbeschickung – Öffnen der Filterpresse – Kuchenaustrag – Filtertuch-Reinigung – erneute Beschickung – usw.

Trotz weitgehender Automatisierung ist meist noch ein gewisser manueller Aufwand nötig, insbesondere was Filterkuchenaustrag, Filtertuch-Wäsche zur Reinigung und Filtertuchwechsel betrifft.

Die mit der Beschickungspumpe angewandten Filtrationsdrucke liegen i. A. zwischen 8 und 20 bar. (Nicht zu verwechseln mit dem wesentlich höheren Schließdruck der Filterpresse, der mittels Hydraulik aufgebracht wird).

Seit Beginn der 1960er Jahre werden Kammerfilterpressen in zunehmendem Umfange im Bereich der Umweltschutztechnik eingesetzt – insbesondere betreffend die Entwässerung von Abwasserschlämmen. Derartige Filterpressen bestehen aus zahlreichen (z. T. bis ca. 150) meist quadratischen, entsprechend profilierten und mit Filtertuch ausgekleideten Filterplatten. Diese werden nach Verschluss der Presse innerhalb des stabilen Rahmengestells so eingespannt, dass sich zwischen den Filterplatten schmale Kammern bilden, in welchen die Filtration stattfindet. Innerhalb der Filterplatten befinden sich Kanäle und Bohrungen, durch die das Filtrat abfließen kann (Abb. 11.12).

Die Beschickung der Filterpresse mit der zu filtrierenden Suspension erfolgt über den sich ausbildenden zylindrischen Kanal im Zentrum des Plattenpakets.

Als Material für die Filterplatten kommt Grauguss, Polyamid (PA) oder Polypropylen (PP) zum Einsatz. Die Konfektionsgrößen der Filterplatten liegen i. A. zwischen Kantenlängen von 250 mm und 2000 mm. Die Kammertiefe (= Kuchendicke) liegt i. A. zwischen 15 mm und 60 mm.

Als Filtertücher werden Gewebe aus Polyamid oder Polypropylen definierter Feinheit (DIN 53801) eingesetzt, welche auf der Kuchenseite, zur leichteren Kuchenablösung, durch Kalandrieren geglättet sind. Das Filtertuch ist nur in der Anfangsphase der Filtration filterwirksam. Hiernach übernimmt der sich ausbildende Filterkuchen selbst die Filtrationsaufgabe und das Filtergewebe hat nurmehr stützende Funktion.

Die Leistung einer Filterpresse hängt vor allem von deren Filterfläche ab. Darüberhinaus ist das Kammervolumen (= Anzahl der Kammern und Kammertiefe) für die Aufnahmekapazität der Filterpresse maßgeblich. Für praktische Aufgabenstellungen gilt: Je schlechter die Filtrierbarkeit der Suspension und je geringer deren Feststoffgehalt, um so geringer sollte die Kuchendicke – und damit die Kammertiefe – sein.

Bedingt durch die diskontinuierliche Betriebsweise einer Filterpresse ist die spezifische Filtrationsleistung am Anfang des Prozesses relativ hoch, meist 200 bis 300 L pro m^2 und Stunde; mit zunehmender Beschickung und bei maximalem Beschickungsdruck sinkt die Filtrationsleistung gegen Ende des Prozesses auf 5 bis 15 L pro m^2 und Stunde ab. Illustriert wird dieses Verhalten durch das Diagramm in Abb. 11.12.

Unter praktischen Umständen sind Filtrationszeiten zwischen einer halben Stunde und drei Stunden üblich.

Die Beschickung einer Filterpresse erfolgt i. A. mit homogener Suspension, wobei Feststoffgehalte von ca. 30 bis 60 g pro Liter gängig sind.

Die Membran-Kammerfilterpresse als Weiterentwicklung der Kammerfilterpresse
Die Forderung nach immer höheren Feststoffkonzentrationen des Filterkuchens führte zu weiteren Entwicklungen der Filterpresstechnik. Die effektivste Möglichkeit der mechanischen Dünnschlamm-Entwässerung bietet heute die Membran-Kammerfilterpresse.

Die Bezeichnung Membran-Kammerfilterpresse ist irreführend: Sie hat nichts mit den Membranfiltern auf der Basis synthetischer Polymermembranen zu tun, wie sie für die Mikrofiltration, Nanofiltration, Ultrafiltration oder Umkehrosmose eingesetzt werden.

In der Membran-Kammerfilterpresse befindet sich zwischen dem Filtertuch und der Trägerplatte eine aufpumpbare Gummimatte (= Membran). Diese wird nach erfolgter Filtration mit Luft oder Wasser unter Druck (bis 15 bar) hinterfüllt, wodurch der Filterkuchen eine zusätzliche Nachpressung erfährt. Hierdurch sind Feststoffgehalte um 50 Masse% (und höher) zu erzielen. Auch werden die Filtrationszeiten deutlich verkürzt und damit die Wirtschaftlichkeit verbessert. Allerdings sind die Investitionskosten beträchtlich.

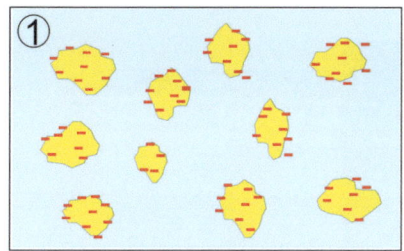
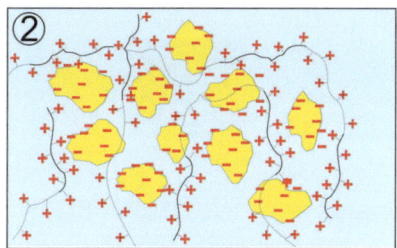

Suspension: Teilchen bleiben in Schwebe, da sie gleichsinnig elektrisch geladen sind (meist negativ) und sich abstoßen

Zugabe von kationischen PAA: Die Ladungen der Teilchen werden zunehmend kompensiert und sie nähern sich (Koagulation)

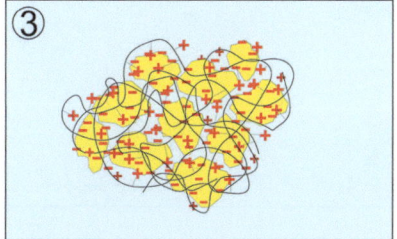
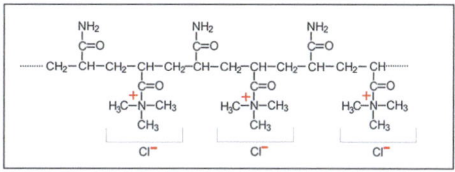

Flokkulation: Die Teilchen werden durch die Wirkung der PAA zu gut absetzbaren Flocken-Aggregaten vergröbert

Ausschnitt aus der Molekülkette eines kationischen PAA (Relative Molekularmasse: um 9 Mio)

Abb. 11.13 Wirkprinzip von organischen Polymeren als Flockungshilfsmittel [14] (hier: PAA: Polyacrylamide)

11.3.8.3 Schlammkonditionierung als Voraussetzung für die Schlammentwässerung

Von besonderer Bedeutung für optimale Filtrationsergebnisse mit einer Filterpresse ist die vorherige Konditionierung des zu filtrierenden Dünnschlamms. Hierbei werden in der Regel Eisen-III-Sulfat und Calciumhydroxid-Suspension (Kalkmilch) zugegeben, womit die für eine gute Filtration wichtigen Parameter wie Flockengröße – günstig sind große Flocken – und Flockenstabilität – günstig sind scherfeste Flocken – positiv beeinflusst werden können.

Da mit dieser Art der anorganischen Konditionierung erhebliche Mengen Konditionierungsadditive, also Nicht-Abfälle, mit dem Filterkuchen auf die Deponie gelangen, werden in Anbetracht der Maxime *Abfallvermeidung* sowie angesichts hoher Entsorgungskosten, zunehmend organische Konditionierungsmittel in Form von synthetischen Polymeren eingesetzt. Diese werden üblicherweise als (begrenzt haltbare) wässrige Lösungen in Konzentrationen um 0,2 Masse-% verwendet. Die Funktionsweise organischer Flockungshilfsmittel ist in Abb. 11.13 dargestellt.

Trotz der höheren Preise der organischen Polymere lässt sich die Schlammentwässerung im Allgemeinen wegen geringerer Deponierungskosten deutlich kostengünstiger darstellen als mit der klassischen anorganischen Eisen/Kalkmilch-Konditionierung (Abb. 11.14).

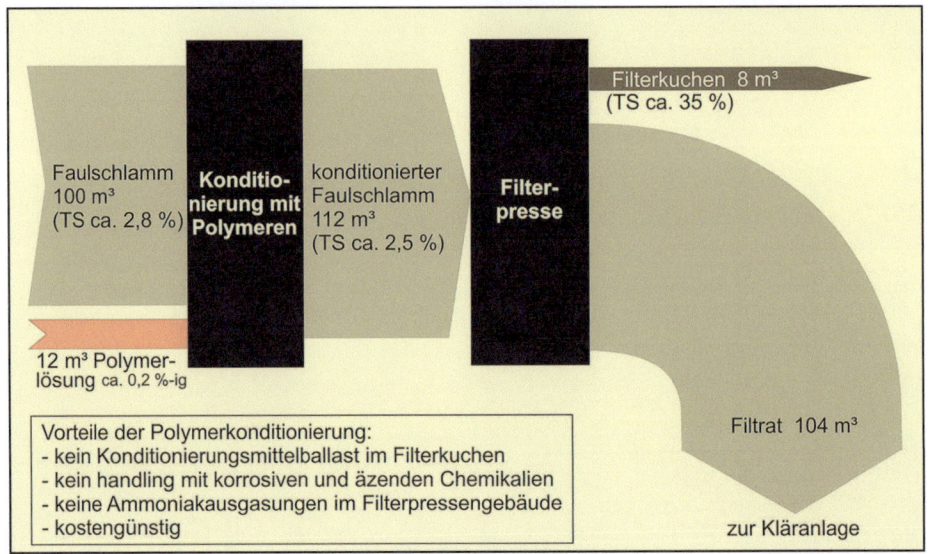

Abb. 11.14 Orientierende Massenbilanz für die Schlammkonditionierung mit organischen Polymeren (hier Beispiel Faulschlamm aus Kläranlage) [14]

11.3.9 Membranverfahren zur Behandlung von flüssigen gefährlichen Abfällen

Membranen sind synthetische high-tech Produkte der Polymerchemie, die ab den 1970er Jahren für industrielle Anwendungen auf den Markt kamen. Gebräuchliche Membranmaterialien sind z. B.: Celluloseacetat, Polyamide, Polyimide, Polyacrylnitril und Polysulfone, sowie, zunehmend, auch rein anorganische Membranen auf der Basis von Aluminiumoxid.

Die organischen Membranen sind folienartige Materialien, die ihre Gebrauchstauglichkeit erst durch Einbau in sogenannte Module erhalten. Die eigentliche, zur Stofftrennung befähigte Membran stellt dabei eine sehr dünne Schicht dar, die auf einer wesentlich dickeren Trägerschicht, meist aus demselben Material, aufgewachsen ist (= Composite-Membran, siehe nachfolgende Abb. 11.15, 11.16, 11.17).

Membranverfahren werden heute in vielen Bereichen zu Stofftrennungen eingesetzt: So dienen Mikrofiltration (MF), Ultrafiltration (UF), Nanofiltration (NF) sowie Umkehrosmose (UO) (= Reversosmose, RO, früher: Hyperfiltration) zur Abtrennung von Stoffen aus wässrigen Lösungen – und zwar von feinstdispersen Partikeln, bis hin zu echt gelösten Substanzen. Die genannten Verfahren unterscheiden sich in der Membrandurchlässigkeit bzw. in der Größe der abtrennbaren Partikel sowie in den angewandten Drücken.

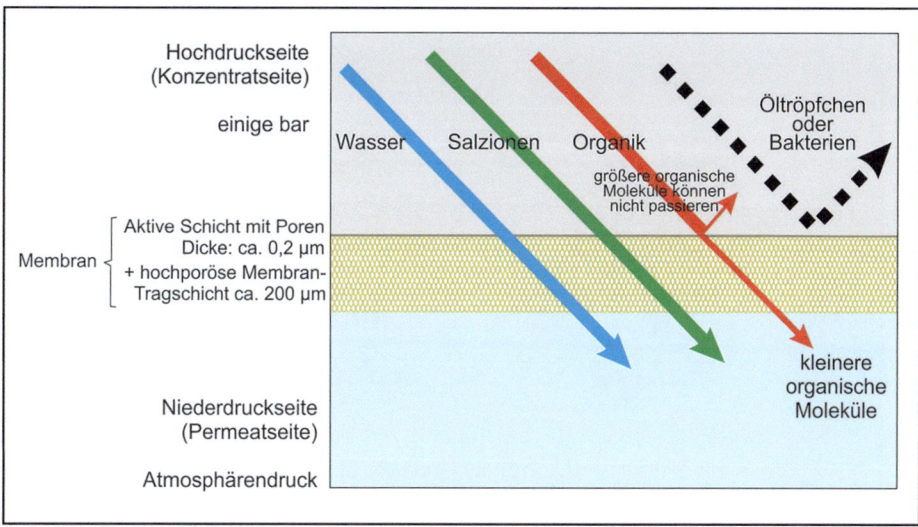

Abb. 11.15 Prinzip Ultrafiltration (UF) [14]

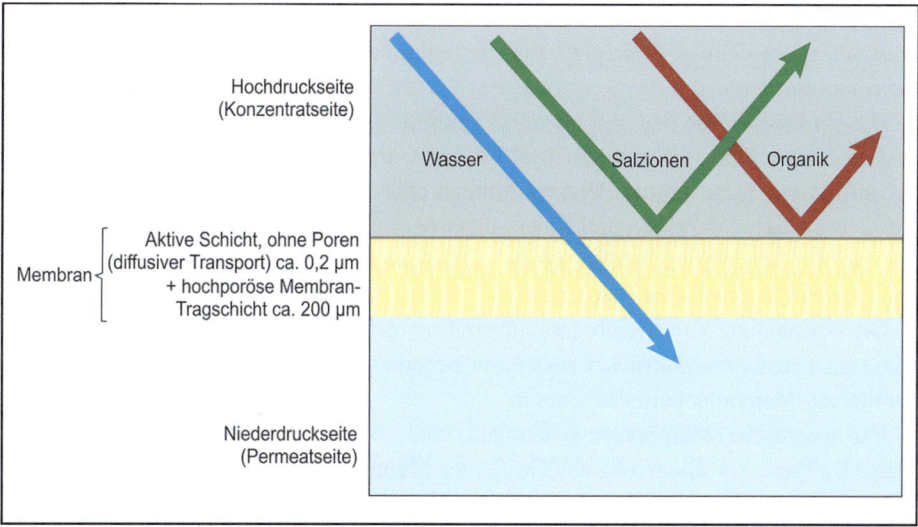

Abb. 11.16 Prinzip Umkehrosmose (UO) [14]

Sie werden als technisch elegante und additivfreie Verfahren zunehmend auch zur Behandlung von Industrieabwässern bzw. flüssigen gefährlichen Abfällen eingesetzt.

Die Ultrafiltration stellt eine echte Filtration dar, durch die über feinste Poren im Nanometer-Bereich sehr kleine Teilchen, wie z. B. Mineralöl-Emulsionströpfchen oder Lackpartikelchen abgetrennt werden können. Der Stofftransport basiert auf dem Hagen-

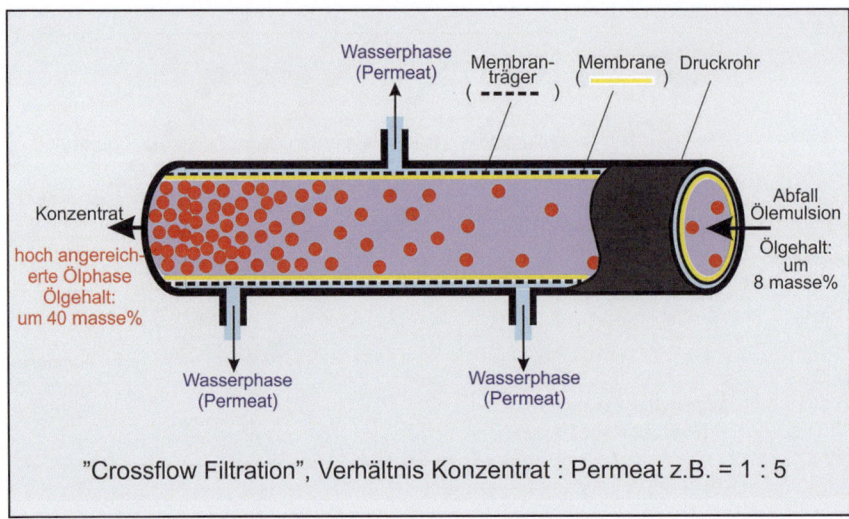

Abb. 11.17 Funktionsweise eines Rohrmoduls zur Ultrafiltration von Abfallemulsionen („Crossflow Filtration", Verhältnis Konzentrat: Permeat z. B. 1:5 [14]

Poiseuilleschen Gesetz. Prinzipiell ähnlich funktionieren die Verfahren der Mikro- und der Nanofiltration.

Die Umkehrosmose dagegen ist keine Porenfiltration. Sie wird mit porenlosen Membranen durchgeführt, weshalb der Stofftransport entsprechend den Fickschen Gesetzen auf diffusivem Wege erfolgt. Hiermit können echt gelöste Substanzen, wie organische und anorganische Moleküle und Ionen abgetrennt werden, z. B. in der Meerwasserentsalzung. Im Sonderabfallbereich werden UO-Anlagen zunehmend bei der Behandlung von Deponiesickerwässern eingesetzt.

Die Anwendung von Membrantrennverfahren erfolgt technisch als Druckfiltration – meist im *Cross-Flow-Betrieb*. Cross-Flow bedeutet, dass das zu filtrierende Abwasser parallel zur Membranoberfläche strömt.

Für technische Membrananwendungen sind möglichst hohe Filtrationsleistungen nötig. Da diese vor allem von der Größe der Membranfläche abhängen, werden Membranen entsprechend konfektioniert, so dass auf kleinem Raum große Flächen unterzubringen sind.

Folgende vier Grundtypen von Modulen sind von praktischer Bedeutung:

- **Rohrmodul** (= Tubularmodul): robuste Bauart; Membran, in einem Rohr innenliegend auf einem Membranträger-Stützgerüst; hohe Strömungsgeschwindigkeiten durch Wasser-Rezirkulation möglich; Reinigungsmöglichkeit mittels Schwammbällchen.

- **Plattenmodul**: ebenfalls robuste Bauform; runde, ovale oder rechteckige Ausführung der randgedichteten Membranfilterplatten, dazwischen Permeatableitung; einfache Austauschbarkeit der Platten; mechanische Reinigung nur bedingt möglich.
- **Wickelmodul**: zwei spiralig aufgewickelte randgedichtete Membranflächen mit dazwischenliegendem Filtervlies und Distanzmatte; hohe Packungsdichte realisierbar; mechanische Reinigung nicht möglich.
- **Hohlfasermodul** (= Kapillarmodul): verhältnismäßig aufwendige Bauweise; Bündel von tausenden Kapillaren – meist aus Polyamid; Innendurchmesser ca. 50 µm; höchste Packungsdichten realisierbar; Verschmutzungsempfindlich, vor allem gegenüber Partikeln; mechanische Reinigung nicht möglich.

Je nach Einsatzgebiet haben sich bestimmte Modultypen besonders bewährt.

Temperaturerhöhung hat generell einen beschleunigenden Einfluss auf die Durchsatzleistung einer Membran: So wird z. B. der spezifische Durchsatz einer Membran durch Temperatursteigerung von 25 °C auf 60 °C in etwa verdoppelt.

Bei der Anwendung von Membranverfahren können folgende praktischen Probleme auftreten:

- **Schlupf**: Hierunter wird die unerwünschte Passage von Stoffen durch die Membran verstanden, welche eigentlich zurückgehalten werden sollen. Je dünner die Membran, je größer die Membranfläche und je größer die Konzentrationsdifferenz an der Membran ist, desto höher ist zwar die Durchsatzleistung der Membran, desto größer ist jedoch auch der Schlupf. Für eine wirtschaftliche Anwendung der Membrantechnik werden daher Kompromisslösungen mit vertretbarem Schlupf angestrebt. Vielfach betragen Schlupf-Werte nur ca. 1 %, in manchen Fällen sind jedoch Werte von 10 % und mehr hinzunehmen.
- **Konzentrationspolarisation**: Zwar ist bei Membranverfahren grundsätzlich der Gegendruck (bei UO: osmotische Druck) der zu behandelnden Lösung zu überwinden – dieser wird jedoch unter Betriebsbedingungen noch durch einen Effekt erhöht, der als Konzentrationspolarisation bezeichnet wird. Bedingt durch den Wasserdurchtritt durch die Membran erhöht sich die Konzentration der Abwasserinhaltsstoffe in der laminaren Flüssigkeits-Grenzschicht an der Membranoberfläche, was größere Transmembrandrücke erforderlich macht. Hierdurch wird auch der Schlupf vergrößert. Zur Verringerung der Konzentrationspolarisation wird die Strömungsgeschwindigkeit des Wassers in den Membranmodulen erhöht, um die laminare Grenzschicht zu minimieren.
- **Scaling**: Die im Zuge der Aufkonzentrierung von Abwasserinhaltsstoffen oftmals stattfindenden Löslichkeitsüberschreitungen mit Ausfällungen an Calciumsulfat oder Eisenoxidhydraten führen zu Verstopfungen an der Membranoberfläche. Gegenmaßnahmen sind: Säurezugabe zur pH-Wert-Erniedrigung im zu behandelnden Abwasser, Ausfällung von Calcium vor Durchführung der Membranfiltration oder regelmäßige Säurespülungen in kürzeren Zeitabständen (Woche).

Tab. 11.2 Relevante technische Spezifikationen von Membrananlagen: [14]

Kenngröße	Ultrafiltration (UF)	Umkehrosmose (UO)
Arbeitsdrucke	Einige bar, bis ca. 12 bar	Bis über 100 bar, Druck muss höher sein als der osmotische Druck der Lösung
Fluxe (reale (Ab)Wässer)	Bis ca. 100 L/(m² · h) Üblich: 30 bis 50 L/(m² · h)	Bis ca. 700 L/(m² · d)
Retentat: Permeat Verhältnis	Bis 1: 10 (z. B. Emulsionen im closed loop)	1: 4 bis 1: 10 (je nach Mehrstufigkeit)
Anwendungsgebiete	Emulsionsspaltung, Konzentrierung von Tauchlacken	Meerwasserentsalzung, Behandlung von Abwässern, Deponiesickerwässer

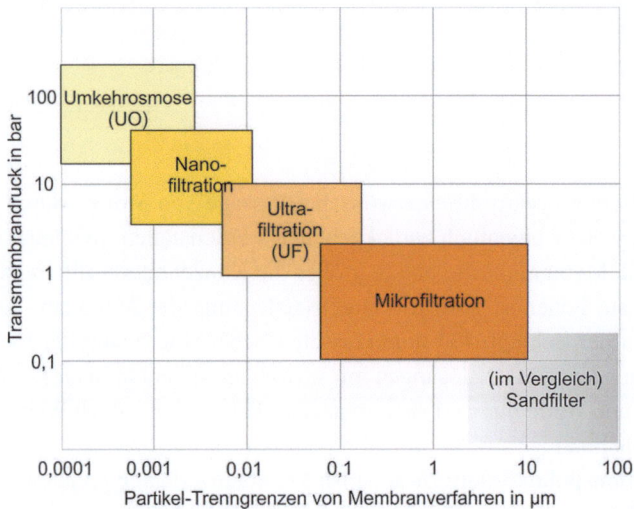

Abb. 11.18 Partikel-Trenngrenzen für Membranverfahren in μm [14]

- **Fouling**: Hierunter werden Ablagerungen fester Abwasserinhaltsstoffe auf Membranen verstanden; bildet sich auf der Membran ein Biofilm, spricht man von Bio-Fouling. Durch das Fouling kann der Filtrationsvorgang stark eingeschränkt werden. Dem Fouling wird üblicherweise durch regelmäßiges Gegenspülen der Membranmodule entgegengewirkt. Gegen das Bio-Fouling werden periodisch Desinfektionsmittel eingesetzt. Gegen Fouling im Allgemeinen können zusätzlich – allerdings nur bei Tubularmembranen – regelmäßige Spülungen mit Schwammbällchen durchgeführt werden. Der Einsatz solcher Bällchen ist jedoch umstritten, da die empfindlichen Oberflächen organischer Membranen ggf. durch auf den Bällchen aufwachsende Kristalle beschädigt werden können. Anorganische Membranen bieten hier Vorteile.

In Tab. 11.2 und Abb. 11.18 finden sich einige relevante technische Spezifikationen von Membranverfahren.

11.3.10 Aktivkohle zur Aufbereitung der CPB-Wasserphase

Aktivkohlen sind die wirksamsten bekannten Adsorptionsmittel und dienen in zahlreichen produktionstechnischen und umwelttechnischen Prozessen zur Reinigung von Flüssigkeiten und Gasen. Andere in der Technik eingesetzte Adsorptionsmittel sind z. B. Zeolithe, Adsorberharze und Kieselgur [18, 22, 23].

Das Verfahren zur Aktivkohleherstellung basiert auf einem um 1900 erteilten Patent. Seit etwa 1920 werden Aktivkohlen aus Materialien, wie Holz, Sägemehl, Torf, Kohlen oder Nussschalen industriell hergestellt. Im Umweltsektor kommen heute meist Produkte aus Steinkohle zum Einsatz.

Als Aktivierungsprozess wird meist die Gasaktivierung angewandt: Das vorbehandelte Ausgangsmaterial wird in Spezialöfen (Mehretagenöfen, Drehrohröfen, Schachtöfen, Wirbelschichtöfen) bei Temperaturen um 800°C in einer Atmosphäre von Wasserdampf und Kohlenstoffdioxid in Aktivkohle umgewandelt (= aktiviert).

Durch die Aktivierung entsteht eine hochporöse Struktur mit außerordentlich großer innerer Oberfläche, üblicherweise zwischen 600 und 1500 Quadratmeter pro Gramm.

Aktivkohlen kommen in Form von Bruchkohlen oder Formkohlen (Presslinge), mit Korngrößen zwischen 0,5 und 5 mm, sowie als Pulverkohlen in den Handel.

Verbrauchte (beladene) Aktivkohle wird in der Regel beim Hersteller regeneriert. Der Prozess entspricht in etwa dem Herstellungsverfahren.

In bestimmten Anwendungsfällen – z. B. bei der Adsorption von leichtflüchtigen Lösemitteln aus Prozessabwässern oder belasteten Grundwässern – kann die Regeneration der Aktivkohle auch an Ort und Stelle durch periodisches Rückblasen der Adsorbersäulen mit Wasserdampf erfolgen [17].

11.3.10.1 Grundlegende Sachverhalte über Adsorptionsvorgänge

Mit Adsorption wird das Festgehaltenwerden gasförmiger oder in einer Flüssigkeit gelöster Stoffe an der Oberfläche eines Festkörpers durch dort wirkende Kräfte, insbesondere Van-der-Vaals-Kräfte, bezeichnet, die an jeder Festkörperoberfläche auftreten. Technisch nutzbar ist der Effekt jedoch nur bei Festkörpern mit großer Oberfläche auf kleinem Raum, also mit porenreichen Strukturen.

Adsorption ist immer vom gegenteiligen Vorgang – der Desorption – begleitet, also von der Ablösung der adsorbierten Stoffe von der Festkörperoberfläche. Es stellen sich von der Temperatur abhängige Adsorptions-Desorptions-Gleichgewichte ein.

Zwischen der Konzentration einer Substanz in Abluft oder Abwasser und der Konzentration der an A-Kohle adsorbierten Substanz, besteht eine Beziehung, die von zahlreichen stofflichen Parametern sowie von der Temperatur beeinflusst wird.

Für wässrige Systeme können die Verhältnisse in übersichtlicher Weise durch sog. Freundlich-Adsorptions-Isothermen beschrieben werden. Für den Fall des thermodynamischen Gleichgewichts wird die Beladung der Aktivkohle mit einer definierten Substanz in Abhängigkeit von der verbleibenden Restkonzentration jener Substanz

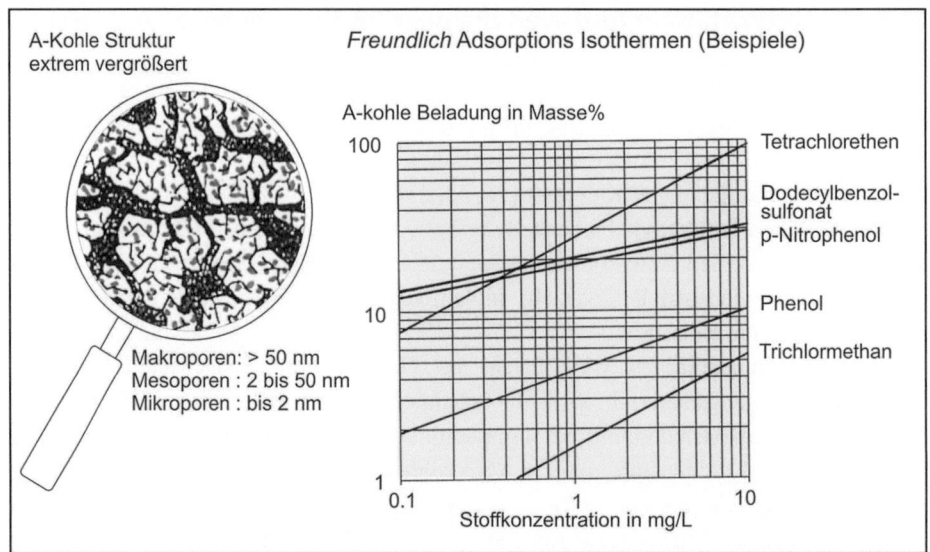

Abb. 11.19 Beispielhafte Freundlich-Isothermen zur Charakterisierung der Beladbarkeit von Aktivkohle durch umweltrelevante Abwasserinhaltsstoffe (Im Abluft-Bereich werden vorzugsweise Langmuir-Isothermen verwendet)

in der wässrigen Lösung dargestellt – meist im doppelt logarithmischen Achsenkreuz (Abb. 11.19).

An den Isothermen wird ersichtlich, dass eine Substanz – je nach Art und Eigenschaften – erwartungsgemäß mehr oder weniger gut von Aktivkohle adsorptiv festgehalten wird.

Als Orientierungsgröße für die Abwasserbehandlung kann gelten, dass eine geeignete Aktivkohle etwa 20 bis 50 % ihrer eigenen Masse an DOC adsorptiv binden kann.

Zu beachten ist: Adsorptionsisothermen sind prinzipiell nur für Einzelsubstanzen definiert. Substanzgemische, wie sie in Abwässern immer vorkommen, können so nicht befriedigend beschrieben werden, da schwer zu prognostizierende, konkurrierende Adsorptionen auftreten.

Für die Praxis der Abwasserbehandlung mittels A-Kohle gelten folgende Regeln:

Die Beladungsfähigkeit einer Aktivkohle nimmt zu

- bei abnehmender Wassertemperatur,
- bei zunehmender Konzentration der Wasserinhaltsstoffe,
- mit abnehmender Wasserlöslichkeit (Polarität) der Wasserinhaltsstoffe (Polare Substanzen, wie z. B. Ionen oder das Wasser selbst, werden nur schwach adsorbiert).

11.3.10.2 Aktivkohleanwendung bei CPB-Anlagen

Zu den klassischen Anwendungsgebieten für Aktivkohle gehört die Aufbereitung von Grund- bzw. Trinkwässern, aus welchen geschmacklich beeinträchtigende und toxikologisch bedenkliche Inhaltsstoffe eliminiert werden sollen (Chlor sowie AOX- und DOC-verursachende Substanzen).

Aber auch die Nach- bzw. Feinreinigung von Abwässern aus der CPB gehört heute obligatorisch zu den Anwendungsgebieten. Meist mittels Festbettadsorbern werden die Konzentrationen unerwünschter Inhaltsstoffe der CPB-Wasserphase, welche durch die vorhergehenden Behandlungsschritte nicht oder nicht ausreichend eliminiert werden konnten, vermindert – insbesondere betreffend CKW und BTEX-Aromaten. Gleichzeitig tritt eine erwünschte weitergehende Reduzierung des CSB ein (sog. *Polizeifilter*-Funktion).

Anmerkung: Für verschiedene abwassertechnische Problemlösungen im kommunalen Klärprozess, z. B. zur Spurenstoffelimination betreffend Pharmaka und sonstiger Industriechemikalien, wird oftmals auch Pulver-Aktivkohle eingesetzt, welche z. B. ins Belebungsbecken oder in ein separates Kontaktbecken eingemischt wird. Nach ausreichender Kontaktzeit wird die beladene Pulver-Aktivkohle z. B. mit dem Überschussschlamm abgetrennt und als Abfall entsorgt.

Zusätzlich zur Aufbereitung der Wasserphase wird Aktivkohle in CPB-Anlagen auch zur Abluftreinigung eingesetzt – sowohl für die Behandlung der abgesaugten Abluft aus den Entgiftungsreaktoren, als auch zur Behandlung der Hallenatmosphäre der CPB-Anlage.

Da Art und Konzentration der Inhaltsstoffe in Abluft oder Abwasser, sowie deren Schwankungen, überwiegend unbekannt sind, erfolgt die Auslegung von A-Kohle-Anlagen (Durchbruchverhalten) in der Regel aufgrund von Erfahrungswerten.

Zur Kontrolle des Durchbruchs der Aktivkohleadsorber unter Betriebsbedingungen reicht dann meist die Analyse von Leitsubstanzen im Input und Output der Aktivkohleanlage als Kontrollmaßnahme aus.

Aus Sicherheitsgründen wird jedoch immer ein mit frischer Aktivkohle gefüllter Adsorber nachgeschaltet.

In Tab. 11.3 finden sich einige relevante technische Spezifikationen von Aktivkohleanlagen.

Tab. 11.3 Relevante technische Spezifikationen von Aktivkohleanlagen [14]

Kenngröße	A-Kohle für Abluftreinigung	A-Kohle für Abwasserreinigung
Optimaler A-Kohle Typ	Gemäß Herstellerempfehlungen	Gemäß Herstellerempfehlungen
A-Kohle Korngröße	4 bis 5 mm, meist Formkohlen Sondergrößen bis 10 mm	0,5 bis 2,5 mm meist Bruchkohlen
A-Kohle Betthöhe	0,5 bis 1,5 m	2 bis 15 m
Filtergeschwindigkeiten (bezogen auf Leerrohr)	10 bis 50 cm/s	1 bis 15 m/h
Kontaktzeiten	2 bis 3 s	0,5 bis 1 h

11.4 Vermeidung/Verminderung/Verwertung von gefährlichem Abfall

11.4.1 Abfall Vermeidung Verminderung Verwertung (VVV) – Allgemeines

In § 6 KrWG wird in Deutschland die fünfstufige Hierarchie für abfallwirtschaftliche Maßnahmen festgeschrieben:

1. Erste Priorität: Abfallvermeidung
2. Maßnahmen zur Wiederverwendung, bevor die Sache zu Abfall wird
3. Stoffliches Recycling
4. andere Verwertungsarten, z. B. als Sekundärbrennstoff oder im Deponiebau
5. Abfallbeseitigung („End of the Pipe"-Maßnahmen, wie z. B. Deponierung)

Die Umsetzung dieser Forderung für industrielle Produktionsprozesse ist nicht trivial. Sie erfordert eine detaillierte Analyse des Produktionsprozesses, insbesondere die abfallerzeugenden Prozessschritte betreffend, ggf. gefolgt von risikobehafteten technischen Veränderungen am Produktionsprozess mit entsprechenden Investitionen.

Die Triebfeder für einen Industriebetrieb, solche Prozessänderungen durchzuführen, ist nicht allein die gesetzliche Forderung, sondern auch die Aussicht auf eine letztlich kostengünstigere Produktion und auf verbesserte Marktchancen. So finden heute umweltfreundliche, abfallarme Technologien aus Deutschland weltweit einen zunehmend guten Absatz [14, 23, 24].

Daneben hat der Gesetzgeber noch von seiner stärksten Möglichkeit zur Durchsetzung von Abfallvermeidung Gebrauch gemacht, nämlich durch Stoffverbote. So ist die Herstellung, das In-Verkehrbringen und die Verwendung zahlreicher Stoffe in Deutschland und der EU zwischenzeitlich teilweise oder gänzlich verboten: z. B. Asbest, Polychlorierte Biphenyle (PCB), Pentachlorphenol (PCP), Hexachlorbenzol (HCB),

Leichtflüchtige Chlorierte Kohlenwasserstoffe (CKW Lösemittel), Polybromierte Diphenylether (PBDE), Polyfluorierte Tenside (PFT) oder Quecksilber. Durch Stoffverbote werden gefährliche Stoffe bzw. Abfälle besonders effektiv vermieden.

Hilfreich bei der Einführung von Abfall-VVV-Maßnahmen in der Industrie waren und sind private und staatliche Abfallberatungsstellen, sowie einschlägige Förderprojekte. Nicht zuletzt deshalb gehören heute zahlreiche Abfall-VVV-Maßnahmen in allen Industriebereichen bereits zum Stand der Technik.

Im Folgenden werden drei Beispiele aus der umfangreichen Palette der Abfall-VVV gegeben, und zwar für Abfälle, deren Anfallmengen erheblich sind.

11.4.2 Beispiel: Abfallvermeidung/Abfallverminderung von Schneidöl-Emulsionen

Alleine durch betriebstechnische Pflegemaßnahmen kann eine erhebliche kostensparende Verlängerung der Nutzungsdauer von Schneidöl-Emulsionen erzielt werden (Monate, Jahre).

Pflege bedeutet hierbei, darauf hinzuwirken, Fremdstoffeinträge in die Emulsion zu vermeiden, so z. B. der Eintrag von Hydraulikflüssigkeit, Ölen, Fetten, Kühlwasser, Urin, Metallspänen, Schleifmitteln und Schmutz aller Art. Erreichbar ist dies durch folgende Maßnahmen [20]:

- Schulung und Motivation des an den Maschinen tätigen Personals
- Vorreinigung der zu bearbeitenden Werkstücke
- Umstellung der Maschinen-Einzelversorgung auf Emulsions-Zentralversorgung und Zentralisierung der analytischen Überwachung sowie der Pflegemaßnahmen (realisierbar nur bei entsprechender Betriebsgröße)
- Installation von Abkühlbecken für die Emulsion
- Einrichtungen zur Schlammabtrennung und zur Abschöpfung von aufgerahmter Ölphase (z. B. mittels Separatoren)
- Automatisch erfolgende Umwälzung der Emulsion bei längerem Anlagenstillstand (z. B. an Wochenenden und Feiertagen), um mikrobiell anoxische bzw. anaerobe Zustände zu vermeiden
- Nachadditivieren von verbrauchten oder unwirksam gewordenen Komponenten (sog. *Nachschärfen* der Emulsion).

Trotz Pflege werden ansteigende Konzentrationen an mikrobiellen Abbauprodukten und thermischen Crackprodukten die Gebrauchseigenschaften der Kühlschmier-Emulsionen so verschlechtern, dass sie früher oder später als Abfall entsorgt werden müssen.

Die weitestgehende Maßnahme betr. Abfallvermeidung bzw. Abfallverminderung von Kühl-Schmierstoffen besteht in der Umstellung des Betriebs auf Minimalmengen-Kühlschmierung (MMKS) oder auf Trockenbearbeitung. Solche letztlich kostensparenden Maßnahmen sind allerdings tiefgreifend und erfordern eine motivierte Firmenleitung.

11.4.3 Beispiel: Abfallvermeidung/Abfallverminderung von Lackschlämmen (ehemaliges ABAG-Projekt, Baden-Württemberg)

Bei der Lackierung von Kunststoffteilen im Automobilzulieferbereich wird vielfach die Druckluftzerstäubung im Hochdruckverfahren eingesetzt. Der erreichbare Auftragswirkungsgrad dieser Applikationstechnik liegt im Mittel bei 20–25 %. Um den Auftragswirkungsgrad bei der Kunststoffteilebeschichtung zu steigern wurde die elektrostatische Beschichtung für alle drei Lackschichten (d. h. im Grundier-, Basislack- und Klarlackbereich) eingeführt.

Durch Umstellung auf elektrostatische Beschichtung und durch eine verbesserte Koagulierung mit kontinuierlichem Koagulataustrag konnte der Auftragswirkungsgrad deutlich erhöht sowie der Gesamtverbrauch an Lack gegenüber dem Ausgangszustand um 46 % und das Aufkommen der Lackschlammabfälle um nahezu 50 % gesenkt werden. Die Investitions-, Wartungs- und Finanzierungskosten für den Umbau der Lackieranlage amortisieren sich in wenigen Monaten.

In Abb. 11.20 sind die allgemeinen Zusammenhänge von Lackabfall und Lackierverfahren dargestellt.

11.4.4 Beispiel: Abfallvermeidung/Abfallverwertung von Dünnsäure

Während der Produktion von Titandioxid (TiO_2), das als Weißpigment bei der Herstellung von u. a. Farben und Lacken, Kunststoffen und Chemiefasern sowie in der Pharma- und Kosmetikindustrie eine wichtige Rolle spielt, fällt als gefährlicher Flüssigabfall in großer Menge Dünnsäure an.

Für die Produktion von 1 Mg Titandioxid nach dem Sulfat-Verfahren sind dies etwa 8 Mg Dünnsäure. Dünnsäure besteht im wesentlichen aus ca. 23 %iger Schwefelsäure, in welcher Metallionen, insbesondere Eisen sowie andere Metalle in geringerer Konzentration (Mg, Ti, V, Cr, Zn, As, Cu, Pb) gelöst sind.

Bis Ende 1989 wurde dieser Abfall in der Nordsee verklappt. Auf der Suche nach einer neuen Entsorgungsmöglichkeit und unter dem Druck der Öffentlichkeit wurde ein 6-stufiges Abfallvermeidungs- und Verwertungsverfahren entwickelt, mit dem die Dünnsäure firmenintern aufbereitet und die daraus gewonnene hochprozentige Schwefelsäure wieder in den Produktionsprozess zurückgeführt werden kann.

Dabei müssen erhebliche Mengen Wasser verdampft werden, um die angestrebte Säurekonzentration von 70–80 % zu erreichen. Der zur Verdampfung benötigte hohe Energiebedarf war ein wesentliches Problem bei der Entwicklung eines auch wirtschaftlich realisierbaren Verfahrens.

In der ersten Stufe wird die 22 %ige Schwefelsäure mit heißen Abgasen aus der Titandioxid-Produktion auf etwa 28 % aufkonzentriert. Das in der Säure gelöste Eisen-II-Sul-

Abb. 11.20 Entstehung von Lackabfall in Abhängigkeit vom Lackierverfahren [14]

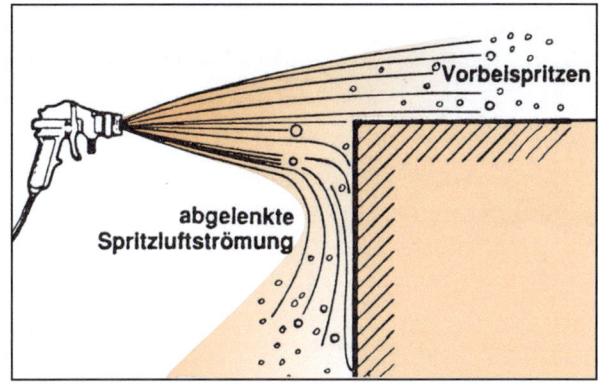
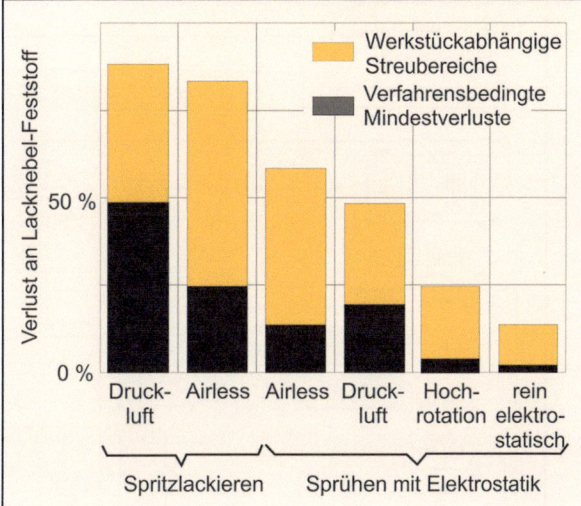

fat kristallisiert durch Kühlung als sog. Grünsalz aus, welches als Produkt vermarktet wird. Während des Kristallisationsprozesses erhöht sich die Schwefelsäurekonzentration weiter.

In weiteren Schritten wird diese in einem mehrstufigen Verdampfungsprozess bis auf etwa 80 % aufkonzentriert, wobei die Metallionen als Metallsulfate ausfallen und von der Säure abgetrennt werden. Die so aufgereinigte Schwefelsäure wird als Wertstoff unmittelbar in den Titandioxid-Produktionsprozess eingespeist.

In einem letzten Verfahrensschritt werden die Salzrückstände in einem Ofen thermisch behandelt. Dabei entsteht wieder verwertbare Schwefelsäure und ein oxidischer deponiefähiger Rückstand (Abbrand).

Von den ursprünglich 8 Mg zu entsorgender Dünnsäure pro produziertem Mg Titandioxid beläuft sich die Abfallmenge jetzt nurmehr auf 0,9 Mg Abbrand.

In Abb. 11.21 wird der Dünnsäure-Vermeidungsprozess schematisch wiedergegeben [14].

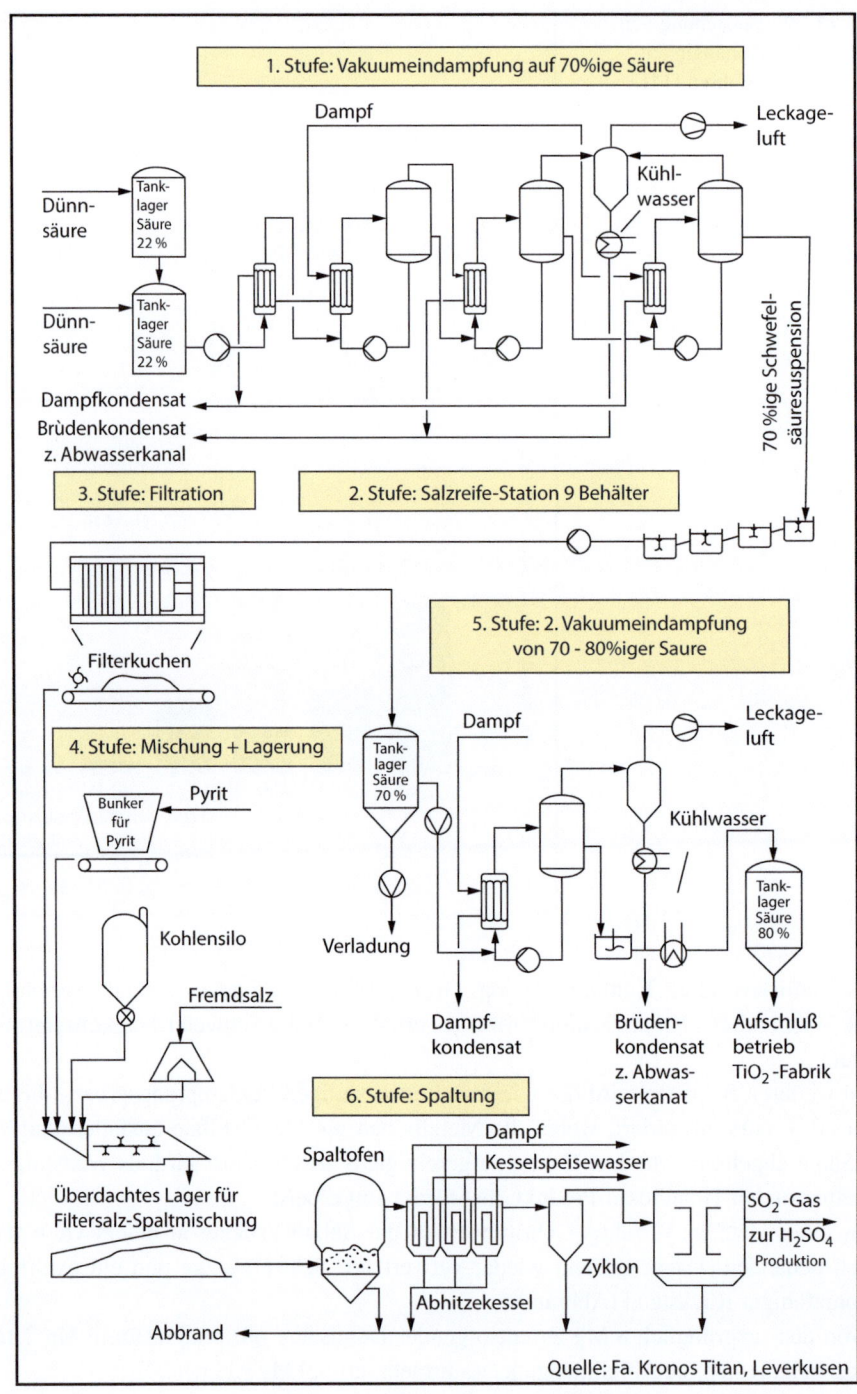

Abb. 11.21 Prozessschema des Dünnsäure-Vermeidungsverfahrens [14]

Anhand des Prozessschemas wird augenfällig, dass Abfall-VVV hochkomplexe Verfahren darstellen können, welche jahrelange Entwicklung erfordern. Der oben erläuterte Prozess gilt heute als Stand der Technik bei der Titandioxid-Produktion.

Fragen zu Kap. 11

1. Aus welchen Industriezweigen stammen die meisten gefährlichen Abfälle?
2. Welche Arten von gefährlichen Abfällen kennen Sie?
3. Sie wollen in Ihrer Firma einen gefährlichen Abfall entsorgen. Was müssen Sie tun?
4. Welches sind die Hauptentsorgungswege für gefährliche Abfälle, und nach welchen Kriterien werden ihnen Abfälle zugeordnet?
5. Beschreiben Sie die Funktionsweise einer Kammerfilterpresse.
6. Wie kann man cyanidische Konzentrate entgiften?
7. Können alle Schwermetall-Grenzwerte mittels hydroxidischer Fällung erreicht werden?
8. Welche Abwasserinhaltsstoffe werden bevorzugt durch Aktivkohle eliminiert?
9. Nennen Sie Beispiele zur Vermeidung gefährlicher Abfälle in der industriellen Praxis.

Literatur

[1] Kreislaufwirtschaftsgesetz, KrWG: „Gesetz zur Förderung der Kreislaufwirtschaft und Sicherung der umweltverträglichen Bewirtschaftung von Abfällen" (2012, zuletzt geändert am 02.03.2023)
[2] Richtlinie 2008/98/EG des Europäischen Parlaments und des Rates vom 19. November 2008 über Abfälle und zur Aufhebung bestimmter Richtlinien (zuletzt geändert am 05.07.2018)
[3] Abfallverzeichnis-Verordnung, AVV: „Verordnung über das Europäische Abfallverzeichnis" (2001, zulsetzt geändert am 19.06.2020)
[4] Verordnung (EG) Nr. 1907/2006 zur Registrierung, Bewertung, Zulassung und Beschränkung chemischer Stoffe (REACH) (zuletzt geändert am 08.04.2022)
[5] Nachweisverordnung, NachwV: „Verordnung über die Nachweisführung bei der Entsorgung von Abfällen" (2006, zuletzt geändert am 28.04.2022)
[6] Anzeige- und Erlaubnisverordnung, AbfAEV: „Verordnung über das Anzeige- und Erlaubnisverfahren für Sammler, Beförderer, Händler und Makler von Abfällen" (2013, zuletzt geändert am 28.04.2022)
[7] Verordnung (EG) Nr. 1013/2006 des Europäischen Parlaments und des Rates vom (14. Juni 2006) über die Verbringung von Abfällen (zuletzt geändert am 11.01.2021)
[8] Statistisches Bundesamt Wiesbaden: Online-Datenbank „Genesis-Online" auf https://www-genesis.destatis.de/genesis/online (Bindestrich nach www), jährliche aktualisiert, abgerufen am 28. April 2023
[9] Verordnung über Betriebsbeauftragte für Abfall von 1977, Bezug: KrWG § 60 (Novellierung 2015)

[10] Deponieverordnung, DepV: „Verordnung über Deponien und Langzeitlager" (2009, zuletzt geändert am 9. Juli 2021)
[11] Versatzverordnung, VersatzV: „Verordnung über den Versatz von Abfällen unter Tage" (2002, zuletzt geändert am 24. Februar 2012)
[12] Länderarbeitsgemeinschaft Abfall (LAGA): LAGA PN 98 – Grundregeln für die Entnahme von Proben aus festen und stichfesten Abfällen sowie abgelagerten Materialien (2002)
[13] Technische Anleitung (TA) Abfall – 2. Allgemeine Verwaltungsvorschrift zum AbfG: Technische Anleitung zur Lagerung, chemisch/physikalischen, biologischen Behandlung, Verbrennung und Ablagerung von besonders überwachungsbedürftigen Abfällen vom 12. März 1991 (GMBl. Nr. 8, S. 139)
[14] Thomanetz, E. und Rapf, M.: Vorlesungsmanuskript "Hazardous Waste and Contaminated Sites". Universität Stuttgart, Institut für Siedlungswasserbau, Wassergüte- und Abfallwirtschaft, Stand 2023.
[15] Altölverordnung (AltölV) (1987, zuletzt geändert am 5. Oktober 2020)
[16] Bundesverband Sekundärrohstoffe und Entsorgung bvse, Fachverband Sonderabfallwirtschaft: Altölaufkommen in Deutschland. https://www.bvse.de/fachbereiche-sonderabfall-altoel/altoel-themen/altoelaufkommen-in-deutschland.html; abgerufen am 25.05.2023
[17] Daten zur Umwelt. Hrsg. UBA, jährlich ab 1984 bis 2005, Erich Schmidt Verlag, Berlin
[18] Thomanetz, „Chemisch-physikalische Behandlung von Sonderabfällen". In: Sonderabfall. Hrsg. O. Tabasaran. Ernst u. Sohn Verlag, Berlin (1997)
[19] Hartinger, L.: Handbuch der Abwasser- und Recyclingtechnik. Carl Hanser Verlag, München/Wien (1991)
[20] Martinez, D.: Immobilisation, Entgiftung und Zerstörung von Chemikalien. Verlag Harri Deutsch, Thun/Frankfurt/Main (1986)
[21] Landesanstalt für Umweltschutz Baden-Württemberg (Hrsg.): Funktionsstörungen auf Kläranlagen. Schriftenreihe „Siedlungswasserwirtschaft", Band 7, Stuttgart (1997)
[22] Palmer et al.: Metal/Cyanide Containing Wastes, Treatment Technologies. Noyes Data Corporation, Park Ridge, NJ (1988)
[23] Thomanetz, E.: Chemisch-Physikalische Behandlung von Sondermüll. In: VDI Berichte 664 Sondermüll – Thermische Behandlung und Alternativen. VDI Verlag, Düsseldorf (1987)
[24] ABAG Abfallberatungsagentur Baden-Württemberg (heute: ABAG-itm GmbH, Pforzheim): Berichte zu ca. 60 Abfallvermeidungs-Pilotprojekten (gefördert mittels der Abfallabgabe im Zeitraum: 1991 bis 1998)

12

Abfallwirtschaftskonzepte und Abfallwirtschaftliche Planung auf Ebene der öffentlich-rechtlichen Entsorgungsträger

Martin Kranert und Hans-Dieter Huber

Zusammenfassung

Abfallwirtschaftskonzepte sind ein zentrales Element bei der Umsetzung der Kreislaufwirtschaft auf Ebene der öffentlich-rechtlichen Entsorgungsträger. Beginnend mit der grundlegenden Vorgehensweise und der Bestandsaufnahme sind in Szenarienbetrachtungen verschiedene Modellvarianten der Erfassungs-, Behandlungs- und Verwertungssysteme bis hin zur Restabfallbehandlung zu vergleichen und anhand der Massenbilanzen unter Einbeziehung der Erfassungs-, Verwertungs- und Abschöpfungsquoten unter ökologischen, ökonomischen und regionalen Aspekten zu vergleichen und zu bewerten. Die Schritte der Umsetzung vor dem Hintergrund zeitlicher Entwicklung sind ebenfalls mit einzubeziehen. Die erforderlichen abfallwirtschaftlichen Anlagen müssen geplant und realisiert werden. Hierfür wird im Grundsatz die Verordnung über die Honorare für Architekten und Ingenieurleistungen zugrunde gelegt, wo die Planungsphasen von der Grundlagenermittlung bis hin zur Objektbetreuung beschrieben sind. Hierbei sind verschiedene Vorgehensweisen möglich. Besonders die Genehmigungsverfahren sowie die Ausschreibung und Vergabe sind wichtige Elemente im gesamten Planungsprozess.

M. Kranert
Institut für Siedlungswasserbau, Wassergüte- und Abfallwirtschaft, Universität Stuttgart, Stuttgart, Deutschland
E-Mail: martin.kranert@iswa.uni-stuttgart.de

H.-D. Huber (✉)
Böblingen, Deutschland

© Springer Fachmedien Wiesbaden GmbH, ein Teil von Springer Nature 2024
M. Kranert (Hrsg.), *Einführung in die Kreislaufwirtschaft*,
https://doi.org/10.1007/978-3-658-41711-6_12

> **Schlüsselwörter**
>
> Waste management concepts · Scenarios and models · Calculation and evaluation methods · Planning and design of solid waste treatment plants · Project management · Official scale of fees for services by Architects and Engineers

12.1 Abfallwirtschaftskonzepte

Martin Kranert

12.1.1 Allgemeines

Die Erstellung von Abfallwirtschaftsplänen ist Sache der Bundesländer. Während diese Pläne in der Regel nur einen Rahmen vorgeben, liegt die konzeptionelle Planung auf der Ebene der öffentlich-rechtlichen Entsorgungsträger (ÖRE). Basis hierfür sind das KrWG [1] und die Landesabfallgesetze. Daneben sind Abfallwirtschaftskonzepte erforderlich, um durch vorsorgende Planung auch langfristig eine zukunftsfähige Kreislaufwirtschaft, welche ökonomische, ökologische und soziale Aspekte abdecken muss, zu gewährleisten.

Durch die Einbeziehung des präventiv wirkenden Instruments der Abfallvermeidung kann dadurch auf die Abfallentstehung selbst eingewirkt werden. Der Kompetenzbereich der ÖRE ist hierbei beschränkt (siehe Abschn. 4.3.4 und Abschn. 12.1.3.4). Konzeptionelle Ansätze zur Abfallvermeidung auf Ebene der Industrie liegen außerhalb des Aufgabenbereiches der ÖRE, ebenso wie der direkte Einfluss auf die Produktionsverfahren. Gleichwohl sind die Interaktionen zu berücksichtigen.

Generell sind abfallwirtschaftliche Maßnahmen als Teil des gesamten Stoffstrommanagements zu betrachten (siehe Kap. 14 und Abb. 12.1).

Integrierte Abfallwirtschaftskonzepte zeichnen sich dadurch aus, dass die abfallwirtschaftliche Entsorgungsstruktur, basierend auf den generellen gesetzlich, wissenschaftlich, gesellschaftlich und politisch formulierten Zielvorgaben, den jeweiligen lokalen Verhältnissen angepasst wird. Sie baut auf mehrere optimierte vernetzte, den Abfallströmen adäquaten differenzierte Entsorgungspfade auf (interne Integration). Hierbei muss die Entsorgungsstruktur an die regionale Wirtschaftsstruktur angepasst werden (externe Integration). Abfallwirtschaftskonzepte beinhalten den künftigen Soll-Zustand der Abfallwirtschaft in einem Planungsgebiet und die Darstellung von Schritten auf dem Weg dorthin. Die auf diesem Weg häufig entstehenden neuen Anforderungen implizieren, dass das Konzept stets fortgeschrieben und den jeweiligen Verhältnissen angepasst wird. Die bei der Erstellung von Abfallwirtschaftskonzepten einzubeziehenden wesentlichen Faktoren und die Vorgehensweise sind in Abb. 12.2 dargestellt.

12 Abfallwirtschaftskonzepte und Abfallwirtschaftliche Planung ...

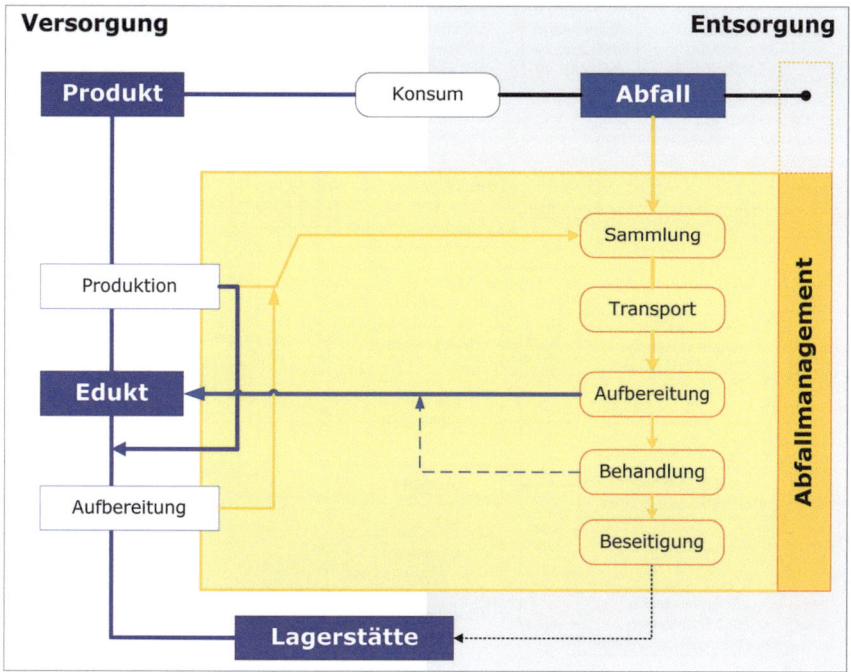

Abb. 12.1 Abfallwirtschaft im Rahmen des Stoffstrom-Managements

12.1.2 Gesetzliche Rahmenbedingungen und Zielvorgaben bei der Erstellung von Abfallwirtschaftskonzepten

Für die Erstellung von Abfallwirtschaftskonzepten sind die Ansätze des "Green Deal" der EU (2019) [3] (siehe Kap. 1) zu beachten. Hierbei kommt gerade den Gebietskörperschaften bzw. den ÖRE neben der Produktion eine relevante Bedeutung zu. Durch die Abfallrahmenrichtlinie der EU wurde die *fünfstufige Abfallhierarchie* (siehe Abschn. 12.2), die Pflicht *Abfallvermeidungsprogramme* zu erstellen, *Recyclingquoten* und die P*roduktverantwortung* festgelegt. Mit der Novellierung von 2018 wird besonders eine Intensivierung der Vermeidung und des Recycling beabsichtigt. Entsprechend wurde auch das Kreislaufwirtschaftsgesetz im Jahr 2021 [1] angepasst. Für die Erstellung von integrierten Abfallwirtschaftskonzepten ist die Formulierung von Randbedingungen und Zielvorgaben eine unabdingbare Voraussetzung, um eine zielorientierte Vorgehensweise mit vergleichbaren Varianten zu ermöglichen. Wesentliche festzulegende Randbedingungen sind beispielsweise

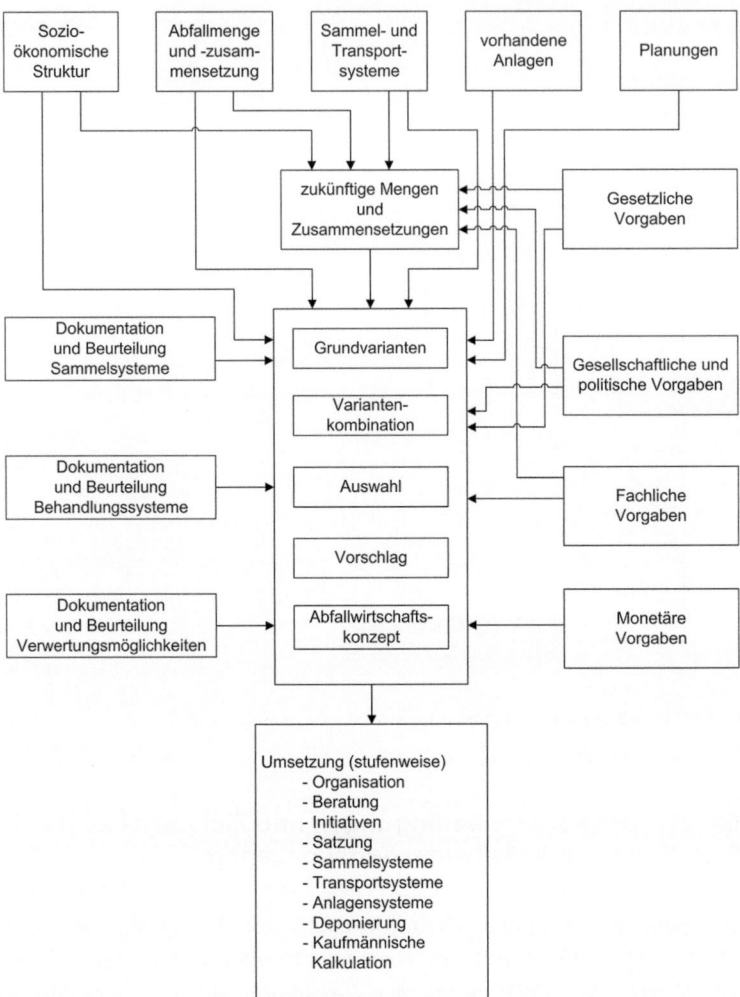

Abb. 12.2 Vorgehensweise und Faktoren bei der Erstellung von integrierten Abfallwirtschaftskonzepten (nach [2])

- Festlegung des Konzeptgebietes (ÖRE – allein oder Kooperationen, Zweckverband etc.)
- Autarkie der Städte und Gemeinden
- Interne und externe Entsorgungswege und -anlagen
- Kostenrahmen.

Folgende Zielvorgaben sind anzustreben:

- Entsorgungssicherheit
- Langzeitsicherheit
- Minimierung der Emissionen
- Einhaltung hygienischer Anforderungen
- Kostenverträglichkeit
- Sozialverträglichkeit
- Integrationsfähigkeit in bestehende Systeme
- Akzeptanz

Vor dem Hintergrund der politischen und gesellschaftlichen Rahmenbedingungen sind zusätzlich besonders Aspekte der

- Ressourceneffizienz und des
- Klimaschutzes zu beachten.

Generell sollten die durch die Abfallentsorgung entstehenden Probleme durch die Generation gelöst werden, die sie verursacht hat (Rückkoppelungseffekte). Als Ergebnis einer langfristig umwelt- und sozialverträglichen Abfallwirtschaft sind zwei Stoffströme zu erzeugen:

- wiederverwertbare Stoffe
- naturverträglich endlagerfähige Stoffe

Schadstoffe sind zu zerstören oder konzentriert außerhalb der Biosphäre abzulagern. Unter den Aspekten der EU-Deponierichtlinie sind organische Stoffe weitestgehend von der Deponie fernzuhalten. Gemäß der Deponieverordnung [4] ist eine Ablagerung von Siedlungsabfällen in der Regel zur Einhaltung der Ablagerungskriterien nur nach entsprechender Vorbehandlung möglich (s. Kap. 10). Ziel ist, auf die Deponierung von Abfällen weitestgehend zu verzichten.

12.1.3 Vorgehensweise bei der Erstellung von integrierten Abfallwirtschaftskonzepten

12.1.3.1 Hierarchische Struktur in der Abfallentsorgung

Der Erstellung von Abfallwirtschaftskonzepten ist die hierarchische Struktur in der Abfallentsorgung zugrunde zu legen (siehe Abb. 12.3).

Basierend auf den Ansätzen der EU-Strategie für die Vermeidung und Verwertung von Abfällen [5] und der Abfallrahmenrichtlinie der Europäischen Union [6], die im KrWG [1] Niederschlag gefunden hat, wird die Abfallhierarchie strukturiert in

Abb. 12.3 Hierarchische Struktur in der Abfallentsorgung

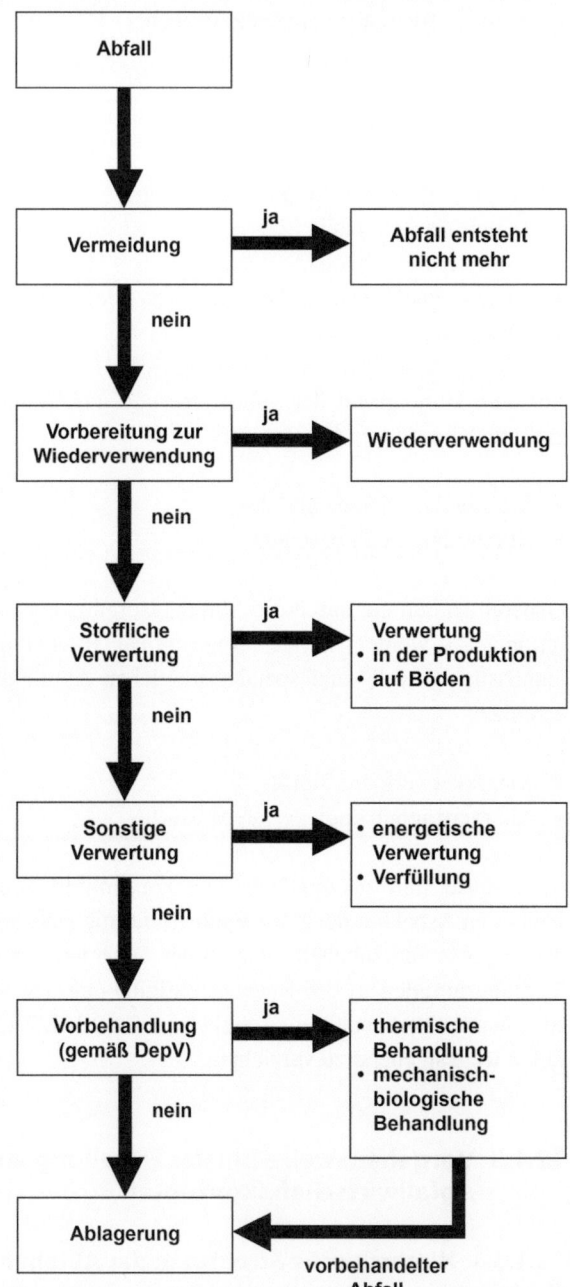

- Vermeidung (prevention)
- Vorbereitung zur Wiederverwendung (preparing for re-use)
- Stoffliche Verwertung (recycling)
- sonstige Verwertung z. B. energetische Verwertung (recovery)
- Beseitigung (disposal).

Zunächst muss daher die Frage gestellt werden, inwieweit Abfälle zu vermeiden sind (siehe Kap. 4).

Gemäß Abfallrahmenrichtlinie folgt als zweite Stufe der Hierarchie die Klärung der Frage, ob eine Wiederverwendung möglich ist. Hierbei beinhaltet die Vorbereitung zur Wiederverwendung jedes Verwertungsverfahren der Prüfung, Reinigung oder Reparatur, bei dem Erzeugnisse oder Bestandteile von Erzeugnissen so vorbereitet werden, dass sie ohne weitere Vorbehandlung wieder verwendet werden können, d. h. für den selben Zweck eingesetzt werden, für den sie ursprünglich bestimmt waren.

An dritter Stelle steht die stoffliche Verwertung der Abfälle, d. h. das Recycling. Dies beinhaltet Verwertungsverfahren, durch die Abfälle zu Erzeugnissen, Materialien oder Stoffen entweder für den ursprünglichen Zweck oder für andere Zwecke aufbereitet werden. Dies umfasst auch die Aufbereitung organischer Materialien z. B. durch Kompostierung oder Vergärung.

Als Kriterien für die Verwertbarkeit sind gemäß KrWG das Vorhandensein oder die Möglichkeit der Schaffung eines Marktes, die technische Machbarkeit und die Zumutbarkeit hinsichtlich entstehender Mehrkosten im Vergleich zu anderen gleichwertigen Verfahren zu nennen.

An vierter Stelle steht die sonstige Verwertung. Dies beinhaltet die energetische Verwertung und die Aufbereitung von Materialien, die für die Verwendung als Brennstoff vorgesehen sind sowie die Verfüllung (z. B. Bergversatz).

In einem nachfolgenden Schritt ist in Deutschland zu prüfen, inwieweit entsprechend den Zielvorgaben gemäß Abschn. 12.2 und den Anforderungen des Deponierechts die Abfälle vor einer Ablagerung zu behandeln sind (z. B. thermische oder mechanisch-biologische Behandlung).

An letzter Stelle steht die Ablagerung der nicht verwerteten bzw. der vorbehandelten Abfälle.

Basierend auf dem KrWG soll „diejenige Maßnahme Vorrang haben, die den Schutz von Mensch und Umwelt bei der Erzeugung und Bewirtschaftung von Abfällen unter Berücksichtigung des Vorsorge- und Nachhaltigkeitsprinzips am besten gewährleistet" (§ 6 KrWG). Hierbei ist der gesamte Lebenszyklus des Abfalls zu betrachten (Emissionen, Schutz natürlicher Ressourcen, Energie, Schadstoffanreicherung).

12.1.3.2 Bestandsaufnahme der Ist-Situation der Abfallentsorgung

Jede Planung erfordert die Aufnahme des Ist-Zustandes, welcher als Basis für die resultierenden durchzuführenden Arbeiten zu betrachten ist.

Hierbei sind für die Aufnahme der Ist-Situation nicht nur Abfallmengen zu erfassen, sondern alle wesentlichen Parameter, welche die Abfallwirtschaft in einem Entsorgungsgebiet charakterisieren. Gleichzeitig sollte die Erhebung alle Daten beinhalten, welche für die abfallwirtschaftlichen Schlussfolgerungen notwendig sind (Tab. 12.1).

Daten bezüglich der sozioökonomischen Struktur werden benötigt, um die abfallwirtschaftlichen Daten mit diesen zu korrelieren und interpretieren zu können. Gleichzeitig bieten sie die Grundlage für eine an die vorhandenen sozialen und räumlichen Bedingungen angepasste Abfallwirtschaftskonzeption.

Tab. 12.1 Datenerhebung zur Erstellung von Abfallwirtschaftskonzepten (nach [2])

1. Sozioökonomische Struktur 1.1 Einwohnerzahlen auf Gemeindeebene aktueller Stand – Entwicklung in der Vergangenheit – Prognosen 1.2 Bebauungs- und Siedlungsstruktur (mit Angabe der Anzahl der Wohnungen und Wohngebäude und Gartenanteilen) – Hohe verdichte städtische Bebauung – Mehrfamilienhausbebauung (Stadtrandbereiche) – (Dörfliche) Stadtrand-/Wohngebiete mit überwiegend Ein- und Zwei-Familienhäusern mit relativ großen Gartenanteilen – Aufgelockerte ländliche Bebauung 1.3 Gewerblich/industrielle Situation: – Gewerbestruktur mit Schwerpunkten (Groß-/Kleinbetriebe, Handwerksbetriebe, mittelständisch geprägt etc.) – Beschäftigtenzahlen (Primär-, Sekundär-, Tertiärsektor bzw. Land/Forstwirtschaft, Verarbeit. Gewerbe, Baugewerbe, Handel, Dienstleistungen etc.) – Infrastrukturelle Besonderheiten Fremdenverkehr (Übernachtungen pro Jahr) Studierende Militär Besondere Baumaßnahmen	1.4 Kläranlagen – Einwohnerwerte – Schlammmengen – Chem.-physikalische Schlammparameter 2. Abfallwirtschaftliche Struktur 2.1 Aktuelles Abfallaufkommen, Mengenentwicklung und Zusammensetzung Die Abfallarten sind soweit als möglich den Abfallschlüsseln (EAK-Katalog) zuzuordnen – Hausmüll – Sperrmüll – Hausmüllähnliche Gewerbeabfälle – Baustellenabfälle – Bauschutt – Bodenaushub – Straßenaufbruch – Straßenkehricht – Marktabfälle – Garten- und Parkabfälle – Klärschlämme – Rückstände aus der Kanalisation – Fäkalien und Fäkalschlamm – Wasserreinigungsschlämme – Produktionsspezifische Abfälle (soweit sie gemeinsam mit Siedlungsabfällen entsorgt werden) 2.2 Etablierte Maßnahmen zur Abfallvermeidung 2.3 Separat erfasste Wertstoffe und biogene Abfälle – Aktuelles Aufkommen und Mengenentwicklung

(Fortsetzung)

Tab. 12.1 (Fortsetzung)

2.4 Sammlung und Transport – Organisation Hausmüllabfuhr – Behältergrößen und -anzahl, Bemessungsgrundlage – Leerungshäufigkeit – System und Häufigkeit der Sperrmüllabfuhr – Gewerbliche und industrielle Abfallentsorgung – Sammelstruktur für verwertbare Stoffe 2.5 Bestehende Abfallentsorgungsanlagen – Standort – Betreiber – Betriebsbeginn/Laufzeit – Verfüllvolumen (bei Deponien) – Durchsatz (stündlich und jährlich) – Einzugsbereiche – Besonderheiten 2.6 Kostenstruktur der Abfallentsorgung – Sammelkosten – Umschlag-/Transportkosten – Kosten der Beseitigungsanlagen	– Sonstige Entsorgungskosten (getrennte Sammlung, Erfassung von Sonderabfällen in Kleinmengen etc.) – Verwaltungskosten 2.7 Durchgeführte Versuche, Untersuchungen und Studien 2.8 Planungen – Versuche – Erweiterungen oder Neubau von Abfallentsorgungsanlagen – Sonstiges 3. Vermarktungssituation 3.1 Wertstoffe 3.2 Biogene Stoffe 3.3 Sekundärbrennstoffe, Ersatzbrennstoffe 3.4 Thermische Energie und Strom 4. Sonstige Unterlagen 4.1 Abfallwirtschaftliche Unterlagen – Abfallsatzung(en) – Müllfibeln – vorhandenes Informationsmaterial – Studien etc. 4.2 Karten und sonstige Unterlagen

Besonders relevante Daten betreffen vor allem die Abfallmenge und -zusammensetzung. Sind die Abfallmengen der vergangenen Jahre in gewogener Form vorhanden, so bieten diese Zahlen eine gute Basis für weitere Berechnungen. Es ist jedoch zu kontrollieren, ob die Klassifizierung der Abfälle konsequent und eindeutig durchgeführt wurde.

Gerade im Gewerbe- und Bauabfallbereich ist oftmals eine Veränderung der Klassifizierung festzustellen (z. B. weitere Unterteilung bzw. Neuzuordnung), sodass hier eine sorgfältige Interpretation notwendig ist.

Probleme bei der Mengenbeurteilung ergeben sich, wenn die Abfallmengen nur volumenmäßig erfasst werden. Oftmals ist nicht eindeutig definiert, welches Volumen gemeint ist (im Fahrzeug, in der Deponie, verdichtet, unverdichtet). Deshalb sind hier Abschätzungen dringend durch Analogieschlüsse (Einwohnerzahlen, bereitgestelltes Behältervolumen, ähnlich strukturierte Gebietskörperschaften etc.) zu untermauern.

Bei großen Diskrepanzen ist eine Versuchswiegung über einen längeren Zeitraum zur Ermittlung der Dichte bzw. Gesamtgewichte unumgänglich. Hierbei sind die jahreszeitlichen Schwankungen zu beachten.

Neben der Abfallmenge ist deren Zusammensetzung von erheblicher Bedeutung für die weitere Planung. Bei Hausabfall ist die Frage zu stellen, welche Genauigkeit der Angaben erforderlich ist. Gegebenenfalls ist ein Vergleich mit ähnlich strukturierten Gebietskörperschaften als ausreichend anzusehen. Falls erforderlich, sind Abfallanalysen durchzuführen.

Im Gewerbeabfall- und Bauabfallbereich hingegen wird es häufig notwendig sein, die Zusammensetzung, vor allem im Hinblick auf die Verwertbarkeit der Abfälle, Hinweise auf Monoladungen etc. zu untersuchen. Dies besonders, da einzelne Gewerbebetriebe die Abfallzusammensetzung erheblich beeinflussen können. Über eine visuelle Klassifizierung, welche die Erstellung eines Gewerbeabfallkatasters nicht ersetzen kann, wohl aber in kurzem Zeitraum verwertbare Ergebnisse liefern kann, sind relevante Tendenzen abzulesen.

Die noch so genaue Ermittlung der Ist-Situation darf jedoch nicht darüber hinwegtäuschen, dass sich bis zum Zeitpunkt der Inbetriebnahme einer Entsorgungsanlage die Abfallzusammensetzung schon wieder erheblich aufgrund wirtschaftlicher oder gesetzlicher Randbedingungen (z. B. Verpackungsverordnung) geändert haben kann, was durch eine flexible Konzept- und Anlagengestaltung wettgemacht werden muss.

Etablierte Maßnahmen zur Abfallvermeidung im Bereich des ÖRE sind zu dokumentieren und qualitativ oder quantitativ zu bewerten.

Bei der Erhebung der Eigenkompostierung und der getrennt gesammelten Wertstoffe und Bioabfälle ist es notwendig, möglichst alle Stoffströme zu erfassen. Hierzu gehören beim Hausabfall auch karitative und gewerbliche Sammlungen, welche einen erheblichen Anteil abschöpfen können. Gleichzeitig ist jedoch gerade dieser Strom in der Praxis oftmals aufgrund nicht vergleichbarer Angaben bzw. wegen fehlender Daten nur vollkommen ermittelbar.

Aus Abfallmenge, -zusammensetzung und erfassten Wertstoffen, einschließlich der separat erfassten Verpackungen, lässt sich das gesamte Wertstoffpotential abschätzen. Die Erfassung der Siedlungs- und Gewerbestruktur erlaubt neben der Deutung auffallender abfallwirtschaftlicher Parameter auch die Abschätzung möglicher zusätzlicher Verwertungssysteme und Entwicklungen.

Die vorhandene Struktur der Abfallsammlung und des Transports kann Rückschlüsse bezüglich des installierten Systems im Hinblick auf die einwohnerspezifische Parameter ermöglichen. Notwendig hierfür ist jedoch sehr detailliertes Datenmaterial, welches z. B. tatsächliches, spezifisches Behältervolumen, Erfassungsquoten etc. umfasst. Aus der Kenntnis dieser Daten sind Extrapolationen für die Installierung neuer bzw. erweiterter Sammelsysteme möglich.

Die momentane Kostenstruktur für Sammlung, Transport und Behandlung erlaubt neben der Deutung auffallender Mengenströme Schlussfolgerungen für die monetäre Zusatzbelastung bei der Installierung weitergehender Maßnahmen zu treffen.

In einem Planungsgebiet durchgeführte Versuche zur Abfallverringerung und -verwertung können oftmals Hinweise darauf geben, welche Verfahren sich in diesem Gebiet als sinnvoll und realisierbar herausgestellt haben und weiterverfolgt werden sollten.

Die Kapazität vorhandener und in der Realisierung begriffener Abfallentsorgungsanlagen ist von entscheidender Bedeutung für zusätzlich kurz- und mittelfristig zu installierende Maßnahmen, um die Entsorgungssicherheit zu gewährleisten. Hierbei sind vor allem die Abfallströme herauszugreifen, welche einen herausragenden Einfluss (z. B. auf Volumen, Heizwerte etc.) auf diese Anlagen haben.

12 Abfallwirtschaftskonzepte und Abfallwirtschaftliche Planung ...

Neben den o. e. Daten werden für eine Abschätzung der Vermarktungssituation von Wertstoffen, Kompost, Brennstoffen sowie thermischer und elektrischer Energie die Angaben der hierfür zuständigen Behörden, Betriebe, Institutionen und Verbände benötigt.

Unterlagen bezüglich der Abfallentsorgung sowie Kartenmaterial helfen, die örtliche Situation bei der Erstellung des Konzepts vollumfänglich einbeziehen zu können.

12.1.3.3 Szenarien und Prognosen

Ohne auf die Problematik von Prognosen an dieser Stelle einzugehen, darf die Schwierigkeit, die Entwicklung genau vorauszusagen, nicht dazu führen, keine Maßnahmen zu ergreifen. Vielmehr können durch Szenarienbetrachtungen wahrscheinliche Entwicklungen dargestellt und beurteilt werden. Die Abfallentwicklung und -zusammensetzung ist auf der Basis der Ist-Situation, der Entwicklung in der Vergangenheit und der Gebietsstruktur und deren Entwicklung zu extrapolieren. Als wesentliche mittel- bis langfristige abfallmengenrelevante Entwicklungen sind zu beachten:

- wirtschaftliche Entwicklung (lokal, deutschland-, europa- und weltweit)
- Bevölkerungsentwicklung mit Wanderungsbewegungen und demografischer Veränderung
- industrielle und gewerbliche Förderungs- und Entwicklungsmaßnahmen (Wirtschaftsförderung)
- industrielle Produktionstechniken
- Änderung der Sozial- und Erwerbsstruktur
- erwartete gesetzliche Rahmenbedingungen.

▶ Es ist sinnvoll, verschiedene begründbare Szenarien hinsichtlich der Abfallmengenentwicklung darzustellen und das wahrscheinliche Spektrum auszuwählen (Beispiel Abb. 12.4). Hierbei ist auf die Diskrepanz zwischen hoher Entsorgungssicherheit und restriktiver Handhabung der Entsorgungskapazität hinzuweisen. Während es im Hinblick auf eine hohe Entsorgungssicherheit notwendig ist, die im oberen Bereich liegenden (ungünstigen) Mengenentwicklungen zugrunde zu legen, kann die Annahme von geringen zukünftigen Abfallmengen unter Inkaufnahme von Entsorgungsengpässen Abfallvermeidungsmaßnahmen forcieren.

Es ist zu beachten, dass in industrialisierten Ländern mit hohem Lebensstandard die Abfallmenge derzeit nur unwesentlich ansteigt, während in sich entwickelnden Ländern und Schwellenländern ein mit dem Bruttoinlandsprodukt (BIP) korrelierbarer Anstieg besteht.

Generell ist zu beachten, dass Abfallwirtschaft aufgrund der gesellschaftlichen, politischen, wirtschaftlichen und sozialen Zusammenhänge und Rückkopplungseffekte nie vollkommen planbar ist und neben aktiven Elementen ebenso reaktive Elemente beinhaltet.

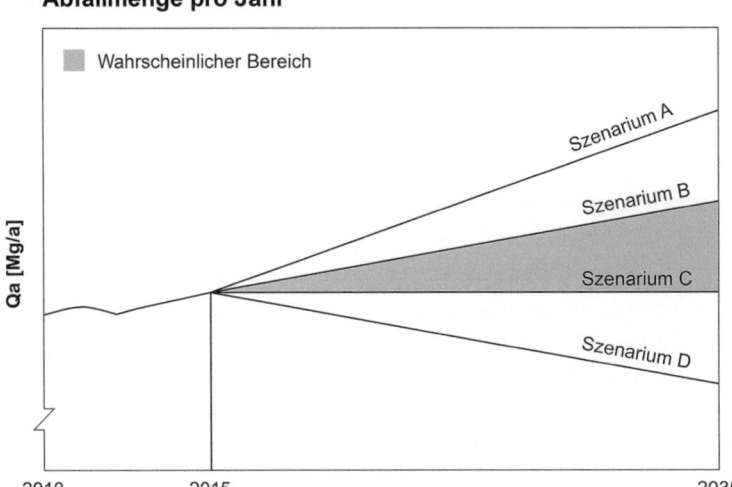

Abb. 12.4 Szenarien für die Abfallmengenentwicklung einer Gebietskörperschaft (Beispiel)

12.1.3.4 Abfallvermeidungsmöglichkeiten

Es sind die Möglichkeiten zur Abfallvermeidung bei den einzelnen Akteuren darzustellen und die hieraus resultierende Beeinflussung der Abfallmenge im betrachteten Entsorgungsraum abzuschätzen. Diese Abschätzung ist auf der Ebene der entsorgungspflichtigen Gebietskörperschaften als schwierig anzusehen und kann in der Regel nur in Größenordnungen angesetzt werden, da im Hinblick auf die Abfallvermeidung nicht vorhersehbare gesetzliche und gesellschaftspolitische Randbedingungen einen hohen Stellenwert einnehmen. Deutlich sind lokale und generelle Vermeidungsmöglichkeiten zu trennen. Die als vermieden angesetzten Abfälle sind in den weiteren Berechnungen nicht mehr aufzunehmen, da diese als Abfälle nicht mehr anfallen (siehe auch Abschn. 12.1.3.3).

In die Berechnungen mit aufzunehmen, sind auch die biogenen Abfälle (Küchen- und Gartenabfälle), welche über die Eigenkompostierung behandelt werden können. Als Grund ist anzugeben, dass der Umfang der Eigenkompostierung u. a. von der Gebührenstruktur und vom installierten Sammelsystem (z. B. Bio-Tonne) abhängt.

Gebietskörperschaften haben in ihrer Funktion als genehmigende Behörde, Satzungsverantwortliche, Bauherren, Dienstleister, Wirtschaftsförderer sowie Zuständige für Bildung und Information einschließlich der Abfallberatung sowie aufgrund ihres eigenen Beschaffungswesens viele Möglichkeiten Abfallvermeidung gezielt zu forcieren (siehe auch Abschn. 4.3.4).

12.1.3.5 Verwertungswege

Ein wesentliches Element aller Verfahren der Abfallverwertung liegt in der Rückführung der gewonnenen Produkte in den Stoffkreislauf, was den Absatz dieser erfassten Stoffe bedingt. Hierbei können sowohl bei Wertstoffen als auch bei Kompost die Marktforderungen bezüglich der Reinheit der Produkte einen erheblichen Einfluss auf die Sammellogistik und das Behandlungssystem haben.

Besonders die mit der Produktverantwortung zusammenhängenden Rücknahmeverpflichtungen (z. B. Verpackungen, Batterien, Elektro- und Elektronikaltgeräte) beeinflussen die Stoffströme zur Verwertung erheblich. Hier sind überregionale Verwertungswege existent, während speziell für biogene Abfälle auch lokale Anlagen (Vergärungsanlagen, Kompostwerke) und lokale Absatzgebiete von Bedeutung sind.

Die thermische Behandlung ist in diesem Zusammenhang sowohl unter den Gesichtspunkten der Zerstörung bzw. Aufkonzentrierung von Schadstoffen als auch der Energieerzeugung zu betrachten. Unter dem Aspekt eines hohen Wirkungsgrades ist es erforderlich, die freigesetzte Energie zur Substitution fossiler Energieträger und deren Emissionen einzusetzen.

Es ist an dieser Stelle festzuhalten, dass bis auf wenige Ausnahmen (z. B. Metalle, Textilien) die Abfallverwertung die Gestehungskosten häufig aufgrund der Marktsituation nicht deckt. Abfallentsorgung – und das betrifft auch die Verwertung – steht am Ende der wirtschaftlichen Kette und kann daher in der Summe nicht „wirtschaftlich" im herkömmlichen Sinne betrieben werden. Hierbei ist unter der Maßgabe des KrWG des Bundes auch bei zumutbaren Mehrkosten diese Verwertung durch entsprechende Maßnahmen zu forcieren.

12.1.3.6 Abfallbehandlungstechnologien

Die Abfallbehandlungstechnologien sind zu beurteilen nach:

- Verfahrenstechnik
- Entwicklungsstand
- Produktverwertung
- Umweltrelevanz
- Kosten

Die hieraus folgernde Beurteilung bietet die Basis für die Auswahl der im Planungsgebiet favorisierten Technologien, welche einer detaillierten Betrachtung zu unterziehen sind. Es sind die Best-Verfügbaren Technologien (BVT) zu beachten. [7]

12.1.3.7 Sammelsysteme zur getrennten Erfassung verwertbarer bzw. nicht verwertbarer Bestandteile

Die Sammelsysteme sind zu bewerten nach:

- Erfassungsquoten/Verwertungsquoten
- Stoffqualität
- Einbindungsmöglichkeit in existierende Systeme
- regionalen und lokalen Gelegenheiten (auch Standplatzproblematik)
- Akzeptanz in der Bevölkerung
- Schadstoffseparierung
- Organisationsaufwand
- technischen Randbedingungen
- Umweltrelevanz
- Kosten

12.1.4 Berechnung, Bilanzierung und Bewertung von Modellvarianten

12.1.4.1 Allgemeines

Zum qualitativen und quantitativen Vergleich verschiedener auf Basis gemäß Abschn. 12.2 ausgewählter Sammelsysteme und Technologien sind diese einer detaillierten Betrachtung zu unterziehen.

Sammelsysteme *und* Behandlungstechnologien sind gemeinsam zu betrachten, da diese sich gegenseitig beeinflussen. Dies gilt für die Abfall- und Schadstoffströme ebenso wie für die Kosten. In Form von Variantenbetrachtungen sind verschiedene Entsorgungssysteme miteinander zu vergleichen.

Wesentliche bei der Variantenrechnung einzubeziehende Abfallarten sind Haushalts-, Sperr- und Gewerbeabfälle incl. Bauabfälle, da hier die Schwerpunkte der differenzierten Entsorgung liegen. Abhängig vom Planungsgebiet können auch Klärschlämme bei gemeinsamer Behandlung unter den o. e. Abfallarten mit aufzunehmen sein. Andere Abfallarten, welche ebenfalls der öffentlichen Abfallentsorgung unterliegen, wie gefährliche Abfälle in Kleinmengen, Bauschutt, Erdaushub und sonstige Abfälle, sind aufgrund ihrer Menge bzw. ihres Schadstoffgehaltes so unterschiedlich, dass eine gemeinsame Behandlung mit den o. e. Abfällen (bis auf die Deponierung selbst) in der Regel nicht möglich ist und diese Abfallarten nicht zuletzt im Hinblick auf die Übersichtlichkeit und Nachvollziehbarkeit der Ergebnisse separat zu betrachten sind.

Bei der Variantenrechnung sind zu behandeln:

- Grundvarianten, welche jeweils eine Stoffgruppe bzw. ein Sammelsystem beinhalten.
- Variantenkombination, welche aus einer sinnvollen Kombination von Grundvarianten bestehen und komplette Verwertungs- und Behandlungssysteme für die o. e. Abfallarten zum Ziel haben.

12 Abfallwirtschaftskonzepte und Abfallwirtschaftliche Planung ...

12.1.4.2 Bewertungsparameter

Varianten zur Abfallentsorgung sind anhand numerisch vergleichbarer und nicht numerisch erfassbarer Kriterien vergleichend darzustellen und zu bewerten.

Numerisch erfassbare Kriterien sind:

- Abfallwirtschaftliche Parameter
  - z. B. Mengenströme zur Verwertung und Beseitigung
- Monetäre Parameter
  - Investitionskosten
  - Betriebskosten
  - Jährliche Kosten
- Umweltrelevante Parameter
  - CO_2-Emissionen (absolut, eingespart)
  - Klimarelevante Emissionen (z. B. Methan, Lachgas; absolut, eingespart)
  - Deponievolumina (absolut, eingespart)
  - Primärenergie (absolut, eingespart)
  - Schadstoffströme
  - Schutz natürlicher Ressourcen

ggf. ergänzt durch Parameter aus Ökobilanzen.

Hierbei sind alle Vorgänge innerhalb der Abfallwirtschaft zu betrachten wie:

- Sammlung
- Transport
- Aufbereitung, Sortierung
- Behandlung bzw. Verwertung
- Beseitigung
- ggf. Nachlauftransporte
- Substitutionseffekte durch stoffliche und energetische Verwertung

12.1.4.3 Berechnungs- und Bewertungsmethoden im Rahmen der Erstellung von Abfallwirtschaftskonzepten

Quantitative Methoden

Massenbilanzen

Die Massenbilanz der Stoffströme erfolgt auf Basis der Siebfraktionen und Stoffgruppen unter Berücksichtigung der relevanten physikalischen Parameter wie

- Wassergehalt,
- Glühverlust,
- Heizwert.

Hierbei ist zu beachten, dass besonders die Wassergehalte, aber auch der Anteil anhaftender mineralischer und organischer Bestandteile vom Erfassungssystem abhängig sind.

Sollen darüber hinaus einzelne chemische Elemente (z. B. Schwermetalle) bilanziert werden, so sind deren Konzentrationen ebenfalls mit einzubeziehen.

Bezogen auf die Sammelsysteme sind zu berücksichtigen:

- die Erfassungsquote (für Wertstoffe)
- die Fehlwurfquote (für Störstoffe bei der Wertstofferfassung)

Bezogen auf die Behandlungssysteme fließen ein:

- die Sortierquote/Trenneffektivität (bei mechanischen Verfahren)
- der Verunreinigungsgrad (bei Trennverfahren)
- der Abbaugrad (bei biochemischen Prozessen)
- der Inertisierungsgrad (bei thermischen Prozessen)

Für biologische und thermische Verfahren sind darüber hinaus die chemischen Reaktionsprodukte (z. B. Wasser, Kohlenstoffdioxid) mit aufzunehmen.

Ein Prinzip des Massenstromflusses von Entsorgungsketten ist in Abb. 12.5 dargestellt. Hierbei sind im Bereich der Sammlung und der Behandlungsanlagen in der Praxis häufig mehrere Stufen existent.

Es gilt:

Masse der erfassten Abfallfraktion $m_{ei} = m_i \cdot E_{qi}$ (12.1)

Masse der transportierten und behandelten Abfallfraktion $m_{bi} = m_{ei} + m_{si}$ (12.2)

Masse der abgebauten bzw. inertisierten Abfallfraktion $m_{abi} = m_{bi} \cdot Ab_{qi}$ (12.3)

Masse der zur Verwertung gelangenden Fraktion $m_{vi} = m_{ei} \cdot S_{qi}$ (12.4)

Masse der zur Ablagerung (Deponierung) gelangenden Fraktion $m_{di} = m_{bi} - m_{vi} - m_{abi}$ (12.5)

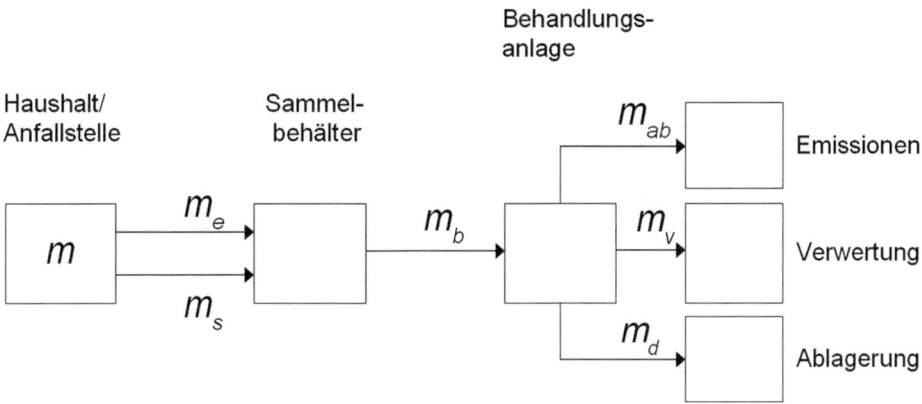

Abb. 12.5 Prinzip der Massenstrombetrachtung im Rahmen abfallwirtschaftlicher Prozessketten

mit

m_i Masse der anfallenden Stoffgruppe, Siebfraktion oder Produktgruppe (Abfallfraktion)

m_{si} Masse der Störstoffe in der zu erfassenden Abfallfraktion

E_{qi} Erfassungsquote der Abfallfraktion

Ab_{qi} Abbauquote der Abfallfraktion (biologischer Abbau, thermische Umwandlung/Oxidation)

S_{qi} Sortierquote

Für die Massenströme gilt:

$$\text{Masse der gesamten Abfallmenge } m_a = \sum_{i=1}^{n} m_i \qquad (12.6)$$

Für die Wassergehalte, Glühverluste und Heizwerte in den jeweiligen Stufen der Entsorgungskette gilt:

$$\text{Wassergehalt } W = \sum_{i=1}^{n} m_a \cdot x_i \cdot W_i \qquad (12.7)$$

$$\text{Glühverlust GV} = \sum_{i=1}^{n} m_a \cdot x_i \cdot GV_i \qquad (12.8)$$

$$\text{Oberer Heizwert } H_o = \sum_{i=1}^{n} m_a \cdot x_i \cdot H_{oi} \qquad (12.9)$$

mit x_i Massenanteil der Siebfraktion, Stoffgruppe oder Produktgruppe

Kostenberechnung

Für die vergleichende Kostenberechnung sind für die Sammel- bzw. Behandlungssysteme folgende Kostenarten anzusetzen:

a) Investitionskosten
   Investitionskosten entstehen durch Investitionen von Geldern in
   - Bauteile (z. B. Gebäude),
   - Maschinen (Aufbereitungsaggregate),
   - Fahrzeuge (z. B. Müllfahrzeuge, Deponiefahrzeuge),
   - Behälter (Depotcontainer, Abfallbehälter).

   Diese Investitionen werden in der Praxis teils durch die öffentliche Hand, teils durch Privatunternehmen bzw. Einzelhaushalte (z. B. Behälter) getätigt.
   Die Festlegung der Investitionskosten hat für jeden konkreten Einzelfall zu erfolgen. Hilfreich ist die Zugrundelegung aktueller Angebote der entsprechenden Fachfirmen unter Einbeziehung eigener Erfahrungswerte.
   Grundstücks- und Erschließungskosten sind stark von den örtlichen Gegebenheiten beeinflusst und sind abhängig vom jeweiligen Informations- und Planungsstand einzusetzen.

b) Jährliche Kosten durch den Betrieb der Anlage
   - Kapitalkosten (K_K) (Abschreibung, Verzinsung und Reparatur (pauschaliert) der Investitionen)
   - Sachkosten (K_S) (Betriebsmittel z. B. Wasser, Öl, Chemikalien, Energiekosten (z. B. Strom, Gas, Wärme, Kraftstoff))
   - Personalkosten incl. der hierfür erforderlichen Verwaltung (Löhne, Gehälter, Sozialabgaben) (K_P)
   - Sammel- und Transportkosten (K_T)
   - Kosten für Dienstleistungen Dritter (K_D) (z. B. Rechtsberatung, Öffentlichkeitsarbeit, Qualitätsüberwachung etc.)
   - Steuern, Gebühren, Beiträge (K_G)
   - Verwaltungskosten (K_V)
   - Wagnis und Gewinn (K_W)
   - Erlöse (E). Diese tragen zu einer Reduzierung der jährlichen Kosten bei. Es ist zu beachten, dass diese teilweise schwer für die Zukunft abschätzbar sind, da sie durch den Markt bestimmt werden.

Die jährlichen Kosten errechnen sich zu:

$$K_a = K_K + K_S + K_P + K_T + K_D + K_G + K_V + K_W - E$$

Energie- und CO_2-Bilanzen (Umweltparameter)

Die Bilanzierung von Energie und Kohlenstoffdioxid-Emissionen ermöglicht, die Umweltrelevanz abfallwirtschaftlicher Konzeptionen aufzuzeigen und ist als zusätzliche Bewertungsgröße einsetzbar.

12 Abfallwirtschaftskonzepte und Abfallwirtschaftliche Planung ...

Hierbei sind die Bereichsgrenzen auf die Vorketten der abfallwirtschaftlichen Maßnahmen auszudehnen. Besonders bei der Verwertung von Stoffen wie Papier, Glas, Metallen, Kunststoffen, Bioabfällen sind die Substitutionseffekte im Bereich der Produktion und Anwendung (z. B. Düngung) mit einzubeziehen. Ebenso ist die Substitution fossiler Energieträger durch die Nutzung des Energieinhalts der Abfälle (organ. Bestandteile, Biogas) mit einzubeziehen. Die Daten speziell für die Vorketten sind über Verfahren der Ökobilanzen [8] unter Einsatz von Datenbanken und Programmen ([9–11]) verfügbar.

Die Bilanz ergibt sich zu

$$E_{ges} = E_S + E_T + E_A + E_B + E_V + E_U$$

E = Energie bzw. Emission (z. B. CO_2) Indices:
S = Sammlung
T = Transport
A = Aufbereitung und Behandlung
B = Beseitigung, Deponierung
V = Vorketten
U = Substitution

Bezüglich der Substitution sind die Anteile zu berücksichtigen, die Neumaterialien bzw. Primärenergie ersetzen. Hierbei sind die Gewinnung, Aufbereitung, Produktion und damit verbundenen Transportketten einzuschließen.

Effizienzparameter
Die Effizienzparameter, welche die Leistungsfähigkeit abfallwirtschaftlicher Maßnahmen darstellen, erlauben, das Verhältnis von Aufwand und Nutzen vergleichend gegenüber zu stellen. Als Kenngrößen im Bereich der Abfallwirtschaft können z. B. herangezogen werden:
Für die Ressourceneffizienz:

- Abschöpfungsquote (Verhältnis stofflicher bzw. energetischer Verwertung zur Gesamtabfallmenge),
- Kosten pro Masse verwerteter Stoffe (Euro/Mg),
- Eingesparte Primärenergie bzw. Einsparung bei (fossilem) CO_2 gegenüber Referenzszenario (z. B. Deponierung),
- Kosten im Verhältnis zur eingesparten Primärenergie bzw. (fossilem) CO_2.

Qualitative Kriterien
Neben den quantitativen Kriterien sind auch verbal zu beschreibende Bewertungskriterien aufzunehmen, über eine Bewertungsmatrix mit positiven, negativen und indifferenten Auswirkungen der jeweilgen Varianten bzw. Szenarien sind diese Kriterien zu ergänzen.

Als wesentliche Kriterien sind zu nennen:

- Umweltrelevanz (in Ergänzung zu quantitativen Parametern)
- Entsorgungssicherheit
- Flexibilität
- Akzeptanz
- Verträglichkeit mit sozioökonomischen und strukturellen Randbedingungen
- Technologie
- Vermarktungsaspekte bei der Verwertung
- Organisationsaufwand und Abfallberatung

12.1.5 Abfallwirtschaftskonzept

Gemäß der Vorgehensweise in Abschn 12.3 sind, basierend auf der Darstellung der Ist-Situation, der Dokumentation der Systeme und der Szenarien unter Berücksichtigung der Vorgaben unter Zugrundelegung der Variantenuntersuchungen und deren quantitativen und qualitativen Bewertung die empfohlenen Maßnahmen darzustellen.

Um ein tragfähiges Konzept zu erzielen, ist ein interaktives Vorgehen mit den Entscheidungsträgern sinnvoll. Die im Rahmen der Produktverantwortung zu etablierenden bzw. vorhandenen Systeme (z. B. für Verpackungen, Elektro-Altgeräte, Batterien etc.) sind einzubeziehen.

Abhängig von der Aufgabenstellung sind nicht nur Lösungsansätze für die häuslichen und hausmüllähnlichen Abfälle, sondern ebenfalls für gefährliche Abfälle in Kleinmengen, Klärschlämme, Bauschutt, Erdaushub und sonstige im Planungsgebiet relevante Abfälle herauszuarbeiten.

Im Fall besonders überwachungsbedürftiger Abfälle aus Industrie und Gewerbe (gefährliche Abfälle) sind Branchenkonzepte und die überregionalen, ländereigenen Konzepte zu beachten.

Darzustellen sind für die Abfallvermeidung die von den Gebietskörperschaften direkt und indirekt einzuleitenden Maßnahmen.

Für die Abfallverwertung sind die notwendigen Sammelsysteme festzulegen und die erforderlichen Behandlungsanlagen in der Größenordnung zu dimensionieren. Ausführungen zur Behandlung der verbleibenden Abfälle ergänzen die Konzeption.

In Tab. 12.2 sind beispielhaft Varianten zur Restabfall- und Wertstofferfassung zur Hausmüllentsorgung dargestellt.

Abb. 12.6 zeigt beispielhaft die Abschöpfungs- und Verwertungsquoten von Varianten.

Ein Beispiel für die Einsparung von CO_2-Äquivalenten durch abfallwirtschaftliche Maßnahmen (Bezugsgröße Deponie mit Deponiegaserfassung und -verwertung) ist in Abb. 12.7 aufgeführt.

Ein wesentliches Gerüst für das Abfallwirtschaftskonzept ist das erwartete Massenstromdiagramm (siehe Abb. 12.8), aus dem alle wesentlichen Sammelsysteme,

12 Abfallwirtschaftskonzepte und Abfallwirtschaftliche Planung ...

Tab. 12.2 Varianten der Abfall- und Wertstofferfassung (nach [12])

Varianten	Restabfall	Glas	Bioabfall		LVP (DSD)				sortengleiche NV				Papier			
	RA-Tonne	DC	RA-Tonne	Bio-Tonne	RA-Tonne	gelber Sack	DC	WS-Tonne	RA-Tonne	gelber Sack	DC	WS-Tonne	Papier-Tonne	DC	SoSa	WS-Tonne
V1	X	X		X		X			X				X		X	
V2	X	X		X	X (Sortierung, stoffl. Verw.)				X				X		X	
V3	X	X		X	X (Sortierung, Zementw.)				X				X		X	
V4	X	X	X (MVA/MBA)			X					X		X		X	
V5	X	X	X (MVA/MBA)		X (MVA/MBA)								X		X	
V6	X	X		X	X (MVA/MBA)								X		X	
V7	X	X		X			X				X			X	X	
V8	X	X		X	X (Sortierung, stoffl. Verw.)				X					X	X	
V9	X	X		X	X (Sortierung, Zementw.)				X					X	X	
V10	X	X		X			X							X	X	
V11	X	X	X (MVA/MBA)		X (MVA/MBA)				X					X	X	
V12	X	X	X (MVA/MBA)		X (MVA/MBA)				X						X	
V13	X	X		X				X				X			X	X
V14	X	X		X	X (Sortierung, stoffl. Verw.)				X						X	X
V15	X	X		X	X (Sortierung, Zementw.)				X						X	X
V16	X	X	X (MVA/MBA)					X							X	X
V17	X	X	X (MVA/MBA)		X (MVA/MBA)				X						X	X
V18	X	X		X	X (MVA/MBA)				X						X	X

Zuordnung der Varianten zu Systemen:
- V1–V6: Hol-/Bringsystem (Depotcont.), z.T. Biotonne
- V7–V12: Bringsystem Wertstoff-tonne, z.T. Biotonne
- V13–V18: Holsystem (trockene Wertstoff-tonne), z.T. Biotonne

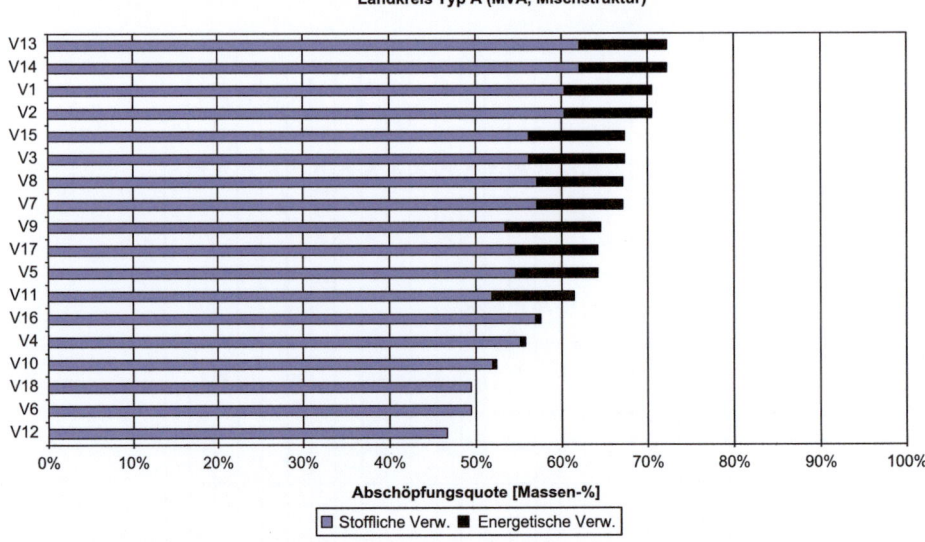

Abb. 12.6 Abschöpfungsquote (in Massen%) zur stofflichen und energetischen Verwertung verschiedener Konzeptvarianten (Beispiel) (nach [12])

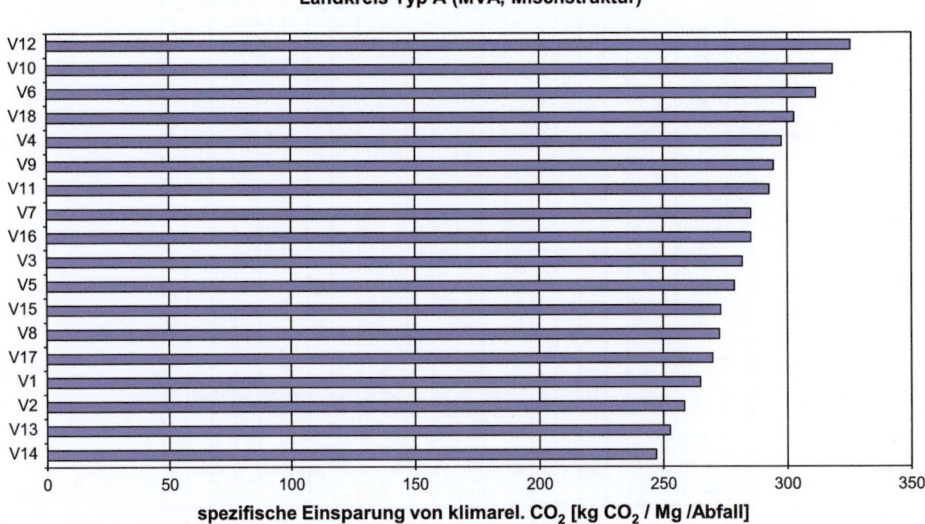

Abb. 12.7 Spezifische Einsparung von klimarelevanten CO_2-Äquivalenten verschiedener Konzeptvarianten (Beispiel), (nach [12])

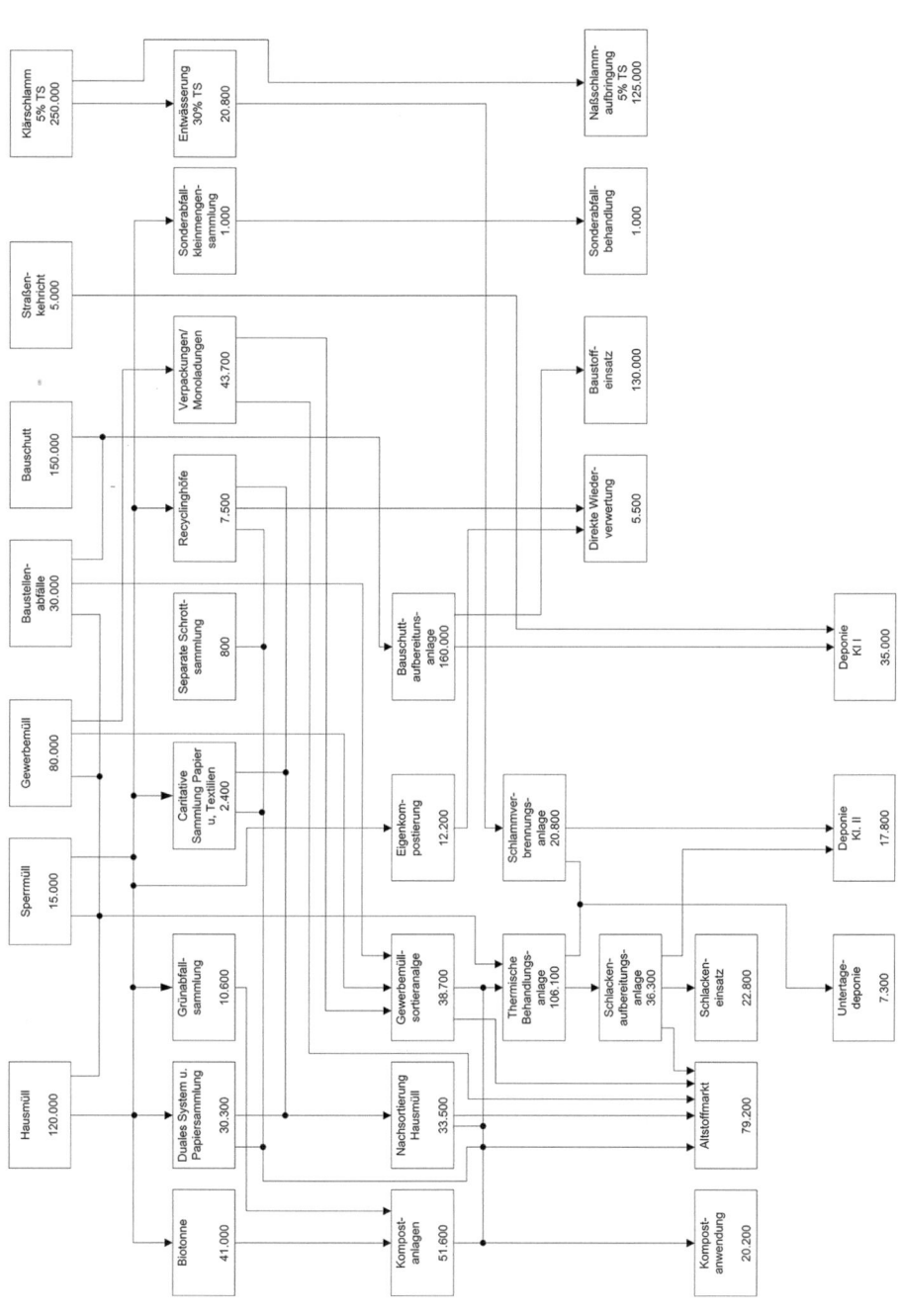

Abb. 12.8 Massenstromdiagramm für ein Abfallwirtschaftskonzept (Beispiel) (Angaben in Mg/a)

Behandlungssysteme und die dort behandelten Massenströme hervorgehen. Hierbei ist zu beachten, dass aufgrund der o. e. Unsicherheiten Variationsbreiten in den Massenströmen einzukalkulieren sind.

12.1.6 Umsetzung von Abfallwirtschaftskonzepten

Im Hinblick auf eine effiziente und erfolgreiche Umsetzung, ist eine schrittweise Vorgehensweise empfehlenswert. Generell ist darauf zu achten, dass zuvorderst Maßnahmen ergriffen werden, welche im Hinblick auf Mengen- und Schadstoffreduzierung eine durchgreifende Wirkung besitzen. Erst wenn hier alle Möglichkeiten ausgeschöpft sind, sind Maßnahmen in Detailbereichen intensiv anzugehen.

Die Realisierung hat in Stufen zu erfolgen. Kurzfristig mögliche Maßnahmen sollten sofort ergriffen werden, während parallel hierzu die mittel- und langfristigen Maßnahmen eingeleitet werden müssen. Es sind die langen Realisierungszeiten von Abfallentsorgungsanlagen zu beachten.

In der Etablierung von Systemen der Kreislauf- und Abfallwirtschaft ist auf resiliente Strukturen zu achten. Dies bedeutet, dass diese Systeme zum Einen robust und stabil sind und damit Krisensituationen oder Schocks bewältigen können (z. B. Pandemiesituation), zum Anderen flexibel sind, sodass sie sich auch an dauerhafte veränderte Randbedingungen anpassen können.

Als wesentlich ist hervorzuheben, alle Maßnahmen zur Abfallvermeidung und -verwertung als gemeinsam funktionierendes System zu betrachten. Die Einzelaktionen sollten sich sinnvoll ergänzen und im Hinblick auf das gesamte Entsorgungskonzept ausgebaut werden.

Organisationsstruktur
Aufbau einer durchsetzungsfähigen abfallwirtschaftlichen Organisationsstruktur, um die erforderlichen Maßnahmen zu initiieren, zu betreuen und zu überwachen. Hierbei ist im Einzelfall zu untersuchen, inwieweit diese Struktur auf Ebene der öffentlich-rechtlichen Entsorgungsträger anzusiedeln ist, oder aufgrund der Anforderungen und der Komplexität der durchzuführenden Arbeiten (z. B. Bau von Anlagen) eine privatwirtschaftliche Organisationsstruktur sinnvoll ist.

Abfallberatung
Bei der Umsetzung eines Abfallwirtschaftskonzeptes kommt der Öffentlichkeitsarbeit und Abfallberatung sowohl im Hinblick auf die Abfallvermeidung als auch auf die Abfallverwertung eine entscheidende Bedeutung zu.

Die Abfallberatung ist auf die Zielgruppen *Haushalte* bzw. *Gewerbe* hin angepasst auszurichten.

Während bei den Haushalten eine direkte und indirekte Beratung (z. B. Informationsmaterialien, Werbung) sowie Fördermaßnahmen (z. B. zur Eigenkompostierung, Sperrmüllbörsen) möglich sind, ist beim Gewerbe nur eine direkte Beratung möglich. Diese sollte in Zusammenarbeit mit den jeweiligen Verbänden und Kammern erfolgen. Eine Beratung im Hinblick auf die Produktionsprozesse durch die öffentlich-rechtlichen Entsorgungsträger ist aufgrund der Komplexität und der fehlenden Verfügbarkeit von innerbetrieblichen Informationen nicht möglich.

Öffentlichkeitsarbeit
Im Hinblick auf eine wirkungsvolle, von einer breiten Öffentlichkeit im Konsens getragenen Umsetzung des Konzeptes ist dieses öffentlichkeitswirksam in Verbindung mit den erforderlichen Maßnahmen darzustellen. Wesentliche Elemente der Öffentlichkeitsarbeit sind der Einsatz von Abfallberatern, Medien und Multiplikatoren sowie die Durchführung von Aktionen. Es bietet sich an, bei allen diesbezüglichen Aktivitäten einheitliche Symbole zu verwenden (Schaffung von Logos, „corporate design"), um eine „corporate identity" zu gewährleisten.

Die Öffentlichkeitsarbeit kann sich nicht auf die Anfangsphase beschränken, sondern ist permanent über die Jahre durchzuführen.

Abfallsatzung
Die Abfallsatzung ist an die Empfehlung des Abfallwirtschaftskonzeptes anzupassen. Dies reicht von der Festlegung abfallvermeidender Randbedingungen über die Festlegung getrennter Sammelsysteme bis hin zur Gebührensatzung.

- Maßnahmen zur Abfallvermeidung
  Unter Maßgabe des Abfallwirtschaftskonzeptes sind die dort formulierten Maßnahmen einschließlich der Schaffung der entsprechenden Randbedingungen zur Abfallvermeidung auf regionaler und überregionaler Ebene einzuleiten. Dies reicht von konkreten Einzelforderungen vor Ort bis hin zu legislativen Initiativen.
- Maßnahmen zur Abfallverwertung
  Die vorgeschlagenen Maßnahmen zur Abfallverwertung sind sowohl auf satzungsrechtlicher als auch auf organisatorischer und logistischer Ebene einzuleiten. Hierbei ist im Einzelfall zu untersuchen, inwieweit vor allem im Bereich Vermarktung, aber auch Sammlung und Transport bis zum Betrieb von Anlagen, beauftragte Dritte die Aufgaben wirtschaftlicher und wirkungsvoller wahrnehmen können.

Standortuntersuchungen
Da im Rahmen von Abfallwirtschaftskonzepten abhängig von den existierenden Entsorgungsmöglichkeiten der Bau neuer Abfallentsorgungsanlagen einschließlich von Deponien (besonders für Inertmaterialien) notwendig werden kann, sind in solchen Fällen umgehend die Standortuntersuchungen für die erforderlichen Anlagen einzuleiten. Dies ist besonders wichtig für alle Anlagen, welche gemäß UVP-Gesetz dieses Procedere durchlaufen müssen, um deren Genehmigungsfähigkeit nicht zu gefährden.

Planungsarbeiten
Mit erfolgter Standortuntersuchung (falls notwendig) sind unverzüglich die Planungsarbeiten für die erforderlichen Abfallentsorgungsanlagen einzuleiten. Die frühzeitige Planung ist umso wichtiger, je länger die Planungszeiträume für die jeweiligen Anlagen werden. So sind Planungszeiträume von bis zu 10 Jahren bei Anlagen, welche ein Raumordnungsverfahren und Planfeststellungsverfahren durchlaufen müssen, nicht selten.

Bereitstellung der erforderlichen Gelder
Zur Durchführung der o. e. Maßnahmen sind die erforderlichen Gelder bereitzustellen. Da die öffentliche Abfallentsorgung nicht über Steuern, sondern verursacherbezogen nach dem Kostendeckungsprinzip zu erfolgen hat, sind die kurz-, mittel- und langfristigen Maßnahmen bei der Gebührenkalkulation entsprechend zu berücksichtigen.

12.2 Planung und Realisierung abfallwirtschaftlicher Anlagen

Hans-Dieter Huber

12.2.1 Grundlagen und Vorgehensweisen

12.2.1.1 Allgemeines
Bei abfallwirtschaftlichen Anlagen handelt es sich in der Regel um relativ große und komplexe Projekte, welche sich über längere Zeiträume hinziehen. Um solche Projekte wirtschaftlich abwickeln zu können, bedarf es einer gezielten Vorgehensweise. Diese wird nicht nur in Zusammenhang mit der Errichtung von Gebäuden und Anlagen als Planung bezeichnet.

Die allgemeine praktische Erfahrung zeigt, dass Aufwendungen, welche in eine präzise Planung investiert werden, sich überproportional im Erfolg eines Projektes widerspiegeln. Das gilt selbstverständlich auch für die Planung abfallwirtschaftlicher Anlagen, insbesondere da es sich hierbei nahezu ausschließlich um individuelle, nicht standardisierte Anlagen mit spezifischen Randbedingungen handelt.

Hinsichtlich der Wirtschaftlichkeit eines Projektes kommt insbesondere den ersten Phasen der Planung ganz besondere Bedeutung zu. Nicht nur die Festlegung der Projektziele sondern auch die konzeptionelle Planung, in der die Verfahren zur Abfallbehandlung festgelegt werden, hat einen ausgesprochen hohen Einfluss auf die Projektkosten. Das gilt nicht nur im Hinblick auf die Investitionskosten, sondern vor allem auf die letztendlich relevanten Behandlungs-, Entsorgungs- bzw. Projektgesamtkosten.

12.2.1.2 Grundlagen der Planungsabwicklung
Die Zeiträume der Planung von Abfallbehandlungsanlagen werden in kurzfristige Planung bis zu vier Jahren, in mittelfristige Planung zwischen vier und acht Jahren und langfristige Planung von mehr als acht Jahren eingeteilt [13].

Die grundsätzliche Vorgehensweise bei der Planung von Gebäuden, Anlagen, Infrastruktureinrichtungen etc. ist, z. B. in der in Deutschland gültigen Verordnung über die Honorare für Architekten- und Ingenieurleistungen (HOAI) [14] dargestellt. Dort sind die üblicherweise zu erbringenden Leistungen beschrieben und Orientierungswerte zu deren Honorierung genannt. Im Gegensatz zu früheren Versionen sind in den aktuelleren Fassungen der HOAI seit 2013 die für Großprojekte ebenfalls wichtigen projektbegleitenden Tätigkeiten, welche unter dem Begriff Projektsteuerung zusammengefasst waren, nicht mehr enthalten [15].

Der in der HOAI beschriebene Planungsablauf basiert auf einer soliden Ermittlung der Planungsgrundlagen und Randbedingungen und impliziert eine stufenweise Planung vom Groben zum Feinen. Diese prinzipielle Vorgehensweise hat sich als sinnvoll erwiesen und entspricht der gängigen Praxis. Für die tatsächliche Umsetzung werden jedoch auch in der HOAI teilweise unterschiedliche Wege beschrieben, die nachfolgend dargestellt werden. Die HOAI unterteilt die vom Planer zu erbringenden Leistungen grundsätzlich in folgende Planungsphasen:

1. Grundlagenermittlung
2. Vorplanung
3. Entwurfsplanung
4. Genehmigungsplanung
5. Ausführungsplanung
6. Vorbereitung der Vergabe
7. Mitwirkung bei der Vergabe
8. Objektüberwachung (Bauüberwachung/Bauleitung und Dokumentation)
9. Objektbetreuung

Bevor die eigentliche Planung beginnt, sind in der Regel durch den späteren Bauherrn schon eine Reihe von Untersuchungen und Entscheidungen erforderlich, welche der Bauherr entweder alleine oder unter Einbeziehung einer Projektsteuerung vorbereitet bzw. durchführt. In dieser auch als Projektentwicklung bezeichneten Phase werden die Projektziele festgelegt und es wird ein Projektprogramm entwickelt. Hierbei wird auch die prinzipielle Projektstruktur erarbeitet, um festzustellen, welche Planungsleistungen und Gutachten benötigt werden, bzw. welche sonstigen fachlich Beteiligten zu involvieren sind. In einer ersten Stufe erfolgt dann die Beauftragung der Planungsleistungen.

Gutachter und sonstige Projektbeteiligte werden in der Regel unter Mitwirkung des Planers nach Bedarf mit einbezogen. Diese Zuarbeit des Planers gehört zu den Leistungen der Grundlagenermittlung. Weitere wichtige Leistungen dieser Phase sind die Klärung der Aufgabenstellung und die Ermittlung bzw. Zusammenstellung von vorgegebenen Randbedingungen, von die Aufgabe beeinflussenden Planungsabsichten und von vorhandenen Unterlagen sowie das Bewerten dieser Unterlagen. Daraus abgeleitet sind die notwendigen Vorarbeiten wie Baugrunduntersuchungen, Vermessungsleistungen oder Vorbelastungsmessungen im Zusammenhang mit dem Immissionsschutz darzulegen. Die Leistungen und Ergebnisse der Grundlagenermittlung werden sinnvollerweise in einem Bericht zusammengefasst und dokumentiert.

Da es sich bei der Planung von abfallwirtschaftlichen Anlagen wie vorstehend beschrieben normalerweise um komplexe Projekte handelt, kommt nicht nur der Planung als solcher sondern zur Sicherung der Projektqualität auch der Planung der Planung große Bedeutung zu. So sollte bereits in dieser Phase der Planungsablauf sorgfältig festgelegt werden.

Als Instrument der Qualitätssicherung sollte frühzeitig ein projektbezogenes Qualitätsmangementsystem entwickelt und in einem Projekthandbuch dokumentiert werden. Hierzu gehören insbesondere die Definition der Projektziele, die Projektbeschreibung, die Projektorganisation, die Regelung von Arbeitsabläufen, die Kosten- und Terminüberwachung, die technische Qualitätsüberwachung, die Überwachung der Arbeitssicherheit sowie die Regelungen zur Kommunikation und Dokumentation.

12.2.1.3 Spezifische Vorgehensweisen bei der Planung von Abfallentsorgungsanlagen

In der Regel wird bei der Planung und Ausschreibung der meisten Bauwerke eine Abwicklung gewählt, wie sie den Grundleistungsbildern der HOAI zugrunde liegt. Dabei wird nach der Grundlagenermittlung in der Vorplanungsphase zunächst eine Variantenuntersuchung durchgeführt, um die insgesamt wirtschaftlichste Lösung für das Bauvorhaben zu finden. In der anschließenden Entwurfsplanungsphase erfolgt die vertiefte planerische Ausarbeitung der gewählten Variante, welche die Grundlage für die einzureichenden Genehmigungsunterlagen bildet.

Nach Einreichung der Genehmigungsunterlagen findet dann die Ausführungsplanungs- und die Ausschreibungsphase statt.

Die Ausschreibung von Bauwerken wird im Regelfall als Ausschreibung mit Leistungsbeschreibungen in Form von Leistungsverzeichnissen auf der Basis der detaillierten Ausführungsplanung, häufig aufgeteilt in zahlreiche Einzelgewerke, durchgeführt. Die Ausschreibung kann alternativ hierzu aber auch als Leistungsbeschreibung mit Leistungsprogramm (funktionale Ausschreibung) erfolgen. Eine funktionale Ausschreibung kann ihrerseits sowohl insgesamt als Totalunternehmerausschreibung oder aber aufgeteilt in mehrere Lose durchgeführt werden. Der Hauptvorteil einer funktionalen Ausschreibung mit Totalunternehmerabwicklung liegt im deutlich geringeren Kostenrisiko des Bauherrn, insbesondere aus dem Schnittstellenrisiko sowie in den geringeren Projektvorlaufkosten bis zur Vergabe. Vorteilhaft ist auch der geringe Koordinationsaufwand aufseiten des Bauherrn. Nachteilig sind die deutlich höheren Kosten insgesamt sowie der relativ geringe Einfluss des Bauherrn auf die Ausführung im Detail.

Die Planung von Deponien erfolgt in der Regel nach dem klassischen Planungsablauf, wobei die Ausschreibung der Bauleistungen mit Leistungsbeschreibungen in Form von Leistungsverzeichnissen erfolgt. Funktionale Ausschreibung erfolgt allenfalls in Teilbereichen wie bei der Deponiegasnutzung oder Sickerwasserbehandlung.

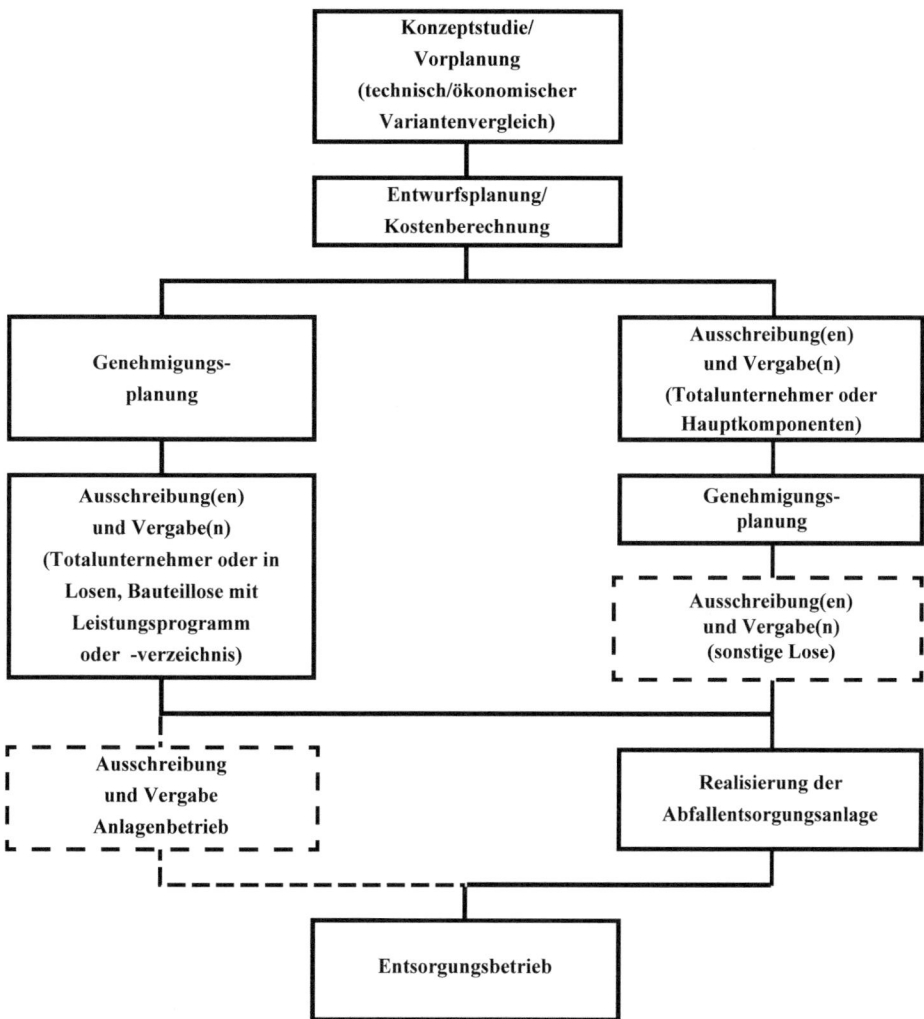

Abb. 12.9 Ablaufalternativen bei Planung und Ausschreibung

Für Abfallbehandlungsanlagen können prinzipiell alle beschriebenen Vorgehensweisen infrage kommen (siehe auch Abb. 12.9). Komplexere Anlagen mit aufwendiger Verfahrenstechnik führen aber häufig zu der Variante, zumindest die Verfahrenstechnik in einem oder in wenigen Losen funktional auszuschreiben, um anbieterspezifische technische Lösungen zu ermöglichen. In diesem Fall kann die Genehmigungsplanung auch erst nach Festlegung des verfahrenstechnischen Konzeptes durchgeführt werden, um Tekturen zu vermeiden.

Wird nicht die Gesamtanlage als ein Los ausgeschrieben, sollten die anderen Gewerke sinnvollerweise erst nach definitiver Festlegung der Verfahrenstechnik ausgeschrieben werden, um Nachträge bei den anderen Gewerken aufgrund von lieferantenspezifischen Besonderheiten zu vermeiden. Diese anderen Gewerke können dann entweder nach durchgeführter Ausführungsplanung mit Leistungsbeschreibung als Leistungsverzeichnis oder als Leistungsbeschreibung mit Leistungsprogramm (funktional) in einem oder mehreren Losen bzw. Gewerken ausgeschrieben werden.

Normalerweise entscheidet sich der Bauherr vor der Ausschreibung, welche prinzipielle technische Lösung angeboten werden soll, also z. B. mechanisch-biologische Behandlung oder thermische Behandlung. Es besteht aber auch die Möglichkeit, die generelle Konzeption einem Wettbewerb zu unterziehen. In diesem Fall kann eine komplett technikoffene Ausschreibung durchgeführt werden, wobei die Auswahl des technischen Abfallbehandlungsverfahrens dann überwiegend vom Markt bestimmt wird.

12.2.2 Konzeptionelle Planung

12.2.2.1 Allgemeines

Die Abwicklung der konzeptionellen Planung ist in den Leistungsphasen 2. Vorplanung sowie 3. Entwurfsplanung der HOAI für die jeweiligen Fachplanungen, wie zum Beispiel zu den Ingenieurbauwerken im Teil 3 Kap. 3 der HOAI, im Wesentlichen beschrieben.

12.2.2.2 Vorplanung

In der Vorplanungsphase wird auf der Basis der Ergebnisse der Grundlagenermittlung zunächst eine Analyse der Grundlagen durchgeführt. Weiter werden die Zielvorstellungen des Bauherrn auf die vorhandenen Randbedingungen abgestimmt, amtliche Karten ausgewertet und fachliche Zusammenhänge geklärt. Vorteilhaft ist auch bereits in dieser Phase eine erste Einbeziehung von Behörden, die bei der Genehmigung und Beurteilung des Vorhabens später mitwirken werden. In dieser Phase kann es auch bereits sinnvoll sein, betroffene Bürger fachgerecht über das geplante Vorhaben zu informieren.

Für das Projekt werden im Zuge der Vorplanung insbesondere die verschiedenen Lösungsmöglichkeiten der Planungsaufgabe untersucht. Ziel ist hierbei vor allem, die insgesamt wirtschaftlichste Lösung des Bauvorhabens zu finden. Im Rahmen der Planung von Abfallbehandlungsanlagen wird hierbei häufig ein technisch/wirtschaftlicher Vergleich, gegebenenfalls unter Einbeziehung anderer wichtiger Entscheidungsmerkmale wie z. B. ökologischer Auswirkungen, durchgeführt. Für die Beurteilung der Varianten sind nicht nur die Investitionskosten maßgeblich, sondern insbesondere die Jahres- bzw. spezifischen Kosten bzw. die Projektgesamtkosten. Zur Kostenermittlung werden üblicherweise die Annuitätenmethode oder die Barwertmethode herangezogen. Diese werden insbesondere unter Berücksichtigung von Kapitalkosten, Personalkosten, Betriebskosten für Wartung, Reparatur und Verschleiß sowie Betriebsmitteln und Entsorgungskosten für Reststoffe sowie Erlösen ermittelt. Soweit zusätzliche nicht monetär bewertbare Entscheidungsmerkmale mit einfließen, können diese in Form einer Nutzwertanalyse oder aber einer verbalargumentativen Bewertung einbezogen werden.

Im Rahmen der Vorplanung wird die Bestvariante zeichnerisch in Plänen im Maßstab 1:200 dargestellt. Hinzu kommen Blockschaltbilder sowie einfache Verfahrensschemata. Die Planunterlagen werden ergänzt durch einen Erläuterungsbericht. Sollte ein Raumordungsverfahren für den geplanten Standort erforderlich werden, haben die Vorplanungsunterlagen normalerweise die hierfür erforderliche Bearbeitungstiefe.

Bestandteil der Vorplanung ist auch eine Kostenschätzung, die einen Genauigkeitsgrad von mindestens ± 30 % aufweisen sollte.

12.2.2.3 Entwurfsplanung

Die Entwurfsplanung umfasst die weitergehende System- und Integrationsplanung unter Erarbeitung der endgültigen Lösung der Planungsaufgabe auf der Basis der in der Vorplanung ermittelten Lösung. Hierbei enthalten ist auch die Ermittlung der wesentlichen Bauphasen insbesondere im Hinblick auf die Aufrechterhaltung des Betriebs für bestehenden Anlagen.

Spätestens in dieser Phase müssen die Behörden in die Planungen mit einbezogen werden.

Das bisherige Planungskonzept wird durchgearbeitet und weiter konkretisiert, die notwendigen fachspezifischen Berechnungen werden durchgeführt. Die zeichnerische Darstellung erfolgt normalerweise im Maßstab 1:100, bei größeren Gebäuden wird aus Gründen der Praktikabilität teilweise auch der Maßstab 1:200 verwendet, jedoch mit entsprechender Bearbeitungstiefe. Grundfließbilder mit Massenströmen sowie vertieft ausgearbeitete Verfahrensschemata ergänzen die Planunterlagen. Beschreibungen und Berechnungen werden in einem Erläuterungsbericht zusammengefasst.

In dieser Leistungsphase werden darüber hinaus Termin- sowie Kosten- und Finanzierungspläne für das Projekt erarbeitet.

Wesentlicher Bestandteil ist auch die Kostenberechnung mit einer Genauigkeit von mindestens ± 15 %. Auf Basis der Kostenberechnung muss der Bauherr die Entscheidung treffen, ob ein Genehmigungsantrag gestellt wird bzw. ob die Ausführungsplanung bzw. das Ausschreibungsverfahren begonnen wird. Zur Kostenkontrolle wird ein Vergleich mit der Kostenschätzung aus der Vorplanungsphase durchgeführt.

12.2.3 Genehmigungsplanung und Genehmigungsverfahren

12.2.3.1 Grundlagen des Genehmigungsverfahrens

Bei der Genehmigung von Abfallentsorgungsanlagen ist zu unterscheiden in Anlagen zur Ablagerung (Deponien) und Anlagen zur Behandlung und Lagerung. Während nach dem Kreislaufwirtschaftsgesetz (KrWG) [1] für Deponien in der Regel ein Planfeststellungsverfahren durchzuführen ist, werden thermische, biologische sowie mechanische Abfallbehandlungsanlagen in einem Genehmigungsverfahren nach Bundes-Immissionsschutzgesetz (BImSchG) [16] genehmigt. Ein wesentlicher Unterschied zwischen beiden Verfahren ist, dass bei einem Genehmigungsverfahren nach BImSchG ein Anspruch des

Antragstellers auf Genehmigung besteht, beim Planfeststellungsverfahren nach KrWG jedoch nicht.

Das BImSchG regelt die Rahmenbedingungen für den Immissionsschutz. Art, Ablauf und Inhalt des Genehmigungsverfahrens sind in Verordnungen zum BImSchG geregelt, der Verordnung über genehmigungsbedürftige Anlagen (4. BImSchV) [17] sowie der Verordnung über das Genehmigungsverfahren (9. BImSchV) [18]. Im Genehmigungsverfahren nach BImSchG werden mit Ausnahme der wasserrechtlichen Verfahren sämtliche erforderlichen Genehmigungen gebündelt behandelt, also zum Beispiel auch die baurechtliche Genehmigung. Genehmigungen zum zeitweisen oder andauernden Aufstauen, Umleiten bzw. Absenken von Grundwasser, zur Wasserentnahme, zur Wassereinleitung oder auch zur Wasserhaltung während der Bauzeit sind in getrennten Genehmigungsverfahren nach dem Wasserhaushaltsgesetz (WHG) [19] zu beantragen.

Für die Genehmigung von Abfallentsorgungsanlagen ist auch das Gesetz über die Umweltverträglichkeitsprüfung (UVPG) [20] zu beachten. Dort sind die Erfordernis, die Art, der Umfang sowie der Inhalt der Umweltverträglichkeitsprüfung in Abhängigkeit insbesondere von Art und Größe der Abfallentsorgungsanlage festgelegt.

Weitere wichtige Grundlagen sind darüber hinaus Regelwerke, die sich mit den zulässigen Emissionen bzw. Immissionen sowie der Art deren Bestimmung etc. befassen. Für thermische Abfallbehandlungsanlagen ist insbesondere die Verordnung über die Verbrennung und Mitverbrennung von Abfällen (17. BImSchV) [21] relevant, für biologische bzw. biologisch-mechanische Anlagen die Verordnung über Anlagen zur biologischen Behandlung von Abfällen (30. BImSchV) [22]. Für Abfallentsorgungsanlagen weitere wichtige Regelwerke sind in diesem Zusammenhang die europäische Richtlinie über Industrieemissionen (IE-Richtlinie) [23] mit den daraus resultierenden Beste-Verfügbare-Technik(BVT)-Merkblättern [24], die Verwaltungsvorschriften zum Bundes-Immissionsschutzgesetz Technische Anleitung zur Reinhaltung der Luft (TA Luft) [25] sowie Technische Anleitung zum Schutz gegen Lärm (TA Lärm) [26], bei Deponien die Verordnung über Deponien und Langzeitlager (Deponieverordnung – DepV) [4].

Weiter zu beachten sind die VDI-Richtlinien 7000 „Frühe Öffentlichkeitsbeteiligung bei Industrie- und Infrastrukturprojekten" [27] sowie 7001 „Kommunikation und Öffentlichkeitsbeteiligung bei Planung und Bau von Infrastrukturprojekten" [28].

Selbstverständlich sind neben den oben genannten noch eine Vielzahl weiterer gesetzlicher Regelungen zu beachten, deren Aufzählung den Rahmen an dieser Stelle sprengen würde.

12.2.3.2 Genehmigungsunterlagen

Die Genehmigungsunterlagen bestehen in der Regel aus Antragsformularen, einem Erläuterungsbericht, einer Vielzahl von Formblättern, Übersichtsplänen, Emissionsquellenplänen, einer Kurzbeschreibung, einer Umweltverträglichkeitsuntersuchung, zahlreichen Gutachten sowie den in der Phase Entwurfsplanung erarbeiteten Unterlagen wie Lagepläne, Aufstellungspläne (Grundrisse und Schnitte), Ansichten, Entwässerungspläne, Fließbilder, Schemata und dergleichen.

Im Wesentlichen lässt sich der Inhalt und Aufbau eines Genehmigungsantrags am nachfolgenden Beispiel für eine thermische Abfallbehandlungsanlage aufzeigen:

1. Allgemeines
2. Antrag
3. Kurzbeschreibung
4. Standort und Umgebung
5. Bauvorlagen / Grundstücksentwässerung
6. Natur- und Landschaftsschutz
7. Betriebsbeschreibung
8. Stoffe / Zubereitungen
9. Abfallvermeidung, -verwertung, -beseitigung
10. Umgang mit wassergefährdenden Stoffen
11. Luftreinhaltung
12. Sparsame und effiziente Energieverwertung
13. Schutz vor Lärm und Erschütterungen
14. Anlagensicherheit
15. Brandschutz
16. Arbeitsschutz
17. Umweltverträglichkeitsuntersuchung
18. Maßnahmen im Fall der Betriebseinstellung

Ergänzt werden die Genehmigungsunterlagen durch Gutachten zum Beispiel zu den Themen:

- Vorbelastungen (Luftinhaltsstoffe, Staubniederschlag, meteorologische Daten, Bodenbelastung, Schadstoffaufnahme durch Pflanzen, Lärm, Geruch, Grundwasser)
- Kaminhöhenbestimmung
- Immissionsprognosen (Luftinhaltsstoffe, Staubniederschlag, Lärm, Geruch)
- Ermittlung der Gesamtbelastung
- Sicherheitstechnische Betrachtung
- Baugrunduntersuchung
- Ausgangszustandsbericht mit Altlastenerkundung
- evtl. Humantoxikologisches Gutachten

12.2.3.3 Ablauf des Genehmigungsverfahrens

Wie vorstehend ausgeführt sollten die von der Planung Betroffenen, zumindest aber die relevanten Behörden bereits frühzeitig in die Planung eingebunden werden. Häufig wird bereits in der Vorplanungsphase ein sogenannter Scoping-Termin abgehalten, an dem nicht nur die Genehmigungsbehörde und die relevanten Fachbehörden teilnehmen, sondern zu dem auch betroffene Bürger, Firmen, Verbände etc. eingeladen werden können.

Die Durchführung eines Scoping-Termins ist jedoch nicht vorgeschrieben und kann auch durch ein oder mehrere Behördengespräche ersetzt werden.

Nach Fertigstellung der Genehmigungsunterlagen wird der Genehmigungsantrag eingereicht. Hierbei kann es sinnvoll sein, der Behörde zunächst einen Entwurf zur Vorabstimmung zu übermitteln.

Im ersten Schritt erfolgt in der Regel die Vollständigkeitsprüfung durch die Genehmigungsbehörde. Sind die Unterlagen vollständig, macht die Genehmigungsbehörde das Vorhaben, soweit gesetzlich vorgeschrieben bzw. von der Behörde als notwendig erachtet, öffentlich bekannt und legt die Unterlagen unter Einhaltung der erforderlichen Fristen öffentlich aus. Die eventuell Betroffenen können die ausgelegten Unterlagen einsehen und schriftlich Einwendungen bei der Behörde vorbringen. Nach Auswertung der fristgerecht eingegangenen Einwendungen beraumt die Genehmigungsbehörde einen Erörterungstermin an, an dem das Vorhaben sowie die Einwendungen unter Teilnahme von Antragsteller, Behörden und Einwendern erörtert werden. Dieser Termin ist in der Regel öffentlich. Normalerweise werden dem Antragsteller mit dem Genehmigungsbescheid zahlreiche Nebenbestimmungen auferlegt, wobei neben fachlichen Beurteilungen durch Fachbehörden oder neutrale Gutachter auch die Erkenntnisse aus dem Erörterungstermin mit einfließen.

Um die Realisierung des Vorhabens zu beschleunigen, besteht die Möglichkeit, Teilerrichtungsgenehmigungen zu beantragen. Die Genehmigungsbehörde kann diese erteilen, wenn die Erteilung der Genehmigung zu erwarten ist und sofern sich der Antragsteller verpflichtet, die vorab errichteten Teile zurückzubauen, falls die Genehmigung insgesamt doch nicht erteilt wird.

Für komplexere Anlagen werden häufig Teilbereiche der Genehmigung nachgereicht wie zum Beispiel die prüffähige statische Berechnung oder bei thermischen Anlagen die Unterlagen gemäß Betriebssicherheitsverordnung (BetrSichV) [29] zum Dampfkessel etc.

Bei größeren Projekten ist außerdem damit zu rechnen, dass Klagen gegen Genehmigungen erhoben werden.

12.2.4 Ausschreibung und Vergabe

12.2.4.1 Ausschreibungsverfahren

Während private Betreiber bzw. Bauherren von Abfallentsorgungsanlagen bei der Angebotseinholung und Vergabe frei agieren können, unterliegen öffentliche Bauherren dem strengen EU-Vergaberecht. Das gilt in der Regel auch für gemischtwirtschaftliche Bauherren mit PPP-Modellen (Public–Private-Partnership) insbesondere soweit die kommunalen Partner mit über 50 % beteiligt sind.

Das EU-Vergaberecht ist in Deutschland grundsätzlich im Gesetz gegen Wettbewerbsbeschränkungen (GWB) [30] sowie in der Vergabeverordnung (VgV) [31] geregelt. In Bezug auf Bauvorhaben sind die EU-Bestimmungen in der Vergabe- und Vertragsordnung für Bauleistungen Teil A (VOB/A) [32] enthalten. Liegen Bauvorhaben in ihrem Gesamtinvestitionsvolumen über dem Schwellenwert, müssen zumindest ihre wesentlichsten Lose europaweit ausgeschrieben werden. Die Schwellenwerte werden von der Kommission der Europäischen Union (EU) jeweils angepasst (zuletzt 5.382.000 € netto) [33].

Möglich sind als Vergabeverfahren:

- Offenes Verfahren
- Nichtoffenes Verfahren nach vorheriger öffentlicher Aufforderung zur Teilnahme
- Verhandlungsverfahren mit oder ohne Teilnahmewettbewerb
- Wettbewerblicher Dialog
- Innovationspartnerschaft

Den öffentlichen Auftraggebern stehen nach GWB das offene Verfahren und das nichtoffene Verfahren, welches stets einen Teilnahmewettbewerb erfordert, nach ihrer Wahl zur Verfügung. Die anderen Verfahrensarten stehen nur zur Verfügung, soweit dies aufgrund des GWB gestattet ist. Das nicht offene Verfahren kommt häufig dann zur Anwendung, wenn die funktionale Ausschreibung durchgeführt wird, da der planerische Aufwand, der bei der Angebotserstellung entsteht, nicht zu vielen Bietern zugemutet werden sollte.

Während das offene Verfahren in einem Schritt abläuft, bei dem die Eignungsprüfung der Bieter nach Angebotsabgabe im Rahmen der Angebotsprüfung erfolgt, laufen Verfahren mit öffentlicher Aufforderung zur Teilnahme bzw. mit Teilnahmewettbewerb in mehreren Stufen ab. Auf der Basis der Vergabebekanntmachung bewerben sich in diesem Fall potenzielle Bieter um die Teilnahme am Wettbewerb. Nach Feststellung der Eignung werden die geeigneten Bieter zur Abgabe von Angeboten aufgefordert, es sei denn, dass sich zu viele Bewerber als geeignet erwiesen haben. In diesem Fall wird der Bieterkreis nach vorab festgelegten Kriterien eingeschränkt.

Für komplexere verfahrenstechnische Lose von Abfallbehandlungsanlagen war über lange Zeit das nichtoffene Verfahren mit öffentlicher Aufforderung zur Teilnahme (Teilnahmewettbewerb) der Regelfall. In diesem Verfahren sind Verhandlungen mit den Bietern stark eingeschränkt. Aktuell kommen bei komplexen Anlagen bzw. Losen jedoch immer häufiger das Verhandlungsverfahren bzw. der relativ neue Wettbewerbliche Dialog, jeweils mit öffentlicher Vergabebekanntmachung zum Tragen. Diese Verfahren lassen mehr gestalterischen Spielraum, ihre Anwendung ist vergaberechtlich jedoch nicht unumstritten.

Abweichungen von den Regelfällen sind zu begründen und in der Vergabeakte zu dokumentieren. Hierzu gehört auch der Verzicht auf eine Vergabe unterteilt nach Gewerken bzw. Losen sowie die Durchführung als funktionale Ausschreibung(en).

Seit dem 18. April 2016 müssen öffentliche Auftraggeber und Unternehmen im Oberschwellenbereich grundsätzlich elektronische Mittel zur Kommunikation nutzen (vgl. § 97 Abs. 5 GWB, § 9 Abs. 1 VgV). Bis spätestens 18. Oktober 2018 mussten alle Auftraggeber und Auftragnehmer vollständig auf eine elektronische Abwicklung von Vergabeverfahren umgestellt haben.

12.2.4.2 Aufbau und Inhalt der Verdingungsunterlagen

Die Verdingungs- oder auch Ausschreibungsunterlagen bestehen aus den Ausschreibungsbedingungen, den Vertragsbedingungen, der Leistungsbeschreibung sowie ggf. Beilagen.

In den Ausschreibungsbedingungen werden Ablauf und Bedingungen des Vergabeverfahrens geregelt wie Termin und Ort der Angebotsabgabe, Kriterien zur Teilnahme sowie zur Angebotswertung, Auflistung der mit dem Angebot abzugebenden Unterlagen etc.

Die Vertragsbedingungen enthalten die werkvertraglichen Regelungen zur späteren Abwicklung zum Beispiel bezüglich Terminen, Haftung, Versicherung, Kündigung, Garantien und Gewährleistungen bzw. vereinbarte Beschaffenheiten, Leistungsänderungen inklusive Preisanpassung, Verjährungsfristen, Rechnungsstellung und Zahlungsverkehr, gegebenenfalls Preisgleitungsformeln.

Die Leistungsbeschreibung kann wie vorstehend ausgeführt in Form eines Leistungsverzeichnisses oder bei funktionaler Ausschreibung in Form eines Leistungsprogramms erstellt werden. Ein Leistungsverzeichnis beinhaltet konkrete Beschreibungen jeder einzelnen auszuführenden Lieferung und Leistung mit Mengenangaben wie zum Beispiel Kubikmeter Beton einer bestimmten Qualität oder Meter Rohrleitung eines bestimmten Durchmessers aus einem bestimmten Material. Hierbei wird auch der Einzelpreis pro Einheit abgefragt, da die spätere Abrechnung der Baumaßnahme normalerweise nach tatsächlich verbrauchten Materialien bzw. Leistungen auf der Basis von Aufmaß, Wiegescheinen und dergleichen erfolgt. Bei funktionaler Ausschreibung werden Ziele formuliert, wobei zusätzlich aber auch Qualitäten und Mengen für bestimmte Teile vorgegeben werden können, wie z. B. 7 Steckdosen eines bestimmten Standards im Raum X. Das Angebot enthält bei dieser Vorgehensweise Pauschalpreise für größere Leistungspakete, nach denen auch die spätere Abrechnung erfolgt.

Zu dieser Phase gehören auch das Ermitteln der Kosten auf Grundlage der vom Planer bepreisten Leistungsverzeichnisse sowie die Kostenkontrolle durch Vergleich mit der Kostenberechnung.

12.2.4.3 Angebotsauswertung

Im Zuge der Angebotsauswertung zumindest für öffentliche Bauherren sind die Angebote sowie gegebenenfalls Nebenangebote oder Änderungsvorschläge zu prüfen. Am Anfang steht die formelle Prüfung, woraus sich ergibt, ob die Angebote überhaupt gewertet werden können oder dürfen. Dann erfolgt die rechnerische Prüfung um festzustellen, ob die Einzelpreise zum angegebenen Gesamtergebnis führen.

Im Fall funktionaler Ausschreibungen sowie bei Nebenangeboten oder Änderungsvorschlägen kann eine teilweise sehr aufwendige technische Prüfung erforderlich werden. In besonderen Fällen kann auch eine Prüfung von Abweichungen zum Vertragsteil notwendig sein. Je nach Vergabeverfahren können auch Bietergespräche zur Aufklärung über den Angebotsinhalt bzw. Verhandlungen durchgeführt werden.

Das komplette Vergabeverfahren für öffentliche Bauherren ist in einer Vergabeakte zu dokumentieren, wozu auch der in der Regel vom Planer erstellte Auswertungsbericht gehört. Dieser beinhaltet insbesondere Angaben und Informationen zum Ablauf des

Wettbewerbs sowie gegebenenfalls zum Teilnahmewettbewerb, zu den Anforderungen und zum Versand der Verdingungsunterlagen, zur Angebotseröffnung (Submission), zur Nichtabgabe von Angeboten sowie zu den Bieteranhörungen. Wichtig sind auch die Angaben zur Wertung der Angebote, Nebenangebote sowie Änderungsvorschläge.

In die Wertung von Angeboten über die Errichtung von Abfallbehandlungsanlagen fließen zum Beispiel ein:

- Lieferumfang / Schnittstellen
- Technik / Verfahren / Referenzen
- Subunternehmer / Fabrikate / Hersteller
- Termine / Fristen
- Preise / Betriebs- bzw. Jahreskosten
- Beschaffenheitsvereinbarungen und -werte (früher: Garantien und Gewährleistungen)

Es ist hierzu anzumerken, dass die vorstehenden Punkte zur Beurteilung der technischen Belange insbesondere für Vergaben durch nicht öffentliche Bauherren gelten. In Vergabeverfahren öffentlicher Bauherren werden an die technische Bewertung sehr hohe formale Anforderungen gestellt. Die vorstehend beschriebenen Punkte sind bei öffentlichen Bauherren teilweise nicht mehr praktizierbar. Diese Entwicklung hat sich in den letzten Jahren noch deutlich verstärkt. Deshalb ist die Fragestellung, ob und – falls ja – in welcher Weise eine technische Bewertung durchgeführt werden soll, im Zuge der Ausschreibungserstellung besonders sorgfältig abzuwägen.

Teil der Planerleistungen dieser Phase insbesondere für öffentliche Bauherrn ist aber auch die Kostenkontrolle, wobei die Angebotspreise mit den vorangehenden Kostenermittlungen verglichen werden. Der Auswertungsbericht beinhaltet darüber hinaus auch die Benennung des Bestbieters und damit den Vergabevorschlag für den Bauherrn.

12.2.5 Ausführungsplanung

Die Ausführungsplanung stellt bei normalen Gebäuden die detaillierteste Stufe der Planung dar, die die Ausführenden auf der Baustelle in die Lage versetzt, das Bauwerk zu errichten. Die Pläne werden in der Regel im Maßstab 1:50 erstellt, für einzelne Details sind größere Maßstäbe bis 1:5 keine Ausnahme. Neben den sogenannten Werkplänen der Architekten oder planenden Ingenieure werden vom Tragwerksplaner ergänzend spezielle Pläne erstellt, z. B. Schal- und Bewehrungspläne für Betonbauteile oder auch Stahlbaupläne. Teilweise können Detailpläne insbesondere für Fertigteile auch von den Herstellern erstellt werden.

Auch für die Gebäudeausrüstung und verfahrenstechnische Anlagen wird eine entsprechende Ausführungsplanung, häufig auch als Detail-Engineering bezeichnet, durchgeführt. Neben den Plänen, die das Zusammenwirken mit dem Bauteil sowie die Zusammenführung von vorgefertigten Teilen vor Ort beschreiben, gehören auch die Werkstattpläne sowie Montagepläne zum Detail-Engineering. Werkstatt- und Montagepläne sind in der Regel Sache des Herstellers. Bei verfahrenstechnischen Anlagen erfolgt die

Errichtung teilweise in Form von Fertigung oder Vorfertigung in den Werkstätten der Hersteller einzelner Teile und Aggregate.

Wird die Ausführungsplanung von einem Lieferanten der Verfahrenstechnik oder nach funktionaler Ausschreibung des Bauteils von der Baufirma durchgeführt, ist dem Bauherrn dringend anzuraten, die von diesen erstellten Pläne durch fachlich geeignete Architekten bzw. Ingenieure im Hinblick auf die Übereinstimmung mit der Genehmigung, dem Bauvertrag, den gesetzlichen Vorschriften sowie dem Stand der Technik überprüfen zu lassen. Dies gilt auch für Werkstatt- und Montagepläne. Aller Erfahrung nach ist es äußerst schwierig, falsch gefertigte Teile tatsächlich durch vertragsgemäß ausgeführte Teile zu ersetzen, wenn sie erst einmal gefertigt und auf der Baustelle angeliefert oder gar eingebaut sind. Um noch größeren Schaden, z. B. aus Terminverzug zu vermeiden, ist der Bauherr in diesem Fall häufig gezwungen, Kompromisse einzugehen und die minderwertigen Teile bzw. Ausführungen zu akzeptieren. Durch rechtzeitige Prüfung der Ausführungspläne lassen sich diese Probleme deutlich vermindern und die Qualität des Projekts verbessern.

12.2.6 Überwachung der Realisierung

12.2.6.1 Allgemeines

Die grundlegenden Aufgaben der Bauüberwachung und Bauleitung durch Architekten bzw. Ingenieure sind ebenfalls in der HOAI enthalten. Für Bauvorhaben mit wesentlichen verfahrenstechnischen Teilen wie Abfallbehandlungsanlagen sind zusätzliche Maßnahmen empfehlenswert. Die wichtigsten Tätigkeiten in den einzelnen Phasen der Realisierung sowie der ersten Betriebsjahre sind nachfolgend beschrieben.

12.2.6.2 Bau- und Montageabwicklung

In dieser Phase sind insbesondere die üblichen HOAI-Leistungen wie die Koordination der Beteiligten, die Planprüfung, das Aufstellen und Überwachen des Terminplans inklusive der Inverzugsetzung ausführender Firmen (bei Bedarf), das Führen eines Bautagebuchs, das Aufmaß von Leistungen, welche nach Einheitspreisen abgerechnet werden, sowie die Rechnungsprüfung durchzuführen. Sehr wichtig ist auch die Ausführungsüberwachung auf Übereinstimmung mit den freigegebenen Unterlagen, dem Bauvertrag sowie den Regeln der Technik und Vorschriften. Soweit die Prüfung der letztgenannten Punkte nach funktionaler Ausschreibung bereits im Zuge der Planprüfung durchgeführt wurde, reduziert sich der Leistungsumfang an dieser Stelle deutlich.

Weiterhin finden in dieser Phase auch die Bestellungen der verfahrenstechnischen Lieferanten bei ihren Nachunternehmern statt. Hierbei sollten die Bestellungen auf Übereinstimmung mit den Planungen, im Hinblick auf eine vertragskonforme Ausführung sowie daraufhin überprüft werden, ob der Nachunternehmer geeignet ist und zum Beispiel in der freigegebenen Nachunternehmerliste aufgeführt wurde. Erst dann sollte bei positivem Prüfergebnis die Bestellfreigabe durch den Bauherrn erfolgen.

Für wichtige verfahrenstechnische Anlagenkomponenten empfiehlt es sich, stichprobenartige Fertigungskontrollen durchzuführen, um die terminliche Abwicklung und Qualität bereits während der Herstellung zu kontrollieren. Ebenso empfehlenswert ist eine Endkontrolle im Werk vor dem Versand, um fehlerhafte Aggregate noch zurückweisen zu können, bevor sie auf der Baustelle eintreffen.

In der praktischen Abwicklung von Bauvorhaben ergeben sich immer wieder Leistungsänderungen, sei es durch Nebenbestimmungen aus dem Genehmigungsverfahren, aus geänderten Rahmenbedingungen wie zum Beispiel Abweichungen zwischen den stichprobenartigen Baugrunduntersuchungen und den tatsächlichen Verhältnissen oder aus Änderungswünschen des Bauherrn. In diesen Fällen reichen die ausführenden Firmen sogenannte Nachtragsangebote ein. Diese sind zunächst darauf hin zu überprüfen, ob überhaupt eine Vertragsänderung vorliegt. Liegt eine Vertragsänderung vor, sind die Nachtragsangebote weiter hinsichtlich der technischen Ausführung sowie der Angemessenheit der Preise zu überprüfen. Um eine Preisprüfung mit der erforderlichen Genauigkeit durchführen zu können, sollten bei der Ausschreibung bzw. beim Vertragsschluss schon präzise Vorgehensweisen zur Preisaufschlüsselung und Prüffähigkeit von Nachtragsangeboten festgelegt werden.

12.2.6.3 Inbetriebnahme und Probebetrieb

Eine sehr wichtige Phase stellen bei Abfallbehandlungsanlagen die Inbetriebnahme sowie der anschließende Probebetrieb dar. Auch diese Phase ist vom Ingenieur zu überwachen. Die Inbetriebnahme sollte gegenüber dem Bau und der Montage der Anlagenteile klar abgegrenzt sein. Deshalb empfiehlt es sich, vor Beginn der Inbetriebnahme einzelner Anlagenkomponenten für diese Bereiche sogenannte Montageendkontrollen durchzuführen, nach deren erfolgreicher Durchführung die Freigabe zur Inbetriebnahme erfolgt.

Die Inbetriebnahme teilt sich auf in eine Kalt-Inbetriebnahme, in der die wichtigsten Funktionen getestet und Einstellungen vorgenommen werden, ohne dass bereits Abfälle mit behandelt werden. Erst wenn am Ende der Kalt-Inbetriebnahme die prinzipielle Funktion der Anlage nachgewiesen ist, sollte die Freigabe zur Warm-Inbetriebnahme erfolgen. In dieser Phase werden die Aggregate sukzessive mit dem bestimmungsgemäßen Inputmaterial beaufschlagt. Bei thermischen Abfallbehandlungsanlagen beginnt die Warm-Inbetriebnahme-Phase in der Regel nicht mit dem ersten Einbringungen von Abfällen sondern bereits vorher mit der ersten Zündung der Zünd- und Stützfeuerung, welche mit Öl oder Gas betrieben wird.

Erst wenn alle wichtigen Einstellungen durchgeführt sind und die Gesamtanlage unter Praxisbedingungen ihre prinzipielle Tauglichkeit nachgewiesen hat, sollte die Freigabe zum Probebetrieb erfolgen. Der Probebetrieb dient dem Nachweis, dass die Anlage dauerhaft funktionsfähig ist und findet noch unter der Verantwortung des verfahrenstechnischen Lieferanten jedoch mit Personal des Bauherrn bzw. Betreibers statt. Er dauert in der Regel mehrere Wochen, an Anlagen mit biologischen Prozessen kann er auch mehrere Monate dauern. Soweit möglich und sinnvoll sind während des Probebetriebs auch die Leistungsnachweise insbesondere hinsichtlich der vereinbarten Beschaffenheiten der Anlage zu überprüfen. Verschiedene Leistungsnachweise können jedoch erst bei einem längerfristigen Betrieb nachgewiesen werden und müssen später erfolgen.

Für Abfallbehandlungsanlagen ist auch sehr wichtig, dass rechtzeitig vor dieser Phase eine ausreichende Schulung des späteren Betriebspersonals erfolgt und dass die Betriebsanleitung und Dokumentation der Anlage so weit fertiggestellt sind, dass das Personal des Betreibers in der Lage ist, die Anlage bestimmungsgemäß zu betreiben.

12.2.6.4 Abnahme und Übergabe des Objektes

Die Abnahme eines Bauwerks oder einer Anlage stellt einen sehr entscheidenden Schritt in der Realisierung eines Bauvorhabens dar.

▶ Mit der Abnahme geht das Bauwerk in die Gefahr des Bauherrn über. Juristisch ergibt sich hiermit eine Umkehr der Beweislast. Das bedeutet, dass Fehler vom Bauherrn nachzuweisen sind, was in der Regel ziemlich schwierig ist. Somit trägt auch der Architekt oder Ingenieur bei der Abnahme eine große Verantwortung.

Die Abnahme erfolgt nach Fertigstellung des Bauwerks, bei Abfallbehandlungsanlagen zusätzlich nach erfolgreichem Probebetrieb sowie dem Nachweis der bis zur Abnahme zu erbringenden Leistungsnachweise. Die Abnahme wird in einer Abnahmeniederschrift dokumentiert, die in der Regel vom Lieferanten bzw. der Baufirma, dem Bauherrn und dem überwachenden Architekten oder Ingenieur unterzeichnet wird. Die Abnahme kann nur verweigert werden, wenn wesentliche Mängel vorliegen. Sämtliche sonstigen bekannten Mängel werden ebenso wie eventuell noch zu erbringende Leistungsnachweise in der Abnahmeniederschrift dokumentiert und mit Terminen zur Erledigung versehen. Somit sind Abnahmemängel de facto aus der Abnahme zunächst ausgenommen. Die dokumentierten Mängel müssen vom jeweils Verantwortlichen (Lieferant bzw. Baufirma) auf seine Kosten innerhalb der vereinbarten Termine beseitigt werden.

Die Überwachung der Beseitigung der Abnahmemängel sowie deren Dokumentation liegt ebenso beim Architekten bzw. Ingenieur wie die Beantragung und Teilnahme an behördlichen Abnahmen, die Zusammenstellung der Wartungsvorschriften, das Auflisten der Verjährungsfristen sowie die Kostenfeststellung mit Kostenkontrolle.

12.2.6.5 Begleitung des Anlagenbetriebs

Neben der Überwachung der Beseitigung der Abnahmemängel sowie deren Dokumentation sind auch die während der Vertragsfristen auftretenden Mängel zu erfassen und deren Beseitigung entsprechend zu überwachen.

Sehr wichtig ist in dieser Phase auch dafür Sorge zu tragen, dass von den Lieferanten und Planern die endgültige Dokumentation über die gebaute bzw. gelieferte Anlage mit der erforderlichen Qualität erstellt und zusammengestellt wird.

Da verfahrenstechnische Anlagen wie speziell auch Abfallbehandlungsanlagen ein permanentes Optimierungspotenzial aufweisen, sollten Ingenieure immer bestrebt sein,

12 Abfallwirtschaftskonzepte und Abfallwirtschaftliche Planung ...

bei solchen Optimierungen aktiv mitzuwirken, um das daraus erlernte Wissen bei zukünftigen Planungen einbringen zu können.

Fragen zu Kap. 12

Fragen zu Abschn. 12.1

1. Durch was zeichnen sich integrierte Abfallwirtschaftskonzepte aus?
2. Wie ist die grundsätzliche Vorgehensweise bei der Erstellung von integrierten Abfallwirtschaftskonzepten?
3. Welche Zielvorgaben werden im Allgemeinen bei der Erstellung von Abfallwirtschaftskonzepten angesetzt?
4. Wie sieht die Abfallhierarchie gemäß Abfallrahmenrichtlinie der EU aus?
5. Welche Vorgehensweise zur Abschätzung zukünftiger Abfallmengen und Abfallzusammensetzung bietet sich an?
6. Welche quantitativen und qualitativen Kriterien werden zur Bewertung abfallwirtschaftlicher Varianten herangezogen?
7. Wie wird eine Massenstrombetrachtung von Entsorgungsketten durchgeführt?
8. Welche wesentlichen Kosten fließen in die Kostenberechnung von Abfallentsorgungsvarianten ein?
9. Welche Bewertungsgrößen können zur Beurteilung der Umweltrelevanz von Abfallwirtschaftskonzepten herangezogen werden?
10. Auf welche Punkte muss bei der Umsetzung integrierter Abfallwirtschaftskonzepte geachtet werden?

Fragen zu Abschn. 12.2

11. Wie wird bei der Planung üblicherweise vorgegangen und was sind die wichtigsten Planungs- und Realisierungsphasen?
12. Welche besonderen Vorgehensweisen gibt es bei der Planung technisch komplexer Abfallbehandlungsanlagen?
13. In welcher Planungsphase werden Varianten untersucht und mit welchen Instrumenten und nach welchen Kriterien können sie bewertet werden?
14. Welches sind die wichtigsten gesetzlichen Regelungen bei der Genehmigung von Abfallbehandlungsanlagen?
15. Welche wesentlichen Schritte beinhaltet ein Genehmigungsverfahren für eine größere Abfallbehandlungsanlage?
16. Welche Vor- und Nachteile haben Ausschreibungsverfahren mit funktionaler Ausschreibung bzw. Ausschreibung mit Leistungsverzeichnis?
17. Was unterscheidet kommunale Bauherren von Privatunternehmern im Ausschreibungsverfahren?
18. Welche Kriterien können in die Angebotsbewertung bei technisch komplexen Abfallbehandlungsanlagen einfließen?
19. Was sind die wichtigsten Stufen bei der Realisierung komplexer Abfallbehandlungsanlagen und was beinhalten sie jeweils?

Literatur

[1] KrWG: Gesetz zur Förderung der Kreislaufwirtschaft und Sicherung der umweltverträglichen Bewirtschaftung von Abfällen (Kreislaufwirtschaftsgesetz – KrWG). Artikel 1 des Gesetzes vom 24.02.2012 (BGBl. I S. 212), in Kraft getreten am 01.03.2012 bzw. 01.06.2012, zuletzt geändert durch Gesetz vom 10.08.2021 (BGBl. 1 S 3436, 3449)

[2] Kranert, M.: Erstellung von integrierten Abfallwirtschaftskonzepten (Abschn. 10.2). In: Tabasaran (Hrsg.): Abfallwirtschaft, Abfalltechnik, Verlag Ernst und Sohn, Berlin, 1994

[3] Europäische Kommission: European Green Deal. Brüssel, 11.12.2019, COM (2019) 640 final.

[4] Verordnung über Deponien und Langzeitlager (Deponieverordnung – DepV) vom 27. April 2009 (BGBl. I S. 900). Zuletzt geändert durch Artikel 3 der Verordnung vom 9. Juli 2021 (BGBl. I S. 2598)

[5] EU-Kommission: Weiterentwicklung der nachhaltigen Ressourcennutzung: Eine thematische Strategie für Abfallvermeidung und Recycling, 2006

[6] EU-Abfallrahmenrichtlinie: Richtlinie 2008/98/EG des Europäischen Parlaments und des Rates vom 19. November 2008

[7] BVT Merkblätter https://www.umweltbundesamt.de/themen/wirtschaft-konsum/beste-verfuegbare-techniken/sevilla-prozess/bvt-merkblaetter-durchfuehrungsbeschluesse

[8] DIN EN ISO14040 ff: Umweltmanagement – Ökobilanz – Grundsätze und Rahmenbedingungen, 2006

[9] GABI: Ganzheitliche Bilanzierung, Software. https://sphera.com/product-sustainability-software/ Zugriff 05.12.2022

[10] GEMIS: Globales Emissions-Modell integrierter Systeme. https://ghgprotocol.org/Third-Party-Databases/GEMIS, Zugriff 05.12.2022

[11] UMBERTO: Software für Lebenszyklusanalysen. https://www.ifu.com/de/umberto/oekobilanz-software/, Zugriff 05.12.2022

[12] Kranert, M. et al.: Abfallentsorgung mit geringeren Kosten für Haushalte, weitgehender Abfallverwertung und dauerhaft umweltverträglicher Abfallbeseitigung – Konzepte zur langfristigen Umgestaltung der heutigen Hausmüllentsorgung. Forschungsbericht, Umweltministerium Baden-Württemberg, Stuttgart, 2006

[13] Thomé-Kozmiensky K: Planung von Abfallbehandlungsanlagen, S. 57. EF-Verlag für Energie und Umwelttechnik GmbH, Berlin, 1985

[14] Verordnung über die Honorare für Architekten- und Ingenieurleistungen (Honorarordnung für Architekten und Ingenieure - HOAI) vom 10. Juli 2013 (BGBl. I S. 2276), die durch Artikel 1 der Verordnung vom 2. Dezember 2020 (BGBl. I S. 2636) geändert worden ist.

[15] Locher U, Koeble W, Frik W (2021) Kommentar zur HOAI. 15. Aufl., Einleitung, Rn 649 ff, Werner Verlag, Köln, 2021

[16] Gesetz zum Schutz vor schädlichen Umwelteinwirkungen durch Luftverunreinigungen, Geräusche, Erschütterungen und ähnliche Vorgänge (BImSchG) in der Fassung der Bekanntmachung vom 17. Mai 2013 (BGBl. I S. 1274; 2021 I S. 123), das zuletzt durch Artikel 2 des Gesetzes vom 20. Juli 2022 (BGBl. I S. 1362) geändert worden ist.

[17] Vierte Verordnung zur Durchführung des Bundes-Immissionsschutzgesetzes (Verordnung über genehmigungsbedürftige Anlagen - 4. BImSchV) in der Fassung der Bekanntmachung vom 31. Mai 2017 (BGBl. I S. 1440, die durch Artikel 1 der Verordnung vom 12. Januar 2021 (BGBl. I S. 69) geändert worden ist.

[18] Neunte Verordnung zur Durchführung des Bundes-Immissionsschutzgesetzes (Verordnung über das Genehmigungsverfahren - 9. BImSchV) in der Fassung der Bekanntmachung vom

29. Mai 1992 (BGBl. I S. 1001), die zuletzt durch Artikel 2 der Verordnung vom 11. November 2020 (BGBl. I S. 2428) geändert worden ist.

[19] Gesetz zur Ordnung des Wasserhaushalts (WHG), Art. 1 des Gesetzes vom 31. Juli 2009 (BGBl. I S. 2585), das zuletzt durch Artikel 12 des Gesetzes vom 20. Juli 2022 (BGBl. I S. 1237) geändert worden ist.

[20] Gesetz über die Umweltverträglichkeitsprüfung (UVPG) in der Fassung der Bekanntmachung vom 08. März 2021 (BGBl. I S. 540), das durch Artikel 14 des Gesetzes vom 10. September 2021 (BGBl. I S. 4147) geändert worden ist.

[21] Siebzehnte Verordnung zur Durchführung des Bundes-Immissionsschutzgesetzes (Verordnung über die Verbrennung und die Mitverbrennung von Abfällen - 17. BImSchV) vom 02. Mai 2013 (BGBl. I S. 1021, 1044, 3754), die durch Artikel 2 der Verordnung vom 06. Juli 2021 (BGBl. I S. 2514) geändert worden ist.

[22] Dreißigste Verordnung zur Durchführung des Bundes-Immissionsschutzgesetzes (Verordnung über Anlagen zur biologischen Behandlung von Abfällen - 30. BImSchV) vom 20. Februar 2001 (BGBl. I S. 317), die zuletzt durch Artikel 2 der Verordnung vom 13. Dezember 2019 (BGBl. I S. 2739) geändert worden ist.

[23] Delegierte Verordnung (EU) 2021/1953 der Kommission vom 10. November 2021 zur Änderung der Richtlinie 2014/25/EU des Europäischen Parlaments und des Rats im Hinblick auf die Schwellenwerte für Auftragsvergabeverfahren, Amtsblatt Nr. L 398 vom 11. November 2021, S. 25 f.

[24] Durchführungsbeschluss (EU) 2018/1147 der Kommission vom 10. August 2018 über Schlussfolgerungen zu den besten verfügbaren Techniken (BVT) gemäß der Richtlinie 2010/75/EU des Europäischen Parlaments und des Rates für die Abfallbehandlung, Amtsblatt der Europäischen Union vom 17. August.2018, L 208/38

[25] Erste Allgemeine Verwaltungsvorschrift zum Bundes-Immissionsschutzgesetz (TA Luft) vom 18. August 2021 (GMBl. Nr. 48–52 vom 14. September 2021 S. 1050)

[26] Sechste Allgemeine Verwaltungsvorschrift zum BImSchG (TA Lärm) vom 26. August 1998, GMBl. S. 503

[27] VDI-Richtlinie (VDI 7000) Frühe Öffentlichkeitsbeteiligung bei Industrie- und Infrastrukturprojekten. https://www.beuth.de/de/technische-regel/vdi-7000/222813065. Zugriff 12.10.2022

[28] VDI-Richtlinie (VDI 7001) Kommunikation und Öffentlichkeitsbeteiligung bei Planung und Bau von Infrastrukturprojekten, Ausgabedatum Februar 2015. https://www.beuth.de/de/technische-regel/vdi-7001-blatt-1/228580648. Zugriff 12.10.2022

[29] Verordnung über Sicherheit und Gesundheitsschutz bei der Verwendung von Arbeitsmitteln (Betriebssicherheitsverordnung - BetrSichV) vom 03. Februar 2015 (BGBl. I S. 49), die zuletzt durch Artikel 7 des Gesetzes vom 27. Juli 2021 (BGBl. I S. 3146) geändert worden ist.

[30] Gesetz gegen Wettbewerbsbeschränkungen (GWB) in der Fassung der Bekanntmachung vom 26. Juni 2013 (BGBl. I S. 1750, 3245), das zuletzt durch Artikel 2 des Gesetzes vom 19. Juli 2022 (BGBl. I S. 1214) geändert worden ist.

[31] Verordnung über die Vergabe öffentlicher Aufträge (Vergabeverordnung - VgV) 12. April 2016 (BGBl. I S. 624), die zuletzt durch Artikel 2 des Gesetzes vom 09. Juni 2021 (BGBl. I S. 1691) geändert worden ist.

[32] Vergabe- und Vertragsordnung für Bauleistungen Teil A (Allgemeine Bestimmungen für die Vergabe von Bauleistungen) Fassung 2019, Bekanntmachung vom 31. Januar 2019 (BAnz AT 19. Februar 2019 B2).

[33] EU-Schwellenwerte; https://europa.eu/youreurope/business/selling-in-eu/public-contracts/public-tendering-rules/index_de.htm. Zugriff 12.10.2022

Betriebliches Abfall- und Nachhaltigkeitsmanagement

13

Jörg Woidasky, Claus Lang-Koetz und Stephan Fimpeler

Zusammenfassung

Abfälle von Unternehmen entstehen nicht nur durch die Kernprozesse und Unterstützungsprozesse im Unternehmen selbst, sondern mittelbar durch die bezogenen Materialien und Produkte (Lieferketten) und die erzeugten Produkte in der Nutzungs- und der Nachnutzungsphase. Das betriebliche Umweltmanagement fokussiert vor allem auf die Kern- und Unterstützungsprozesse des Unternehmens. Für die Entsorgung nicht vermeidbarer Abfälle sind in Deutschland die Unternehmen selbst verantwortlich. Hierfür ist die Erstellung eines betrieblichen Entsorgungskonzepts hilfreich, der Aufbau einer innerbetrieblichen Entsorgungslogistik nötig und die Bestellung eines Betriebsbeauftragten für Abfall für viele Unternehmen rechtlich vorgeschrieben. Weitaus umfassender nimmt der „Circular Economy"-Ansatz der Europäischen Union alle Lebenszyklusphasen von Produkten „von der Wiege bis zur Bahre" in den Blick, um die Ressourceneffizienz zu steigern und damit das Nachhaltigkeitsprofil von Produkten zu verbessern.

J. Woidasky (✉)
Hochschule Pforzheim, Pforzheim, Deutschland
E-Mail: joerg.woidasky@hs-pforzheim.de

C. Lang-Koetz
Institut für Industrial Ecology (INEC), Hochschule Pforzheim, Pforzheim, Deutschland
E-Mail: claus.lang-koetz@hs-pforzheim.de

S. Fimpeler
REMONDIS Medison GmbH, Lünen, Deutschland
E-Mail: stephan.fimpeler@remondis.de

© Springer Fachmedien Wiesbaden GmbH, ein Teil von Springer Nature 2024
M. Kranert (Hrsg.), *Einführung in die Kreislaufwirtschaft*,
https://doi.org/10.1007/978-3-658-41711-6_13

Schlüsselwörter

Company waste management concepts · Environmental Management and Audit Scheme (EMAS) · Environmental Accounting · Eco-Design · Resource efficiency · Recycling principles · Product design · Circular Economy

13.1 Einleitung

Das Kapitel gibt eine Übersicht über betrieblich relevante Aspekte der Abfallwirtschaft und deren rechtlichen Rahmen (Entsorgungspflicht der Abfallerzeuger, Gewerbeabfallverordnung und weitere konkretisierende Regelungen).

Analog zu den „Scopes" der Treibhausgas-Berichterstattung [1] kann auch aus abfallwirtschaftlicher Perspektive der betriebliche Handlungsbereich in verschiedene Einflussbereiche aufgeteilt werden:

- die im Unternehmen ablaufenden Herstellungs- und Unterstützungsprozesse, die direkt Abfälle erzeugen oder auch verwerten können,
- die mit den betrieblichen Prozessen direkt verbundenen Beschaffungs- und Entsorgungsprozesse mit abfallwirtschaftlicher Relevanz außerhalb des Unternehmens sowie
- die mittelbaren Auswirkungen betrieblicher Aktivitäten v. a. durch die Gestaltung von Prozessen oder Dienstleistungen auf die Abfallentstehung oder -entsorgung.

Der Grundansatz zur Strukturierung des Unternehmenseinflusses auf Abfälle ist eine Betrachtung des Produktlebenszyklus „von der Wiege bis zur Bahre", wie er auch für die Ökobilanzierung (siehe Kap. 14: Stoffstrommanagement und Ökobilanzen) verwendet wird. Im folgenden Kapitel liegt jedoch der Schwerpunkt auf der umweltorientierten und abfallarmen Gestaltung und Herstellung von Produkten.

13.2 Nachhaltigkeits- und Umweltmanagement

▶ Ziel eines Nachhaltigkeitsmanagements ist, negative Auswirkungen auf Umwelt, Menschen und Gesellschaft auszuschließen oder zumindest zu reduzieren, rechtliche Vorschriften einzuhalten, die Interessen von Anspruchsgruppen zu berücksichtigen und schlussendlich zu einer nachhaltigen Entwicklung im Sinne der Zielsetzung der Vereinten Nationen [2] beizutragen.

Dazu werden im Unternehmen geeignete Verfahrensweisen verwendet und Projekte durchgeführt. Der Begriff „Nachhaltigkeitsmanagement" wird in der Praxis meist synonym zu „CSR-Management" verwendet (Corporate Social Responsibility-Management) [3].

Zentral ist die Kommunikation zu relevanten Interessensgruppen im Unternehmen, aber auch nach außen. Ein wichtiges Kommunikationsmittel ist dabei der unternehmensspezifische Nachhaltigkeitsbericht. Für die Berichterstellung ist die Nutzung der Standards der Global Reporting Initiative (GRI) verbreitet[1]. Während im Jahr 2022 aufgrund der deutschen CSR-Richtlinie, die die Europäische Non-Financial Reporting Directive (NFRD) umsetzte, nur etwa 500 kapitalmarktorientierte Unternehmen zur Berichterstellung verpflichtet waren, ist zukünftig eine umfangreiche Ausweitung der Berichtspflichten in Vorbereitung [4].

Mit Konzepten und Methoden des Nachhaltigkeitsmanagements können Herausforderungen aus folgenden Perspektiven adressiert werden [5]:

- Ökologie: Reduktion der verursachten Umweltbelastung
- Soziales: Minimierung sozial unerwünschter Wirkungen
- Ökonomie: kostengünstige, rentabilitäts- und unternehmenswertsteigernde Umsetzung
- Integration: gleichzeitige Erfüllung der drei vorhergehenden Aspekte und Integration in das Management des Unternehmens.

Das Nachhaltigkeitsmanagement wird unternehmensweit über Verhaltensregeln und Managementsysteme implementiert: Praktisch alle Unternehmensbereiche wie Produktion und Logistik, aber auch Einkauf, Innovationsmanagement / Produktentwicklung, Marketing, Buchhaltung, Umwelt- und Qualitätsmanagement oder Personalmanagement bis hin zur Unternehmensleitung müssen sich mit dem Thema auseinandersetzen [6].

Im Kern stehen dabei die Prinzipien des „Deming-Kreises": Planen – Umsetzen – Überprüfen – Handeln (engl. Plan – Do – Check – Act bzw. Adjust: PDCA-Zyklus) [7]. Damit können Nachhaltigkeitsaspekte systematisch und strukturiert adressiert werden, und das Unternehmen kann sich kontinuierlich verbessern. Ein Managementsystem unterliegt dabei einer regelmäßigen Überprüfung durch ein externes Audit.

▶ Das betriebliche Umweltmanagement ist Teil des Nachhaltigkeitsmanagements und hat zum Ziel, Umweltauswirkungen des unternehmerischen Handelns zu analysieren, zu bewerten und zu verringern und so die Umweltleistung zu verbessern [8].

Dazu werden insbesondere Material- und Energieverbräuche und resultierende Emissionen und Abfallströme betrachtet. Das Umweltmanagement ist so direkt mit den Prozessen zur Produkt- und Prozessplanung sowie den daraus folgenden Herstellungsprozessen verknüpft und wird sinnvollerweise als Instrument der kontinuierlichen Verbesserung des Unternehmens eingesetzt.

---

[1] Siehe dazu https://www.globalreporting.org/standards/, letzter Abruf 05. 10. 2022.

In der betrieblichen Praxis bedeutet dies, dass insbesondere folgende Themen zu adressieren sind (in Anlehnung an [6, 9]),

- Festlegung eines geeigneten Rahmens: Analyse von Anforderungen interner und externe Anspruchsgruppen, Festlegung der Grenzen des Anwendungsbereichs für das Umweltmanagementsystem, Erarbeitung einer Umweltpolitik für das Unternehmen.
- Definition von messbaren Zielen, wie z. B. „Verringerung des Abfallaufkommens um 30 %" oder „Reduktion der CO_2-Emissionen der Produktionsstandorte um 20 %".
- Etablierung geeigneter organisatorischer Strukturen und Abläufe: Definition von Verantwortlichkeiten und Zuständigkeiten, Zuweisung von finanziellen und zeitlichen Ressourcen, Etablierung und Dokumentation von Prozessabläufen.
- Planung und Steuerung: Etablierung von Planungsabläufen, Auswerten geeigneter Kennzahlen wie z. B. Abfallaufkommen pro Produktionsbereich und Tag, Wasserverbrauch pro Produkt, CO_2-Emissionen pro Produktionsstandort.
- Umweltcontrolling[2]: Bereitstellen geeigneter Informationen für Planung und Steuerung, z. B. in Form von Kennzahlen sowie Erstellen und Veröffentlichung von Berichten für interne und externe Interessensgruppen (zur Informationsversorgung des Umweltcontrollings siehe auch [10]).

Zur Verankerung eines Umweltmanagements in der Praxis werden Umweltmanagementsysteme nach ISO 14.001 und nach der europäischen EMAS-Verordnung genutzt. Diese werden im Folgenden kurz vorgestellt:

Umweltmanagementsysteme nach ISO 14.001
Die internationale Norm ISO 14.001 unterstützt Unternehmen dabei, systematisch relevante Umweltregularien (Gesetze, Verordnungen, …) einzuhalten sowie Umweltauswirkungen der Aktivitäten des Unternehmens zu analysieren, zu bewerten und zu verbessern. Die aktuell vorliegende Version der Norm stammt aus dem Jahr 2015 [12]. ISO 14.001 ist weltweit etabliert: 2018 hatten über 307.000 Unternehmen weltweit ein nach ISO 14.001 zertifiziertes Umweltmanagementsystem [9].

Umweltmanagementsysteme nach EMAS
Das Eco-Management and Audit Scheme (EMAS) wurde 1993 von der Europäischen Union[3] ins Leben gerufen, um einen Rahmen für Umweltmanagementsysteme zu bieten. Managementsysteme auf Basis von EMAS sind in Europa sehr verbreitet. Die aktuelle Version der entsprechenden EU-Verordnung stammt aus dem Jahr 2009 [13].

---

[2] In einem Umweltcontrolling werden Umweltziele definiert sowie betriebliche Stoff- und Energieverbräuche und Umweltbelastungen analysiert, geplant und kontrolliert [11].
[3] Bzw. korrekterweise damals noch der „Europäischen Gemeinschaft"

EMAS weist viele Ähnlichkeiten zu ISO 14.001 auf. Wesentliche Unterschiede im Vergleich zu ISO 14.001 sind [14]:

- In einer vorgeschalteten Umweltprüfung werden umweltbezogene Aspekte und Auswirkungen des betrachteten Unternehmensstandorts untersucht.
- Die Umweltleistung wird in Bezug auf Energie- und Stoffströme gemessen und ist zu verbessern, dies wird über ein sogenanntes „Performance Audit" überprüft.
- Mitarbeitende werden aktiv einbezogen.
- Eine aktive externe Kommunikation ist durchzuführen. So muss ein Bericht, die sogenannte Umwelterklärung, verpflichtend veröffentlicht werden.
- Die Auditierung erfolgt über zugelassene externe Umweltgutachter.
- Nach erfolgreicher Prüfung wird das Unternehmen in ein Register der Europäischen Union aufgenommen. Es darf dann das EMAS-Zeichen für Werbezwecke verwenden.

Weitere Managementsysteme
Viele Unternehmen arbeiten mit einem Qualitätsmanagementsystem, oft nach der in der Praxis verbreiteten internationalen Norm ISO 9.001. Ein Umweltmanagementsystem nach ISO 14.001 oder nach EMAS kann hierauf gut aufsetzen, da einige Grundprinzipien der ISO 9.001 genutzt werden können.

Weitere Managementsysteme mit Bezug zu Nachhaltigkeitsaspekten adressieren Energie [15], Wasser [16], Sicherheit und Gesundheit bei der Arbeit [17], Compliance [18] oder soziale Verantwortung [19]. In der Praxis gelingt es oft, durch Bündelung dieser normungsbezogenen Aktivitäten in einer Abteilung oder bei einer Person die Überschneidungen der Normungsbereiche gut zu beherrschen, da oft Teilaspekte gemeinsam adressiert werden können.

13.3 Produkt- und Prozessentwicklung aus abfallwirtschaftlicher Perspektive

13.3.1 Kreislaufwirtschaft, Circular Economy und Klimaschutz

Die Europäische Union verfolgt im Rahmen des „European Green Deal" das Leitbild der „Circular Economy" (CE) als eines der zentralen Elemente für die Umgestaltung der europäischen Industriegesellschaft in Richtung Nachhaltigkeit [20]. Operationalisiert werden Nachhaltigkeitsanforderungen vor allem mit Blick auf den Ressourcenverbrauch und den Klimaschutz. Dabei ist die CE als „Mittel zum Zweck" zu verstehen, um übergeordnete Nachhaltigkeitsziele [2] zu erreichen. Die Kreislaufschließung an sich ist dabei nicht immer zwangsläufig nachhaltiger als eine lineare Wirtschaftsweise [21], sodass durch detaillierte Untersuchungen v. a. durch Ökobilanzen/LCA (siehe Kap. 14) die Effekte kreislaufwirtschaftlicher Lösungen quantifiziert werden sollten. Die Begriffe der Kreislaufwirtschaft (definiert in § 3 Abs. 19 KrWG durch „Kreislaufwirtschaft im Sinne dieses Gesetzes sind die Vermeidung und Verwertung von Abfällen.") und der „Circular Economy" der Europäischen Union sind nicht völlig synonym, da der Circular-Economy-Begriff sich weniger an abfallwirtschaftlichen Fragestellungen als an Produktlebenszyklus-übergreifenden Produkteigenschaften orientiert.

Durch Maßnahmen im Rahmen des „Circular Economy Action Plans" soll der gesamte Lebenszyklus von Produkten von der Produktgestaltung bis hin zur Entsorgung nachhaltigkeitsorientiert gestaltet werden und damit auch Abfall während des gesamten Produktlebenszyklus vermieden bzw. verringert werden [20]. Grundsätzliche Vorgaben zur Produktgestaltung machen sowohl das deutsche Kreislaufwirtschaftsgesetz als auch die EU-Ecodesign-Richtlinie. Die bereits in der EU-Rahmenrichtlinie zum Ecodesign [22] von 2009 einschließlich der Novellierungen festgelegten Anforderungen werden in Deutschland durch das EVPG (Gesetz über die umweltgerechte Gestaltung energieverbrauchsrelevanter Produkte, [23]) in nationales Recht transformiert und durch Rechtsverordnungen konkretisiert. Eine Weiterentwicklung der Inhalte und des Geltungsbereiches der EU-Ecodesign-Richtlinie ist beabsichtigt, da derzeit nur gut dreißig Produktgruppen mit eindeutigem Bezug zum Energieverbrauch von der Richtlinie erfasst werden. Auch die im deutschen Kreislaufwirtschaftsgesetz genannten grundsätzlichen Produkteigenschaften (KrWG § 23 Abs. 2 nennt hier v. a. „ressourceneffizient, mehrfach verwendbar, technisch langlebig, reparierbar und nach Gebrauch zur ordnungsgemäßen, schadlosen und hochwertigen Verwertung sowie zur umweltverträglichen Beseitigung geeignet", siehe [24]) werden derzeit durch die EU-Richtline weder mit Blick auf ihren Geltungsbereich noch auf die materiell-inhaltlichen Anforderungen abgedeckt. Allerdings werden auch in Deutschland die Gestaltungsregeln des KrWG für Produkte mangels konkretisierender Verordnungen derzeit nicht formal gefordert.

▶ Die Handlungsfelder für die tatsächliche Umsetzung der Kreislaufwirtschaft in Unternehmen umfassen neben der konstruktiven Gestaltung von Produkten vor allem die Auswahl kreislaufgeeigneter bzw. nachhaltiger Werkstoffe, aber gleichermaßen die Auswahl umweltfreundlicher Prozesse der Herstellung, Nutzung und Entsorgung sowie eine nachhaltigkeitsorientierte Organisation und entsprechendes Management (Abb. 13.1).

Ein Teilbereich dieser Organisation sind kreislauforientierte Geschäftsmodelle, sodass z. B. das konstruktiv und durch Werkstoffauswahl bereits in Produkten angelegte Kreislaufpotential tatsächlich genutzt wird. Beispiele hierfür sind Rücknahme- und Wiederaufarbeitungs-Angebote, die z. B. für Antriebskomponenten im Kfz-Bereich seit Jahren erfolgreich sind (wie z. B. bei Kfz-Komponenten beim Unternehmen Bosch / Circular Economy Solutions GmbH). Durch eine solche lebenszyklusweite Perspektive auf Produkte von der Rohstoffgewinnung bis hin zur Kreislaufführung können die in Abschn. 13.1 dargestellten abfallwirtschaftlichen Scopes der (unternehmensinternen) Herstellungsprozesse, der damit verbundenen (Zuliefer-)Ketten und der aus weiteren Lebenszyklusphasen stammenden Effekte der Produkte zunächst erfasst und letztlich im Sinne einer umfassenden Produktverantwortung beeinflusst werden. Das Ziel dabei ist

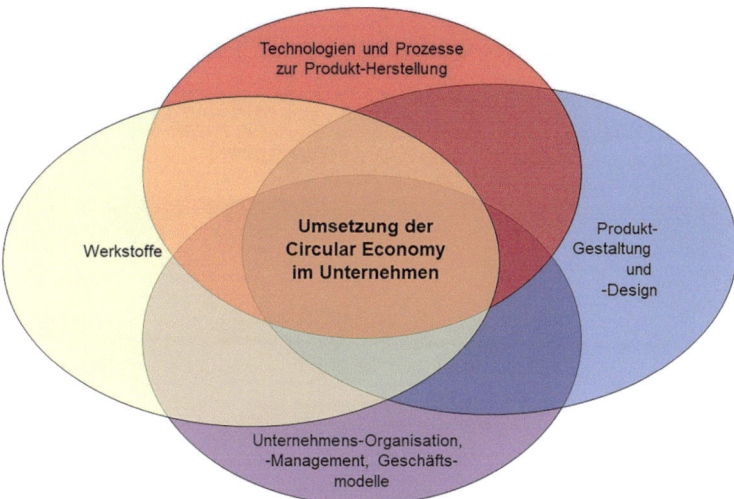

Abb. 13.1 Handlungsfelder zur Umsetzung der Circular Economy in Unternehmen

ein Produktlebenszyklus mit geringstmöglichen Umweltauswirkungen, d. h. auch minimalem Abfallanfall und höchstmöglicher Ressourceneffizienz (vgl. Abschn. 13.3.2).

13.3.2 Prozess- und Produktoptimierung

Aus kreislaufwirtschaftlicher Sicht ist die Bereitstellung von Produkten mit Material- und Energieflüssen verknüpft, die wiederum in Wechselwirkung mit der belebten und unbelebten Umwelt stehen und deren Auswirkungen daher möglichst minimiert werden sollen. Abb. 13.2 zeigt schematisch einen Ausschnitt einer Prozesskette der Produktentstehung. Jeder der einzelnen Schritte benötigt Materialien und Energie, und in jedem der Schritte entstehen aus technischen Gründen stets Material- und Energieverluste. Die Materialverluste führen in der Regel zu Abfällen, und der Energieverbrauch ist oft direkt mit der Masse der eingesetzten Werkstoffe gekoppelt. Der relevante Abfallanfall entlang des Produktlebensweges kann grob eingeteilt werden in

- Produktionsabfall, der während der Produktentstehung einschließlich der vorgelagerten Schritte der Rohstoffgewinnung und Vorproduktherstellung entsteht. Eine genauere Unterteilung des Produktionsabfalls in „Post production"-Abfall, der während der Herstellung des Produktes entsteht, und in „Post industrial"-Abfall, der bei Distribution oder z. B. bei der Herstellung von Infrastruktur z. B. als Bauabfall anfällt, ist möglich [25].
- „Post consumer"-Abfälle, die aus Produkten und Infrastrukturen nach deren Nutzungsphase entstehen.

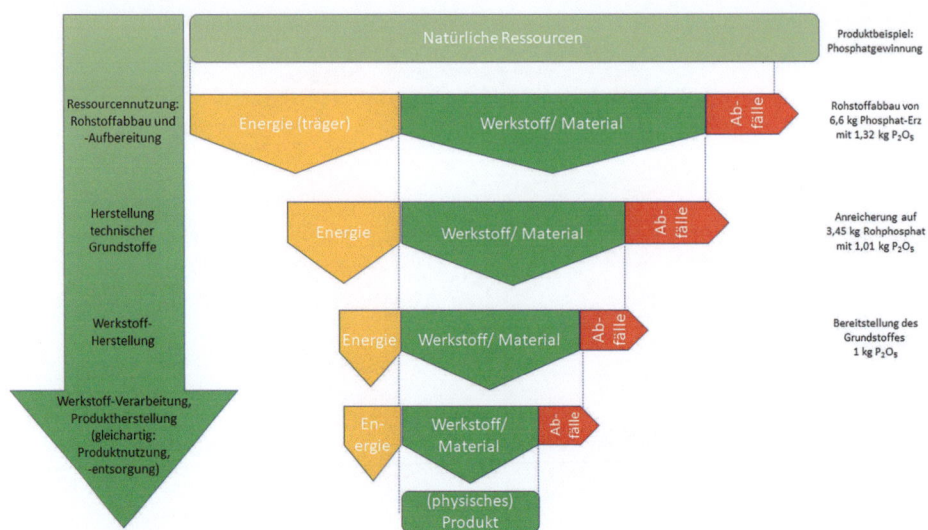

Abb. 13.2 Produktleben (schematisch) als verlustbehaftete Prozesskette (nach: [26], Daten aus [27])

Teilweise sind die Materialverluste bei der Herstellung von Produkten sehr hoch. So existiert z. B. in der Luft- und Raumfahrt die Buy-to-fly-Ratio, die das Verhältnis der eingekauften Werkstoffmasse zur Masse des Produkts diesem Werkstoff im Einsatzzustand beschreibt. Hier werden teilweise bei spanenden Prozessen über 90 % des Materials zu Produktionsabfall (Spänen) umgewandelt. Auch z. B. beim Messingguss für Armaturen werden etwa 30 % des gesamten verarbeiteten Materials als Anguss zu Produktionsabfall, der allerdings wiederverwertet werden kann bzw. wird, aber dennoch erhitzt und gehandhabt werden muss, ohne direkt Teil des Produkts und damit der Wertschöpfung zu werden. Es ist daher direkt einsichtig, dass die Verringerung des Materialeinsatzes eine wichtige Rolle für die nachhaltige Gestaltung von Produkten und deren Herstellungsprozessen und damit auch beim Klimaschutz darstellt.

Als zentrales Handlungsfeld stellt sich die Verbesserung der Ressourceneffizienz dar. Dabei wird Ressourceneffizienz als das „Verhältnis eines bestimmten Nutzens oder Ergebnisses zum dafür nötigen Ressourceneinsatz" verstanden. „Ressourcen" sind „Mittel, die in einem Prozess genutzt" werden oder werden können, die sowohl materieller als auch immaterieller Art sein können. Daraus ergibt sich die Bestimmung der Ressourceneffizienz nach der VDI-Richtlinie 4800 [28] gemäß Formel 13.1. Hierbei ist ähnlich wie bei Ökobilanzen (vgl. Kap. 14) ein systematisches, methodisches Vorgehen erforderlich, um vergleichbare und nachvollziehbare Ergebnisse zu erzielen, u. a. durch die Festlegung eines Bezugsobjektes, der Systemgrenzen und der Allokations- und Abschneideregeln [28].

$$Ressourceneffizienz = \frac{Nutzen_{(Produkt,\ Funktion,\ funktionelle\ Einheit)}}{Aufwand_{(Einsatz\ natürlicher\ Ressourcen)}} \quad (13.1)$$

Für die Umsetzung des Ressourceneffizienz-Ansatzes primär in kleinen und mittleren Unternehmen gibt die VDI-Richtlinie 4801 Hinweise [29]. Insbesondere werden hier konkrete Handlungsfelder für die Produkt -und Prozessgestaltung unter Ressourceneffizienzgesichtspunkten identifiziert (Tab. 13.1).

Mithilfe dieser Ansätze sollen die industriellen Auswirkungen auf Klima und Umwelt beherrscht und minimiert werden: In Europa werden insgesamt etwa 66 % der industriellen CO_2-Emissionen, d. h. 564 Mio t CO_2/a lediglich durch die vier Werkstoffgruppen Stahl, Kunststoffe, Aluminium und Zement und damit v. a. von den Bedürfnisfeldern Mobilität und Wohnen verursacht [29]. Schätzungen gehen z. B. davon aus, dass im industriellen Bereich in Europa bis 2050 durch die Kreislaufführung von Materialien (-178 Mio t CO_2/a), die Steigerung der Materialeffizienz von Produkten (-56 Mio t CO_2/a) und durch zirkuläre Geschäftsmodelle (-62 Mio t CO_2/a) insgesamt knapp 300 Mio t CO_2/a (-56 % im Vergleich zum Referenzszenario) eingespart werden können [30]. Voraussetzungen hierfür sind u. a. höhere Reinheiten der Sekundärrohstoffe z. B. bei Metallen durch Getrennthaltung oder weitergehende Sortierung sowie höhere Ausbringungsraten (zur Kreislaufführung von Materialien), die Nutzung leistungsfähiger Werkstoffe mit geringerem Materialeinsatz wie z. B. Leichtbaumaterialien oder auch der Verzicht auf Sicherheitszuschläge (zur Steigerung der Materialeffizienz) sowie vor allem im Gebäude- und Mobilitätssektor die Nutzungsintensivierung von Produkten durch geteilte Produktnutzung durch Ansätze wie Pooling oder Sharing (zur Umsetzung zirkulärer Geschäftsmodelle) [30]. Gerade der letzte Aspekt der Nutzungsintensivierung zeigt deutlich den Lebenszyklus-umfassenden Ansatz der Zirkularität, der über den in Deutschland üblichen Ansatz der Kreislaufwirtschaft hinausgeht. Eine umfangreiche Sammlung weiterer unternehmensbezogener Handreichungen und Beispiele für ressourceneffiziente Lösungen finden sich in den beiden Büchern „100 Betriebe für Ressourceneffizienz" [31, 32] sowie der dazugehörigen Website (https://www.exzellent-bw.de/ sowie auf der Website des VDI-Zentrums für Ressourceneffizienz (https://www.ressource-deutschland.de/service/publikationen/).

13.3.3 Kreislaufführung von Produkten

Als Produkt kann ein physisches Produkt (materielle Sache) oder eine Dienstleistung oder eine Mischung aus beidem (Produkt-Service-System) verstanden werden, das von einem Unternehmen hergestellt und an Kunden verkauft wird. Das Produkt dient dabei der Bedürfniserfüllung des Kunden und löst bei ihm daher eine Zahlungsbereitschaft aus. Physische Produkte bestehen aus Werkstoffen, die zu Bauteilen verarbeitet werden. Meist werden mehrere Bauteile zu Modulen zusammengefaßt, die dann das Produkt bilden. Mit Blick auf den gesamten Produktlebenszyklus und unter Einbeziehung dieser Produktstruktur können die praxisrelevanten Optionen der Kreislaufführung definiert und auch hinsichtlich der Abfallhierarchie (siehe Kap. 1) priorisiert werden [33]. Grundsätzlich ist zwischen der erneuten Verwendung von Produkten bzw. deren Teilen und der Verwertung der eingesetzten Materialien zu unterscheiden (Abb. 13.3; siehe auch Tab. 13.2).

Tab. 13.1 Ansätze zur ressourceneffizienten Prozess- und Produktgestaltung (nach [28])

Ansätze zur Erhöhung der Ressourceneffizienz für	
Produkte	Prozesse
1. Werkstoffauswahl / Materialsubstitution	1. Fertigungsprozessauswahl und Fertigungsprozessoptimierung
2. Leichtbauweise	2. Dimensionierung der Fertigungsmittel
3. Beanspruchungsgerechtheit und Sicherheit	3. Minimierung des Bearbeitungsvolumens
4. Miniaturisierung	4. Materialsubstitution bei Hilfs- und Betriebsstoffen
5. Fertigungsgerechte Produktgestaltung	5. Trockenbearbeitung und Minimalmengenschmierung
6. Nutzungsgerechte Produktgestaltung	6. Vermindern von geplantem Verlust und geplantem Ausschuss
7. Verlängerung der Produktnutzungsdauer	7. Vermeiden von Verlust durch Nacharbeit, Entsorgung fertiger Produkte, Entsorgung eingekaufter Materialien, durch unsachgemäße Lagerung / Überlagerung
8. Produkt-Service-Systeme (Dematerialisierung)	8. Vermindern des Energieverbrauchs
9. Kaskadennutzung von Produkten	9. Effiziente Energiebereitstellung
10. Reparierbarkeit	10. Nutzung von Prozess- und Abwärme
11. Recyclinggerechte Produktgestaltung	11. Effiziente Gebäudeinfrastruktur
12. Bedienungsanleitung mit Hinweisen zum Nutzerverhalten	12. Effiziente Gebäudehülle
13. Ressourceneffiziente Gestaltung der Verpackung	13. Effiziente Reinigung
	14. Fertigungsprozessbezogene Kreislaufführung
	15. Kaskadennutzung von Hilfs- und Betriebsstoffen
	16. Effizienter Transport
	17. Eindeutige und vollständige Produktdokumentation
	18. Detaillierte Arbeitsanleitungen und geregelte Schichtübergabe
	19. Mitarbeiterqualifikation / Mitarbeiterpotenzial vollständig nutzen

▶

Produkte erhalten während der Nutzungsphase eine **Wartung**, um ihre Funktionstüchtigkeit (weiterhin) sicherzustellen und die vorgesehene Nutzungsdauer sicher zu erreichen. Ist die Funktionstüchtigkeit nicht mehr gegeben, so kann sie durch eine **Reparatur** während der Nutzungsphase wieder hergestellt werden. Teilweise können diese Schritte auch mit der Bereitstellung eines **Upgrades** kombiniert werden, um neue oder verbesserte Funktionen (z. B. modifizierte Steuerungen zur Effizienzsteigerung) bereitzustellen.

Wiederverwendung (Re-Use) umfasst alle Formen der erneuten Verwendung von Produkten mit oder ohne Reparatur- oder Upgrade-Schritte, nachdem eine Nutzungsphase abgeschlossen wurde.

Wiederproduktion (Remanufacturing) beschreibt einen industriellen Prozess, in dem Produkte nach der Nutzungsphase so aufgearbeitet werden, dass sie mindestens

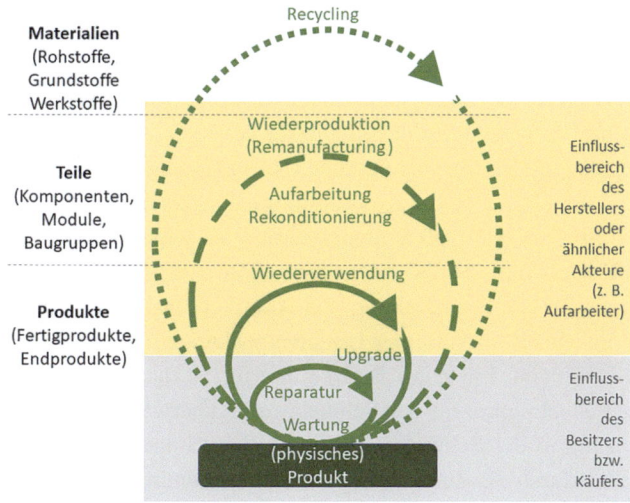

Abb. 13.3 Ansätze zur Kreislaufführung auf Produkt- und Werkstoffebene (in Anlehnung an [34])

Tab. 13.2 Systematisierung der technischen Kreislaufführungsoptionen

	Gleicher Zweck wie ursprünglich = WIEDER…	Anderer Zweck als ursprünglich = WEITER…
Beibehaltung der Produktgestalt = …VERWENDUNG	Wiederverwendung – Beispiel Glas-Pfandflasche	Weiterverwendung – Beispiel Weinflasche als Blumenvase
Auflösung der Produktgestalt = …VERWERTUNG	Wiederverwertung – Beispiel PET-Einwegflaschen: Bottle-to-Bottle-Verfahren	Weiterverwertung – Beispiel PET-Einwegflaschen zu Fleecepullover

den gleichen Zustand wie zum Beginn der ersten Nutzungsphase aufweisen und auch mit entsprechenden Hersteller-Garantien ausgestattet sind. Auch ist es möglich, mit Upgrades sowohl von Hard- oder Softwarekomponenten einen über den Ursprungszustand hinausgehenden Funktionsumfang zu erreichen. Dies ist insbesondere bei langlebigen Investitionsgütern wie z. B. Werkzeugmaschinen oft sinnvoll und wirtschaftlich umsetzbar. Erreichen sie den neuproduktgleichen Zustand nicht, wird der Prozess als **Rekonditionierung (Reconditioning)** bezeichnet.

Bei der **Aufarbeitung (Refurbishment)** wird zwar der neuwaregleiche Zustand erreicht, jedoch ohne die ursprünglichen Hersteller-Garantien geben zu können.

Recycling zielt nicht auf die Kreislaufführung der Produkte insgesamt, sondern auf den Wiedereinsatz der in Produkten enthaltenen Werkstoffe ab. Dabei kann zwischen **geschlossenen Kreisläufen**, in denen die Werkstoffe erneut zum Ursprungszweck zum Einsatz kommen, und **offenen Kreisläufen**, in welchen andere Werkstoffe oder Materialien substituiert und andere Anwendungsbereiche bedient werden, unterschieden werden.

Tab. 13.2 zeigt die technikorientierte Systematisierung bzw. Benennung von Kreislaufführungsoptionen, die eine eindeutige Klassifizierung ermöglicht. Die gelegentlich verwendete Systematik von Upcycling, Recycling und Downcycling ist hingegen nicht zu empfehlen, da sie einen nutzerspezifischen Bewertungsansatz impliziert und daher ohne Kontextinformationen nicht sinnvoll nutzbar ist.

Durch eine Kreislaufführung verringert sich pro Nutzungsphase die Abfallmenge zur Beseitigung. Allerdings ist auch die Kreislaufführung selbst nicht abfallfrei oder umweltneutral, da z. B. Sortier- und Aufbereitungsschritte als wirkungsgradbehaftete Prozesse (vgl. Abb. 13.2) wiederum Abfälle erzeugen (diese werden als Sekundärabfälle bezeichnet, wenn sie bei der Aufbereitung von Abfällen entstehen, wie z. B. Sortierreste bei der Sortierung von Post-consumer-Leichtverpackungen) sowie Energie und oft andere Rohstoffe benötigen. Ein gutes Beispiel hierfür ist das Aluminiumrecycling: Derzeit werden im Recyclingprozess der Schmelzwerke unerwünschte Legierungselemente oder Verunreinigung in der Schmelze, die durch Recyclingaluminium eingetragen werden, ausschließlich durch die Zumischung von Primäraluminium beherrscht, dessen Herstellung Klimawirkungen standort- und verfahrensabhängig zwischen 4,5 und 33,6 kg CO_2eq/kg Aluminium [35] (in Europa durchschnittlich 6,7 kg CO_2eq/kg Aluminium) erzeugt. Die Klimawirkung von rezykliertem Aluminium hingegen liegt lediglich bei 0,5 kg CO_2eq/kg Aluminium [36].

Anhand einer „10-Re"-Handlungsfeld-Systematik kann die Umsetzung kreislaufwirtschaftlicher Grundsätze [37–39] zusammenfassend dargestellt werden (Tab. 13.3).

Tab. 13.3 10-Re-Kreislaufgrundsätze (nach [38, 39])

Handlungsbereich	Handlungsfeld	Erläuterung
Intelligente Nutzung und Herstellung von Produkten und Infrastruktur	(1) Refuse	Überflüssig machen: Produkte werden überflüssig dadurch, dass ihr Nutzen anderweitig erbracht wird
	(2) Rethink	Neu denken und zirkulär gestalten: Produkte werden neu gestaltet und/oder intensiver genutzt
	(3) Reduce	Reduzieren: Steigerung der Effizienz bei der Produktherstellung oder -nutzung durch geringeren Verbrauch von natürlichen Ressourcen bzw. Materialien
Verlängerte Lebensdauer von Produkten, Komponenten und Infrastruktur	(4) Repair	Reparatur: Produkte warten und durch Reparatur länger nutzen
	(5) Reuse	Wiederverwendung: Funktionsfähige Produkte nach der ersten Nutzungsphase erneut verwenden
	(6) Refurbish	Aufarbeiten: Produkte oder Komponenten nach der ersten Nutzungsphase aufarbeiten und technisch auf den Ursprungszustand bringen
	(7) Remanufacture	Wiederproduktion: Produkte oder Komponenten nach der ersten Nutzungsphase auf den Stand von Neuprodukten bringen
	(8) Repurpose	Anders weiternutzen: Produkte oder Komponenten nach der ersten Nutzungsphase für Produkte nutzen, die andere Funktionen erfüllen
Wiedereinsatz von Materialien	(9) Recycle	Rezyklieren: Aufbereiten von Materialien, um eine hohe Qualität zu erreichen, und Rückführung in den Materialkreislauf
	(10) Recover	Thermische Verwertung mit Energierückgewinnung

13.3.4 Eco-Design: Umwelt- und nachhaltigkeitsorientierte Produktgestaltung

Es liegen umfangreiche Ansätze zur Umsetzung der Anforderungen des „Eco-Design" (Umwelt- oder nachhaltigkeitsorientierte Produktgestaltung) vor (beispielhaft [26, 40, 41]). Aus kreislaufwirtschaftlicher Sicht ist dabei von zentraler Relevanz, dass die Auswahl kreislaufgerechter Produkteigenschaften lediglich einen Teilaspekt der tatsächlichen Umsetzung der Kreislaufwirtschaft in Unternehmen ausmacht (vgl. Abb. 13.1).

▶ Der Werkstoffauswahl zusammen mit der Wahl der Verbindungstechnik für die Werkstoffe kommt bei der Produktgestaltung aus kreislaufwirtschaftlicher Sicht eine zentrale Rolle zu. Wichtige Eco-Design-Anforderungen an Produkte umfassen darüber hinaus insgesamt

- Modulare Gestaltung;
- Demontagerechte Baustruktur;
- Demontagerechte Verbindungstechnik;
- Reduktion der Materialvielfalt;
- Auswahl einfach verwertbarer Werkstoffe (einschließlich der Vermeidung von Gefahrstoffen sowie kreislaufschädlicher Stoffe);
- Kennzeichnung von Teilen und Werkstoffen (insbesondere Kennzeichnung wertvoller oder schädlicher Werkstoffe);
- Auswahl verwertbarer Werkstoffpaarungen, z. B. Vermeidung von Verbunden (nach [26]).

Diese konstruktionsorientierten Hinweise ergänzen und konkretisieren die in Tab. 13.1 dargestellten Empfehlungen zur Produktgestaltung aus Ressourceneffizienzsicht. In der konkreten Umsetzung der Anforderungen zeigt sich jedoch schnell, dass diese Anforderungen keinesfalls alle gleichzeitig umgesetzt werden können, sondern priorisiert und gegeneinander abgewogen werden müssen. So stellen z B. Carbonfaser-Verbundwerkstoffe als Leichtbauwerkstoff für bewegte Teile während der Nutzungsphase oft eine energie- und ressourceneffiziente Lösung dar, ihre Verwertung und Beseitigung sind jedoch schwierig bzw. bisher technisch noch nicht geklärt, sodass sie aus Sicht der Entsorgung als schlecht kreislauffähig gelten können. Hinzu kommt ihre sehr energieintensive Herstellung. Im Ergebnis muss daher die Produktgestaltung mit der anforderungsgerechten Gestaltung des gesamten Produktlebenszyklus (Life Cycle Engineering) einhergehen. Hilfreich hierbei kann es sein, die aus Ressourceneffizienz-Sicht relevanteste Produkt-Lebensphase (Rohstoffgewinnung, Produktion, Logistik, Nutzung, oder Entsorgung) zu identifizieren und primär dort Optimierungen anzusetzen [42]. Ein solcher Ansatz entspricht dann auch der Idee der im § 23 des Kreislaufwirtschaftsgesetzes geforderten Produktverantwortung.

13.4 Innerbetriebliche Abfallwirtschaft

Gelingt es durch die Prozess- und Produktgestaltung nicht, Abfälle im Unternehmen zu vermeiden, müssen möglichst hochwertige Produkt- und Stoffkreisläufe geschlossen oder eine umweltverträgliche Beseitigung sichergestellt werden. Die innerbetriebliche Abfallwirtschaft orientiert sich dabei an der **Abfallhierarchie** des Kreislaufwirtschaftsgesetzes (siehe

Kap. 1). Dabei wirken in der Regel innerbetriebliche und externe Akteure zusammen, die die Schritte und Technologien auf den abfallwirtschaftlichen Ebenen koordinieren:

- Sammlung
- Umschlag und Transport
- Sortierung (on/offsite)
- Vorbereitung zur Wiederverwendung
- Recycling
- Sonstige Verwertung und
- Beseitigung.

Das deutsche Kreislaufwirtschaftsgesetz fordert in § 59 die Bestellung eines/r **Betriebsbeauftragten für Abfall** durch die Betreiber bestimmter Anlagen (u. a. solchen mit BImSchG-Genehmigung oder Anfallstellen gefährlicher Abfälle) [24]. In der Abfallbeauftragtenverordnung unter § 2 sind insbesondere diejenigen Anlagen und Institutionen aufgeführt, für die eine Bestellung eines Abfallbeauftragten verpflichtend ist. Die Aufgaben des Betriebsbeauftragten für Abfall (§ 60 KrwG) liegen primär in der Überwachung der Abfallströme sowie der Beratung der Unternehmensleitung sowie der weiteren Beschäftigten. Diese Aufgaben können auch durch ein externes Fachunternehmen übernommen werden.

Nach § 7 Abs. 2 KrWG sind **Unternehmen grundsätzlich selbst für ihre Abfälle zuständig**: „Die Erzeuger oder Besitzer von Abfällen sind zur Verwertung ihrer Abfälle verpflichtet" [24]. Neben den formalen rechtlichen Anforderungen lassen sich durch die innerbetriebliche Abfallwirtschaft auch wirtschaftliche Einsparungseffekte realisieren. So kann zum Beispiel die kostspielige Entsorgung von Rest- und gefährlichen Abfällen vermindert werden. Darüber hinaus bietet dieser Bereich zahlreiche Ansätze zur Einbindung der Mitarbeiterinnen und Mitarbeiter z. B. im Rahmen eines betrieblichen Vorschlagswesens und auch zur Umsetzung von Nachhaltigkeitszielen aus dem Nachhaltigkeitsmanagement (vgl. Abschn. 13.2).

Die Gewerbeabfallverordnung [43] konkretisiert für gewerbliche Siedlungsabfälle die Anforderungen an Erfassung, Vorbehandlung und weiteren Maßnahmen zur Kreislaufführung. Insbesondere wird im Regelfall gefordert, folgende Abfallfraktionen getrennt zu sammeln und vorrangig der Wiederverwendung oder dem Recycling zuzuführen (§ 3 GewAbfV):

- Papier, Pappe und Karton mit Ausnahme von Hygienepapier,
- Glas,
- Kunststoffe,
- Metalle,
- Holz,
- Textilien,
- Bioabfälle, unterteilt nach verpackten und unverpackten Abfällen.

Hieraus ergibt sich direkt die Notwendigkeit eines innerbetrieblichen Sammelsystems, das zum einen praktikabel an die betrieblichen Prozesse anschließt und damit eine hohe Nutzerakzeptanz im Unternehmen erreicht. Zum anderen muss dieses System jedoch so aufgebaut sein, dass auch unternehmensexterne abfallwirtschaftliche Anforderungen erfüllt werden. Solche externen Anforderungen können z. B. vorgeschriebene Verwertungsquoten oder Eingangsspezifikationen von Behandlungs- oder Verwertungsanlagen sein. Zudem können privatwirtschaftliche Recyclingunternehmen, die im Auftrag des Abfallerzeugers tätig sind, bestimmte Annahmekriterien aufrufen.

Innerbetriebliche Sammelsysteme sollten auf die abfallerzeugenden Prozesse einschließlich der Fähigkeiten und Bedürfnisse der Mitarbeiterinnen und Mitarbeiter sowie auf die zu erwartenden Abfallmengen und -qualitäten abgestimmt sein. Das Behälterportfolio für innerbetriebliche wie auch externe Sammelsysteme ist jedoch sehr umfangreich und die technischen Möglichkeiten und Neuerungen nehmen auch in diesem Bereich ständig zu. Zudem liegen in der Praxis oftmals keine Erfahrungswerte bzw. belastbare Zahlen und Analysen über die Abfallmengen, aber vor allem über die detaillierte Abfallzusammensetzung vor.

Daher ist es ratsam, sich über externe Dienstleister entsprechende maßgeschneiderte Entsorgungskonzepte entwickeln zu lassen.

▶ Eine mögliche Vorgehensweise für ein betriebliches Entsorgungskonzept umfasst dabei folgende Schritte:

1. Bestandsaufnahme – Detaillierte Aufnahme sowie Dokumentation der Situation vor Ort
2. Ist-Analyse – Analyse der aktuellen Situation
3. Optimierungsvorschlag – Ableitung individuell gestalteter Lösungs- bzw. Optimierungsvorschläge
4. Vorstellung und Diskussion der Ergebnisse (Soll-Situation)
5. Ggf. Anpassung des Entsorgungskonzeptes
6. Implementierung

Im Rahmen der Bestandsaufnahme wird die Abfallsituation vor Ort in dem jeweiligen Betrieb aufgenommen. Diese ist abhängig von der Größe des jeweiligen Standortes. Eine Bestandsaufnahme kann wenige Stunden bis hin zu mehreren Tagen andauern, um den gesamten Prozess der Abfallentstehung bis hin zur Abfallbeseitigung zu betrachten. Hinzu kommt hier auch vor allem die Begutachtung der innerbetrieblichen Sammlung sowie Logistik zum Abfallsammelplatz. Die im Rahmen der Bestandsaufnahme gewonnenen Daten werden dokumentiert (z. B. durch Fotos) und für das weitere Vorgehen aufbereitet.

In der Ist-Analyse werden die im Rahmen der Bestandsanalyse gewonnenen Daten ausgewertet. Je nach Größe des Betriebes und der anfallenden Abfallmengen ist es oftmals sinnvoll, die Analyse der gemischten Gewerbeabfälle deutlich detaillierter als in der

Gewerbeabfallverordnung skizziert zu betrachten. So müssen durch (ggf. stichprobenartige) Abfallsortieranalysen die Planungsdaten über einen hinreichend langen Zeitraum gewonnen werden. Sobald diese Informationen vorliegen, ist basierend darauf und in Verbindung mit der Abfallhierarchie des KrWG sowie der Gewerbeabfallverordnung das weitere Vorgehen zur Optimierung festzulegen.

Gegebenenfalls gibt es für die Abfallströme, die aktuell als Gewerbeabfall gesammelt werden, andere Verwertungswege, die so die Kosten für eine Beseitigung verringern. Denn oftmals weisen Abfälle wertvolle Rohstoffe auf, die es zu erhalten gilt, was wiederum zur Ressourcenschonung beiträgt. Des Weiteren können über Sortieranalysen Fehlwurfquoten für solche Fraktionen ermittelt werden, die eigentlich bereits getrennt gesammelt werden.

Durch die Hochrechnung der Mengenentwicklung bei optimierter Trennung der Abfallströme kann auch das entsprechende Erfassungssystem festgelegt werden. Die Erfassung kann grundsätzlich in Hol- und Bringsysteme unterteilt werden. Das System zur Abfallerfassung muss dabei nutzerorientiert sein. Das bedeutet, dass die Sammelsysteme gut erreichbar und bedienbar sein müssen.

Durch ein Farbleitsystem sollten die Systeme klar gekennzeichnet sein. Dies wird im Vorhinein durch Unterweisungen, ggf. Schulungen sowie die Bereitstellung von entsprechenden Informationen wie einem „Abfallleitfaden" unterstützt.

Die Behältersysteme müssen ausreichend dimensioniert sein (Anzahl, Volumen, Abholrhythmus der Sammelgefäße) sowie sinnvoll in betriebliche Prozesse (Intralogistik wie z. B. milk runs, insbesondere hinsichtlich Platz- und Transportbedarf; Vermeidung von Fehlbefüllung auch durch Betriebsfremde) integriert werden. In größeren Betrieben ist auch eine verursachergerechte Erfassung (Kostenstellenzuordnung) über z. B. Bar- bzw. QR-Codes an den Behältern sinnvoll. So können Mengenströme explizit zugeordnet werden und abfallintensive Prozesse lassen sich ausfindig machen und ggf. optimieren. Dies beginnt bereits im Rahmen des Einkaufs der weiter zu verarbeitenden Roh-, Hilfs- und Betriebsstoffe.

Grundsätzlich bleibt jedoch festzuhalten, dass ohne eine umfangreiche Informationsbereitstellung für Mitarbeiterinnen und Mitarbeiter des jeweiligen Betriebes keine Optimierungen langfristig funktionieren werden. Es ist zwingend erforderlich, alle Beteiligten im Laufe des Prozesses zu involvieren und somit die Akzeptanz für eine Abfalltrennung zu steigern – nicht nur weil diese gesetzlich gefordert ist.

Diejenigen, die tagtäglich mit dem Abfall in ihrem Arbeitsprozess zu tun haben, sollten in Form eines Ideenmanagements ggf. über Prämien im Rahmen dieser Optimierungsprozesse eingebunden werden. Unter Umständen kann es auch sinnvoll sein, interne Abfalltransporte sowie eine Vorsortierung durch einen externen Fachdienstleister durchführen zu lassen. Hierdurch können z. B. bereits mögliche Fehlwürfe minimiert werden.

Durch das Abfallmanagement werden auch weitere Rechtsbereiche wie z. B. der Arbeits- oder Brandschutz berührt. Auch sollte die Systematik des Europäischen Abfallartenkatalogs bei den Planungen zwingend berücksichtigt werden, unter anderem, um Berichtspflichten einfach erfüllen zu können.

Im Rahmen einer Vorstellung der geplanten Maßnahmen und entsprechender Diskussion müssen gegebenenfalls noch Anpassungen aufgrund betrieblicher Besonderheiten erfolgen.

Im Ergebnis führt eine solche Planung zu einem (innerbetrieblichen) Abfallwirtschafts- oder **Entsorgungskonzept**, das regelmäßig fortgeschrieben werden muss.

Bei der praktischen Umsetzung ist insbesondere für gefährliche Abfälle („Sternchen-Abfälle" der Abfallverzeichnis-Verordnung) ein formales **Entsorgungs-Nachweisverfahren** (Einzel- bzw. Sammelentsorgungsnachweisverfahren) durchzuführen. Hierfür existiert ein elektronisches Begleitscheinverfahren.

13.5 Ausblick

Die Politik der Europäischen Union zielt auf eine Entkopplung von Wirtschaftswachstum und Materialverbrauch. Dieser Ansatz der Dematerialisierung wird zukünftig nicht nur abfallwirtschaftliche Prozesse in Unternehmen, sondern letztlich alle Unternehmensbereiche betreffen. Insbesondere die Gestaltung von Produkten und deren Herstellungsprozessen sowie von Geschäftsmodellen muss gemeinsam mit kreislaufwirtschaftlichen Ansätzen gedacht und optimiert werden. Viele Methoden zum Umgang mit diesen Anforderungen in Form von Umwelt- oder Nachhaltigkeitsmanagement oder auch durch Abfallwirtschaftskonzepte sind bekannt und bewährt. Unternehmensseitig liegt daher die Herausforderung vor allem in der Bündelung der Anforderungen der Kreislaufwirtschaft mit denen anderer Unternehmens- und Rechtsbereiche. Gelingt eine solche Zusammenführung, so wird nicht nur rechtskonformes Unternehmenshandeln und die Erfüllung erforderlicher Berichtspflichten sichergestellt, sondern es können auch wirtschaftliche und umweltliche Vorteile realisiert und zu weiteren Stakeholdern im Außenraum kommuniziert werden, z. B. in Form eines Nachhaltigkeitsberichtes.

Fragen zu Kap. 13

1. Welche Ziele verfolgt ein Nachhaltigkeitsmanagement und welche ein betriebliches Umweltmanagement?
2. Wie unterscheiden sich Umweltmanagementsysteme nach ISO 14.001 und nach EMAS?
3. Stellen Sie die Handlungsfelder für die tatsächliche Umsetzung der Kreislaufwirtschaft in Unternehmen grafisch dar und ordnen Sie den Bereichen Ihnen bekannte beispielhafte Technologien oder Ansätze zu.
4. Welche verschiedenen Kategorien von Abfällen entstehen entlang eines Produktlebensweges?
5. Erläutern Sie die abfallwirtschaftliche Relevanz von Materialverlusten.

6. Stellen Sie die Grundidee der Ressourceneffizienz u. a. unter Zuhilfenahme einer Berechnungsformel dar und nennen Sie relevante Ansätze zur ressourceneffizienten Produkt- und Prozessgestaltung.
7. Erläutern Sie anhand einer Grafik die technischen Ansätze zur Kreislaufführung auf Produkt- und Werkstoffebene und die dabei handelnden Akteursgruppen.
8. Systematisieren Sie die grundsätzlichen technischen Kreislaufführungsoptionen in einer Matrix.
9. Was sind Sekundärabfälle?
10. Erläutern Sie am Beispiel eines elektrisch betriebenen Kaffee-Vollautomaten, wie sich die 10-Re-Kreislaufansätze konkret umsetzen lassen.
11. Welche Eco-Design-Anforderungen müssen Produkte erfüllen?
12. Nennen Sie die sieben abfallwirtschaftlichen Ebenen.
13. Für welche Abfallfraktionen fordert die Gewerbeabfallverordnung im Regelfall die getrennte Sammlung?
14. Welche Schritte werden bei der Erstellung eines Entsorgungskonzepts für ein Unternehmen durchlaufen?

Literatur

[1] World Business Council for Sustainable Development; World Resources Institute (2004) The Greenhouse Gas Protocol: A Corporate Accounting and Reporting Standard, revised edition, Conches-Geneva, Schweiz, Washington, USA
[2] United Nations (2015) Transforming our world: The 2030 agenda for sustainable development: A/RES/70/1
[3] Loew T, Rohde F (2013) CSR und Nachhaltigkeitsmanagement. Definitionen, Ansätze und organisatorische Umsetzung im Unternehmen, Berlin, Institute4Sustainability, Berlin.
[4] Lautermann, C; Hoffmann, E; Young, C; Duscha, M; Kern, W; Steyrer, T, Feddersen, K (2021). Empfehlungen für die Gestaltung von Standards zur Nachhaltigkeitsberichterstattung im Rahmen der Corporate Sustainability Reporting Directive (CSRD): Policy Paper, Dessau-Roßlau
[5] Schaltegger S, Herzig C, Kleiber O et al. (2002) Nachhaltigkeitsmanagement in Unternehmen: Konzepte und Instrumente zur nachhaltigen Unternehmensentwicklung, Bundesministerium für Umwelt, Naturschutz und Reaktorsicherheit, 2. Aufl., Berlin
[6] Hahn R (2022) Sustainability management: Global perspectives on concepts, instruments, and stakeholders, First edition. Rüdiger Hahn, Fellbach
[7] Moen R, Clifford N (2009) Evolution of the PDCA cycle. In: Asian Network for Quality (ed) Proceedings of the 7th ANQ Congress, Tokyo, Tokyo
[8] Förtsch G (2011) Handbuch Betriebliches Umweltmanagement. Vieweg+Teubner, Wiesbaden
[9] Wellge S, Weihofen S (2022) Umweltmanagementsysteme nach ISO 14001. In: Baumast A, Pape J (Hrsg.) Betriebliches Nachhaltigkeitsmanagement, 2. vollst. überarb. Aufl., utb GmbH, S.149–168
[10] Lang-Koetz C (2006) Ein Vorgehensmodell zur Einführung eines integrativen Umweltcontrollings auf Basis eines ERP-Systems. Universität Stuttgart, Jost Jetter Verlag, Heimsheim

[11] Schulz WF, Burschel C, Weigert M, Liedtke C, Bohnet-Joschko S, Losen D, Geßner C, Diffenhard V, Maniura A (Hrsg.) (2001): Lexikon Nachhaltiges Wirtschaften. Oldenbourg Wissenschaftsverlag, München, Wien, Oldenbourg.
[12] ISO 14001:2015-09: Umweltmanagementsysteme - Anforderungen mit Anleitung zur Anwendung, Beuth Verlag, Berlin
[13] Europäisches Parlament und Europäischer Rat (2009) Verordnung (EG) Nr. 1221/2009 vom 25. 11. 2009 über die freiwillige Teilnahme von Organisationen an einem Gemeinschaftssystem für Umweltmanagement und Umweltbetriebsprüfung und zur Aufhebung der Verordnung (EG) Nr. 761/2001, sowie der Beschlüsse der Kommission 2001/681/EG und 2006/193/EG, Brüssel
[14] Müller M, Pape J, Moutchnik A (2022) Umweltmanagementsysteme nach der europäischen EMAS-Verordnung. In: Baumast A, Pape J (Hrsg.) Betriebliches Nachhaltigkeitsmanagement, 2. vollst. überarb. Aufl. utb GmbH, S. 183–196
[15] DIN EN ISO 50001:2018-12: Energiemanagementsysteme - Anforderungen mit Anleitung zur Anwendung (ISO 50001:2018); Deutsche Fassung EN ISO 50001:2018, Beuth Verlag, Berlin
[16] ISO 46001:2019-07: Managementsysteme zur wirtschaftlichen Nutzung von Wasser - Anforderungen und Anleitung für die Anwendung, Beuth Verlag, Berlin
[17] DIN ISO 45001:2018-06: Managementsysteme für Sicherheit und Gesundheit bei der Arbeit - Anforderungen mit Anleitung zur Anwendung (ISO 45001:2018); Beuth Verlag, Berlin
[18] DIN ISO 37301:2021-11: Compliance-Managementsysteme - Anforderungen mit Leitlinien zur Anwendung (ISO 37301:2021), Beuth Verlag, Berlin
[19] DIN EN ISO 26000:2021-04: Leitfaden zur gesellschaftlichen Verantwortung (ISO 26000:2010); Deutsche Fassung EN ISO 26000:2020, Beuth Verlag, Berlin
[20] Europäische Kommission (2020) Ein neuer Aktionsplan für die Kreislaufwirtschaft für ein saubereres und wettbewerbsfähigeres Europa: Mitteilung der Kommission an das Europäische Parlament, den Rat, den Europäischen Wirtschafts- und Sozialausschuss und den Ausschuss der Regionen. COM (2020) 98 final, Brüssel
[21] Schmidt M (2021) Klimaschutz, Ressourcenschonung und Circular Economy als Einheit denken. NachhaltigkeitsManagementForum 29:57–64. https://doi.org/10.1007/s00550-021-00521-9
[22] European Parliament and Council: DIRECTIVE 2009/125/EC: ecodesign requirements for energy-related products: Ecodesign-Directive, Brussels
[23] Gesetz über die umweltgerechte Gestaltung energieverbrauchsrelevanter Produkte: Energieverbrauchsrelevante-Produkte-Gesetz - EVPG
[24] Gesetz zur Förderung der Kreislaufwirtschaft und Sicherung der umweltverträglichen Bewirtschaftung von Abfällen: KrWG
[25] Martens H, Goldmann D (2015) Recyclingtechnik: Fachbuch für Lehre und Praxis, Springer Fachmedien Wiesbaden GmbH, Wiesbaden
[26] Bundesministerium für Umwelt, Naturschutz, Bau und Reaktorsicherheit (2021) ECO-Design-Kit. https://www.ecodesignkit.de/home-willkommen/. Accessed 01 Dec 2021
[27] Issaoui R, Rösch C, Woidasky J et al. (2021) Cradle-to-gate life cycle assessment of beneficiated phosphate rock production in Tunisia. NachhaltigkeitsManagementForum 29:107–118. https://doi.org/10.1007/s00550-021-00522-8
[28] Verein Deutscher Ingenieure (2016) VDI 4800 Blatt 1: Ressourceneffizienz - Methodische Grundlagen, Prinzipien und Strategien, Düsseldorf
[29] Verein Deutscher Ingenieure (2018) VDI-Richtlinie 4801: 2018-05
[30] Material Economics The circular economy: A powerful force for climate mitigation, Stockholm

[31] Schmidt M, Spieth HA, Bauer J (2017) 100 Betriebe für Ressourceneffizienz, Band 1: Praxisbeispiele aus der produzierenden Wirtschaft, Springer Spektrum, Berlin, Heidelberg
[32] Schmidt M, Spieth HA, Haubach C (2019) 100 Betriebe für Ressourceneffizienz, Band 2: Praxisbeispiele und Erfolgsfaktoren. Springer Spektrum, Berlin, Heidelberg
[33] Tolio T, Bernard A, Colledani M et al. (2017) Design, management and control of demanufacturing and remanufacturing systems. CIRP Annals 66:585–609. https://doi.org/10.1016/j.cirp.2017.05.001
[34] acatech/Circular Economy Initiative Deutschland/SYSTEMIQ (Hrsg.) (2021): Zirkuläre Geschäftsmodelle: Barrieren überwinden, Potenziale freisetzen
[35] Milovanoff A, Posen ID, MacLean HL (2021) Quantifying environmental impacts of primary aluminum ingot production and consumption: A trade-linked multilevel life cycle assessment. Journal of Industrial Ecology 25:67–78
[36] European Aluminum (2020) Circular Aluminium Action Plan. A STRATEGY FOR ACHIEVING ALUMINIUM'S FULL POTENTIAL FOR CIRCULAR ECONOMY BY 2030. https://european-aluminium.eu/media/2903/european-aluminium-circular-aluminium-action-plan.pdf. Accessed 29 Sep 2022
[37] Moser G, Karigl B, Benda-Kahri S (2021) Grundlagendokument - Entwicklung einer Kreislaufwirtschaftsstrategie: Hintergrund für die vertiefenden Workshops zu den Schwerpunktthemen. Report REP 0782. https://www.umweltbundesamt.at/fileadmin/site/publikationen/rep0782.pdf. Accessed 26 Sep 2022
[38] Bundesministerium für Klimaschutz, Umwelt, Energie et al. (2021) Die österreichische Kreislaufwirtschaft. Accessed 26 Sep 2022
[39] Morseletto P (2020) Targets for a circular economy. Resources, Conservation and Recycling 153:104553. https://doi.org/10.1016/j.resconrec.2019.104553
[40] Scholz U, Pastoors S, Becker JH et al. (2018) Praxishandbuch nachhaltige Produktentwicklung: Ein Leitfaden mit Tipps zur Entwicklung und Vermarktung nachhaltiger Produkte
[41] Wimmer, W (2010): ECODESIGN -- The Competitive Advantage. Dordrecht: Springer Science+Business Media B.V (Alliance for Global Sustainability Bookseries, Science and Technology, 18).
[42] Wimmer W (2001) ECODESIGN Pilot. Product Investigation, Learning and Optimization Tool for Sustainable Product Development with CD-ROM. Unter Mitarbeit von Rainer Züst. Dordrecht: Springer Netherlands (Alliance for Global Sustainability Bookseries Ser, v.3). Online verfügbar unter https://ebookcentral.proquest.com/lib/kxp/detail.action?docID=6707222.
[43] Verordnung über die Bewirtschaftung von gewerblichen Siedlungsabfällen und von bestimmten Bau- und Abbruchabfällen: Gewerbeabfallverordnung - GewAbfV. BGBl. I:896

Stoffstrommanagement und Ökobilanzen

14

Gerold Hafner, Dominik Leverenz und Nicolas Escalante

Zusammenfassung

Nachhaltiges Ressourcenmanagement trägt zu einer nachhaltigen Entwicklung bei, welche auch den Bedürfnissen künftiger Generationen Rechnung trägt. Zur Umsetzung einer globalen nachhaltigen Entwicklung haben die Vereinten Nationen 2015 die Agenda 2030 mit ihren 17 Zielen für nachhaltige Entwicklung (SDGs) verabschiedet. Zentrale Ziele der Vereinten Nationen sind u. a. die nachhaltige und effiziente Nutzung natürlicher Ressourcen, die Vermeidung und die Kreislaufführung von Abfällen. Dies schließt die Reduzierung von Lebensmittelabfällen ein.

Das Stoffstrommanagement ist hierbei ein wichtiges Instrumentarium zur Analyse, Bewertung und Optimierung von Material- und Stoffströmen entlang von Wertschöpfungsketten und abfallwirtschaftlichen Systemen. Ziele sind die ökologische und ökonomische Beeinflussung von Stoffströmen zur Steigerung der Ressourcen- und Materialeffizienz sowie der Schaffung nachhaltiger Kreisläufe. Für die Stoffstromanalyse müssen die relevanten Massen- und Stoffströme untersucht und bewertet werden. Zur Bewertung steht eine Vielzahl methodischer Ansätzen zur

---

G. Hafner (✉)
Institut für Siedlungswasserbau, Wassergüte- und Abfallwirtschaft,
Universität Stuttgart, Stuttgart, Deutschland
E-Mail: gerold.hafner@iswa.uni-stuttgart.de

N. Escalante
Universidad Nacional de Colombia, Bogotá D.C, Kolumbien, Deutschland
E-Mail: nescalantem@unal.edu.co

D. Leverenz
Professur für Technology Assessment, Universität Augsburg, Augsburg, Deutschland
E-Mail: dominik.leverenz@uni-a.de

© Springer Fachmedien Wiesbaden GmbH, ein Teil von Springer Nature 2024
M. Kranert (Hrsg.), *Einführung in die Kreislaufwirtschaft*,
https://doi.org/10.1007/978-3-658-41711-6_14

Verfügung, wovon in diesem Kapitel einige anhand konkreter Beispiele vorgestellt werden. Die Auswahl der Bewertungsmethode richtet sich nach den jeweiligen Zielen, die durch das Stoffstrommanagement erreicht werden sollen. Häufig werden mehrere Ziele gleichzeitig verfolgt, wie z. B. eine ökologische Optimierung bei gleichzeitiger Kostenminimierung unter Berücksichtigung sozialer Effekte.

Für das nachhaltige Stoffstrommanagement von *Lebensmitteln* entwickelten die Autoren eine Methode, die auf eine dauerhafte Vermeidung von Lebensmittelabfällen abzielt. Die hier vorgestellte „*Stuttgarter Methode*" versteht sich als Vorschlag für eine definierte Vorgehensweise, um Lebensmittelströme systematisch zu erfassen und Lebensmittelabfälle effektiv zu reduzieren. An der methodischen Weiterentwicklung wird unter Einbindung aktueller wissenschaftlicher Erkenntnisse kontinuierlich gearbeitet.

Durch das Stoffstrommanagement werden wichtige Basisdaten für die Nachhaltigkeitsbewertung gewonnen. Die Ökobilanz (Life Cycle Assessment – LCA) ist in diesem Kontext ein Umweltmanagementwerkzeug, das die Ermittlung und den Vergleich der potenziellen Umweltauswirkungen im Verlauf des Lebenszyklus von Waren, Dienstleistungen und Prozessen ermöglicht. Die Ökobilanz bewertet die Emissionen und den Ressourcenverbrauch für den vollständigen Lebenszyklus eines Produktes, beginnend bei der Rohstoffgewinnung über Produktion, Anwendung, Wiederverwendung, Recycling, die sonstige Verwertung bis zur Beseitigung, also „von der Wiege bis zur Bahre".

Keywords

Material flow management · Resource management · Material flow analysis (MFA) · Substance flow analysis (SFA) · Waste management · Circular economy · Food value chain · Food waste · Monitoring · Life cycle assessment (LCA) · Life cycle inventory (LCI) · Life cycle impact assessment (LCIA)

14.1 Einleitung

Stoffstrommanagement ist das zielorientierte, verantwortliche, ganzheitliche und effiziente Beeinflussen von Stoffströmen oder Stoffsystemen [1].

In modernen Volkswirtschaften sind umfangreiche Rohstoff-, Material- und Energieflüsse systemimmanent. Diese führen u. a. neben einer Beeinträchtigung der Umwelt insbesondere auch zur Verknappung von Rohstoffen und Ressourcen. Produktion und wirtschaftliche Prozesse sind stets mit Stoff - und Energieström en verbunden.

Ein nachhaltiges Stoffstrom- und Ressourcenmanagement optimiert den anthropogenen Materialumsatz. Für die Optimierung abfallwirtschaftlicher Systeme stellt das Stoffstrom- und Ressourcenmanagement ein wichtiges Werkzeug zur Verbesserung der Umweltsituation sowie zur Ressourcenschonung dar.

Das Stoffstrommanagement kann vor diesem Hintergrund auf alle wirtschaftlichen Bereiche einer Region angewandt werden, um eine nachhaltigen Kreislaufwirtschaft zu etablieren. Effektives Ressourcenmanagement kann durch Einbeziehung der anthropogenen Lager weiter optimiert werden. Beispiele hierfür sind innovativen Ansätze zum zirkulären und nachhaltigen Bauen.

Von der Definition her ist Stoffstrommanagement das zielorientierte, verantwortliche, ganzheitliche und effiziente Beeinflussen von Stoffströmen oder Stoffsystemen, wobei die Zielvorgaben aus dem ökologischen und ökonomischen Bereich kommen, ggf. auch unter Berücksichtigung von sozialen Aspekten. Die Ziele werden auf betrieblicher Ebene, in der Kette der an einem Stoffstrom beteiligten Akteure oder auf der staatlichen Ebene entwickelt.

Der Stoffstrommanagementansatz ist gekennzeichnet durch den Übergang von der strikten emissionsquellenbezogenen Analyse (end of the pipe-Prinzip) zur stoffflussbezogenen Analyse, von der getrennten Betrachtung einzelner Umweltmedien (Luft, Wasser, Boden) zur umweltmedienübergreifenden Sichtweise, von der eindimensionalen Bewertung von Maßnahmen (z. B. ozonzerstörend) zur mehrdimensionalen Analyse und Bewertung (ökologisch, ökonomisch, sozial) und von der Orientierung an Einzelmaßnahmen zur Ableitung aufeinander abgestimmter Maßnahmenbündel [1].

Das Kapitel behandelt das Stoffstrom- und Ressourcenmanagement innerhalb siedlungsabfallwirtschaftlicher Systeme. Im Abschn. 14.2 wird das Stoffstrommanagement von Siedlungsabfällen beschrieben.

Bei Betrachtung wichtiger Materialströme in der Abfallwirtschaft kommt neben den *klassischen* Siedlungsabfällen insbesondere auch der Ressource „Lebensmittel" eine besondere Bedeutung zu. Die organischen Materialien repräsentieren einen wichtigen Anteil am Siedlungsabfall (vgl. Kap. 3 und Abschn. 14.2.3.4) und werden überwiegend repräsentiert durch Lebensmittelabfälle. In der Wertschöpfungskette von Lebensmitteln (Lebensmittelkette) d. h. während der Erzeugung, Verarbeitung, Lagerung, Transport und Handel treten ebenso wie auf Konsumebene beträchtliche Verluste an Lebensmitteln auf (vgl. [22] und [23]). Aufgrund der Bedeutung von Lebensmitteln als wichtige Ressource erfolgt eine ergänzende Betrachtung des Stoffstrommanagements von Lebensmitteln in Abschn. 14.3. Eine ressourceneffiziente und nachhaltige Produktion gesunder und sicherer Lebensmittel bedeutet einerseits den nachhaltigen Einsatz von Ressourcen und Rohstoffen im Agrar- und Ernährungssektor, andererseits sollten Reststoffströme bestmöglichen Verwendungsprozessen zugeführt werden. Die Universität Stuttgart entwickelte im Rahmen zahlreicher Forschungsarbeiten eine Methode zur „Analyse, Bewertung und Optimierung" von Systemen zur Lebensmittelbewirtschaftung, die sogenannte „Stuttgarter Methode", veröffentlicht in der Fachzeitschrift „Müll und Abfall" (vergl.[15] und [25]). Im Abschn. 14.3 wird deshalb das Stoffstrommanagement von Lebensmitteln in einem eigenen Unterkapitel vorgestellt und die wichtigsten Aspekte der „Stuttgarter Methode" beschrieben.

Erläuterungen zur Ökobilanz als Bewertungsinstrument und Umweltmanagementwerkzeug erfolgen im Abschn. 14.4.

14.2 Stoffstrommanagement für Siedlungsabfälle

Gerold Hafner

Methodisch gliedert sich das Stoffstrommanagement in die Phasen Erfassen, Bewerten und Steuern des Güter-, Stoff-, Flächen- und Energiehaushaltes von Materialien, Betrieben oder Regionen.

Die Bewirtschaftung von Siedlungsabfällen mit einem stoffstromorientierten Ansatz als Teilsystem der Stofffluss- und Ressourcenwirtschaft einer Volkswirtschaft veranschaulicht die nachfolgende Abb. 14.1.

Dieses Kapitel behandelt das Stoffstrom- und Ressourcenmanagement innerhalb siedlungsabfallwirtschaftlicher Systeme.

14.2.1 Hintergrund und Zielsetzung

Die Anfänge modernen Stoffstrommanagements in der deutschen Abfallwirtschaft liegen in den 80er Jahren.

Damals bestand im Wesentlichen das Problem, die anfallenden Abfallmengen zu bewältigen und eine Entlastung der verfügbaren Deponievolumina zu erreichen. Hierzu wurden sowohl Versuche unternommen, Haushaltsabfälle in Sortieranlagen in mehrere Stoffströme aufzutrennen (insbesondere zur Abtrennung von verwertbarem heizwertreichem Material) als auch trockene Wertstoffe mittels Wertstofftonnen und organische Abfälle über Bio-Tonnen getrennt zu erfassen.

Ziel des Stoffstrom- und Ressourcenmanagements in der heutigen Abfallwirtschaft ist die Optimierung abfallwirtschaftlicher Systeme unter unterschiedlichen Aspekten und Randbedingungen. Neben einer Verbesserung von mit der Abfallbewirtschaftung einhergehenden ökologischen und ökonomischen Auswirkungen sind je nach Zielsetzung auch weitergehende Aspekte von Bedeutung. Hierzu gehören u. a. soziale Aspekte (z. B. Arbeitsplätze, Bürgerverhalten, logistischer Aufwand für den Bürger) oder auch die Flexibilität eines abfallwirtschaftlichen Systems gegenüber Veränderungen wesentlicher Randparameter – insbesondere im Hinblick auf Veränderungen der Abfallzusammensetzung oder eine geänderte Marktsituation für Sekundärmaterialen, Energie oder die Abfallbehandlung.

Ein weiteres wichtiges Ziel des Stoffstrommanagements in der Abfallwirtschaft ist, basierend auf der Kenntnis chemisch-physikalischer Eigenschaften einzelner Materialströme, die stoffstromspezifische Behandlung und/oder Verwertung der jeweiligen Materialströme. Hierzu gehört auch die bewusste Beeinflussung von Materialströmen hinsichtlich ihrer chemisch-physikalischen Charakterisierung – um z. B. geforderte Qualitätsstandards für einen speziellen Verwertungsweg zu erreichen, Schadstoffe in einem Teilstrom anzureichern o. ä.

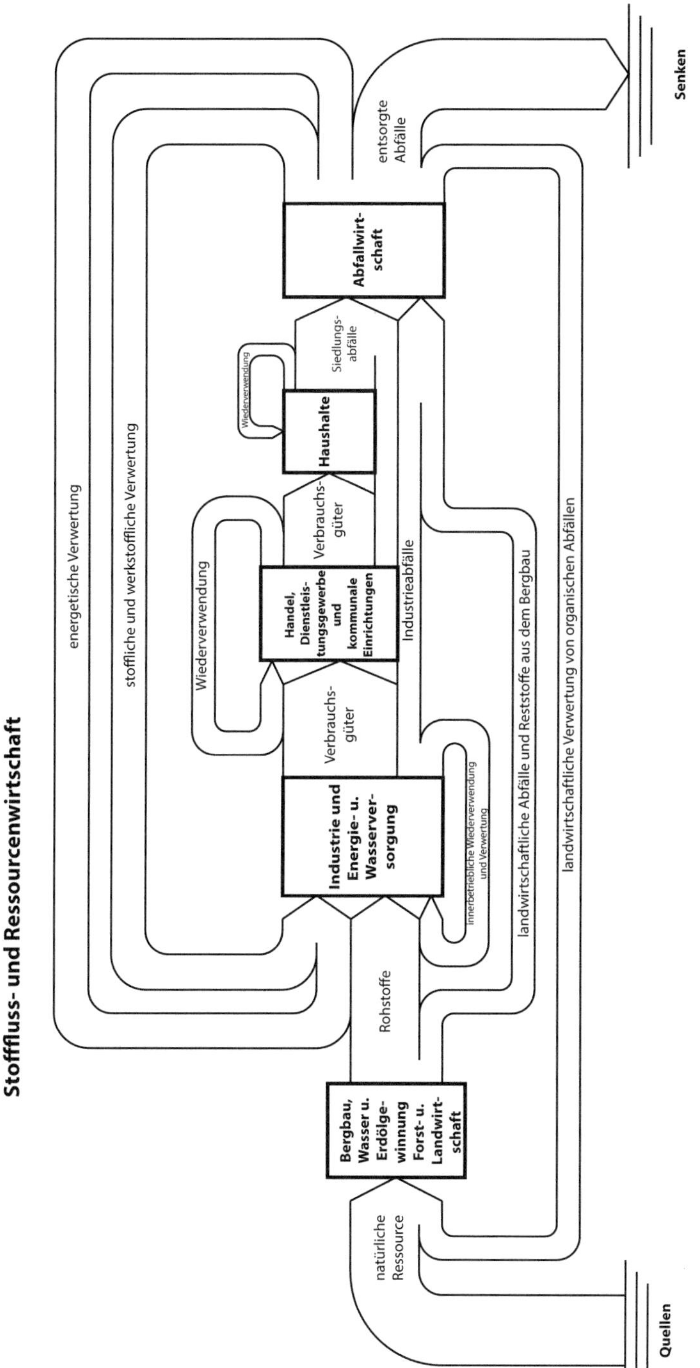

14 Stoffstrommanagement und Ökobilanzen

Abb. 14.1 Stoffstrommanagement und Abfallwirtschaft, modifiziert aus [2]

14.2.2 Einordnung in die Siedlungsabfallwirtschaft

In abfallwirtschaftlichen Systemen sind eine Vielzahl von technischen Prozessen und damit verknüpften Stoffströmen anzutreffen, die wesentlichen sind nachfolgend aufgeführt (vgl. Kap. 12):

- Sammlung und Transport
- Umladung und Weitertransport
- Nachgelagerte Transporte nach Aufbereitung und/oder Recycling
- Mechanische Abfallaufbereitung und Trennung von Stoffströmen (z. B. in Sortieranlagen)
- Herstellung von Sekundärrohstoffen
- Abfallbehandlung (u. a. mechanisch-biologisch, thermisch)
- Abfalldeponierung (Senke)

Abfall ist eine Mischung aus unterschiedlichsten Materialen (Materialmix). Im Zuge der innerhalb eines abfallwirtschaftlichen Systems anfallenden Transporte und technischen Prozesse erfährt dieser Materialmix häufig eine Veränderung seiner grobstofflichen Zusammensetzung und/oder seiner chemisch-physikalischen Eigenschaften. Alle Prozesse, denen der Materialmix *Abfall* zugeführt wird, gilt es zu untersuchen und die damit einhergehenden Stoffströme unter unterschiedlichen Aspekten zu optimieren. Hierbei liegt der Focus nicht ausschließlich auf der grobstofflichen Zusammensetzung des Abfalls (Abfallfraktionen) – vielmehr müssen auch chemische Inhaltsstoffe (Schadstoffe, Kohlenstoff etc.), Energieflüsse sowie monetäre und ggf. auch soziale Aspekte Berücksichtigung finden.

14.2.2.1 Ziele für die Siedlungsabfallwirtschaft

Die Aufgaben des Stoffstrom- und Ressourcenmanagement können nach der jeweiligen Zielsetzung sowie nach dem untersuchten Bilanzraum unterschieden werden.

Als wesentliche Ziele des Stoffstrommanagements innerhalb der Siedlungsabfallwirtschaft sind zu nennen:

- Ökologische Ziele
- Ökonomische Ziele
- Soziale Ziele
- Regional bedingte Ziele

Zu den ökologischen Zielen gehören vorrangig die Wiederverwendung von Produkten und Materialien, die umweltverträgliche Beseitigung von Schadstoffen, die weitgehende Vermeidung von klimarelevanten Emissionen und die Schonung von Ressourcen (u. a. Primärenergieträger, Rohstoffe, Landverbrauch etc.).

Als ökonomische Zielen stehen monetäre Aspekte im Vordergrund, so dass es hier die Aufgabe ist, ein abfallwirtschaftliches System zu etablieren, welches einerseits mit möglichst niedrigen Kosten einhergeht, gleichzeitig aber auch die übrigen Ziele in ausreichendem Maße berücksichtigt.

Unter sozialen Zielen sind Aspekte anzuführen, die soziale Vorteile generieren bzw. soziale Nachteile minimieren. Hier sind u. a. Arbeitsplätze – ggf. im öffentlichen Dienst – und auch pädagogische Aspekte, wie z. B. die Akzeptanz der Bevölkerung gegenüber einem neuen abfallwirtschaftlichen System oder auch der logistische Aufwand für die einzelnen Haushalte zu nennen. Soziale Ziele können ggf. insbesondere aufgrund regionaler Randbedingungen von besonderer Bedeutung sein.

In aller Regel sind innerhalb eines Untersuchungsgebietes die dort anzutreffenden regionalen Randbedingungen, aus denen die entsprechenden regional bedingten Ziele resultieren, zu berücksichtigen. Hierzu gehören vorrangig die bereits etablierten Systeme zur Abfallerfassung, -sammlung und -behandlung sowie die Siedlungs- und Wirtschaftsstruktur. Weiterhin von Bedeutung sind bestehende Verträge (z. B. mit Entsorgungsunternehmen), in der Vergangenheit getätigte Investitionen und deren Abschreibungsstatus, vorhandene Anlagentechnik, spezifische Abfallzusammensetzungen, Gebührenstrukturen etc.

14.2.2.2 Akteure

Die wichtigsten zu berücksichtigenden Akteure sind dieselben, die auch bei der Erstellung von Abfallwirtschaftskonzepten relevant sind (vgl. Kap. 12):

- Abfallwirtschaftsämter und abfallwirtschaftliche Eigenbetriebe der Land- und Stadtkreise,
- Kommunen und Gemeinden,
- Umweltministerien und Regierungspräsidien,
- Wissenschaft,
- Planungsbüros,
- Kommunale und private Entsorgungsunternehmen,
- Interessensgruppen wie Bürgerinitiativen, Vereine, politisch aktive Gruppen etc.

Ein optimiertes abfallwirtschaftliches Stoffstrommanagement beeinflusst bestehende oder neue abfallwirtschaftliche Systeme und Strukturen. Daher sind spätestens bei der Umsetzung von Maßnahmen zur Stoffstromoptimierung die entsprechenden Entscheidungsträger und Akteure einzubeziehen. Auf Ebene der Entscheidungsträger sind die Land- und Stadtkreise sowie die jeweils betroffenen Kommunen/Gemeinden zu nennen. Knowhow und Vorarbeiten von Wissenschaft und Beratungsunternehmen (z. B. Ingenieurbüros) sowie die Interessen von Entsorgungsunternehmen müssen berücksichtigt werden. Relevanten Einfluss üben ggf. auch Interessensgruppen, wie Bürgerinitiativen, Vereine und politische Gruppierungen aus.

14.2.2.3 Randbedingungen

Für die Erstellung von Stoffstrommanagementkonzepten sind unterschiedliche Randbedingungen zu berücksichtigen. Diese beinhalten insbesondere die folgenden Themenbereiche (vgl. Kap. 12):

- Umwelt
- Kosten
- Politik
- Interessensgruppen und Akteure
- Wirtschaftsstruktur
- Siedlungsstruktur
- Bestehende Strukturen in untersuchter Region
- Zielsetzungen

Neben tendenziell übergeordneten Randbedingungen, die heute allgemein akzeptierte Vorgaben im Hinblick auf Umweltschutz und Ressourcenschonung beinhalten, sind insbesondere auch die lokalen Randbedingungen von Bedeutung. Grundsätzlich sind die Randbedingungen vergleichbar mit denen, die bei der Einführung von Abfallwirtschaftskonzepten von Bedeutung sind.

Zu den umwelttechnischen Aspekten gehören heute allgemein akzeptierte Ziele die i. d. R. auch in Gesetzgebung, Verordnungen und Richtlinien berücksichtigt sind. Hierzu gehören z. B. Emissionsgrenzwerte, Ablagerungskriterien oder auch Qualitätskriterien für Recyclingprodukte. Darüber hinaus wird eine möglichst geringe Umweltbelastung z. B. durch Ressourcen-, Energie- und Flächenverbrauch angestrebt, wobei auch Substitutionseffekte, z. B. durch Einsparung von Primärressourcen, von Relevanz sind.

Vor dem Hintergrund knapper öffentlicher Kassen und einer möglichst geringen Belastung der Bürger stehen Kostenbetrachtungen naturgemäß ebenfalls im Vordergrund.

Vorgaben seitens der Politik sind durch die zu berücksichtigende Gesetzgebung gegeben. Weitere wichtige Planungsparameter sind ggf. Fördermittel, die je nach politischer Zielsetzung unterschiedlich ausgerichtet sein können – ebenso, wie die Genehmigungsfähigkeit zu erstellender Anlagen.

In diesem Zusammenhang sind auch die Bürger als Interessensgruppe zu berücksichtigen. Ggf. drückt sich der Bürgerwille auch in entsprechenden Interessensgruppen (Bürgerinitiativen, Gemeinderat etc.) aus und kann insbesondere regional von hoher Bedeutung sein. Zusätzlich müssen ggf. noch weitere Akteure berücksichtigt werden.

Desweiteren sind als Randbedingungen die Wirtschafts- und Siedlungsstruktur zu nennen – ebenso wie bereits vorhandene Strukturen einschließlich noch abzuschreibende Investitionen, z. B. bestehende Infrastruktur (Fuhrpark, Abfallbehandlungs- und -verwertungsanlagen).

Wesentliche Randbedingung ist insbesondere die jeweilige Zielsetzung und die damit einhergehenden Prioritäten der durch ein Stoffstrommanagement angestrebten Effekte.

Solche Ziele können neben einer Minimierung von Umweltbeeinträchtigungen bei gleichzeitiger Kostensenkung auch regional bedeutsame Effekte sein (Auslastung bestehender Anlagen, Arbeitsplätze, Vereinfachungen für den Bürger etc.).

14.2.3 Methodik des Stoffstrommanagements

Das Ressourcen- und Stoffstrommanagement wird in die nachfolgend aufgeführten übergeordneten Bearbeitungsschritte untergliedert:

1. Zieldefinition
2. Erfassung von Randbedingungen
3. Systemdefinition und Festlegung von Bilanzgrenzen
4. Material- und Stoffflussanalyse
5. Bewertung der Material- und Stoffströme
6. Maßnahmen zur Steuerung von Material- und Stoffströmen
7. Verifizierung/Monitoring der Ergebnisse
8. ggf. Modifizierung der Steuerungsmaßnahmen

Im ersten Bearbeitungsschritt werden die angestrebten Ziele festgelegt und definiert. Dann werden vor der Definition des zu untersuchenden Systems die relevanten Randbedingungen erfasst. Hierzu gehören regionale und überregionale Aspekte. Im Rahmen der Systemdefinition werden die Bilanzgrenzen festgelegt und die innerhalb des abfallwirtschaftlichen Systems zu berücksichtigenden Prozesse und Lager bestimmt sowie die damit verknüpften Massen- und Stoffströme.

Basis für alle weiteren Bearbeitungsschritte ist die Material- und Stoffflussanalyse. Alle im Rahmen der Systemdefinition festgelegten Material- und Stoffströme werden quantitativ erfasst und bilanziert. Ggf. ergibt sich hier die Notwendigkeit, aufgrund neu gewonnener Erkenntnisse, die Systemdefinition zu modifizieren. Im Anschluss müssen die Ergebnisse der Material- und Stoffflussanalyse bewertet werden. Hierzu existieren unterschiedliche Ansätze und Werkzeuge (vgl. Abschn. 14.2.3.5).

Schließlich werden geeignete Steuerungsmaßnahmen erarbeitet, um die gewünschte Steuerung der Material- und Stoffströme zu erreichen. Nach deren Umsetzung müssen die erzielten Ergebnisse überprüft und verifiziert werden – eventuell ist eine Anpassung der Steuerungsmaßnahmen notwendig.

14.2.3.1 Zieldefinition

Die Abfallwirtschaft als Teil der Kreislaufwirtschaft soll u. a. auf Nachhaltigkeit ausgelegt sein. Die Ausrichtung auf Ressourcenschonung tritt vermehrt in den Vordergrund. Dies wird neben Maßnahmen zur Abfallvermeidung und die Vorbereitung zur Wiederverwendung insbesondere durch Recycling, die Erzeugung von qualitätsgesicherten Sekundärrohstoffen und die Substitution primärer Energieträger erreicht.

Typischerweise angestrebte Ziele sind u. a.:

- monetäre Einsparungen
- Ressourcenschonung und Umweltentlastung
- Einhaltung politischer Vorgaben
- Anpassungen an die Marktsituation (u. a. für Sekundärrohstoffe und Energieträger)

Neben diesen allgemeinen Zielen kommen weitere – auch regional unterschiedliche – in Betracht. Typische, in der Fachwelt diskutierte, Ansätze sind u. a.:

- Entlastungen für die Haushalte (logistisch und monetär)
- Beseitigung vorhandener Probleme (Akzeptanz der Bürger, Gerüche, Lärmbelästigung, Ineffizienz etc.)
- Vereinfachung des Systems

14.2.3.2 Erfassung von Randbedingungen

Die wesentlichen, das System beeinflussenden, Randbedingungen werden erfasst und – soweit möglich – auch quantifiziert. Hierzu gehören bei Betrachtung abfallwirtschaftlicher Systeme u. a.:

- Strukturdaten, u. a. Siedlungs- und Wirtschaftsstruktur
- Abfallcharakterisierung
- Vorhandene abfallwirtschaftliche Systeme
  - Art der Abfallerfassung: Sammelsysteme, Umfang der getrennten Erfassung von Wertstoffen und Bioabfällen
  - Behandlungs- und Verwertungssysteme
- Technische Einrichtungen und Anlagen
- Bestehende Verträge und finanzielle Bindungen (z. B. Abschreibungszeiträume, Restlaufzeiten von Anlagen etc.)

14.2.3.3 Systemdefinition und Festlegung der Bilanzgrenzen

In diesem Bearbeitungsschritt wird das zu untersuchende System definiert. Hierbei müssen Einschränkungen in Kauf genommen werden, da es nicht möglich ist, die Realität vollständig abzubilden. Es erfolgt eine Beschränkung auf die relevanten Prozesse und Flüsse.

Die Bilanzierung von Stoffen und Materialien (ggf. weitere, z. B. Energieströme) kann auf Basis unterschiedlicher Bilanzräume erfolgen. Im Hinblick auf abfallwirtschaftliche Systeme werden die entsprechenden abfalltechnischen Prozesse und Lager berücksichtigt ggf. aber auch weitere Wirtschaftsbereiche wie z. B. die Sekundärrohstoff-, Land-, Forst- und Energie- und Bauwirtschaft.

Die Systemdefinition umfasst die Festlegung des Bilanzraumes sowie der darin enthaltenen relevanten Prozesse und Lager. Ziel der Systemdefinition ist, ein möglichst einfaches Modell zu erhalten, mit dessen Hilfe die relevanten Parameter untersucht werden können. Interaktionen mit außerhalb des Systems liegenden Prozessen können – sofern relevant – durch Vor- und Nachketten in die bilanzierende Betrachtung aufgenommen werden. Beispiele für Systeme in der Abfallwirtschaft sind u. a. eine entsorgungspflichtige Gebietskörperschaft, eine Abfallbehandlungsanlage, die Haushalte einer Stadt, ein Stadtviertel etc.

▶ Während nachfolgender Bearbeitungsschritte kann sich die Notwendigkeit ergeben, das ursprünglich definierte System zu modifizieren.

Neben der Bestandsaufnahme des Ist-Zustandes werden häufig auch hypothetische Szenarien und Systeme definiert. Dabei werden unterschiedliche Systemvarianten für das Erreichen der zuvor definierten Ziele entwickelt und parallel untersucht. Im Rahmen der nachfolgenden Bewertung kann dann eine vergleichende Gegenüberstellung erfolgen.

Abb. 14.2 zeigt schematisch die Darstellung eines einfachen Systems. Es wird abgegrenzt durch die Systemgrenze und enthält 2 Prozesse mit den jeweils zugehörigen Lagern. Flüsse in das System hinein bzw. aus dem System heraus werden als Input- bzw. Outputströme bezeichnet. Für eine Bilanzierung des Systems müssen die Inputströme den Outputströmen unter Berücksichtigung der Lagerveränderungen entsprechen (Input = Output – Δ Lager).

14.2.3.4 Material und Stoffflussanalyse

Basis für die Material - und Stoffflussanalyse ist stets die Erfassung und Bilanzierung der relevanten Massenströme (vgl. z. B. Massenbilanz in Abb. 14.3). Für die erfassten Massenströme werden im nächsten Bearbeitungsschritt die in den betrachteten Materialien enthaltenen Stoffe (vgl. z. B. Stoffbilanz in Abb. 14.4) analysiert.

Massenbilanz

Basierend auf dem festgelegten System werden die relevanten Massenflüsse ermittelt. Hierzu gehören zunächst die wichtigsten Input- und Outputströme in das System hinein

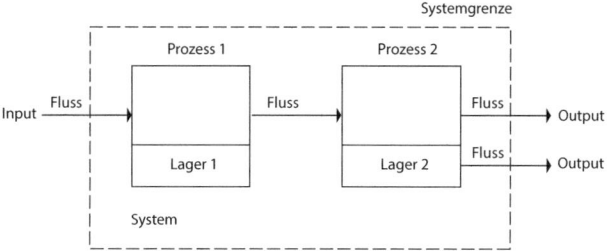

Abb. 14.2 Schematische Darstellung eines Systems mit Systemgrenze, Prozessen, Lagern und Flüssen (Input, Output sowie innerhalb des Systems)

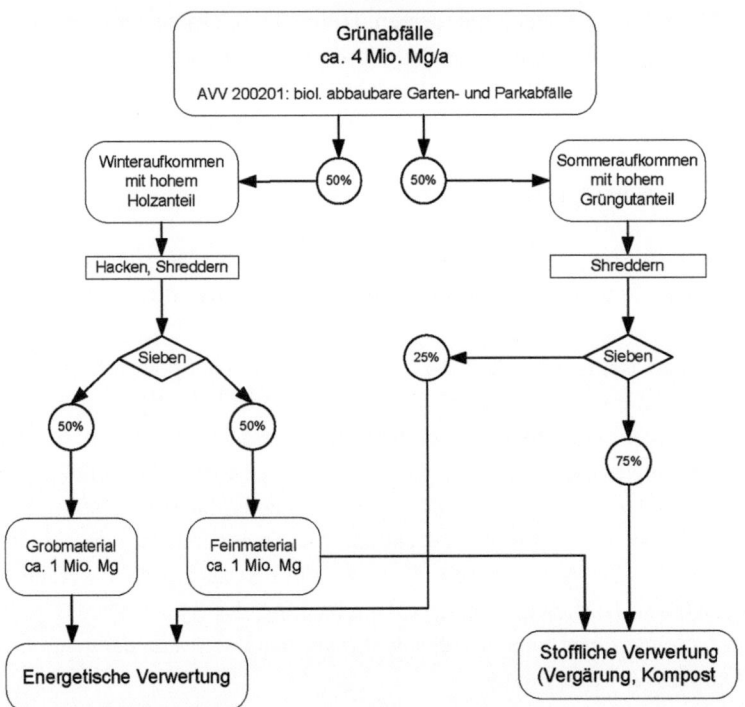

Abb. 14.3 Beispiel für Massenbilanz; Beispiel Grünabfall BRD (EdDE-Dokumentation 11: Grünabfälle – besser kompostieren oder energetisch verwerten? – Vergleich unter den Aspekten der CO_2-Bilanz und der Torfsubstitution [3])

und aus dem System heraus. Von besonderer Bedeutung sind insbesondere aber auch die Massenflüsse innerhalb des Systems.

Material – und Stoffbilanz

Für die Erstellung von Materialbilanzen sind Informationen zu den relevanten Materialien und den darin enthaltenen Stoffen notwendig. Im Rahmen von abfallwirtschaftlichen Untersuchungen handelt es sich in aller Regel um Materialgemische (Materialmix). Siedlungsabfall setzt sich aus unterschiedlichen Abfallfraktionen zusammen – dies gilt meist auch für sortenrein erfasste Materialien/Wertstoffe (z. B. aufgrund von Fehlwürfen und Verunreinigungen). Abb. 14.5 zeigt beispielhaft die Zusammensetzung von Restabfall.

Für die Stoffbilanzen werden Informationen zu den chemisch-physikalischen Eigenschaften der einzelnen Abfallfraktionen (bzw. Materialgruppen) benötigt. Abb. 14.6 zeigt beispielhaft die chemisch-physikalische Charakterisierung der Fraktion „Papier/Pappe/Karton".

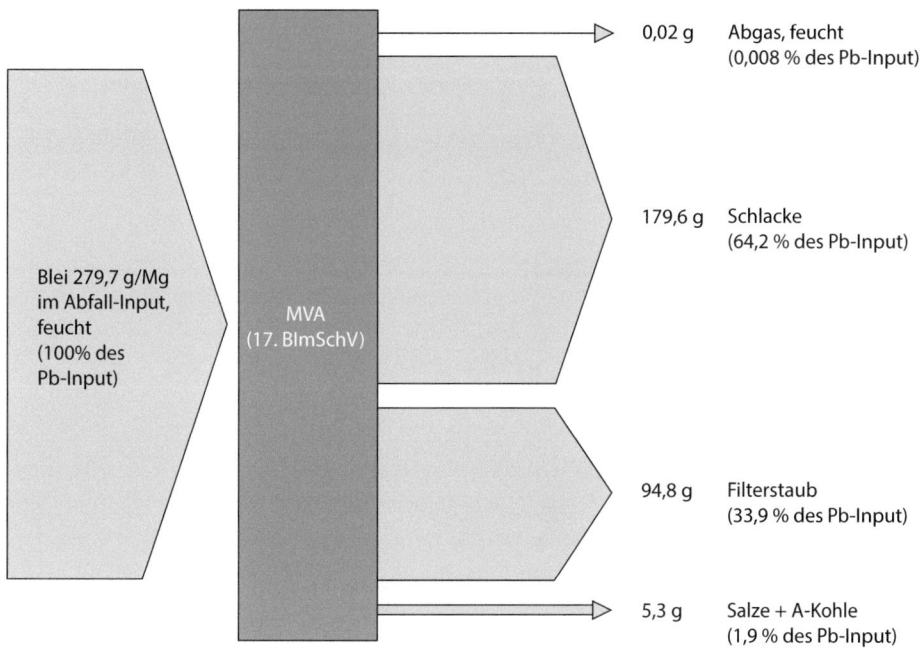

Abb. 14.4 Beispiel für eine Stoffbilanz – hier Bleiflüsse bei der Abfallbehandlung in einer Müllverbrennungsanlage

Basierend auf der grobstofflichen Zusammensetzung nach Fraktionen und den Informationen zur chemisch-physikalischen Charakterisierung der einzelnen Abfallfraktionen kann die chemisch-physikalische Charakterisierung des Materialgemisches *Abfall* vorgenommen werden. Abb. 14.7 zeigt das Ergebnis exemplarisch für den in Abb. 14.5 gezeigten Restabfall. Hierzu werden die prozentualen Anteile der jeweiligen Abfallfraktionen mit den zugehörigen Stoffkonzentrationen verrechnet.

Bei Kenntnis der chemisch-physikalischen Charakterisierung der relevanten Abfallfraktionen kann eine Bilanzierung innerhalb abfallwirtschaftlicher System vorgenommen werden. Die Abb. 14.4 zeigt beispielhaft die Bleibilanz einer Müllverbrennungsanlage. Die Bleifracht im Anlageninput errechnet sich aus der Abfallzusammensetzung und den Bleifrachten der einzelnen Abfallfraktionen. Die Frachten im Anlagenoutput ergeben sich aus den technischen Anlagenparametern. Für den Verbleib z. B. eines im Abfall enthaltenen Stoffes in den einzelnen Outputströmen der Anlage können hier entweder Transferkoeffizienten in Ansatz gebracht werden (prozentuale Aufteilung des Input auf die einzelnen Outputströme) oder auch komplexere Zusammenhänge über entsprechende Formeln beschrieben werden.

Bayerische Landkreise, Mittelwerte
Quelle: Abfallzusammensetzung, LfU Bayern, 2003; Heizwert und Brennwert berechnet

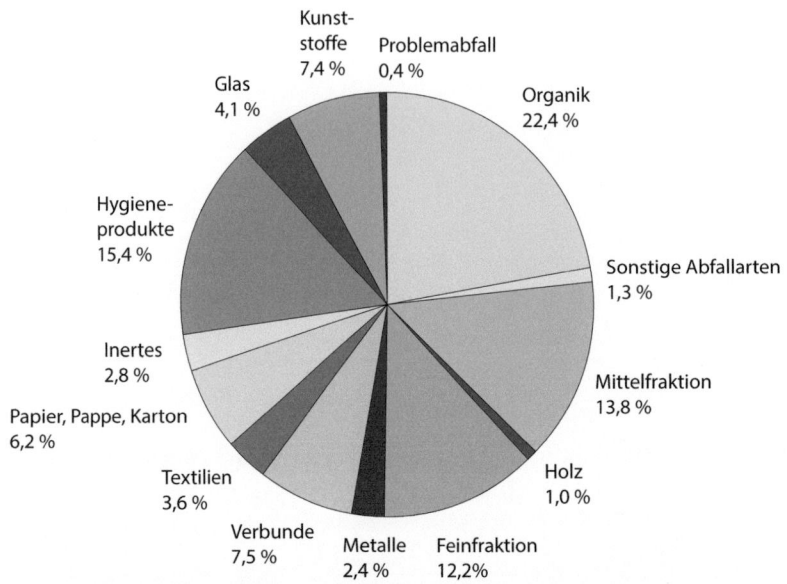

Heizwert Hu in kJ/kg FS: 7.949

Brennwert: Ho in kJ/kg FS: 9.717

Abb. 14.5 Beispiel für die Zusammensetzung von Restabfall, Angaben in Massen-% (Heizwert Hu und Brennwert Ho berechnet; FS = Feuchtsubstanz), Quelle: LfU Bayern 2003 [4]

14.2.3.5 Bewertung der Material- und Stoffflussanalyse

Nach erfolgter Bilanzierung der Material- und Stoffflüsse auf Basis einer zuvor durchgeführten Massenbilanz, wird eine Bewertung der erfassten Daten durchgeführt. Hierzu stehen unterschiedliche Instrumente und Methoden zur Verfügung. Neben einfachen Bewertungskennziffern und Effizienzparametern – z. B. EUR/Mg Abfall, eingespartes CO_2/Mg Abfall etc. – werden in der Praxis auch sehr umfangreiche Bewertungsverfahren umgesetzt.

Neben unterschiedlichen ökonomischen Bewertungsansätzen gibt es heute eine Vielzahl von Bewertungsmethoden für den Bereich Ökologie. Diese Methoden beinhalten jeweils ein oder mehrere Bewertungskriterien. Daneben gibt es noch verbal argumentative Ansätze (ggf. ergänzend zu Bewertungskennziffern, wie z. B. der kumulierte Energieaufwand (KEA)). Diese werden nebeneinander verwendet. Multikriterielle Bewertungen können zu unterschiedlichen Ergebnissen bei den einzelnen Kriterien führen. Wenn die

Papier, Pappe, Karton

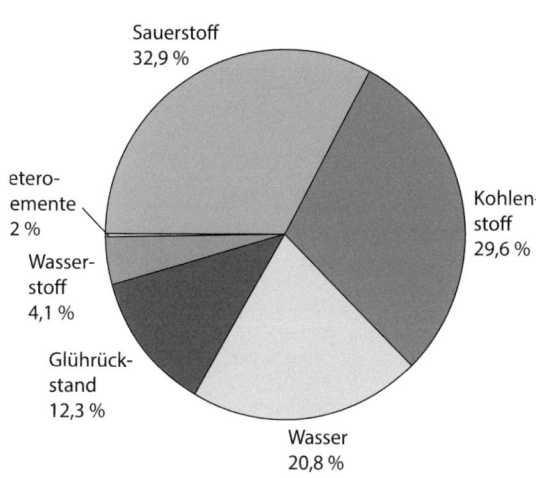

Abb. 14.6 Chemisch-physikalische Charakterisierung der Abfallfraktion „Papier/Pappe/Karton" (Mittelwerte aus Literaturangaben) [5]

jeweiligen Einzelergebnisse aggregiert werden sollen, besteht die Problematik der Gewichtung der einzelnen Bewertungskennziffern untereinander. Diese hängt u. a. auch von der Zielsetzung der Untersuchung ab.

Ein Auszug der wichtigsten Bewertungsansätze aus der Fachliteratur werden nachfolgend kurz zusammengefasst:

- Toxizitätsäquivalente
- Grenzwertansatz
- Geogener/Anthropogener Referenzansatz
- Ansatz der kritischen Volumina
- Stoffkonzentrierungseffizienz
- Materialinput per Serviceeinheit – MIPS
- Ökobilanz
- Kumulierter Energieaufwand – KEA
- Ökologischer Fußabdruck
- Ökologische Knappheit
- Umweltbelastungspunkte – UBP
- Kosten-Nutzen Analyse – KNA
- Ganzheitliche Bilanzierung – GABI

bayerische Landkreise, Mittelwerte
Quelle: Werte berechnet aus Abfallzusammensetzung, LfU Bayern, 2003

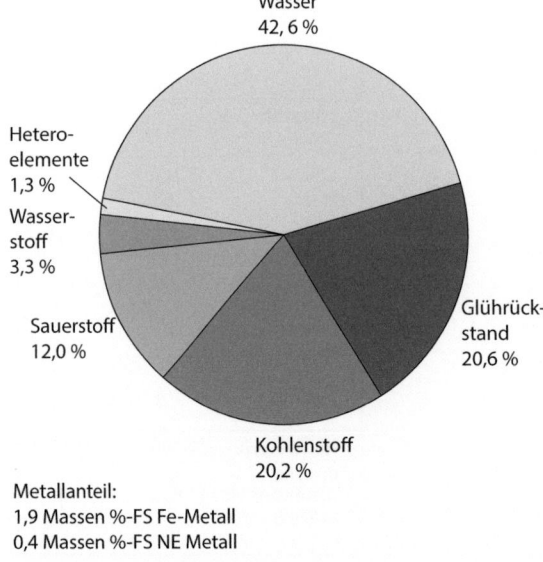

Abb. 14.7 Chemisch-physikalische Charakterisierung des Abfallgemisches (Restabfall aus Abb. 14.5, Zahlen errechnet aus Mittelwerten – Literaturangaben) [5]

Toxizitätsäquivalente

Die Toxizitätsäquivalente wird ausgedrückt in Toxizitätseinheiten (TE). Ein Toxizitätsäquivalent entspricht dem Verhältnis geschädigter Biomasse zur Masse des Schadstoffes ($T_e = m_{geschädigte\ Biomasse}/m_{Schadstoffe}$). Die Bewertung erfolgt anhand der potenziell geschädigten Biomasse. Das Verfahren ist mit einem hohen Aufwand für die Datenbeschaffung verbunden und berücksichtigt nicht alle Umwelteffekte, wie z. B. klimarelevante Faktoren (vgl. [6]).

Grenzwertansatz

Bei dieser Bewertungsmethode werden für einzelne Stoffe Grenzwerte festgelegt. Untersucht werden dann die zugehörigen Stoffkonzentrationen im Hinblick auf den Abstand zum festgelegten Grenzwert. Problematisch hierbei ist, dass Verdünnungseffekte nicht berücksichtigt werden. Die Frachten relevanter (Schad-) Stoffe werden nicht betrachtet.

Referenzansatz: anthropogen/geogen

Mit dem Ansatz der geogenen Referenzwerte, z. B. für die Konzentration von Stoffen in der Hydrosphäre oder im Boden, werden die anthropogenen Einträge ins Verhältnis zur geogenen „Hintergrundkonzentration" gesetzt. Hierbei wird angestrebt, dass der anthropogene Beitrag zur Stoffaufkonzentrierung sehr viel niedriger als der geogen vorhandene Wert ist (z. B. Verdopplung der Cadmiumkonzentration im Boden durch anthropogene Einflüsse innerhalb mehrerer tausend Jahre). Ein Problem dieses Ansatzes besteht häufig in der Unkenntnis der geogenen Referenzwerte.

Ansatz der kritischen Volumina
Der Ansatz der kritischen Volumina als Verfahren für die Bewertung u. a. innerhalb von Ökobilanzen ist eine Methode, bei der für jeden in ein Medium abgegebenen Schadstoff berechnet wird, welches Volumen jeweils mit dem gesetzlichen Grenzwert belastet wird. Diese theoretisch ermittelten Ergebnisse als kritische Volumina für Boden, Luft und Wasser beinhalten allerdings jeweils nur einen einzigen Schadstoff.

Stoffkonzentrierungseffizienz
Die Stoffkonzentrierungseffizienz (SKE) ist ein auf der statistischen Entropie basierendes Maß für die Quantifizierung der Konzentrierung – respektive Verdünnung – von Stoffen in beliebigen Prozessen. Hier ist insbesondere auch eine Bewertung möglich, welche die Aufkonzentrierung von Schadstoffen sowie deren Verteilung in der Umwelt berücksichtigt. Als Nachteil sind der hohe Aufwand sowie die Intransparenz zu nennen (vgl. [7]).

Materialinput per Serviceeinheit
Materialinput per Serviceeinheit (MIPS) bilanziert die Gesamtmasse aller Materialien, die für die Bereitstellung einer Serviceeinheit benötigt werden. Serviceeinheiten sind Produkte (z. B. Auto, PC) oder Dienstleistungen (z. B. Haarschnitt). Eingerechnet werden alle relevanten Materialien (u. a. Abraum bei der Rohstoffgewinnung, Kühlwasser, Luft etc.). Eine Gewichtung erfolgt nicht. Es wird das Ausmaß von Eingriffen in die Umwelt quantifiziert. Umstritten ist, inwieweit dies die ökologischen Auswirkungen korrekt widerspiegelt (vgl. [8]).

Ökobilanz /Life Cycle Assessment (LCA)
Die Ökobilanz ist eine der am weitesten verbreiteten Methoden zur Analyse der Umweltauswirkungen von Produkten und Systemen. Nach der Norm ISO 14040 ist der Begriff *Ökobilanz* auf produktbezogenen Untersuchungen beschränkt. Produkt wird hierbei allerdings auf „any goods and services" definiert, weshalb sie auch auf abfallwirtschaftliche Systeme anwendbar ist. Im Rahmen einer Ökobilanz werden systematisch die Umweltauswirkungen von Produkten/Systemen während des gesamten Lebensweges („Von der Wiege bis zur Bahre") analysiert.

Wichtige Faktoren für Ökobilanzen sind z. B.: Energie-und Rohstoffaufwand; umweltproblematische Emissionen wie z. B. Treibhausgase; Schadstoffausstoß wie z. B. gesundheitsschädliche chemische Substanzen; Naturverbrauch z. B. Flächenverbrauch; Wirkungen in Natur und Umwelt.

Neben der klassischen produktbezogenen Ökobilanz werden in jüngerer Zeit zunehmend die sog. Input–Output Ökobilanzen verwendet. Die Produktökobilanz verfolgt einen *bottom-up* Ansatz, bei dem spezifische miteinander verknüpfte Prozesse abgebildet und untersucht werden. Die Input–Output Ökobilanz hat einen *top-down* Ansatz – ausgehend von volkswirtschaftlichen Gesamtrechnungen.

Die wesentlichen Unterschiede liegen in den zugrunde liegenden Datenbanken. Input–Output Datenbanken (IO-Datenbank) basieren auf nationalen ökonomischen und ökologischen Statistiken (z. B. umweltökonomische und volkswirtschaftliche Gesamtrechnung des Statistischen Bundesamtes). Sie haben gegenüber den Prozessdatenbanken den Vorteil, dass sie die gesamt Volkswirtschaft abdecken. Daraus resultiert u. a. eine verbesserte Datenkonsistenz, da alle Daten nach der gleichen Systematik für alle wirtschaftlichen Aktivitäten erfasst werden – auch wird vermieden, dass relevante Prozesse übersehen werden. Nachteile bei den IO-Datenbanken sind in ihrem vergleichsweise hohen Aggregierungsgrad zu sehen, insbesondere Produkte und wirtschaftliche Aktivitäten sind zu Gruppen zusammengefasst – einzelne individuelle Produkte und Prozesse sind nicht separat ausgewiesen.

Diesem Nachteil kann durch Hybridanalysen begegnet werden. Dabei wird die ökobilanzielle Untersuchung und Bewertung zunächst ausgehend von IO-Daten durchgeführt, um die Zusammenhänge und Relevanz einzelnen Produktgruppen innerhalb der Volkswirtschaft zu erkennen (Input–Output Analyse). Im nächsten Bearbeitungsschritt werden die umweltrelevanten Daten mit den IO-Tabellen verknüpft (ökologische Input–Output Analyse). Ergänzt werden diese Daten schließlich mit detaillierteren Zahlen zu einzelnen Prozessen und Aktivitäten, die aus Prozessdatenbanken stammen.

Ökobilanzielle Betrachtungen und Bewertungsverfahren haben heute einen wichtigen Stellenwert und sind ein wichtiger Bestandteil des Stoffstrommanagements. Aus diesem Grund wurde diesem Themenbereich ein separates Kapitel zugeordnet. Ergänzende und detaillierte Ausführungen zur Ökobilanz finden sich in Abschn. 14.4.

Kumulierter Energieaufwand (KEA)
Der Ansatz des kumulierten Energieaufwandes ist eine ausschließlich energetische Betrachtung des untersuchten Systems. Alle Energieaufwendungen werden erfasst und – unterteilt nach nichterneuerbaren, regenerativen und sonstigen Energien – aufsummiert.

KEA-Bewertungen sind mit vergleichsweise geringem Aufwand verbunden. Eine KEA-Untersuchung, kombiniert mit einem geeigneten qualitativen Fragenkatalog, führt oftmals zu denselben Entscheidungen, wie der sehr viel aufwendigere ökobilanzielle Ansatz.

Ökologischer Fußabdruck/Sustainable Process Index (SPI)
In diesem Bewertungsansatz – entwickelt 1995 von Nardoslwasky und Krotsche – ist das Bewertungsmaß die Fläche für den Konsum von Rohstoffen, Energie, Infrastruktur, Umwandlung von Produkten, Abfälle, Emissionen, Arbeitnehmer etc. Die umweltrelevanten Faktoren werden als Fläche ausgedrückt. Hintergrund ist eine nachhaltige Wirtschaft,

wobei der Nutzung von Ressourcen ein Flächenbedarf zugeordnet wird. Eingang in die Berechnung finden u. a. die Fläche für eine erneuerbare Ressource, der Ressourcenfluss, Faktoren für ökologische Rucksäcke und die Erneuerungsraten der Ressourcen.

Ökologische Knappheit
Die Grundlagen für diese Bewertungsmethode wurden 1978 von A. Braunschweig und R. Müller-Wenk erarbeitet und seitdem von unterschiedlichen Autoren weiterentwickelt. Der Grad der Umweltbelastung ergibt sich, indem die Menge relevanter Stoffe mit einem Gewichtungsfaktor multipliziert wird. Dieser Äquivalenzfaktor misst die ökologische Knappheit für das von ihm beeinflusste Umweltgut. Er beschreibt das kritische Ausmaß von Umwelteinwirkungen die das jeweilige Umweltgut in einen unakzeptablen Zustand überführen.

Umweltbelastungspunkt e (UBP)
Dieser am BUWAL (Bundesamt für Umwelt, Schweiz) entwickelte Ansatz folgt dem Grundgedanken der ökologischen Knappheit und wurde aus der Methode der kritischen Volumina entwickelt. Als stoffflussorientierter Ansatz werden Umweltauswirkungen in Umweltbelastungspunkte (UBP) – unter Bezugnahme auf den „kritischen Fluss" – umgerechnet. Eingang in die Berechnung finden Emissionen, Energieverbrauch und die Abfallmenge, die mit entsprechenden Ökofaktoren multipliziert werden. Dieses Verfahren ermöglicht einen übersichtlichen Variantenvergleich, insbesondere bei der Untersuchung vieler Szenarien (für jedes Szenario werden die UBP addiert). Sofern die entsprechenden Ökofaktoren vorhanden sind, beinhaltet diese Methode eine hohe Praktikabilität und vielseitige Anwendbarkeit.

Kosten-Nutzen Analyse (KNA) / Cost Benefit Analysis (CBA)
Kosten-Nutzen-Analysen werden in zahlreichen Bereichen der öffentlichen Daseinsvorsorge zur Entscheidungsunterstützung eingesetzt (z. B. Wirtschaftlichkeitsbetrachtungen vor Tätigung einer Ausgabe seitens der öffentlichen Hand).

In der klassischen Kosten-Nutzen Analyse werden Kosten und Nutzen in abgezinsten monetären Einheiten einander gegenübergestellt. Positive Ergebnisse zeigen sinnvolle Projektszenarien auf. Die Entscheidung zugunsten eines Szenarios basiert auf der höchsten erwarteten Rentabilität der einzusetzenden finanziellen Mittel. Schwierig ist hierbei die Monetarisierung nicht monetärer Aspekte sowie der anzusetzende Zins. Aus diesem Grund sollten hier ggf. Variantenbetrachtungen im Rahmen von Sensitivitätsanalysen durchgeführt werden.

Ganzheitliche Bilanzierung – GABI
Die Methode der ganzheitlichen Bilanzierung wurde Ende der 80er Jahre an der Universität Stuttgart entwickelt – parallel erfolgte die Entwicklung und Vermarktung der gleichnamigen Software. Hierbei werden Umweltauswirkungen gleichberechtigt neben technischen und wirtschaftlichen Anforderungen bei der Produktentwicklung bewertet.

Nach der IST-Analyse erfolgt eine technische und ökonomische Nutzwertanalyse sowie eine umweltbezogene Wirkungsanalyse. Es werden Einzelbewertungen für die Technik, die Ökonomie und die Umwelt durchgeführt und im Anschluss einer zu einer Gesamtbewertung zusammengefasst.

Dieser umfassende Ansatz ist mit hohem Zeit- und Kostenaufwand verbunden und findet überwiegend Anwendung in der Industrie (u. a. Bauindustrie, Kunststoffindustrie, Maschinenbau, Luftfahrtindustrie, Elektrotechnik). In jüngerer Zeit wurde mit der Implementierung abfallwirtschaftlicher Prozesse begonnen (vgl. [9]).

14.2.3.6 Maßnahmen und Instrumente zur Steuerung von Material- und Stoffströmen

Im Anschluss an die Bewertung derzeitiger und künftiger (auch hypothetischer) Massen- und Stoffströme müssen geeignete Maßnahmen für die Steuerung dieser Ströme umgesetzt werden. Einflussnahme auf die Massen- und Stoffströme kann erreicht werden u. a. durch die Art der Abfallerfassung und -sammlung, pädagogische Maßnahmen und Öffentlichkeitsarbeit, Finanzielle Steuerungsinstrumente sowie technische Anlagen.

Die wichtigsten Instrumente zur Beeinflussung von Stoffströmen sind nachfolgend stichwortartig zusammengefasst.

Art der Sammlung
- Hol-/Bringsysteme
- Art Umfang der getrennten Sammlung

Pädagogische Maßnahmen und Öffentlichkeitsarbeit
- Broschüren/Faltblätter
- Medien
- Aufklärung auf Marktplätzen, in Schulen etc.

Finanzielle Steuerungsinstrumente
- Gebühren
- Subventionen etc.

Technische Anlagen
- Sortieranlagen
- Stoffstromtrennanlagen (Splittinganlagen)
- Mechanisch-Biologische Anlagen
- Thermische Behandlungsanlagen
    - Müllverbrennungsanlagen
    - Müllpyrolyseanlagen
- Kompost- und Erdenwerke
- Anaerobanlagen
- Recyclinganlagen

14.2.3.7 Verifizierung erzielter Resultate aus den Steuerungsmaßnahmen

Nach der Umsetzung von Stoffstromsteuerungmaßnahmen sollten die damit erreichten Veränderungen und Auswirkungen verifiziert werden. Hierzu werden erneut Massen- und ggf. auch Stoffbilanzen erstellt. Sofern notwendig können ergänzende bewertende Untersuchungen durchgeführt werden.

Sollten die Resultate signifikant vom erwarteten Ergebnis abweichen, kann eine Modifizierung der Maßnahmen zur Steuerung von Material- und Stoffströmen notwendig werden. Hierzu sind die im vorstehenden Abschn. 14.2.3.6 gewählten Mittel zu überprüfen und ggf. anzupassen.

14.2.4 Zusammenfassung

Das Stoffstrommanagement ist ein wichtiges Instrument zur Bewirtschaftung und Planung abfallwirtschaftlicher Systeme. Es kann einen signifikanten Beitrag zur Optimierung unter ökologischen und ökonomischen Aspekten – insbesondere auch im Hinblick auf den Klima- und Ressourcenschutz – leisten. Für ein effizientes Stoffstrommanagement müssen die relevanten Massen- und Stoffströme untersucht und bewertet werden. Zur Bewertung steht eine Vielzahl von methodischen Ansätzen zur Verfügung. Die Auswahl der Bewertungsmethode richtet sich nach den jeweiligen Zielen, die durch das Stoffstrommanagement erreicht werden sollen. Häufig werden mehrere Ziele gleichzeitig verfolgt, wie z. B. eine ökologische Optimierung bei gleichzeitiger Kostenminimierung unter Berücksichtigung sozialer Effekte. Es gelingt häufig nicht mit den zur Auswahl stehenden Stoffstromsteuerungsmaßnahmen alle angestrebten Ziele gleichermaßen zu optimieren, weshalb in diesen Fällen dann ein sinnvoller Kompromiss anzustreben ist. Somit existiert kein allgemein gültiges System für ein optimales Stoffstrommanagementkonzept in der Abfallwirtschaft. Vielmehr muss stets der Einzelfall untersucht werden – hier sind insbesondere die jeweiligen regionalen Randbedingungen von Bedeutung. Nach der Umsetzung eines Stoffstrommanagementkonzeptes sollte ein kontinuierliches Monitoring erfolgen. Abfallwirtschaftliche Systeme sind einem kontinuierlichen Wandel unterzogen. Siedlungs- und Wirtschaftsstruktur, ebenso wie die die Marktsituation (z. B. für Sekundärrohstoffe oder abfallwirtschaftliche Dienstleistung) sind Veränderungen unterworfen. Ziele von Politik und Umweltschutz werden weiterentwickelt. Daher ist das Stoffstrommanagement in der Siedlungsabfallwirtschaft als kontinuierlicher Anpassungs- und Steuerungsprozess zu sehen.

14.3 Stoffstrommanagement für Lebensmittel, Stuttgarter Methode zur Vermeidung von Lebensmittelabfällen

Gerold Hafner und Dominik Leverenz

14.3.1 Einleitung und Hintergrund

Das Stoffstrommanagement von Lebensmitteln und Lebensmittelabfällen wird in Deutschland und auch europaweit seit einigen Jahren mit zunehmender Intensität in der Öffentlichkeit diskutiert. Neben ökonomischen und umweltrelevanten Aspekten haben Lebensmittelverluste auch eine ethische und soziale Komponente. Signifikante mengen an Lebensmitteln gelangen in den Siedlungsabfall. Rund ein Drittel der weltweit produzierten Lebensmittel gehen auf dem Weg vom Acker bis zum Teller verloren [10]. Gleichzeitig müssen Nahrungsmittel für eine ansteigende Weltbevölkerung, bis zum Jahr 2050 schätzungsweise 9,8 Mrd. Menschen [11], bereitgestellt werden.

Das Stoffstrommanagement von Lebensmitteln beschränkt sich nicht allein auf Strategien zur Abfallvermeidung sondern umfasst die gesamte Wertschöpfungskette für Lebensmittel, um bei der Bewirtschaftung der R*essource Lebensmittel* mit allen korrelierenden Material,- Stoff- und Energieströmen möglichst nachhaltig und effizient umzugehen.

Der Lebensmittelsektor ist einer der größten Verbraucher natürlicher Ressourcen wie Land, Biodiversität, Süßwasser, Stickstoff und Phosphor [12]. Allein die Landwirtschaft ist für 70 % der weltweiten Süßwasserentnahme verantwortlich [13]. Etwa 24 % der weltweiten Treibhausgasemissionen und etwa 60 % des globalen Verlusts an terrestrischer Biodiversität auf die Nahrungsmittelproduktion zurückzuführen [12]. In der EU verbraucht die Wertschöpfungskette für Lebensmittel und Getränke ca. 28 % der materiellen Ressourcen [14]. Für eine systematische Analyse und Optimierung des Stoffstrommanagements von Lebensmitteln sind deshalb auch die der Abfallwirtschaft vorgelagerten Glieder der Wertschöpfungskette einzubeziehen. Die Wertschöpfungskette für Lebensmittel wird im Folgenden vereinfacht als Lebensmittelkette bezeichnet. Lebensmittel, welche für die menschliche Ernährung produziert, aber nicht dafür genutzt werden, sind eine Verschwendung von Ressourcen und stehen den globalen Herausforderungen entgegen.

Bereits seit einigen Jahren übersteigt die Nutzung natürlicher Ressourcen die Regenerationsfähigkeit der Erde deutlich [15]. Im Jahr 2022 lag der globale Ressourcenverbrauch etwa beim 1,75 fachen des jährlichen Regenerationspotenzials der Erde [16]. Gleichzeitig wächst der Ressourceneinsatz weltweit beständig an. So hat sich der Einsatz natürlicher Ressourcen seit Ende der 1970er Jahre mehr als verdreifacht [17]. Die Konkurrenz um Ressourcen, wie Land, Wasser und Energie, erhöht die Brisanz dieser Thematik zusätzlich. So wird u. a. die Deckung des weltweiten Bedarfs an Lebensmittelrohstoffen zunehmend erschwert und die Auswirkungen anthropogen verursachter

Umweltschäden gewinnen an Relevanz. In diesem Zusammenhang ist auch der Anbau von Pflanzen für die Energieerzeugung zu nennen.

Angesichts der aktuellen Diskussion zu Klimawandel und Umweltzerstörung hat sich Europa das Ziel gesetzt erster klimaneutraler Kontinent zu werden. Der europäische „Green Deal" soll den Übergang zu einer modernen, ressourceneffizienten und wettbewerbsfähigen Wirtschaft schaffen, die u. a. bis 2050 keine Netto-Treibhausgase mehr ausstößt und das wirtschaftliche Wachstum vom Ressourcenverbrauch abkoppelt.

Die Vermeidung von Lebensmittelabfällen ist ein wichtiges Ziel der Europäischen Union, die sich dem Ziel der Vereinten Nationen verpflichtet, bis 2030 die Lebensmittelverschwendung auf Einzelhandels- und Verbraucherebene zu halbieren und die Lebensmittelverluste entlang der Produktions- und Lieferkette zu verringern. Die europäischen Mitgliedstaaten sollen Lebensmittelabfälle auf nationaler Ebene erfassen und die Fortschritte der Europäischen Kommission in jährlichen Abständen zwischen 2022 und 2030 berichten. Des Weiteren sollen Lösungsansätze auf der Basis einer gemeinsamen und europaweit einheitlichen Methodik erarbeitet werden. Die EU-Kommission hat im Jahr 2019 zwei konkretisierende Beschlüsse zur Erfassung und Berichterstattung von Lebensmittelabfällen erlassen, den Durchführungsbeschluss (EU) 2019/2000 zum Übermittlungsformat der Berichte und den Delegierten Beschluss (EU) 2019/1597 zur Methodik. Aufgrund dieser Bestimmungen mußten die EU Mitgliedsstaaten ihrer erstmaligen Berichtspflicht zu Lebensmittelabfällen ab dem Berichtsjahr 2020 zum 30.06.2022 nachkommen und sollen weiterhin jährlich die Masse der entstandenen Lebensmittelabfälle erfassen und der EU-Kommission berichten.

Ausgangsbasis für die Entwicklung von Optimierungsmaßnahmen ist eine Bestandsaufnahme und Analyse des Status Quo. Hierzu gehört die Untersuchung möglichst der gesamten Lebensmittelkette. Dies umfasst primär die Lebensmittelströme aber auch die Ressourcenverbräuche sowie Auswirkungen auf die Umwelt. Bei der Analyse von Teilsystemen – wie z. B. einzelne Wertschöpfungsstufen, Lebensmittelkategorien o.ä. – sind die Schnittstellen zum Gesamtsystem von Bedeutung. Auch in der Betrachtung von Teilsystemen sind Herkunft, Wege und Verbleib von Lebensmitteln, Rohstoffen und weiteren Ressourcen von Relevanz – sowohl innerhalb des untersuchten Teilsystems als auch darüber hinaus.

Voraussetzung für die Analyse von Systemen zur Lebensmittelbewirtschaftung, ebenso wie für die Untersuchung der Lebensmittelkette insgesamt, ist eine transparente und wissenschaftlich abgesicherte Vorgehensweise. Hier ist eine stringente und nachvollziehbare Methode anzustreben, die standardisiert werden kann. Dies gilt für die Definition von Fachbegriffen ebenso, wie für die Festlegung der methodischen und praktischen Vorgehensweise insgesamt.

Für die Analyse, Bewertung und Optimierung von Systemen zur Lebensmittelbewirtschaftung wurde an der Universität Stuttgart eine solche Methode entwickelt. Diese wurde im Rahmen mehrerer Forschungsprojekte erarbeitet (vgl. [18–24]) und lehnt sich an die im vorhergehenden Abschn. 14.2 beschriebene Vorgehensweise an.

International existiert bis dato noch keine einheitliche Herangehensweise für die Datenerhebung von Lebensmittelabfällen und der Entwicklung von Reduzierungsmaßnahmen. Die hier vorgestellte „Stuttgarter Methode" versteht sich deshalb als Vorschlag für eine einheitliche Vorgehensweise um Lebensmittel künftig effektiv zu erfassen und effizient zu reduzieren. An der systematischen Weiterentwicklung wird unter Einbindung aktueller wissenschaftlicher Erkenntnisse kontinuierlich gearbeitet [15, 25].

Ziel ist die Entwicklung zielführender Methoden und praxistauglicher Lösungsansätze, die eine hohe Akzeptanz erreichen. Hierzu wird der Dialog mit Fachkollegen und Akteuren sowohl in der Wissenschaft als auch entlang der Lebensmittelkette sowie mit damit verknüpften Organisationen kontinuierlich gepflegt.

14.3.2 Stuttgarter Methode für das Stoffstrommanagement von Lebensmitteln

Die Methode der Universität Stuttgart (Stuttgarter Methode) für das Stoffstrommanagement von Lebensmitteln besteht aus folgenden Teilen [25]:

Teil I: Begriffe und Definitionen.

Teil II: Systemmodellierung

- Modellierung der Lebensmittelkette einschließlich Ihrer Teilbereiche oder Modellierung des/der zu untersuchenden Teilsysteme der Lebensmittelkette
- Festlegung von Systemgrenzen, wesentlichen Prozessen, Vor- und Nachketten sowie relevanten Material-, Stoff- und Energieströmen

Teil III: Datenerfassung und Bilanzierung

- Auswahl geeigneter Methoden in Anlehnung an Delegierten Beschluss (EU) 2019/1597

Teil IV: Einordnung und Bewertung der Ergebnisse

- Festlegung geeigneter Bewertungskriterien und Leistungsindikatoren (Key Performance Indicators) in Abhängigkeit von Fragestellung und Randbedingungen
- Identifizierung von Prozessen mit hohem Optimierungspotenzial

Teil V: Bewertungskennziffern und Benchmarks

- Definition von spezifischen Bewertungskennziffern und Benchmarks
- Referenzwerte und Korrelationskennziffern für Einordnung und Vergleich mit vorhandenen Untersuchungen und Fachliteratur

Teil VI: Optimierungsmaßnahmen

- Identifizierung und Entwicklung geeigneter Optimierungsmaßnahmen
- Implementierung von Optimierungsmaßnahmen

Teil VII: Monitoring und Erfolgskontrolle

Basis für systemanalytische Betrachtungen und Potenzialanalysen ist zunächst die Festlegung von Fachbegriffen, Definitionen und Zielgrößen. Hier können die Autoren auf eigene umfangreiche Recherchen und Analysen der internationalen Fachliteratur zurückgreifen. Außerdem wurde während der vergangenen Jahre intensiv an der Festlegung von sinnvollen und praxisgerechten Begrifflichkeiten und Definitionen gearbeitet (vgl. [18–26]).

Lebensmittelverluste und Lebensmittelabfälle entstehen auf allen Wertschöpfungsstufen: in der Landwirtschaft, bei der Verarbeitung, im Handel sowie beim Konsum (vgl. Abb. 14.8). Hinzu kommen Verluste bei Transport und Lagerung (Logistik). Abb. 14.8 zeigt eine schematische Darstellung der Lebensmittelkette.

Basis für die Systemanalyse ist die Systemmodellierung sowie die Erfassung und Quantifizierung von Lebensmittelströmen und -verlusten einschließlich deren Bilanzierung in einer Massenbilanz. Für die Bilanzierung sowohl der Lebensmittelkette insgesamt als auch von Teilbereichen muss eine einheitliche Begriffsdefinition mit inhaltlicher Zuordnung vorhanden sein. Die einzelnen Teilbereiche sind mittels geeigneter Schnittstellendefinitionen abzugrenzen bzw. zu verknüpfen. Unter Teilbereichen sind jeweils Teilsysteme der gesamten Lebensmittelkette zu verstehen. Dies können z. B. einzelne Wertschöpfungsstufen, Lebensmittelkategorien, räumlich und zeitlich abgegrenzte Teilsysteme, o.ä. sein. Für die Definition von *Lebensmittelabfällen* ist außerdem die Definition des Begriffes *Lebensmittel* erforderlich.

In der Lebensmittelkette repräsentiert die Logistik in Form von Transport und Lagerung einen relevanten Prozess, der einerseits Bestandteil der einzelnen Wertschöpfungsstufen ist, diese andererseits aber auch miteinander verbindet und somit auch als ein oder auch mehrere separate(r) Prozess(e) innerhalb des Gesamtsystems betrachtet werden kann.

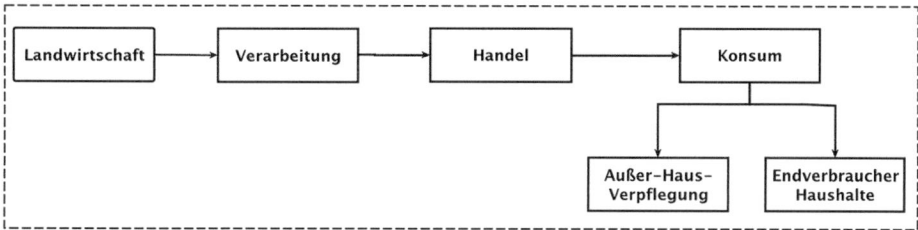

Abb. 14.8 Schematische Darstellung der Lebensmittelkette mit den einzelnen Wertschöpfungsstufen. (Eigene Darstellung) nach [22]

Die verwendeten Begriffe und Definitionen müssen sowohl für das Gesamtsystem als auch für dessen Teilsysteme anwendbar sein. Stringenz kann über geeignete Schnittstellendefinitionen erreicht werden.

14.3.3 Stuttgarter Methode – Teil I: Begriffe und Definitionen

In der Literatur sind eine Vielzahl von Termini zur Beschreibung von weggeworfenen bzw. entsorgten Lebensmitteln anzutreffen. Die häufigsten sind: „Lebensmittelverluste" (engl. food losses), „Lebensmittelverschwendung" (engl. food wastage) und „Lebensmittelabfälle" (engl. food waste). Für diese Begriffe existieren außerdem jeweils unterschiedliche Definitionen [10],[25]. Die Definition des Abfallbegriffes ist in den einschlägigen Regelwerken und Gesetzen festgelegt (EU-Abfallrahmenrichtlinie und Kreislaufwirtschaftsgesetz – KrWG). Abfälle können durch eine Systemoptimierung minimiert werden, woraus sich ein entsprechendes Optimierungspotenzial ableitet. Ein Teilstrom davon betrifft genießbare Lebensmittel, die zum Beispiel an karitative Organisationen weitergegeben werden könnten und somit nicht per se zu Abfall werden müssen [25]. In Nahrungsmittelverarbeitungsbetrieben fallen darüber hinaus Nebenprodukte an, die per Definition nicht als Abfälle zu deklarieren sind. Artikel 5 dieser Richtlinie definiert die Voraussetzungen, damit ein Nebenprodukt nicht als Bioabfall anzusehen ist. Die erste gesetzliche Definition von Lebensmittelabfall auf europäischer Ebene ist in der Abfallrahmenrichtlinie (2008/98/EG) seit dem 30.05.2018 wie folgt formuliert:

„*Lebensmittelabfälle' sind alle Lebensmittel ([1]), im Sinne von Artikel 2 der Verordnung (EG) Nr. 178/2002 des Europäischen Parlaments und des Rates ([2]), die zu Abfall werden.*"

In der Verordnung (EG) Nr. 178/2002 wird zudem per Definition festgelegt, wann ein Rohstoff zum Lebensmittel wird. Demnach werden pflanzliche Rohstoffe erst ab dem Zeitpunkt der Ernte zu Lebensmitteln, sofern diese für den menschlichen Konsum geerntet und nicht als Futtermittel, Energiepflanze oder anderweitig verwendet werden.

---

[1] Die Definition von „Lebensmittel" im Sinne der Verordnung (EG) Nr. 178/20.022 versteht Lebensmittel als Ganzes, entlang der gesamten Lebensmittelkette von der Erzeugung bis zum Verbrauch. Lebensmittel beinhalten auch nichtessbare Bestandteile, wenn diese bei der Erzeugung des Lebensmittels nicht von den essbaren Bestandteilen getrennt wurden, z. B. Knochen, die dem zum menschlichen Verzehr bestimmten Fleisch anhaften. Daher können Lebensmittelabfälle auch Stücke umfassen, die teils aus aufzunehmenden Lebensmitteln und teils aus nicht aufzunehmenden Lebensmitteln bestehen.

[2] Verordnung (EG) Nr. 178/2002 des Europäischen Parlaments und des Rates vom 28. Januar 2002 zur Festlegung der allgemeinen Grundsätze und Anforderungen des Lebensmittelrechts, zur Errichtung der Europäischen Behörde für Lebensmittelsicherheit und zur Festlegung von Verfahren zur Lebensmittelsicherheit (ABl. L 31 vom 1.2.2002, S. 1).

Lebende Tiere werden definitionsgemäß erst dann zu Lebensmitteln, wenn sie für den menschlichen Verzehr hergerichtet werden [27]. Vereinfacht formuliert ist ein Lebensmittel demnach alles, was nach vernünftigem Ermessen für den menschlichen Verzehr vorgesehen und auch dafür geeignet ist.

Nicht zu Lebensmittelabfällen gehören die Verluste, die auf Stufen der Lebensmittelkette auftreten, auf denen bestimme Erzeugnisse noch nicht als Lebensmittel im Sinne des Artikels 2 der Verordnung (EG) Nr. 178/2002 gelten, z. B. noch nicht geerntete essbare Pflanzen. Diese Lebensmittelverluste fallen auf den dem Konsum vorgelagerten Wertschöpfungsstufen an – vgl. hierzu Abb. 14.9.

Darüber hinaus fallen keine Nebenprodukte aus der Erzeugung von Lebensmitteln darunter, die die Kriterien des Artikels 5 Absatz 1 der Richtlinie 2008/98/EG erfüllen, da es sich bei solchen Nebenprodukten nicht um Abfall handelt [27].

Die Einordnung von Lebensmittelabfällen hinsichtlich ihrer Vermeidbarkeit kann in Anlehnung an Fachveröffentlichungen erfolgen [22, 23, 25]. Der Begriff „vermeidbare Lebensmittelabfälle" umfasst demnach jene Lebensmittel, die zum Zeitpunkt ihrer Entsorgung noch uneingeschränkt genießbar sind oder die bei rechtzeitigem Verzehr genießbar gewesen wären. Der Begriff „nicht vermeidbare Lebensmittelabfälle" umfasst jene Lebensmittelabfälle, die üblicherweise im Zuge der Speisenzubereitung entfernt werden. Dies beinhaltet im Wesentlichen nicht essbare Bestandteile (z. B. Knochen oder Schalen), aber auch Essbares (z. B. Kartoffelschalen) [25].

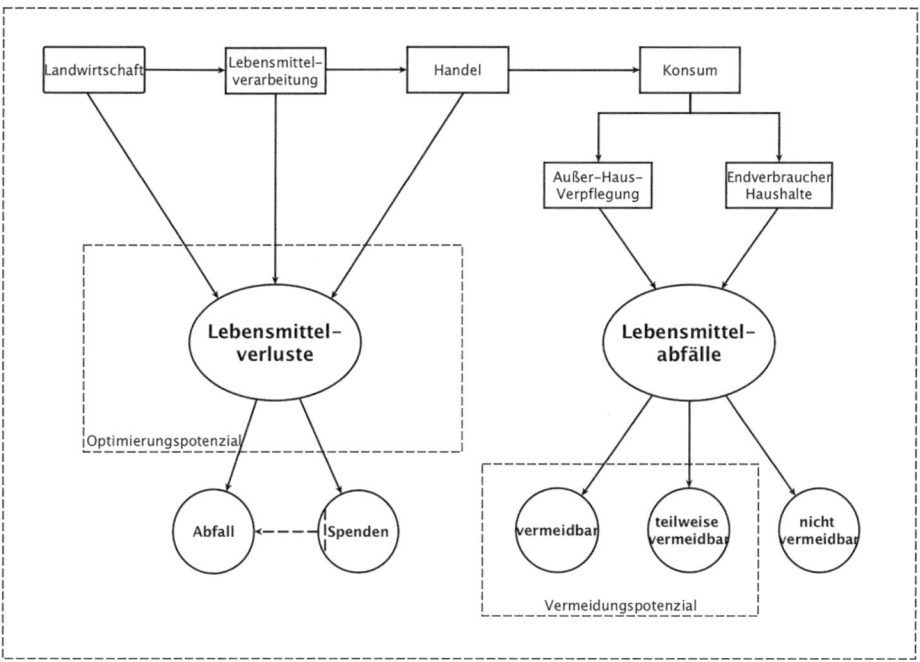

Abb. 14.9 Lebensmittelverluste und Lebensmittelabfälle in der Lebensmittelkette [25]

In der Literatur werden Lebensmittelabfälle aus der Logistik in der Regel nicht explizit ausgewiesen. Im Hinblick auf die Systemanalyse und -optimierung ist eine entsprechende Differenzierung wünschenswert, um Lebensmittelabfälle einer Anfallstelle und Ursache zuordnen zu können. Bei der Datenerhebung ist eine Abgrenzung zwischen Logistik und den einzelnen Gliedern der Wertschöpfungskette häufig schwierig. In der Wertschöpfungskette insgesamt, aber auch zwischen den einzelnen Stufen, werden Lager- und Transportlogistik sehr unterschiedlich organisiert. Lebensmittelabfälle in der Logistik umfassen sämtliche Lebensmittel, die während der Kommissionierung, dem Transport, einer Zwischenlagerung oder Umladung unbrauchbar für die Verwendung in der jeweils nachgelagerten Stufe der Lebensmittelwertschöpfungskette werden.

14.3.4 Stuttgarter Methode – Teil II: Systemmodellierung

Die Systemmodellierung beinhaltet die Modellierung des untersuchten (Teil-) Systems der Lebensmittelkette. Analog zur Systemmodellierung bei der Stoffstromanalyse von abfallwirtschaftlichen Systemen, werden hier die folgenden Komponenten des zu untersuchenden Systems der Lebensmittelbewirtschaftung (Lebensmittelsystem) festgelegt:

- Systemgrenzen (räumlich und zeitlich)
- Wesentliche Prozesse und Lager
- Vor- und Nachketten
- Relevante Lebensmittelströme sowie ggf. weitere Flüsse (u. a. Material-, Stoff- und Energieflüsse)

In Abhängigkeit von der jeweiligen Aufgabenstellung werden i. d. R. Teilbereiche des gesamten Lebensmittelsystems modelliert. Beispiele sind Untersuchungen ausgewählter Lebensmittelkategorien, einzelner Glieder der Lebensmittelkette oder auch einzelner Betriebe und/oder Strukturen in der Produktion, im Handel oder auf der Konsumebene.

Ziel der Systemmodellierung ist, eine möglichst einfache Abbildung des zu untersuchenden Systems, die zugleich alle für die spätere Bewertung relevanten Informationen liefert. Neben den Lebensmittelströmen selbst sind ggf. weitere Flüsse/Ströme von Interesse – z. B. für die Bewertung von Material-, Stoff- und Energieflüssen, ökobilanzielle und monetäre Betrachtungen o.ä.

14.3.5 Stuttgarter Methode – Teil III: Datenerfassung und Bilanzierung

Das Stoffstrommanagement für Lebensmittel zur Vermeidung von Lebensmittelabfällen orientiert sich an der in Abschn. 14.2.3 beschriebenen Methodik. Die Datenerfassung und Bilanzierung entspricht methodisch der zuvor beschriebenen Material und

14 Stoffstrommanagement und Ökobilanzen

Stoffflussanalyse. Die vorgesehenen Messmethoden sind unter anderem im Delegierten Beschluss (EU) 2019/1597 der Europäischen Kommission vom 03.05.2019 zur Ergänzung der Richtlinie 2008/98/EG vorgegeben (vgl. Abb. 14.10). Demnach wird die Menge an Lebensmittelabfällen auf einer Stufe der Lebensmittelkette ermittelt, indem die von einer Stichprobe von Lebensmittelunternehmern oder Haushalten erzeugten Lebensmittelabfälle anhand jedweder der in Abb. 14.10 dargestellten Methoden bzw. einer Kombination daraus oder anhand jedweder anderen Methode, die in Bezug auf Relevanz, Repräsentativität und Zuverlässigkeit gleichwertig ist, gemessen werden.

Die Datenerfassung betrifft zunächst die, durch die Systemmodellierung festgelegten, Lebensmittelflüsse. Dies gilt sowohl für die Flüsse innerhalb des Systems als auch für die Input- und Output-Flüsse. Fallweise müssen zusätzlich Flüsse außerhalb des Systems in vor- und/oder nachgelagerten Prozessen mit berücksichtigt werden (Vor- und Nachketten). Alle erfassten Flüsse werden im Rahmen einer Input–Output-Betrachtung bilanziert.

An dieser Stelle muss in Abhängigkeit von der Zielsetzung der Untersuchung zusätzlich festgelegt werden, welche Randbedingungen, Kennziffern und Parameter ergänzend erfasst werden müssen. Sollen beispielsweise die Lebensmittel- und Energieströme bei gastronomischen Veranstaltungen analysiert und optimiert werden, können Informationen zur Art der Veranstaltung, angemeldeten und tatsächlichen Gästezahlen, Wetter etc. von Interesse sein. Lebensmittelabfälle sind sowohl unter Mengenaspekten als auch im Hinblick auf den ökologischen Auswirkungen auf Ebene des Konsums von besonderer Relevanz [28]. Große Einsparpotenziale bietet die Vermeidung von Lebensmittelabfällen sowohl auf der privaten (Haushalte) als auch auf der gewerblichen (Hotels und Gastronomie) Verbraucherebene [29–33].

Messmethoden	Primärerzeugung	Verarbeitung und Herstellung	Lebensmittelhandel	Verpflegungsdienstleistungen	Haushalte
Direkte Messungen	☐	☐	☐	☐	☐
Massenbilanzen	☐	☐	☐	■	■
Abfallanalysen	☐	☐	☐	☐	☐
Umfragen und Befragungen	☐	☐	■	■	■
Koeffizienten und Statistiken	☐	☐	■	■	☐
Zählungen ("Scannen")	☐	☐	☐	☐	■
Aufzeichnungen (Tagebücher)	■	■	■	☐	☐

☐ Vorgesehene Messmethoden zur einheitlichen Messung von Lebensmittelabfällen in Europa
■ Messmethoden, die nicht für die Messung von Lebensmittelabfällen in Europa vorgesehen sind

Abb. 14.10 Methodik zur einheitlichen Messung von Lebensmittelabfällen in Europa gemäß dem Delegierten Beschluss (EU) 2019/1597

14.3.6 Stuttgarter Methode – Teil IV: Einordnung und Bewertung der Ergebnisse anhand von Bewertungskennziffern und Benchmarks

In Abhängigkeit vom Ziel der Systemoptimierung stehen unterschiedliche Ansätze zur Einordnung und Bewertung der Ergebnisse zur Verfügung. Je nach Lebensmittelkategorie sind Lebensmittelabfälle unterschiedlich einzuordnen. Jede Lebensmittelkategorie und auch die unterschiedlichen Lebensmittel selbst sind mittels geeigneter Kennziffern zu bewerten. Dies hängt u. a. ab von:

- Art der Produktion
- Herkunft
- Logistik – Art und Umfang von Transport und Lagerung
- Grad der Verarbeitung
- Position in der Lebensmittelkette
- Weitere Kriterien

Typische Bewertungskennziffern sind:

- Abfallmenge
- Monetäre Parameter
- Energetischer Rucksack
- Klimarelevante Emissionen
- Wasserverbrauch
- Flächeninanspruchnahme
- Biodiversität
- Leistungsindikatoren

Daneben sind weitere Bewertungskennziffern in der Diskussion – hierzu gehören insbesondere auch soziale Parameter.

Für die Einordnung der Ergebnisse anhand von Bewertungskennziffern sind vergleichende Betrachtungen nötig. Neben der Unterscheidung nach vermeidbaren und nicht vermeidbaren Abfällen eignet sich hierfür der Vergleich mit Benchmarks. Diese Benchmarks beziehen sich sowohl auf Massenströme von Lebensmitteln (z. B. spezifische Lebensmittelabfälle je Gast und Tag in der Außer-Haus-Verpflegung) als auch auf damit korrelierte Bewertungskennziffern – wie z. B. typischer Energierucksack eines spezifischen Speiseplans in Großküchen. Für die Einordnung anhand von Vergleichsparametern werden für sämtliche Glieder der Lebensmittelkette entsprechende Benchmarks benötigt. An der Universität Stuttgart wird hierzu eine entsprechende Datenbank gepflegt.

Die hier beschriebene Einordnung der Ergebnisse ermöglicht die Identifikation von Hot Spots und Optimierungspotenzialen. In der Regel ist jedoch immer auch eine detailliertere Betrachtung des jeweils untersuchten Teilsystems der Lebensmittelkette anzuraten und notwendig.

14.3.7 Stuttgarter Methode – Teil V: Bewertungskennziffern und Benchmarks

Die fallspezifische Ermittlung und Anwendung geeigneter Bewertungskennziffern bildet die Ausgangsbasis für die Entwicklung von Lösungsansätzen zur Systemoptimierung, die u. a. auf eine effektive und nachhaltige Vermeidung von Lebensmittelabfällen ausgerichtet ist. Ausgangspunkt ist die massenbilanzielle Erfassung und Messung der relevanten Lebensmittelströme und ggf. damit einhergehenden Material- und Stoffströme. Der Bilanzrahmen ist für den jeweiligen Untersuchungsgegenstand zeitlich und räumlich eindeutig zu definieren. Gemäß der Methodenvorschrift des Delegierten Beschlusses (EU) 2019/1597 stehen für die Messung von Lebensmittelabfällen zwar verschiedene Methoden zur Verfügung, allerdings werden keine Vorgaben zu deren Bewertung gemacht. Ein Vorschlag zur Verwendung von Bewertungskennziffern erfolgte 2019 vom Joint Research Centre (JRC) der Europäischen Kommission. Ziel ist die Bewertung von Maßnahmen zur Vermeidung von Lebensmittelabfällen hinsichtlich Wirksamkeit, Effizienz und Nachhaltigkeit [34]. Demzufolge sollten Vermeidungsmaßnahmen nach dem so genannten "SMART"-Prinzip definiert werden. SMART ist dabei als Abkürzung für ein Kriterienraster zu verstehen, das an definierte Ziele angelegt wird. Die Vermeidungsziele müssen demnach **s**pezifisch, **m**essbar, **a**ttraktiv, **r**ealistisch und **t**erminiert (SMART) sein, um erreichbar und überprüfbar zu sein. Die Bewertungskennziffern sollen so ausgewählt werden, dass messbare Veränderungen nach Ergreifen einer Maßnahme bezifferbar werden und deren Wirkungen miteinander vergleichbar sind, wie z. B. eine Verringerung der Lebensmittelabfälle in Haushalten und damit verbunde Einsparungen klimawirksamer Emissionen. Das JRC empfiehlt deshalb die Verwendung von Leistungsindikatoren (Key Performance Indicators – KPIs) zur Bewertung von Vermeidungsmaßnahmen. Der Tab. 14.1 können Beispiele für Leistungsindikatoren entnommen werden, die zur Bewertung der Wirksamkeit, Effizienz und Nachhaltigkeit der Vermeidungsmaßnahmen von Lebensmittelabfällen dienen. Ökologische Bewertungskennziffern und die Nachhaltigkeitsbewertung von Maßnahmen sollten sich dabei an internationalen Standards zur Erstellung von Ökobilanzen orientieren, z. B. an der ISO Norm 14.044, die in Abschn. 14.4 ausführlich beschrieben ist.

14.3.8 Stuttgarter Methode – Teil VI: Optimierungsmaßnahmen

Die Identifizierung, Entwicklung und Implementierung von effektiven Optimierungsmaßnahmen erfolgt auf Basis der vorangegangenen Teile I bis V der Stuttgarter Methode. Um die ökologische und ökonomische Effizienz von Maßnahmen zur Reduzierung von Lebensmittelabfällen zu erhöhen, ist eine Priorisierung von Vermeidungsstrategien nach den Bewertungskriterien Wirksamkeit, Effizienz und Nachhaltigkeit vorzunehmen (vgl. Abschn. 14.3.4 und 14.3.5). Hierfür stehen verschiedene Methoden

Tab. 14.1 Beispiele für Leistungsindikatoren (KPIs) zur Messung und Bewertung von Lebensmittelabfallvermeidungsmaßnahmen. Empfehlungen des Joint Research Centres (JRC) der EU [34]

Kategorie	Kriterium	Bezugsgröße	Beispiele für Leistungsindikatoren (KPIs)
A Maßnahmen, die eine Messung der Abfallmenge beinhalten	Effektivität		• Haushalte: Pro-Kopf-Aufkommen an Lebensmittelabfall in einem Jahr in kg/(E·a) • Gaststätten und Verpflegungsdienstleistungen: Lebensmittelabfall pro Gast in kg/Gast
	Effizienz	Aufkommen	• Gesamtmenge vermiedener Lebensmittelabfälle im Verhältnis zu den Kosten der Maßnahme in kg/EUR
		Ökonomie	• Ökonomischer Nutzen im Verhältnis zu den Kosten der Maßnahme in EUR/EUR
		Ökologie	• Ökologischer Nutzen im Verhältnis zu den Kosten der Maßnahme, z. B. in $CO_{2,eq.}$/EUR
B Maßnahmen, die eine Messung der Bewusstseinssteigerung oder Verhaltensänderung beinhalten	Effektivität		• Anteil der Personen, die von der Kampagne erfahren haben • Anteil der Personen, die ihr Verhalten aufgrund der Kampagne gerändert haben
	Effizienz	Reichweite Sensibilisierung Verhaltensänderung	• Anzahl der Personen, die durch die Kampagne erreicht wurden, im Verhältnis zu den Kosten • Anzahl der Personen, die die Kampagne wahrgenommen haben, im Verhältnis zu den Kosten • Anzahl der Personen, die durch die Kampagne Verhaltensänderungen zeigen, im Verhältnis zu den Kosten

(Fortsetzung)

Tab. 14.1 (Fortsetzung)

Kategorie	Kriterium	Bezugsgröße	Beispiele für Leistungsindikatoren (KPIs)
C Technische Maßnahmen –Prozessoptimierung, Innovationen, etc.	Effektivität		• Primärproduktion und Verarbeitung: Lebensmittelabfall pro erzeugtem Produkt in kg/kg • Einzelhandel: Lebensmittelabfälle pro verkauftem Produkt in kg/kg • Verpflegungsdienstleistungen: Lebensmittelabfälle pro Gast in kg/Gast
	Effizienz	Aufkommen	• Gesamtmenge der vermiedenen Lebensmittelabfälle im Verhältnis zu den Kosten in kg/EUR
		Ökonomie	• Ökonomischer Nutzen im Verhältnis zu den Kosten der Maßnahme in EUR/EUR
		Ökologie	• Ökologischer Nutzen im Verhältnis zu den Kosten der Maßnahme, z. B. in $CO_{2,eq.}$/EUR
D Informative Maßnahmen – Beratungen, Schulungen etc.	Effektivität		• Anzahl der Unternehmen, die an der Initiative teilnehmen • Anzahl der Unternehmen, die Lebensmittelabfälle erfassen • Anzahl der Unternehmen, die Lebensmittelabfälle berichten
	Effizienz	Reichweite	• Anzahl der Unternehmen, die an der Initiative teilnehmen, im Verhältnis zu den Kosten der Maßnahme • Anzahl der Unternehmen, die Lebensmittelabfälle erfassen, im Verhältnis zu den Kosten der Maßnahme • Anzahl der Unternehmen, die Lebensmittelabfälle berichten, im Verhältnis zu den Kosten der Maßnahme

und Ansätze aus der Fachliteratur zur Verfügung, die im nachfolgenden Abschnitt kurz vorgestellt werden.

Es gilt zu beachten, dass die Maßnahmenentwicklung zunächst mit einem gewissen Aufwand verbunden ist, der auch finanzielle Investitionen und zusätzlichen personeller Aufwand erfordern kann. Für Unternehmen ist es daher besonders wichtig, dass der Nutzen von Maßnahmen zur Reduzierung von Lebensmittelabfällen, die damit verbundenen Kosten übersteigt [35]. Das monetäre Einsparpotenzial ist jedoch beträchtlich. So verursachen vermeidbare Lebensmittelabfälle allein in Deutschland einen volkswirtschaftlichen Verlust in Höhe von rund 30 Mrd. Euro pro Jahr [36].

Priorisierung von Optimierungsmaßnahmen
Die Priorisierung von Optimierungsmaßnahmen basiert in der Regel auf analytischen Ansätzen, welche das Prinzip der wirtschaftlichen Effizienz als Instrument zur Bewertung der Nachhaltigkeit nutzen und eine empirische Beziehung zwischen Umweltkosten und Umweltauswirkungen bei wirtschaftlichen Aktivitäten aufzeigen [37]. Zu diesem Zweck liefert die Kombination von Lebenszyklusanalyse (LCA) und Lebenszykluskostenrechnung (LCC) geeignete Informationen [38]. Diese Methode wird sowohl in der Umweltforschung als auch auf makroökonomischer Ebene eingesetzt, um die wirtschaftlichen Auswirkungen von Lebensmittelabfällen für einzelne Unternehmen, Branchen, oder sogar für ganze Länder zu bewerten. Ein weiterer Ansatz ist die Priorisierung von Reduktionsstrategien auf der Grundlage des Konzepts der nachhaltigkeitsbasierten Optimierung. Dieses Modell basiert auf dem Prinzip der Pareto-Optimierung zur Identifikation von Vermeidungsmaßnahmen mit den höchsten Umweltauswirkungen. Anhand des Pareto-Prinzips können verschiedene Szenarien analysiert und miteinander kombiniert werden, um den Umweltnutzen entsprechend den individuellen Budgets zu maximieren [39]. Für die Entwicklung und Umsetzung von Strategien spielt allerdings auch die Größe des Unternehmens eine wichtige Rolle. So können größere Lebensmittelunternehmen zweifelsohne einen erheblichen Einfluss ausüben, kleinere Unternehmen dagegen benötigen andere Arten von Unterstützung, die ihnen auf geeignete Weise zugänglich gemacht werden muss [40]. Kleinere Unternehmen sind in ihrem Handlungsspielraum oftmals eingeschränkt und können nicht die gleichen finanziellen und personellen Ressourcen für Optimierungsmaßnahmen aufwenden wie größere Unternehmen. Vor diesem Hintergrund wird von Papargyropoulou (s. [41]) ein sehr praxisorientiertes Konzept der wirtschaftlichen Effizienz vorgestellt, welches die Beziehung zwischen dem wirtschaftlichen Wert der Lebensmittelabfälle und ihrer Menge ausdrückt. Dort werden wirtschaftliche Effizienzkennzahlen berechnet, indem die Produktpreise ausgewählter Lebensmittelprodukte mit ihrer Menge an Lebensmittelabfällen in Beziehung gesetzt werden. Die vorgeschlagene Methode könnte insbesondere kleineren Unternehmen dabei helfen, die Prozesse in ihrem Lebensmittelmanagement zu bewerten und Strategien zur Verringerung der Lebensmittelabfälle zu priorisieren [41].

Die Selbstberichterstattung – eine effektive Maßnahme
Der Einsatz Erfassung und Dokumentation von Lebensmittelabfällen im Küchenalltag, z. B. mithilfe digitaler Meßgeräte, entspricht einer Selbstberichterstattung. Damit geht eine Bewusstseinsbildung einher, die in Anpassungsreaktionen mündet [42]. Empirische Untersuchungen in Haushalten haben bereits bestätigt, dass eine erhebliche Reduzierung der Lebensmittelabfälle im Rahmen von Selbstberichterstattungen erreicht werden kann [33, 43, 44]. Die Ergebnisse in Leverenz (s. [33]) haben beispielsweise gezeigt, dass die selbstständige Dokumentation von Lebensmittelabfällen zu einer Steigerung des Problembewusstseins und Verhaltensänderungen der Studienteilnehmer führen kann. In den Pilothaushalten konnten die vermeidbaren Lebensmittelabfälle um etwa 57 % reduziert werden, was mit einem monetären Gegenwert von etwa 37 € pro Kopf und Jahr korreliert. Darüber hinaus änderten die Teilnehmer ihr Einkaufsverhalten und verzeichneten einen Rückgang ihrer Konsumausgaben für Lebensmittel von durchschnittlich etwa 341 € pro Einwohner und Jahr. Die Pilothaushalte erreichten das SDG-Ziel 12.3, d. h. eine Halbierung ihrer Lebensmittelabfälle, innerhalb weniger Wochen [33]. Young et al. (2017) beobachteten in einer vergleichbaren Studie ebenfalls eine signifikante Verringerung der Lebensmittelabfälle in Haushalten [45]. In Ergänzung hierzu zeigten andere Studien [46, 47], dass externe Interventionen, wie z. B. bewusstseinsbildende Informationen, nicht zu einer Verringerung der Lebensmittelabfälle führen, wenn keine selbstständige Dokumentation von Lebensmittelabfällen stattfindet. Darüber hinaus ist die Messung der Lebensmittelabfälle notwendig für die Bewertung einer Maßnahme hinsichtlich ihrer Wirksamkeit [48, 49]. Eriksson (s. [50]) empfiehlt daher eine detaillierte Quantifizierung der Abfallmengen in jeder Küche, da die Gründe für die Entstehung von Lebensmittelabfällen sehr individuell sind und sich daraus individuelle Möglichkeiten zu deren Reduzierung ergeben können. Die Abfallanalytik bietet einen hohen Informationsgehalt, da sie den Prozess des Wiegens der weggeworfenen Lebensmittel direkt an der Quelle der Herkunft verfolgt [51]. Die erfassten Daten unterstützen die weitere Optimierung des Lebensmittelmanagements und erleichtern die damit verbundenen Planungs- und Zubereitungsprozesse. In der Untersuchung von Leverenz et al. [30] konnte durch die Selbstberichterstattung eine Verringerung der Menge an Frühstücksbuffetrückläufen in den teilnehmenden Pilotküchen um durchschnittlich 64 % erreicht werden, womit finanzielle Einsparungen in Höhe von mehr als 9.000 € pro Küche und Jahr verbunden waren. Diese Ergebnisse stehen im Einklang mit nicht-wissenschaftlichen Fallstudien und Erfolgsbeispielen. So präsentierte Clowes [52] Daten von 86 Gastronomiebetrieben, die über einen Zeitraum von drei Jahren durchschnittlich 44 % der Lebensmittelabfallmengen und 56 % der monetären Gegenwerte reduzierten. Die Wirkung der Selbstberichtserstattung führt demnach zu Änderungen der betrieblichen Arbeitsabläufe. Systeme zur Messung von Lebensmittelabfällen liefern Informationen in Echtzeit, was die Umsetzung von Maßnahmen innerhalb kurzer Zeiträume ermöglicht. Die Übertragbarkeit dieser positiven Effekte auf andere Küchen kann zu signifikanten Einsparungen an Lebensmittelabfällen im Gaststättengewerbe führen [50].

Selbstberichterstattung – digitale Messgeräte

Technische Unterstützung zur Messung von Lebensmittelabfällen gibt es in Form verschiedener digitaler Systeme zur Erfassung von Lebensmittelabfällen. Ausgehend von den positiven Auswirkungen der Selbstauskunft kann festgehalten werden, dass Systeme zur Erfassung von Lebensmittelabfällen relevante Informationen liefern, die zu einer erheblichen Verringerung der Lebensmittelabfälle und zu finanziellen Einsparungen führen können. Eriksson [53] fand heraus, dass Catering-Einheiten, die digitale Tracking-Systeme anstelle von halbautomatischen oder manuellen Mitteln verwenden, mehr Daten aufzeichnen und eine etwas stärkere Reduzierung der Lebensmittelabfälle erreichen. Eine systematische Überwachung und Berichterstattung ist für die Bewertung von Maßnahmen und Interventionen unerlässlich. Es ist also davon auszugehen, dass die Verwendung digitaler Messgeräte das Bewusstsein des Küchenpersonals schärfen wird, da sie dem Bediener direkte Informationen liefern, die individuelle Verhaltensänderungen auslösen können. Die Literatur hat in nennenswertem Umfang Wissen über Lebensmittelabfälle generiert und die Vorteile von selbstberichteten Interventionen aufgezeigt. Darüber hinaus haben Fallstudien gezeigt, dass das Reduktionspotenzial im Gastgewerbe hoch ist, und die Machbarkeit der Reduzierung von Lebensmittelabfällen im Allgemeinen bestätigt.

Automatisierte Systeme zur Messung von Lebensmittelabfällen werden von zahlreichen Unternehmen aus den Vereinigten Staaten und Europa angeboten. Tab. 14.2 gibt einen Überblick über einige Messgeräte, die zur Erfassung von Lebensmittelabfällen in gastronomischen Küchen eingesetzt werden können. Die Basisfunktionen dieser Erfassungstools sind ähnlich und unterscheiden sich vor allem durch die damit verbundenen Beratungsleistungen wie Mitarbeiterschulungen oder die individuelle Entwicklung von Maßnahmen. Weitere Unterschiede beziehen sich auf optionale Funktionen, wie die visuelle Erfassung mittels Kamera und die Technologie der künstlichen Intelligenz zur automatischen Identifizierung der Lebensmittelabfälle.

Tracking-Systeme wie der RESOURCEMANAGER FOOD der Universität Stuttgart oder der Küchenmonitor der Verbraucherzentrale NRW sind kostenlos und werden überwiegend zur Datenerhebung für wissenschaftliche Zwecke im Rahmen von Forschungs- und Entwicklungsaktivitäten eingesetzt.

▶ Lebensmittelmanagementsysteme wie „Delicious Data" und „Mitakus" verfügen zudem über Prognosemodelle zur besseren Planung und Berechnung der Lebensmittelnachfrage. Diese Softwareprogramme erstellen auf der Grundlage historischer Daten Umsatzprognosen für die Menü- und Speisenplanung. Neben dem Einsatz von Nachverfolgungssystemen und Prognosetools könnten gastronomische Küchen ihre nicht verkauften Speisen mithilfe von Smartphone-Anwendungen wie „ResQ" oder „Too Good To Go" zu einem vergünstigten Preis an umweltbewusste Verbraucher verkaufen [54, 55]. Eine weitere Alternative ist die Zusammenarbeit mit Wohltätigkeitsorganisationen, die z. B. Essensausgaben organisieren [56].

Tab. 14.2 Systeme zur Erfassung von Lebensmittelabfällen

System	Zielgruppe	Vorteile	Nachteile
Delicious Data (Prognosesoftware)	Gastgewerbe (Deutschland)	+ Absatzprognosen + Verbesserte Menüplanung + KI Einsatz	− KI-Training ist aufwendig − Data-Mining erfordert umfassende historische Daten
eSmiley (Waage & Software)	Gastgewerbe (Europa)	+ Anpassbares Messdesign + Individuelle Berichte	− Halbautomatisches Tool − Bedienung ggf. zeitintensiv − Datenqualität abhängig von Anwendern
Kitro (Waage, Kamera & Software)	Gastgewerbe (Schweiz)	+ Vollautomatisches Gerät + Individuelle Berichte + Intelligente Bilderkennung + KI Einsatz	− KI-Training ist aufwendig − Datenqualität abhängig von Anwendern
Küchenmonitor (Webanwendung)	Schulkantinen (Deutschland)	+ Kostenfrei + Individuelle Berichte & Maßnahmen + Maßgeschneidertes Tool für Schulkantinen	− Manuelle Dateneingabe − Bedienung ggf. zeitintensiv − Datenqualität abhängig von Anwendern
Leanpath (Waage, Kamera & Software)	Gastgewerbe (international)	+ Vollautomatisches Gerät + Visuelle Fotoerfassung + Online-Portal für Benutzer + Individuelle Berichte, Beratung & Maßnahmen + KI Einsatz	− KI-Training ist aufwendig − \Datenqualität abhängig von Anwendern
Matomatic (Waage & Software)	Gastgewerbe (Schweden)	+ Maßgeschneidertes Messdesign + Individuelle Berichte und Maßnahmen	− Halbautomatisches Tool − Bedienung ggf. zeitintensiv − Datenqualität abhängig von Anwendern
Mitakus (Prognosesoftware)	Gastgewerbe (Deutschland)	+ Absatzprognosen (Lebensmittelbedarf) + Verbesserte Menüplanung + KI Einsatz	− KI-Training ist aufwendig − Data-Mining erfordert umfassende historische Daten

(Fortsetzung)

Tab. 14.2 (Fortsetzung)

System	Zielgruppe	Vorteile	Nachteile
RESOURCE-MANAGER FOOD (Waage & Android-App)	Gastgewerbe (Deutschland)	+ Kostenfrei + Android App ist weltweit einsetzbar + Individuelle Berichte & Benchmarks	– Halbautomatisches System – Bedienung ggf. zeitintensiv – Datenqualität abhängig von Anwendern
Abfall-Analysetool (Waage)	Gastgewerbe (Deutschland)	+ Online-Portal für Nutzer + Fallstudien online verfügbar + Individuelle Berichte	– Manuelle Datenerfassung – Datenqualität unbekannt
Winnow Waste Monitor (Waage, Kamera & Software)	Gastgewerbe (international)	+ Vollautomatisches Gerät + Individuelle Berichte, Beratung, & Maßnahmen + Fallstudien online verfügbar + KI Einsatz	– KI-Training ist aufwendig – Datenqualität abhängig von Anwendern

14.3.9 Stuttgarter Methode – Teil VII: Monitoring und Erfolgskontrolle

Nach der Erfassung und Bilanzierung der jeweils relevanten Lebensmittelströme sowie weiterer Material, Stoff-, Energieströme und auch sonstiger Parameter sowie der darauf aufbauenden Einordnung und Bewertung können die Stellen im untersuchten System identifiziert werden, an denen Optimierungsmaßnahmen ausreichend hohe Verbesserungspotenziale erwarten lassen. Nach der Implementierung dieser Optimierungsmaßnahmen sollte eine Erfolgskontrolle im Rahmen eines Monitorings erfolgen. Für die langfristige Sicherstellung eines effizienten Systems ist außerdem ein Langzeitmonitoring anzustreben.

Maßnahmen und Monitoring sind insbesondere auf Konsumebene von Bedeutung, da dort die anteilig höchsten Einsparpotenziale innerhalb der Lebensmittelkette zu verzeichnen sind [22, 23, 57–61].

Das kontinuierliche Erfassen von Lebensmittelabfällen – ebenso wie das Monitoring von weiteren Effizienzparametern, wie z. B. Energie- und Ressourcenverbrauch – sollte möglichst wenig Aufwand und Kosten verursachen. Gegebenfalls kann auf ohnehin vorhandene Parameter und Daten zurückgegriffen werden (z. B. Energieverbräuche in einer Großküche). Spezifischere Daten können meist durch technische Einrichtungen erhoben werden (z. B. Energiemessungen an einzelnen technischen Geräten). Für das exakte und detaillierte Monitoring von Lebensmittelabfällen, einschließlich der Dokumentation von Anfallstellen und Ursachen der Abfallentstehung, wurde an der Universität Stuttgart der RESOURCEMANAGER FOOD (RMFood) entwickelt (Abb. 14.11). Dieser besteht aus einer Waage, die mittels einer speziell entwickelten Software alle relevanten Daten sehr einfach und schnell erfasst. Die Ergebnisse können sowohl für ein Dauermonitoring als auch für ein direktes Feedback vor Ort mittels leicht verständlicher Grafiken verwendet werden. Das System wird in verschiedenen Bereichen der Außer-Haus-Verpflegung erfolgreich eingesetzt und stetig weiterentwickelt.

Es konnte bereits wissenschaftlich nachgewiesen werden, dass das innerbetriebliche Monitoring mit dem RMFood zu einer Steigerung des Problembewusstseins und Verhaltensänderungen des Küchenpersonals führt und infolgedessen signifikante Einsparungen erzielt werden [42]. Der erfolgreicher Einsatz des RMFood ermöglichte in Großküchen von Hotels, Krankenhäusern und Eventveranstaltungen eine Lebensmittelabfallreduktion bis zu mehr als 50 %. Die Erfolgskontrolle sowie die Bewertung von Daten eines Monitorings erfolgen i. d. R. durch Soll-Ist Abgleiche mit Referenzdaten oder Benchmarks. Insbesondere im Rahmen eines Langzeitmonitorings ist die kontinuierliche Anpassung dieser Bezugswerte von Bedeutung. Ein Beispiel für das Monitoring von Lebensmittelabfällen zeigt Abb. 14.12. für das Frühstücksbuffet an unterschiedlichen Hotelstandorten. Der erste Messmonat dient als Referenzwert gegen den die folgenden 11 Messmonate aufgetragen sind. Am Standort Stuttgart stellte sich demnach eine Reduzierung von über 52 % nach dem 12. Messmonat ein. Nach einem signifikanten Rückgang in den ersten beiden Monaten stagnierte das Niveau bis zum 5. Monat, stieg anschließend wieder an und nahm in der Folge wiederum stetig ab.

Der Standort München reduzierte die Lebensmittelabfälle um etwa 70 % nach dem 12. Messmonat. Auch hier sind Schwankungen in den Monatsmittelwerten erkennbar.

In Dresden wurden die Lebensmittelabfälle bis zum 5. Monat stetig reduziert und pendelten sich anschließend auf einem dauerhaft niedrigen Niveau ein. Nach 12 Monaten betrug die Reduzierung etwa 75 % im Vergleich zum ersten Messmonat.

Das Hotel am Timmendorfer Strand zeigt den signifikantesten Rückgang bereits nach dem ersten Messmonat. Im weiteren Verlauf auch hier die Lebensmittelabfälle einen

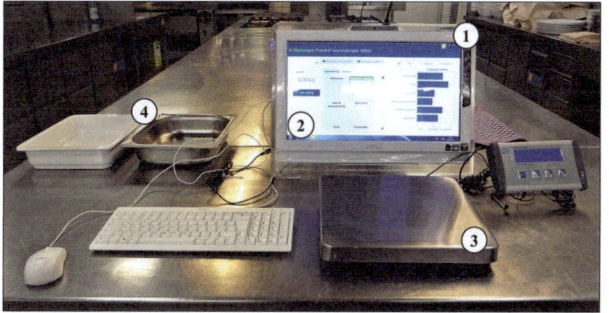

① All-in-one-PC / Tablet / Smartphone
② User-interface (Windows & Android)
③ Elektronische Waage (USB & Bluetooth)
④ Gastronormbehälter (GN Behälter)

Abb. 14.11 Monitoring von Lebensmittelabfällen mit dem RESOURCEMANAGER FOOD

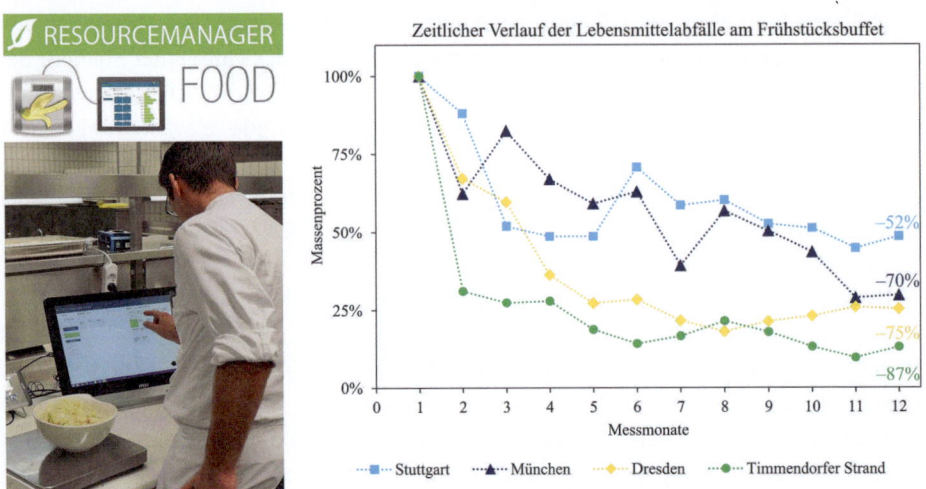

Abb. 14.12 Reduzierung von Lebensmittelabfällen am Frühstücksbuffet

leicht abnehmenden Trend und betrugen nach dem 12. Messmonat weniger als 87 % im Vergleich zum 1. Monat.

Es ist zu erkennen, dass die Einsparungen für die verschiedenen Standorte unterschiedlich stark ausgeprägt sind. An allen Standorten sind Schwankungen im zeitlichen Verlauf erkennbar. Zudem unterscheiden sich die erzielten Einsparungen in ihrer Höhe voneinander. Dies verdeutlicht die Wichtigkeit eines standortspezifischen Monitorings.

Im Durchschnitt aller Küchen konnten mittlere Lebensmittelabfallreduktionen von ca. 1800 kg pro Hotelküche und Jahr erzielt werden, was mit jährlichen Einsparungen in Höhe von mind. 9000 EUR und 7.000 kg an CO_2-Äquivalenten korreliert [41, 42].

RESOURCEMANAGER FOOD – Smartphone-App
Durch die Weiterentwicklung des RMFood hat die Universität Stuttgart eine der weltweit ersten Smartphone-Apps zur Messung von Lebensmittelabfällen entwickelt. Damit können private und gastronomische Küchen schnell und unkompliziert ihre Lebensmittelabfälle messen und dokumentieren. Die Nutzer können sich ohne finanziellen Aufwand mit dem Messverfahren und dessen Dokumentation vertraut machen und erhalten eine sofortige Rückmeldung über das Ausmaß der von ihnen produzierten Lebensmittelabfälle. Dies ist ein erster Schritt, um den Ansatz der Selbstberichterstattung in die Fläche zu integrieren, indem den Konsumenten die Möglichkeit gegeben wird, ihre Lebensmittelabfälle mit einer einfachen Anwendung zu überwachen und zu bewerten. Für den Wiegevorgang kann eine elektronische Waage über Bluetooth drahtlos mit der App verbunden werden (Abb. 14.13). Diese Kombination zwischen elektronischer Waage und Software ermöglicht eine schnelle und einfache Installation in der Küche mit einem Tablet oder Smartphone. Die Smartphone-App kann kostenfrei bezogen werden (u. a. auch

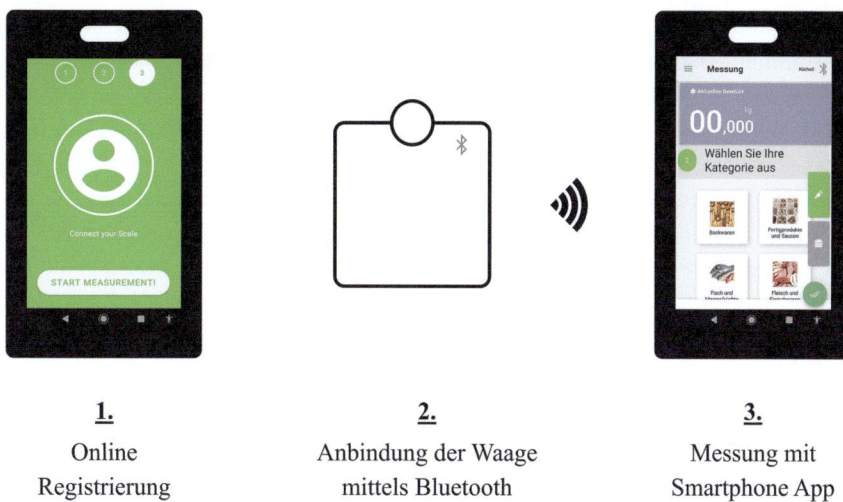

Abb. 14.13 RESOURCEMANAGER FOOD: Smartphone-App, die über Bluetooth mit einer elektronischen Waage verbunden wird

über den Google Play Store). Die gesammelten Messdaten werden in der Cloud anonym gespeichert und können von jedem Nutzer individuell in der Administrationsoberfläche verwaltet werden. Die Verwaltungsmöglichkeiten erlauben es Unternehmen wie Hotelketten, das System in mehreren Küchen und an verschiedenen Standorten gleichzeitig zu betreiben und die Messwerte zentral über die Cloud zu verwalten und zu überwachen. Die Smartphone-App wird kontinuierlich weiter entwickelt und bietet ein immer breiteres Spektrum an Möglichkeiten, die für die Prozessoptimierung relevanten Daten zu dokumentieren, zu berichten und zu analysieren. Dazu gehören Informationen wie Produktgewicht, Datum und Uhrzeit, Herkunftsort, Entsorgungsgrund, Produktkosten, monetäre Verluste, Klimawirkung (CO_2-Äquivalente), Benchmarks und Fortschrittsberichte. Der technische Fortschritt und die Weiterentwicklung des Systems sind wichtige Faktoren, die eine gute Grundlage für den späteren Scale-up darstellen.

14.4 Ökobilanz – Life Cycle Assessment

Nicolas Escalante

Die Ökobilanz ist ein Umweltmanagementwerkzeug, das die Ermittlung und den Vergleich der potenziellen Umweltauswirkungen im Verlauf des ganzen Lebenszyklus von Waren, Dienstleistungen und Prozessen ermöglicht.

Die funktionelle Einheit stellt die Quantifizierung des Produktsystems fest und ist die Bezugsgröße, auf welche sich alle Input- und Outputflüsse der Ökobilanz beziehen.

Die Sachbilanz ist die Datensammlung und Berechnung von Input- und Outputflüssen zur Bestimmung der mit dem gesamten Lebensweg des Produktes verbundenen Umweltbelastungen.

In der Wirkungsabschätzung werden die potenziellen Auswirkungen auf die Umwelt aus der Sachbilanz resultierenden Stoff- und Energieflüsse ermittelt.

Bei der Auswertung werden die Ergebnisse der Sachbilanz und der Wirkungsabschätzung gemeinsam betrachtet, um die in der Zielfestlegung zu Beginn der Untersuchung gestellten Fragen zu klären.

14.4.1 Einleitung

Die Ökobilanz – auch Lebenszyklusanalyse genannt, in Englisch Life Cycle Assessment (LCA) – ist ein Umweltmanagementwerkzeug, das die Ermittlung und den Vergleich der potenziellen Umweltauswirkungen im Verlauf des ganzen Lebenszyklus von Waren, Dienstleistungen und Prozessen ermöglicht. Die Ökobilanz umfasst die Emissionen und den Ressourcenverbrauch „von der Wiege bis zur Bahre" eines Produktsystems. Dies bedeutet, dass die Umweltbelastungen, die über alle Lebensphasen des Produktes – von der Rohstoffgewinnung, über die Produktion und Nutzung bis hin dessen Entsorgung – entstehen, berücksichtigt werden, um die Wirkung auf Menschen und Natur zu untersuchen. Durch diese mehrdimensionale Betrachtung kann die Verlagerung von Umweltproblemen von einem Umweltmedium in ein anderes oder von einer Phase des Produktlebenszyklus in eine spätere erkannt und durch entsprechende Maßnahmen vermieden werden [62].

Die Idee der Ökobilanz entstand in den 70er Jahren des 20. Jahrhunderts, als die Umweltverträglichkeit von Getränkeverpackungen in Europa und in den USA im Fokus stand. Trotz des aus der Ölkrise der 70er Jahre entstandenen Impulses wurden erst in den 90en Jahren von der Society of Environmental Toxicology and Chemistry (SETAC) die methodischen Richtlinien der Ökobilanz festgelegt. Inzwischen ist die Vorgehensweise der Ökobilanz von der International Standards Organization (ISO) sowie vom Europäischen Komitee für Normung (CEN) auf europäischer Ebene und vom Deutschen Institut für Normung (DIN) in Normen erarbeitet worden. Die ISO Norm 14.040 [62] stellt die Grundsätze und Rahmenbedingungen der Ökobilanz dar. Die ISO Norm 14.044 [63] befasst sich mit der Anforderungen an die Erstellung einer Ökobilanz. In Abb. 14.14 wird der Aufbau der Ökobilanz in ihren unterschiedlichen Phasen und iterativen Vorgehensweise dargestellt [62].

14.4.2 Allgemeines

Grundsätzlich werden das Ziel und der Untersuchungsrahmen zu Beginn der Ökobilanz festgelegt, damit die beabsichtigte Anwendung eindeutig definiert werden kann. Zu diesem Zweck werden die Gründe für die Durchführung der Studie sowie die Zielgruppe

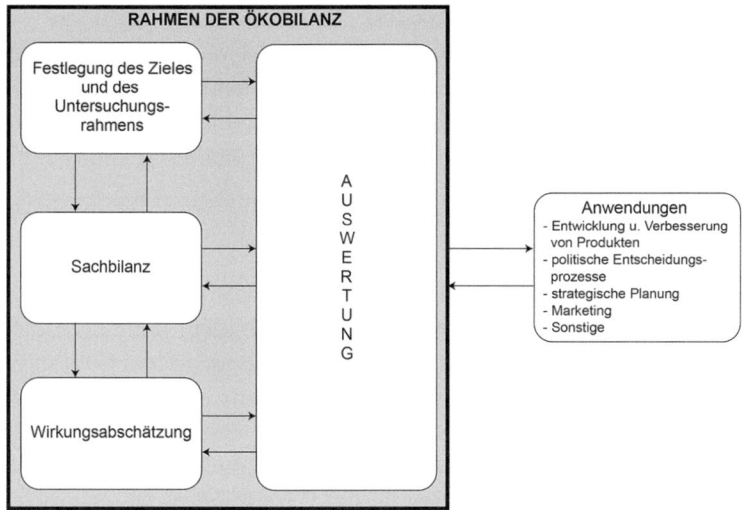

Abb. 14.14 Phasen einer Ökobilanz nach ISO 14040 [62]

definiert. Das Ziel muss vor allem klar und transparent definiert sein, um die Ergebnisse nachvollziehbar und interpretierbar zu machen.

Die Rahmenfestlegung beinhaltet eine vollständige Beschreibung der Tiefe und Breite der Studie und spricht die folgenden Punkte an [62]:

- das zu untersuchende Produktsystem,
- die Funktion des Produktsystems, oder im Fall vergleichender Studien, der Systeme,
- die funktionelle Einheit,
- die Systemgrenze,
- die Allokationsverfahren,
- die Wirkungskategorien und die Methode der Wirkungsabschätzung,
- die Anforderung an die Daten,
- die Annahmen,
- die Einschränkungen,
- die Anforderung an die Datenqualität,
- die Art der kritischen Prüfung,
- die Art und den Aufbau des für die Studie des vorgesehenen Berichtes.

14.4.3 Ziel und Untersuchungsrahmen der Ökobilanz

14.4.3.1 Funktion und funktionelle Einheit

Für die Ökobilanz muss eine geeignete funktionelle Einheit, welche die untersuchte Funktion des Systems widerspiegelt, festgelegt werden. Die funktionelle Einheit stellt die Quantifizierung des Produktsystems fest und ist die Bezugsgröße, auf welche sich alle Input- und Outputflüsse beziehen. Wenn beispielsweise die ökologischen Auswirkungen des Recyclings von Altpapier (Produktsystem) untersucht werden sollen, kann eine Tonne Altpapier als funktionelle Einheit gewählt werden. Die funktionelle Einheit gilt als Vergleichseinheit und ermöglicht die Vergleichbarkeit von Ökobilanzergebnissen [62, 63].

14.4.3.2 Systemgrenze

Durch die Festlegung der Systemgrenze wird der Bilanzraum definiert. Sie bildet die Schnittstelle zwischen dem zu untersuchenden Produktsystem und seiner Umwelt bzw. anderen Systemen. Innerhalb der Systemgrenze werden auch alle Prozesse, die entlang des Lebensweges (z. B. Gewinnung von Rohstoffen, Herstellung von Vorprodukten, Recycling oder Beseitigung etc.) mit dem untersuchten Produkt zusammenhängen, betrachtet. Der Lebensweg wird in sogenannte Module unterteilt, die das physische Produktsystem widerspiegeln. In Abb. 14.15 besteht das Produktsystem aus den folgenden Modulen: Rohstoffgewinnung, Produktion, Anwendung, Recycling/Wiederverwendung,

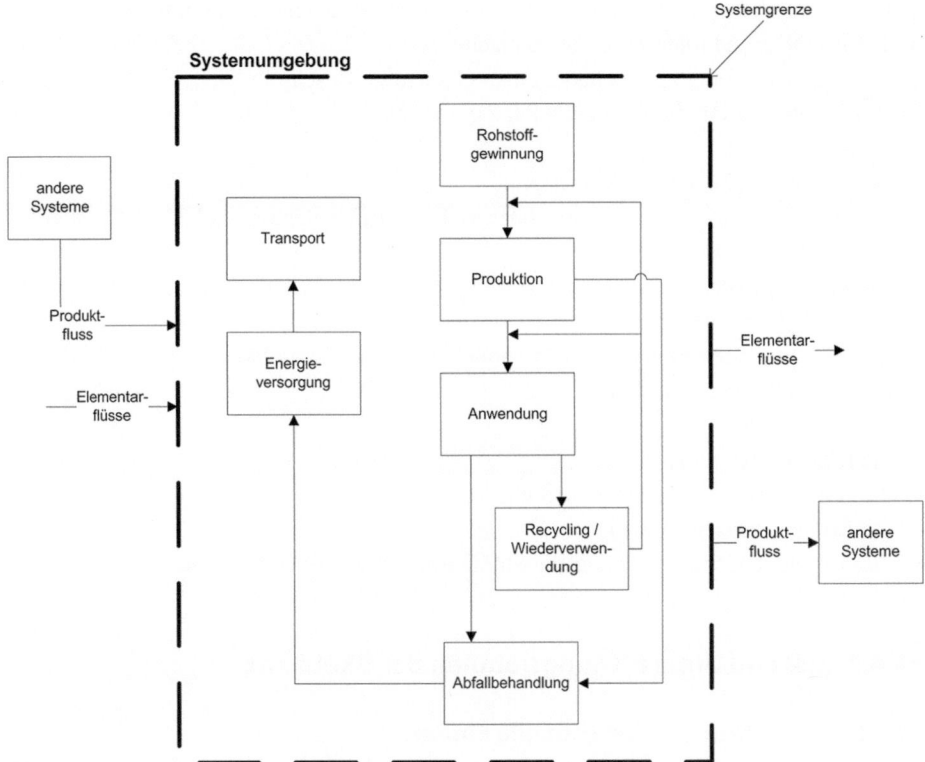

Abb. 14.15 Beispiel eines Produktsystems für eine Ökobilanz [62]

Abfallbehandlung, Energieversorgung und Transport. Das Produktsystem sollte so modelliert werden, dass die Input- und Outputströme an den Systemgrenzen Elementarflüsse sind. Ein Elementarfluss ist ein Stoff- oder Energiefluss, der ohne vorherige Aufbereitung durch menschliche Aktivitäten aus der Umwelt entnommen wird oder ohne Vorbehandlung an die Umwelt abgegeben wird [62, 63].

Im Rahmen der Festlegung des Ziels und des Untersuchungsrahmen der Ökobilanz wird auch die sogenannte Allokation unternommen. Hier werden die Input- oder Outputflüsse eines Prozesses oder eines Produktsystems zum untersuchten Produktsystem, das direkt mit der funktionellen Einheit verbunden ist, zugeordnet [62].

14.4.4 Sachbilanz

Unter einer Sachbilanz wird die Datensammlung und Berechnung von Input- und Outputflüssen zur Bestimmung der mit dem gesamten Lebensweg des Produktes verbundenen Umweltbelastung en verstanden. Dies umfasst die Luft-, Wasser- und Bodenbelastungen durch Schadstoffe, den Verbrauch an Rohstoffen, Energie, Wasser und Fläche, Lärm und Abfallströme. Dabei werden, ausgehend von der vorher festgelegten Systemgrenze, alle Größen, die in das System ein- oder austreten bilanziert. Abb. 14.16 stellt die Vorgehensweise der Sachbilanz dar [62, 63].

Im ersten Schritt werden zunächst alle Module, die im Untersuchungsrahmen definiert wurden, durch Stoff- und Energieflüsse miteinander verknüpft. Dabei wird unterschieden zwischen Flüssen, welche die Module innerhalb des betrachteten Systems verbinden und Flüsse, die über den vorher festgelegten Bilanzierungsraum hinausgehen. In einem zweiten Schritt werden alle Flüsse, die die Module inputseitig (z. B. Ressourcenverbrauch.) und outputseitig (z. B. Emissionen in die Luft.) mit der Umwelt verbinden, über den ganzen Lebenszyklus addiert (Gleichung 14.1) [62, 63]. Voraussetzung für die Erstellung der Sachbilanz eines Produktsystems ist, über eine vollständige Bilanz der einzelnen Prozessmodule zu verfügen. In Tab. 14.3 wird die Bilanz für eine Müllverbrennungsanlage exemplarisch aufgeführt.

(L) = Luftemission.-

$$F_i = \sum f_{ij} \qquad (14.1)$$

F_i = Gesamtfluss des Stoffes i über den gesamten Lebenszyklus des Produktsystems.
f_{ij} = Fluss des Stoffes i in die Module oder aus den Modulen j von 1 bis m.

14.4.5 Wirkungsabschätzung

In der Wirkungsabschätzung werden die potentiellen Auswirkungen auf die Umwelt aus der Sachbilanz resultierenden Stoff- und Energieflüsse ermittelt. In der Wirkungs-

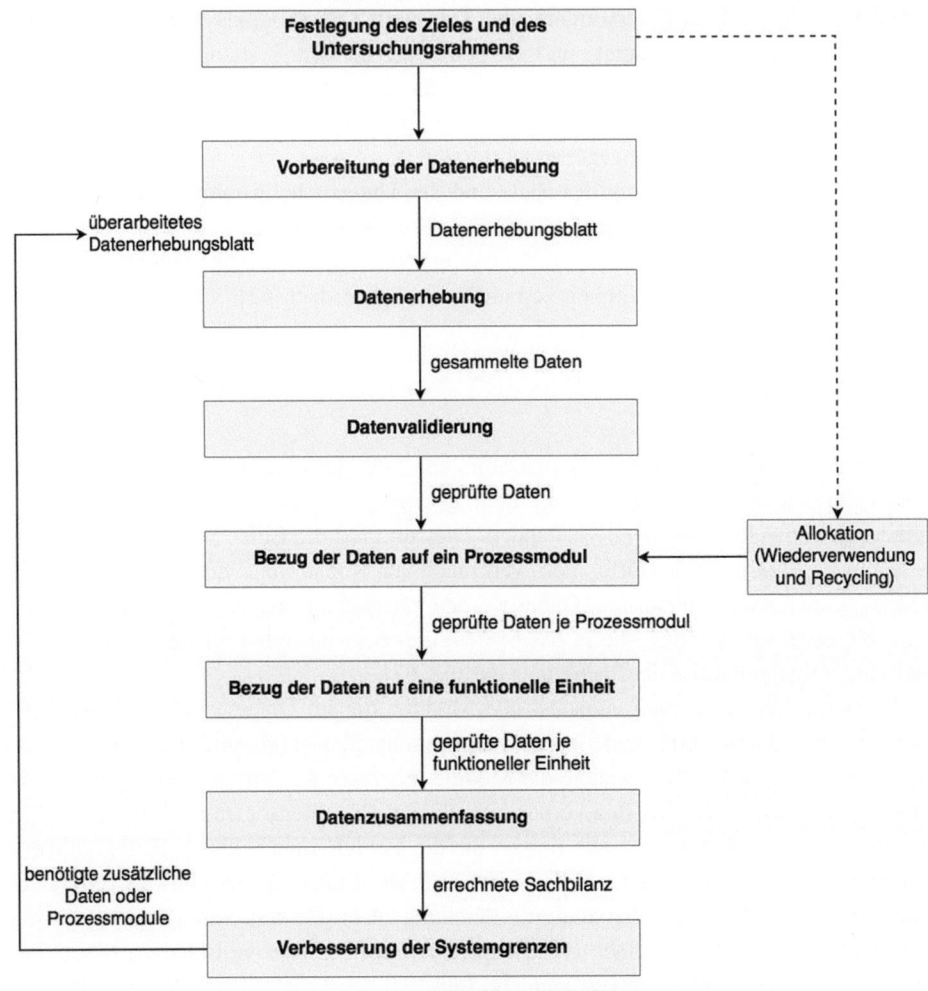

Abb. 14.16 Vorgehensweise in der Sachbilanz [63]

abschätzung geht es also um Umweltwirkungen, die theoretisch auftreten können [62, 63].

Die Durchführung der Wirkungsabschätzung wird in drei obligatorischen Schritten vorgenommen (Abb. 14.17). Zunächst werden die Wirkungskategorie n sowie die Wirkungsindikator en gewählt. Eine Auswahl der von SETAC in ökobilanziellen Studien betrachteten Wirkungskategorien und Wirkungsindikatoren befindet ist in Tab. 14.4 dargestellt.

In einem zweiten Schritt werden die in der Sachbilanz ermittelten Daten (z. B. Tonnen Kohlendioxid) den jeweiligen Wirkungskategorien (z. B. Klimaänderung)

14 Stoffstrommanagement und Ökobilanzen

Tab. 14.3 Bilanz einer Müllverbrennungsanlage bezogen auf 1000 kg Restabfall aus Haushalten (Beispiel)

Inputflüsse			Outputflüsse		
Restabfall	1.00E+03	kg	Staub (L)	9.57E−03	kg
Erdgas	6.50E+00	kg	NOx (L)	1.55E+00	kg
Steinkohle	2.00E−01	kg	Fluorwasserstoff (L)	3.49E−04	kg
Wasser (Prozess)	9.60E+02	kg	Chlorwasserstoff (L)	6.38E−02	kg
			Kohlendioxid, fossil (L)	2.67E+02	kg
			Blei (L)	1.90E−05	kg
			Cadmium (L)	6.01E−06	kg
			Chrom (L)	7.94E−05	kg
			Arsen (L)	1.46E−04	kg
			Nickel (L)	3.38E−05	kg
			Schwefeldioxid (L)	2.35E−01	kg
			PAK, unspezifiziert (L)	2.67E−08	kg
			PCB (L)	1.91E−08	kg
			PCDD, PCDF (L)	1.91E−10	kg
			Energie, elektrisch	8.95E+08	kJ
			Energie, Dampf	2,69E+09	kJ

zugeordnet (sog. *Klassifizierung*). Im dritten Schritt, der *Charakterisierung*, werden die erhobenen Daten anhand von der Höhe des verursachten Umweltschadens mit Charakterisierungsfaktor en bzw. Äquivalenzfaktor en in eine äquivalente Menge der Leitsubstanz (Wirkungsindikator) umgerechnet. In der Tab. 14.5 werden beispielhaft die Äquivalenzfaktoren von einigen Substanzen der Wirkungskategorien Klimaveränderung, Versauerung und Eutrophierung aufgeführt. Im Falle der Wirkungskategorie Klimaveränderung, ist der Charakterisierungsfaktor von Methan um den Faktor 21 größer als die Leitsubstanz Kohlendioxid. Nachdem jede Substanz in den entsprechenden Wirkungsindikator umgerechnet wird, werden die Wirkungsfaktor en summiert, um eine einzelne Größe pro Wirkungskategorie zu erhalten (14.2).

$$W_k = \sum F_i \cdot \ddot{A}F_{ik} \tag{14.2}$$

W_k = Wirkungsfaktor der Wirkungskategorie k
 E_i = Gesamtfluss des Stoffes i über den gesamten Lebenszyklus des Produktsystems
 $\ddot{A}F_{ik}$ = Äquivalenzfaktor des Stoffes i bezogen auf den Wirkungsindikator der Wirkungskategorie k

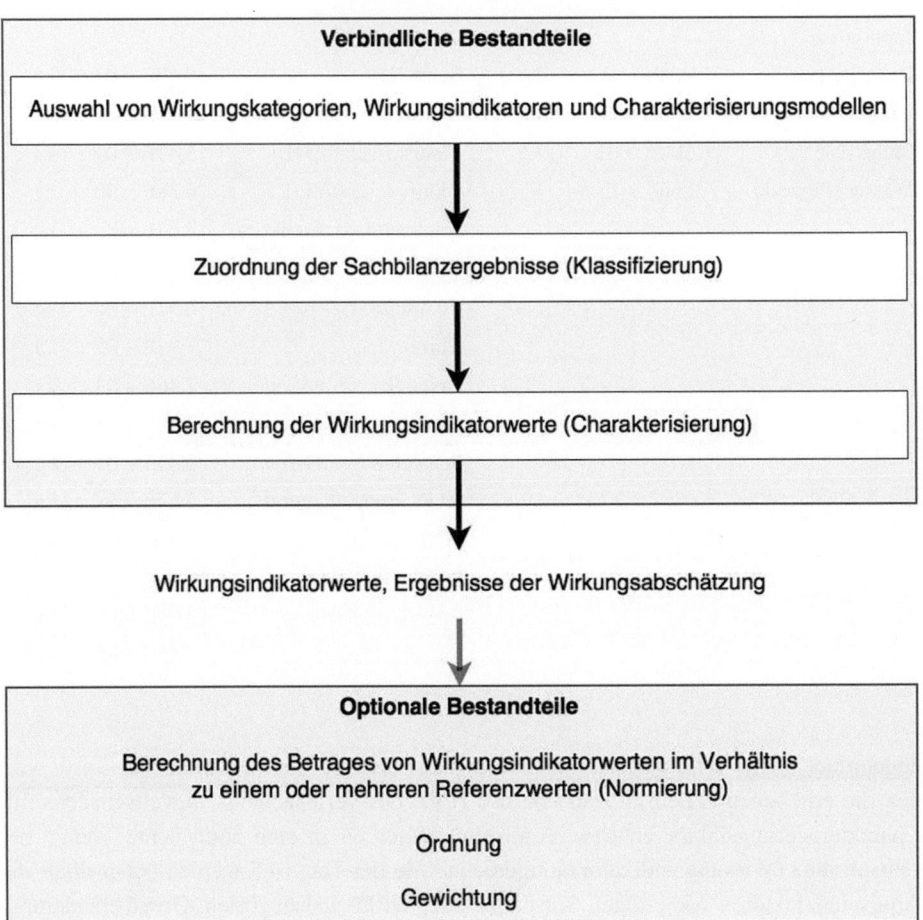

Abb. 14.17 Bestandteile der Wirkungsabschätzung [62]

z. B.

$$GWP\left[kg\,CO_2 - \text{Äq}\right] = \sum F_i\left[kg\,Stoff_i\right] \bullet GWP_i\left[\frac{kg\,CO_2 - \text{Äq}}{kg\,Stoff_i}\right]$$

Wenn nur eine Bewertungsgröße gewünscht ist, können die Ergebnisse der einzelnen Wirkungskategorien bezogen auf einen Referenzwert normiert und nach entsprechender Gewichtung zusammen addiert werden [63–66]. Abb. 14.18 stellt exemplarisch die Ergebnisse der ökobilanziellen Bewertung von drei Restabfallentsorgungssystemen, nach Wirkungskategorien gegliedert, dar. Die Ergebnisse beziehen sich auf eine Tonne (Mg)

14 Stoffstrommanagement und Ökobilanzen

Tab. 14.4 Auswahl von Wirkungskategorie n nach SETAC [64]

Wirkungskategorie	Wirkungsindikator	Einheit
Inputbezogene Kategorien		
• Abiotische Ressourcen	Antimon (Sb)	kg Sb-Äq
• Landnutzung		m² und Jahr
Outputbezogene Kategorie		
• Klimaänderung/ Treibhauspotenzial (GWP)[1]	Kohlendioxid (CO_2)	kg CO_2-Äq
• Stratosphärischer (ODP)[2] Ozonabbau	CFC-11	kg CFC-11-Äq
• Humantoxizität (HTP)[3]	1,4-Dichlorobenzol	kg 1,4-DCB-Äq
• Ökotoxizität (ETP)[4]	1,4-Dichlorobenzol	kg 1,4-DCB-Äq
• Versauerung (AP)[5]	Schwefeldioxid (SO_2)	kg SO_2-Äq
• Eutrophierung (EP)[6]	Phosphate (PO_4)	kg PO_4-Äq
• Photooxidantienbildung (POCP)[7]	Ethen (C_2H_4)	kg C_2H_4-Äq

Aq = Äquivalente.
[1] Abkürzung aus dem Englischen *Global Warming Potenzial* (Treibhauspotenzial)
[2] Abkürzung aus dem Englischen *Ozone Depletion Potenzial* (Ozonabbaupotenzial)
[3] Abkürzung aus dem Englischen *Human Toxicity Potenzial* (Humantoxizitätspotenzial)
[4] Abkürzung aus dem Englischen *Ecotoxicity Potenzial* (Ökotoxizitätspotenzial)
[5] Abkürzung aus dem Englischen *Acidification Potenzial* (Versauerungspotenzial)
[6] Abkürzung aus dem Englischen *Eutrophication Potenzial* (Eutrophierungspotenzial)
[7] Abkürzung aus dem Englischen *Photochemical Ozone Creation Potenzial* (Ozonbildungspotenzial)

Restabfall und werden in Einwohnerdurchschnittswerten, welche die relative Umweltbelastung des Produktsystems in Bezug auf die von allen Bundesbürgern verursachten Umweltauswirkungen gemessen, ausgedrückt. Positive Werte bedeuten eine Verschlechterung der Umwelt durch das Produktsystem, während negative Werte eine Verbesserung der Umweltsituation anzeigen.

14.4.6 Auswertung

In der Auswertung werden die Ergebnisse der Sachbilanz und der Wirkungsabschätzung gemeinsam betrachtet, um die in der Zielfestlegung zu Beginn der Untersuchung gestellten Fragen zu klären. Die zusammenfassende Bewertung der Umweltbelastungen und ihrer Auswirkungen dient der ökologischen Optimierung des produktbezogenen Gesamtprozesses und ermöglicht Entscheidungen über Alternativen [62, 63].

14.4.7 Zusammenfassung

Die Ökobilanz ermöglicht die Ermittlung und den Vergleich der potenziellen Umweltauswirkungen im Verlauf des ganzen Lebenszyklus von Waren, Dienstleistungen und

Tab. 14.5 Auszug von Äquivalenzfaktoren für ausgewählten Wirkungskategorien [65]

Wirkungskategorie	Aquivalenzfaktor
Treibhauspotenzial (GWP)	
Substanz	**GWP** (in kg CO_2-Äq/kg)
Kohlendioxid (CO_2)	1
Methan (CH_4)	21
Distickstoffmonoxid (N_2O)	310
Schwefelhexaflourid (SF_6)	23.900
Versauerungspotenzial (AP)	
Substanz	**AP** (in kg SO_2-Äq/kg)
Salpetersäure (HNO_3)	0,51
Salzsäure (HCl)	0,88
Stickstoffoxide (NO_x)	0,70
Schwefeldioxid SO_2	1,00
Fluorwasserstoff (HF)	1,60
Ammoniak (NH_3)	1,88
Schwefelwasserstoff (H_2S)	1,88
Eutrophierungspotenzial (EP)	
Substanz	**EP** (in kg PO_4-Äq/kg)
Salpetersäure (HNO_3)	0,10
Nitrat (NO_3^-)	0,10
Stickstoffoxide (NO_x)	0,13
Ammoniak (NH_3)	0,35
Ammonium (NH_4^+)	0,33
Phoshphorsäure (H_3PO_4)	0,97
Phosphat (PO_4^{3-})	1,00

Prozessen ermöglicht. Die Ökobilanz umfasst die Emissionen und den Ressourcenverbrauch „von der Wiege bis zur Bahre" eines Produktsystems. Dies bedeutet, dass die Umweltbelastungen, die über alle Lebensphasen des Produktes – von der Rohstoffgewinnung, über die Produktion und Nutzung bis hin zu dessen Entsorgung – entstehen, berücksichtigt werden, um die Wirkung auf Menschen und Natur zu untersuchen. Durch diese mehrdimensionale Betrachtung kann die Verlagerung von Umweltproblemen von einem Umweltmedium in ein anderes oder von einer Phase des Produktlebenszyklus in eine spätere erkannt und durch entsprechende Maßnahmen vermieden werden.

14 Stoffstrommanagement und Ökobilanzen

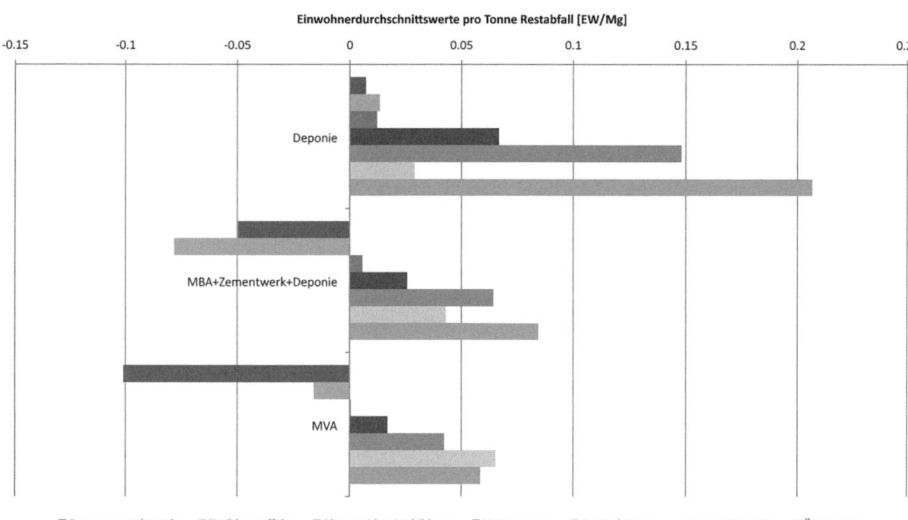

Abb. 14.18 Ergebnisse einer Ökobilanz von Restabfallentsorgungsystemen (Beispiel)

Fragen zu Kap. 14

1. Was ist Stoffstrommanagement und welchem Zweck dient es?
2. Welche Bearbeitungsschritte sind für ein erfolgreiches Stoffstrommanagement in der Abfallwirtschaft notwendig?
3. Was ist eine Stoffstromanalyse?
4. Welches sind typische und wichtige Randbedingungen bei der Erarbeitung eines Stoffstrommanagementkonzeptes?
5. Nennen Sie typische Maßnahmen um Stoffströme in der Abfallwirtschaft zu lenken bzw. zu verändern.
6. Welches sind die einzelnen Glieder der Lebensmittelkette?
7. Definieren Sie für jede Stufe der Wertschöpfungskette für Lebensmittel jeweils die Lebensmittelverluste und die Lebensmittelabfälle.
8. Welche Daten werden für die Systemanalyse benötigt, um das Stoffstrommanagement für Lebensmittel zu optimieren?
9. Welches sind typische und wichtige Randbedingungen für die Optimierung von Systemen innerhalb der Lebensmittelkette?
10. Wie kann eine Erfolgskontrolle nach der Implementierung von Optimierungsmaßnahmen realisiert werden?
11. Was ist eine Ökobilanz?
12. Aus welchen Teilschritten besteht eine Ökobilanz?
13. Was wird mit der funktionellen Einheit im Rahmen der Ökobilanz gemeint?

14. Was ist notwendig um eine Sachbilanz erstellen zu können?
15. Nennen Sie drei Wirkungskategorien, die bei der Wirkungsabschätzung angewendet werden.
16. Was ist der Äquivalenzfaktor bzw. Charakterisierungsfaktor von Methan, Distickstoffmonoxid und Kohlenstoffdioxid für die Wirkungskategorie *Klimaveränderung*?

Literatur

[1] Enquete-Kommission, 1994; Plinke; Kämpf; Tamtschnig in; Enquete-Kommission Schutz des Menschen und der Umwelt, 1995.
[2] Worrell, W.; Vesilind, P. (2011): Solid Waste Engineering, SI Version, 2. Hrsg. Cengage Learning, Stamford, CT.
[3] Kranert, M. (2007): Grünabfälle – besser kompostieren oder energetisch verwerten? Vergleich unter den Aspekten der CO_2-Bilanz und der Torfsubstitution (EdDE-Dokumentation 11).
[4] Marb, C.; Przybilla, I.; Neumayer, F. et al. (2003): Zusammensetzung und Schadstoffgehalt von Siedlungsabfällen (Bayer. Landesamt für Umweltschutz (Hrsg.)).
[5] Hafner, G. (2016): Abfallwirtschaftliche Stoffdatenbank der Universität Stuttgart (unveröffentlicht).
[6] Gebler, W. (1992): Ökobilanzen in der Abfallwirtschaft, Erich Schmidt Verlag.
[7] Rechberger, H. (1999): Entwicklung einer Methode zur Bewertung von Stoffbilanzen in der Abfallwirtschaft. Wiener Mitteilungen, Institut für Wassergüte und Abfallwirtschaft, Wien.
[8] Schmidt-Bleek, F. (1994): Wieviel Umwelt braucht der Mensch? Birkhäuser Verlag.
[9] Anonym 2017: http://www.lbp-gabi.de
[10] Gustavsson, J.; Cederberg, C.; Sonesson, U.; van Otterdijk, R.; Meybeck, A. (2011): Global Food Losses and Food Waste: Extent, Causes and Prevention, Food and Agriculture Organization of the United Nations – FAO, Rome, 2011.
[11] Behrends, C.; Stallmeister, U. (2015): Datenreport 2015 der Stiftung Weltbevölkerung, Deutsche Stiftung Weltbevölkerung [Hrsg.], Hannover.
[12] Westhoek, H.; Ingram, J.; van Berkum, S.; Özay, L.; Hajer, M. A. (2016): Food systems and natural resources. [Nairobi]: United Nations Environment Programme.
[13] UN WWAP (2012): Managing water under uncertainty and risk. Paris: UNESCO (United Nations world water development report, Volume 1).
[14] Europäische Kommission (2011): Mitteilung der Komission an das Europäische Parlament, den Rat, den Europäischen Wirtschafts- und Sozialausschuss und den Ausschuss der Regionen – Fahrplan für ein ressourcenschonendes Europa, Europäische Kommission, Brüssel, 2011.
[15] Bundesregierung (2012): Nationale Nachhaltigkeitsstrategie. Fortschrittsbericht 2012. Hg. v. Presse- und Informationsamt der Bundesregierung, zuletzt geprüft am 26.04.2018.
[16] BMUV (2022): #EarthOvershootDay: Wie die nachhaltige Produktentwicklung dabei helfen kann, Ressourcen zu schonen. Hg. v. Bundesministerium für Umwelt, Naturschutz, nukleare Sicherheit und Verbraucherschutz (BMUV). https://www.bmuv.de/meldung/earthovershoot-day-wie-die-nachhaltige-produktentwicklung-dabei-helfen-kann-ressourcen-zu-schonen (zuletzt aufgerufen am 03.11.2022).

[17] Oberle, B.; Bringezu, S.; Hatfield-Dodds, S.; Hellweg, S.; Schandl, H.; Clement, J. (2019): GLOBAL RESOURCES OUTLOOK 2019. Natural Resources for the Future We Want. https://www.resourcepanel.org/sites/default/files/documents/document/media/unep_252_global_resource_outlook_2019_web.pdf (zuletzt aufgerufen am 03.11.2022).

[18] Hafner, G.; Maurer, C.; Barabosz, J. (2010–2013): „GreenCook – transnational strategy for global sustainable food management"; EU-Forschungsprojekt: INTERREG IVB North West Europe, 5th Call, wissenschaftliche Leitung.

[19] Hafner, G.; Taupinart, E.; Georget, M. (2012): „Sustainable Restaurants & Canteens – Waste Monitoring"; Präsentation, Steering Committee EU-Forschungsprojekt „GreenCook", 11.05.2012, Lille.

[20] Hafner, G. (2012): Monitoring and Evaluation of Food Waste – Terms, Definitions, Evaluating Parameters and Coefficients; Präsentation, Workshop Community of Praxis EU-Forschungsprojekt „GreenCook", 22.05. 2012, Brüssel, unveröffentlicht.

[21] Hafner, G.; Yun Chin, W. (2012): Pilot Project „Canteen" – Uni Mensa Stuttgart Vaihingen, Monitoring of Food Wastage and Optimization; Präsentation, Workshop Community of Praxis EU-Forschungsprojekt „GreenCook", 22.05. 2012, Brüssel, unveröffentlicht.

[22] Hafner, G.; Barabosz, J.; Leverenz, D.; Schuller, H.; Schneider, F.; Scherhaufer, S.; Kölbig, A.; Kranert, M. (2012): Ermittlung der weggeworfenen Lebensmittelmengen und Vorschläge zur Verminderung der Wegwerfrate bei Lebensmitteln in Deutschland.

[23] Hafner, G.; Leverenz, D.; Barabosz, J. (2014): Lebensmittelverluste und Wegwerfraten im Freistaat Bayern – Studie im Auftrag des KErn – Kompetenzzentrum für Ernährung und des Bayerischen Staatsministerium für Ernährung, Landwirtschaft und Forsten

[24] Hafner, G.; Leverenz, D.; Pilsl, P. (2015): Potenziale zur Energieeinsparung durch Vermeidung von Lebensmittelverschwendung – Bilanzierung des energetischen Fußabdrucks ausgewählter Lebensmittel – Studie im Auftrag des KErn – Kompetenzzentrum für Ernährung und des Bayerischen Staatsministerium für Ernährung, Landwirtschaft und Forsten.

[25] Hafner, G.; Barabosz, J.; Leverenz, D.; Maurer, C.; Kranert, M.;;Göbel, C.; Friedrich, S.; Ritter, G.; Teitscheid, P.; Wetter, C. (2013): Analyse, Bewertung und Optimierung von Systemen zur Lebensmittelbewirtschaftung – Teil I: Definition der Begriffe „Lebensmittelverluste" und „Lebensmittelabfälle", Müll und Abfall 11/13, S. 601–609, Erich Schmidt Verlag, Berlin, 2013. https://doi.org/10.37307/j.1863-9763.2013.11.08.

[26] Göbel, C.; Teitscheid, P.; Ritter, G.; Blumenthal, A.; Friedrich, S.; Frick, T.; Grotstollen, L.; Möllenbeck, C.; Rottstegge, L.; Pfeiffer, C.; Baumkötter, D.; Wetter, C;Uekötter, B.; Burdick, B.; Langen, N.; Lettenmeier, M.; Rohn, H. (2012): Verringerung von Lebensmittelabfällen – Identifikation von Ursachen und Handlungsoptionen in Nordrhein-Westfalen – Studie für den Runden Tisch „Neue Wertschätzung von Lebensmitteln" des Ministeriums für Klimaschutz, Umwelt, Landwirtschaft, Natur- und Verbraucherschutz des Landes Nordrhein-Westfalen.

[27] Europäisches Parlament (2002): Verordnung (EG) Nr. 178/2002 des Europäischen Parlaments und des Rates vom 28. Januar 2002 zur Festlegung der allgemeinen Grundsätze und Anforderungen des Lebensmittelrechts, zur Errichtung der Europäischen Behörde für Lebensmittelsicherheit und zur Festlegung von Verfahren zur Lebensmittelsicherheit.

[28] Goossens, Y.; Leverenz, D.; Kuntscher, M. (2022): Waste-tracking tools: A business case for more sustainable and resource efficient food services. In: Resources, Conservation & Recycling Advances 15, S. 200112. DOI: https://doi.org/10.1016/j.rcradv.2022.200112.

[29] Leverenz, D. (2021): The use of self-reporting methods to identify food waste reduction potentials at consumer level - a support to achieve SDG 12.3. Unter Mitarbeit von Universität Stuttgart. https://doi.org/10.18419/opus-11508

[30] Leverenz, D.; Hafner, G.; Moussawel, S.; Kranert, M.; Goossens, Y.; Schmidt, T. (2021): Reducing food waste in hotel kitchens based on self-reported data. In: Industrial Marketing Management 93, S. 617–627. DOI: https://doi.org/10.1016/j.indmarman.2020.08.008.

[31] Leverenz, D.; Schneider, F.; Schmidt, T.; Hafner, G.; Nevárez, Z.; Kranert, M. (2021): Food Waste Generation in Germany in the Scope of European Legal Requirements for Monitoring and Reporting. In: Sustainability 13 (12), S. 6616. DOI: https://doi.org/10.3390/su13126616.

[32] Leverenz, D.; Moussawel, S.; Hafner, G.; Kranert, M. (2020): What influences buffet leftovers at event caterings? A German case study. In: Waste management (New York, N.Y.) 116, S. 100–111. DOI: https://doi.org/10.1016/j.wasman.2020.07.029.

[33] Leverenz, D.; Moussawel, S.; Maurer, C.; Hafner, G.; Schneider, F.; Schmidt, T.; Kranert, M. (2019): Quantifying the prevention potential of avoidable food waste in households using a self-reporting approach. In: Resources, Conservation and Recycling 150, S. 104417. https://doi.org/10.1016/j.resconrec.2019.104417.

[34] Caldeira, C.; Laurentiis, V. de, & Sala, S. (2019): Assessment of food waste prevention actions: development of an evaluation framework to assess the performance of food waste prevention actions: EUR 29901 EN. https://doi.org/10.2760/9773.

[35] Parry, A.; Harris, B. Fisher, K.,; Forbes, H. (2020): UK progress against Courtauld 2025 targets and UN Sustainable Development Goal 12.3. Project code: BCV011-005. https://wrap.org.uk/sites/files/wrap/Progress_against_Courtauld_2025_targets_and_UN_SDG_123.pdf (zuletzt aufgerufen am 03.11.2022).

[36] Campoy-Muñoz, P.; Cardenete, M. A.; Delgado, M. C. (2017): Economic impact assessment of food waste reduction on European countries through social accounting matrices. Resources, Conservation and Recycling, 122, 202–209. https://doi.org/10.1016/j.resconrec.2017.02.010

[37] Huppes, G.; Ishikawa, M. (2005): A Framework for Quantified Eco-efficiency Analysis. Journal of Industrial Ecology, 9(4), 25–41. https://doi.org/10.1162/108819805775247882

[38] Gabriel, R.; Braune, A. (2005): Eco-efficiency Analysis: Applications and User Contacts. Journal of Industrial Ecology, 9(4), 19–21. https://doi.org/10.1162/108819805775247873

[39] Cristóbal, J.; Castellani, V.; Manfredi, S.; Sala, S. (2018): Prioritizing and optimizing sustainable measures for food waste prevention and management. Waste Management (New York, N.Y.), 72, 3–16. https://doi.org/10.1016/j.wasman.2017.11.007

[40] Parry, A.; James, K.; LeRoux, S. (2015): Strategies to achieve economic and environmental gains by reducing food waste. https://newclimateeconomy.report/workingpapers/wp-content/uploads/sites/5/2016/04/WRAP-NCE_Economic-environmental-gains-food-waste.pdf (zuletzt aufgerufen am 03.11.2022).

[41] Papargyropoulou, E.; Wright, N.; Lozano, R.; Steinberger, J.; Padfield, R.; Ujang, Z. (2016): Conceptual framework for the study of food waste generation and prevention in the hospitality sector. Waste Management (New York, N.Y.), 49, 326–336. https://doi.org/10.1016/j.wasman.2016.01.017.

[42] Zimmerman, B. J. (2002): Becoming a Self-Regulated Learner: An Overview. Theory into Practice, 41(2), 64–70. https://doi.org/10.1207/s15430421tip4102_2.

[43] Comber, R.; Thieme, A. (2013): Designing beyond habit: opening space for improved recycling and food waste behaviors through processes of persuasion, social influence and aversive affect. Personal and Ubiquitous Computing, 17(6), 1197–1210. https://doi.org/10.1007/s00779-012-0587-1.

[44] Thieme, A.; Comber, R.; Miebach, J.; Weeden, J.; Kraemer, N.; Lawson, S.; Olivier, P. (2012): "We've bin watching you"- designing for reflection and social persuasion to promote sustainable lifestyles: In Joseph A. Konstan, Ed H. Chi, Kristina Höök (Eds.): Proceedings of the 2012 ACM annual conference on Human Factors in Computing Systems - CHI

'12. the 2012 ACM annual conference. Austin, Texas, USA, 05.05.2012 - 10.05.2012. New York, New York, USA: ACM Press, pp. 2337–2346.

[45] Young, W.; Russell, S.V.; Robinson, C.A.; Barkemeyer, R. (2017): Can social media be a tool for reducing consumers' food waste? A behaviour change experiment by a UK retailer. Resources, Conservation & Recycling 117, pp. 195–203. https://doi.org/10.1016/j.resconrec.2016.10.016.

[46] Shaw, P.; Smith, M.,; Williams, I. (2018): On the Prevention of Avoidable Food Waste from Domestic Households. Recycling, 3(2), 24. https://doi.org/10.3390/recycling3020024.

[47] Smith, M. M.; Shaw, P. J.; Williams, I. D. (Eds.) (2014): The potential for reducing avoidable food waste arisings from domestic households. CISA Publisher.

[48] Heikkilä, L.; Reinikainen, A.; Katajajuuri, J.-M.; Silvennoinen, K.; Hartikainen, H. (2016): Elements affecting food waste in the food service sector. Waste Management (New York, N.Y.), 56, 446–453. https://doi.org/10.1016/j.wasman.2016.06.019.

[49] Silvennoinen, K.; Heikkilä, L.; Katajajuuri, J.-M.; Reinikainen, A. (2015): Food waste volume and origin: Case studies in the Finnish food service sector. Waste Management (New York, N.Y.), 46, 140–145. https://doi.org/10.1016/j.wasman.2015.09.010.

[50] Eriksson, M.; Persson Osowski, C.; Malefors, C.; Björkman, J.; Eriksson, E. (2017): Quantification of food waste in public catering services - A case study from a Swedish municipality. Waste Management (New York, N.Y.), 61, 415–422. https://doi.org/10.1016/j.wasman.2017.01.035.

[51] Waskow, F.; Blumenthal, A.;Wieschollek, S.; Polit, G. (2016): Fallstudie: Vermeidung von Lebensmittelabfällen in der Verpflegung von Ganztagsschulen. Working Paper I: Erhebung, Relevanz und Ursachen von Lebensmittelabfällen in der Mittagsverpflegung von Ganztagsschulen. Düsseldorf. Bundesministerium für Bildung und Forschung; FONA; DLR.

[52] Clowes, A.; Mitchell, P.; Hanson, C. (2018): The business case for reducing food loss and waste: catering.: A report on behalf of Champions 12.3.

[53] Eriksson, M.; Malefors, C.; Callewaert, P.; Hartikainen, H.; Pietiläinen, O.; Strid, I. (2019): What gets measured gets managed—or does it? Connection between food waste quantification and food waste reduction in the hospitality sector. Resources, Conservation & Recycling X 4, 100021. https://doi.org/10.1016/j.rcrx.2019.100021.

[54] ResQ Club. (2019): Leave no meal behind. https://www.resq-club.com/ (zuletzt aufgerufen am 03.11.2022). Too Good To Go. (2019). Rette leckeres Essen und bekämpfe die Verschwendung. https://toogoodtogo.de (zuletzt aufgerufen am 03.11.2022).

[55] FEBA. (2019): FEBA is a thriving network of Food Banks fighting hunger and food waste throughout Europe. European Food Banks Federation. https://www.eurofoodbank.org/ (zuletzt aufgerufen am 03.11.2022).

[56] Foodsharing. (2019): Food sharing saves unwanted and overproduced food in private households as well as small and large businesses. https://foodsharing.de/ (zuletzt aufgerufen am 03.11.2022).

[57] Barabosz, J. (2011): Konsumverhalten und Entstehung von Lebensmittelabfällen in Musterhaushalten. Diplomarbeit. Universität Stuttgart.

[58] Schuller, H. (2012): Abschätzung der Lebensmittelabfälle in Deutschland, deren Vermeidungspotentiale und sich daraus ergebende positive Umwelteinflüsse. Diplomarbeit. Universität Stuttgart

[59] Leverenz, D. (2012): Handlungsempfehlungen zur Reduzierung von Lebensmittelabfall. Diplomarbeit. Universität Stuttgart.

[60] Gusia, D. (2012): Lebensmittelabfälle in Musterhaushalten im Landkreis Ludwigsburg. Ursachen – Einflussfaktoren – Vermeidungsstrategien. Diplomarbeit. Universität Stuttgart

[61] Riestenpatt g. Richter, D. (2012): Ermittlung weggeworfener Lebensmittelabfallmengen bei Großverbrauchern und Haushalten in Bayern. Diplomarbeit. Universität Stuttgart.

[62] CEN (2006): International Organization for Standardization (ISO), Umweltmanagement – Ökobilanz – Grundsätze und Rahmenbedingungen (ISO 14040:2006), Europäisches Komitee für Normung (CEN).

[63] CEN (2006): International Organization for Standardization (ISO), Umweltmanagement – Ökobilanzen – Anforderung und Anleitungen – (EN ISO 14044:2006). Europäisches Komitee für Normung (CEN).

[64] Udo de Haes, H. A. (Hrsg.) (1996): Towards a Methodology for Life Cycle Impact Assessment, SETAC, Brussels.

[65] Guineé, J. B. et al. (2001): Life Cycle Assessment, An Operational Guide to the ISO Standards, Ministry of Housing, Spatial Planning, and the Environment, The Hague.

[66] Udo de Haes, H. A.; Jolliet, O.; Finnveden, G.; Hausschild, M.; Krewitt, W.; Müller-Renk, R. (1999): Best Available Practice Regarding Impact Categories and Indicators in Life Cycle Impact Assessment, International Journal of Life Cycle Assessment, Vol. 4, No. 3, S. 167–174.

Ergänzende Literatur

Baumann B., Tillman. A.M. The Hitch Hiker's Guide to LCA. Literatur für Studierende, 2004

Guineé, J.B. et al. Life Cycle Assessment: An Operational Guide to the ISO Standards. Ministry of Housing, Spatial Planning, and the Environment, 2001.

Klöpffer, W., Grahl, B. Ökobilanz (LCA): Ein Leitfaden für Ausbildung und Beruf. Wiley-VCH, 2009.

Anhang

A1. Anhang zu Kap. 3

Tab. A3.1 Restmüllzusammensetzung, Wasser- und mittlerer Kohlenstoffgehalt der Restmüllfraktionen [1]

Fraktion	Restmüll-Zusammensetzung (feucht)*1	Zusammensetzung nach Aufteilung der Restfraktion und der Verbundstoffe	Wassergehalt der Fraktionen	Gesamtwassergehalt	C-Gehalt der Fraktionen (TS)	C-Gehalt der Fraktionen (FS)	C-Gehalt pro kg Restmüll (feucht)
	(%)	(%)	(%)	(%)	(mg/kg TM)	(mg/kg FM)	(mg/kg FM)
Papier, Pappe, Karton	13,5	23,6	22	5,2	440.000	343.200	81.033
Glas	4,4	5,1	4	0,2	0	0	0
Metall	4,5	7,2	5	0,4	0	0	0
Kunststoffe	10,6	18,3	14	2,6	800.000	688.000	125.616
Verbundstoffe	13,8	0	–	–	–	–	0
Textilien	4,1	4,7	25	1,2	550.000	412.500	19.575
Biogene Abfälle	29,7	34,4	50	17,2	180.000	90.000	30.938
Problemstoffe	0,9	1	0	0		0	0
Mineral Bestandteile	3,8	4,4	6	0,3		0	0
Holz	1,1	1,3	16	0,2	507.000	425.880	5422
Restfraktion	13,6	0	–	–	–	–	–
Summe	100	100		27,2			262.583

*1 Datenbasis Bundesabfallwirtschaftsplan 1998

Tab. A3.2 Wassergehalte und Glühverluste von Stoffgruppen aus dem Resthausmüll [2]

	Wassergehalte		Glühverlust	
	Restmüll mit Biotonne	Restmüll ohne Biotonne	Restmüll mit Biotonne	Restmüll ohne Biotonne
	Mittel	Mittel	Mittel	Mittel
0–8 mm	33	33	37	41
8–40 mm	47	56	63	65
Küchenabfälle	60	60	70	70
Gartenabfälle	50	50	60	60
Papier	25	25	90	90
Pappe	20	20	90	90
Glas	1	1	0	0
Verpackungskunststoffe	10	10	93	93
Verpackungsverbund	15	15	90	90
Sonstige Kunststoffe	10	10	92	92
Metall	2	2	0	0
Inert	3	3	0	0
Holz	10	10	90	90
Textilien	15	15	94	94
Windeln	52	52	94	94
Materialverbund	10	10	80	80
Hygienepapier	30	30	88	88
Rest	20	20	80	80

Tab. A3.3 Heizwerte von Stoffgruppen aus dem Resthausmüll [2]

	Wassergehalt	Ho Stuttgart	Hu Stuttgart	Ho Literatur	Hu Literatur
	%	kJ/kg	kJ/kg	kJ/kg	kJ/kg
Küchenabfälle	60	17.000	5335	13.500	3935
Gartenabfälle	50	17.000	7280	13.500	5530
Papier	25	16.800	11.990	16.800	11.990
Pappe	20	16.800	12.952	16.800	12.952
Glas	1	0	−24	0	−24
Verpackungskunststoffe	10	39.000	34.856	36.500	32.606
Verpackungsverbund	15	20.000	16.634	16.800	13.914
Sonstige Kunststoffe	10	39.000	34.856	36.500	32.606
Metall	2	0	−49	0	−49
Inert	3	0	−73	0	−73
Holz	10	17.000	15.065	17.000	15.056
Textilien	15	36.000	30.234	36.000	30.234
Windeln	52	16.200	6507	22.000	9291
Materialverbund	10	10.000	8756	10.000	8756
Hygienepapier	30	15.900	10.398	16.800	11.028
Rest	20	17.950	13.872	10.000	7512
8–40 mm	47	12.300	5372	8100	3146
0–8 mm	33	7400	4152	5400	2812

A2. Tabellen zu Kap. 5

Tab. A5.1 Differenzierung der Gebietsstrukturen [3]

Gebietsstruktur [GS]	Wohneinheiten je Eingang	Beschreibung
1	–	Citygebiete (innerstädtische Bebauung mit hohem Gewerbeanteil)
2	>6	Geschlossene Mehrfamilienhausbebauung (innerstädtisch)
3a	>6	Offene Mehrfamilienhausbebauung (größer fünfgeschossig)
3b	>6	Offene Mehrfamilienhausbebauung (drei- bis fünfgeschossig)
4a	3–6	Drei- bis Sechsfamilienhausbebauung
4b	1–2	Ein- und Zweifamilienhausbebauung
5a	1–2	Aufgelockerte Ein- und Zweifamilienhausbebauung (Streusiedlungen)
5b	1–2	Aufgelockerte Ein- und Zweifamilienhausbebauung (Einzelgehöfte)

Tab. A5.2 Schütt- und Raumgewichte von Restmüll in Sammelbehältern [3]

Behältersystem	Schüttgewichte und Raumgewichte [1)] von Restmüll in Abhängigkeit vom Behältersystem			
	Ohne Bioabfallerfassung		Mit Bioabfallerfassung	
	Schüttgewicht [2)] [kg/m^3]	Raumgewicht [3)] [kg/m^3]	Schüttgewicht [kg/m^3]	Raumgewicht [kg/m^3]
MGB [4)] 40/60	200–250	160–200	170–220	140–180
MGB 80/120	160–200	130–160	130–170	105–140
MGB 240	150–180	120–145	120–150	95–120
MGB 1100	120–140	100–115	100–120	80–100

[1)] Annahme eines Füllgrades von 80 %.
[2)] Schüttgewicht = (Inhaltsgewicht/verfülltes Behältervolumen).
[3)] Schüttgewicht = (Inhaltsgewicht/Behältervolumen).
[4)] Müllgroßbehälter.

Tab. A5.3 Raumgewichte von Wertstoffen in Sammelbehältern [3]

Raumgewichte von Wertstoffen in Sammelbehältern in kg/m³		
Altpapier (Mischpapier)		60–100
Altglas		250–300
DSD-Leichtstoffe		30–60
Bioabfälle	**Küchenabfall**	200–400
	Gartenabfall	125–250

Berechnung des spezifischen Behältervolumens

$$VB(1) = \frac{G_E \cdot E}{\rho \cdot 52 \cdot L_W} * S = \frac{G_E \cdot E}{RG \cdot 52 \cdot L_W}$$

VB (l) = rechnerisches Mindestbehältervolumen
GE (kg/Ea) = Abfallgewicht pro Einwohner und Jahr
E (−) = an Sammelbehälter angeschlossene Einwohner
(kg/l) = Schüttgewicht Abfall (Inhaltsgewicht/gefülltes Behältervolumen)
52 (−) = Wochen pro Jahr
LW (1/W) = Leerungen pro Woche
S (−) = Spitzenfaktor (zu berücksichtigende Relation zwischen Spitzenanfall zu durchschnittlichem Anfall) oder = 1/mittleren Füllgrad
bei Restmüll = ca. 1,2–1,3
bei Bioabfall (saisonbedingt) = bis zu ca. 1,5
RG = Raumgewicht des Abfalls (Inhaltsgewicht/ Behältervolumen)
 = Schüttgewicht * Füllgrad
nach [3]

Auszug aus den Ergebnissen der VKS-Betriebsdatenauswertung 2020

Bereich Restabfall

Tab. A5.4 Welches Leerungsintervall bieten Sie an? (Mehrfachnennungen möglich)

2020 Abfuhrrhythmus	Nennungen [Anz.]	Anteil [%]*
Mehrmals wöchentlich	48	49,0
Wöchentlich	74	75,5
2-wöchentlich	93	94,9
4-wöchentlich	38	38,8

*Bezug auf 98 Teilnehmer, die Angaben zum Leerungsinterball gemacht haben

Tab. A5.5 Wie sind Ihre Sammelfahrzeuge durchschnittlich besetzt (im Vollservice)?

2020 (Vollservice)	Verhältnis Fahrer zu Lader (1:__)			Anzahl der Nennungen
	min	max	mittel	
Behälter bis 360 l	1,9	4,0	**2,6**	10
Behälter ab 550 l	1,0	2,0	**1,5**	34
gemischte Abfuhr	1,2	3,8	**2,6**	30

Tab. A5.6 Wie sind Ihre Sammelfahrzeuge durchschnittlich besetzt (im Teilservice)?

2012 (Teilservice)	Verhältnis Fahrer zu Lader (1:__)			Anzahl der Nennungen
	min	max	mittel	
Behälter bis 360 l	0,0	2,0	**1,3**	22
gemischte Abfuhr	1,0	3,0	**1,5**	31

Tab. A5.7 Wie oft muss die Entsorgungsanlage durchschnittlich von einem Fahrzeug angefahren werden (x mal/Tag)?

2020	min	max	mittel	Anzahl der Nennungen
Anfahrten [x mal/Tag]	1,5	2,1	**1,9***	80

*Wert gerundet auf eine Nachkommastelle.

Tab. A5.8 Welche Menge liefert ein Sammelfahrzeug durchschnittlich täglich an der Entsorgungsanlage an?

2020	min	max	mittel	Anzahl der Nennungen
Ø Menge in [Mg/(Fzg.*d)]	10,3	20,0	**14,9***	76

*das heißt bei 1,9 Fahrten zur Entsorgungsanlage/Tag
= 7,9 Mg/(Fahrzeug × Entsorgungsfahrt).

Bereich Bioabfall

Tab. A5.9 Welches Leerungsintervall bieten Sie an? (Mehrfachnennungen möglich)

2020 Abfuhrrhythmus	Nennungen* [Anz.]	Anteil [%]
Mehrmals wöchentlich	5	5,4
Wöchentlich	46	49,5
2-wöchentlich	77	82,8
4-wöchentlich	6	6,5

**Bezug auf 93 Teilnehmer, die Angaben zum Leerungsintervall gemacht haben*

Tab. A5.10 Wie sind Ihre Sammelfahrzeuge durchschnittlich besetzt (im Vollservice)?

2020 (Vollservice)	Verhältnis Fahrer zu Lader (1:__)			Anzahl der Nennungen
	min	max	mittel	
Behälter bis 360 l	1,0	3,0	**2,1**	18
Gemischte Abfuhr	1,0	3,0	**2,2**	14

Tab. A5.11 Wie sind Ihre Sammelfahrzeuge durchschnittlich besetzt (im Teilservice)?

2020 (Teilservice)	Verhältnis Fahrer zu Lader (1:__)			Anzahl der Nennungen
	min	max	mittel	
Behälter bis 360 l	0,0	2,0	**1,2**	31
Gemischte Abfuhr	1,0	2,0	**1,5**	19

Tab. A5.12 Wie oft muss die Entsorgungsanlage durchschnittlich von einem Fahrzeug angefahren werden (x mal/Tag)?

2020	min	max	mittel	Anzahl der Nennungen
Anfahrten [x mal/Tag]	1,0	2,0	**1,5**	78

*Wert gerundet auf eine Nachkommastelle.

Tab. A5.13 Welche Menge liefert ein Sammelfahrzeug durchschnittlich täglich an der Entsorgungsanlage an?

2020	min	max	mittel	Anzahl der Nennungen
Ø Menge in [Mg/(Fzg.*d)]	6,5	17	**10,7***	71

*das heißt bei 1,5 Fahrten zur Entsorgungsanlage/Tag
= 7,0 Mg/(Fahrzeug × Entsorgungsfahrt).

Bereich LVP / Wertstofftonne

Tab. A5.14 Welches Leerungsintervall bieten Sie an (Holsystem)? (Mehrfachnennungen möglich)

2020 Abfuhrrhythmus	Nennungen* [Anzahl]	Anteil [%]*
Mehrmals wöchentlich	5	7,7
Wöchentlich	18	27,7
2-wöchentlich	49	75,4
4-wöchentlich	21	32,2

*Bezug auf 65 Teilnehmer, die Angaben zum Leerungsintervall gemacht haben

Tab. A5.15 Wie sind Ihre Sammelfahrzeuge durchschnittlich besetzt (im Vollservice)?

2020 (Vollservice)	Verhältnis Fahrer zu Lader (1:__)			Anzahl der Nennungen
	min	max	mittel	
Behälter ab 550 l	1,0	2,0	**1,4**	7
Gemischte Abfuhr	1,0	2,7	**1,9**	10

Tab. A5.16 Wie sind Ihre Sammelfahrzeuge durchschnittlich besetzt (im Teilservice)?

2020 (Teilservice)	Verhältnis Fahrer zu Lader (1:__)			Anzahl der Nennungen
	min	max	mittel	
Behälter bis 360 l	0,4	1,6	**1,0**	5
Gemischte Abfuhr	0,5	2,2	**1,5**	16
Sack-, Bündelsammlung	1,0	2,0	**1,4**	6

Tab. A5.17 Wie oft muss die Entsorgungsanlage durchschnittlich von einem Fahrzeug angefahren werden (x mal/Tag)?

2020	min	max	mittel	Anzahl der Nennungen
Anfahrten [x mal/Tag]	1,0	2,0	**1,5***	38

*Wert gerundet auf eine Nachkommastelle.

Tab. A5.18 Welche Menge liefert ein Sammelfahrzeug durchschnittlich täglich an der Entsorgungsanlage an?

2020	min	max	mittel	Anzahl der Nennungen
Ø Menge in [Mg/(Fzg.*d)]	4,0	8,5	**6,0***	35

*das heißt bei 1,5 Fahrten zur Entsorgungsanlage/Tag
= 4,1 Mg/(Fahrzeug × Entsorgungsfahrt).

Bereich Altpapier

Tab. A5.19 Welches Leerungsintervall bieten Sie an (Holsystem)? (Mehrfachnennungen möglich)

2020 Abfuhrrhythmus	Nennungen* [Anz.]	Anteil [%]*
Mehrmals wöchentlich	19	20,4
Wöchentlich	39	41,9
2-wöchentlich	55	59,1
4-wöchentlich	72	77,4

*Bezug auf 93 Teilnehmer, die Angaben zum Leerungsintervall gemacht haben

Tab. A5.20 Wie sind Ihre Sammelfahrzeuge durchschnittlich besetzt (im Vollservice)?

2020 (Vollservice)	Verhältnis Fahrer zu Lader (1:__)			Anzahl der Nennungen
	min	max	mittel	
Behälter ab 550 l	1,0	2,0	**1,4**	19
Gemischte Abfuhr	1,0	3,0	**2,1**	22

Tab. A5.21 Wie sind Ihre Sammelfahrzeuge durchschnittlich besetzt (im Teilservice)?

2020 (Teilservice)	Verhältnis Fahrer zu Lader (1:__)			Anzahl der Nennungen
	min	max	mittel	
Behälter bis 360 l	0,3	2,0	**1,2**	14
Gemischte Abfuhr	1,0	2,0	**1,7**	33

Tab. A5.22 Wie oft muss die Entsorgungsanlage durchschnittlich von einem Fahrzeug angefahren werden (x mal/Tag)?

2020	min	max	mittel	Anzahl der Nennungen
Anfahrten [x mal/Tag]	1,0	2,0	**1,7**	69

*Wert gerundet auf eine Nachkommastelle

Tab. A5.23 Welche Menge liefert ein Sammelfahrzeug durchschnittlich täglich an der Entsorgungsanlage an?

2020	min	max	mittel	Anzahl der Nennungen
Ø Menge in [Mg/(Fzg.*d)]	6,0	13,0	**10,0***	63

*das heißt bei 1,7 Fahrten zur Entsorgungsanlage/Tag = 5,9 Mg/(Fahrzeug × Entsorgungsfahrt).

A3. Tabellen zu Kap. 7

Tab. A7.1 Teil 1 Europäische Stahlschrottsortenliste (Auszug) [5]

Kategorie	Sorten-Nr	Sortenbeschreibung	Abmessungen	Schüttgewicht [t/m^3]	Schuttanteil [1)]
Altschrott	E 3	Schwerer Stahlaltschrott, überwiegend stärker als 6 mm, in Abmessungen nicht über 1,5 × 0,5 × 0,5 m, aufbereitet für einen direkten Einsatz als Rohstoff. Rohre und Hohlprofile können enthalten sein. Karosserieschrott und Räder von Pkw sind ausgeschlossen. Muss frei sein von Betonstahl und leichtem Stabstahl soweit von sichtbarem Kupfer, Zinn, Blei (und Legierungen), Maschinenteilen und Schutt, um die angestrebten Analysenwerte zu erreichen vgl. B) und C) der allgemeinen Bedingungen	Stärke ≥ 6 mm Abmessung $\leq 1,5 \times 0,5 \times 0,5$ m	$\geq 0,6$	$\leq 1\,\%$
	E 1	Leichter Stahlaltschrott, überwiegend unter 6 mm Stärke, in Abmessungen nicht über 1,5 × 0,5 × 0,5 m, aufbereitet für einen direkten Einsatz als Rohstoff. Wenn ein größeres Schüttgewicht gewünscht wird, empfiehlt sich, eine Höchstabmessung von 1 m zu vereinbaren. Kann Räder von Pkw enthalten, aber unter Ausschluss von Karosserieschrott von Pkw und Haushaltsgeräteschrott. Muss frei sein von Betonstahl und leichtem Stabstahl, frei von sichtbarem Kupfer, Zinn, Blei und (Legierungen), Maschinenteilen und Schutt, um die angestrebten Analysenwerte zu erreichen vgl. B) und C) der allgemeinen Bedingungen	Stärke < 6 mm Abmessung $\leq 1,5 \times 0,5 \times 0,5$ m	$\geq 0,5$	$<1,5\,\%$

(Fortsetzung)

Tab. A7.1 (Fortsetzung)

Kategorie	Sorten-Nr	Sortenbeschreibung	Abmessungen	Schüttgewicht [t/m³]	Schuttanteil 1)
Neuschrott Niedriger Gehalt an Begleitelementen (Reststoffen) frei von Beschichtungen 2)	E 2	Schwerer Stahlneuschrott, überwiegend stärker als 3 mm, aufbereitet für einen direkten Einsatz als Rohstoff. Der Stahlschrott muss frei sein von Beschichtungen, wenn nicht anders vereinbart, und er muss frei sein von Betonstahl und leichtem Stabstahl, auch aus Neuproduktion. Muss frei sein von sichtbarem Kupfer, Zinn, Blei (und Legierungen), Maschinenteilen und Schutt, um die angestrebten Analysenwerte zu erreichen vgl. B) und C) der allgemeinen Bedingungen	Stärke ≥ 3 mm Abmessung $\leq 1,5 \times 0,5 \times 0,5$ m	$\geq 0,6$	<0,3 %
	E 8	Leichter Stahlneuschrott, überwiegend unter 3 mm Stärke, aufbereitet für einen direkten Einsatz als Rohstoff. Der Stahlschrott muss frei sein von Beschichtungen, wenn nicht anders vereinbart, und muss frei sein von losen Bändern zur Vermeidung von Problemen beim Chargieren. Muss frei sein von sichtbarem Kupfer, Zinn, Blei (und Legierungen), Maschinenteilen und Schutt, um die angestrebten Analysenwerte zu erreichen vgl. B) und C) der allgemeinen Bedingungen	Stärke < 3 mm Abmessung $\leq 1,5 \times 0,5 \times 0,5$ m (ausgenommen aufgerollte/gebundene Bänder)	$\geq 0,4$	<0,3 %

(Fortsetzung)

Tab. A7.1 (Fortsetzung)

Kategorie	Sorten-Nr	Sortenbeschreibung	Abmessungen	Schüttgewicht [t/m³]	Schuttanteil 1)
	E 6	Leichter Stahlneuschrott (unter 3 mm Stärke), verdichtet oder in Form von festen Paketen, aufbereitet für einen direkten Einsatz als Rohstoff. Der Stahlschrott muss frei von Beschichtungen sein, wenn nicht anderes vereinbart. Muss frei sein von sichtbarem Kupfer, Zinn, Blei (und Legierungen), Maschinenteilen und Schutt, um die angestrebten Analysenwerte zu erreichen vgl. B) und C) der allgemeinen Bedingungen		>1	<0,3 %
Shredderschrott	E 40	Shredderstahlschrott, Stahlaltschrott in Stücke zerkleinert, die in keinem Fall größer als 200 mm für 95 % der Ladung sein dürfen. In den verbleibenden 5 % darf kein Stück größer als 1000 mm sein, aufbereitet für einen direkten Einsatz als Rohstoff. Der Schrott soll frei sein von überhöhter Nässe, von losen Gusseisenstücken und von Müllverbrennungsschrott (insbesondere Weißblechdosen) Muss frei sein von sichtbarem Kupfer, Zinn, Blei (und Legierungen) sowie Schutt, um die angestrebten Analysenwerte zu erreichen vgl. B) und C) der allgemeinen Bedingungen		>0,9	<0,4 %

(Fortsetzung)

Tab. A7.1 (Fortsetzung)

Kategorie	Sorten-Nr	Sortenbeschreibung	Abmessungen	Schütt-gewicht [t/m³]	Schutt-anteil 1)
Stahlspäne 3)	E 5 H	Homogene Lose von Kohlenstoffstahlspänen bekannten Ursprungs, frei von zu hohem Anteil wolliger Späne, aufbereitet für einen direkten Einsatz als Rohstoff, Späne von Automatenstahl müssen klar benannt werden. Die Späne müssen frei sein von jeglichen Verunreinigungen, wie NE-Metalle, Zunder, Schleifstaub und stark oxydierten Spänen oder Stoffen der chemischen Industrie. Eine vorherige chemische Analyse kann gefordert werden			(*)
	E 5 M	Gemischte Lose von Kohlenstoffstahlspänen, frei von zu hohem Anteil wolliger Späne, losem Material und frei von Automatenstahlspänen, aufbereitet für einen direkten Einsatz als Rohstoff. Die Späne müssen frei sein von jeglicher Verunreinigung, wie NE-Metalle, Zunder, Schleifstaub und stark oxydierten Spänen oder Stoffen der chemischen Industrie			(*)

(Fortsetzung)

Tab. A7.1 (Fortsetzung)

Kategorie	Sorten-Nr	Sortenbeschreibung	Abmessungen	Schüttgewicht [t/m³]	Schuttanteil 1)
Leicht legierter Schrott mit hohem Gehalt an Begleitelementen	EHRB 4)	Alter und neuer Stahlschrott, der vor allem aus Betonstahl und leichtem Stabstahl besteht, aufbereitet für einen direkten Einsatz als Rohstoff. Kann geschnitten, geschert oder paketiert werden und muss frei sein von zu hohen Mengen an Beton oder anderen Baustoffen. Muss frei sein von sichtbarem Kupfer, Zinn, Blei (und Legierungen), Maschinenteilen und Schutt, um die angestrebten Analysenwerte zu erreichen vgl. B) und C) der allgemeinen Bedingungen	max. 1,5 × 0,5 × 0,5 m	>0,5	<1,5 %
Schrott mit hohem Reststoffanteil	EHRM 5)	Alte und neue Maschinenteile und Komponenten, die in den anderen Sorten nicht angenommen werden, aufbereitet für einen direkten Einsatz als Rohstoff. Kann Gusseisenstücke enthalten (vor allem Gehäuse von mechanischen Komponenten). Muss frei sein von sichtbarem Kupfer, Zinn, Blei (und Legierungen) und Teilen wie Kugellagergehäuse, Bronzeringe und anderen Sorten, auch von Schutt, um die angestrebten Analysenwerte zu erreichen vgl. B) und C) der allgemeinen Bedingungen	max. 1,5 × 0,5 × 0,5 m	>0,6	<0,7 %

(Fortsetzung)

Tab. A7.1 (Fortsetzung)

Kategorie	Sorten-Nr	Sortenbeschreibung	Abmessungen	Schüttgewicht [t/m³]	Schuttanteil 1)
Geshredderter Schrott aus der Müllverbrennung	E 46	Geshredderter Schrott aus der Müllverbrennung. Loser Stahlschrott aus der Müllverbrennungsanlage für Haushaltsabfälle, der anschließend durch die magnetische Trennungsanlage ging, geshreddert, in Stücke, die keinesfalls größer als 200 mm sein dürfen und die einen Teil zinnbeschichteter Stahldosen enthalten, aufbereitet für einen direkten Einsatz als Rohstoff. Der Schrott soll frei sein von zu starker Nässe und Rost. Er muss frei sein von zu hohen Mengen an sichtbarem Kupfer, Zinn, Blei (und Legierungen) sowie von Schutt, um die angestrebten Analysenwerte zu erreichen vgl. B) und C) der allgemeinen Bedingungen		>0,8	Fe-Gehalt >92 %

[1] Entspricht dem Gewicht des Schuttes, der nicht am Schrott haftet, und der nach dem Entladen mit Magnet auf dem Bodes des Fahrzeugs verbleibt.
[2] Beschichtetes Material muss angegeben werden.
[3] Frei von jeglichen Verunreinigungen (NE-Metalle, Zunder, Schleifstaub, chem. Material, zu hohe Ölgehalte).
[4] Betonstahl und leichter Stabstahl müssen getrennt klassifiziert werden, vor allem wegen des Kupfergehaltes, um sie von den Stahlaltschrott- und den Stahlneuschrottsorten mit niedrigem Gehalt an Begleitelementen (Reststoffen) unterscheiden zu können.
[5] Maschinenteile und Motorteile müssen, vor allem wegen ihres Gehaltes an Ni, Cr, Mo getrennt klassifiziert werden, um sie von schwerem Stahlaltschrott und schwerem Stahlneuschrott mit niedrigem Gehalt an Begleitelementen (Reststoffen) unterscheiden zu können.
*Bis heute gibt es keine klare Methode zur Festlegung dieser Werte.

Tab. A7.2 Teil 2 Europäische Stahlschrottsortenliste: Angestrebte Analysenwerte [5]

Angestrebte Analysenwerte
Die für die Analysen festgelegten Werte entsprechen den praktischen Erfahrungswerten der verschiedenen Länder der Europäischen Union. Sie lassen sich durch heute gebräuchliche Sortier- und Aufbereitungsverfahren erreichen

Kategorie	Spezifikation	Angestrebte Analysenwerte (Reststoffe) in %				
		Cu	Sn	Cr,Ni,Mo	S	P
Altschrott	E 3	$\leq 0{,}250$	$\leq 0{,}010$	$\Sigma \leq 0{,}250$		
	E 1	$\leq 0{,}400$	$\leq 0{,}020$	$\Sigma \leq 0{,}300$		
Neuschrott mit niedrigem Gehalt an Begleitelementen (Reststoffe), frei von Beschichtungen [1]	E 2	$\Sigma \leq 0{,}300$				
	E 8	$\Sigma \leq 0{,}300$				
	E 6	$\Sigma \leq 0{,}300$				
Shredderschrott	E 40	$\leq 0{,}250$	$\leq 0{,}020$			
Stahlspäne [2]	E 5 H	Eine vorherige chemische Analyse kann gefordert werden				
	E 5 M	$\leq 0{,}400$	$\leq 0{,}030$	$\Sigma \leq 1{,}0$	$\leq 0{,}100$	
Schrott mit hohem Gehalt an Begleitelementen (Reststoffen)	EHRB	$<0{,}450$	$\leq 0{,}030$	$\Sigma \leq 0{,}350$		
	EHRM	$\leq 0{,}400$	$\leq 0{,}030$	$\Sigma \leq 1{,}0$		
Geshredderter Schrott aus der Müllverbrennung	E 46	$\leq 0{,}500$	$\leq 0{,}070$			

[1] Beschichtetes Material muss angegeben werden.
[2] Frei von jeglichen Verunreinigungen (NE-Metalle, Zunder, Schleifstaub, chem. Material, zu hohe Ölgehalte).

Tab. A7.3 Usancen und Klassifizierungen des Metallhandels" für NE-Metalle (Auszug) [6]

Nr	Bezeichnung	Beschreibung
Aluminium		
Nr. 1	Abweg	**Neuer Drahtschrott aus Reinaluminium** Neuer unbeschichteter Drahtschrott aus unlegiertem Aluminium, nicht abgebrannt oder korrodiert. Frei von Siebdraht, Eisen und anderen Fremdbestandteilen Toleranz: 1 % Öl, Fett, Staub
Nr. 2	Achse	**Drahtschrott aus Reinaluminium** Unbeschichteter Drahtschrott aus unlegiertem Aluminium einschließlich Freileitungsdraht. Frei von Siebdraht, Eisen und anderen Fremdbestandteilen Toleranz: 2 % Öl, Fett und Oxide
Nr. 3	Adler	**Drahtschrott aus legiertem und unlegiertem Aluminium** Aluminiumfreileitungsdraht Frei von Eisen, Kabelschuhen und -klemmen und sonstigen Fremdbestandteilen Toleranz: 2 % Schmutz und Oxide
Nr. 3a	Alter	**Aluminiumprofilschrott** Aluminiumprofilschrott Al Mg Si 0,5, frei von jeglichen Fremdbestandteilen, jedoch ein schließlich eloxiertem Material
Nr. 4	Ahorn	**Aluminiumgranulat** Kauf erfolgt nach Analyse, Muster oder Vereinbarung
Nr. 5	Album	**Neuer Reinaluminiumblechschrott** Neuer Schrott aus unlegiertem Aluminium mit mind. 99,5 % Al. Mindeststärke 0,3 mm. Mitlieferung kleinstückigen Materials bedarf vorheriger Vereinbarung unter Festlegung des Prozentsatzes. Frei von beschichtetem Material sowie anderen Fremdbestandteilen. Toleranz:1 % Öl, Fett und Staub

(Fortsetzung)

Tab. A7.3 (Fortsetzung)

Nr	Bezeichnung	Beschreibung
Nr. 6	Ampel	**Neuer Aluminiumblechschrott** Neuer Aluminiumblechschrott mit mindestens 99,0 % Al. Mindeststärke 0,3 mm. Mitlieferung kleinstückigen Materials bedarf vorheriger Vereinbarung unter Festlegung des Prozentsatzes. Frei von beschichtetem Material sowie anderen Fremdbestandteilen Toleranz: 1 % Öl, Fett und Staub
Nr. 7	Amsel	**Neuer Blechschrott einer bestimmten Aluminiumlegierung** Neuer Blechschrott einer spezifizierten Aluminiumlegierung. Mindeststärke 0,3 mm. Mitlieferung von 5 % kleinstückigem Material ist statthaft; höhere Anteile bedürfen der vorher gen Vereinbarung unter Festlegung des Prozentsatzes. Frei von beschichtetem und gegossenem Material sowie anderen Fremdbestandteilen Toleranz:1 % Öl, Fett und Staub
Nr. 8	Angel	**Neuer Aluminiumlegierungsblechschrott mit niedrigem Kupfergehalt** Neuer Blechschrott aus nicht legiertem und legiertem Aluminium. In der Legierung max. 0,2 % Cu, max. 0,2 % Zn. Mitlieferung von 5 % kleinstückigem Material ist statthaft; höhere Anteile bedürfen der vorherigen Vereinbarung unter Festlegung des Prozentsatzes. Frei von beschichtetem Material sowie anderen Fremdbestandteilen Toleranz: 1 % Öl, Fett und Staub
Nr. 9	Anton	**Neuer gemischter Aluminiumlegierungsblechschrott** Neuer Blechschrott aus mehreren Aluminiumlegierungen, Mindeststärke 0,3 mm. Frei von beschichtetem Material sowie anderen Fremdbestandteilen Toleranz: 1 % Öl, Fett und Staub
Nr. 10	April	**Altschrott von Walzaluminium I** Altschrott, Haushaltsgeschirr sowie anderes gewalztes Material aus unlegiertem und legiertem Aluminium. Frei von AlCu- und AlZn-Legierungen. Max. 20 % lackiertes Material, hiervon Dosenanteil höchstens die Hälfte. Frei von losen Gussstücken, Jalousieschrott, Flaschenkapseln, Tuben und anderen metallischen und nichtmetallischen Bestandteilen. Frei von Brecher- und Schredderschrott Toleranz: 2 % nichtmetallische Fremdbestandteile

(Fortsetzung)

Tab. A7.3 (Fortsetzung)

Nr	Bezeichnung	Beschreibung
Nr. 10 a	Armee	**Altschrott von Walzaluminium II** Altschrott, Haushaltsgeschirr sowie anderes gewalztes Material aus unlegiertem und legiertem Aluminium. Frei von AlCu- und AlZn-Legierungen. Darf max. 30 % lackiertes Material enthalten, hiervon Dosenanteil höchstens die Hälfte. Der Lackanteil für diese 30 % wird mit 5 % toleriert. Frei von losen Gussstücken, Jalousieschrott, Flaschenkapseln, Tuben und anderen metallischen und nichtmetallischen Bestandteilen. Frei von Brecher- und Schredderschrott Toleranz: 1 % Eisen, 2 % nichtmetallische Fremdbestandteile
Nr. 11	Apsis	**Aluminium Schredderschrott** Kauf erfolgt nach Analyse, Muster oder Vereinbarung
Nr. 12	Arche	**Neuer Folienschrott aus Reinaluminium** Neuer unbeschichteter Folienschrott aus unlegiertem Aluminium. Frei von Papier und anderen Fremdbestandteilen
Nr. 13	Armin	**Aluminiumkolbenschrott I** Ganze oder gebrochene Kolben aus Aluminiumlegierungen. Frei von Bolzen und Kolbenringen, Dehnungsstegen und Sperrringen. Max. 10 % Material, das durch eine Öffnung von 5 cm Lichtweite geht
Nr. 14	Artur	**Aluminiumkolbenschrott II** Ganze oder gebrochene Kolben aus Aluminiumlegierungen. Max. 10 % Material, das durch eine Öffnung von 5 cm Lichtweite geht Toleranz: 2 % nichtmetallische Fremdbestandteile sowie 10 % anhaftendes Eisen
Nr. 15	Assel	**Gemischter Aluminiumgussschrott eisenfrei** Ganzer oder gebrochener Gussschrott aller Art aus Aluminiumlegierungen mit Ausnahme von Stiefel-, Hutformen und Formkästen. Max. 5 % Material, das durch eine Öffnung von 5 cm Lichtweite geht. Frei von Shredder- und Brecherschrott, frei von Eisen und anderen Fremdbestandteilen Toleranz: 2 % Öl, Fett und Staub

(Fortsetzung)

Tab. A7.3 (Fortsetzung)

Nr	Bezeichnung	Beschreibung
Nr. 16	Aster	**Gemischter Aluminiumgussschrott mit Eisen** Ganzer oder gebrochener Gussschrott aller Art aus Aluminiumlegierungen mit Ausnahme von Stiefel-, Hutformen und Formkästen. Max. 5 % Material, das durch eine Öffnung von 5 cm Lichtweite geht. Frei von Schredder- und Brecherschrott und anderen nichtmetallischen Fremdbestandteilen Toleranz: 2 % Öl, Fett und Staub sowie 2 % Eisen und metallische Fremdbestandteile, davon max. 1 % metallische Fremdbestandteile
Nr. 17	Atoll	**Einheitliche Aluminiumspäne** Aluminiumspäne einer spezifizierten Legierung. Nicht korrodiert. Frei von Schleifspänen, legierten Stahlspänen und anderen freien Metallen Toleranz: 3 % Feines. Darüber hinaus erfolgt einfacher Gewichtsabzug. 5 % Öl, Fett, Nässe, freies Eisen und andere nichtmetallische Fremdbestandteile. Von 5 % bis 20 % Gesamtverunreinigung erfolgt einfacher Abzug; über 20 % Gesamtverunreinigung Sondervereinbarung
Nr. 18	Atlas	**Gemischte Aluminiumspäne I** Späne aus mehreren Aluminiumlegierungen, von denen keine mehr als 2 % Zn, 0,3 % Pb und 0,1 % Sn enthalten darf. Nicht korrodiert. Frei von Schleifspänen, legierten Stahlspänen und anderen freien Metallen Basis: Trocken, eisenfrei
Nr. 18 a	Autor	**Gemischte Aluminiumspäne II** Späne aus mehreren Aluminiumlegierungen, von denen keine mehr als 2 % Zn, 0,3 % Pb und 0,1 % Sn enthalten darf. Nicht korrodiert. Frei von Schleifspänen, legierten Stahlspänen und anderen freien Metallen Toleranz: 3 % Feines. Darüber hinaus erfolgt einfacher Gewichtsabzug. 5 % Öl, Fett, Nässe, freies Eisen und andere nichtmetallische Fremdbestandteile. Von 5 % bis 20 % Gesamtverunreinigung erfolgt einfacher Abzug; über 20 % Gesamtverunreinigung Sondervereinbarung
Nr. 19	Azur	**Aluminiumkrätzen und -rückstände** Kauf erfolgt nach Analyse

(Fortsetzung)

Tab. A7.3 (Fortsetzung)

Nr	Bezeichnung	Beschreibung
Kupfer und Kupferlegierungen		
Nr. 25	Kabul	**Blanker Kupferdrahtschrott** Sauberer, nicht abgebrannter, blanker, nicht legierter Kupferdrahtschrott mit einem Mindestdurchmesser von 1 mm. Frei von beschichtetem Material und anderen Fremdbestandteilen
Nr. 25 a	Kajak	**Kupferoberleitungsdraht** Kupferoberleitungsdraht unlegiert in Ringen bzw. ofengerecht
Nr. 26	Kader	**Nicht legierter Kupferdrahtschrott I** Nicht legierter Kupferdrahtschrott mit einem Mindestdurchmesser von 1 mm. Frei von beschichtetem Material- und anderen Fremdbestandteilen sowie brüchigem Draht
Nr. 27	Kanal	**Nicht legierter Kupferdrahtschrott II** Nicht legierter Kupferdrahtschrott mit einem Mindestdurchmesser von 0,15 mm. Mindestgehalt an Cu 94 %. Frei von verbranntem Draht und beschichtetem Material sowie anderen Fremdbestandteilen
Nr. 28	Karat	**Gemischter Kupferschrott** Nicht legierter Kupferschrott. Mindeststärke 0,15 mm. Max. 15 % verzinntes, mischverzinntes, mit Lot behaftetes Material, mit einem Mindestgehalt von 96 % Cu
Nr. 29	Kasus	**Kupferdrahtschrott gehäckselt 1 a** Nicht legierter, blanker Kupferdrahtschrott gehäckselt. Mindestdurchmesser 0,5 mm. Frei von Fremdbestandteilen
Nr. 29 a	Kater	**Kupferdrahtschrott gehäckselt 1 b** Nicht legierter Kupferdrahtschrott gehäckselt. Mindestgehalt von 99,5 % Cu. Max. 0,02 % Pb, 0,02 % Sn, 0,02 % Al. Sonstige max. 0,05 %
Nr. 30	Katze	**Kupferdrahtschrott gehäckselt II** Nicht legierter Kupferdrahtschrott gehäckselt mit einem Mindestgehalt von 98,5 % Cu, max. 0,8 % Pb, 0,4 % Sn und 0,05 % Al

(Fortsetzung)

Tab. A7.3 (Fortsetzung)

Nr	Bezeichnung	Beschreibung
Nr. 31	Kerze	**Neuer Kupferblech- und -rohrschrott** Neuer, nicht legierter Kupferblech- und -rohrschrott mit einer Mindeststärke von 0,5 mm, max. 10 % saubere Kupferdurchstöße. Frei von beschichtetem Material und anderen Fremdbestandteilen
Nr. 32	Keule	**Schwerkupferschrott** Kupferschrott mit einer Mindeststärke von 1 mm. Frei von beschichtetem Material und anderen Fremdbestandteilen. Tiegelrecht
Nr. 33	Klima	**Leichtkupferschrott** Rohr- und Blechstücke aus Kupfer, gemischter Kupferdraht einschließlich Haardraht, Kupferspäne, Kupfergeräte aller Art, mit einem Mindestgehalt von 88 % Cu. Frei von Klischee-Kupfer, Kühlern und Galvanos. Ofenrecht
Nr. 34	Komma	**Sonstiger Kupferschrott** Kupfer-Raffiniermaterial: Ist nach Art und Kupfergehalt zu definieren. Mindestgehalt 80 % Cu
Nr. 35	Kopie	**Kupferrückstände** Kauf erfolgt nach Analyse, Muster oder Vereinbarung

A4. Tabellen zu Kap. 8

Tab. A8.1 Kenngrößen von Bio- und Grüngut (Spannweiten) nach [7]

	Biogut	Grüngut
Schüttgewicht (Mg/m^3)	0,4–0,75	0,15–0,5
Wassergehalt (%)	52–80	35–62
Glühverlust (%TM)	34–81	32–70
C/N (–)	14–36	15–76
N$_{ges.}$ (%TM)	0,6–2,1	0,3–1,9
P$_2$O$_5$ (%TM)	0,3–1,5	0,4–1,4
K$_2$O (%TM)	0,6–2,1	0,4–1,6
CaO (%TM)	2,2–6,8	0,7–7,4
Mg (%TM)	0,2–1,7	0,3–1,2

Tab. A8.2 Wassergehalte und Glühverluste von Biogut (Spannweiten) nach [8, 9]

Jahreszeit	Wassergehalt (%)	Glühverlust (%)
Frühjahr	52 – 65	64 – 81
Sommer	49 – 73	54 – 84
Herbst	32 – 65	48 – 81
Winter	47 – 72	61 – 82

Tab. A8.3 Mineralanteile in Biogut (Basis TM) in % nach [10]

	Frühling	Sommer	Herbst	Winter	mittel	von	bis
Ton/Schluff	19	9	10	5	11	4	30
Sand	17	16	13	9	14	4	27
Kies	3	2	4	5	3,5	1	13

Tab. A8.4 Schwermetallkonzentrationen von Biogut (Spannweiten) in mg/kg (Basis TM) nach [7]

Schwermetall	Cd	Cr	Cu	Hg	Ni	Pb	Zn
Bioabfall	0,1–1	5–130	8–81	0,01–0,8	6–59	10–183	50–470

Tab. A8.5 Physikalisch-chemische Kenngrößen von Grüngut (Spannweiten) nach [11]

Probe		Wassergehalt (% FM)	Organ. Anteil (% TM)	Unterer Heizwert Hu (kJ/kg)
Frühjahr	Baum-/strauch-schnittartig	33–65	56–88	2.370–10.950
	Krautig/strauchig	23–43	42–84	4.540–12.840
Sommer	Baum-strauch-schnittartig	39–60	69–94	4.770–9.800
	Krautig/strauchig	39–51	42–56	3.000–6.060
Herbst	Baum-/strauch-schnittartig	61–82	54–89	770–5.300
	Krautig/strauchig	45–50	40–75	3.260–6.430
Winter	Baum-/strauch-schnittartig	50–64	71–96	4.340–6.600
	Krautig/strauchig	n.b	n.b	n.b

Tab. A8.6 Schwermetallkonzentrationen von Grüngut in mg/kg TM nach [12]

Schwermetall	Cd	Cr	Cu	Hg	Ni	Pb	Zn
Mittelwert	0,31	19,7	27,6	0,13	13,5	24,4	83,4
Spannweite (von-bis)	0,07–0,65	14,3–24,6	15,5–68,8	0,05–0,18	11,3–17	13,8–30,3	63,5–100

Tab. A8.7 Schwermetallkonzentrationen von Grüngutkomposten in mg/kg TM nach [13]

Schwermetall	Cd	Cr	Cu	Hg	Ni	Pb	Zn
Median	0,56	32	48	0,19	18	51	177
Spannweite (von-bis) 95-Perzentil	0,01–2,00	9–67	18–82	0,01–0,60	7–33	23–133	51–350

Tab. A8.8 Organische Schadstoffgehalte von Komposten und Gärsubstraten nach [14]

Schad-stoff	Biogutkomposte (N = 19)			Grüngutkomposte (N = 5)			Vergärungsrückstände (N = 5)		
	Von	Med	Bis	Von	Med	Bis	Von	Med	Bis
PCB_6 (µg/kg TM)	19,7	33,4	57,3	14,5	20,8	29,9	29,9	31,9	170,3
PAK_{16} (µg/kg TM)	1.132	2.659	3.230	1.111	2.026	4.046	1.903	3.498	3.985
PBDE (µg/kg TM)	9,9	13,0	22,1	4,9	5,4	13,9	9,8	13,7	93,3
DEHP (mg/kg TM)	0,9	1,4	2,1	1,4	1,5	1,7	2,7	3,5	3,9
4-Nonyl-phenole (µg/kg TM)	106	560	1.926	113	129	173	3.743	1.250	6.102

Tab. A8.9 RAL-gütegesicherte Biogutkomposte im Jahr 2021 [15]

Kenngrößen	Einheit	Median	10 % Percentil	90 % Percentil
Wassergehalt	[%FM]	37,3	25,0	48,7
Glühverlust	[%TM]	39,6	29,5	52,5
C/N Verhältnis	[-]	15,0	11,4	20,7
Rohdichte	[g/lFM]	645	500	780
pH-Wert	[-]	8,5	7,2	9,0
Salzgehalt*	[g/lFM]	5,6	3,0	9,1
Fremdstoffe gesamt >1 mm	[%TM]	0,06	0,00	0,23
Steine	[%TM]	0,00	0,00	0,77
Flächensumme >2 mm	[cm^2/l]	2,6	0,0	8,9
Keimfähige Samen	[Anz./lFM]	0	0	0
Nährstoffe gesamt				
Stickstoff (N)	[%TM]	1,51	1,09	2,08
Phosphat (P_2O_5)	[%TM]	0,73	0,48	1,07
Kaliumoxid (K_2O)	[%TM]	1,3	0,84	1,85
Magnesiumoxid (MgO)	[%TM]	0,67	0,39	1,20
Bas. wirksame Stoffe (CaO)	[%TM]	4,6	2,4	8,4
Nährstoffe (löslich)	[mg/lFM]			
Ammonium (NH_4-N)	[mg/lFM]	286,0	6,6	823,6
Nitrat (NO_3-N)	[mg/lFM]	10,0	1,0	230,0
Phosphat (P_2O_5)	[mg/lFM]	1.226,5	647,0	1.867,0
Kaliumoxid (K_2O)	[mg/lFM]	4.018,7	2.420,0	5.870,0
Schwermetalle				
Blei (Pb)	[mg/kg TM]	25,7	16,0	44,3
Cadmium (Cd)	[mg/kg TM]	0,37	0,25	0,60
Chrom (Cr)	[mg/kg TM]	17,5	11,1	28,0
Kupfer (Cu)	[mg/kg TM]	36,4	25,4	57,8
Nickel (Ni)	[mg/kg TM]	10,8	5,8	19,9
Quecksilber (Hg)	[mg/kg TM]	0,09	0,05	0,16
Zink (Zn)	[mg/kg TM]	153,0	111,0	220,0
Probenanzahl n = 1.908				

Tab. A8.10 RAL-gütegesicherte Grüngutkomposte im Jahr 2021 [15]

Kenngrößen	Einheit	Median	10 % Percentil	90 % Percentil
Wassergehalt	[%FM]	39,9	26,6	51,7
Glühverlust	[%TM]	40,2	27,4	55,2
C/N Verhältnis	[-]	19,7	14,0	30,2
Rohdichte	[g/lFM]	620	455	776
pH-Wert	[-]	8,3	7,1	8,9
Salzgehalt	[g/lFM]	2,3	1,3	4,1
Fremdstoffe gesamt >1 mm	[%TM]	0,02	0,00	0,11
Steine	[%TM]	0,00	0,00	1,20
Flächensumme >2 mm	[cm^2/l]	0,7	0,0	4,1
Keimfähige Samen	[Anz./lFM]	0	0	0
Nährstoffe gesamt				
Stickstoff (N)	[%TM]	1,16	0,76	1,69
Phosphat (P_2O_5)	[%TM]	0,46	0,30	0,75
Kaliumoxid (K_2O)	[%TM]	0,95	0,53	1,66
Magnesiumoxid (MgO)	[%TM]	0,65	0,30	1,21
Bas. wirksame Stoffe (CaO)	[%TM]	3,5	1,6	7,4
Nährstoffe (löslich)	[mg/lFM]			
Ammonium (NH^4-N)	[mg/lFM]	41,5	1,0	233,2
Nitrat (NO_3-N)	[mg/lFM]	72,8	0,5	95,1
Phosphat (P_2O_5)	[mg/lFM]	728,0	337,6	1276,0
Kaliumoxid (K_2O)	[mg/lFM]	2.600,0	1.440,0	4.540,0
Schwermetalle				
Blei (Pb)	[mg/kg TM]	23,0	13,7	43,0
Cadmium (Cd)	[mg/kg TM]	0,35	0,24	0,62
Chrom (Cr)	[mg/kg TM]	16,5	10,0	27,0
Kupfer (Cu)	[mg/kg TM]	28,0	18,9	41,4
Nickel (Ni)	[mg/kg TM]	10,8	5,3	19,0
Quecksilber (Hg)	[mg/kg TM]	0,09	0,05	0,15
Zink (Zn)	[mg/kg TM]	130,0	98,0	190,0
Probenanzahl n = 2.011				

Tab. A8.11 RAL-gütegesicherte Gärprodukte flüssig im Jahr 2021 [15]

Kenngrößen	Einheit	Median	10 % Percentil	90 % Percentil
Trockenmasse	[%FM]	4,6	2,4	14,3
Glühverlust	[%TM]	57,4	42,3	70,3
C/N Verhältnis	[-]	2,9	1,5	7,4
Rohdichte	[g/lFM]	1.006	990	1.050
pH-Wert	[-]	8,5	8,2	8,8
Salzgehalt	[g/l]	16,1	10,2	24,8
Fremdstoffe gesamt >1 mm	[%TM]	0,000	0,000	0,013
Flächensumme >2 mm	[cm^2/l]	0,00	0,51	1,00
Organische Säuren	[mg/l FM]	360	101	1291
Nährstoffe gesamt				
Stickstoff (N)	[%TM]	11,5	3,9	21,0
Phosphat (P$_2$O$_5$)	[%TM]	1,7	0,7	3,0
Kaliumoxid (K$_2$O)	[%TM]	4,9	2,6	10,6
Magnesiumoxid (MgO)	[%TM]	0,7	0,2	1,3
Schwefel (S)	[%TM]	0,8	0,4	1,6
Kupfer (Cu)	[mg/kg TM]	50,5	26,0	93,0
Zink (Zn)	[mg/kg TM]	240,5	143,0	436,7
Bas. wirksame Stoffe (CaO)	[%TM]	5,1	1,9	8,9
Nährstoffe (löslich)				
Ammonium (NH$_4$-N)	[mg/lFM]	3.275	1.661	5.559
Nitrat (NO$_3$-N)	[mg/l]	2,0	1,0	7,0
Schwermetalle				
Blei (Pb)	[mg/kg TM]	4,5	2,7	37,5
Cadmium (Cd)	[mg/kg TM]	0,38	0,19	0,73
Chrom (Cr)	[mg/kg TM]	15,0	6,2	30,0
Nickel (Ni)	[mg/kg TM]	13,0	7,6	21,6
Quecksilber (Hg)	[mg/kg TM]	0,05	0,02	0,13
Probenanzahl n = 1.192				

Tab. A8.12 RAL-gütegesicherte Gärprodukte fest im Jahr 2021 [15]

Kenngrößen	Einheit	Median	10 % Percentil	90 % Percentil
Trockenmasse	[%FM]	25,4	16,7	51,6
Glühverlust	[%TM]	68,7	52,9	87,0
C/N Verhältnis	[-]	12,9	5,1	20,5
Rohdichte	[g/lFM]	698	416	980
pH-Wert	[-]	8,8	7,8	9,2
Salzgehalt	[g/l]	7,1	3,3	13,5
Fremdstoffe gesamt >1 mm	[%TM]	0,00	0,00	0,09
Flächensumme >2 mm	[cm^2/l]	0,00	0,00	6,73
Organische Säuren	[mg/l FM]	315	138	1.010
Nährstoffe gesamt				
Stickstoff (N)	[%TM]	3,1	2,1	6,3
Phosphat (P_2O_5)	[%TM]	2,3	1,7	12,5
Kaliumoxid (K_2O)	[%TM]	1,4	0,6	3,0
Magnesiumoxid (MgO)	[%TM]	0,8	0,6	2,2
Schwefel (S)	[%TM]	0,5	0,3	3,0
Kupfer (Cu)	[mg/kg TM]	18,3	11,2	61,0
Zink (Zn)	[mg/kg TM]	140,0	62,3	259,0
Bas. wirksame Stoffe (CaO)	[%TM]	3,7	1,3	9,2
Nährstoffe (löslich)				
Ammonium (NH_4-N)	[mg/lFM]	1.346	180	3.395
Nitrat (NO_3-N)	[mg/lFM]	1,0	0,0	6,0
Schwermetalle				
Blei (Pb)	[mg/kg TM]	3,0	0,7	31,0
Cadmium (Cd)	[mg/kg TM]	0,20	0,10	0,70
Chrom (Cr)	[mg/kg TM]	12,3	3,5	33,0
Nickel (Ni)	[mg/kg TM]	9,9	2,7	25,5
Quecksilber (Hg)	[mg/kg TM]	0,03	0,01	0,08
Probenanzahl n=96				

Tab. A8.13 Gehalte an Fremdstoffen > 1 mm (RAL-gütegesicherte Produkte im Jahr 2021); Median- und arithmetische Mittelwerte (in Klammern) [15]

Analysen	Trockenmasse Gew.-% FM	Folienkunststoffe Gew.-% TM	Hartkunststoffe Gew.-% TM	Kunststoffe gesamt Gew.-% TM	Fremdstoffe gesamt Gew.-% TM
Kompost gesamt	61,5 (61,6)	0,00 (0,004)	0,00 (0,009)	0,003 (0,013)	0,03 (0,068)
Kompost aus Biogut	62,7 (62,9)	0,001 (0,006)	0,001 (0,010)	0,008 (0,016)	0,060 (0,092)
Kompost aus Grüngut	60,1 (60,5)	0,00 (0,002)	0,00 (0,008)	0,001 (0,011)	0,015 (0,046)
Gärprodukt flüssig	4,6 (6,6)	0,000 (0,002)	0,000 (0,015)	0,000 (0,017)	0,000 (0,018)

Glossar

Abbau Umwandlung von Verbindungen zu einfachen Molekülen. Der A. wird in abiotischen und biotischen A. unterteilt. Beim abiotischen A. werden chemische Verbindungen durch physikalische (Licht, Wärme u. a.) und chemische (Oxidation, Hydrolyse u. a.) Prozesse zu einfacheren Molekülen abgebaut. Beim biotischen A. findet die Zersetzung durch biologische Prozesse (Mikroorganismen u. a.) statt. Die Geschwindigkeit des Abbaus wird durch die Halbwertzeit charakterisiert. Bei geringer und fehlender Abbaubarkeit einer Verbindung spricht man von Persistenz, (Umweltchem.)

Abfall Betriebsbeauftragter für Der Betriebsbeauftragte für Abfall gemäß §§ 59 und 60 KrWG, kurz der Abfallbeauftragte trägt Sorge, dass die abfallrechtlichen Bestimmungen in einem Unternehmen eingehalten werden. Seine Überwachungstätigkeit betrifft den gesamten Weg des Abfalls von seiner Erzeugung, Lagerung und Sammlung bis hin zur Entsorgung.

Abfall bewegliche Sache, die den Abfallgruppen und Abfallarten gemäß den Rechtsvorschriften des Kreislaufwirtschafts- und Abfallgesetzes und der Abfallverzeichnisverordnung zuzuordnen ist und deren sich ihr Besitzer entledigt, entledigen will oder entledigen muss.

Abfall, besonders überwachungsbedürftiger (Sonderabfall) Abfall, von dem akute Umweltgefahr ausgehen kann und der im Europäischen Abfallverzeichnis besonders gekennzeichnet ist.

Abfall, notifizierungspflichtiger Abfälle, deren Import und Export nach den Vorschriften des Baseler Übereinkommens überwacht werden.

Abfallablagerungsverordnung (AbfAblV) Verordnung über die umweltverträgliche Ablagerung von Siedlungsabfällen.

Abfall-Deklarationsanalyse Die, vor der Entsorgung gefährlicher Abfälle durchzufüh- rende Deklarationsanalyse dient der chemisch-physikalischen Abfallcharakterisierung. Sie lässt Art und Konzentration gefährlicher Abfallinhaltsstoffe erkennen, wodurch der adäquate bzw. zulässige Entsorgungsweg festgestellt werden kann.

Abfall-Eluat Wässriger Extrakt eines Abfalls, hergestellt nach in der AbfVereinfV vorgeschriebenen DIN Methode 38414S4, zur Quantifizierung der durch Wasser aus dem Abfall mobilisierbaren Inhaltsstoffe (24 h-Überkopfschüttel-Methode).
Es existieren noch andere, z. T. apparativ wesentlich aufwendigere Abfall-Extraktions-verfahren (Säulenelutionen, Elution unter CO_2-Begasung, pH–stat-Elution, Elution mit Salzlösungen), deren Ergebnisse jedoch untereinander, sowie mit der o. g. Methode nicht vergleichbar sind. Die Frage nach der „besten" Methode ist nach wie vor offen.

Abfall-Identitätskontrolle Kontrollanalyse des Abfalls am Ort seiner Entsorgung, zur orientierenden Überprüfung seiner, in der Verantwortlichen Erklärung beschriebenen Eigenschaften.

Abfallhierarchie Rangfolge der Maßnahmen der Vermeidung und der Abfallbewirtschaftung auf Rechtsgrundlage der Grundsatznorm § 6 Abs. 1 KrWG: 1. Vermeidung, 2. Vorbereitung zur Wiederverwendung, 3. Recycling, 4. sonstige Verwertung, insbesondere energetische Verwertung und Verfüllung, 5. Beseitigung.

Abfallintensität das Gesamtabfallaufkommen bezogen auf das reale Bruttoinlandsprodukt in einer Volkswirtschaft.

Abfallkatalog (Europäischer Abfallkatalog, EAK) Der ursprüngliche EU-Abfallkatalog ist eine tabellarische Einteilung von Abfällen nach ihrer stofflicher Zusammensetzung und (Branchen-)Herkunft. Er ist mit der Verordnung über das Europäische Abfallverzeichnis (Abfallverzeichnis-Verordnung, AVV) am 1. Februar 2007 in deutsches Recht umgesetzt worden.
Der Katalog umfasst derzeit 842 Abfallarten, die sich in 20 Kapitel (davon 12 branchen-prozessspezifisch und 8 herkunfts-abfallartenspezifisch) untergliedern. Die Kapitel sind weiter in Gruppen gegliedert, innerhalb derer die einzelnen Abfallarten gelistet sind. Jeder Abfall hat einen Abfallschlüssel bestehend aus 6 Codeziffern, von denen die beiden ersten die Kapitel-Nr., die beiden nächsten die Gruppen-Nr. und die beiden letzten die Platzzahl innerhalb der Gruppe beinhalten. Die letzte Platzzahl innerhalb einer Gruppe lautet stets „99" als Auffangposition für „Abfälle anders nicht genannt". Gefährliche Abfälle (insgesamt 408) sind mit einem Sternchen (*) gekennzeichnet.

Abfallkompaktor Fahrzeug, mit dem nicht vorbehandelte Siedlungsabfälle auf Deponien eingebaut werden. Der Abfallkompaktor verfügt über ein hohes Eigengewicht und Stampffüße, sodass eine Zerkleinerung der Abfälle erfolgt.

Abfallprobenahme Die repräsentative Beprobung großer ruhender Haufwerke fester Abfälle oder von Altlastenmaterial (z. B. von LKW-Ladungen) ist eine praktisch unlösbare Aufgabe. Grob angenähert kann diese mit erheblichem personellen und finanziellem Aufwand durch Anwendung der LAGA-Methode PN 98 (2002) durchgeführt werden. Diese wird auch als „abfallcharakterisierende Probenahme" gekennzeichnet. Da zutreffende Ergebnisse von Abfallanalysen maßgeblich von der Probenahme abhän- gen, sind alle Abfallanalysen unsicher. Dem hat der Gesetzgeber dadurch

Rechnung getragen, dass Grenzwerte bei der Identitätskontrolle eines Abfalls deutlich überschrit- ten werden dürfen (AbfVereinfV, Anhang 3, Punkt 2).

Abfallverbrennung alle Verfahren, bei denen Abfall in einer speziell hierzu ausgelegten Anlage kontrolliert mit oder ohne Wärmenutzung unter Einhaltung vorgegebener Emissionsgrenzwerten und **Reststoffqualitäten** verbrannt wird.

Abfallvermeidung Maßnahmen und Handlungsmöglichkeiten die dazu führen, keine Abfälle entstehen zu lassen. Es wird unterschieden in:
- **quantitative Abfallvermeidung** Maßnahmen zur Abfallvermeidung, die auf eine Verminderung der Abfallmenge (Masse, Volumen) zielen.
- **qualitative Abfallvermeidung** Maßnahmen, die dazu führen, den Schadstoffgehalt oder den Gehalt an anderweitig problematischen Stoffen in Abfällen zu verringern.

Abfallvermeidungsprogramm Die Erstellung von Abfallvermeidungsprogrammen wird in der Abfallrahmenrichtlinie der EU gefordert. In Deutschland wird die Erstellung von Abfallvermeidungsprogrammen in § 33 Kreislaufwirtschaftsgesetz geregelt. Im Abfallvermeidungsprogramm werden Ziele festgelegt, die darauf ausgerichtet sind, das Wirtschaftswachstum und die mit der Abfallerzeugung verbundenen Auswirkungen auf Mensch und Umwelt zu entkoppeln. Darüber hinaus werden verschiedene Abfallvermeidungsmaßnahmen vorgegeben. Um die bei den Maßnahmen erzielten Fortschritte überwachen und bewerten zu können, werden qualitative sowie quantitative Maßstäbe für festgelegte Abfallvermeidungsmaßnahmen genannt.

Abfallverminderung Maßnahmen, die dazu führen bei Produktion und Konsum weniger Abfälle entstehen zu lassen.

Abfallverwertung findet in Abfallbehandlungsanlagen statt, deren Hauptzweck darauf gerichtet ist, dass die behandelten Abfälle andere Primärmaterialien, wie z. B. Brennstoffe oder mineralische Rohstoffe, ersetzen.

Abfallwirtschaftskonzept Darstellung der zukünftigen abfallwirtschaftlichen Entsorgungsstruktur in Betrieben, Einrichtungen und Gebietskörperschaften und Aufzeigen der Maßnahmen auf dem Wege dorthin.

Abfallzusammensetzung beschreibt die Zusammensetzung von Abfallgemischen nach Stoffgruppen; aufgrund der heterogenen Eigenschaften und der großen Fehler bei der Probennahme sind Zusammensetzungen immer als statistische Verteilungen anzugeben, da es „die" mittlere Zusammensetzung in der Realität nicht gibt.

Abfuhr Summe der Vorgänge → Sammlung, → Transport und → Entladung (S+T+E); siehe auch → Abfuhrkosten

Abfuhrintervall Zeitlicher Abstand zwischen zwei (Regel-)Entleerungen eines Behälters

Abfuhrkosten Kosten für die → Abfuhr (ohne Behandlungs- und Beseitigungskosten). Soweit die Kosten für die Behälterbereitstellung (Kapital- und Betriebskosten) für den jeweiligen Untersuchungsansatz relevant sind, sind diese Kosten zu berücksichtigen.

Ablagerungsbereich Bereich einer Deponie, auf oder in dem Abfälle zeitlich unbegrenzt abgelagert werden

Ablagerungsphase Zeitraum von der Abnahme der für den Betrieb einer Deponie oder eines Deponieabschnittes erforderlichen Einrichtungen durch die zuständige Behörde bis zu dem Zeitpunkt, an dem die Ablagerung von Abfällen zur Beseitigung auf der Deponie oder dem Deponieabschnitt beendet wird.

Abprodukt Als Abprodukt werden feste, flüssige und gasförmige Stoffe bezeichnet, die im gesellschaftlichen Reproduktionsprozess sowie im gesellschaftlichen Konsum als Abfall entstehen.

Abproduktkosten Kosten für Roh-, Betriebs- und Hilfsstoffe sowie Energie, die nicht Bestandteil des Produkts sind sowie Kosten, die im Produktionsprozess und für die Entsorgung der Abprodukte entstehen.

Abschöpfungsquote Prozentualer Anteil des Gesamthausmülls, der durch die getrennte Sammlung einer Verwertung zugeführt wird. Bezugsgröße Gesamthausmüll.

Absorption nicht auf die Oberfläche beschränkte Aufnahme von Stoffen (z. B. Störanteil im Biogas) in eine Flüssigkeit oder einen Festkörper (KTBL-AP 219)

Abwasser flüssiger, meist schadstoffbeladener Ausstoß aus einem Prozess

Acidogenese Versäuerung; zweiter Reaktionsschritt bei der Methanbildung

Additive werden in beinahe allen Verfahren zur Phosphorrückgewinnung aus Klärschlamm benötigt. Sie sind einerseits wichtig für die Effizienz der Verfahren und die Qualität der Produkte, haben aber auch einen großen Einfluss auf deren ökonomischen und ökologischen Auswirkungen.

Adsorption Anlagerung von gasförmigen oder gelösten Stoffen an ein Trägermaterial mit großer Oberfläche. Durch Adsorption lassen sich Stoffe aus Gasen oder Flüssigkeiten entfernen

Aerobe Behandlung Nutzung von vorwiegend aeroben Mikroorganismen in einem Verfahren mit dem Ziel des biologischen Abbaus und Umbaus und der Erzeugung eines verwertbaren Produktes (Sekundärrohstoff) zur Düngung und Bodenverbesserung, Synonym: Kompostierung, Rotte [1]

Allokation Zuordnung der Input- oder Outputflüsse eines Prozesses oder eines Produktsystems zum untersuchten Produktsystem und zu einem oder mehreren anderen Produktsystemen.

Altdeponie a) in Errichtung oder in Betrieb befindliche Deponie oder in Errichtung oder in Betrieb befindlicher Deponieabschnitt, deren Errichtung und Betrieb am 1. Juni 1993 zugelassen waren oder nach § 35 des Kreislaufwirtschafts- und Abfallgesetzes zulässig waren und

b) Deponien, zu deren Zulassung das Planfeststellungsverfahren eingeleitet und die öffentlich Bekanntmachung am 1. Juni 1993 erfolgt war.

c) Eine Deponie, die sich am 16.07.2009 in der Ablagerungs-, Stilllegungs- oder Nachsorgephase befindet

Altglas Abfallfraktion aus Glas, welche in Haushalten oder anderen Herkunftsbereichen in Form von Behälter- und Flachglas, Bleikristallglas sowie Glaskeramik getrennt gesammelt wird und anstelle der natürlichen Rohstoffe entsprechend der jeweiligen Zusammensetzung in der Glashütte verwendet werden kann.

Altkunststoffe Getrennt gesammelte oder aus Abfallgemischen abgetrennte Fraktionen aus *(gebrauchten)* Kunststoffen oder produktionsspezifischen Abfällen, die je nach vorliegender Sortenreinheit *(und Verfahren)* werkstofflich, rohstofflich oder energetisch verwertet werden können.

Altlast Durch schädliche Stoffe bedingte Veränderungen von Boden und/oder Grundwasser infolge früherer industrieller Tätigkeiten.

Altmetalle Abfallfraktion aus Metallen, unterteilt in Eisenmetalle (Fe) und Nichteisenmetalle (NE), die aus Altschrott (getrennt gesammelt oder aus Gemischen abgetrennt) oder Neuschrott (Produktionsabfälle) besteht. Altmetalle werden direkt bei gewerblichen Endverbrauchern oder über Zwischenhändler erfasst sowie auch in Abfallaufbereitungsanlagen aus Abfallströmen abgetrennt. Die Definition der Sorten erfolgt nach deutscher oder europäischer Stahlschrottsorten- liste oder nach der Richtlinie „Usancen und Klassifizierungen des Metallhandels".

Altöl verbrauchte, mit Wasser, Abrieb und Zersetzungsprodukten verunreinigte Schmieröle; aufgrund der schädlichen Eigenschaften von Mineralöl (nicht wegen der Verunreinigungen) ist A. gefährlicher Abfall. Derzeit werden an die 90 % der 600.000 Mg/a an A. stofflich verwertet; der nicht verwertbare Rest wird zur Energiegewinnung z. B. in Zementwerken verbrannt.

Altpapier Abfallfraktion aus Papier, welche in Haushalten oder anderen Herkunftsbereichen getrennt gesammelt und nach der Altpapiersortenliste DIN EN 643 eingruppiert wird.

Anaerobe Behandlung gelenkter biologischer Abbau bzw. Umbau von nativ-organischen Abfällen in geschlossenen Systemen unter Luftabschluss; dieser Prozess wird auch Faulung genannt. [2]

Andienungspflicht die pflichtgemäße Meldung der beabsichtigten Entsorgung von gefährlichen Abfällen an eine durch Landesrecht autorisierte Stelle – z. B. einer Sonderabfallagentur – die den Entsorgungsweg verbindlich festlegt.

Anschluss- und Benutzungszwang Die öffentliche Hand kann Anschluss und Benutzung öffentlicher oder privater Einrichtungen (z. B. Wasserversorgung, Abwasserbeseitigung, Abfallentsorgung, Straßenreinigung) vorschreiben. Macht dann Sinn für die Sonderabfallwirtschaft, wenn Entsorgungsanlagen zur Verfügung stehen.

Asche 1. der unbrennbare Anteil im Brennstoff ($\rightarrow$ Proximat- oder Immediatanalyse)
2. der bei einer Feuerung in trockener Form anfallende feste Reststoff (Rostasche, Flugasche)

Aufarbeitung Herstellung von verwertbaren und verkaufsfähigen Zwischen- und Fertigprodukten aus Abfällen durch z. B. Zerkleinern, Waschen und Trocknen oder Agglomeration und Regranulation.

Aufbereitung (allgemein) beschreibt die Anreicherung von Stoffgruppen oder Eigenschaften in Stoffströmen durch mechanische Trennprozesse.

Aufbereitung (Kompostierung) hier: Vorbehandlung der Kompostausgangsmaterialien vor dem biologischen Prozess. Abtrennung von Störstoffen; Zerkleinerung; Homogenisierung von Materialien bzgl. Wassergehalt, Kornstruktur. Luftporenvolumen und organischer Masse und Konditionierung für optimales biologisches Abbauverhalten. [1]

Aufbereitung beschreibt die Anreicherung von Stoffgruppen und die Überführung von Abfällen zumeist durch mechanische Behandlungsverfahren in Wertstoff- und Reststoffströme.

Auswertung (Ökobilanzen) Bestandteil der Ökobilanz, bei dem die Ergebnisse der Sachbilanz oder der Wirkungsabschätzung oder beide bezüglich des festlegten Zieles und Untersuchungsrahmens beurteilt werden, um Schlussfolgerungen abzuleiten und Empfehlungen zu geben.

Azetogenese Essigsäurebildung; dritter Reaktionsschritt bei der Methanbildung aus hochmolekularen organischen Stoffen. Aus Fettsäuren und Alkoholen werden Essigsäure, Wasser und Kohlendioxid gebildet. [3]

Bakterien Mikroorganismen, die bei biologischen Abbauvorgängen (Fäulnis, Verwesung, Gärung u. a.) und als Erreger von Krankheiten eine wichtige Rolle spielen. B., die als Dauerformen Sporen ausbilden, heißen Bazillen. Sporen können auch unter sehr ungünstigen Umweltbedingungen (Trockenheit, sehr hohe oder tiefe Temperaturen) lebensfähig bleiben (Umweltchem).

Bauabfall (BA) Bauabfall, vermischte Anlieferung von BRM und BSA. Die Anlieferung von vermischten Bauabfällen ist möglichst zu vermeiden.

Baurestmasse (BRM) Baurestmassen sind Erdaushub, Bauschutt, Straßenaufbruch als inerter Abfall aus Baumaßnahmen ohne organische Verunreinigungen.

Bauschutt (BS) Bauschutt sind mineralische Abfälle aus Bautätigkeiten.

Baustellenabfall (BSA) Baustellenabfälle sind Abfälle aus Bautätigkeiten, wie z. B. Hölzer, Gebinde, Verpackungsmaterialien, außer mineralischen Abfällen.

Begleitscheinverfahren (gemäß AbfNachwV) Durch das Begleitscheinverfahren wird der Nachweis über die durchgeführte Entsorgung von überwachungsbedürftigen Sonderabfälle geführt. So ist für jeden Abfall, der das Firmengelände eines Abfallerzeugers verlässt, obligatorisch ein Satz Begleitscheine auszufüllen und beim Transport mitzuführen. Die Begleitscheine (6 Durchschriften) sind farblich gekennzeichnet und entsprechend für Erzeuger, Beförderer, Entsorger und die zuständigen Behörden bestimmt. Von April 2010 an, dürfen Begleitscheine nur noch in elektronischer Form geführt werden.

Behälterdichte Anzahl der zur → Sammlung bereitgestellten Behälter, bezogen auf die Sammelstrecke des Fahrzeugs, gemessen in Behälter je 100 m Sammelstrecke; [Beh./100 m].

Behältervolumen Rauminhalt des Sammelbehälters, Angabe in l oder m3.

Behandlung Verwertungs- und Beseitigungsverfahren, einschließlich Vorbereitung vor der Verwertung oder Beseitigung. [4]

Beidseitige Sammlung Sammlung des Abfalls von beiden Straßenseiten bei einmaligem Durchfahren.

Belegungsdichte Massen-Flächen-Verhältnis, Auslegungsparameter für alle Einzelkorntrennprozesse.

Bereitstellungsgrad Anteil der zur Entleerung bereitgestellten Sammelbehälter bezogen auf die maximale Anzahl der regulär zu leerenden Behälter in Prozent [%].

Beseitigung Jedes Verfahren, das keine Verwertung ist, auch wenn das Verfahren zur Nebenfolge hat, dass Stoffe oder Energie zurück gewonnen werden. [4]

Bioabfall, Bioabfälle Abfälle tierischer oder pflanzlicher Herkunft oder aus Pilzmaterialien zur Verwertung, die durch Mikroorganismen, bodenbürtige Lebewesen oder Enzyme abgebaut werden können, einschließlich Abfälle zur Verwertung mit hohem organischen Anteil tierischer oder pflanzlicher Herkunft oder an Pilzmaterialien; zu den Bioabfällen gehören insbesondere [...]; Bodenmaterial ohne wesentliche Anteile an Bioabfällen gehört nicht zu den Bioabfällen; Pflanzenreste, die auf forst- oder landwirtschaftlich genutzten Flächen anfallen und auf diesen Flächen verbleiben, sind keine Bioabfälle. (Definition gemäß BioAbfV, Fassung 28.04.2022)

Biofilter Filter mit aeroben Mikroorganismen, um bei übel riechenden Gasen u. Abluftgemischen die Geruchsbelästigung zu unterdrücken, z. B. Rindenmulch. [5]

Biogas Gas, das bei der Methangärung gebildet wird. Besteht aus 50–75 % Methan. 34–40 % Kohlendioxid und geringen Beimengungen an Schwefelwasserstoff, Ammoniak, Wasserstoff und Wasserdampf. [3]

Biogut Aus privaten Haushalten und dem Kleingewerbe separat erfasste biogene Abfälle, die über eine Biotonne oder einen Biobeutel gesammelt werden. Bestandteile sind Nahrungs- und Küchenabfälle sowie Gartenabfälle. Gewerbliches Biogut beinhaltet Nahrungs- und Küchenabfälle aus dem gewerblichen Bereich (z. B. Kantinenabfälle), die nach Art, Menge und Beschaffenheit nicht über das oben genannte Sammelsystem erfasst werden.

Biologisch abbaubarer Werkstoff Werkstoffe, die hinsichtlich ihrer gesamten organischen Bestandteile dieselben Abbaumerkmale wie nativ organische Materialien aufweisen.

Biowäscher Abluft-Reinigungsanlage, bei der das Waschmedium aerobe Mikroorganismen zum Abbau luftverunreinigender u. geruchsbelästigender Stoffe enthält. [5]

Boden die durch Verwitterung an der Erdoberfläche entstandene lockere Schicht, deren oberste Lage mehr oder weniger mit org. Substanz (Humus) durchsetzt ist. Der B. wird in verschiedene Bodenarten (physikal. Zusammensetzung) u. Bodentypen (Bodenaufbau, Gliederung in Horizonte) klassifiziert. Als Pflanzenstandort ist der B. Träger fast aller Lebensvorgänge auf der Erde u. wirkt außerdem als Mittler zwischen Atmosphäre u. Untergrund. [5]

Bodenbezogene Verwertung Klärschlamm wird weltweit wegen seines beträchtlichen Nährstoff- und Kohlenstoffgehalts als Dünger und Bodenverbesserer eingesetzt. Wegen des hohen Gehalts vor allem an organischen Schadstoffen ist diese Praxis allerdings in der Kritik. Sie wird gemäß Klärschlammverordnung in Deutschland ab 2032 nicht mehr zulässig sein.

Bodenverbesserer Nicht nur Klärschlamm, sondern auch Rückstände aus seiner thermischen Behandlung (Asche, Pyrolysat) werden zeitweise direkt als Bodenverbesserer propagiert. Wegen der geringen bzw. schwankenden Pflanzenverfügbarkeit des Phosphors sowie der erhöhten Schwermetallkonzentration wird diese Praxis derzeit in Deutschland nicht ausgeübt.

Bodenverbesserungsmittel In diesem Zusammenhang Stoffe oder Komposte, welche den Boden direkt in seinen physikalischen, chemischen und biologischen Eigenschaften nachhaltig im Sinne besserer Ertragsfähigkeit beeinflussen. [6]

Brennwert Der Brennwert Hs (früher auch oberer Heizwert Ho genannt) eines Brennstoffes gibt die Wärmemenge an, die bei Verbrennung und anschließender Abkühlung der Verbrennungsgase auf 25°C erzeugt wird. Er berücksichtigt sowohl die notwendige Energie zum Aufheizen der Verbrennungsluft und der Abgase, als auch die Verdamp- fungs- bzw. Kondensationswärme von Flüssigkeiten, insbesondere Wasser.

Bringsystem Abfallerzeuger bringt Abfälle zu einer zentralen Sammelstelle (z. B. zu einem Wertstoff-Recyclinghof oder einem Depotcontainer).

C/N-Verhältnis Verhältnis von Kohlenstoff zu Stickstoff (Gesamtgehalte); relativ viel Kohlenstoff verlangsamt die Mineralisierung der organischen Substanz. [1]

Chemisch-Physikalische Behandlung (CPB) Bei der CPB handelt es sich i. d. R. um die Behandlung von Flüssig-Sonderabfällen aus der Industrie, meist zum Zwecke der Wasserabtrennung und der Entgiftung. (Altöle, Alt-Emulsionen, Abfallsäuren/Laugen, schwermetallhaltige, nitrithaltige, cyanidhaltige Konzentrate, Lösemittel-Wassergemische, Dünnschlämme.) Oftmals rangieren derartige Abfallflüssigkeiten auch unter der Bezeichnung Indus- trieabwasser. CPB-Anlagen beinhalten i. d. R. Tankanlagen, Fasslager, Absetzbecken, Dekanterzentrifugen, Entgiftungsreaktoren, Filterpressen und Aktivkohleadsorber darüber hinaus z. T. Sonderanlagen.

CO_2-Äquivalent Maßeinheit zur Vereinheitlichung der Klimawirkung unterschiedlicher Treibhausgase.

Deinking Prozess der Druckerfarbenentfernung bei der Papierverwertung. Die hydrophilen Papierfasern werden mit Wasser benetzt und von den hydrophoben Druckfarbenteilchen abgetrennt, welche durch Flotation aufgeschwemmt werden.

Dematerialisierung Vermeidung des Verbrauchs oder Wiederverwendung natürlicher Ressourcen und Vermeidung des Entstehens von Abfall durch quantitative und qualitative Maßnahmen.

Deponie Abfallbeseitigungsanlage für die zeitlich unbegrenzte Ablagerung von Abfällen oberhalb der Erdoberfläche.

Deponiegas durch Reaktionen der abgelagerten Abfälle entstandene Gase.

Deponieklasse Deponie, die nur solche Abfälle aufnehmen kann, die die Zuordnungswerte für die entsprechende Klasse einhalten.

Deponieverordnung (DepV) Verordnung über Deponien und Langzeitlager.

Deponieverwertungsverordnung (DepVerwV) Verordnung über die Verwertung von Abfällen auf Deponien über Tage (aufgehoben).

DIN ISO 14001:2004 Die Internationale Organization for Standardization (ISO) hat die Normen ISO 14001 veröffentlicht. ISO 14001:2004 legt die Anforderungen an ein Umweltmanagementsystem (UMS) fest, das Unternehmen einen Rahmen für die Überprüfung der Umweltverträglichkeit ihrer Aktivitäten, Produkte und Dienstleistungen bietet und ihnen dabei hilft, ihre Umweltbilanz stetig zu verbessern. ISO 14004:2004 ist als Leitfaden konzipiert, der sich mit den einzelnen Elementen eines UMS, dessen Umsetzung sowie mit den damit verbundenen Problemen befasst.

Direkttransport unmittelbarer Transport des gesammelten Abfalls zur Entsorgungsanlage ohne Umladung oder Nutzung von → Wechselaufbausystemen.

Dissipation Die Umwandlung gerichteter in ungerichtete (kompliziertere) Bewegung. Sie geht mit der Zunahme von Entropie einher und ist ohne Energiezufuhr von außerhalb des betrachteten Systems nicht reversibel.

Downcycling Englische Bezeichnung für Wiederverwertung, bei der sich die Qualität der Rohstoffe bei jedem Durchgang durch die Recyclingschleife verringert.

Drehrohrfeuerung eine aus einem mit Feuerfestmaterial ausgekleideten Drehrohr bestehende Feuerungsanlage, bei der fester, flüssiger/pastöser oder gasförmiger brennbarer Stoff (Abfall) über die Stirnwand eingetragen und durch geringe Neigung des sich langsam drehenden Drehrohres unter vollständigem Feststoffausbrand durch das Drehrohr transportiert wird.

Düngemittel Stoffe, die dazu bestimmt sind, unmittelbar oder mittelbar Nutzpflanzen zugeführt zu werden, um ihr Wachstum zu fördern, ihren Ertrag zu erhöhen oder ihre Qualität zu verbessern; ausgenommen sind Stoffe, die überwiegend dazu bestimmt sind, Pflanzen von Schadorganismen und Krankheiten zu schützen oder, ohne zur Ernährung von Pflanzen bestimmt zu sein, die Lebensvorgänge von Pflanzen zu beeinflussen, sowie Bodenhilfsstoffe, Kultursubstrate, Pflanzenhilfsmittel, Kohlendioxid, Torf und Wasser. [7]

Eigenkompostierung Kompostierung von biogenen, kompostierfähigen Stoffen an der Anfallstelle oder in ihrer unmittelbaren Nähe, jedoch im eigenen Zuständigkeitsbereich (z. B. Kompostierung durch Landwirte, Gartenbesitzer und Kleingärtner; Kompostierung durch Garten- und Friedhofsämter).

Einhausung hier: das Einschließen von Rotteflächen in ein Gebäude mit dem Ziel der besseren Erfassung und Behandlung der Emissionen. [6]

Einseitige Sammlung Sammlung des Abfalls von einer Straßenseite.

Eisen Eisensalze werden im Klärprozess als billige und effektive Additive zur Phosphatfällung und als Flockungshilfsmittel eingesetzt. Im Durchschnitt enthalten europäische Klärschlämme mindestens ebensoviel Eisen wie Phosphor. Da das Eisen aber alle Prozesse stört, die Phosphat oder Phosphor aus Klärschlamm extrahieren, drängen Phosphorrecycler auf den Ersatz des Eisens durch alternative (aber kosten- und verfahrenstechnisch ungünstigere) Additive wie Aluminiumsalze.

Elektrofilter Einrichtung zur Entstaubung von Abgasen (Rauchgasen), bei der die Partikel in einem elektrischen Feld mittels einer Sprühelektrode mit ionisierten Gasmolekülen negativ aufgeladen und anschließend an einer positiv geladenen Niederschlagselektrode abgeschieden werden.

Elementaranalyse Bestimmung der Anteile der Elemente C, H, O, N, S in einem festen oder flüssigen brennbaren Stoff.

Elementarfluss Zusammenstellung und Beurteilung der Input- und Outputflüsse und der potenziellen Umweltwirkungen eines Produktsystems im Verlauf seines Lebensweges. **EMAS** EMAS ist die Abkürzung für Eco-Management and Audit Scheme: Die Verordnung (Nr. 1863/93) beschreibt die Richtlinien für die freiwillige Beteiligung von gewerblichen Unternehmen (aus bestimmten Sektoren der Wirtschaft) am Gemeinschaftssystem der Europäischen Union zur Einführung von Umweltmanagementsystemen. Als weiter reichende Variante von ISO 14001 kann sie mit bestehenden Managementsystemen verbunden werden, verlangt aber beispielsweise die Veröffentlichung einer regelmäßigen Umwelterklärung. Die EMAS bezieht ihre Richtlinien auf Standorte, die ISO auf das gesamte Unternehmen. [8]

Emission gasförmiger und partikulärer Ausstoß bestimmter (Schad-) Stoffe aus einem Prozess in die Umgebung.

Emulsion Mittels Emulgatoren stabilisierte Mineralöl-in-Wasser- oder Wasser-in-Öl-Gemische (meistens ersteres, z. B. 10 % Öl in Wasser), die z. B. bei der mechanischen Bearbeitung von Metall als Kühlschmierstoffe (KSS) verwendet werden. Im Lauf ihrer Verwendung mischen sie sich mit Abrieb sowie biologischen und thermischen Zersetzungsprodukten, wodurch sie zum Abfall werden. Sie sind wegen ihrer Mineralöl- und Biozid-Bestandteile grundsätzlich gefährlich (→ Sternchenabfall). Üblicher Entsorgungsweg ist die → Emulsionstrennung.

Emulsionstrennung oder Emulsionsspaltung. Abfallemulsionen können mit chemischen (Ionen), physikalischen (Membranen) oder thermischen (Verdampfer) Verfahren in eine Wasser- und eine Öl-Phase getrennt werden. Das Spaltöl, ein → Sekundärabfall, der noch einige % Wasser enthält, wird zur Energiegewinnung verbrannt (SAV oder Zementwerk); das Wasser wird ggf. nachbehandelt und in die Kanalisation abgeleitet.

Energetische Verwertung Einsatz von Abfällen als Ersatzbrennstoff z. B. in Zementwerken, Kohlekraftwerken oder Müllverbrennungsanlagen. Die Energetische Verwertung ist nur unter bestimmten Bedingungen zulässig, insbesondere wenn der Heizwert des einzelnen Abfalls, ohne Vermischung mit anderen Stoffen, mindestens 11.000 Kilojoule pro Kilogramm beträgt.

Entgasung Erfassung des Deponiegases in Fassungselementen und dessen Ableitung mittels Absaugung (aktive Entgasung) oder durch Nutzung des Druckgradienten z. B. an Durchlässen im Oberflächenabdichtungssystem (passive Entgasung), → Pyrolyse.

Entropie Auf Grundlage der statistischen Thermodynamik lässt sich Entropie als ein Maß für die Anzahl unterschiedlicher Anordnungen von Elementen (Mikrozustände) verstehen, die aber bei dem gesamten Ensemble zu denselben makroskopischen Eigenschaften führen.

Entladung Leeren des Sammelfahrzeugs in/auf einer Entsorgungsanlage, umfasst alle Tätigkeiten in/auf dieser Anlage wie z. B. Transporte auf der Anlage, Warten vor der Waage oder Verwiegung des Fahrzeugs. Die Ent-/Umladezeit ist der Zeitabschnitt von der Einfahrt bis zum Verlassen des Geländes der Ent-/Umladestelle.

Entseuchung einen Gegenstand oder ein Material in einen Zustand versetzten, in dem er nicht mehr infizieren kann. [6]

Entsorgungsnachweis (ESN) für gefährliche Abfälle Gemäß NachwV dient der ESN als sog. "Vorab-Kontrolle" vor einem Abfalltransport. Es existieren mehrere Varianten:
- ESN als Einzelnachweis im Grundverfahren
- ESN ohne Behördenbestätigung (früher: privilegiertes Verfahren)
- Sammel-ESN
- Sammel-ESN ohne Behördenbestätigung.

Der Entsorgungsnachweis besteht aus folgenden Teilen

- Deckblatt Entsorgungsnachweis (DEN)
- Verantwortliche Erklärung des Abfallerzeugers (VE)
- Deklarationsanalyse (DA)
- Annahmeerklärung des Abfallentsorgers (AE)
- Behördenbestätigung der zuständigen Entsorgerbehörde (BB).

Nachweisverfahren ohne Behördenbestätigung ist bei zertifizierten Entsorgungsfachbetrieben oder EMAS-Betrieben (Eco Management and Audit Scheme) möglich. Abfallerzeuger und Abfallentsorger sind aber immer verpflichtet, vor Beginn der Entsorgung eine Kopie der Nachweiserklärungen an die zuständige Behörde zu leiten; Andienungspflichten bleiben unberührt.

Bei einem Sammel-ESN für gefährliche Abfälle (Sammelentsorgung) führt der Einsammler einen "Sammel-ESN" für Kunden, die eine bestimmte Abfallart entsorgen möchten. Der Kunde erhält als Nachweis einen Übernahmeschein.

Entsorgungssicherheit ausreichende Anlagenverfügbarkeit und -kapazität zur Sicherstellung der umweltverträglichen Abfallentsorgung. [2]

Erdaushub (EAH) Erdaushub ist natürlich gewachsenes oder bereits verwendetes Erd- und Felsmaterial. Kann auch getrennt ausgewiesen werden im verunreinigten und nicht verunreinigten Erdaushub.

Erfassungsquote (-grad) Prozentualer Anteil, der bezogen auf das jeweilige Wertstoffpotenzial über ein Sammelsystem (z. B. Altpapier) erfasst wird.

Ersatzbrennstoff Brennstoff aus Abfällen, mit welchem fossile Brennstoffe ganz oder teilweise ersetzt werden können.

Europäisches Abfallverzeichnis (EAV) In der EU gemeinschaftlich harmonisiertes Abfallverzeichnis, das die Abfälle teils branchenbezogen, teils stoffbezogen erfasst und nach Abfallkapiteln, Abfallgruppen und Abfallarten gegliedert ist. Es ist in der deutschen Abfallverzeichnisverordnung vom 10. 12. 2001 (BGBl. I S. 3379) als Anlage enthalten und wird regelmäßig auf der Grundlage neuer Erkenntnisse geprüft und erforderlichenfalls geändert (vgl. BGBl. I S. 2833 vom 24. 7. 2002).

Fällung, sulfidische Falls mit der hydroxidischen Fällung die Grenzwerte der geltenden Abwasserverordnung nicht eingehalten werden können, können zusätzlich sulfidische

Fällmittel zum Einsatz kommen. Schwermetallsulfide gehören zu den in weiten pH-Bereichen am schwersten wasserlöslichen Substanzen, die man kennt.

Faulung anaerober biologischer Abbau organischer Stoffe unter Bildung von Faulgas. [6]

Fehlwurf/-einwurf Stoffe, die nicht der Positivliste kompostierungsfähiger Bio- und Grünabfälle entsprechen. [9]

Fermentation In der Literatur: gleichbedeutend mit dem Terminus Vergärung.

Fertigkompost Hygienisierter, biologisch stabilisierter Kompost. [1]

Festaufbausystem System, bei dem der Fahrzeugaufbau fest mit dem Fahrzeug verbunden ist (vgl. → Wechselaufbausystem).

Flächenkompostierung Ausbringung von Kompostrohmaterialien (Mischung und Monostoffe) ohne vorherige Hygienisierung. [1]

Flugstromverfahren Verfahren, bei dem durch Eindüsen von festen, flüssigen oder pastösen Stoffen in einen Gastrom eine intensive Vermischung erreicht wird. Flugstromverfahren können bei thermischen Prozessen z. B. bei der Vergasung von brennbaren Stoffen, aber auch bei der Rauchgasreinigung z. B. zur Adsorption von Dioxinen/ Furanen eingesetzt werden.

Fracking Verfahren der Erdöl- und Erdgasgewinnung sowie zur Erschließung der Tiefengeothermie, bei dem über Bohrungen mit hohem hydraulischem Druck ein Flüssigkeitsgemisch in den Untergrund eingepresst wird, um Risse im Gestein zu erzeugen oder bestehende Risse zu erweitern.

Fremdstoff Beim Einsatz von Komposten störende Stoffe (z. B. Steine, Glas, Kunststoffe etc.). [9]

Frischkompost Hygienisiertes, in intensiver Rotte befindliches oder zu intensiver Rotte fähiges Rottegut. [1]

Frontladerfahrzeug Sammelfahrzeug bei dem die Ladevorrichtung an der Front des Fahrzeugs angebracht ist.

Füllgrad Anteil des mit Abfall gefülltem Behältervolumens am gesamten Behältervolumen in Prozent.

Garten- und Parkabfälle (G+P) Garten- und Parkabfälle sind überwiegend pflanzliche Abfälle, die auf gärtnerisch genutzten Grundstücken, in öffentlichen Parkanlagen und auf Friedhöfen anfallen.

Gärung stufenweiser, enzymatischer Abbau organischer Stoffe, unter Ausschluss von Sauerstoff, im Gegensatz zu der Atmung werden die bei den Abbaureaktionen gebildeten Elektronen und Protonen nicht auf Sauerstoff, sondern auf organische Verbin- dungen (Gärungsendprodukte) übertragen. Nach den entstehenden Endprodukten […] unterscheidet man u. a.: Alkohol-G., bei der von Hefepilzen Zucker (Glucose) in Alkohol und Kohlendioxid abgebaut wird; die Milchsäure-G. (Sauerwerden der Milch, Sauerkrautbereitung) und die Buttersäure-G. werden von verschiedenen Bakterien durchgeführt. [5]

Gasausbeute Gasproduktion pro zugeführter Stoffmenge (z. B. m^3 Methan pro kg oTS). [3]

Gebietsstruktur Struktur eines Sammelabschnittes oder Sammelgebietes, beschrieben anhand der Anzahl Wohneinheiten, der einzelnen Häuser und deren Zuordnung zueinander, durch Einteilung in verschiedene Gebietsstrukturklassen

G1 Aufgelockerte Bebauung: Gebiete mit aufgelockerter, ländlicher Bebauung o. Ä. (Ladepunkte mit wenigen Behältern in großen, unregelmäßigen Abständen, viele kleine Siedlungszentren und Einzelladepunkten

G2 City-Gebiete: Gekennzeichnet durch eine hohe Bebauung mit mindestens drei Vollgeschossen und einem hohen Anteil von Gewerbegebieten, starke Behinderung durch den Verkehr, enge bauliche Verhältnisse und schwierig zu erreichende oder weit entfernte Standplätze

G3 Ein- und Zweifamilien- hausbebauung: Geschlossen, innerstädtische Bebauung mit mindestens drei Vollgeschossen oder mindestens sechs Wohneinheiten je Hauseingang (große Behälteranzahl je Ladepunkt, oft weite Antransportwege der Sammelbehälter) Moderne Wohnsiedlung mit Mehrfamilienhäu- sern, mindesten drei Vollgeschossen oder mindestens sechs Wohneinheiten je Hauseingang (große Behälterzahl pro Ladepunkt) Wohngebiet mit Ein- und Zweifamilienhäusern und kleinen Mehrfamilienhäusern mit weniger als drei Vollgeschossen und weniger als sechs Wohneinheiten je Hauseingang (Ladepunkte mit wenigen Behältern, großer Einfluss von Gartenabfällen)

G4 Geschlossene Mehrfami- lienhausbebauung:

G5 Offene Mehrfamilienhaus- bebauung:

G7 Staaten Gruppe der Sieben (G7) ist ein informelles Forum der sieben weltweit führenden Wirtschaftsnationen. Der G7 gehören Deutschland, Frankreich, Italien, Japan, Kanada, die USA und das Vereinigte Königreich an.

Gefährliche Stoffe (gemäß REACH, CLP (= GHS) REACH steht für Registration, Evaluation, Authorisation of Chemicals. Diese EG-Verordnung zentralisiert und vereinfacht das Chemikalienrecht europaweit und trat am 01. Juni 2007 in Kraft. Ziel ist, das Wissen über die Risiken von Chemikalien zu verbessern und die Produktsicherheit zu erhöhen. CLP steht für Regulation on Classification, Labelling and Packaging of Substances and Mixtures. Durch diese EG-Verordnung Nr. 1272/2008 welche am 20. Januar 2009 in Kraft getreten ist, wurde das GHS (Globally Harmonised System of Classification and Labelling of Chemicals) der UN in die EG implementiert. CLP regelt die Einstufung, Kennzeichnung und Verpackung von Stoffen und Gemischen im Hinblick auf sicheren Warenverkehr. REACH und CLP schließen zwar derzeit noch Abfälle aus, allerdings bestehen Unklarheiten in Bezug auf das Abfallrecht – insbesondere betreffend gefährliche Abfälle und Sekundärrohstoffe. Entsprechende rechtliche Nachbesserungen sind abzusehen.

Geordnete Deponie Deponie, die nach vorgegebenen technischen Merkmalen zum Schutz der Umwelt und der Arbeitskräfte ausgestattet ist und betrieben wird (siehe auch → Deponie).

Geschäftsmüll (GM) Geschäftsmüll ist der in Geschäften, Kleingewerben (z. B. Handwerksbetrieben) und Dienstleistungsbetrieben (z. B. Speditionen, Gaststätten) anfallende Abfall, der gemeinsam mit dem Hausmüll gesammelt und transportiert wird.

Gewerbeabfall s. → hausmüllähnlicher Gewerbeabfall (hmä. GA).

Geschäftsmodell Beschreibung der Funktionsweise eines Unternehmens mit seiner Generierung von Werten, seinem Verhältnis zu Kunden und der Erwirtschaftung von Gewinnen.

Giftmüll Populäres Synonym für: Industrieabfall, Sonderabfall, besonders überwachungsbedürftiger Abfall, gefährlicher Abfall.

Grenzwert Durch Rechtsverordnung oder Vertrag verbindlich festgelegter Wert. [10]

Grundoperation Die wesentlichen Hauptgrundoperationen der Aufbereitungstechnik sind Zerkleinerung, Klassierung und Sortierung; hinzu kommen Hilfsprozessgruppen wie Lagern, Fördern und Dosieren.

Grundvariante Betrachtung einer Stoffgruppe bzw. eines Sammelsystems bei Variantenrechnung.

Grüngut Separat erfasste Gartenabfälle aus privaten Haushalten, die nicht über eine Biotonne oder einen Biobeutel erfasst werden. Kommunales und öffentliches Grüngut stammt aus der Pflege öffentlicher Flächen und aus Landschaftspflegemaßnahmen. Gewerbliches Grüngut beinhaltet pflanzliche Abfälle gewerblich genutzter Flächen und aus dem Garten- und Landschaftsbau. [11]

Gut/Produkt Ein Gut bzw. Produkt besteht aus mehreren Stoffen und ist eine handelbare Substanz. Güter haben einen Handelswert, dieser kann positiv (z. B. Personenwagen, Trinkwasser) oder negativ (z. B. Klärschlamm, Hausmüll) sein. In besonderen Fällen gibt es Güter, die keinen Wert aufweisen, d. h. sie verhalten sich wertmäßig neutral. Beispiele dafür sind Luft, Abluft oder Niederschlag. [12]

Gütezeichen Symbol zur Kennzeichnung von Kompost mit definierten und garantierten Qualitätseigenschaften. [6]

Handelsdünger vom Landwirt zugekaufte Dünger im Ggs. zu den im landw. Betrieb anfallenden Wirtschafsdüngern. Häufig fälschlicherweise als Synonym für mineral. Düngemittel benutzt. [5]

Hauptrotte Hauptphase der Kompostierung mit dem Ziel des Ab- und Umbaus organischer Substanz. [1]

Hausmüll (HM) Hausmüll sind Abfälle aus Haushaltungen, die von den Entsorgungspflichtigen selbst oder von ihnen beauftragten Dritten in genormten, im Entsorgungsgebiet vorgeschriebenen Behältern gesammelt und transportiert werden.

Hausmüllähnlicher Gewerbeabfall (hmä. GA) Gewerbeabfall sind die in Gewerbebetrieben anfallenden Abfälle, die getrennt vom Hausmüll gesammelt und gemeinsam mit Hausmüll der sonstigen Entsorgung zugeführt werden. (nach TA Siedlungsabfall: Gewerbemüll).

Heckladerfahrzeug Abfallsammelfahrzeug, bei dem die Ladevorrichtung am Heck angebracht ist.

Heizwert Der (untere) Heizwert ist die bei einer Verbrennung maximal nutzbare Wärmemenge, bei der es nicht zu einer Kondensation des im Abgas enthaltenen Wasserdampfes kommt, bezogen auf die Menge des eingesetzten Brennstoffs. Das Formelzeichen für den Heizwert ist Hi (früher Hu).

Heizwertreiche Fraktion (HWRF) Aus Abfallgemischen abgetrennte Fraktion, welche einen höheren Heizwert hat als das Abfallgemisch und in der Monoverbrennung (EBS- Kraftwerken) eingesetzt wird.

Holsystem Abfälle werden vom Grundstück bzw. vom Fahrbahnrand des Abfallerzeugers abgeholt.

Homogenisierung gleichmäßige Mischung verschiedener Stoffe, i. d. R. verbunden mit einer Vorzerkleinerung. [1]

Humantoxikologisches Gutachten Gutachten über eventuelle Gefahren oder Beeinträchtigungen der menschlichen Gesundheit, welche teilweise im Zusammenhang mit Genehmigungsverfahren von Toxikologen erstellt werden.

Huminstoff dem Humus angehörende pflanzl. und tier. Rückstände, die durch Humifizierung zu neuen Stoffen umgewandelt werden. Durch Mikroorganismen werden schwer zersetzbare Fette, Wachse, Lignine aus ihrem Zellverband freigelegt u. damit in einen reaktionsfähigen Zustand versetzt. Es bilden sich während der Humifizierung dunkel gefärbte, höhermolekulare, neue Stoffe, wie Humuskohle, Humine, Huminsäuren, Fulvosäuren, Hymatomelansäuren. Von diesen sind die Huminsäuren die wichtigsten. [5]

Humus im weitesten Sinne alle organ. Stoffe in und auf dem Boden, die einem steigenden Ab-, Um- u. Aufbauprozess unterworfen sind, dessen Menge und Beschaffenheit für die Bodenfruchtbarkeit von größter Bedeutung ist. Der mengenmäßig weitaus größte Teil dieser Substanz rührt von abgestorbenen Pflanzenteilen her und kann durch äußere Zufuhren etwa von Stallmist oder Torf nur zu einem kleinen Teil ersetzt werden. Tierische Körperzersetzungs- und Ausscheidungsstoffen kommt eine besondere Bedeutung zu. Der Humusgehalt des natürlichen Bodens ist weitgehend Klima bedingt. Humusaktivierung durch Bodenbelüftung und Kalkung bedeutet stets auch Humusverbrauch. [5]

Hydrolyse Verflüssigung; erster Reaktionsschritt bei der Methangärung. Langkettige, unlösliche Stoffe werden in kleine, wasserlösliche Stücke zerlegt. [3]

Hygienisierung Verfahrensschritt mit dem Ziel der Entseuchung, d. h. das Material in einen nicht mehr infektiösen Zustand bringen

Identifikations- und Wägesystem System, bei dem während des Kippvorgangs ($\rightarrow$ Kippen) spezifische Behälterdaten elektronisch erfasst werden (z. B. Adresse, Gebührenschuldner, ggf. auch Gewicht oder Füllgrad).

Immaterialisierung Vermeidung des Verbrauchs natürlicher Ressourcen und Vermeidung der Erzeugung von Abfall durch Veränderung des Lebensstils (Einkaufsverhalten, Konsumverhalten) und durch verstärkte Inanspruchnahme von Dienstleistungen (z. B. Kultur).

Immission die Zuführung von festen, flüssigen und gasförmigen luftverunreinigenden Stoffen, die ständig oder vorübergehend in Bodennähe weilen. [6]

Immissionsprognose Gutachten im Zusammenhang von Genehmigungsverfahren über die von einer geplanten Anlage zu erwartenden Immissionen z. B. von Luftinhaltsstoffen, Niederschlägen von Staub inklusive Schadstoffen, Gerüchen, Lärm, teilweise Berechnung der Gesamtbelastung unter Berücksichtigung von vorhandenen Vorbelastungen.

Input-/Outputanalyse Die Input-/Outputanalyse wurde von LEONTIF entwickelt. Ursprünglich beruht sie auf einer sektoral gegliederten volkswirtschaftlichen Gesamtrechnung, die in Matrixform die Inputs und Outputs der einzelnen Sektoren angibt. Im Rahmen der umweltökonomischen Gesamtrechnung werden heute Material- und Energieflussrechnungen auf Input/Outputbasis durchgeführt [Statistisches Bundesamt, 1995]. Im internationalen Sprachgebrauch wird diese neue statistische Methode auch PIOT – Physical Input Output Tables – genannt. Beide Methoden, sowohl die Stoffflussanalyse als auch die Materialflussanalyse, sind letztendlich auch Input-/Outputanalysen. Daneben existieren auch Input-/Outputanalysen, die ausschließlich monetäre Ströme betrachten. [13]

Integriertes Abfallwirtschaftskonzept Abfallwirtschaftskonzept, das basierend auf gesetzlich, wissenschaftlich, gesellschaftlich und politisch formulierten Zielvorgaben, optimierte und vernetzte stoffstromspezifisch orientierte differenzierte Entsorgungswege aufzeigt (interne Integration). Die abfallwirtschaftliche Struktur ist hierbei an die lokalen Rahmenbedingungen anzupassen (externe Integration).

Informeller Sektor Der Teil einer Volkswirtschaft, dessen wirtschaftliche Tätigkeit nicht staatlich erfasst, reguliert und kontrolliert wird und für den damit auch kein gesetzlich geregelter Schutz, z.B. Arbeitsschutz, gilt.

Intensivrotte Erste, thermophile Phase(n) des mikrobiellen Ab- bzw. Umbaus unter aeroben Bedingungen mit hohem Sauerstoffbedarf. [9]

KBE Koloniebildende Einheiten (Abkürzung).

Kontamination Unerwünschte Verunreinigung von Materialien oder Produkten mit störenden, u.U. toxischen Stoffen.

Kippe („wilde Kippe") Abfallablagerung vor Einführung der geordneten Deponie, zumeist gekennzeichnet durch fehlende Kontrolle, kein systematischer Einbau, keine technischen Barrieren sowie das Auftreten von Bränden, Geruchs-, Sickerwasser- und Gasemissionen.

Kippen Einhängen des Behälters in die Behälterschüttvorrichtung, Entleeren und Aushängen. Die Kippzeit ist die Zeit, die für die Tätigkeit des Kippens benötigt wird.

Klärschlamm (KS) Klärschlamm ist der bei der Behandlung von kommunalen Abwässern in Abwasserbehandlungsanlagen zur weitergehenden Entsorgung anfallende Schlamm, der auch entwässert, getrocknet oder in sonstiger Form behandelt sein kann.

Klärschlamm, kommunaler Phosphor- aber auch Schadstoffsenke im kommunalen Klärprozess. Die Diskussion, ob er unbehandelt zur Bodenverbesserung eingesetzt oder seine Nährstoffe extrahiert werden sollen, hat nicht nur eine ökologische, sondern auch eine ökonomische Dimension.

Klärschlamm, Zusammensetzung Wie bei allen Abfällen schwankt die Zusammensetzung von Klärschlamm über die Zeit. Sie hat Auswirkungen auf Auswahl des geeigneten Recyclingverfahrens und dessen Machbarkeit.

Klärschlamm-Asche Bei der Klärschlamm-Monoverbrennung landet der gesamte Phosphor des Klärschlamms in der Klärschlamm-Asche, aber auch dessen mineralische Schad- und Störstoffe (v. a. Schwermetalle und Eisen) werden in ihr aufkonzentriert.

Klärschlamm-Mitverbrennung Kostengünstige Art der thermischen Behandlung, da vorhandene Infrastruktur verwendet wird. Allerdings wird dabei der Phosphor so weit verdünnt, dass die entstehende Misch-Asche nicht mehr verwertet werden kann. Die Mitverbrennung wird gemäß Klärschlammverordnung in Deutschland ab 2032 nur noch eingeschränkt zulässig sein.

Klärschlamm-Monoverbrennung Um Phosphor möglichst effizient zurückgewinnen zu können, wird die KMV in Deutschland und Mitteleuropa stark propagiert.

Klärschlammverordnung In ihrer Version von 2017 ist das Ende der bodenbezogenen Verwertung von Klärschlamm und die Pflicht der Phosphorrückgewinnung ab 2029 bzw. 2032 festgeschrieben.

Klassierung Grundprozess der mechanischen Aufbereitung, Trennung von Stoffen nach der Korn- oder Stückgröße, in Recyclingprozessen vorwiegend durch Siebung.

Kleine und mittelständische Unternehmen (KMU) Das Institut für Mittelstandforschung in Bonn bezeichnet diejenigen Betriebe als mittelständig, die 10 bis 499 Mitarbeiter beschäftigen und/oder 1 bis 50 Mio. Euro Umsatz pro Jahr erwirtschaften. Anhand dieser Abgrenzung ist festzustellen, dass 99,7 % aller deutschen Unternehmen Klein- und Mittelbetriebe sind, zwei Drittel aller Arbeitnehmer im Mittelstand beschäftigt sind, vier Fünftel aller Ausbildungsverhältnisse vom Mittelstand zur Verfügung gestellt werden und insgesamt die Hälfte des Sozialproduktes vom Mittelstand erwirtschaftet wird. Die Europäische Kommission definiert Klein- und Mittelbetriebe als unabhängige Unternehmen mit bis zu 250 Mitarbeitern mit entweder einem jährlichem Umsatz von unter 40 Mio. Euro oder einer jährlichen Bilanzsumme bis zu 27 Mio. Euro. Diese unterschiedlichen Definitionen zeigen, dass häufig für unterschiedliche Branchen verschiedene quantitative Kriterien gelten.

Kofermentation gemeinsame Vergärung von Wirtschaftsdüngern und Reststoffen. [14]

Koks die Summe von **Asche** und festem Kohlenstoff (C_{fix}) in einem Brennstoff.

Kombinationsdichtung Dichtungssystem moderner oberirdischen Deponien, bestehend aus einem lagenweise aufgebrachten, mächtigen mineralischen Schichtpaket auf Tonbasis, mit einer aufgelegten HDPE-Folie im Pressverbund.

Kompost „Dünger (besonders aus pflanzlichen oder tierischen Wirtschaftsabfällen)". Das Wort wurde Anfang des 19. Jahrhunderts aus dem gleichbedeutenden französischen compost entlehnt, das auf lat. compostum „Zusammengesetztes, Gemischtes", dem substantivierten Neutrum des Part. Perf. von lat. componere „zusammenstellen", -setzen" (vgl. komponieren), Duden Bd. 7).

Kompostierung Biologischer Abbau bzw. Umbau biogener, kompostierfähiger Abfälle unter aeroben Bedingungen. [1]

Kompostmiete Aufschüttung von zu kompostierenden Abfallstoffen auf regelmäßige Haufen zum Zweck der Rotte. [6]

Kontinuierlicher Verbesserungs-Prozess (KVP) Das Prinzip der Kontinuierlichen Verbesserung (KVP) geht zurück auf die Unternehmensphilosophie von Deming, der Ver- besserung als einen permanenten Prozess verstand, den er in dem sog. Deming-Kreis oder PDCA-Zyklus veranschaulichte. Die Japaner tauften den ursprünglichen Deming- Aktivitätskreislauf im Unternehmen Deming-Cycle und beschrieben damit einen Kreis- lauf zur Verbesserung. Die Buchstaben PDCA stehen für die Schritte Plan (planen), Do (durchführen), Check (überprüfen), Act (handeln, z. B. auswerten, verbessern, standar- disieren). Er beginnt mit der Untersuchung der gegenwärtigen Situation, um einen Plan zur Verbesserung zu formulieren. Nach der Fertigstellung wird dieser umgesetzt und überprüft, ob die gewünschte Verbesserung erzielt wurde. Im positiven Fall werden die Maßnahmen Standard. Dieser etablierte Standard kann dann durch einen neuen Plan infrage gestellt und verbessert werden. Die Japaner sahen hierin einen Ausgangspunkt für die stetige Verbesserung ihrer Arbeit. KVP wird mit gleicher inhaltlicher Bedeutung im englischen Sprachraum mit „Continous Improvement Process (CIP)", in Japan mit „Kaizen" bezeichnet.

Kultursubstrat Pflanzenerden, Mischungen auf der Grundlage von Torf und anderer Substrate, die den Pflanzen als Wurzelraum dienen, auch in flüssiger Form (Düngem.).

Laden Alle Tätigkeiten der Sammelmannschaft während des Anhaltens des Sammelfahrzeugs zum Beladen. Im Einzelnen, der Antransport des gefüllten Behälters vom Straßenrand zum Fahrzeug, das Verladen des gefüllten Behälters (z. B. Säcke) oder des Behälterinhaltes in das Sammelfahrzeug sowie das Zurückstellen des entleerten Behälters an den Straßenrand. Bei Vollservicebetrieb kommen alle hierzu erforderlichen Tätigkeiten (Rein- und Rausstellen) hinzu, soweit diese Tätigkeiten während des Haltens des Sammelfahrzeugs erledigt werden. Die Ladezeit ist die Zeit, die für die Tätigkeit des Ladens benötigt wird.

Ladepunkt Ort, an dem das Sammelfahrzeug zum Laden des Abfalls anhält; i. d. R. handelt es sich um einen Behälterstandplatz, an dem der Bürger bzw. ein Raus- und Reinsteller den oder die Behälter bereitgestellt hat oder an denen die Sammelmannschaft mehrere Behälter bereitgestellt hat (z. B. wenn Behälter von mehreren Standorten an einem Ladepunkt gemeinsam zur Entleerung zusammengezogen werden).

Länderarbeitsgemeinschaft Abfall (LAGA) Die LAGA (gegründet 1963!) ist ein Arbeitsgremium der Umweltministerkonferenz (UMK). Ihr Ziel ist ein ländereinheitlicher Vollzugs des Abfallrechts in Deutschland. Sie ist Herausgeber von Merkblättern, Richtlinien und Informationsschriften sowie Musterverwaltungsvorschriften betreffend Abfallwirtschaft und Abfalltechnik.

Langzeitlager Anlage zur Anlagerung von Abfällen nach § 4 Abs. 1 des Bundes-Immissionsschutzgesetzes in Verbindung mit Nummer 8.14 des Anhanges zur Verordnung über genehmigungsbedürftige Anlagen.

Lagerstätte Bereich der Erdkruste, in dem sich feste, flüssige und/oder gasförmige Rohstoffe in einer hohen, natürlichen Konzentration befinden.

Laubkompostierung Kompostierung von Laub im privaten und kommunalen Bereich (vornehmlich von Straßenbäumen und Parkanlagen). Von den Gartenbauämtern der Kommunen durchgeführtes Verfahren zur Gewinnung von Bodenverbesserungsmitteln und zur Schonung von Deponievolumen. L.-K. wird üblicherweise in Form der einfachen Mietenkompostierung über einen Zeitraum von 1/2–1 Jahr betrieben. Als technische Geräte werden ein Zerkleinerungsgerät für Grobteile (Zweige, Äste) und eine Absiebungseinrichtung für den Fertigkompost benötigt. [6]

Lignin wichtigster Aufbaustoff von Holz. Lignin ist anaerob nicht abbaubar. [3]

Luftzahl (λ) Verhältnis der in einer Feuerung tatsächlich eingesetzten Luftmenge bzw. Luftmengenstrom zu der für stöchiometrische Verbrennung erforderlichen Mindestluftmenge bzw. Mindestluftmengenstrom.

Management Strategische Organisationsführung und das gezielte Steuern von Prozessen in Organisationen.

Marktabfall (MA) Marktabfälle sind die auf Märkten anfallenden Abfälle, wie z. B. Obst- und Gemüseabfälle.

Masseausbringen Beschreibt den Massenanteil, der durch einen Trennprozess aus einem Ausgangsstoffstrom in mindestens 2 Produktstoffströmen angereichert worden ist.

Massenmetalle Metalle, die in vergleichsweisen großen Mengen produziert und verwendet werden. Zu Ihnen gehören unter anderem Eisen, Kupfer und Aluminium.

Material Der Begriff „Material" wird als Oberbegriff sowohl für Güter als auch für Stoffe verwendet. Es handelt sich um einen allgemeinen Begriff, der sowohl Rohmaterialien als auch alle bereits vom Menschen durch physikalische oder chemische Prozesse veränderten Stoffe einschließt. Dabei handelt es sich also praktisch immer um zwar potenziell dienstleistungsfähige, jedoch nicht unbedingt in Gebrauch befindliche Güter.

Materialflussanalyse Die Materialflussanalyse ist eine Methodik, welche in einem abgegrenzten System, wie etwa einem Unternehmen, die Bewegung einzelner Materialien vom Rohstoffeinsatz bis zum Produkteinbau bzw. Abfallanfall beschreibt. Meist wird sie in Form einer Input-/Outputanalyse erstellt. Sie kann aber auch auf einzelne Mate- rialströme, beispielsweise den Betriebswasserhaushalt, beschränkt werden.

Matrix, mineralische Ob Phosphor in der Matrix verbleiben oder aus ihr extrahiert wird, führt zu grundlegend unterschiedlichen Phosphorprodukten.

Mattenkompostierung spezielles Verfahren der Kompostierung von meist kommunalen Pflanzenabfällen, bei dem die organischen Abfälle auf einer Rottefläche gleichmäßig verteilt, durch Überfahren mit einem Forstmulchgerät zerkleinert und so schichtweise zu einem Rottekörper (Matte) aufgebaut werden. [6]

Mechanisch-biologisch behandelte Abfälle zur Ablagerung Abfälle, die eine mechanisch-biologische Behandlung durchlaufen haben und die Zuordnungswerte für die Deponieklasse II einhalten.

Mechanisch-biologische Behandlung Aufbereitung oder Umwandlung von Siedlungsabfällen und Abfällen im Sinne von § 2 Nr. 2 mit biologisch abbaubaren organischen Anteilen durch eine Kombination mechanischer und anderer physikalischer Verfahren (z. B. Zerkleinern, Sortieren) mit biologischen Verfahren (Rotte, Vergärung).

Mehrkammerfahrzeug Sammelfahrzeug mit geteiltem Laderaum für die integrierte Abfuhr von mindestens zwei getrennten Abfallfraktionen (hier Zweikammerfahrzeug).

Metabolismus Stoffwechsel, Umwandlung von Stoffen. [5]

Methanoxidation Oxidation von Methan durch Mikroorganismen in Deponiebereichen, in denen sich Deponiegas mit Luft vermischt, tritt zumeist im oberen Bereich des Abfallkörpers bzw. in der Rekultivierungsschicht oder in Filtern auf.

Methanphase Zeitraum, in dem im Deponiekörper ein anaerober Abbau ausgeprägt vorherrscht.

Miete Kompostmiete: Kompostiermethode für große Mengen an Küchen- und Gartenabfällen (ab 4 m^3). Über das Jahr gesammeltes organisches Material unterschiedlicher Struktur wird systematisch aufgeschüttet. [15]

Mikrobieller Abbau Abbau fester und flüssiger Abfälle durch Mikroorganismen (Bakterien, Pilze, Algen usw.). Der m. A. kann durch Zuführung ausreichender Mengen Sauerstoff beschleunigt werden. Die Steuerung des m. A. (Abbaugeschwindigkeit) erfolgt außer durch Regelung der Sauerstoffzufuhr durch Erstellung eines optimalen Wassergehaltes, Herstellung optimaler Nährstoffbedingungen, Einstellung optimaler Temperaturbedingungen usw. [12]

Mineraldünger Sammelbezeichnung für Düngemittel, welche einen oder mehrere Pflanzennährstoffe (Stickstoff, Phosphat, Kali, Kalk, Magnesium) aus mineralischem oder synthetischem Ursprung in anorg. Bindung enthalten. Davon unterscheiden sich die org. Düngemittel, welche die Pflanzennährstoffe in org. Bindung enthalten. Da die Pflanze die Nährstoffe nur als Ionen aufnimmt, müssen org. Düngemittel erst im Boden mineralisiert werden, ehe ihre Nährstoffe pflanzenverfügbar werden. Mit M. ist eine gezielte auf das Wachstum der Pflanzen abgestimmte Ernährung möglich; die Pflanze unterscheidet nicht zwischen Nährstoffen natürlicher oder synthetischer, organischer oder anorganischer Herkunft. [5]

Mineralisierung Prozess des Abbaus organischer Substanzen bis hin zum anorganischen (mineralischen) Rest und damit verbunden, die Freisetzung von Nährstoffen. [1]

Mitverbrennung Mitverbrennung von aus Abfallgemischen abgetrennten Fraktionen zusammen mit anderen Brennstoffen, z. B. in Zement- und Kraftwerken.

Monodeponie Deponie oder Deponiebereich für die zeitlich unbegrenzte Ablagerung von Abfällen, die nach Art, Schadstoffgehalt und Reaktionsverhalten ähnlich und untereinander verträglich sind.

Monoverbrennung Verbrennung von aus Abfallgemischen abgetrennten Fraktionen (z. B. im EBS-Kraftwerk) ohne die Zugabe von anderen Brennstoffen.

Mulch Organisches Material, welches mit dem Ziel der Erosionsminderung, der Unkrautunterdrückung oder Beeinflussung des Wasserhaushaltes und des Bodenlebens auf die Bodenoberfläche aufgebracht wird. [1]

Mülleimer (ME) Nicht rollbares Abfallsammelgefäß mit 35 und 50 Litern Nutzvolumen; DIN 6628.

Müllgroßbehälter (MGB) Normiertes Abfallsammelgefäß, das für den einfacheren Transport mit Rollen ausgestattet ist; DIN EN 840.

Mülltonne (MT) Nicht rollbares Abfallsammelgefäß mit 70 bis 110 Litern Nutzvolumen (Ringtonne); DIN 6629.

Multibarrierenkonzept Installation möglichst vieler Sicherheitsbarrieren beim Bau einer oberirdischen Deponie: physische Barrieren, wie z. B. Abdichtungsschichten, aber auch Barrieren im übertragenen Sinn, wie z. B. die Standortwahl oder die Einschränkung der Palette der abzulagernden Abfälle durch Grenzwerte.

Multibarrieren-System Zusammenspiel mehrerer unabhängiger (redundanter) Barrieren zur Verhinderung des Stoffaustrages aus Abfalldeponien in das Deponieumfeld.

Nachhaltigkeit Die Nachhaltigkeit ist eine Übersetzung des englischen Begriffes „Sustainability". Nachhaltigkeit oder Zukunftsfähigkeit definiert eine Entwicklung, die den Bedürfnissen der heutigen Generation entspricht, ihre eigenen Bedürfnisse zu befrie- digen und ihren Lebensstil zu wählen, ohne die Möglichkeiten künftiger Generationen zu gefährden. [16]

Die Enquete-Kommission Schutz des Menschen und der Umwelt hat den Begriff der „nachhaltig zukunftsverträglichen Entwicklung" geprägt. Ursprünglich stammt der Nachhaltigkeitsbegriff aus dem Bereich der naturgemäßen Waldbewirtschaftung.

Bereits in der 12. Legislaturperiode wurden vier grundlegende Regeln über den nachhaltigen, zukunftsfähigen Umgang mit Ressourcen, Stoffen und Natur aufgestellt, die den Themenrahmen Material- und Stoffflussanalyse tangieren:

Die Abbaurate erneuerbarer Ressourcen soll deren Regenerationsrate nicht überschreiten. Dies entspricht der Forderung nach Aufrechterhaltung der ökologischen Leistungsfähigkeit, d. h. (mindestens) nach Erhaltung des von den Funktionen her definierten ökologischen Realkapitals.

Nicht erneuerbare Ressourcen sollen nur in dem Umfang genutzt werden, in dem ein physisch und funktionell gleichwertiger Ersatz in Form erneuerbarer Ressourcen oder höherer Produktivität der erneuerbaren sowie der nicht erneuerbaren Ressourcen geschaffen wird.

Stoffeinträge in die Umwelt sollen sich an der Belastbarkeit der Umweltmedien orientieren, wobei alle Funktionen zu berücksichtigen sind, nicht zuletzt auch die „stille" und empfindliche Regelungsfunktion.

Das Zeitmaß anthropogener Einträge bzw. Eingriffe in die Umwelt muss im ausgewogenen Verhältnis zum Zeitmaß der für das Reaktionsvermögen der Umwelt relevan- ten natürlichen Prozesse stehen. [17]

Nachrotte Dritte Phase der Kompostrotte. In dieser Phase werden mineralisierte Nährstoffe zusammen mit Ton-Mineralien zu Ton-Humus-Komplexen aufgebaut. Das Ergebnis ist Humus, der dunkelbraun ist, eine feinkrümelige Struktur hat und nach Waldboden riecht. [15]

Nachsorgephase Zeitraum nach der endgültigen Stilllegung einer Deponie bis zu dem Zeitpunkt, zu dem die zuständige Behörde nach § 36 Abs. 5 des Kreislaufwirtschafts- und Abfallgesetzes den Abschluss der Nachsorge feststellt.

Nativ-organische Stoffe (= biogen-organische Stoffe) Alle natürlich entstandenen Stoffe, die generell kompostierbar sind. Zu unterscheiden ist jedoch zwischen zur Kompostierung geeigneten und ungeeigneten Abfällen. [9]

Nicht zertifiziertes Umweltmanagementsystem Neben den genormten Managementsystemen EMAS und DIN ISO 14001 existieren auf nationaler und internationalen Ebene eine Vielzahl nicht genormter Umweltmanagementsysteme. Aufbau und Zielsetzung entsprechenden den international genormten Systemen EMAS und ISO 14001. Es handelt sich in vielen Fällen um spezifisch an Branchen, Unternehmensgrößen oder Regionen angepasste Systeme, die z. T. durch Siegel oder Teilnahmenachweise bestä- tigt werden. Diese Art der Umweltmanagementsysteme lassen eine sehr flexible und angepasste Anwendung zu, verfügen aber nicht über eine Akkreditierung und weltweite Anerkennung der Zertifikate.

Notifizierungsverfahren für (gefährliche) Abfälle Genehmigungsverfahren zur grenzüberschreitenden Verbringung von (gefährlichen) Abfällen, gemäß Abfallverbringungsgesetz (AbfVerbrG). Hierdurch wird das Basler Übereinkommen in europäisches Recht umgesetzt. Der Abfallexporteur hat die geplante Verbringung von Abfällen mittels Notifizierungsformular und Begleitformular sowie weiterer erforderlicher Unterlagen bei der in seinem Heimatland zuständigen Behörde zu notifizieren (= zu beantragen).

Obsoleszenz Im Kontext der Kreislaufwirtschaft wird mit der Obsoleszenz das „Veralten" eines Produktes beschrieben. Zu unterscheiden ist zwischen „natürlicher Obsoleszenz", bei der nach langer Gebrauchszeit Gegenstände in ihrer Funktionsfähigkeit beeinträchtigt bzw. nicht mehr nutzbar sind und „geplanter Obsoleszenz", bei der eine konzeptionelle vorgesehene Verkürzung der Lebensdauer von Gegenständen besteht, obwohl die Nutzung deutlich länger möglich wäre. Die Lebensdauer wird besonders von den Produzenten durch das Produktdesign, aber auch durch das Marketing und damit verbundene Moden und Trends beeinflusst.

Ökobilanz Stoff oder Energie, der bzw. die dem untersuchten System zugeführt wird und der Umwelt ohne vorherige Behandlung durch den Menschen entnommen wurde, oder Stoff oder Energie, der bzw. die das untersuchte System verlässt und ohne anschlie- ßende Behandlung durch den Menschen an die Umwelt abgegeben wird. [8]

Olfaktometrie Messen der Reaktion von Prüfern auf Geruchsreize mithilfe eines Geräts in dem eine Probe geruchsbehafteten Gases in einem definierten Verhältnis mit Neutralluft verdünnt und den Prüfern dargeboten wird. [18]

Organischer Abfall Abfälle organischer Natur. Im kommunalen Hausmüll vorwiegend natives Material (wie Gartenabfälle, Speisereste usw.), verarbeitete Stoffe (wie Textilien, Papier usw.) und synthetische Stoffe (korrekt: organisch-chemische Stoffe, wie Kunststoffe, organische Lösemittel usw.). Relativ leicht abbaubar sind nur die nativen und teilweise die verarbeiteten organischen Stoffe. [6]

PCDD (Dioxin) polychlorierte Dibenzo-p-dioxine sind eine Klasse von aromatischen chlorierten Kohlenwasserstoffen, bei denen zwei chlorierte Benzolringe durch zwei Sauerstoffbrücken verbunden sind. Durch Position und Anzahl der Chloratome sind 75 unterschiedliche Dioxine (Variation von Isomerien = Kongenere) möglich, die unterschiedlich toxisch sind.

PCDF (Furan) polychlorierte Dibenzofurane; wie **Dioxine**, jedoch mit nur einer Sauerstoffbrücke und einer Direktverbindung zwischen den beiden chlorierten Benzolringen, wobei 135 Kongenere existieren.

Pflanzenabfälle Oberbegriff für Abfälle pflanzlicher Herkunft. [6]

Pflanzenverfügbarkeit Sind Düngemittel die Produkte beim Phosphorrecycling, spielt die Pflanzenverfügbarkeit eine wichtige Rolle. Einige Recyclate weisen eine zu geringe oder zu sehr schwankende Pflanzenverfügbarkeit auf.

Pflanzenverträglichkeit Die im Test ermittelte positive oder neutrale Wirkung eines Stoffes oder Substrates auf das Pflanzenwachstum und die Pflanzenentwicklung. [1]

Phosphor 15. Element im Periodensystem und als Bestandteil von DNA, Atmungskette etc. unverzichtbar für alles Leben. Wird hauptsächlich aus fossilen Lagerstätten gewonnen, die mit der Zeit immer höhere Schwermetallgehalte aufweisen. Kommt überwiegend als Düngemittel in den Wirtschaftskreislauf und verlässt diesen zu einem großen Teil über das Grundwasser oder den Klärschlamm.

Phosphorsäure Am häufigsten aus Phosphaten hergestelltes und sehr vielseitig einsetzbares Phosphorprodukt.

Phosphorsäure, grüne Grüne oder nasse Phosphorsäure wird mittels nasschemischen Aufschlusses aus Rohphosphat gewonnen, bei dem auch ein Gutteil der Schwermetalle gelöst werden. Aus wirtschaftlichen Gründen wird das Produkt vor der Weiterverarbeitung (z. B. zu Düngemitteln) nur wenig aufbereitet. Wegen seiner Einfachheit ist der nasschemische Aufschluss das am häufigsten genutzte Verfahren bei der Phosphorrückgewinnung aus Klärschlamm.

Phosphorsäure, thermische Wird aus elementarem weißem Phosphor aus der thermischen Reduktion von Rohphosphat im Wöhler-Prozess gewonnen. Wegen ihrer hohen Reinheit wird sie hauptsächlich in der chemischen Industrie eingesetzt.

Post-consumer-Abfall Abfall, der aus Produkten und Infrastrukturen nach deren Nutzungsphase entsteht

Proaktiver Umweltschutz Antizipierendes und vorbeugendes Handeln von Organisationen und Unternehmen, die nicht nur „reaktiv" staatliche Vorgaben durch Umweltschutzinvestitionen umsetzen. Proaktiver Umweltschutz umfasst die komplette Fülle möglicher Ansatzpunkte unternehmerischen Umwelthandelns, die von Produkt- oder Produktionsverfahrensänderungen bis zu organisatorischen Maßnahmen reicht.

Problemstoff (PS) Problemstoffe sind Bestandteile im Abfall, die bei der nachfolgenden Entsorgung zu Problemen führen, z. B. Lösemittel, Lacke, Farben, Batterien, Medika- mente, Pflanzenschutzmittel.

Produktionsabfall Abfall, der während der Produktentstehung einschließlich der vorgelagerten Schritte der Rohstoffgewinnung und Vorproduktherstellung entsteht. Produktionsabfall kann in „Post production"-Abfall, der während der Herstellung des Produktes entsteht, und in „Post industrial"-Abfall, der bei Distribution oder z. B. bei der Herstellung von Infrastruktur z. B. als Bauabfall anfällt, unterteilt werden.

Produktionsintegrierter Umweltschutz (PIUS) Produktionsintegrierter Umweltschutz ist insbesondere die Entwicklung umweltverträglicher Herstellungsverfahren im Sinne der Minimierung von Abfall, Abwasser und die Verminderung von Emission in die Luft bei gleicher oder sogar verbesserter Produktqualität unter Berücksichtigung des Energiebedarfs. Der Produktionsintegrierte Umweltschutz umfasst dabei im Gegensatz zum Prozessintegrierten Umweltschutz den ganzheitlichen Blick auf die Gesamtproduktion.

Produktionsspezifische Abfall (PA) Produktspezifische Abfälle sind z. B. verdorbene Rohware, Fehlchargen, Formsande, Flugaschen, Rauchgasreinigungsrückstände, soweit nicht als Sonderabfall ausgeschlossen.

Produktprüfung Prüfung des Endproduktes auf bestimmte Pathogene, z. B. auf Salmonellen, bzw. Überprüfung des Produktes in Hinblick auf seine Qualitätsmerkmale und unerwünschten Inhaltsstoffe. [1]

Produktsystem Zusammenstellung von Prozessmodulen mit Elementar- und Produktflüssen, die den Lebensweg eines Produktes, Dienstleistung oder Prozess modelliert und die eine oder mehrere festgelegte Funktionen erfüllt.

Profilierung Gestaltung des Deponiekörpers einer Deponie oder eines Deponieabschnit- tes, um darauf das Oberflächenabdichtungssystem in dem für die Entwässerung erforderlichen Gefälle aufbringen zu können.

Proximat- oder Immediatanalyse Bestimmung des Wassergehaltes, des Brennbaren d. h. der flüchtigen Bestandteile und des brennbaren festen Kohlenstoffs sowie des Aschegehaltes in einem festen brennbaren Stoff.

Prozess Ein Prozess beschreibt die Umformung, den Transport oder die Lagerung von Gütern und Stoffen. Der Prozess selbst wird meist als Black-Box definiert, d. h. die Vorgänge innerhalb des Prozesses werden im Allgemeinen nicht untersucht. [12]

Prozesslandschaft Die Prozesslandschaft stellt i. d. R. eine Übersicht oder die Wechselwirkung der Prozesse dar, die Einzelprozesse beinhalten i. d. R. die detaillierte Ausführung der entsprechenden Vorgänge auf der Ebene von einzelnen Prozessschritten. Abhängig vom Detaillierungsgrad beinhaltet die graphische Darstellung eine zeitliche Anordnung, die Ablauflogik, Kennzahlen, Verantwortlichkeiten, Schnittstellenparame- ter, Aktivitäten und Ergebnisse.

Prozessprüfung Prüfung des Kompostierungsverfahrens, wobei repräsentative Testorganismen (Prüfpathogene) in Abhängigkeit vom jeweiligen Kompostierungsverfahren in charakteristische Rottebereiche eingelegt, durch den praxisüblichen Rotteprozess geschleust und nach verfahrensspezifischer Rottezeit entnommen und auf überlebende bzw. infektionsfähige Restorganismen geprüft werden. [1]

Prozesswirkungsgrad Siehe auch → Trenngüte; kann nur mit Bezug zu einzelnen Merkmalen ermittelt werden, deren Ermittlung jedoch in Abfallstoffströmen häufig prob- lematisch ist, da für die Bestimmung wiederum technische Trennverfahren eingesetzt werden; setzt die Massenanteile der Merkmalsklasse (z. B. Aluminiumverpackung) von Wertstoff- und Reststoffstrom zum Eingangsgehalt ins Verhältnis.

Pyrolyse thermische Zersetzung von organischen Stoffen unter Luftabschluss.

Qualitatives Bewertungskriterium verbal zu beschreibende Kriterien zur Bewertung von Varianten.

Quantitatives Bewertungskriterium numerisch vergleichbare Parameter zur Bewertung von Varianten.

Raumgewicht (RG) Gewicht eines Stoffes in einem Sammelbehälter, bezogen auf das gesamte Behältervolumen [kg/m^3].

RCL-Baustoff Recyclingbaustoffe, z. B. aus der Aufbereitung von Bauschutt.

Rebound-Effekte sind jene Sekundäreffekte einer Maßnahme, welche den primären Zielsetzungen dieser Maßnahme zuwiderlaufen. Sie werden durch die Maßnahme selbst ausgelöst und reduzieren die beabsichtigte Wirkung.

Recycling (Aufbereitungstechnik) Erneute oder wiederholte Verwendung oder Verwertung von Abfällen oder von Rückständen eines Produktionsprozesses oder von Produkten oder Teilen von Produkten. Dementsprechend ist ein Recyclat oder Regenerat ein aus sekundärem Rohstoff durch Recycling zurückgewonnener Roh- oder Werkstoff.

Recycling Jedes Verwertungsverfahren, durch das Abfallmaterialien zu Erzeugnissen, Materialien oder Stoffen entweder für den ursprünglichen Zweck oder für andere Zwecke aufbereitet werden. Es schließt die Aufbereitung organischer Materialien ein, aber nicht die energetische Verwertung und die Aufbereitung zu Materialien, die für die Verwendung als Brennstoff oder zur Verfüllung bestimmt sind. [4]

Refurbishment Aufarbeitung von Produkten oder Komponenten nach der Nutzungsphase in einem industriellen Prozess, um sie technisch in ihren Ursprungszustand zu versetzen.

Regionaler Stoffhaushalt Der regionale Stoffhaushalt stellt die Zusammenfassung sämt- licher geogener und anthropogener Prozesse, Güter- und Stoffflüsse in einem nach geographischen oder politischen Kriterien abgegrenzten Raum dar.

Reichweite Die Reichweite beschreibt den Zeitraum in Jahren, für den ein Rohstoff in Zukunft noch verfügbar sein wird. Die Werte werden berechnet, indem die Verfügbarkeit [Tonnen] durch den Verbrauch [Tonnen pro Jahr] geteilt wird. Dabei wird zwischen statischer und dynamischer Reichweite unterschieden. Während die statische Reichweite von zukünftig unverändertem Verbrauch und Verfügbarkeit ausgeht, wird deren Entwicklung bei der Berechnung der dynamischen Reichweite modelliert.

Remanufacturing „Wiederproduktion": Produkte oder Komponenten werden nach der ersten Nutzungsphase auf den Stand von Neuprodukten gebracht.

Reserven Der Begriff Reserven beschreibt die Gesamtmenge eines Rohstoffs in dessen natürlichen Vorkommen, deren Vorhandensein sicher nachgewiesen ist und welche mit bekannten Methoden wirtschaftlich abgebaut werden kann.

Ressource Eine Ressource kann ein materielles oder immaterielles Gut sein. Meist werden darunter Betriebsmittel, Geldmittel, Boden, Rohstoffe, Energie oder Personen verstanden. Im Umweltschutz liegt der Focus auf den natürlichen Ressourcen Wasser, Boden, Luft, Rohstoffe und Klima, als wichtige Teilbereiche der Umwelt. Im Bergbau wird der Begriff als nachgewiesene derzeit technisch und/oder wirtschaftlich nicht gewinnbare sowie nicht nachgewiesene, aber geologisch mögliche künftig gewinnbare Menge an Energierohstoffen definiert.

Ressourceneffizienz Nutzung natürlicher Ressourcen (Energie, Stoffe) in der Weise, dass sie im Verhältnis zu ihrem Gebrauchseinsatz lange, häufig und intensiv, d. h. mit hohem Wirkungsgrad, verwendet werden können.

Restmüll (Resthausmüll)) Verbleibender Hausmüll nach der getrennten Erfassung der momentan verwertbaren Stoffströme. Abfall zur Beseitigung.

Reststoff fester, verbleibender Rückstand aus einem Prozess.

Reuse Erneute Verwendung funktionsfähiger Produkte nach der ersten Nutzungsphase

Richtwert Nicht zwingend vorgeschriebener, höchster Wert für die Konzentration unerwünschter Inhaltsstoffe in Nahrungsmitteln, in Emissionen oder Immissionen, in Böden oder Gewässern oder auch ein Mindestwert für erwünschte Inhaltsstoffe in Nahrungsmitteln. [1]

Rohphosphat Im Englischen „Phosphate Rock" genannt, ist das Produkt der Aufbereitung von Phosphorerz noch am Standort der Mine. R. dient als Rohstoff für die Herstellung von nasser Phosphorsäure, weißem Phosphor und diversen Düngemitteln (Superphosphate). Da neuerschlossene Phosphatvorkommen immer schwermetallhaltiger und die Aufbereitung immer kostspieliger wird, gilt die Versorgung mit Rohphosphat in Zukunft als gefährdet. Rohphosphat steht auf der EU-Liste für kritische Rohstoffe.

Rohstoffliches Recycling Beim rohstofflichen Recycling werden die Ausgangsbestandteile der Materialien auf Molekülebene genutzt. Dazu werden die Bindungsformen chemisch verändert und Makromoleküle zu kleineren Molekülen aufgespalten. Die Stoffe werden anschließend energetisch oder chemisch eingesetzt.

Rohstoffproduktivität in einer Volkswirtschaft ist das reale Bruttoinlandsprodukt bezogen auf den gesamten Rohstoffeinsatz (Entnahme verwerteter abiotischer Rohstoffe und Einfuhr abiotischer Güter).

Rostfeuerung Feuerungsanlage, bei der der feste brennbare Stoff (Abfall) auf einem von unten mit Verbrennungsmedium (meist Luft) durchströmten Rost durch den Feuerraum transportiert wird. Der Rost kann aus verschiedenen, teilweise beweglichen Elementen wie Walzen, Roststäben (Vor- und Rückschubrost) oder Platten bzw. Bändern (Wanderrost) aufgebaut sein.

Rotte unter aeroben Bedingungen ablaufender mikrobieller Ab- und Umbau des organischen Materials. [9]

Rottedeponie Deponie, bei der der Abfall vor dem systematischen Einbau in einer Miete im Ablagerungsbereich der Deponie gerottet wird.

Rottegrad Kennzeichnet den aktuellen Stand der Rotte und stellt eine Stufe auf einer Skala von Kennwerten dar, die den Rottefortschritt vergleichbar charakterisieren. Einteilung in die Rottegrade I bis V, wobei I Kompostrohstoff, II und III Frischkomposte, IV und V Fertigkomposte sind. [1]

Sachbilanz Bestandteil der Ökobilanz, der die Zusammenstellung und Quantifizierung von Inputs und Outputs eines gegebenen Produktsystems im Verlauf seines Lebensweges umfasst (ISO 14040). [8]

Sammelzeit Sammelzeit ist die Zeit, die für die Sammlung beansprucht wird

Sammlung Summe der Vorgänge des → Ladens der Behälter und des Fahrens zwischen den einzelnen → Ladepunkten (→ Zwischenfahrten). Im Falle des → Vollservices zusätzlich das Rausstellen der gefüllten Sammelbehälter sowie das Reinstellen der entleerten Behälter einschließlich der erforderlichen Leerwege, (entspr. „Einsammeln" nach KrW-/AbfG).

Saure Phase Zeitraum, in dem im Deponiekörper der anaerobe Abbau noch nicht voll ausgeprägt vorherrscht, u. a. durch pH-Werte unter 7 im Sickerwasser gekennzeichnet. **Schadstoff** organische und anorganische Stoffe in gesundheits- oder umweltgefährdender Konzentration.

Schlacke der bei einer Feuerung in flüssiger/pastöser Form anfallende feste Reststoff.

Schlammkonditionierung Zugabe geeigneter Additive (heute meist Polyelektrolyte) zu Dünnschlamm, um bei der nachfolgenden mechanischen Schlammentwässerung durch Filtration oder Zentrifugation schneller einen Filterkuchen mit hohem Trockenmasseanteil zu erzielen.

Schüttdichte Massen-Volumen-Verhältnis in Schüttungen, wichtigster Parameter für die Auslegung von Aufbereitungsprozessen.

Schüttgewicht (SG) Gewicht eines Stoffes in einem Sammelbehälter, bezogen auf das verfüllte Behältervolumen [kg/m^3].

Schwermetallabreicherung Entscheidend für die Herstellung sauberer Recyclate. Einige Phosphorrecyclingverfahren reichern Schwermetalle nicht ab. Sie können dann nur mit Schlämmen oder Aschen mit niedrigen Schwermetallgehalten betrieben werden.

Schadstoff-Verschleppung Hier: Transport einer Kontamination (siehe dort) von einem Abfall in einen Sekundärrohstoff

Seitenladerfahrzeug Sammelfahrzeug, bei dem die Ladevorrichtung an der Seite angebracht ist; i. d. R. erfolgt die Entleerung der Behälter mittels eines automatischen Greifarms durch den Fahrer.

Sekundärabfälle Rückstände aus der Abfallbehandlung. Es ist somit durchaus möglich, dass ein Material zweimal oder häufiger in die Abfallstatistik eingeht. Beispiel: Die Verbrennung von 1 Mg Siedlungsabfall (Primärabfall) erzeugt 300 kg Rostasche (Sekundärabfall).

Sekundärbrennstoff Aus produktionsspezifischen Abfällen oder Abfallgemischen gewonnene Fraktion mit definierten, qualitativ hochwertigen physikalischen und chemischen Eigenschaften, die in der Mitverbrennung eingesetzt wird. Sekundärbrennstoffe mit dem RAL-GZ 724 werden als SBS ® bezeichnet.

Sekundärrohstoffdünger Abwasser, Fäkalien, Klärschlamm und ähnliche Stoffe aus Siedlungsabfällen und vergleichbare Stoffe aus anderen Quellen, jeweils auch weiterbehandelt und in Mischungen untereinander oder mit Stoffen nach den Nummern 1, 2, 3, 4 und 5, die dazu bestimmt sind, zu einem der in Nummer 1 erster Teilsatz genannten Zwecke angewandt zu werden. [6]

Selbsterhitzung mikrobiologisch bedingte Erwärmung eines organischen Materials über die Umgebungstemperatur hinaus. [1]

Seltenerdelemente Als Seltenerdelemente werden die 17 Elemente der Lanthanoide sowie Scandium, Yttrium und Lanthan bezeichnet.

Sensorgestützte Sortierung Sortierprozesse, die Stoffeigenschaften wie Farbe, elektrische Leitfähigkeit, chemische Zusammensetzung, Dichte und dergleichen berührungs- los mittels Sensoren identifizieren, nach Auswertung der Merkmale eine Klassifika- tion mittels Datenverarbeitung vornehmen und einen zumeist pneumatischen Austrag positiv erkannter Bestandteile initiieren.

Sickerwasser Jede Flüssigkeit, die die abgelagerten Abfälle durchsickert und aus der Deponie ausgetragen oder in der Deponie eingeschlossen wird.

Siedlungsabfall Abfall aus privaten Haushaltungen und ähnlich beschaffener oder zusammengesetzter Abfall.

Sonderabfall Vermeidung/Verminderung/Verwertung (VVV) Die radikalste Sonderabfall-Vermeidungsstrategie besteht in Stoffverboten – praktiziert (und gerechtfertigt) z. B. bei PCB, PCP, HCB, CKW-Spezies, FCKW, PBDE, PFT und Quecksilber. Generell ist Abfall VVV für bestehende industrielle Produktionsprozesse nicht trivial. So sind immer risikobehaftete technische Veränderungen am – meist sehr individuellen – Produktionsprozess erforderlich, z. B. durch Austausch von Edukten oder durch Einführung neuer Verfahrensschritte. Trotz dieser Restriktionen hat Abfall VVV in der Industrie große Fortschritte gemacht – vielfach forciert durch Mitbewerber und der Furcht vor Imageverlust.

Sorption Unter Sorption von Chemikalien im Boden versteht man die physikalische, chemische oder physikochemische Bindung von Stoffen durch Bodenbestandteile. [1]

Sortierquote (-grad) Prozentualer Anteil der gesammelten Menge (z. B. Altpapier), der z. B. in einer Sortieranlage aussortiert und der Verwertung zugeführt wird.

Sortierung Grundprozess der mechanischen Aufbereitung, Trennung von Stoffen nach physikalischenoderchemisch-physikalischen Merkmalenwieder Leitfähigkeit, der magnetischen Suszeptibilität, der Dichte, der Form sowie nach Oberflächeneigenschaften.

Sperrmüll (SM) Sperrmüll sind feste Abfälle aus Haushaltungen, die wegen ihrer Sperrigkeit nicht in die im Entsorgungsgebiet vorgeschriebenen Behälter passen und von den Entsorgungspflichtigen selbst oder von ihnen beauftragten Dritten getrennt vom Hausmüll gesammelt und transportiert werden.

Spezifisches Behältervolumen zur Verfügung gestelltes Behältervolumen je Einwohner und Zeitraum.

Stand der Technik Stand der Technik im Sinne dieses Gesetztes ist der Entwicklungsstand fortschrittlicher Verfahren, Einrichtungen oder Betriebsweisen, der die praktische Eignung einer Maßnahme zur Begrenzung von Emissionen gesichert erscheinen lässt. Bei der Bestimmung des Standes der Technik sind insbesondere vergleichbare Verfahren, Einrichtungen oder Betriebsweisen heranzuziehen, die mit Erfolg im Betrieb erprobt worden sind (BImSchG).

Sternchenabfälle Abfälle, die im Europäischen → Abfallkatalog mit einem Sternchen * gekennzeichnet, d. h. gefährliche Abfälle sind.

Stilllegungsphase Zeitraum vom Ende der Ablagerungsphase der Deponie oder eines Deponieabschnittes bis zur endgültigen Stilllegung der Deponie.

Stoff Ein Stoff ist ein Element des Periodensystems der Elemente (z. B. Stickstoff, Kohlenstoff etc.) oder auch eine chemische Verbindung (z. B. Kohlenstoffdioxid) oder deren Gruppe (z. B. Dioxine, organische Chlorverbindungen). Ein einheitlicher Stoff besteht aus gleichartigen Molekülen oder Atomen und kann nur durch chemische Methoden verändert werden. [19]

Stoffbilanz Bei der Stoffbilanz werden die In- und Outputflüsse eines Prozesses oder Systems bilanziert. Lagerveränderungen und Massenerhaltungsgesetz werden berücksichtigt. Eine wichtige Ergänzung zur Stoffbilanz ist die Energiebilanz. Stoff- und Energiebilanz gehören dem Wesen nach zusammen und sollten gemeinsam geführt werden. [20]

Stoffbuchhaltung Die Stoffbuchhaltung ist eine periodische, mengenmäßige Erfassung der wichtigsten Güter- und Stoffflüsse. Die Stoffbuchhaltung ist gut mit dem Begriff der Finanzbuchhaltung zu vergleichen. Die Idee der Stoffbuchhaltung besteht darin, in Zukunft neben der rein wert- und mengenmäßigen Datenerfassung wie Preis, Gewicht etc. auch die in den Gütern enthaltenen Stoffe zu erfassen. [21]

Stoffflussanalyse Die Stoffflussanalyse ist eine Methodik, welche die Prozesse, den Güter- und Stofffluss, das Lager und dessen Veränderungen in einem bestimmten, wohl definierten System möglichst gesamthaft mittels technisch-naturwissenschaftlicher Kriterien beschreibt. [20]

Stofflich verwerteter Siedlungsabfall (SVA) in unterschiedlichen Stoffgruppen bereits erfasste und stofflich verwertete Abfälle, z. B. Altpapier, Altglas.

Stoffstromanalyse Hierbei handelt es sich um ein spezielles, d. h. ökologisches Rechnungswesen. Sie ist eine Input–Output Bilanzierung der ökologisch relevanten Stoff- und Energieströme. Die untersuchten Systeme können ein Einzelprozess, ein ganzes Unternehmen oder ein einzelnes Produkt sein. Falls erforderlich wird das Gesamtsystem in Teilprozesse zerlegt, die untereinander mittels ihrer Stoff- und Energieströme in Verbindung stehen. [22]

Stoffstrommanagement Unter Stoffstrommanagement versteht man das zielorientierte Beeinflussen der Materialströme, um die Menge der benutzten Stoffe zu reduzieren, ihre Nutzung zu intensivieren, Emissionen zu reduzieren und ihren Kreislauf so weit wie möglich zu gewährleisten.

Stoffwechsel Metabolismus, alle meist im Protoplasma ablaufenden Auf-, Ab- und Umbaureaktionen der pflanzlichen und tierischen Organismen. Dabei ist der intermediäre Stoffwechsel die Gesamtheit der Stoffwechselreaktionen zwischen seiner Aufnahme der Nährstoffe und Ausscheidung der Endprodukte, dient dem Auf-, Um- und Abbau der Zellbausteine und der Energiegewinnung. Einzelne Stoffwechselreaktionen sind u. a. Photosynthese, Dissimilation, Gärung, Eiweiß-Stoffwechsel u. Fett-Stoffwechsel. [5]

Straßenaufbruch (SAB) Straßenaufbruch sind mineralische Abfälle mit Bindemittelgehalten aus Bautätigkeiten im Straßen- und Brückenbau.

Straßenkehricht (SK) Straßenkehricht sind Abfälle aus der öffentlichen Straßenreinigung, wie z. B. Straßen- und Reifenabrieb, Laub sowie Streumittel des Winterdienstes.

Strategische Organisationsführung (Management) Die strategischen Organisations- und Unternehmensführung umfasst die Planung und Konzeption von Strategien und Maßnahmen zur Aufrechterhaltung der Entwicklungsfähigkeit als entscheidende Voraussetzung für den langfristigen Erfolg.

Substitutionsquote Anteil Sekundärrohstoff am Gesamtverbrauch des einzelnen Rohstoffs oder (bezogen auf die gesamte Volkswirtschaft) Mengenverhältnis von wieder in der Produktion einsetzbaren Sekundärrohstoffen zum gesamten Materialeinsatz.

Subvention Zweckgebundener, von der öffentlichen Hand gewährter Zuschuss zur Unterstützung bestimmter Wirtschaftszweige, Produktionsprozesse oder Unternehmen.

System Ein System bezeichnet die Menge an Elementen und deren Beziehung untereinander. Im Rahmen der Stoffflussanalyse bezeichnet man die Elemente eines Systems als Prozesse und Flüsse (Güter-, Stoff-, Material- und Energieflüsse). Durch die Bezeichnung der Elemente im System werden diejenigen, die nicht zum System gehören, ausgegrenzt und damit die Systemgrenzen definiert. Ein System kann z. B. ein Betrieb (Müllverbrennungsanlage), eine Region, eine Nation oder auch ein Privathaushalt sein. In einem Stoffhaushaltssystem ist jedes Gut durch je einen zugehörigen Herkunfts- und Zielprozess eindeutig identifiziert.

Systemgrenze Satz von Kriterien zur Festlegung, welche Prozessmodule Teil eins Produktsystem sind. Systemgrenzen definieren die zeitliche und räumliche Abgrenzung des zu untersuchenden Systems. Als zeitliche Grenze wird oft ein Jahr gewählt, als räumliche Grenze kann z. B. eine politische, hydrologische oder betriebliche Grenze verwendet werden. Materialflüsse in ein System hinein werden als Importe, solche aus dem System hinaus als Exporte bezeichnet.

Systemische Betrachtung Betrachtung kompletter, Systeme in denen einzelne Systemkomponenten beeinflussend auf andere Systemkomponenten und das Systemumfeld wirken können, im Gegensatz zur isolierten Betrachtung einzelner Systemkomponenten.

TA Siedlungsabfall Dritte Allgemeine Verwaltungsvorschrift zum Abfallgesetz: Technische Anleitung zur Verwertung, Behandlung und sonstigen Entsorgung von Siedlungsabfällen (aufgehoben).

Technosphäre/Anthroposphäre Die Technosphäre oder Anthroposphäre ist die durch den Menschen induzierte technische Umwelt. Sie ist ein durch menschliches Wirken entstehender Teil der Biosphäre, der mit ihr im stofflichen Austausch steht. Aus anthropozentrischer Sicht wird von der Anthroposphäre gesprochen. Stoffe treten durch Rohstoffnutzung aus der Biosphäre in die Technosphäre ein und werden als Abfall zur Beseitigung wieder der Umwelt überlassen. [13]

Teilservice (Benutzertransport) Behälter werden vom Benutzer am Abfuhrtag am Fahrbahnrand zur Abfuhr bereitgestellt und nach ihrer Entleerung wieder an ihren Standplatz auf dem Grundstück zurückgestellt.

Thermische Abfallbehandlung Dient der Inertisierung bzw. Zerstörung organisch-chemischer Schadstoffe, der Volumenverminderung und als Nebeneffekt der Energienutzung von unvermeidbaren, nicht verwertbaren Abfällen. Neben Müllverbrennungsanlagen oder Sonderabfall-Verbrennungsanlagen gibt es Anlagen zur Pyrolyse oder Hochtemperaturvergasung.

Toxikologie Giftkunde, Lehre von den Giften. Im Sonderabfall/Altlastenbereich von großer öffentlicher Bedeutung. Entsprechende Gutachten sollen Aufschluss über die akute und chronische Gefährdung von Mensch und Umwelt geben. Basiszahlen zu Toxizitäten von Stoffen werden i. d. R. mittels Tierversuchen ermittelt. Bedeutsame toxikokogische Kenngrößen sind u. a. die Effektkonzentrationen (EC), die letalen Konzentration (LD bzw. LC), der „no observed effect level bzw. concentration" (NOEL bzw. NOEC), die „predicited no effect concentration" (PNEC) und der „acceptable daily intake" (ADI-Wert).

Transport Fahrten des Sammelfahrzeugs vom Betriebshof zum Sammelgebiet, vom Sammelgebiet zur Ent-/Umladestelle, von der Ent-/Umladestelle zum Sammelgebiet, von der Ent- Umladestelle zum Betriebshof, (entspr. „Befördern" nach KrWG).

Transportverpackung erleichtert den Transport von Waren, bewahrt auf dem Transport die Waren vor Schäden oder wird aus Gründen der Sicherheit des Transports verwendet und fällt beim Vertreiber als Abfall an. Beispiele sind Fässer, Kisten, Säcke, Kabeltrommeln, Paletten, Kartonagen, geschäumte Schalen, Schrumpffolien und ähnliche Umhüllungen.

Trennerfolg Siehe → Trenngüte.

Trenngüte Beschreibt den „Wirkungsgrad" von Trennprozessen wie der Siebklassierung (auch: Siebwirkungsgrad) oder von Sortierprozessen, wobei die Gütekriterien in jedem Einzelfall zu vereinbaren sind.

Trennkriterium Physikalische oder chemisch-physikalische Merkmale (Eigenschaften) von Stoffen, die für eine Sortierung genutzt werden können.

Trennmedium Unterscheidung in trockene (Trennmedium Luft) und nasse Trennverfahren (Trennmedien Wasser und wässrige Lösungen oder Suspensionen).

Tuch- oder Gewebefilter Einrichtung zur Entstaubung von Abgasen (Rauchgasen), bei der die Partikel an aus Fasern aufgebauten Filterschläuchen bei deren Durchströmung abgereinigt werden.

Umladung Umladung der eingesammelten Abfälle vom Sammelfahrzeug auf größere Transporteinheiten.

Umverpackung zusätzliche Verpackungen zu den Verkaufsverpackungen, die nicht aus Gründen der Hygiene, der Haltbarkeit oder des Schutzes der Ware vor Beschädigung oder Verschmutzung erforderlich sind. Beispiele sind Blister, Folien, Kartonagen oder ähnliche Umhüllungen um z. B. Flaschen, Becher oder Dosen.

Umweltaspekt (direkt/indirekt) Die direkten Umweltaspekte sind diejenigen Aspekte der Tätigkeiten, Produkte, Dienstleistungen mit Umweltauswirkungen, die vom Unternehmen direkt kontrolliert/gestaltet werden; die indirekten diejenigen, die das Unternehmen nicht in vollem Umfang kontrolliert, aber doch einen gewissen Einfluss ausüben kann.

Umweltauditgesetz (UAG) Gesetz zur Ausführung der Verordnung (EG) Nr. 761/2001 des Europäischen Parlaments und des Rates vom 19. März 2001 über die freiwillige Beteiligung von Organisationen an einem Gemeinschaftssystem für das Umweltmanagement und die Umweltbetriebsprüfung.

Umweltbelastung Unter Umweltverschmutzung wird im Rahmen des Umweltschutzes ganz allgemein die Verschmutzung der Umwelt, das heißt des natürlichen Lebensumfelds der Menschen, durch die Belastung der Natur mit Abfall- und Schadstoffen, z. B. Gifte, Mikroorganismen und radioaktive Substanzen verstanden.

Umweltbetriebsprüfung Die Umweltbetriebsprüfung ist ein Managementinstrument, das eine systematische, dokumentierte, regelmäßige Bewertung der Leistung der Organisation zum Schutz der Umwelt umfasst und der Überprüfung der Wirksamkeit eines Umweltmanagementsystems dient.

Umweltbilanz In der Umweltbilanz werden die Umwelteinwirkungen des Betriebes bewertet und in eine Übersicht gebracht. Man kann zwischen Stoffen und Materialien unterscheiden, die in den Betrieb eingebracht werden (Input) und Produkte, Emissionen und Abfälle, die den Betrieb wieder verlassen (Output).

Umwelterklärung Umwelterklärungen stellen in kurzer Form das Umweltmanagementsystem eines Unternehmens dar und machen Kennzahlen und Umweltziele öffentlich verfügbar. Dabei wird auch eine Bewertung von Umweltfragen am beschriebenen Standort vorgenommen.

Umweltkennzahl Betriebliche Umweltkennzahlen liefern Informationen über umweltrelevante betriebswirtschaftliche Tatbestände in konzentrierter Form. Sie machen umweltbezogene Leistungen des Unternehmens mess- und nachvollziehbar. Die Kenn- zahlen ermöglichen ein effizientes Umweltcontrolling, bei dem Soll-Ist-Vergleiche sowohl zwischen verschiedenen Standorten als auch mit anderen Unternehmen der Branche möglich werden.

Umweltleistung Die Umweltleistung einer Organisation oder eines Unternehmens ist die messbare Leistung im Hinblick auf die Bestandteile ihrer Tätigkeiten und Produkte, die auf die Umwelt einwirken können. Diese "Bestandteile" sind z. B. diejenigen Aktivitäten, die Emissionen in die Atmosphäre, Abwässer, Abfälle usw. erzeugen. Umweltleistungen spielen eine Rolle im Zusammenhang mit formellen Umweltmanagementsystemen, bei denen Organisationen sich zu einer ständigen Verbesserung der Umweltleistung verpflichten müssen, d. h. Emissionen, Abwässer, Abfälle usw. messbar reduzieren müssen.

Umweltmanagement Das Umweltmanagement ist ein Teilaspekt des Managements einer Organisation. Es beschäftigt sich mit den betrieblichen und behördlichen umweltrelevanten Belangen und Wirkungen der Organisation. Es dient der Sicherung der Umweltverträglichkeit der betrieblichen Produkte und Prozesse sowie der Bewusstseinsbildung der Mitarbeiter und Stakeholder.

Umweltmanagement-System Umweltmanagementsysteme (UMS) sind freiwillige Instrumente des vorsorgenden Umweltschutzes zur systematischen Erhebung und Verminderung der Umweltauswirkungen.

Umweltpolitik Umweltpolitik ist die Gesamtheit aller politischer Bestrebungen, welche die Erhaltung der natürlichen Lebensgrundlagen des Menschen bezwecken sowie die schriftliche Festlegung von Umweltleitlinien bei Organisationen und Unternehmen, die ein Umweltmanagementsystem eingeführt haben.

Umweltstrafrecht Das Umweltstrafrecht legt das juristische Vorgehen gegen fahrlässige oder vorsätzliche Schädigungen der Umwelt fest. So können Umweltstraftaten, ähnlich wie Eigentums- oder Gewaltdelikte, mit hohen Geld- oder Freiheitsstrafen belegt werden. Neben dem Strafgesetzbuch finden sich Regelungen in den einzelnen Gesetzen z. B. zum Naturschutz, Boden- und Gewässerschutz sowie in der Abfall- und Abwassergesetzgebung.

Umweltverträglichkeit, Umweltverträglichkeitsprüfung Systematische Untersuchung eines Vorhabens hinsichtlich seiner Auswirkungen auf die physische und soziale Umwelt durch Vergleich mit dem Zustand ohne Vorhaben.

Umweltziel Umweltziele sind die Ziele, die sich ein Unternehmen im einzelnen für seinen betrieblichen Umweltschutz gesetzt hat.

Untertageverbringung von Sonderabfällen Bei der Untertageverbringung von Abfällen ist zu unterscheiden:
- Untertagedeponierung (UTD), gemäß AbfVereinfV (April 2009) ist Abfallbeseitigung. Planfeststellungs- bzw. Raumordnungsverfahren mit Umweltverträglichkeitsprüfung und Öffentlichkeitsbeteiligung sind nötig
- Bergversatz (UTV), gemäß VersatzV (Juli 2002) ist Abfallverwertung. Bergbaurechtliches Betriebsplanverfahren ist nötig – ohne Umweltverträglichkeitsprüfung und Öffentlichkeits-beteiligung.

In beiden Fällen ist jedoch eine sog. Langzeitsicherheitsbeurteilung gefordert, die nur von Hohlräumen in geeigneten trockenen Salzformationen erbracht werden kann. Für Hohlräume in anderen geologischen Formationen z. B. von Bergbaubetrieben für

Kohle, Erze und Mineralien, kann der Langzeitsicherheitsnachweis i. d. R. nicht erbracht werden, da diese immer Grundwasserkontakt haben.

Variantenkombination Betrachtung einer Kombination von Grundvarianten bis hin zu kompletten Entsorgungssystemen.

Verantwortliche Erklärung (VE) Bevor ein gefährlicher Abfall entsorgt werden darf, ist der zuständigen Behörde eine Verantwortliche Erklärung vorzulegen. Diese muss enthalten:
- Charakterisierung des Abfalls und Zuordnung eines Abfallschlüssels
- Deklarationsanalyse eines zertifizierten Labors
- Vorschlag des adäquaten Entsorgungswegs
- Stellungnahme, ob der Abfall verwertet werden kann.

Verbrennung (von Abfall) Aufgabe der Verbrennung ist die möglichst vollständige Umwandlung des Verbrennungsgutes in gasförmige Verbrennungsprodukte und in mineralisierte, reaktionsträge feste Reststoffe, die als erdkrustenähnlich bezeichnet werden können.

Verbrennung vollständige Oxidation von organischen Stoffen mit Sauerstoff (in der Regel Luft) bei Luftzahlen $\lambda \geq 1$.

Vereinzelung Vereinzelung von Körnern, Partikeln oder Stücken in einer Monoschicht ohne Berührung der Komponenten, Grundlage aller Trennprozesse mit Einzelkornsortierung.

Verfahrenstechnischer Prozess Beschreibt einen Gesamtprozess, der sich aus Grundoperationen (Teilprozessen) zusammensetzt, Teilprozesse sowohl mit Teilung von Stoffströmen als auch nur zur Eigenschaftsveränderung (z. B. Zerkleinerung oder Sortierung).

Vergärung biochemische Abbaureaktion von organischen Verbindungen bei Anwesenheit von Wasser und weitgehendem Luft-Sauerstoffabschluss. [23]

Vergasung partielle Konversion (meist Oxidation) von organischen Stoffen mit einem Vergasungsmittel (in der Regel Sauerstoff oder Dampf, bisweilen Luft).

Verkaufsverpackung Verpackungen, die als Verkaufseinheit in den Verkehr gebracht werden und beim Endverbraucher als Abfall anfallen. Dazu gehören auch Verpackungen des Handels, der Gastronomie und anderer Dienstleister, die die Übergabe von Waren an den Endverbraucher ermöglichen oder unterstützen (Serviceverpackungen) sowie Einweggeschirr und Einwegbestecke. Beispiele sind Becher, Beutel, Blister, Dosen, Eimer, Fässer, Flaschen, Kanister, Kartonagen, Schachteln, Säcke, Schalen, Tragetaschen und Tuben.

Vermeidung Maßnahmen, die ergriffen werden, bevor ein Stoff, ein Material oder ein Erzeugnis zu Abfall geworden ist, und die Folgendes verringern:
a) die Abfallmenge, auch durch die Wiederverwendung von Erzeugnissen oder die Verlängerung ihrer Lebensdauer
b) die schädliche Auswirkungen des erzeugten Abfalls auf die Umwelt und die menschliche Gesundheit
c) den Gehalt an schädlichen Stoffen in Materialien und Erzeugnissen. [4]

Verwertung Jedes Verfahren, als dessen Hauptergebnis Abfälle innerhalb der Anlage oder in der weiteren Wirtschaft einem sinnvollen Zweck zugeführt werden, indem sie andere Materialien ersetzen, die ansonsten zur Erfüllung einer bestimmten Funktion verwendet worden wären, oder die Abfälle so vorbereitet werden, dass sie diese Funktion erfüllen. [4]

Verwertungsquote Prozentualer Anteil der von der gesammelten und sortierten Menge (z. B. Altpapier) tatsächlich verwertet wird.

Vollservice (Mannschaftstransport) Sammelmannschaft übernimmt auch das Rausstellen der gefüllten Behälter und nach dem
- Laden auch das Reinstellen.

Vorbereitung zur Wiederverwendung Jedes Verwertungsverfahren der Prüfung, Reinigung oder Reparatur, bei dem Erzeugnisse oder Bestandteile von Erzeugnissen, die zu Abfällen geworden sind, so vorbereitet werden, dass sie ohne weitere Vorbehandlung wieder verwendet werden können (EU-Abfall-Rahmenrichtlinie).

Vorrotte Auf einige Tage beschränkte Anfangsphase der Rotte mit ausgeprägter Temperaturentwicklung. [1]

Wäscher Einrichtung zur Abreinigung von (meist) gasförmigen Schadstoffen, wie z. B. HCl und SO_2, durch Absorption des Schadstoffs in einem flüssigen Absorbers (für HCl meist Wasser, für SO_2 häufig NaOH oder $Ca(OH)_2$).

Wasserdurchlässigkeit (Darcy-Wert, kf-Wert) Darcy: französischer Wasserbauingenieur, um 1850. kf-Wert ist wichtige Kenngröße zur Charakterisierung der Wasserdurchlässigkeit von Poren-Grundwasserleitern bei laminarem Wasserfluss. Nicht sinnvoll bei Kluft-Grundwasserleitern (Karst). Anwendung insb. für mineralische Deponieabdichtungen, von Deponieuntergrund sowie von Böden im Altlastenbereich. Einheit: m/s. Je kleiner der Wert, desto dichter. Realisierbar sind künstliche minerali- sche Dichtungen auf Tonbasis bis max. ca. $1 \cdot 10{-}11$ m/s (gemessen im Labor mit Permeameter). Im Feld kann der kf-Wert ausgedehnter Bodenbereiche mittels Pumpver- suchen ermittelt werden.

Wechselaufbausystem System, bei dem der Aufbau des Sammelfahrzeugs austauschbar ist, (mehrere) Wechselaufbauten können unabhängig vom Sammelfahrzeug zur Entsorgungsanlage transportiert werden kann.

Weißer Phosphor Reinste, reaktivste und teuerste Form des elementaren Phosphors, wird im thermischen Wöhler-Prozess aus Phosphaten reduziert. Unverzichtbar für die chemische Industrie, jedoch nur von drei Ländern in die EU geliefert (Vietnam, Kasachstan und China). Seit 2014 auf der Liste der kritischen Rohstoffe der EU. Es gibt diverse Ansätze, auch aus mineralisiertem Klärschlamm weißen Phosphor zu erzeugen.

Weiterverwendung Nutzung des Produktes für eine vom Erstzweck verschiedene Verwendung, für die es nicht hergestellt worden ist.

Wertstoffausbringen Beschreibt den Massenanteil einer Merkmalsklasse, der bezogen auf 100 % in einem Aufgabegut in einem Wertstoffstrom angereichert worden ist.

Wertstoffgehalt Auch Reinheit genannt, kennzeichnet, wie hoch ein Produkt durch aufbereitungstechnische Maßnahmen an einem Wertstoff angereichert worden ist.

Wertstoffliches Recycling Recyclingverfahren, bei dem die Werkstoffeigenschaften im Wesentlichen erhalten bleiben (Kunststoff, Glas).

Wettbewerbsfähigkeit Gegenwärtige Stellung und zukünftige Aussichten eines Unternehmens, einer Branche oder einer Volkswirtschaft im Wettbewerb an nationalen und internationalen Märkten.

Wiederverwendung Jedes Verfahren, bei dem Erzeugnisse oder Bestandteile, die keine Abfälle sind, wieder für denselben Zweck verwendet werden, für den sie ursprünglich bestimmt waren (EU-Abfall-Rahmenrichtlinie).

Wilde Müllkippe (→ **Kippe**) punktuelle, unsystematische Anhäufung von Abfällen.

Wirbelschichtfeuerung Feuerungsanlage, bei der feinstückiger brennbarer Stoff (Abfall) im Gemisch mit inertem Wirbelbettmaterial (meist feinkörnigem Sand) über einem von unten mit vorgewärmtem Verbrennungsmedium (meist Luft) durchströmten Düsen- oder Anströmboden in aufgewirbeltem Zustand in einer räumlich begrenzten Zone (Wirbelbett) abbrennt (stationäre Wirbelschichtfeuerung, SWS-Feuerung). Ist die Ver- brennungszone für das feste Brenngut infolge erhöhter Geschwindigkeit der Verbren- nungsluft räumlich nicht begrenzt, sodass die Brennstoffpartikel durch den gesamten Brennraum nach oben getragen werden und nach einem Gasabscheider wieder nach unten in den Feuerraum zurückgeführt werden, spricht man von einer **zirkulierenden Wirbelschichtfeuerung** (ZWS-Feuerung).

Wirkungsabschätzung Phase der Ökobilanz, in der die Sachbilanzergebnisse Wirkungskategorien zugeordnet werden. Für jede Wirkungskategorie wird der Wirkungsindikator ausgewählt und das Wirkungsindikatorergebnis berechnet [ISO 14040]. [8]

Wirkungskategorie Klasse, die wichtige Umweltthemen repräsentiert und der Sachbilanzergebnisse zugeordnet werden können.

Wirtschaftsdünger tierische Ausscheidungen, Gülle, Jauche, Stallmist, Stroh sowie ähnliche Nebenerzeugnisse aus der landwirtschaftlichen Produktion, auch weiterbehandelt, die dazu bestimmt sind, zu einem der in Nummer 1 erster Teilsatz genannten Zwecke angewandt zu werden. [7]

Wöhler-Prozess Reduktion von Phosphaten unter Zugabe von Silikat und Kohlenstoff zu gasförmigem weißem Phosphor bei ca. 1500°C. In der EU wird seit 2012 kein Wöhlerofen mehr betrieben. Der W. kann auch zur Verarbeitung von mineralisiertem Klärschlamm genutzt werden.

Zerkleinerung Grundprozess der mechanischen Aufbereitung, führt zum Herabsetzen der oberen Korngröße und zum Aufschluss von Verbunden.

Zerkleinerungsbeanspruchung Mechanische Beanspruchung bei Zerkleinerungsverfahren durch Druck, Prall, Schlag, Reibung und/oder Scherung, letztere als reißender oder schneidender Prozess.

Zuordnungswert bestimmte Analysenwerte, die einen Abfall charakterisieren und bei Einhaltung vorgegebener Höchstwerte einer Deponieklasse zuweisen.

Zwischenfahrten Fahrten während der Sammlung vom Anfang eines Sammelabschnittes bis zum ersten Ladepunkt, zwischen den einzelnen Ladepunkten und vom letzten Ladepunkt eines Sammelabschnittes bis zum Ende eines Sammelabschnittes Zwischenfahrtzeit ist die Zeit, die für die Zwischenfahrt benötigt wird.

Zwischentransport Fahrt, die zwischen zwei deutlich voneinander getrennten Sammelgebieten (z. B. 1 km Abstand in städtischen oder 5 km in ländlichen Gebieten) zurück- gelegt wird. Die Zwischentransportzeit ist die Zeit, die für den Zwischentransport benötigt wird.

Literatur Anhang

[1] Rolland, C. & Scheibengraf, M.: Biologisch abbaubare Kohlenstoff im Restmüll. Umweltbundesamt Wien, 2003 (www.umweltbundesamt.at)

[2] Sidaine, J. M. et al.: Auswirkungen von Wertstoffabschöpfung und Bioabfallsammlung auf die Zusammensetzung des Resthausmülls.- Im Auftrag des Umweltministeriums Baden-Württemberg. 1994 (unveröffentlicht)

[3] Anonym: Labor für Abfallwirtschaft, Siedlungswasserwirtschaft und Umweltchemie (LASU): Leitfaden für die Durchführung von Abfallanalysen zur Bestimmung von Mengen und Zusammensetzung, Münster, 1998

[4] Anonym: Verband Kommunaler Unternehmen e. V.: Betriebsdatenauswertung 2020, VKU-Umfrage zur Abfallsammellogistik bei kommunalen Entsorgungsunternehmen, 2020

[5] BVSE: https://www.bvse.de/schrott-elektronikgeraete-recycling/gewusst-wie/261-schrott-sortenliste.html, Zugriff 16.11.2022

[6] Verband Deutscher Metallhändler e. V.: Usancen und Klassifizierungen des Metallhandels, Berlin, UKM 2002/1988 – Neudruck 2012

[7] Fricke, K. et al.: Abfallmengen und -qualitäten für biologische Verwertungs- und Behandlungsverfahren in: Loll (Hrsg.) Mechanische und biologische Verfahren der Abfallbehandlung, Ernst u. Sohn, Berlin, 2002

[8] Kranert, M. et al.: Biomüllversuch im Landkreis Bodenseekreis, Ingenieursozietät Abfall, Stuttgart, erstellt im Auftrag des Landkreises Bodenseekreis, 1992

[9] Fritzsche, A.: Optimierung von Biogasanlagen für Bioabfälle. Dissertation. Stuttgarter Berichte zur Abfallwirtschaft Band 138. FEI e.V. Eigenverlag, Stuttgart, 2021; http://dx.doi.org/10.18419/opus-11711

[10] Kranert, M. et al.: Entwicklung eines Verfahrens zur Sandgehaltsbestimmung in Bioabfällen und Restmüll. Forschungsbericht, AGIP beim MWK des Landes Niedersachsen, Institut für Abfalltechnik und Umweltüberwachung, FH Braunschweig, Wolfenbüttel, 2002

[11] Kranert, M., Gottschall, R.: Grünabfälle- besser kompostieren oder energetisch verwerten? – Vergleich unter den Aspekten der CO_2-Bilanz und der Torfsubstitution, EdDE-Dokumentation 11, EdDE e.V., Köln, 2007

[12] Fischer, P. et al.: Kompostierung von Grünrückständen. Bayerisches Staatsministerium für Landesentwicklung und Umweltfragen (Hrsg)., Materialienband 49, München, 1988

[13] Krauß, P. et al.: Bioabfallkompostierung VI. Ministerium für Umwelt- und Verkehr Baden-Württemberg (Hrsg.), Heft 48, Stuttgart, 1997

[14] Kuch, B. et al.: Untersuchungen von Komposten und Gärsubstraten auf organische Schadstoffe in Baden-Württemberg. Forschungsbericht Förderkennzeichen BWR 24026, Stuttgart, 2007
[15] Anonym: Bundesgütegemeinschaft Kompost e.V., Auswertung der gütegesicherten Komposte und Gärprodukte des Jahres 2021. Zusammenstellung BGK, unveröffentlicht, Köln, 2022

Literatur Glossar

[1] Anonym: LAGA Merkblatt M 10. Qualitätskriterien und Anwendungsempfehlungen für Kompost. E. Schmidt-Verlag, Berlin, 1994
[2] Anonym: Dritte Allgemeine Verwaltungsvorschrift zum Abfallgesetz (TA-Siedlungsabfall). Bundesanzeiger Jahrgang 45, Nr. 99a, 1993
[3] Hutzinger, O.: Umweltwissenschaften und Schadstoffforschung. Begriffsdefinitionen zum Bodenschutz. ecomed-Verlag, Landsberg, 1993
[4] Anonym: EU – Abfallrahmenrichtlinie. Richtlinie 2008/98/EG des Europäischen Parlaments und Rates vom 19. November 2008
[5] Anonym: Umwelt und Chemie von A-Z. Fachverband der Chemischen Industrie Österreichs, 1991
[6] Anonym: Leitfaden zur Kompostierung organischer Abfälle. Ministerium für Umwelt und Gesundheit Rheinland-Pfalz, 1989
[7] Anonym: Düngemittelgesetz von 2021
[8] Anonym: International Organization for Standardisation (ISO). Umweltmanagement – Ökobilanz – Grundsätze und Rahmenbedingungen (ISO 14040), CEN, 2000
[9] Anonym: Leitfaden – Bioabfallkompostierung. Umweltministerium Baden-Württemberg, 1994
[10] Gutmann, V., Hengge, E.: „Anorganische Chemie – eine Einführung", 1990
[11] Anonym: Hinweise zum Aufbringen von Grüngut. Bayerisches Staatsministerium für Landwirtschaft und Umwelt, 1994
[12] Anonym: Was Sie schon immer über Abfall und Umwelt wissen wollten. 3. Auflage. Kohlhammer-Verlag, Berlin, Stuttgart, Köln, 1993
[13] Leontief, W. W.: „Input-output economics", 1986
[14] Kuhn, E.: Kofermentation, KTBL - Arbeitspapier 219, Kuratorium für Technik und Bauwesen in der Landwirtschaft e.V., Darmstadt, 1995
[15] Anonym: Kompost-Ratgeber. Senatsverwaltung für Stadtentwicklung und Umweltschutz, Berlin, 1994
[16] Anonym: Brundtland Report 1987: Our Common Future, Weltkommission für Umwelt und Entwicklung (World Commission on Environment and Development, WCED), (A/42/427, 4. August 1987), http://www.unric.org/html/german/entwicklung/rio5/index.htm#brundtland
[17] Anonym: Deutscher Bundestag 1997: Konzept Nachhaltigkeit, Fundamente einer Gesellschaft von morgen, Zwischenbericht der Enquetekommmission"Schutz des Menschens", Bonn, 1997
[18] PIN EN 13725. Luftbeschaffenheit – Bestimmung der Geruchsstoffkonzentrationen mit dynamischer Olfaktometrie, Beuth-Verlag, 2003
[19] Brunner, P. H.: „Machbarkeitsstudie Stoffbuchhaltung Österreich", Berichte Umweltbundesamt Wien, 1995

[20] Daxbeck, H., Morf, L., Brunner, P. H.: Stoffflußanalysen als Grundlagen für eine ressourcenorientierte Abfallwirtschaft (Endbericht Techn. Univ. Wien Inst. für Wassergüte u. Abfallwirtschaft), 1998

[21] Baccini, P. u. Brunner, P. H: Metabolism of the Anthroposphere, 1991

[22] Schmidt-Bleek, F.: „Das MIPS-Konzept – Weniger Naturverbrauch – mehr Lebensqualität durch Faktor 10", 1998

[23] Anonym: Abfallwirtschaftsprogramm des Landes Schleswig-Holstein, Ministerium für Natur und Umwelt, Kiel, 1991

Stichwortverzeichnis

A
Abbaurate, 414, 415
Abbruch, selektiver, 359
Abbruchabfall s. Bauabfall
Abbruchmaßnahme, 359
Abdichtungskomponente, 634, 635
Abdichtungskonzept, 635
Abfallanalytik, 125, 768
    Auswertung, 125
    Detailtiefe, 109
    Messung, 125
    Probenahme, 710
    Probenaufbereitung, 125, 126
    Probenaufschluss, 125
    Probennahme, 125
    Repräsentativität, 109
    statistische Grunddaten, 109
Abfallart, 87
Abfallartenkatalog, 819
Abfall
    Aufbereitung, 228
    Behandlungstechnologie, 771
    chemisch-physikalische Behandlung, 711
    chromathaltiger, 732
    cyanidischer, 721
    Dünnschlamm, 740
    elektronisches Nachweisverfahren (eANV), 707
    flüssiger, 709
    gefährlicher, 604, 700, 817, 820
    Menge, 86, 95, 134
        internationale, 102
    Mengenentwicklung, 95
    nitrithaltiger, 730
    Post-consumer-Abfall, 809
    Vorbehandlung, 621
Abfallbegriff, 23
Abfallbehandlung, 534
    mechanisch-biologische, 492
    thermische, 533
Abfallberatung, 782
Abfallbeseitigungsgesetz (AbfG), 18
Abfalldreieck, 547
Abfalleinbau, 678
Abfallgebühr, 213
    Gebührenmaßstab, 214
    Gebührenmodell, 213
    Gebührenrechner, 223
    Gebührensatzung, 213
Abfallgesetz, 19
Abfallhierarchie, 28, 34, 66, 326, 763
Abfallintensität, 13
Abfallleitfaden, 819
Abfallrahmenrichtlinie, 33
Abfallrecht, 77, 142
Abfallreduzierung
    mengenrelevante, 138
    schadstoffrelevante, 138
Abfallsatzung, 783
Abfallschlüssel, 87
Abfallsortieranalyse, 818
Abfallstoffe, feste (Aufbereitung), 227
Abfallverbrennung, 535
Abfallvermeidung, 134, 136, 765, 770
    Handel, 158
    Organisationen, 167
    Reparaturbetrieb, 157

Abfallvermeidungsprogramm, 30, 35, 146, 148, 761
Abfallverwertung, 301, 771
   Stolpersteine, 79
Abfallverzeichnis-Verordnung (AVV), 87
Abfallwirtschaft
   kommunale, 17
   kreislauforientierte, 4
Abfallwirtschaftskonzept, 93, 760, 820
   integriertes, 760
Abfallwirtschaftsplan, 41, 760
Abfallzusammensetzung, 86, 105
   internationale, 121
Abfuhrkalender, 223
Abhitzekessel, 563, 578
Ablagerung, 570
Ablagerungskriterium, 763
Ablagerungsphase, 680
Abluft, 480, 501
Abluftreinigung, biologische, 515
Abnahme einer Anlage, 798
Absackung, 429
Abschöpfungsquote, 112, 778
Absiebung, 429
Abwasser, 541
Acetogenese, 457
Additiv, 370
Adsorption, 556
Agenda 2030, 14, 36
Akkumulator, 339
   Rücknahmesysteme, 339
Aktionsplan für die Kreislaufwirtschaft, 36
Aktivkohle, 560, 749
Aktivkoks, 561
Allmetallscheidung, 287
Allokation, 869
Altbatterie, 338
Altglas, 302
   Zusammensetzung, 118
Altkunststoff, 315
Altmetall, 308, 310
Altöl, 716
Altpapier, 304, 306
   Zusammensetzung, 116, 118
Aluminium, 311, 535
Ammoniak, 560
Ammoniumstickstoff, 415
Anaerobanlage, 456
Anerkennungsverfahren, 488

Angebot, 794
Anlagen
   dezentrale, 418
   zentrale, 418
Äquivalenzfaktor, 871, 874
Arbeitsschutz, 110
Arbeitszeitmodell, 200
Asche, 537, 546, 563
   Holz- und Pflanzenasche, 492
Atmungsaktivität, 128, 407, 409, 499
Audit, 805
Aufarbeitung, 814
Aufbereitung
   mechanisch-biologische, 574
   mechanische, 494
   mobile, 360
   Verfahrensentwurf, 292
Aufenthaltszeit, 427
Aufschluss, 127
Aufschlusszerkleinerung, 334
Ausschreibung, 786, 792
   Termine, 794
Auswertung, 866

B

Ballendeponie, 602
Barriere, 622
   geologische, 630, 632
Basisabdichtungssystem, 630
Basler Übereinkommen, 40
Batterie, 77, 330
   AlkaliMangan, 346
   Herstellerverpflichtung, 340
   Sammlung, 344
   Stiftung Gemeinsames Rücknahmesystem, 343
   Traktionsbatterie, 77
   Verwertungsverfahren, 346
   Zinkkohle, 346
Batteriegesetz (BattG), 339
   Sammelquote, 339
Bauabfall, 352
   gipshaltiger, 363
   Klassierung, 358
   mineralischer, 351, 360, 361
   Sortierung, 359
   Sulfat, 363
   Zerkleinerung, 358

Bauabwicklung, 796
Baumaterial, 535
Baustoff, 567
Bauwesen, 167
Begleitscheinverfahren, 701, 708
Behälter
    Identifikationssystem, 199
    innerbetriebliches System, 819
    Wägesystem, 199
Behälteridentifikationssystem, 221
Behandlung
    aerobe, 497
    anaerobe, 455, 497
    biologische, 497
Behandlungskosten, 453
Belüftung, 407, 437, 438
Belüftungsrate, 410
Beschaffungswesen, 152
Beseitigung, 539, 765
Beton, R-Beton, 355
Betriebsbeauftragte für Abfall, 709, 817
Betriebsbereiche, 673
Betriebskosten, 453
Bewertungskriterium
    qualitatives, 777
    quantitatives, 777
Bewertungsparameter, 773
Bilanzierung, 776
Bilanzraum, 868
Bildung, 92
Bildungsenthalpie, 403
BImSchG-Genehmigung, 817
Bioabfall, 392, 398, 418
    Fremdstoff, 426, 491
    Fremdstoffanteil, 394
    Fremdstoffentfrachtung, 430
    Homogenisierung, 427
    Kompostierung, 417
    Kompostierungsanlage, 447
    Mischung, 427
    Vergärungsanlage, 480
Bioabfallverordnung, 392
Biofilter, 517
Biogas, 456, 480
    Ertrag, 500
Biogut, 395
Bioökonomie, 396
Biotonne, 393
Biowäscher, 518

Bleibatterie, 348
Blockheizkraftwerk, 483
Bodenverbesserer, 373
Bodenverbesserungsmittel, 490
Box, 444
    Kompostierung, 444
Branchenkonzept, 160
Brennkammer, 579
Brennstoff, 535
Brennwert, 128, 546
Bringsystem, 177
Bromwasserstoff, 558
Bruttowärmeleistung, 553
Bundesgütegemeinschaft Kompost e.V. (BGK), 488
Bundesseuchengesetz, 9, 17
Business-to-Business (B2B), 327
Business-to-Consumer (B2C), 326

C
CarbonCapture, 535
Chargenanalyse, 394
Chlor, 558
Chlorwasserstoff, 558
Chromatentgiftung, 733
Circular Economy, 79, 807
    Action Plan, 808
C/N-Verhältnis, 415
Cobalt, 350
Container, 444
    Kompostierung, 444
ConTherm, 579
Corporate Social Responsibility, 804
Cyanid, 721
Cyanidentgiftung, 722

D
Dampf, 541
Dampfparameter, 541
Datenübertragung
    LoRaWAN (Low Range Wide Area Network), 222
    Narrowband Internet of Things, 222
Dekompaktierung, 425
Dematerialisierung, 138
Demontage, 333
Deponat, 503

Deponie, 591
　auf Deponie, 683
　Formen, 593, 596
　Instandhaltung, 688
　Konzept, 598
　Nachnutzung, 592
　Restlaufzeit, 597
　Rückbau, 689
　Sicherheitstechnik, 673
　Sickerwasser, 642
　Typen, 590
　Überwachung, 679
　Verdichtung, 676
Deponieabgabe, 151
Deponiebelüftung, 667, 669
Deponiegas, 578, 591, 609–611, 614, 649, 653
　BQS 10-1, 647, 652
　Erfassungsgrad, 652
　Fackel, 665
　Prognose, 648
　Verwertung, 670
Deponieklasse, 608, 623
Deponierichtlinie, 596
Deponieverordnung (DpV), 626, 629, 637
Deponiewirtschaft, 593
Depotcontainer (DC) s. auch Sammelbehälter
Detektionssysteme, 426
Diamond-Umleerbehälter (DU) s. auch Sammelbehälter
Dienstleistungsgewerbe, 159
Digitaler Zwilling, 222
Digitalisierung, 218
　digitaler Reifegrad, 218
　Digitalisierungsstrategie, 220
Dimensionierung, 446
Dioxin, 533
Disposal, 765
Dissipation, 73
Dränage, 641, 661
Drehrohr, 578
Drehrohranlage, 534, 570, 571
Drehrohrofen, 347
Drehtrommelfahrzeug, 190
Dreiphasengemisch, 417
Dreiphasensystem, 400, 411
Druck, 546
Druckbelüftung, 438
Duales System, 20, 44, 78

E

EAG (elektronische und elektrische Altgeräte), 325–327, 330–332, 334–337
　Recyclingprozess, 333
Ebenen, abfallwirtschaftliche, 817
Eco-Design, 815
Effizienz, 556
Effizienzparameter, 777
Eigenkompostierung, 138, 162, 418, 768
Eingangskontrolle, 487
Einwegartikel, 155, 163
Einwegbehälter s. auch Sammelbehälter
Einwegkunststoffartikel, 38
Einwegkunststoff-Richtlinie, 144
Einwegkunststoffverordnung, 146
Einwegprodukt, 155
Einwegverfahren, 183
Einwegverpackung, 155
Einwellenzerkleinerer, 234
Eisen, 373
Eisenschrott, 562
Elektroaltgerät, 76
Elektrofilter, 556
Elektrolyse, 729
Elektromobilität, 342
Elektronikgeräte-Stoff-Verordnung (ElektroStoffV), 328
Elektronikschrott, 535
Elektrostahlofen, 347
Elektro- und Elektronikgerätegesetz (ElektroG), 326
Elementaranalyse, 546
Elutionsverfahren, 565
EMAS (Eco-Management and Audit Scheme), 806
Emission, 451, 500, 515, 555, 790
　Grenzwert, 502, 555
　Messung, 513
　Minderung, 430
Emissionsgrenzwert, 556
Emulsion, 717, 721
Emulsionstrennung, 719
End of the pipe-Prinzip, 827
Energie, 533, 537
Energiebilanz, 450
Energiestrom, 826
Energos, 579
Entgasung, 654

aktive, 656
passive, 656
Entropie, 72, 140
Entschlackung, 564
Entsorgungskonzept, 820
betriebliches, 818
Entsorgungsnachweis, 707
Verfahren, 820
Entsorgungsnotstand, 21
Entsorgungssicherheit, 763
Entstaubung, 533, 556
Entstickung, 533, 560
Entwicklung, nachhaltige, 804
Erfassungsgrad, 110
Erfassungsquote, 110, 113
Erfassungssystem, innerbetriebliches, 819
Ersatzbaustoff, 352
Ersatzbaustoffverordnung, 353
Ersatzbrennstoff, 25, 319, 539, 574
biogener Anteil, 324
Erstbehandlung, 334
EU-Deponierichtlinie, 627, 763
EU-Kunststoffstrategie, 144
Eutrophierungspotential, 874

F
Fachunternehmen, 817
Fahnenbegehung, 514
Fahrzeugbatterie, 340
Faktor, sozio-ökonomischer, 89
Fällung
hydroxidische, 736
sulfidische, 739
Feinaufbereitung, 428
Fertigkompost, 490
Festbettfilter, 561
Festbettreaktor, 577
Fett, 401, 409
Feuerraum, 540
Feuerungsleistungsdiagramm, 554
Filterasche, 568
Filterschlauch, 557
Filterstaub, 534
Flächenbedarf, 452
Flächennutzungsplan, 684
Flächensumme, 491
Flammschutzmittel, 535

Flugstromreaktor, 577
Flugstromverfahren, 561
Fluorwasserstoff, 558
Folienabscheidung, 429
Fracking, 61
Fraktion, heizwertreiche, 319
Frischkompost, 490
Frontlader s. auch Sammelfahrzeug
Front-Seitenlader s. auch Sammelfahrzeug
Füllkörper, 558
Füllstandssensoren, 222

G
G7-Staaten, 62
Ganzheitliche Bilanzierung (GABI), 843
Gärprodukt, 487, 489, 491
Gärrest, 480
Gärtest, 128
Gasbildungsrate, 500
Gaserfassung, 657, 663
Gasmotor, 577
Gasphase, 613, 614
Gasprognose, 645
Gasreinigung, 555
Abreinigung saurer Gase, 557
ohne Abwasserabgabe, 559
Rückstände, 570
trockene Verfahren, 559
Gasturbine, 577
Gebietskörperschaft, 150
Gebrauchsgut, 155
Gebührenkalkulation, 784
Gegenlaufrost, 545
Genehmigung einer Anlage, 789
Genehmigungsantrag, 791
Genehmigungsverfahren, 21
Gerätebatterie, 340
Geruch, 508, 512, 514
Geruchsprobe, 513
Geruchsschwelle, 510
hedonische Wirkung, 510
Messung, 509
Stoffkonzentration, 512
Geruchssinn, 512
Geruchsstoff, 508
anorganischer, 508
organischer, 509

Gesamtrohstoffproduktivität, 14
Geschäftsmodell, 81, 808
Geschäftsprozess, 218
    Ist-Prozessaufnahme, 218
    Soll-Prozessentwicklung, 218
Gesundheit, 534
Getrenntsammlungspflicht, 31, 393
Gewebefilter, 557
Gewerbeabfall, 818
    Getrennterfassung, 817
    Verordnung, 817
Giftmüll, 701
Global Reporting Initiative, 805
Glühverlust, 127, 414
Green Deal, 36, 134, 761
Grenzwert, 554
Grenzwertansatz, 840
Grobaufbereitung, 425
Grünabfall, 420
    Kompostierung, 417, 431
Grüngut, 395
Gutachten, 785
    humantoxikologisches, 791
Gütesicherung, 398, 488, 489

H
Hackschnitzel, 576
Haldendeponie, 687
Hammermühle, 241
Handklaubung, 283
Hartstoffabscheidung, 429
Haushaltgröße, 92
Haushaltsbiogasanlage, 486
Hausmüll, 533
    Analyse, 163
    Verbrennung, 534
    Zusammensetzung, 113, 121
Hausmüllaufkommen, 98
Hecklader s. auch Sammelfahrzeug
Heizwert, 540
Herstellerverantwortung, 143
Holsystem, 177
Homogenisierung, 425
Huminstoffe, 401
Humusbildung, 398
Hydrolyse, 457
Hygienisierung, 403, 487

I
Immaterialisierung, 138
Immediatanalyse, 546
Immission, 514, 790
    Messung, 514
    Prognose, 791
Inbetriebnahme, 797
Industrieabwasser, 704
Industriebatterie, 340
Inertdeponie, 604
Inertisierung, 534
Informationsdefizit, 76
Informationspolitik, 152
In-situ-Stabilisierung, 623
Intensivrotte, 427, 433
    Verfahren, 452
Investitionsgut, 163
Investitionskosten, 453, 776
IPCC (Intergovernmental Panel on Climate Change) Modell, 654
ISO 14.001, 806
ISO 9.001, 807

J
Jahreszeit, 94

K
Kaufverhalten, 166
Kalorimeter, 546
Kammwalzenzerkleinerer, 238
Kapitalkosten, 454
Kaskadenverwertung, 77
Kessel, 533
Klärschlamm, 534, 572
    Asche, 371
    Hygiene, 366
    kommunaler, 365
    Mitverbrennung, 369
    Monoverbrennung, 369
    organischer Schadstoff, 366
    Verbrennung, 534
    Verordnung, 369
    Zusammensetzung, 376
Klassierung, 249, 335
    visuelle, 768
Kleinanlage, 430
Klimaschutz, 140, 163, 533, 763

Klinikmüllverbrennung, 534
Knopfzelle, 342
Kohleausstieg, 575
Kohlendioxid
    CO_2 Äquivalent, 778
    CO_2-Zertifikat, 151
    Reduktion, 533
Kohlenhydrat, 401, 409
Kohlenstoffdioxid, 408
Koks, 537, 546
Kollektor, 556
Kompost, 398, 454, 487, 489
    Nährstoffgehalt, 490
    Qualität, 428
Kompostierung, 398, 539
    unter Membranen, 442
Kompostierungsanlage, 398, 489
Konsumgewohnheit, 134
Konsumverzicht, 139
Kontamination, 76
Kontrollwert, 394
Kooperationsprinzip, 19
Korndichte, 411
Korngrößenverteilung, 231
Kosten, 453
    Arbeitskosten, 79
    Berechnung, 776
    Kontrolle, 795
    Kostenvorteil, 79
    Überwachung, 786
Kosten-Nutzen Analyse (KNA), 843
Kostenplan, 789
Kostenschätzung, 789
Kraftwerk, 574
Kreislaufgrundsätze, 815
Kreislaufwirtschaft, 7, 807
Kreislaufwirtschaftsgesetz (KrWG), 28
Kreislaufwirtschafts- und Abfallgesetz (KrW-/AbfG), 22, 144
Kreisschwingsieb, 254
Küchenabfallzerkleinerer, 139
Kultursubstrat, 490
Kundenkommunikation, 223
Künstliche Intelligenz (KI), 222
Kunststoff
    Abfall, 534
    Recycling, 38
    Rezyklat, 47
Kupfer, 311, 313

L

Lagerstätte, 56
Lagerung, 430
Länderarbeitsgemeinschaft Abfall (LAGA), 567
Langzeitverhalten, 620
Lärmemission, 502
Lebensmittelabfälle, 144, 158, 846, 847, 850, 859
    Bewertungskennziffer, 854
    Bilanzierung, 852
    Gastgewerbe, 160
    Messung, 855
    Monitoring, 863
    Vermeidung, 851
    Verpflegungsdienstleistung, 160
Lebensmittelbewirtschaftung, 847
Lebensmitteleinzelhandel, 158
Lebensmittelrecycling, 492
Lebensstandard, 92
Lebenszyklusanalyse (LCA), 858
Lebenszyklusbetrachtung, 138, 139
Leichtverpackung, 229
    Zusammensetzung, 119
Leistung, thermische, 403
Leistungsbeschreibung, 788
Li-Batterie, Recyclingkapazität, 343
Life Cycle Assessment (LCA) s. Ökobilanz s. auch Ökobilanz
Life Cycle Assessment s. Ökobilanz
Life Cycle Engineering, 816
Lignin, 401
Linearschwingsieb, 254
Logistik
    innerbetriebliche, 818
    Rückwärts-Logistik, 79
Löslichkeit, 565
Luftbedarf, 408
Luftherd, 276
Luftporenvolumen, 400, 411
Luftüberschuss, 551
Luftzahl, 551

M

Magnetscheidung, 337, 426
    Magnetbandrollenscheider, 271
    Magnetscheider, 267
    Trommelmagnetscheider, 269

Überbandmagnetscheider, 268
Masse, 537
Massenbilanz, 449, 773, 835, 838
Massenmetall, 60
Massenstromdiagramm, 778
Materialanalyse, 835
Materialaufschluss, 335
Materialbilanz, 836
Materialinput per Serviceeinheit (MIPS), 841
Materialverlust, 809
Matrix, mineralische, 370
MBA-Deponie, 602
Mehrkammer-Behälter (MEKAM) s. auch Sammelbehälter
Membranverfahren, 744
Metall, 535
    Fe-Metalle, 309
    Legierungsmetall, 73
    Nichteisenmetalle, 311
Methanbildung, 465
Methanerzeugung, 457
Methanogenese, 610
Methanoxidationsschicht, 636
Michaelis-Menten-Beziehung, 414
Mietenquerschnittsfläche, 448
Mikroorganismenpopulation, 404
Mikroorganismus, 399, 402, 405
Mikroplastik, 366
Mindestheizwert, 548
Mindestluftbedarf, 548
Mindestrecyclateinsatz, 349
Mitverbrennung, 319, 324, 572, 574
    Klassifizierung, 574
Modetrend, 91
Monodeponie, 607
Monod-Gleichung, 414
Monoverbrennung, 319
Montageabwicklung, 796
Müllabfuhr
    Sammelzeit pro Behälter, 204
    systemlose Abfuhr, 183
Müllbunker, 540
Mülleimer (ME), Mülltonne (MT) s. auch Sammelbehälter
Müllgroßbehälter (MGB) s. auch Sammelbehälter
Müllkompaktor, 675
Müllsieb, 256
Multibarrierenkonzept, 621

N

Nachhaltigkeitsbericht, 805
Nachhaltigkeitsmanagement, 804, 817
    Unternehmensbereiche, 805
Nachhaltigkeitsstrategie, 14
Nachnutzung, 680
Nachrotte, 428
Nachsorgephase, 680
Nahinfrarotverfahren s. auch Sortierung
Nährstoff, 462
Nassentschlacker, 563
Natronlauge, 559
Neodym, 332
Neutralisationsmittel, 558
Nichteisenmetall, 562
Nichteisen-Metallscheider, 272
Nickel, 350
Nickel-Cadmium-Batterie, 348
Nitrat, 415
Nitrit, 415, 730
Nitritentgiftung, 731
Non-Financial Reporting Directive, 805
Nutzung, energetische, 535
Nutzungsdauer, 77
Nutzungsoptimierung, 160
Nutzungsverhalten, 165
Nutzwertanalyse, 788

O

Oberflächenabdichtungssystem, 630
Oberflächenabfluss, 639
Obhutspflicht, 31, 146
Obsoleszenz, 135
Öffentlichkeitsarbeit, 783
Ökobilanz, 49, 777, 841, 865, 866
    Auswertung, 873
    Charakterisierung, 871
    Elementarfluss, 869
    funktionelle Einheit, 865, 867
Ökodesign, 37, 143
    Richtlinie, 135, 143, 154
Olfaktometrie, 511
Online-Handel, 159
Ordnungsrahmen, 77
örE (öffentlich-rechtliche Entsorgungsträger), 326
Organisationseinheiten, 673

Organisationsstruktur, abfallwirtschaftliche, 782
Ozon, 728

P
Paddelsichter, 279
Partikelabscheidung, 556
PDCA-Zyklus, 805
Pellet, 576
Pelletierung, 429
Performance Audit, 807
Pflanzenverfügbarkeit, 371
Pflanzenverträglichkeit, 490
Pfropfenstromreaktor, 466
Phosphor, 366
  weißer, 371
Phosphorsäure, 367, 371
  grüne, 367
  thermische, 368
pH-Wert, 412, 462, 558
Planfeststellungsverfahren, 21, 684
Planung, 765, 784
  Varianten, 788
Planungsarbeit, 784
Polychlorierte Dioxine und Furane (PCDD/F), 561
Polyfluorierte Alkylsubstanz, 533
Polymer, 535
Porenvolumen, 411, 412
Prallbrecher, 243
Prallmühle, 243
Preis, negativer, 78
Presslingsrotte, 436
Pressmüllfahrzeug, 190
Primärbatterie, 342
Pritschenfahrzeug s. auch Sammelfahrzeug
Privathaushalt, 162
Probebetrieb einer Anlage, 797
Produktdesign, 154
Produktgestaltung, 79, 808, 815
Produktionsabfall, 809
Produktionsprozess, 157
Produktkonstruktion, 154
Produkt-Service-System, 811
Produktsystem, 866
Produktverantwortung, 2, 23, 31, 94, 145, 154, 771, 808
  Kennzeichnung, 145

Produkt
  Vielfalt, 91
Prognose, 769
Projektsteuerung, 785
Protein, 401, 409
Proximatanalyse, 546
Prozess, exothermer, 403
Prozessparameter, 403
Prozessprüfung, 488
Prozesswasser, 480
Puffersystem, 462
Pulper, 246
Pyrolyse, 535
  Pyrolyseöl, 535, 537
  Verfahren, 580

Q
Qualitätsmanagementsystem, 807
Qualitätssicherung, 786
Quecksilber, 558

R
R1-Kriterium, 539
RAL-Gütesicherung, 488
Randgestaltung, 686
Rasterbegehung, 514
Rauchgas, 540, 553
  nasse Rauchgasreinigung, 559
  Reiningung, 533
Raumordungsverfahren, 789
Reaktor, 465
Reaktorbemessung, 468
Reaktordeponie, 600
Rebound-Effekt, 65
Recht auf Reparatur, 37
Rechtsverordnung, 144
Recyclat, 349
Recycling, 55, 814
  chemisches, 534
  rohstoffliches, 301, 316, 535
  werkstoffliches, 301, 315
Recyclingbaustoff, 352
Recyclingeffizienz, 350
Recyclingmaßnahme, 164
Recyclingprozess, 227
Recyclingquote, 31, 362
Recyclingzertifikat, 47

Reduktion
    nichtkatalytische, 560
    von Kohlendioxid, 533
Reduktionsmittel, 558
Refurbishment, 814
Regelabdichtung, 633
Regulierung, staatliche, 5
Rekonditionierung, 814
Rekultivierungsschicht, 637
Remanufacturing, 814
Reparatur, 156, 813
Resourcemanager Food, 160
Respirationskoeffizient, 408
Ressource, 57
    Ressourcenmanagement, 830
    Ressourcenschonung, 833
Ressourceneffizienz, 139, 763, 810
Ressourcenintensität, 168
Ressourcenproduktivität, 12, 13
Ressourcenschonung, 533, 535
Reststoff aus Abfallverbrennung, 533
Re-Use, 813
Rezyklat, 31
RFID-Transponder, 215, 221
Rieselbettreaktor, 518
Rohgas, 554
Rohphosphat, 367
RoHS (Restriction of the Use of Certain Hazardous Substances), 327
Rohstoff
    primärer, 78
    sekundärer, 74, 79
Rohstoffreserve, 57
Rollenrost s. auch Rost
Röntgendetektion s. Sortierung
RöntgenverfahrenRöntgenverfahren s. Sortierverfahren
Rost, 533
    bewegter, 259
Rostasche, 534, 553, 563
    Entsorgung, 565
    Verwertung, 567
    Zusammensetzung, 564
Rostbelastung, 552
Rostfeuerung, 533
    Anlage, 540
Rostleistungsnomogramm, 552
Rotorschere, 232, 578
Rotte

Rottedeponie, 601
Rottegrad, 407, 428
Rotteprozess, 400, 409
Rottesystem, 446
Rotteverlust, 447
Rottevolumen, 447
Rottezeit, 428, 446
Rottesystem, semidynamisches, 406
RTO-Anlage, 501
Rückbau s. auch Abbruch
Rücknahmesystem für Akkumulatoren, 339
Rückschubrost, 545
Rückweisungsrecht, 394
Rührkessel, 466
Rundzelle, 342

S

Sachbilanz, 866, 869
Sachverständigenrat für Umweltfragen (SRU), 2, 4
Sammelbehälter, 183, 186, 187
    Depotcontainer (DC), 186
Sammelfahrzeug, 188, 190, 192, 193
    Mehrkammerfahrzeug, 186
    Schüttung, 190
    Wechselverfahren, 193
Sammelquote, 326
Sammelsystem, 771
    innerbetriebliches, 818
Sammlung, illegale, 79
Sanierungsmaßnahme, 689
Sauerstoff, 408
Sauerstoffbedarf, 408
Sauerstoffgehalt, 546
Saugbelüftung, 439
Schachtofen, 577
Schadstoff, 76
    organischer, 704
Schadstoffanreicherung, 74
Schadstoffemission, 140
Schadstoffverschleppung, 76
Schadstoffzerstörung, 533, 534
Schlacke, 562
Schlammentwässerung, 740
Schlammkonditionierung, 743
Schneckenmühle, 240
Schneidmühle, 236
Schraubenmühle, 240

Schwachgasentsorgung, 665
Schwefeldioxid (SO_2), 558
Schwel-Brenn-Anlage, 578
Schwermetall, 464, 491, 537, 736
    Abreicherung, 371
    Entgiftung, 736
Schwimm-Sink-Verfahren, statisches Schwimm s. Sortierung
SCR-Verfahren, 561
Seitenlader s. auch Sammelfahrzeug
Sektor, informeller, 79
Sekundärabfall, 701, 814
Sekundärbatterie, 342
Sekundärbrennstoff, 319, 321, 575
Sekundärrohstoffdünger, 490
Selbstberichterstattung, 859, 860, 864
Selbsterhitzung, 399, 407
Selbsterhitzungstest, 128
Seltenerdelemente, 60
Seltenerdmetalle, 332
Setzung, 609
Sharing, 166
Shredder, 241, 242
Sichtkontrolle, 394
Sichtung, 108
Sickerwasser, 609, 614–616, 618, 619, 644
Siebung, 426
Siedlungsabfall, 57, 96, 113, 577
    Aufkommen, 105
Siedlungsabfallwirtschaft, 830
Smart bins, 222
Society of Environmental Toxicology and Chemistry (SETAC), 866
Software
    Dispositionssoftware, 221
    Portallösung, 223
    Routing-Funktion, 221
    Tourenplanungssoftware, 220
Sonderabfall, 534
    Verbrennung, 570
    Verwertung, 751
Sortenreinheit, 394
Sortieranalyse, 105
    Ablauf, 111
    Finanzmittel, 109
    Infrastruktur, 109
    Sortiereinrichtung, 110
Sortieranlage, 229

Sortierprozess, 335
Sortierung, 263, 281, 287, 289, 346
    bildauswertende Verfahren, 289
    elektromagnetisches Verfahren, 346
    händische, 108
    pneumatische Stoffstromtrennung, 284
    sensorbasierte, 283
    Trennergebniss, 283
Sortierverfahren, 281, 333, 336
    sensorgestütztes, 337
Spannwellensieb, 258
Speichersystem, 342
Sperrmüll, 121
Sperrmüllaufkommen, 98
Sprühelektrode, 556
Sprühtrockner, 559
Stabilisierung, mechanisch-biologische (MBS), 494
Standortuntersuchung, 783
Stangenrost s. auch Rost
Stangensizer s. auch Rost
Staubemission, 501
Staubfeuerung, 576
Staubpartikel, 556
Sternchenabfall, 700
Sternsieb, 262
Steuer- und Abgabenrecht, 43
Stickoxid, 556
Stickstoff, 415
stiftung ear, 327
Stilllegungsphase, 680
Stoff, AOX-verursachender, 726
Stoffbilanz, 836
Stoffflussanalyse, 835
Stoffkonzentrierungseffizienz (SKE), 841
Stoffkreislauf, 346
Stoffstrom, 4, 9, 763, 773, 826
Stoffstrommanagement, 760, 826, 833, 845
    Bilanzierung, 834
    Lebensmittel, 846
    Randbedingungen, 832
    Stuttgarter Methode, 848
Stoffsystem, 230
Stoff-Trennung, 712
Stoffumwandlung, 713
Stoffzerstörung, 713
Störstoff, 111
    Auslese, 426

Straßenbau, 567
Substances of very high concern (SVHC), 75
Substanz
　flüchtige, 546
　organische, 414
Substitution, 157, 158
Substitutionseffekt, 777
Substrat, 414, 456, 458
Substrataufbereitung, 480
Substratkompost, 490
Subvention, 78
Sustainable Process Index (SPI), 842
Synthesegas, 535, 537
Systemgrenze, 868
Systemoptimierung, 855
Szenario, 769

T

TA (Technische Anleitung) Siedlungsabfall, 624
Tafelmiete, 436
　belüftete, 440
Taumelsieb, 257
Telematiksystem, 221
Temperatur, 404, 534
Temperaturverteilung, 439
Tetrachloromercurat, 558
Thermodynamik, 71
Thermoselect, 580
Totalunternehmerausschreibung, 786
Tourenplanung, 199
Toxizitätsäquivalent (TE), 840
Transport
　Abtransport, 208
　Antransport, 208
　betriebsbedingte Fahrt, 208
　Entsorgungsfahrt, 208
　Zwischentransport, 208
Trapezmiete, 435
Treibhausgasemission, 26
Treibhauspotential, 535, 874
Trockendichte, 411
Trockenentschlackung, 563
Trockensubstanz, 414
Trocknung, 535
Trommelsieb, 251
Tunnelkompostierung, 443

U

Überwachungsverfahren, 488
Umleerbehälter s. auch Sammelbehälter
Umleerverfahren, 182
Umwelt, 534
Umweltaktionsprogramm, 14, 33, 34
Umweltbelastung, 869
Umweltbelastungspunkt (UBP), 843
Umweltcontrolling, 806
Umwelterklärung, 807
Umweltmanagement, 805
Umweltmanagementsystem, 157
Umweltstrafrecht, 711
Umweltverträglichkeit, 565
Umweltverträglichkeitsprüfung, 682
Umweltzeichen, 48
Untertagedeponie, 606
Urbanerz, 325
Urban Mining, 77

V

Vant' Hoff-Arrhenius-Regel, 404
Variantenrechnung, 772
　Grundvariante, 772
　Variantenkombination, 772
Verbrennung, 535
Verbrennungsrechnung, 533
Verbrennungsrost, 542
Verdampfungsenthalpie, 547
Verdichtungsdeponie, 599
Verfahren
　hydrometallurgisches, 333
　pyrometallurgisches, 333
　thermisches, 533, 569
Vergabe, 792
Vergärung, 455, 539
Vergärungsanlage, 489
Vergasung, 535
Vermeidungspotential, 164
Vermeidungsstrategie, 855
Verordnungsgebung (Bund und Länder), 150
Verordnung
　über Deponien und Langzeitlager, 629
Verordnung zur Durchführung des Bundes-Immissionsschutzgesetzes (BImSchV), 548
Verpackung, 163

Abfall, 20, 29, 45
    Material, 286
Verpackungsgesetz (VerpackG), 30, 46, 78
Verpackungssteuer, 43
Verpackungsverordnung, 158
Versäuerung, 457, 465
Versauerungspotential, 874
Verweilzeit, 534
    Verteilung, 545
Verwertung, 145, 539, 565
    bodenbezogene, 365
    energetische, 317
    Quote, 778
    sonstige, 765
    stoffliche, 539, 765
Verwertungsquote, 112
Vollmantelsortierzentrifuge, 281
Vorfluter, 558
Vorgang, aerober, 399
Vorschlagswesen, 817
Vorschubrost, 544
Vorsortierung, 334

W

Walzenrost, 543
Wanderrost, 543
Wärmekapazität, spezifische, 416
Wärmeleitfähigkeit, 416
Wartung, 813
Wäscher, 558
Wasser, 408, 546
Wassergehalt, 127, 400, 410, 411
Wasserhaushaltsgesetz, 559
Wasserstoffperoxid, 725
Wechselbehälter s. auch Sammelbehälter
Wechselverfahren, 183
WEEE (Waste Electrical and Electronical Equipment), 325, 326
Weiterverwendung, 813
Weiterverwertung, 813
Weltmodell, 11, 12
Werbung, 91

Wertschöpfungskette, 76, 81
Wertstoff
    Ausbringung, 264
    Gehalt, 264
    Konzentrat, 228
    Potential, 110
    trockener, 101
Wertstoffhof, 177, 182, 222
Wertstofftonne, 28, 29
Wettbewerb, 78
Wettbewerbsfähigkeit, 78
Wiederproduktion, 814
Wiederverwendung, 136, 765, 813
    Vorbereitung, 136
Wiederverwertung, 813
Wiegung, 420
Windsichter, 274, 564
Wirbelbett, 572
Wirbelschichtanlage, 572
Wirbelschichtofen, 534
Wirbelstromscheider, 272, 337
Wirkungsabschätzung, 866, 869, 872
Wirkungsfaktor, 871
Wirkungsindikator, 870, 871
Wirkungskategorie, 870, 871, 873
Wöhler-Prozess, 368

Z

Zement, 569
Zerkleinerung, 425, 428
Zerkleinerungverfahren, 335
Zerkleinerungverhältnis, 232
Zerlegung, manuelle, 335
ZERO-Waste-Initiative, 151
Zersetzungsgas, 600
Zick-Zack-Windsichter, 275
Zuschlagstoff, 429
Zweiwalzenzerkleinerer, 239
Zwischenlagerung, 428
Zwischenspeicherung, 420, 422
Zyklon, 564

If you have any concerns about our products,
you can contact us on
ProductSafety@springernature.com

In case Publisher is established outside the EU,
the EU authorized representative is:
**Springer Nature Customer Service Center GmbH
Europaplatz 3, 69115 Heidelberg, Germany**

Printed by Libri Plureos GmbH
in Hamburg, Germany